L. D. Landau · E. M. Lifschitz

Lehrbuch der Theoretischen Physik

Band VI

L. D. Landau · E. M. Lifschitz

Lehrbuch der Theoretischen Physik

Der Klassiker der gesamten Theoretischen Physik für den Studenten und Wissenschaftler.

Band 1:
Mechanik
unveränderter Nachdruck der 14., korrigierten Auflage 1997, 2022, 231 Seiten, 56 Abbildungen, gebunden,
ISBN 978-3-8085-5612-2

Band 2:
Klassische Feldtheorie
unveränderter Nachdruck der 12. Auflage 1992, 2022, 496 Seiten, 25 Abbildungen, gebunden,
ISBN 978-3-8085-5562-0

Band 3:
Quantenmechanik
unveränderter Nachdruck der 9. Auflage 1986, 2021, 660 Seiten, 57 Abbildungen, 11 Tabellen, gebunden,
ISBN 978-3-8085-5636-8

Band 4:
Quantenelektrodynamik
unveränderter Nachdruck der 7., berichtigten Auflage 1991, 2020, 628 Seiten, 25 Abbildungen, gebunden,
ISBN 978-3-8085-5632-0

Band 5:
Statistische Physik Teil 1
unveränderter Nachdruck der 8., berichtigten Auflage 1991, 2025, 535 Seiten, 78 Abbildungen, gebunden,
ISBN 978-3-8085-5654-2

Band 6:
Hydrodynamik
unveränderter Nachdruck der 5., überarbeiteten Auflage 1991, 2025, 705 Seiten, 136 Abbildungen, gebunden,
ISBN 978-3-8085-5554-5

Band 7:
Elastizitätstheorie
unveränderter Nachdruck der 7. Auflage 1991, 2025, 223 Seiten, 32 Abbildungen, gebunden,
ISBN 978-3-8085-5498-2

Band 8:
Elektrodynamik der Kontinua
unveränderter Nachdruck der 5., ergänzten Auflage 1990, 2020, 565 Seiten, 65 Abbildungen, gebunden,
ISBN 978-3-8085-5500-2

Band 9:
Statistische Physik Teil 2
unveränderter Nachdruck der 4., berichtigten Auflage 1992, 2025, 404 Seiten, 18 Abbildungen, gebunden,
ISBN 978-3-8085-5656-6

Band 10:
Physikalische Kinetik
unveränderter Nachdruck der 2. Auflage 1990, 2025, 480 Seiten, 35 Abbildungen, gebunden,
ISBN 978-3-8085-5624-5

Das **Gesamtwerk** ist auch zum günstigen Satzpreis erhältlich:
L. D. Landau · E. M. Lifschitz, **Lehrbuch der Theoretischen Physik**
ISBN 978-3-8085-5588-0

EUROPA LEHRMITTEL

Edition Harri Deutsch

L. D. Landau • E. M. Lifschitz

Hydrodynamik

Mit 136 Abbildungen

VERLAG EUROPA-LEHRMITTEL · Nourney, Vollmer GmbH & Co. KG
Düsselberger Straße 23 · 42781 Haan-Gruiten

Europa-Nr.: 55545

Titel der Originalausgabe:
Л. Д. Ландау и Е. М. Лифшицу
Гидродинамика

Erschienen im Verlag NAUKA, Moskau 1986 (3., überarbeitete und ergänzte Auflage)

In deutscher Sprache herausgegeben von Prof. Dr. Wolfgang Weller,
übersetzt aus dem Russischen von Prof. Dr. A. Kühnel und Prof. Dr. Wolfgang Weller.

Unveränderter Nachdruck der 5., überarbeiteten Auflage 1991, 2025
Druck 5 4

ISBN 978-3-8085-5554-5

Umschlaggestaltung: Medienwerkstatt Dreimaster / www.3master.de, 63546 Hammersbach
Druck: Totem, 88–100 Inowroclaw (Polen)

VORWORT DER HERAUSGEBER ZUR DEUTSCHEN AUSGABE

Die Neubearbeitung des Teiles Hydrodynamik der 1953 erschienenen Mechanik der Kontinua konnte noch von E. M. Lifschitz abgeschlossen werden. Neben Verbesserungen und Straffungen, die das gesamte Buch durchziehen, sind etwa zwanzig neue Paragraphen hinzugekommen. Insbesondere ist die Darlegung der Szenarien zur Turbulenzentstehung neu geschrieben worden. Die Neubearbeitung geht damit weit über die Ergänzungen hinaus, die in den bisher erschienenen deutschen und englischen Ausgaben enthalten sind. Im Zusammenhang mit den in letzter Zeit sehr intensiv betriebenen Untersuchungen nichtlinearer Erscheinungen und des dabei auftretenden deterministischen Chaos gewinnen hydrodynamische Probleme und Begriffsbildungen auch unter den Physikern wieder wesentlich stärkere Bedeutung.

Bei der Darstellung der Hydrodynamik haben die Autoren besonderen Wert auf den Zusammenhang der Hydrodynamik mit den anderen Gebieten der Physik gelegt. Die physikalischen Grundlagen der Theorie stehen deshalb stets im Vordergrund. Betrachtet wird eine Vielzahl von Teilgebieten, besonders erwähnt seien hier nur die Theorie der entwickelten Turbulenz, die Theorie des Schalls, die Theorie der Stoßwellen, die Hydrodynamik der Verbrennung, die relativistische Hydrodynamik und die Hydrodynamik der superfluiden Flüssigkeit. Wie alle Bände des Kurses so zeichnet sich auch dieser Band wieder durch Klarheit und physikalische Anschaulichkeit der Darstellung aus.

Die Zusammenarbeit mit Herrn Prof. E. M. Lifschitz bewahren wir in dankbarer Erinnerung. Herrn Prof. L. P. Pitajewski sind wir für die Unterstützung bei der Vorbereitung dieser deutschen Ausgabe sehr zu Dank verpflichtet.

Dresden und Leipzig, Dezember 1990

P. Ziesche W. Weller

VORWORT

In den beiden vorhergehenden (russischen) Auflagen (1944 und 1953) stelllte die Hydrodynamik den ersten Teil der „Mechanik der Kontinua“ dar; jetzt ist sie als gesonderter Band abgetrennt.

Der Charakter des Inhalts und der Darstellung in diesem Buch ist im unten wiedergegebenen Vorwort zur vorhergehenden Auflage festgelegt. Es war meine hauptsächliche Sorge, diesen Charakter bei der Überarbeitung und Ergänzung nicht zu verändern.

Trotz der vergangenen 30 Jahre ist der in der zweiten Auflage enthaltene Stoff faktisch nicht veraltet, von sehr unbedeutenden Ausnahmen abgesehen. Dieser Stoff wurde nur verhältnismäßig wenig ergänzt und verändert. Gleichzeitig wurde eine Reihe neuer Paragraphen hinzugefügt, etwa fünfzehn über das ganze Buch verteilt.

In den letzten Jahrzehnten entwickelte sich die Hydrodynamik außerordentlich intensiv, und entsprechend ungewöhnlich erweiterte sich die Literatur dieses Gebietes. Die Entwicklung ging jedoch in merklichem Maße in angewandte Richtungen und auch in Richtung der Erhöhung der Schwierigkeit der der theoretischen Berechnung zugänglichen Aufgaben (dabei auch unter Benutzung von Computern). Zu den letzteren gehören insbesondere die verschiedenartigen Aufgaben über Instabilitäten und ihre Entwicklung, darunter auch im nichtlinearen Regime. Alle diese Fragen liegen außerhalb des Rahmens dieses Buches; insbesondere werden Fragen der Instabilität (wie auch in den vorhergehenden Auflagen) in prinzipieller, zu einem Resultat führender Weise dargelegt.

Nicht aufgenommen wurde in das Buch auch die Theorie nichtlinearer Wellen in dispergierenden Medien, die in der gegenwärtigen Zeit ein bedeutendes Kapitel der mathematischen Physik bildet. Im reinen Sinne der Hydrodynamik gehören zu dieser Theorie Wellen großer Amplitude auf der Oberfläche einer Flüssigkeit. Die hauptsächlichen physikalischen Anwendungen dieser Theorie gehören zur Physik des Plasmas, zur nichtlinearen Optik, zu verschiedenen elektrodynamischen Aufgaben u. a.; in diesem Sinne gehört sie zu anderen Bänden.

Wesentliche Änderungen haben sich beim Verständnis des Mechanismus der Entstehung der Turbulenz ergeben. Obwohl eine konsequente Theorie der Turbulenz noch der Zukunft angehört, besteht Grund zu der Annahme, daß ihre Entwicklung endlich auf den richtigen Weg gekommen ist. Die sich hierauf beziehenden gegenwärtig existierenden grundlegenden Ideen und Resultate sind in drei Paragraphen (§§ 30 – 32) dargelegt, die von mir gemeinsam mit M. I. Rabinowitsch geschrieben wurden; ich bin ihm äußerst dankbar für die auf diese Weise erwiesene große Hilfe. In der Mechanik der Kontinua entstand in den letzten Jahrzehnten ein neues Gebiet, die Mechanik flüssiger Kristalle. Sie trägt gleichzeitig Züge, die zur Mechanik flüssiger und elastischer Medien gehören. Es ist geplant, die Darstellung ihrer Grundlagen in die neue Auflage der „Elastizitätstheorie“ aufzunehmen.

Unter den Büchern, die ich gemeinsam mit LEW DAWIDOWITSCH LANDAU schreiben konnte, nimmt dieses Buch einen besonderen Platz ein. Er legte in das Buch einen Teil seiner Seele. Dieses für Lew Dawidowitsch damals neue Gebiet der theoretischen Physik begeisterte ihn, und er begann, wie es für ihn charakteristisch war, aufs neue dessen hauptsächliche Resultate für sich zu durchdenken und abzuleiten. Hieraus entstand eine Reihe von Orginalarbeiten von ihm, die in verschiedenen Zeitschriften veröffentlich worden sind. Jedoch eine Reihe von originalen Resultaten oder Gesichtspunkten, die Lew Dawidowitsch gehören und in das Buch eingegangen sind, sind nicht anderswo veröffentlich worden, und in einigen Fällen wurde seine Priorität sogar erst später aufgeklärt. In der neuen Auflage des Buches habe ich in allen mir bekannten solchen Fällen einen Hinweis auf seine Autorschaft ergänzt.

Bei der Überarbeitung dieses sowie auch der anderen Bände der „Theoretischen Physik" wurde ich unterstützt durch die Hilfe und die Ratschläge vieler meiner Freunde und Arbeitskollegen. Ich möchte in erster Linie zahlreiche Diskussionen mit G. I. BARENBLATT, JA. B. SELDOWITSCH, L. P. PITAJEWSKI, JA. G. SINAJ erwähnen. Eine Reihe wertvoller Hinweise erhielt ich von A. A. ANDRONOW, S. I. ANISIMOW, W. A. BELOKON, W. P. KRAJNOW, A. G. KULIKOWSKI, M. A. LIBERMAN, R. W. POLOWIN, A. W. TIMOFEJEW, A. L. FABRIKANT. Ihnen allen möchte ich hier aufrichtig danken.

Institut für Physikalische Probleme
der Akademie der Wissenschaften der UdSSR

Moskau, im August 1984 E. M. LIFSCHITZ

AUS DEM VORWORT ZUR ZWEITEN AUFLAGE DER „MECHANIK DER KONTINUA“

Das vorliegende Buch ist der Darstellung der Mechanik kontinuierlicher Medien gewidmet, d. h. der Theorie der Bewegung von Flüssigkeiten und Gasen (Hydrodynamik) und von festen Körpern (Elastizitätstheorie). Diese Theorien, die ihrem Wesen nach Gebiete der Physik sind, verwandelten sich auf Grund einiger ihrer spezifischen Besonderheiten in selbständige Wissenschaften.

In der Elastizitätstheorie spielt eine große Rolle die Lösung mathematisch exakt gestellter Aufgaben, die mit linearen partiellen Differentialgleichungen verbunden sind; die Elastizitätstheorie enthält deshalb viele Elemente der sogenannten mathematischen Physik.

Die Hydrodynamik hat einen wesentlich anderen Charakter. Ihre Gleichungen sind nichtlinear, und deshalb ist ihre unmittelbare Untersuchung und Lösung nur in verhältnismäßig seltenen Fällen möglich. Infolgedessen war die Entwicklung der modernen Hydrodynamik nur im ständigen Zusammenhang mit dem Experiment möglich. Dieser Umstand bringt sie sehr nahe zu anderen Gebieten der Physik.

Trotz ihrer praktischen Absonderung von den anderen Gebieten der Physik haben Hydrodynamik und Elastizitätstheorie nichtsdestoweniger eine große Bedeutung als Teile der Theoretischen Physik. Auf der einen Seite sind sie Anwendungsgebiete der allgemeinen Methoden und Gesetze der Theoretischen Physik, und ein klares Verständnis der Hydrodynamik und Elastizitätstheorie ist nicht möglich ohne die Kenntnis der Grundlagen anderer Kapitel der Theoretischen Physik. Auf der anderen Seite ist die Mechanik der Kontinua selbst unentbehrlich für die Lösung von Aufgaben aus vollständig anderen Gebieten der Theoretischen Physik.

Wir möchten hier einige Bemerkungen machen über den Charakter der Darstellung der Hydrodynamik im vorliegenden Buch. Dieses Buch legt die Hydrodynamik als Teil der Theoretischen Physik dar, und damit ist in sehr starkem Maße der Charakter seines Inhalts bestimmt, der sich wesentlich unterscheidet von dem anderer Kurse der Hydrodynamik. Wir strebten danach, möglichst vollständig alle Fragen zu analysieren, die physikalisch von Interesse sind. Dabei bemühten wir uns, die Darstellung in einer solchen Weise aufzubauen, daß ein nach Möglichkeit klareres Bild der Erscheinungen und ihrer gegenseitigen Beziehungen entsteht. Entsprechend diesem Charakter des Buches behandeln wir hier nicht Näherungsmethoden für hydrodynamische Berechnungen und auch nicht solche empirische Theorien, die keine tiefere physikalische Begründung haben. Es werden hier aber solche Gegenstände behandelt wie die Theorie des Wärmetransports und der Diffusion in Flüssigkeiten, die Akustik und die Theorie der Verbrennung, die üblicherweise aus den Kursen der Hydrodynamik herausfallen.

In der vorliegenden zweiten Auflage ist das Buch wesentlich überarbeitet worden. Hinzugefügt wurde eine beträchtliche Menge neuen Stoffes, insbesondere in der Gasdynamik, die fast vollständig neu geschrieben wurde. Unter anderem wurde eine Darstellung der Theorie der schallnahen Strömung hinzugefügt. Diese Frage ist von wichtigster prinzipieller Bedeutung für die gesamte Gasdynamik, da die Untersuchung der beim Überschreiten der Schallgeschwindigkeit auftretenden Besonderheiten die Aufklärung der wesentlichen qualitativen Eigenschaften der stationären Umströmung fester Körper von Gasen ermöglichen sollte. Auf diesem Gebiet ist bisher noch verhältnismäßig wenig getan worden; viele wichtige Fragen können gerade erst gestellt werden. Im Hinblick auf die Notwendigkeit ihrer weiteren Ausarbeitung geben wir eine ausführliche Darstellung des hier angewandten mathematischen Apparates.

Hinzugefügt wurden zwei neue Kapitel, die der relativistischen Hydrodynamik und der Hydrodynamik der superfluiden Flüssigkeit gewidmet sind. Die relativistischen hydrodynamischen Gleichungen (Kapitel XV) können bei verschiedenen astrophysikalischen Fragen Anwendung finden, z. B. bei der Untersuchung von Objekten, bei denen Ausstrahlung eine wichtige Rolle spielt; ein eigenartiges Anwendungsfeld dieser Gleichungen eröffnet sich z. B. auch auf einem ganz anderen Gebiet der Physik, in der Theorie der Vielfacherzeugung von Teilchen bei Stößen. Die im Kapitel XVI dargestellte „Zweigeschwindigkeits"-Hydrodynamik gibt eine makroskopische Beschreibung der Bewegung einer superfluiden Flüssigkeit, wie sie flüssiges Helium bei Temperaturen nahe dem absoluten Nullpunkt darstellt...

Wir möchten Ja. B. Seldowitsch und L. I. Sedow aufrichtig danken für die für uns wertvolle Diskussion einer Reihe von hydrodynamischen Fragen. Wir danken auch D. W. Siwuchin, der das Buch im Manuskript gelesen und eine Reihe von Bemerkungen gemacht hat, die wir bei der Vorbereitung der zweiten Auflage des Buches benutzt haben.

Moskau, 1952 L. D. Landau, E. M. Lifschitz

Inhaltsverzeichnis

EINIGE BEZEICHNUNGEN

Dichte ϱ

Druck p

Temperatur T

Entropie pro Masseneinheit s

Innere Energie pro Masseneinheit ε

Enthalpie pro Masseneinheit $w = \varepsilon + \frac{p}{\varrho}$

Verhältnis der spezifischen Wärmen bei konstantem Druck und konstantem Volumen $\gamma = \frac{c_p}{c_v}$

Dynamische Zähigkeit η

Kinematische Zähigkeit $\nu = \frac{\eta}{\varrho}$

Wärmeleitfähigkeit $\varkappa$

Temperaturleitfähigkeit $\chi = \frac{\varkappa}{\varrho c_p}$

Reynolds-Zahl Re

Schallgeschwindigkeit c

Mach-Zahl Ma

Vektor- und (dreidimensionale) Tensorindizes werden durch lateinische Buchstaben $i, k, l, \ldots$ bezeichnet. Über zweifach auftretende („stumme“) Indizes ist stets zu summieren. δ_{ik} ist der Einheitstensor.

Hinweise auf die Nummern von Paragraphen und Formeln in anderen Bänden dieses Lehrbuches sind mit römischen Ziffern versehen:

II — „Klassische Feldtheorie“
V — „Statistische Physik, Teil 1“
VIII — „Elektrodynamik der Kontinua“
IX — „Statistische Physik, Teil 2“
X — „Physikalische Kinetik“

I IDEALE FLÜSSIGKEITEN

§ 1. Die Kontinuitätsgleichung

Das Studium der Bewegung von Flüssigkeiten (und Gasen) bildet den Inhalt der *Hydrodynamik*. Da die in der Hydrodynamik behandelten Erscheinungen makroskopischen Charakter haben, werden die Flüssigkeiten[1]) in der Hydrodynamik als Kontinua angesehen. Jedes beliebig kleine Volumenelement einer Flüssigkeit wird nach dieser Auffassung als so groß angenommen, daß es noch genügend viele Moleküle enthält. Wenn wir von einem infinitesimalen Volumenelement sprechen, dann wollen wir darunter immer ein „physikalisch" unendlich kleines Volumen verstehen, d. h. ein Volumen, das gegenüber dem Volumen des betrachteten Körpers klein, aber im Vergleich zu den zwischenmolekularen Abständen groß ist. In diesem Sinne hat man in der Hydrodynamik die Ausdrücke „Flüssigkeitsteilchen" und „Flüssigkeitspunkt" zu verstehen. Wenn man z. B. von der Verschiebung eines Flüssigkeitsteilchens spricht, dann meint man damit nicht die Verschiebung eines einzelnen Moleküls, sondern die Verschiebung eines ganzen Volumenelementes, das viele Moleküle enthält, aber in der Hydrodynamik als Punkt angesehen wird.

Der Bewegungszustand einer Flüssigkeit wird mathematisch mit Hilfe von Funktionen beschrieben, die die Geschwindigkeitsverteilung in der Flüssigkeit $\boldsymbol{v} = \boldsymbol{v}(x, y, z, t)$ und zwei beliebige thermodynamische Größen, z. B. den Druck $p(x, y, z, t)$ und die Dichte $\varrho(x, y, z, t)$, angeben. Bekanntlich werden alle thermodynamischen Größen über die Zustandsgleichung der Substanz durch zwei beliebige thermodynamische Größen bestimmt. Die Angabe von fünf Größen, drei Komponenten der Geschwindigkeit $\boldsymbol{v}$, der Druck p und die Dichte ϱ, beschreibt deshalb den Bewegungszustand einer Flüssigkeit vollständig.

Alle diese Größen sind im allgemeinen Funktionen der Koordinaten x, y, z und der Zeit t. Wir betonen, daß $\boldsymbol{v}(x, y, z, t)$ die Geschwindigkeit der Flüssigkeit in jedem gegebenen Raumpunkt x, y, z zur Zeit t ist, d. h., sie gehört zu bestimmten Raumpunkten und nicht zu bestimmten Flüssigkeitsteilchen, die sich mit der Zeit im Raume bewegen. Dasselbe gilt für die Größen ϱ und p.

Wir beginnen die Herleitung der Grundgleichungen der Hydrodynamik mit der Ableitung der Gleichung, die den Erhaltungssatz der Masse in der Hydrodynamik ausdrückt.

Dazu betrachten wir ein gewisses Volumen V_0. Die Flüssigkeitsmenge (Masse) in diesem Volumen ist $\int \varrho \, \mathrm{d}V$, wenn ϱ die Dichte der Flüssigkeit ist; die Integration erfolgt über das Volumen V_0. Pro Zeiteinheit fließt durch das Flächenelement $\mathrm{d}\boldsymbol{f}$ der Oberfläche des Volumens die Flüssigkeitsmenge $\varrho \boldsymbol{v} \, \mathrm{d}\boldsymbol{f}$. Der Betrag des Vektors $\mathrm{d}\boldsymbol{f}$ ist gleich der Fläche des Flächenelementes, $\mathrm{d}\boldsymbol{f}$ zeigt in Richtung der Normalen. Wir vereinbaren, $\mathrm{d}\boldsymbol{f}$ in Richtung der äußeren Normalen zu orientieren. Dann ist $\varrho \boldsymbol{v} \, \mathrm{d}\boldsymbol{f}$ positiv, wenn die Flüssigkeit aus dem

[1]) Wir sprechen hier und im folgenden der Kürze halber nur von Flüssigkeiten, meinen dabei aber immer sowohl Flüssigkeiten als auch Gase.

Volumen herausfließt, und negativ, wenn die Flüssigkeit hineinfließt. Die gesamte Flüssigkeitsmenge, die pro Zeiteinheit aus dem Volumen V_0 herausfließt, ist danach

$$\oint \varrho \boldsymbol{v}\, \mathrm{d}\boldsymbol{f}.$$

Die Integration wird über die ganze geschlossene Oberfläche erstreckt, die das betrachtete Volumen einschließt.

Andererseits kann man die Abnahme der Flüssigkeitsmenge im Volumen V_0 in der Form

$$-\frac{\partial}{\partial t}\int \varrho\, \mathrm{d}V$$

schreiben. Wir setzen diese beiden Ausdrücke gleich und erhalten

$$\frac{\partial}{\partial t}\int \varrho\, \mathrm{d}V = \oint \varrho \boldsymbol{v}\, \mathrm{d}\boldsymbol{f}. \tag{1,1}$$

Das Oberflächenintegral formen wir nach dem Gaußschen Satz in ein Volumenintegral um:

$$\oint \varrho \boldsymbol{v}\, \mathrm{d}\boldsymbol{f} = \int \operatorname{div}(\varrho \boldsymbol{v})\, \mathrm{d}V$$

und erhalten

$$\int \left[\frac{\partial \varrho}{\partial t} + \operatorname{div}(\varrho \boldsymbol{v})\right] \mathrm{d}V = 0\,.$$

Da diese Gleichung für jedes beliebige Volumen gilt, muß der Integrand gleich Null sein, d. h.

$$\frac{\partial \varrho}{\partial t} + \operatorname{div}(\varrho \boldsymbol{v}) = 0\,. \tag{1,2}$$

Das ist die sogenannte *Kontinuitätsgleichung*.

Wenn wir den Ausdruck div $(\varrho \boldsymbol{v})$ aufspalten, können wir (1,2) auch in der folgenden Form schreiben:

$$\frac{\partial \varrho}{\partial t} + \varrho \operatorname{div} \boldsymbol{v} + \boldsymbol{v} \operatorname{grad} \varrho = 0\,. \tag{1,3}$$

Der Vektor

$$\boldsymbol{j} = \varrho \boldsymbol{v} \tag{1,4}$$

wird als *Stromdichtevektor* der Flüssigkeit bezeichnet. Seine Richtung stimmt mit der Bewegungsrichtung der Flüssigkeit überein, sein Betrag gibt die Flüssigkeitsmenge an, die pro Zeiteinheit durch eine zur Geschwindigkeit senkrechte Flächeneinheit fließt.

§ 2. Die Eulersche Gleichung

Wir grenzen in der Flüssigkeit irgendein Volumen ab. Die gesamte Kraft, die auf das herausgegriffene Flüssigkeitsvolumen wirkt, ist gleich dem Integral

$$-\oint p\, \mathrm{d}\boldsymbol{f}$$

über den Druck; dieses Integral ist über die Oberfläche des betrachteten Volumens zu erstrecken. Durch Umwandlung in ein Volumenintegral erhalten wir

$$-\oint p\, \mathrm{d}\boldsymbol{f} = -\int \operatorname{grad} p\, \mathrm{d}V.$$

Auf jedes Volumenelement $\mathrm{d}V$ der Flüssigkeit wirkt also von der Flüssigkeit in der Umgebung her die Kraft $-\mathrm{d}V \operatorname{grad} p$. Mit anderen Worten kann man sagen, daß pro Volumeneinheit der Flüssigkeit die Kraft $-\operatorname{grad} p$ wirkt.

Jetzt können wir die Bewegungsgleichung für ein Volumenelement der Flüssigkeit aufschreiben, indem wir die Kraft $-\operatorname{grad} p$ gleich dem Produkt aus der Menge ϱ pro Volumeneinheit der Flüssigkeit und der Beschleunigung $\mathrm{d}\boldsymbol{v}/\mathrm{d}t$ setzen:

$$\varrho \frac{\mathrm{d}\boldsymbol{v}}{\mathrm{d}t} = -\operatorname{grad} p\,. \tag{2,1}$$

Die hier auftretende Ableitung $\mathrm{d}\boldsymbol{v}/\mathrm{d}t$ gibt nicht die Geschwindigkeitsänderung der Flüssigkeit in einem festen Raumpunkt, sondern die Änderung der Geschwindigkeit eines bestimmten, sich im Raume bewegenden Flüssigkeitsteilchens an. Man muß diese Ableitung durch Größen ausdrücken, die zu festen Raumpunkten gehören. Dazu bemerken wir, daß sich die Änderung $\mathrm{d}\boldsymbol{v}$ der Geschwindigkeit eines gegebenen Flüssigkeitsteilchens im Verlauf der Zeit $\mathrm{d}t$ aus zwei Teilen zusammensetzt: aus der Geschwindigkeitsänderung in dem gegebenen Raumpunkt während der Zeit $\mathrm{d}t$ und aus der Differenz der Geschwindigkeiten (zu ein und demselben Zeitpunkt) in den beiden Punkten, deren gegenseitiger Abstand $\mathrm{d}\boldsymbol{r}$ ist; $\mathrm{d}\boldsymbol{r}$ ist der von dem betrachteten Flüssigkeitsteilchen in der Zeit $\mathrm{d}t$ zurückgelegte Weg. Der erste Anteil ist

$$\frac{\partial \boldsymbol{v}}{\partial t}\mathrm{d}t\,,$$

wobei die Ableitung $\partial \boldsymbol{v}/\partial t$ jetzt bei konstantem x, y und z zu bilden ist, d. h. in dem gegebenen Raumpunkt. Der zweite Anteil der Geschwindigkeitsänderung ist

$$\mathrm{d}x \frac{\partial \boldsymbol{v}}{\partial x} + \mathrm{d}y \frac{\partial \boldsymbol{v}}{\partial y} + \mathrm{d}z \frac{\partial \boldsymbol{v}}{\partial z} = (\mathrm{d}\boldsymbol{r}\, \nabla)\, \boldsymbol{v}\,.$$

Es ist also

$$\mathrm{d}\boldsymbol{v} = \frac{\partial \boldsymbol{v}}{\partial t}\mathrm{d}t + (\mathrm{d}\boldsymbol{r}\, \nabla)\, \boldsymbol{v}$$

oder, nach Division beider Seiten durch $\mathrm{d}t$,[1])

$$\frac{\mathrm{d}\boldsymbol{v}}{\mathrm{d}t} = \frac{\partial \boldsymbol{v}}{\partial t} + (\boldsymbol{v}\nabla)\, \boldsymbol{v}\,. \tag{2,2}$$

Setzen wir die erhaltene Beziehung in (2,1) ein, so finden wir

$$\frac{\partial \boldsymbol{v}}{\partial t} + (\boldsymbol{v}\nabla)\, \boldsymbol{v} = -\frac{1}{\varrho}\operatorname{grad} p\,. \tag{2,3}$$

---

[1]) Die auf diese Weise definierte Ableitung $\mathrm{d}/\mathrm{d}t$ heißt *substantielle* Ableitung, wodurch ihr Zusammenhang mit der sich bewegenden Materie unterstrichen wird.

Das ist die gesuchte Bewegungsgleichung für die Flüssigkeit, die von L. EULER 1755 erstmalig aufgestellt worden ist. Sie heißt *Eulersche Gleichung* und ist eine der Grundgleichungen der Hydrodynamik.

Befindet sich die Flüssigkeit im Schwerefeld, dann wirkt auf jede Volumeneinheit noch die Kraft $\varrho \boldsymbol{g}$; dabei ist $\boldsymbol{g}$ die Schwerebeschleunigung. Diese Kraft muß auf der rechten Seite der Gleichung (2,1) addiert werden, so daß die Gleichung (2,3) die folgende Form annimmt:

$$\frac{\partial \boldsymbol{v}}{\partial t} + (\boldsymbol{v}\nabla)\,\boldsymbol{v} = -\frac{\nabla p}{\varrho} + \boldsymbol{g}\,. \tag{2,4}$$

Bei der Ableitung der Bewegungsgleichungen haben wir die Prozesse der Energiedissipation nicht berücksichtigt. Diese können in einer strömenden Flüssigkeit infolge der inneren Reibung (Zähigkeit) in der Flüssigkeit und durch den Wärmeaustausch zwischen verschiedenen Flüssigkeitsteilchen auftreten. Daher gilt alles, was hier und in den folgenden Paragraphen dieses Kapitels gesagt wird, nur für solche Bewegungen von Flüssigkeiten und Gasen, bei denen die Prozesse der Wärmeleitung und Zähigkeit unwesentlich sind. Solche Bewegungen nennt man Bewegungen von *idealen Flüssigkeiten.*

Das Fehlen des Wärmeaustausches zwischen den einzelnen Flüssigkeitsteilen (und natürlich auch zwischen der Flüssigkeit und den Körpern, mit denen diese in Berührung kommt) bedeutet, daß die Bewegung adiabatisch verläuft, und zwar in jedem Teil der Flüssigkeit adiabatisch. Man kann also die Bewegung einer idealen Flüssigkeit als adiabatische Bewegung ansehen.

Bei einer adiabatischen Bewegung bleibt die Entropie eines jeden Teiles der Flüssigkeit konstant, wenn sich dieser im Raume bewegt. Die Entropie pro Masseneinheit der Flüssigkeit bezeichnen wir mit s. Die Tatsache, daß die Bewegung *adiabatisch* verläuft, wird durch die Gleichung

$$\frac{\mathrm{d}s}{\mathrm{d}t} = 0 \tag{2,5}$$

ausgedrückt. Die totale Ableitung nach der Zeit bedeutet, ähnlich wie in (2,1), die Entropieänderung eines gegebenen, sich bewegenden Teiles der Flüssigkeit. Diese Ableitung kann man in der Form

$$\frac{\partial s}{\partial t} + \boldsymbol{v}\,\mathrm{grad}\,s = 0 \tag{2,6}$$

schreiben. Das ist die allgemeine Gleichung dafür, daß die Bewegung einer idealen Flüssigkeit adiabatisch verläuft. Mit Hilfe von (1,2) kann man diese Beziehung als „Kontinuitätsgleichung“ für die Entropie schreiben:

$$\frac{\partial(\varrho s)}{\partial t} + \mathrm{div}\,(\varrho s \boldsymbol{v}) = 0\,. \tag{2,7}$$

Das Produkt $\varrho s \boldsymbol{v}$ ist der Vektor der *Entropiestromdichte.*

Man muß beachten, daß die Adiabatengleichung gewöhnlich eine viel einfachere Gestalt annimmt. Normalerweise ist zu einer gewissen Anfangszeit die Entropie in allen Punkten des Flüssigkeitsvolumens gleich. Dann bleibt sie auch während der weiteren Bewegung der Flüssigkeit überall gleich und zeitlich unverändert. In diesen Fällen kann man die Adiabatengleichung einfach in der Gestalt

$$s = \mathrm{const} \tag{2,8}$$

schreiben, was wir auch im folgenden gewöhnlich tun werden. Eine solche Bewegung wird *isentrop* (oder *homentrop*) genannt.

Die Tatsache, daß eine Bewegung homentrop verläuft, kann man dazu ausnutzen, die Bewegungsgleichung (2,3) in einer etwas anderen Form darzustellen. Wir verwenden hierzu die bekannte thermodynamische Beziehung

$$\mathrm{d}w = T\,\mathrm{d}s + V\,\mathrm{d}p\,;$$

w ist die Enthalpie pro Masseneinheit der Flüssigkeit, $V = \frac{1}{\varrho}$ ist das spezifische Volumen, T die Temperatur. Da $s = \text{const}$ ist, haben wir einfach

$$\mathrm{d}w = V\,\mathrm{d}p = \frac{\mathrm{d}p}{\varrho}\,,$$

und daraus $\frac{1}{\varrho}\nabla p = \nabla w$. Die Gleichung (2,3) kann man demnach in der folgenden Form schreiben:

$$\frac{\partial \boldsymbol{v}}{\partial t} + (\boldsymbol{v}\nabla)\,\boldsymbol{v} = -\operatorname{grad} w\,. \tag{2,9}$$

Es ist nützlich, noch eine Form der Eulerschen Gleichung anzugeben, in der nur die Geschwindigkeit enthalten ist. Mit Hilfe der aus der Vektoranalysis bekannten Formel

$$\frac{\operatorname{grad} v^2}{2} = \boldsymbol{v}\times\operatorname{rot}\boldsymbol{v} + (\boldsymbol{v}\nabla)\,\boldsymbol{v}$$

kann man (2,9) in der Gestalt

$$\frac{\partial \boldsymbol{v}}{\partial t} - \boldsymbol{v}\times\operatorname{rot}\boldsymbol{v} = -\operatorname{grad}\left(w + \frac{v^2}{2}\right) \tag{2,10}$$

schreiben. Bilden wir hier auf beiden Seiten dieser Gleichung die Rotation, so erhalten wir die Gleichung

$$\frac{\partial}{\partial t}\operatorname{rot}\boldsymbol{v} = \operatorname{rot}(\boldsymbol{v}\times\operatorname{rot}\boldsymbol{v})\,, \tag{2,11}$$

die nur die Geschwindigkeit enthält.

Zu den Bewegungsgleichungen hat man noch die Randbedingungen hinzuzunehmen, welche an den die Flüssigkeit begrenzenden Wänden erfüllt sein müssen. Für eine ideale Flüssigkeit muß diese Bedingung einfach die Tatsache ausdrücken, daß die Flüssigkeit eine feste Fläche nicht durchdringen kann. Dies bedeutet, daß an unbeweglichen Wänden die Geschwindigkeitskomponente der Flüssigkeit senkrecht zur Wandfläche verschwinden muß:

$$v_n = 0 \tag{2,12}$$

(im allgemeinen Fall einer bewegten Fläche muß v_n gleich der entsprechenden Geschwindigkeitskomponente der Fläche sein).

An der Grenze zwischen sich nicht mischenden Flüssigkeiten müssen die Drücke und die zur Grenzfläche normalen Geschwindigkeitskomponenten in beiden Flüssigkeiten gleich sein (jede dieser Geschwindigkeiten muß dabei gleich der Geschwindigkeit sein, mit der sich die Grenzfläche selbst in Normalenrichtung verschiebt).

Wie bereits zu Beginn von § 1 erwähnt worden ist, wird der Zustand einer bewegten Flüssigkeit durch fünf Größen festgelegt: durch die drei Komponenten der Geschwindigkeit $\boldsymbol{v}$ und z. B. durch den Druck p und die Dichte ϱ. Dementsprechend muß das vollständige Gleichungssystem der Hydrodynamik fünf Gleichungen enthalten. Für eine ideale Flüssigkeit sind diese Gleichungen die Eulerschen Gleichungen, die Kontinuitätsgleichung und die Gleichung, die angibt, daß die Bewegung adiabatisch verläuft.

Aufgabe

Man gebe die Gleichungen für die eindimensionale Strömung einer idealen Flüssigkeit in den Variablen a and t an; a ist dabei die x-Koordinate der Flüssigkeitsteilchen zu einem bestimmten Zeitpunkt $t = t_0$ (sogenannte *Lagrangesche Variable*[1])).

Lösung. In den angegebenen Variablen wird die Koordinate x eines jeden Flüssigkeitsteilchens zu einer beliebigen Zeit als Funktion von t und der Koordinate a zur Anfangszeit aufgefaßt: $x = x(a, t)$. Die Bedingung für die Erhaltung der Masse eines Flüssigkeitselementes bei der Bewegung (Kontinuitätsgleichung) wird dementsprechend jetzt in der Form $\varrho\, dx = \varrho_0\, da$ geschrieben, oder

$$\varrho \left(\frac{\partial x}{\partial a}\right)_t = \varrho_0 ;$$

$\varrho_0(a)$ ist die vorgegebene Dichteverteilung am Anfang. Die Geschwindigkeit eines Flüssigkeitsteilchens ist laut Definition $v = (\partial x/\partial t)_a$, und die Ableitung $(\partial v/\partial t)_a$ bestimmt die zeitliche Änderung der Geschwindigkeit des gegebenen Teilchens während seiner Bewegung. Die Eulersche Gleichung erhält die Gestalt

$$\left(\frac{\partial v}{\partial t}\right)_a = -\frac{1}{\varrho_0}\left(\frac{\partial p}{\partial a}\right)_t ,$$

und die Adiabatengleichung lautet

$$\left(\frac{\partial s}{\partial t}\right)_a = 0 .$$

§ 3. Hydrostatik

Für eine ruhende Flüssigkeit im homogenen Schwerefeld nimmt die Eulersche Gleichung (2,3) die Gestalt

$$\operatorname{grad} p = \varrho \boldsymbol{g} \tag{3,1}$$

an. Diese Gleichung beschreibt das mechanische Gleichgewicht der Flüssigkeit. (Falls überhaupt keine äußeren Kräfte vorhanden sind, lautet die Gleichgewichtsbedingung einfach $\nabla p = 0$, d. h. $p = \text{const}$, der Druck ist in allen Punkten der Flüssigkeit gleich.)

Die Gleichung (3,1) kann unmittelbar integriert werden, wenn man die Dichte der Flüssigkeit im ganzen Volumen als konstant ansehen kann, d. h., wenn die Flüssigkeit unter

[1]) Obwohl man diese Variablen üblicherweise als Lagrangesche Variablen bezeichnet, muß darauf hingewiesen werden, daß die Bewegungsgleichungen für eine Flüssigkeit in diesen Koordinaten bereits von L. Euler gleichzeitig mit den Grundgleichungen (2,3) angegeben worden sind.

der Wirkung des äußeren Feldes nicht merklich komprimiert wird. Wir richten die z-Achse vertikal nach oben und haben

$$\frac{\partial p}{\partial x} = \frac{\partial p}{\partial y} = 0\,, \qquad \frac{\partial p}{\partial z} = -\varrho g\,.$$

Daraus folgt

$$p = -\varrho g z + \text{const}\,.$$

Hat eine ruhende Flüssigkeit eine freie Oberfläche (in der Höhe h), und ist der äußere Druck auf alle Punkte dieser Oberfläche derselbe (gleich p_0), dann muß diese Oberfläche die horizontale Fläche $z = h$ sein. Aus der Bedingung $p = p_0$ für $z = h$ erhalten wir const $= p_0 + \varrho g h$ und daraus

$$p = p_0 + \varrho g(h - z)\,. \tag{3,2}$$

Für große Flüssigkeits- oder Gasmengen kann man die Dichte ϱ im allgemeinen nicht als konstant ansehen; das gilt besonders für Gase (z. B. für die Atmosphäre). Wir wollen voraussetzen, daß sich die Flüssigkeit nicht nur im mechanischen, sondern auch im thermischen Gleichgewicht befindet. Dann ist die Temperatur in allen Punkten der Flüssigkeit gleich, und die Gleichung (3,1) kann folgendermaßen integriert werden. Wir verwenden die aus der Thermodynamik bekannte Beziehung

$$\mathrm{d}\Phi = -s\,\mathrm{d}T + V\mathrm{d}p\,,$$

worin Φ die freie Enthalpie pro Masseneinheit der Flüssigkeit ist. Bei konstanter Temperatur gilt

$$\mathrm{d}\Phi = V\,\mathrm{d}p = \frac{\partial p}{\varrho}\,.$$

Man kann demnach den Ausdruck $\frac{1}{\varrho}\nabla p$ in unserem Falle als $\nabla\Phi$ schreiben, so daß die Gleichgewichtsbedingung (3,1) die Form

$$\nabla\Phi = \boldsymbol{g}$$

annimmt. Für einen konstanten Vektor $\boldsymbol{g}$, der entgegengesetzt zur z-Achse gerichtet ist, besteht die Identität $\boldsymbol{g} = -\nabla(gz)$. Somit ergibt sich

$$\nabla(\Phi + gz) = 0\,.$$

Daraus finden wir, daß überall in dem Flüssigkeitsvolumen die folgende Summe konstant sein muß:

$$\Phi + gz = \text{const}\,; \tag{3,3}$$

gz ist die potentielle Energie pro Masseneinheit der Flüssigkeit im Schwerefeld. Die Bedingung (3,3) ist bereits aus der statistischen Physik als Bedingung für das thermodynamische Gleichgewicht eines Systems bekannt, das sich in einem äußeren Feld befindet.

Wir wollen hier noch eine andere einfache Folgerung aus der Gleichung (3,1) vermerken. Befindet sich eine Flüssigkeit oder ein Gas (z. B. die Atmosphäre) im Schwerefeld im mechanischen Gleichgewicht, dann kann der Druck darin nur von der Höhe z abhängen (denn es würde eine Bewegung auftreten, wenn der Druck in einer gegebenen Höhe an verschiedenen Stellen verschieden wäre). In diesem Falle folgt aus (3,1), daß auch die Dichte

$$\varrho = -\frac{1}{g}\frac{dp}{dz} \tag{3,4}$$

eine Funktion allein von z ist. Druck und Dichte bestimmen aber eindeutig die Temperatur in einem gegebenen Punkt eines Körpers. Folglich muß auch die Temperatur eine Funktion von z allein sein. Im mechanischen Gleichgewicht hängen also die Verteilungen von Druck, Dichte und Temperatur im Schwerfeld nur von der Höhe ab. Wenn z. B. die Temperatur an verschiedenen Stellen einer Flüssigkeit in ein und derselben Höhe verschieden ist, dann ist ein mechanisches Gleichgewicht in ihr nicht möglich.

Schließlich leiten wir noch die Gleichgewichtsbedingung für eine sehr große Flüssigkeitsmenge her, deren Teile durch Gravitationskräfte zusammengehalten werden (Stern). φ sei das Newtonsche Gravitationspotential des von der Flüssigkeit erzeugten Feldes. Es genügt der Differentialgleichung

$$\triangle\varphi = 4\pi G\varrho \tag{3,5}$$

mit der Newtonschen Gravitationskonstante G. Die Feldstärke des Gravitationsfeldes ist $-\operatorname{grad}\varphi$, so daß die Kraft auf die Masse ϱ gleich $-\varrho \operatorname{grad}\varphi$ ist. Daher wird die Gleichgewichtsbedingung

$$\operatorname{grad} p = -\varrho \operatorname{grad}\varphi\,.$$

Diese Gleichung dividieren wird durch ϱ, bilden auf beiden Seiten die Divergenz und benutzen die Gleichung (3,5); so erhalten wir die endgültige Gleichgewichtsbedingung in der Gestalt

$$\operatorname{div}\left(\frac{1}{\varrho}\operatorname{grad} p\right) = -4\pi G\varrho\,. \tag{3,6}$$

Wir betonen, daß es sich hier nur um das mechanische Gleichgewicht handelt. Die Existenz eines vollkommenen thermischen Gleichgewichtes ist in der Gleichung (3,6) keineswegs vorausgesetzt.

Falls der Körper nicht rotiert, wird er im Gleichgewicht Kugelgestalt haben; die Verteilung von Dichte und Druck in ihm werden kugelsymmetrisch sein. Die Gleichung (3,6) hat in Kugelkoordinaten die Form

$$\frac{1}{r^2}\frac{d}{dr}\left(\frac{r^2}{\varrho}\frac{dp}{dr}\right) = -4\pi G\varrho\,. \tag{3,7}$$

§ 4. Die Bedingung für das Fehlen der Konvektion

Eine Flüssigkeit kann sich im mechanischen Gleichgewicht befinden (d. h. keine makroskopische Bewegung zeigen), ohne daß sie dabei im thermischen Gleichgewicht ist. Die Gleichung (3,1), die Bedingung für das mechanische Gleichgewicht, kann auch dann erfüllt sein, wenn die Temperatur in der Flüssigkeit nicht konstant ist. Dabei taucht aber die Frage auf, ob ein solches Gleichgewicht stabil ist. Es zeigt sich, daß das Gleichgewicht nur unter einer bestimmten Bedingung stabil wird. Ist diese Bedingung nicht erfüllt, dann ist das Gleichgewicht instabil, und in der Flüssigkeit treten ungeordnete Strömungen auf, die die Flüsssigkeit so zu vermischen bestrebt sind, daß in ihr eine konstante Temperatur erreicht wird. Diese Bewegung wird als *Konvektion* bezeichnet. Die Stabilitätsbedingung für das mechanische Gleichgewicht ist, mit anderen Worten, die Bedingung für das Fehlen der Konvektion. Sie kann folgendermaßen abgeleitet werden.

Wir betrachten ein Flüssigkeitselement in der Höhe z und mit spezifischem Volumen $V(p, s)$; dabei sind p und s Gleichgewichtsdruck und -entropie der Flüssigkeit in dieser Höhe. Wir setzen voraus, daß dieses Flüssigkeitselement um die kleine Strecke ξ adiabatisch nach oben verschoben sind. Sein spezifisches Volumen wird dabei $V(p', s)$, wobei p' der Druck in der Höhe $z + \xi$ ist. Für die Stabilität des Gleichgewichtes ist es notwendig (wenn auch im allgemeinen nicht hinreichend), daß die dabei auftretende Kraft bestrebt ist, das Element in die Ausgangslage zurückzutreiben. Das betrachtete Volumenelement muß demnach schwerer sein als die von ihm in der neuen Lage „verdrängte" Flüssigkeit. Das spezifische Volumen der letzteren ist $V(p', s')$; darin ist s' die Gleichgewichtsentropie der Flüssigkeit in der Höhe $z + \xi$. Somit haben wir als Stabilitätsbedingung

$$V(p', s') - V(p', s) > 0 .$$

Diese Differenz entwickeln wir nach Potenzen von $s' - s = \frac{ds}{dz}\xi$ und erhalten

$$\left(\frac{\partial V}{\partial s}\right)_p \frac{ds}{dz} > 0 . \tag{4,1}$$

Nach thermodynamischen Beziehungen gilt

$$\left(\frac{\partial V}{\partial s}\right)_p = \frac{T}{c_p}\left(\frac{\partial V}{\partial T}\right)_p ;$$

c_p ist die spezifische Wärme bei konstantem Druck. Die spezifische Wärme c_p ist wie die Temperatur T immer positiv, deshalb können wir (4,1) umformen in

$$\left(\frac{\partial V}{\partial T}\right)_p \frac{ds}{dz} > 0 . \tag{4,2}$$

Die meisten Stoffe dehnen sich bei Erwärmung aus, d. h., es ist $\left(\frac{\partial V}{\partial T}\right)_p > 0$. Die Bedingung für das Fehlen der Konvektion reduziert sich dann auf die Ungleichung

$$\frac{ds}{dz} > 0 , \tag{4,3}$$

d. h., die Entropie muß mit der Höhe zunehmen.

Hieraus kann man leicht eine Bedingung für den Temperaturgradienten $\frac{dT}{dz}$ finden. Wir bilden die Ableitung $\frac{ds}{dz}$ und schreiben

$$\frac{ds}{dz} = \left(\frac{\partial s}{\partial T}\right)_p \frac{dT}{dz} + \left(\frac{\partial s}{\partial p}\right)_T \frac{dp}{dz} = \frac{c_p}{T}\frac{dT}{dz} - \left(\frac{\partial V}{\partial T}\right)_p \frac{dp}{dz} > 0 \, .$$

Schließlich setzen wir nach (3,4)

$$\frac{dp}{dz} = -\frac{g}{V}$$

ein und erhalten

$$-\frac{dT}{dz} < \frac{g\beta T}{c_p}, \tag{4,4}$$

wobei $\beta = \frac{1}{V}\left(\frac{\partial V}{\partial T}\right)_p$ der Koeffizient der thermischen Ausdehnung ist. Untersucht man das Gleichgewicht einer Gassäule und kann das Gas dabei (im thermodynamischen Sinne) als ideal annehmen, so ist $\beta T = 1$, und die Bedingung (4,4) lautet

$$-\frac{dT}{dz} < \frac{g}{c_p}\, . \tag{4,5}$$

Konvektion wird bei Verletzung dieser Bedingung auftreten, d. h., wenn die Temperatur in Richtung von unten nach oben abnimmt und ihr Gradient dabei betragsmäßig den in (4,4 – 5) angegebenen Wert übersteigt.[1])

§ 5. Die Bernoullische Gleichung

Für stationäre Flüssigkeitsströmungen vereinfachen sich die Gleichungen der Hydrodynamik beträchtlich. Unter einer *stationären Strömung* versteht man eine solche Strömung, bei der die Strömungsgeschwindigkeit in jedem Punkt des von der Flüssigkeit eingenommenen Raumes zeitlich konstant bleibt. $\boldsymbol{v}$ ist, mit anderen Worten, eine reine Ortsfunktion, so daß $\frac{\partial \boldsymbol{v}}{\partial t} = 0$ ist. Die Gleichung (2,10) vereinfacht sich jetzt zu

$$\frac{\operatorname{grad} v^2}{2} - \boldsymbol{v} \times \operatorname{rot} \boldsymbol{v} = -\operatorname{grad} w\, . \tag{5,1}$$

Wir führen den Begriff der *Stromlinien* ein: Die Tangenten an die Stromlinien geben

---

[1]) Für Wasser bei 20 °C beträgt der Wert auf der rechten Seiten von (4,4) etwa 1° auf 6,7 km; für Luft beträgt der Wert auf der rechten Seite von (4,5) etwa 1° auf 100 m.

im Berührungspunkt die Richtung des Geschwindigkeitsvektors in dem gegebenen Zeitpunkt an. Sie werden durch das folgende Differentialgleichungssystem bestimmt:

$$\frac{dx}{v_x} = \frac{dy}{v_y} = \frac{dz}{v_z}. \tag{5,2}$$

Bei einer stationären Flüssigkeitsströmung bleiben die Stromlinien im Laufe der Zeit unverändert und stimmen mit den Bahnkurven der Flüssigkeitsteilchen überein. Diese Übereinstimmung ist selbstverständlich für eine nichtstationäre Strömung nicht vorhanden: Die Tangenten an die Stromlinien geben die Richtungen der Geschwindigkeiten verschiedener Flüssigkeitsteilchen in aufeinanderfolgenden Raumpunkten zu einem bestimmten Zeitpunkt, während die Tangenten an die Bahnkurven die Richtungen der Geschwindigkeit bestimmter Teilchen in aufeinanderfolgenden Zeitpunkten angeben.

Die Gleichung (5,1) multiplizieren wir in jedem Punkt einer Stromlinie mit dem Einheitsvektor in Tangentenrichtung, den wir mit $\boldsymbol{l}$ bezeichnen. Die Projektion des Gradienten auf eine gewisse Richtung ist bekanntlich gleich der in dieser Richtung gebildeten Ableitung. Die gesuchte Projektion von grad w ist daher $\partial w/\partial l$. Der Vektor $\boldsymbol{v} \times \operatorname{rot} \boldsymbol{v}$ steht senkrecht auf der Geschwindigkeit $\boldsymbol{v}$, und seine Projektion auf die Richtung $\boldsymbol{l}$ ist somit gleich Null.

Wir erhalten also aus der Gleichung (5,1)

$$\frac{\partial}{\partial l}\left(\frac{v^2}{2} + w\right) = 0\,.$$

Danach ist die Größe $\frac{v^2}{2} + w$ längs einer Stromlinie konstant:

$$\frac{v^2}{2} + w = \text{const}\,. \tag{5,3}$$

Der Wert der Konstanten ist im allgemeinen für verschiedene Stromlinien verschieden. Die Gleichung (5,3) heißt *Bernoullische Gleichung*[1]).

Erfolgt die Flüssigkeitsströmung im Schwerefeld, dann muß man auf der rechten Seite der Gleichung (5,1) noch die Schwerebeschleunigung $\boldsymbol{g}$ addieren. Wir wählen die Richtung der Schwerkraft als z-Richtung und zählen z nach oben positiv. Der Kosinus des Winkels zwischen den Richtungen von $\boldsymbol{g}$ und $\boldsymbol{l}$ ist gleich der Ableitung $-\frac{dz}{dl}$, so daß die Projektion von $\boldsymbol{g}$ auf $\boldsymbol{l}$ gleich

$$-g\,\frac{dz}{dl}$$

ist. Danach haben wir jetzt

$$\frac{\partial}{\partial l}\left(\frac{v^2}{2} + w + gz\right) = 0\,.$$

[1]) Sie wurde 1738 von D. Bernoulli für eine inkompressible Flüssigkeit (s. § 10) aufgestellt.

Die Bernoullische Gleichung besagt also, daß längs einer Stromlinie die folgende Summe konstant bleibt:

$$\frac{v^2}{2} + w + gz = \text{const}\,. \tag{5,4}$$

§ 6. Der Energiestrom

Wir wählen irgendein im Raum festes Volumenelement und bestimmen, wie sich die Energie in diesem Flüssigkeitsvolumen im Laufe der Zeit ändert. Die Energie pro Volumeneinheit der Flüssigkeit ist

$$\frac{\varrho v^2}{2} + \varrho\varepsilon\,.$$

Das erste Glied ist die kinetische Energie, das zweite die innere Energie (ε ist die innere Energie der Flüssigkeit pro Masseneinheit). Die Änderung dieser Energie ergibt sich aus der partiellen Ableitung

$$\frac{\partial}{\partial t}\left(\frac{\varrho v^2}{2} + \varrho\varepsilon\right).$$

Zur Berechnung dieser Größe schreiben wir

$$\frac{\partial}{\partial t}\left(\frac{\varrho v^2}{2}\right) = \frac{v^2}{2}\frac{\partial \varrho}{\partial t} + \varrho \boldsymbol{v}\frac{\partial \boldsymbol{v}}{\partial t}$$

oder unter Verwendung der Kontinuitätsgleichung (1,2) und der Bewegungsgleichung (2,3)

$$\frac{\partial}{\partial t}\left(\frac{\varrho v^2}{2}\right) = -\frac{v^2}{2}\operatorname{div}(\varrho\boldsymbol{v}) - \boldsymbol{v}\operatorname{grad} p - \varrho\boldsymbol{v}(\boldsymbol{v}\nabla)\,\boldsymbol{v}\,.$$

Im letzteren Term ersetzen wir $\boldsymbol{v}(\boldsymbol{v}\nabla)\,\boldsymbol{v}$ durch $\frac{\boldsymbol{v}}{2}\nabla v^2$. Den Druckgradienten ersetzen wir nach der thermodynamischen Beziehung $\mathrm{d}w = T\,\mathrm{d}s + \frac{1}{\varrho}\mathrm{d}p$ durch $\varrho\nabla w - \varrho T\nabla s$ und erhalten

$$\frac{\partial}{\partial t}\left(\frac{\varrho v^2}{2}\right) = -\frac{v^2}{2}\operatorname{div}(\varrho\boldsymbol{v}) - \varrho\boldsymbol{v}\nabla\left(\frac{v^2}{2} + w\right) + \varrho T\boldsymbol{v}\nabla s\,.$$

Zur Umformung der Ableitung $\frac{\partial}{\partial t}\varrho\varepsilon$ benutzen wir die thermodynamische Relation

$$\mathrm{d}\varepsilon = T\,\mathrm{d}s - p\,\mathrm{d}V = T\,\mathrm{d}s + \frac{p}{\varrho^2}\mathrm{d}\varrho\,.$$

Da die Summe $\varepsilon + \frac{p}{\varrho} = \varepsilon + pV$ nichts anderes als die Enthalpie w pro Masseneinheit ist, finden wir

$$\mathrm{d}(\varrho\varepsilon) = \varepsilon\,\mathrm{d}\varrho + \varrho\,\mathrm{d}\varepsilon = w\,\mathrm{d}\varrho + \varrho T\,\mathrm{d}s$$

und daher

$$\frac{\partial(\varrho\varepsilon)}{\partial t} = w\frac{\partial\varrho}{\partial t} + \varrho T\frac{\partial s}{\partial t} = -w\,\mathrm{div}\,(\varrho\boldsymbol{v}) - \varrho T\boldsymbol{v}\nabla s\,.$$

Hier haben wir auch die Adiabatengleichung in der Form (2,6) verwendet.

Wir fassen die erhaltenen Ausdrücke zusammen und erhalten für die Energieänderung

$$\frac{\partial}{\partial t}\left(\frac{\varrho v^2}{2} + \varrho\varepsilon\right) = -\left(\frac{v^2}{2} + w\right)\mathrm{div}\,(\varrho\boldsymbol{v}) - \varrho\boldsymbol{v}\nabla\left(\frac{v^2}{2} + w\right)$$

oder endgültig

$$\frac{\partial}{\partial t}\left(\frac{\varrho v^2}{2} + \varrho\varepsilon\right) = -\mathrm{div}\left[\varrho\boldsymbol{v}\left(\frac{v^2}{2} + w\right)\right]. \tag{6,1}$$

Um die Bedeutung der erhaltenen Gleichung zu finden, integrieren wir sie über irgendein Volumen

$$\frac{\partial}{\partial t}\int\left(\frac{\varrho v^2}{2} + \varrho\varepsilon\right)\mathrm{d}V = -\int\mathrm{div}\left[\varrho\boldsymbol{v}\left(\frac{v^2}{2} + w\right)\right]\mathrm{d}V\,.$$

Nachdem wir das rechts stehende Volumenintegral in ein Oberflächenintegral umgeformt haben, wird daraus

$$\frac{\partial}{\partial t}\int\left(\frac{\varrho v^2}{2} + \varrho\varepsilon\right)\mathrm{d}V = -\oint\varrho\boldsymbol{v}\left(\frac{v^2}{2} + w\right)\mathrm{d}\boldsymbol{f}. \tag{6,2}$$

Links steht die Energieänderung der Flüssigkeit pro Zeiteinheit in einem gegebenen Volumen. Das rechts stehende Oberflächenintegral ist folglich die Energiemenge, die pro Zeiteinheit aus dem betrachteten Volumen herausfließt. Man kann daher offensichtlich den Ausdruck

$$\varrho\boldsymbol{v}\left(\frac{v^2}{2} + w\right) \tag{6,3}$$

als Vektor der *Energiestromdichte* bezeichnen. Sein Betrag gibt die Energiemenge an, die pro Zeiteinheit durch eine zur Richtung der Geschwindigkeit senkrechte Flächeneinheit fließt.

Der Ausdruck (6,3) zeigt, daß die Flüssigkeit pro Masseneinheit bei der Bewegung die Energie $w + v^2/2$ mit sich führt. Die Tatsache, daß hier die Enthalpie w und nicht einfach die innere Energie ε steht, hat eine einfache physikalische Bedeutung. Um diese zu finden, setzen wir $w = \varepsilon + p/\varrho$ ein und schreiben den gesamten Energiestrom durch eine geschlossene Oberfläche in der Form

$$-\oint\varrho\boldsymbol{v}\left(\frac{v^2}{2} + \varepsilon\right)\mathrm{d}\boldsymbol{f} - \oint p\boldsymbol{v}\,\mathrm{d}\boldsymbol{f}.$$

Der erste Term ist die (kinetische und innere) Energie, die von der Masse der Flüssigkeit (pro Zeiteinheit) unmittelbar durch die Oberfläche hindurch transportiert wird. Der zweite Term stellt die Arbeit dar, die von den Druckkräften an der Flüssigkeit innerhalb der Fläche geleistet wird.

§ 7. Der Impulsstrom

Wir geben jetzt eine ähnliche Ableitung für den Impuls der Flüssigkeit. Der Impuls pro Volumeneinheit ist $\varrho \boldsymbol{v}$. Wir bestimmen die Geschwindigkeit der Impulsänderung

$$\frac{\partial}{\partial t}(\varrho \boldsymbol{v}).$$

Die Rechnungen sollen in Tensorschreibweise durchgeführt werden.[1]) Es ist

$$\frac{\partial}{\partial t}(\varrho v_i) = \varrho \frac{\partial v_i}{\partial t} + \frac{\partial \varrho}{\partial t} v_i .$$

Wir benutzen die Kontinuitätsgleichung (1,2) $\left(\operatorname{div} \varrho \boldsymbol{v} \text{ schreiben wir als } \frac{\partial}{\partial x_k} \varrho v_k\right)$

$$\frac{\partial \varrho}{\partial t} = -\frac{\partial(\varrho v_k)}{\partial x_k}$$

und die Eulersche Gleichung (2,3) in der Form

$$\frac{\partial v_i}{\partial t} = -v_k \frac{\partial v_i}{\partial x_k} - \frac{1}{\varrho}\frac{\partial p}{\partial x_i}.$$

Dann erhalten wir

$$\frac{\partial}{\partial t}(\varrho v_i) = -\varrho v_k \frac{\partial v_i}{\partial x_k} - \frac{\partial p}{\partial x_i} - v_i \frac{\partial(\varrho v_k)}{\partial x_k} = -\frac{\partial p}{\partial x_i} - \frac{\partial}{\partial x_k}(\varrho v_i v_k).$$

Das erste Glied auf der rechten Seite schreiben wir in der Gestalt[2])

$$\frac{\partial p}{\partial x_i} = \delta_{ik} \frac{\partial p}{\partial x_k}$$

---

[1]) Lateinische Indizes $i, k, \ldots$ durchlaufen immer die Werte 1, 2, 3, die zu den Komponenten der Vektoren und Tensoren in Richtung der x-, y- bzw. z-Achse gehören. Im folgenden werden wir Summen der Art $\boldsymbol{AB} = A_1B_1 + A_2B_2 + A_3B_3 = \sum_{i=1}^{3} A_iB_i$ einfach als A_iB_i schreiben und das Summenzeichen weglassen. Analog verfahren wir bei allen möglichen Multiplikationen von Vektoren und Tensoren: Über alle (in einem gegebenen Ausdruck) doppelt auftretenden lateinischen Indizes wird immer über die Werte 1, 2 und 3 summiert. Die Indizes, über die summiert wird, bezeichnet man manchmal als „stumme" Indizes. Beim Umgang mit stummen Indizes muß man daran denken, daß jedes solche Indexpaar mit beliebigen (aber gleichen) Buchstaben bezeichnet werden kann; denn die Bezeichnung der Indizes, die alle möglichen Werte durchlaufen, beeinflußt natürlich nicht den Wert der Summe.

[2]) δ_{ik} bedeutet den *Einheitstensor*, d. h. den Tensor mit den Komponenten 1 für $i = k$ und 0 für $i \neq k$. Offensichtlich ist $\delta_{ik}A_k = A_i$, wenn A_i ein beliebiger Vektor ist. Analog gelten für einen Tensor zweiten Ranges A_{kl} die Beziehungen $\delta_{ik}A_{kl} = A_{il}$, $\delta_{ik}A_{ik} = A_{ii}$ usw.

und finden schließlich

$$\frac{\partial}{\partial t}(\varrho v_i) = -\frac{\partial \Pi_{ik}}{\partial x_k}, \tag{7,1}$$

wo der Tensor Π_{ik} definiert ist als

$$\Pi_{ik} = p\delta_{ik} + \varrho v_i v_k. \tag{7,2}$$

Der Tensor Π_{ik} ist offensichtlich symmetrisch.

Um die Bedeutung des Tensors Π_{ik} aufzudecken, integrieren wir die Gleichung (7,1) über irgendein Volumen:

$$\frac{\partial}{\partial t}\int \varrho v_i \,\mathrm{d}V = -\int \frac{\partial \Pi_{ik}}{\partial x_k}\,\mathrm{d}V.$$

Das auf der rechten Seite der Gleichung stehende Integral formen wir nach dem Gaußschen Satz in ein Oberflächenintegral um[1]).

$$\frac{\partial}{\partial t}\int \varrho v_i \,\mathrm{d}V = -\oint \Pi_{ik}\,\mathrm{d}f_k. \tag{7,3}$$

Auf der linken Seite steht die Änderung der i-ten Impulskomponente pro Zeiteinheit in dem betrachteten Volumen. Das rechts stehende Oberflächenintegral gibt daher die Menge dieses Impulses an, die pro Zeiteinheit durch die das Volumen begrenzende Oberfläche herausfließt. Folglich ist $\Pi_{ik}\,\mathrm{d}f_k$ die i-te Komponente des Impulses, der durch das Flächenelement $\mathrm{d}f$ hindurchfließt. Schreiben wir $\mathrm{d}f_k$ in der Form $n_k\,\mathrm{d}f$ ($\mathrm{d}f$ ist der Betrag des Flächenelementes, $\boldsymbol{n}$ ist der Einheitsvektor in Richtung der äußeren Normale), so finden wir, daß $\Pi_{ik}n_k$ der Strom der i-ten Impulskomponente pro Flächeneinheit der Oberfläche ist. Nach (7,2) ist $\Pi_{ik}n_k = pn_i + \varrho v_i v_k n_k$; dieser Ausdruck kann in Vektorform geschrieben werden als

$$p\boldsymbol{n} + \varrho \boldsymbol{v}(\boldsymbol{v}\boldsymbol{n}). \tag{7,4}$$

Somit ist Π_{ik} die i-te Komponente des Impulses, der pro Zeiteinheit durch eine Flächeneinheit senkrecht zur x_k-Achse fließt. Den Tensor Π_{ik} bezeichnet man als Tensor der *Impulsstromdichte*. Die Energie ist eine skalare Größe, und der Energiestrom wird durch einen Vektor gegeben; der Impuls ist selbst ein Vektor, und der Impulsstrom wird durch einen Tensor zweiten Ranges bestimmt.

Der Vektor (7,4) gibt den Strom des Impulsvektors in $\boldsymbol{n}$-Richtung an, d. h. durch eine Fläche senkrecht zu $\boldsymbol{n}$. Wählen wir speziell als Richtung des Einheitsvektors $\boldsymbol{n}$ die Richtung der Geschwindigkeit der Flüssigkeit, so ergibt sich, daß in dieser Richtung nur eine

[1]) Die Regel für die Umformung eines Integrals über eine geschlossene Fläche in ein Integral über das in dieser Fläche enthaltene Volumen kann man folgendermaßen formulieren. Man ersetzt das Flächemelement $\mathrm{d}f_i$ durch den Operator $\mathrm{d}V\frac{\partial}{\partial x_i}$, der auf den ganzen Integranden angewendet werden muß:

$$\mathrm{d}f_i \to \mathrm{d}V\frac{\partial}{\partial x_i}.$$

longitudinale Impulskomponente übertragen wird. Die Dichte dieses Impulsstromes ist

$$p + \varrho v^2 .$$

In einer zur Geschwindigkeit senkrechten Richtung wird nur eine (zu $\boldsymbol{v}$) transversale Impulskomponente übertragen, die entsprechende Stromdichte ist einfach gleich p.

§ 8. Die Erhaltung der Zirkulation

Das Integral

$$\Gamma = \oint \boldsymbol{v}\, \mathrm{d}\boldsymbol{l}$$

über eine geschlossene Kurve heißt die *Zirkulation* längs dieser Kurve.

Wir betrachten in einem bestimmten Zeitpunkt in einer Flüssigkeit eine geschlossene Kurve. Wir wollen sie als „flüssig" ansehen, d. h., sie soll aus den auf ihr befindlichen Flüssigkeitsteilchen bestehen. Im Laufe der Zeit werden sich diese Teilchen bewegen, und mit ihnen verschiebt sich auch die ganze Kurve. Uns interessiert dabei, was mit der Zirkulation längs dieser Kurve geschieht. Wir werden mit anderen Worten die Zeitableitung

$$\frac{\mathrm{d}}{\mathrm{d}t} \oint \boldsymbol{v}\, \mathrm{d}\boldsymbol{l}$$

berechnen. Hier schreiben wir die totale Ableitung nach der Zeit, weil wir die Änderung der Zirkulation längs einer sich bewegenden „Flüssigkeitskurve" suchen und nicht längs einer Kurve, die im Raume festliegt.

Um Verwechslungen zu vermeiden, werden wir die Differentiation nach den Ortskoordinaten vorübergehend mit dem Symbol δ bezeichnen, das Symbol d reservieren wir für die Differentiation nach der Zeit. Das Linienelement $\mathrm{d}\boldsymbol{l}$ auf der Kurve kann man als Differenz $\delta\boldsymbol{r}$ der Ortsvektoren $\boldsymbol{r}$ der beiden Endpunkte dieses Elementes schreiben. Damit schreiben wir die Zirkulation in der Form

$$\oint \boldsymbol{v}\, \delta\boldsymbol{r} .$$

Bei der Differentiation dieses Integrals nach der Zeit muß man beachten, daß sich nicht nur die Geschwindigkeit, sondern auch die Kurve selbst (d. h. deren Gestalt) ändert. Ziehen wir die Differentiation nach der Zeit unter das Integralzeichen, dann müssen wir aus diesem Grunde nicht nur $\boldsymbol{v}$, sondern auch $\delta\boldsymbol{r}$ differenzieren:

$$\frac{\mathrm{d}}{\mathrm{d}t} \oint \boldsymbol{v}\, \mathrm{d}\boldsymbol{r} = \oint \frac{\mathrm{d}\boldsymbol{v}}{\mathrm{d}t}\, \delta\boldsymbol{r} + \oint \boldsymbol{v} \frac{\mathrm{d}\delta\boldsymbol{r}}{\mathrm{d}t} .$$

Die Geschwindigkeit $\boldsymbol{v}$ ist nichts anderes als die Zeitableitung des Ortsvektors $\boldsymbol{r}$; daher ist

$$\boldsymbol{v} \frac{\mathrm{d}\delta\boldsymbol{r}}{\mathrm{d}t} = \boldsymbol{v}\delta \frac{\mathrm{d}\boldsymbol{r}}{\mathrm{d}t} = \boldsymbol{v}\delta\boldsymbol{v} = \delta \frac{v^2}{2} .$$

Das Integral über ein vollständiges Differential längs einer geschlossenen Kurve ist aber gleich Null. Deshalb verschwindet das zweite der aufgeschriebenen Integrale, und es bleibt

$$\frac{\mathrm{d}}{\mathrm{d}t} \oint \boldsymbol{v}\delta\boldsymbol{r} = \oint \frac{\mathrm{d}\boldsymbol{v}}{\mathrm{d}t}\, \delta\boldsymbol{r} .$$

Wir müssen hier jetzt nur noch nach (2,9) den Ausdruck für die Beschleunigung $\frac{d\boldsymbol{v}}{dt}$ einsetzen:

$$\frac{d\boldsymbol{v}}{dt} = -\operatorname{grad} w .$$

Mit Hilfe der Stokesschen Formel erhalten wir dann (weil rot grad $w \equiv 0$ ist)

$$\oint \frac{d\boldsymbol{v}}{dt}\,\delta\boldsymbol{r} = \int \operatorname{rot}\left(\frac{d\boldsymbol{v}}{dt}\right)\delta\boldsymbol{f} = 0 .$$

Gehen wir zu den alten Beziehungen zurück, so finden wir endgültig[1])

$$\frac{d}{dt}\oint \boldsymbol{v}\,d\boldsymbol{l} = 0$$

oder

$$\oint \boldsymbol{v}\,d\boldsymbol{l} = \text{const} . \tag{8,1}$$

Wir sind somit zu dem Ergebnis gelangt, daß sich (in einer idealen Flüssigkeit) die Zirkulation längs einer geschlossenen flüssigen Kurve zeitlich nicht ändert. Dieses Ergebnis heißt *Thomsonscher Satz* (W. THOMSON, 1869) oder *Erhaltungssatz für die Zirkulation.* Es muß betont werden, daß wir dieses Resultat unter Benutzung der Eulerschen Gleichung in der Form (2,9) gewonnen haben. Daher ist es an die Voraussetzung geknüpft, daß die Flüssigkeitsströmung isentrop verläuft. Für eine nicht isentrope Strömung gilt dieser Satz nicht.[2])

Wenden wir den Thomsonschen Satz auf eine unendlich kleine geschlossene Kurve δC an und formen das Integral mit Hilfe des Stokesschen Satzes um, so erhalten wir

$$\oint \boldsymbol{v}\,d\boldsymbol{l} = \int \operatorname{rot}\boldsymbol{v}\,d\boldsymbol{f} \approx \delta\boldsymbol{f}\cdot\operatorname{rot}\boldsymbol{v} = \text{const} , \tag{8,2}$$

wobei $d\boldsymbol{f}$ das Element der flüssigen Fläche ist, die von der Kurve δC umschlossen wird. Den Vektor rot $\boldsymbol{v}$ nennt man manchmal die *Wirbelung*[3]) der Flüssigkeitsströmung im gegebenen Punkt. Die Konstanz des Produktes (8,2) kann man anschaulich erläutern, indem man sagt, daß die Wirbelung mit der sich bewegenden Flüssigkeit mitgeht.

Aufgabe

Man zeige, daß bei nicht isentroper Strömung für jedes sich bewegende Teilchen der mit ihm verbundene Wert des Produktes $(\nabla s \cdot \operatorname{rot}\boldsymbol{v})/\varrho$ konstant bleibt (H. ERTEL, 1942).

Lösung. Bei nicht isentroper Bewegung kann die rechte Seite der Eulerschen Gleichung (2,3) nicht durch $-\nabla w$ ersetzt werden, und an Stelle von Gleichung (2,11) ergibt sich

$$\frac{\partial\boldsymbol{\omega}}{\partial t} = \operatorname{rot}(\boldsymbol{v}\times\boldsymbol{\omega}) + \frac{1}{\varrho^2}\nabla\varrho\times\nabla p$$

---

[1]) Dieses Resultat gilt auch im homogenen Schwerefeld, da rot $\boldsymbol{g} = 0$ ist.

[2]) Vom rein mathematischen Standpunkt aus ist es notwendig, daß zwischen p und ϱ ein eindeutiger Zusammenhang besteht (für eine isentrope Strömung wird er durch die Gleichung $s(p, \varrho) = \text{const}$ gegeben). Dann kann der Vektor $-\nabla p/\varrho$ als Gradient einer Funktion geschrieben werden, und gerade das wird bei der Ableitung des Thomsonschen Satzes gefordert.

[3]) In englischer Terminologie vorticity.

(wobei die Abkürzung $\boldsymbol{\omega} = \operatorname{rot} \boldsymbol{v}$ eingeführt wurde). Wir multiplizieren diese Gleichung mit ∇s; da $s = s(p, \varrho)$ gilt, drückt sich ∇s linear durch ∇p und $\nabla \varrho$ aus, und das Produkt $\nabla s(\nabla p \times \nabla \varrho) = 0$. Danach kann man den Ausdruck auf der rechten Seite der Gleichung folgendermaßen umformen:

$$\nabla s \frac{\partial \boldsymbol{\omega}}{\partial t} = \nabla s \cdot \operatorname{rot}(\boldsymbol{v} \times \boldsymbol{\omega}) = -\operatorname{div}(\nabla s(\boldsymbol{v} \times \boldsymbol{\omega})) = -\operatorname{div}(\boldsymbol{v}(\boldsymbol{\omega} \nabla s)) + \operatorname{div}(\boldsymbol{\omega}(\boldsymbol{v} \nabla s))$$

$$= -(\boldsymbol{\omega} \nabla s) \operatorname{div} \boldsymbol{v} - \boldsymbol{v} \operatorname{grad}(\boldsymbol{\omega} \nabla s) + \boldsymbol{\omega} \operatorname{grad}(\boldsymbol{v} \nabla s).$$

Nach (2,6) ersetzen wir $(\boldsymbol{v} \nabla s) = -\partial s/\partial t$ und erhalten die Gleichung

$$\frac{\partial}{\partial t}(\boldsymbol{\omega} \nabla s) + \boldsymbol{v} \operatorname{grad}(\boldsymbol{\omega} \nabla s) + (\boldsymbol{\omega} \nabla s) \operatorname{div} \boldsymbol{v} = 0.$$

Die ersten beiden Terme vereinigen sich zu $\mathrm{d}(\boldsymbol{\omega} \nabla s)/\mathrm{d}t$ (wobei $\mathrm{d}/\mathrm{d}t = \partial/\partial t + (\boldsymbol{v}\nabla)$), und im letzten ersetzen wir nach (1,3) $\varrho \operatorname{div} \boldsymbol{v} = -\mathrm{d}\varrho/\mathrm{d}t$. Als Resultat ergibt sich

$$\frac{\mathrm{d}}{\mathrm{d}t} \frac{\boldsymbol{\omega} \nabla s}{\varrho} = 0,$$

was den gesuchten Erhaltungssatz ausdrückt.

§ 9. Potentialströmungen

Aus dem Erhaltungssatz für die Zirkulation kann man eine wichtige Folgerung ziehen. Zunächst werden wir annehmen, daß die Bewegung der Flüssigkeit stationär ist, und eine Stromlinie betrachten, von der bekannt ist, daß in einem ihrer Punkte $\operatorname{rot} \boldsymbol{v} = 0$ ist. Wir führen eine beliebige infinitesimale geschlossene Kurve ein, die die Stromlinie in der Nähe dieses Punktes umschlingt; im Laufe der Zeit wird sich diese Kurve zusammen mit der Flüssigkeit bewegen und die ganze Zeit dieselbe Stromlinie umschlingen. Aus der Konstanz des Produktes (8,2) folgt deshalb, daß $\operatorname{rot} \boldsymbol{v} = 0$ längs der gesamten Stromlinie.

Wir kommen auf diese Weise zu folgendem Ergebnis: Ist die Rotation der Geschwindigkeit in irgendeinem Punkte einer Stromlinie gleich Null, so verschwindet sie auch in allen anderen Punkten dieser Stromlinie. Falls die Strömung nicht stationär ist, gilt dieses Ergebnis mit dem Unterschied, daß man nicht von einer Stromlinie sprechen darf, sondern die im Laufe der Zeit von einem bestimmten Flüssigkeitsteilchen beschriebene Bahnkurve betrachten muß (wir erinnern daran, daß diese Bahnkurven bei einer nicht stationären Strömung im allgemeinen nicht mit den Stromlinien übereinstimmen).[1])

Auf den ersten Blick könnte man hieraus folgenden Schluß ziehen. Betrachten wir die stationäre Umströmung irgendeines Körpers in einem Flüssigkeitsstrom. Im Unendlichen ist der einfließende Strom homogen. Seine Geschwindigkeit ist $\boldsymbol{v} = \text{const}$, so daß auf allen Stromlinien $\operatorname{rot} \boldsymbol{v} \equiv 0$ ist. Daraus könnte man schließen, daß $\operatorname{rot} \boldsymbol{v}$ auch auf der ganzen Länge aller Stromlinien gleich Null ist, d. h. im ganzen Raum.

Eine Strömung, für die im ganzen Raum $\operatorname{rot} \boldsymbol{v} = 0$ gilt, heißt *Potentialströmung* (oder *wirbelfreie Strömung*) im Gegensatz zu einer Wirbelströmung, bei der die Rotation der

[1]) Um Mißverständnisse zu vermeiden, wollen wir bereits hier anmerken, daß dieses Ergebnis für eine turbulente Strömung seinen Sinn verliert. Außerdem wollen wir erwähnen, daß eine von Null verschiedene Rotation der Geschwindigkeit auf einer Stromlinie auftreten kann, nachdem diese eine sogenannte Stoßwelle durchsetzt hat. Wir werden sehen, daß das mit der Verletzung der Homentropie der Stömung zusammenhängt (§ 114).

Geschwindigkeit von Null verschieden ist. Wir sind somit zu dem Ergebnis gelangt, daß die stationäre Strömung um einen beliebigen Körper eine Potentialströmung sein muß, wenn der aus dem Unendlichen einfließende Strom homogen ist.

Ähnlich könnte man aus dem Erhaltungssatz für die Zirkulation auch noch den folgenden Schluß ziehen. Setzen wir voraus, daß eine Strömung zu einer gewissen Zeit (in ihrem ganzen Volumen) eine Potentialströmung sei. Die Zirkulation längs einer beliebigen geschlossenen Kurve in ihr ist dann gleich Null.[1]) Aus dem Thomsonschen Satz kann man schließen, daß das auch zu allen späteren Zeiten zutreffen muß, d. h., wir haben den Satz gefunden: Ist eine Strömung zu einer gewissen Zeit eine Potentialströmung, so ist sie auch in der Zukunft eine Potentialströmung (insbesondere muß jede Strömung eine Potentialströmung sein, bei der sich die Flüssigkeit zu einer Anfangszeit in Ruhe befunden hat). Dem entspricht auch die Tatsache, daß die Gleichung (2,11) für rot $\mathfrak{v} = 0$ identisch erfüllt ist.

In Wirklichkeit sind alle diese Schlüsse jedoch nur sehr begrenzt anwendbar. Das liegt daran, daß der oben durchgeführte Beweis für die Erhaltung der Gleichung rot $\mathfrak{v} = 0$ längs einer Stromlinie in Strenge für die Linien nicht anwendbar ist, die entlang der Oberfläche eines von der Flüssigkeit umströmten festen Körper verlaufen. Man sieht das einfach ein, weil man wegen des Vorhandenseins der Wand keine geschlossene Kurve in der Flüssigkeit finden kann, die eine solche Stromlinie umschlingt. Mit diesem Sachverhalt hängt es zusammen, daß die Bewegungsgleichungen einer idealen Flüssigkeit Lösungen zulassen, bei denen sich an der Oberfläche eines von der Flüssigkeit umströmten festen Körpers, wie man sagt, die „Strömung ablöst“: Die Stromlinien entlang der Oberläche lösen sich an einer Stelle von der Oberfläche ab und verlaufen in das Innere der Flüssigkeit. Dabei entsteht ein Strömungsbild, das durch das Vorhandensein einer vom Körper ausgehenden „tangentialen Unstetigkeitsfläche“ charakterisiert wird. Auf dieser Unstetigkeitsfläche ist die Strömungsgeschwindigkeit (die in jedem Punkt die Richtung der Tangente an die Oberfläche hat) unstetig. Mit anderen Worten gleitet längs dieser Fläche eine Flüssigkeitsschicht auf einer anderen (in Abb. 1 ist ein Strömungsbild mit einer Unstetigkeitsfläche dargestellt, die die sich bewegende Flüssigkeit von der unbewegten Flüssigkeit trennt, die hinter dem Körper ein „stehendes“ Gebiet bildet). Vom mathematischen Standpunkt aus stellt der Sprung der tangentialen Geschwindigkeitskomponente bekanntlich eine Flächenrotation der Geschwindigkeit dar.

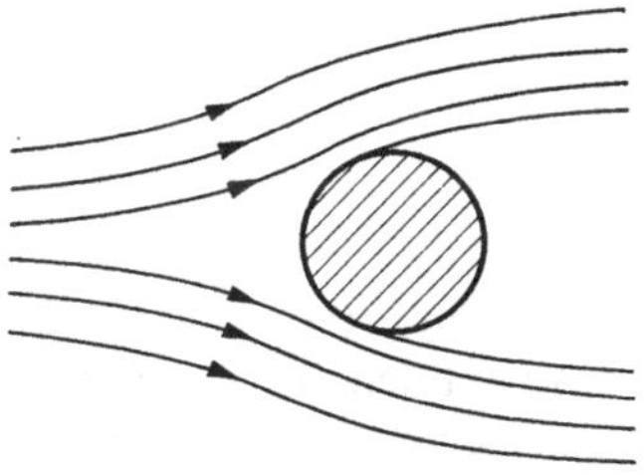

Abb. 1.

[1]) Der Einfachheit halber nehmen wir hier an, daß die Flüssigkeit ein einfach zusammenhängendes Raumgebiet einnimmt. Für mehrfach zusammenhängende Gebiete würde sich dasselbe Endresultat ergeben, aber bei den Überlegungen müßten spezielle Vorbehalte hinsichtlich der Wahl der Kurven gemacht werden.

Bei Berücksichtigung dieser unstetigen Strömungen ist die Lösung der Gleichungen für eine ideale Flüssigkeit nicht eindeutig: Neben der stetigen Lösung lassen sie auch noch eine unendliche Mannigfaltigkeit von Lösungen mit Flächen tangentialer Unstetigkeiten zu, die von einer beliebigen vorgegebenen Kurve auf der Oberfläche des umströmten Körpers ausgehen. Man muß aber hervorheben, daß alle diese unstetigen Lösungen keinen physikalischen Sinn haben, da tangentiale Unstetigkeiten absolut instabil sind; infolgedessen wird die Strömung in Wirklichkeit turbulent (vgl. dazu Kapitel III).

Das reale physikalische Problem der Umströmung eines gegebenen Körpers ist selbstverständlich eindeutig. In Wirklichkeit gibt es nämlich keine streng idealen Flüssigkeiten. Jede reale Flüssigkeit hat irgendeine, wenn auch kleine Zähigkeit. Diese Zähigkeit kann praktisch bei der Strömung in fast dem ganzen Raum überhaupt nicht in Erscheinung treten; so klein sie aber auch sein mag, in einer dünnen Flüssigkeitsschicht in der Nähe einer Wand wird sie die wesentliche Rolle spielen. Durch die Eigenschaften der Strömung in dieser Schicht (der sogenannten Grenzschicht) wird nämlich in Wirklichkeit auch die Wahl einer Lösung aus der unendlichen Lösungsmannigfaltigkeit der Bewegungsgleichungen für eine ideale Flüssigkeit bestimmt. Dabei zeigt es sich, daß im allgemeinen bei der Umströmung von Körpern beliebiger Gestalt gerade Lösungen ausgewählt werden, bei denen sich die Strömung ablöst (was faktisch zum Eintreten der Turbulenz führt).

Trotz allem hier Gesagten hat das Studium der Lösungen der Bewegungsgleichungen, die zu einer stetigen stationären Potentialströmung um Körper gehören, in einigen Fällen einen Sinn. Während im allgemeinen das wahre Strömungsbild bei der Strömung um Körper beliebiger Gestalt mit dem Bild der Potentialströmung um diese Körper nichts Gemeinsames hat, kann sich die Strömung um Körper mit einer gewissen besonderen Form („Stromlinienform", vgl. § 46) sehr wenig von der Potentialströmung unterscheiden (genauer: sie wird nur in einer dünnen Flüssigkeitsschicht in der Nähe der Oberfläche des Körpers und in dem relativ schmalen Bereich des „Nachlaufs" hinter dem Körper keine Potentialströmung sein).

Ein anderer wichtiger Fall, bei dem eine Potentialströmung verwirklicht ist, liegt bei kleinen Schwingungen eines in eine Flüssigkeit eingetauchten Körpers vor. Wenn die Schwingungsamplitude a gegenüber den linearen Abmessungen l des Körpers klein ist ($a \ll l$), dann kann man leicht zeigen, daß die Strömung um den Körper immer eine Potentialströmung ist. Dazu schätzen wir die Größenordnung der verschiedenen Glieder in der Eulerschen Gleichung ab:

$$\frac{\partial \boldsymbol{v}}{\partial t} + (\boldsymbol{v}\nabla)\,\boldsymbol{v} = -\nabla w\,.$$

Die Geschwindigkeit $\boldsymbol{v}$ erfährt eine merkliche Änderung (von der Größenordnung der Geschwindigkeit u des schwingenden Körpers) in Abständen von der Größenordnung der Abmessungen des Körpers l. Die Ableitungen von $\boldsymbol{v}$ nach den Koordinaten sind daher von der Größenordnung u/l. Die Größenordnung der Geschwindigkeit $\boldsymbol{v}$ selbst wird (in nicht zu großen Entfernungen von dem Körper) durch die Geschwindigkeit u bestimmt. Wir haben also $(\boldsymbol{v}\nabla)\,\boldsymbol{v} \sim u^2/l$. Die Ableitung $\partial\boldsymbol{v}/\partial t$ ist von der Größenordnung ωu, wobei ω die Schwingungsfrequenz ist. Da $\omega \sim u/a$ ist, haben wir $\partial\boldsymbol{v}/\partial t \sim u^2/a$. Aus $a \ll l$ folgt jetzt, daß der Term $(\boldsymbol{v}\nabla)\,\boldsymbol{v}$ gegenüber $\partial\boldsymbol{v}/\partial t$ klein ist und weggelassen werden kann, so daß die Bewegungsgleichung für die Flüssigkeit die Gestalt $\partial\boldsymbol{v}/\partial t = -\nabla w$ annimmt. Wir bilden von beiden Seiten dieser Gleichung die Rotation und erhalten

$$\frac{\partial}{\partial t} \operatorname{rot} \boldsymbol{v} = 0,$$

woraus rot $\boldsymbol{v}$ = const folgt. Bei einer Schwingungsbewegung ist aber der (zeitliche) Mittelwert der Geschwindigkeit gleich Null. Aus rot $\boldsymbol{v}$ = const folgt deshalb rot $\boldsymbol{v} = 0$. Die Strömung einer Flüssigkeit, die kleine Schwingungen ausführt, ist also (in erster Näherung) eine Potentialströmung.

Wir wollen uns jetzt mit einigen allgemeinen Eigenschaften einer Potentialströmung befassen. Zunächst erinnern wir daran, daß die Ableitung des Erhaltungssatzes für die Zirkulation, und damit auch aller weiteren Folgerungen, auf die Voraussetzung aufgebaut war, daß die Strömung isentrop vor sich geht. Ist die Strömung nicht isentrop, dann gilt dieser Satz nicht. Auch wenn die Strömung in einem gewissen Zeitpunkt eine Potentialströmung ist, wird in den folgenden Zeitpunkten die Rotation der Geschwindigkeit im allgemeinen von Null verschieden sein. Es kann also nur eine isentrope Strömung eine Potentialströmung sein.

Bei einer Potentialströmung der Flüssigkeit ist die Zirkulation längs einer beliebigen geschlossenen Kurve gleich Null:

$$\oint \boldsymbol{v}\, \mathrm{d}\boldsymbol{l} = \int \operatorname{rot} \boldsymbol{v}\, \mathrm{d}\boldsymbol{f} = 0. \tag{9,1}$$

Aus dieser Tatsache folgt insbesondere, daß es in einer Potentialströmung keine geschlossenen Stromlinien geben kann[1]), denn die Richtung einer Stromlinie stimmt in jedem Punkt mit der Richtung der Geschwindigkeit überein, und die Zirkulation längs einer solchen Linie ist auf jeden Fall von Null verschieden.

In einer Strömung mit Wirbeln ist die Zirkulation im allgemeinen von Null verschieden. In diesem Falle können geschlossene Stromlinien existieren. Es sei übrigens betont, daß die Existenz geschlossener Stromlinien keineswegs eine notwendige Eigenschaft einer Strömung mit Wirbeln ist.

Wie jedes Vektorfeld mit verschwindender Rotation kann die Flüssigkeitsgeschwindigkeit in einer Potentialströmung als Gradient eines Skalars dargestellt werden. Dieser Skalar heißt *Geschwindigkeitspotential*, wir werden es mit φ bezeichnen:

$$\boldsymbol{v} = \operatorname{grad} \varphi. \tag{9,2}$$

Wir schreiben die Eulersche Gleichung in der Form (2,10),

$$\frac{\partial \boldsymbol{v}}{\partial t} + \frac{\nabla v^2}{2} - \boldsymbol{v} \times \operatorname{rot} \boldsymbol{v} = -\nabla w,$$

setzen $\boldsymbol{v} = \nabla \varphi$ ein und erhalten

$$\operatorname{grad}\left(\frac{\partial \varphi}{\partial t} + \frac{v^2}{2} + w\right) = 0.$$

---

[1]) Dieses Ergebnis kann, ebenso wie (9,1), für eine Strömung in einem mehrfach zusammenhängenden Raumgebiet nicht gelten. Bei einer Potentialströmung in einem solchen Gebiet kann die Zirkulation von Null verschieden sein, wenn die geschlossene Kurve, längs der sie gebildet wird, nicht auf einen Punkt zusammengezogen werden kann, ohne dabei irgendwo über die Ränder des Gebietes zu gelangen.

Daraus finden wir die folgende Gleichung:

$$\frac{\partial \varphi}{\partial t} + \frac{v^2}{2} + w = f(t)\,; \tag{9,3}$$

$f(t)$ ist eine beliebige Zeitfunktion. Diese Gleichung ist das erste Integral der Bewegungsgleichungen für eine Potentialströmung. Man kann die Funktion $f(t)$ in der Gleichung (9,3) ohne Beschränkung der Allgemeinheit gleich Null setzen auf Grund der Nichteindeutigkeit in der Definition des Potentials: Da die Geschwindigkeit durch die Ableitungen von φ nach den Koordinaten bestimmt wird, kann man zu φ eine beliebige Funktion der Zeit addieren.

Für eine stationäre Strömung haben wir (wenn wir das Potential φ zeitunabhängig wählen) $\frac{\partial \varphi}{\partial t} = 0$, $f(t) = \text{const}$, und (9,3) geht in die Bernoullische Gleichung über:

$$\frac{v^2}{2} + w = \text{const}\,. \tag{9,4}$$

Es muß hier der folgende wesentliche Unterschied zwischen der Bernoullischen Gleichung für eine Potentialströmung und derjenigen für eine Strömung, die keine Potentialströmung ist, hervorgehoben werden. Für eine beliebige Strömung ist die Größe const auf der rechten Seite dieser Gleichung längs jeder einzelnen Stromlinie konstant, aber für verschiedene Stromlinien im allgemeinen verschieden. Für eine Potentialströmung bedeutet const in der Bernoullischen Gleichung eine im ganzen Flüssigkeitsvolumen konstante Größe. Gerade diese Tatsache gibt der Bernoullischen Gleichung bei der Untersuchung von Potentialströmungen eine besondere Bedeutung.

§ 10. Inkompressible Flüssigkeiten

Bei sehr vielen Strömungen kann man die Dichte der Flüssigkeiten (oder Gase) als unveränderlich ansehen, d. h. als konstant im ganzen Volumen der Flüssigkeit und während der ganzen Bewegung. Mit anderen Worten, in diesen Fällen erfahren die Flüssigkeiten während der Bewegung keine merklichen Kompressionen oder Ausdehnungen. Solche Strömungen bezeichnet man als Strömungen *inkompressibler Flüssigkeiten.*

Die allgemeinen Gleichungen der Hydrodynamik vereinfachen sich bei der Anwendung auf eine inkompressible Flüssigkeit stark. Die Eulersche Gleichung ändert zwar ihre Gestalt nicht, wenn man in ihr $\varrho = \text{const}$ setzt. Man kann lediglich in der Gleichung (2,4) ϱ in den Gradienten hineinziehen:

$$\frac{\partial \boldsymbol{v}}{\partial t} + (\boldsymbol{v}\nabla)\,\boldsymbol{v} = -\nabla \frac{p}{\varrho} + \boldsymbol{g}\,. \tag{10,1}$$

Dagegen nimmt die Kontinuitätsgleichung für $\varrho = \text{const}$ die einfache Form

$$\operatorname{div} \boldsymbol{v} = 0 \tag{10,2}$$

an.

Die Dichte ist jetzt nicht wie im allgemeinen Falle eine unbekannte Funktion; deshalb kann man als System von Grundgleichungen der Hydrodynamik für eine inkompressible

Flüssigkeit Gleichungen wählen, die nur die Geschwindigkeit enthalten. Solche Gleichungen sind die Kontinuitätsgleichung (10,2) und die Gleichung (2,11):

$$\frac{\partial}{\partial t} \operatorname{rot} \boldsymbol{v} = \operatorname{rot} (\boldsymbol{v} \times \operatorname{rot} \boldsymbol{v}) . \qquad (10,3)$$

Für eine inkompressible Flüssigkeit kann auch die Bernoullische Gleichung in einer einfacheren Form geschrieben werden. Die Gleichung (10,1) unterscheidet sich von der allgemeinen Eulerschen Gleichung (2,9) dadurch, daß in ihr $\nabla (p/\varrho)$ statt ∇w steht. Wir können deshalb die Bernoullische Gleichung sofort aufschreiben, wenn wir in (5,4) einfach die Enthalpie durch das Verhältnis p/ϱ ersetzen:

$$\frac{v^2}{2} + \frac{p}{\varrho} + gz = \text{const} . \qquad (10,4)$$

Für eine inkompressible Flüssigkeit kann man auch in dem Ausdruck (6,3) für den Energiestrom p/ϱ statt w schreiben und erhält ihn in der Gestalt

$$\varrho \boldsymbol{v} \left(\frac{v^2}{2} + \frac{p}{\varrho} \right) . \qquad (10,5)$$

Denn nach einer aus der Thermodynamik bekannten Beziehung erhalten wir für die Änderung der inneren Energie den Ausdruck $d\varepsilon = T\,ds - p\,dV$; für $s = \text{const}$ und $V = \frac{1}{\varrho} = \text{const}$ haben wir $d\varepsilon = 0$, d. h. $\varepsilon = \text{const}$. Da konstante Terme in der Energie unwesentlich sind, kann man ε in $w = \varepsilon + p/\varrho$ weglassen.

Die Gleichungen vereinfachen sich ganz besonders für eine Potentialströmung einer inkompressiblen Flüssigkeit. Für $\operatorname{rot} \boldsymbol{v} = 0$ ist die Gleichung (10,3) identisch erfüllt. Die Gleichung (10,2) geht durch die Substitution $\boldsymbol{v} = \operatorname{grad} \varphi$ über in

$$\triangle \varphi = 0 , \qquad (10,6)$$

d. h. in die Laplacesche Gleichung für das Potential φ.[1]) Diese Gleichung muß noch durch Randbedingungen auf den Flächen ergänzt werden, an denen die Flüssigkeit mit festen Körpern in Berührung kommt. An einer unbeweglichen Fläche eines festen Körpers muß die zu dieser Fläche senkrechte Komponente v_n der Flüssigkeitsgeschwindigkeit gleich Null sein. Im allgemeinen Falle eines sich bewegenden festen Körpers muß v_n gleich der Projektion der Geschwindigkeit des Körpers auf die Normalenrichtung sein (diese Geschwindigkeit ist eine vorgegebene Funktion der Zeit). Die Geschwindigkeit v_n ist andererseits gleich der Ableitung des Potentials φ in der Normalenrichtung: $v_n = \frac{\partial \varphi}{\partial n}$. Die Randbedingungen besagen also im allgemeinen, daß $\frac{\partial \varphi}{\partial n}$ auf den Randflächen eine vorgegebene Funktion der Koordinaten und der Zeit ist.

In einer Potentialströmung ist die Geschwindigkeit mit dem Druck durch die Gleichung (9,3) verknüpft. Für eine inkompressible Flüssigkeit kann man in dieser Gleichung p/ϱ statt

[1]) Euler hat als erster das Geschwindigkeitspotential eingeführt. Er hat für diese Größe bereits eine Gleichung der Gestalt (10,6) erhalten, die später die Bezeichnung Laplacesche Gleichung bekommen hat.

w schreiben:

$$\frac{\partial \varphi}{\partial t} + \frac{v^2}{2} + \frac{p}{\varrho} = f(t). \tag{10,7}$$

Wir wollen hier die folgende wichtige Eigenschaft der Potentialströmung einer inkompressiblen Flüssigkeit angeben. Es soll sich irgendein fester Körper durch die Flüssigkeit bewegen. Ist die dabei auftretende Flüssigkeitsströmung eine Potentialströmung, so hängt diese Strömung nur von der Geschwindigkeit des sich bewegenden Körpers in dem betrachteten Zeitpunkt ab, aber z. B. nicht von dessen Beschleunigung. Die Gleichung (10,6) selbst enthält nämlich die Zeit nicht explizit. Die Zeit kommt in die Lösungen nur über die Randbedingungen hinein, die nur die Geschwindigkeit des sich in der Flüssigkeit bewegenden Körpers enthalten.

Aus der Bernoullischen Gleichung $\frac{v^2}{2} + \frac{p}{\varrho} = \text{const}$ ist ersichtlich, daß der Druck bei einer stationären Strömung einer inkompressiblen Flüssigkeit (in Abwesenheit des Schwerefeldes) in den Punkten seinen größten Wert erreicht, in denen die Geschwindigkeit gleich Null wird. Auf der Oberfläche eines umströmten Körpers gibt es normalerweise einen solchen Punkt (Punkt O in Abb. 2), den man als *Staupunkt* bezeichnet. Wenn $\boldsymbol{u}$ die Geschwindigkeit der auf den Körper zuströmenden Flüssigkeit (d. h. die Geschwindigkeit der Flüssigkeit im Unendlichen) und p_0 der Druck im Unendlichen sind, dann ist der Druck im Staupunkt

$$p_{\max} = p_0 + \frac{\varrho u^2}{2}. \tag{10,8}$$

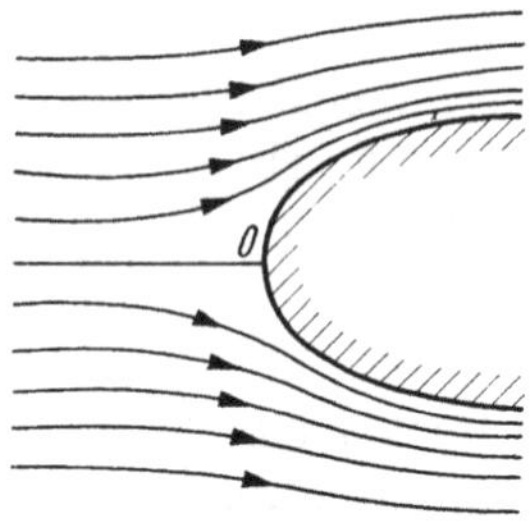

Abb. 2

Hängt die Geschwindigkeitsverteilung in einer bewegten Flüssigkeit nur von zwei Koordinaten ab, sagen wir von x und y, und ist die Geschwindigkeit überall zur xy-Ebene parallel, dann nennt man eine solche Strömung *zweidimensional* oder *eben*. Zur Lösung eines zweidimensionalen Strömungsproblems für eine inkompressible Flüssigkeit ist es manchmal bequem, die Geschwindigkeit durch die sogenannte *Stromfunktion* auszudrücken. Aus der Kontinuitätsgleichung $\operatorname{div} \boldsymbol{v} \equiv \frac{\partial v_x}{\partial x} + \frac{\partial v_y}{\partial y} = 0$ sieht man, daß die Geschwindigkeitskomponenten als Ableitungen

$$v_x = \frac{\partial \psi}{\partial y}, \qquad v_y = -\frac{\partial \psi}{\partial x} \tag{10,9}$$

einer gewissen Funktion $\psi(x, y)$ geschrieben werden können; ψ ist die Stromfunktion. Die Kontinuitätsgleichung ist dabei automatisch erfüllt. Die Gleichung für die Stromfunktion erhält man durch Einsetzen von (10,9) in die Gleichung (10,3); dabei ergibt sich

$$\frac{\partial}{\partial t}\triangle\psi - \frac{\partial\psi}{\partial x}\frac{\partial}{\partial y}\triangle\psi + \frac{\partial\psi}{\partial y}\frac{\partial}{\partial x}\triangle\psi = 0\,. \tag{10,10}$$

Kennt man die Stromfunktion, so kann man die Form der Stromlinien für eine stationäre Strömung unmittelbar bestimmen. Denn die Differentialgleichung für die Stromlinien (einer ebenen Strömung) ist

$$\frac{\mathrm{d}x}{v_x} = \frac{\mathrm{d}y}{v_y}$$

oder $v_y\,\mathrm{d}x - v_x\,\mathrm{d}y = 0$. Sie besagt, daß die Richtung der Tangente an eine Stromlinie in jedem Punkt mit der Richtung der Geschwindigkeit übereinstimmt. Setzen wir hier (10,9) ein, so erhalten wir

$$\frac{\partial\psi}{\partial x}\mathrm{d}x + \frac{\partial\psi}{\partial y}\mathrm{d}y = \mathrm{d}\psi = 0$$

und daraus $\psi = \mathrm{const}$. Die Stromlinien bilden also die Kurvenschar, die man erhält, wenn man die Stromfunktion $\psi(x, y)$ gleich einer beliebigen Konstanten setzt.

Zieht man in der xy-Ebene zwischen zwei Punkten 1 und 2 eine Kurve, dann wird der Flüssigkeitsstrom Q durch diese Kurve unabhängig von der Form der Kurve durch die Differenz der Werte der Stromfunktion in diesen Punkten bestimmt. v_n sei die Projektion der Geschwindigkeit auf die Normale der Kurve in einem gegebenen Punkt; es ist dann

$$Q = \varrho\int_1^2 v_n\,\mathrm{d}l = \varrho\int_1^2(-v_y\,\mathrm{d}x + v_x\,\mathrm{d}y) = \varrho\int_1^2\mathrm{d}\psi$$

oder

$$Q = \varrho(\psi_2 - \psi_1)\,. \tag{10,11}$$

Leistungsfähige Methoden zur Berechnung der Potentialströmung einer inkompressiblen Flüssigkeit um verschiedenartige Profile liefert die Funktionentheorie.[1]) Die Grundlage für diese Anwendungen besteht in folgendem. Das Potential und die Stromfunktion hängen mit den Geschwindigkeitskomponenten folgendermaßen zusammen[2]):

$$v_x = \frac{\partial\varphi}{\partial x} = \frac{\partial\psi}{\partial y}\,, \qquad v_y = \frac{\partial\varphi}{\partial y} = -\frac{\partial\psi}{\partial x}\,.$$

Diese Beziehungen zwischen den Ableitungen der Funktionen φ und ψ stimmen vom mathematischen Standpunkt aus mit den bekannten Cauchy-Riemannschen Differentialgleichungen überein. Diese sind die Bedingung dafür, daß der komplexe Ausdruck

$$w = \varphi + \mathrm{i}\psi \tag{10,12}$$

---

[1]) Eine eingehende Darstellung dieser Methoden und ihrer vielfältigen Anwendungen findet man in vielen Lehrbüchern und Monographien über Hydrodynamik mit stärkerer mathematischer Ausrichtung. Wir beschränken uns hier auf die Erklärung der grundlegenden Idee der Methode.

[2]) Wir erinnern aber noch daran, daß die Existenz der Stromfunktion, für sich allein genommen, nur damit zusammenhängt, daß die Strömung eben ist, und daß dafür nicht gefordert wird, daß eine Potentialströmung vorliegt.

eine analytische Funktion des komplexen Argumentes $z = x + iy$ ist. Das bedeutet, daß die Funktion $w(z)$ in jedem Punkte eine bestimmte Ableitung hat:

$$\frac{dw}{dz} = \frac{\partial \varphi}{\partial x} + i\frac{\partial \psi}{\partial x} = v_x - iv_y\,. \tag{10,13}$$

Die Funktion w heißt *komplexes Potential*, $\frac{dw}{dz}$ ist die *komplexe Geschwindigkeit*. Der Betrag und das Argument der letzteren geben den Betrag v der Geschwindigkeit und den Winkel Θ zwischen der Geschwindigkeit und der x-Richtung an:

$$\frac{dw}{dz} = v\,e^{-i\Theta}\,. \tag{10,14}$$

An der Oberfläche einer umströmten festen Kontur muß die Geschwindigkeit tangential gerichtet sein. Mit anderen Worten, die Kontur muß mit einer Stromlinie übereinstimmen, d. h., auf ihr muß $\psi = \text{const}$ sein. Diese Konstante kann man gleich Null setzen. Das Strömungsproblem für eine vorgegebene Kontur wird so auf die Bestimmung einer analytischen Funktion $w(z)$ zurückgeführt, die auf dieser Kontur reelle Werte annimmt. Schwieriger ist die Aufgabenstellung in den Fällen, wo die Flüssigkeit eine freie Oberfläche hat (ein solches Beispiel findet sich in Aufgabe 9 zu diesem Paragraphen).

Das Integral über eine analytische Funktion längs eines beliebigen geschlossenen Weges C ist bekanntlich gleich der mit $2\pi i$ multiplizierten Summe der Residuen der einfachen Pole, die innerhalb von C liegen; deshalb ist

$$\oint w'\,dz = 2\pi i \sum_k A_k\,,$$

wobei die A_k die Residuen der komplexen Geschwindigkeit sind. Anderseits haben wir

$$\oint w'\,dz = \oint (v_x - i\,v_y)(dx + i\,dy) = \oint (v_x\,dx + v_y\,dy) + i\oint (v_x\,dy - v_y\,dx)\,.$$

Der Realteil dieses Ausdruckes ist gerade die Zirkulation Γ längs der Kurve C. Der (mit ϱ multiplizierte) Imaginärteil gibt den Flüssigkeitsstrom durch diese Kurve an. Sind innerhalb dieser Kurve keine Flüssigkeitsquellen vorhanden, so ist dieser Strom gleich Null, und wir haben dann einfach

$$\Gamma = 2\pi i \sum_k A_k \tag{10,15}$$

(alle Residuen A_k sind dabei rein imaginär).

Schließlich beschäftigen wir uns noch mit den Bedingungen, unter denen man eine Flüssigkeit als inkompressibel ansehen kann. Bei einer adiabatischen Druckänderung um Δp ändert sich die Dichte der Flüssigkeit um

$$\Delta\varrho = \left(\frac{\partial \varrho}{\partial p}\right)_s \Delta p\,.$$

Nach der Bernoullischen Gleichung sind die Druckschwankungen in einer stationär strömenden Flüssigkeit von der Größenordnung $\Delta p \sim \varrho v^2$. In § 64 wird gezeigt, daß die Ableitung $\left(\frac{\partial p}{\partial \varrho}\right)_s$ gerade das Quadrat der Schallgeschwindigkeit c in der Flüssigkeit ist, so daß wir die Abschätzung

$$\Delta\varrho \sim \frac{\varrho v^2}{c^2}$$

erhalten. Man kann eine Flüssigkeit als inkompressibel ansehen, wenn $\frac{\Delta\varrho}{\varrho} \ll 1$ ist. Wie wir sehen, ist die notwendige Bedingung dafür, daß die Strömungsgeschwindigkeit der Flüssigkeit klein gegenüber der Schallgeschwindigkeit ist,

$$v \ll c\,. \tag{10,16}$$

Diese Bedingung ist auch hinreichend, aber nur für eine stationäre Strömung. Für eine nicht stationäre Stömung muß noch eine weitere Bedingung erfüllt sein. Es seien τ und l die Größenordnungen der Zeitintervalle und der Abstände, in denen sich die Strömungsgeschwindigkeit merklich ändert. Setzen wir die Glieder $\frac{\partial \boldsymbol{v}}{\partial t}$ und $\frac{\nabla p}{\varrho}$ in der Eulerschen Gleichung einander gleich, so erhalten wir größenordnungsmäßig $\frac{v}{\tau} \sim \frac{\Delta p}{l\varrho}$ oder $\Delta p \sim \frac{l}{\tau}\varrho v$; die zugehörige Änderung von ϱ ist $\Delta\varrho \sim \frac{l\varrho v}{\tau c^2}$. Jetzt vergleichen wir die Terme $\frac{\partial\varrho}{\partial t}$ und $\varrho \operatorname{div} \boldsymbol{v}$ in der Kontinuitätsgleichung miteinander und finden, daß wir die Ableitung $\frac{\partial\varrho}{\partial t}$ vernachlässigen können (d. h., wir können $\varrho = \text{const}$ annehmen), wenn $\frac{\Delta\varrho}{\tau} \ll \varrho\frac{v}{l}$ ist oder

$$\tau \gg \frac{l}{c}\,. \tag{10,17}$$

Die beiden Bedingungen (10,16) und (10,17) sind hinreichend dafür, daß man eine Flüssigkeit als inkompressibel ansehen kann. Die Bedingung (10,17) hat einen anschaulichen Sinn: Die Zeit l/c, in der ein Schallsignal die Entfernung l zurücklegt, muß klein sein gegenüber der Zeit τ, in der sich die Strömung merklich ändert. Dies gibt die Möglichkeit, die Ausbreitung von Wechselwirkungen in der Flüssigkeit als momentanen Prozeß zu betrachten.

Aufgaben

1. Es ist die Gestalt der Oberfläche einer inkompressiblen Flüssigkeit im Schwerefeld in einem zylindrischen Gefäß zu bestimmen, das mit der konstanten Winkelgeschwindigkeit Ω um seine Achse rotiert.

Lösung. Wir wählen die Achse des Zylinders als z-Achse, dann sind $v_x = -\Omega y$, $v_y = \Omega x$ und $v_z = 0$. Die Kontinuitätsgleichung ist von selbst erfüllt, und die Eulersche Gleichung (10,1) liefert

$$x\Omega^2 = \frac{1}{\varrho}\frac{\partial p}{\partial x}, \qquad y\Omega^2 = \frac{1}{\varrho}\frac{\partial p}{\partial y}, \qquad \frac{1}{\varrho}\frac{\partial p}{\partial z} + g = 0\,.$$

Das allgemeine Integral dieser Gleichungen ist

$$\frac{p}{\varrho} = \frac{\Omega^2}{2}(x^2 + y^2) - gz + \text{const}.$$

Auf der freien Oberfläche ist $p = \text{const}$, so daß diese Oberfläche ein Paraboloid wird:

$$z = \frac{\Omega^2}{2g}(x^2 + y^2)$$

(der Koordinatenursprung liegt im niedrigsten Punkt der Oberfläche).

2. Eine Kugel (mit dem Radius R) bewegt sich in einer inkompressiblen idealen Flüssigkeit. Man bestimme die Potentialströmung um die Kugel.

Lösung. Im Unendlichen muß die Geschwindigkeit der Flüssigkeit gleich Null sein. Die im Unendlichen verschwindenden Lösungen der Laplaceschen Gleichung $\triangle\varphi = 0$ sind bekanntlich $1/r$ und die Ableitungen verschiedener Ordnungen von $1/r$ nach den Koordinaten (der Koordinatenursprung liegt im Kugelmittelpunkt). Wegen der vollständigen Symmetrie der Kugel kann nur ein konstanter Vektor in die Lösung eingehen, die Geschwindigkeit $\boldsymbol{u}$; wegen der Linearität der Laplaceschen Gleichung und der Randbedingung muß $\boldsymbol{u}$ in φ linear enthalten sein. Der einzige Skalar, der aus $\boldsymbol{u}$ und den Ableitungen von $1/r$ gebildet werden kann, ist das Produkt $\boldsymbol{u}\nabla(1/r)$. Dementsprechend setzen wir φ in der Gestalt

$$\varphi = \boldsymbol{A}\nabla\frac{1}{r} = -\frac{\boldsymbol{An}}{r^2}$$

an ($\boldsymbol{n}$ ist der Einheitsvektor in Richtung des Ortsvektors). Die Konstante $\boldsymbol{A}$ wird aus der Gleichheit der Normalkomponenten der Geschwindigkeiten $\boldsymbol{v}$ und $\boldsymbol{u}$ ($\boldsymbol{vn} = \boldsymbol{un}$) für $r = R$ bestimmt. Diese Bedingung liefert $\boldsymbol{A} = \boldsymbol{u}\frac{R^3}{2}$, und wir erhalten

$$\varphi = -\frac{R^3}{2r^2}\boldsymbol{un}, \qquad \boldsymbol{v} = \frac{R^3}{2r^3}[3\boldsymbol{n}(\boldsymbol{un}) - \boldsymbol{u}].$$

Die Druckverteilung wird durch die Formel (10,7) gegeben:

$$p = p_0 - \frac{\varrho v^2}{2} - \varrho\frac{\partial\varphi}{\partial t}$$

(p_0 ist der Druck im Unendlichen). Bei der Berechnung der Ableitung $\frac{\partial\varphi}{\partial t}$ muß man beachten, daß sich der Koordinatenursprung (der von uns in den Kugelmittelpunkt gelegt worden ist) im Laufe der Zeit mit der Geschwindigkeit $\boldsymbol{u}$ bewegt. Deshalb ist

$$\frac{\partial\varphi}{\partial t} = \frac{\partial\varphi}{\partial\boldsymbol{u}}\frac{\mathrm{d}\boldsymbol{u}}{\mathrm{d}t} - \boldsymbol{u}\nabla\varphi.$$

Für die Druckverteilung an der Kugeloberfläche gilt die Formel

$$p = p_0 + \frac{\varrho u^2}{8}(9\cos^2\Theta - 5) + \frac{\varrho R}{2}\boldsymbol{n}\frac{\mathrm{d}\boldsymbol{u}}{\mathrm{d}t}$$

(Θ ist der Winkel zwischen $\boldsymbol{n}$ und $\boldsymbol{u}$).

3. Wie Aufgabe 2 für einen unendlich langen Zylinder, der sich senkrecht zu seiner Achse bewegt.[1])

[1]) Die Lösung der allgemeinen Probleme der Potentialströmung um ein Ellipsoid und einen Zylinder mit elliptischem Querschnitt findet man in den Büchern von N. J. Kotschin, I. A. Kibel und N. W. Rose, Theoretische Hydromechanik, Band I, Akademie-Verlag, Berlin 1954, S. 330 und 244, und W. Lamb, Hydrodynamics, Cambridge 1932, §§ 103–116; deutsche Übersetzung: G. B. Teubner, Leipzig 1931.

Lösung. Die Strömung hängt von der Koordinate in Richtung der Zylinderachse nicht ab, so daß wir die zweidimensionale Laplacesche Gleichung zu lösen haben. Die im Unendlichen verschwindenden Lösungen sind die Ableitungen von $\ln r$ nach den Koordinaten von erster und höherer Ordnung ($\boldsymbol{r}$ ist der zur Zylinderachse senkrechte Ortsvektor). Wir suchen die Lösung in der Gestalt

$$\varphi = \boldsymbol{A}\nabla \ln r = \boldsymbol{A}\frac{\boldsymbol{n}}{r}.$$

Mit Hilfe der Randbedingungen erhalten wir $\boldsymbol{A} = -R^2\boldsymbol{u}$, so daß

$$\varphi = -\frac{R^2}{r}\boldsymbol{u}\boldsymbol{n}, \qquad \boldsymbol{v} = \frac{R^2}{r^2}[2\boldsymbol{n}(\boldsymbol{u}\boldsymbol{n}) - \boldsymbol{u}]$$

wird. Der Druck an der Oberfläche des Zylinders wird durch die Formel

$$p = p_0 + \frac{\varrho u^2}{2}(4\cos^2\Theta - 3) + \varrho R\boldsymbol{n}\frac{\mathrm{d}\boldsymbol{u}}{\mathrm{d}t}$$

gegeben.

4. Man berechne die Potentialströmung einer inkompressiblen idealen Flüssigkeit in einem Gefäß, das die Form eines Ellipsoides hat und mit der Winkelgeschwindigkeit Ω um eine seiner Hauptachsen rotiert. Es ist der Gesamtdrehimpuls der Flüssigkeit im Gefäß zu berechnen.

Lösung. Wir legen kartesische Koordinaten x, y und z in die Hauptachsen des Ellipsoides im gegebenen Zeitpunkt; die z-Achse soll die Rotationsachse sein. Die Geschwindigkeit der Punkte auf dem Gefäß ist $\boldsymbol{u} = \boldsymbol{\Omega}\times\boldsymbol{r}$. Die Randbedingung $v_n = \partial\varphi/\partial n = u_n$ lautet dann

$$\frac{\partial\varphi}{\partial n} = \Omega(x n_y - y n_x)$$

oder, wenn wir die Gleichung des Ellipsoides $\frac{x^2}{a^2} + \frac{y^2}{b^2} + \frac{z^2}{c^2} = 1$ benutzen,

$$\frac{x}{a^2}\frac{\partial\varphi}{\partial x} + \frac{y}{b^2}\frac{\partial\varphi}{\partial y} + \frac{z}{c^2}\frac{\partial\varphi}{\partial z} = xy\Omega\left(\frac{1}{b^2} - \frac{1}{a^2}\right).$$

Die Lösung der Laplaceschen Gleichung, die dieser Bedingung genügt, ist

$$\varphi = \Omega\frac{a^2 - b^2}{a^2 + b^2}xy. \tag{1}$$

Der Drehimpuls der Flüssigkeit in dem Gefäß ist

$$M = \varrho\int(xv_y - yv_x)\,\mathrm{d}V.$$

Durch Integration über das Volumen V des Ellipsoides erhalten wir

$$M = \frac{\Omega\varrho V}{5}\frac{(a^2 - b^2)^2}{a^2 + b^2}.$$

Die Formel (1) liefert die absolute Bewegung der Flüssigkeit, aber bezogen auf die momentane Lage der mit dem rotierenden Gefäß verbundenen Koordinaten x, y und z. Die Bewegung der Flüssigkeit relativ zum Gefäß (d. h. relativ zu dem rotierenden Koordinatensystem x, y, z) ergibt sich durch Subtraktion der Geschwindigkeit $\boldsymbol{\Omega}\times\boldsymbol{r}$ von der absoluten Geschwindigkeit. Wir bezeichnen die Relativgeschwindigkeit der Flüssigkeit mit $\boldsymbol{v}'$ und haben

$$v'_x = \frac{\partial\varphi}{\partial x} + y\Omega = \frac{2\Omega a^2}{a^2 + b^2}y, \qquad v'_y = -\frac{2\Omega b^2}{a^2 + b^2}x, \qquad v'_z = 0.$$

Die Bahnkurven der Relativbewegung erhält man durch Integration der Gleichungen $\dot{x} = v'_x$ und $\dot{y} = v'_y$; es ergeben sich Ellipsen $\frac{x^2}{a^2} + \frac{y^2}{b^2} = \text{const}$, die zur Ellipse der Berandung ähnlich sind.

5. Man bestimme die Strömung in der Nähe eines Staupunktes auf einem umströmten Körper (Abb. 2).

Lösung. Man kann einen kleinen Bereich der Oberfläche des Körpers in der Nähe des Staupunktes als Ebene ansehen. Wir nehmen diese als xy-Ebene. φ entwickeln wir für kleine x, y und z in eine Reihe und haben bis zu Gliedern zweiter Ordnung

$$\varphi = ax + by + cz + Ax^2 + By^2 + Cz^2 + Dxy + Eyz + Fxz$$

(ein konstanter Term in φ ist unwesentlich). Die konstanten Koeffizienten werden so bestimmt, daß φ die Gleichung $\triangle\varphi = 0$ und die Randbedingungen $v_z = \frac{\partial\varphi}{\partial z} = 0$ für $z = 0$ und alle x, y sowie $\frac{\partial\varphi}{\partial x} = \frac{\partial\varphi}{\partial y} = 0$ für $x = y = z = 0$ (im Staupunkt) erfüllt. Das liefert $a = b = c = 0$; $C = -A - B$, $E = F = 0$. Das Glied Dxy kann immer durch eine entsprechende Drehung der x- und y-Achsen beseitigt werden. Unser Ergebnis ist

$$\varphi = Ax^2 + By^2 - (A + B)z^2 \,. \tag{1}$$

Ist die Strömung um die z-Achse axialsymmetrisch (symmetrische Strömung um einen Rotationskörper), so muß $A = B$ sein, so daß

$$\varphi = A(x^2 + y^2 - 2z^2)$$

wird. Die Geschwindigkeitskomponenten sind $v_x = 2Ax$, $v_y = 2Ay$, $v_z = -4Az$. Die Stromlinien werden durch die Gleichungen (5,2) gegeben, aus denen wir $x^2z = c_1$ und $y^2z = c_2$ erhalten, d. h., die Stromlinien sind kubische Hyberbeln.

Ist die Strömung in y-Richtung homogen (z. B. bei einer Strömung in z-Richtung um einen Zylinder mit der Achse in y-Richtung), dann muß in (1) $B = 0$ sein, und es wird

$$\varphi = A(x^2 - z^2) \,.$$

Die Stromlinien sind die Hyperbeln $xz = \text{const}$.

6. Man berechne die Potentialströmung um einen Winkel, den zwei Ebenen miteinander bilden (in der Nähe des Scheitels des Winkels).

Lösung. Wir führen Polarkoordinaten r, Θ in einer Ebene senkrecht zur Schnittgeraden der Ebenen ein und legen den Ursprung in den Scheitel des Winkels. Der Winkel Θ wird von einer der Geraden aus gezählt, die den Winkel bilden. Der von den Ebenen gebildete Winkel sei α. Für $\alpha < \pi$ verläuft die Strömung innerhalb des Winkels, für $\alpha > \pi$ außerhalb. Die Randbedingung für das Verschwinden der Normalkomponente der Geschwindigkeit lautet $\frac{\partial\varphi}{\partial\Theta} = 0$ für $\Theta = 0$ und $\Theta = \alpha$. Die Lösung der Laplaceschen Gleichung, die dieser Bedingung genügt, schreiben wir in der Form[1])

$$\varphi = Ar^n \cos n\Theta \,, \qquad n = \frac{\pi}{\alpha} \,,$$

so daß

$$v_r = nAr^{n-1} \cos n\Theta \,, \qquad v_\Theta = -nAr^n \sin n\Theta$$

ist. Für $n < 1$ (Umströmung eines konvexen Winkels, Abb. 3) wird v_r im Koordinatenursprung unendlich wie $\frac{1}{r^{1-n}}$; für $n > 1$ (Strömung innerhalb des konkaven Winkels, Abb. 4) verschwindet v_r für $r = 0$.

[1]) Wir haben hier die Lösung mit der kleinsten (kleine r!) positiven Potenz von r genommen.

Die Stromfunktion, die die Form der Stromlinien angibt, ist

$$\psi = Ar^n \sin n\Theta .$$

Die erhaltenen Ausdrücke für φ und ψ sind Real- und Imaginärteil des komplexen Potentials $w = Az^n$.[1])

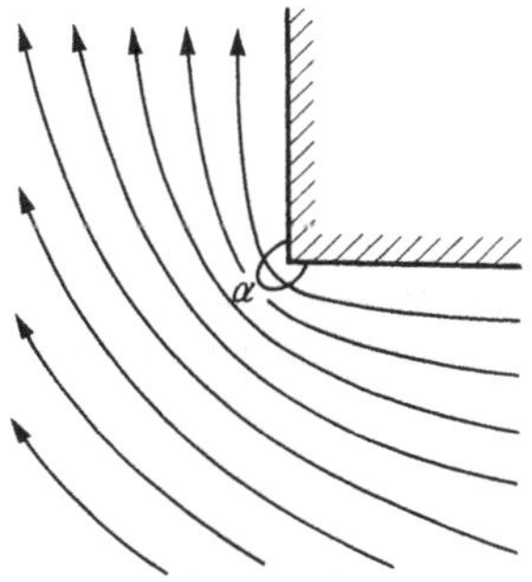

Abb. 3

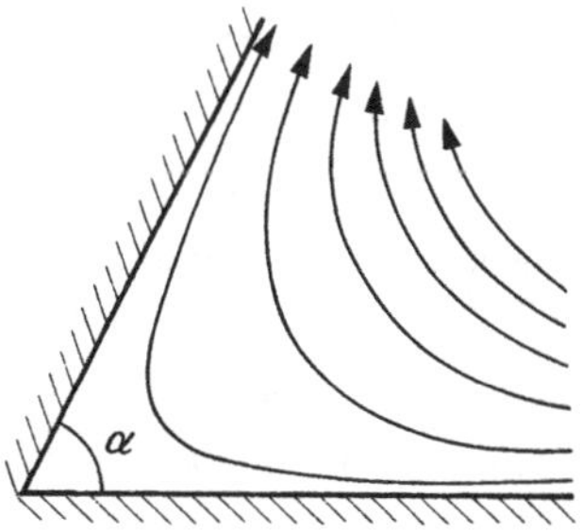

Abb. 4

7. Aus einer inkompressiblen Flüssigkeit, die den ganzen Raum ausfüllt, wird plötzlich ein Kugelvolumen vom Radius a entfernt. Es ist die Zeit zu bestimmen, in der der entstandene Hohlraum mit Flüssigkeit gefüllt wird (BESANT, 1859; RAYLEIGH, 1917).

L ö s u n g. Die Strömung nach der Bildung des Hohlraumes ist kugelsymmetrisch. Die Geschwindigkeiten zeigen alle zum Kugelmittelpunkt hin. Für die radiale Geschwindigkeit

$$v_r \equiv v < 0$$

haben wir die Eulersche Gleichung (in Kugelkoordinaten)

$$\frac{\partial v}{\partial t} + v\frac{\partial v}{\partial r} = -\frac{1}{\varrho}\frac{\partial p}{\partial r}. \tag{1}$$

Die Kontinuitätsgleichung liefert

$$r^2 v = F(t); \tag{2}$$

$F(t)$ ist darin eine beliebige Funktion der Zeit. Diese Gleichung besagt, daß das Flüssigkeitsvolumen, das durch eine Kugel mit beliebigem Radius fließt, wegen der Inkompressibilität nicht von diesem Radius abhängt.

Wir setzen v aus (2) in (1) ein und haben

$$\frac{F'(t)}{r^2} + v\frac{\partial v}{\partial r} = -\frac{1}{\varrho}\frac{\partial p}{\partial r}.$$

Diese Gleichung integrieren wir über r von ∞ bis zu dem Radius

$$R = R(t) \leqq a$$

des aufzufüllenden Hohlraumes und erhalten

$$-\frac{F'(t)}{R} + \frac{V^2}{2} = \frac{p_0}{\varrho}, \tag{3}$$

[1]) Die Aufgaben 5 und 6 sind, wenn man die Grenzflächen bei ihnen als unendlich betrachtet, in dem Sinne entartet, daß die Werte der konstanten Koeffizienten A, B in ihren Lösungen unbestimmt bleiben. In realen Fällen der Umströmung endlicher Körper ergeben sich diese Werte aus den Bedingungen der Aufgabe im Ganzen.

worin $V = \frac{dR(t)}{dt}$ die Änderungsgeschwindigkeit des Radius des Hohlraumes und p_0 der Druck im Unendlichen sind. Die Geschwindigkeit der Flüssigkeit im Unendlichen sowie der Druck auf der Oberfläche des Hohlraumes sind Null. Wir schreiben die Beziehung (2) für die Punkte auf der Oberfläche des Hohlraumes auf und finden

$$F(t) = R^2(t)\, V(t)\,.$$

Setzen wir diesen Ausdruck für $F(t)$ in (3) ein, so erhalten wir

$$-\frac{3V^2}{2} - \frac{R}{2}\frac{dV^2}{dR} = \frac{p_0}{\varrho}. \tag{4}$$

In dieser Gleichung können die Variablen getrennt werden. Wir integrieren sie mit der Anfangsbedingung $V = 0$ für $R = a$ (zu Beginn war die Flüssigkeit in Ruhe) und gelangen zu

$$V = \frac{dR}{dt} = -\sqrt{\frac{2p_0}{3\varrho}\left(\frac{a^3}{R^3} - 1\right)}.$$

Hieraus gewinnen wir den gesuchten Ausdruck für die Zeit, in der der Hohlraum aufgefüllt wird,

$$\tau = \sqrt{\frac{3\varrho}{2p_0}} \int_0^a \frac{dR}{\sqrt{(a/R)^3 - 1}}.$$

Dieses Integral führt auf die Eulersche Betafunktion, und die Rechnung ergibt endgültig

$$\tau = \sqrt{\frac{3a^2\varrho\pi}{2p_0}}\, \frac{\Gamma(5/6)}{\Gamma(1/3)} = 0{,}915a\sqrt{\frac{\varrho}{p_0}}\,.$$

8. Eine Kugel in einer inkompressiblen Flüssigkeit dehnt sich nach einem gegebenen Gesetz $R = R(t)$ aus. Welcher Flüssigkeitsdruck herrscht auf der Kugeloberfläche?

Lösung. Wir bezeichnen den gesuchten Druck mit $P(t)$. Die Rechnung wird ganz analog zur vorhergehenden Aufgabe durchgeführt. Der einzige Unterschied ist, daß der Druck für $r = R$ nicht Null sondern $P(t)$ ist. Als Ergebnis erhalten wir statt (3) die Gleichung

$$-\frac{F'(t)}{R} + \frac{V^2}{2} = \frac{p_0}{\varrho} - \frac{P(t)}{\varrho}$$

und dementsprechend statt (4) die Gleichung

$$\frac{p_0 - P(t)}{\varrho} = -\frac{3V^2}{2} - RV\frac{dV}{dR}.$$

Unter Beachtung von $V = \frac{dR}{dt}$ können wir den Ausdruck für $P(t)$ auf die Gestalt

$$P(t) = p_0 + \frac{\varrho}{2}\left[\frac{d^2(R^2)}{dt^2} + \left(\frac{dR}{dt}\right)^2\right]$$

bringen.

9. Welche Form hat ein Strahl, der aus einem unendlich langen Spalt in einer ebenen Wand herauskommt?

Lösung. In der xy-Ebene soll die Wand mit der x-Achse zusammenfallen, die Öffnung liege in dem Intervall $-a/2 \leqq x \leqq a/2$ auf dieser Achse; die Flüssigkeit soll die Halbebene $y > 0$ einnehmen. Weit weg von der Wand (für $y \to \infty$) ist die Geschwindigkeit der Flüssigkeit gleich Null, und der Druck ist p_0.

Auf der freien Oberfläche des Strahles (BC und $B'C'$ in Abb. 5a) ist der Druck $p = 0$, und die Geschwindigkeit hat nach der Bernoullischen Gleichung den konstanten Wert $v_1 = \sqrt{2p_0/\varrho}$. Die Linien der Wand, die sich in die freien Ränder des Strahls fortsetzen, sind Stromlinien. Auf der Kurve ABC sei $\psi = 0$. Auf der Kurve $A'B'C'$ ist dann $\psi = -Q/\varrho$, wobei $Q = a_1 v_1$ der Flüssigkeitsstrom in dem Strahl ist (a_1 und v_1 sind die Strahlbreite und die Geschwindigkeit des Strahls im Unendlichen). Das Potential φ ändert sich auf den Kurven ABC und $A'B'C'$ von $-\infty$ bis $+\infty$; in den Punkten B und B' sei $\varphi = 0$. In der komplexen w-Ebene entspricht dann der Strömungsbereich einem unendlichen Streifen der Breite Q/ϱ (die Bezeichnungen der Punkte in den Abb. 5b–d entsprechen den Bezeichnungen in Abb. 5a in der xy-Ebene).

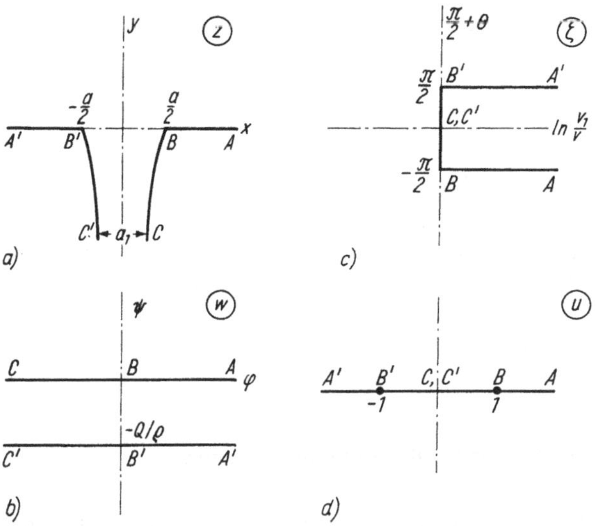

Abb. 5

Wir führen eine neue komplexe Veränderliche ein, den Logarithmus der komplexen Geschwindigkeit:

$$\zeta = -\ln\left[\frac{1}{v_1\,\mathrm{e}^{\mathrm{i}\pi/2}}\frac{\mathrm{d}w}{\mathrm{d}z}\right] = \ln\frac{v_1}{v} + \mathrm{i}\left(\frac{\pi}{2} + \Theta\right) \tag{1}$$

($v_1\,\mathrm{e}^{\mathrm{i}\pi/2}$ ist die komplexe Geschwindigkeit des Strahls im Unendlichen). Auf $A'B'$ haben wir $\Theta = 0$, auf AB ist $\Theta = -\pi$, auf BC sowie $B'C'$ ist $v = v_1$, im Unendlichen ist im Strahl $\Theta = -\pi/2$. In der komplexen ζ-Ebene entspricht dem Strömungsbereich deshalb ein Halbstreifen der Breite π in der rechten Halbebene (Abb. 5c). Wir suchen jetzt die konforme Abbildung, die den Streifen in der w-Ebene in den Halbstreifen in der ζ-Ebene überführt (dabei sollen die in Abb. 5 angegebenen Punkte einander entsprechen). Damit bestimmen wir w als Funktion von $\mathrm{d}w/\mathrm{d}z$. Die Funktion w kann dann durch eine Integration gefunden werden.

Um die gesuchte Transformation zu finden, führen wir noch die komplexe Hilfsvariable u ein. Der Strömungsbereich soll in der u-Ebene der oberen Halbebene entsprechen; die Punkte B und B' sollen den Punkten $u = \pm 1$ zugeordnet sein, zu C und C' gehöre $u = 0$, den unendlich fernen Punkten A und A' soll $u = \pm\infty$ entsprechen (Abb. 5d). Die Abhängigkeit der Funktion w von dieser Hilfsvariablen wird durch die konforme Abbildung gegeben, die die obere u-Halbebene in den Streifen in der w-Ebene überführt. Bei der angegebenen Zuordnung der Punkte ist diese Abbildung

$$w = -\frac{Q}{\varrho\pi}\ln u\,. \tag{2}$$

Um die Abhängigkeit von ζ von u zu bestimmen, müssen wir die konforme Abbildung des Halbstreifens in der ζ-Ebene auf die obere u-Halbebene suchen. Wir betrachten diesen Halbstreifen als Dreieck, von dem ein Eckpunkt im Unendlichen liegt, und erhalten die gesuchte Abbildung mit Hilfe der bekannten

Formel von Schwarz und Christoffel; das Ergebnis lautet

$$\zeta = -\mathrm{i} \arcsin u \,. \tag{3}$$

Die Formeln (2) und (3) lösen unser Problem und geben die Abhängigkeit der Größe $\frac{\mathrm{d}w}{\mathrm{d}z}$ von w in Parameterdarstellung an.

Wir wollen die Form des Strahles bestimmen. Auf BC haben wir $w = \varphi$, $\zeta = \mathrm{i}\left(\frac{\pi}{2} + \Theta\right)$, u ändert sich zwischen 0 und 1. Aus (2) und (3) erhalten wir

$$\varphi = -\frac{Q}{\varrho\pi} \ln\left(-\cos\Theta\right), \tag{4}$$

und aus (1) ergibt sich $\frac{\mathrm{d}\varphi}{\mathrm{d}z} = v_1 \,\mathrm{e}^{-\mathrm{i}\Theta}$ oder

$$\mathrm{d}z \equiv \mathrm{d}x + \mathrm{i}\,\mathrm{d}y = \frac{1}{v_1} \mathrm{e}^{\mathrm{i}\Theta} \,\mathrm{d}\varphi = \frac{a_1}{\pi} \mathrm{e}^{\mathrm{i}\Theta} \tan\Theta \,\mathrm{d}\Theta \,.$$

Durch Integration (mit den Bedingungen $y = 0$ and $x = a/2$ für $\Theta = -\pi$) finden wir die Form des Strahles in Parameterdarstellung. Insbesondere erhalten wir für die Kontraktion des Strahles

$$\frac{a_1}{a} = \frac{\pi}{2 + \pi} = 0{,}61.$$

§ 11. Die Widerstandskraft bei der Potentialströmung

Wir wollen uns mit der Potentialströmung einer inkompressiblen idealen Flüssigkeit um irgendeinen festen Körper befassen. Dieses Strömungsproblem ist natürlich dem Problem völlig äquivalent, die Strömung zu bestimmen, wenn sich ein fester Körper durch die Flüssigkeit bewegt. Um den zweiten Fall aus dem ersten zu erhalten, braucht man nur zu einem Koordinatensystem überzugehen, in dem die Flüssigkeit im Unendlichen ruht. Wir werden im folgenden immer von der Bewegung eines festen Körpers durch eine Flüssigkeit sprechen.

Wir ermitteln die Art der Geschwindigkeitsverteilung in der Flüssigkeit in großer Entfernung von dem sich bewegenden Körper. Die Potentialströmung einer inkompressiblen Flüssigkeit wird durch die Laplacesche Gleichung $\triangle\varphi = 0$ gegeben. Wir müssen hier im Unendlichen verschwindende Lösungen dieser Gleichungen betrachten, weil die Flüssigkeit im Unendlichen unbewegt ist. Den Koordinatenursprung wählen wir irgendwo innerhalb des sich bewegenden Körpers (dieses Koordinatensystem bewegt sich mit dem Körper mit; wir wollen jedoch die Geschwindigkeitsverteilung in der Flüssigkeit zu einem festen Zeitpunkt betrachten). Bekanntlich hat die Laplacesche Gleichung die Lösung $1/r$, wenn r der Abstand vom Koordinatenursprung ist. Auch der Gradient $\nabla(1/r)$ und die weiteren Ableitungen von $1/r$ nach den Koordinaten sind Lösungen. Alle diese Lösungen (und Linearkombinationen von ihnen) verschwinden im Unendlichen. Die allgemeine Lösung der Laplaceschen Gleichung in großen Abständen vom Körper ist daher

$$\varphi = -\frac{a}{r} + \boldsymbol{A}\nabla\frac{1}{r} + \dots,$$

wobei a und A nicht von den Koordinaten abhängen. Die weggelassenen Glieder enthalten höhere Ableitungen von $1/r$. Man kann leicht erkennen, daß die Konstante a gleich Null sein muß: Das Potential $\varphi = -a/r$ liefert die Geschwindigkeit $\boldsymbol{v} = -\nabla(a/r) = a\boldsymbol{r}/r^3$. Wir wollen den entsprechenden Flüssigkeitsstrom durch irgendeine geschlossene Fläche, sagen wir durch eine Kugel mit dem Radius R, berechnen. Auf dieser Fläche ist die Geschwindigkeit konstant und gleich a/R^2. Der gesamte Flüssigkeitsstrom durch diese Fläche ist deshalb gleich $\varrho \dfrac{a}{R^2} 4\pi R^2 = 4\pi\varrho a$. Der Strom einer inkompressiblen Flüssigkeit muß dagegen durch eine beliebige geschlossene Fläche verschwinden. Aus diesem Grunde schließen wir, daß $a = 0$ sein muß.

In φ sind also Glieder von der Größenordnung $1/r^2$ an enthalten. Da wir die Geschwindigkeit in großen Abständen suchen, können wir die Glieder höherer Ordnungen weglassen und erhalten

$$\varphi = \boldsymbol{A}\nabla \frac{1}{r} = -\frac{\boldsymbol{A}\boldsymbol{n}}{r^2}, \tag{11,1}$$

und die Geschwindigkeit $\boldsymbol{v} = \nabla\varphi$ ist

$$\boldsymbol{v} = (\boldsymbol{A}\nabla)\nabla\frac{1}{r} = \frac{3(\boldsymbol{A}\boldsymbol{n})\,\boldsymbol{n} - \boldsymbol{A}}{r^3} \tag{11,2}$$

($\boldsymbol{n}$ ist der Einheitsvektor in Richtung von $\boldsymbol{r}$). Wir sehen, daß die Geschwindigkeit in großen Entfernungen wie $1/r^3$ abnimmt. Der Vektor $\boldsymbol{A}$ hängt von der konkreten Gestalt und der Geschwindigkeit des Körpers ab. Er kann nur durch vollständige Lösung der hydrodynamischen Gleichung $\triangle\varphi = 0$ für alle Abstände und unter Berücksichtigung der entsprechenden Randbedingungen auf der Oberfläche des Körpers bestimmt werden.

Der in (11,2) eingehende Vektor $\boldsymbol{A}$ hängt in gewisser Weise mit dem Gesamtimpuls und mit der Gesamtenergie der Flüssigkeit zusammen, die um den sich bewegenden Körper strömt. Die gesamte kinetische Energie der Flüssigkeit (die innere Energie einer inkompressiblen Flüssigkeit ist konstant) ist

$$E = \frac{\varrho}{2}\int v^2 \, \mathrm{d}V.$$

Die Integration wird hier über den ganzen Raum außerhalb des Körpers erstreckt. Wir nehmen aus dem Raum ein Volumen V heraus, das durch eine Kugel mit dem großen Radius R begrenzt ist, deren Mittelpunkt im Koordinatenursprung liegt. Zunächst integrieren wir nur über das Volumen V und denken daran, später R gegen Unendlich streben zu lassen. Wir haben die Identität

$$\int v^2 \, \mathrm{d}V = \int u^2 \, \mathrm{d}V + \int (\boldsymbol{v} + \boldsymbol{u})(\boldsymbol{v} - \boldsymbol{u}) \, \mathrm{d}V,$$

worin $\boldsymbol{u}$ die Geschwindigkeit des Körpers ist. Da $\boldsymbol{u}$ nicht von den Koordinaten abhängt, ist das erste Integral einfach gleich $u^2(V - V_0)$; dabei ist V_0 das Volumen des Körpers. Im zweiten Integral schreiben wie die Summe $\boldsymbol{v} + \boldsymbol{u}$ als $\nabla(\varphi + \boldsymbol{u}\boldsymbol{r})$. Wir verwenden, daß auf Grund der Kontinuitätsgleichung $\operatorname{div} \boldsymbol{v} = 0$ und daß $\operatorname{div} \boldsymbol{u} \equiv 0$ ist,

und erhalten

$$\int v^2 \, \mathrm{d}V = u^2(V - V_0) + \int \operatorname{div}\left[(\varphi + \boldsymbol{ur})(\boldsymbol{v} - \boldsymbol{u})\right] \mathrm{d}V .$$

Das zweite Integral formen wir in ein Integral über die Kugeloberfläche S und die Oberfläche des Körpers S_0 um:

$$\int v^2 \, \mathrm{d}V = u^2(V - V_0) + \oint_{S+S_0} (\varphi + \boldsymbol{ur})(\boldsymbol{v} - \boldsymbol{u}) \, \mathrm{d}\boldsymbol{f} .$$

Auf der Oberfläche des Körpers sind die Normalkomponenten von $\boldsymbol{v}$ und $\boldsymbol{u}$ wegen der Randbedingungen einander gleich. Da der Vektor $\mathrm{d}\boldsymbol{f}$ gerade in Richtung der Flächennormalen zeigt, ist klar, daß das Integral über S_0 identisch verschwindet. Auf der weit entfernten Oberfläche S setzen wir für φ und $\boldsymbol{v}$ die Ausdrücke (11,1–2) ein und lassen die Glieder weg, die beim Grenzübergang $R \to \infty$ verschwinden. Das Flächenelement auf S schreiben wir in der Form $\mathrm{d}\boldsymbol{f} = \boldsymbol{n}R^2 \, \mathrm{d}o$, wobei $\mathrm{d}o$ das Flächenelement auf der Einheitskugel ist; so erhalten wir

$$\int v^2 \, \mathrm{d}V = u^2 \left(\frac{4\pi R^3}{3} - V_0 \right) + \int \left[3(\boldsymbol{An})(\boldsymbol{un}) - (\boldsymbol{un})^2 R^3 \right] \mathrm{d}o .$$

Schließlich führen wir die Integration [1]) aus, multiplizieren mit $\varrho/2$ und bekommen endgültig den folgenden Ausdruck für die Gesamtenergie der Flüssigkeit:

$$E = \frac{\varrho}{2}(4\pi \boldsymbol{Au} - V_0 u^2) . \tag{11,3}$$

Wie schon erwähnt wurde, erfordert die genaue Berechnung des Vektors $\boldsymbol{A}$ die vollständige Lösung der Gleichung $\triangle\varphi = 0$ unter Berücksichtigung der konkreten Randbedingungen auf der Oberfläche des Körpers. Den allgemeinen Charakter der Abhängigkeit des Vektors $\boldsymbol{A}$ von der Geschwindigkeit $\boldsymbol{u}$ des Körpers kann man jedoch schon unmittelbar aus der Tatsache gewinnen, daß die Gleichung für φ linear ist und daß auch die Randbedingungen zu dieser Gleichung (sowohl in φ als auch in $\boldsymbol{u}$) linear sind. Aus dieser Linearität folgt, daß $\boldsymbol{A}$ selbst eine lineare Funktion der Komponenten des Vektors $\boldsymbol{u}$ sein muß. Die durch die Formel (11,3) gegebene Energie E ist folglich eine quadratische Funktion der Komponenten des Vektors $\boldsymbol{u}$ und kann deshalb in der Gestalt

$$E = \frac{m_{ik} u_i u_k}{2} \tag{11,4}$$

dargestellt werden. m_{ik} ist darin ein konstanter symmetrischer Tensor, dessen Komponenten aus den Komponenten des Vektors $\boldsymbol{A}$ berechnet werden können. m_{ik} wird als *Tensor der zusätzlichen Masse* bezeichnet.

Kennt man die Energie E, so kann man einen Ausdruck für den Gesamtimpuls $\boldsymbol{P}$ der Flüssigkeit erhalten. Dazu bemerken wir, daß infinitesimale Änderungen von E und $\boldsymbol{P}$

---

[1]) Die Integration über $\mathrm{d}o$ ist der Mittelung des Integranden über alle Richtungen des Vektors $\boldsymbol{n}$ und der nachfolgenden Multiplikation mit 4π äquivalent. Zur Mittelung von Ausdrücken der Art $(\boldsymbol{An})(\boldsymbol{Bn}) \equiv A_i n_i B_k n_k$ ($\boldsymbol{A}$ und $\boldsymbol{B}$ sind konstante Vektoren) schreiben wir

$$\overline{(\boldsymbol{An})(\boldsymbol{Bn})} = A_i B_k \overline{n_i n_k} = \tfrac{1}{3} \delta_{ik} A_i B_k = \tfrac{1}{3} \boldsymbol{AB} .$$

miteinander über die Beziehung $\mathrm{d}E = \boldsymbol{u}\,\mathrm{d}\boldsymbol{P}$ zusammenhängen müssen [1]). Hat E die Gestalt (11,4), dann folgt für die Komponenten von $\boldsymbol{P}$ daraus

$$P_i = m_{ik} u_k \,. \tag{11,5}$$

Schließlich zeigt der Vergleich der Formeln (11,3) bis (11,5), daß $\boldsymbol{P}$ folgendermaßen durch $\boldsymbol{A}$ ausgedrückt wird:

$$\boldsymbol{P} = 4\pi\varrho \boldsymbol{A} - \varrho V_0 \boldsymbol{u} \,. \tag{11,6}$$

Wir wollen die Aufmerksamkeit darauf lenken, daß der Gesamtimpuls der Flüssigkeit eine völlig definierte endliche Größe ist.

Der vom Körper auf die Flüssigkeit pro Zeiteinheit übertragene Impuls ist $\mathrm{d}\boldsymbol{P}/\mathrm{d}t$. Mit dem entgegengesetzten Vorzeichen ist das offenbar die Reaktion $\boldsymbol{F}$ der Flüssigkeit, d. h., auf den Körper wirkt die Kraft

$$\boldsymbol{F} = -\frac{\mathrm{d}\boldsymbol{P}}{\mathrm{d}t} \,. \tag{11,7}$$

Die zur Geschwindigkeit des Körpers parallele Komponente von $\boldsymbol{F}$ wird als *Widerstandskraft* (oder kurz *Widerstand*) bezeichnet, die senkrechte Komponente als *Auftriebskraft* (oder *Auftrieb*).

Wäre um einen Körper, der sich in einer idealen Flüssigkeit gleichförmig bewegt, eine Potentialströmung möglich, dann wären dabei $\boldsymbol{P} = \text{const}$ (weil $\boldsymbol{u} = \text{const}$ ist) und $\boldsymbol{F} = 0$. Es würden dabei, mit anderen Worten, weder ein Widerstand noch ein Auftrieb vorhanden sein, d. h., die von der Flüssigkeit auf die Oberfläche des Körpers wirkenden Druckkräfte kompensieren sich gegenseitig (sogenanntes *D'Alembertsches Paradoxon*). Der Ursprung dieses „Paradoxons" ist für die Widerstandskraft besonders augenfällig. Das Auftreten dieser Kraft bei der gleichförmigen Bewegung eines Körpers würde bedeuten, daß irgendeine äußere Quelle zur Aufrechterhaltung der Bewegung ununterbrochen Arbeit leisten muß. Diese Arbeit wird entweder in der Flüssigkeit dissipiert oder in kinetische Energie der Flüssigkeit umgewandelt, was einen konstanten, ins Unendliche fließenden Energiestrom in der sich bewegenden Flüssigkeit ergeben würde. In einer idealen Flüssigkeit gibt es aber nach Definition keinerlei Energiedissipation, und die Geschwindigkeit der durch den Körper

---

[1]) Der Körper möge unter dem Einfluß irgendeiner äußeren Kraft $\boldsymbol{F}$ beschleunigt werden. Dabei wird der Impuls der Flüssigkeit zunehmen; $\mathrm{d}\boldsymbol{P}$ sei die Zunahme des Impulses in der Zeit $\mathrm{d}t$. Diese Zunahme hängt mit der Kraft über die Beziehung $\mathrm{d}\boldsymbol{P} = \boldsymbol{F}\,\mathrm{d}t$ zusammen. Multiplikation mit der Geschwindigkeit $\boldsymbol{u}$ ergibt $\boldsymbol{u}\,\mathrm{d}\boldsymbol{P} = \boldsymbol{F}\boldsymbol{u}\,\mathrm{d}t$, d. h. die Arbeit der Kraft $\boldsymbol{F}$ auf dem Wege $\boldsymbol{u}\,\mathrm{d}t$. Diese muß wiederum gleich der Energiezunahme $\mathrm{d}E$ der Flüssigkeit sein.

Den Impuls unmittelbar als Integral $\int \varrho \boldsymbol{v}\,\mathrm{d}V$ über das ganze Flüssigkeitsvolumen zu berechnen, ist unmöglich. Das liegt daran, daß das Integral (mit der Geschwindigkeit $\boldsymbol{v}$, deren Verteilung durch (11,2) gegeben wird) in folgendem Sinne divergiert: Das Ergebnis der Integration ist zwar endlich, aber es hängt von der Art ab, wie das Integral gebildet wird. Führen wir die Integration über einen großen Bereich aus, dessen Dimensionen danach gegen Unendlich streben, so erhalten wir einen Wert, der von der Gestalt des Bereiches abhängt (Kugel, Zylinder u. ä.). Das von uns verwendete Verfahren zur Berechnung des Impulses, ausgehend von der Beziehung $\boldsymbol{u}\,\mathrm{d}\boldsymbol{P} = \mathrm{d}E$, ergibt einen völlig definierten endlichen Wert (wiedergegeben durch die Formel (11,6)). Von diesem Wert wissen wir, daß er die physikalische Bedingung über den Zusammenhang der Impulsänderung mit den auf den Körper wirkenden Kräften befriedigt.

in Bewegung gesetzten Flüssigkeit nimmt mit zunehmender Entfernung vom Körper so schnell ab, daß es keinen Energiestrom ins Unendliche gibt.

Es sei hervorgehoben, daß alle diese Überlegungen nur für die Bewegung eines Körpers in einer unbegrenzten Flüssigkeit gelten. Hat die Flüssigkeit z. B. eine freie Oberfläche, dann wird ein Körper, der sich gleichförmig parallel zu dieser Oberfläche bewegt, einen Widerstand haben. Das Auftreten dieser Kraft (des sogenannten *Wellenwiderstandes*) hängt mit der Entstehung eines Systems fortschreitender Wellen auf der freien Flüssigkeitsoberfläche zusammen; diese Wellen transportieren dauernd Energie ins Unendliche.

Wir wollen einen Körper betrachten, der unter dem Einfluß einer äußeren Kraft $\boldsymbol{f}$ Schwingungen ausführt. Sind die in § 9 erörterten Bedingungen erfüllt, dann ist die Strömung um den Körper eine Potentialströmung, und man kann zur Aufstellung der Bewegungsgleichungen für den Körper die oben erhaltenen Beziehungen verwenden. Die Kraft $\boldsymbol{f}$ muß gleich der zeitlichen Ableitung des Gesamtimpulses des Systems sein, der die Summe aus dem Impuls des Körpers $M\boldsymbol{u}$ (M ist die Masse des Körpers) und dem Impuls $\boldsymbol{P}$ der Flüssigkeit ist:

$$M\frac{\mathrm{d}\boldsymbol{u}}{\mathrm{d}t} + \frac{\mathrm{d}\boldsymbol{P}}{\mathrm{d}t} = \boldsymbol{f}.$$

Mit Hilfe von (11,5) erhalten wir hieraus

$$M\frac{\mathrm{d}u_i}{\mathrm{d}t} + m_{ik}\frac{\mathrm{d}u_k}{\mathrm{d}t} = f_i,$$

was man auch in der Gestalt

$$\frac{\mathrm{d}u_k}{\mathrm{d}t}(M\delta_{ik} + m_{ik}) = f_i \tag{11,8}$$

schreiben kann. Das ist die Bewegungsgleichung des Körpers in einer idealen Flüssigkeit.

Jetzt wollen wir an ein in gewisser Weise umgekehrtes Problem herangehen. Die Flüssigkeit soll nämlich selbst unter dem Einfluß irgendwelcher (in bezug auf den Körper) äußeren Ursachen Schwingungen ausführen. Unter dem Einfluß dieser Bewegung beginnt der in die Flüssigkeit eingetauchte Körper, sich ebenfalls zu bewegen.[1]) Wir wollen dafür die Bewegungsgleichung aufstellen.

Wir setzen voraus, daß sich die Strömungsgeschwindigkeit auf Strecken der Größenordnung der linearen Abmessungen des Körpers wenig ändert. $\boldsymbol{v}$ sei die Strömungsgeschwindigkeit am Ort des Körpers, wenn der Körper nicht vorhanden wäre. Mit anderen Worten, $\boldsymbol{v}$ ist die Geschwindigkeit der ungestörten Strömung. Nach unserer Voraussetzung können wir $\boldsymbol{v}$ in dem ganzen, von dem Körper eingenommenen Volumen als konstant ansehen. Mit $\boldsymbol{u}$ bezeichnen wir wie vorhin die Geschwindigkeit des Körpers.

Die Kraft, die auf den Körper wirkt und ihn in Bewegung setzt, kann man aus folgenden Überlegungen gewinnen. Wenn der Körper dieselbe Bewegung wie die Flüssigkeit ausführen würde (d. h., wenn $\boldsymbol{v} = \boldsymbol{u}$ wäre), dann würde auf ihn dieselbe Kraft wirken wie auf die Flüssigkeit in dem Volumen des Körpers, falls der Körper gar nicht vorhanden wäre. Der Impuls dieses Flüssigkeitsvolumens ist $\varrho V_0 \boldsymbol{v}$ und die darauf wirkende Kraft $\varrho V_0\,(\mathrm{d}\boldsymbol{v}/\mathrm{d}t)$. In Wirklichkeit wird der Körper aber von der Flüssigkeit nicht ganz mitgenommen. Er wird

---

[1]) Dabei könnte es sich z. B. um die Bewegung eines Körpers in einer Flüssigkeit handeln, in der sich eine Schallwelle mit einer gegenüber den Abmessungen des Körpers großen Wellenlänge ausbreitet.

sich relativ zur Flüssigkeit bewegen, wodurch die Flüssigkeit selbst in eine zusätzliche Bewegung versetzt wird. Der mit dieser zusätzlichen Strömung verknüpfte Impuls der Flüssigkeit ist $m_{ik}(u_k - v_k)$ (man muß in dem Ausdruck (11,5) jetzt anstelle von $\boldsymbol{u}$ die Geschwindigkeit $\boldsymbol{u} - \boldsymbol{v}$ des Körpers relativ zur Flüssigkeit schreiben). Die zeitliche Änderung dieses Impulses führt zum Auftreten einer zusätzlichen Reaktionskraft, die auf den Körper einwirkt und gleich $-m_{ik}\dfrac{\mathrm{d}}{\mathrm{d}t}(u_k - v_k)$ ist. Die gesamte auf den Körper wirkende Kraft ist also

$$\varrho V_0 \frac{\mathrm{d}v_i}{\mathrm{d}t} - m_{ik}\frac{\mathrm{d}}{\mathrm{d}t}(u_k - v_k).$$

Diese Kraft muß gleich der zeitlichen Ableitung des Impulses des Körpers sein. Wir gelangen auf diese Weise zu der folgenden Bewegungsgleichung:

$$\frac{\mathrm{d}}{\mathrm{d}t}(Mu_i) = \varrho V_0 \frac{\mathrm{d}v_i}{\mathrm{d}t} - m_{ik}\frac{\mathrm{d}}{\mathrm{d}t}(u_k - v_k).$$

Wir integrieren auf beiden Seiten über die Zeit und erhalten

$$(M\delta_{ik} + m_{ik})\,u_k = (m_{ik} + \varrho V_0 \delta_{ik})\,v_k. \tag{11,9}$$

Die Integrationskonstante setzen wir gleich Null; denn die Geschwindigkeit $\boldsymbol{u}$ eines Körpers, der von der Flüssigkeit in Bewegung versetzt wird, muß zusammen mit der Geschwindigkeit $\boldsymbol{v}$ der Flüssigkeit gleich Null werden. Die erhaltene Beziehung bestimmt die Geschwindigkeit des Körpers aus der Geschwindigkeit der Flüssigkeit. Ist die Dichte des Körpers gleich der der Flüssigkeit ($M = \varrho V_0$), dann ist $\boldsymbol{u} = \boldsymbol{v}$, wie es auch sein muß.

Aufgaben

1. Wie lauten die Bewegungsgleichungen für eine Kugel, die in einer idealen Flüssigkeit Schwingungen ausführt, und für eine Kugel, die von einer schwingenden Flüssigkeit in Bewegung gesetzt wird?

Lösung. Wir vergleichen (11,1) mit dem Ausdruck für φ, den wir für die Umströmung einer Kugel in Aufgabe 2, § 10, erhalten haben, und finden

$$\boldsymbol{A} = \frac{R^3\boldsymbol{u}}{2}$$

(R ist der Radius der Kugel). Der Gesamtimpuls der von der Kugel in Bewegung versetzten Flüssigkeit ist nach (11,6) $\boldsymbol{P} = \dfrac{2\pi}{3}\varrho R^3\boldsymbol{u}$, so daß für den Tensor m_{ik} gilt:

$$m_{ik} = \frac{2\pi}{3}\varrho R^3 \delta_{ik}.$$

Die auf die bewegte Kugel wirkende Widerstandskraft ist

$$\boldsymbol{F} = -\frac{2\pi\varrho R^3}{3}\frac{\mathrm{d}\boldsymbol{u}}{\mathrm{d}t},$$

und die Bewegungsgleichung für die in der Flüssigkeit schwingende Kugel lautet

$$\frac{4\pi R^3}{3}\left(\varrho_0 + \frac{\varrho}{2}\right)\frac{\mathrm{d}\boldsymbol{u}}{\mathrm{d}t} = \boldsymbol{f}$$

(ϱ_0 ist die Dichte der Kugel). Den Koeffizienten von $\dot{\boldsymbol{u}}$ kann man als effektive Masse der Kugel ansehen. Sie setzt sich aus der Masse der Kugel selbst und aus der zusätzlichen Masse zusammen, die in dem vorliegenden Falle gleich der halben Masse der von der Kugel verdrängten Flüssigkeit ist.

Wird die Kugel von der Flüssigkeit in Bewegung versetzt, so erhalten wir für deren Geschwindigkeit aus (11,9)

$$\boldsymbol{u} = \frac{3\varrho}{\varrho + 2\varrho_0}\,\boldsymbol{v}\,.$$

Ist die Dichte der Kugel größer als diejenige der Flüssigkeit ($\varrho_0 > \varrho$), dann ist $u < v$, d. h., die Kugel bleibt hinter der Flüssigkeit zurück; für $\varrho_0 < \varrho$ läuft die Kugel der Flüssigkeit voraus.

2. Man drücke das Drehmoment, das auf einen in einer Flüssigkeit bewegten Körper wirkt, durch den Vektor $\boldsymbol{A}$ aus.

Lösung. Aus der Mechanik ist bekannt, daß das Drehmoment $\boldsymbol{M}$ auf einen Körper aus dessen Lagrange-Funktion (im vorliegenden Falle aus der Energie E) durch die Beziehung $\delta E = \boldsymbol{M}\delta\boldsymbol{\Theta}$ bestimmt wird. $\delta\boldsymbol{\Theta}$ ist der Vektor einer infinitesimalen Drehung des Körpers, δE ist die Änderung von E bei dieser Drehung. Statt den Körper um den Winkel $\delta\boldsymbol{\Theta}$ zu drehen (und dementsprechend die Komponenten von m_{ik} zu ändern), kann man die Flüssigkeit um den Winkel $-\delta\boldsymbol{\Theta}$ relativ zum Körper drehen und die Geschwindigkeit $\boldsymbol{u}$ entsprechend ändern. Bei dieser Drehung haben wir $\delta\boldsymbol{u} = -\delta\boldsymbol{\Theta}\times\boldsymbol{u}$, so daß

$$\delta E = \boldsymbol{P}\delta\boldsymbol{u} = -\delta\boldsymbol{\Theta}\boldsymbol{u}\times\boldsymbol{P}$$

ist. Unter Verwendung des Ausdruckes (11,6) für $\boldsymbol{P}$ erhalten wir daraus die gesuchte Formel

$$\boldsymbol{M} = -\boldsymbol{u}\times\boldsymbol{P} = 4\pi\varrho\boldsymbol{A}\times\boldsymbol{u}\,.$$

§ 12. Schwerewellen

Die freie Oberfläche einer Flüssigkeit, die sich im Schwerefeld im Gleichgewicht befindet, ist eben. Wird die Oberfläche der Flüssigkeit durch irgendeine äußere Einwirkung an irgendeiner Stelle aus der Gleichgewichtslage heraus gebracht, dann entsteht eine Flüssigkeitsströmung. Diese Strömung breitet sich über die ganze Oberfläche der Flüssigkeit in Form von Wellen aus, die *Schwerewellen* heißen, weil sie durch die Wirkung des Schwerefeldes hervorgerufen werden. Die Schwerewellen verlaufen in der Hauptsache auf der Flüssigkeitsoberfläche und ergreifen innere Schichten um so weniger, je tiefer diese liegen.

Wir werden hier solche Schwerewellen behandeln, bei denen die Geschwindigkeit der bewegten Flüssigkeitsteilchen so klein ist, daß wir in der Eulerschen Gleichung den Term $(\boldsymbol{v}\nabla)\,\boldsymbol{v}$ gegenüber $\partial\boldsymbol{v}/\partial t$ vernachlässigen können. Es ist leicht zu klären, was diese Bedingung physikalisch bedeutet. Während einer Zeit von der Größenordnung der Schwingungsdauer τ der Flüssigkeitsteilchen in der Welle legen diese Teilchen Strecken von der Größenordnung der Amplitude a zurück. Ihre Geschwindigkeit ist daher von der Größenordnung $v \sim a/\tau$. Die Geschwindigkeit v ändert sich während einer Zeit der Größenordnung τ und auf Strecken der Größenordnung λ in der Ausbreitungsrichtung der Wellen beträchtlich (λ ist die Wellenlänge). Die zeitliche Ableitung der Geschwindigkeit ist deshalb von der Größenordnung v/τ, die Ableitungen nach den Koordinaten von der Größenordnung v/λ. Die Bedingung $(\boldsymbol{v}\nabla)\,\boldsymbol{v} \ll \partial\boldsymbol{v}/\partial t$ ist also der Forderung

$$\frac{1}{\lambda}\left(\frac{a}{\tau}\right)^2 \ll \frac{a}{\tau}\frac{1}{\tau}$$

oder

$$a \ll \lambda \tag{12,1}$$

äquivalent, d. h., die Amplitude der Schwingungen in der Welle muß gegenüber der Wellenlänge klein sein. Wir haben in § 9 gesehen, daß die Bewegung einer Flüssigkeit eine Potentialströmung ist, wenn man in der Bewegungsgleichung das Glied $(\boldsymbol{v}\nabla)\,\boldsymbol{v}$ vernachlässigen kann. Unter der Voraussetzung, die Flüssigkeit sei inkompressibel, können wir daher die Gleichungen (10,6) und (10,7) benutzen. In der Gleichung (10,7) können wir jetzt das Glied $v^2/2$ vernachlässigen, das die Geschwindigkeit im Quadrat enthält. Wir setzen $f(t) = 0$, führen im Schwerefeld den Term $\varrho g z$ ein und erhalten

$$p = -\varrho g z - \varrho \frac{\partial\varphi}{\partial t}. \tag{12,2}$$

Die z-Achse wählen wir wie üblich senkrecht nach oben, als xy-Ebene nehmen wir die ebene Flüssigkeitsoberfläche im Gleichgewicht.

Die z-Koordinate der Punkte auf der Flüssigkeitsoberfläche werden wir mit ζ bezeichnen. ζ ist eine Funktion der Koordinaten x und y sowie der Zeit t. Im Gleichgewicht ist $\zeta = 0$, so daß ζ die vertikale Verschiebung der Flüssigkeitsoberfläche bei den Schwingungen ist. Auf der Oberfläche soll der konstante Druck p_0 wirken. Nach (12,2) haben wir dann auf der Oberlfäche

$$p_0 = -\varrho g \zeta - \varrho \frac{\partial\varphi}{\partial t}.$$

Die Konstante p_0 kann man durch Umdefinition des Potentials φ beseitigen (indem man zum Potential die von den Koordinaten unabhängige Größe $p_0 t/\varrho$ addiert). Dann nimmt die Bedingung auf der Oberfläche der Flüssigkeit die Form

$$g\zeta + \left(\frac{\partial\varphi}{\partial t}\right)_{z=\zeta} = 0 \tag{12,3}$$

an. Kleine Schwingungsamplituden in der Welle bedeuten kleine Verschiebungen ζ. Wir können deshalb in dieser Näherung annehmen, daß die vertikale Geschwindigkeitskomponente bei der Bewegung der Punkte auf der Oberfläche einfach gleich der zeitlichen Ableitung der Verschiebung ζ ist: $v_z = \partial\zeta/\partial t$.
Da $v_z = \partial\varphi/\partial z$ ist, gilt

$$\left(\frac{\partial\varphi}{\partial z}\right)_{z=\zeta} = \frac{\partial\zeta}{\partial t} = -\frac{1}{g}\left(\frac{\partial^2\varphi}{\partial t^2}\right)_{z=\zeta}.$$

In dieser Bedingung kann man die Werte der Ableitungen für $z = 0$ statt für $z = \zeta$ nehmen, weil die Schwingungen klein sein sollen. Somit ergibt sich endgültig das folgende Gleichungssysstem für die Bewegung in einer Schwerewelle:

$$\triangle\varphi = 0\,, \tag{12,4}$$

$$\left(\frac{\partial\varphi}{\partial z} + \frac{1}{g}\frac{\partial^2\varphi}{\partial t^2}\right)_{z=0} = 0\,. \tag{12,5}$$

Wir werden hier Wellen auf einer Flüssigkeitsoberfläche betrachten, die wir als unbegrenzt annehmen. Wir werden auch annehmen, daß die Wellenlänge gegenüber der Tiefe der Flüssigkeit klein ist. In diesem Falle kann man die Flüssigkeit als unendlich tief ansehen. Wir schreiben deshalb keine Randbedingungen an den seitlichen Grenzen und auf dem Boden der Flüssigkeit vor.

Wir behandeln eine Schwerewelle, die sich in x-Richtung ausbreitet und in y-Richtung homogen ist. In einer solchen Welle sind alle Größen von der Koordinate y unabhängig. Wir werden die Lösung als einfache periodische Funktion der Zeit und des Ortes x suchen, d. h., wir setzen

$$\varphi = \cos(kx - \omega t)\, f(z)$$

an. ω ist die *Kreisfrequenz* der Welle (wir werden sie einfach als *Frequenz* bezeichnen), k ist die *Wellenzahl*, $\lambda = 2\pi/k$ die *Wellenlänge*, d. h. die Periode für die Änderung der Strömung entlang der x-Achse (in einem festen Zeitpunkt). Wir setzen diesen Ausdruck in die Gleichung $\triangle\varphi = 0$ ein und erhalten für die Funktion $f(z)$ die Gleichung

$$\frac{\mathrm{d}^2 f}{\mathrm{d}z^2} - k^2 f = 0\,.$$

Ihre Lösung, die in der Tiefe der Flüssigkeit (d. h. bei $z \to -\infty$) abklingt, ist

$$\varphi = A\,\mathrm{e}^{kz}\cos(kx - \omega t)\,. \tag{12,6}$$

Es muß noch die Randbedingung (12,5) erfüllt werden. Durch Einsetzen von (12,6) in diese Bedingung ergibt sich der Zusammenhang zwischen Frequenz und Wellenzahl (oder, wie man sagt, das *Dispersionsgesetz* der Wellen)

$$\omega^2 = kg\,. \tag{12,7}$$

Die Geschwindigkeitsverteilung in der bewegten Flüssigkeit erhält man, indem man die Ableitungen von φ nach den Koordinaten bildet:

$$v_x = -Ak\,\mathrm{e}^{kz}\sin(kx - \omega t)\,, \qquad v_z = Ak\,\mathrm{e}^{kz}\cos(kx - \omega t)\,. \tag{12,8}$$

Wir sehen, daß die Geschwindigkeit mit zunehmender Flüssigkeitstiefe exponentiell abnimmt. In jedem festen Raumpunkt (d. h. für feste x und z) dreht sich der Geschwindigkeitsvektor gleichförmig in der xz-Ebene und bleibt betragsmäßig konstant (gleich $Ak\,\mathrm{e}^{kz}$).

Wir wollen noch die Bahnkurven der Flüssigkeitsteilchen in der Welle bestimmen. Vorübergehend bezeichnen wir mit x und z die Koordinaten eines sich bewegenden Flüssigkeitsteilchens (und nicht die Koordinaten eines festen Raumpunktes), mit x_0 und z_0 bezeichnen wir die Werte von x und z in der Gleichgewichtslage des Teilchens. Dann sind $v_x = \mathrm{d}x/\mathrm{d}t$ und $v_z = \mathrm{d}z/\mathrm{d}t$. Auf der rechten Seite von (12,8) kann man statt x und z näherungsweise x_0 und z_0 schreiben, weil es sich um kleine Schwingungen handelt.

Integration über die Zeit liefert

$$\left.\begin{aligned} x - x_0 &= -A\frac{k}{\omega}\,\mathrm{e}^{kz_0}\cos(kx_0 - \omega t)\,, \\ z - z_0 &= -A\frac{k}{\omega}\,\mathrm{e}^{kz_0}\sin(kx_0 - \omega t)\,. \end{aligned}\right\} \tag{12,9}$$

Die Flüssigkeitsteilchen beschreiben also Kreise um die Punkte x_0, z_0 mit dem Radius $A\frac{k}{\omega}\mathrm{e}^{kz_0}$, der mit zunehmender Flüssigkeitstiefe exponentiell abnimmt.

Die Ausbreitungsgeschwindigkeit U der Welle ist, wie in § 67 gezeigt wird, $U = \frac{\partial\omega}{\partial k}$. Setzen wir hier $\omega = \sqrt{kg}$ ein, so finden wir für die Ausbreitungsgeschwindigkeit von Schwerewellen auf der unbegrenzten Oberfläche einer unendlich tiefen Flüssigkeit

$$U = \frac{1}{2}\sqrt{\frac{g}{k}} = \frac{1}{2}\sqrt{\frac{g\lambda}{2\pi}}\,. \tag{12,10}$$

Sie wird mit zunehmender Wellenlänge größer.

Lange Schwerewellen

Nachdem wir Schwerewellen betrachtet haben, deren Wellenlänge gegenüber der Flüssigkeitstiefe klein ist, beschäftigen wir uns jetzt mit dem entgegengesetzten Grenzfall, bei dem die Wellenlänge im Vergleich zur Flüssigkeitstiefe groß ist. Solche Wellen bezeichnet man als *lange Schwerewellen*.

Zunächst behandeln wir die Ausbreitung langer Wellen in einem Kanal. Der (in x-Richtung verlaufende) Kanal wird als unendlich lang vorausgesetzt. Der Querschnitt des Kanals kann von beliebiger Gestalt sein und sich längs des Kanals ändern. Die Fläche des senkrechten Querschnittes der Flüssigkeit im Kanal bezeichnen wir mit $S = S(x, t)$. Tiefe und Breite des Kanals werden als klein gegenüber der Wellenlänge vorausgesetzt.

Wir werden hier longitudinale lange Wellen betrachten, bei denen sich die Flüssigkeit längs des Kanals bewegt. In diesen Wellen ist die Geschwindigkeitskomponente v_x in Längsrichtung des Kanals groß gegenüber den Komponenten v_y und v_z.

Die Geschwindigkeitskomponente v_x bezeichnen wir einfach mit v. Wenn wir die kleinen Terme weglassen, können wir die x-Komponente der Eulerschen Gleichung in der Form

$$\frac{\partial v}{\partial t} = -\frac{1}{\varrho}\frac{\partial p}{\partial x}$$

und die z-Komponente in der Form

$$\frac{1}{\varrho}\frac{\partial p}{\partial z} = -g$$

schreiben. (Die in der Geschwindigkeit quadratischen Terme lassen wir weg, weil wir die Amplitude der Wellen wie oben als klein ansehen.) Auf der freien Oberfläche ($z = \zeta$) muß

$p = p_0$ sein, und wir erhalten aus der zweiten Gleichung

$$p = p_0 + g\varrho(\zeta - z).$$

Setzen wir diesen Ausdruck in die erste Gleichung ein, so erhalten wir

$$\frac{\partial v}{\partial t} = -g\frac{\partial \zeta}{\partial x}. \tag{12,11}$$

Die zweite Gleichung zur Bestimmung der beiden Unbekannten v und ζ kann man in ähnlicher Weise herleiten wie die Kontinuitätsgleichung. Diese Gleichung ist ihrem Wesen nach die Kontinuitätsgleichung, angewendet auf den betrachteten Fall. Wir betrachten das Flüssigkeitsvolumen zwischen zwei ebenen Querschnitten des Kanals, die den Abstand $\mathrm{d}x$ voneinander haben. Durch die eine Ebene kommt pro Zeiteinheit ein Flüssigkeitsvolumen $(Sv)_x$ herein, durch die andere Ebene fließt das Volumen $(Sv)_{x+\mathrm{d}x}$ hinaus. Das Flüssigkeitsvolumen zwischen den beiden Ebenen ändert sich daher um

$$(Sv)_{x+\mathrm{d}x} - (Sv)_x = \frac{\partial(Sv)}{\partial x}\mathrm{d}x.$$

Da die Flüssigkeit inkompressibel ist, kann diese Änderung nur erfolgen, indem sich der Flüssigkeitsspiegel ändert. Die Änderung des Flüssigkeitsvolumens zwischen den betrachteten Ebenen ist pro Zeiteinheit gleich

$$\frac{\partial S}{\partial t}\mathrm{d}x.$$

Folglich können wir

$$\frac{\partial S}{\partial t}\mathrm{d}x = -\frac{\partial(Sv)}{\partial x}\mathrm{d}x$$

oder

$$\frac{\partial S}{\partial t} + \frac{\partial(Sv)}{\partial x} = 0 \tag{12,12}$$

schreiben. Das ist die gesuchte Kontinuitätsgleichung.

Im Gleichgewicht sei S_0 die Fläche des Flüssigkeitsquerschnittes im Kanal. Dann ist $S = S_0 + S'$, wenn S' die Änderung dieser Fläche infolge der Anwesenheit einer Welle ist. Da die Änderung des Flüssigkeitsspiegels in einer Welle klein ist, können wir S' in der Form $b\zeta$ schreiben; b ist die Breite des Kanals in der Höhe der Oberfläche der Flüssigkeit. Die Gleichung (12,12) geht dann über in

$$b\frac{\partial \zeta}{\partial t} + \frac{\partial(S_0 v)}{\partial x} = 0. \tag{12,13}$$

Wir differenzieren (12,13) nach t, setzen $\frac{\partial v}{\partial t}$ aus (12,11) ein und erhalten

$$\frac{\partial^2 \zeta}{\partial t^2} - \frac{g}{b}\frac{\partial}{\partial x}\left(S_0\frac{\partial \zeta}{\partial x}\right) = 0. \tag{12,14}$$

Ist der Kanalquerschnitt auf der ganzen Länge gleich groß, so ist S_0 = const, und es gilt

$$\frac{\partial^2 \zeta}{\partial t^2} - \frac{g S_0}{b} \frac{\partial^2 \zeta}{\partial x^2} = 0 \,. \tag{12,15}$$

Eine Gleichung dieser Art heißt *Wellengleichung*. Wie in § 64 gezeigt wird, beschreibt diese Gleichung die Ausbreitung von Wellen mit der frequenzunabhängigen Geschwindigkeit U, die gleich der Wurzel aus dem Koeffizienten von $\frac{\partial^2 \zeta}{\partial x^2}$ ist. Die Ausbreitungsgeschwindigkeit langer Schwerewellen in Kanälen ist also

$$U = \sqrt{\frac{g S_0}{b}} \,. \tag{12,16}$$

Ganz ähnlich können wir auch lange Wellen in einem großen Becken behandeln, das wir in zwei Dimensionen (in der xy-Ebene) als unbegrenzt annehmen wollen. Die Tiefe der Flüssigkeit in dem Becken bezeichnen wir mit h. Von den drei Geschwindigkeitskomponenten ist jetzt die Komponente v_z klein. Die Eulersche Gleichung erhält eine ähnliche Form wie (12,11):

$$\frac{\partial v_x}{\partial t} + g \frac{\partial \zeta}{\partial x} = 0 \,, \qquad \frac{\partial v_y}{\partial t} + g \frac{\partial \zeta}{\partial y} = 0 \,. \tag{12,17}$$

Die Kontinuitätsgleichung wird analog zu (12,12) hergeleitet und lautet

$$\frac{\partial h}{\partial t} + \frac{\partial (h v_x)}{\partial x} + \frac{\partial (h v_y)}{\partial y} = 0 \,.$$

Die Tiefe h schreiben wir als $h = h_0 + \zeta$, wobei h_0 die Tiefe im Gleichgewicht ist; dann gilt

$$\frac{\partial \zeta}{\partial t} + \frac{\partial (h_0 v_x)}{\partial x} + \frac{\partial (h_0 v_y)}{\partial y} = 0 \,. \tag{12,18}$$

Wir wollen voraussetzen, daß das Becken einen ebenen horizontalen Boden hat (h_0 = const). Durch Differentiation von (12,18) nach t und Einsetzen von (12,17) erhalten wir

$$\frac{\partial^2 \zeta}{\partial t^2} - g h_0 \left(\frac{\partial^2 \zeta}{\partial x^2} + \frac{\partial^2 \zeta}{\partial y^2} \right) = 0 \,. \tag{12,19}$$

Das ist wiederum eine Gleichung vom Typ einer (zweidimensionalen) Wellengleichung. Sie gehört zu Wellen mit der Ausbreitungsgeschwindigkeit

$$U = \sqrt{g h_0} \,. \tag{12,20}$$

Aufgaben

1. Man bestimme die Ausbreitungsgeschwindigkeit von Schwerewellen auf der unbegrenzten Oberfläche einer Flüssigkeit, deren Tiefe h ist.

Lösung. Auf dem Boden der Flüssigkeit muß die Normalkomponente der Geschwindigkeit gleich Null sein, d. h.

$$v_z = \frac{\partial \varphi}{\partial z} = 0 \quad \text{für} \quad z = -h \,.$$

Aus dieser Bedingung ergibt sich eine Beziehung zwischen den Konstanten A und B in der allgemeinen Lösung

$$\varphi = \cos(kx - \omega t)\left[A\,\mathrm{e}^{kz} + B\,\mathrm{e}^{-kz}\right].$$

Als Ergebnis finden wir

$$\varphi = A\cos(kx - \omega t)\cosh k(z + h).$$

Aus der Grenzbedingung (12,5) ergibt sich die Beziehung zwischen k und ω in der Gestalt

$$\omega^2 = gk\tanh kh.$$

Die Ausbreitungsgeschwindigkeit der Welle ist

$$U = \frac{1}{2}\sqrt{\frac{g}{k\tanh kh}}\left[\tanh kh + \frac{kh}{\cosh^2 kh}\right].$$

Für $kh \gg 1$ erhalten wir das Ergebnis (12,10) und für $kh \ll 1$ das Resultat (12,20).

2. Man berechne die Beziehung zwischen Frequenz und Wellenlänge für Schwerewellen auf der Grenzfläche zweier Flüssigkeiten. Die obere Flüssigkeit ist von oben, die untere von unten durch jeweils eine feste horizontale Ebene begrenzt. Dichte und Tiefe der unteren Flüssigkeitsschicht sind ϱ und h, der oberen ϱ' und h' (mit $\varrho > \varrho'$).

Lösung. Als xy-Ebene nehmen wir die ebene Grenzfläche der beiden Flüssigkeiten im Gleichgewicht. Wir setzen die Lösungen in den beiden Flüssigkeiten in der Gestalt

$$\varphi = A\cosh k(z + h)\cos(kx - \omega t), \qquad \varphi' = B\cosh k(z - h')\cos(kx - \omega t) \tag{1}$$

an (so daß die Bedingungen an der oberen und an der unteren Grenze erfüllt sind, vgl. die Lösung von Aufgabe 1). Der Druck muß auf der Grenzfläche stetig sein; nach (12,2) erhalten wir daraus die Bedingung

$$\varrho g\zeta + \varrho\frac{\partial\varphi}{\partial t} = \varrho' g\zeta + \varrho'\frac{\partial\varphi'}{\partial t}$$

(für $z = 0$) oder

$$\zeta = \frac{1}{g(\varrho - \varrho')}\left(\varrho'\frac{\partial\varphi'}{\partial t} - \varrho\frac{\partial\varphi}{\partial t}\right). \tag{2}$$

Außerdem müssen die Geschwindigkeiten v_z in beiden Flüssigkeiten auf der Grenzfläche übereinstimmen. Das ergibt die Bedingung (für $z = 0$)

$$\frac{\partial\varphi}{\partial z} = \frac{\partial\varphi'}{\partial z}. \tag{3}$$

Weiter ist $v_z = \dfrac{\partial\varphi}{\partial z} = \dfrac{\partial\zeta}{\partial t}$; setzen wir hier (2) ein, so erhalten wir

$$g(\varrho - \varrho')\frac{\partial\varphi}{\partial z} = \varrho'\frac{\partial^2\varphi'}{\partial t^2} - \varrho\frac{\partial^2\varphi}{\partial t^2}. \tag{4}$$

Nun setzen wir (1) in (3) und (4) ein und erhalten zwei homogene lineare Gleichungen für A und B. Aus der Bedingung für die Lösbarkeit dieser Gleichungen finden wir

$$\omega^2 = \frac{kg(\varrho - \varrho')}{\varrho\coth kh + \varrho'\coth kh'}.$$

Für $kh \gg 1$ und $kh' \gg 1$ (beide Flüssigkeiten sind sehr tief) gilt

$$\omega^2 = kg\,\frac{\varrho - \varrho'}{\varrho + \varrho'};$$

für $kh \ll 1$ und $kh' \ll 1$ (lange Wellen) ist

$$\omega^2 = k^2 g\,\frac{(\varrho - \varrho')\,hh'}{\varrho h' + \varrho' h}.$$

3. Es ist der Zusammenhang zwischen der Frequenz und der Wellenlänge von Schwerewellen zu berechnen, die sich gleichzeitig auf der Grenzfläche und auf der oberen Oberfläche zweier Flüssigkeitsschichten ausbreiten. Die untere Flüssigkeit (Dichte ϱ) ist unendlich tief, die obere (Dichte ϱ') hat die Dicke h' und eine freie Oberfläche.

Lösung. Die xy-Ebene legen wir in die ebene Grenzfläche der beiden Flüssigkeiten im Gleichgewicht. In der unteren und in der oberen Flüssigkeit suchen wir die Lösungen in der Gestalt

$$\varphi = A\,\mathrm{e}^{kz}\cos(kx - \omega t)\,, \qquad \varphi' = [B\,\mathrm{e}^{-kz} + C\,\mathrm{e}^{kz}]\cos(kx - \omega t)\,. \tag{1}$$

Auf der Grenzfläche der beiden Flüssigkeiten (d. h. für $z = 0$) gelten die Bedingungen (vgl. Aufgabe 2)

$$\frac{\partial\varphi}{\partial z} = \frac{\partial\varphi'}{\partial z}\,, \qquad g(\varrho - \varrho')\frac{\partial\varphi}{\partial z} = \varrho'\frac{\partial^2\varphi'}{\partial t^2} - \varrho\frac{\partial^2\varphi}{\partial t^2}\,; \tag{2}$$

auf der oberen freien Oberfläche (d. h. für $z = h'$) ist

$$\frac{\partial\varphi'}{\partial z} + \frac{1}{g}\frac{\partial^2\varphi'}{\partial t^2} = 0\,. \tag{3}$$

Die erste der Gleichungen (2) ergibt beim Einsetzen von (1) $A = C - B$; die beiden anderen Bedingungen ergeben zwei Gleichungen für B und C. Aus der Lösbarkeitsbedingung dieser Gleichungen erhalten wir für ω^2 eine quadratische Gleichung mit den Wurzeln

$$\omega^2 = kq\,\frac{(\varrho - \varrho')(1 - \mathrm{e}^{-2kh'})}{\varrho + \varrho' + (\varrho - \varrho')\,\mathrm{e}^{-2kh'}}\,, \qquad \omega^2 = kg\,.$$

Für $h' \to \infty$ gehören diese Wurzeln zu Wellen, die sich voneinander unabhängig auf der Grenzfläche und auf der oberen Flüssigkeitsoberfläche ausbreiten.

4. Man berechne die Eigenfrequenzen der Schwingungen (s. § 69) einer Flüssigkeit der Tiefe h, die sich in einem rechteckigen Becken mit der Breite a und der Länge b befindet.

Lösung. Die x- und die y-Achse legen wir in die beiden Seitenkanten des Beckens. Die Lösung setzen wir in Form von stehenden Wellen an:

$$\varphi = \cos\omega t\,\cosh k(z + h)\,f(x, y)\,.$$

Für f erhalten wir die Gleichung

$$\frac{\partial^2 f}{\partial x^2} + \frac{\partial^2 f}{\partial y^2} + k^2 f = 0\,.$$

Die Bedingung auf der freien Oberfläche ergibt wie in Aufgabe 1

$$\omega^2 = gk\tanh kh\,.$$

Wir nehmen die Lösung der Gleichung für f in der Form

$$f = \cos px\,\cos qy\,, \qquad p^2 + q^2 = k^2\,.$$

An den Seitenflächen des Gefäßes müssen die Bedingungen

$$v_x = \frac{\partial \varphi}{\partial x} = 0 \quad \text{für} \quad x = 0, a,$$

$$v_y = \frac{\partial \varphi}{\partial y} = 0 \quad \text{für} \quad y = 0, b$$

erfüllt sein. Daraus finden wir

$$p = \frac{m\pi}{a}, \qquad q = \frac{n\pi}{b},$$

worin m und n ganze Zahlen sind. Die möglichen Werte für k sind daher gleich

$$k^2 = \pi^2 \left(\frac{m^2}{a^2} + \frac{n^2}{b^2}\right).$$

§ 13. Wellen in einer inkompressiblen Flüssigkeit

Eigenartige Schwerewellen können sich innerhalb einer inkompressiblen Flüssigkeit ausbreiten. Ihr Ursprung hängt mit der Inhomogenität der Flüssigkeit zusammen, die von der Anwesenheit des Schwerefeldes hervorgerufen wird: Der Druck in der Flüssigkeit (und damit auch die Entropie s) ändert sich notwendig mit der Höhe. Jede Verschiebung eines beliebigen Flüssigkeitsteiles in der Höhe führt deshalb zur Störung des mechanischen Gleichgewichtes und damit zur Entstehung einer Schwingung. In der Tat, da die Bewegung adiabatisch erfolgt, nimmt dieser Flüssigkeitsteil seinen Entropiewert s an den neuen Ort mit; dieser Wert ist aber von dem Gleichgewichtswert an diesem Ort verschieden.

Unten werden wir voraussetzen, daß die Wellenlänge der in der Flüssigkeit fortschreitenden Welle im Vergleich zu den Strecken klein ist, auf denen das Schwerefeld eine merkliche Dichteänderung hervorruft.[1]) Die Flüssigkeit selbst sehen wir dabei als inkompressibel an. Das bedeutet, daß wir die Änderung ihrer Dichte infolge der Druckänderung in der Welle vernachlässigen können. Die Dichteänderung infolge der thermischen Ausdehnung darf man keinesfalls vernachlässigen, da gerade sie die ganze Erscheinung bestimmt.

Wir schreiben nun das System der hydrodynamischen Gleichungen für die betrachtete Bewegung auf. Die Werte der einzelnen Größen im Zustand des mechanischen Gleichgewichts werden wir mit dem Index Null versehen, die kleinen Abweichungen von diesen Werten in der Welle bezeichnen wir mit einem Strich. Die Gleichung für die Erhaltung

[1]) Der Gradient der Dichte ist mit dem Gradienten des Druckes durch die Gleichung

$$\nabla p = \left(\frac{\partial p}{\partial \varrho}\right)_s \nabla \varrho = c^2 \nabla \varrho$$

verbunden, wobei c die Schallgeschwindigkeit in der Flüssigkeit ist. Aus der hydrostatischen Gleichung $\nabla p = \varrho \boldsymbol{g}$ erhalten wir deshalb $\nabla \varrho = (\varrho/c^2)\,\boldsymbol{g}$. Hieraus ist ersichtlich, daß eine wesentliche Änderung der Dichte im Schwerefeld auf Abständen $l \approx c^2/g$ erfolgt. Für Luft ist $l \approx 10$ km, für Wasser $l \approx 200$ km.

der Entropie $s = s_0 + s'$ lautet dann mit Gliedern bis einschließlich erster Ordnung

$$\frac{\partial s'}{\partial t} + \boldsymbol{v}\nabla s_0 = 0\,; \tag{13,1}$$

s_0 und die Gleichgewichtswerte der anderen Größen sind gegebene Funktionen der vertikalen Koordinate z.

Ferner vernachlässigen wir in der Eulerschen Gleichung wieder (da die Schwingungen klein sind) das Glied $(\boldsymbol{v}\nabla)\,\boldsymbol{v}$. Wir berücksichtigen, daß die Druckverteilung im Gleichgewicht durch die Gleichung $\nabla p_0 = \varrho_0 \boldsymbol{g}$ gegeben wird, und erhalten mit derselben Genauigkeit (bis einschließlich erster Ordnung)

$$\frac{\partial \boldsymbol{v}}{\partial t} = -\frac{\nabla p}{\varrho} + \boldsymbol{g} = -\frac{\nabla p'}{\varrho_0} + \frac{\nabla p_0}{\varrho_0^2}\varrho'\,.$$

Da die Dichteänderung nach dem oben Gesagten nur von der Entropieänderung und nicht von der Druckänderung hervorgerufen wird, können wir

$$\varrho' = \left(\frac{\partial \varrho_0}{\partial s_0}\right)_p s'$$

schreiben und erhalten die Eulersche Gleichung in der Form

$$\frac{\partial \boldsymbol{v}}{\partial t} = \frac{\boldsymbol{g}}{\varrho_0}\left(\frac{\partial \varrho_0}{\partial s_0}\right)_p s' - \nabla \frac{p'}{\varrho_0}\,. \tag{13,2}$$

ϱ_0 konnten wir in den Gradienten hineinziehen, da wir eine Änderung der Gleichgewichtsdichte auf Strecken von der Größenordnung der Wellenlänge nach obiger Voraussetzung vernachlässigen. Aus demselben Grunde können wir auch in der Kontinuitätsgleichung die Dichte als konstant ansehen; diese Gleichung reduziert sich dabei auf

$$\operatorname{div} \boldsymbol{v} = 0\,. \tag{13,3}$$

Die Lösung des Gleichungssystems (13,1) bis (13,3) setzen wir als ebene Welle an;

$$\boldsymbol{v} = \text{const}\; e^{i(\boldsymbol{kr} - \omega t)}\,,$$

und analog für s' und p'. Einsetzen in die Kontinuitätsgleichung (13,3) liefert

$$\boldsymbol{vk} = 0\,, \tag{13,4}$$

d. h., die Geschwindigkeit der Flüssigkeit steht überall senkrecht auf dem Wellenvektor (Transversalwelle). Die Gleichungen (13,1) und (13,2) ergeben

$$\mathrm{i}\omega s' = \boldsymbol{v}\nabla s_0\,, \qquad -\mathrm{i}\omega \boldsymbol{v} = \frac{1}{\varrho_0}\left(\frac{\partial \varrho_0}{\partial s_0}\right)_p s'\boldsymbol{g} - \frac{\mathrm{i}\boldsymbol{k}}{\varrho_0}p'\,.$$

Die Bedingung $\boldsymbol{k}\boldsymbol{v} = 0$, angewandt auf die zweite dieser Gleichungen, führt zu der Beziehung

$$\mathrm{i}k^2 p' = \left(\frac{\partial \varrho_0}{\partial s_0}\right)_p s'\,(\boldsymbol{gk})\,.$$

Eliminieren wir dann aus beiden Gleichungen $\boldsymbol{v}$ und s', so erhalten wir die gesuchte Beziehung zwischen dem Wellenvektor und der Frequenz der Welle, das Dispersionsgesetz

$$\omega^2 = \omega_0^2 \sin^2 \Theta \,, \tag{13,5}$$

wobei die Bezeichnung

$$\omega_0^2 = -\frac{g}{\varrho}\left(\frac{\partial \varrho}{\partial s}\right)_p \frac{\mathrm{d}s}{\mathrm{d}z} \tag{13,6}$$

eingeführt wurde. Wir lassen hier und unten den Index Null bei den Gleichgewichtswerten der thermodynamischen Größen weg. Die z-Achse ist senkrecht nach oben gerichtet; Θ ist der Winkel zwischen der z-Achse und der $\boldsymbol{k}$-Richtung. Der Ausdruck (13,6) ist auf Grund der Stabilitätsbedingung für die Gleichgewichtsverteilung $s(z)$ positiv (Bedingung für das Fehlen der Konvektion, vgl. § 4).

Die Frequenz hängt nur von der Richtung des Wellenvektors ab, aber nicht von seinem Betrag. Für $\Theta = 0, \pi$ ergibt sich $\omega = 0$. Das bedeutet, daß Wellen der betrachteten Art mit einem vertikalen Wellenvektor überhaupt nicht möglich sind.

Befindet sich die Flüssigkeit nicht nur im mechanischen, sondern auch im vollkommen thermodynamischen Gleichgewicht, dann ist ihre Temperatur konstant, und man kann

$$\frac{\mathrm{d}s}{\mathrm{d}z} = \left(\frac{\partial s}{\partial p}\right)_T \frac{\mathrm{d}p}{\mathrm{d}z} = -\varrho g \left(\frac{\partial s}{\partial p}\right)_T$$

schreiben. Unter Verwendung der aus der Thermodynamik bekannten Beziehungen

$$\left(\frac{\partial s}{\partial p}\right)_T = \frac{1}{\varrho^2}\left(\frac{\partial \varrho}{\partial T}\right)_p, \qquad \left(\frac{\partial \varrho}{\partial s}\right)_p = \frac{T}{c_p}\left(\frac{\partial p}{\partial T}\right)_p$$

(c_p ist die spezifische Wärme der Flüssigkeit pro Masseneinheit) erhalten wir schließlich

$$\omega_0 = \sqrt{\frac{T}{c_p}\,\frac{g}{\varrho}\left|\left(\frac{\partial \varrho}{\partial T}\right)_p\right|}\,. \tag{13,7}$$

Speziell für ein thermodynamisch ideales Gas lautet diese Formel

$$\omega_0 = \frac{g}{\sqrt{c_p T}}\,. \tag{13,8}$$

Die Abhängigkeit der Frequenz von der Richtung des Wellenvektors führt dazu, daß die Ausbreitungsgeschwindigkeit der Welle $\boldsymbol{U} = \partial\omega/\partial\boldsymbol{k}$ nicht die Richtung von $\boldsymbol{k}$ hat. Stellen wir die Abhängigkeit $\omega(\boldsymbol{k})$ in der Form

$$\omega = \omega_0 \sqrt{1 - \left(\frac{\boldsymbol{k}\boldsymbol{v}}{k}\right)^2}$$

dar ($\boldsymbol{v}$ Einheitsvektor in vertikaler Richtung nach oben) und führen die Differentiation aus, so erhalten wir

$$\boldsymbol{U} = -\frac{\omega_0^2}{\omega k}(\boldsymbol{n}\boldsymbol{v})\,\{\boldsymbol{v} - (\boldsymbol{n}\boldsymbol{v})\,\boldsymbol{n}\} \tag{13,9}$$

mit $\boldsymbol{n} = \boldsymbol{k}/k$. Diese Geschwindigkeit ist senkrecht zum Vektor $\boldsymbol{k}$ und dem Betrag nach gleich

$$U = \frac{\omega_0}{k} \cos \Theta .$$

Ihre Projektion auf die Vertikale ist

$$U\boldsymbol{v} = -\frac{\omega_0}{k} \cos \Theta \sin \Theta .$$

§ 14. Wellen in einer rotierenden Flüssigkeit

Ein anderer eigenartiger Typ von Wellen kann sich innerhalb einer als Ganzes gleichförmig rotierenden inkompressiblen Flüssigkeit ausbreiten. Der Ursprung dieser Wellen hängt mit den bei der Drehung auftretenden Coriolis-Kräften zusammen.

Wir werden die Flüssigkeit im gemeinsam mit ihr rotierenden Koordinatensystem betrachten. Wie bekannt, müssen bei einer solchen Beschreibung in die mechanischen Bewegungsgleichungen Zusatzkräfte eingeführt werden, die Zentrifugalkraft und die Coriolis-Kraft. Dementsprechend muß man diese Kräfte (bezogen auf die Masseneinheit der Flüssigkeit) auf der rechten Seite der Eulerschen Gleichung hinzufügen. Die Zentrifugalkraft kann in der Form eines Gradienten, $\nabla(\boldsymbol{\Omega} \times \boldsymbol{r})^2/2$, dargestellt werden, wobei $\boldsymbol{\Omega}$ der Vektor der Winkelgeschwindigkeit der Drehung der Flüssigkeit ist. Dieses Glied kann man mit der Kraft $-\nabla p/\varrho$ vereinigen, indem man einen effektiven Druck einführt:

$$P = p - \frac{\varrho}{2} (\boldsymbol{\Omega} \times \boldsymbol{r})^2 . \tag{14,1}$$

Die Coriolis-Kraft ist gleich $2\boldsymbol{v} \times \boldsymbol{\Omega}$; sie tritt nur auf bei einer Bewegung der Flüssigkeit relativ zum rotierenden Koordinatensystem ($\boldsymbol{v}$ ist die Geschwindigkeit in diesem System). Indem wir dieses Glied auf die linke Seite bringen, schreiben wir die Eulersche Gleichung in der Form

$$\frac{\partial \boldsymbol{v}}{\partial t} + (\boldsymbol{v}\nabla)\, \boldsymbol{v} + 2\Omega \times \boldsymbol{v} = -\frac{1}{\varrho} \nabla P . \tag{14,2}$$

Die Kontinuitätsgleichung behält ihre frühere Form bei und reduziert sich für die inkompressible Flüssigkeit auf die Gleichung $\operatorname{div} \boldsymbol{v} = 0$.

Wenn wir die Amplitude der Welle wieder als klein annehmen und in der Geschwindigkeit quadratische Glieder in (14,2) vernachlässigen, so nimmt diese Gleichung die Form

$$\frac{\partial \boldsymbol{v}}{\partial t} + 2\boldsymbol{\Omega} \times \boldsymbol{v} = -\frac{1}{\varrho} \nabla p' \tag{14,3}$$

an, wobei p' der veränderliche Teil des Drucks ist und $\varrho = \text{const}$. Den Druck eliminieren wir gleich durch Anwendung der Operation rot auf beiden Seiten von (14,3). Die rechte Seite dieser Gleichung verschwindet, und auf der linken Seite rechnen wir unter Ausnützung der Inkompressibilität der Flüssigkeit um:

$$\operatorname{rot}(\boldsymbol{\Omega} \times \boldsymbol{v}) = \boldsymbol{\Omega} \operatorname{div} \boldsymbol{v} - (\boldsymbol{\Omega}\nabla)\, \boldsymbol{v} = -(\boldsymbol{\Omega}\nabla)\, \boldsymbol{v} .$$

Wählen wir die Richtung von $\boldsymbol{\Omega}$ als z-Achse, so erhalten wir die Gleichung in der Form

$$\frac{\partial}{\partial t} \operatorname{rot} \boldsymbol{v} = 2\Omega \frac{\partial \boldsymbol{v}}{\partial z}. \tag{14,4}$$

Wir suchen die Lösung in der Form ebener Wellen

$$\boldsymbol{v} = \boldsymbol{A}\, \mathrm{e}^{\mathrm{i}(\boldsymbol{kr} - \omega t)}, \tag{14,5}$$

die (wegen der Gleichung div $\boldsymbol{v} = 0$) die Transversalitätsbedingung erfüllen müssen:

$$\boldsymbol{kA} = 0. \tag{14,6}$$

Einsetzen von (14,5) in (14,4) ergibt

$$\omega \boldsymbol{k} \times \boldsymbol{v} = 2\, \mathrm{i}\Omega k_z \boldsymbol{v}. \tag{14,7}$$

Das Dispersionsgesetz der Wellen ergibt sich durch Elimination von $\boldsymbol{v}$ aus dieser Vektorgleichung. Wir multiplizieren ihre beiden Seiten vektoriell mit $\boldsymbol{k}$ und schreiben sie in der Form

$$-\omega k^2 \boldsymbol{v} = 2\, \mathrm{i}\Omega k_z \boldsymbol{k} \times \boldsymbol{v}.$$

Indem wir die beiden Gleichungen miteinander vergleichen, erhalten wir für die gesuchte Abhängigkeit von ω von $\boldsymbol{k}$:

$$\omega = 2\Omega \frac{k_z}{k} = 2\Omega \cos \Theta, \tag{14,8}$$

wobei Θ der Winkel zwischen $\boldsymbol{k}$ und $\boldsymbol{\Omega}$ ist.

Unter Berücksichtigung von (14,8) nimmt die Gleichung (14,7) die Form

$$\boldsymbol{n} \times \boldsymbol{v} = \mathrm{i}\boldsymbol{v}$$

an, wobei $\boldsymbol{n} = \boldsymbol{k}/k$. Stellen wir die komplexe Amplitude der Welle als $\boldsymbol{A} = \boldsymbol{a} + \mathrm{i}\boldsymbol{b}$ dar mit reellen Vektoren $\boldsymbol{a}$ und $\boldsymbol{b}$, so folgt hieraus $\boldsymbol{n} \times \boldsymbol{b} = \boldsymbol{a}$; die Vektoren $\boldsymbol{a}$ und $\boldsymbol{b}$ (beide in einer Ebene senkrecht zum Vektor $\boldsymbol{k}$ liegend) stehen aufeinander senkrecht und sind dem Betrag nach gleich. Wählen wir ihre Richungen als x-Achse und y-Achse und trennen in (14,5) Realteil und Imaginärteil, so finden wir

$$v_x = a \cos(\omega t - \boldsymbol{kr}), \qquad v_y = -a \sin(\omega t - \boldsymbol{kr}).$$

Die Welle ist also zirkular polarisiert: In jedem Punkt des Raumes rotiert der Vektor $\boldsymbol{v}$ zeitlich und bleibt dem Betrag nach konstant.[1])

Die Ausbreitungsgeschwindigkeit der Welle ist

$$\boldsymbol{U} = \frac{\partial \omega}{\partial \boldsymbol{k}} = \frac{2\Omega}{k} \{\boldsymbol{\nu} - \boldsymbol{n}(\boldsymbol{n\nu})\}, \tag{14,9}$$

wobei $\boldsymbol{\nu}$ der Einheitsvektor in Richtung $\boldsymbol{\Omega}$ ist; wie auch im Falle der Schwerewellen innerhalb einer Flüssigkeit steht diese Geschwindigkeit senkrecht auf dem Wellenvektor. Ihr absoluter

[1]) Wir erinnern daran, daß wir über die Bewegung im rotierenden Koordinatensystem sprechen. Im unbewegten System überlagert sich dieser Bewegung noch die Drehung der Flüssigkeit als Ganzes.

Betrag und ihre Projektion auf die Richtung von $\boldsymbol{\Omega}$ sind

$$U = \frac{2\Omega}{k} \sin \Theta \,, \qquad Uv = \frac{2\Omega}{k} \sin^2 \Theta = U \sin \Theta \,.$$

Die betrachteten Wellen heißen *Trägheitswellen*. Da die Coriolis-Kräfte keine Arbeit an der sich bewegenden Flüssigkeit leisten, ist die in diesen Wellen enthaltene Energie ausschließlich kinetische Energie.

Eine besondere Form zylindersymmetrischer (nicht ebener) Trägheitswellen kann sich längs der Rotationsachse der Flüssigkeit ausbreiten, s. Aufgabe 1.

Zum Abschluß machen wir noch eine Bemerkung, die sich auf die stationären Bewegungen in der rotierenden Flüssigkeit bezieht und nicht auf die Ausbreitung von Wellen in ihr.

Es sei l eine charakteristische Länge dieser Bewegung und u eine charakteristische Geschwindigkeit. Der Größenordnung nach ist dann das Glied $(\boldsymbol{v}\nabla)\,\boldsymbol{v}$ in (14,2) gleich u^2/l und das Glied $2\boldsymbol{\Omega} \times \boldsymbol{v} \sim \Omega u$. Wenn $u/l\Omega \ll 1$, dann kann man das erste Glied gegenüber dem zweiten vernachlässigen, und die Gleichung für die stationäre Bewegung reduziert sich auf

$$2\boldsymbol{\Omega} \times \boldsymbol{v} = -\frac{1}{\varrho} \nabla P \tag{14,10}$$

oder

$$2\Omega v_y = \frac{1}{\varrho}\frac{\partial P}{\partial x}, \qquad 2\Omega v_x = -\frac{1}{\varrho}\frac{\partial P}{\partial y}, \qquad \frac{\partial P}{\partial z} = 0 \,,$$

wobei x, y die kartesischen Koordinaten in der Ebene senkrecht zur Drehachse sind. Hieraus ist ersichtlich, daß P und damit auch v_x, v_y nicht von der Längskoordinate z abhängen. Eliminieren wir P aus den ersten beiden Gleichungen, so erhalten wir

$$\frac{\partial v_x}{\partial x} + \frac{\partial v_y}{\partial y} = 0 \,;$$

hieraus und aus der Kontinuitätsgleichung div $\boldsymbol{v} = 0$ folgt $\partial v_z/\partial z = 0$. Folglich stellt sich die stationäre Bewegung (relativ zum rotierenden Koordinatensystem) in einer schnell rotierenden Flüssigkeit als Überlagerung zweier unabhängiger Bewegungen dar: eine ebene Strömung in der senkrechten Ebene und eine Bewegung längs der Achse, die nicht von der Koordinate z abhängt (J. Proudman, 1916).

Aufgaben

1. Man bestimme die Bewegung in einer zylindersymmetrischen Welle, die sich längs der Achse in einer als Ganzes rotierenden inkompressiblen Flüssigkeit ausbreitet (W. Thomson, 1880).

Lösung. Wir führen Zylinderkoordinaten r, φ, z ein mit der z-Achse längs des Vektors $\boldsymbol{\Omega}$. In einer zylindersymmetrischen Welle hängen alle Größen nicht von der Winkelvariablen φ ab. Die Abhängigkeit von der Zeit und von der Koordinate z wird durch einen Faktor der Form $\exp\{i(kz - \omega t)\}$ gegeben. Schreiben wir die Gleichung (14,3) in Komponenten aus, so erhalten wir

$$-i\omega v_r - 2\Omega v_\varphi = -\frac{1}{\varrho}\frac{\partial p'}{\partial r}, \tag{1}$$

$$-i\omega v_\varphi + 2\Omega v_r = 0 \,, \qquad -i\omega v_z = -\frac{ik}{\varrho} p' \,. \tag{2}$$

Hierzu muß die Kontinuitätsgleichung

$$\frac{1}{r}\frac{\partial}{\partial r}(rv_r) + ikv_z = 0 \tag{3}$$

hinzugefügt werden. Drücken wir v_φ und p' mit Hilfe von (2) und (3) durch v_r aus und setzen in (1) ein, so erhalten wir die Gleichung

$$\frac{d^2F}{dr^2} + \frac{1}{r}\frac{dF}{dr} + \left[\frac{4\Omega^2k^2}{\omega^2} - k^2 - \frac{1}{r^2}\right]F = 0 \tag{4}$$

für eine Funktion F, die die radiale Abhängigkeit der Geschwindigkeit v_r bestimmt:

$$v_r = F(r)\, e^{i(kz-\omega t)}.$$

Die Lösung dieser Gleichung, die bei $r = 0$ verschwindet, ist

$$F = \text{const} \cdot J_1\left(kr\sqrt{\frac{4\Omega^2}{\omega^2} - 1}\right), \tag{5}$$

wobei J_1 die Besselsche Funktion 1. Ordnung ist.

Das gesamte Bild der Bewegung in der Welle zerfällt in Gebiete, begrenzt durch koaxiale Zylinderflächen mit Radien r_n, die durch die Gleichungen

$$kr_n\sqrt{\frac{4\Omega^2}{\omega^2} - 1} = x_n$$

bestimmt sind, wobei $x_1, x_2, \ldots$ die aufeinanderfolgenden Nullstellen der Funktion $J_1(x)$ sind. Auf diesen Oberflächen ist $v_r = 0$; mit anderen Worten, die Flüssigkeit durchdringt niemals diese Flächen.

Wir bemerken, daß für die betrachteten Wellen in einer unbegrenzten Flüssigkeit die Frequenz ω nicht von k abhängt. Die möglichen Werte der Frequenz sind jedoch begrenzt durch die Bedingung $\omega < 2\Omega$: im entgegengesetzten Fall hat die Gleichung (4) keine Lösung, die die Bedingung der Endlichkeit erfüllt.

Wenn die rotierende Flüssigkeit begrenzt ist durch eine zylinderförmige Wand (Radius R), dann muß die Bedingung $v_r = 0$ auf der Wand berücksichtigt werden. Hieraus folgt die Beziehung

$$kR\sqrt{\frac{4\Omega^2}{\omega^2} - 1} = x_n,$$

die für eine Welle mit gegebenem Wert n (d. h. mit gegebener Zahl koaxialer Gebiete in ihr) einen Zusammenhang zwischen ω und k aufstellt.

2. Man leite die Gleichung ab, die eine beliebige kleine Störung des Druckes in einer rotierenden Flüssigkeit beschreibt.

L ö s u n g. Die Gleichung (14,3) lautet ausgeschrieben in Komponenten

$$\frac{\partial v_x}{\partial t} - 2\Omega v_y = -\frac{1}{\varrho}\frac{\partial p'}{\partial x}, \quad \frac{\partial v_y}{\partial t} + 2\Omega v_x = -\frac{1}{\varrho}\frac{\partial p'}{\partial y}, \quad \frac{\partial v_z}{\partial t} = -\frac{1}{\varrho}\frac{\partial p'}{\partial z}. \tag{1}$$

Differenzieren wir diese drei Gleichungen entsprechend nach x, y, z und addieren sie, so erhalten wir unter Berücksichtigung der Gleichung $\operatorname{div} \boldsymbol{v} = 0$

$$\frac{1}{\varrho}\triangle p' = 2\Omega\left(\frac{\partial v_y}{\partial x} - \frac{\partial v_x}{\partial y}\right).$$

Differentiation dieser Gleichung nach t ergibt mit nochmaliger Berücksichtigung von (1)

$$\frac{1}{\varrho}\frac{\partial}{\partial t}\triangle p' = 4\Omega^2\frac{\partial v_z}{\partial z};$$

nochmalige Differentiation nach t führt zur endgültigen Gleichung

$$\frac{\partial^2}{\partial t^2} \triangle p' + 4\Omega^2 \frac{\partial^2 p'}{\partial z^2} = 0 . \tag{2}$$

Für eine periodische Störung mit der Frequenz ω reduziert sich diese Gleichung auf

$$\frac{\partial^2 p'}{\partial x^2} + \frac{\partial^2 p'}{\partial y^2} + \left(1 - \frac{4\Omega^2}{\omega^2}\right) \frac{\partial^2 p'}{\partial z^2} = 0 . \tag{3}$$

Für Wellen der Form (14,5) ergibt sich hieraus natürlich die bereits bekannte Dispersionsrelation (14,8); hierbei ist $\omega < 2\Omega$ und der Koeffizient von $\partial^2 p'/\partial z^2$ in Gleichung (3) ist negativ. Von einer Punktquelle ausgehende Störungen breiten sich aus längs der Erzeugenden eines Kegels mit der Achse längs $\boldsymbol{\Omega}$ und dem Öffnungswinkel 2Θ, wobei $\sin \Theta = \omega/2\Omega$.

Bei $\omega > 2\Omega$ ist der Koeffizient von $\partial^2 p'/\partial z^2$ in Gleichung (3) positiv, und eine offensichtliche Maßstabsänderung auf der z-Achse führt diese Gleichung in die Laplacesche Gleichung über. Der Einfluß einer punktförmigen Störungsquelle erstreckt sich in diesem Falle auf das gesamte Volumen der Flüssigkeit, und mit der Entfernung von der Quelle fällt dieser Einfluß nach einem Potenzgesetz ab.

[illegible]

II ZÄHE FLÜSSIGKEITEN

§ 15. Die Bewegungsgleichungen für eine zähe Flüssigkeit

Wir wollen jetzt die Auswirkungen von Prozessen mit Energiedissipation auf die Strömung einer Flüssigkeit untersuchen. Diese Prozesse bringen die immer mehr oder weniger vorhandene thermodynamische Irreversibilität der Strömung zum Ausdruck, die mit der inneren Reibung (Zähigkeit) und der Wärmeleitfähigkeit zusammenhängt.

Um die Gleichungen für die Bewegung einer zähen Flüssigkeit zu erhalten, muß man in die Bewegungsgleichung für eine ideale Flüssigkeit zusätzliche Terme einführen. Was die Kontinuitätsgleichung anbetrifft, so ist aus deren Ableitung ersichtlich, daß sie in gleicher Form für die Strömung einer beliebigen Flüssigkeit gilt, also auch für die Strömung einer zähen Flüssigkeit. Die Eulersche Gleichung muß abgeändert werden.

In § 7 haben wir gesehen, daß die Eulersche Gleichung in der Form

$$\frac{\partial}{\partial t}(\varrho v_i) = -\frac{\partial \Pi_{ik}}{\partial x_k}$$

geschrieben werden kann, wobei Π_{ik} der Tensor der Impulsstromdichte ist. Der durch die Formel (7,2) gegebene Impulsstrom stellt die rein reversible Impulsübertragung dar, die einfach mit der mechanischen Fortbewegung der verschiedenen Flüssigkeitsteile von einem Ort zu einem anderen und mit den in der Flüssigkeit wirkenden Druckkräften zusammenhängt. Die Zähigkeit (innere Reibung) der Flüssigkeit äußert sich im Auftreten einer zusätzlichen, irreversiblen Impulsübertragung von einem Ort mit größerer Geschwindigkeit an einen Ort mit kleinerer Geschwindigkeit.

Man kann demnach die Bewegungsgleichung für eine zähe Flüssigkeit erhalten, indem man zum „idealen" Impulsstrom (7,2) ein zusätzliches Glied σ'_{ik} hinzufügt, das den irreversiblen, „zähen" Impulstransport in der Flüssigkeit angibt. Wir werden also den Tensor der Impulsstromdichte in einer zähen Flüssigkeit in der Form

$$\Pi_{ik} = p\delta_{ik} + \varrho v_i v_k - \sigma'_{ik} = -\sigma_{ik} + \varrho v_i v_k \tag{15,1}$$

schreiben. Der Tensor

$$\sigma_{ik} = -p\delta_{ik} + \sigma'_{ik} \tag{15,2}$$

heißt *Spannungstensor*, σ'_{ik} heißt *zäher Spannungstensor* (oder *Reibungstensor*). σ_{ik} gibt den Teil des Impulsstromes an, der nicht mit dem unmittelbaren Transport des Impulses gemeinsam mit der Masse der bewegten Flüssigkeit zusammenhängt.[1])

---

[1]) Wir werden unten sehen, daß σ'_{ik} ein zu δ_{ik} proportionales Glied enthält, d. h. ein Glied derselben Gestalt wie $p\delta_{ik}$. Deshalb muß nach einer solchen Formänderung des Tensors für den Impulsstrom eigentlich genauer festgelegt werden, was man unter dem Druck p zu verstehen hat; siehe dazu den Schluß von § 49.

Die allgemeine Gestalt des Tensors σ'_{ik} kann ausgehend von den folgenden Überlegungen bestimmt werden. Die Prozesse der inneren Reibung in der Flüssigkeit treten nur dann auf, wenn sich verschiedene Flüssigkeitsteile mit verschiedener Geschwindigkeit bewegen, so daß eine Relativbewegung zwischen verschiedenen Flüssigkeitsteilen auftritt. σ'_{ik} muß deshalb von den Ableitungen der Geschwindigkeit nach den Koordinaten abhängen. Sind die Geschwindigkeitsgradienten nicht so groß, dann kann man annehmen, daß die von der Zähigkeit bewirkte Impulsübertragung nur von den ersten Ableitungen der Geschwindigkeit abhängt. In derselben Näherung kann man die Abhängigkeit von σ'_{ik} von den Ableitungen $\partial v_i/\partial x_k$ als linear annehmen. Von $\partial v_i/\partial x_k$ unabhängige Terme dürfen in dem Ausdruck für σ'_{ik} nicht auftreten, weil sonst σ'_{ik} für $\boldsymbol{v}$ = const nicht verschwinden würde. Ferner muß σ'_{ik} auch dann verschwinden, wenn die ganze Flüssigkeit eine gleichförmige Rotation ausführt; denn es ist klar, daß bei einer solchen Bewegung keinerlei innere Reibung in der Flüssigkeit auftreten kann. Die Geschwindigkeit $\boldsymbol{v}$ ist bei einer gleichförmigen Rotation mit der Winkelgeschwindigkeit $\boldsymbol{\Omega}$ gleich dem Vektorprodukt $\boldsymbol{\Omega} \times \boldsymbol{r}$. Die Linearkombinationen der Ableitungen $\partial v_i/\partial x_k$ die für $\boldsymbol{v} = \boldsymbol{\Omega} \times \boldsymbol{r}$ verschwinden, sind die Summen

$$\frac{\partial v_i}{\partial x_k} + \frac{\partial v_k}{\partial x_i}.$$

σ'_{ik} muß daher gerade diese symmetrischen Kombinationen der Ableitungen $\partial v_i/\partial x_k$ enthalten.

Die allgemeinste Form eines Tensors zweiter Stufe, der diesen Bedingungen genügt, ist

$$\sigma'_{ik} = \eta \left(\frac{\partial v_i}{\partial x_k} + \frac{\partial v_k}{\partial x_i} - \frac{2}{3} \delta_{ik} \frac{\partial v_l}{\partial x_l} \right) + \zeta \delta_{ik} \frac{\partial v_l}{\partial x_l} \tag{15,3}$$

mit nicht von der Geschwindigkeit abhängenden Koeffizienten η und ζ. Bei dieser Behauptung ist die Isotropie der Flüssigkeit ausgenutzt worden; auf Grund der Isotropie können die Eigenschaften der Flüssigkeit allein durch skalare Größen charakterisiert werden (im vorliegenden Falle durch η und ζ). Die Glieder in (15,3) sind so gruppiert, daß der Ausdruck in der Klammer bei Verjüngung (d. h. bei Summation der Komponenten mit $i = k$) Null ergibt. die Größen η und ζ heißen *Zähigkeitskoeffizienten* (wobei ζ oft *zweite Zähigkeit* genannt wird). Wie in §§ 16 und 49 gezeigt wird, sind sie beide positive Größen:

$$\eta > 0, \qquad \zeta > 0\,. \tag{15,4}$$

Die Bewegungsgleichungen für eine zähe Flüssigkeit kann man jetzt einfach durch Addition des Ausdruckes $\partial\sigma'_{ik}/\partial x_k$ zur rechten Seite der Eulerschen Gleichung

$$\varrho \left(\frac{\partial v_i}{\partial t} + v_k \frac{\partial v_i}{\partial x_k} \right) = - \frac{\partial p}{\partial x_i}$$

erhalten. Es ergibt sich

$$\varrho \left(\frac{\partial v_i}{\partial t} + v_k \frac{\partial v_i}{\partial x_k} \right) = - \frac{\partial p}{\partial x_i} + \frac{\partial}{\partial x_k} \left\{ \eta \left(\frac{\partial v_i}{\partial x_k} + \frac{\partial v_k}{\partial x_i} - \frac{2}{3} \delta_{ik} \frac{\partial v_l}{\partial x_l} \right) \right\} + \frac{\partial}{\partial x_i} \left(\zeta \frac{\partial v_l}{\partial x_l} \right). \tag{15,5}$$

Das ist die allgemeinste Form der Bewegungsgleichungen für eine zähe Flüssigkeit. Die Größen η und ζ sind im allgemeinen Funktionen des Druckes und der Temperatur. Im allgemeinen Falle sind p und T, und damit auch η und ζ, nicht in der ganzen Flüssigkeit konstant, so daß η und ζ nicht vor die Differentiationssymbole gezogen werden können.

In den meisten Fällen ist die Änderung der Zähigkeitskoeffizienten in der Flüssigkeit jedoch unbeträchtlich, und man kann sie daher als konstant ansehen. Dann können wir die Gleichung (15,5) in Vektorform aufschreiben:

$$\varrho\left[\frac{\partial \boldsymbol{v}}{\partial t} + (\boldsymbol{v}\nabla)\,\boldsymbol{v}\right] = -\operatorname{grad} p + \eta\triangle\boldsymbol{v} + \left(\zeta + \frac{\eta}{3}\right)\operatorname{grad}\operatorname{div}\boldsymbol{v}\,. \tag{15,6}$$

Dies ist die *Navier-Stokessche Gleichung.*

Sie vereinfacht sich wesentlich, wenn man die Flüssigkeit als inkompressibel annehmen kann. Dann ist $\operatorname{div}\boldsymbol{v} = 0$, und das letzte Glied auf der rechten Seite von (15,6) verschwindet. Wenn wir eine zähe Flüssigkeit betrachten, dann werden wir sie stets als inkompressibel annehmen und dementsprechend die Bewegungsgleichung in der Form[1])

$$\frac{\partial \boldsymbol{v}}{\partial t} + (\boldsymbol{v}\nabla)\,\boldsymbol{v} = -\frac{1}{\varrho}\operatorname{grad} p + \frac{\eta}{\varrho}\triangle\boldsymbol{v} \tag{15,7}$$

benutzen. Der Spannungstensor erhält für eine inkompressible Flüssigkeit die einfache Form

$$\sigma_{ik} = -p\delta_{ik} + \eta\left(\frac{\partial v_i}{\partial x_k} + \frac{\partial v_k}{\partial x_i}\right). \tag{15,8}$$

Wie wir sehen, wird in einer inkompressiblen Flüssigkeit die Zähigkeit durch einen einzigen Koeffizienten beschrieben. Da man eine Flüssigkeit praktisch sehr häufig als inkompressibel ansehen kann, braucht man normalerweise gerade diesen Zähigkeitskoeffizienten η. Das Verhältnis

$$\nu = \frac{\eta}{\varrho} \tag{15,9}$$

heißt *kinematische Zähigkeit* (η selbst wird dann als *dynamische Zähigkeit* bezeichnet). Wir stellen die Werte der Größen η und ν für einige Flüssigkeiten und Gase (bei der Temperatur 20 °C) in SI-Einheiten zusammen:

	η, kg/ms = Pa·s	ν, m^2/s	
Wasser	0,0010	0,10	$\cdot 10^{-5}$
Luft	$1{,}8 \cdot 10^{-5}$	1,50	
Alkohol	0,0018	0,22	
Glyzerin	0,85	68	
Quecksilber	0,00156	0,012	

[1]) Die Gleichung (15,7) wurde zuerst von C. L. Navier, 1827, auf Grund von Modellvorstellungen aufgestellt. Eine Ableitung der Gleichungen (15,6) und (15,7) (ohne das Glied mit ζ), die der gegenwärtigen Ableitung nahe kommt, wurde von G. G. Stokes, 1845, gegeben.

Wir weisen darauf hin, daß die dynamische Zähigkeit von Gasen bei festgehaltener Temperatur nicht vom Druck abhängt. Die kinematische Zähigkeit ist dementsprechend dem Druck umgekehrt proportional.

Aus der Navier-Stokesschen Gleichung kann man den Druck genauso eliminieren wie oben aus der Eulerschen Gleichung. Wir bilden dazu von beiden Seiten der Gleichung (15,7) die Rotation und erhalten

$$\frac{\partial}{\partial t} \operatorname{rot} \boldsymbol{v} = \operatorname{rot} (\boldsymbol{v} \times \operatorname{rot} \boldsymbol{v}) + \nu \triangle \operatorname{rot} \boldsymbol{v}$$

(an Stelle der Gleichung (2,11) für eine ideale Flüssigkeit). Da wir hier eine inkompressible Flüssigkeit betrachten, können wir dieser Gleichung eine andere Form geben, indem wir das erste Glied auf der rechten Seite nach den Regeln der Vektoranalysis ausrechnen und die Gleichung $\operatorname{div} \boldsymbol{v} = 0$ berücksichtigen:

$$\frac{\partial}{\partial t} \operatorname{rot} \boldsymbol{v} + (\boldsymbol{v} \nabla) \operatorname{rot} \boldsymbol{v} - (\operatorname{rot} \boldsymbol{v} \cdot \nabla) \boldsymbol{v} = \nu \triangle \operatorname{rot} \boldsymbol{v} . \qquad (15,10)$$

Aus einer bekannten Geschwindigkeitsverteilung kann man die Verteilung des Druckes in der Flüssigkeit finden, indem man eine Gleichung vom Typ der Poissonschen Gleichung löst:

$$\triangle p = -\varrho \frac{\partial v_i}{\partial x_k} \frac{\partial v_k}{\partial x_i} = -\varrho \frac{\partial^2 v_i v_k}{\partial x_k v_i} ; \qquad (15,11)$$

sie folgt durch Bildung der Divergenz der Gleichung (15,7).

Wir führen hier noch die Gleichung an, der die Stromfunktion $\psi(x, y)$ bei der zweidimensionalen Strömung einer inkompressiblen zähen Flüssigkeit genügt. Sie ergibt sich durch Einsetzen von (10,9) in die Gleichung (15,10):

$$\frac{\partial}{\partial t} \triangle \psi - \frac{\partial \psi}{\partial x} \frac{\partial \triangle \psi}{\partial y} + \frac{\partial \psi}{\partial y} \frac{\partial \triangle \psi}{\partial x} - \nu \triangle \triangle \psi = 0 . \qquad (15,12)$$

Zu den Bewegungsgleichungen für eine zähe Flüssigkeit muß man noch die Randbedingung angeben. Zwischen der Oberfläche eines festen Körpers und jeder zähen Flüssigkeit bestehen immer molekulare Anziehungskräfte. Diese bewirken, daß die unmittelbar an der festen Wand anliegende Flüssigkeitsschicht vollkommen festgehalten wird, als wäre sie an die Wand „festgeklebt". Dementsprechend bestehen die Randbedingungen zu den Bewegungsgleichungen für eine zähe Flüssigkeit in der Forderung, daß die Geschwindigkeit der Flüssigkeit an unbeweglichen festen Oberflächen gleich Null ist:

$$\boldsymbol{v} = 0 . \qquad (15,13)$$

Wir unterstreichen, daß hier das Verschwinden sowohl der normalen als auch der tangentialen Geschwindigkeitskomponente gefordert wird, während die Randbedingungen zu den Gleichungen für eine ideale Flüssigkeit nur das Verschwinden von v_n verlangen.[1]

---

[1]) Wir bemerken, daß die Lösungen der Eulerschen Gleichung nicht die (im Vergleich zum Fall der idealen Flüssigkeit) zusätzliche Randbedingung erfüllen können, daß die Tangentialkomponente der Geschwindigkeit verschwindet. Mathematisch hängt dies mit der niedrigeren (ersten) Ordnung der räumlichen Ableitungen in dieser Gleichung zusammen im Vergleich zur (zweiten) Ordnung in der Navier-Stokesschen Gleichung.

Im allgemeinen Falle einer bewegten Oberfläche muß die Geschwindigkeit $\boldsymbol{v}$ gleich der Geschwindigkeit dieser Oberfläche sein.

Man kann leicht den Ausdruck für die Kraft aufschreiben, die auf eine feste, mit der Flüssigkeit in Berührung kommende Oberfläche wirkt. Die Kraft auf ein Element dieser Oberfläche ist gerade der Impulsstrom durch dieses Element. Der Impulsstrom durch das Flächenelement $\mathrm{d}\boldsymbol{f}$ ist

$$\Pi_{ik}\,\mathrm{d}f_k = (\varrho v_i v_k - \sigma_{ik})\,\mathrm{d}f_k\,.$$

Wir schreiben $\mathrm{d}f_k$ als $\mathrm{d}f_k = n_k\,\mathrm{d}f$, wobei $\boldsymbol{n}$ der Einheitsvektor in Richtung der Flächennormalen ist, und denken daran, daß auf einer festen Oberfläche $\boldsymbol{v} = 0$ ist.[1]) So finden wir für die Kraft $\boldsymbol{P}$ pro Flächeneinheit

$$P_i = -\sigma_{ik}n_k = pn_i - \sigma'_{ik}n_k\,. \tag{15,14}$$

Der erste Term ist der übliche Druck der Flüssigkeit; der zweite stellt die auf die Fläche wirkende Reibungskraft dar, die von der Zähigkeit hervorgerufen wird. Wir betonen, daß $\boldsymbol{n}$ in (15,14) der Einheitsvektor in Richtung der äußeren Normale bezüglich der Flüssigkeitsoberfläche ist, d. h. in Richtung der inneren Normale hinsichtlich der festen Oberfläche.

An einer Grenzfläche zwischen zwei nicht mischbaren Flüssigkeiten (oder zwischen einer Flüssigkeit und einem Gas) besagen die Randbedingungen, daß die Geschwindigkeiten beider Flüssigkeiten einander gleich sein müssen. Die Kräfte, mit denen sie aufeinander einwirken, müssen betragsmäßig gleich und entgegengesetzt gerichtet sein. Die zweite Bedingung wird in der Form

$$n_k^{(1)}\sigma_{ik}^{(1)} + n_k^{(2)}\sigma_{ik}^{(2)} = 0$$

geschrieben, wobei sich die Indizes 1 und 2 auf die beiden Flüssigkeiten beziehen. Die Normalenvektoren $\boldsymbol{n}^{(1)}$ und $\boldsymbol{n}^{(2)}$ haben entgegengesetzte Richtungen, d. h. $\boldsymbol{n}^{(1)} = -\boldsymbol{n}^{(2)} \equiv \boldsymbol{n}$, und man kann

$$n_i\sigma_{ik}^{(1)} = n_i\sigma_{ik}^{(2)} \tag{15,15}$$

schreiben. Auf einer freien Flüssigkeitsoberfläche muß die Bedingung

$$\sigma_{ik}n_k \equiv \sigma'_{ik}n_k - pn_i = 0 \tag{15,16}$$

erfüllt sein.

Bewegungsgleichungen in krummlinigen Koordinaten

Zum Nachschlagen geben wir die Bewegungsgleichungen für eine zähe inkompressible Flüssigkeit in häufig benutzten krummlinigen Koordinaten an.

---

[1]) Bei der Bestimmung der auf eine Fläche wirkenden Kraft muß man das gegebene Flächenelement in dem Bezugssystem betrachten, in dem es ruht. Die Kraft ist einfach gleich dem Impulsstrom nur bei unbewegter Fläche.

In Zylinderkoordinaten r, φ, z sehen die Komponenten des Spannungstensors folgendermaßen aus:

$$\left.\begin{aligned}
\sigma_{rr} &= -p + 2\eta \frac{\partial v_r}{\partial r}, & \sigma_{r\varphi} &= \eta \left(\frac{1}{r} \frac{\partial v_r}{\partial \varphi} + \frac{\partial v_\varphi}{\partial r} - \frac{v_\varphi}{r} \right), \\
\sigma_{\varphi\varphi} &= -p + 2\eta \left(\frac{1}{r} \frac{\partial v_\varphi}{\partial \varphi} + \frac{v_r}{r} \right), & \sigma_{\varphi z} &= \eta \left(\frac{\partial v_\varphi}{\partial z} + \frac{1}{r} \frac{\partial v_z}{\partial \varphi} \right), \\
\sigma_{zz} &= -p + 2\eta \frac{\partial v_z}{\partial z}, & \sigma_{zr} &= \eta \left(\frac{\partial v_z}{\partial r} + \frac{\partial v_r}{\partial z} \right).
\end{aligned}\right\} \tag{15,17}$$

Die drei Komponenten der Navier-Stokesschen Gleichung erhalten die Gestalt

$$\left.\begin{aligned}
&\frac{\partial v_r}{\partial t} + (\boldsymbol{v}\nabla)\, v_r - \frac{v_\varphi^2}{r} = -\frac{1}{\varrho} \frac{\partial p}{\partial r} + \nu \left(\triangle v_r - \frac{v_r}{r^2} - \frac{2}{r^2} \frac{\partial v_\varphi}{\partial \varphi} \right), \\
&\frac{\partial v_\varphi}{\partial t} + (\boldsymbol{v}\nabla)\, v_\varphi + \frac{v_r v_\varphi}{r} = -\frac{1}{\varrho r} \frac{\partial p}{\partial \varphi} + \nu \left(\triangle v_\varphi - \frac{v_\varphi}{r^2} + \frac{2}{r^2} \frac{\partial v_r}{\partial \varphi} \right), \\
&\frac{\partial v_z}{\partial t} + (\boldsymbol{v}\nabla)\, v_z = -\frac{1}{\varrho} \frac{\partial p}{\partial z} + \nu \triangle v_z ,
\end{aligned}\right. \tag{15,18}$$

wobei die Operatoren $(\boldsymbol{v}\nabla)$ und $\triangle$ gegeben werden durch die Formeln

$$(\boldsymbol{v}\nabla)\, f = v_r \frac{\partial f}{\partial r} + \frac{v_\varphi}{r} \frac{\partial f}{\partial \varphi} + v_z \frac{\partial f}{\partial z},$$

$$\triangle f = \frac{1}{r} \frac{\partial}{\partial r} \left(r \frac{\partial \varphi}{\partial r} \right) + \frac{1}{r^2} \frac{\partial^2 f}{\partial \varphi^2} + \frac{\partial^2 f}{\partial z^2}.$$

Die Kontinuitätsgleichung lautet

$$\frac{1}{r} \frac{\partial (r v_r)}{\partial r} + \frac{1}{r} \frac{\partial v_\varphi}{\partial \varphi} + \frac{\partial v_z}{\partial z} = 0 . \tag{15,19}$$

In Kugelkoordinaten r, φ, Θ haben wir für den Spannungstensor

$$\left.\begin{aligned}
\sigma_{rr} &= -p + 2\eta \frac{\partial v_r}{\partial r}, \\
\sigma_{\varphi\varphi} &= -p + 2\eta \left(\frac{1}{r \sin \Theta} \frac{\partial v_\varphi}{\partial \varphi} + \frac{v_r}{r} + \frac{v_\Theta \cot \Theta}{r} \right), \\
\sigma_{\Theta\Theta} &= -p + 2\eta \left(\frac{1}{r} \frac{\partial v_\Theta}{\partial \Theta} + \frac{v_r}{r} \right), \\
\sigma_{r\Theta} &= \eta \left(\frac{1}{r} \frac{\partial v_r}{\partial \Theta} + \frac{\partial v_\Theta}{\partial r} - \frac{v_\Theta}{r} \right), \\
\sigma_{\Theta\varphi} &= \eta \left(\frac{1}{r \sin \Theta} \frac{\partial v_\Theta}{\partial \varphi} + \frac{1}{r} \frac{\partial v_\varphi}{\partial \Theta} - \frac{v_\varphi \cot \Theta}{r} \right), \\
\sigma_{\varphi r} &= \eta \left(\frac{\partial v_\varphi}{\partial r} + \frac{1}{r \sin \Theta} \frac{\partial v_r}{\partial \varphi} - \frac{v_\varphi}{r} \right).
\end{aligned}\right\} \tag{15,20}$$

Die Navier-Stokesschen Gleichungen lauten

$$\frac{\partial v_r}{\partial t} + (\boldsymbol{v}\nabla)\, v_r - \frac{v_\Theta^2 + v_\varphi^2}{r}$$
$$= -\frac{1}{\varrho}\frac{\partial p}{\partial r} + \nu\left[\triangle v_r - \frac{2v_r}{r^2} - \frac{2}{r^2 \sin^2\Theta}\frac{\partial(v_\Theta \sin\Theta)}{\partial\Theta} - \frac{2}{r^2\sin\Theta}\frac{\partial v_\varphi}{\partial\varphi}\right],$$
$$\frac{\partial v_\Theta}{\partial t} + (\boldsymbol{v}\nabla)\, v_\Theta + \frac{v_r v_\Theta}{r} - \frac{v_\varphi^2 \cot\Theta}{r}$$
$$= -\frac{1}{\varrho r}\frac{\partial p}{\partial\Theta} + \nu\left[\triangle v_\Theta + \frac{2}{r^2}\frac{\partial v_r}{\partial\Theta} - \frac{v_\Theta}{r^2\sin^2\Theta} - \frac{2\cos\Theta}{r^2\sin^2\Theta}\frac{\partial v_\varphi}{\partial\varphi}\right], \tag{15,21}$$
$$\frac{\partial v_\varphi}{\partial t} + (\boldsymbol{v}\nabla)\, v_\varphi + \frac{v_r v_\varphi}{r} + \frac{v_\Theta v_\varphi \cot\Theta}{r}$$
$$= -\frac{1}{\varrho r}\frac{\partial p}{\partial\varphi} + \nu\left[\triangle v_\varphi + \frac{2}{r^2\sin\Theta}\frac{\partial v_r}{\partial\varphi} + \frac{2\cos\Theta}{r^2\sin^2\Theta}\frac{\partial v_\Theta}{\partial\varphi} - \frac{v_\varphi}{r^2\sin^2\Theta}\right],$$

wobei

$$(\boldsymbol{v}\nabla)\, f = v_r\frac{\partial f}{\partial r} + \frac{v_\Theta}{r}\frac{\partial f}{\partial\Theta} + \frac{v_\varphi}{r\sin\Theta}\frac{\partial f}{\partial\varphi},$$
$$\triangle f = \frac{1}{r^2}\frac{\partial}{\partial r}\left(r^2\frac{\partial f}{\partial r}\right) + \frac{1}{r^2\sin\Theta}\frac{\partial}{\partial\Theta}\left(\sin\Theta\frac{\partial f}{\partial\Theta}\right) + \frac{1}{r^2\sin^2\Theta}\frac{\partial^2 f}{\partial\varphi^2}.$$

Die Kontinuitätsgleichung lautet

$$\frac{1}{r^2}\frac{\partial(r^2 v_r)}{\partial r} + \frac{1}{r\sin\Theta}\frac{\partial(\sin\Theta\, v_\Theta)}{\partial\Theta} + \frac{1}{r\sin\Theta}\frac{\partial v_\varphi}{\partial\varphi} = 0. \tag{15,22}$$

§ 16. Energiedissipation in einer inkompressiblen Flüssigkeit

Die Zähigkeit bewirkt eine Energiedissipation, wobei die Energie letzten Endes in Wärme verwandelt wird. Die Berechnung der dissipierten Energie ist für eine inkompressible Flüssigkeit besonders einfach.

Die gesamte kinetische Energie einer inkompressiblen Flüssigkeit ist

$$E_{\text{kin}} = \frac{\varrho}{2}\int v^2\, \mathrm{d}V.$$

Wir bilden die Ableitung dieser Energie nach der Zeit. Dazu schreiben wir

$$\frac{\partial}{\partial t}\frac{\varrho v^2}{2} = \varrho v_i \frac{\partial v_i}{\partial t}$$

und setzen für die Ableitung $\frac{\partial v_i}{\partial t}$ den aus der Navier-Stokesschen Gleichung folgenden

Ausdruck ein:

$$\frac{\partial v_i}{\partial t} = -v_k \frac{\partial v_i}{\partial x_k} - \frac{1}{\varrho}\frac{\partial p}{\partial x_i} + \frac{1}{\varrho}\frac{\partial \sigma'_{ik}}{\partial x_k}.$$

Das Ergebnis ist

$$\begin{aligned}\frac{\partial}{\partial t}\frac{\varrho v^2}{2} &= -\varrho \boldsymbol{v}\,(\boldsymbol{v}\nabla)\,\boldsymbol{v} - \boldsymbol{v}\nabla p + v_i \frac{\partial \sigma'_{ik}}{\partial x_k} \\ &= -\varrho(\boldsymbol{v}\nabla)\left(\frac{v^2}{2} + \frac{p}{\varrho}\right) + \operatorname{div}\,(\boldsymbol{v}\sigma') - \sigma'_{ik}\frac{\partial v_i}{\partial x_k}.\end{aligned}$$

Hier haben wir mit $(\boldsymbol{v}\sigma')$ den Vektor mit den Komponenten $v_i\sigma'_{ik}$ bezeichnet. Für eine inkompressible Flüssigkeit ist $\operatorname{div} \boldsymbol{v} = 0$, und wir können das erste Glied auf der rechten Seite als Divergenz schreiben:

$$\frac{\partial}{\partial t}\frac{\varrho v^2}{2} = -\operatorname{div}\left[\varrho \boldsymbol{v}\left(\frac{v^2}{2} + \frac{p}{\varrho}\right) - (\boldsymbol{v}\sigma')\right] - \sigma'_{ik}\frac{\partial v_i}{\partial x_k}. \tag{16,1}$$

Der Ausdruck, von dem die Divergenz zu bilden ist, ist gerade die Energiestromdichte in der Flüssigkeit. Der erste Term $\varrho \boldsymbol{v}\left(\frac{v^2}{2} + \frac{p}{\varrho}\right)$ ist der Energiestrom, der mit der einfachen Verschiebung der Masse der Flüssigkeit bei der Strömung zusammenhängt; er stimmt mit dem Energiestrom in einer idealen Flüssigkeit überein (s. (10,5)). Der zweite Term $(\boldsymbol{v}\sigma')$ ist der Energiestrom, der mit den Prozessen der inneren Reibung zusammenhängt. Die Zähigkeit bewirkt nämlich den Impulsstrom σ'_{ik}; ein Impulstransport ist immer mit einem Energietransport verknüpft, wobei man den Energiestrom offensichtlich aus dem Impulsstrom durch Multiplikation mit der Geschwindigkeit erhält.

Integriert man (16,1) über ein gewisses Volumen V, so ergibt sich

$$\frac{\partial}{\partial t}\int \frac{\varrho v^2}{2}\,\mathrm{d}V = -\oint\left[\varrho \boldsymbol{v}\left(\frac{v^2}{2} + \frac{p}{\varrho}\right) - (\boldsymbol{v}\sigma')\right]\mathrm{d}\boldsymbol{f} - \int \sigma'_{ik}\frac{\partial v_i}{\partial x_k}\,\mathrm{d}V. \tag{16,2}$$

Der erste Term auf der rechten Seite gibt die Änderung der kinetischen Energie der Flüssigkeit im Volumen V infolge des Energiestromes durch die Oberfläche dieses Volumens an. Der zweite Term (mit umgekehrtem Vorzeichen genommen) stellt folglich die Abnahme der kinetischen Energie pro Zeiteinheit infolge der Dissipation dar.

Erstreckt man die Integration über das ganze Flüssigkeitsvolumen, dann verschwindet das Oberflächenintegral (im Unendlichen wird die Geschwindigkeit Null[1])), und wir erhalten die pro Zeiteinheit in der ganzen Flüssigkeit dissipierte Energie in der Form

$$\dot{E}_{\text{kin}} = -\int \sigma'_{ik}\frac{\partial v_i}{\partial x_k}\,\mathrm{d}V = -\frac{1}{2}\int \sigma'_{ik}\left(\frac{\partial v_i}{\partial x_k} + \frac{\partial v_k}{\partial x_i}\right)\mathrm{d}V$$

[1]) Wir betrachten die Strömung in dem Koordinatensystem, in dem die Flüssigkeit im Unendlichen ruht. Hier und an ähnlichen anderen Stellen sprechen wir von einem unendlichen Flüssigkeitsvolumen; das bedeutet keinerlei Einschränkung der Allgemeinheit. Für eine Flüssigkeit, die sich in einem von festen Wänden begrenzten Volumen befindet, würde das Integral über die Oberfläche dieses Volumens verschwinden auf Grund der Bedingung, daß die Geschwindigkeit auf der Wand gleich Null ist.

(die letzte Gleichung folgt aus der Symmetrie des Tensors σ'_{ik}). In einer inkompressiblen Flüssigkeit wird der Tensor σ'_{ik} durch den Ausdruck (15,8) gegeben. Wir erhalten somit für die Energiedissipation in einer inkompressiblen Flüssigkeit endgültig die folgende Formel:

$$\dot{E}_{\text{kin}} = -\frac{\eta}{2}\int\left(\frac{\partial v_i}{\partial x_k} + \frac{\partial v_k}{\partial x_i}\right)^2 \mathrm{d}V. \tag{16,3}$$

Die Dissipation bewirkt eine Abnahme der mechanischen Energie, d. h., es muß $\dot{E}_{\text{kin}} < 0$ sein. Andererseits ist das Integral in (16,3) immer positiv. Daraus können wir schließen, daß der Zähigkeitskoeffizient η immer positiv ist.

Aufgabe

Für eine Potentialströmung ist das Integral (16.3) in ein Oberflächenintegral über die Berandung des Strömungsgebietes umzuformen.

Lösung. Wir setzen $\frac{\partial v_i}{\partial x_k} = \frac{\partial v_k}{\partial x_i}$, integrieren einmal partiell und erhalten

$$\dot{E}_{\text{kin}} = -2\eta\int\left(\frac{\partial v_i}{\partial x_k}\right)^2 \mathrm{d}V = -2\eta\int v_i \frac{\partial v_i}{\partial x_k}\,\mathrm{d}f_k$$

oder

$$\dot{E}_{\text{kin}} = -\eta \int \nabla v^2\,\mathrm{d}\boldsymbol{f}.$$

§ 17. Strömung durch ein Rohr

Wir wollen einige sehr einfache Strömungen einer inkompressiblen zähen Flüssigkeit behandeln.

Die Flüssigkeit sei zwischen zwei parallelen Ebenen eingeschlossen, die sich gegeneinander mit der konstanten Relativgeschwindigkeit $\boldsymbol{u}$ bewegen. Eine dieser Ebenen wählen wir als xz-Ebene; die x-Achse soll in Richtung der Geschwindigkeit $\boldsymbol{u}$ zeigen. Alle Größen hängen offensichtlich nur von der Koordinate y ab; die Strömungsgeschwindigkeit zeigt überall in Richtung der x-Achse. Aus (15,7) erhalten wir für eine stationäre Strömung

$$\frac{\mathrm{d}p}{\mathrm{d}y} = 0, \qquad \frac{\mathrm{d}^2 v}{\mathrm{d}y^2} = 0.$$

(Die Kontinuitätsgleichung ist identisch erfüllt.) Daraus folgt $p = \text{const}$, $v = ay + b$. Für $y = 0$ und $y = h$ (h ist der Abstand der beiden Ebenen) müssen $v = 0$ bzw. $v = u$ gelten. Hieraus finden wir

$$v = \frac{y}{h}u. \tag{17,1}$$

Die Geschwindigkeitsverteilung in der Flüssigkeit ist also linear. Die mittlere Geschwindigkeit wird definiert als

$$\bar{v} = \frac{1}{h}\int_0^h v\,\mathrm{d}y = \frac{u}{2}. \tag{17,2}$$

Aus (15,14) finden wir, daß die Normalkomponente der auf eine Ebene wirkenden Kraft, wie es sein muß, einfach gleich p ist. Die tangentiale Reibungskraft (an der Ebene $y = 0$) ist

$$\sigma_{xy} = \eta \frac{\mathrm{d}v}{\mathrm{d}y} = \frac{\eta u}{h} \tag{17,3}$$

(an der Ebene $y = h$ hat sie das entgegengesetzte Vorzeichen).

Weiterhin betrachten wir die stationäre Strömung zwischen zwei unbeweglichen parallelen Ebenen, wenn ein Druckgradient vorhanden ist. Die Koordinaten wählen wir wie in dem vorhergehenden Beispiel. Die x-Achse zeige in Richtung der Strömungsgeschwindigkeit. Die Navier-Stokesschen Gleichungen ergeben (die Geschwindigkeit hängt offenbar nur von y ab)

$$\frac{\partial^2 v}{\partial y^2} = \frac{1}{\eta}\frac{\partial p}{\partial x}, \qquad \frac{\partial p}{\partial y} = 0\,.$$

Die zweite dieser Gleichungen besagt, daß der Druck von y unabhängig ist, d. h., er ist über die Dicke der Flüssigkeitsschicht zwischen den Ebenen konstant. In der ersten Gleichung steht dann auf der rechten Seite eine Funktion von x allein, und auf der linken Seite eine Funktion von y allein. Diese Gleichung kann nur dann erfüllt werden, wenn rechte und linke Seite konstante Größen sind. Es ist also

$$\frac{\mathrm{d}p}{\mathrm{d}x} = \mathrm{const}\,,$$

d. h., der Druck ist eine lineare Funktion der Koordinate x in Richtung des Flüssigkeitsstromes. Für die Geschwindigkeit erhalten wir jetzt

$$v = \frac{1}{2\eta}\frac{\mathrm{d}p}{\mathrm{d}x} y^2 + ay + b\,.$$

Die Konstanten a und b werden aus den Randbedingungen $v = 0$ für $y = 0$ und $y = h$ bestimmt. Das Ergebnis ist

$$v = -\frac{1}{2\eta}\frac{\mathrm{d}p}{\mathrm{d}x} y(y - h)\,. \tag{17,4}$$

Für die Geschwindigkeit ergibt sich also quer zur Flüssigkeitsschicht eine parabolische Abhängigkeit; in der Mitte der Schicht erreicht die Geschwindigkeit ihren größten Wert. Für die mittlere Strömungsgeschwindigkeit (die über die Dicke der Flüssigkeitsschicht gemittelte Geschwindigkeit) ergibt die Berechnung

$$\bar{v} = -\frac{h^2}{12\eta}\frac{\mathrm{d}p}{\mathrm{d}x}\,. \tag{17,5}$$

Die auf die feste Ebene wirkende Reibungskraft ist

$$\sigma_{xy} = \eta \left.\frac{\partial v}{\partial y}\right|_{y=0} = -\frac{h}{2}\frac{\mathrm{d}p}{\mathrm{d}x}\,. \tag{17,6}$$

Schließlich behandeln wir die stationäre Strömung einer Flüssigkeit durch ein Rohr beliebigen Querschnitts (der über die ganze Länge des Rohres gleich bleiben soll). Die

x-Achse legen wir in die Achse des Rohres. Offensichtlich zeigt die Strömungsgeschwindigkeit v überall in Richtung der x-Achse und hängt nur von y und z ab. Die Kontinuitätsgleichung ist identisch erfüllt. Die y- und die z-Komponente der Navier-Stokesschen Gleichung liefern wieder $\frac{\partial p}{\partial y} = \frac{\partial p}{\partial z} = 0$, d. h., der Druck ist über den Querschnitt des Rohres konstant. Die x-Komponente der Gleichung (15,7) ergibt

$$\frac{\partial^2 v}{\partial y^2} + \frac{\partial^2 v}{\partial z^2} = \frac{1}{\eta}\frac{\mathrm{d}p}{\mathrm{d}x}. \tag{17,7}$$

Daraus schließen wir wieder $\frac{\mathrm{d}p}{\mathrm{d}x} = \text{const}$. Man kann den Druckgradienten deshalb in der Form $\Delta p/l$ schreiben, wenn Δp die Druckdifferenz an den Enden des Rohres und l die Länge des Rohres sind.

Die Geschwindigkeitsverteilung in dem Flüssigkeitsstrom durch das Rohr wird also durch eine zweidimensionale Gleichung vom Typ $\triangle v = \text{const}$ bestimmt. Diese Gleichung muß mit der Randbedingung $v = 0$ am Rande des Rohrquerschnitts gelöst werden. Wir lösen diese Gleichung für ein Rohr mit kreisförmigem Querschnitt. Den Koordinatenursprung legen wir in den Kreismittelpunkt und führen Polarkoordinaten ein. Auf Grund der Symmetrie haben wir $v = v(r)$. Für den Laplace-Operator benutzen wir den Ausdruck in Polarkoordinaten und erhalten

$$\frac{1}{r}\frac{\mathrm{d}}{\mathrm{d}r}\left(r\frac{dv}{\mathrm{d}r}\right) = -\frac{\Delta p}{\eta l}.$$

Durch Integration ergibt sich

$$v = -\frac{\Delta p}{4\eta l}r^2 + a\ln r + b\,. \tag{17,8}$$

Die Konstante a muß gleich Null gesetzt werden, weil die Geschwindigkeit über den ganzen Querschnitt des Rohres, einschließlich des Mittelpunktes, endlich bleiben muß. Die Konstante b bestimmen wir aus der Forderung $v = 0$ für $r = R$ (R ist der Radius des Rohres) und erhalten

$$v = \frac{\Delta p}{4\eta l}(R^2 - r^2)\,. \tag{17,9}$$

Die Geschwindigkeitsverteilung über den Rohrquerschnitt befolgt also ein parabolisches Gesetz.

Man kann leicht die Flüssigkeitsmenge (Masse) Q bestimmen, die pro Sekunde durch den Rohrquerschnitt fließt (oder, wie man auch sagt, die Durchflußmenge). Durch den Kreisring $2\pi r\,\mathrm{d}r$ des Rohrquerschnitts tritt pro Sekunde die Flüssigkeitsmenge $\varrho \cdot 2\pi r v\,\mathrm{d}r$ hindurch. Daher ist

$$Q = 2\pi\varrho\int_0^R rv\,\mathrm{d}r\,.$$

Mit Hilfe von (17,9) haben wir

$$Q = \frac{\pi \Delta p}{8\nu l} R^4 . \tag{17,10}$$

Die hindurchfließende Flüssigkeitsmenge ist somit der vierten Potenz des Radius des Rohres proportional (*Hagen-Poiseuillesches Gesetz*).[1])

Aufgaben

1. Man berechne die Strömung durch ein Rohr mit ringförmigem Querschnitt (der innere und der äußere Radius sind R_1 bzw. R_2).

Lösung. Wir bestimmen die Konstanten a und b in der allgemeinen Lösung (17,8) aus den Bedingungen $v = 0$ für $r = R_1$ und $r = R_2$ und finden

$$v = \frac{\Delta p}{4\eta l}\left[R_2^2 - r^2 + \frac{R_2^2 - R_1^2}{\ln (R_2/R_1)} \ln \frac{r}{R_2}\right].$$

Die hindurchfließende Flüssigkeitsmenge ist

$$Q = \frac{\pi \Delta p}{8\nu l}\left[R_2^4 - R_1^4 - \frac{(R_2^2 - R_1^2)^2}{\ln (R_2/R_1)}\right].$$

2. Wie Aufgabe 1 für ein Rohr mit elliptischem Querschnitt.

Lösung. Wir suchen die Lösung der Gleichung (17,7) in der Form $v = Ay^2 + Bz^2 + C$. Die Konstanten A, B und C bestimmen wir aus der Forderung, daß dieser Ausdruck der Gleichung und der Randbedingung $v = 0$ am Rande des Querschnitts genügt (d. h., die Gleichung $Ay^2 + Bz^2 + C = 0$ muß mit der Gleichung für den Rand $\frac{y^2}{a^2} + \frac{z^2}{b^2} = 1$ übereinstimmen; a und b sind die Halbachsen der Ellipse. Als Ergebnis erhalten wir

$$v = \frac{\Delta p}{2\eta l} \frac{a^2 b^2}{a^2 + b^2}\left(1 - \frac{y^2}{a^2} - \frac{z^2}{b^2}\right).$$

Für die hindurchfließende Flüssigkeitsmenge ergibt sich

$$Q = \frac{\pi \Delta p}{4\nu l} \frac{a^3 b^3}{a^2 + b^2}.$$

3. Wie Aufgabe 1 für ein Rohr, dessen Querschnitt ein gleichseitiges Dreieck ist (a sei die Seite des Dreiecks).

Lösung. Die auf der dreieckigen Berandung verschwindende Lösung der Gleichung (17,7) ist

$$v = \frac{\Delta p}{l} \frac{2}{\sqrt{3}\, a\eta} h_1 h_2 h_3 .$$

Darin sind h_1, h_2 und h_3 die Längen der drei Höhen, die von dem gegebenen Punkt des Dreiecks auf die drei Seiten gefällt werden. Es ist nämlich jeder der Ausdrücke $\triangle h_1$, $\triangle h_2$ und $\triangle h_3$ $\left(\text{mit } \triangle = \frac{\partial^2}{\partial y^2} + \frac{\partial^2}{\partial z^2}\right)$ gleich Null. Das erkennt man daraus, daß man jede der Höhen h_1, h_2 und h_3

[1]) Die durch diese Formel für Q ausgedrückte Abhängigkeit von Δp und R wurde empirisch von G. Hagen, 1839, und J. L. M. Poiseuille, 1840, festgestellt und 1845 von G. G. Stokes theoretisch begründet.

In der Literatur wird die parallele Strömung einer zähen Flüssigkeit zwischen unbeweglichen Wänden oft einfach Poiseuille-Strömung genannt; im Fall (17,4) spricht man von ebener Poiseuille-Strömung.

als eine Koordinate y oder z wählen könnte, und bei der Anwendung des Laplace-Operators auf eine Koordinate ergibt sich Null. Deshalb haben wir

$$\triangle(h_1 h_2 h_3) = 2(h_1 \nabla h_2 \nabla h_3 + h_2 \nabla h_1 \nabla h_2 + h_3 \nabla h_1 \nabla h_2).$$

Nun gilt $\nabla h_1 = \boldsymbol{n}_1$, $\nabla h_2 = \boldsymbol{n}_2$ und $\nabla h_3 = \boldsymbol{n}_3$, wenn $\boldsymbol{n}_1$, $\boldsymbol{n}_2$ und $\boldsymbol{n}_3$ die Einheitsvektoren in Richtung der Höhen h_1, h_2 und h_3 sind. Jeweils zwei Vektoren von $\boldsymbol{n}_1$, $\boldsymbol{n}_2$ und $\boldsymbol{n}_3$ bilden miteinander den Winkel $\frac{2\pi}{3}$, so daß $\nabla h_1 \cdot \nabla h_2 = \boldsymbol{n}_1 \boldsymbol{n}_2 = \cos\frac{2\pi}{3} = -\frac{1}{2}$ ist, usw., und wir erhalten die Beziehung

$$\triangle\,(h_1 h_2 h_3) = -(h_1 + h_2 + h_3) = -\frac{a\sqrt{3}}{2}.$$

Mit Hilfe dieser Beziehung überzeugen wir uns, daß die Gleichung (17,7) erfüllt ist. Die Durchflußmenge ist

$$Q = \frac{\sqrt{3}\, a^4\, \Delta p}{320 \nu l}.$$

4. Ein Zylinder mit dem Radius R_1 bewegt sich mit der Geschwindigkeit u parallel zur Achse in einem zu ihm koaxialen Zylinder mit dem Radius R_2. Man bestimme die Strömung der Flüssigkeit, die sich in dem Raum zwischen den Zylindern befindet.

Lösung. Wir verwenden Zylinderkoordinaten mit der Achse des Zylinders als z-Achse. Die Geschwindigkeit zeigt überall in Richtung der z-Achse und hängt (wie auch der Druck) nur von r ab:

$$v_z = v(r).$$

Für v erhalten wir die Gleichung

$$\triangle v = \frac{1}{r}\frac{\mathrm{d}}{\mathrm{d}r}\left(r\frac{\mathrm{d}v}{\mathrm{d}r}\right) = 0$$

(das Glied $(\boldsymbol{v}\nabla)\,\boldsymbol{v} = v\frac{\partial \boldsymbol{v}}{\partial z}$ verschwindet identisch). Unter Verwendung der Randbedingungen $v = u$ für $r = R_1$ und $v = 0$ für $r = R_2$ erhalten wir

$$v = u\frac{\ln(r/R_2)}{\ln(R_1/R_2)}.$$

Die Reibungskraft auf jeden der Zylinder ist pro Längeneinheit $2\pi\eta u/\ln(R_2/R_1)$.

5. Eine Flüssigkeitsschicht (der Dicke h) ist oben von einer freien Oberfläche begrenzt. Die untere Begrenzung ist eine unbewegliche Ebene, die mit der Horizontalen den Winkel α bildet. Man berechne die unter dem Einfluß des Schwerefeldes auftretende Strömung.

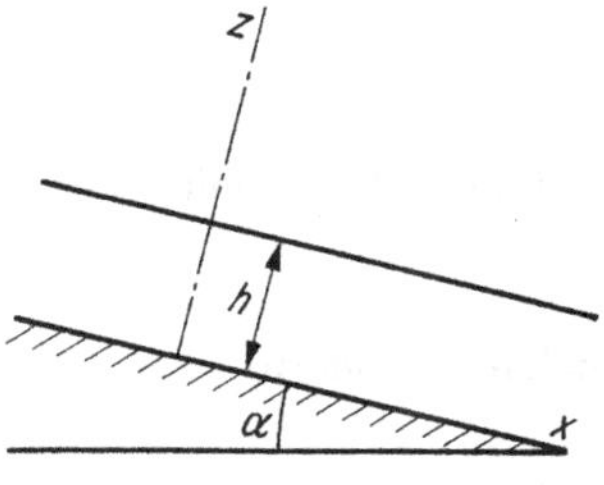

Abb. 6

Lösung. Die feste untere Ebene wählen wir als xy-Ebene, die x-Achse soll in Richtung der Strömung zeigen, die z-Achse steht senkrecht auf der xy-Ebene (Abb. 6). Wir suchen eine Lösung, die nur von z abhängt. Die Navier-Stokessche Gleichung lautet mit $v_x = v(z)$ in Anwesenheit des Schwerefeldes

$$\eta \frac{\mathrm{d}^2 v}{\mathrm{d}z^2} + \varrho g \sin\alpha = 0\,, \qquad \frac{\mathrm{d}p}{\mathrm{d}z} + \varrho g \cos\alpha = 0\,.$$

Auf der freien Oberfläche ($z = h$) müssen die Bedingungen $\sigma_{zz} = -p = -p_0$ und $\sigma_{xz} = \eta \frac{\mathrm{d}v}{\mathrm{d}z} = 0$ erfüllt sein (p_0 ist der Atmosphärendruck). Für $z = 0$ muß $v = 0$ sein. Die diesen Bedingungen genügende Lösung ist

$$p = p_0 + \varrho g(h - z)\cos\alpha\,, \qquad v = \frac{\varrho g \sin\alpha}{2\eta} z(2h - z)\,.$$

Die Flüssigkeitsmenge, die pro Zeiteinheit durch einen Querschnitt der Schicht fließt (bezogen auf die Längeneinheit auf der y-Achse), ist

$$Q = \varrho \int_0^h v\,\mathrm{d}z = \frac{\varrho g h^3 \sin\alpha}{3\nu}\,.$$

6. Nach welchem Gesetz fällt der Druck in einem Rohr mit kreisförmigem Querschnitt ab, durch das ein zähes ideales Gas isotherm strömt? (Man bedenke, daß die dynamische Zähigkeit η eines idealen Gases vom Druck unabhängig ist.)

Lösung. In jeweils einem kleinen Teil des Rohres kann man das Gas als inkompressibel ansehen (wenn nur der Druckgradient nicht zu groß ist). Dementsprechend kann man die Formel (17,10) anwenden, und es ist

$$-\frac{\mathrm{d}p}{\mathrm{d}x} = \frac{8\eta Q}{\pi \varrho R^4}\,.$$

Über große Strecken hin wird sich ϱ aber ändern, und der Druck wird keine lineare Funktion von x sein. Nach der Zustandsgleichung für das ideale Gas ist die Dichte $\varrho = \frac{mp}{kT}$ (m ist die Masse eines Moleküls, k ist die Boltzmann-Konstante), so daß

$$-\frac{\mathrm{d}p}{\mathrm{d}x} = \frac{8\eta QkT}{\pi m R^4} \cdot \frac{1}{p}$$

ist. Hieraus erhalten wir (die Durchflußmenge Q des Gases muß durch alle Rohrquerschnitte offensichtlich gleich groß sein, unabhängig davon, ob das Gas inkompressibel ist oder nicht)

$$p_2^2 - p_1^2 = \frac{16\eta QkT}{\pi m R^4}\, l$$

(p_2 und p_1 sind die Drücke an den Enden eines Abschnittes des Rohres mit der Länge l).

§ 18. Flüssigkeitsströmung zwischen rotierenden Zylindern

Wir wollen die Strömung einer Flüssigkeit zwischen zwei koaxialen, unendlich langen Zylindern behandeln, die mit den Winkelgeschwindigkeiten Ω_1 und Ω_2 um ihre Achse rotieren. Die Radien der Zylinder seien R_1 und R_2 mit $R_2 > R_1$.[1]) Wir verwenden Zylinderkoordinaten r, z und φ mit der Achse der Zylinder als z-Achse. Aus Symmetriegründen ist offenbar

$$v_z = v_r = 0\,, \qquad v_\varphi = v(r)\,, \qquad p = p(r)\,.$$

Die Navier-Stokessche Gleichung in Zylinderkoordinaten liefert im vorliegenden Falle die beiden Gleichungen

$$\frac{\mathrm{d}p}{\mathrm{d}r} = \frac{\varrho v^2}{r}\,, \tag{18,1}$$

$$\frac{\mathrm{d}^2 v}{\mathrm{d}r^2} + \frac{1}{r}\frac{\mathrm{d}v}{\mathrm{d}r} - \frac{v}{r^2} = 0\,. \tag{18,2}$$

Die zweite Gleichung hat Lösungen vom Typ r^n. Setzen wir die Lösung in dieser Form an, so ergibt sich $n = \pm 1$, so daß

$$v = ar + \frac{b}{r}$$

wird. Die Konstanten a und b werden aus den Randbedingungen bestimmt. Die Strömungsgeschwindigkeiten auf der inneren und auf der äußeren Zylinderfläche müssen gleich den Geschwindigkeiten der entsprechenden Zylinder sein: $v = R_1\Omega_1$ für $r = R_1$ und $v = R_2\Omega_2$ für $r = R_2$. Als Ergebnis erhalten wir die Geschwindigkeitsverteilung in der Gestalt

$$v = \frac{\Omega_2 R_2^2 - \Omega_1 R_1^2}{R_2^2 - R_1^2}\, r + \frac{(\Omega_1 - \Omega_2)\, R_1^2 R_2^2}{R_2^2 - R_1^2}\, \frac{1}{r}\,. \tag{18,3}$$

Die Druckverteilung ergibt sich daraus nach (18,1) durch einfache Integration.

Für $\Omega_1 = \Omega_2 = \Omega$ erhalten wir einfach $v = \Omega r$, d. h., die ganze Flüssigkeit rotiert zusammen mit den Zylindern. Fehlt der äußere Zylinder ($\Omega_2 = 0, R_2 = \infty$), so erhält man

$$v = \frac{\Omega_1 R_1^2}{r}\,.$$

Wir bestimmen noch das auf die Zylinder wirkende Drehmoment infolge der Reibung. Pro Flächeneinheit wirkt auf den inneren Zylinder eine Reibungskraft, die tangential zu dessen Oberfläche gerichtet ist und nach (15,14) gleich der Komponente $\sigma'_{r\varphi}$ des Spannungstensors ist. Mit Hilfe der Formel (15,17) finden wir

$$\sigma'_{r\varphi}|_{r=R_1} = \eta \left(\frac{\partial v}{\partial r} - \frac{v}{r}\right)\bigg|_{r=R_1} = -2\eta\, \frac{(\Omega_1 - \Omega_2)\, R_2^2}{R_2^2 - R_1^2}\,.$$

Das Drehmoment dieser Kraft ergibt sich hieraus durch Multiplikation mit R_1, und das vollständige auf die Längeneinheit des Zylinders wirkende Drehmoment M_1 durch weitere

---

[1]) Die Strömung zwischen rotierenden Zylindern wird in der Literatur oft Couette-Strömung genannt (M. COUETTE, 1890). Im Grenzfall $R_1 \to R_2$ geht sie über in die Strömung (17,1) zwischen sich bewegenden parallelen Ebenen; diese nennt man auch ebene Couette-Strömung.

Multiplikation mit $2\pi R_1$. Auf diese Weise erhalten wir

$$M_1 = -\frac{4\pi\eta(\Omega_1 - \Omega_2) R_1^2 R_2^2}{R_2^2 - R_1^2}. \tag{18,4}$$

Das auf den äußeren Zylinder wirkende Drehmoment ist $M_2 = -M_1$. Bei $\Omega_2 = 0$ und kleinem Spielraum zwischen den Zylindern ($\delta \equiv R_2 - R_1 \ll R_2$) nimmt (18,4) die Form

$$M_2 = \eta R S u / \delta \tag{18,5}$$

an, wobei $S \approx 2\pi R$ die Oberfläche pro Längeneinheit des Zylinders und $u = \Omega_1 R$ ihre Umfangsgeschwindigkeit ist.[1])

Man kann folgende allgemeine Bemerkung über die in diesem und im vorhergehenden Paragraphen erhaltenen Lösungen der Bewegungsgleichungen einer zähen Flüssigkeit machen. In allen diesen Fällen verschwindet das nichtlineare Glied $(\boldsymbol{v}\nabla)\,\boldsymbol{v}$ identisch aus den Gleichungen für die Geschwindigkeitsverteilung, so daß wir in Wirklichkeit eine lineare Gleichung lösen, wodurch das Problem sehr erleichtert wird. Aus demselben Grunde erfüllen alle diese Lösungen auch die Bewegungsgleichungen für eine ideale inkompressible Flüssigkeit identisch, die z. B. in der Form (10,2) und (10,3) aufgeschrieben worden sind. Damit hängt auch die Tatsache zusammen, daß die Formeln (17,1) und (18,3) den Zähigkeitskoeffizienten überhaupt nicht enthalten. Der Zähigkeitskoeffizient tritt nur in Formeln wie (17,9) auf, die die Beziehung zwischen der Geschwindigkeit und dem Druckgradienten in der Flüssigkeit herstellen, weil das Auftreten eines Druckgradienten gerade mit der Zähigkeit der Flüssigkeit zusammenhängt. Eine ideale Flüssigkeit könnte auch dann durch ein Rohr strömen, wenn kein Druckgradient vorhanden ist.

§ 19. Das Ähnlichkeitsgesetz

Beim Studium der Strömung von zähen Flüssigkeiten kann man eine ganze Reihe wesentlicher Ergebnisse aus einfachen Überlegungen über die Dimensionen der verschiedenen physikalischen Größen erhalten. Wir betrachten irgendeinen bestimmten Strömungstyp. Ein solcher Typ kann z. B. die Bewegung eines Körpers bestimmter Gestalt durch eine Flüssigkeit sein. Falls der Körper nicht gerade eine Kugel ist, muß noch angegeben werden, in welche Richtung er sich bewegt, z. B. Bewegung eines Ellipsoids in Richtung der großen Achse oder in Richtung der kleinen Achse u. ä. Weiter kann es sich um eine Strömung in einem Gebiet handeln, das von Wänden bestimmter Form begrenzt wird (durch ein Rohr mit bestimmtem Querschnitt u. ä.).

Als Körper gleicher Gestalt bezeichnen wir dabei geometrisch ähnliche Körper, d. h. solche Körper, die durch Änderung aller linearen Abmessungen im gleichen Verhältnis auseinander hervorgehen. Wenn die Gestalt eines Körpers gegeben ist, dann genügt es zur vollständigen Beschreibung der Abmessungen des Körpers, irgendeine seiner linearen Abmessungen anzugeben (den Radius einer Kugel oder eines zylindrischen Rohres, eine Halbachse eines Rotationsellipsoides mit gegebener Exzentrizität u. ä.).

---

[1]) Die Lösung des komplizierteren Strömungsproblems einer zähen Flüssigkeit im engen Spielraum zwischen zwei Zylindern mit parallelen, aber exzentrisch angeordneten Achsen findet man in den Büchern von N. J. Kotschin, I. A. Kibel und N. W. Rose, Theoretische Hydromechanik, Band II, Akademie-Verlag, Berlin 1955, S. 384, und A. Sommerfeld, Mechanik der deformierbaren Medien, Akademische Verlagsgesellschaft, Leipzig 1954, § 36.

Wir werden jetzt stationäre Strömungen behandeln. Wenn also z. B. die Umströmung eines festen Körpers betrachtet wird (um etwas Bestimmtes vor Augen zu haben, werden wir unten von diesem Fall sprechen), dann muß die Geschwindigkeit der anströmenden Flüssigkeit konstant sein. Die Flüssigkeit setzen wir als inkompressibel voraus.

Von den Parametern, die die Flüssigkeit selbst charakterisieren, geht in die hydrodynamischen Gleichungen (die Navier-Stokessche Gleichung) nur die kinematische Zähigkeit $\nu = \eta/\varrho$ ein. Die unbekannten Funktionen, die durch Lösung der Gleichungen bestimmt werden müssen, sind dabei die Geschwindigkeit $\mathbf{v}$ und das Verhältnis p/ϱ des Druckes p zu der Konstanten ϱ. Außerdem hängt die Flüssigkeitsströmung über die Randbedingungen von der Gestalt und den Abmessungen des sich in der Flüssigkeit bewegenden Körpers und von dessen Geschwindigkeit ab. Da die Gestalt des Körpers als vorgegeben angesehen wird, werden seine geometrischen Eigenschaften durch eine einzige, beliebig gewählte lineare Abmessung bestimmt, die wir mit l bezeichnen wollen. Die Geschwindigkeit der anströmenden Flüssigkeit sei u.

Jeder Strömungstyp wird auf diese Weise durch drei Parameter bestimmt: ν, u und l. Diese Größen haben die Einheiten

$$[\nu] = \frac{\mathrm{m}^2}{\mathrm{s}}, \qquad [l] = \mathrm{m} \quad \text{und} \quad [u] = \frac{\mathrm{m}}{\mathrm{s}}.$$

Man kann sich leicht davon überzeugen, daß man aus diesen Größen gerade eine dimensionslose Kombination bilden kann, nämlich lu/ν. Diese Kombination heißt *Reynolds-Zahl* und wird mit Re bezeichnet:

$$\mathrm{Re} = \frac{\varrho u l}{\eta} = \frac{ul}{\nu}. \tag{19,1}$$

Jeder andere dimensionslose Parameter kann als Funktion von Re geschrieben werden.

Wir werden die Längen in Einheiten l messen und Geschwindigkeiten in Einheiten u, d. h., wir führen die dimensionslosen Größen $\mathbf{r}/l$ und $\mathbf{v}/u$ ein. Da die Reynolds-Zahl der einzige dimensionslose Parameter ist, muß die durch Lösung der hydrodynamischen Gleichungen gewonnene Geschwindigkeitsverteilung durch Funktionen der Gestalt

$$\mathbf{v} = u\mathbf{f}\left(\frac{\mathbf{r}}{l}, \mathrm{Re}\right) \tag{19,2}$$

gegeben werden. Aus dieser Beziehung ist ersichtlich, daß für zwei verschiedene Strömungen desselben Typs (z. B. die Strömung von Flüssigkeiten verschiedener Zähigkeiten um Kugeln mit verschiedenem Radius) die Geschwindigkeiten $\mathbf{v}/u$ dieselben Funktionen des Verhältnisses $\mathbf{r}/l$ sind, wenn nur die Reynolds-Zahlen für diese Strömungen gleich sind. Strömungen, die durch eine einfache Maßstabsänderung für die Koordinaten und die Geschwindigkeiten auseinander hervorgehen, bezeichnet man als *ähnliche* Strömungen. Strömungen des gleichen Typs mit der gleichen Reynolds-Zahl sind also ähnlich (*Ähnlichkeitsgesetz*, O. Reynolds, 1883).

Eine zu (19,2) analoge Formel kann man auch für die Druckverteilung in der Flüssigkeit aufschreiben. Dazu muß man aus den Parametern ν, l und u irgendeine Größe mit der Dimension des Druckes, dividiert durch ϱ, zusammenstellen. Als solche Größe wählen wir beispielsweise u^2. Dann kann man behaupten, daß $p/\varrho u^2$ eine Funktion der dimensionslosen Variablen $\mathbf{r}/l$ und des dimensionslosen Parameters Re wird, also

$$p = \varrho u^2 f\left(\frac{\mathbf{r}}{l}, \mathrm{Re}\right). \tag{19,3}$$

Ähnliche Überlegungen kann man schließlich auch für Größen anstellen, die die Strömung der Flüssigkeit charakterisieren, aber keine Funktion der Koordinaten mehr sind. Eine solche Größe ist z. B. die Widerstandskraft F auf einen Körper. Man kann nämlich behaupten, daß das dimensionslose Verhältnis von F zu einer aus ν, u, l und ϱ aufgebauten Größe mit der Dimension einer Kraft eine Funktion der Reynolds-Zahl allein sein muß. Als die erwähnte Kombination aus ν, u, l und ϱ kann man z. B. das Produkt $\varrho u^2 l^2$ nehmen; dann ist

$$F = \varrho u^2 l^2 f(\mathrm{Re}). \tag{19,4}$$

Ist der Einfluß der Schwerkraft auf die Strömung wesentlich, dann wird die Strömung nicht durch drei, sondern durch vier Parameter beschrieben: l, u, ν und die Schwerebeschleunigung g. Aus diesen Parametern kann man nicht mehr nur eine, sondern zwei dimensionslose Parameter zusammenstellen. Diese Kombinationen können z. B. die Reynolds-Zahl und die sogenannte *Froude-Zahl* (Fr)

$$\mathrm{Fr} = \frac{u^2}{lg} \tag{19,5}$$

sein. In den Formeln (19,2) bis (19,4) hängt die Funktion f jetzt nicht nur von einem, sondern von zwei Parametern (Re und Fr) ab; Strömungen sind nur dann ähnlich, wenn diese beiden Zahlen gleich sind.

Zum Schluß wollen wir noch einige Worte über nichtstationäre Strömungen sagen. Eine nichtstationäre Strömung bestimmten Typs wird außer durch die Größen ν, u und l noch durch den Wert irgendeiner für diese Strömung charakteristischen Zeit τ beschrieben, die die zeitliche Änderung der Strömung festlegt. Führt z. B. ein in die Flüssigkeit getauchter fester Körper bestimmter Gestalt nach einem bestimmten Gesetz Schwingungen aus, dann kann diese Zeit die Schwingungsdauer sein. Aus den vier Größen ν, u, l und τ kann man wieder nicht nur eine, sondern zwei dimensionslose Größen aufbauen. Als solche kann man die Reynolds-Zahl und die Zahl

$$\mathrm{St} = \frac{u\tau}{l} \tag{19,6}$$

wählen, die manchmal *Strouhal-Zahl* (St) genannt wird. Ähnlichkeit von Strömungen liegt hier vor, wenn diese beiden Zahlen gleich sind.

Entstehen die Schwingungen in der Flüssigkeit selbst (und nicht unter der Einwirkung einer gegebenen äußeren erregenden Kraft, dann wird die Zahl St für eine Bewegung bestimmten Typs eine bestimmte Funktion der Zahl Re:

$$\mathrm{St} = f(\mathrm{Re}).$$

§ 20. Strömungen mit kleinen Reynolds-Zahlen

Für Strömungen mit einer kleinen Reynolds-Zahl vereinfacht sich die Navier-Stokessche Gleichung beträchtlich. Für die stationäre Strömung einer inkompressiblen Flüssigkeit lautet diese Gleichung

$$(\boldsymbol{v}\nabla)\,\boldsymbol{v} = -\frac{1}{\varrho}\operatorname{grad} p + \frac{\eta}{\varrho}\triangle\boldsymbol{v}\,.$$

Das Glied $(\boldsymbol{v}\nabla)\,\boldsymbol{v}$ hat die Größenordnung $\frac{u^2}{l}$, wenn u und l dieselbe Bedeutung wie in § 19 haben. Weiter gilt $\frac{\eta}{\varrho}\triangle\boldsymbol{v} \sim \frac{\eta u}{\varrho l^2}$. Das Verhältnis der ersten Größe zur zweiten ist gerade die Reynolds-Zahl. Für kleine Reynolds-Zahlen ($\mathrm{Re} \ll 1$) kann man daher das Glied $(\boldsymbol{v}\nabla)\,\boldsymbol{v}$ vernachlässigen, und die Bewegungsgleichung wird zu einer linearen Gleichung:

$$\eta\triangle\boldsymbol{v} - \operatorname{grad} p = 0\,. \tag{20,1}$$

Zusammen mit der Kontinuitätsgleichung

$$\operatorname{div}\boldsymbol{v} = 0 \tag{20,2}$$

bestimmt sie die Strömung vollständig. Es ist nützlich, auch die Gleichung

$$\triangle\operatorname{rot}\boldsymbol{v} = 0 \tag{20,3}$$

anzuführen, die man durch Bildung der Rotation der Gleichung (20,1) erhält.

Behandeln wir die geradlinige gleichförmige Bewegung einer Kugel in einer zähen Flüssigkeit (G. G. Stokes, 1851). Das Problem der in der Flüssigkeit bewegten Kugel ist völlig äquivalent dem Problem der Umströmung einer festen Kugel in einem Flüssigkeitsstrom, der im Unendlichen die gegebene Geschwindigkeit $\boldsymbol{u}$ hat. Die Geschwindigkeitsverteilung für das erste Problem ergibt sich aus der Lösung des zweiten Problems einfach durch Subtraktion der Geschwindigkeit $\boldsymbol{u}$. Dann ruht die Flüssigkeit im Unendlichen, und die Kugel bewegt sich mit der Geschwindigkeit $-\boldsymbol{u}$. Betrachten wir die Strömung als stationär, dann müssen wir natürlich von der Strömung um eine ruhende Kugel sprechen; denn für eine bewegte Kugel ändert sich die Geschwindigkeit der Flüssigkeit in jedem Raumpunkt im Laufe der Zeit.

Da $\operatorname{div}(\boldsymbol{v} - \boldsymbol{u}) = \operatorname{div}\boldsymbol{v} = 0$ ist, kann $\boldsymbol{v} - \boldsymbol{u}$ als Rotation eines Vektors $\boldsymbol{A}$ dargestellt werden:

$$\boldsymbol{v} - \boldsymbol{u} = \operatorname{rot}\boldsymbol{A}\,,$$

wobei $\operatorname{rot}\boldsymbol{A}$ im Unendlichen verschwindet. Der Vektor $\boldsymbol{A}$ muß ein axialer Vektor sein, damit seine Rotation ein polarer Vektor ist wie die Geschwindigkeit. Beim Problem der Umströmung eines vollständig symmetrischen Körpers – der Kugel – ist außer der Richtung von $\boldsymbol{u}$ keine weitere Richtung ausgezeichnet. Dieser Parameter $\boldsymbol{u}$ muß in $\boldsymbol{A}$ linear eingehen auf Grund der Linearität der Bewegungsgleichung und der Randbedingungen. Die allgemeine Form des Vektorfeldes $\boldsymbol{A}(\boldsymbol{r})$, die diesen Forderungen genügt, ist $\boldsymbol{A} = f'(r)\,.\,\boldsymbol{n}\times\boldsymbol{u}$, wobei $\boldsymbol{n}$ der Einheitsvektor in Richtung des Radiusvektors $\boldsymbol{r}$ (als Koordinatenursprung wählen wir den Mittelpunkt der Kugel) und $f'(r)$ eine skalare Funktion vorn r ist. Das

Produkt $f'(r)\,\boldsymbol{n}$ können wir als Gradient der Funktion $f(r)$ darstellen. Folglich werden wir die Geschwindigkeit in der Form

$$\boldsymbol{v} = \boldsymbol{u} + \operatorname{rot}(\nabla f \times \boldsymbol{u}) = \boldsymbol{u} + \operatorname{rot}\operatorname{rot} f\boldsymbol{u} \tag{20,4}$$

suchen (in der letzten Gleichung ist $\boldsymbol{u} = \text{const}$ berücksichtigt).

Zur Bestimmung der Funktion f verwenden wir die Gleichung (20,3). Da

$$\operatorname{rot}\boldsymbol{v} = \operatorname{rot}\operatorname{rot}\operatorname{rot} f\boldsymbol{u} = (\operatorname{grad}\operatorname{div} - \triangle)\operatorname{rot} f\boldsymbol{u} = -\triangle\operatorname{rot} f\boldsymbol{u}$$

ist, erhält (20,3) die Form

$$\triangle^2 \operatorname{rot} f\boldsymbol{u} = \triangle^2(\nabla f \times \boldsymbol{u}) = \triangle^2(\operatorname{grad} f \times \boldsymbol{u}) = 0\,.$$

Daraus folgt

$$\triangle^2 \operatorname{grad} f = 0\,. \tag{20,5}$$

Wir integrieren einmal und erhalten

$$\triangle^2 f = \text{const}\,.$$

Man kann leicht erkennen, daß die Konstante gleich Null gesetzt werden muß: Die Differenz $\boldsymbol{v} - \boldsymbol{u}$ muß im Unendlichen verschwinden, darüber hinaus müssen auch ihre Ableitungen gleich Null sein. In dem Ausdruck $\triangle^2 f$ sind vierte Ableitungen von f enthalten, während die Geschwindigkeit selbst durch zweite Ableitungen von f gegeben wird.

Auf diese Weise erhalten wir

$$\triangle^2 f \equiv \frac{1}{r^2}\frac{\mathrm{d}}{\mathrm{d}r}\left(r^2\frac{\mathrm{d}\triangle f}{\mathrm{d}r}\right) = 0$$

und daraus

$$\triangle f = \frac{2a}{r} + c\,.$$

Die Konstante c muß gleich Null gesetzt werden, damit die Geschwindigkeit $\boldsymbol{v} - \boldsymbol{u}$ im Unendlichen verschwindet. Durch Integration der verbleibenden Gleichung erhalten wir

$$f = ar + \frac{b}{r} \tag{20,6}$$

(eine additive Konstante in f ist unwesentlich und deshalb weggelassen worden, da die Geschwindigkeit durch die Ableitungen von f bestimmt wird).

Einsetzen in (20,4) ergibt nach einer einfachen Rechnung

$$\boldsymbol{v} = \boldsymbol{u} - a\frac{\boldsymbol{u} + \boldsymbol{n}(\boldsymbol{u}\boldsymbol{n})}{r} + b\frac{3\boldsymbol{n}(\boldsymbol{u}\boldsymbol{n}) - \boldsymbol{u}}{r^3}\,. \tag{20,7}$$

Die Konstanten a und b müssen aus der Randbedingung $\boldsymbol{v} = 0$ für $r = R$ (auf der Kugeloberfläche) bestimmt werden:

$$\boldsymbol{u}\left(1 - \frac{a}{R} - \frac{b}{R^3}\right) + \boldsymbol{n}(\boldsymbol{u}\boldsymbol{n})\left(-\frac{a}{R} + \frac{3b}{R^3}\right) = 0\,.$$

Diese Gleichung muß für beliebiges $\boldsymbol{n}$ gelten, daher müssen die Koeffizienten von $\boldsymbol{u}$ und von $\boldsymbol{n}(\boldsymbol{un})$ einzeln verschwinden. Hieraus finden wir $a = 3R/4$, $b = R^3/4$ und endgültig

$$f = \frac{3}{4} Rr + \frac{R^3}{4r}, \tag{20,8}$$

$$\boldsymbol{v} = -\frac{3R}{4}\frac{\boldsymbol{n} + \boldsymbol{n}(\boldsymbol{un})}{r} - \frac{R^3}{4}\frac{\boldsymbol{u} - 3\boldsymbol{n}(\boldsymbol{un})}{r^3} + \boldsymbol{u}. \tag{20,9}$$

Die Komponenten der Geschwindigkeit lauten in Kugelkoordinaten (mit der Polarachse in Richtung von $\boldsymbol{u}$)

$$\left.\begin{aligned} v_r &= u\cos\Theta\left[1 - \frac{3R}{2r} + \frac{R^3}{2r^3}\right], \\ v_\Theta &= -u\sin\Theta\left[1 - \frac{3R}{4r} - \frac{R^3}{4r^3}\right]. \end{aligned}\right\} \tag{20,10}$$

Diese Ausdrücke bestimmen die Geschwindigkeitsverteilung um eine bewegte Kugel.

Zur Bestimmung des Druckes setzen wir (20,4) in (20,1) ein:

$$\operatorname{grad} p = \eta\triangle\boldsymbol{v} = \eta\triangle \operatorname{rot}\operatorname{rot} f\boldsymbol{u} = \eta\triangle(\operatorname{grad}\operatorname{div} f\boldsymbol{u} - \boldsymbol{u}\triangle f).$$

Es ist aber $\triangle^2 f = 0$ und deswegen

$$\operatorname{grad} p = \operatorname{grad}(\eta\triangle \operatorname{div} f\boldsymbol{u}) = \operatorname{grad}(\eta\boldsymbol{u}\operatorname{grad}\triangle f).$$

Daraus ergibt sich

$$p = \eta\boldsymbol{u}\operatorname{grad}\triangle f + p_0 \tag{20,11}$$

(p_0 ist der Druck der Flüssigkeit im Unendlichen). Durch Einsetzen von f gelangen wir zu dem endgültigen Ausdruck

$$p = p_0 - \frac{3\eta}{2}\frac{\boldsymbol{un}}{r^2}R. \tag{20,12}$$

Mit Hilfe der erhaltenen Formeln kann man die Kraft $\boldsymbol{F}$ berechnen, die die strömende Flüssigkeit auf die Kugel ausübt (oder, was dasselbe ist, den Widerstand, den die in der Flüssigkeit bewegte Kugel erfährt). Dazu führen wir Kugelkoordinaten ein, deren Achse in die Richtung der Geschwindigkeit $\boldsymbol{u}$ zeigt. Aus Symmetriegründen hängen alle Größen nur von r und dem Polarwinkel Θ ab. Offensichtlich hat die Kraft $\boldsymbol{F}$ die Richtung der Geschwindigkeit $\boldsymbol{u}$. Der Betrag der Kraft kann nach (15,14) bestimmt werden. Wir berechnen aus dieser Formel die Komponenten der Kraft (in Normalen- und Tangentenrichtung zur Oberfläche) auf ein Flächenelement der Kugel, projizieren diese Komponenten auf die Richtung von $\boldsymbol{u}$ und finden

$$F = \oint(-p\cos\Theta + \sigma'_{rr}\cos\Theta - \sigma'_{r\Theta}\sin\Theta)\,\mathrm{d}f, \tag{20,13}$$

wobei die Integration über die ganze Kugeloberfläche erstreckt wird.

Setzen wir die Ausdrücke (20,10) in die Formeln

$$\sigma'_{rr} = 2\eta\frac{\partial v_r}{\partial r}, \qquad \sigma'_{r\Theta} = \eta\left(\frac{1}{r}\frac{\partial v_r}{\partial\Theta} + \frac{\partial v_\Theta}{\partial r} - \frac{v_\Theta}{r}\right)$$

(s. (15,20)) ein, so finden wir auf der Kugeloberfläche

$$\sigma'_{rr} = 0\,, \qquad \sigma'_{r\Theta} = -\frac{3\eta}{2R}\,u \sin\Theta\,;$$

der Druck (20,12) ist dort

$$p = p_0 - \frac{3\eta u}{2R}\cos\Theta\,.$$

Das Integral (20,13) reduziert sich damit auf den Ausdruck

$$F = \frac{3\eta u}{2R}\oint \mathrm{d}f\,.$$

So finden wir schließlich die *Stokessche Formel* für die Widerstandskraft (auch Strömungswiderstand, kurz Widerstand genannt), die auf eine sich in der Flüssigkeit langsam bewegende Kugel[1]) wirkt:

$$F = 6\pi R\eta u\,. \tag{20,14}$$

Wir bemerken noch, daß der Strömungswiderstand den ersten Potenzen der Geschwindigkeit und den linearen Abmessungen des Körpers proportional ist. Diese Abhängigkeit hätte man schon aus Dimensionsüberlegungen vorhersagen können. Hierfür ist entscheidend, daß der Parameter ϱ (die Dichte der Flüssigkeit) nicht in die genäherten Bewegungsgleichungen (20,1) und (20,2) eingeht. Die mit Hilfe der Bewegungsgleichungen bestimmte Kraft F kann deshalb durch die Größen η, u, R allein ausgedrückt werden; aus diesen Größen läßt sich nur eine Kombination mit der Dimension der Kraft bilden, das Produkt $\eta u R$.

Auch für sich langsam bewegende Körper anderer Form hängt der Widerstand in gleicher Weise von der Geschwindigkeit und den Abmessungen der Körper ab. Die Richtung der auf einen Körper beliebiger Gestalt wirkenden Widerstandskraft stimmt im allgemeinen nicht mit der Richtung der Geschwindigkeit überein. Allgemein kann die Abhängigkeit von $\boldsymbol{F}$ von $\boldsymbol{u}$ wie folgt geschrieben werden:

$$F_i = \eta a_{ik} u_k\,, \tag{20,15}$$

---

[1]) Im Hinblick auf einige weitere Anwendungen wollen wir darauf hinweisen, daß sich

$$F = 8\pi a\eta u \tag{20,14a}$$

ergibt, wenn man mit dem Ausdruck (20,7) für die Geschwindigkeit mit den unbestimmten Konstanten a und b rechnet.

Der Strömungswiderstand kann auch für ein sich langsam bewegendes beliebiges dreiachsiges Ellipsoid berechnet werden. Die entsprechenden Formeln kann man in dem Buch von H. Lamb, Hydrodynamics, Cambridge 1924, § 339, finden; deutsche Übersetzung: B. G. Teubner, Leipzig 1931. Wir geben hier nur die Grenzwerte für eine ebene runde Scheibe (Radius R) an, die sich senkrecht zu ihrer Fläche bewegt,

$$F = 16\eta R u\,,$$

und für dieselbe Scheibe, wenn sie sich in ihrer Ebene bewegt,

$$F = \frac{32}{3}\eta R u\,.$$

wobei a_{ik} ein von der Geschwindigkeit unabhängiger Tensor zweiten Ranges ist. Es ist wesentlich, daß dieser Tensor symmetrisch ist. Diese Feststellung (die in der linearen Näherung bezüglich der Geschwindigkeit gilt) ist ein Spezialfall eines allgemeinen Gesetzes, das für langsame von Dissipationsprozessen begleitete Bewegungen gilt, s. V, § 121.

Verbesserung der Stokesschen Formel

Die erhaltene Lösung des Strömungsproblems ist für genügend große Entfernungen von der Kugel trotz der Kleinheit der Reynolds-Zahl nicht anwendbar. Man kann sich davon leicht durch Abschätzung des Termes $(\boldsymbol{v}\,\nabla)\,\boldsymbol{v}$ überzeugen, den wir in (20,1) vernachlässigt haben. In großen Abständen ist die Geschwindigkeit $\boldsymbol{v} \approx \boldsymbol{u}$. Die Ableitungen der Geschwindigkeit nach diesen Abständen sind, wie man (20,9) entnimmt, von der Größenordnung uR/r^2. Folglich hat $(\boldsymbol{v}\,\nabla)\,\boldsymbol{v}$ die Größenordnung u^2R/r^2. Die übrigen Glieder in der Gleichung (20,1) sind von der Größenordnung $\eta Ru/\varrho r^3$ (wie man aus (20,9) für die Geschwindigkeit oder aus (20,12) für den Druck ersehen kann). Die Bedingung $u\eta R/\varrho r^3 \gg u^2R/r^2$ ist nur für Abstände

$$r \ll \frac{\nu}{u} \tag{20,16}$$

erfüllt. Für größere Abstände sind die vorgenommenen Vernachlässigungen unzulässig, und die erhaltene Geschwindigkeitsverteilung ist falsch.

Um die Geschwindigkeitsverteilung in großen Entfernungen von dem umströmten Körper zu erhalten, muß man das in (20,1) weggelassene Glied $(\boldsymbol{v}\nabla)\,\boldsymbol{v}$ berücksichtigen. Da sich in großen Entfernungen die Geschwindigkeit $\boldsymbol{v}$ nur wenig von $\boldsymbol{u}$ unterscheidet, kann man statt $(\boldsymbol{v}\nabla)$ genähert $(\boldsymbol{u}\nabla)$ schreiben. Dann erhalten wir für die Geschwindigkeit in großen Entfernungen die lineare Gleichung

$$(\boldsymbol{u}\nabla)\,\boldsymbol{v} = -\frac{1}{\varrho}\nabla p + \nu\triangle\boldsymbol{v} \tag{20,17}$$

(C. W. Oseen, 1910).

Wir werden hier die Lösung dieser Gleichung für die Umströmung einer Kugel nicht darlegen.[1] Wir weisen nur darauf hin, daß man mit Hilfe der so erhaltenen Geschwindigkeitsverteilung eine genauere Formel für den Widerstand herleiten kann, den die Kugel bei der Bewegung durch die Flüssigkeit erfährt (man erhält das nächste Glied der Entwicklung des Widerstands nach der Reynolds-Zahl $\mathrm{Re} = uR/\nu$):

$$F = 6\pi\eta uR\left(1 + \frac{3Ru}{8\nu}\right). \tag{20,18}$$

Wir weisen noch darauf hin, daß man beim Problem der Umströmung eines unendlich langen Zylinders in einem zur Zylinderachse senkrechten Flüssigkeitsstrom von Anfang an die Oseensche Gleichung lösen muß (die Gleichung (20,1) hat in diesem Falle überhaupt keine Lösung, die die Randbedingungen auf der Oberfläche des Körpers befriedigt und

[1]) Die ausführliche Rechnung für eine Kugel und einen Zylinder findet man in dem Buch von N. J. Kotschin, N. A. Kibel und N. W. Rose, Theoretische Hydromechanik, Band II, Akademie-Verlag, Berlin 1955, Kap. II, §§ 25, 26, und H. Lamb, Hydrodynamics, Cambridge 1924; deutsche Übersetzung: B. G. Teubner, Leipzig 1931, §§ 342, 343.

gleichzeitig im Unendlichen verschwindet). Der Widerstand des Zylinders pro Längeneinheit ist

$$F = \frac{4\pi\eta u}{1/2 - C - \ln(Ru/4\nu)} = \frac{4\pi\eta u}{\ln(3{,}70\nu/Ru)}, \tag{20,19}$$

wobei $C = 0{,}577\ldots$ die Eulersche Konstante ist (H. Lamb, 1911).[1]

Zur Aufgabe über die Umströmung der Kugel zurückkehrend, müssen wir die folgende Bemerkung machen. Die in der Gleichung (20,17) im nichtlinearen Glied vorgenommene Ersetzung von $\boldsymbol{v}$ durch $\boldsymbol{u}$ ist weit von der Kugel entfernt gerechtfertigt, für Abstände $r \gg R$. Es ist deshalb verständlich, daß die Oseensche Gleichung, die eine Verbesserung des Strömungsbildes in großen Entfernungen vom umströmten Körper gibt, keine solche Verbesserung für kleine Entfernungen liefert (das zeigt sich schon daran, daß die Lösung der Gleichung (20,17), die den notwendigen Bedingungen im Unendlichen genügt, nicht genau die Bedingung für das Verschwinden der Geschwindigkeit auf der Oberfläche der Kugel erfüllt: diese Bedingung ist nur erfüllt für das Glied nullter Ordnung in der Entwicklung der Geschwindigkeit nach den Potenzen der Reynolds-Zahl und nicht für das Glied erster Ordnung). Auf den ersten Blick könnte es deshalb scheinen, daß die Lösung der Oseenschen Gleichung nicht zur richtigen Berechnung des Korrekturterms für den Widerstand dienen kann. Das ist aber aus dem folgenden Grunde nicht so. Der Beitrag zur Kraft $\boldsymbol{F}$, der mit der Bewegung der Flüssigkeit in kleinen Abständen zusammenhängt (für die $u \ll \nu/r$), muß nach Potenzen des Vektors $\boldsymbol{u}$ entwickelbar sein. Deshalb wird das erste nichtverschwindende Korrekturglied zur Vektorgröße $\boldsymbol{F}$, das von diesem Beitrag herrührt, proportional zu $\boldsymbol{u}u^2$ sein, d. h., es liefert eine Korrektur zweiter Ordnung in der Reynolds-Zahl und beeinflußt nicht die Korrektur erster Ordnung in der Formel (20,18).

Die Berechnung der höheren Korrekturen zur Stokesschen Formel und die Verbesserung des Strömungsbildes für kleine Abstände ist mit Hilfe der Lösung der Gleichung (20,17) nicht möglich. Obwohl die Frage nach diesen Verbesserungen für sich genommen nicht so wichtig ist, ist die Aufklärung des eigenartigen Charakters der folgerichtigen Störungstheorie für die Lösung des Problems der Umströmung durch eine zähe Flüssigkeit bei kleinen Reynolds-Zahlen von bemerkenswertem methodischen Interesse (S. Kaplun, P. A. Lagerstrom, 1957; I. Proudman, J. R. Pearson, 1957). Wir beschreiben die hier vorliegende Situation, führen alle für ihre Erläuterung wichtigen Formeln an, verweilen aber nicht bei Details der Rechnung.[2]

---

[1]) Die Unmöglichkeit der Berechnung des Widerstandes beim Problem des Zylinders mit Hilfe der Gleichung (20,1) ist schon aus Dimensionsüberlegungen offensichtlich. Wie schon oben bemerkt wurde, müßte sich das Resultat durch die Parameter η, u, R allein ausdrücken lassen. Im betrachteten Fall ist aber von der Kraft die Rede, die sich auf die Längeneinheit des Zylinders bezieht; eine Größe mit dieser Dimension wäre nur das Produkt ηu, das nicht von den Abmessungen des Körpers abhängt (und damit auch nicht verschwindet bei $R \to 0$), was physikalisch unsinnig ist.

[2]) Man findet sie in dem Buch von M. van Dyke, Perturbation methods in fluid mechanics, Academic Press, New York 1964. Die Rechnungen werden hier nicht unter Verwendung der Geschwindigkeit, sondern der weniger anschaulichen aber kompakteren Stromfunktion durchgeführt. Für achsensymmetrische Strömungen (zu denen die Umströmung der Kugel gehört) wird die Stromfunktion $\psi(r, \Theta)$ in Kugelkoordinaten eingeführt durch

$$v_r = \frac{1}{r^2 \sin\Theta} \frac{\partial\psi}{\partial\Theta}, \qquad v_\Theta = -\frac{1}{r \sin\Theta} \frac{\partial\psi}{\partial r}, \qquad v_\varphi = 0\,.$$

Damit ist die Kontinuitätsgleichung (15,22) identisch erfüllt.

Zur expliziten Herausstellung des kleinen Parameters Re, der Reynolds-Zahl, führen wir die dimensionslose Geschwindigkeit $\boldsymbol{v}' = \boldsymbol{v}/u$ und den dimensionslosen Radiusvektor $\boldsymbol{r}' = \boldsymbol{r}/R$ ein und werden sie unten in diesem Paragraphen mit den früheren Buchstaben $\boldsymbol{v}$ und $\boldsymbol{r}$ bezeichnen, den Strich also weglassen. Dann schreibt sich die exakte Bewegungsgleichung (die wir in der Gestalt (15,10) mit eliminiertem Druck nehmen) in der Form

$$\mathrm{Re}\,\mathrm{rot}\,(\boldsymbol{v}\times\mathrm{rot}\,\boldsymbol{v}) + \triangle\,\mathrm{rot}\,\boldsymbol{v} = 0\,. \tag{20,20}$$

Wir teilen den Raum um die umströmte Kugel in zwei Gebiete auf: in ein Nahgebiet und ein Ferngebiet, bestimmt durch die entsprechenden Bedingungen $r \ll 1/\mathrm{Re}$ und $r \gg 1$. Gemeinsam erfüllen diese Gebiete den gesamten Raum, wobei sie sich teilweise überdecken im „Zwischengebiet"

$$1/\mathrm{Re} \gg r \gg 1\,. \tag{20,21}$$

Bei der Durchführung der folgerichtigen Störungstheorie dient als Ausgangsnäherung im Nahgebiet die Stokessche Näherung, die Lösung der Gleichung $\Delta\,\mathrm{rot}\,\boldsymbol{v} = 0$, die man aus (20,20) durch Vernachlässigung des Gliedes mit dem Faktor Re erhält. Diese Lösung wird durch die Formeln (20,10) gegeben; in dimensionslosen Variablen hat sie die Form

$$v_r^{(1)} = \cos\Theta\left(1 - \frac{3}{2r} + \frac{1}{2r^3}\right), \qquad v_\Theta^{(1)} = -\sin\Theta\left(1 - \frac{3}{4r} - \frac{1}{4r^3}\right), \qquad r \ll 1/\mathrm{Re} \tag{20,22}$$

(der Index 1 bezeichnet die erste Näherung).

Die erste Näherung im Ferngebiet ist einfach der konstante Wert $\boldsymbol{v}^{(1)} = \boldsymbol{\nu}$, der dem ungestörten homogenen einlaufenden Strom entspricht ($\boldsymbol{\nu}$ ist der Einheitsvektor in Richtung der Umströmung). Einsetzen von $\boldsymbol{v} = \boldsymbol{\nu} + \boldsymbol{v}^{(2)}$ in (20,20) führt für $\boldsymbol{v}^{(2)}$ auf die Oseensche Gleichung

$$\mathrm{Re}\,\mathrm{rot}\,(\boldsymbol{\nu}\times\mathrm{rot}\,\boldsymbol{v}^{(2)}) + \triangle\,\mathrm{rot}\,\boldsymbol{v}^{(2)} = 0\,. \tag{20,23}$$

Die Lösung muß die Bedingung erfüllen, daß $\boldsymbol{v}^{(2)}$ im Unendlichen verschwindet, und im Zwischengebiet die Anschlußbedingung zur Lösung (20,22); die letztere Bedingung schließt insbesondere Lösungen aus, die sehr schnell anwachsen bei Verkleinerung von r.[1]) Die Lösung ist

$$\begin{aligned} v_r^{(1)} + v_r^{(2)} &= \cos\Theta + \frac{3}{2\,\mathrm{Re}\,r^2}\left\{1 - \left[1 + \frac{\mathrm{Re}\,r}{2}(1+\cos\Theta)\right]\mathrm{e}^{-\frac{1}{2}r\,\mathrm{Re}\,(1-\cos\Theta)}\right\},\\ v_\Theta^{(1)} + v_\Theta^{(2)} &= -\sin\Theta + \frac{3}{4r}\sin\Theta\,\mathrm{e}^{-1/2r\,\mathrm{Re}\,(1-\cos\Theta)}, \qquad r \gg 1\,. \end{aligned} \tag{20,24}$$

Wir bemerken, daß die natürliche Variable im Ferngebiet nicht die radiale Koordinate r selbst ist, sondern das Produkt $\varrho = r\,\mathrm{Re}$. Bei Einführung dieser Variablen fällt aus Gleichung (20,20) die Zahl Re heraus, in Übereinstimmung damit, daß bei $r \gtrsim 1/\mathrm{Re}$ das Zähigkeitsglied

[1]) Zur Festlegung der numerischen Koeffizienten in der Lösung ist es auch nötig, die Bedingung zu berücksichtigen, daß der gesamte Strom der Flüssigkeit durch jede geschlossene Oberfläche, die die umströmte Kugel umschließt, verschwindet.

und das Trägheitsglied in der Gleichung der Größenordnung nach vergleichbar sind. Die Zahl Re geht dabei in die Lösung nur durch die Anschlußbedingung zur Lösung im Nahgebiet ein. Die Entwicklung der Funktion $\boldsymbol{v}(\boldsymbol{r})$ im Ferngebiet ist deshalb eine Entwicklung nach Potenzen von Re bei gegebenen Werten des Produktes $\varrho = r\,\mathrm{Re}$; tatsächlich enthalten die zweiten Glieder in (20,24), drückt man sie durch ϱ aus, den Faktor Re.

Zur Überprüfung der Richtigkeit des Anschlusses der Lösungen (20,22) und (20,24) aneinander bemerken wir, daß im Zwischengebiet (20,21) $r\,\mathrm{Re} \ll 1$ gilt und der Ausdruck (20,24) nach dieser Variablen entwickelt werden kann. Mit der Genauigkeit bis zu den ersten beiden Gliedern (nach dem homogenen Strom) der Entwicklung finden wir

$$\begin{aligned} v_r &= \cos\Theta\left(1-\frac{3}{2r}\right)+\frac{3\,\mathrm{Re}}{16}(1-\cos\Theta)(1+3\cos\Theta)\,, \\ v_\Theta &= -\sin\Theta\left(1-\frac{3}{4r}\right)-\frac{3\,\mathrm{Re}}{8}\sin\Theta(1-\cos\Theta)\,. \end{aligned} \tag{20,25}$$

Auf der anderen Seite ist im gleichen Gebiet $r \gg 1$, und man kann deshalb in (20,22) die Glieder $\sim 1/r^3$ weglassen; die verbleibenden Ausdrücke stimmen dann tatsächlich mit den ersten Gliedern in (20,25) überein (die zweiten Glieder in (20,25) werden unten benötigt).

Für den Übergang zur folgenden Näherung schreiben wir im Nahgebiet $\boldsymbol{v} = \boldsymbol{v}^{(1)} + \boldsymbol{v}^{(2)}$ und erhalten aus (20,20) die Gleichung für die Korrektur in zweiter Näherung:

$$\triangle \operatorname{rot} \boldsymbol{v}^{(2)} = -\mathrm{Re}\operatorname{rot}(\boldsymbol{v}^{(1)} \times \operatorname{rot} \boldsymbol{v}^{(1)})\,. \tag{20,26}$$

Die Lösung dieser Gleichung muß die Bedingung erfüllen, daß sie auf der Oberfläche der Kugel verschwindet, und die Anschlußbedingung an die Lösung im Ferngebiet; die letztere besagt, daß die bei $r \gg 1$ dominierenden Glieder in der Funktion $\boldsymbol{v}^{(2)}(\boldsymbol{r})$ mit den zweiten Gliedern in (20,25) zusammenfallen müssen. Diese Lösung ist

$$\begin{aligned} v_r^{(2)} &= \frac{3\,\mathrm{Re}}{8}v_r^{(1)}+\frac{3\,\mathrm{Re}}{32}\left(1-\frac{1}{r}\right)^2\left(2+\frac{1}{r}+\frac{1}{r^2}\right)(1-3\cos^2\Theta)\,, \\ v_\Theta^{(2)} &= \frac{3\,\mathrm{Re}}{8}v_\Theta^{(1)}+\frac{3\,\mathrm{Re}}{32}\left(1-\frac{1}{r}\right)\left(4+\frac{1}{r}+\frac{1}{r^2}+\frac{2}{r^3}\right)\sin\Theta\cos\Theta\,, \\ r &\ll 1/\mathrm{Re}\,. \end{aligned} \tag{20,27}$$

Im Zwischengebiet bleiben in diesen Ausdrücken nur die Glieder übrig, die den Faktor $1/r$ nicht enthalten; diese Glieder stimmen tatsächlich mit den zweiten Gliedern in (20,25) überein.

Mit der Geschwindigkeitsverteilung (20,27) läßt sich die Korrektur zur Stokesschen Formel für die Widerstandskraft berechnen. Die zweiten Glieder in (20,27) geben auf Grund ihrer Winkelabhängigkeit keinen Beitrag zur Kraft, und die ersten geben gerade das Korrekturglied $3\,\mathrm{Re}/8$, das schon in (20,18) angegeben wurde. In Übereinstimmung mit der oben dargelegten Argumentation führt die richtige Geschwindigkeitsverteilung nahe der Kugel (in der betrachteten Näherung) zum gleichen Resultat für die Kraft wie die Lösung der Oseenschen Gleichung.

Die folgende Näherung kann durch Fortsetzung der beschriebenen Prozedur erhalten werden. In dieser Näherung erscheinen logarithmische Glieder in der Geschwindigkeitsverteilung, und im Ausdruck (20,18) für die Widerstandskraft ändert sich die Klammer in

$$\left(1 + \frac{3}{8}\,\mathrm{Re} - \frac{9}{40}\,\mathrm{Re}^2 \ln \frac{1}{\mathrm{Re}}\right)$$

(wobei der Logarithmus ln (1/Re) als groß vorausgesetzt wird).[1])

Aufgaben

1. Man berechne die Strömung einer Flüssigkeit zwischen zwei konzentrischen Kugeln (mit den Radien R_1 und R_2, $R_2 > R_1$), die um verschiedene Durchmesser mit den Winkelgeschwindigkeiten Ω_1 und Ω_2 gleichförmig rotieren (die Reynolds-Zahlen $\Omega_1 R_1^2/\nu$ und $\Omega_2 R_2^2/\nu$ seien klein gegen 1).

Lösung. Wegen der Linearität der Gleichungen kann man die Bewegung zwischen den beiden rotierenden Kugeln als Überlagerung der beiden Bewegungen ansehen, die vor sich gehen würden, wenn eine Kugel ruhen und die andere rotieren würde. Wir setzen zunächst $\Omega_2 = 0$, d. h., nur die innere Kugel rotiert. Man wird natürlich erwarten, daß die Strömungsgeschwindigkeit in jedem Punkt die Richtung der Tangente an einen Kreis mit dem Zentrum auf der Rotationsachse hat, der in einer zur Achse senkrechten Ebene liegt. Auf Grund der Zylindersymmetrie um die Rotationsachse kann es aber in der Richtung der Tangente keinen Druckgradienten geben. Die Bewegungsgleichung (20,1) erhält daher die Gestalt

$$\triangle \boldsymbol{v} = 0\,.$$

Der Vektor der Winkelgeschwindigkeit $\boldsymbol{\Omega}_1$ ist ein axialer Vektor. Ähnliche Überlegungen wie die im Text angestellten zeigen, daß man die Geschwindigkeiten in der Form

$$\boldsymbol{v} = \operatorname{rot} f(r)\,\boldsymbol{\Omega}_1 = \nabla f \times \boldsymbol{\Omega}_1$$

ansetzen kann.

Die Bewegungsgleichung ergibt dann grad $\triangle f \times \boldsymbol{\Omega}_1 = 0$. Der Vektor grad $\triangle f$ hat die Richtung des Ortsvektors, und das Produkt $\boldsymbol{r} \times \boldsymbol{\Omega}_1$ kann für gegebenes $\boldsymbol{\Omega}_1$ und beliebiges $\boldsymbol{r}$ nicht gleich Null sein; deshalb muß grad $\triangle f = 0$ sein, so daß

$$\triangle f = \mathrm{const}$$

wird. Durch Integration erhalten wir

$$f = ar^2 + \frac{b}{r}\,, \qquad \boldsymbol{v} = \left(\frac{b}{r^3} - 2a\right)(\boldsymbol{\Omega}_1 \times \boldsymbol{r})\,.$$

Die Konstanten a und b werden aus den Bedingungen $\boldsymbol{v} = 0$ für $r = R_2$ und $\boldsymbol{v} = \boldsymbol{u}$ für $r = R_1$ bestimmt, wenn $\boldsymbol{u} = \Omega_1 \times \boldsymbol{r}$ die Geschwindigkeit der Punkte auf der rotierenden Kugel ist. Unser Ergebnis lautet

$$\boldsymbol{v} = \frac{R_1^3 R_2^3}{R_2^3 - R_1^3}\left(\frac{1}{r^3} - \frac{1}{R_2^3}\right)(\boldsymbol{\Omega}_1 \times \boldsymbol{r})\,.$$

Der Druck in der Flüssigkeit bleibt konstant ($p = p_0$). Analog erhält man für den Fall, daß die äußere Kugel rotiert und die innere ruht ($\Omega_1 = 0$),

$$\boldsymbol{v} = \frac{R_1^3 R_2^3}{R_2^3 - R_1^3}\left(\frac{1}{R_1^3} - \frac{1}{r^3}\right)(\boldsymbol{\Omega}_2 \times \boldsymbol{r})\,.$$

Im allgemeinen Falle, wenn beide Kugeln rotieren, haben wir

$$\boldsymbol{v} = \frac{R_1^3 R_2^3}{R_2^3 - R_1^3}\left\{\left(\frac{1}{r^3} - \frac{1}{R_2^3}\right)(\boldsymbol{\Omega}_1 \times \boldsymbol{r}) + \left(\frac{1}{R_1^3} - \frac{1}{r^3}\right)(\boldsymbol{\Omega}_2 \times \boldsymbol{r})\right\}.$$

---

[1]) Vgl. I. Proudman, J. R. Pearson, J. Fluid Mech. **2**, 237 (1957).

Falls die äußere Kugel überhaupt nicht vorhanden ist ($R_2 = \infty$, $\boldsymbol{\Omega}_2 = 0$), d. h., falls wir einfach eine Kugel mit dem Radius R haben, die in einer unbegrenzten Flüssigkeit rotiert, wird

$$\boldsymbol{v} = \frac{R^3}{r^3}(\boldsymbol{\Omega} \times \boldsymbol{r}).$$

Wir wollen das Drehmoment der Reibungskräfte berechnen, die in diesem Falle auf die Kugel wirken. In Polarkoordinaten mit der Polarachse in Richtung von $\boldsymbol{\Omega}$ sind $v_r = v_\Theta = 0$ und $v_\varphi = v = \dfrac{R^3\Omega}{r^2}\sin\Theta$. Die pro Flächeneinheit auf die Kugel wirkende Reibungskraft ist

$$\sigma'_{r\varphi} = \eta\left(\frac{\partial v}{\partial r} - \frac{v}{r}\right)_{r=R} = -3\eta\Omega\sin\Theta\,.$$

Das gesamte auf die Kugel von den Reibungskräften ausgeübte Drehmoment ist

$$M = \int_0^\pi \sigma'_{r\varphi} R\sin\Theta \cdot 2\pi R^2 \sin\Theta\,\mathrm{d}\Theta\,,$$

daraus folgt

$$M = -8\pi\eta R^3\Omega\,.$$

Fehlt die innere Kugel, so ist $\boldsymbol{v} = \boldsymbol{\Omega}_2 \times \boldsymbol{r}$, d. h., die Flüssigkeit rotiert einfach zusammen mit der Kugel, in der sie sich befindet.

2. Man berechne die Geschwindigkeit eines kugelförmigen Flüssigkeitstropfens (mit der Zähigkeit η'), der sich unter dem Einfluß der Schwerkraft in einer Flüssigkeit mit der Zähigkeit η bewegt (W. Rybczinski, 1911).

Lösung. Wir verwenden ein Koordinatensystem, in dem der Tropfen ruht. Für die Flüssigkeit außerhalb des Tropfens setzen wir die Lösung der Gleichung (20,5) wieder in der Gestalt (20,6) an, so daß die Geschwindigkeit die Form (20,7) erhält. Für die Flüssigkeit innerhalb des Tropfens müssen wir eine Lösung suchen, die bei $r = 0$ keinen singulären Punkt hat (auch die zweiten Ableitungen von f, die die Geschwindigkeit angeben, müssen endlich bleiben). Eine solche Lösung ist

$$f = \frac{Ar^2}{4} + \frac{Br^4}{8}\,,$$

dazu gehört die Geschwindigkeit

$$\boldsymbol{v} = -A\boldsymbol{u} + Br^2[\boldsymbol{n}(\boldsymbol{u}\boldsymbol{n}) - 2\boldsymbol{u}]\,.$$

Auf der Kugeloberfläche[1]) müssen die folgenden Bedingungen erfüllt sein. Die Normalkomponenten der Geschwindigkeit der Substanz außerhalb ($\boldsymbol{v}^{(a)}$) und innerhalb ($\boldsymbol{v}^{(i)}$) des Tropfens müssen verschwinden:

$$v_r^{(i)} = v_r^{(a)} = 0\,.$$

---

[1]) Die Änderung der Tropfenform bei der Bewegung braucht man nicht in Betracht zu ziehen, da sie einen Effekt höherer Ordnung darstellt. Damit der bewegte Tropfen aber tatsächlich kugelförmig ist, müssen die Kräfte der Oberflächenspannung auf seinem Rande größer als die Kräfte sein, die aus der inhomogenen Druckverteilung resultieren und die Kugelform zu zerstören bestrebt sind. Deshalb muß $\dfrac{\eta u}{R} \ll \dfrac{\alpha}{R}$ sein (α ist die Oberflächenspannung) oder, nach Einsetzen von $u \sim \dfrac{R^2 g\varrho}{\eta}$,

$$R \ll \sqrt{\frac{\alpha}{\varrho g}}\,.$$

Die Tangentialkomponente der Geschwindigkeit muß stetig sein:

$$v_\Theta^{(i)} = v_\Theta^{(a)};$$

dasselbe muß auch für die Komponenten $\sigma_{r\Theta}$ des Spannungstensors gelten:

$$\sigma_{r\Theta}^{(i)} = \sigma_{r\Theta}^{(a)}.$$

(Die Bedingung, daß die Komponenten σ_{rr} des Spannungstensors gleich sein müssen, braucht man nicht aufzuschreiben; sie würde die gesuchte Geschwindigkeit u bestimmen, die man aber einfacher so finden kann, wie es unten getan wird.) Aus den angegebenen vier Bedingungen erhalten wir vier Gleichungen für die Konstanten a, b, A und B, deren Lösungen

$$a = R\,\frac{2\eta + 3\eta'}{4(\eta + \eta')}, \qquad b = R^3\,\frac{\eta'}{4(\eta + \eta')}, \qquad A = -BR^2 = \frac{\eta}{2(\eta + \eta')}$$

sind. Für die Widerstandskraft ergibt sich nach (20,14a)

$$F = 2\pi u\eta R\,\frac{2\eta + 3\eta'}{\eta + \eta'}.$$

Für $\eta' \to \infty$ (das entspricht einer festen Kugel) geht diese Formel in die Stokessche Formel über. Im Grenzfall $\eta' \to 0$ (Gasblase) ergibt sich $F = 4\pi u\eta R$, d. h., der Widerstand ist 2/3 des Widerstandes einer festen Kugel.

Setzen wir F gleich der auf den Tropfen wirkenden Schwerkraft $\frac{4\pi}{3} R^3(\varrho - \varrho')\,g$, so finden wir

$$u = \frac{2R^2 g(\varrho - \varrho')(\eta + \eta')}{3\eta(2\eta + 3\eta')}.$$

3. Zwei parallele ebene kreisförmige Platten (Radius R) liegen in einem geringen Abstand übereinander, der Raum zwischen ihnen wird von einer Flüssigkeit ausgefüllt. Die Platten nähern sich einander mit konstanter Geschwindigkeit u und verdrängen die Flüssigkeit. Man berechne den Widerstand, den die Platten zu überwinden haben (O. Reynolds).

Lösung. Wir verwenden Zylinderkoordinaten mit dem Koordinatenursprung im Mittelpunkt der unteren Platte (die wir als unbewegliche voraussetzen). Die Strömung der Flüssigkeit ist axialsymmetrisch und verläuft, da die Flüssigkeitsschicht dünn ist, im wesentlichen radial ($v_z \ll v_r$), wobei $\frac{\partial v_r}{\partial r} \ll \frac{\partial v_r}{\partial z}$ ist. Die Bewegungsgleichungen erhalten daher die Gestalt

$$\eta\,\frac{\partial^2 v_r}{\partial z^2} = \frac{\partial p}{\partial r}, \qquad \frac{\partial p}{\partial z} = 0, \tag{1}$$

$$\frac{1}{r}\,\frac{\partial (r v_r)}{\partial r} + \frac{\partial v_z}{\partial z} = 0 \tag{2}$$

mit den Randbedingungen

$$\begin{aligned} &\text{für } z = 0: && v_r = v_z = 0, \\ &\text{für } z = h: && v_r = 0, \quad v_z = -u, \\ &\text{für } r = R: && p = p_0 \end{aligned}$$

(h ist der Abstand zwischen den Platten, p_0 ist der äußere Druck). Aus den Gleichungen (1) finden wir

$$v_r = \frac{1}{2\eta}\,\frac{\partial p}{\partial r}\,z(z - h).$$

Durch Integration der Gleichung (2) über z erhalten wir

$$u = \frac{1}{r}\frac{\mathrm{d}}{\mathrm{d}r}\int_0^h r v_r \,\mathrm{d}z = -\frac{h^3}{12\eta r}\frac{\mathrm{d}}{\mathrm{d}r}\left(r\frac{\mathrm{d}p}{\mathrm{d}r}\right)$$

und daraus

$$p = p_0 + \frac{3\eta u}{h^3}(R^2 - r^2).$$

Der gesamte auf die Platte wirkende Widerstand ist

$$F = \frac{3\pi\eta u R^4}{2h^3}.$$

§ 21. Laminarer Nachlauf

Die Strömung einer zähen Flüssigkeit um einen festen Körper hat in großen Entfernungen hinter dem Körper einen eigenartigen Charakter, der allgemein und unabhängig von der Gestalt des Körpers untersucht werden kann.

Mit $\boldsymbol{U}$ bezeichnen wir die konstante Geschwindigkeit der auf den Körper zuströmenden Flüssigkeit (die Richtung von $\boldsymbol{U}$ nehmen wir als x-Richtung, den Koordinatenursprung legen wir irgendwohin in den umströmten Körper). Die wahre Strömungsgeschwindigkeit in jedem Punkt schreiben wir in der Form $\boldsymbol{U} + \boldsymbol{v}$. Im Unendlichen wird $\boldsymbol{v}$ gleich Null.

In großen Entfernungen hinter dem Körper erweist sich die Geschwindigkeit $\boldsymbol{v}$ nur in einem relativ schmalen Bereich um die x-Achse als merklich von Null verschieden. Dieser Bereich heißt *laminarer Nachlauf* (oder *laminares Totwasser*)[1]. In diesen Bereich gelangen die Flüssigkeitsteilchen von Stromlinien, die relativ dicht an dem umströmten Körper vorbeigehen. Die Strömung im Nachlauf ist deshalb wesentlich wirbelförmig. Die Quelle der Wirbelung bei der Umströmung eines festen Körpers durch eine zähe Flüssigkeit ist nämlich gerade seine Oberfläche.[2] Dies ist leicht zu verstehen, wenn man daran denkt, daß im Bild der Potentialströmung um einen Körper, das der idealen Flüssigkeit entspricht, nur die normale Geschwindigkeit auf der Oberfläche des Körpers verschwindet, nicht aber die tangentiale $\boldsymbol{v}_t$. Dagegen verlangt die Randbedingung für eine reale Flüssigkeit auch das Verschwinden von $\boldsymbol{v}_t$. Würden wir das Bild der Potentialströmung beibehalten, so würde dies zu einem endlichen Sprung von $\boldsymbol{v}_t$ führen, zum Auftreten einer Rotation der Geschwindigkeit an der Oberfläche. Unter dem Einfluß der Zähigkeit verwischt sich der Sprung, und die Wirbelung dringt in das Innere der Flüssigkeit ein; von dort aus überträgt sie sich konvektiv in das Gebiet des Nachlaufs.

Der Einfluß der Zähigkeit auf Stromlinien, die in genügend großer Entfernung am Körper vorbeigehen, ist überall unbedeutend; die Rotation der Geschwindigkeit (die in der aus dem Unendlichen anströmenden Flüssigkeit gleich Null ist) bleibt daher praktisch längs dieser Linien gleich Null, wie es für eine ideale Flüssigkeit der Fall wäre. In großen

---

[1]) Zur Unterscheidung vom turbulenten Nachlauf siehe § 37.

[2]) Auf die Unrichtigkeit der Behauptung über die Erhaltung der Gleichung rot $\boldsymbol{v} = 0$ längs einer Stromlinie, die entlang einer festen Oberfläche verläuft, wurde schon in § 9 hingewiesen.

Entfernungen von dem Körper kann man die Strömung also überall als Potentialströmung ansehen, eine Ausnahme bildet nur der Bereich des Nachlaufs.

Wir wollen die Formeln herleiten, die die Eigenschaften der Strömung im Nachlauf mit den Kräften auf den umströmten Körper in Zusammenhang bringen.

Der gesamte Impulsstrom, der von der Flüssigkeit durch eine beliebige den Körper umschließende Fläche transportiert wird, ist gleich dem Integral über den Impulsstromtensor, das über diese Fläche erstreckt wird:

$$\oint \Pi_{ik}\,\mathrm{d}f_k\,.$$

Die Komponenten des Tensors Π_{ik} sind

$$\Pi_{ik} = p\delta_{ik} + \varrho(U_i + v_i)(U_k + v_k)\,.$$

Wir schreiben den Druck in der Form $p = p_0 + p'$, wobei p_0 der Druck im Unendlichen ist. Die Integration über das konstante Glied $p_0\delta_{ik} + U_iU_k$ ergibt Null, weil für eine geschlossene Fläche das Integral $\oint \mathrm{d}\boldsymbol{f} = 0$ ist. Auch das Integral $U_i \oint \varrho v_k\,\mathrm{d}f_k$ verschwindet: Da die Gesamtmenge der Flüssigkeit in dem betrachteten Volumen unverändert bleibt, muß der gesamte Flüssigkeitsstrom $\oint \varrho\boldsymbol{v}\,\mathrm{d}\boldsymbol{f}$ durch die Oberfläche verschwinden. Weit entfernt vom Körper ist schließlich die Geschwindigkeit $\boldsymbol{v}$ klein gegenüber $\boldsymbol{U}$. Man kann daher auf der betrachteten Oberfläche das Glied $\varrho v_i v_k$ in Π_{ik} gegenüber $\varrho U_k v_i$ vernachlässigen, wenn sich die Fläche in genügend großer Entfernung vom Körper befindet. Der gesamte Impulsstrom ist also gleich dem Integral

$$\oint (p'\delta_{ik} + \varrho U_k v_i)\,\mathrm{d}f_k\,.$$

Für die Betrachtung wählen wir jetzt das Flüssigkeitsvolumen zwischen zwei unendlich ausgedehnten Ebenen $x = \text{const}$; eine davon soll genügend weit vor, die andere genügend weit hinter dem Körper liegen. Bei der Berechnung des gesamten Impulsstromes verschwindet das Integral über die unendlich weit entfernten Seitenflächen (weil im Unendlichen $p' = 0$ und $\boldsymbol{v} = 0$ sind), und wir brauchen nur über die beiden zur Strömung senkrechten Ebenen zu integrieren. Der so resultierende Impulsstrom ist offensichtlich die Differenz zwischen dem gesamten Impulsstrom, der durch den vorderen Querschnitt einströmt, und dem Strom, der durch den hinteren Querschnitt ausströmt. Diese Differenz ist aber gerade der Impuls, der pro Zeiteinheit von der Flüssigkeit auf den Körper übertragen wird, d. h. die auf den umströmten Körper wirkende Kraft $\boldsymbol{F}$.

Die Komponenten der Kraft $\boldsymbol{F}$ sind also die Differenzen

$$F_x = \left(\int\limits_{x=x_2} - \int\limits_{x=x_1}\right)(p' + \varrho U v_x)\,\mathrm{d}y\,\mathrm{d}z\,,$$

$$F_y = \left(\int\limits_{x=x_2} - \int\limits_{x=x_1}\right)\varrho U v_y\,\mathrm{d}y\,\mathrm{d}z\,,$$

$$F_z = \left(\int\limits_{x=x_2} - \int\limits_{x=x_1}\right)\varrho U v_z\,\mathrm{d}y\,\mathrm{d}z\,;$$

die Integration erfolgt dabei über die unendlich ausgedehnten Ebenen $x = x_1$ (weit hinter dem Körper) und $x = x_2$ (weit vor dem Körper). Wir betrachten zunächst die erste dieser Komponenten.

Außerhalb des Nachlaufs ist die Strömung eine Potentialströmung, deshalb gilt die Bernoullische Gleichung

$$p + \frac{\varrho}{2}(\boldsymbol{U} + \boldsymbol{v})^2 = \text{const} \equiv p_0 + \frac{\varrho}{2} U^2$$

oder, unter Vernachlässigung des Gliedes $\frac{\varrho v^2}{2}$ gegenüber $\varrho \boldsymbol{U}\boldsymbol{v}$,

$$p' = -\varrho U v_x .$$

In dieser Näherung verschwindet der Integrand in F_x in dem ganzen Bereich außerhalb des Nachlaufs. Mit anderen Worten, das Integral über die Ebene $x = x_2$ (die vor dem Körper liegt und den Nachlauf überhaupt nicht schneidet) verschwindet vollständig, und auf der hinteren Ebene $x = x_1$ braucht man nur über den Querschnitt des Nachlaufs zu integrieren. Innerhalb des Nachlaufs ist die Änderung des Druckes p' von der Größenordnung ϱv^2, d. h. klein gegenüber $\varrho U v_x$. Somit gelangen wir zu dem folgenden Endergebnis für die Widerstandkraft, die auf den Körper in Strömungsrichtung wirkt:

$$F_x = -\varrho U \int v_x \, dy \, dz . \tag{21,1}$$

Die Integration wird über den senkrechten Querschnitt des Nachlaufs in großer Entfernung von dem Körper erstreckt. Die Geschwindigkeit v_x ist im Nachlauf selbstverständlich negativ; die Flüssigkeit strömt hier langsamer als in Abwesenheit des Körpers. Wir lenken die Aufmerksamkeit darauf, daß das in (21,1) stehende Integral das „Defizit" der Durchflußmenge durch den Querschnitt des Nachlaufs im Vergleich zur Durchflußmenge in Abwesenheit des Körpers angibt.

Wir betrachten jetzt die Kraft (mit den Komponenten F_y und F_z), die den Körper senkrecht zur Strömungsrichtung zu bewegen versucht. Diese Kraft heißt *Auftrieb*. Außerhalb des Nachlaufs, wo die Strömung eine Potentialströmung ist, kann man $v_y = \frac{\partial \varphi}{\partial y}$ und $v_z = \frac{\partial \varphi}{\partial z}$ schreiben. Das Integral über die Ebene $x = x_2$, die ganz außerhalb des Nachlaufs liegt, verschwindet, weil im Unendlichen $\varphi = 0$ ist:

$$\int v_y \, dy \, dz = \int \frac{\partial \varphi}{\partial y} \, dy \, dz = 0 , \qquad \int \frac{\partial \varphi}{\partial z} \, dy \, dz = 0 .$$

Wir erhalten also für den Auftrieb den Ausdruck

$$F_y = -\varrho U \int v_y \, dy \, dz , \qquad F_z = -\varrho U \int v_z \, dy \, dz . \tag{21,2}$$

Die Integration wird in diesen Formeln wieder nur über den Querschnitt des Nachlaufs erstreckt. Hat der umströmte Körper eine Symmetrieachse (nicht unbedingt vollständige Zylindersymmetrie) und verläuft die Grundströmung in Richtung dieser Achse, dann besitzt auch die Strömung um den Körper diese Symmetrie. In diesem Falle gibt es offensichtlich keinen Auftrieb.

Wenden wir uns wieder der Strömung im Nachlauf zu. Die Abschätzung der verschiedenen Terme in der Navier-Stokesschen Gleichung zeigt, daß man im allgemeinen das Glied $\nu \triangle \boldsymbol{v}$ in Entfernungen r vom Körper vernachlässigen kann, die die Bedingung $rU/\nu \gg 1$ befriedigen (vgl. die Ableitung der umgekehrten Bedingung (20,16); das sind diejenigen Entfernungen, in denen man die Strömung (außerhalb des Nachlaufs) als Potentialströmung ansehen kann. Aber auch in diesen Entfernungen ist eine solche Vernachlässigung im Bereich des Nachlaufs unzulässig, da hier die Ableitungen $\frac{\partial^2 \boldsymbol{v}}{\partial y^2}$ und $\frac{\partial^2 \boldsymbol{v}}{\partial z^2}$ groß gegenüber der Ableitung $\frac{\partial^2 \boldsymbol{v}}{\partial x^2}$ sind.

Es sei Y die Größenordnung der Breite des Nachlaufs, d. h. die Größenordnung der Abstände von der x-Achse, auf denen die Geschwindigkeit merklich abnimmt. Die Größenordnung der Glieder in der Navier-Stokesschen Gleichung ist dann

$$(\boldsymbol{v}\nabla)\,\boldsymbol{v} \sim U\frac{\partial v}{\partial x} \sim \frac{Uv}{x}, \qquad \nu\triangle\boldsymbol{v} \sim \nu\frac{\partial^2 v}{\partial y^2} \sim \frac{\nu v}{Y^2}.$$

Durch Vergleich dieser Größen finden wir

$$Y \sim \sqrt{\frac{\nu x}{U}}. \tag{21,3}$$

Diese Größe ist auf Grund der vorausgesetzten Bedingung $Ux/\nu \gg 1$ tatsächlich klein gegenüber x. Die Breite des laminaren Nachlaufs wächst also proportional zur Quadratwurzel aus der Entfernung vom Körper.

Um die Abnahme der Geschwindigkeit im Nachlauf mit zunehmendem x zu berechnen, sehen wir uns die Formel (21,1) an. Der Integrationsbereich in dieser Formel ist von der Größenordnung Y^2. Die Abschätzung des Integrals ergibt daher $F_x \sim \varrho U v Y^2$, und unter Verwendung der Beziehung (21,3) erhalten wir das gesuchte Gesetz

$$v \sim \frac{F_x}{\varrho \nu x}. \tag{21,4}$$

Nachdem wir uns die qualitativen Besonderheiten der laminaren Strömung weit weg vom umströmten Körper klar gemacht haben, gehen wir zur Ableitung der quantitativen Formeln über, die das Strömungsbild im Nachlauf und außerhalb des Nachlaufs beschreiben.

Die Strömung im Nachlauf

In der Navier-Stokesschen Gleichung für die stationäre Strömung

$$(\boldsymbol{v}\nabla)\boldsymbol{v} = -\nabla\frac{p}{\varrho} + \nu\triangle\boldsymbol{v} \tag{21,5}$$

benutzen wir weit weg vom Körper die Oseensche Näherung, ersetzen also das Glied $(\boldsymbol{v}\nabla)\,\boldsymbol{v}$ durch $(\boldsymbol{U}\,\nabla)\,\boldsymbol{v}$ (vgl. (20,17)). Außerdem können wir im Gebiet innerhalb des Nachlaufs bei $\triangle\boldsymbol{v}$ die Ableitung nach der longitudinalen Koordinate x vernachlässigen gegenüber den transversalen Ableitungen. Folglich gehen wir von der Gleichung aus:

$$U\frac{\partial \boldsymbol{v}}{\partial x} = -\nabla\frac{p}{\varrho} + \nu\left(\frac{\partial^2 \boldsymbol{v}}{\partial y^2} + \frac{\partial^2 \boldsymbol{v}}{\partial z^2}\right). \tag{21,6}$$

Wir setzen ihre Lösung in der Form $\boldsymbol{v} = \boldsymbol{v}_1 + \boldsymbol{v}_2$ an, wo $\boldsymbol{v}_1$ die Lösung der Gleichung

$$U \frac{\partial \boldsymbol{v}_1}{\partial x} = \nu \left(\frac{\partial^2 \boldsymbol{v}_1}{\partial y^2} + \frac{\partial^2 \boldsymbol{v}_1}{\partial z^2} \right) \tag{21,7}$$

ist. Die Größe $\boldsymbol{v}_2$, die mit dem Term $-\nabla(p/\varrho)$ in der Ausgangsgleichung (21.6) zusammenhängt, kann man als Gradient $\nabla\Phi$ einer skalaren Funktion ansetzen.[1]) Da in großen Entfernungen vom Körper die Ableitungen nach x klein sind gegenüber den Ableitungen nach y und z, ist in der betrachteten Näherung das Glied $\partial\Phi/\partial x$ zu vernachlässigen, d. h., es ist $v_x = v_{1x}$ zu nehmen. Wir haben also für v_x die Gleichung

$$U \frac{\partial v_x}{\partial x} = \nu \left(\frac{\partial^2 v_x}{\partial y^2} + \frac{\partial^2 v_x}{\partial z^2} \right). \tag{21,8}$$

Diese Gleichung stimmt formal mit der zweidimensionalen Wärmeleitungsgleichung überein, wobei x/U die Rolle der Zeit spielt und die Zähigkeit ν die Rolle der Wärmeleitfähigkeit. Die Lösung, die mit wachsendem y und z abnimmt (bei festem x) und in der Grenze $x \to 0$ einen unendlich schmalen Nachlauf ergibt (in der betrachteten Näherung werden Strecken von der Größenordnung der Abmessungen des Körpers als klein angesehen), lautet

$$v_x = -\frac{F_x}{4\pi\varrho\nu x} \exp\left\{-\frac{U(y^2+z^2)}{4\nu x}\right\} \tag{21,9}$$

(s. § 51). Der Koeffizient in dieser Formel ist durch den Widerstand ausgedrückt worden mit Hilfe der Beziehung (21,1), in der man das Integral wegen der raschen Konvergenz über die ganze yz-Ebene erstrecken kann. Führt man statt der kartesischen Koordinaten Kugelkoordinaten r, Θ, φ mit der x-Achse als Polarachse ein, dann entspricht das Gebiet des Nachlaufs ($\sqrt{y^2+z^2} \ll x$) den Werten des Winkels $\Theta \ll 1$. Die Formel (21,9) hat in diesen Koordinaten die Gestalt

$$v_x = -\frac{F_x}{4\pi\varrho\nu r} \exp\left\{-\frac{Ur\Theta^2}{4\nu}\right\}. \tag{21,10}$$

Das von uns weggelassene Glied mit $\partial\Phi/\partial x$ (mit Φ aus der unten erhaltenen Formel (21,12)) würde in v_x ein Glied ergeben, das einen zusätzlichen kleinen Faktor $\sim\Theta$ enthält.

Dieselbe Form wie (21,9) (aber mit anderen Koeffizienten) müssen auch v_{1y} und v_{1z} haben. Wir wählen die Richtung des Auftriebs als y-Achse (so daß $F_z = 0$ wird). Nach (21,2) und unter Beachtung von $\Phi = 0$ im Unendlichen haben wir

$$\int v_y \, dy \, dz = \int \left(v_{1y} + \frac{\partial\Phi}{\partial y} \right) dy \, dz = \int v_{1y} \, dy \, dz = -\frac{F_y}{\varrho U},$$

$$\int v_{1z} \, dy \, dz = 0 .$$

---

[1]) Im folgenden bezeichnen wir in diesem Paragraphen das Geschwindigkeitspotential mit Φ zur Unterscheidung vom Azimutwinkel φ der Kugelkoordinaten.

Es ist daher klar, daß sich v_{1y} von (21,9) unterscheidet durch Ersetzung von F_x durch F_y und daß $v_{1z} = 0$. Auf diese Weise erhalten wir

$$v_y = -\frac{F_y}{4\pi\varrho\nu x}\exp\left\{-\frac{U(y^2+z^2)}{4\nu x}\right\} + \frac{\partial\Phi}{\partial y}, \qquad v_z = \frac{\partial\Phi}{\partial z}. \tag{21,11}$$

Zur Bestimmung der Funktion Φ gehen wir folgendermaßen vor. Wir schreiben die Kontinuitätsgleichung auf und vernachlässigen in ihr die longitudinale Ableitung $\partial v_x/\partial x$:

$$\operatorname{div} \boldsymbol{v} \approx \frac{\partial v_y}{\partial y} + \frac{\partial v_z}{\partial z} = \left(\frac{\partial^2}{\partial y^2} + \frac{\partial^2}{\partial z^2}\right)\Phi + \frac{\partial v_{1y}}{\partial y} = 0\,.$$

Differenzieren wir diese Gleichung nach x und verwenden (21,7) für v_{1y}, so finden wir

$$\left(\frac{\partial^2}{\partial y^2} + \frac{\partial^2}{\partial z^2}\right)\frac{\partial\Phi}{\partial x} = -\frac{\partial}{\partial y}\left(\frac{\partial v_{1y}}{\partial x}\right) = -\frac{\nu}{U}\left(\frac{\partial^2}{\partial y^2} + \frac{\partial^2}{\partial z^2}\right)\frac{\partial v_{1y}}{\partial y}.$$

Hieraus folgt

$$\frac{\partial\Phi}{\partial x} = -\frac{\nu}{U}\frac{\partial v_{1y}}{\partial y}.$$

Schließlich setzen wir den Ausdruck für v_{1y} ein (das erste Glied in (21,11)), integrieren über x und erhalten endgültig

$$\Phi = -\frac{F_y}{2\pi\varrho U}\frac{y}{y^2+z^2}\left\{\exp\left[-\frac{U(y^2+z^2)}{4\nu x}\right] - 1\right\} \tag{21,12}$$

(die Integrationskonstante ist so gewählt, daß Φ für $y = z = 0$ endlich bleibt). In Kugelkoordinaten (mit dem Azimutwinkel φ von der xy-Ebene aus gemessen):

$$\Phi = -\frac{F_y}{2\pi\varrho U}\frac{\cos\varphi}{r\Theta}\left\{\exp\left[-\frac{Ur\Theta^2}{4\nu}\right] - 1\right\}. \tag{21,13}$$

Aus (21,11 – 13) sieht man, daß v_y und v_z im Unterschied zu v_x neben Gliedern, die mit Vergrößerung von Θ exponentiell abnehmen (bei festem r), auch Glieder enthalten, die bedeutend weniger schnell abnehmen bei Entfernung von der Achse des Nachlaufs (wie $1/\Theta^2$).

Wenn der Auftrieb fehlt, dann ist die Strömung im Nachlauf axialsymmetrisch und $\Phi = 0$.[1])

Die Strömung außerhalb des Nachlaufs

Außerhalb des Nachlaufs kann man die Strömung der Flüssigkeit als Potentialströmung betrachten. Wir interessieren uns nur für die in großen Entfernungen am langsamsten abfallenden Glieder im Potential Φ und setzen die Lösung der Laplaceschen Gleichung

$$\triangle\Phi = \frac{1}{r^2}\frac{\partial}{\partial r}\left(r^2\frac{\partial\Phi}{\partial r}\right) + \frac{1}{r^2\sin\Theta}\frac{\partial}{\partial\Theta}\left(\sin\Theta\frac{\partial\Phi}{\partial\Theta}\right) + \frac{1}{r^2\sin^2\Theta}\frac{\partial^2\Phi}{\partial\varphi^2} = 0$$

---

[1]) Von der Art ist insbesondere der Nachlauf hinter einer umströmten Kugel. Wir bemerken in diesem Zusammenhang, daß sich die erhaltenen Formeln (wie auch Formel (21,16) unten) in Übereinstimmung befinden mit der Geschwindigkeitsverteilung (20,24) für die Umströmung mit sehr kleinen Reynolds-Zahlen; in diesem Fall wird das gesamte beschriebene Bild zurückgeschoben auf sehr große Entfernungen $r \gg l/\mathrm{Re}$ (l – Abmessungen des Körpers).

als Summe von zwei Termen an:

$$\Phi = \frac{a}{r} + \frac{\cos\varphi}{r} f(\Theta). \tag{21,14}$$

Der erste Term hier ist kugelsymmetrisch und hängt mit der Kraft F_x zusammen, der zweite ist symmetrisch gegenüber Spiegelung an der xy-Ebene und hängt mit der Kraft F_y zusammen.

Für die Funktion $f(\Theta)$ erhalten wir die Gleichung

$$\frac{\mathrm{d}}{\mathrm{d}\Theta}\left(\sin\Theta \frac{\mathrm{d}f}{\mathrm{d}\Theta}\right) - \frac{f}{\sin\Theta} = 0.$$

Die Lösung dieser Gleichung, die für $\Theta \to \pi$ endlich bleibt, ist

$$f = b \cot\frac{\Theta}{2}. \tag{21,15}$$

Den Koeffizienten b kann man aus der Anschlußbedingung an die Lösung innerhalb des Nachlaufs bestimmen. Die Formel (21,13) bezieht sich auf das Gebiet der Winkel $\Theta \ll 1$ und die Lösung (21,14) auf das Gebiet $\Theta \gg (\nu/Ur)^{1/2}$. Diese Gebiete überdecken sich für $(\nu/Ur)^{1/2} \ll \Theta \ll 1$, wofür sich (21,13) reduziert auf

$$\Phi = \frac{F_y}{2\pi\varrho U}\frac{\cos\varphi}{r\Theta},$$

und das zweite Glied in (21,14) reduziert sich auf $2b\cos\varphi/r\Theta$. Vergleichen wir beide Ausdrücke, so finden wir, daß $b = F_y/4\pi\varrho U$ gesetzt werden muß.

Zur Bestimmung des Koeffizienten a bemerken wir, daß der gesamte Flüssigkeitsstrom durch eine Kugel S mit dem großen Radius r (wie auch durch jede andere geschlossene Fläche) gleich Null sein muß. S_0 sei der Querschnitt des Nachlaufs auf der Kugeloberfläche; durch den Teil S_0 strömt die Flüssigkeitsmenge

$$-\int\limits_{S_0} v_x \,\mathrm{d}y\,\mathrm{d}z = \frac{F_x}{\varrho U}$$

ein. Durch die restliche Kugelfläche muß daher dieselbe Flüssigkeitsmenge ausströmen, d. h., es muß

$$\int\limits_{S-S_0} \boldsymbol{v}\,\mathrm{d}\boldsymbol{f} = \frac{F_x}{\varrho U}$$

sein. Da S_0 im Vergleich zur ganzen Fläche S klein ist, kann man diese Bedingung durch die Forderung

$$\int\limits_S \boldsymbol{v}\,\mathrm{d}\boldsymbol{f} = \int\limits_S \nabla\Phi\,\mathrm{d}\boldsymbol{f} = -4\pi a = \frac{F_x}{\varrho U} \tag{21,16}$$

ersetzen, aus der $a = -F_x/4\pi\varrho U$ folgt.

Auf diese Weise finden wir durch Zusammenstellung aller erhaltenen Ausdrücke die folgende Formel für das Geschwindigkeitspotential:

$$\Phi = \frac{1}{4\pi\varrho U r}\left(-F_x + F_y \cos\varphi \cot\frac{\Theta}{2}\right). \tag{21,17}$$

Dadurch wird die Strömung im ganzen Bereich außerhalb des Nachlaufs in großer Entfernung vom Körper bestimmt. Das Potential nimmt mit dem Abstand wie $1/r$ ab. Entsprechend nimmt die Geschwindigkeit wie $1/r^2$ ab. Falls kein Auftrieb vorhanden ist, ist die Strömung außerhalb des Nachlaufs axialsymmetrisch.

§ 22. Die Zähigkeit von Suspensionen

Eine Flüssigkeit, in der eine Vielzahl kleiner fester Teilchen suspendiert ist (*Suspension*), kann als ein homogenes Medium behandelt werden, wenn die interessierenden Erscheinungen durch Strecken charakterisiert werden, die gegenüber den Abmessungen der Teilchen groß sind. Ein solches Medium hat eine effektive Zähigkeit η, die von der Zähigkeit η_0 der Grundflüssigkeit verschieden ist. Diese Zähigkeit kann für kleine Konzentrationen der suspendierten Teilchen berechnet werden (d. h., wenn das Gesamtvolumen aller Teilchen im Vergleich zum Gesamtvolumen der Flüssigkeit klein ist). Die Rechnungen sind für kugelförmige Teilchen relativ einfach (A. Einstein, 1906).

Als vorbereitende Aufgabe müssen wir zunächst den Einfluß untersuchen, den eine in die Flüssigkeit eingetauchte feste Kugel auf eine Strömung mit konstantem Geschwindigkeitsgradienten ausübt. Die Grundströmung sei durch die lineare Geschwindigkeitsverteilung

$$v_i^{(0)} = \alpha_{ik} x_k \tag{22,1}$$

beschrieben, worin α_{ik} ein konstanter symmetrischer Tensor ist. Der Druck ist in der Flüssigkeit dabei konstant: $p^{(0)} = \text{const}$. Im folgenden werden wir den Druck von diesem konstanten Wert aus rechnen. Wegen der Inkompressibilität der Flüssigkeit ($\operatorname{div} \boldsymbol{v}^{(0)} = 0$) muß der Tensor α_{ik} die Spur Null haben:

$$\alpha_{ii} = 0\,. \tag{22,2}$$

Es möge sich jetzt im Koordinatenursprung eine kleine Kugel mit dem Radius R befinden. Die veränderte Strömungsgeschwindigkeit bezeichnen wir mit $\boldsymbol{v} = \boldsymbol{v}^{(0)} + \boldsymbol{v}^{(1)}$; im Unendlichen muß $\boldsymbol{v}^{(1)}$ verschwinden, aber in der Nähe der Kugel wird $\boldsymbol{v}^{(1)}$ keineswegs klein gegenüber $\boldsymbol{v}^{(0)}$ sein. Aus der Symmetrie der Strömung ergibt sich, daß die Kugel unbewegt bleibt, und die Randbedingung heißt $\boldsymbol{v} = 0$ für $r = R$.

Man kann die gesuchte Lösung der Bewegungsgleichungen (20,1) bis (20,3) unmittelbar aus der in § 20 gefundenen Lösung (20,4) erhalten (mit der Funktion f aus (20,6)), wenn man bedenkt, daß die Ortsableitungen dieser Lösung wiederum Lösungen sind. Im vorliegenden Falle suchen wir eine Lösung, die von den Tensorkomponenten α_{ik} als Parameter abhängt (und nicht von dem Vektor $\boldsymbol{u}$ wie in § 20). Eine solche Lösung ist

$$\boldsymbol{v}^{(1)} = \operatorname{rot}\operatorname{rot}(\alpha\nabla f)\,, \qquad p = \eta_0 \alpha_{ik} \frac{\partial^2 \triangle f}{\partial x_i\, \partial x_k}\,;$$

$(\alpha\nabla f)$ bedeutet den Vektor mit den Komponenten $\alpha_{ik}\dfrac{\partial f}{\partial x_k}$. Wir lösen diese Ausdrücke auf und wählen die Konstanten a und b in der Funktion $f = ar + \dfrac{b}{r}$ so, daß sie den Randbedingungen auf der Kugeloberfläche genügen. Als Ergebnis erhalten wir die folgenden Formeln für Geschwindigkeit und Druck:

$$v_i^{(1)} = \frac{5}{2}\left(\frac{R^5}{r^4} - \frac{R^3}{r^2}\right)\alpha_{kl}n_i n_k n_l - \frac{R^5}{r^4}\alpha_{ik}n_k\,, \tag{22,3}$$

$$p = -5\eta_0\frac{R^3}{r^3}\alpha_{ik}n_i n_k \tag{22,4}$$

(**n** ist der Einheitsvektor in Richtung des Ortsvektors).

Wir kommen jetzt zum eigentlichen Problem, die Zähigkeit einer Suspension zu berechnen. Dazu rechnen wir den Mittelwert (über das ganze Volumen) des Impulsstromdichtetensors Π_{ik} aus, der in der (bezüglich der Geschwindigkeit) linearen Näherung mit dem Spannungstensor σ_{ik} übereinstimmt:

$$\bar{\sigma}_{ik} = \frac{1}{V}\int \sigma_{ik}\,\mathrm{d}V\,.$$

Die Integration kann hier über ein Kugelvolumen V mit großem Radius erstreckt werden, den Radius lassen wir danach gegen Unendlich streben.

Zunächst schreiben wir die Identität

$$\bar{\sigma}_{ik} = \eta_0\left(\overline{\frac{\partial v_i}{\partial x_k}} + \overline{\frac{\partial v_k}{\partial x_i}}\right) - \bar{p}\delta_{ik} + \frac{1}{V}\int\left\{\sigma_{ik} - \eta_0\left(\frac{\partial v_i}{\partial x_k} + \frac{\partial v_k}{\partial x_i}\right) + p\delta_{ik}\right\}\mathrm{d}V \tag{22,5}$$

auf. In dem rechts stehenden Integral ist der Integrand nur innerhalb der festen Kügelchen von Null verschieden. Da die Konzentration der Suspension nach Voraussetzung klein ist, kann man das Integral für ein einzelnes Kügelchen so berechnen, als wären die anderen überhaupt nicht vorhanden. Danach muß das Ergebnis mit der Konzentration c der Suspension (mit der Zahl der Kügelchen im Einheitsvolumen) multipliziert werden. Die direkte Berechnung dieses Integrals würde die Untersuchung der inneren Spannungen in den Kügelchen erforderlich machen. Man kann diese Schwierigkeit jedoch umgehen, indem man das Volumenintegral in ein Oberflächenintegral über eine unendlich weit entfernte Kugelfläche umformt, die ganz in der Flüssigkeit verläuft. Auf Grund der Bewegungsgleichung $\dfrac{\partial \sigma_{il}}{\partial x_l} = 0$ besteht die Identität

$$\sigma_{ik} = \frac{\partial}{\partial x_l}(\sigma_{il}x_k)\,;$$

deshalb ergibt die Umformung des Volumenintegrals in ein Oberflächenintegral

$$\bar{\sigma}_{ik} = \eta_0\left(\overline{\frac{\partial v_i}{\partial x_k}} + \overline{\frac{\partial v^k}{\partial x_i}}\right) + c\oint\{\sigma_{il}x_k\,\mathrm{d}f_l - \eta_0(v_i\,\mathrm{d}f_k + v_k\,\mathrm{d}f_i)\}\,.$$

Den Term mit $\bar{p}$ haben wir weggelassen, weil der mittlere Druck unbedingt gleich Null sein muß ($\bar{p}$ ist ein Skalar, der als Linearkombination aus den Tensorkomponenten α_{ik} gebildet wird; der einzige derartige Skalar ist aber $\alpha_{ii} = 0$).

Bei der Berechnung des Integrals über eine Kugeloberfläche mit sehr großem Radius braucht man natürlich in dem Ausdruck (22,3) für die Geschwindigkeit nur die Glieder $\sim 1/r^2$ beizubehalten. Eine einfache Rechnung liefert für dieses Integral

$$c\eta_0 \cdot 20\pi R^3 \{5\alpha_{lm}\overline{n_i n_k n_l n_m} - \alpha_{il}\overline{n_k n_l}\}\,.$$

Der Strich bezeichnet die Mittelung über die Richtungen des Einheitsvektors $\boldsymbol{n}$. Führen wir die Mittelung aus[1], so erhalten wir endgültig

$$\bar{\sigma}_{ik} = \eta_0 \left(\overline{\frac{\partial v_i}{\partial x_k}} + \overline{\frac{\partial v_k}{\partial x_i}}\right) + 5\eta_0\alpha_{ik}\,\frac{4\pi}{3}\,R^3 c\,. \tag{22,6}$$

Der erste Summand in (22,6) liefert nach Einsetzen von $\boldsymbol{v}^{(0)}$ aus (22,1) den Wert $2\eta_0\alpha_{ik}$; der in erster Ordnung kleine Term in diesem Summanden ist identisch gleich Null nach der Mittelung über die Richtungen von $\boldsymbol{n}$ (wie es auch sein muß, da der gesamte Effekt im in (22,5) abgetrennten Integral enthalten ist). Folglich wird die gesuchte relative Korrektur in der effektiven Zähigkeit der Suspension η durch das Verhältnis des zweiten Gliedes in (22,6) zum ersten bestimmt. Auf diese Weise erhalten wir

$$\eta = \eta_0\left(1 + \frac{5}{2}\varphi\right), \qquad \varphi = \frac{4\pi R^3}{3}\,c\,, \tag{22,7}$$

wobei φ das kleine Verhältnis des Gesamtvolumens aller Kügelchen zum gesamten Volumen der Suspension ist.

Schon für eine Suspension aus Teilchen in der Form von Rotationsellipsoiden werden die analogen Rechnungen und die Endformeln sehr umständlich.[2] Wir geben zur Illustration die Zahlenwerte des Korrekturkoeffizienten A in der Formel

$$\eta = \eta_0(1 + A\varphi)\,, \qquad \varphi = \frac{4\pi a b^2}{3}\,c$$

für einige Werte des Verhältnisses a/b (a und $b = c$ sind die Halbachsen der Ellipsoide) an:

a/b =	0,1	0,2	0,5	1,0	2	5	10
A =	8,04	4,71	2,85	2,5	2,91	5,81	13,6

[1]) Die gesuchten Mittelwerte für die Produkte aus den Komponenten des Einheitsvektors sind diejenigen symmetrischen Tensoren, die man allein aus Einheitstensoren δ_{ik} aufbauen kann. Damit findet man leicht

$$\overline{n_i n_k} = \tfrac{1}{3}\,\delta_{ik}\,,$$

$$\overline{n_i n_k n_l n_m} = \tfrac{1}{15}\,(\delta_{ik}\delta_{lm} + \delta_{il}\delta_{km} + \delta_{im}\delta_{kl})\,.$$

[2]) Im Strom einer Suspension mit nicht kugelförmigen Teilchen führt das Vorhandensein von Geschwindigkeitsgradienten zu Orientierungskräften auf die Teilchen. Unter dem Einfluß der gleichzeitigen Wirkung der orientierenden hydrodynamischen Kräfte und der desorientierenden Brownschen Rotationsbewegung bildet sich eine anisotrope Verteilung der Orientierungen der Teilchen im Raum aus. Dieser Effekt ist jedoch nicht bei der Berechnung der Korrektur zur Zähigkeit η zu berücksichtigen: Die Anisotropie der Verteilung der Orientierungen hängt selbst von den Gradienten der Geschwindigkeit ab (in erster Näherung linear), und ihre Berücksichtigung würde zum Auftreten von in den Gradienten nichtlinearen Gliedern im Spannungstensor führen.

Die Korrekturen wachsen nach beiden Seiten vom Wert $a/b = 1$ aus, der kugelförmigen Teilchen entspricht, an.

§ 23. Exakte Lösungen der Bewegungsgleichungen für zähe Flüssigkeiten

Falls die nichtlinearen Terme in den Bewegungsgleichungen für eine zähe Flüssigkeit nicht identisch verschwinden, stößt die Lösung dieser Gleichungen auf große Schwierigkeiten, und nur in sehr wenigen Fällen können exakte Lösungen erhalten werden. Solche Lösungen sind von wesentlichem Interesse; wenn sie auch nicht immer physikalisch interessant sind (wegen der Entstehung von Turbulenz bei hinreichend großen Werten der Reynolds-Zahl), so sind sie in jedem Falle von methodischem Interesse.

Wir wollen jetzt Beispiele für exakte Lösungen der Bewegungsgleichungen einer zähen Flüssigkeit angeben.

Mitnahme der Flüssigkeit durch eine rotierende Scheibe

Eine unendliche ebene Scheibe rotiert in einer zähen Flüssigkeit gleichförmig um ihre Achse. Es soll die Strömung der Flüssigkeit berechnet werden, die von der Scheibe in Bewegung versetzt wird (TH. VON KÁRMÁN, 1921).

Die Ebene der Scheibe wählen wir als Ebene $z = 0$ von Zylinderkoordinaten. Die Scheibe rotiert um die z-Achse mit der Winkelgeschwindigkeit Ω. Wir betrachten die unbegrenzte Flüssigkeit auf der Seite der Scheibe mit $z > 0$. Die Randbedingungen lauten

$$\begin{aligned} &v_r = 0\,, \quad v_\varphi = \Omega r\,, \quad v_z = 0 \quad \text{für} \quad z = 0\,,\\ &v_r = 0\,, \quad v_\varphi = 0 \qquad\qquad\quad\;\; \text{für} \quad z = \infty\,. \end{aligned}$$

Die axiale Geschwindigkeit v_z verschwindet für $z \to \infty$ nicht, sondern strebt gegen einen konstanten negativen Grenzwert, der aus den Bewegungsgleichungen selbst bestimmt wird. Das hat den folgenden Grund. Da die Flüssigkeit, insbesondere in der Nähe der Scheibe, radial von der Rotationsachse wegströmt, muß zur Sicherung der Kontinuität in der Flüssigkeit ein konstanter vertikaler Strom aus dem Unendlichen zur Scheibe hin existieren. Die Lösung der Bewegungsgleichungen suchen wir in der Form

$$\left.\begin{aligned} &v_r = r\Omega F(z_1)\,, \quad v_\varphi = r\Omega G(z_1)\,, \quad v_z = \sqrt{\nu\Omega}\, H(z_1)\,,\\ &p = -\varrho\nu\Omega P(z_1) \quad \text{mit} \quad z_1 = \sqrt{\frac{\Omega}{\nu}}\, z\,. \end{aligned}\right\} \tag{23,1}$$

Hier sind die radiale und die φ-Komponente der Geschwindigkeit proportional zum Abstand von der Drehachse der Scheibe, die vertikale Geschwindigkeit v_z ist in jeder horizontalen Ebene konstant.

Einsetzen in die Navier-Stokesschen Gleichungen und in die Kontinuitätsgleichung ergibt die folgenden Gleichungen für die Funktionen F, G, H, und P:

$$\left.\begin{aligned} &F^2 - G^2 + F'H = F''\,, \quad 2FG + G'H = G''\,,\\ &HH' = P' + H''\,, \quad 2F + H' = 0 \end{aligned}\right\} \tag{23,2}$$

(der Strich bedeutet Differentiation nach z_1). Die Randbedingungen sind

$$\left.\begin{array}{llll} F = 0\,, & G = 1\,, & H = 0 & \text{für} \quad z_1 = 0\,. \\ F = 0\,, & G = 0 & & \text{für} \quad z_1 = \infty\,. \end{array}\right\} \tag{23,3}$$

Auf diese Weise haben wir die Lösung unseres Problems auf die Integration eines Systems gewöhnlicher Differentialgleichungen mit einer Veränderlichen zurückgeführt. Diese Integration kann numerisch erfolgen. In Abb. 7 sind die dabei erhaltenen Kurven für die Funktionen F, G und $-H$ dargestellt. Der Grenzwert der Funktion H für $z_1 \to \infty$ ist $-0{,}886$; mit anderen Worten, die Geschwindigkeit des Flüssigkeitsstromes aus dem Unendlichen zur Scheibe hin ist

$$v_z(\infty) = -0{,}886\sqrt{\nu\Omega}\,.$$

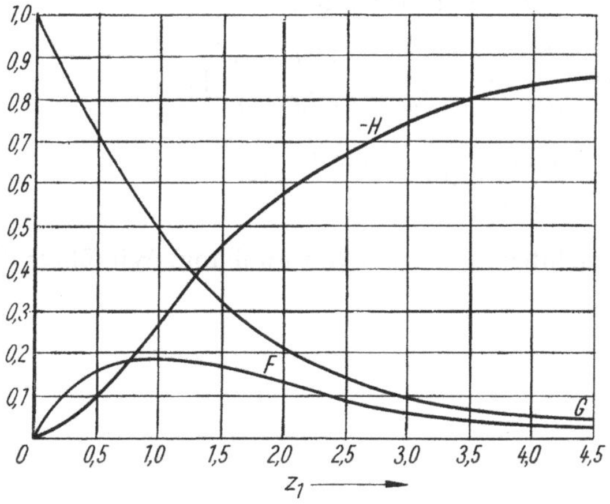

Abb. 7

Die Reibungskraft auf die Scheibe senkrecht zum Radius ist pro Flächeneinheit $\sigma_{z\varphi} = \eta\left(\dfrac{\partial v_\varphi}{\partial z}\right)_{z=0}$. Bei Vernachlässigung der Randeffekte an der Scheibe können wir für eine große, aber endliche Scheibe (Radius R) das Drehmoment der Reibungskräfte in der Form

$$M = 2\int_0^R 2\pi r^2 \sigma_{z\varphi}\,dr = \pi R^4 \varrho \sqrt{\nu\Omega^3}\,G'(0)$$

schreiben (der Faktor 2 vor dem Integral berücksichtigt, daß die Scheibe an zwei Seiten von der Flüssigkeit umspült wird). Die numerische Berechnung der Funktion G ergibt

$$M = -1{,}94 R^4 \varrho \sqrt{\nu\Omega^3}\,. \tag{23,4}$$

Strömung im Diffusor und im Konfusor

Es soll die stationäre Strömung der Flüssigkeit zwischen zwei ebenen Wänden berechnet werden, die miteinander einen bestimmten Winkel bilden (in Abb. 8 ist ein senkrechter Schnitt durch die beiden Ebenen wiedergegeben). Die Flüssigkeit strömt aus der Schnittgeraden der beiden Ebenen heraus (G. Hamel, 1917).

Wir verwenden Zylinderkoordinaten r, z, φ mit der Schnittgeraden als z-Achse (Punkt O in Abb. 8). Den Winkel φ zählen wir so wie in Abb. 8 angegeben. Die Strömung ist längs

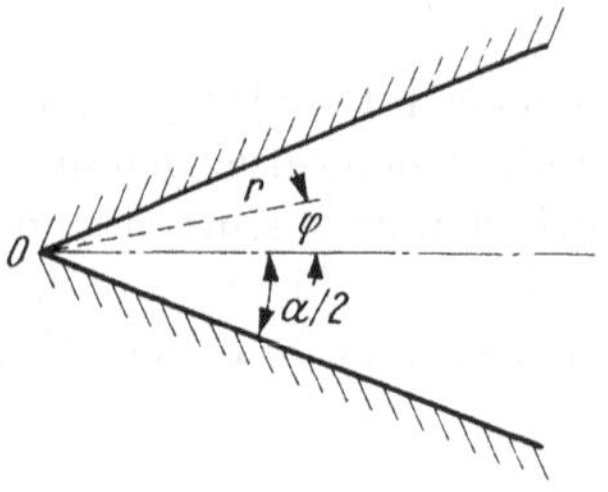

Abb. 8

der z-Achse homogen. Wir werden natürlich voraussetzen, daß sie rein radial verläuft, d. h. $v_\varphi = v_z = 0$, $v_r = v(r, \varphi)$. Die Gleichung (15,18) ergibt

$$v \frac{\partial v}{\partial \varrho} = -\frac{1}{\varrho}\frac{\partial p}{\partial r} + \nu\left(\frac{\partial^2 v}{\partial r^2} + \frac{1}{r^2}\frac{\partial^2 v}{\partial \varphi^2} + \frac{1}{r}\frac{\partial v}{\partial r} - \frac{v}{r^2}\right), \tag{23,5}$$

$$-\frac{1}{\varrho r}\frac{\partial p}{\partial \varphi} + \frac{2\nu}{r^2}\frac{\partial v}{\partial \varphi} = 0\,, \qquad \frac{\partial (rv)}{\partial r} = 0\,. \tag{23,6}$$

Aus der letzten Gleichung ist ersichtlich, daß rv nur von φ abhängt. Wir führen die Funktion

$$u(\varphi) = \frac{rv}{6\nu} \tag{23,7}$$

ein und erhalten aus (23,6)

$$\frac{1}{\varrho}\frac{\partial p}{\partial \varphi} = \frac{12\nu^2}{r^2}\frac{\mathrm{d}u}{\mathrm{d}\varphi}$$

und daraus

$$\frac{p}{\varrho} = \frac{12\nu^2}{r^2}u(\varphi) + f(r)\,.$$

Diesen Ausdruck setzen wir in (23,5) ein und erhalten die Gleichung

$$\frac{\mathrm{d}^2 u}{\mathrm{d}\varphi^2} + 4u + 6u^2 = \frac{1}{6\nu^2} r^3 f'(r)\,.$$

Die linke Seite dieser Gleichung hängt nur von φ ab, die rechte Seite nur von r, beide müssen deshalb für sich konstant sein; wir bezeichnen diese Konstante mit $2C_1$. Es ist also

$$f'(r) = \frac{12\nu^2 C_1}{r^3}$$

und daher

$$f(r) = -\frac{6\nu^2 C_1}{r^2} + \text{const}\,.$$

Schließlich erhalten wir für den Druck

$$\frac{p}{\varrho} = \frac{6\nu^2}{r^2}(2u - C_1) + \text{const}\,. \tag{23,8}$$

Für $u(\varphi)$ haben wir die Gleichung

$$u'' + 4u + 6u^2 = 2C_1\,,$$

die nach Multiplikation mit u' und erster Integration

$$\frac{u'^2}{2} + 2u^2 + 2u^3 - 2C_1 u - 2C_2 = 0$$

ergibt. Daraus folgt

$$2\varphi = \pm \int \frac{\mathrm{d}u}{\sqrt{-u^3 - u^2 + C_1 u + C_2}} + C_3\,. \tag{23,9}$$

Dadurch wird die gesuchte Abhängigkeit der Geschwindigkeit von φ bestimmt. Die Funktion $u(\varphi)$ kann durch elliptische Funktionen ausgedrückt werden. Die drei Konstanten C_1, C_2 und C_3 werden aus den Randbedingungen an den Wänden bestimmt,

$$u\left(\pm\frac{\alpha}{2}\right) = 0\,, \tag{23,10}$$

und aus der Bedingung, daß durch eine beliebige Fläche $r = \text{const}$ (pro Sekunde) die gleiche Flüssigkeitsmenge Q hindurchströmt:

$$Q = \varrho \int_{-\alpha/2}^{\alpha/2} v r\,\mathrm{d}\varphi = 6\nu\varrho \int_{-\alpha/2}^{\alpha/2} u\,\mathrm{d}\varphi\,. \tag{23,11}$$

Q kann sowohl positiv als auch negativ sein. Ist $Q > 0$, dann ist die Schnittgerade der beiden Ebenen eine Quelle, d. h., die Flüssigkeit strömt aus dem Scheitel des Winkels heraus (eine solche Strömung nennt man *Diffusorströmung*). Für $Q < 0$ ist die Schnittgerade eine Senke, und wir haben es mit einer im Scheitel konvergierenden Strömung (oder, wie man auch sagt, mit der Strömung in einem *Konfusor*) zu tun. Das Verhältnis $|Q|/\varrho\nu$ ist dimensionslos und spielt für die behandelte Strömung die Rolle der Reynolds-Zahl.

Zunächst wollen wir uns mit der Konfusorströmung befassen ($Q < 0$). Zur Untersuchung der Lösung (23,9) bis (23,11) machen wir die sich später bestätigende Voraussetzung, daß die Strömung zur Ebene $\varphi = 0$ symmetrisch verläuft (d. h. $u(\varphi) = u(-\varphi)$). Die Funktion $u(\varphi)$ ist dabei überall negativ (die Geschwindigkeit zeigt überall zum Scheitel des Winkels hin) und ändert sich monoton vom Wert 0 für $\varphi = \pm\alpha/2$ auf den Wert $-u_0 (u_0 > 0)$ für $\varphi = 0$, so daß u_0 das Maximum von $|u|$ ist. Es muß dann für $u = -u_0$ die Ableitung $\mathrm{d}u/\mathrm{d}\varphi = 0$ sein; daraus schließen wir, daß $u = -u_0$ eine Wurzel des kubischen Polynoms unter der Wurzel des Integranden in (23,9) ist. Wir können also

$$-u^3 - u^2 + C_1 u + C_2 = (u + u_0)\{-u^2 - (1 - u_0)u + q\}$$

schreiben, wobei q eine neue Konstante ist. Wir erhalten so

$$2\varphi = \pm \int_{-u_0}^{u} \frac{\mathrm{d}u}{\sqrt{(u + u_0)\{-u^2 - (1 - u_0)u + q\}}}\,, \tag{23,12}$$

und die Konstanten u_0 und q werden aus den Bedingungen

$$\left.\begin{aligned} \alpha &= \int_{-u_0}^{0} \frac{du}{\sqrt{(u + u_0)\{-u^2 - (1 - u_0)\,u + q\}}}, \\ \frac{\mathrm{Re}}{6} &= \int_{-u_0}^{0} \frac{u\,du}{\sqrt{(u + u_0)\{-u^2 - (1 - u_0)\,u + q\}}} \end{aligned}\right\} \qquad (23{,}13)$$

bestimmt ($\mathrm{Re} = |Q|/\nu\varrho$). Die Konstante q muß positiv sein, sonst würden diese Integrale komplex werden. Diese beiden Gleichungen haben, wie man zeigen kann, für beliebige Re und $\alpha < \pi$ Lösungen für u_0 und q. Die konvergierende symmetrische (Konfusor-) Strömung (Abb. 9) ist mit anderen Worten für einen beliebigen Öffnungswinkel $\alpha < \pi$ und für eine beliebige Reynolds-Zahl möglich. Wir wollen die Strömung für sehr große Re eingehender behandeln. Zu großen Re gehören auch große Werte u_0. Wir schreiben (23,12) (für $\varphi > 0$) in der Gestalt

$$2\left(\frac{\alpha}{2} - \varphi\right) = \int_{u}^{0} \frac{du}{\sqrt{(u + u_0)\{-u^2 - (1 - u_0)\,u + q\}}}$$

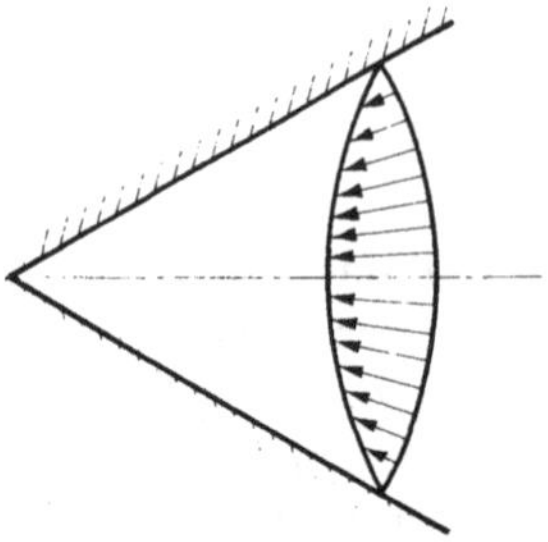

Abb. 9

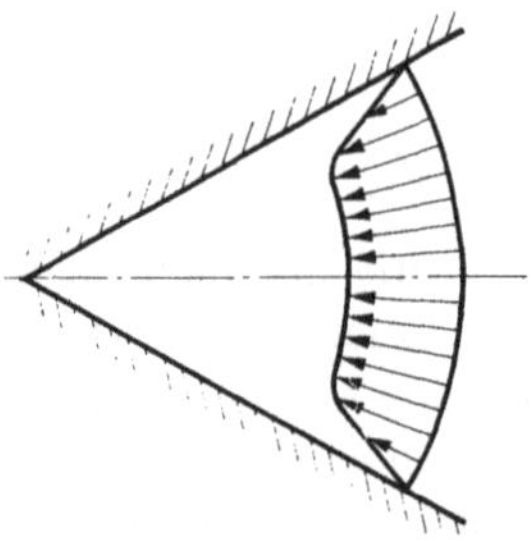

Abb. 10

und sehen, daß der Integrand jetzt im ganzen Integrationsbereich klein ist, wenn nur $|u|$ nicht zu dicht an u_0 herankommt. $|u|$ kann deshalb nur für solche φ wesentlich von u_0 abweichen, die in der Nähe von $\pm\alpha/2$ liegen, d. h. in unmittelbarer Nähe der Wände.[1] Mit anderen Worten ergibt sich fast im ganzen φ-Intervall $u \approx \mathrm{const} = -u_0$. Wie die Gleichung (23,13) zeigt, muß dabei $u_0 = \mathrm{Re}/6\alpha$ sein. Für die Geschwindigkeit selbst gilt $v = |Q|/\varrho\alpha r$; das entspricht der Potentialströmung einer zähen Flüssigkeit mit einer Geschwindigkeit, die vom Winkel unabhängig ist und deren Betrag umgekehrt proportional zu r abnimmt. Für große Reynolds-Zahlen unterscheidet sich also die Strömung im Konfusor sehr wenig von der Potentialströmung einer idealen Flüssigkeit. Der Einfluß der Zähigkeit ist nur in

[1]) Man kann fragen, warum dieses Integral nicht auch für $u \approx -u_0$ klein wird. Für sehr große u_0 ist eine der Wurzeln des Polynoms $-u^2 - (1 - u_0)\,u + q$ zu $-u_0$ dicht benachbart, so daß der ganze Radikand zwei beinahe übereinstimmende Wurzeln hat und das Integral für $u = -u_0$ „beinahe divergiert".

einer sehr dünnen Schicht an den Wänden spürbar, wo die Geschwindigkeit schnell von dem der Potentialströmung entsprechenden Wert auf Null absinkt (Abb. 10).

Es sei jetzt $Q > 0$, d. h., wir haben es mit einem Diffusor zu tun. Zunächst machen wir wieder die Voraussetzung, daß die Strömung zur Ebene $\varphi = 0$ symmetrisch verläuft und daß sich $u(\varphi)$ (jetzt $u > 0$) von Null für $\varphi = \pm\alpha/2$ bis $u = u_0 > 0$ für $\varphi = 0$ monoton ändert. Statt (23,13) schreiben wir jetzt

$$\left.\begin{aligned} \alpha &= \int_0^{u_0} \frac{du}{\sqrt{(u_0 - u)\{u^2 + (1 + u_0)\,u + q\}}}, \\ \frac{\mathrm{Re}}{6} &= \int_0^{u_0} \frac{u\,du}{\sqrt{(u_0 - u)\{u^2 + (1 + u_0)\,u + q\}}}. \end{aligned}\right\} \tag{23,14}$$

Sieht man u_0 als gegeben an, dann wächst α monoton mit abnehmendem q und nimmt für $q = 0$ seinen größtmöglichen Wert an:

$$\alpha_{\max} = \int_0^{u_0} \frac{du}{\sqrt{u(u_0 - u)(u + u_0 + 1)}}.$$

Andererseits kann man sich leicht davon überzeugen, daß α für festes q eine monoton fallende Funktion von u_0 ist. Somit ist u_0 als Funktion von q für festes α eine monoton fallende Funktion, so daß der größte Wert zu $q = 0$ gehört und durch die angegebene Gleichung bestimmt wird. Zum größten u_0 gehört auch das größte $\mathrm{Re} = \mathrm{Re}_{\max}$. Mit Hilfe der Substitution $k^2 = \dfrac{u_0}{1 + 2u_0}$, $u = u_0 \cos^2 x$ können wir die Abhängigkeit des $\mathrm{Re}_{\max}$ von α in Parameterdarstellung gewinnen:

$$\left.\begin{aligned} \alpha &= 2\sqrt{1 - 2k^2} \int_0^{\pi/2} \frac{dx}{\sqrt{1 - k^2 \sin^2 x}}, \\ \mathrm{Re}_{\max} &= -6\alpha \frac{1 - k^2}{1 - 2k^2} + \frac{12}{\sqrt{1 - 2k^2}} \int_0^{\pi/2} \sqrt{1 - k^2 \sin^2 x}\,dx. \end{aligned}\right\} \tag{23,15}$$

Eine symmetrische überall divergierende Strömung im Diffusor (Abb. 11a) ist für einen gegebenen Öffnungswinkel nur für Reynolds-Zahlen möglich, die eine bestimmte Grenze nicht überschreiten. Für $\alpha \to \pi$ (dem entspricht $k \to 0$) geht $\mathrm{Re}_{\max}$ gegen Null. Für $\alpha \to 0$ (dazu gehört $k \to 1/\sqrt{2}$) strebt $\mathrm{Re}_{\max}$ nach dem Gesetz $\mathrm{Re}_{\max} = 18{,}8/\alpha$ gegen Unendlich.

Für $\mathrm{Re} > \mathrm{Re}_{\max}$ ist die Voraussetzung einer symmetrischen, überall divergierenden Strömung im Diffusor unzulässig, da die Bedingungen (23,14) nicht erfüllt werden können. Im Intervall $-\alpha/2 \leqq \varphi \leqq \alpha/2$ muß die Funktion $u(\varphi)$ hier einige Maxima oder Minima haben. Die diesen Extremwerten entsprechenden Werte von $u(\varphi)$ müssen wie vorher Nullstellen des Polynoms unter der Wurzel sein. Folglich muß das Polynom $u^2 + (1 + u_0)\,u + q$ (mit $u_0 > 0$ und $q > 0$) in diesem Bereich zwei reelle negative Wurzeln haben,

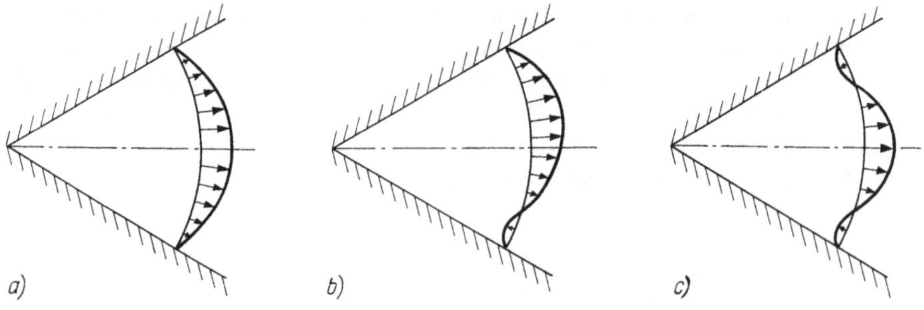

Abb. 11

so daß der Radikand in der Form

$$(u_0 - u)(u + u_0')(u + u_0'')$$

geschrieben werden kann; dabei sind $u_0 > 0$, $u_0' > 0$ und $u_0'' > 0$. Es sei $u_0' < u_0''$. Die Funktion $u(\varphi)$ kann sich offensichtlich in dem Intervall $u_0 \geqq u \geqq -u_0'$ ändern, wobei zu $u = u_0$ ein positives Maximum von $u(\varphi)$ und zu $u = -u_0'$ ein negatives Minimum gehören. Wir wollen nicht näher auf die sich so ergebenden Lösungen eingehen und vermerken nur, daß für $\mathrm{Re} > \mathrm{Re}_{\max}$ zuerst eine Lösung auftritt, für die die Geschwindigkeit ein Maximum und ein Minimum hat; die Strömung ist zur Ebene $\varphi = 0$ asymmetrisch (Abb. 11b). Bei weiterer Vergrößerung von Re entsteht eine symmetrische Lösung mit einem Maximum und zwei Minima der Geschwindigkeit (Abb. 11c) usw. Bei allen diesen Lösungen gibt es folglich neben den Bereichen, in denen die Flüssigkeit nach außen strömt, auch Bereiche, in denen die Strömung nach innen verläuft (natürlich ist dabei die gesamte Durchflußmenge der Flüssigkeit $Q > 0$). Für $\mathrm{Re} \to \infty$ wächst die Zahl der aufeinanderfolgenden Minima und Maxima unbeschränkt, so daß in der Grenze keine bestimmte Lösung existiert. Für den Diffusor strebt also die Lösung bei $\mathrm{Re} \to \infty$ nicht gegen die Lösung der Eulerschen Gleichung, wie es für die Konfusorströmung der Fall war. Schließlich bemerken wir, daß die stationäre Diffusorströmung des beschriebenen Typs mit zunehmendem Re nach Erreichen von $\mathrm{Re} = \mathrm{Re}_{\max}$ schnell instabil wird und in Wirklichkeit eine nichtstationäre (turbulente) Strömung einsetzt (siehe Kapitel III).

Überfluteter Strahl

Es ist die Strömung in einem Flüssigkeitsstrahl zu berechnen, der aus dem Ende eines dünnen Rohres herausquillt und in einen unbegrenzten, mit derselben Flüssigkeit gefüllten Raum gelangt – sogenannter *überfluteter Strahl* (L. LANDAU, 1943).

Wir benutzen Kugelkoordinaten r, Θ und φ mit der Polarachse in Richtung der Strahlgeschwindigkeit am Austrittspunkt, der als Ursprung gewählt wird. Die Strömung ist zu dieser Achse axialsymmetrisch, so daß $v_\varphi = 0$ ist und v_Θ und v_r nur von r und Θ abhängen. Durch jede geschlossene Fläche um den Koordinatenursprung (insbesondere durch eine sehr weit entfernte) muß der gleiche totale Impulsstrom „Impuls des Strahles“) fließen. Dazu muß die Geschwindigkeit umgekehrt proportional zu r abnehmen:

$$v_r = \frac{F(\Theta)}{r}, \qquad v_\Theta = \frac{f(\Theta)}{r}; \tag{23,16}$$

dabei sind F und f gewisse, nur von Θ abhängige Funktionen. Die Kontinuitätsgleichung lautet

$$\frac{1}{r^2}\frac{\partial(r^2 v_r)}{\partial r} + \frac{1}{r \sin\Theta}\frac{\partial}{\partial\Theta}(v_\Theta \sin\Theta) = 0\,,$$

und wir finden daraus

$$F(\Theta) = -\frac{\mathrm{d}f}{\mathrm{d}\Theta} - f\cot\Theta\,. \tag{23,17}$$

Die Komponenten $\Pi_{r\varphi}$ und $\Pi_{\Theta\varphi}$ des Impulsstromtensors verschwinden im Strahl identisch, was schon durch Symmetrieüberlegungen klar wird. Wir setzen voraus, daß auch die Komponenten $\Pi_{\Theta\Theta}$ und $\Pi_{\varphi\varphi}$ gleich Null sind (diese Voraussetzung wird dadurch gerechtfertigt, daß wir als Ergebnis eine Lösung erhalten, die allen notwendigen Bedingungen genügt). Mit Hilfe der Ausdrücke (15,20) für die Komponenten des Tensors σ_{ik} und der Formeln (23,16) und (23,17) kann man sich leicht davon überzeugen, daß zwischen den Komponenten $\Pi_{\Theta\Theta}$, $\Pi_{\varphi\varphi}$ und $\Pi_{r\Theta}$ des Impulsstromtensors im Strahl die Beziehung

$$\sin^2\Theta\,\Pi_{r\Theta} = \frac{1}{2}\frac{\partial}{\partial\Theta}[\sin^2\Theta(\Pi_{\varphi\varphi} - \Pi_{\Theta\Theta})]$$

gilt. Aus dem Verschwinden von $\Pi_{\varphi\varphi}$ und $\Pi_{\Theta\Theta}$ folgt daher auch $\Pi_{r\Theta} = 0$. Von allen Komponenten Π_{ik} ist also nur Π_{rr} von Null verschieden und hängt von r wie $1/r^2$ ab. Man erkennt leicht, daß dabei die Bewegungsgleichung $\frac{\partial \Pi_{ik}}{\partial x_k} = 0$ automatisch erfüllt wird.

Weiter schreiben wir

$$\frac{\Pi_{\Theta\Theta} - \Pi_{\varphi\varphi}}{\varrho} = \frac{f^2 + 2\nu f\cot\Theta - 2\nu f'}{r^2} = 0$$

oder

$$\frac{\mathrm{d}}{\mathrm{d}\Theta}\left(\frac{1}{f}\right) + \frac{1}{f}\cot\Theta + \frac{1}{2\nu} = 0\,.$$

Die Lösung dieser Gleichung ist

$$f = \frac{-2\nu\sin\Theta}{A - \cos\Theta}\,, \tag{23,18}$$

und aus (23,17) erhalten wir jetzt für F

$$F = 2\nu\left\{\frac{A^2 - 1}{(A - \cos\Theta)^2} - 1\right\}. \tag{23,19}$$

Die Druckverteilung bestimmen wir aus der Gleichung

$$\frac{1}{\varrho}\Pi_{\Theta\Theta} = \frac{p}{\varrho} + \frac{f(f + 2\nu\cot\Theta)}{r^2} = 0$$

und erhalten

$$p - p_0 = -\frac{4\varrho v^2}{r^2} \frac{A \cos \Theta - 1}{(A - \cos \Theta)^2} \tag{23,20}$$

(p_0 ist der Druck im Unendlichen).

Die Konstante A kann man mit dem „Impuls des Strahles", d. h. mit dem gesamten Impulsstrom im Strahl, in Zusammenhang bringen. Dieser Strom ist gleich dem Integral über eine Kugeloberfläche:

$$P = \oint \Pi_{rr} \cos \Theta \, \mathrm{d}f = 2\pi \int_0^\pi r^2 \Pi_{rr} \cos \Theta \sin \Theta \, \mathrm{d}\Theta .$$

Für die Größe Π_{rr} gilt

$$\frac{1}{\varrho} \Pi_{rr} = \frac{4v^2}{r^2} \left\{ \frac{(A^2 - 1)^2}{(A - \cos \Theta)^4} - \frac{A}{A - \cos \Theta} \right\},$$

und die Berechnung des Integrals ergibt

$$P = 16\pi v^2 \varrho A \left\{ 1 + \frac{4}{3(A^2 - 1)} - \frac{A}{2} \ln \frac{A + 1}{A - 1} \right\}. \tag{23,21}$$

Die Formeln (23,16) bis (23,21) bilden die Lösung des gestellten Problems. Bei Änderung der Konstanten A von 1 bis ∞ durchläuft der Impuls des Strahles P alle Werte von ∞ bis 0.

Die Stromlinien werden durch die Gleichung

$$\frac{\mathrm{d}r}{v_r} = \frac{r \, \mathrm{d}\Theta}{v_\Theta}$$

bestimmt, und die Integration dieser Gleichung liefert

$$\frac{r \sin^2 \Theta}{A - \cos \Theta} = \text{const} . \tag{23,22}$$

In Abb. 12 ist die charakteristische Form der Stromlinien gezeichnet. Die Strömung stellt sich dar als Strahl, der aus dem Koordinatenursprung hervorschießt und die umgebende Flüssigkeit mitsaugt. Wenn wir als Grenze des Strahls die Fläche mit den minimalen Abständen ($r \sin \Theta$) der Stromlinien von der Achse vereinbaren, dann ist diese Grenze die Oberfläche eines Kegels mit dem Öffnungswinkel $2\Theta_0$, wobei $\cos \Theta_0 = 1/A$.

Im Grenzfall eines schwachen Strahls (kleine P, denen große A entsprechen) finden wir aus (23,21)

$$P = 16\pi v^2 \varrho / A .$$

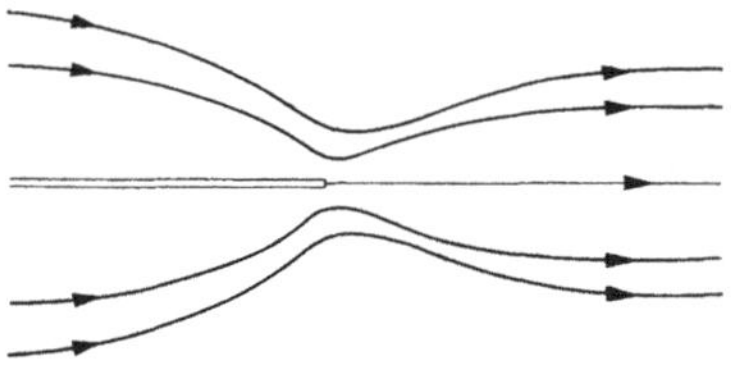

Abb. 12

Für die Geschwindigkeit erhalten wir in diesem Falle

$$v_\Theta = -\frac{P}{8\pi\nu\varrho}\frac{\sin\Theta}{r}, \qquad v_r = \frac{P}{4\pi\nu\varrho}\frac{\cos\Theta}{r}. \tag{23,23}$$

Im entgegengesetzten Fall eines starken Strahls (große P, denen $A \to 1$ entspricht)[1] haben wir

$$A = 1 + \frac{\Theta_0^2}{2}, \qquad \Theta_0^2 = \frac{64\pi\nu^2\varrho}{3P}.$$

Für große Winkel ($\Theta \approx 1$) wird die Geschwindigkeitsverteilung durch die Formeln

$$v_\Theta = -\frac{2\nu}{r}\cot\frac{\Theta}{2}, \qquad v_r = -\frac{2\nu}{r} \tag{23,24}$$

bestimmt und für kleine Winkel ($\Theta \approx \Theta_0$) durch

$$v_\Theta = -\frac{4\nu\Theta}{(\Theta_0^2 + \Theta^2)\,r}, \qquad v_r = 8\nu\frac{\Theta_0^2}{(\Theta_0^2 + \Theta^2)^2\,r}. \tag{23,25}$$

Die hier erhaltene Lösung ist exakt für Strahlen, die als aus einer Punktquelle entspringend betrachtet werden können. Wenn man die endliche Abmessung der Öffnung des Rohres berücksichtigt, dann stellt diese Lösung das erste Glied der Entwicklung nach Potenzen des Verhältnisses der Abmessung der Öffnung zur Entfernung r von ihr dar. Hiermit steht die folgende Tatsache in Zusammenhang: Berechnet man mit der erhaltenen Lösung den Gesamtstrom der Flüssigkeit durch eine geschlossene Fläche um den Koordinatenursprung, so erhält man Null. Einen von Null verschiedenen Strom würde man nur erhalten bei Berücksichtigung der folgenden Glieder der Entwicklung nach dem erwähnten Verhältnis.[2]

§ 24. Schwingungsbewegungen in einer zähen Flüssigkeit

Die Strömung, die bei Schwingungen fester Körper in einer zähen Flüssigkeit entsteht, weist eine ganze Reihe charakteristischer Besonderheiten auf. Man beginnt die Behandlung dieser Besonderheiten am besten mit der Betrachtung eines einfachen typischen Beispiels (G. G. Stokes, 1851). Wir wollen annehmen, daß eine inkompressible Flüssigkeit mit einer unbegrenzten ebenen Fläche in Berührung kommt, die (in ihrer Ebene) eine einfache harmonische Schwingung mit der Frequenz ω ausführt. Es soll die dabei auftretende Bewegung in der Flüssigkeit berechnet werden. Wir wählen die feste Fläche als yz-Ebene;

---

[1]) In Wirklichkeit wird jedoch die Strömung in einem hinreichend starken Strahl turbulent (§ 36). Wir bemerken, daß für den betrachteten Strahl der dimensionslose Parameter $(P/\varrho\nu^2)^{1/2}$ die Rolle der Reynolds-Zahl spielt.

[2]) Siehe Ju. B. Rumer (Ю. Б. Румер), Prikl. Mat. Mekh. **16**, 255 (1952).

Der überflutete laminare Strahl mit nicht verschwindendem Drehimpuls um die Achse wurde von L. G. Loizjanski (Л. Г. Лойцянский), Prikl. Mat. Mekh. **17**, 3 (1953), betrachtet.

Wir erwähnen noch, daß die hydrodynamischen Gleichungen einer inkompressiblen zähen Flüssigkeit für eine beliebige stationäre axialsymmetrische Strömung, bei der die Geschwindigkeit mit dem Abstand wie $1/r$ abfällt, auf eine gewöhnliche lineare Differentialgleichung zweiter Ordnung zurückgeführt werden können; siehe N. A. Sleskiṇ (Н. А. Слезкин), Prikl. Mat. Mekh. **18**, 764 (1954).

die Flüssigkeit befinde sich in dem Bereich $x > 0$. Die y-Achse legen wir in die Schwingungsrichtung der Fläche. Die Geschwindigkeit u der schwingenden Fläche ist eine Zeitfunktion der Gestalt $A \cos(\omega t + \alpha)$. Es ist bequem, diese Funktion als Realteil eines komplexen Ausdrucks zu schreiben: $u = \operatorname{Re}\{u_0 \, \mathrm{e}^{-\mathrm{i}\omega t}\}$ (mit der im allgemeinen komplexen Konstanten $u_0 = A\,\mathrm{e}^{-\mathrm{i}\alpha}$; durch geeignete Wahl des Anfangs der Zeitzählung kann man diese Konstante immer reell machen).

Solange bei den Rechnungen nur lineare Operationen mit der Geschwindigkeit u durchgeführt werden, kann man das Zeichen für die Bildung des Realteils weglassen und so rechnen, als wäre u komplex; erst danach bildet man dann den Realteil vom Endergebnis. In diesem Sinne schreiben wir

$$u_y = u = u_0 \, \mathrm{e}^{-\mathrm{i}\omega t} . \tag{24,1}$$

Die Strömungsgeschwindigkeit muß die Randbedingung $\boldsymbol{v} = \boldsymbol{u}$ erfüllen, d. h.

$$v_x = v_z = 0 , \qquad v_y = u$$

für $x = 0$.

Aus Symmetriegründen ist klar, daß alle Größen nur von x (und von der Zeit t) abhängen werden. Die Kontinuitätsgleichung $\operatorname{div} \boldsymbol{v} = 0$ besagt daher

$$\frac{\partial v_x}{\partial x} = 0 .$$

Daraus folgt $v_x = \text{const}$; den Randbedingungen entsprechend muß diese Konstante gleich Null sein, d. h. $v_x = 0$. Da alle Größen von y und z unabhängig sind, ist $(\boldsymbol{v}\nabla)\,\boldsymbol{v} = v_x \dfrac{\partial}{\partial x} \boldsymbol{v}$, und wegen des Verschwindens von v_x haben wir identisch $(\boldsymbol{v}\nabla)\,\boldsymbol{v} = 0$. Die Bewegungsgleichung (15,7) nimmt die Gestalt

$$\frac{\partial \boldsymbol{v}}{\partial t} = -\frac{1}{\varrho} \operatorname{grad} p + \nu \triangle \boldsymbol{v} \tag{24,2}$$

an. Das ist eine lineare Gleichung. Ihre x-Komponente ergibt

$$\frac{\partial p}{\partial x} = 0 ,$$

d. h. $p = \text{const}$.

Aus Symmetriegründen muß die Geschwindigkeit $\boldsymbol{v}$ überall die Richtung der y-Achse haben. Für $v_y = v$ erhalten wir

$$\frac{\partial v}{\partial t} = \nu \frac{\partial^2 v}{\partial x^2} , \tag{24,3}$$

d. h. eine Gleichung vom Typ einer eindimensionalen Wärmeleitungsgleichung. Wir werden die in x und t periodische Lösung in der Form

$$v = u_0 \, \mathrm{e}^{\mathrm{i}(kx - \omega t)}$$

ansetzen; sie erfüllt die Bedingung $v = u$ für $x = 0$. Einsetzen in die Gleichung ergibt

$$\mathrm{i}\omega = \nu k^2 , \qquad k = \frac{1 + \mathrm{i}}{\delta} , \qquad \delta = \sqrt{\frac{2\nu}{\omega}} , \tag{24,4}$$

so daß für die Geschwindigkeit gilt

$$v = u_0 \, e^{-x/\delta} \, e^{i(x/\delta - \omega t)} \tag{24,5}$$

(das Vorzeichen der Wurzel $\sqrt{i}$ in (24,4) wurde aus der Forderung nach Dämpfung der Geschwindigkeit ins Innere der Flüssigkeit hinein bestimmt).

In einer zähen Flüssigkeit können also transversale Wellen existieren: Die Geschwindigkeit $v_y = v$ steht senkrecht auf der Ausbreitungsrichtung der Welle. Diese Wellen werden jedoch schnell gedämpft mit zunehmender Entfernung von der sie erzeugenden schwingenden festen Fläche. Die Dämpfung der Amplitude erfolgt nach einem Exponentialgesetz mit der *Eindringtiefe* δ.[1]) Diese Eindringtiefe nimmt ab mit wachsender Frequenz der Welle und nimmt zu mit wachsender Zähigkeit der Flüssigkeit.

Die auf die feste Fläche wirkende Reibungskraft hat offensichtlich die Richtung der y-Achse. Bezogen auf die Flächeneinheit ist die Reibungskraft gleich

$$\sigma_{xy} = \eta \left.\frac{\partial v_y}{\partial x}\right|_{x=0} = \sqrt{\frac{\omega\eta\varrho}{2}} \, (i - 1) \, u \, . \tag{24,6}$$

Setzen wir u_0 als reell voraus und bilden den Realteil von (24,6), so ergibt sich

$$\sigma_{xy} = -\sqrt{\omega\eta\varrho} \, u_0 \cos\left(\omega t + \frac{\pi}{4}\right).$$

Die Geschwindigkeit der schwingenden Fläche ist $u = u_0 \cos \omega t$. Es besteht also zwischen der Reibungskraft und der Geschwindigkeit eine Phasenverschiebung.[2])

Man kann auch den (zeitlichen) Mittelwert der bei dieser Bewegung dissipierten Energie leicht berechnen. Die Berechnung kann nach der allgemeinen Formel (16,3) erfolgen; im vorliegenden Falle ist es aber am einfachsten, die gesuchte Dissipation direkt als Arbeit der Reibungskräfte zu berechnen. Die Energiedissipation pro Zeiteinheit und pro Flächeneinheit der schwingenden Ebene ist nämlich gleich dem Mittelwert des Produktes aus der Kraft σ_{xy} und der Geschwindigkeit $u_y = u$:

$$-\overline{\sigma_{xy} u} = \frac{u_0^2}{2} \sqrt{\frac{\omega\eta\varrho}{2}} \, . \tag{24,7}$$

Sie ist proportional der Wurzel aus der Schwingungsfrequenz und der Zähigkeit der Flüssigkeit.

Auch das allgemeine Problem, bei dem die Flüssigkeit von einer sich (in ihrer Ebene) nach dem beliebigen Gesetz $u = u(t)$ bewegenden ebenen Fläche in Bewegung versetzt wird,

---

[1]) Auf dem Abstand δ verringert sich die Amplitude der Welle um den Faktor e, auf einer Strecke von einer Wellenlänge um den Faktor $e^{2\pi} \approx 540$.

[2]) Bei Schwingungen einer Halbebene (parallel zu ihrer Randlinie) tritt eine zusätzliche Reibungskraft auf, die mit Randeffekten zusammenhängt. Das Strömungsproblem für eine zähe Flüssigkeit bei Schwingungen einer Halbebene und auch das allgemeinere Problem der Schwingungen eines Keils mit beliebigem Keilwinkel) wird mit Hilfe der Klasse von Lösungen der Gleichung $\Delta f + k^2 f = 0$ gelöst, die von A. Sommerfeld in der Theorie der Beugung am Keil verwendet wurden. Wir führen hier nur das folgende Ergebnis an: Die Vergrößerung der Reibungskraft auf die Halbebene infolge des Randeffektes kann als Resultat einer Vergrößerung der Fläche beschrieben werden, so wie sie sich bei einer Verschiebung der Kante der Halbebene um die Strecke $\delta/2$ mit δ aus (24,4) ergibt (L. D. Landau, 1947).

kann in geschlossener Form gelöst werden. Wir werden die entsprechenden Rechnungen hier nicht durchführen, da die gesuchte Lösung der Gleichung (24,3) formal mit der Lösung des analogen Problems in der Theorie der Wärmeleitung übereinstimmt, die in § 52 behandelt wird (und durch Formel (52,15) gegeben wird). Die Reibungskraft (bezogen auf die Flächeneinheit), die auf die Fläche wirkt, wird insbesondere durch die Formel

$$\sigma_{xy} = \sqrt{\frac{\eta\varrho}{\pi}} \int_{-\infty}^{t} \frac{\mathrm{d}u(\tau)}{\mathrm{d}\tau} \frac{\mathrm{d}\tau}{\sqrt{t-\tau}} \tag{24,8}$$

bestimmt (vgl. (52,14)).

Wir behandeln jetzt den allgemeinen Fall eines schwingenden Körpers beliebiger Gestalt. Für die oben untersuchten Schwingungen einer ebenen Fläche ist das Glied $(\boldsymbol{v}\nabla)\,\boldsymbol{v}$ in der Bewegungsgleichung der Flüssigkeit identisch verschwunden. Für eine beliebig geformte Fläche ist das natürlich nicht mehr der Fall. Wir werden jedoch voraussetzen, daß dieser Term gegenüber den anderen Termen klein ist, so daß wir ihn vernachlässigen können. Die notwendigen Bedingungen für eine solche Vernachlässigung werden später klar werden.

Wir gehen also wieder von der linearen Gleichung (24,2) aus. Von beiden Seiten dieser Gleichung bilden wir die Rotation. Das Glied rot grad p verschwindet identisch, und wir erhalten

$$\frac{\partial\,\mathrm{rot}\,\boldsymbol{v}}{\partial t} = \nu \triangle \mathrm{rot}\,\boldsymbol{v}\,, \tag{24,9}$$

d. h., rot $\boldsymbol{v}$ genügt einer Gleichung vom Typ der Wärmeleitungsgleichung.

Wie wir oben gesehen haben, ergibt eine solche Gleichung eine exponentielle Dämpfung der von ihr beschriebenen Größe. Wir können folglich feststellen, daß die Rotation der Geschwindigkeit in das Innere der Flüssigkeit hinein abklingt. Die von den Schwingungen eines Körpers hervorgerufene Bewegung der Flüssigkeit ist, mit anderen Worten, eine wirbelbehaftete Strömung in einer gewissen Schicht um den Körper. In großen Entfernungen geht sie schnell in eine Potentialströmung über. Die Eindringtiefe der Wirbelströmung ist $\sim\delta$.

In diesem Zusammenhang sind zwei wichtige Grenzfälle möglich. Die Größe δ kann nämlich groß oder klein gegenüber den Abmessungen des in der Flüssigkeit schwingenden Körpers sein. l sei die Größenordnung dieser Abmessungen. Zunächst behandeln wir den Fall $\delta \gg l$; das bedeutet, daß die Bedingung $l^2\omega \ll \nu$ erfüllt sein muß. Neben dieser Bedingung werden wir auch eine kleine Reynolds-Zahl voraussetzen. Ist a die Amplitude der Schwingungen des Körpers, dann hat seine Geschwindigkeit die Größenordnung $a\omega$. Die Reynolds-Zahl für die betrachtete Strömung ist daher $\omega a l/\nu$. Wir setzen also voraus, daß die Bedingungen

$$l^2\omega \ll \nu\,, \qquad \frac{\omega a l}{\nu} \ll 1 \tag{24,10}$$

erfüllt sind. Das ist der Fall kleiner Schwingungsfrequenzen. Eine kleine Frequenz bedeutet aber, daß sich die Geschwindigkeit zeitlich langsam ändert; deshalb können wir in der allgemeinen Bewegungsgleichung

$$\frac{\partial \boldsymbol{v}}{\partial t} + (\boldsymbol{v}\nabla)\,\boldsymbol{v} = -\frac{1}{\varrho}\nabla p + \nu \triangle \boldsymbol{v}$$

die Ableitung $\partial \boldsymbol{v}/\partial t$ vernachlässigen. Das Glied $(\boldsymbol{v}\nabla)\,\boldsymbol{v}$ kann vernachlässigt werden, weil die Reynolds-Zahl klein ist.

Da das Glied $\partial \boldsymbol{v}/\partial t$ in der Bewegungsgleichung nicht auftritt, handelt es sich um eine stationäre Strömung. Für $\delta \gg l$ kann man also die Strömung in jedem gegebenen Zeitpunkt als stationär ansehen. Das bedeutet, daß in jedem Zeitpunkt dieselbe Strömung vorliegt, die bei einer gleichförmigen Bewegung des Körpers mit der Geschwindigkeit, die der Körper in dem gegebenen Zeitpunkt tatsächlich hat, vorliegen würde. Wir wollen als Beispiel die Schwingungen einer Kugel in einer Flüssigkeit erwähnen. Die Schwingungsfrequenz soll den Ungleichungen (24,10) genügen (l ist jetzt der Kugelradius). Der Widerstand der Kugel wird dann durch die Stokessche Formel (20,14) gegeben, dic für die gleichförmige Bewegung einer Kugel und für kleine Reynolds-Zahlen abgeleitet worden ist.

Wir gehen jetzt zur Untersuchung des entgegengesetzten Falles $l \gg \delta$ über. Um wieder das Glied $(\boldsymbol{v}\nabla)\,\boldsymbol{v}$ vernachlässigen zu können, müssen wir gleichzeitig voraussetzen, daß die Schwingungsamplitude des Körpers gegenüber seinen Abmessungen klein ist:

$$l^2\omega \gg \nu\,, \qquad a \ll l \tag{24,11}$$

(die Reynolds-Zahl muß dabei keineswegs klein sein). Wir schätzen das Glied $(\boldsymbol{v}\nabla)\,\boldsymbol{v}$ ab. Der Operator $(\boldsymbol{v}\nabla)$ bedeutet die Ableitung in Richtung der Geschwindigkeit. In der Nähe der Oberfläche des Körpers ist die Geschwindigkeit im wesentlichen tangential gerichtet. In dieser Richtung erfährt die Geschwindigkeit nur über Strecken von der Größenordnung der Abmessungen des Körpers eine merkliche Änderung. Deshalb ist $(\boldsymbol{v}\nabla)\,\boldsymbol{v} \sim v^2/l \sim a^2\omega^2/l$ (die Geschwindigkeit hat die Größenordnung $a\omega$). Die Ableitung $\partial \boldsymbol{v}/\partial t$ ist von der Größenordnung $v\omega \sim a\omega^2$. Vergleichen wir die beiden Ausdrücke, so finden wir für $a \ll l$ tatsächlich $(\boldsymbol{v}\nabla)\,\boldsymbol{v} \ll \partial \boldsymbol{v}/\partial t$. Die Terme $\partial \boldsymbol{v}/\partial t$ und $\nu\triangle\boldsymbol{v}$ haben jetzt, wie man sich leicht überzeugen kann, die gleiche Größenordnung.

Wir untersuchen nun den Charakter der Strömung um den schwingenden Körper, wenn die Bedingungen (24,11) erfüllt sind. In einer dünnen Schicht an der Oberfläche des Körpers haben wir es mit einer wirbelbehafteten Strömung zu tun. Der größte Teil der Flüssigkeit führt eine Potentialströmung aus.[1]) Außerhalb der Schicht in der Nähe der Oberfläche wird die Strömung deshalb überall durch die Gleichungen

$$\operatorname{rot} \boldsymbol{v} = 0\,, \qquad \operatorname{div} \boldsymbol{v} = 0 \tag{24,12}$$

beschrieben. Daraus folgt, daß auch $\triangle\boldsymbol{v} = 0$ ist, und die Navier-Stokessche Gleichung geht deswegen in die Eulersche Gleichung über. Die Flüssigkeit strömt also überall, außer in der Schicht an der Oberfläche des Körpers, wie eine ideale Flüssigkeit.

Da die Grenzschicht um den Körper dünn ist, müßte man bei der Lösung der Gleichungen (24,12) zur Bestimmung der Strömung im überwiegenden Teil der Flüssigkeit dieselben Randbedingungen nehmen, die an der Oberfläche des Körpers erfüllt sein müssen, d. h., die Strömungsgeschwindigkeit müßte gleich der Geschwindigkeit des Körpers sein. Die Lösungen der Bewegungsgleichungen für eine ideale Flüssigkeit können aber diese Be-

[1]) Bei Schwingungen einer ebenen Fläche klingt auf einem Abstand (der Größenordnung) δ nicht nur rot $\boldsymbol{v}$, sondern auch die Geschwindigkeit $\boldsymbol{v}$ selbst ab. Das hängt damit zusammen, daß die Ebene bei ihren Schwingungen keine Flüssigkeit verdrängt; die Flüssigkeit in großer Entfernung von der Ebene bleibt daher überhaupt unbewegt. Bei Schwingungen von Körpern anderer Gestalt wird Flüssigkeit verdrängt, und es entsteht eine Strömung, deren Geschwindigkeit erst in Entfernungen von der Größenordnung der Abmessungen des Körpers abklingt.

dingungen nicht befriedigen. Man kann diese Bedingung nur an die Normalkomponente der Strömungsgeschwindigkeit auf der Oberfläche des Körpers stellen.

Die Gleichungen (24,12) sind zwar in der Grenzschicht um den Körper nicht anwendbar; da aber die bei ihrer Lösung gewonnene Geschwindigkeitsverteilung bereits die notwendigen Randbedingungen für die Normalkomponente der Geschwindigkeit befriedigt, kann der wahre Verlauf dieser Komponente in der Nähe der Oberfläche des Körpers keinerlei wesentliche Besonderheiten haben. Für die Tangentialkomponente würden wir durch Lösung der Gleichungen (24,12) einen Wert erhalten, der von der entsprechenden Geschwindigkeitskomponente des Körpers verschieden ist, während diese Geschwindigkeiten ebenfalls einander gleich sein müssen. Die tangentiale Geschwindigkeitskomponente muß sich daher in der dünnen Grenzschicht rasch ändern.

Man kann den Gang dieser Änderung leicht bestimmen. Wir betrachten irgendein Teilstück der Oberfläche des Körpers, dessen Abmessungen groß gegenüber δ aber klein gegenüber den Abmessungen des Körpers ist. Ein solches Teilstück kann man genähert als eben ansehen; deshalb können wir dafür die Ergebnisse anwenden, die wir oben für eine ebene Fläche erhalten haben. Die x-Achse soll in Richtung der Normalen zu dem betrachteten Flächenstück zeigen; die y-Achse soll tangential verlaufen und die Richtung der tangentialen Geschwindigkeitskomponente des Flächenelementes haben. Mit v_y bezeichnen wir die Tangentialkomponente der Strömungsgeschwindigkeit relativ zum Körper; auf der Oberfläche des Körpers muß v_y gleich Null sein. Es sei schließlich $v_0\,\mathrm{e}^{-\mathrm{i}\omega t}$ der Wert von v_y, den man durch Lösen der Gleichungen (24,12) erhält. Auf Grund der zu Beginn dieses Paragraphen gewonnenen Ergebnisse können wir feststellen, daß die Größe v_y in der Grenzschicht in Richtung auf die Oberfläche des Körpers hin nach dem Gesetz [1]

$$v_y = v_0\,\mathrm{e}^{-\mathrm{i}\omega t}[1 - \mathrm{e}^{-(1-\mathrm{i})x\sqrt{\omega/2\nu}}] \tag{24,13}$$

abnimmt. Die gesamte pro Zeiteinheit dissipierte Energie wird durch das Integral

$$\bar{\dot{E}}_{\mathrm{kin}} = -\frac{1}{2}\sqrt{\frac{\eta\varrho\omega}{2}} \oint |v_0|^2\,\mathrm{d}f \tag{24,14}$$

gegeben, das über die ganze Oberfläche des schwingenden Körpers zu erstrecken ist.

In den Aufgaben zu diesem Paragraphen werden die Widerstände verschiedener Körper berechnet, die in einer zähen Flüssigkeit Schwingungen ausführen. Wir machen hier folgende allgemeine Bemerkung über diese Kräfte. Wir schreiben die Geschwindigkeit des Körpers in komplexer Form, $u = u_0\,\mathrm{e}^{-\mathrm{i}\omega t}$, und erhalten den Widerstand F, der zur Geschwindigkeit u proportional ist, ebenfalls in komplexer Form: $F = \beta u$; dabei ist $\beta = \beta_1 + \mathrm{i}\beta_2$ eine komplexe Konstante. Dieser Ausdruck kann als Summe zweier Terme geschrieben werden,

$$F = (\beta_1 + \mathrm{i}\beta_2)\,u = \beta_1 u - \frac{\beta_2}{\omega}\,\dot{u}\,, \tag{24,15}$$

die der Geschwindigkeit u bzw. der Beschleunigung $\dot{u}$ mit reellen Koeffizienten proportional sind.

---

[1]) Die Geschwindigkeitsverteilung (24,13) ist in dem Bezugssystem aufgeschrieben, in dem der feste Körper ruht ($v_y = 0$ bei $x = 0$). Als v_0 muß deshalb die Lösung der Aufgabe über die Potentialströmung der Flüssigkeit um den unbewegten Körper genommen werden.

Der (zeitliche) Mittelwert der Energiedissipation wird durch den Mittelwert des Produktes aus Widerstandskraft und Geschwindigkeit gegeben. Dabei muß man selbstverständlich zunächst die Realteile der oben aufgeschriebenen Ausdrücke bilden, d. h. u und F in der Form

$$u = \tfrac{1}{2}\left(u_0\,\mathrm{e}^{-\mathrm{i}\omega t} + u_0^*\,\mathrm{e}^{\mathrm{i}\omega t}\right),$$

$$F = \tfrac{1}{2}\left(u_0\beta\,\mathrm{e}^{-\mathrm{i}\omega t} + u_0^*\beta^*\,\mathrm{e}^{\mathrm{i}\omega t}\right)$$

schreiben. Da die Mittelwerte von $\mathrm{e}^{\pm 2\mathrm{i}\omega t}$ gleich Null sind, erhalten wir

$$\bar{\dot{E}}_{\mathrm{kin}} = \overline{Fu} = \frac{1}{4}(\beta + \beta^*)\,|u_0|^2 = \frac{\beta_1}{2}\,|u_0|^2\,. \tag{24,16}$$

Wir sehen auf diese Weise, daß die Energiedissipation nur mit dem Realteil der Größe β zusammenhängt. Man kann den entsprechenden (zur Geschwindigkeit proportionalen) Teil des Widerstandes (24,15) als *dissipativen* Teil bezeichnen. Der zweite Teil dieser Kraft (der durch den Imaginärteil von β bestimmt wird) ist proportional zur Beschleunigung und hängt nicht mit der Energiedissipation zusammen, man kann ihn *inertialen* Teil nennen.

Ähnliche Überlegungen können über das Drehmoment der Kräfte auf einen Körper angestellt werden, der in einer zähen Flüssigkeit Drehschwingungen ausführt.

Aufgaben

1. Zwischen zwei parallelen Ebenen befindet sich eine zähe Flüssigkeitsschicht. Eine der Ebenen führt eine Schwingung in ihrer Ebene aus. Man berechne die Reibungskraft, die auf jede der beiden Ebenen wirkt.

Lösung. Wir setzen die Lösung der Gleichung (24,3) in der Form[1])

$$v = (A \sin kx + B \cos kx)\,\mathrm{e}^{-\mathrm{i}\omega t}$$

an und bestimmen A und B aus den Bedingungen $v = u = u_0\,\mathrm{e}^{-\mathrm{i}\omega t}$ für $x = 0$ und $v = 0$ für $x = h$ (h ist der Abstand der beiden Ebenen). Als Ergebnis erhalten wir

$$v = u\,\frac{\sin k(h - x)}{\sin kh}\,.$$

Die Reibungskraft (pro Flächeneinheit) auf die sich bewegende Ebene ist

$$P_{1y} = \eta\left(\frac{\partial v}{\partial x}\right)_{x=0} = -\eta k u \cot kh\,,$$

und die Reibungskraft auf die unbewegte Ebene ist

$$P_{2y} = -\eta\left(\frac{\partial v}{\partial x}\right)_{x=h} = \frac{\eta k u}{\sin kh}$$

(es sind überall die Realteile der entsprechenden Ausdrücke gemeint).

2. Man berechne die Reibungskraft auf eine schwingende Ebene, die mit einer Flüssigkeitsschicht (der Dicke h) bedeckt ist, deren obere Oberfläche frei ist.

---

[1]) In allen Aufgaben zu diesem Paragraphen sind k und δ durch (24,4) bestimmt.

Lösung. Die Randbedingungen sind auf der festen Fläche $v = u$ für $x = 0$ und auf der freien Oberfläche $\sigma_{xy} = \eta \dfrac{\partial v}{\partial x} = 0$ für $x = h$. Für die Geschwindigkeit finden wir

$$v = u \frac{\cos k(h - x)}{\cos kh},$$

und die Reibungskraft ist

$$P_y = \eta \left(\frac{\partial v}{\partial x}\right)_{x=0} = \eta k u \tan kh\,.$$

3. Eine ebene Scheibe mit dem großen Radius R führt Drehschwingungen mit kleiner Amplitude um ihre Achse aus (der Drehwinkel der Scheibe ist $\Theta = \Theta_0 \cos \omega t$, $\Theta_0 \ll 1$). Wie groß ist das Drehmoment der Reibungskräfte, die auf die Scheibe wirken?

Lösung. Für Schwingungen mit kleiner Amplitude ist das Glied $(\boldsymbol{v}\nabla)\,\boldsymbol{v}$ in der Bewegungsgleichung unabhängig von der Größe der Frequenz ω immer klein gegenüber $\partial \boldsymbol{v}/\partial t$. Für $R \gg \delta$ können wir bei der Berechnung der Geschwindigkeitsverteilung die Ebene der Scheibe als unbegrenzt ansehen. Wir verwenden Zylinderkoordinaten mit der Drehachse als z-Achse und setzen die Lösung in der Form $v_r = v_z = 0$ und $v_\varphi = v = r\Omega(z, t)$ an. Für die Winkelgeschwindigkeit der Flüssigkeit $\Omega(z, t)$ erhalten wir die Gleichung

$$\frac{\partial \Omega}{\partial t} = \nu \frac{\partial^2 \Omega}{\partial z^2}\,.$$

Die Lösung dieser Gleichung, die gleich $-\omega\Theta_0 \sin \omega t$ für $z = 0$ und gleich Null für $z = \infty$ wird, lautet

$$\Omega = -\omega\Theta_0\, \mathrm{e}^{-z/\delta} \sin\left(\omega t - \frac{z}{\delta}\right).$$

Das Drehmoment der Reibungskräfte auf beide Seiten der Scheibe ist

$$M = 2 \int_0^R r \cdot 2\pi r \eta \left(\frac{\partial v}{\partial z}\right)_{z=0} \mathrm{d}r = \omega\Theta_0 \pi \sqrt{\omega \varrho \eta}\, R^4 \cos\left(\omega t - \frac{\pi}{4}\right).$$

4. Man berechne die Strömung zwischen zwei parallelen Ebenen, wenn ein Druckgradient vorhanden ist, der sich zeitlich nach einem harmonischen Gesetz ändert.

Lösung. Wir legen die xz-Ebene in die Mitte zwischen die beiden Ebenen, die x-Achse zeige in Richtung des Druckgradienten, den wir in der Form $-\dfrac{1}{\varrho}\dfrac{\partial p}{\partial x} = a\, \mathrm{e}^{-\mathrm{i}\omega t}$ schreiben. Die Geschwindigkeit hat überall die Richtung der x-Achse und wird durch die Gleichung

$$\frac{\partial v}{\partial t} = a\, \mathrm{e}^{-\mathrm{i}\omega t} + \nu \frac{\partial^2 v}{\partial y^2}$$

bestimmt. Die Lösung dieser Gleichung, die die Bedingungen $v = 0$ für $y = \pm h/2$ erfüllt, ist

$$v = \frac{ia}{\omega} \mathrm{e}^{-\mathrm{i}\omega t} \left[1 - \frac{\cos ky}{\cos (kh/2)}\right].$$

Der Mittelwert (über den Querschnitt) der Geschwindigkeit ist

$$\bar{v} = \frac{ia}{\omega} \mathrm{e}^{-\mathrm{i}\omega t} \left(1 - \frac{2}{kh} \tan \frac{kh}{2}\right).$$

Für $h/\delta \ll 1$ geht dieser Ausdruck in

$$\bar{v} \approx a\,\mathrm{e}^{-\mathrm{i}\omega t}\,\frac{h^2}{12\nu}$$

über, in Übereinstimmung mit (17,5). Für $h/\delta \gg 1$ ergibt sich

$$\bar{v} \approx \frac{\mathrm{i}a}{\omega}\,\mathrm{e}^{-\mathrm{i}\omega t},$$

in Einklang damit, daß die Geschwindigkeit in diesem Falle über den Querschnitt beinahe konstant sein muß und sich nur in einer schmalen Grenzschicht merklich ändert.

5. Man berechne den Widerstand einer Kugel (mit dem Radius R), die in einer Flüssigkeit translatorische Schwingungen ausführt.

Lösung. Die Geschwindigkeit der Kugel schreiben wir in der Form $\boldsymbol{u} = \boldsymbol{u}_0\,\mathrm{e}^{-\mathrm{i}\omega t}$. Analog wie in § 20 setzen wir die Geschwindigkeit der Flüssigkeit in der Form

$$\boldsymbol{v} = \mathrm{e}^{-\mathrm{i}\omega t}\,\mathrm{rot\,rot}\,f\boldsymbol{u}_0$$

an; die Funktion f hängt nur von r ab (den Koordinatenursprung legen wir in den Kugelmittelpunkt zu dem gegebenen Zeitpunkt). Den Ausdruck für $\boldsymbol{v}$ setzen wir in (24,9) ein und erhalten nach ähnlichen Umformungen wie in § 20 die Gleichung

$$\triangle^2 f + \frac{\mathrm{i}\omega}{\nu}\triangle f = 0$$

(an Stelle der Gleichung $\triangle^2 f = 0$ in § 20). Daraus ergibt sich

$$\triangle f = \mathrm{const}\cdot\frac{\mathrm{e}^{\mathrm{i}kr}}{r}.$$

Es ist die mit wachsendem r abnehmende und nicht die zunehmende Lösung gewählt worden. Durch Integration erhalten wir

$$\frac{\mathrm{d}f}{\mathrm{d}r} = a\,\frac{e^{\mathrm{i}kr}}{r^2}\left(r - \frac{1}{\mathrm{i}k}\right) + \frac{b}{r^2} \tag{1}$$

(die Funktion f selbst braucht man nicht aufzuschreiben, da in die Geschwindigkeit nur die Ableitungen f' und f'' eingehen). Die Konstanten a und b werden aus der Bedingung $\boldsymbol{v} = \boldsymbol{u}$ für $r = R$ bestimmt und ergeben sich zu

$$a = -\frac{3R}{2\mathrm{i}k}\,\mathrm{e}^{-\mathrm{i}kR}, \qquad b = -\frac{R^3}{2}\left(1 - \frac{3}{\mathrm{i}kR} - \frac{3}{k^2R^2}\right). \tag{2}$$

Für große Frequenzen ($R \gg \delta$) streben $a \to 0$ und $b \to -\dfrac{R^3}{2}$; das entspricht (in Übereinstimmung mit den Behauptungen in § 24) einer Potentialströmung (die in Aufgabe 2 zu § 10 berechnet worden ist).

Der Widerstand wird nach der Formel (20,13) berechnet, in der die Integration über die Kugeloberfläche zu erstrecken ist. Das Ergebnis lautet

$$F = 6\pi\eta R\left(1 + \frac{R}{\delta}\right)u + 3\pi R^2\sqrt{\frac{2\eta\varrho}{\omega}}\left(1 + \frac{2R}{9\delta}\right)\frac{\mathrm{d}u}{\mathrm{d}t}. \tag{3}$$

Für $\omega = 0$ geht diese Formel in die Stokessche Formel über. Für große Frequenzen ergibt sich

$$F = \frac{2\pi\varrho R^3}{3}\frac{\mathrm{d}u}{\mathrm{d}t} + 3\pi R^2\sqrt{2\eta\varrho\omega}\,u.$$

Der erste Term in diesem Ausdruck entspricht der Trägheitskraft bei der Potentialströmung um die Kugel (s. Aufgabe 1, § 11), der zweite stellt den Grenzwert für die dissipative Kraft dar. Dieses zweite Glied könnte auch gefunden werden mit Hilfe der Berechnung der dissipierten Energie nach der Formel (24,14) (vgl. die folgende Aufgabe).

6. Man bestimme den Grenzwert (für große Frequenzen, $\delta \ll R$) für die dissipative Widerstandskraft, die auf einen unendlichen Zylinder (Radius R) wirkt, der senkrecht zu seiner Achse Schwingungen ausführt.

Lösung. Die Geschwindigkeitsverteilung um einen umströmten, senkrecht zur Achse nicht bewegten Zylinder wird durch die Formel

$$v = \frac{R^2}{r^2}[2\boldsymbol{n}(\boldsymbol{un}) - \boldsymbol{u}] - \boldsymbol{u}$$

gegeben (s. Aufgabe 3 zu § 10). Hieraus finden wir für die tangentiale Geschwindigkeit auf der Oberfläche des Zylinders

$$v_0 = -2u \sin \varphi$$

(r, φ sind Polarkoordinaten in der Ebene senkrecht zur Achse; der Winkel φ wird von der Richtung von $\boldsymbol{u}$ aus gewählt). Aus (24,14) finden wir für die dissipierte Energie (bezogen auf die Längeneinheit des Zylinders)

$$\bar{\dot{E}}_{\text{kin}} = \pi u^2 R \sqrt{2\varrho\eta\omega}\,.$$

Der Vergleich mit den Formeln (24,15) und (24,16) ergibt für die gesuchte Kraft

$$F_{\text{diss}} = 2\pi R u \sqrt{2\varrho\eta\omega}\,.$$

7. Welchen Widerstand hat eine Kugel, die sich beliebig bewegt? (Die Geschwindigkeit der Kugel ist eine vorgegebene Funktion der Zeit $u = u(t)$.)

Lösung. Wir stellen $u(t)$ als Fourier-Integral dar:

$$u(t) = \frac{1}{2\pi}\int_{-\infty}^{\infty} u_\omega \,\mathrm{e}^{-\mathrm{i}\omega t}\,\mathrm{d}\omega\,, \qquad u_\omega = \int_{-\infty}^{\infty} u(\tau)\,\mathrm{e}^{\mathrm{i}\omega\tau}\,\mathrm{d}\tau\,.$$

Wegen der Linearität der Gleichungen kann der Gesamtwiderstand als Integral über die Widerstände geschrieben werden, die man bei Bewegungen mit Geschwindigkeiten erhält, die gleich den einzelnen Fourier-Komponenten $u_\omega \mathrm{e}^{-\mathrm{i}\omega t}$ sind. Diese Widerstandskräfte werden durch den Ausdruck (3) der Aufgabe 5 gegeben und sind gleich

$$\pi\varrho R^3 u_\omega \,\mathrm{e}^{-\mathrm{i}\omega t}\left\{\frac{6\nu}{R^2} - \frac{2\mathrm{i}\omega}{3} + \frac{3\sqrt{2\nu}}{R}(1-\mathrm{i})\sqrt{\omega}\right\}.$$

Unter Beachtung von $\left(\frac{\mathrm{d}u}{\mathrm{d}t}\right)_\omega = -\mathrm{i}\omega u_\omega$ formen wir diesen Ausdruck um in

$$\pi\varrho R^3\,\mathrm{e}^{-\mathrm{i}\omega t}\left\{\frac{6\nu}{R^2}u_\omega + \frac{2}{3}(\dot{u})_\omega + \frac{3\sqrt{2\nu}}{R}(\dot{u})_\omega\frac{1+\mathrm{i}}{\sqrt{\omega}}\right\}.$$

Bei der Integration über $\mathrm{d}\omega/2\pi$ erhalten wir im ersten und im zweiten Glied $u(t)$ bzw. $\dot{u}(t)$. Zur Integration des dritten Gliedes bemerken wir zunächst, daß man es für negative ω als das konjugiert Komplexe schreiben kann, indem man darin $\frac{1-\mathrm{i}}{\sqrt{|\omega|}}$ statt $\frac{1+\mathrm{i}}{\sqrt{\omega}}$ schreibt (das hängt damit zusammen, daß die Formel (3) in Aufgabe 5 für die Geschwindigkeit $u = u_0\,\mathrm{e}^{-\mathrm{i}\omega t}$ mit positivem ω hergeleitet worden ist; für die Geschwindigkeit $u_0\,\mathrm{e}^{\mathrm{i}\omega t}$ würde sich die konjugiert komplexe Größe ergeben). Statt des Integrals über ω von $-\infty$ bis $+\infty$ kann man deshalb den doppelten Realteil des Integrals von 0 bis $+\infty$ nehmen. Wir schreiben

$$\frac{2}{2\pi}\operatorname{Re}\left\{(1+\mathrm{i})\int_0^{\infty}\frac{(\dot{u})_\omega \mathrm{e}^{-\mathrm{i}\omega t}}{\sqrt{\omega}}\,\mathrm{d}\omega\right\} = \frac{1}{\pi}\operatorname{Re}\left\{(1+\mathrm{i})\int_{-\infty}^{\infty}\int_0^{\infty}\frac{\dot{u}(\tau)\,\mathrm{e}^{\mathrm{i}\omega(\tau-t)}}{\sqrt{\omega}}\,\mathrm{d}\omega\,\mathrm{d}\tau\right\}$$

$$= \frac{1}{\pi}\operatorname{Re}\left\{(1+\mathrm{i})\int_{-\infty}^{t}\int_0^{\infty}\frac{\dot{u}(\tau)\,\mathrm{e}^{-\mathrm{i}\omega(t-\tau)}}{\sqrt{\omega}}\,\mathrm{d}\omega\,\mathrm{d}\tau + (1+\mathrm{i})\int_t^{\infty}\int_0^{\infty}\frac{\dot{u}(\tau)\,\mathrm{e}^{\mathrm{i}\omega(\tau-t)}}{\sqrt{\omega}}\,\mathrm{d}\omega\,\mathrm{d}\tau\right\}$$

$$= \sqrt{\frac{2}{\pi}}\operatorname{Re}\left\{\int_{-\infty}^{t}\frac{\dot{u}(\tau)}{\sqrt{t-\tau}}\,\mathrm{d}\tau + \mathrm{i}\int_t^{\infty}\frac{\dot{u}(\tau)}{\sqrt{\tau-t}}\,\mathrm{d}\tau\right\}$$

$$= \sqrt{\frac{2}{\pi}}\int_{-\infty}^{t}\frac{\dot{u}(t)}{\sqrt{t-\tau}}\,\mathrm{d}\tau\,.$$

Somit erhalten wir als endgültigen Ausdruck für den Widerstand

$$F = 2\pi\varrho R^3\left\{\frac{1}{3}\frac{\mathrm{d}u}{\mathrm{d}t} + \frac{3\nu u}{R^2} + \frac{3}{R}\sqrt{\frac{\nu}{\pi}}\int_{-\infty}^{t}\frac{\mathrm{d}u}{\mathrm{d}\tau}\frac{\mathrm{d}\tau}{\sqrt{t-\tau}}\right\}. \tag{4}$$

8. Man berechne den Widerstand für eine Kugel, die zur Zeit $t = 0$ eine gleichförmig beschleunigte Bewegung nach dem Gesetzt $u = \alpha t$ beginnt.

Lösung. Wir setzen in Formel (4) der vorhergehenden Aufgabe $u = 0$ für $t < 0$ und $u = \alpha t$ für $t > 0$ ein und erhalten (für $t > 0$)

$$F = 2\pi\varrho R^3\alpha\left[\frac{1}{3} + \frac{3\nu t}{R^2} + \frac{6}{R^2}\sqrt{\frac{t\nu}{\pi}}\right].$$

9. Dasselbe für eine Kugel, die plötzlich in eine gleichförmige Bewegung versetzt wird.

Lösung. Wir haben $u = 0$ für $t < 0$ und $u = u_0$ für $t > 0$. Die Ableitung $\mathrm{d}u/\mathrm{d}t$ ist immer gleich Null, außer zur Zeit $t = 0$. In diesem Zeitpunkt ist sie unendlich; das Integral über $\mathrm{d}u/\mathrm{d}t$ über die Zeit ist dabei endlich und gleich u_0. Als Resultat erhalten wir für alle Zeiten $t > 0$

$$F = 6\pi\varrho\nu R u_0\left[1 + \frac{R}{\sqrt{\pi\nu t}}\right] + \frac{2\pi\varrho R^3 u_0\delta(t)}{3}.$$

Hier ist $\delta(t)$ die δ-Funktion. Für $t \to \infty$ nähert sich dieser Ausdruck asymptotisch dem durch die Stokessche Formel gegebenen Wert. Der Impuls, den die Kugel während eines infinitesimalen Zeitintervalls bei $t = 0$ infolge des Widerstandes erhält, ergibt sich durch Integration des letzten Terms in F über die Zeit und ist $2\pi\varrho R^3 u_0/3$.

10. Man berechne das Drehmoment auf eine Kugel, die in einer zähen Flüssigkeit eine Drehschwingung um einen Durchmesser ausführt.

Lösung. Aus denselben Gründen wie in Aufgabe 1, § 20, braucht man in der Bewegungsgleichung den Term mit dem Druckgradienten nicht aufzuschreiben, und wir haben

$$\frac{\partial \boldsymbol{v}}{\partial t} = \nu\triangle\boldsymbol{v}\,.$$

Die Lösung setzen wir in der Form

$$\boldsymbol{v} = \operatorname{rot} f\boldsymbol{\Omega}_0\,\mathrm{e}^{-\mathrm{i}\omega t}$$

an; $\boldsymbol{\Omega} = \boldsymbol{\Omega}_0\, \mathrm{e}^{-\mathrm{i}\omega t}$ ist die Winkelgeschwindigkeit bei der Drehung der Kugel. Statt der Gleichung $\triangle f = \text{const}$ erhalten wir jetzt für f die folgende Gleichung:

$$\triangle f + k^2 f = \text{const}\,.$$

Wir lassen das unwesentliche konstante Glied in der Lösung dieser Gleichung weg und haben $f = \frac{a}{r}\,\mathrm{e}^{\mathrm{i}kr}$ (wir haben die Lösung gewählt, die im Unendlichen verschwindet). Die Konstante a bestimmen wir aus der Randbedingung $\boldsymbol{v} = \boldsymbol{\Omega} \times \boldsymbol{r}$ auf der Kugeloberfläche und erhalten

$$f = \frac{R^3}{r(1 - ikR)}\,\mathrm{e}^{\mathrm{i}k(r-R)}\,, \qquad \boldsymbol{v} = (\boldsymbol{\Omega} \times \boldsymbol{r})\left(\frac{R}{r}\right)^3 \frac{1 - ikr}{1 - ikR}\,\mathrm{e}^{\mathrm{i}k(r-R)}$$

(R ist der Kugelradius). Eine ähnliche Rechnung wie in Aufgabe 1, § 20 ergibt den folgenden Ausdruck für das Drehmoment, das von der Flüssigkeit her auf die Kugel wirkt:

$$M = -\frac{8\pi}{3}\eta R^3 \Omega\, \frac{3 + 6R/\delta + 6(R/\delta)^2 + 2(R/\delta)^3 - 2\mathrm{i}(R/\delta)^2\,(1 + R/\delta)}{1 + 2R/\delta + 2(R/\delta)^2}\,.$$

Für $\omega \to 0$ (d. h. $\delta \to \infty$) ergibt sich der Ausdruck $M = -8\pi\eta R^3 \Omega$, der einer gleichförmigen Rotation der Kugel entspricht (s. Aufgabe 1, § 20). Im entgegengesetzten Grenzfall $\frac{R}{\delta} \gg 1$ erhält man

$$M = \frac{4\sqrt{2}}{3}\pi R^4 \sqrt{\eta\varrho\omega}\,(i - 1)\,\Omega\,.$$

Zu diesem Ausdruck kann man auch auf direktem Wege gelangen: Für $\delta \ll R$ kann man jedes Flächenelement der Kugel als eben ansehen und die daran angreifende Reibungskraft aus der Formel (24,6) bestimmen, indem man dort die Geschwindigkeit $u = \Omega R \sin \Theta$ einsetzt.

11. Eine Hohlkugel ist mit einer zähen Flüssigkeit gefüllt und führt eine Drehschwingung um einen Durchmesser aus. Welches Drehmoment wirkt auf die Hohlkugel?

Lösung. Wir setzen die Geschwindigkeit genauso an wie in der vorhergehenden Aufgabe. Für f nehmen wir die Lösung, die im ganzen Volumen innerhalb der Kugel, einschließlich des Kugelmittelpunktes, endlich ist: $f = a\,\frac{\sin kr}{r}$; a wird aus der Randbedingung bestimmt. Wir erhalten

$$\boldsymbol{v} = (\boldsymbol{\Omega} \times \boldsymbol{r})\left(\frac{R}{r}\right)^3 \frac{kr \cos kr - \sin kr}{kR \cos kR - \sin kR}\,.$$

Die Berechnung des Drehmomentes der Reibungskräfte ergibt

$$M = \frac{8\pi\eta R^3 \Omega}{3}\, \frac{k^2 R^2 \sin kR + 2kR \cos kR - 3 \sin kR}{kR \cos kR - \sin kR}\,.$$

Der Grenzwert dieses Ausdruckes für $R/\delta \gg 1$ stimmt natürlich mit dem entsprechenden Ausdruck der vorhergehenden Aufgabe überein. Für $R/\delta \ll 1$ ist

$$M = \frac{8\pi\varrho\omega R^5 \Omega}{15}\left(\mathrm{i} - \frac{R^2\omega}{35\nu}\right).$$

Der erste Term in dieser Formel entspricht den Trägheitskräften, die auftreten, wenn die ganze Flüssigkeitsmenge wie ein starrer Körper rotiert.

§ 25. Die Dämpfung der Schwerewellen

Ähnliche Überlegungen wie oben können auch für die Geschwindigkeitsverteilung in der Nähe einer freien Flüssigkeitsoberfläche angestellt werden. Wir wollen eine Wellenbewegung an der Oberfläche einer Flüssigkeit betrachten (z. B. Schwerewellen). Dabei setzen wir voraus, daß die Bedingungen (24,11) erfüllt sind. Jetzt spielt die Wellenlänge λ die Rolle der Abmessungen l:

$$\lambda^2\omega \gg \nu\,, \qquad a \ll \lambda \tag{25,1}$$

(a ist die Amplitude der Welle, ω ihre Frequenz). Man kann dann aussagen, daß die Lösung nur in einer dünnen Schicht an der Flüssigkeitsoberfläche Wirbel enthalten wird; der größte Teil der Flüssigkeit führt eine Potentialströmung aus, genau wie es eine ideale Flüssigkeit tun würde.

Die Strömung einer zähen Flüssigkeit muß an einer freien Oberfläche die Randbedingungen (15,16) erfüllen, nach denen bestimmte Kombinationen der Ortsableitungen der Geschwindigkeit verschwinden müssen. Die Strömung, die sich durch Lösen der hydrodynamischen Gleichungen für eine ideale Flüssigkeit ergibt, genügt diesen Bedingungen nicht. Ähnlich wie wir es im vorhergehenden Paragraphen für die Geschwindigkeit v_y getan haben, können wir schließen, daß die entsprechenden Ableitungen der Geschwindigkeit in einer dünnen Schicht an der Flüssigkeitsoberfläche rasch abnehmen. Es ist wesentlich zu betonen, daß der Geschwindigkeitsgradient dabei nicht anomal groß wird, wie es in der Nähe einer festen Fläche der Fall ist.

Wir wollen die Energiedissipation in einer Schwerewelle berechnen. Hier darf man nicht von der Dissipation der kinetischen Energie sprechen, sondern von der Dissipation der mechanischen Energie E_{mech}, die neben der kinetischen Energie noch die potentielle Energie im Schwerefeld enthält. Es ist aber klar, daß die Tatsache, ob das Schwerefeld vorhanden ist oder nicht, die von den Prozessen der inneren Reibung in der Flüssigkeit hervorgerufene Energiedissipation nicht beeinflussen kann. Deshalb wird $\dot{E}_{\text{mech}}$ ebenfalls durch die Formel (16,3) gegeben:

$$\dot{E}_{\text{mech}} = -\frac{\eta}{2}\int\left(\frac{\partial v_i}{\partial x_k} + \frac{\partial v_k}{\partial x_i}\right)^2 \mathrm{d}V\,.$$

Zur Berechnung dieses Integrals für eine Schwerewelle ist folgendes zu bemerken: Das Volumen der Wirbelschicht an der Oberfläche ist klein, und der Geschwindigkeitsgradient ist darin nicht anomal groß; daher kann man die Existenz dieser Schicht vernachlässigen, im Gegensatz zu dem Fall der Schwingungen einer festen Fläche. Man hat, mit anderen Worten, die Integration über das gesamte Flüssigkeitsvolumen zu erstrecken, in dem sich die Flüssigkeit, wie wir gesehen haben, wie eine ideale Flüssigkeit bewegt.

Die Strömung in einer Schwerewelle in einer idealen Flüssigkeit haben wir bereits in § 12 berechnet. Es handelt sich um eine Potentialströmung, deshalb ist

$$\frac{\partial v_i}{\partial x_k} = \frac{\partial^2 \varphi}{\partial x_k\,\partial x_i} = \frac{\partial v_k}{\partial x_i}\,,$$

so daß

$$\dot{E}_{\text{mech}} = -2\eta\int\left(\frac{\partial^2\varphi}{\partial x_i\,\partial x_k}\right)^2 \mathrm{d}V$$

wird. Das Potential φ hat die Gestalt

$$\varphi = \varphi_0 \cos(kx - \omega t + \alpha)\, e^{kz}.$$

Uns interessiert natürlich nicht der momentane Wert, sondern der zeitliche Mittelwert $\bar{\dot{E}}_{\text{mech}}$ der dissipierten Energie. Da die Mittelwerte von Sinusquadrat und Kosinusquadrat gleich sind, erhalten wir

$$\bar{\dot{E}}_{\text{mech}} = -8\eta k^4 \int \overline{\varphi^2}\, dV. \tag{25,2}$$

Die Energie der Schwerewelle kann man berechnen, indem man den aus der Mechanik bekannten Sachverhalt ausnutzt, daß die mittlere kinetische und die mittlere potentielle Energie bei jedem System, das kleine Schwingungen (Schwingungen mit kleiner Amplitude) ausführt, einander gleich sind. Aus diesem Grunde können wir $\bar{E}_{\text{mech}}$ einfach als die doppelte kinetische Energie schreiben:

$$\bar{E}_{\text{mech}} = \varrho \int \overline{v^2}\, dV = \varrho \int \overline{\left(\frac{\partial \varphi}{\partial x_i}\right)^2}\, dV,$$

und deshalb

$$\bar{E}_{\text{mech}} = 2\varrho k^2 \int \overline{\varphi^2}\, dV. \tag{25,3}$$

Die Dämpfung der Wellen beschreibt man zweckmäßig durch den sogenannten *Dämpfungsfaktor* γ, der als das Verhältnis

$$\gamma = \frac{|\bar{\dot{E}}_{\text{mech}}|}{2\bar{E}_{\text{mech}}} \tag{25,4}$$

definiert ist. Im Laufe der Zeit nimmt die Energie der Welle nach dem Gesetz $\bar{E}_{\text{mech}} = \text{const}\cdot e^{-2\gamma t}$ ab. Die Energie ist dem Quadrat der Amplitude proportional, daher wird die zeitliche Abnahme der Amplitude durch den Faktor $e^{-\gamma t}$ bestimmt.

Mit Hilfe von (25,2) und (25,3) finden wir

$$\gamma = 2\nu k^2. \tag{25,5}$$

Setzen wir hier (12,7) ein, so ergibt sich der Dämpfungsfaktor für die Schwerewellen in der Gestalt

$$\gamma = \frac{2\nu\omega^4}{g^2}. \tag{25,6}$$

Aufgaben

1. Man berechne den Dämpfungsfaktor für lange Schwerewellen, die sich in einem Kanal mit konstantem Querschnitt ausbreiten. Die Frequenz wird als so groß vorausgesetzt, daß $\sqrt{\nu/\omega}$ gegenüber der Flüssigkeitstiefe im Kanal und der Breite des Kanals klein ist.

Lösung. Der Hauptanteil der Energiedissipation geht in der Flüssigkeitsschicht an den Wänden vor sich, in der sich die Geschwindigkeit vom Wert Null an der Wand auf den Wert $v = v_0\, e^{-i\omega t}$ in der

Welle ändert. Die mittlere Energiedissipation (pro Längeneinheit des Kanals) ist nach (24,14)

$$l \frac{|v_0|^2}{2\sqrt{2}} \sqrt{\eta \varrho \omega}\,;$$

l ist die Länge desjenigen Teils der Berandung des Kanalquerschnitts, an dem die Flüssigkeit mit den Wänden in Berührung kommt. Die mittlere Energie der Flüssigkeit (gleichfalls auf die Längeneinheit bezogen) ist $S\varrho \overline{v^2} = S\varrho\, |v_0|^2/2$ (S ist die Fläche des Flüssigkeitsquerschnittes im Kanal). Der Dämpfungsfaktor ist

$$\gamma = \frac{l}{2\sqrt{2}\,S} \sqrt{\nu\omega}\,.$$

Für einen Kanal mit rechteckigem Querschnitt (Breite a, Flüssigkeitstiefe h) gilt

$$\gamma = \frac{2h + a}{2\sqrt{2}\,ah} \sqrt{\nu\omega}\,.$$

2. Man berechne die Strömung in einer Schwerewelle auf einer Flüssigkeit mit großer Zähigkeit ($\nu \gtrsim \omega\lambda^2$).

L ö s u n g. Die im Text durchgeführte Berechnung des Dämpfungsfaktors ist nur in den Fällen anwendbar, wenn dieser Faktor klein ist, so daß man die Strömung in erster Näherung als Strömung einer idealen Flüssigkeit ansehen kann. Bei beliebiger Zähigkeit suchen wir eine Lösung der Bewegungsgleichungen

$$\left.\begin{aligned}
\frac{\partial v_x}{\partial t} &= \nu\left(\frac{\partial^2 v_x}{\partial x^2} + \frac{\partial^2 v_x}{\partial z^2}\right) - \frac{1}{\varrho}\frac{\partial p}{\partial x}\,,\\
\frac{\partial v_z}{\partial t} &= \nu\left(\frac{\partial^2 v_z}{\partial x^2} + \frac{\partial^2 v_z}{\partial z^2}\right) - \frac{1}{\varrho}\frac{\partial p}{\partial z} - g\,,\\
\frac{\partial v_x}{\partial x} &+ \frac{\partial v_z}{\partial z} = 0\,,
\end{aligned}\right\} \qquad (1)$$

die von t und x über den Faktor $e^{-i\omega t + ikx}$ abhängt und in z-Richtung in die Flüssigkeit hinein ($z < 0$) abklingt. Wir erhalten

$$v_x = e^{-i\omega t + ikx}(A\, e^{kz} + B\, e^{mz})\,, \qquad v_z = e^{-i\omega t + ikx}\left(-iA\, e^{kz} - \frac{ik}{m} B\, e^{mz}\right),$$

$$\frac{p}{\varrho} = e^{-i\omega t + ikx} \frac{\omega}{k} A\, e^{kz} - gz\,, \quad \text{mit} \quad m = \sqrt{k^2 - \frac{i\omega}{\nu}}\,.$$

Die Randbedingungen an der Flüssigkeitsoberfläche sind

$$\sigma_{zz} = -p + 2\eta \frac{\partial v_z}{\partial z} = 0\,, \qquad \sigma_{xz} = \eta\left(\frac{\partial v_x}{\partial z} + \frac{\partial v_z}{\partial x}\right) = 0$$

(für $z = \zeta$). In der zweiten Bedingung kann man statt $z = \zeta$ unmittelbar $z = 0$ schreiben. Die erste Bedingung differenzieren wir zuerst nach t und schreiben dann gv_z an Stelle von $g\,\partial\zeta/\partial t$, danach setzen wir $z = 0$. Es ergeben sich so zwei homogene Gleichungen für A und B. Aus der Lösbarkeitsbedingung für diese Gleichungen erhalten wir

$$\left(2 - \frac{i\omega}{\nu k^2}\right)^2 + \frac{g}{\nu^2 k^3} = 4\sqrt{1 - \frac{i\omega}{\nu k^2}}\,. \qquad (2)$$

Diese Gleichung gibt die Abhängigkeit von ω von der Wellenzahl k an. Dabei ist ω eine komplexe Größe. Ihr Realteil bestimmt die Schwingungsfrequenz, ihr Imaginärteil den Dämpfungsfaktor. Die

Lösungen der Gleichung (2) mit negativem Imaginärteil haben einen physikalischen Sinn (sie entsprechen einer Dämpfung der Welle); nur zwei Wurzeln der Gleichung (2) sind so beschaffen. Für $\nu k^2 \ll \sqrt{gk}$ (Bedingung (25,1)) ist der Dämpfungsfaktor klein, und (2) ergibt näherungsweise $\omega = \pm \sqrt{gk} - i \cdot 2\nu k^2$, also ein uns bereits bekanntes Ergebnis. Im entgegengesetzten Grenzfall $\nu k^2 \gg \sqrt{gk}$ hat die Gleichung (2) zwei rein imaginäre Wurzeln, die einer gedämpften aperiodischen Bewegung entsprechen. Eine dieser Wurzeln ist

$$\omega = -\frac{ig}{2\nu k},$$

die andere ist wesentlich größer (von der Größenordnung νk^2) und deshalb uninteressant (die zugehörige Bewegung klingt schnell ab).

III TURBULENZ

§ 26. Die Stabilität der stationären Strömung einer Flüssigkeit

Für jede Aufgabe über die Bewegung einer zähen Flüssigkeit unter gegebenen stationären Bedingungen muß im Prinzip eine exakte stationäre Lösung der Gleichungen der Hydrodynamik existieren. Diese Lösungen existieren formal bei beliebigen Reynolds-Zahlen. Aber nicht jede Lösung der Bewegungsgleichungen, selbst wenn sie exakt ist, kann in der Natur verwirklicht werden. Die Strömungen, die in der Natur verwirklicht werden, müssen nicht nur die hydrodynamischen Gleichungen erfüllen, sondern sie müssen auch noch stabil sein: kleine Störungen, einmal entstanden, müssen mit der Zeit abklingen. Wenn dagegen im Flüssigkeitsstrom unvermeidlich auftretende beliebig kleine Störungen bestrebt sind, mit der Zeit anzuwachsen, dann ist die Strömung instabil und kann in Wirklichkeit nicht existieren.[1])

Die mathematische Untersuchung, ob eine Strömung gegenüber infinitesimalen Störungen stabil ist oder nicht, muß nach dem folgenden Schema vor sich gehen. Der untersuchten stationären Lösung (die entsprechende Geschwindigkeitsverteilung sei $\boldsymbol{v}_0(\boldsymbol{r})$) wird eine kleine nicht stationäre Störung $\boldsymbol{v}_1(\boldsymbol{r}, t)$ überlagert, die so bestimmt werden muß, daß die resultierende Strömung $\boldsymbol{v} = \boldsymbol{v}_0 + \boldsymbol{v}_1$ den Bewegungsgleichungen genügt. Die Gleichung zur Bestimmung von $\boldsymbol{v}_1$ ergibt sich, indem man in die Gleichungen

$$\frac{\partial \boldsymbol{v}}{\partial t} + (\boldsymbol{v}\nabla)\,\boldsymbol{v} = -\frac{\nabla p}{\varrho} + \nu\triangle\boldsymbol{v}\,, \qquad \operatorname{div}\boldsymbol{v} = 0 \tag{26,1}$$

die Geschwindigkeit und den Druck in der Form

$$\boldsymbol{v} = \boldsymbol{v}_0 + \boldsymbol{v}_1\,, \qquad p = p_0 + p_1 \tag{26,2}$$

einsetzt. Die bekannten Funktionen $\boldsymbol{v}_0$ und p_0 erfüllen dabei die ungestörten Gleichungen

$$(\boldsymbol{v}_0\nabla)\,\boldsymbol{v}_0 = -\frac{\nabla p_0}{\varrho} + \nu\triangle\boldsymbol{v}_0\,, \qquad \operatorname{div}\boldsymbol{v}_0 = 0\,. \tag{26,3}$$

Lassen wir die Glieder höherer Ordnung in der kleinen Größe $\boldsymbol{v}_1$ weg, so erhalten wir

$$\frac{\partial \boldsymbol{v}_1}{\partial t} + (\boldsymbol{v}_0\nabla)\,\boldsymbol{v}_1 + (\boldsymbol{v}_1\nabla)\,\boldsymbol{v}_0 = -\frac{\nabla p_1}{\varrho} + \nu\triangle\boldsymbol{v}_1\,, \qquad \operatorname{div}\boldsymbol{v}_1 = 0\,. \tag{26,4}$$

---

[1]) In der vorhergehenden Ausgabe dieses Buches wurde die Instabilität in Bezug auf beliebig kleine Störungen absolute Instabilität genannt. Wir lassen jetzt in diesem Sinne das Adjektiv „absolut" weg, behalten es aber bei (in Übereinstimmung mit der üblichen Terminologie in der gegenwärtigen Literatur) zur Betonung des Gegensatzes zum Begriff der konvektiven Instabilität (§ 28).

Die Randbedingung besagt, daß $\boldsymbol{v}_1$ an unbeweglichen festen Flächen verschwinden muß.

Die Geschwindigkeit $\boldsymbol{v}_1$ genügt also einem System homogener linearer Differentialgleichungen mit Koeffizienten, die nur Funktionen des Ortes sind und nicht von der Zeit abhängen. Die allgemeine Lösung solcher Gleichungen kann als Summe spezieller Lösungen dargestellt werden, in denen $\boldsymbol{v}_1$ über einen Faktor $e^{-i\omega t}$ von der Zeit abhängt. Die Frequenzen ω der Störungen sind nicht willkürlich; sie werden durch die Lösungen der Gleichungen (26,4) mit den entsprechenden Randbedingungen bestimmt. Diese Frequenzen sind im allgemeinen komplex. Existieren ω mit positivem Imaginärteil, dann wächst $e^{-i\omega t}$ unbeschränkt im Laufe der Zeit. Mit anderen Worten, solche Störungen werden anwachsen, nachdem sie einmal aufgetreten sind, d. h., die Strömung wird gegenüber solchen Störungen instabil sein. Für die Stabilität einer Strömung ist es notwendig, daß alle möglichen Frequenzen ω negative Imaginärteile haben. Dann werden auftretende Störungen im Laufe der Zeit exponentiell abklingen.

Eine solche mathematische Stabilitätsuntersuchung ist jedoch äußerst kompliziert. Gegenwärtig ist das Stabilitätsproblem für die stationäre Strömung um Körper mit endlichen Abmessungen theoretisch noch völlig ungeklärt. Es besteht kein Zweifel darüber, daß die stationäre Strömung um einen Körper für genügend kleine Reynolds-Zahlen stabil ist. Die experimentellen Befunde besagen offenkundig, daß bei der Vergrößerung von Re schließlich ein bestimmter Wert erreicht wird (den man die kritische Reynolds-Zahl Re_{kr} nennt), von dem an die Strömung gegenüber infinitesimalen Störungen instabil wird, so daß für genügend große Reynolds-Zahlen ($\mathrm{Re} > \mathrm{Re}_{kr}$) eine stationäre Strömung um feste Körper überhaupt unmöglich ist. Die kritische Reynolds-Zahl ist selbstverständlich keine universelle Größe; für jeden Strömungstyp gibt es ein eigenes Re_{kr}. Diese Werte liegen allem Anschein nach größenordnungsmäßig zwischen 10 und 100. (So wurde bei der Umströmung eines Zylinders senkrecht zur Achse bereits für $\mathrm{Re} = ud/\nu \approx 30$ eine nicht abklingende, nicht stationäre Strömung beobachtet; d ist der Durchmesser des Zylinders.)

Wir wollen jetzt den Charakter derjenigen nichtstationären Bewegung studieren, die sich auf Grund der Instabilität einer stationären Strömung für große Reynolds-Zahlen herausbildet (L. D. Landau, 1944).

Wir beginnen mit der Untersuchung der Eigenschaften dieser Strömung für Reynolds-Zahlen, die nur wenig größer als Re_{kr} sind. Für $\mathrm{Re} < \mathrm{Re}_{kr}$ haben die komplexen Frequenzen $\omega = \omega_1 + i\gamma_1$ aller möglichen kleinen Störungen der Geschwindigkeit negative Imaginärteile ($\gamma_1 < 0$). Für $\mathrm{Re} = \mathrm{Re}_{kr}$ tritt eine Frequenz auf, deren Imaginärteil gleich Null ist. Diese Frequenz hat für $\mathrm{Re} > \mathrm{Re}_{kr}$ einen positiven Imaginärteil; für Re in der Nähe von Re_{kr} gilt $\gamma_1 \ll \omega_1$.[1]) Die zu dieser Frequenz gehörige Funktion $\boldsymbol{v}_1$ hat die Gestalt

$$\boldsymbol{v}_1 = A(t)\boldsymbol{f}(x, y, z)\,; \tag{26,5}$$

$\boldsymbol{f}$ ist darin eine komplexe Ortsfunktion, und die komplexe Amplitude $A(t)$ ist[2])

$$A(t) = \mathrm{const} \cdot e^{\gamma_1 t}\, e^{-i\omega_1 t}\,. \tag{26,6}$$

---

[1]) Das Spektrum aller möglichen Frequenzen der Störungen (bei gegebenem Strömungstyp) enthält sowohl isolierte Punkte (diskretes Spektrum) als auch Werte, die ganze Intervalle stetig ausfüllen (kontinuierliches Spektrum). Man kann erwarten, daß es bei der Umströmung eines endlichen Körpers Frequenzen mit $\gamma_1 > 0$ nur im diskreten Spektrum geben wird. Die zu Frequenzen im kontinuierlichen Spektrum gehörenden Störungen verschwinden nämlich im allgemeinen nicht im Unendlichen. Dagegen ist die Grundströmung im Unendlichen eine völlig stabile homogene Parallelströmung.

[2]) Wie immer ist hier der Realteil des Ausdruckes (26,5) gemeint.

Dieser Ausdruck für $A(t)$ ist in Wirklichkeit aber nur für ein kurzes Zeitintervall nach dem Zeitpunkt brauchbar, in dem die stationäre Strömung zerreißt: Der Faktor $e^{\gamma_1 t}$ wächst rasch mit fortschreitender Zeit, während die beschriebene Methode zur Bestimmung von $\boldsymbol{v}_1$, die zu Ausdrücken der Art (26,5), (26,6) führt, nur für hinreichend kleine $\boldsymbol{v}_1$ anwendbar ist. In Wirklichkeit wird natürlich der Betrag $|A|$ der Amplitude der nichtstationären Strömung nicht unbeschränkt wachsen, sondern gegen einen bestimmten endlichen Grenzwert streben. Für Re in der Nähe von Re_{kr} ist dieser endliche Grenzwert noch klein, und man kann ihn folgendermaßen bestimmen.

Wir bilden die zeitliche Ableitung vom Quadrat der Amplitude $|A|^2$. Für sehr kleine Zeiten, wenn (26,6) noch anwendbar ist, haben wir

$$\frac{\mathrm{d}|A|^2}{\mathrm{d}t} = 2\gamma_1 |A|^2 .$$

Dieser Ausdruck ist seinem Wesen nach nur das erste Glied in einer Reihenentwicklung nach Potenzen von A und A^*. Vergrößert man den Betrag $|A|$ (der aber immer noch klein bleibt), dann muß man die folgenden Glieder in dieser Entwicklung berücksichtigen. Die nächsten Glieder sind die Glieder dritter Ordnung in A. Uns interessiert aber nicht der genaue Wert der Ableitung $\mathrm{d}|A|^2/\mathrm{d}t$, sondern deren zeitlicher Mittelwert; die Mittelung erfolgt dabei über Zeitintervalle, die gegenüber der Periode $2\pi/\omega_1$ des periodischen Faktors $e^{-i\omega_1 t}$ groß sind (wir erinnern daran, daß diese Periode wegen $\omega_1 \gg \gamma_1$ klein im Vergleich zu der Zeit $1/\gamma_1$ ist, in der sich der Betrag $|A|$ der Amplitude merklich ändert). Die Glieder dritter Ordnung enthalten aber unbedingt einen periodischen Faktor und fallen bei der Mittelung heraus.[1]) Unter den Termen vierter Ordnung ist ein Glied proportional zu $A^2 A^{*2} = |A|^4$; dieses Glied fällt bei der Mittelung nicht heraus. Bis zu Gliedern vierter Ordnung haben wir also

$$\overline{\frac{\mathrm{d}\,|A|^2}{\mathrm{d}t}} = 2\gamma_1 |A|^2 - \alpha |A|^4 , \tag{26,7}$$

wobei die Konstante α (*Landausche Konstante*) sowohl positiv als auch negativ sein kann.

Wir interessieren uns für die Situation, wo bei $\mathrm{Re} > \mathrm{Re}_{kr}$ erstmalig schon eine beliebig kleine Störung (auf dem Hintergrund der Grundströmung) eine Instabilität zeigt. Dieser Situation entspricht der Fall $\alpha > 0$, den wir betrachten wollen.

Über $|A|^2$ und $|A|^4$ in (26,7) schreiben wir die Symbole der Mittelung nicht, weil die Mittelung nur über Zeitintervalle erfolgt, die gegenüber $1/\gamma_1$ klein sind. Aus demselben Grunde muß man bei der Lösung dieser Gleichung so vorgehen, als wäre kein Strich über der Ableitung auf der linken Seite. Die Lösung der Gleichung (26,7) hat die Gestalt

$$\frac{1}{|A|^2} = \frac{\alpha}{2\gamma_1} + \mathrm{const} \cdot e^{-2\gamma_1 t} .$$

Wie man daraus erkennt, strebt $|A|^2$ asymptotisch gegen den endlichen Grenzwert

$$|A|^2_{\max} = \frac{2\gamma_1}{\alpha} . \tag{26,8}$$

---

[1]) Streng genommen geben die Glieder dritter Ordnung bei der Mittelung nicht Null, sondern Größen vierter Ordnung. Von diesen Größen wird vorausgesetzt, daß sie in den Termen vierter Ordnung in der Entwicklung enthalten sind.

Die Größe γ_1 ist eine Funktion der Reynolds-Zahl. In der Nähe von Re_{kr} kann sie in eine Potenzreihe nach $\mathrm{Re} - \mathrm{Re}_{kr}$ entwickelt werden. Nach der Definition der kritischen Reynolds-Zahl ist $\gamma_1(\mathrm{Re}_{kr}) = 0$. Deshalb gilt näherungsweise

$$\gamma_1 = \mathrm{const} \cdot (\mathrm{Re} - \mathrm{Re}_{kr}) . \tag{26,9}$$

Setzen wir dies in (26,8) ein, so finden wir die folgende Abhängigkeit für die sich ausbildende Amplitude vom „Grad", in dem Re überkritisch ist:

$$|A|_{\max} \sim (\mathrm{Re} - \mathrm{Re}_{kr})^{1/2} . \tag{26,10}$$

Wir verweilen noch kurz bei dem Fall, in dem in Gleichung (26,7) $\alpha < 0$. Zur Bestimmung des Grenzwertes der Amplitude der Störung reichen jetzt die beiden Glieder der Entwicklung in (26,7) nicht aus, und es muß ein negatives Glied höherer Ordnung berücksichtigt werden; dies sei das Glied $-\beta\,|A|^6$ mit $\beta > 0$. Dann gilt

$$|A|^2_{\max} = \frac{|\alpha|}{2\beta} \pm \left[\frac{\alpha^2}{4\beta^2} + \frac{2\,|\alpha|}{\beta}\gamma_1\right]^{1/2} \tag{(26,11)}$$

mit γ_1 aus (26,9). Diese Abhängigkeit ist in Abb. 13b dargestellt (Abb. 13a entspricht dem Fall $\alpha > 0$, der Formel (26,10)). Bei $\mathrm{Re} > \mathrm{Re}_{kr}$ kann die stationäre Strömung überhaupt

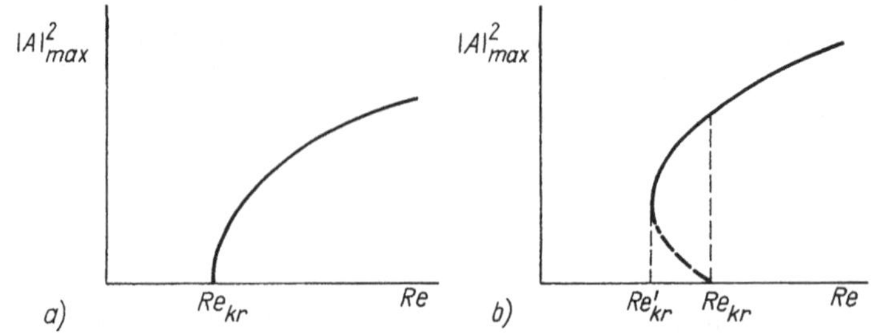

Abb. 13

nicht existieren; bei $\mathrm{Re} = \mathrm{Re}_{kr}$ nimmt die Störung sprunghaft eine endliche Amplitude an (die natürlich noch als so hinreichend klein vorausgesetzt wird, daß die benutzte Entwicklung nach Potenzen von $|A|^2$ anwendbar ist).[1]) Im Intervall $\mathrm{Re}'_{kr} < \mathrm{Re} < \mathrm{Re}_{kr}$ ist die Grundströmung *metastabil*, d. h., sie ist stabil gegenüber unendlich kleinen Störungen, aber instabil gegenüber Störungen mit endlicher Amplitude (ausgezogene Linie; der gestrichelte Kurvenast ist instabil).

Wir kehren zurück zur nichtstationären Strömung, die bei $\mathrm{Re} > \mathrm{Re}_{kr}$ infolge der Instabilität gegenüber kleinen Störungen entsteht. Für Re in der Nähe von Re_{kr} kann diese Strömung als Überlagerung der stationären Strömung $\boldsymbol{v}_0(\boldsymbol{r})$ und der periodischen Strömung $\boldsymbol{v}_1(\boldsymbol{r}, t)$ mit kleiner, aber endlicher Amplitude dargestellt werden, die bei Vergrößerung von Re nach dem Gesetz (26,10) anwächst. Die Geschwindigkeitsverteilung in dieser Strömung hat die Gestalt

$$\boldsymbol{v}_1 = \boldsymbol{f}(\boldsymbol{r})\,\mathrm{e}^{-\mathrm{i}(\omega_1 t + \beta_1)} , \tag{26,12}$$

[1]) In der Mechanik bezeichnet man solche Systeme als Systeme mit *harter* Selbsterregung im Unterschied zu Systemen mit *weicher* Selbsterregung, die gegenüber unendlich kleinen Störungen instabil sind.

worin f eine komplexe Funktion der Koordinaten und β_1 eine Anfangsphase sind. Für große Differenzen $\mathrm{Re} - \mathrm{Re}_{\mathrm{kr}}$ hat eine Aufspaltung der Geschwindigkeit in die beiden Teile $\boldsymbol{v}_0$ und $\boldsymbol{v}_1$ keinen Sinn mehr. Wir haben es dann einfach mit einer periodischen Strömung mit der Frequenz ω_1 zu tun. Benutzt man statt der Zeit die Phase $\varphi_1 \equiv \omega_1 t + \beta_1$ als unabhängige Variable, dann kann man sagen, daß die Funktion $\boldsymbol{v}(\boldsymbol{r}, \varphi_1)$ eine periodische Funktion von φ_1 mit der Periode 2π ist. Diese Funktion ist aber jetzt keine einfache trigonometrische Funktion. Entwickelt man sie in eine Fourier-Reihe,

$$\boldsymbol{v} = \sum_p \boldsymbol{A}_p(\boldsymbol{r})\, \mathrm{e}^{-\mathrm{i}\varphi_1 p} \tag{26,13}$$

(die Summation läuft über alle positiven und negativen ganzen Zahlen p), so tritt nicht nur das Glied mit der Grundfrequenz ω_1 auf; es sind auch Glieder enthalten, die zu ganzzahligen Vielfachen der Grundfrequenz gehören.

Durch die Gleichung (26,7) wird nur der absolute Betrag des Zeitfaktors $A(t)$ bestimmt, aber nicht dessen Phase. Die Phase $\varphi_1 = \omega_1 t + \beta_1$ der periodischen Strömung bleibt grundsätzlich unbestimmt und hängt von den zufälligen Anfangsbedingungen zu Beginn der Strömung ab. In Abhängigkeit von diesen Bedingungen kann die Anfangsphase β_1 einen beliebigen Wert haben. Die untersuchte periodische Strömung wird also nicht durch die stationären äußeren Bedingungen, unter denen die Strömung vor sich geht, eindeutig bestimmt. Eine Größe – die Anfangsphase der Geschwindigkeit – bleibt willkürlich. Man kann sagen, daß diese Strömung einen Freiheitsgrad hat, während die stationäre Strömung, die durch die äußeren Bedingungen vollständig bestimmt ist, keinen Freiheitsgrad hat.

Aufgabe

Man leite die Gleichung ab für die Energiebalance zwischen der Grundströmung und der ihr überlagerten Störung, wenn man die letztere nicht als schwach voraussetzt.

Lösung. Setzt man (26,2) in die Gleichung (26,1) ein, läßt aber das Glied zweiter Ordnung in $\boldsymbol{v}_1$ nicht weg, so erhält man

$$\frac{\partial \boldsymbol{v}_1}{\partial t} + (\boldsymbol{v}_0\nabla)\,\boldsymbol{v}_1 + (\boldsymbol{v}_1\nabla)\,\boldsymbol{v}_0 + (\boldsymbol{v}_1\nabla)\,\boldsymbol{v}_1 = -\nabla p_1 + \mathrm{Re}^{-1}\,\triangle \boldsymbol{v}_1 \tag{1}$$

(es ist vorausgesetzt, daß alle Größen auf dimensionslose Größen reduziert wurden, wie in § 19 erklärt). Multiplizieren wir diese Gleichung mit $\boldsymbol{v}_1$ und formen sie um unter Berücksichtigung von $\operatorname{div} \boldsymbol{v}_0 = \operatorname{div} \boldsymbol{v}_1 = 0$, so finden wir

$$\begin{aligned}\frac{\partial}{\partial t}\frac{v_1^2}{2} &= -v_{1i}v_{1k}\frac{\partial v_{0i}}{\partial x_k} - \mathrm{Re}^{-1}\frac{\partial v_{1i}}{\partial x_k}\frac{\partial v_{1i}}{\partial x_k}\\ &\quad + \frac{\partial}{\partial x_k}\left\{-\frac{1}{2}v_1^2(v_{0k}+v_{1k}) - p_1 v_{1k} + \mathrm{Re}^{-1}\,v_{1i}\frac{\partial v_{1i}}{\partial x_k}\right\}.\end{aligned}$$

Das letzte Glied auf der rechten Seite dieser Gleichung verschwindet nach Integration über das gesamte Gebiet der Strömung wegen der Bedingungen $\boldsymbol{v}_0 = \boldsymbol{v}_1 = 0$ auf den das Gebiet begrenzenden Wänden oder im Unendlichen. Als Resultat finden wir die gesuchte Beziehung

$$\dot{E}_1 = T - \mathrm{Re}^{-1} D\,, \tag{2}$$

wobei

$$E_1 = \int \frac{v_1^2}{2}\,\mathrm{d}V, \qquad T = -\int v_{1i}v_{1k}\frac{\partial v_{0i}}{\partial x_k}\,\mathrm{d}V, \qquad D = \int \left(\frac{\partial v_{1i}}{\partial x_k}\right)^2 \mathrm{d}V. \tag{3}$$

Das Funktional T beschreibt den Energieaustausch zwischen der Grundströmung und der Störung; es kann beiderlei Vorzeichen haben. Das Funktional D beschreibt den dissipativen Energieverlust, es gilt immer $D > 0$. Wir machen darauf aufmerksam, daß das in $\boldsymbol{v}_1$ nichtlineare Glied in (1) keinen Beitrag zur Beziehung (2) liefert.

Die Beziehung (2) erlaubt, eine Abschätzung von unten für die Zahl $\mathrm{Re}_{\mathrm{kr}}$ zu finden (O. Reynolds, 1894; W. Orr, 1907): Die Ableitung $\mathrm{d}E_1/\mathrm{d}t$ ist mit Sicherheit negativ, d. h., die Störung klingt ab mit der Zeit, für $\mathrm{Re} < \mathrm{Re}_E$, wobei

$$\mathrm{Re}_E = \min\,(D/T)\,; \tag{4}$$

das Minimum des Funktionals wird dabei in Bezug auf die Funktionen $\boldsymbol{v}_1(\boldsymbol{r})$ genommen, die die Randbedingungen und die Gleichung $\operatorname{div} \boldsymbol{v}_1 = 0$ erfüllen. Die Existenz eines endlichen Minimum hängt mathematisch zusammen mit dem einheitlichen (zweiten) Grad der Homogenität der Funktionale T und D. Damit wird auch die Existenz einer unteren Grenze (für Re) der Metastabilität bewiesen, unterhalb derer die Grundströmung gegenüber beliebigen Störungen stabil ist. Die durch den Ausdruck (4) gegebene untere Grenze (man nennt sie die energetische Grenze) erweist sich jedoch in der Mehrheit der Fälle als wesentlich zu niedrig.

§ 27. Die Stabilität der Rotationsbewegung einer Flüssigkeit

Um die Stabilität der stationären Strömung einer Flüssigkeit in dem Raum zwischen zwei rotierenden Zylindern (§ 18) im Grenzfall beliebig großer Reynolds-Zahlen zu untersuchen, kann man ein einfaches Verfahren anwenden, ähnlich dem in § 4 benutzten Verfahren zur Herleitung der mechanischen Stabilitätsbedingung für eine ruhende Flüssigkeit im Schwerefeld (Rayleigh, 1916). Dieser Methode liegt die folgende Idee zugrunde: Es wird irgendein beliebiger kleiner Teil der Flüssigkeit betrachtet und angenommen, daß dieser von der Bahnkurve verschoben wird, auf der er sich in der untersuchten Strömung bewegt. Bei einer solchen Verschiebung treten Kräfte auf den verschobenen Teil der Flüssigkeit auf. Für die Stabilität der Grundströmung ist es notwendig, daß diese Kräfte bestrebt sind, das verschobene Element in die Ausgangslage zurückzutreiben.

Jedes Flüssigkeitselement bewegt sich in der ungestörten Strömung auf einem Kreis $r = \mathrm{const}$ um die Achse der Zylinder. Es sei $\mu(r) = mr^2\dot{\varphi}$ der Drehimpuls eines Elementes mit der Masse m ($\dot{\varphi}$ ist die Winkelgeschwindigkeit). Die auf das Flüssigkeitselement wirkende Zentrifugalkraft ist μ^2/mr^3; dieser Kraft wird von dem entsprechenden radialen Druckgradienten in der rotierenden Flüssigkeit das Gleichgewicht gehalten. Wir nehmen jetzt an, daß ein Flüssigkeitselement im Abstand r_0 von der Achse ein wenig von seiner Bahnkurve verschoben wird, so daß es in den Abstand $r > r_0$ von der Achse gelangt. Der Drehimpuls des Elementes bleibt dabei gleich dem ursprünglichen Wert $\mu_0 = \mu(r_0)$. Der neuen Lage entsprechend wirkt auf das Element die Zentrifugalkraft μ_0^2/mr^3. Damit das Element bestrebt ist, in die Ausgangslage zurückzukehren, muß diese Zentrifugalkraft kleiner sein als der Gleichgewichtswert μ^2/mr^3, der dem Druckgradienten im Abstand r die Waage hält. Die notwendige Stabilitätsbedingung lautet also $\mu^2 - \mu_0^2 > 0$. Wir entwickeln $\mu(r)$ nach Potenzen der positiven Differenz $r - r_0$ und schreiben diese Bedingung in der Form

$$\mu \frac{\mathrm{d}\mu}{\mathrm{d}r} > 0\,. \tag{27,1}$$

Nach Formel (18,3) ist die Winkelgeschwindigkeit der bewegten Flüssigkeitsteilchen

$$\dot{\varphi} = \frac{\Omega_2 R_2^2 - \Omega_1 R_1^2}{R_2^2 - R_1^2} + \frac{(\Omega_1 - \Omega_2)\, R_1^2 R_2^2}{R_2^2 - R_1^2}\,\frac{1}{r^2}\,.$$

Berechnen wir $\mu = mr^2\dot{\varphi}$ und lassen alle als positiv bekannten Faktoren weg, so wird aus der Bedingung (27,1)

$$(\Omega_2 R_2^2 - \Omega_1 R_1^2)\,\dot{\varphi} > 0\,. \tag{27,2}$$

Die Winkelgeschwindigkeit $\dot{\varphi}$ ändert sich mit r monoton von dem Wert Ω_1 auf dem inneren bis zum Wert Ω_2 auf dem äußeren Zylinder. Rotieren die beiden Zylinder im entgegengesetzten Sinn, d. h., haben Ω_1 und Ω_2 verschiedene Vorzeichen, dann ändert die Funktion $\dot{\varphi}$ ihr Vorzeichen in dem Raum zwischen den Zylindern, und das Produkt aus $\dot{\varphi}$ und der konstanten Zahl $\Omega_2 R_2^2 - \Omega_1 R_1^2$ kann nicht überall positiv sein. In diesem Falle wird (27,2) nicht im ganzen Flüssigkeitsvolumen erfüllt, und die Strömung ist instabil.

Jetzt sollen die beiden Zylinder gleichsinnig rotieren. Nehmen wir diesen Drehsinn als positiv, so haben wir $\Omega_1 > 0$ und $\Omega_2 > 0$. Dann ist $\dot{\varphi}$ überall positiv, und für die Erfüllung der Bedingungen (27,2) ist es notwendig, daß

$$\Omega_2 R_2^2 > \Omega_1 R^2 \tag{27,3}$$

ist. Falls $\Omega_2 R_2^2$ kleiner als $\Omega_1 R_1^2$ ist, ist die Strömung instabil. So ist die Strömung z. B. instabil, wenn der äußere Zylinder ruht ($\Omega_2 = 0$) und nur der innere rotiert. Umgekehrt ist die Bewegung stabil, wenn der innere Zylinder ruht ($\Omega_1 = 0$).

Wir betonen, daß wir bei den angestellten Überlegungen den Einfluß der inneren Reibung bei der Verschiebung des Flüssigkeitselementes überhaupt nicht berücksichtigt haben. Die von uns benutzte Methode ist daher nur für hinreichend kleine Zähigkeit anwendbar, d. h. für genügend große Re.

Um die Stabilität der Strömung für beliebige Re zu untersuchen, muß man der allgemeinen Methode entsprechend von den Gleichungen (26,4) ausgehen; für die Strömung zwischen rotierenden Zylindern wurde dies zuerst von TAYLOR durchgeführt (G. I. TAYLOR, 1924).

Im vorliegenden Falle hängt die ungestörte Geschwindigkeitsverteilung $\boldsymbol{v}_0$ nur von der Zylinderkoordinate r ab; sie ist sowohl vom Winkel φ als auch von der Koordinate z längs der Zylinderachse unabhängig. Das vollständige System unabhängiger Lösungen der Gleichungen (26,4) kann man deshalb in der Form

$$\boldsymbol{v}_1(r, \varphi, z) = \mathrm{e}^{-\mathrm{i}(n\varphi + kz - \omega t}\boldsymbol{f}(r) \tag{27,4}$$

suchen mit einem beliebig gerichteten Vektor $\boldsymbol{f}(r)$. Die Wellenzahl k, die einen kontinuierlichen Bereich von Werten durchläuft, bestimmt die Periodizität der Störung längs der z-Achse. Die Zahl n durchläuft nur ganze Werte 0, 1, 2, ..., was aus der Forderung nach Eindeutigkeit der Funktionen in der Variablen φ folgt; der Wert $n = 0$ entspricht einer axialsymmetrischen Störung. Die erlaubten Frequenzwerte ω ergeben sich durch Lösen der Gleichungen mit den auferlegten Randbedingungen in der Ebene $z = \text{const}$ (Geschwindigkeit $\boldsymbol{v}_1 = 0$ bei $r = R_1$ und $r = R_2$). Die so gestellte Aufgabe bestimmt bei gegebenen Werten für n und k, allgemein gesprochen, eine diskrete Folge von Eigenfrequenzen $\omega = \omega_n^{(j)}(k)$, wobei der Index j die verschiedenen Zweige der Funktion $\omega_n(k)$ numeriert; diese Frequenzen sind im allgemeinen komplex.

Die Rolle der Reynolds-Zahl kann im gegebenen Falle die Größe $\Omega_1 R_1^2/\nu$ spielen oder auch $\Omega_2 R_2^2/\nu$ bei gegebenen Werten der Verhältnisse R_1/R_2 und Ω_1/Ω_2, die den „Strömungstyp“ bestimmen. Wir wollen die Änderung irgendeiner Eigenfrequenz $\omega = \omega_n^{(j)}(k)$ bei allmählicher Vergrößerung der Reynolds-Zahl verfolgen. Der Moment des Auftretens einer Instabilität (in bezug auf eine gegebene Form der Störung) wird bestimmt durch den Wert von Re, bei dem die Funktion $\gamma(k) = \operatorname{Im}\omega$ erstmalig gleich Null wird bei irgendeinem Wert von k. Bei $\mathrm{Re} < \mathrm{Re}_{\mathrm{kr}}$ ist die Funktion $\gamma(k)$ überall negativ, und bei $\mathrm{Re} > \mathrm{Re}_{\mathrm{kr}}$ ist sie positiv in einem gewissen k-Intervall. Es sei k_{kr} der Wert von k, für den (bei $\mathrm{Re} = \mathrm{Re}_{\mathrm{kr}}$) die Funktion $\gamma(k)$ verschwindet. Die entsprechende Funktion (27,4) bestimmt den Charakter dieser (der Grundströmung überlagerten) Bewegung, die in der Flüssigkeit im Moment des Stabilitätsverlustes entsteht; sie ist periodisch längs der Zylinderachse mit der Periode $2\pi/k_{\mathrm{kr}}$. Dabei wird natürlich die tatsächliche Stabilitätsgrenze durch diejenige Form der Störungen (d. h. durch diejenige Funktion $\omega_n^{(j)}(k)$) bestimmt, die den kleinsten Wert für $\mathrm{Re}_{\mathrm{kr}}$ gibt; gerade diese „gefährlichsten" Störungen interessieren uns hier. In der Regel (s. unten) sind dies axialsymmetrische Störungen. Wegen der großen Kompliziertheit ist eine ausreichend vollständige Untersuchung dieser Störungen nur für den Fall eines engen Zwischenraumes zwischen den Zylindern ($h \equiv R_2 - R_1 \ll R \equiv (R_1 + R_2)/2$) durchgeführt worden. Diese Untersuchung führt zu folgenden Ergebnissen.[1])

Es zeigt sich, daß zu der Lösung, die zum kleinsten Wert von $\mathrm{Re}_{\mathrm{kr}}$ führt, eine rein imaginäre Funktion $\omega(k)$ gehört. Deshalb ist bei $k = k_{\mathrm{kr}}$ nicht nur $\operatorname{Im}\omega = 0$, sondern überhaupt $\omega = 0$. Dies bedeutet, daß der erste Verlust der Stabilität der stationären Rotationsbewegung einer Flüssigkeit zum Auftreten einer anderen ebenfalls stationären Strömung führt.[2]) Diese Strömung besteht aus toroidalen Wirbeln (sie heißen *Taylorsche Wirbel*), die regulär entlang der Zylinder verteilt sind. Für den Fall der Rotation beider Zylinder in gleicher Richtung sind in Abb. 14 schematisch die Projektionen der Stromlinien dieser Wirbel auf die Ebene eines durch die Zylinderachsen gehenden Querschnittes dargestellt (die Geschwindigkeit $\mathbf{v}_1$ hat in Wirklichkeit auch eine azimutale Komponente). Auf die Länge $2\pi/k_{\mathrm{kr}}$ jeder Periode entfallen zwei Wirbel mit entgegengesetzten Drehrichtungen.

Für Re, die $\mathrm{Re}_{\mathrm{kr}}$ etwas überschreiten, gibt es nicht nur einen Wert für k, sondern ein ganzes Intervall von k-Werten, für die $\operatorname{Im}\omega > 0$. Man darf jedoch nicht denken, daß die hierbei auftretende Strömung eine gleichzeitige Überlagerung von Strömungen mit verschiedenen Perioden darstellt. In Wirklichkeit entsteht für jedes Re eine Bewegung mit völlig bestimmter Periodizität, die die Strömung als Ganzes stabilisiert. Die Bestimmung dieser Periodizität ist jedoch mit der linearisierten Gleichung (26,4) nicht mehr möglich.

In Abb. 15 ist die ungefähre Form der Kurve wiedergegeben, die die Bereiche stabiler und instabiler Strömung voneinander trennt (der letzte ist schraffiert) bei gegebenem Wert von R_1/R_2. Der rechte Kurvenast gehört zur gleichsinnigen Rotation der Zylinder und hat die Gerade $\Omega_2 R_2^2 = \Omega_1 R_1^2$ als Asymptote (diese Eigenschaft hat in Wirklichkeit allgemeinen Charakter und hängt nicht mit der Kleinheit von h zusammen). Der Vergrößerung der Reynolds-Zahl für einen gegebenen Strömungstyp entspricht ein Fortschreiten nach oben auf der Geraden durch den Koordinatenursprung, die zum gegebenen Verhältnis Ω_1/Ω_2 gehört. Im rechten Teil des Diagramms schneidet keine der Geraden mit $\Omega_2 R_2^2/\Omega_1 R_1^2 > 1$

[1]) Eine eingehende Darstellung findet man in den Büchern von N. J. Kotschin, I. A. Kibel und N. W. Rose, Theoretische Hydromechanik, Band II, Akademie-Verlag, Berlin 1955, Kap. III, § 2, S. Chandrasekhar, Hydrodynamic and hydromagnetic stability, Oxford 1961, und P. G. Drazin, W. H. Reid, Hydrodynamic stability, Cambridge 1981.

[2]) In solchen Fällen spricht man von einem *Stabilitätswechsel*. Experimentelle Ergebnisse, und auch numerische Resultate für eine Reihe von Spezialfällen, geben Grund zu der Annahme, daß diese Eigenschaft für die betrachtete Strömung allgemeinen Charakter hat und nicht mit der Kleinheit von h zusammenhängt.

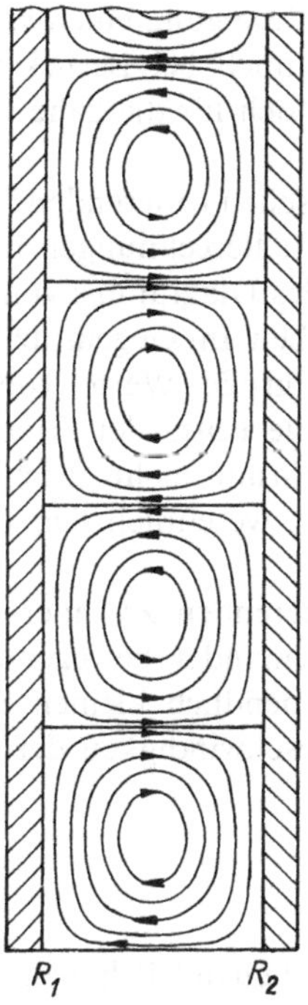

Abb. 14

die Grenzkurve zum Instabilitätsgebiet. Umgekehrt kommt man für $\Omega_2 R_2^2/\Omega_1 R_1^2 < 1$ und genügend große Reynolds-Zahl immer in das Instabilitätsgebiet, in Übereinstimmung mit der Bedingung (27,3). Im linken Teil des Diagramms (Ω_1 und Ω_2 haben verschiedene Vorzeichen) schneidet jede Gerade durch den Koordinatenursprung die Grenze zum schraffierten Gebiet, d. h., bei hinreichender Vergrößerung der Reynolds-Zahl verliert die stationäre Strömung schließlich ihre Stabilität bei beliebigem Verhältnis $|\Omega_2/\Omega_1|$, wieder in Übereinstimmung mit den oben erhaltenen Resultaten. Für $\Omega_2 = 0$ (nur der innere Zylinder rotiert) setzt die Instabilität beim Wert

$$\mathrm{Re}_{\mathrm{kr}} = 41{,}3\sqrt{\frac{R}{h}} \tag{27.5}$$

der Reynolds-Zahl (definiert als $\mathrm{Re} = h\Omega_1 R_1/\nu$) ein.

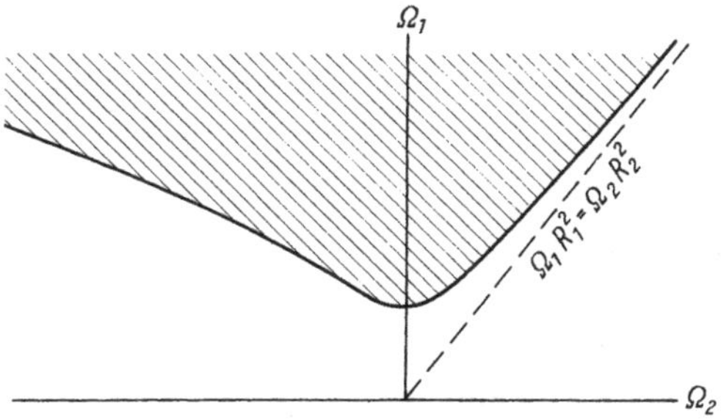

Abb. 15

Wir bemerken, daß die Zähigkeit bei der betrachteten Bewegung einen stabilisierenden Einfluß ausübt: Eine bei $\nu = 0$ stabile Strömung bleibt auch bei Berücksichtigung der Zähigkeit stabil; eine bei $\nu = 0$ instabile Strömung kann sich für die zähe Flüssigkeit als stabil erweisen.

Nicht achsensymmetrische Störungen der Strömung zwischen rotierenden Zylindern sind nicht systematisch untersucht worden. Die Ergebnisse von Berechnungen für Spezialfälle geben Grund zu der Annahme, daß auf der rechten Seite des Diagramms von Abb. 15 stets die achsensymmetrischen Störungen die gefährlichsten bleiben. Im Gegensatz hierzu scheint auf der linken Seite des Diagramms für hinreichend große Werte von $|\Omega_2/\Omega_1|$ die Berücksichtigung nicht achsensymmetrischer Störungen die Form der Grenzkurve etwas zu verändern. Dabei ist der Realteil der Frequenz der Störung nicht gleich Null, so daß die entstehende Strömung nicht stationär ist; dies ändert wesentlich den Charakter der Instabilität.

Als Grenzfall (für $h \to 0$) der Strömung zwischen rotierenden Zylindern erhalten wir die Strömung der Flüssigkeit zwischen zwei sich gegeneinander bewegenden parallelen Ebenen (s. § 17). Diese Strömung ist stabil gegenüber unendlich kleinen Störungen bei beliebigen Werten der Zahl $\mathrm{Re} = hu/\nu$ (u ist die Relativgeschwindigkeit der Ebenen).

§ 28. Die Stabilität der Strömung durch ein Rohr

Die stationäre Strömung durch ein Rohr (die wir in § 17 behandelt haben) wird auf eine ganz besondere Art instabil.

Wegen der Homogenität des Flüssigkeitsstromes in x-Richtung (in der Längsausdehnung des Rohres) hängt die Geschwindigkeitsverteilung $\boldsymbol{v}_0$ nicht von der Koordinate x ab. Ähnlich wie im vorhergehenden Paragraphen können wir daher die Lösung der Gleichungen (26,4) in der Form

$$\boldsymbol{v}_1 = e^{i(kx - \omega t)} \boldsymbol{f}(y, z) \tag{28,1}$$

ansetzen. Auch hier wird ein gewisser Wert $\mathrm{Re} = \mathrm{Re}_{\mathrm{kr}}$ existieren, für den $\gamma = \mathrm{Im}\,\omega$ zum ersten Mal für irgendeinen k-Wert verschwindet. Wesentlich ist aber, daß der Realteil der Funktion $\omega(k)$ jetzt keineswegs gleich Null wird.

Für Re-Werte nur wenig größer als $\mathrm{Re}_{\mathrm{kr}}$ ist das Intervall der Werte von k, in dem $\gamma(k) > 0$ ist, klein und umgibt den Punkt, in dem $\gamma(k)$ sein Maximum hat, d. h. wo $d\gamma/dk = 0$ ist (wie aus Abb. 16 hervorgeht). In einem Teil des Flüssigkeitsstromes soll eine schwache Störung

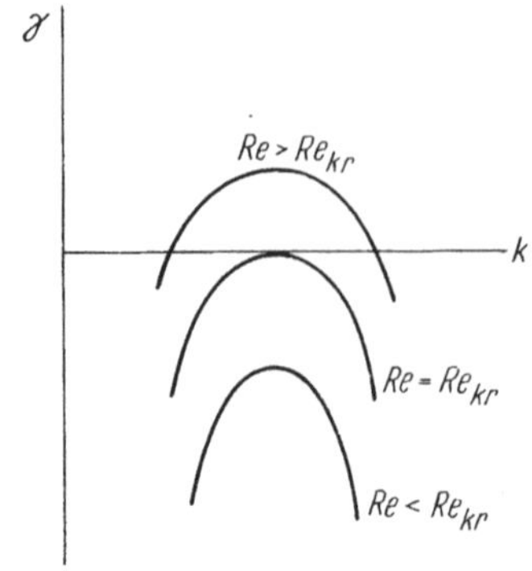

Abb. 16

auftreten. Sie soll durch ein Wellenpaket dargestellt werden, das man durch Überlagerung einer Reihe von Komponenten der Gestalt (28,1) erhält. Mit der Zeit werden sich diejenigen Komponenten verstärken, für die $\gamma(k) > 0$ ist; die übrigen Komponenten klingen ab. Das entstehende, sich auf diese Weise verstärkende Wellenpaket wird mit der Strömung „mitgeführt“ mit einer Geschwindigkeit, die gleich der Gruppengeschwindigkeit des Paketes $\mathrm{d}\omega/\mathrm{d}k$ ist (§ 67). Da es sich jetzt um Wellen mit Wellenzahlen in dem kleinen Intervall um den Punkt handelt, in dem $\mathrm{d}\gamma/\mathrm{d}k = 0$ ist, ist die Größe

$$\frac{\mathrm{d}\omega}{\mathrm{d}k} \approx \frac{\mathrm{d}}{\mathrm{d}k} \operatorname{Re} \omega \tag{28,2}$$

reell und tatsächlich die wahre Ausbreitungsgeschwindigkeit des Paketes.

Dieses Mitführen der Störungen in Strömungsrichtung ist sehr wesentlich. Dadurch erhält die Erscheinung, wenn die Strömung instabil wird, einen vollkommen anderen Charakter als in § 27 beschrieben.

Da die Positivität von $\operatorname{Im} \omega$ jetzt nur die Verstärkung der sich in Strömungsrichtung bewegenden Störung bedeutet, eröffnen sich zwei Möglichkeiten. In dem einen Falle wächst die Störung trotz der Bewegung des Wellenpaketes unbegrenzt mit der Zeit in einem beliebigen im Raum festgehaltenen Punkt des Stromes; eine solche Instabilität gegenüber einer beliebig kleinen Störung werden wir *absolute Instabilität* nennen. Im anderen Falle wird das Paket so schnell mitgenommen, daß in jedem festgehaltenen Punkt des Raumes die Störung bei $t \to \infty$ gegen Null strebt; eine solche Instabilität werden wir *konvektive Instabilität* nennen.[1]) Für die Poiseuille-Strömung scheint der zweite Fall vorzuliegen (s. die Fußnote auf S. 133).

Es muß bemerkt werden, daß der Unterschied zwischen den beiden Fällen in dem Sinne einen relativen Charakter besitzt, daß er von der Wahl des Bezugssystems abhängt, von dem aus die Instabilität betrachtet wird: Eine in einem gewissen System konvektive Instabilität wird absolut im sich „zusammen mit dem Paket“ bewegenden System, und eine absolute Instabilität wird konvektiv in einem System, das sich hinreichend schnell vom Paket „wegbewegt“. Im gegebenen Falle erhält dieser Unterschied jedoch seinen physikalischen Sinn durch die Existenz eines ausgezeichneten Bezugssystems, in dem die Instabilität auch betrachtet werden sollte – nämlich des Systems, in dem die Wände des Rohres ruhen. Dazu kommt noch, daß ein reales Rohr eine, wenn auch große, so doch endliche Länge besitzt; eine irgendwo entstandene Störung kann im Prinzip aus dem Rohr hinausgetragen werden, noch bevor sie ein wirkliches Abreißen der laminaren Strömung bewirkt.

Da die Störungen mit der Koordinate x in Stromrichtung größer werden, aber nicht an einem festen Raumpunkt im Laufe der Zeit, ist bei der Untersuchung dieser Art der Instabilität die folgende Aufgabenstellung vernünftig. Wir nehmen an, daß an einer bestimmten Stelle im Raum dem Flüssigkeitsstrom dauernd eine Störung mit der gegebenen Frequenz ω überlagert wird, und untersuchen, was mit dieser Störung geschieht, wenn sie von der Strömung mitgeführt wird. Durch Umkehrung der Funktion $\omega = \omega(k)$ finden wir, welche Wellenzahl k zu der gegebenen (reellen) Frequenz ω gehört. Für $\operatorname{Im} k < 0$ wächst der Faktor e^{ikx} mit zunehmendem x, d. h., die Störung wird verstärkt. Die durch die Gleichung $\operatorname{Im} k(\omega, \mathrm{Re}) = 0$ gegebene Kurve in der ω Re-Ebene (man nennt sie *neutrale*

---

[1]) Eine allgemeine Methode, die den Charakter der Instabilität festzustellen erlaubt, wird in einem anderen Band dieses Kurses beschrieben (s. X, § 62).

Stabilitätskurve oder einfach *neutrale Kurve*) bestimmt die Stabilitätsgrenze; sie trennt für jedes Re die Frequenzbereiche der Störungen, die in Richtung der Strömung verstärkt werden oder abklingen.

Die wirkliche Ausführung der Rechnungen ist außerordentlich kompliziert. Eine vollständige Untersuchung mit analytischen Methoden wurde nur für die ebene Poiseuille-Strömung durchgeführt, d. h. für die Strömung zwischen zwei parallelen Ebenen (C. C. LIN, 1945). Wir führen hier die Resultate dieser Untersuchung an.[1])

Die ungestörte Strömung zwischen den Ebenen ist homogen nicht nur in Richtung ihrer Geschwindigkeit (x-Achse), sondern auch in der ganzen xz-Ebene (die y-Achse steht senkrecht auf den Ebenen). Man kann deshalb die Lösungen der Gleichungen (24,6) in der Form

$$\boldsymbol{v}_1 = e^{i(k_x x + k_z z - \omega t)} \boldsymbol{f}(y) \tag{28,3}$$

suchen mit dem Wellenvektor $\boldsymbol{k}$ in beliebiger Richtung in der xz-Ebene. Uns interessieren jedoch nur diejenigen anwachsenden Störungen, die (bei Vergrößerung von Re) als erste auftreten; gerade diese Störungen bestimmen die Stabilitätsgrenze. Man kann zeigen, daß bei gegebenem Betrag des Wellenvektors zuerst die Störung nicht abklingt, bei der $\boldsymbol{k}$ die Richtung der x-Achse hat, wobei $f_z = 0$ ist. Auf diese Weise ist es ausreichend, nur zweidimensionale Störungen in der xy-Ebene zu betrachten (wie auch die Grundströmung), die nicht von der Koordinate z abhängen.[2])

Die neutrale Kurve für die Strömung zwischen Ebenen ist schematisch in Abb. 17 dargestellt. Der schraffierte Bereich innerhalb der Kurve ist der instabile Bereich.[3]) Der kleinste Wert von Re, bei dem eine ungedämpfte Störung auftritt, ist $\mathrm{Re_{kr}} = 5772$ (nach späteren verbesserten Berechnungen, S. A. ORSZAG, 1971); die Reynolds-Zahl ist hier

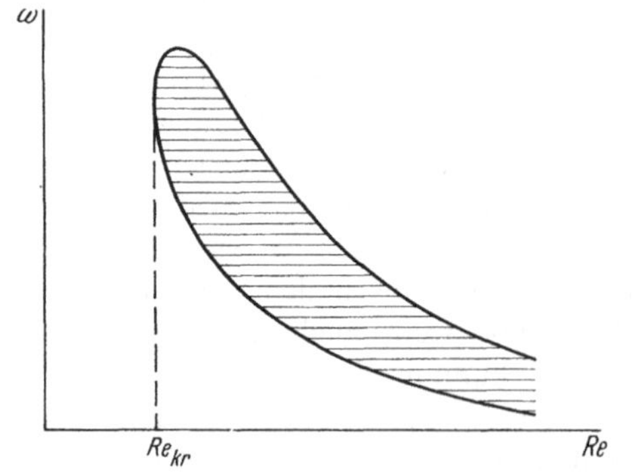

Abb. 17

---

[1]) Siehe das Buch von C. C. LIN, The theory of hydrodynamic stability, Cambridge 1955. Eine Darlegung dieser und auch späterer Untersuchungen zum betrachteten Problem wird in dem in der Fußnote auf S. 128 angeführten Buch von DRAZIN und REID gegeben.

[2]) Der Beweis für diese Behauptung (H. B. SQUIRE, 1933) folgt daraus, daß das System der Gleichungen (26,4) für Störungen der Form (28,3) auf eine Gestalt reduziert werden kann, in der es sich von den Gleichungen für zweidimensionale Störungen nur durch die Substitution von Re durch Re cos φ unterscheidet, wobei φ der Winkel zwischen $\boldsymbol{k}$ und $\boldsymbol{v}_0$ (in der xz-Ebene) ist. Die kritische Zahl $\widetilde{\mathrm{Re}}_{\mathrm{kr}}$ für die dreidimensionalen Störungen (bei gegebenem k) wird deshalb durch $\widetilde{\mathrm{Re}}_{\mathrm{kr}} = \mathrm{Re_{kr}}/\cos\varphi > \mathrm{Re_{kr}}$ bestimmt, wobei $\mathrm{Re_{kr}}$ für zweidimensionale Störungen berechnet wurde.

[3]) Die neutrale Kurve in der Ebene k, Re hat eine analoge Gestalt. Da auf der neutralen Kurve sowohl ω als auch k reell sind, stellen diese Kurven in beiden Ebenen die gleiche Abhängigkeit dar, ausgedrückt in verschiedenen Variablen.

definiert als

$$\mathrm{Re} = U_{\max} h/2\nu\,, \tag{28,4}$$

wobei $U_{\max}$ die maximale Geschwindigkeit der Strömung ist und $h/2$ die Hälfte des Abstandes zwischen den Ebenen, d. h. die Strecke, auf der die Geschwindigkeit von Null auf den Maximalwert anwächst.[1]) Dem Wert $\mathrm{Re} = \mathrm{Re}_{\mathrm{kr}}$ entspricht der Wellenvektor der Störung $k_{\mathrm{kr}} = 2{,}04/\mathrm{h}$. Für $\mathrm{Re} \to \infty$ nähern sich beide Äste der neutralen Kurve asymptotisch der Abszisse nach den Gesetzen

$$\omega h/U_{\max} \approx \mathrm{Re}^{-3/11} \quad \text{und} \quad \omega h/U_{\max} \approx \mathrm{Re}^{-3/7}$$

dem oberen und unteren Ast entsprechend; dabei ist auf beiden Ästen der Zusammenhang zwischen ω und k durch eine Beziehung der Form $\omega h/U_{\max} \approx (kh)^3$ gegeben.

Für jede von Null verschiedene Frequenz ω, die einen bestimmten Maximalwert ($\sim U_{\max}/H$) nicht überschreitet, existiert also ein endliches Intervall von Werten für Re, in dem Störungen verstärkt werden.[2]) Es ist interessant, daß eine kleine, aber endliche Zähigkeit der Flüssigkeit im betrachteten Fall im oben erläuterten Sinne eine destabilisierende Wirkung ausübt im Vergleich damit, was für eine streng ideale Flüssigkeit gelten würde.[3]) Bei der idealen Flüssigkeit, d. h. für $\mathrm{Re} \to \infty$, klingen nämlich Störungen mit jeder Frequenz ab; bei Einführung einer endlichen Zähigkeit kommen wir schließlich in das Instabilitätsgebiet, bis eine weitere Vergrößerung der Zähigkeit (Verkleinerung von Re) wieder aus diesem Gebiet herausführt.

Für die Strömung in einem Rohr mit kreisförmigen Querschnitt steht eine vollständige theoretische Untersuchung noch aus, die vorhandenen Resultate geben aber triftige Gründe für die Annahme, daß diese Strömung stabil ist gegenüber beliebig kleinen Störungen (sowohl im absoluten wie auch im konvektiven Sinne) für beliebige Reynolds-Zahlen. Wegen der axialen Symmetrie der Grundströmung kann man die Störung in der Form

$$\boldsymbol{v}_1 = \mathrm{e}^{\mathrm{i}(n\varphi + kz - \omega t)} \boldsymbol{f}(r) \tag{28,5}$$

ansetzen (wie auch schon in (27,4)). Man kann als bewiesen annehmen, daß achsensymmetrische ($n = 0$) Störungen immer abklingen. Unter den untersuchten nicht achsensymmetrischen Schwingungen (mit bestimmten Werten von n und in bestimmten Intervallen für die Reynolds-Zahl) fanden sich keine ungedämpften. Auf die Stabilität der Strömung im Rohr weist auch die Tatsache hin, daß es bei sehr sorgfältiger Vermeidung von Störungen am Einlauf in das Rohr gelang, eine laminare Strömung bis zu sehr großen Werten von Re aufrechtzuerhalten (es gelang, sie bis zu $\mathrm{Re} \approx 10^5$ zu beobachten, wobei

$$\mathrm{Re} = U_{\max}\, d/2\nu = \bar{U} d/\nu\,, \tag{28,6}$$

d der Durchmesser des Rohres ist und $U_{\max}$ die Geschwindigkeit auf der Rohrachse).

---

[1]) In der Literatur werden auch andere Definitionen von Re für die ebene Poiseuille-Strömung benutzt, wie das Verhältnis $h\bar{U}/\nu$, wo $\bar{U}$ die (über den Querschnitt) gemittelte Geschwindigkeit der Flüssigkeit ist. Wegen der Beziehung $\bar{U} = 2U_{\max}/3$ haben wir $h\bar{U}/\nu = 4\,\mathrm{Re}/3$, wobei Re entsprechend (28,4) definiert ist.

[2]) Ein Beweis des konvektiven Charakters der Instabilität der ebenen Poiseuilleschen Strömung wird in der Arbeit von S. W. Jordanski, A. G. Kulikowski (С. В. Иорданский, А. Г. Куликовский), Zh. eksper. teor. Fiz. **49**, 1326 (1965), gegeben. Der Beweis bezieht sich jedoch nur auf das Gebiet sehr großer Werte für Re, in dem beide Äste der neutralen Kurve nahe der Abszisse sind, d. h. auf beiden Ästen $kh \ll 1$ gilt. Für Zahlen Re, für die auf der neutralen Kurve $kh \sim 1$ ist, bleibt diese Frage offen.

[3]) Diese Eigenschaft wurde zuerst von W. Heisenberg, 1924, gefunden.

Die Strömung zwischen Ebenen und die Strömung in einem Rohr mit kreisförmigem Querschnitt lassen sich als Grenzfälle der Strömung in einem Rohr mit ringförmigem Querschnitt betrachten, d. h. als Strömung zwischen zwei koaxialen Zylinderflächen (mit den Radien R_1 und $R_2 > R_1$). Für $R_1 = 0$ kommen wir zum Rohr mit kreisförmigem Querschnitt zurück, und der Grenzfall $R_1 \to R_2$ entspricht der Strömung zwischen Ebenen. Eine kritische Zahl $\mathrm{Re}_{\mathrm{kr}}$ scheint für alle von Null verschiedenen Werte des Verhältnisses $R_1/R_2 < 1$ zu existieren, und für $R_1/R_2 \to 0$ strebt sie gegen Unendlich.

Für alle diese Poiseuille-Strömungen existiert auch eine kritische Zahl $\mathrm{Re}'_{\mathrm{kr}}$, die die Stabilitätsgrenze gegenüber Störungen mit endlicher Intensität bestimmt. Für $\mathrm{Re} < \mathrm{Re}'_{\mathrm{kr}}$ kann im Rohr überhaupt keine ungedämpfte nichtstationäre Strömung existieren. Wenn in irgendeinem Abschnitt des Rohres eine Turbulenz entsteht, dann wird der turbulente Bereich, der in Stromrichtung mitgeführt wird, bei $\mathrm{Re} < \mathrm{Re}'_{\mathrm{kr}}$ schmaler werden, bis er ganz verschwindet; für $\mathrm{Re} > \mathrm{Re}'_{\mathrm{kr}}$ wird er sich dagegen im Laufe der Zeit ausweiten und einen immer größeren Teil des Flüssigkeitsstromes einnehmen. Gehen vom Einlauf in das Rohr dauernd Störungen aus, so werden sie für $\mathrm{Re} < \mathrm{Re}'_{\mathrm{kr}}$ in einem gewissen Abstand vom Einlauf unbedingt abklingen, so stark sie auch sein mögen. Im Gegensatz dazu wird die Strömung für $\mathrm{Re} > \mathrm{Re}'_{\mathrm{kr}}$ im ganzen Rohr turbulent, und es sind dazu um so schwächere Störungen notwendig, je größer Re ist. Im Intervall zwischen $\mathrm{Re}'_{\mathrm{kr}}$ und $\mathrm{Re}_{\mathrm{kr}}$ ist die laminare Strömung metastabil. In einem Rohr mit kreisförmigem Querschnitt wurde ungedämpfte Turbulenz schon bei $\mathrm{Re} \approx 1800$ beobachtet, und bei der Strömung zwischen parallelen Ebenen von $\mathrm{Re} \approx 1000$ an beginnend.

Wegen der „Festigkeit“ der laminaren Strömung im Rohr gegenüber dem Abreißen wird das Abreißen von einer sprunghaften Änderung der Widerstandskraft begleitet. Bei der Strömung durch ein Rohr gibt es für $\mathrm{Re} > \mathrm{Re}'_{\mathrm{kr}}$ zwei wesentlich verschiedene Widerstandsgesetze (verschiedene Abhängigkeiten des Widerstands von Re): ein Gesetz für die laminare und ein Gesetz für die turbulente Strömung (s. § 43). Bei welchem Wert von Re der Übergang von einer Strömung in die andere auch vor sich geht, der Widerstand erfährt einen Sprung.

Zum Abschluß dieses Paragraphen machen wir noch die folgende Bemerkung. Die Stabilitätsgrenze (neutrale Kurve), die für die Strömung in einem Rohr von unbegrenzter Länge erhalten wurde, hat auch noch eine andere Bedeutung. Betrachten wir die Strömung in einem Rohr mit sehr großer (im Vergleich zu seiner Breite), aber endlicher Länge. An jedem seiner Enden seien bestimmte Randbedingungen auferlegt, d. h., das Geschwindigkeitsprofil sei gegeben (z. B. kann man sich die Enden des Rohres durch mit Poren versehene Wände verschlossen vorstellen, die ein homogenes Profil erzeugen); überall mit Ausnahme von Abschnitten an den Rohrenden kann man das (ungestörte) Geschwindigkeitsprofil als Poiseuille-Profil annehmen, das nicht von x abhängt. Für das auf diese Weise definierte endliche System kann man die Frage nach der Stabilität gegenüber unendlich kleinen Störungen stellen (eine allgemeine Methode zur Aufstellung des Kriteriums für eine solche Stabilität, die man *globale Stabilität* nennt, wird in X, § 65 beschrieben). Man kann zeigen, daß die oben angeführte neutrale Kurve für ein unendlich langes Rohr gleichzeitig auch die Grenze für die globale Stabilität in einem endlichen Rohr darstellt, unabhängig von den konkreten Randbedingungen an seinen Enden.[1])

---

[1]) Siehe A. G. Kulikowski (А. Г. Куликовский), Prikl. Mat. Mekh. **32**, 112 (1968).

§ 29. Die Instabilität tangentialer Unstetigkeiten

Eine Strömung einer inkompressiblen Flüssigkeit, die in der idealen Flüssigkeit instabil ist, ist die Strömung, bei der sich zwei Flüssigkeitsschichten gegeneinander bewegen, indem eine auf der anderen „gleitet“. Die Grenzfläche zwischen diesen beiden Flüssigkeitsschichten wäre eine *tangentiale Unstetigkeitsfläche*, auf der die Strömungsgeschwindigkeit (die die Richtung der Tangente an diese Fläche hat) einen Sprung erleidet (H. HELMHOLTZ, 1868; W. KELVIN, 1871). Im folgenden werden wir sehen, welches Strömungsbild tatsächlich durch diese Instabilität zustande kommt (§ 35); hier führen wir den Beweis für die ausgesprochene Behauptung.

Wir betrachten die Strömung in der Nähe eines kleinen Teils der Unstetigkeitsfläche. Dabei können wir das betrachtete Flächenstück als eben annehmen und die Strömungsgeschwindigkeiten $\boldsymbol{v}_1$ und $\boldsymbol{v}_2$ auf beiden Seiten der Fläche als konstant ansehen. Ohne Beschränkung der Allgemeinheit können wir eine dieser Geschwindigkeiten gleich Null setzen; das kann immer durch eine geeignete Wahl des Koordinatensystems erreicht werden. Es sei $\boldsymbol{v}_2 = 0$, $\boldsymbol{v}_1$ bezeichnen wir einfach mit $\boldsymbol{v}$. Die Richtung von $\boldsymbol{v}$ wählen wir als x-Richtung, die z-Achse soll die Richtung der Flächennormalen haben.

Wir lassen auf die Unstetigkeitsfläche eine schwache Störung einwirken („Riffelung“, „Kräuselung“), bei der alle Größen – die Koordinaten der Flächenpunkte selbst, Druck und Strömungsgeschwindigkeit – periodische Funktionen proportional zu $e^{i(kx-\omega t)}$ sein sollen. Sehen wir uns die Flüssigkeit auf der Seite der Unstetigkeitsfläche an, auf der die Strömungsgeschwindigkeit gleich $\boldsymbol{v}$ ist. Die kleine Geschwindigkeitsänderung infolge der Störung bezeichnen wir mit $\boldsymbol{v}'$. Nach Gleichung (26,4) (mit konstantem $\boldsymbol{v}_0 = \boldsymbol{v}$ und $\nu = 0$) haben wir für die Störung $\boldsymbol{v}'$ das folgende Gleichungssystem:

$$\operatorname{div} \boldsymbol{v}' = 0\,, \qquad \frac{\partial \boldsymbol{v}'}{\partial t} + (\boldsymbol{v}\nabla)\,\boldsymbol{v}' = -\frac{\nabla p'}{\varrho}.$$

Da $\boldsymbol{v}$ in x-Richtung zeigt, kann man die zweite Gleichung umformen in

$$\frac{\partial \boldsymbol{v}'}{\partial t} + v\,\frac{\partial \boldsymbol{v}'}{\partial x} = -\frac{\nabla p'}{\varrho}. \tag{29,1}$$

Wir bilden von beiden Seiten die Divergenz und erhalten auf der linken Seite infolge der ersten Gleichung Null, so daß p' der Laplaceschen Gleichung genügen muß:

$$\triangle p' = 0\,. \tag{29,2}$$

Die Verschiebung der Fläche durch die Störung in Richtung der z-Achse sei $\zeta = \zeta(x, t)$. Die Ableitung $\partial\zeta/\partial t$ ist die Geschwindigkeit, mit der sich die Koordinate ζ der Fläche bei festgehaltenem x ändert. Da die zur Unstetigkeitsfläche normale Komponente der Strömungsgeschwindigkeit gleich der Geschwindigkeit bei der Verschiebung der Fläche ist, haben wir in der erforderlichen Näherung

$$\frac{\partial \zeta}{\partial t} = v_z' - v\,\frac{\partial \zeta}{\partial x} \tag{29,3}$$

(für v_z' muß man natürlich den Wert an der Oberfläche nehmen).

Wir setzen p' in der Gestalt

$$p' = f(z)\, e^{i(kx-\omega t)}$$

an. Gehen wir mit diesem Ansatz in (29,2) ein, so erhalten wir für $f(z)$ die Gleichung

$$\frac{d^2 f}{dz^2} - k^2 f = 0$$

und daraus $f = \text{const} \cdot e^{\pm kz}$. Der Raum auf der betrachteten Seite der Unstetigkeitsfläche (Seite 1) soll zu positiven z-Werten gehören. Wir müssen dann $f = \text{const} \cdot e^{-kz}$ wählen, so daß

$$p'_1 = \text{const} \cdot e^{i(kx-\omega t)}\, e^{-kz} \tag{29,4}$$

wird. Durch Einsetzen dieses Ausdruckes in die z-Komponente der Gleichung (29,1) finden wir[1])

$$v'_z = \frac{kp'_1}{i\varrho_1(kv-\omega)}. \tag{29,5}$$

Die Verschiebung ζ setzen wir ebenfalls proportional zu dem Exponentialfaktor $e^{i(kx-\omega t)}$ an und erhalten aus (30,3)

$$v'_z = i\zeta(kv-\omega).$$

Zusammen mit (29,5) ergibt das

$$p'_1 = -\zeta\,\frac{\varrho_1(kv-\omega)^2}{k}. \tag{29,6}$$

Der Druck p'_2 auf der anderen Seite der Fläche wird durch dieselbe Formel gegeben, in der man jetzt $v = 0$ setzen muß; außerdem muß man das Vorzeichen vor dem ganzen Ausdruck ändern (weil in diesem Bereich $z < 0$ ist und alle Größen zu e^{kz} und nicht zu e^{-kz} proportional sein müssen). Es gilt also

$$p'_2 = \zeta\,\frac{\varrho_2\omega^2}{k}. \tag{29,7}$$

Wir schreiben verschiedene Dichten ϱ_1 und ϱ_2, um auch den Fall mit zu erfassen, bei dem es sich um die Grenzfläche zwischen zwei verschiedenen, sich nicht mischenden Flüssigkeiten handelt.

Schließlich erhalten wir aus der Bedingung, daß die Drücke p'_1 und p'_2 auf der Unstetigkeitsfläche gleich sein müssen,

$$\varrho_1(kv-\omega)^2 = -\varrho_2\omega^2.$$

Daraus finden wir den gesuchten Zusammenhang zwischen ω und k:

$$\omega = kv\,\frac{\varrho_1 \pm i\sqrt{\varrho_1\varrho_2}}{\varrho_1+\varrho_2}. \tag{29,8}$$

---

[1]) Der Fall $kv = \omega$ ist prinzipiell möglich, interessiert uns aber nicht, weil die Instabilität nur mit komplexen, aber nicht mit reellen Frequenzen ω verknüpft ist.

Wir sehen, daß ω eine komplexe Größe ist und daß es immer ω mit einem positiven Imaginärteil gibt. Die tangentialen Unstetigkeiten sind also instabil, schon gegenüber unendlich kleinen Störungen.[1] In dieser Form gilt das Ergebnis für eine beliebig kleine Zähigkeit. In diesem Falle hat es keinen Sinn, zwischen einer konvektiven Instabilität und einer absoluten Instabilität zu unterscheiden, weil der Imaginärteil von ω mit zunehmendem k unbeschränkt wächst und deshalb der Verstärkungsfaktor für die Störung bei der Mitführung beliebig groß werden kann.

Bei Berücksichtigung einer endlichen Zähigkeit verliert eine tangentiale Unstetigkeit ihre Schroffheit; die Geschwindigkeit ändert sich von dem einen auf den anderen Wert in einer Schicht endlicher Dicke. Die Frage nach der Stabilität einer solchen Strömung ist in mathematischer Hinsicht der Frage völlig äquivalent, ob die Strömung in einer laminaren Grenzschicht mit einem Wendepunkt im Geschwindigkeitsprofil stabil ist (§ 41). Die experimentellen Befunde und auch numerische Rechnungen besagen, daß die Instabilität in diesem Falle sehr bald einsetzt, vielleicht sogar immer vorhanden ist.[2]

§ 30. Quasiperiodische Strömung und Synchronisation der Frequenzen[3]

Für die folgenden Ausführungen (§§ 30 bis 32) erweist es sich als zweckmäßig, bestimmte geometrische Bilder zu benutzen. Dazu führen wir den mathematischen Begriff des *Zustandsraumes* der Flüssigkeit ein; jeder Punkt dieses Raumes entspricht einer bestimmten Geschwindigkeitsverteilung (einem Geschwindigkeitsfeld) in der Flüssigkeit. Den Zuständen zu benachbarten Zeiten entsprechen dabei benachbarte Punkte.[4]

Das Bild einer stationären Strömung ist ein Punkt, und das Bild einer periodischen Strömung ist eine geschlossene Kurve (Trajektorie) im Zustandsraum; man nennt sie entsprechend *Grenzpunkt* oder *Grenzzyklus*. Sind diese Strömungen stabil, so bedeutet dies, daß die benachbarten Trajektorien, die den Prozeß der Ausbildung dieser Strömungen beschreiben, gegen den Grenzpunkt oder den Grenzzyklus streben (für $t \to \infty$).

Ein Grenzzyklus (oder Grenzpunkt) besitzt ein bestimmtes *Anziehungsgebiet* (oder *Anziehungsbassin*): Die in diesem Gebiet beginnenden Trajektorien landen schließlich auf dem Grenzzyklus. In diesem Zusammenhang nennt man den Grenzzyklus einen *Attraktor*.[5]

---

[1]) Wenn die Richtung des Wellenvektors $\boldsymbol{k}$ (in der xy-Ebene) nicht mit der Richtung von $\boldsymbol{v}$ übereinstimmt, sondern mit ihr den Winkel φ bildet, dann ist in (29,8) v durch $v \cos \varphi$ zu ersetzen; dies folgt daraus, daß die ungestörte Geschwindigkeit in die Ausgangsgleichung, die linearisierte Eulersche Gleichung, nur in der Kombination $(\boldsymbol{v}\nabla)$ eingeht. Es ist offensichtlich, daß auch solche Störungen instabil werden.

[2]) Numerische Stabilitätsberechnungen wurden für ebene Parallelströmungen durchgeführt mit einem Geschwindigkeitsprofil, das sich zwischen zwei Werten $\pm v_0$ nach einem gewissen Gesetz, z. B. $v = v_0 \tanh (z/h)$, ändert (die Rolle der Reynolds-Zahl spielt hierbei $\mathrm{Re} = v_0 h/\nu$). Die neutrale Kurve in der k, Re-Ebene geht hierbei vom Koordinatenursprung aus, so daß es für jeden Wert von Re ein k-Intervall gibt (wachsend mit Vergrößerung von Re), in dem die Strömung instabil ist.

[3]) Die §§ 30 bis 32 wurden gemeinsam mit M. I. Rabinowitsch verfaßt.

[4]) In der mathematischen Literatur wird dieser unendlichdimensionale Funktionenraum (oder die endlichdimensionalen Räume, durch die er in einigen Fällen ersetzt werden kann, s. unten) oft Phasenraum genannt. Wir benutzen diesen Begriff hier nicht, um eine Vermischung mit der konkreteren Bedeutung, die er üblicherweise in der Physik hat, zu vermeiden.

[5]) Nach dem englischen Wort attraction – Anziehung.

Wir betonen, daß für die Strömung einer Flüssigkeit in einem gegebenen Volumen mit bestimmten Randbedingungen (und bei gegebenem Wert von Re) nicht nur ein Attraktor vorhanden sein kann. Es sind Situationen möglich, wo im Zustandsraum verschiedene Attraktoren existieren, von denen jeder sein eigenes Anziehungsgebiet hat. Mit anderen Worten, für $\mathrm{Re} > \mathrm{Re}_{\mathrm{kr}}$ kann es mehr als ein stabiles Strömungsregime geben, und die verschiedenen Regimes verwirklichen sich in Abhängigkeit davon, wie der gegebene Wert von Re erreicht wird. Wir betonen, daß diese verschiedenen stabilen Regimes Lösungen des nichtlinearen (!) Systems der Bewegungsgleichungen sind.[1])

Wir wenden uns jetzt der Untersuchung der Erscheinungen zu, die bei weiterer Vergrößerung der Reynolds-Zahl nach dem Erreichen ihres kritischen Wertes und der Ausbildung der in § 26 betrachteten periodischen Strömung auftreten. Bei weiterer Vergrößerung von Re kommt schließlich ein Moment, in dem auch diese periodische Strömung instabil wird. Die Untersuchung dieser Instabilität muß im Prinzip analog zu der in § 26 dargestellten Untersuchung der Instabilität der stationären Ausgangsströmung durchgeführt werden. Die Rolle der ungestörten Strömung spielt jetzt die periodische Strömung $\boldsymbol{v}_0(\boldsymbol{r}, t)$ (mit der Frequenz ω_1), und in die Bewegungsgleichungen wird $\boldsymbol{v} = \boldsymbol{v}_0 + \boldsymbol{v}_2$ eingesetzt mit $\boldsymbol{v}_2$ als kleiner Korrektur. Für $\boldsymbol{v}_2$ ergibt sich wieder eine lineare Gleichung, deren Koeffizienten jetzt aber nicht nur Funktionen der Koordinaten, sondern auch der Zeit sind; bezüglich der Zeit sind diese Koeffizienten periodische Funktionen mit der Periode $T_1 = 2\pi/\omega_1$. Die Lösung dieser Gleichung kann man in der Form

$$\boldsymbol{v}_2 = \boldsymbol{\Pi}(\boldsymbol{r}, t)\,\mathrm{e}^{-\mathrm{i}\omega t} \tag{30,1}$$

suchen, wobei $\Pi(\boldsymbol{r}, t)$ eine periodische Funktion der Zeit ist (mit der gleichen Periode T_1). Die Instabilität setzt erneut ein mit dem Auftreten einer Frequenz $\omega = \omega_2 + \mathrm{i}\gamma_2$, deren Imaginärteil $\gamma_2 > 0$ und deren Realteil ω_2 eine neu auftretende Frequenz bestimmt.

Während einer Periode T_1 ändert sich die Störung (30,1) um den Faktor $\mu \equiv \mathrm{e}^{-\mathrm{i}\omega T_1}$. Dieser Faktor heißt *Multiplikator* der periodischen Strömung; er ist geeignet zur Charakterisierung der Verstärkung oder Dämpfung der Störung dieser Strömung. Zur periodischen Bewegung eines Kontinuums (Flüssigkeit) gehört eine unendliche Menge von Multiplikatoren, die der unendlichen Zahl möglicher unabhängiger Störungen entspricht. Der Stabilitätsverlust geschieht bei der Zahl $\mathrm{Re}_{\mathrm{kr}2}$, bei der ein oder mehrere Multiplikatoren dem Betrag nach gleich 1 werden, d. h., der Wert von μ schneidet in der komplexen Ebene den Einheitskreis. Wegen der Realität der Gleichungen können die Multiplikatoren den Einheitskreis nur in komplex konjugierten Paaren überschreiten oder allein, wenn sie reell sind, d. h. in den Punkten $+1$ oder -1. Der Stabilitätsverlust der periodischen Strömung wird begleitet von einer bestimmten qualitativen Umgestaltung des Verhaltens der Trajektorien im Zustandsraum in der Umgebung des instabil gewordenen Grenzzyklus oder, wie man sagt, von seiner lokalen *Bifurkation.* Der Charakter der Bifurkation wird in wesentlichem Maße gerade dadurch bestimmt, in welchen Punkten die Multiplikatoren den Einheitskreis schneiden.[2])

---

[1]) Eine solche Situation liegt z. B. beim Stabilitätsverlust der Couette-Strömung vor; die sich ausbildende neue Strömung hängt von der Vorgeschichte, d. h. von der Führung des Prozesses ab, durch den die Zylinder in die Rotation mit bestimmten Winkelgeschwindigkeiten versetzt worden sind.

[2]) Wir merken an, daß die Multiplikatoren nicht gleich Null sein können: Die Störung kann nicht innerhalb einer endlichen Zeit (einer Periode T_1) verschwinden.

Betrachten wir die Bifurkation, bei der ein komplex konjugiertes Paar von Multiplikatoren der Form $\mu = \exp(\mp 2\pi\alpha i)$ den Einheitskreis schneidet, wobei α eine irrationale Zahl sein soll. Dies führt zum Auftreten einer zweiten Strömung mit der neuen unabhängigen Frequenz $\omega_2 = \alpha\omega_1$, d. h., im Ergebnis entsteht eine gewisse quasiperiodische Strömung, die durch zwei inkommensurable Frequenzen charakterisiert wird. Das geometrische Bild dieser Bewegung im Zustandsraum ist eine Trajektorie in der Form einer nicht geschlossenen Wicklung auf einem zweidimensionalen Torus [1]), wobei der instabil gewordene Grenzzyklus als Mittellinie des Torus dient; die Frequenz ω_1 entspricht der Drehung längs der Mittellinie des Torus und die Frequenz ω_2 der Drehung auf dem Torus (Abb. 18). Ähnlich wie nach dem Auftreten der ersten periodischen Strömung diese einen Freiheitsgrad besaß, so sind jetzt zwei Größen (Phasen) willkürlich, d. h., die Strömung besitzt zwei Freiheitsgrade. Der von der „Geburt" eines zweidimensionalen Torus begleitete Stabilitätsverlust der periodischen Strömung ist typisch für die Hydrodynamik.

Diskutieren wir das hypothetische Bild der Komplizierung der Strömung, das als Folge dieser Bifurkation bei weiterer Vergrößerung der Reynolds-Zahl ($\mathrm{Re} > \mathrm{Re}_{\mathrm{kr}\,2}$) entsteht. Es wäre natürlich anzunehmen, daß bei fortlaufender Vergrößerung von Re fortlaufend immer neue Perioden auftreten. In geometrischen Bildern ausgedrückt, bedeutet dies den Stabilitätsverlust des zweidimensionalen Torus mit dem Entstehen eines dreidimensionalen Torus in seiner Umgebung; infolge der nächsten Bifurkation wird der dreidimensionale Torus durch einen vierdimensionalen ersetzt usw. Die Intervalle zwischen den Reynolds-Zahlen, die dem Auftreten neuer Frequenzen entsprechen, werden schnell kleiner, und die entstehenden Strömungen haben immer kleinere Maßstäbe. Auf diese Weise erhält die Strömung schnell einen komplizierten und verwickelten Charakter; man nennt sie *turbulent* im Unterschied zur *laminaren*, regelmäßigen Strömung, bei der sich die Flüssigkeit wie in Schichten bewegt, die verschiedene Geschwindigkeiten besitzen.

Nehmen wir jetzt an, daß dieser Weg (oder, wie man sagt, dieses *Szenarium*) zur Entstehung der Turbulenz wirklich möglich ist[2]), und schreiben die allgemeine Form der Funktion $\boldsymbol{v}(\boldsymbol{r}, t)$ auf, deren Zeitabhängigkeit durch eine gewisse Zahl N verschiedener Frequenzen ω_i bestimmt wird. Man kann sie als Funktion von N verschiedenen Phasen $\varphi_i = \omega_i t + \beta_i$ (und von den Koordinaten) betrachten, wobei sie in jeder dieser Phasen periodisch ist mit

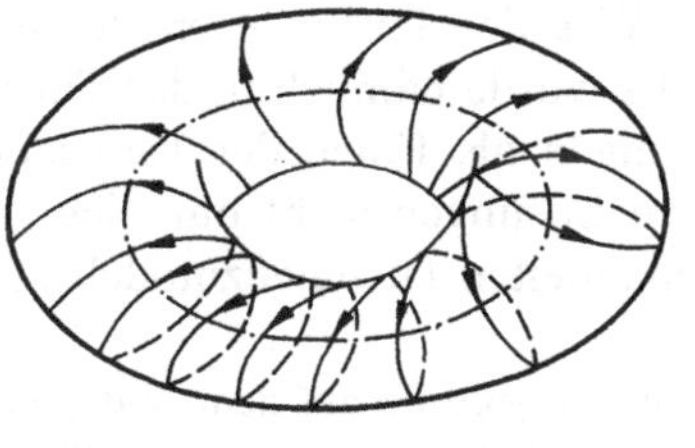

Abb. 18

[1]) Wir verwenden hier die mathematische Terminologie, nach der man unter einem Torus die Oberfläche ohne das von ihr eingeschlossene Volumen versteht. Ein zweidimensionaler Torus ist also die zweidimensionale Oberfläche eines dreidimensionalen „Kringels".

[2]) Dieses Szenarium wurde von L. D. Landau, 1944, und dann unabhängig von E. Hopf, 1948, vorgeschlagen.

der Periode 2π. Eine solche Funktion kann in Form einer Reihe dargestellt werden,

$$\boldsymbol{v}(\boldsymbol{r}, t) = \sum \boldsymbol{A}_{p_1 p_2 \dots p_N}(\boldsymbol{r}) \exp\left\{-\mathrm{i} \sum_{i=1}^{N} p_i \varphi_i\right\}, \tag{30,2}$$

die eine Verallgemeinerung von (26,13) ist (die Summation erstreckt sich über alle ganzen Zahlen $p_1, p_2, \dots, p_N$). Die durch diese Formel beschriebene Strömung besitzt N Freiheitsgrade, in sie gehen N willkürliche Anfangsphasen β_i ein.[1])

Zustände, deren Phasen sich nur um ganzzahlige Vielfache von 2π unterscheiden, sind physikalisch identisch. Mit anderen Worten, alle wesentlich unterschiedlichen Werte jeder Phase liegen im Intervall $0 \leqq \varphi_i < 2\pi$. Betrachten wir irgendein Paar von Phasen $\varphi_1 = \omega_1 t + \beta_1$ und $\varphi_2 = \omega_2 t + \beta_2$. Zu einem gewissen Zeitpunkt habe die Phase φ_1 den Wert α. Dann hat die Phase φ_1 zu α „gleichbedeutende" Werte zu allen Zeitpunkten

$$t = \frac{\alpha - \beta_1}{\omega_1} + 2\pi s \frac{1}{\omega_1},$$

wo s eine beliebige ganze Zahl ist. Die Phase φ_2 hat zu diesen Zeitpunkten die Werte

$$\varphi_2 = \beta_2 + \frac{\omega_2}{\omega_1}(\alpha - \beta_1 + 2\pi s).$$

Aber verschiedene Frequenzen sind zueinander inkommensurabel, so daß ω_2/ω_1 eine irrationale Zahl ist. Reduzieren wir jedesmal durch Subtraktion des nötigen ganzzahligen Vielfachen von 2π die Werte von φ_2 auf das Intervall zwischen 0 und 2π, so erhalten wir deshalb, wenn die Zahl s die Werte von 0 bis ∞ durchläuft, Werte für φ_2, die jeder beliebigen vorher gegebenen Zahl in diesem Intervall beliebig nahe kommen. Mit anderen Worten, im Verlauf eines hinreichend großen Zeitabschnittes gehen φ_1 und φ_2 beliebig nahe an einem vorher beliebig gegebenen Wertepaar vorbei. Das gleiche bezieht sich auch auf alle Phasen. Im betrachteten Turbulenzmodell geht daher die Flüssigkeit im Verlauf einer hinreichend großen Zeit durch Zustände, die beliebig nahe sind zu einem willkürlich vorgegebenen Zustand, bestimmt durch einen beliebigen möglichen Satz von Werten der Phasen φ_i. Die Wiederkehrzeit wächst jedoch sehr schnell mit der Vergrößerung von N und wird so groß, daß keinerlei Spur von irgendeiner Periodizität übrigbleibt.[2])

Wir unterstreichen nun, daß der betrachtete Weg der Turbulenzentstehung im Grunde genommen auf linearen Vorstellungen beruht. Es wurde nämlich in der Tat vorausgesetzt, daß beim Erscheinen neuer periodischer Lösungen als Folge der Entwicklung weiterer Instabilität die schon vorhandenen periodischen Lösungen nicht nur nicht verschwinden, sondern auch fast nicht verändert werden. Im behandelten Turbulenzmodell ist die Strömung

[1]) Wählt man die Phasen φ_i als Koordinaten, die die Trajektorie auf dem N-dimensionalen Torus beschreiben, dann sind die zugehörigen Geschwindigkeiten konstant: $\dot{\varphi}_i = \omega_i$. Im Zusammenhang damit spricht man von der quasiperiodischen Bewegung als Bewegung auf dem Torus mit konstanter Geschwindigkeit.

[2]) Im ausgebildeten turbulenten Regime des beschriebenen Typs wird die Wahrscheinlichkeit, das System (die Flüssigkeit) in einem gegebenen kleinen Volumen um einen ausgewählten Punkt im Raum der Phasen $\varphi_1, \varphi_2, \dots, \varphi_N$ zu finden, durch das Verhältnis der Größe dieses Volumens $(\delta\varphi)^N$ zum gesamten Volumen $(2\pi)^N$ bestimmt. Man kann deshalb sagen, daß während eines hinreichend großen Zeitabschnittes das System sich nur im Verlauf des $e^{-\varkappa N}$-ten Teils dieses Zeitabschnittes (mit $\varkappa = \ln(2\pi/\delta\varphi)$) in der Umgebung des gegebenen Punktes befinden wird.

einfach eine Superposition solcher sich nicht ändernder Lösungen. Im allgemeinen Falle ändert sich jedoch der Charakter der Lösungen bei Vergrößerung der Reynolds-Zahl, wenn sie ihre Stabilität verlieren. Die Störungen wechselwirken miteinander, was sowohl zur Vereinfachung der Strömung wie auch zur Komplizierung führen kann. Wir wollen die erste Möglichkeit illustrieren.

Wir beschränken uns auf den einfachsten Fall: Wir wollen voraussetzen, daß die gestörte Lösung nur zwei unabhängige Frequenzen enthält. Wie schon gesagt, das geometrische Bild einer solchen Strömung ist eine nicht geschlossene Wicklung auf einem zweidimensionalen Torus. Die Störung mit der Frequenz ω_1, die bei $\mathrm{Re} = \mathrm{Re}_{\mathrm{kr}\,1}$ entstanden ist, werden wir natürlicherweise in der Umgebung der Zahl $\mathrm{Re} = \mathrm{Re}_{\mathrm{kr}\,2}$ (bei der die Störung mit der Frequenz ω_2 auftritt) als intensiver ansehen und werden deshalb annehmen, daß sie unverändert bleibt bei einer kleinen Änderung der Zahl Re in dieser Umgebung. Auf Grund dessen führen wir zur Beschreibung der Evolution der Störung mit der Frequenz ω_2 auf dem Hintergrund der periodischen Strömung mit der Frequenz ω_1 die neue Variable

$$a_2(t) = |a_2(t)|\,\mathrm{e}^{-\mathrm{i}\varphi_2(t)} \tag{30,3}$$

ein; der absolute Betrag $|a_2|$ ist die kürzeste Entfernung zur Mittellinie des Torus (zum instabil gewordenen Grenzzyklus mit der Frequenz ω_1), d. h. die auf die Bewegung mit ω_1 bezogene Amplitude der zweiten periodischen Strömung, und φ_2 ist ihre Phase. Betrachten wir das Verhalten von $a_2(t)$ in diskreten Zeitpunkten, die ganzzahlige Vielfache der Periode $T_1 = 2\pi/\omega_1$ sind. Während einer Periode ändert sich die Störung mit der Frequenz ω_2 um den Faktor μ, wobei

$$\mu = |\mu| \exp(-2\pi\mathrm{i}\omega_2/\omega_1)$$

ihr Multiplikator ist; im Verlauf einer ganzen Zahl τ solcher Perioden multipliziert sich die Funktion a_2 mit μ^τ. Wir nehmen schwach überkritisches $\mathrm{Re} - \mathrm{Re}_{\mathrm{kr}\,2}$ an; dann ist das Inkrement für das Anwachsen der Störung auch klein, und entsprechend ist auch die Differenz $|\mu| - 1$ klein, jedoch positiv. Innerhalb einer Periode T_1 ändert sich also die Störung a_2 dem Betrag nach wenig. Die Phase φ_2 ändert sich einfach proportional zu τ. Beachten wir all dies, so können wir dazu übergehen, die bisher diskrete Variable τ als kontinuierlich zu betrachten und den Gang der Änderung der Funktion $a_2(\tau)$ durch eine Differentialgleichung in τ zu beschreiben.

Der Begriff des Multiplikators bezieht sich auf die kleinsten Zeiten nach dem Einsetzen der Instabilität, wo die Störung noch durch lineare Gleichungen beschrieben wird. In diesem Gebiet ändert sich die Funktion $a_2(\tau)$ entsprechend dem oben Gesagten wie μ^τ, und ihre Ableitung ist

$$\frac{\mathrm{d}a_2}{\mathrm{d}\tau} = \ln\mu \cdot a_2(\tau)\,,$$

wobei für schwach überkritische Re

$$\ln\mu = \ln|\mu| - 2\pi\mathrm{i}\frac{\omega_2}{\omega_1} \approx |\mu| - 1 - 2\pi\mathrm{i}\frac{\omega_2}{\omega_1}\,. \tag{30,4}$$

Dieser Ausdruck ist das erste Glied der Entwicklung von $\mathrm{d}a_2/\mathrm{d}\tau$ nach Potenzen von a_2 und a_2^*, und bei Vergrößerung des Betrages $|a_2|$ (wobei er aber immer noch klein bleibt) muß das nächste Glied berücksichtigt werden. Das Glied, das den gleichen oszillierenden

Faktor $e^{-i\varphi_2}$ enthält, ist das Glied dritter Odnung: $\sim a_2 |a_2|^2$. Auf diese Weise kommen wir zu der Gleichung

$$\frac{da_2}{d\tau} = \ln \mu \cdot a_2 - \beta_2 a_2 |a_2|^2 , \tag{30,5}$$

wobei β_2 (wie auch μ) ein komplexer von Re abhängender Parameter ist mit Re $\beta_2 > 0$ (vgl. die analogen Überlegungen im Zusammenhang mit der Gleichung (26,7)). Der Realteil dieser Gleichung bestimmt sofort den stationären Wert des Betrages:

$$|a_2^{(0)}|^2 = (|\mu| - 1)/\mathrm{Re}\, \beta_2 .$$

Der Imaginärteil gibt die Gleichung für die Phase $\varphi_2(\tau)$; nach der Ausbildung des stationären Wertes für den Betrag nimmt diese Gleichung die folgende Form an:

$$\frac{d\varphi_2}{d\tau} = 2\pi \frac{\omega_2}{\omega_1} + \mathrm{Im}\, \beta_2 \cdot |a_2^{(0)}|^2 . \tag{30,6}$$

Nach dieser Gleichung dreht sich die Phase φ_2 mit gleichförmiger Geschwindigkeit. Diese Eigenschaft ist jedoch nur eine Folge der betrachteten Näherung; mit zunehmend überkritischem Re $-$ $\mathrm{Re}_{\mathrm{kr}\,2}$ wird die Gleichförmigkeit zerstört, und die Drehgeschwindigkeit auf dem Torus wird selbst eine Funktion von φ_2. Um dies zu berücksichtigen, fügen wir auf der rechten Seite der Gleichung (30,6) eine kleine Störung $\Phi(\varphi_2)$ hinzu; da alle physikalisch unterschiedlichen Werte von φ_2 in einem Intervall von 0 bis 2π enthalten sind, ist die Funktion $\Phi(\varphi_2)$ periodisch mit der Periode 2π. Weiter approximieren wir das irrationale Verhältnis ω_2/ω_1 durch einen rationalen Bruch (was mit beliebiger Genauigkeit gemacht werden kann): $\omega_2/\omega_1 = m_2/m_1 + \Delta$ mit ganzen Zahlen m_1, m_2. Dann erhält die Gleichung die Gestalt

$$\frac{d\varphi_2}{d\tau} = 2\pi \frac{m_2}{m_1} + \Delta + \mathrm{Im}\, \beta_2 \cdot |a_2^{(0)}|^2 + \Phi(\varphi_2) . \tag{30,7}$$

Wir werden jetzt die Werte der Phase nur zu Zeitpunkten betrachten, die ganzzahlige Vielfache von $m_1 T_1$ sind, d. h. bei Werten der Variablen $\tau = m_1 \bar{\tau}$, wobei $\bar{\tau}$ eine ganze Zahl ist. Das erste Glied auf der rechten Seite von (30,7) führt während der Zeit $m_1 T_1$ zu einer Änderung der Phase um $2\pi m_2$, d. h. um ein ganzzahliges Vielfaches von 2π, was man einfach fortlassen kann. Danach ist die gesamte rechte Seite der Gleichung eine kleine Größe, und dies erlaubt, die Änderung der Funktion $\varphi_2(\bar{\tau})$ durch eine Differentialgleichung in der Variablen $\bar{\tau}$ zu beschreiben:

$$\frac{1}{m_1} \frac{d\varphi_2}{d\bar{\tau}} = \Delta + \mathrm{Im}\, \beta_2 \cdot |a_2^{(0)}|^2 + \Phi(\varphi_2) \tag{30,8}$$

(bei einem Änderungsschritt der diskreten Variablen $\bar{\tau}$ ändert sich die Funktion φ_2/m_1 wenig).

Im allgemeinen Falle hat die Gleichung (30,8) eine stationäre Lösung $\varphi_2 = \varphi_2^{(0)}$, die durch das Verschwinden der rechten Seite der Gleichung bestimmt wird. Unveränderlichkeit der Phase φ_2 zu Zeitpunkten, die ganzzahlige Vielfache von $m_1 T_1$ sind, bedeutet die Existenz eines Grenzzyklus auf dem Torus, d. h. einer Trajektorie, die sich nach m_1 Windungen schließt. Wegen der Periodizität der Funktion $\Phi(\varphi_2)$ treten solche Lösungen in Paaren auf (im einfachsten Falle ein Paar): eine Lösung auf dem ansteigenden, die andere auf dem abfallenden Teil der Funktion $\Phi(\varphi_2)$. Von diesen beiden Lösungen ist nur die letztere stabil, für die die Gleichung (30,8) nahe dem Punkt $\varphi_2 = \varphi_2^{(0)}$ die Form

$$\frac{d\varphi_2}{d\tau} = -\text{const} \cdot (\varphi_2 - \varphi_2^{(0)})$$

hat (mit dem Koeffizienten const > 0), denn diese Gleichung hat nach $\varphi_2 = \varphi_2^{(0)}$ strebende Lösungen; die zweite Lösung ist instabil (für sie ist const < 0).

Die Entstehung eines stabilen Grenzzyklus auf dem Torus bezeichnet man als *Synchronisation der Frequenzen*[1]), d. h. das Verschwinden des quasiperiodischen Regimes und die Ausbildung eines neuen periodischen Regimes. Diese Erscheinung, die in Systemen mit vielen Freiheitsgraden auf verschiedene Weise vor sich gehen kann, verhindert die Ausbildung des Regimes, das durch eine Überlagerung von Strömungen mit einer großen Zahl inkommensurabler Frequenzen gebildet wird. In diesem Sinne kann man sagen, daß die Wahrscheinlichkeit für die Verwirklichung des Szenariums von Landau und Hopf sehr klein ist (was natürlich nicht die Möglichkeit ausschließt, daß in speziellen Fällen mehrere inkommensurable Frequenzen auftreten, bevor ihre Synchronisation einsetzt).

§ 31. Der seltsame Attraktor

Eine erschöpfende Theorie der Turbulenzentstehung für die verschiedenen Typen hydrodynamischer Strömungen existiert zur Zeit noch nicht. Es wurden jedoch eine Reihe möglicher Szenarien für den Prozeß der Chaotisierung der Strömung vorgeschlagen, die im wesentlichen auf Computerrechnungen für Modellsysteme von Differentialgleichungen beruhen und die teilweise durch reale hydrodynamische Experimente unterstützt werden. Die weitere Darstellung in diesem und dem folgenden Paragraphen hat allein das Ziel, eine Vorstellung von diesen Ideen zu geben, und sie wird nicht auf eine Diskussion der entsprechenden Computerresultate und experimentellen Ergebnisse eingehen. Wir bemerken nur, daß sich die experimentellen Daten auf hydrodynamische Strömungen in begrenzten Volumina beziehen; gerade solche Strömungen haben wir auch unten im Auge.[2])

Wir schicken die folgende allgemeine und wichtige Bemerkung voraus. Bei der Stabilitätsanalyse einer periodischen Strömung sind nur die Multiplikatoren interessant, deren absolute Beträge nahe 1 sind — gerade sie können bei einer kleinen Änderung von Re den Einheitskreis überschreiten. Bei der Strömung einer zähen Flüssigkeit ist die Zahl solcher „gefährlicher“ Multiplikatoren aus folgendem Grunde immer endlich. Die von den Bewegungsgleichungen erlaubten verschiedenen Störungstypen (Moden) besitzen verschiedene räumliche Maßstäbe (d. h. verschiedene Längen derjenigen Abstände, auf denen sich die Geschwindigkeit $\mathbf{v}_2$ wesentlich ändert). Je kleiner der Maßstab einer Strömung ist, um so größer sind die Geschwindigkeitsgradienten in ihr und um so stärker wird sie durch die Zähigkeit gebremst.

---

[1]) Im Englischen frequency locking. Das Wort locking (Verschließen, Verriegeln) wird auch manchmal ins Deutsche übernommen.

[2]) Tatsächlich handelt es sich um die Wärmekonvektion in begrenzten Volumina und um die Couette-Strömung zwischen zwei koaxialen Zylindern endlicher Länge. Theoretische Vorstellungen über den Mechanismus der Turbulenzentstehung in einer Grenzschicht und im Nachlauf bei der Umströmung eines endlichen Körpers sind zur Zeit noch schwach entwickelt trotz der beträchtlichen Ansammlung experimentellen Materials.

Wenn man die erlaubten Moden nach abfallenden Maßstäben ordnet, dann kann sich nur eine gewisse endliche Anzahl von den ersten als gefährlich erweisen; hinreichend ferne Moden in dieser Reihe sind merklich stark gedämpft, d. h., zu ihnen werden dem Betrage nach kleine Multiplikatoren gehören. Dieser Umstand erlaubt die Annahme, daß die Untersuchung der möglichen Typen des Stabilitätsverlustes der periodischen Strömung einer zähen Flüssigkeit im wesentlichen genau so durchgeführt werden kann wie die Stabilitätsanalyse der periodischen Bewegung eines dissipativen diskreten mechanischen Systems, das durch eine endliche Zahl von Variablen beschreibbar ist (in der Hydrodynamik können diese Variablen z. B. die Amplituden der Fourier-Komponenten des Geschwindigkeitsfeldes in der Fourier-Entwicklung nach den Koordinaten sein). Dementsprechend wird auch der Zustandsraum endlichdimensional.

Vom mathematischen Gesichtspunkt aus geht es um die Untersuchung der Evolution eines Systems, das durch Gleichungen der Form

$$\dot{\boldsymbol{x}}(t) = \boldsymbol{F}(\boldsymbol{x}) \tag{31,1}$$

beschrieben wird, wobei $\boldsymbol{x}(t)$ ein Vektor im Raum der n das System beschreibenden Größen $x^{(1)}, x^{(2)}, \ldots, x^{(n)}$ ist; die Funktion $\boldsymbol{F}$ hängt von einem Parameter ab, dessen Änderung zu einer Änderung des Bewegungscharakters führen kann.[1]) Für ein dissipatives System ist die Divergenz des Vektors $\dot{\boldsymbol{x}}$ im x-Raum negativ, was die Kontraktion der Volumina im x-Raum bei der Bewegung ausdrückt[2]):

$$\operatorname{div} \dot{\boldsymbol{x}} = \operatorname{div} \boldsymbol{F} \equiv \partial F^{(i)}/\partial x^{(i)} < 0\,. \tag{31,2}$$

Wir kehren zurück zur Diskussion der möglichen Resultate der Wechselwirkung der verschiedenen periodischen Strömungen. Die Erscheinung der Synchronisation vereinfacht die Strömung. Die Wechselwirkung kann aber die Quasiperiodizität auch in Richtung auf eine wesentliche Komplizierung des Bildes zerstören. Bisher wurde stillschweigend vorausgesetzt, daß beim Stabilitätsverlust einer periodischen Strömung zu dieser eine andere periodische Strömung hinzukommt. Logisch ist dies absolut nicht notwendig. Die Begrenztheit der Amplituden der Pulsationen der Geschwindigkeit garantiert nur die Begrenztheit des Volumens im Zustandsraum, in dem die Trajektorie liegt, die dem entstandenen Strömungsregime der zähen Flüssigkeit entspricht; wie aber das Bild der Trajektorie in diesem Volumen aussieht, kann a priori nicht gesagt werden. Die Trajektorie kann zu einem Grenzzyklus streben oder zu einer nicht geschlossenen Wicklung auf dem Torus (entsprechend den Bildern der periodischen oder der quasiperiodischen Strömung), aber sie kann sich auch völlig anders verhalten, kompliziert und verworren. Gerade diese Möglichkeit ist äußerst wesentlich für das Verständnis der mathematischen Natur und für die Aufklärung des Mechanismus der Turbulenzentstehung.

Vorstellen kann man sich das komplizierte und verworrene Verhalten von Trajektorien in einem begrenzten Volumen, in das die Trajektorien nur einlaufen, wenn man voraussetzt, daß alle Trajektorien in ihm instabil sind. Unter ihnen können nicht nur instabile Zyklen sein, sondern auch nicht geschlossene Trajektorien, die innerhalb des begrenzten Gebietes

---

[1]) Nach der mathematischen Terminologie heißt die Funktion $\boldsymbol{F}$ Vektorfeld des Systems. Wenn sie nicht explizit von der Zeit abhängt (wie in (31,1)), nennt man das System autonom.

[2]) Wir erinnern daran, daß bei einem Hamiltonschen mechanischen System diese Divergenz gleich Null ist auf Grund des Liouvilleschen Satzes; die Komponenten des Vektors $\boldsymbol{x}$ sind dabei die verallgemeinerten Koordinaten q und Impulse p des Systems.

unendlich umherirren, ohne das Gebiet zu verlassen. Instabilität bedeutet, daß sich zwei beliebig nahe Punkte des Zustandsraumes, die sich auf durch sie hindurchgehenden Trajektorien bewegen, im folgenden weit voneinander entfernen; zwei am Anfang nahe Punkte können auch zur gleichen Trajektorie gehören: Wegen der Begrenztheit des Gebietes kann sich eine nicht geschlossene Trajektorie wieder beliebig nahe kommen. Ein solches kompliziertes nichtreguläres Verhalten der Trajektorien gehört zur turbulenten Strömung einer Flüssigkeit.

Dieses Bild hat auch noch einen anderen Aspekt — die empfindliche Abhängigkeit der Strömung von kleinen Änderungen der Anfangsbedingungen. Wenn die Strömung stabil ist, dann führt eine kleine Ungenauigkcit in der Angabe der Anfangsbedingungen nur zu einer analogen Ungenauigkeit in der Bestimmung des Endzustandes. Wenn aber die Bewegung instabil ist, dann wächst eine anfängliche Ungenauigkeit mit der Zeit an, und die weiteren Zustände des Systems sind schon nicht mehr vorhersehbar (N. S. KRYLOFF, 1944; M. BORN, 1952).

Eine anziehende Menge instabiler Trajektorien im Zustandsraum eines dissipativen Systems kann wirklich existieren (E. LORENZ, 1963); man nennt sie üblicherweise einen *seltsamen Attraktor.*[1])

Auf den ersten Blick erscheinen die Forderung nach Instabilität aller zum Attraktor gehörenden Trajektorien und die Forderung, daß alle benachbarten Trajektorien für $t \to \infty$ zum Attraktor streben, nicht vereinbar, da Instabilität Auseinanderlaufen der Trajektorien bedeutet. Dieser scheinbare Widerspruch löst sich, wenn man berücksichtigt, daß die Trajektorien instabil in den einen Richtungen im Zustandsraum sein können und stabil (d. h. anziehend) in den anderen. Im n-dimensionalen Zustandsraum können die Trajektorien, die zu einem seltsamen Attraktor gehören, nicht in allen $n - 1$ Richtungen (eine Richtung entspricht der Bewegung längs der Trajektorie) instabil sein, weil dies ein kontinuierliches Wachstum des Anfangsvolumens im Zustandsraum bedeuten würde, was für ein dissipatives System nicht möglich ist. Folglich nähern sich in den einen Richtungen benachbarte Trajektorien den Trajektorien des Attraktors, und in den anderen, instabilen Richtungen entfernen sie sich von ihnen (Abb. 19). Solche Trajektorien nennt man *sattelpunktartig*, und die Menge dieser Trajektorien bildet gerade den seltsamen Attraktor.

Ein seltsamer Attraktor kann schon nach einigen durch Bifurkationen entstandenen neuen Perioden auftreten: sogar eine beliebig kleine Nichtlinearität kann das quasiperiodische

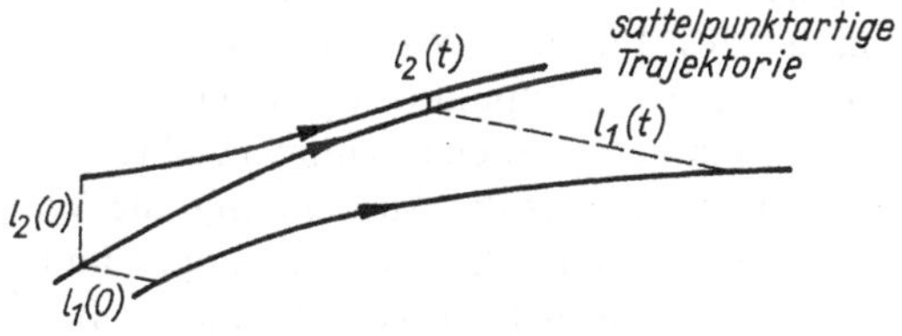

Abb. 19

[1]) Im Unterschied zu gewöhnlichen Attraktoren (stabilen Grenzzyklen, Grenzpunkten usw.); die Bezeichnung des Attraktors als „seltsam" (englisch strange) hängt zusammen mit der Kompliziertheit seiner Struktur, von der unten noch die Rede sein wird. In der physikalischen Literatur bezeichnet der Begriff „seltsamer Attraktor" auch kompliziertere anziehende Mengen, die neben instabilen auch stabile Trajektorien enthalten, aber mit einem so kleinen Anziehungsgebiet, daß man sie weder in physikalischen noch in numerischen Experimenten beobachten kann.

Regime (nicht geschlossene Wicklung auf einem Torus) zerstören und auf dem Torus einen seltsamen Attraktor erzeugen (D. Ruelle, F. Takens, 1971). Das kann jedoch nicht in der zweiten Bifurkation (die Zählung beginnt mit der Zerstörung des stationären Regimes) geschehen. Bei dieser Bifurkation erscheint eine nicht geschlossene Wicklung auf einem zweidimensionalen Torus. Die Berücksichtigung einer kleinen Nichtlinearität zerstört den Torus nicht, so daß der seltsame Attraktor auf dem Torus liegen müßte. Auf einer zweidimensionalen Oberfläche ist jedoch die Existenz einer anziehenden Menge instabiler Trajektorien nicht möglich. Die Trajektorien im Zustandsraum dürfen nämlich einander (und auch sich selbst) nicht schneiden; dies würde dem deterministischen Verhalten klassischer Systeme widersprechen: Der Zustand des Systems bestimmt zu jedem Zeitpunkt eindeutig sein Verhalten für die folgenden Zeiten. Auf einer zweidimensionalen Fläche wird nun der Strom der Trajektorien wegen der Unmöglichkeit des Überschneidens so stark geordnet, daß seine Chaotisierung nicht möglich ist.

Aber schon bei der dritten Bifurkation wird das Auftreten eines seltsamen Attraktors möglich (wenn auch nicht notwendig!). Ein solcher Attraktor, der das quasiperiodische Regime mit drei Frequenzen ersetzt, liegt auf einem dreidimensionalen Torus (S. Newhouse, D. Ruelle, F. Takens, 1978).

Die zu einem seltsamen Attraktor gehörenden komplizierten, verworrenen Trajektorien liegen in einem begrenzten Volumen des Zustandsraums. Eine Klassifikation der möglichen Typen seltsamer Attraktoren, die man bei realen hydrodynamischen Problemen finden kann, ist gegenwärtig nicht bekannt: unklar sind sogar die Kriterien, auf die eine solche Klassifikation gegründet werden müßte. Die existierenden Kenntnisse über die Struktur seltsamer Attraktoren beruhen im wesentlichen nur auf dem Studium von Beispielen, die bei Computerlösungen von Modellsystemen gewöhnlicher Differentialgleichungen auftreten, die noch recht fern sind von den realen hydrodynamischen Gleichungen. Über die Struktur eines seltsamen Attraktors kann man jedoch einige allgemeine Aussagen machen, die schon aus der Instabilität (vom Sattelpunktstyp) der Trajektorien und der Dissipativität des Systems folgen.

Im Interesse der Anschaulichkeit werden wir von einem dreidimensionalen Zustandsraum sprechen und stellen uns den Attraktor als innerhalb eines zweidimensionalen Torus liegend vor. Wir betrachten ein Bündel von Trajektorien auf dem Wege zum Attraktor (sie beschreiben das Übergangsregime der Strömung der Flüssigkeit, das zur Ausbildung der „stationären" Turbulenz führt). In einem Querschnitt des Bündels füllen die Trajektorien (genauer ihre Spuren) eine bestimmte Fläche aus; wir verfolgen die Änderung der Größe und der Form dieser Fläche längs des Bündels. Wir berücksichtigen, daß sich das Volumenelement in der Umgebung einer sattelpunktartigen Trajektorie in einer der (senkrechten) Richtungen ausdehnt und in der anderen zusammenzieht; wegen der Dissipativität des Systems ist die Kontraktion stärker als die Ausdehnung, die Volumina müssen sich verkleinern. Entlang der Trajektorie müssen sich diese Richtungen ändern, andernfalls würden sich die Trajektorien zu weit entfernen (was eine zu große Änderung der Geschwindigkeit der Flüssigkeit bedeuten würde). All dies führt dazu, daß sich der Querschnitt des Bündels der Fläche nach verkleinert und daß er eine flachgequetschte und gleichzeitig gebogene Form erhält. Dieser Prozeß erfolgt nicht nur für den Querschnitt des Bündels als Ganzes, sondern auch mit jedem seiner Flächenelemente. Im Ergebnis zerfällt der Querschnitt des Bündels in ein System aneinandergelegter Streifen, abgetrennt durch leeren Raum. Im Laufe der Zeit (d. h. längs des Trajektorienbündels) wächst die Zahl der Streifen schnell, und ihre Breite sinkt. Der in der Grenze $t \to \infty$ entstehende Attraktor stellt eine überabzählbare Menge einer unendlichen Zahl einander nicht berührender Schichten dar: Flächen, auf denen die sattelpunktartigen Trajektorien liegen (mit ihren anziehenden Richtungen vom Attraktor nach außen orientiert). Durch ihre Seitenflächen und ihre Enden sind diese Schichten in komplizierter Weise miteinander verbunden; jede zum Attraktor gehörende Trajektorie irrt durch alle Schichten, und im Verlaufe eines hinreichend großen Zeitabschnittes geht sie hinreichend nahe an jedem beliebigen Punkt des Attraktors vorbei (*Ergodizität*). Das gemeinsame Volumen der Schichten und die gemeinsame Fläche ihrer Querschnitte sind gleich Null.

Nach der mathematischen Terminologie gehört eine solche Menge entlang einer der Richtungen zur Kategorie der *Cantorschen Mengen*. Gerade diese Cantorsche Struktur muß als charakteristischste Eigenschaft des Attraktors angesehen werden, auch im allgemeineren Falle eines n-dimensionalen ($n > 3$) Zustandsraums.

Das Volumen eines seltsamen Attraktors ist in seinem Zustandsraum immer gleich Null. Es kann jedoch verschieden von Null sein in einem anderen Raum mit geringerer Dimension. Diese Dimension wird in folgender Weise bestimmt. Wir teilen den gesamten n-dimensionalen Raum auf in kleine Würfel mit der Kantenlänge ε und dem Volumen ε^n. Es sei $N(\varepsilon)$ die minimale Zahl von Würfeln, deren Gesamtheit den Attraktor vollständig bedeckt. Wir definieren die Dimension D des Attraktors als den Grenzwert [1])

$$D = \lim_{\varepsilon \to 0} \frac{\ln N(\varepsilon)}{\ln (1/\varepsilon)}. \tag{31,3}$$

Die Existenz dieses Grenzwertes bedeutet die Endlichkeit des Volumens des Attraktors im D-dimensionalen Raum: Für kleine ε haben wir $N(\varepsilon) \approx V\varepsilon^{-D}$ (wobei V eine Konstante ist); hieraus ist ersichtlich, daß man $N(\varepsilon)$ betrachten kann als Zahl D-dimensionaler Würfel, die im D-dimensionalen Raum das Volumen V bedecken. Die durch (31,3) definierte Dimension kann offensichtlich die Dimension n des Zustandsraums nicht überschreiten, aber sie kann kleiner sein als diese, und im Unterschied zur gewohnten Dimension kann sie auch gebrochen sein; von dieser Art ist sie gerade für Cantorsche Mengen. [2])

Wir machen auf den folgenden wichtigen Umstand aufmerksam. Wenn sich die turbulente Strömung schon herausgebildet hat (die Strömung „auf den seltsamen Attraktor gegangen ist"), dann unterscheidet sich eine solche Bewegung des dissipativen Systems (der zähen Flüssigkeit) im Prinzip nicht von der stochastischen Bewegung eines dissipationslosen Systems mit einer kleineren Dimension des Zustandsraums. Dies hängt damit zusammen, daß für die herausgebildete Strömung die zähe Energiedissipation im Mittel über eine große Zeit durch die Energie kompensiert wird, die von der mittleren Strömung zugeführt wird (oder einer anderen Quelle für das Nichtgleichgewicht). Verfolgt man also die zeitliche Evolution des zum Attraktor gehörenden „Volumenelements" (in einem gewissen Raum, dessen Dimension durch die Dimension des Attraktors bestimmt wird), so wird dieses Volumen im Mittel erhalten – seine Kontraktion in den einen Richtungen wird im Mittel kompensiert durch die Ausdehnung auf Grund des Auseinanderlaufens benachbarter

---

[1]) Diese Größe ist in der Mathematik als Kapazität der Menge bekannt. Ihre Definition ist nahe zur sogenannten Hausdorffschen (oder fraktalen) Dimension.

[2]) Die bedeckenden n-dimensionalen Würfel können sich als eine „fast leere" Menge erweisen, und deshalb kann $D < n$ sein. Für gewöhnliche Mengen gibt die Definition (31,1) die bekannten Resultate. So erhalten wir für eine Menge von N isolierten Punkten $N(\varepsilon) = N$ und $D = 0$; für den Abschnitt L einer Linie gilt $N(\varepsilon) = L/\varepsilon$, $D = 1$; für ein Flächenstück S einer zweidimensionalen Fläche gilt $N(\varepsilon) = S/\varepsilon^2$, $D = 2$ usw.

Trajektorien in den anderen Richtungen. Diese Eigenschaft kann man benutzen, um auf eine andere Weise eine Abschätzung für die Dimension des Attraktors zu erhalten.

Auf Grund der schon erwähnten Ergodizität der Strömung auf dem seltsamen Attraktor können seine mittleren Charakteristika schon durch die Analyse der Strömung längs einer zum Attraktor gehörenden instabilen Trajektorie im Zustandsraum festgestellt werden. Mit anderen Worten, wir nehmen an, daß eine individuelle Trajektorie die Eigenschaften des Attraktors wiedergibt, wenn man sich eine unendlich lange Zeit auf ihr bewegt.

Es sei $\boldsymbol{x} = \boldsymbol{x}_0(t)$ die Gleichung dieser Trajektorie, eine der Lösungen der Gleichung (31,1). Wir verfolgen die Deformation eines „kugelförmigen" Volumenelements bei seiner Verschiebung entlang dieser Trajektorie. Diese Deformation wird durch die Gleichung (31,1) bestimmt, linearisiert in bezug auf die Differenz $\boldsymbol{\xi} = \boldsymbol{x} - \boldsymbol{x}_0(t)$, d. h. in bezug auf die Abweichung von Trajektorien, die zur betrachteten benachbart sind. Diese Gleichungen lauten, in Komponenten aufgeschrieben,

$$\dot{\xi}^{(i)} = A_{ik}(t)\,\xi^{(k)}, \qquad A_{ik}(t) = \left.\frac{\partial F^{(i)}}{\partial x^{(k)}}\right|_{x = x_0(t)}. \tag{31,4}$$

Bei der Verschiebung längs der Trajektorie wird das Volumenelement in den einen Richtungen kontrahiert, in den anderen ausgedehnt, und die Kugel verwandelt sich in ein Ellipsoid. Im Laufe der Bewegung längs der Trajektorie ändern sich sowohl die Richtungen der Halbachsen des Ellipsoids wie auch ihre Längen; wir bezeichnen die letzteren durch $l_s(t)$, wo der Index s die Richtungen numeriert. Als *Ljapunoffsche charakteristische Exponenten* bezeichnet man die Grenzwerte

$$L_s = \lim_{t\to\infty} \frac{1}{t} \ln \frac{l_s(t)}{l(0)}, \tag{31,5}$$

wobei $l(0)$ der Radius der Ausgangskugel ist (zu der Zeit, die wir als $t = 0$ gewählt haben). Die auf diese Weise definierten Größen sind reelle Zahlen, ihre Anzahl ist gleich der Dimension n des Raumes. Eine dieser Zahlen ist gleich Null (sie gehört zu der Richtung längs der Trajektorie).[1]

Die Summe der Ljapunoffschen Exponenten bestimmt die mittlere Änderung eines Volumenelements im Zustandsraum bei der Bewegung längs der Trajektorie. Die lokale relative Änderung des Volumens wird in jedem Punkt der Trajektorie durch die Divergenz $\operatorname{div} \boldsymbol{x} = \operatorname{div} \boldsymbol{\xi} = A_{ii}(t)$ gegeben. Man kann zeigen, daß der Mittelwert der Divergenz längs der Trajektorie durch

$$\lim_{t\to\infty} \frac{1}{t} \int_0^t \operatorname{div} \xi \, dt = \sum_{s=1}^{n} L_s \tag{31,6}$$

bestimmt ist.[2] Für ein dissipatives System ist diese Summe negativ, die Volumina im n-dimensionalen Zustandsraum werden kontrahiert. Die Dimension des seltsamen At-

[1]) Die Lösung der Gleichungen (31,4) (für gegebene Anfangsbedingungen bei $t = 0$) beschreibt eine benachbarte Trajektorie natürlich nur so lange gut, wie alle Abstände $l_s(t)$ klein bleiben. Dieser Umstand nimmt jedoch der Definition (31,5), bei der beliebig große Zeiten benutzt werden, nicht ihren Sinn: Für ein beliebig großes t kann man ein so kleines $l(0)$ wählen, daß die linearisierten Gleichungen für diese ganze Zeit gültig bleiben.

[2]) Siehe W. I. Osseledez (В. И. Оселедец), Trudy Moskovskogo Mat. obshch. **19**, 179 (1968).

traktors bestimmen wir daraus, daß die Volumina in „seinem Raum" im Mittel erhalten bleiben. Dazu ordnen wir die Ljapunoffschen Exponenten in der Reihenfolge $L_1 \geqq L_2 \geqq \dots \geqq L_n$ an und berücksichtigen so viele stabile Richtungen, wie zur Kompensation der Ausdehnung durch Kontraktion nötig sind. Die auf diese Weise bestimmte Dimension des Attraktors (wir bezeichnen sie mit D_L) wird zwischen m und $m + 1$ liegen, wobei m die Zahl der Exponenten in der angegebenen Folge ist, so daß die Summe noch positiv ist, aber nach Hinzufügung von L_{m+1} negativ wird.[1]) Den gebrochenen Teil der Dimension $D_L = m + d$ (mit $d < 1$) findet man aus der Gleichung

$$\sum_{s=1}^{m} L_s + L_{m+1} d = 0 \tag{31,7}$$

(F. Ledrappier, 1981). Da bei der Berechnung von d nur die am wenigsten stabilen Richtungen berücksichtigt werden (die negativen Exponenten L_s am Ende der Folge mit den größten absoluten Beträgen sind nicht berücksichtigt), stellt die angegebene Größe D_L im allgemeinen eine Abschätzung der Dimension von oben dar. Diese Abschätzung eröffnet im Prinzip einen Weg zur Bestimmung der Dimension des Attraktors aus experimentellen Messungen des zeitlichen Verlaufs der Pulsationen der Geschwindigkeit im turbulenten Strom.

§ 32. Der Übergang zur Turbulenz durch Periodenverdopplung

Wir betrachten jetzt den Stabilitätsverlust einer periodischen Strömung, bei dem die Multiplikatoren durch die Werte -1 und $+1$ gehen.

Im n-dimensionalen Zustandsraum bestimmen $n - 1$ Multiplikatoren das Verhalten der Trajektorien in $n - 1$ verschiedenen Richtungen in der Umgebung der betrachteten periodischen Trajektorie (wobei diese $n - 1$ Richtungen in jedem Punkt verschieden sind von der Tangentenrichtung an die periodische Trajektorie). Zu dem sich nahe ± 1 befindenden Multiplikator gehöre die l-te Richtung. Die übrigen $n - 2$ Multiplikatoren sind dem absoluten Betrage nach klein; in den entsprechenden $n - 2$ Richtungen werden sich deshalb alle Trajektorien im Laufe der Zeit an eine gewisse zweidimensionale Fläche (wir nennen sie Σ) anschmiegen, in der die l-te Richtung und die Richtung der erwähnten Tangenten liegen. Man kann sagen, daß sich der Zustandsraum in der Umgebung des Grenzzyklus für $t \to \infty$ als nahezu zweidimensional erweist (streng zweidimensional kann er nicht sein, die Trajektorien können auf beiden Seiten von Σ liegen und können von einer Seite der Fläche zur anderen hindurchgehen. Wir erzeugen einen Schnitt im Strom der Trajektorien nahe Σ durch eine den Strom schneidende Fläche σ. Jede Trajektorie, die σ wiederholt durchdringt, ordnet dem vorhergehenden Durchtrittspunkt (wir nennen ihn $\boldsymbol{x}_j$) im Moment der darauf folgenden Wiederkehr den Durchtrittspunkt $\boldsymbol{x}_{j+1}$ zu. Den Zusammenhang $\boldsymbol{x}_{j+1} = \boldsymbol{f}(\boldsymbol{x}_j; \mathrm{Re})$ nennt man *Poincaré-Abbildung;* sie hängt von einem Parameter Re ab (in unserem Falle der Reynolds-Zahl[2])), dessen Wert die Nähe zur Bifurkation, d. h. zum Stabilitätsverlust der periodischen Strömung, bestimmt. Da sich alle Trajektorien eng an die Fläche Σ anschmiegen, ist die Menge der Durchtrittspunkte der

---

[1]) Die Berücksichtigung des Ljapunoffschen Exponenten, der gleich Null ist, geschieht durch den Beitrag $+1$ zur Dimension D_L; dies entspricht der Dimension längs der Trajektorie.

[2]) Oder von der Rayleigh-Zahl, wenn es sich um Wärmekonvektion handelt (§ 56).

Trajektorien durch die Fläche σ nahezu eindimensional, und man kann sie näherungsweise durch eine Linie approximieren; die Pioncaré-Abbildung wird dann eine eindimensionale Transformation

$$x_{j+1} = f(x_j; \mathrm{Re}), \tag{32,1}$$

wobei x einfach die Koordinate auf der erwähnten Linie ist.[1]) Die diskrete Variable j spielt die Rolle der Zeit, gemessen in Einheiten der Periode der Strömung.

Die Abbildung (32,1) liefert eine alternative Methode zur Bestimmung des Charakters der Strömung nahe der Bifurkation. Der periodischen Strömung selbst entspricht der *Fixpunkt* der Abbildung (32,1), d. h. der Wert $x_j = x_*$, der sich nicht ändert bei der Abbildung, für den also $x_{j+1} = x_j$ gilt. Die Rolle des Multiplikators spielt die Ableitung $\mu = \mathrm{d}x_{j+1}/\mathrm{d}x_j$, genommen im Punkt $x_j = x_*$. Punkte $x_j = x_* + \xi$ in der Umgebung von x_* gehen infolge der Abbildung über in $x_{j+1} \approx x_* + \mu\xi$. Der Fixpunkt ist stabil (und ist ein Attraktor der Abbildung), wenn $|\mu| < 1$; wiederholen wir die Anwendung der Abbildung (*iterieren* wir die Abbildung) und beginnen mit irgendeinem Punkt in der Umgebung des Punktes x_*, so werden wir uns asymptotisch x_* nähern (nach dem Gesetz $|\mu|^r$, wo r die Zahl der Iterationen ist). Im Gegensatz hierzu ist der Fixpunkt für $|\mu| > 1$ instabil.

Betrachten wir den Stabilitätsverlust der periodischen Strömung beim Durchgang des Multiplikators durch -1. Die Gleichung $\mu = -1$ bedeutet, daß eine anfängliche Störung während des Zeitintervalls T_0 ihr Vorzeichen ändert, aber ihren absoluten Betrag beibehält; innerhalb einer weiteren Periode geht die Störung wieder in den Anfangswert zurück. Auf diese Weise entsteht beim Durchgang von μ durch den Wert -1 in der Umgebung des Grenzzyklus mit der Periode T_0 ein neuer Grenzzyklus mit der Periode $2T_0$, d. h., wir haben eine *Bifurkation mit Periodenverdopplung.*[2]) In Abb. 20 sind schematisch zwei solche aufeinander folgende Bifurkationen dargestellt; in den Abbildungen a, b stellen die ausgezogenen Linien die stabilen Zyklen mit den Perioden $2T_0$, $4T_0$ dar und die gestrichelten Linien die instabil gewordenen Zyklen.

Vereinbart man, den Fixpunkt der Pioncaré-Abbildung als Punkt $x = 0$ zu nehmen, so kann man in seiner Nähe die Abbildung, die die Bifurkation mit Periodenverdopplung beschreibt, in der Form der Entwicklung

$$x_{j+1} = -[1 + (\mathrm{Re} - \mathrm{Re}_1)]\, x_j + x_j^2 + \beta x_j^3 \tag{32,2}$$

mit $\beta > 0$ darstellen.[3]) Für $\mathrm{Re} < \mathrm{Re}_1$ ist der Fixpunkt $x_* = 0$ stabil und für $\mathrm{Re} > \mathrm{Re}_1$ instabil. Um zu sehen, wie die Periodenverdopplung vor sich geht, ist es nötig, die Abbildung (32,2) zu iterieren, d. h., sie nach zwei Schritten (nach zwei Zeiteinheiten) zu betrachten und erneut die Fixpunkte der erhaltenen Abbildung zu bestimmen; wenn sie existieren und stabil sind, dann sind sie auch verantwortlich für den Zyklus mit verdoppelter Periode.

---

[1]) Das Symbol x hat in diesem Paragraphen natürlich nichts mit der Koordinate im physikalischen Raum zu tun!

[2]) In diesem Paragraphen bezeichnen wir die Grundperiode, d. i. die Periode der ersten periodischen Strömung, als T_0 (und nicht T_1). Die kritischen Werte der Reynolds-Zahl, die zu den aufeinander folgenden Bifurkationen mit Periodenverdopplung gehören, werden wir mit Re_1, Re_2, ... bezeichnen, wobei wir den Index kr weggelassen haben (die Zahl Re_1 ersetzt also das frühere $\mathrm{Re}_{\mathrm{kr}2}$).

[3]) Der Koeffizient von $\mathrm{Re} - \mathrm{Re}_1$ kann durch eine Umdefinition von Re zu Eins gemacht werden, und der Koeffizient von x_j^2 kann durch eine Umdefinition von x_j zu $+1$ transformiert werden (was in (32,2) auch vorausgesetzt wird).

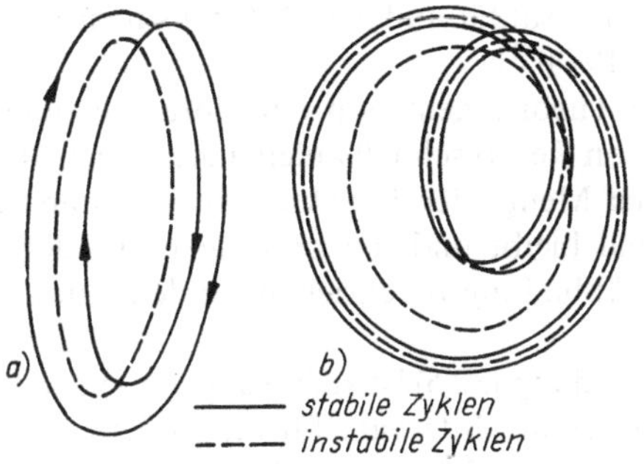

Abb. 20

Die Iteration der Abbildung (32,2) führt (mit der notwendigen Genauigkeit in den kleinen Größen x_j und $\mathrm{Re} - \mathrm{Re}_1$) zu der Abbildung

$$x_{j+2} = x_j + 2(\mathrm{Re} - \mathrm{Re}_1)\, x_j - 2(1 + \beta)\, x_j^3 . \tag{32,3}$$

Sie hat immer den Fixpunkt $x_* = 0$. Für $\mathrm{Re} < \mathrm{Re}_1$ ist dieser Fixpunkt der einzige, und er ist stabil (der Multiplikator $|\mathrm{d}x_{j+1}/\mathrm{d}x_j| < 1$); für Bewegungen mit der Periode 1 (in Einheiten T_0) ist das Zeitintervall 2 auch eine Periode. Bei $\mathrm{Re} = \mathrm{Re}_1$ wird der Multiplikator gleich $+1$, und für $\mathrm{Re} > \mathrm{Re}_1$ wird der Punkt $x_* = 0$ instabil. In diesem Moment entsteht ein Paar stabiler Fixpunkte

$$x_*^{(1),(2)} = \pm \left[\frac{\mathrm{Re} - \mathrm{Re}_1}{1 + \beta} \right]^{1/2} , \tag{32,4}$$

die dem stabilen Grenzzyklus mit verdoppelter Periode [1]) entsprechen; die Transformation (32,3) läßt jeden dieser Punkte unverändert, und die Transformation (32,2) führt jeden von ihnen in den anderen über. Wir betonen, daß der Zyklus mit der Einheitsperiode bei der beschriebenen Bifurkation nicht verschwindet; er bleibt Lösung der Bewegungsgleichungen, wenn er auch instabil ist.

Nahe der Bifurkation bleibt die Strömung noch „fast periodisch" mit der Periode 1: Die aufeinanderfolgenden Wiederkehrpunkte $x_*^{(1)}$ und $x_*^{(2)}$ der Trajektorie liegen nahe beieinander. Das Intervall $x_*^{(1)} - x_*^{(2)}$ zwischen ihnen ist ein Maß für die Amplitude der Schwingungen mit der Periode 2; die Amplitude wächst für überkritische Re wie $(\mathrm{Re} - \mathrm{Re}_1)^{1/2}$ analog zu dem Gesetz (26,10) für das Anwachsen der Amplitude der periodischen Strömung nach ihrer Entstehung im Punkt des Stabilitätsverlustes der stationären Strömung.

Die vielfache Wiederholung der Bifurkation mit Periodenverdopplung eröffnet einen der möglichen Wege zur Turbulenzentstehung. Bei diesem Szenarium ist die Zahl der Bifurkationen unendlich, wobei diese (bei der Vergrößerung von Re) in immer mehr abnehmenden Intervallen aufeinanderfolgen; die Folge der kritischen Werte $\mathrm{Re}_1, \mathrm{Re}_2, \ldots$ strebt gegen einen endlichen Grenzwert, oberhalb dessen die Periodizität vollständig verschwindet; im Raum entsteht dann ein komplizierter aperiodischer Attraktor, der in diesem Szenarium mit dem Entstehen der Turbulenz verbunden wird. Wir werden sehen, daß dieses Szenarium die

---

[1]) Oder, wie wir kurz sagen werden, dem *Zweierzyklus* (oder *2-Zyklus*). Die dazugehörenden Fixpunkte werden wir die *Elemente des Zyklus* nennen.

bemerkenswerten Eigenschaften der Universalität und der Maßstabsinvarianz (oder Skaleninvarianz) besitzt (M. J. FEIGENBAUM, 1978).[1])

Die unten dargestellte quantitative Theorie geht von der Voraussetzung aus, daß die Bifurkationen (bei der Vergrößerung von Re) so schnell aufeinanderfolgen, daß auch in den Zeiträumen zwischen ihnen das von der Menge der Trajektorien eingenommene Gebiet im Zustandsraum nahezu zweidimensional bleibt und die gesamte Folge der Bifurkationen durch eine eindimensionale Poincaré-Abbildung beschrieben werden kann, die von einem Parameter abhängt.

Die Wahl der unten betrachteten Abbildung (32,5) ist auf Grund der folgenden Überlegungen natürlich. In einem beträchtlichen Teil des Intervalls für die Änderung der Variablen x muß die Abbildung „ausdehnend" sein, $|\mathrm{d}f(x;\lambda)/\mathrm{d}x| > 1$; dies macht das Auftreten einer Instabilität möglich. Die Abbildung muß auch über die Grenzen eines gewissen Intervalls hinausgehende Trajektorien in dieses Intervall zurückführen; andernfalls würde sich ein unbegrenztes Anwachsen der Amplituden der Pulsationen der Geschwindigkeit ergeben, was nicht möglich ist. Diese beiden Forderungen gemeinsam kann nur eine nichtmonotone Funktion $f(x, \lambda)$ erfüllen, d. h. eine nicht eineindeutige Abbildung (32,1): Die Werte x_{j+1} sind eindeutig durch die vorhergehenden Werte x_j bestimmt, aber nicht umgekehrt. Die einfachste Form einer solchen Funktion ist eine Funktion mit einem Maximum; wir benutzen in der Umgebung des Maximums den Ansatz

$$x_{j+1} = f(x_j;\lambda) = 1 - \lambda x_j^2, \tag{32,5}$$

wobei λ ein positiver Parameter ist, der (im hydrodynamischen Zusammenhang) als eine anwachsende Funktion von Re zu betrachten ist.[2]) Wir vereinbaren, den Abschnitt $[-1, +1]$ als Intervall für die Änderung der Größe x zu nehmen; für λ zwischen 0 und 2 belassen alle Iterationen der Abbildung (32,5) die Größe x in diesem Intervall.

Die Transformation (32,5) hat als Fixpunkt die Wurzel der Gleichung $x_* = 1 - \lambda x_*^2$. Dieser Punkt wird instabil für $\lambda > \Lambda_1$, wenn Λ_1 der Wert des Parameters λ ist, für den der Multiplikator $\mu = -2\lambda x_* = -1$ ist; aus den beiden aufgeschriebenen Gleichungen finden wir $\Lambda_1 = 3/4$. Das ist der erste kritische Wert des Parameters λ, der den Moment der ersten Bifurkation mit Periodenverdopplung bestimmt: das Auftreten des Zweierzyklus. Wir untersuchen das Auftreten der folgenden Bifurkationen mit Hilfe einer Näherungsmethode, die gewisse qualitative Besonderheiten des Prozesses aufzuklären erlaubt, die aber nicht die exakten Werte der charakteristischen Konstanten liefert; anschließend werden wir die exakten Aussagen formulieren.

---

[1]) Die Folge der Bifurkationen mit Periodenverdopplung (numeriert durch die fortlaufenden Zahlen 1, 2, ...) muß nicht unbedingt mit der ersten Bifurkation der periodischen Strömung beginnen. Sie kann im Prinzip auch nach einigen ersten Bifurkationen, bei denen inkommensurable Frequenzen auftreten, nach deren Synchronisation durch den in § 30 betrachteten Mechanismus beginnen.

[2]) Wir unterstreichen, daß die Zulässigkeit einer nicht eineindeutigen Abbildung damit zusammenhängt, daß die eindimensionale Betrachtung nur genähert gilt. Wenn alle Trajektorien streng auf der Fläche Σ liegen würden (so daß die Poincaré-Abbildung streng eindimensional wäre), dann wäre eine solche Nichteindeutigkeit nicht möglich: Sie würde ein Schneiden von Trajektorien bedeuten (zwei Trajektorien mit verschiedenen x_j würden sich im Punkt x_{j+1} schneiden). In diesem Sinne ist auch die Möglichkeit, daß der Multiplikator gleich Null wird, eine Folge der Näherung; der Multiplikator verschwindet, wenn der Fixpunkt der Abbildung im Extremum der Abbildungsfunktion liegt (ein solcher Punkt kann „superstabil" genannt werden, die Annäherung an ihn erfolgt nach einem schnelleren Gesetz als oben angegeben).

Iterieren wir die Transformation (32,5), so erhalten wir

$$x_{j+2} = 1 - \lambda + 2\lambda^2 x_j^2 - \lambda^3 x_j^4 . \qquad (32,6)$$

Wir vernachlässigen hier den letzten Summanden mit der vierten Potenz von x_j. Die verbleibende Gleichung führen wir durch die Skalentransformation[1])

$$x_j \to x_j/\alpha_0 , \qquad \alpha_0 = 1/(1 - \lambda)$$

in die Form

$$x_{j+2} = 1 - \lambda_1 x_j^2$$

über, die sich von (32,5) nur durch die Ersetzung des Parameters λ durch

$$\lambda_1 = \varphi(\lambda) \equiv 2\lambda^2(\lambda - 1) \qquad (32,7)$$

unterscheidet. Indem wir diese Operation mit den Skalenfaktoren $\alpha_1 = 1/(1 - \lambda_1), \ldots$ wiederholen, erhalten wir die Reihe aufeinanderfolgender Abbildungen

$$x_{j+2^m} = 1 - \lambda_m x_j^2 , \qquad \lambda_m = \varphi(\lambda_{m-1}) . \qquad (32,8)$$

Die Fixpunkte der Abbildungen (32,8) gehören zu den 2^m-Zyklen.[2]) Da alle diese Abbildungen die gleiche Form haben wie (32,5), können wir sofort schließen, daß die 2^m-Zyklen ($m = 1, 2, 3, \ldots$) für $\lambda_m = \Lambda_1 = 3/4$ instabil werden. Die zugehörigen kritischen Werte Λ_m des Ausgangsparameters ergeben sich durch Lösen der Gleichungskette

$$\Lambda_1 = \varphi(\Lambda_2) , \qquad \Lambda_2 = \varphi(\Lambda_3) , \ldots , \qquad \Lambda_{m-1} = \varphi(\Lambda_m) ;$$

graphisch erhält man sie aus der in Abb. 21 gezeigten Konstruktion. Offensichtlich konvergiert diese Zahlenfolge für $m \to \infty$ gegen einen endlichen Grenzwert Λ_∞, nämlich die Wurzel der Gleichung $\Lambda_\infty = \varphi(\Lambda_\infty)$; sie ist $\Lambda_\infty = (1 + \sqrt{3})/2 = 1{,}37$. Zu einem endlichen Grenzwert streben auch die Skalenfaktoren: $\alpha_m \to \alpha$ mit $\alpha = 1/(1 - \Lambda_\infty) = -2{,}8$.

Das Gesetz, nach dem die Annäherung von Λ_m an Λ_∞ für große m erfolgt, ist leicht zu finden. Aus der Gleichung $\Lambda_m = \varphi(\Lambda_{m+1})$ finden wir für kleine Differenzen $\Lambda_\infty - \Lambda_m$

$$\Lambda_\infty - \Lambda_{m+1} = \frac{1}{\delta} (\Lambda_\infty - \Lambda_m) \qquad (32,9)$$

mit $\delta = \varphi'(\Lambda_\infty) = 4 + \sqrt{3} = 5{,}73$. Mit anderen Worten, $\Lambda_\infty - \Lambda_m \propto \delta^{-m}$, d. h., die Werte von Λ_m nähern sich dem Grenzwert nach dem Gesetz der geometrischen Progression. Nach dem gleichen Gesetz ändern sich die Intervalle zwischen aufeinanderfolgenden kritischen

---

[1]) Diese Transformation ist beim Wert $\lambda = 1$ nicht möglich (hierbei fällt der Fixpunkt der Abbildung (32,6) mit dem zentralen Extremum zusammen: $x_* = 0$). Dieser Wert interessiert uns aber offenkundig nicht beim Aufsuchen des kritischen Wertes Λ_2.

[2]) Zur Vermeidung von Mißverständnissen betonen wir, daß die Abbildungen (32,8) nach den durchgeführten Skalentransformationen jetzt in den gedehnten Intervallen $|x| \leqq |\alpha_0 \alpha_1 \ldots \alpha_{m-1}|$ (und nicht in $|x| \leqq 1$ wie in (32,5) und (32,6)) definiert sein müssen. Auf Grund der vorgenommenen Vernachlässigungen beschreibt jedoch der Ausdruck (32,8) tatsächlich nur das Gebiet in der Nähe der zentralen Extrema der abbildenden Funktionen.

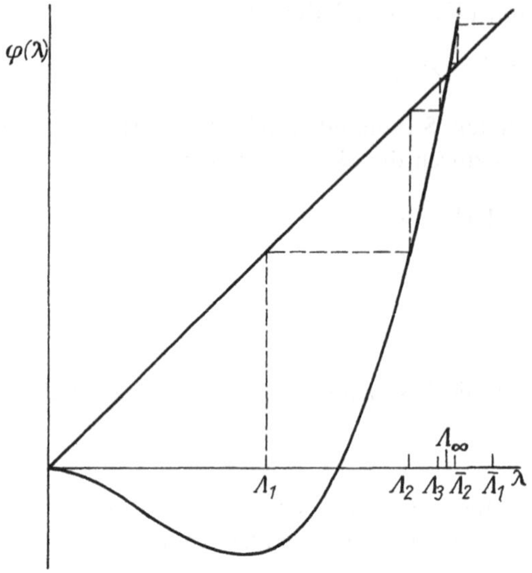

Abb. 21

Zahlen: (32,9) kann man in der äquivalenten Form

$$\Lambda_{m+2} - \Lambda_{m+1} = \frac{1}{\delta} (\Lambda_{m+1} - \Lambda_m) \tag{32,10}$$

aufschreiben.

Bei der hydrodynamischen Anwendung muß man den Parameter λ, wie schon erwähnt, als Funktion der Reynolds-Zahl betrachten; dementsprechend ergeben sich kritische Werte für die letztere, die zu den Bifurkationen mit Periodenverdopplung gehören und gegen einen endlichen Grenzwert Re_∞ streben. Offensichtlich gelten für diese Werte die gleichen Grenzgesetze (32,9) und (32,10) (mit derselben Konstanten δ) wie für die Zahlen Λ_m.

Die dargestellten Überlegungen illustrieren den Ursprung der grundlegenden Gesetzmäßigkeiten des Prozesses: Die unendliche Menge der Bifurkationen, deren Einsatzpunkte nach den Gesetzen (32,9) und (32,10) gegen die Grenze Λ_∞ konvergieren und das Auftreten des Skalenfaktors α. Die dabei erhaltenen Werte der charakteristischen Konstanten sind jedoch nicht genau. Genaue Werte (durch vielfache Iteration der Abbildung (32,5) auf dem Computer erhalten) für den Konvergenzexponenten δ (*Feigenbaumsche Zahl*) und den Skalenfaktor α sind

$$\delta = 4{,}6692\ldots, \quad \alpha = -2{,}5029\ldots \tag{32,11}$$

und für den Grenzwert $\Lambda_\infty = 1{,}401$.[1]) Wir machen auf den verhältnismäßig großen Wert von δ aufmerksam; die schnelle Konvergenz führt dazu, daß die Grenzgesetze schon nach einer kleinen Zahl von Periodenverdopplungen gut erfüllt werden.

Ein Defekt der durchgeführten Ableitung besteht auch darin, daß nach der Vernachlässigung aller Potenzen von x_j^2 außer der ersten die Abbildung (32,8) nur erlaubt, die

---

[1]) Der Wert Λ_∞ hat einen etwas bedingten Charakter, da er von der Art der Einführung des Parameters in die Ausgangsabbildung, d. h. in die Funktion $f(x; \lambda)$ abhängt (die Werte für δ und α hängen davon überhaupt nicht ab).

Tatsache des Auftretens der folgenden Bifurkationen festzustellen, jedoch nicht die Möglichkeit gibt, alle Elemente des von dieser Abbildung beschriebenen 2^m-Zyklus zu bestimmen.[1]) Denn die iterierten Abbildungen (32,5) stellen Polynome in x_j^2 dar, deren Grad bei jeder Iteration um 2 wächst. Sie sind komplizierte Funktionen von x_j mit einer schnell wachsenden Zahl von Extrema, die symmetrisch zum Punkt $x_j = 0$ liegen (der auch immer Extremum bleibt).

Es ist sehr bemerkenswert, daß sich nicht nur die Werte von δ und α, sondern auch die "Grenzform" der unendlich oft iterierten Abbildung als in einem gewissen Sinne unabhängig von der Anfangsabbildung $x_{j+1} = f(x_j; \lambda)$ erweisen: Es ist ausreichend, daß die von einem Parameter abhängende Funktion $f(x; \lambda)$ eine glatte Funktion mit einem quadratischen Maximum ist (dieses befinde sich im Punkt $x = 0$); in größerer Entfernung von diesem Punkt muß sie nicht einmal symmetrisch in bezug auf diesen Punkt sein. Diese Eigenschaft der *Universalität* vergrößert wesentlich den Allgemeinheitsgrad der dargelegten Theorie. Die genaue Formulierung dieser Eigenschaft besteht in folgendem.

Wir betrachten eine Abbildung, gegeben durch eine Funktion $f(x)$ (eine Funktion $f(x; \lambda)$ mit einer bestimmten Wahl von λ, s. unten), die normiert ist durch die Bedingung $f(0) = 1$. Wenden wir die Abbildung zweifach an, so erhalten wir die Funktion $f(f(x))$. Wir ändern den Maßstab (die Skala) sowohl der Funktion selbst wie auch der Variablen x um den Faktor $\alpha_0 = 1/f(1)$; auf diese Weise erhalten wir die neue Funktion

$$f_1(x) = \alpha_0 f(f(x/\alpha_0)),$$

für die wieder $f_1(0) = 1$ gilt. Indem wir diese Operation wiederholen, erhalten wir eine Folge von Funktionen, die durch die Rekursionsbeziehung

$$f_{m+1}(x) = \alpha_m f_m(f_m(x/\alpha_m)) \equiv \hat{T} f_m, \qquad \alpha_m = 1/f_m(1), \tag{32,12}$$

miteinander verbunden sind.[2]) Wenn diese Folge für $m \to \infty$ zu einer bestimmten Grenzfunktion $f_\infty \equiv g(x)$ strebt, dann muß die letztere eine „Fixpunkt-Funktion" des in (32,12) definierten Operators $\hat{T}$ sein, d. h., sie muß die Funktionalgleichung

$$g(x) = \hat{T} g \equiv \alpha g(g(x/\alpha)), \qquad \alpha = 1/g(1), \quad g(0) = 1, \tag{32,13}$$

erfüllen. Auf Grund der vorausgesetzten Eigenschaften der zulässigen Funktionen $f(x)$ muß die Funktion $g(x)$ eine glatte Funktion sein, und sie muß ein quadratisches Extremum im Punkt $x = 0$ haben; keinerlei weitere Spur von der konkreten Form von $f(x)$ ist in der Gleichung (32,13) oder in den ihrer Lösung auferlegten Bedingungen übriggeblieben. Wir betonen, daß nach den bei der Ableitung ausgeführten Skalentransformationen (mit $|\alpha_m| > 1$) die Lösung der Gleichung für alle Werte der in ihr stehenden Variablen x von $-\infty$ bis $+\infty$ bestimmt wird (und nicht nur im Intervall $-1 \leqq x \leqq 1$). Die Funktion $g(x)$ ist

[1]) Das heißt alle 2^m Punkte $x_*^{(1)}, x_*^{(2)}, \ldots$, die in einer bestimmten Reihenfolge (periodisch) ineinander übergehen bei den Iterationen der Abbildung (32,5) und die Fixpunkte sind (und stabil sind) in bezug auf die 2^m-fach iterierte Abbildung (die ursprüngliche Abbildung (32,5) ist dabei als einfach iteriert bezeichnet). Zur Vermeidung möglicher Fragen bemerken wir, daß die Ableitungen dx_{j+2^m}/dx_j in allen Punkten $x_*^{(1)}, x_*^{(2)}, \ldots$ automatisch gleich sind (und deshalb im Moment der folgenden Bifurkation gleichzeitig durch -1 gehen); wir werden hier nicht Rechnungen anführen, bei denen die Differentiationsregel für implizite Funktionen benutzt wird, um diese Eigenschaft zu beweisen (deren Notwendigkeit von vornherein offensichtlich ist).

[2]) Wir vermerken die offensichtliche Analogie dieser Prozedur zu der oben bei der Ableitung von (32,8) benutzten.

automatisch gerade in x; dies muß so sein, da unter den zulässigen Funktionen $f(x)$ gerade Funktionen sind und eine gerade Abbildung offensichtlich gerade bleibt nach einer beliebigen Anzahl von Iterationen.

Eine solche Lösung der Gleichung (32,13) existiert wirklich, und sie ist eindeutig (obwohl sie nicht in analytischer Form konstruiert werden kann); sie stellt eine Funktion mit einer unendlichen Zahl von Extrema dar, die ihrem Betrag nach unbeschränkt ist; die Konstante α ist gemeinsam mit der Funktion $g(x)$ selbst bestimmt. Tatsächlich ist es ausreichend, diese Funktion im Intervall $[-1, 1]$ zu konstruieren und sie dann über dessen Grenzen fortzusetzen durch Iteration der Operation $\hat{T}$. Wir machen darauf aufmerksam, daß bei jedem Schritt der Iteration mit $\hat{T}$ in (32,12) die Werte der Funktion $f_{m+1}(x)$ im Intervall $[-1, 1]$ bestimmt werden durch die Werte der Funktion $f_m(x)$ im um den Faktor $|\alpha_m| \approx |\alpha|$ verkürzten Teil dieses Intervalls. Dies bedeutet, daß im Grenzfall vielfacher Iteration für die Bestimmung der Funktion $g(x)$ im Intervall $[-1, 1]$ (und damit auch für die ganze x-Achse) ein immer kleinerer und kleinerer Teil der Ausgangsfunktion nahe ihrem Maximum wesentlich ist; darin besteht letztlich auch die Ursache für die Universalität.[1])

Die Funktion $g(x)$ bestimmt die Struktur des aperiodischen Attraktors, der als Ergebnis der unendlichen Folge von Periodenverdopplungen entsteht. Dies geht bei einem für die Funktion $f(x; \lambda)$ völlig bestimmten Wert des Parameters $\lambda = \Lambda_\infty$ vor sich. Daher ist klar, daß die aus $f(x; \lambda)$ durch vielfache Iteration der Transformation (32,12) gebildeten Funktionen nur bei diesem isolierten Wert von λ tatsächlich gegen die Funktion $g(x)$ konvergieren. Hieraus folgt weiter, daß die Fixpunkt-Funktion des Operators $\hat{T}$ instabil ist bezüglich ihrer kleinen Änderungen, die einer kleinen Abweichung des Parameters λ vom Wert Λ_∞ entsprechen. Die Untersuchung dieser Instabilität gibt die Möglichkeit zur Bestimmung der universellen Konstante δ, wiederum ohne jeden Zusammenhang mit der konkreten Form der Funktion $f(x)$.[2])

Der Skalenfaktor α bestimmt die Änderung (die Verkleinerung) der geometrischen Charakteristika (im Zustandsraum) des Attraktors bei jedem Schritt der Periodenverdopplung; diese Charakteristika sind die Abstände zwischen den Elementen der Grenzzyklen auf der x-Achse. Da jedoch jede Verdopplung noch von einer Vergrößerung der Zahl der Elemente des Zyklus begleitet ist, muß diese Feststellung noch konkretisiert und präzisiert werden. Hierbei ist von vornherein klar, daß das Gesetz für die Skalenänderung nicht einheitlich sein kann für die Abstände zwischen zwei beliebigen Punkten.[3]) Wenn sich nämlich zwei nahegelegene Punkte durch einen fast linearen Abschnitt der Abbildungsfunktion transformieren, dann verkleinert sich der Abstand zwischen ihnen um den Faktor $|\alpha|$; wenn aber die Transformation durch einen Abschnitt der Abbildungsfunktion erfolgt, der nahe einem ihrer Extrema ist, dann verkürzt sich der Abstand um den Faktor α^2.

---

[1]) Die Überzeugung von der Existenz einer eindeutigen Lösung der Gleichung (32,13) gründet sich auf Computersimulation. Die Lösung wird (im Intervall $[-1, 1]$) in der Form eines Polynoms hohen Grades in x^2 angesetzt; die Genauigkeit der Modellierung muß um so höher sein, je breiter das Wertegebiet von x ist (außerhalb des angegebenen Intervalls), auf das wir dann die Funktion durch Iteration mit $\hat{T}$ fortsetzen wollen. Im Intervall $[-1, 1]$ hat die Funktion $g(x)$ ein Extremum, in dessen Nähe $g(x) = 1 - 1{,}528x^2$ gilt (wenn wir das Extremum als Maximum nehmen; diese Wahl muß vereinbart werden, da die Gleichung (32,13) invariant ist bezüglich einer Vorzeichenänderung von g).

[2]) Siehe die Originalarbeiten: M. J. Feigenbaum, J. statist. Phys. **19**, 25 (1978); **21**, 669 (1979).

[3]) Wir haben die Abstände im ungedehnten Intervall $[-1, 1]$ im Auge, das am Anfang als Intervall für die Änderung von x vereinbart worden ist und in dem alle Elemente der Zyklen liegen. Negatives α bedeutet, daß bei der Bifurkation auch eine Inversion der Lage der Elemente in bezug auf den Punkt $x = 0$ erfolgt.

Im Moment der Bifurkation (bei $\lambda = \Lambda_m$) spaltet sich jedes Element (jeder Punkt) des 2^m-Zyklus in ein Paar auf, d. h. in zwei nahegelegene Punkte, deren Abstand allmählich wächst, wobei die Punkte aber benachbart bleiben während der Änderung von λ bis zur nächsten Bifurkation. Wenn wir die Übergänge der Elemente des Zyklus ineinander im Verlaufe der Zeit verfolgen (d. h. bei aufeinanderfolgenden Abbildungen $x_{j+1} = f(x_j; \lambda)$), dann geht jede Komponente eines Paares nach 2^m Zeiteinheiten in die andere über. Dies bedeutet, daß der Abstand zwischen den Punkten eines Paares die Amplitude der Schwingungen mit der neu aufgetretenen verdoppelten Periode mißt und in diesem Sinne von besonderem physikalischen Interesse ist.

Wir ordnen alle Elemente des 2^{m+1}-Zyklus in der Reihenfolge an, in der sie mit der Zeit durchlaufen werden, und bezeichnen sie mit $x_{m+1}(t)$, wo die Zeit (gemessen in Einheiten der Grundperiode T_0) die ganzzahligen Werte $t/T_0 = 1, 2, \ldots, 2^{m+1}$ durchläuft. Diese Elemente entstehen aus den Elementen des 2^m-Zyklus durch Aufspaltung in Paare. Die Intervalle zwischen den Punkten jedes Paares sind durch die Differenzen

$$\xi_{m+1}(t) = x_{m+1}(t) - x_{m+1}(t + T_m) \tag{32,14}$$

gegeben, wobei $T_m = 2^m T_0 = T_{m+1}/2$ die Periode des 2^m-Zyklus ist, d. h. die Hälfte der Periode des 2^{m+1}-Zyklus. Wir führen die Funktion $\sigma_m(t)$ ein, d. h. den Skalenfaktor, der die Änderung der Intervalle (32,14) beim Übergang von einem Zyklus zum folgenden bestimmt:[1])

$$\xi_{m+1}(t)/\xi_m(t) = \sigma_m(t)\,. \tag{32,15}$$

Offenbar gilt

$$\xi_{m+1}(t + T_m) = -\xi_{m+1}(t)\,, \tag{32,16}$$

und deshalb

$$\sigma_m(t + T_m) = -\sigma_m(t)\,. \tag{32,17}$$

Die Funktion $\sigma_m(t)$ besitzt komplizierte Eigenschaften; man kann aber zeigen, daß ihre Grenzform (für große m) mit guter Genauigkeit in einfacher Weise approximiert werden kann:

$$\sigma_m(t) = \begin{cases} 1/\alpha & \text{für} \quad 0 < t < T_m/2\,, \\ 1/\alpha^2 & \text{für} \quad T_m/2 < t < T_m \end{cases} \tag{32,18}$$

(bei entsprechender Wahl der Anfangszählung von t).[2])

Diese Formeln erlauben, gewisse Schlüsse über die Änderung des Spektrums (der Frequenzen) der Strömung einer Flüssigkeit zu ziehen, bei der eine Periodenverdopplung vor sich geht. Im hydrodynamischen Zusammenhang hat man die $x_m(t)$ als Größen

---

[1]) Da diese beiden Zyklen in verschiedenen Intervallen für die Werte des Parameters λ existieren (in den Intervallen $(\Lambda_{m-1}, \Lambda_m)$ und $(\Lambda_m, \Lambda_{m+1})$) und sich die Größen (32,14) in diesen Intervallen wesentlich ändern, muß die Bedeutung dieser Größen in der Definition (32,15) präzisiert werden. Wir wollen sie als die Größen bei denjenigen Werten des Parameters verstehen, bei denen die Zyklen „superstabil“ sind (s. die Fußnote auf S. 152); genau einen solchen Wert gibt es im Existenzgebiet jedes Zyklus.

[2]) Wir werden hier die im Prinzip einfache, aber sehr umfangreiche Untersuchung der Eigenschaften der Funktion $\sigma_m(t)$ nicht durchführen. Siehe M. FEIGENBAUM (M. Фейгенбаум), Uspekhi fiz. Nauk **141**, 343 (1983) (Los Alamos Science **1**, 4 (1980)).

anzusehen, die die Geschwindigkeit der Flüssigkeit charakterisieren. Bei einer Strömung mit der Periode T_m enthält das Spektrum der Funktionen $x_m(t)$ (als Funktionen der stetigen Zeit t) die Frequenzen $k\omega_m$ ($k = 1, 2, 3, \ldots$), d. h. die Grundfrequenz $\omega_m = 2/T_m$ und ihre Harmonischen. Nach der Verdopplung der Periode wird die Strömung durch die Funktionen $x_{m+1}(t)$ mit der Periode $T_{m+1} = 2T_m$ beschrieben. Ihre Spektralentwicklung enthält neben denselben Frequenzen $k\omega_m$ auch noch die Subharmonischen der Frequenz ω_m, die Frequenzen $l\omega_m/2$, $l = 1, 3, 5, \ldots$

Wir stellen $x_{m+1}(t)$ in der Form

$$x_{m+1}(t) = \tfrac{1}{2}\{\xi_{m+1}(t) + \eta_{m+1}(t)\}$$

dar, wobei $\xi(t)$ die Differenz (32,14) ist und

$$\eta_{m+1}(t) = x_{m+1}(t) + x_{m+1}(t + T_m)\,.$$

Die Spektralentwicklung von $\eta_{m+1}(t)$ enthält nur die Frequenzen $k\omega_m$; die Fourier-Komponenten für die Subharmonischen

$$\frac{1}{T_{m+1}} \int\limits_0^{T_{m+1}} \eta_{m+1}(t)\, \mathrm{e}^{\mathrm{i}\pi l t/T_m}\, \mathrm{d}t = \frac{1}{2T_m} \int\limits_0^{T_m} \{\eta_{m+1}(t) - \eta_{m+1}(t + T_m)\}\, \mathrm{e}^{\mathrm{i}\pi l t/T_m}\, \mathrm{d}t$$

verschwinden wegen der Gleichung $\eta_{m+1}(t + T_m) = \eta_{m+1}(t)$. Andererseits verändern sich die Größen $\eta_{m+1}(t)$ bei der Bifurkation in erster Näherung nicht: $\eta_{m+1}(t) \approx \eta_m(t)$; dies bedeutet, daß auch die Intensität der Schwingungen mit den Frequenzen $k\omega_m$ unverändert bleibt.

Die Spektralentwicklung der Größen $\xi_{m+1}(t)$ enthält dagegen nur die Subharmonischen $l\omega_m/2$, die neuen beim $(m + 1)$-ten Schritt der Verdopplung auftretenden Frequenzen. Die Gesamtintensität dieser Spektralkomponenten wird durch das Integral

$$I_{m+1} = \frac{1}{T_{m+1}} \int\limits_0^{T_{m+1}} \xi^2_{m+1}(t)\, \mathrm{d}t \tag{32,19}$$

gegeben. Wir drücken $\xi_{m+1}(t)$ durch $\xi_m(t)$ aus und schreiben

$$I_{m+1} = \frac{1}{2T_m}\, 2 \int\limits_0^{T_m} \sigma^2_m(t)\, \xi^2_m(t)\, \mathrm{d}t\,.$$

Unter Berücksichtigung von (32,16) bis (32,18) erhalten wir

$$I_{m+1} = \frac{1}{2}\left(\frac{1}{\alpha^2} + \frac{1}{\alpha^4}\right) \frac{1}{T_m} \int\limits_0^{T_m} \xi^2_m(t)\, \mathrm{d}t = \frac{1}{2}\left(\frac{1}{\alpha^2} + \frac{1}{\alpha^4}\right) I_m$$

und schließlich

$$I_m/I_{m+1} = 10{,}8\,. \tag{32,20}$$

Die Intensität der neuen Spektralkomponenten, die nach einer Bifurkation mit Periodenverdopplung auftreten, ist also um einen bestimmten nicht von der Nummer der Bifurkation abhängenden Faktor größer als die entsprechende Intensität für die folgende Bifurkation (M. J. FEIGENBAUM, 1979).[1])

Wir kommen jetzt zur Untersuchung der Evolution der Eigenschaften der Strömung bei weiterer Vergrößerung des Parameters λ über den Wert Λ_∞ hinaus (der Reynolds-Zahl $Re > Re_\infty$), d. h. in den „turbulenten" Bereich. Da der aperiodische Attraktor im Moment seiner Entstehung (bei $\lambda = \Lambda_\infty$) durch eine eindimensionale Poincaré-Abbildung beschrieben wird, kann man annehmen, daß es auch für Λ_∞ etwas überschreitende Werte λ erlaubt ist, die Eigenschaften des Attraktors im Rahmen dieser Abbildung zu betrachten.

Der im Ergebnis der unendlichen Kette von Periodenverdopplungen aufgetretene Attraktor ist im Moment seines Entstehens kein seltsamer Attraktor in dem im § 31 definierten Sinne: Der „2^∞-Zyklus", der als Grenzfall der stabilen 2^m-Zyklen für $m \to \infty$ auftritt, ist auch stabil. Die Punkte dieses Attraktors bilden im Intervall $[-1, 1]$ eine überabzählbare Menge vom Cantorschen Typ. Ihr Maß auf diesem Intervall (d. h. die gesamte „Länge" aller ihrer Elemente) ist gleich Null; ihre Dimension liegt zwischen 0 und 1 und erweist sich als gleich 0,54.[2])

Für $\lambda > \Lambda_\infty$ wird der Attraktor zum seltsamen Attraktor, d. h. zu einer anziehenden Menge instabiler Trajektorien. Die zu ihm gehörenden Punkte füllen auf dem Abschnitt $[-1, 1]$ Intervalle aus, deren Gesamtlänge verschieden von Null ist. Diese Intervalle sind auf der den Strom der Trajektorien schneidenden Fläche σ die Spuren eines kontinuierlichen zweidimensionalen Bandes, das eine große Zahl von Windungen ausführt und in sich geschlossen ist. Wir erinnern in diesem Zusammenhang wieder an den Näherungscharakter der eindimensionalen Betrachtung. In Wirklichkeit hat dieses Band eine kleine, aber endliche Dicke. Deshalb sind die Intervalle, die die Schnitte des Bandes darstellen, in Wirklichkeit Streifen endlicher Breite. In Richtung dieser Breite hat der seltsame Attraktor die im vorhergehenden Paragraphen beschriebene Cantorsche Struktur mit schichtartigem Charakter.[3]) Diese Struktur wird uns unten nicht interessieren, und wir kehren zurück zur Betrachtung im Rahmen der eindimensionalen Poincaré-Abbildung.

Die Evolution der Eigenschaften des seltsamen Attraktors bei der Vergrößerung von λ über Λ_∞ hinaus besteht in allgemeinen Zügen in folgendem. Für einen gegebenen Wert $\lambda > \Lambda_\infty$ füllt der Attraktor eine Reihe von Intervallen im Abschnitt $[-1, 1]$ aus; die Teilstrecken zwischen diesen Intervallen sind Anziehungsbassins des Attraktors, und in ihnen befinden sich Elemente instabiler Zyklen mit Perioden, die bei einem gewissen 2^m beginnen und kleinere Perioden umfassen. Bei Vergrößerung von λ vergrößert sich die Geschwindigkeit des Auseinanderlaufens der Trajektorien auf dem seltsamen Attraktor, und er „bläht sich auf", indem er nacheinander die Zyklen mit den Perioden $2^m, 2^{m-1}, \ldots$

---

[1]) Dies bezieht sich nicht nur auf die Gesamtintensität der auftretenden Subharmonischen, sondern auch auf die Intensität jeder einzelnen von ihnen. Auf jede nach der m-ten Bifurkation erscheinende Subharmonische kommen zwei Subharmonische (eine rechts und eine links) nach der $(m + 1)$-ten Bifurkation. Deshalb wird das Verhältnis der Intensitäten der einzelnen neuen Spektralpiks, die nach zwei aufeinanderfolgenden Bifurkationen auftreten, doppelt so groß sein wie der Wert (32,20). Ein genauerer Wert dieses Verhältnisses ist 10,48. Er ergibt sich aus der Analyse des Zustandes im Punkt $\lambda = \Lambda_\infty$ mit Hilfe der universellen Funktion $g(x)$; in diesem Punkt sind schon alle Frequenzen vorhanden, und eine Frage ähnlich zu der in der Fußnote [1]) auf S. 157 gestellten Frage entsteht nicht. Siehe M. NAUENBERG, J. RUDNICK, Phys. Rev. **B24**, 493 (1981).

[2]) Siehe P. GRASSBERGER, J. statist. Phys. **26**, 173 (1981).

[3]) Die Dimension des Attraktors ist in dieser Richtung klein gegen Eins. Sie ist jedoch nicht universal und hängt von der konkreten Form der Abbildung ab.

absorbiert; dabei verringert sich die Zahl der Intervalle, die vom Attraktor eingenommen werden, und ihre Länge vergrößert sich. Auf diese Weise entsteht eine Art inverser Kaskade aufeinanderfolgender Vereinfachungen des Attraktors. Die Absorption eines instabilen 2^m-Zyklus durch den Attraktor nennt man *inverse Bifurkation* (inverse Verdopplungsbifurkation). Abb. 22 illustriert diesen Prozeß für zwei aufeinanderfolgende inverse Bifurkationen. In Abb. 22a vollführt das Band vier Umläufe, und die inverse Bifurkation verwandelt dieses Band in ein Band mit zwei Umläufen (Abb. 22b); schließlich führt die letzte Bifurkation zu einem Band, das nur noch einen Umlauf vollführt und sich schließt, wobei es sich vorher „verwindet" (Abb. 22c).

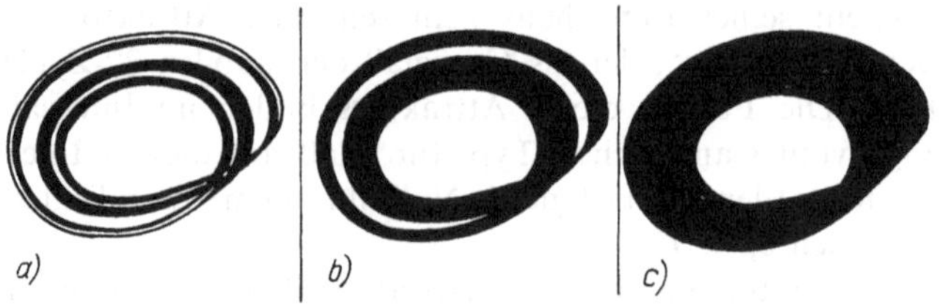

Abb. 22

Wir bezeichnen die Werte des Parameters λ, die zu den inversen Verdopplungsbifurkationen gehören, mit $\bar{\Lambda}_{m+1}$, wobei für diese die Reihenfolge $\bar{\Lambda}_m > \bar{\Lambda}_{m+1}$ gilt. Wir werden zeigen, daß diese Zahlen das Gesetz der geometrischen Progression erfüllen mit dem gleichen universellen Faktor δ wie bei den direkten Bifurkationen.

Vor der letzten (bei Vergrößerung von λ) inversen Bifurkation nimmt der Attraktor zwei Intervalle ein, die durch einen Zwischenraum getrennt sind, in dem sich der zum instabilen Zyklus mit der Periode 1 gehörende Fixpunkt x_* der Abbildung (32,5) befindet:

$$x_* = \frac{\sqrt{1 + 4\lambda} - 1}{2\lambda}.$$

Die Bifurkation erfolgt beim Wert $\lambda = \bar{\Lambda}_1$, bei dem die Genzen des sich ausdehnenden Attraktors diesen Punkt erreichen. Aus Abb. 22b ist ersichtlich, daß die äußere Grenze des Attraktors (des Bandes) nach einem Umlauf zu seiner inneren Grenze wird und nach einem weiteren Umlauf zur Grenze des Intervalls, das die beiden Windungen trennt. Hieraus folgt, daß der Wert $\lambda = \bar{\Lambda}_1$ durch die Bedingung $x_{j+2} = x_*$ bestimmt wird, wobei

$$x_{j+2} = 1 - \lambda(1 - \lambda)^2$$

das Ergebnis der zweifachen Iteration der Abbildung des Punktes $x_j = 1$ (d. h. der Grenze des Attraktors) ist; dieser Wert ist $\bar{\Lambda}_1 = 1{,}543$. Die Momente der vorhergehenden inversen Bifurkationen $\bar{\Lambda}_2$, $\bar{\Lambda}_3$ können näherungsweise einer nach dem anderen bestimmt werden mit Hilfe der Rekurrenzbeziehung, die $\bar{\Lambda}_{m+1}$ mit $\bar{\Lambda}_m$ verknüpft. Diese genäherte Beziehung wird in der gleichen Weise hergeleitet, in der oben die Folge der direkten Verdopplungsbifurkationen betrachtet worden ist; sie hat die Form $\bar{\Lambda}_m = \varphi(\bar{\Lambda}_{m+1})$ mit derselben Funktion $\varphi(\Lambda)$ aus (32,7). Die entsprechende graphische Konstruktion ist im oberen Teil der Abb. 21 gezeigt. Da die Funktion $\varphi(\Lambda)$ für die direkten und die inversen Bifurkationen ein und dieselbe ist, ist auch das Gesetz einheitlich, nach dem die Folgen der Zahlen Λ_m und $\bar{\Lambda}_m$ (entsprechend von unten und von oben) gegen den gemeinsamen Grenzwert $\Lambda_\infty \equiv \bar{\Lambda}_\infty$

konvergieren:

$$\bar{\Lambda}_{m+1} - \Lambda_\infty = \frac{1}{\delta}(\bar{\Lambda}_m - \Lambda_\infty). \tag{32,21}$$

Die Evolution der Eigenschaften des seltsamen Attraktors bei $\lambda > \Lambda_\infty$ wird von entsprechenden Änderungen im Frequenzspektrum der Intensität begleitet. Der chaotische Charakter der Bewegung äußert sich im Spektrum durch das Auftreten einer Rauschkomponente, deren Intensität mit der Breite des Attraktors anwächst. Auf diesem Hintergrund sind diskrete Piks vorhanden, die zur Grundfrequenz der instabilen Zyklen, ihren Harmonischen und Subharmonischen gehören; bei den aufeinanderfolgenden inversen Bifurkationen verschwinden die entsprechenden Subharmonischen, und zwar in umgekehrter Reihenfolge wie sie bei den direkten Bifurkationen entstanden sind. Die Instabilität der diese Frequenzen erzeugenden Zyklen äußert sich in einer Verbreiterung der Spektralpiks.

Der Übergang zur Turbulenz durch Intermittieren

Abschließend betrachten wir die Zerstörung der periodischen Strömung beim Durchgang des Multiplikators durch den Wert $\mu = +1$.

Dieser Bifurkationstyp wird (im Rahmen der eindimensionalen Poincaré-Abbildung) durch eine Funktion $x_{j+1} = f(x_j; \mathrm{Re})$ beschrieben, die für den bestimmten Wert des Parameters (der Reynolds-Zahl) $\mathrm{Re} = \mathrm{Re}_{kr}$ von der Geraden $x_{j+1} = x_j$ berührt wird. Wählen wir als Berührungspunkt $x_j = 0$, dann können wir in seiner Nähe die Entwicklung der Abbildungsfunktion in der Form

$$x_{j+1} = (\mathrm{Re} - \mathrm{Re}_{kr}) + x_j + x_j^2 \tag{32,22}$$

schreiben.[1]) Für $\mathrm{Re} < \mathrm{Re}_{kr}$ (s. Abb. 23) existieren zwei Fixpunkte

$$x_*^{(1),(2)} = \mp(\mathrm{Re}_{kr} - \mathrm{Re})^{1/2},$$

von denen einer ($x_*^{(1)}$) zur stabilen und der andere ($x_*^{(2)}$) zur instabilen periodischen Strömung gehört. Bei $\mathrm{Re} = \mathrm{Re}_{kr}$ wird der Multiplikator in beiden Punkten gleich $+1$, die beiden

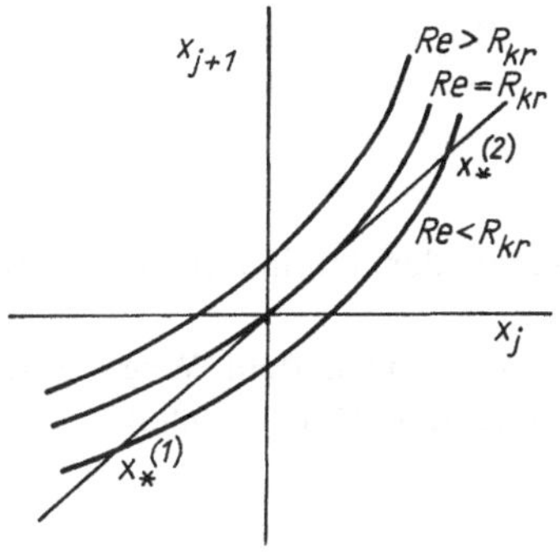

Abb. 23

[1]) Den Koeffizienten bei $\mathrm{Re} - \mathrm{Re}_{kr}$ und den (positiven) Koeffizienten von x_j^2 kann man durch entsprechende Definition von Re und x_j zu Eins machen, was in (32,22) vorausgesetzt worden ist.

periodischen Strömungen verschmelzen und verschwinden für $\mathrm{Re} > \mathrm{Re}_{kr}$ (die Fixpunkte gehen ins Komplexe).

Bei schwach überkritischen Re ist der Abstand zwischen der Kurve (32,22) und der Geraden $x_{j+1} = x_j$ klein (im Gebiet nahe $x_j = 0$). In diesem Intervall für die Werte von x verschiebt jede Iteration der Abbildung (32,22) die Spur der Trajektorie folglich nur geringfügig, und für das Durchlaufen von x durch das gesamte Intervall sind viele Schritte nötig. Mit anderen Worten, die Trajektorie wird im Zustandsraum während eines verhältnismäßig großen Zeitabschnittes einen regulären, fast periodischen Charakter haben. Zu einer solchen Trajektorie gehört im physikalischen Raum eine reguläre (laminare) Strömung der Flüssigkeit. Hieraus ergibt sich ein weiteres im Prinzip mögliches Szenarium für die Turbulenzentstehung (P. MANNEVILLE, Y. POMEAU, 1980).

Man kann sich vorstellen, daß sich an das betrachtete Gebiet der Abbildungsfunktion Gebiete anschließen, die zu einer Chaotisierung der Trajektorien führen; diesen Gebieten entspricht im Zustandsraum eine Menge lokal instabiler Trajektorien. Diese Menge stellt jedoch selbst keinen Attraktor dar, und die das System darstellenden Punkte verlassen sie im Laufe der Zeit. Bei $\mathrm{Re} < \mathrm{Re}_{kr}$ gelangt die Trajektorie auf einen stabilen Zyklus, d. h., im physikalischen Raum bildet sich eine laminare periodische Strömung aus. Bei $\mathrm{Re} > \mathrm{Re}_{kr}$ gibt es keinen stabilen Zyklus, und es entsteht eine Strömung, in der sich „turbulente" Perioden mit laminaren abwechseln (hiervon stammt der Name des Szenariums – Übergang durch Intermittieren (engl. intermittency)).

Über die Dauer der turbulenten Perioden kann man keine allgemeinen Schlüsse ziehen. Die Abhängigkeit der Dauer der laminaren Perioden von $\mathrm{Re} - \mathrm{Re}_{kr}$ (> 0) läßt sich leicht aufklären. Dazu schreiben wir die Differenzengleichung (32,22) in der Form einer Differentialgleichung. Unter Berücksichtigung der Kleinheit der Änderung von x_j bei einem Abbildungsschritt ersetzen wir die Differenz $x_{j+1} - x_j$ durch die Ableitung $\mathrm{d}x/\mathrm{d}t$ nach der kontinuierlichen Variablen t:

$$\mathrm{d}x/\mathrm{d}t = (\mathrm{Re} - \mathrm{Re}_{kr}) + x^2 . \tag{32,23}$$

Berechnen wir die Zeit τ, die zum Durchlaufen des Abschnittes zwischen zwei Punkten x_1 und x_2 nötig ist; dabei sollen diese Punkte zu beiden Seiten des Punktes $x = 0$ in Abständen liegen, die groß gegen $(\mathrm{Re} - \mathrm{Re}_{kr})^{1/2}$ sind, sich aber noch im Gültigkeitsgebiet der Entwicklung (32,22) befinden. Wir erhalten

$$\tau = (\mathrm{Re} - \mathrm{Re}_{kr})^{-1/2} \arctan [x(\mathrm{Re} - \mathrm{Re}_{kr})^{-1/2}] \Big|_{x_1}^{x_2}$$

und daraus

$$\tau \sim (\mathrm{Re} - \mathrm{Re}_{kr})^{-1/2} , \tag{32,24}$$

was die gesuchte Abhängigkeit gibt; die Dauer der laminaren Perioden nimmt mit wachsendem überkritischen Re ab.

Bei diesem Szenarium bleiben sowohl die Frage nach dem Weg zu seinem Anfang wie auch die Frage nach der Natur der entstehenden Turbulenz offen.

§ 33. Entwickelte Turbulenz

Eine turbulente Flüssigkeitsströmung wird bei genügend großen Werten von Re durch eine außerordentlich unregelmäßige und ungeordnete zeitliche Änderung der Geschwindigkeit in jedem Punkt des Flüssigkeitsstromes charakterisiert (*entwickelte Turbulenz*); die Geschwindigkeit schwankt dauernd um einen gewissen Mittelwert. Eine solche unregelmäßige Geschwindigkeitsänderung findet man in dem Flüssigkeitsstrom auch von Punkt zu Punkt, wenn man ihn zu einem festen Zeitpunkt betrachtet. Eine vollständige quantitative Theorie der ausgebildeten Turbulenz gibt es bisher noch nicht. Es ist jedoch eine Reihe wesentlicher qualitativer Ergebnisse bekannt, die wir in diesem Paragraphen darlegen werden.

Wir führen den Begriff der mittleren Strömungsgeschwindigkeit als Mittelwert der wahren Geschwindigkeit in jedem Raumpunkt über ein großes Zeitintervall ein. Bei dieser Mittelung gleicht sich die Unregelmäßigkeit der Geschwindigkeitsänderung aus, und die mittlere Geschwindigkeit ist eine im Flüssigkeitsstrom stetig veränderliche Funktion. Wir werden im folgenden die mittlere Geschwindigkeit mit $\boldsymbol{u}$ bezeichnen. Die Differenz $\boldsymbol{v}' = \boldsymbol{v} - \boldsymbol{u}$ zwischen der wahren und der mittleren Geschwindigkeit, die eine für die Turbulenz charakteristische unregelmäßige Veränderung erfährt, werden wir *Geschwindigkeitsschwankung* nennen.

Wir betrachten die der gemittelten Strömung überlagerte, unregelmäßig schwankende Bewegung näher. Diese Strömung kann man qualitativ als Überlagerung von Bewegungen (*Turbulenzelementen, turbulenten Schwankungen* oder *turbulenten Wirbeln*) verschiedener Abmessungen oder Skalen ansehen (unter der Abmessung oder Skala einer Bewegung wollen wir die Größenordnung der Abstände verstehen, auf denen sich die Strömungsgeschwindigkeit wesentlich ändert). Mit wachsender Reynolds-Zahl treten zuerst Turbulenzelemente mit großen Abmessungen auf; je kleiner die Abmessung eines Turbulenzelementes ist, desto später tritt es auf. Für sehr große Reynolds-Zahlen sind in einer turbulenten Strömung Turbulenzelemente von sehr großen bis zu sehr kleinen Abmessungen vorhanden. Die Hauptrolle spielen aber in jeder turbulenten Strömung die großen turbulenten Wirbel, deren Abmessung die Größenordnung der charakteristischen Längen des Bereiches hat, in dem die turbulente Strömung verläuft. Im folgenden werden wir die Größenordnung dieser *Grundabmessung (Grundskala)* oder *äußeren Abmessung* für jede gegebene turbulente Strömung mit l bezeichnen. Diese großen Turbulenzelemente haben die größten Amplituden. Ihre Geschwindigkeit ist größenordnungsmäßig mit den Änderungen Δu der mittleren Geschwindigkeit auf Strecken der Länge l vergleichbar (wir sprechen hier nicht von der Größenordnung der mittleren Geschwindigkeit selbst, sondern von deren Änderung, weil gerade diese Änderung Δu die Geschwindigkeit der turbulenten Bewegung charakterisiert; der Absolutwert der mittleren Geschwindigkeit kann beliebig sein, je nachdem, in welchem Bezugssystem man die Bewegung beschreibt).[1] Die zu diesen großen Turbulenzelementen gehörenden Frequenzen haben die Größenordnung des Verhältnisses u/l der mittleren Geschwindigkeit u (und nicht deren Änderung Δu) zu den Abmessungen l: Die Frequenz wird aus der Periodizität des Strömungsbildes in irgendeinem festen Bezugssystem bestimmt. Das ganze Strömungsbild bewegt sich aber gegenüber einem solchen Bezugssystem zusammen mit der Flüssigkeit mit einer Geschwindigkeit der Größenordnung u.

Die kleineren, zu größeren Frequenzen gehörenden Turbulenzelemente nehmen an der turbulenten Strömung mit bedeutend kleineren Amplituden teil. Man kann sie als feine Detailstruktur ansehen, die den großen Turbulenzelementen überlagert ist. In den kleinen

[1]) In Wirklichkeit sind die Abmessungen der großen Turbulenzelemente offensichtlich einige Male kleiner als die Grundabmessung l, und ihre Geschwindigkeit einige Male kleiner als Δu.

Turbulenzelementen ist nur ein relativ kleiner Teil der gesamten kinetischen Energie der Flüssigkeit enthalten.

Aus dem entworfenen Bild für eine turbulente Strömung kann man einige Schlüsse darüber ziehen, wie sich die Geschwindigkeitsschwankung in der Strömung (zu einem festgehaltenen Zeitpunkt) ändert. Über große Strecken hinweg (die mit l vergleichbar sind) wird die Änderung der Geschwindigkeitsschwankung durch die Änderung der Geschwindigkeit in den großen Turbulenzelementen bestimmt und ist daher größenordnungsmäßig gleich Δu. Über kleine Strecken (im Vergleich zu l) wird sie durch die kleinen Turbulenzelemente bestimmt und ist deshalb klein gegenüber Δu (aber groß gegenüber der Änderung der mittleren Geschwindigkeit über dieselbe kleine Strecke). Dasselbe Bild trifft zu, wenn man die zeitliche Änderung der Geschwindigkeit in einem festen Raumpunkt beobachtet. In kleinen Zeitintervallen (im Vergleich zur charakteristischen Zeit $T \sim l/u$) ändert sich die Geschwindigkeit unbedeutend, in großen Zeitintervallen erfährt die Geschwindigkeit Änderungen der Größenordnung Δu.

In die Reynolds-Zahl Re, die die Eigenschaften einer gegebenen Strömung im Ganzen bestimmt, geht als charakteristische Abmessung die Länge l ein. Neben dieser Reynolds-Zahl kann man qualitativ Reynolds-Zahlen für die in einer turbulenten Strömung vorhandenen Turbulenzelemente verschiedener Abmessungen einführen. Ist λ die Abmessung der Turbulenzelemente und v_λ die Größenordnung der Geschwindigkeit darin, dann wird die entsprechende Reynolds-Zahl als $\mathrm{Re}_\lambda \sim v_\lambda \lambda/\nu$ definiert. Diese Zahl ist um so kleiner, je kleiner die Abmessung der Turbulenzelemente ist.

Für große Reynolds-Zahlen Re sind auch die Reynolds-Zahlen der großen Turbulenzelemente groß. Große Reynolds-Zahlen sind aber äquivalent zu kleinen Zähigkeiten. Wir gelangen somit zu folgendem Ergebnis: Für die großen Turbulenzelemente, die für jede turbulente Strömung grundlegend sind, spielt die Zähigkeit der Flüssigkeit keine Rolle. Insbesondere folgt daraus, daß in den großen Turbulenzelementen keine merkliche Energiedissipation vor sich geht.

Die Zähigkeit der Flüssigkeit bleibt nur für die kleinsten Turbulenzelemente wesentlich, für die $\mathrm{Re}_\lambda \sim 1$ ist (die Abmessung λ_0 dieser Turbulenzelemente wird unten in diesem Paragraphen bestimmt). Gerade in diesen kleinen Turbulenzelementen, die vom Standpunkt des Gesamtbildes einer turbulenten Strömung aus unwesentlich sind, findet die Energiedissipation statt.

Wir kommen auf diese Weise zu der folgenden Vorstellung über die Energiedissipation in einer turbulenten Strömung (L. Richardson, 1922). Die Energie geht von den großen Turbulenzelementen in die kleinen Turbulenzelemente über und wird dabei praktisch nicht dissipiert. Man kann sagen, daß es einen dauernden Energiestrom von den großen zu den kleinen turbulenten Wirbeln gibt, d. h. von den kleinen Frequenzen zu den großen. In den kleinsten Turbulenzelementen wird dieser Energiestrom dissipiert, d. h., die kinetische Energie geht in Wärme über. Zur Aufrechterhaltung des „stationären“ Zustandes ist natürlich erforderlich, daß äußere Energiequellen vorhanden sind, die ununterbrochen Energie auf die großen Turbulenzelemente übertragen.

Da die Zähigkeit der Flüssigkeit nur für die kleinsten Turbulenzelemente wesentlich ist, kann man sagen, daß alle Größen nicht von ν abhängen können, die zu Turbulenzelementen mit Abmessungen $\lambda \gg \lambda_0$ gehören (genauer, diese Größen dürfen sich bei einer Änderung von ν und festgehaltenen anderen Bedingungen der Strömung nicht ändern). Diese Tatsache engt den Kreis der Größen ein, die die Eigenschaften einer turbulenten Bewegung bestimmen; infolgedessen gewinnen Ähnlichkeitsüberlegungen im Zusammenhang mit den Dimensionen der uns zur Verfügung stehenden Größen wesentliche Bedeutung für die Untersuchung der Turbulenz.

Wir wenden solche Überlegungen zur Bestimmung der Größenordnung der Energiedissipation in einer turbulenten Strömung an. ε sei die mittlere pro Zeiteinheit und pro Masseneinheit dissipierte Energie.[1] Wir haben gesehen, daß diese Energie den großen Turbulenzelementen entnommen wird, von dort nach und nach auf immer kleinere Turbulenzelemente übergeht, bis sie in Turbulenzelementen der Abmessung $\sim \lambda_0$ dissipiert wird. Obwohl die Energiedissipation letzten Endes von der Zähigkeit der Flüssigkeit verursacht wird, kann deshalb die Größenordnung von ε allein mit Hilfe solcher Größen bestimmt werden, die für die großen Turbulenzelemente charakteristisch sind. Solche Größen sind die Flüssigkeitsdichte ϱ, die Abmessungen l und die Geschwindigkeit Δu. Aus diesen drei Größen kann man insgesamt nur eine Kombination mit der Einheit von ε bilden; diese Einheit ist $\mathrm{J/kg\,s} = \mathrm{m^2/s^3}$. Wir erhalten

$$\varepsilon \sim \frac{(\Delta u)^3}{l}. \tag{33,1}$$

Dadurch wird die Größenordnung der Energiedissipation in einer turbulenten Strömung gegeben.

Eine turbulent strömende Flüssigkeit kann in mancher Hinsicht qualitativ als Flüssigkeit mit einer, wie man sagt, *turbulenten Zähigkeit* ν_{turb} beschrieben werden, die von der wirklichen kinematischen Zähigkeit ν verschieden ist. Soll ν_{turb} die Eigenschaften einer turbulenten Strömung widerspiegeln, so muß es größenordnungsmäßig durch die Größen ϱ, Δu und l bestimmt werden. Die einzige daraus zusammengestellte Größe mit der Dimension der kinematischen Zähigkeit ist $l\,\Delta u$, daher ist

$$\nu_{\text{turb}} \sim l\,\Delta u\,. \tag{33,2}$$

Das Verhältnis der turbulenten zur gewöhnlichen Zähigkeit ist

$$\frac{\nu_{\text{turb}}}{\nu} \sim \mathrm{Re}\,, \tag{33,3}$$

d. h., es nimmt mit der Reynolds-Zahl zu.[2]

Die Energiedissipation ε wird durch ν_{turb} mit Hilfe der Formel

$$\varepsilon \sim \nu_{\text{turb}} \left(\frac{\Delta u}{l}\right)^2 \tag{33,4}$$

---

[1]) In diesem Kapitel bedeutet der Buchstabe ε die mittlere Energiedissipation und nicht die innere Energie der Flüssigkeit.

[2]) In Wirklichkeit muß in diesem Verhältnis noch ein recht beträchtlicher Zahlenfaktor stehen. Das hängt mit der oben erwähnten Tatsache zusammen, daß sich l und Δu beträchtlich von den wahren Abmessungen und der Geschwindigkeit der turbulenten Bewegung unterscheiden können. Man kann genauer schreiben:

$$\frac{\nu_{\text{turb}}}{\nu} \sim \frac{\mathrm{Re}}{\mathrm{Re}_{\text{kr}}}.$$

Dabei ist die Tatsache berücksichtigt worden, daß ν_{turb} und ν in Wirklichkeit nicht für $\mathrm{Re} \sim 1$ sondern für $\mathrm{Re} \sim \mathrm{Re}_{\text{kr}}$ größenordnungsmäßig gleich sein müssen.

ausgedrückt, in Übereinstimmung mit der üblichen Definition der Zähigkeit. Während ν die Energiedissipation aus den Ortsableitungen der wahren Geschwindigkeit bestimmt, verknüpft ν_{turb} die Energiedissipation mit dem Gradienten ($\sim \Delta u/l$) der mittleren Strömungsgeschwindigkeit.

Wir wenden die Ähnlichkeitsüberlegungen noch zur Bestimmung der Größenordnung der Druckänderung Δp in dem turbulenten Bereich an:

$$\Delta p \sim \varrho(\Delta u)^2 . \tag{33,5}$$

Der auf der rechten Seite stehende Ausdruck ist die einzige Größe von der Dimension des Druckes, die man aus ϱ, l und Δu bilden kann.

Jetzt gehen wir zur Untersuchung der Eigenschaften der ausgebildeten Turbulenz in Abmessungen λ über, die gegenüber der Grundabmessung l klein sind. Diese Eigenschaften werden wir als lokale Eigenschaften der Turbulenz bezeichnen. Dabei werden wir die Flüssigkeit in großen Entfernungen von festen Wänden betrachten, genauer, in Abständen von diesen Wänden, die gegenüber λ groß sind.

Man kann über diese Turbulenz im kleinen weit weg von festen Körpern die natürliche Voraussetzung machen, daß sie homogen und isotrop ist. Das letztere bedeutet, daß in Gebieten, deren Abmessungen gegenüber l klein sind, die Eigenschaften der turbulenten Strömung in allen Richtungen gleich sind. Insbesondere hängen diese Eigenschaften nicht von der Richtung der Geschwindigkeit der Grundströmung ab. Es soll hervorgehoben werden, daß hier und überall in diesem Paragraphen, wo über die Eigenschaften der turbulenten Strömung in einem kleinen Flüssigkeitsteil gesprochen wird, die Relativbewegung der Flüssigkeitsteilchen in diesem kleinen Volumen gemeint ist und nicht die absolute Bewegung, die der Flüssigkeitsteil als Ganzes ausführt und die mit einer Bewegung mit größerer Abmessung zusammenhängt.

Man kann unmittelbar aus Ähnlichkeitsüberlegungen eine ganze Reihe sehr wesentlicher Ergebnisse über die lokalen Eigenschaften der Turbulenz gewinnen (A. N. Kolmogoroff, 1941; A. M. Obuchow, 1941).

Dazu klären wir zunächst, welche Parameter die Eigenschaften einer turbulenten Strömung in Gebieten bestimmen können, die klein gegenüber l, aber groß im Vergleich zu den Abständen λ_0 sind, in denen die Zähigkeit eine Rolle zu spielen beginnt; wir werden im folgenden gerade über solche Gebiete sprechen. Diese Parameter sind die Dichte ϱ der Flüssigkeit und außerdem noch eine für jede turbulente Strömung charakteristische Größe, die pro Zeiteinheit und pro Masseneinheit dissipierte Energie ε. Wir haben gesehen, daß ε den dauernd von größeren zu kleineren Turbulenzelementen fließenden Energiestrom darstellt. Obwohl die Energiedissipation schließlich von der Zähigkeit der Flüssigkeit verursacht wird und in den kleinen Turbulenzelementen erfolgt, bestimmt trotzdem die Größe ε auch die Eigenschaften der Strömung in größeren Abmessungen. Natürlich wird man annehmen, daß (für gegebenes ϱ und ε) die lokalen Eigenschaften der Turbulenz nicht von l und Δu, den Abmessungen und der Geschwindigkeit der ganzen Strömung, abhängen werden. Auch die Zähigkeit ν der Flüssigkeit kann in keine der uns jetzt interessierenden Größen eingehen (wir erinnern daran, daß wir hier über Abmessungen $\lambda \gg \lambda_0$ sprechen).

Wir bestimmen die Größenordnung der Geschwindigkeitsänderung v_λ der turbulenten Bewegung auf Strecken der Größenordnung λ. Sie darf nur durch die Größe ε und selbstverständlich durch die Strecke λ selbst bestimmt werden.[1]) Aus diesen beiden Größen kann man nur eine Kombination mit der Dimension der Geschwindigkeit bilden, nämlich $(\varepsilon\lambda)^{1/3}$. Man kann daher behaupten, daß

$$v_\lambda \sim (\varepsilon\lambda)^{1/3} \tag{33,6}$$

sein muß. Die Geschwindigkeitsänderung auf einer kleinen Strecke ist also der dritten Wurzel aus der Länge dieser Strecke proportional (*Gesetz von* KOLMOGOROFF *und* OBUCHOW). Die Größe v_λ kann man auch als die Geschwindigkeit einer turbulenten Bewegung der Abmessung λ ansehen: Die Änderung der mittleren Geschwindigkeit ist klein auf kleinen Abständen im Vergleich mit der Änderung der Geschwindigkeitsschwankung auf den gleichen Abständen, und man kann die erstere vernachlässigen.

Die Beziehung (33,6) kann man auch auf einem anderen Wege ableiten, indem man die konstante Größe – die Dissipation ε – durch Größen ausdrückt, welche die Turbulenzelemente der Abmessung λ charakterisieren. Dabei muß ε dem Quadrat des Gradienten von v_λ und der zugehörigen turbulenten Zähigkeit $\nu_{\text{turb},\lambda} \sim \lambda v_\lambda$ proportional sein:

$$\varepsilon \sim v_{\text{turb},\lambda}\left(\frac{v_\lambda}{\lambda}\right)^2 \sim \frac{v_\lambda^3}{\lambda};$$

daraus ergibt sich (32,6).

Wir stellen die Frage jetzt etwas anders. Wir wollen nämlich die Größenordnung der Geschwindigkeitsänderung v_τ in einem festen Raumpunkt während der Zeit τ bestimmen, die gegenüber der charakteristischen Zeit $T \sim l/u$ der ganzen Strömung klein ist. Infolge der allgemeinen Strömung verschiebt sich jeder Flüssigkeitsteil während des Zeitintervalls τ im Raum um eine Strecke von der Größenordnung des Produkts τu der mittleren Geschwindigkeit u mit der Zeit τ. Nach der Zeit τ wird sich also in dem gegebenen Raumpunkt ein Flüssigkeitsteil befinden, der zur Anfangszeit den Abstand $u\tau$ von diesem Punkt hatte. Wir können demnach die gesuchte Größe v_τ erhalten, indem wir τu statt λ in (33,6) einsetzen:

$$v_\tau \sim (\varepsilon\tau u)^{1/3}\,. \tag{33,7}$$

Von der Größe v_τ muß man die Geschwindigkeitsänderung v'_τ eines gegebenen, sich im Raume bewegenden Flüssigkeitsteils unterscheiden. Diese Änderung kann offensichtlich nur von der Größe ε, die die lokalen Eigenschaften der Turbulenz bestimmt, und selbstverständlich von der Größe des Zeitintervalls τ abhängen. Stellen wir die einzige Kombination aus ε und τ mit der Dimension der Geschwindigkeit zusammen, so erhalten wir

$$v'_\tau \sim (\varepsilon\tau)^{1/2}\,. \tag{33,8}$$

Im Unterschied zu der Geschwindigkeitsänderung in einem festen Raumpunkt ist sie der Quadratwurzel und nicht der dritten Wurzel aus τ proportional. Wie man leicht sieht, ist für $\tau \ll T$ die Änderung v'_τ immer kleiner als die Änderung v_τ.[2])

---

[1]) Die Größe ε hat die Einheit J/kg s = m^2/s^3, die die Einheit der Masse nicht enthält; die einzige Größe, die die Einheit der Masse enthält, ist die Dichte ϱ. Die Dichte kann deshalb nicht bei der Bildung von Größen auftreten, deren Einheit nicht die der Masse enthält.

[2]) Die Ungleichung $v'_\tau \ll v_\tau$ ist im wesentlichen schon bei der Herleitung von (33,7) vorausgesetzt worden.

Mit Hilfe des Ausdruckes (33,1) für ε kann man (33,6), (33,7) umformen in

$$\frac{v_\lambda}{\Delta u} \sim \left(\frac{\lambda}{l}\right)^{1/3}, \quad \frac{v_\tau}{\Delta u} \sim \left(\frac{\tau}{T}\right)^{1/3}. \tag{33,9}$$

In dieser Formulierung ist die Ähnlichkeitseigenschaft der lokalen Turbulenz klar ersichtlich: Die für kleine Abmessungen charakteristischen Größen verschiedener turbulenter Strömungen unterscheiden sich nur durch die Skalen, in denen Längen und Geschwindigkeiten gemessen werden (oder, was dasselbe bedeutet, Längen und Zeiten).[1])

Wir stellen jetzt fest, für welche Abstände die Zähigkeit merklich wird. Diese Abstände λ_0 bestimmen gleichzeitig die Größenordnung der Abmessungen der kleinsten Turbulenzelemente in einer turbulenten Strömung (die Größe λ_0 heißt *innere Abmessung* oder *innere Skala* der Turbulenz im Gegensatz zur äußeren Abmessung l). Dazu bilden wir die „lokale Reynolds-Zahl"

$$\mathrm{Re}_\lambda \sim \frac{v_\lambda \lambda}{\nu} \sim \frac{\Delta u \cdot \lambda^{4/3}}{\nu l^{1/3}} \sim \mathrm{Re}\left(\frac{\lambda}{l}\right)^{4/3},$$

wobei $\mathrm{Re} \sim \dfrac{\Delta u \cdot l}{\nu}$ die Reynolds-Zahl für die ganze Strömung ist. Die Größenordnung von λ_0 wird daraus bestimmt, daß $\mathrm{Re}_{\lambda_0} \sim 1$ sein muß, und wir finden

$$\lambda_0 \sim \frac{l}{\mathrm{Re}^{3/4}}. \tag{33,10}$$

Denselben Ausdruck kann man auch ableiten, indem man aus den Größen ε und ν die einzige Kombination mit der Dimension einer Länge bildet,

$$\lambda_0 \sim \left(\frac{\nu^3}{\varepsilon}\right)^{1/4}, \tag{33,11}$$

und dann ε nach (31,1) durch Δu und l ausdrückt. Die innere Abmessung der Turbulenz nimmt also mit zunehmender Reynolds-Zahl schnell ab. Für die zugehörige Geschwindigkeit haben wir

$$v_{\lambda_0} \sim \frac{\Delta u}{\mathrm{Re}^{1/4}}. \tag{33,12}$$

Auch sie nimmt mit wachsendem Re ab.[2])

Den Bereich mit den Abmessungen $\lambda \sim l$ nennt man den *Energiebereich*; in ihm ist der hauptsächliche Teil der kinetischen Energie der Flüssigkeit konzentriert. Die Werte $\lambda \lesssim \lambda_0$ bilden den *Dissipationsbereich*; in ihm erfolgt die Dissipation der kinetischen Energie. Bei sehr großen Werten von Re liegen diese beiden Bereiche hinreichend weit auseinander, und

---

[1]) In diesem Zusammenhang wird jetzt in der Literatur oft der Begriff *Selbstähnlichkeit* der Strömung benutzt.

[2]) Die Formeln (33,10) bis (33,12) geben die Gesetze für die Änderung der entsprechenden Größen mit Re. In quantitativer Hinsicht wäre es richtiger, an Stelle von Re das Verhältnis $\mathrm{Re}/\mathrm{Re}_{kr}$ einzuschreiben.

zwischen ihnen liegt der *Trägheitsbereich*, in dem

$$\lambda_0 \ll \lambda \ll l$$

gilt; auf diesen Bereich beziehen sich die in diesem Paragraphen dargelegten Ergebnisse.

Das Gesetz von Kolmogoroff und Obuchow kann man in einer äquivalenten (räumlich) spektralen Form darstellen. An Stelle der Abmessungen λ führen wir die zugehörigen „Wellenzahlen" $k \sim 1/\lambda$ der Schwankungen ein, und $E(k)\,dk$ sei die kinetische Energie (pro Masseneinheit der Flüssigkeit), die in einer Schwankung mit Werten von k im gegebenen Intervall $\mathrm{d}k$ enthalten ist. Die Funktion $E(k)$ hat die Einheit $\mathrm{m}^3/\mathrm{s}^2$; bilden wir eine Kombination mit dieser Einheit aus ε und k, so erhalten wir

$$E(k) \sim \varepsilon^{2/3} k^{-5/3} . \tag{33,13}$$

Von der Äquivalenz dieser Formel mit dem Gesetz (33,6) kann man sich leicht überzeugen, indem man beachtet, daß das Quadrat v_λ^2 die Größenordnung der gesamten Energie bestimmt, die in den Schwankungen mit Abmessungen von der Größenordnung des gegebenen Wertes λ und mit kleineren Abmessungen enthalten ist. Zum gleichen Resultat kommen wir, wenn wir den Ausdruck (33,13) integrieren:

$$\int_k^\infty E(k)\,\mathrm{d}k \sim \frac{\varepsilon^{2/3}}{k^{2/3}} \sim (\varepsilon\lambda)^{2/3} \sim v_\lambda^2 .$$

Neben den räumlichen Abmessungen der Turbulenzelemente kann man auch ihre zeitlichen Charakteristika betrachten, die Frequenzen. Das untere Ende des Frequenzspektrums der turbulenten Bewegung liegt bei Frequenzen $\sim u/l$. Das obere Ende wird durch Frequenzen

$$\omega_0 \sim \frac{u}{\lambda_0} \sim \frac{u}{l}\,\mathrm{Re}^{3/4} \tag{33,14}$$

bestimmt, die zur inneren Abmessung der Turbulenz gehören. Dem Trägheitsbereich entsprechen Frequenzen im Intervall

$$\frac{u}{l} \ll \omega \ll \frac{u}{l}\,\mathrm{Re}^{3/4} .$$

Die Ungleichung $\omega \gg u/l$ bedeutet, daß man im Vergleich mit den lokalen Eigenschaften der Turbulenz die Grundströmung als stationär ansehen kann. Die Verteilung der Energie auf das Frequenzspektrum im Trägheitsbereich ergibt sich aus (33,13) durch die Substitution $k \sim \omega/u$:

$$E(\omega) \sim (u\varepsilon)^{2/3}\,\omega^{-5/3} , \tag{33,15}$$

wobei $E(\omega)\,\mathrm{d}\omega$ die im Frequenzintervall $\mathrm{d}\omega$ enthaltene Energie ist.

Die Frequenz ω bestimmt die zeitliche Periode der Bewegung im gegebenen Teil des Raumes, beobachtet von einem unbewegten Bezugssystem aus. Man muß sie unterscheiden von der Frequenz (wir bezeichnen sie mit ω'), die die Periode der Bewegung im sich im Raum verschiebenden Flüssigkeitsteil angibt. Die Verteilung der Energie auf das Spektrum dieser Frequenzen kann nicht von u abhängen und muß nur durch den Parameter ε und die Frequenz ω' selbst bestimmt sein. Durch erneute Anwendung einer Dimensionsüberlegung finden wir

$$E(\omega') \sim \varepsilon/\omega'^2 . \tag{33,16}$$

Diese Formel steht im gleichen Verhältnis zum Gesetz (33,15) wie (33,8) zu (33,7).

Die turbulente Vermischung führt zum allmählichen Auseinanderlaufen von Flüssigkeitsteilchen, die sich am Anfang nahe beieinander befunden haben. Betrachten wir zwei Flüssigkeitsteilchen im kleinen Abstand λ (im Inertialgebiet). Wiederum von Dimensionsüberlegungen geleitet, schließen wir, daß die Geschwindigkeit der Änderung dieses Abstandes mit der Zeit gleich

$$\frac{d\lambda}{dt} \sim (\varepsilon\lambda)^{1/3} \tag{33,17}$$

ist. Durch Integration dieser Beziehung finden wir für die Zeit τ, in deren Verlauf sich zwei Teilchen, die sich am Anfang im Abstand λ_1 voneinander befunden haben, auf den Abstand $\lambda_2 \gg \lambda_1$ voneinander entfernt haben, die Größenordnung

$$\tau \sim \lambda_2^{2/3}/\varepsilon^{1/3} . \tag{33,18}$$

Wir machen auf den sich selbst beschleunigenden Charakter dieses Prozesses aufmerksam: Die Entfernungsgeschwindigkeit wächst mit der Vergrößerung von λ. Diese Eigenschaft hängt damit zusammen, daß zum Auseinanderlaufen von Teilchen, die sich im Abstand λ befinden, nur Schwankungen mit Abmessungen $\lesssim \lambda$ beitragen; Schwankungen mit größeren Abmessungen nehmen beide Teilchen gemeinsam mit und tragen nicht zum Auseinanderlaufen bei.[1])

Schließlich beschäftigen wir uns noch mit den Eigenschaften der Strömung in Gebieten, deren Abmessungen $\lambda \ll \lambda_0$ sind. In diesen Gebieten hat die Strömung regulären Charakter, und die Geschwindigkeitsänderung ist glatt. Daher können wir hier v_λ in eine Potenzreihe nach λ entwickeln. Behalten wir nur das erste Glied, so ergibt sich $v_\lambda = \text{const}\,\lambda$. Der Koeffizient kann aus der Forderung bestimmt werden, daß $v_\lambda \sim v_{\lambda_0}$ ist für $\lambda \sim \lambda_0$. Auf diese Weise erhalten wir

$$v_\lambda \sim \frac{v_{\lambda_0}}{\lambda_0}\,\lambda \sim \frac{\Delta u}{l}\,\lambda\,\mathrm{Re}^{1/2} . \tag{33,19}$$

Diese Formel kann man auch durch Gleichsetzen der beiden Ausdrücke für die Energiedissipation ε erhalten: Man setzt den Ausdruck $(\Delta u)^3/l$ (33,1), der ε aus Größen bestimmt, die für die großen Turbulenzelemente charakteristisch sind, gleich dem Ausdruck $\nu(v_\lambda/\lambda)^2$, der ε durch den Geschwindigkeitsgradienten ($\sim v_\lambda/\lambda$) derjenigen Turbulenzelemente darstellt, in denen die Energiedissipation tatsächlich stattfindet.

§ 34. Die Geschwindigkeitskorrelationen

Die Formel (33,6) gibt bereits qualitativ die Geschwindigkeitskorrelation in der lokalen Turbulenz an, d. h. den Zusammenhang zwischen den Geschwindigkeiten in zwei nahe

---

[1]) Diese Ergebnisse kann man auch auf in einer Flüssigkeit suspendierte Teilchen anwenden, die passiv mit der sich bewegenden Flüssigkeit mitgetragen werden.

beieinander liegenden Punkten der Strömung. Wir führen jetzt Größen ein, die zur quantitativen Charakterisierung dieser Korrelation dienen können.[1])

Die erste dieser charakteristischen Größen ist der Korrelationstensor zweiter Stufe

$$B_{ik} = \langle (v_{2i} - v_{1i})(v_{2k} - v_{1k}) \rangle\,; \tag{34,1}$$

$\boldsymbol{v}_2$ und $\boldsymbol{v}_1$ sind die Strömungsgeschwindigkeiten in zwei nahe beieinanderliegenden Punkten, die spitzen Klammern bedeuten die zeitliche Mittelung. Den Ortsvektor zwischen den Punkten 1 und 2 (in der Richtung von 1 nach 2) bezeichnen wir mit $\boldsymbol{r} = \boldsymbol{r}_2 - \boldsymbol{r}_1$. Da wir lokale Turbulenz betrachten wollen, nehmen wir den Abstand als klein an im Vergleich zur Grundabmessung l, aber nicht unbedingt groß im Vergleich zur inneren Abmessung der Turbulenz λ_0.

Die Änderung der Geschwindigkeit auf kleinen Abständen wird durch Schwankungen mit kleinen Abmessungen hervorgerufen. Anderseits hängen die Eigenschaften der lokalen Turbulenz nicht von der gemittelten Strömung ab. Man kann deshalb die Untersuchung der Korrelationsfunktionen für die lokale Turbulenz vereinfachen, indem man an ihrer Stelle den idealisierten Fall einer turbulenten Strömung betrachtet, bei der Isotropie und Homogenität nicht nur für kleine Abmessungen vorliegen (wie bei der lokalen Turbulenz), sondern allgemein für alle Abmessungen; die gemittelte Geschwindigkeit ist dabei gleich Null. Eine solche vollständig isotrope und homogene Turbulenz[2]) kann man sich vorstellen als Bewegung in einer Flüssigkeit, die starkem „Schütteln" unterworfen und dann in Ruhe gelassen wurde. Eine solche Bewegung wird natürlich ständig zeitlich gedämpft, so daß die Komponenten des Korrelationstensors Funktionen der Zeit werden.[3]) Die unten abgeleiteten Beziehungen zwischen den verschiedenen Korrelationsfunktionen beziehen sich auf die homogene und isotrope Turbulenz für alle ihre Abmessungen und auf die lokale Turbulenz für Abstände $r \ll l$.

Auf Grund der Isotropie kann der Tensor B_{ik} nicht von einer irgendwie gewählten Richtung im Raum abhängen. Der einzige Vektor, der in den Ausdruck für B_{ik} eingehen kann, ist der Ortsvektor $\boldsymbol{r}$. Die allgemeine Form eines solchen symmetrischen Tensors zweiter Stufe ist

$$B_{ik} = A(r)\,\delta_{ik} + B(r)\,n_i n_k\,, \tag{34,2}$$

wobei $\boldsymbol{n}$ der Einheitsvektor in Richtung von $\boldsymbol{r}$ ist.

Zur Klärung der Bedeutung der Funktionen A und B legen wir das Koordinatensystem so, daß eine Achse mit der $\boldsymbol{n}$-Richtung übereinstimmt. Die Geschwindigkeitskomponente in dieser Richtung bezeichnen wir mit v_r, die zu $\boldsymbol{n}$ senkrechte Geschwindigkeitskomponente versehen wir mit dem Index t. Die Komponente B_{rr} des Korrelationstensors ist dann der Mittelwert des Quadrates der Relativgeschwindigkeit der beiden benachbarten Flüssigkeitsteilchen bei ihrer Bewegung gegeneinander. Analog ist B_{tt} das mittlere Quadrat der Geschwindigkeit bei der Rotationsbewegung eines Teilchens um das andere. Wegen $n_r = 1$

[1]) Korrelationsfunktionen wurden in der Hydrodynamik der Turbulenz von L. V. Keller und A. A. Friedmann (1924) eingeführt.

[2]) Dieser Begriff wurde von G. I. Taylor, 1931, eingeführt.

[3]) Unter der Mittelung in der Definition (34,1) muß man dabei streng genommen nicht zeitliche Mittelung verstehen, sondern die Mittelung über alle möglichen Lagen der Punkte 1 und 2 (bei festgehaltenem Abstand zwischen ihnen) zu einem festen Zeitpunkt.

und $\boldsymbol{n}_t = 0$ erhalten wir aus (34,2)

$$B_{rr} = A + B, \qquad B_{tt} = A, \qquad B_{tr} = 0.$$

Den Ausdruck (34,2) kann man jetzt in der Form

$$B_{ik} = B_{tt}(r)\,(\delta_{ik} - n_i n_k) + B_{rr}(r)\, n_i n_k \tag{34,3}$$

darstellen.

Wir lösen die Klammern in der Definition (34,1) auf und schreiben

$$B_{ik} = \langle v_{1i} v_{1k} \rangle + \langle v_{2i} v_{2k} \rangle - \langle v_{1i} v_{2k} \rangle - \langle v_{1k} v_{2i} \rangle .$$

Auf Grund der Homogenität sind die Mittelwerte des Produktes $v_i v_k$ in den Punkten 1 und 2 gleich, und auf Grund der Isotropie ändert sich der Mittelwert $\langle v_{1i} v_{2k} \rangle$ nicht bei Vertauschung der Punkte 1 und 2 (d. h. bei Vorzeichenänderung der Differenz $\boldsymbol{r} = \boldsymbol{r}_2 - \boldsymbol{r}_1$); also

$$\langle v_{1i} v_{1k} \rangle = \langle v_{2i} v_{2k} \rangle = \frac{1}{3} \langle v^2 \rangle\, \delta_{ik}, \qquad \langle v_{1i} v_{2k} \rangle = \langle v_{2i} v_{1k} \rangle .$$

Damit ergibt sich

$$B_{ik} = \frac{2}{3} \langle v^2 \rangle\, \delta_{ik} - 2 b_{ik}, \qquad b_{ik} = \langle v_{1i} v_{2k} \rangle . \tag{34,4}$$

Der eingeführte symmetrische Hilfstensor b_{ik} verschwindet für $r \to \infty$; denn man kann die Geschwindigkeiten der turbulenten Bewegung in unendlich weit voneinander entfernten Punkten als statistisch unabhängig ansehen, so daß sich der Mittelwert des Produktes auf das Produkt der Mittelwerte jedes Faktors reduziert, die nach Voraussetzung gleich Null sind.

Wir differenzieren den Ausdruck (34,4) nach den Koordinaten des Punktes 2 und erhalten

$$\frac{\partial B_{ik}}{\partial x_{2k}} = -2 \frac{\partial b_{ik}}{\partial x_{2k}} = -2 \left\langle v_{1i} \frac{\partial v_{2k}}{\partial x_{2k}} \right\rangle .$$

Infolge der Kontinuitätsgleichung haben wir $\dfrac{\partial v_{2k}}{\partial x_{2k}} = 0$, so daß

$$\frac{\partial B_{ik}}{\partial x_{2k}} = 0$$

wird. Da B_{ik} nur von der Differenz $\boldsymbol{r} = \boldsymbol{r}_2 - \boldsymbol{r}_1$ abhängt, ist die Ableitung nach x_{2k} der Ableitung nach x_k äquivalent. Wir setzen für B_{ik} den Ausdruck (34,3) ein und erhalten nach einer einfachen Rechnung

$$B'_{rr} + \frac{2}{r} (B_{rr} - B_{tt}) = 0$$

(der Strich bezeichnet die Ableitung nach r). Die longitudinale und die transversale Korrelationsfunktion sind also miteinander verbunden durch die Beziehung

$$B_{tt} = \frac{1}{2r} \frac{\mathrm{d}}{\mathrm{d}r} (r^2 B_{rr}) . \tag{34,5}$$

Nach (33,6) ist die Differenz der Geschwindigkeiten für Entfernungen r im Trägheitsbereich proportional zu $r^{1/3}$. Deshalb sind die Korrelationsfunktionen B_{rr} und B_{tt} in diesem Gebiet proportional zu $r^{2/3}$. Damit ergibt sich aus (34,5) die folgende einfache Beziehung:

$$B_{tt} = \frac{4}{3} B_{rr} \qquad (\lambda_0 \ll r \ll l). \tag{34,6}$$

Für Abstände $r \ll \lambda_0$ ist die Differenz der Geschwindigkeiten proportional zu r, folglich sind B_{rr} und B_{tt} proportional zu r^2. Die Formel (34,5) ergibt jetzt

$$B_{tt} = 2B_{rr} \qquad (r \ll \lambda_0). \tag{34,7}$$

Für diese Abstände können B_{tt} und B_{rr} noch durch die mittlere Energiedissipation ε ausgedrückt werden. Wir schreiben $B_{rr} = ar^2$ mit konstantem a, kombinieren (34,3), (34,4) und (34,7) und finden

$$b_{ik} = \frac{1}{3} \langle v^2 \rangle \delta_{ik} - ar^2 \delta_{ik} + \frac{a}{2} x_i x_k .$$

Diese Beziehung differenzieren wir und erhalten

$$\left\langle \frac{\partial v_{1i}}{\partial x_{1l}} \frac{\partial v_{2i}}{\partial x_{2l}} \right\rangle = 15a , \qquad \left\langle \frac{\partial v_{1i}}{\partial x_{1l}} \frac{\partial v_{2l}}{\partial x_{2i}} \right\rangle = 0 .$$

Da dies für beliebig kleine r gilt, kann man hier $\boldsymbol{r}_1 = \boldsymbol{r}_2$ setzen, so daß

$$\left\langle \left(\frac{\partial v_i}{\partial x_l} \right)^2 \right\rangle = 15a , \qquad \left\langle \frac{\partial v_i}{\partial x_l} \frac{\partial v_l}{\partial x_i} \right\rangle = 0$$

wird. Andererseits haben wir nach (16,3) für die mittlere Energiedissipation

$$\varepsilon = \frac{\nu}{2} \left\langle \left(\frac{\partial v_i}{\partial x_k} + \frac{\partial v_k}{\partial x_i} \right)^2 \right\rangle = \nu \left\{ \left\langle \left(\frac{\partial v_i}{\partial x_k} \right)^2 \right\rangle + \left\langle \frac{\partial v_i}{\partial x_k} \frac{\partial v_k}{\partial x_i} \right\rangle \right\} = 15a\nu ,$$

woraus sich $a = \varepsilon/15\nu$ ergibt.[1]) Als Resultat erhalten wir endgültig die folgenden Beziehungen, die die Korrelationsfunktionen durch die Energiedissipation ausdrücken:

$$B_{tt} = \frac{2\varepsilon}{15\nu} r^2 , \qquad B_{rr} = \frac{\varepsilon}{15\nu} r^2 \tag{34,8}$$

(A. N. Kolmogoroff, 1941).

Weiterhin führen wir den Korrelationstensor dritter Stufe

$$B_{ikl} = \langle (v_{2i} - v_{1i}) (v_{2k} - v_{1k}) (v_{2l} - v_{1l}) \rangle \tag{34,9}$$

und den Hilfstensor

$$b_{ik,l} = \langle v_{1i} v_{1k} v_{2l} \rangle = - \langle v_{2i} v_{2k} v_{1l} \rangle \tag{34,10}$$

---

[1]) Wir bemerken, daß bei isotroper Turbulenz die mittlere Dissipation durch eine einfache Beziehung mit dem mittleren Quadrat der Wirbelung zusammenhängt:

$$\langle (\text{rot}\, \boldsymbol{v})^2 \rangle = \frac{1}{2} \left\langle \left(\frac{\partial v_i}{\partial x_k} - \frac{\partial v_k}{\partial x_i} \right)^2 \right\rangle = \frac{\varepsilon}{\nu} .$$

ein. Der letztere ist im ersten Indexpaar symmetrisch (die zweite Gleichung in der Definition (34,10) folgt daraus, daß Vertauschung der Punkte 1 und 2 der Änderung des Vorzeichens von $\boldsymbol{r}$ äquivalent ist, d. h. der Spiegelung der Koordinaten, die das Vorzeichen des Tensors dritter Stufe ändert). Bei $r = 0$, d. h. beim Zusammenfallen der Punkte 1 und 2, ist der Tensor $b_{ik,l}(0) = 0$; der Mittelwert des Produktes einer ungeraden Zahl von Komponenten der schwankenden Geschwindigkeit verschwindet. Indem wir die Klammern in der Definition (34,9) auflösen, drücken wir den Tensor B_{ikl} durch $b_{ik,l}$ aus:

$$B_{ikl} = 2(b_{ik,l} + b_{il,k} + b_{lk,i}) \,. \tag{34,11}$$

Für $r \to \infty$ geht der Tensor $b_{ik,l}$ und mit ihm auch B_{ikl} gegen Null.

Wegen der Isotropie muß sich der Tensor $b_{ik,l}$ durch den Einheitstensor δ_{ik} und die Komponenten des Einheitsvektors $\boldsymbol{n}$ ausdrücken lassen. Die allgemeine Form eines solchen Tensors, symmetrisch im ersten Indexpaar, ist

$$b_{ik,l} = C(r)\,\delta_{ik}n_l + D(r)\,(\delta_{il}n_k + \delta_{kl}n_i) + F(r)\,n_i n_k n_l \,. \tag{34,12}$$

Wir differenzieren nach den Koordinaten des Punktes 2 und erhalten auf Grund der Kontinuitätsgleichung

$$\frac{\partial}{\partial x_{2l}}\, b_{ik,l} = \left\langle v_{1i} v_{1k} \frac{\partial v_{2l}}{\partial x_{2l}} \right\rangle = 0 \,.$$

Hier setzen wir den Ausdruck (34,12) ein und gelangen nach einer einfachen Rechnung zu den beiden Gleichungen

$$\frac{\mathrm{d}}{\mathrm{d}r}\,[r^2(3C + 2D + F)] = 0 \,,$$

$$C' + \frac{2}{r}\,(C + D) = 0 \,.$$

Die Integration der ersten Gleichung ergibt

$$3C + 2D + F = \frac{\text{const}}{r^2} \,.$$

Für $r = 0$ müssen die Funktionen C, D und F verschwinden, daher muß man die Konstante gleich Null setzen, so daß $3C + 2D + F = 0$ wird. Aus den beiden so erhaltenen Gleichungen finden wir

$$D = -C - \tfrac{1}{2}\,rC' \,, \qquad F = rC' - C \,. \tag{34,13}$$

Einsetzen von (34,13) in (34,12) und dann in (34,11) führt zu dem Ausdruck

$$B_{ikl} = -2(rC' + C)\,(\delta_{ik}n_l + \delta_{il}n_k + \delta_{kl}n_i) + 6(rC' - C)\,n_i n_k n_l \,.$$

Wir legen wieder eine Koordinatenachse in $\boldsymbol{n}$-Richtung und erhalten für die Komponenten des Tensors B_{ikl}:

$$B_{rrr} = -12C \,, \qquad B_{rtt} = -2(C + rC') \,, \qquad B_{rrt} = B_{ttt} = 0 \,. \tag{34,14}$$

Daraus erkennen wir, daß zwischen den von Null verschiedenen Komponenten B_{rtt} und B_{rrr} die Beziehung

$$B_{rtt} = \frac{1}{6} \frac{\mathrm{d}}{\mathrm{d}r} (r B_{rrr}) \tag{34,15}$$

gilt.

Unten benötigen wir auch noch eine Beziehung, die den Tensor $b_{ik,l}$ durch die Komponenten des Tensors B_{ikl} ausdrückt. Mit Hilfe von (34,12) bis (34,14) finden wir

$$b_{ik,l} = -\frac{1}{12} B_{rrr} \delta_{ik} n_l + \frac{1}{24} (r B'_{rrr} + 2 B_{rrr}) (\delta_{il} n_k + \delta_{kl} n_i)$$
$$- \frac{1}{12} (r B'_{rrr} - B_{rrr}) n_i n_k n_l . \tag{34,16}$$

Die Beziehungen (34,5) und (34,15) sind Folgerungen allein aus der Kontinuitätsgleichung. Die Heranziehung der dynamischen Bewegungsgleichung, der Navier-Stokesschen Gleichung, erlaubt die Aufstellung einer Beziehung, die die Korrelationstensoren B_{ik} und B_{ikl} miteinander verbindet (TH. V. KÁRMÁN, L. HOWARTH, 1938; A. N. KOLMOGOROFF, 1941).

Dazu berechnen wir die Ableitung $\partial b_{ik}/\partial t$ (wir erinnern uns daran, daß eine vollkommen homogene und isotrope Strömung unbedingt mit der Zeit abklingt). Für die Ableitungen $\partial v_{1i}/\partial t$ und $\partial v_{2k}/\partial t$ verwenden wir die Navier-Stokessche Gleichung und erhalten

$$\frac{\partial}{\partial t} \langle v_{1i} v_{2k} \rangle = - \frac{\partial}{\partial x_{1l}} \langle v_{1i} v_{1l} v_{2k} \rangle - \frac{\partial}{\partial x_{2l}} \langle v_{1i} v_{2k} v_{2l} \rangle$$
$$- \frac{1}{\varrho} \frac{\partial}{\partial x_{1i}} \langle p_1 v_{2k} \rangle - \frac{1}{\varrho} \frac{\partial}{\partial x_{2k}} \langle p_2 v_{1i} \rangle$$
$$+ \nu \triangle_1 \langle v_{1i} v_{2k} \rangle + \nu \triangle_2 \langle v_{1i} v_{2k} \rangle . \tag{34,17}$$

Die Korrelationsfunktion des Druckes und der Geschwindigkeit ist gleich Null:

$$\langle p_1 \boldsymbol{v}_2 \rangle = 0 . \tag{34,18}$$

Auf Grund der Isotropie muß diese Funktion nämlich die Form $f(r)\,\boldsymbol{n}$ haben. Andererseits gilt wegen der Kontinuitätsgleichung

$$\operatorname{div}_2 \langle p_1 \boldsymbol{v}_2 \rangle = \langle p_1 \operatorname{div}_2 \boldsymbol{v}_2 \rangle = 0 .$$

Der einzige Vektor der Form $f(r)\,\boldsymbol{n}$ mit verschwindender Divergenz ist aber der Vektor const $\boldsymbol{n}/r^2$; dieser Vektor bleibt aber nicht endlich bei $r = 0$, und deshalb muß const $= 0$ sein.

Ersetzen wir jetzt in (34,17) die Ableitungen nach x_{1i} und x_{2i} durch Ableitungen nach $-x_i$ und x_i, so erhalten wir die Gleichung

$$\frac{\partial}{\partial t} b_{ik} = \frac{\partial}{\partial x_l} (b_{il,k} + b_{kl,i}) + 2\nu \triangle b_{ik} . \tag{34,19}$$

Hier müssen b_{ik} und $b_{ik,l}$ aus (34,4) und (34,16) eingesetzt werden. Die Zeitableitung der kinetischen Energie pro Masseneinheit der Flüssigkeit, $\langle v^2 \rangle/2$, ist nichts anderes als die

Energiedissipation $-\varepsilon$. Deshalb gilt

$$\frac{\partial}{\partial t}\frac{\langle v^2\rangle}{3} = -\frac{2}{3}\varepsilon\,.$$

Eine einfache, aber etwas lange Rechnung führt zu folgender Gleichung[1]):

$$-\frac{2}{3}\varepsilon - \frac{1}{2}\frac{\partial B_{rr}}{\partial t} = \frac{1}{6r^4}\frac{\partial}{\partial r}(r^4 B_{rrr}) - \frac{\nu}{r^4}\frac{\partial}{\partial r}\left(r^4\frac{\partial B_{rr}}{\partial r}\right). \tag{34,20}$$

Die Größe B_{rr} ändert sich als Funktion der Zeit wesentlich nur in Zeiten, die der Grundskala der Turbulenz ($\sim l/u$) entsprechen. In bezug auf die lokale Turbulenz kann man die Grundströmung als stationär betrachten (wie schon in § 33 erwähnt wurde). Dies bedeutet, daß man bei Anwendung auf die lokale Turbulenz auf der linken Seite der Gleichung (34,20) mit ausreichender Genauigkeit die Ableitung $\partial B_{rr}/\partial t$ gegen ε vernachlässigen kann. Wir multiplizieren die verbleibende Gleichung mit r^4, integrieren sie über r (unter Berücksichtigung des Verschwindens der Korrelationsfunktionen bei $r = 0$) und erhalten die folgende Beziehung zwischen B_{rr} und B_{rrr}:

$$B_{rrr} = -\frac{4}{5}\varepsilon r + 6\nu\frac{\mathrm{d}B_{rr}}{\mathrm{d}r} \tag{34,21}$$

(A. N. Kolmogoroff, 1941). Diese Beziehung gilt für r sowohl größer als auch kleiner als λ_0. Für $r \gg l_0$ ist das die Zähigkeit enthaltende Glied klein, und wir haben einfach

$$B_{rrr} = -\frac{4}{5}\varepsilon r\,. \tag{34,22}$$

Wenn wir in (34,21) für $r \ll \lambda_0$ den Ausdruck (34,8) für B_{rr} einsetzen, so ergibt sich Null; dies hängt damit zusammen, daß in diesem Falle $B_{rrr} \propto r^3$ sein muß, so daß sich die Glieder erster Ordnung heben müssen.

Die eine Gleichung (34,20) verbindet die beiden unabhängigen Funktionen B_{rr} und B_{rrr} miteinander, und sie gibt deshalb allein nicht die Möglichkeit, diese Funktionen zu finden. Das Auftreten von Korrelationsfunktionen zweier verschiedener Ordnungen in ihr ist eine Folge der Nichtlinearität der Navier-Stokesschen Gleichung. Aus dem gleichen Grunde führt die Berechnung der Zeitableitung des Korrelationstensors dritter Stufe zu einer Gleichung, die auch eine Korrelationsfunktion vierter Ordnung enthält, usw. So entsteht eine unendliche Kette von Gleichungen. Auf diese Weise ein geschlossenes System einer endlichen Zahl von Gleichungen zu erhalten, ist ohne weitere Voraussetzungen nicht möglich.

Wir treffen noch die folgende allgemeine Feststellung.[2]) Man könnte denken, daß die prinzipielle Möglichkeit existiert, universelle (d. h. auf eine beliebige turbulente Bewegung anwendbare) Formeln zu erhalten, die die Größen B_{rr} und B_{tt} für alle Abstände r, klein gegen l, bestimmen. In Wirklichkeit können aber solche Formeln nicht existieren, wie aus

---

[1]) Als Resultat der Rechnung entsteht diese Gleichung, aber auf beiden Seiten multipliziert mit dem Operator $\left(1 + \frac{1}{2} r \frac{\partial}{\partial r}\right)$. Da aber die einzige Lösung der Gleichung $f + \frac{1}{2} r \frac{\partial f}{\partial r} = 0$, die bei $r = 0$ endlich bleibt, $f = 0$ ist, kann man diesen Operator fortlassen.

[2]) Sie stammt von L. D. Landau, 1944.

den folgenden Überlegungen klar wird. Der momentane Wert der Größe

$$(v_{2i} - v_{1i})(v_{2k} - v_{1k})$$

könnte im Prinzip in universeller Weise durch die Energiedissipation ε in diesem Zeitpunkt ausgedrückt werden. Bei der Mittelung dieser Ausdrücke wird jedoch das Gesetz für die Änderung von ε im Verlauf von Perioden der Bewegungen mit großen Abmessungen (Skala $\sim l$) wesentlich, das verschieden ist für verschiedene konkrete Fälle der Strömung. Deshalb kann auch das Resultat der Mittelung nicht universell sein.[1])

Das Loizjanskische Integral

Wir schreiben die Gleichung (34,20) um, indem wir an Stelle der Funktionen B_{rr}, B_{rrr} die Funktionen b_{rr}, $b_{rr,r}$ einführen:

$$\frac{\partial b_{rr}}{\partial t} = \frac{1}{r^4}\frac{\partial}{\partial r}\left[2\nu r^4 \frac{\partial b_{rr}}{\partial r} + r^4 b_{rr,r}\right]. \tag{34,23}$$

Wir multiplizieren diese Gleichung mit r^4 und integrieren sie über r von 0 bis ∞. Der Ausdruck in den eckigen Klammern ist gleich Null für $r = 0$. Setzen wir voraus, daß er auch für $r \to \infty$ verschwindet, so finden wir

$$\Lambda \equiv \int_0^\infty r^4 b_{rr}\,\mathrm{d}r = \text{const} \tag{34,24}$$

(L. G. Loizjanski, 1939). Dieses Integral konvergiert, wenn die Funktion b_{rr} im Unendlichen schneller als r^{-5} abfällt; und damit es wirklich zeitlich erhalten bleibt, muß die Funktion $b_{rr,r}$ schneller als r^{-4} abfallen.

Die Funktionen b_{rr} und b_{tt} hängen miteinander nach der gleichen Beziehung (34,5) zusammen wie auch B_{rr} und B_{tt}. Deshalb haben wir (unter den gleichen Bedingungen)

$$\int_0^\infty b_{tt} r^4\,\mathrm{d}r = -\tfrac{3}{2}\int_0^\infty b_{rr} r^4\,\mathrm{d}r\,.$$

Da $b_{rr} + 2b_{tt} = \langle \boldsymbol{v}_1 \boldsymbol{v}_2 \rangle$ ist, kann man das Integral (34,24) in der Form

$$\Lambda = -\frac{1}{4\pi}\int r^2 \langle \boldsymbol{v}_1 \boldsymbol{v}_2 \rangle\,\mathrm{d}V \tag{34,25}$$

darstellen (wobei $\mathrm{d}V = \mathrm{d}^3(x_1 - x_2)$). Dieses Integral hängt eng mit dem Drehimpuls der Flüssigkeit zusammen, die sich im Zustand der homogenen und isotropen Turbulenz befindet. Man kann zeigen (wir werden aber hierbei nicht verweilen), daß das Quadrat des Gesamtdrehimpulses $\boldsymbol{M}$ der Flüssigkeit, die in ein gewisses großes Volumen V eingeschlossen ist (abgetrennt aus der unbegrenzten Flüssigkeit), gleich $M^2 = 4\pi\varrho^2 \Lambda V$ ist; die Tatsache,

[1]) Die Frage, ob sich Fluktuationen von ε auch auf die Form der Korrelationsfunktionen im Trägheitsbereich auswirken, kann wohl kaum zuverlässig gelöst werden vor der Aufstellung einer folgerichtigen Theorie der Turbulenz (diese Frage wurde von A. N. Kolmogoroff, J. Fluid. Mech. **13**, 77 (1962), und A. M. Obuchow, loc. cit., S. 82, gestellt). Die existierenden Versuche, hiermit zusammenhängende Korrekturen zum Gesetz von Kolmogoroff und Obuchow einzuführen, beruhen auf Hypothesen über die statistischen Eigenschaften der Dissipation, deren Gültigkeitsgrad schwer abzuschätzen ist.

daß $\boldsymbol{M}$ proportional zu $V^{1/2}$ und nicht proportional zu V anwächst, ist dadurch bedingt, daß $\boldsymbol{M}$ die Summe einer großen Zahl statistisch unabhängiger Summanden (der Drehimpulse der einzelnen kleinen Teile der Flüssigkeit) mit verschwindenden Mittelwerten ist.

Der Wert von M^2 in einem gegebenen Volumen V kann sich durch die Wechselwirkung mit den umgebenden Gebieten der Flüssigkeit ändern. Wenn diese Wechselwirkung hinreichend schnell mit dem Abstand abfallen würde, dann würde sie für den betrachteten Teil der Flüssigkeit einen Oberflächeneffekt darstellen. Dann würden die Zeiten, in deren Verlauf M^2 eine merkliche Änderung erfahren würde, gemeinsam mit den Abmessungen des Volumens V anwachsen; diese Zeiten und Abmessungen könnten als beliebig groß betrachtet werden, und in diesem Sinne würde M^2 erhalten bleiben.

Die genannte Bedingung hängt eng mit den bei der Ableitung der Beziehung (34,24) aus (34,23) formulierten Bedingungen über hinreichend schnelles Abfallen der Korrelationsfunktionen zusammen. Im Rahmen der Theorie der inkompressiblen Flüssigkeit bestehen jedoch Gründe, an der Erfüllung dieser Bedingungen zu zweifeln. Die physikalische Begründung dafür besteht in der unendlich großen Ausbreitungsgeschwindigkeit für Störungen in einer inkompressiblen Flüssigkeit. Mathematisch äußert sich diese Eigenschaft im integralen Charakter der Abhängigkeit der Druckverteilung in der Flüssigkeit von der Geschwindigkeitsverteilung: Wenn man die rechte Seite der Gleichung (15,11) als gegeben betrachtet, dann ist die Lösung dieser Gleichung

$$p(\boldsymbol{r}) = \frac{\varrho}{4\pi} \int \frac{\partial^2 v_i(\boldsymbol{r}')\, v_k(\boldsymbol{r}')}{\partial x_i' \, \partial x_k'} \frac{\mathrm{d}V'}{|\boldsymbol{r} - \boldsymbol{r}'|} .$$

Diese Beziehung bedeutet, daß eine beliebige lokale Störung der Geschwindigkeit sich augenblicklich auf den Druck im gesamten Raum auswirkt; der Druck führt zu einer Beschleunigung der Flüssigkeit und damit zu einer weiteren Änderung der Geschwindigkeiten.

Die natürliche Aufgabenstellung zur Klärung dieser Frage besteht in folgendem: Es sei zur Anfangszeit ($t = 0$) eine isotrope turbulente Bewegung mit exponentiell mit dem Abstand fallenden Funktionen $b_{ik}(r, t)$ und $b_{ik,l}(r, t)$ gegeben. Berechnet man den Druck nach der aufgeschriebenen Formel aus der Geschwindigkeit, so kann man dann mit Hilfe der Bewegungsgleichungen der Flüssigkeit versuchen, den Charakter der Abhängigkeit der Zeitableitungen der Korrelationsfunktionen (zur Zeit $t = 0$) vom Abstand für $r \to \infty$ zu bestimmen. Damit ist dann auch der Charakter der Abhängigkeit vom Abstand r der Korrelationsfunktionen selbst bei $t > 0$ bestimmt. Eine solche Untersuchung führt zu folgenden Ergebnissen.[1])

Die Funktion $b_{rr}(r, t)$ fällt für $t > 0$ im Unendlichen nicht langsamer als r^{-6} (aber möglicherweise auch exponentiell) ab. Deshalb konvergiert das Loizjanskische Integral. Die Funktion $b_{rr,r}$ fällt nur wie r^{-4} ab. Dies bedeutet, daß Λ nicht erhalten bleibt. Seine Zeitableitung erweist sich als eine von Null verschiedene negative (infolge der empirischen Tatsache, daß $b_{rr,r}$ negativ ist) Funktion der Zeit. Diese Funktion hängt ausschließlich mit den Trägheitskräften zusammen. Es ist natürlich, anzunehmen, daß im Maße der Dämpfung der Turbulenz die Rolle dieser Kräfte sinkt und daß man sie im Endstadium im Vergleich

---

[1]) Vgl. I. Proudman, W. H. Reid, Phil. Trans. Roy. Soc. **A 247**, 163 (1954); G. K. Batchelor, I. Proudman, loc. cit. **A 248**, 369 (1956). Eine Darlegung dieser Arbeiten wird auch im folgenden Buch gegeben: A. S. Monin, A. M. Jaglom (A. C. Монин, A. M. Яглом), Statistische Hydrodynamik (Статистическая гидродинамика), Band 2, Nauka, Moskau 1967, §§ 15.5, 15.6.

zu den Zähigkeitskräften vernachlässigen kann. Folglich fällt Λ ab (der Drehimpuls „zerfließt" gleichförmig in den unendlichen Raum) und strebt zu einem konstanten Wert, den es im Endstadium der Turbulenz annimmt.

Hieraus ergibt sich die Möglichkeit, für dieses Stadium das zeitliche Änderungsgesetz für die Grundabmessung der Turbulenz l und ihre charakteristische Geschwindigkeit v zu bestimmen. Die Abschätzung des Integrals (34,25) gibt $\Lambda \sim v^2 l^5 = \text{const}$. Eine weitere Beziehung erhalten wir aus der Abschätzung der Geschwindigkeit der Energieabnahme durch die zähe Dissipation. Die Dissipation ist proportional zum Quadrat der Geschwindigkeitsgradienten; schätzen wir die letzteren als $\sim v/L$ ab, so haben wir $\varepsilon \sim \nu(v/l)^2$. Setzen wir dies gleich der Ableitung $\partial(v^2)/\partial t \sim v^2/t$ (t wird ab Beginn des Endstadiums der Dämpfung gezählt), so erhalten wir $l \sim (\nu t)^{1/2}$ und dann

$$v = \text{const} \cdot t^{-5/4} \tag{34,26}$$

(M. D. Millionschtschikow, 1939).

Spektraldarstellung der Korrelationsfunktionen

Neben der oben betrachteten Koordinatendarstellung der Korrelationsfunktionen ist methodisch und physikalisch auch ihre Spektraldarstellung (nach den Wellenzahlvektoren) interessant. Sie ergibt sich durch räumliche Fourier-Entwicklung:

$$B_{ik}(\boldsymbol{r}) = \int B_{ik}(\boldsymbol{k})\, e^{i\boldsymbol{kr}} \frac{d^3k}{(2\pi)^3}, \qquad B_{ik}(\boldsymbol{k}) = \int B_{ik}(\boldsymbol{r})\, e^{-i\boldsymbol{kr}}\, d^3x$$

(wir bezeichnen die spektrale Korrelationsfunktion $B_{ik}(\boldsymbol{k})$ mit dem gleichen Symbol B_{ik}, aber mit anderer unabhängiger Variablen, nämlich dem Wellenzahlvektor $\boldsymbol{k}$). Da bei isotroper Turbulenz $B_{ik}(-\boldsymbol{r}) = B_{ik}(\boldsymbol{r})$ ist, gilt $B_{ik}(\boldsymbol{k}) = B_{ik}(-\boldsymbol{k}) = B_{ik}^*(\boldsymbol{k})$, d. h., die Spektralfunktion ist reell.

Für $r \to \infty$ strebt die Funktion $B_{ik}(\boldsymbol{r})$ zu einem endlichen Grenzwert, der durch das erste Glied in (34,4) gegeben wird. Dementsprechend enthält ihre Fourier-Komponente ein Glied mit δ-Funktion:

$$B_{ik}(\boldsymbol{k}) = \tfrac{2}{3}\,(2\pi)^3\, \delta(\boldsymbol{k})\, \langle v^2 \rangle - 2b_{ik}(\boldsymbol{k})\,, \tag{34,27}$$

Die Komponenten für $\boldsymbol{k} \neq 0$ fallen für die Funktionen B_{ik} und $-2b_{ik}$ zusammen.

Differentiation nach den Koordinaten x_l in der Koordinatendarstellung ist in der Spektraldarstellung zur Multiplikation mit ik_l äquivalent. Die Kontinuitätsgleichung $\partial b_{ik}(\boldsymbol{r})/\partial x_i = 0$ führt deshalb in der Spektraldarstellung auf die Transversalitätsbedingung für den Tensor $b_{ik}(\boldsymbol{k})$ in bezug auf den Wellenzahlvektor:

$$k_i b_{ik}(\boldsymbol{k}) = 0\,. \tag{34,28}$$

Auf Grund der Isotropie muß der Tensor $b_{ik}(\boldsymbol{k})$ allein durch den Vektor $\boldsymbol{k}$ und den Einheitstensor δ_{ik} darstellbar sein. Die allgemeine Form eines solchen symmetrischen Tensors, der der Bedingung (34,28) genügt, ist

$$b_{ik}(\boldsymbol{k}) = F^{(2)}(k) \left(\delta_{ik} - \frac{k_i k_k}{k^2} \right), \tag{34,29}$$

wobei $F^{(2)}(k)$ eine reelle Funktion des absoluten Betrages des Wellenzahlvektors ist.

In analoger Weise wird die Spektraldarstellung des Korrelationstensors dritter Stufe bestimmt, wobei sich der Tensor $B_{ikl}(\boldsymbol{k})$ aus dem Tensor $b_{ik,l}(\boldsymbol{k})$ nach der Formel (34,11) ergibt; diese Tensoren enthalten kein Glied mit δ-Funktionen. Die Kontinuitätsgleichung $\partial b_{ik,l}(\boldsymbol{r})/\partial x_l = 0$ führt auf die Transversalitätsbedingung für den spektralen Tensor $b_{ik,l}(\boldsymbol{k})$ in bezug auf seinen dritten Index:

$$k_l b_{ik,l}(\boldsymbol{k}) = 0\,. \tag{34,30}$$

Die allgemeine Form dieses Tensors ist

$$b_{ik,l}(\boldsymbol{k}) = iF^{(3)}(k)\left\{\delta_{il}\frac{k_k}{k} + \delta_{kl}\frac{k_i}{k} - 2\frac{k_i k_k k_l}{k^3}\right\}. \tag{34,31}$$

Da $b_{ik,l}(-\boldsymbol{r}) = -b_{ik,l}(\boldsymbol{r})$ gilt, ist die Spektralfunktion $b_{ik,l}(\boldsymbol{k})$ imaginär; in (34,31) ist ein Faktor i eingeführt, so daß die Funktion $F^{(3)}(k)$ reell ist.

Die Gleichung (34,19) lautet in Spektraldarstellung

$$\frac{\partial}{\partial t} b_{ik}(\boldsymbol{k}) = \mathrm{i}k_l[b_{il,k}(\boldsymbol{k}) + b_{kl,i}(\boldsymbol{k})] - 2\nu k^2 b_{ik}(\boldsymbol{k})\,.$$

Wir setzen (34,29) und (34,31) ein und erhalten

$$\frac{\partial F^{(2)}(k,t)}{\partial t} = -2kF^{(3)}(k,t) - 2\nu k^2 F^{(2)}(k,t)\,. \tag{34,32}$$

Die Funktion $F^{(2)}(k)$ hat eine wichtige physikalische Bedeutung. Zu ihrer Ermittlung benutzen wir die Definition der spektralen Korrelationsfunktion auf einer etwas früheren Stufe.[1])

Wir führen die Spektralentwicklung der schwankenden Geschwindigkeit $\boldsymbol{v}(\boldsymbol{r})$ selbst ein durch die Fourier-Entwicklung

$$\boldsymbol{v}(\boldsymbol{r}) = \int \boldsymbol{v}_k\, \mathrm{e}^{\mathrm{i}\boldsymbol{k}\boldsymbol{r}} \frac{\mathrm{d}^3k}{(2\pi)^3}, \qquad \boldsymbol{v}_k = \int \boldsymbol{v}(\boldsymbol{r})\, \mathrm{e}^{-\mathrm{i}\boldsymbol{k}\boldsymbol{r}}\, \mathrm{d}^3x\,.$$

Das letzte Integral divergiert in Wirklichkeit, da $\boldsymbol{v}(\boldsymbol{r})$ im Unendlichen nicht nach Null strebt. Diese Tatasache ist jedoch nicht wesentlich für die folgenden formalen Ableitungen, die als Ziel die Berechnung der offensichtlich endlichen mittleren Quadrate haben.

Der Korrelationstensor $b_{ik}(\boldsymbol{r})$ ergibt sich aus den Fourier-Komponenten der Geschwindigkeiten durch das Integral

$$b_{il}(\boldsymbol{r}) = \iint \langle v_{i\boldsymbol{k}} v_{l\boldsymbol{k}'}\rangle\, \mathrm{e}^{\mathrm{i}(\boldsymbol{k}\boldsymbol{r}_2 + \boldsymbol{k}'\boldsymbol{r}_1)} \frac{\mathrm{d}^3k\,\mathrm{d}^3k'}{(2\pi)^6}\,. \tag{34,33}$$

Damit dieses Integral nur eine Funktion der Differenz $\boldsymbol{r} = \boldsymbol{r}_2 - \boldsymbol{r}_1$ ist, muß der Integrand eine δ-Funktion der Summe $\boldsymbol{k} + \boldsymbol{k}'$ enthalten, d. h., es muß gelten

$$\langle v_{i\boldsymbol{k}} v_{l\boldsymbol{k}'}\rangle = (2\pi)^3\,(v_i v_l)_{\boldsymbol{k}}\,\delta(\boldsymbol{k} + \boldsymbol{k}')\,. \tag{34,34}$$

Diesen Ausdruck hat man als die Definition der Größe zu betrachten, die hier symbolisch durch $(v_i v_l)_{\boldsymbol{k}}$ bezeichnet ist. Setzen wir (34,34) in (34,33) ein und beseitigen die δ-Funktion

---

[1]) Die folgenden Überlegungen variieren eine in V, § 122 gegebene Ableitung.

durch Integration über d^3k', so finden wir

$$b_{il}(\boldsymbol{r}) = \int (v_i v_l)_{\boldsymbol{k}} \, e^{i\boldsymbol{kr}} \frac{d^3k}{(2\pi)^3},$$

d. h., die Größe $(v_i v_l)_{\boldsymbol{k}}$ stimmt mit der Fourier-Komponente der Korrelationsfunktion $b_{il}(\boldsymbol{r})$ überein; damit ist sie symmetrisch in den Indizes i, l und reell. Insbesondere ist $b_{ii}(\boldsymbol{k}) = (\boldsymbol{v}^2)_{\boldsymbol{k}}$, wobei wir jetzt feststellen können, daß diese Größe positiv ist, was offensichtlich ist aus ihrem Zusammenhang (34,34) mit der positiven Größe $\langle \boldsymbol{v}_{\boldsymbol{k}} \boldsymbol{v}_{\boldsymbol{k}'=-\boldsymbol{k}} \rangle = \langle |\boldsymbol{v}_{\boldsymbol{k}}|^2 \rangle$, dem mittleren Quadrat des absoluten Betrages der Fourier-Komponente der schwankenden Geschwindigkeit.

Der Wert der Korrelationsfunktion $b_{ii}(\boldsymbol{r})$ für $\boldsymbol{r} = 0$ gibt das mittlere Quadrat der Geschwindigkeit der Flüssigkeit in einem beliebigen Punkt des Raumes. Dieses Quadrat läßt sich durch die Spektralfunktion ausdrücken,

$$\langle \boldsymbol{v}^2 \rangle = b_{ii}(\boldsymbol{r} = 0) = \int b_{ii}(\boldsymbol{k}) \frac{d^3k}{(2\pi)^3}$$

oder, indem man hier $b_{ii}(\boldsymbol{k})$ aus (34,29) einsetzt,

$$\frac{1}{2} \langle \boldsymbol{v}^2 \rangle = \int F^{(2)}(k) \frac{d^3k}{(2\pi)^3} = \int_0^\infty F^{(2)}(k) \frac{4\pi k^2 \, dk}{(2\pi)^3}. \tag{34,35}$$

Nach dem oben Gesagten ist die Bedeutung dieser Formel offensichtlich: Die positive Funktion $F^{(2)}(k)/(2\pi)^3$ stellt die Spektraldichte der kinetischen Energie der Flüssigkeit (bezogen auf die Masseneinheit) im $\boldsymbol{k}$-Raum dar. Die Energie, die in den Schwankungen mit dem Wellenzahlvektor im Intervall dk enthalten ist, wird durch $E(k)\,dk$ gegeben, wobei

$$E(k) = \frac{k^2}{2\pi^2} F^{(2)}(k). \tag{34,36}$$

Das erste Glied auf der rechten Seite der Gleichung (34,32) ist die Fourier-Komponente des ersten Gliedes auf der rechten Seite der Gleichung (34,19). Für $r \to 0$ reduziert sich das letztere auf die Ableitung

$$\left\langle v_{1k} \frac{\partial}{\partial x_{1l}} v_{1i} v_{1l} \right\rangle + \left\langle v_{1i} \frac{\partial}{\partial x_{1l}} v_{1k} v_{1l} \right\rangle = \frac{\partial}{\partial x_{1l}} \langle v_{1i} v_{1k} v_{1l} \rangle$$

und verschwindet wegen der Homogenität. In der Spektraldarstellung bedeutet dies

$$\int \boldsymbol{k} F^{(3)}(k) \, d^3k = 0, \tag{34,37}$$

so daß die Funktion $F^{(3)}(k)$ ihr Vorzeichen wechseln muß.

Die Gleichung (34,32) hat eine einfache Bedeutung: Sie gibt die Energiebalance der verschiedenen Spektralkomponenten der turbulenten Bewegung. Das zweite Glied auf der rechten Seite ist negativ; es bestimmt die durch Dissipation hervorgerufene Abnahme der Energie. Das erste Glied (das mit dem nichtlinearen Glied in der Navier-Stokesschen Gleichung zusammenhängt) beschreibt die Umverteilung der Energie im Spektrum, den Übergang der Energie von Spektralkomponenten mit kleineren Werten von k zu Spektralkomponenten mit größeren k-Werten. Die Spektraldichte (bezüglich k) der Energie

$E(k)$ hat ein Maximum bei $k \sim 1/l$; im Gebiet nahe dem Maximum (Energiebereich, s. § 33) ist ein großer Teil der Gesamtenergie der turbulenten Bewegung konzentriert. Die Dichte der Energie $2\nu k^2 E(k)$, die dissipiert wird, ist maximal bei $k \sim 1/\lambda_0$; im Dissipationsbereich ist ein großer Teil der gesamten Dissipation konzentriert. Bei sehr großen Reynolds-Zahlen rücken diese Bereiche weit auseinander, und zwischen ihnen befindet sich der Trägheitsbereich.

Wir integrieren die Gleichung (34,32) über $d^3k/(2\pi)^3$ und erhalten auf ihrer linken Seite die Zeitableitung der gesamten kinetischen Energie der Flüssigkeit; diese Ableitung fällt zusammen mit der gesamten Energiedissipation $-\varepsilon$. Auf diese Weise finden wir die folgende „Normierungsbedingung" für die Funktion $E(k)$:

$$2\nu \int_0^\infty k^2 E(k, t)\, dk = \varepsilon . \tag{34,38}$$

Im Trägheitsintervall der Wellenzahlen ($1/l \ll k \ll 1/\lambda_0$) kann man die Spektralfunktionen (wie auch die Korrelationsfunktionen in Koordinatendarstellung) als zeitunabhängig annehmen. Nach (33,13) gilt in diesem Gebiet

$$E(k) = C_1 \varepsilon^{2/3} k^{-5/3} , \tag{34,39}$$

wo C_1 ein konstanter Koeffizient ist. Dieser Koeffizient hängt mit dem Koeffizienten C in der Korrelationsfunktion

$$B_{rr}(r) = C(\varepsilon r)^{2/3} \tag{34,40}$$

zusammen, $C_1 = 0{,}76C$ (s. Aufgabe). Ihre empirischen Werte sind $C \approx 2$, $C_1 \approx 1{,}5$.[1]) Damit ergibt sich das Verhältnis

$$|B_{rrr}|/B_{rr}^{3/2} = 4/5C^{3/2} \approx 0{,}3 .$$

Aufgabe

Man suche den Zusammenhang zwischen den Koeffizienten C und C_1 in den Formeln (34,39), (34,40) für die Korrelationsfunktion und die Spektraldichte der Energie im Trägheitsbereich.

Lösung. Die Funktionen

$$B_{ii}(r) = 2B_{tt}(r) + B_{rr}(r) = \tfrac{11}{3} B_{rr}(r)$$

(benutzt wurde der Zusammenhang (34,6)) und

$$B_{ii}(k) = -2b_{ii}(k) = -4F^{(2)}(k) = -\frac{8\pi^2}{k^2} E(k)$$

($k \neq 0$) hängen zusammen durch das Fourier-Integral

$$B_{ii}(k) = \int B_{ii}(r)\, e^{-i\mathbf{kr}}\, d^3x .$$

Wenn der Wellenzahlvektor im Trägheitsbereich liegt ($1/l \ll k \ll 1/\lambda_0$), dann schneidet der oszillierende Faktor das Integral nach oben ab bei Abständen $r \sim 1/k \ll 1$. Bei kleinen Abständen konvergiert das Integral, da $B_{ii}(r) \to 0$ für $r \to 0$. Deshalb wird das Integral in Wirklichkeit durch Abstände bestimmt, die im Trägheitsbereich liegen ($\lambda_0 \ll r \ll 1$), so daß man in das Integral $B_{rr}(r)$ aus (34,40) einsetzen und gleichzeitig die Integration über den gesamten Raum erstrecken kann. Im Integral

$$I = \int r^{3/2}\, e^{-i\mathbf{kr}}\, d^3x$$

[1]) Die Mehrheit der Beobachtungen bezieht sich auf Turbulenz in der Atmosphäre und in den Ozeanen. Die Reynolds-Zahlen erreichten bei diesen Messungen Werte bis $3 \cdot 10^8$.

führen wir zuerst die Integration über die Richtungen von r aus und finden

$$I = \frac{4\pi}{k} \operatorname{Im} \int_0^\infty r^{5/3} e^{ikr} dr = \frac{4\pi}{k^{11/3}} \int_0^\infty \xi^{5/3} e^{i\xi} d\xi .$$

Das verbleibende Integral wird durch Rotation des Integrationsweges in der komplexen Ebene der Variablen ξ von der reellen rechten Halbachse zur oberen imaginären Halbachse berechnet. Als Ergebnis finden wir

$$I = -\frac{4\pi}{k^{11/3}} \frac{10\pi}{9\Gamma(1/3)} .$$

Unter Verwendung der erhaltenen Ausdrücke ergibt sich endgültig

$$C_1 = \frac{55}{27\Gamma(1/3)} C = 0{,}76C .$$

§ 35. Turbulenzbereich und Ablösung

Eine turbulente Strömung enthält im allgemeinen Wirbel. Die Verteilung der Rotation der Geschwindigkeit in einem Flüssigkeitsvolumen weist jedoch bei einer turbulenten Strömung (für sehr große Re) wesentliche Besonderheiten auf. Bei einer „stationären" turbulenten Strömung um Körper kann man gewöhnlich das ganze Flüssigkeitsvolumen in zwei Bereiche aufteilen, die voneinander abgetrennt sind. In dem einen Bereich ist die Strömung eine Wirbelströmung, in dem anderen fehlen die Wirbel, und die Strömung ist eine Potentialströmung. Die Rotation der Geschwindigkeit ist also nicht über das ganze Flüssigkeitsvolumen verteilt, sondern nur über einen Teil desselben (der im allgemeinen auch unendlich ist).

Ein solcher begrenzter Bereich mit einer Wirbelströmung kann existieren, weil man eine turbulente Strömung als Strömung einer idealen Flüssigkeit behandeln kann, die durch die Eulerschen Gleichungen beschrieben wird. [1]) Wir haben gesehen (§ 8), daß für die Strömung einer idealen Flüssigkeit ein Erhaltungssatz für die Zirkulation gilt. Insbesondere ist die Rotation der Geschwindigkeit auf einer ganzen Stromlinie gleich Null, wenn sie in irgendeinem Punkt dieser Stromlinie verschwindet. Ist umgekehrt in irgendeinem Punkt einer Stromlinie rot $\boldsymbol{v} \neq 0$, dann ist die Rotation auf der ganzen Stromlinie von Null verschieden. Es ist daher klar, daß das Vorhandensein abgegrenzter Bereiche mit wirbelfreier Strömung und mit Wirbelströmung mit den Bewegungsgleichungen verträglich ist, wenn aus dem Bereich der Wirbelströmung keine Stromlinien über die Bereichsgrenze hinaus verlaufen. Eine solche Verteilung der Rotation der Geschwindigkeit wird stabil sein, und die Rotation der Geschwindigkeit wird die Begrenzungsfläche nicht „durchdringen".

Eine Eigenschaft des Wirbelbereiches in einer turbulenten Strömung besteht darin, daß zwischen ihm und der Umgebung nur in einer Richtung Flüssigkeit ausgetauscht werden kann. Die Flüssigkeit kann nur aus dem Bereich der Potentialströmung in den Wirbelbereich hineinfließen, aber niemals aus dem Wirbelbereich herausströmen.

Wir betonen, daß die hier angestellten Überlegungen natürlich in keiner Weise als ein exakter Beweis der ausgesprochenen Behauptungen angesehen werden können. Das

---

[1]) Diese Gleichungen sind auf eine turbulente Strömung nur bis zu Abständen der Größenordnung λ_0 anwendbar. Man kann daher von einer scharfen Grenze zwischen den Bereichen der wirbelfreien Strömung und der Wirbelströmung nur mit einer Genauigkeit bis zu diesen Abständen sprechen.

Auftreten abgegrenzter Bereiche mit turbulenten Wirbelströmungen wird aber offensichtlich von der Erfahrung bestätigt.

Die Strömung ist sowohl in dem Wirbelbereich als auch in dem wirbelfreien Bereich turbulent. Die Turbulenz hat aber in den beiden Bereichen einen ganz unterschiedlichen Charakter. Um den Ursprung dieses Unterschiedes zu klären, sehen wir uns die folgende allgemeine Eigenschaft einer durch die Laplacesche Gleichung $\triangle\varphi = 0$ beschriebenen Potentialströmung an. Wir setzen die Strömung in der xy-Ebene periodisch an, so daß φ über einen Faktor der Gestalt $e^{ik_1x+ik_2y}$ von x und y abhängt; dann ist

$$\frac{\partial^2\varphi}{\partial x^2} + \frac{\partial^2\varphi}{\partial y^2} = -(k_1^2 + k_2^2)\,\varphi = -k^2\varphi\,.$$

Die Summe der zweiten Ableitungen muß gleich Null sein. Aus diesem Grunde ist die zweite Ableitung nach z gleich φ, multipliziert mit einem positiven Faktor: $\partial^2\varphi/\partial z^2 = k^2\varphi$. Dann hängt aber φ über einen Dämpfungsfaktor der Gestalt e^{-kz} für $z > 0$ von z ab (ein unbeschränktes Anwachsen wie e^{kz} ist offensichtlich unmöglich). Wenn eine Potentialströmung in irgendeiner Ebene periodisch ist, dann muß sie also in einer zu dieser Ebene senkrechten Richtung gedämpft sein. Je größer k_1 und k_2 sind, d. h., je feiner die Periodizität der Strömung in der xy-Ebene ist, desto schneller klingt die Strömung in z-Richtung ab. Alle diese Überlegungen sind qualitativ auch dann anwendbar, wenn die Strömung nicht streng periodisch ist, sondern sich nur in gewisser Weise qualitativ wiederholt.

Daraus ergibt sich unmittelbar das folgende Resultat. Außerhalb des Wirbelbereiches müssen die turbulenten Bewegungen abklingen, und zwar um so schneller, je kleiner ihre Abmessungen sind. Die kleinen Turbulenzelemente dringen, mit anderen Worten, nicht tief in den Bereich der Potentialströmung ein. In diesem Bereich spielen also nur die größten Turbulenzelemente eine merkliche Rolle; sie klingen erst in Abständen der Größenordnung der (Quer-)Abmessungen des Wirbelbereiches ab, die im vorliegenden Falle gerade die Rolle der Grundabmessung der Turbulenz spielen. In größeren Abständen ist praktisch keine Turbulenz vorhanden, und man kann die Strömung als laminar ansehen.

Wir haben gesehen, daß die Energiedissipation bei einer turbulenten Strömung in den kleinsten Turbulenzelementen vor sich geht. Die große Turbulenzelemente sind von keiner merklichen Energiedissipation begleitet, aus diesem Grunde kann man auf sie auch die Eulerschen Gleichungen anwenden. Nach unserer obigen Feststellung kommen wir zu dem wesentlichen Ergebnis, daß die Energiedissipation in der Hauptsache nur im Wirbelbereich einer turbulenten Strömung stattfindet und außerhalb dieses Bereiches praktisch nicht vorhanden ist.

Wir behalten alle diese Besonderheiten der wirbelbehafteten und der wirbelfreien turbulenten Strömung im Auge und nennen im folgenden den Wirbelbereich einer turbulenten Strömung der Kürze halber einfach *Bereich der turbulenten Strömung* oder *Turbulenzbereich*. In den folgenden Paragraphen werden wir die Gestalt dieses Bereiches für verschiedene Fälle untersuchen.

Der Turbulenzbereich muß auf irgendeiner Seite von einem Teil der Oberfläche eines umströmten Körpers begrenzt werden. Die Berandung dieses Teiles der Körperoberfläche heißt *Ablösungslinie*. Von ihr geht die Grenzfläche zwischen dem Turbulenzbereich und dem übrigen Flüssigkeitsvolumen aus. Die Ausbildung eines Turbulenzbereiches bei der Umströmung eines Körpers heißt *Ablösung* (der Strömung).

Die Form des Turbulenzbereiches wird durch die Eigenschaften der Strömung im Grundvolumen der Flüssigkeit bestimmt (d. h. nicht durch die unmittelbare Nachbarschaft der Körperoberfläche). Die bisher noch nicht existierende vollständige Theorie der Turbulenz müßte prinzipiell die Möglichkeit bieten, diese Form mit Hilfe der Bewegungsgleichungen für eine ideale Flüssigkeit zu bestimmen, wenn die Lage der Ablösungslinie auf der Oberfläche des Körpers gegeben ist. Die tatsächliche Lage der Ablösungslinie wird durch die Eigenschaften der Strömungen in unmittelbarer Nachbarschaft der Oberfläche des Körpers festgelegt (in der sogenannten Grenzschicht), wo die Zähigkeit der Flüssigkeit die wesentliche Rolle spielt (s. § 40).

Wenn wir (in den folgenden Paragraphen) von der freien Grenze des Turbulenzbereiches sprechen, dann meinen wir natürlich ihre zeitlich gemittelte Lage. Die momentane Lage der Grenze bildet eine sehr irreguläre Fläche; diese irregulären Verzerrungen und ihre zeitliche Änderung hängen im wesentlichen mit den großen Turbulenzelementen zusammen und erstrecken sich dementsprechend in die Tiefe auf Abstände, vergleichbar mit der Grundskala der Turbulenz. Die irreguläre Bewegung der Grenzfläche führt dazu, daß sich ein im Raum fester Punkt in der Strömung (der nicht weit von der mittleren Lage der Fläche entfernt ist) abwechselnd auf der einen oder der anderen Seite der Grenze befindet. Bei der Beobachtung des Strömungsbildes in diesem Punkt wird man sich abwechselnde Perioden sehen, in denen kleine Turbulenzelemente vorhanden sind oder fehlen.[1])

§ 36. Der turbulente Strahl

In einigen Fällen können die Form und einige andere Grundeigenschaften von Turbulenzbereichen bereits mit Hilfe einfacher Ähnlichkeitsüberlegungen festgestellt werden. Dazu gehören vor allem die verschiedenartigen freien turbulenten Strahlen, die sich in einem mit Flüssigkeit gefüllten Raum ausbreiten (L. Prandtl, 1925).

Als erstes Beispiel behandeln wir den Turbulenzbereich beim Ablösen eines Flüssigkeitsstromes von der Kante eines Winkels, den zwei sich schneidende, unendlich ausgedehnte Ebenen miteinander bilden (in Abb. 24 ist der Querschnitt dieses Winkels dargestellt). Bei laminarer Umströmung (Abb. 3) würde der von einer Seite des Winkels (sagen wir von A nach O) kommende Flüssigkeitsstrom kontinuierlich umbiegen und in den Strom übergehen,

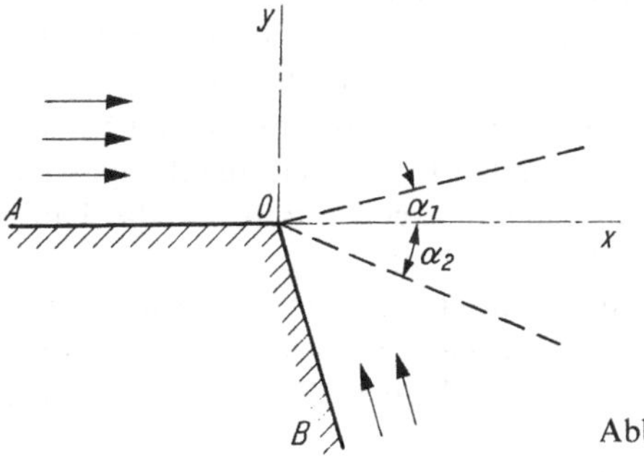

Abb. 24

[1]) Diese Erscheinung nennt man *intermittierende Turbulenz*. Man hat sie zu unterscheiden von der analogen Eigenschaft der Struktur der Strömung im Innern des Turbulenzbereiches, die man auch intermittierend nennt. In diesem Buch betrachten wir nicht die existierenden Modellvorstellungen über diese Erscheinungen.

der entlang der zweiten Ebene von der Kante des Winkels wegfließt (von *O* nach *B*). Bei turbulenter Strömung um die Kante sieht das Strömungsbild vollkommen anders aus.

Der von einer Seite des Winkels kommende Flüssigkeitsstrom wird jetzt an der Kante des Winkels nicht umgebogen, sondern fließt in der ursprünglichen Richtung weiter. Entlang der anderen Seite entsteht ein Flüssigkeitsstrom auf die Winkelkante zu (von *B* nach *O*). Die Vermischung der beiden Ströme erfolgt im Turbulenzbereich[1]) (die Ränder des Querschnittes dieses Bereiches sind in Abb. 24 gestrichelt eingezeichnet). Den Ursprung dieses Bereiches kann man anschaulich folgendermaßen beschreiben. Wir stellen uns eine solche Strömung vor, bei der sich der von *A* nach *O* verlaufende gleichmäßige Flüssigkeitsstrom in der gleichen Richtung weiterbewegen und den ganzen Raum oberhalb der Ebene *AO* und deren Fortsetzung nach rechts in die Flüssigkeit hinein ausfüllen würde; im Raume unterhalb dieser Ebene würde die Flüssigkeit in Ruhe bleiben. Wir hätten dabei, mit anderen Worten, eine Unstetigkeitsfläche (die Fortsetzung der Ebene *AO*) zwischen der mit konstanter Geschwindigkeit strömenden und der ruhenden Flüssigkeit. Eine solche Unstetigkeitsfläche ist aber instabil und kann in Wirklichkeit nicht existieren (siehe § 29). Die Instabilität führt dazu, daß sich diese Fläche „verteilt" und der Turbulenzbereich gebildet wird. Der von *B* nach *O* verlaufende Flüssigkeitsstrom entsteht, weil Flüssigkeit von außen in den Turbulenzbereich hineinfließen muß.

Wir wollen die Gestalt des Turbulenzbereiches bestimmen. Die x-Achse legen wir so, wie in Abb. 24 angegeben; der Koordinatenursprung befindet sich im Punkte *O*. Die Abstände des oberen und des unteren Randes des Turbulenzbereiches von der xz-Ebene bezeichnen wir mit Y_1 bzw. Y_2. Es ist die x-Abhängigkeit von Y_1 und Y_2 zu bestimmen. Man kann diese Abhängigkeit leicht unmittelbar aus Ähnlichkeitsüberlegungen gewinnen. Da alle Abmessungen der Ebenen unendlich sind, haben wir für die behandelte Strömung keinerlei charakteristische konstante Parameter mit der Dimension einer Länge zur Verfügung. Aus diesem Grunde ist die einzige mögliche Abhängigkeit der Größen Y_1 und Y_2 vom Abstand x die direkte Proportionalität:

$$Y_1 = \tan \alpha_1 \cdot x \,, \qquad Y_2 = \tan \alpha_2 \cdot x \,. \tag{36,1}$$

Die Proportionalitätskoeffizienten sind einfach numerische Konstanten; wir schreiben sie als $\tan \alpha_1$ und $\tan \alpha_2$, so daß α_1 und α_2 die Steigungswinkel der beiden Ränder des Turbulenzbereiches in bezug auf die x-Achse sind. Der Turbulenzbereich wird also von zwei Ebenen begrenzt, die sich in der Kante des umströmten Winkels schneiden.

Die Winkel α_1 und α_2 hängen nur von der Größe des umströmten Winkels ab und sind z. B. von der Geschwindigkeit der anströmenden Flüssigkeit unabhängig. Sie können nicht theoretisch berechnet werden; die Experimente ergeben z. B. für die Umströmung eines rechten Winkels die Werte $\alpha_1 = 5°$ und $\alpha_2 = 10°$.[2])
Die Geschwindigkeiten der Flüssigkeitsströme auf beiden Seiten des Winkels sind nicht gleich groß. Ihr Verhältnis ist eine bestimmte Zahl, die wiederum nur von der Größe des umströmten Winkels abhängt. Für nicht zu kleine Winkel ist eine Geschwindigkeit

[1]) Wir erinnern daran, daß außerhalb des Turbulenzbereiches eine wirbelfreie turbulente Strömung vorhanden ist, die mit zunehmender Entfernung von der Grenze dieses Bereiches allmählich in eine laminare Strömung übergeht.

[2]) Hier und später in anderen Fällen handelt es sich immer um experimentelle Daten über die Geschwindigkeitsverteilung in einem Querschnitt des turbulenten Strahles, die durch Rechnungen mit Hilfe halbempirischer Theorien der Turbulenz (s. Fußnote auf S. 189) ausgewertet worden sind.

wesentlich größer als die andere; die Geschwindigkeit des „Grundstromes", in dessen Richtung sich das Turbulenzgebiet erstreckt (Strom von A nach O), ist größer. Bei der Strömung um einen rechten Winkel ist die Geschwindigkeit des Stromes entlang der Ebene AO 30mal größer als die Geschwindigkeit des Stromes von B nach O.

Wir bemerken noch, daß die Druckdifferenz in der Flüssigkeit auf beiden Seiten des Turbulenzbereiches sehr klein ist. Für die Umströmung eines rechten Winkels ergibt sich z. B.

$$p_1 - p_2 = 0{,}003\varrho U_1^2 ;$$

U_1 ist die Geschwindigkeit der (von A nach O) anströmenden Flüssigkeit, p_1 der Druck im oberen Strom (längs AO), p_2 der Druck im unteren Strom (längs BO).

In dem Grenzfall, bei dem der umströmte Winkel gleich Null ist, haben wir es einfach mit der Strömung um die Kante einer Platte zu tun, bei der die Flüssigkeit entlang beider Seiten strömt. Der Öffnungswinkel des Turbulenzbereiches $\alpha_1 + \alpha_2$ wird dabei gleich Null, d. h., der Turbulenzbereich verschwindet; die Strömungsgeschwindigkeiten auf beiden Seiten der Platte werden gleich. Bei Vergrößerung des Winkels AOB tritt ein Moment ein, in dem die Ebene BO den unteren Rand des Turbulenzbereiches berührt; der Winkel AOB ist dabei bereits ein stumpfer Winkel. Vergrößert man den Winkel AOB noch weiter, dann wird der Turbulenzbereich auf einer Seite immer von der festen Wand begrenzt. Im Grunde genommen haben wir es hier einfach mit einer Ablösung zu tun; die Ablösungslinie ist die Kante des Winkels. Der Öffnungswinkel des Turbulenzbereiches bleibt immer endlich.

Als nächstes Beispiel behandeln wir das folgende Problem. Aus dem Ende eines dünnen Rohres ergießt sich ein Strahl in einen unbegrenzten Raum, der mit derselben Flüssigkeit gefüllt ist (das laminare Strömungsproblem eines solchen überfluteten Strahles ist in § 23 gelöst worden). In gegenüber den Abmessungen der Rohröffnung großen Entfernungen (über die wir hier ausschließlich sprechen werden) ist der Strahl unabhängig von der konkreten Form der Öffnung axialsymmetrisch.

Wir wollen die Form des Turbulenzbereiches im Strahl bestimmen. Die Achse des Strahles wählen wir als x-Achse, den Radius des Turbulenzbereiches bezeichnen wir mit R. Es ist die x-Abhängigkeit von R zu bestimmen (x wird vom Austrittspunkt des Strahles an gezählt). Wie im vorhergehenden Beispiel kann man diese Abhängigkeit leicht unmittelbar aus Ähnlichkeitsüberlegungen erhalten. In Entfernungen, die im Vergleich zu den Abmessungen der Rohröffnung groß sind, können die konkrete Form und die Abmessungen der Öffnung für die Form des Strahles keine Rolle mehr spielen. Daher steht uns kein charakteristischer Parameter mit der Dimension einer Länge zur Verfügung. Daraus folgt wieder, daß R proportional zu x sein muß:

$$R = \tan\alpha \cdot x . \tag{36,2}$$

Der Zahlenfaktor $\tan\alpha$ ist für alle Strahlen derselbe. Der Turbulenzbereich ist also ein Kegel. Das Experiment ergibt für den Öffnungswinkel 2α dieses Kegels einen Wert von etwa 25° (Abb. 25).[1])

[1]) Die Formel (36,2) gibt $R = 0$ für $x = 0$, d. h., die Koordinate x wird von dem Punkt aus gezählt, der der Austrittspunkt für einen aus einer punktförmigen Quelle entspringenden Strahl wäre. Dieser Punkt muß nicht mit der wirklichen Lage der Austrittsöffnung zusammenfallen, sondern er kann von ihr zurückliegen um einen Abstand von derjenigen Größenordnung, wie er auch für die Gültigkeit des Gesetzes (36,2) nötig ist. Da wir uns für das asymptotische Gesetz bei großen x interessieren, können wir diesen Unterschied vernachlässigen.

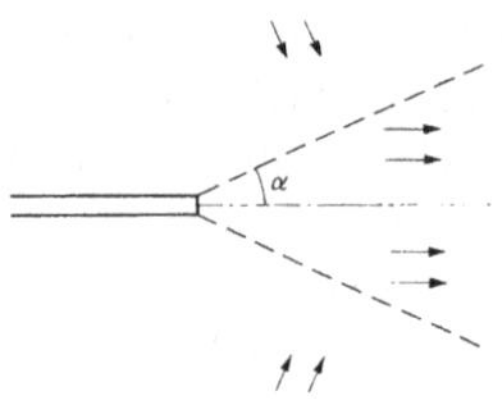

Abb. 25

Die Strömung im Strahl verläuft hauptsächlich in Richtung der Strahlachse. Da kein Parameter mit der Dimension einer Länge oder einer Geschwindigkeit existiert, der die Strömung im Strahl charakterisieren könnte,[1]) muß die Verteilung der (zeitgemittelten) longitudinalen Komponente der Geschwindigkeit die Form

$$u_x(r, x) = u_0(x) f\left(\frac{r}{R(x)}\right) \tag{36,3}$$

haben, wobei r der Abstand von der Strahlachse ist und u_0 die Geschwindigkeit auf der Achse. Mit anderen Worten, die Geschwindigkeitsprofile in den verschiedenen Strahlquerschnitten unterscheiden sich nur durch die Skalen für die Messung des Abstandes und der Geschwindigkeit (in diesem Zusammenhang spricht man auch von der *Selbstähnlichkeit* der Struktur des Strahles). Die Funktion $f(\xi)$ (die gleich 1 ist für $\xi = 0$) fällt schnell ab mit der Vergrößerung ihres Argumentes. Schon bei $\xi = 0{,}4$ wird sie gleich 1/2, und auf der Grenze des Turbulenzbereichs erreicht sie Werte $\sim 0{,}01$. Was die transversale Komponente der Geschwindigkeit betrifft, so behält sie auf dem Querschnitt des Turbulenzbereiches etwa die gleiche Größenordnung, und an der Grenze des Bereiches ist sie etwa gleich $-0{,}025 u_0$, wobei sie in den Strahl hineingerichtet ist. Auf Grund dieser transversalen Geschwindigkeit erfolgt ein Einfließen von Flüssigkeit in den turbulenten Bereich. Die Strömung außerhalb des Turbulenzbereiches läßt sich theoretisch bestimmen (s. Aufgabe 1).

Die Abhängigkeit der Geschwindigkeit im Strahl vom Abstand x kann man ausgehend von den folgenden einfachen Überlegungen bestimmen. Der gesamte Impulsstrom im Strahl durch eine Kugelfläche (mit dem Mittelpunkt im Austrittspunkt des Strahles) muß bei der Änderung des Radius der Kugel unverändert bleiben. Die Impulsstromdichte im Strahl ist $\sim \varrho u^2$, wobei u die Größenordnung einer mittleren Geschwindigkeit im Strahl angibt. Die Fläche des Teiles des Strahlquerschnittes, auf dem die Geschwindigkeit merklich von Null verschieden ist, hat die Größenordnung R^2. Deshalb gilt für den gesamten Impulsstrom $P \sim \varrho u^2 R^2$. Durch Einsetzen von (36,2) erhalten wir

$$u \sim \sqrt{\frac{P}{\varrho}}\,\frac{1}{x}, \tag{36,4}$$

d. h., die Geschwindigkeit nimmt umgekehrt proportional zum Abstand vom Austrittspunkt des Strahls ab.

Die Flüssigkeitsmenge (Masse) Q, die in der Zeiteinheit durch den Querschnitt des Turbulenzbereichs des Strahls fließt, hat die Größenordnung $\varrho u R^2$. Setzen wir hier (36,2) und (36,4) ein, so finden wir $Q = \text{const}\, x$ (wenn zwei variable Größen, die sich in einem weiten Bereich ändern, immer die gleiche Größenordnung haben, so müssen sie zueinander

[1]) Wir erinnern nochmals daran, daß wir hier ausgebildete Turbulenz im Strahl behandeln und deshalb die Zähigkeit nicht in die zu betrachtenden Formeln eingehen darf.

proportional sein; deshalb schreiben wir die Formel mit dem Gleichheitszeichen). Es ist hier zweckmäßig, den Proportionalitätskoeffizienten nicht durch den Impulsstrom, sondern durch die Flüssigkeitsmenge Q_0 auszudrücken, die in der Zeiteinheit aus dem Rohr ausgestoßen wird. In Abständen von der Größenordnung der linearen Abmessung der Rohröffnung a muß $Q \sim Q_0$ sein. Hieraus folgt const $\sim Q_0/a$, so daß wir schreiben können

$$Q = \beta Q_0 \frac{x}{a}, \tag{36,5}$$

wobei β ein Zahlenfaktor ist, der nur von der Form der Öffnung abhängt. Für eine kreisförmige Öffnung mit dem Radius a ist der empirische Wert $\beta \approx 1{,}5$. Die durch einen Querschnitt des Turbulenzbereichs gehende Flüssigkeitsmenge wächst also mit dem Abstand x, Flüssigkeit wird in den Turbulenzbereich hineingezogen.[1])

Die Strömung wird in jedem Teilstück des Strahles durch die Reynolds-Zahl für dieses Teilstück charakterisiert; diese Reynolds-Zahl ist definiert als uR/ν. Auf Grund von (36,2) und (36,4) bleibt aber das Produkt uR längs des Strahls konstant, so daß die Reynolds-Zahl für alle Teilstücke des Strahls gleich ist. Man kann für diese Zahl z. B. das Verhältnis $Q_0/\varrho a\nu$ verwenden. Die hier eingehende Konstante Q_0/a ist der einzige Parameter, der die ganze Strömung im Strahl bestimmt. Bei Vergrößerung der Strahl-„Leistung“ Q_0 (bei gegebener Größe von a für die Öffnung) wird schließlich ein kritischer Wert für die Reynolds-Zahl erreicht, oberhalb dessen die Strömung gleichzeitig entlang des ganzen Strahls turbulent wird.[2]).

Aufgaben

1. Man berechne die mittlere Strömung in einem Strahl außerhalb des Turbulenzbereiches.

Lösung. Wir verwenden Kugelkoordinaten r, Θ, φ mit der Strahlachse als Polarachse; der Koordinatenursprung liegt im Austrittspunkt des Strahles. Wegen der Axialsymmetrie des Strahles gibt es keine Komponente u_φ der mittleren Geschwindigkeit; u_Θ und u_r hängen nur von r und Θ ab. Dieselben

---

[1]) Der gesamte Flüssigkeitsstrom durch eine unendlich weit entfernte Ebene, senkrecht zum Strahl, ist unendlich; der sich in den unbegrenzten Raum ergießende Strahl reißt eine unendlich große Flüssigkeitsmenge mit sich.

[2]) Zur genaueren Berechnung der verschiedenen Fälle turbulenter Strömungen werden gewöhnlich verschiedene „halbempirische“ Theorien verwendet, die auf bestimmten Voraussetzungen über die Abhängigkeit der turbulenten Zähigkeit vom Gradienten der mittleren Geschwindigkeit aufbauen. So wird in der Theorie von Prandtl (für eine ebene Strömung) vorausgesetzt, daß

$$\nu_{\text{turb}} = l^2 \left| \frac{\partial u_x}{\partial y} \right|$$

ist. Die Abhängigkeit des l (des sogenannten „Mischungsweges“) von den Koordinaten wird auf Grund von Ähnlichkeitsbetrachtungen gewählt. Für einen freien turbulenten Strahl wird zum Beispiel $l = cx$ gesetzt, wobei c ein empirischer Zahlenfaktor ist. Solche Theorien ergeben normalerweise gute Übereinstimmung mit dem Experiment und haben daher für die Anwendungen einen großen Wert als gut interpolierende Rechenschemen. Es ist dabei aber unmöglich, den in die Theorie eingehenden empirischen numerischen Konstanten charakteristische universelle Werte zu geben; z. B. muß das Verhältnis des Mischungsweges l zum Querschnitt des Turbulenzbereiches für verschiedene konkrete Fälle verschieden gewählt werden. Es muß auch bemerkt werden, daß man von verschiedenen Ausdrücken für die turbulente Zähigkeit ausgehend gute Übereinstimmung mit den experimentellen Daten erzielt.

Überlegungen wie für den laminaren Strahl in § 23 ergeben, daß u_r und u_Θ die Gestalt $u_\Theta = f(\Theta)/r$, $u_r = F(\Theta)/r$ haben müssen. Außerhalb des Turbulenzbereiches führt die Flüssigkeit eine Potentialströmung aus, d. h. rot $\boldsymbol{u} = 0$; daraus folgt

$$\frac{\partial u_r}{\partial \Theta} - \frac{\partial (r u_\Theta)}{\partial r} = 0 .$$

$r u_\Theta$ hängt aber nicht von r ab, deshalb ist $\dfrac{\partial u_r}{\partial \Theta} = \dfrac{1}{r}\dfrac{dF}{d\Theta} = 0$, also $F = \text{const} \equiv -b$, d. h.

$$u_r = -\frac{b}{r}. \tag{1}$$

Aus der Kontinuitätsgleichung

$$\frac{1}{r^2}\frac{\partial}{\partial r}(r^2 u_r) + \frac{1}{r \sin \Theta}\frac{\partial}{\partial \Theta}(u_\Theta \sin \Theta) = 0$$

erhalten wir jetzt

$$f = \frac{\text{const} - b \cos \Theta}{\sin \Theta}.$$

Die Integrationskonstante muß gleich $-b$ gesetzt werden, damit die Geschwindigkeit für $\Theta = \pi$ nicht unendlich wird (es ist unwesentlich, daß f für $\Theta = 0$ unendlich wird, weil die hier betrachtete Lösung nur zu dem Raum außerhalb des Turbulenzbereiches gehört und die Richtung $\Theta = 0$ innerhalb dieses Bereiches liegt). Es wird also

$$u_\Theta = -\frac{b}{r}\frac{1 + \cos \Theta}{\sin \Theta} = -\frac{b}{r}\cot\frac{\Theta}{2}. \tag{2}$$

Die Projektion der Geschwindigkeit auf die Strahlrichtung (u_x) und der Betrag der Geschwindigkeit sind

$$u_x = \frac{b}{r} = \frac{b \cos \Theta}{x}, \qquad u = \frac{b}{r}\frac{1}{\sin(\Theta/2)}. \tag{3}$$

Die Konstante b kann man mit der Konstanten $B = \beta Q_0/a$ in der Formel (36,5) in Zusammenhang bringen. Dazu betrachten wir einen Kegelstumpf, der durch zwei infinitesimal benachbarte Querschnitte aus dem Turbulenzbereich herausgeschnitten wird. Die pro Sekunde von außen in diesen Ausschnitt des Turbulenzbereiches hineinfließende Flüssigkeitsmenge ist

$$dQ = -2\pi r \varrho \sin \alpha u_\Theta \, dr = 2\pi b \varrho (1 + \cos \alpha)\, dr .$$

Der Formel (36,5) entnehmen wir $dQ = B\, dx = B \cos \alpha\, dr$. Wir setzen diese beiden Ausdrücke einander gleich und erhalten

$$b = \frac{B}{2\pi\varrho}\frac{\cos \alpha}{1 + \cos \alpha}. \tag{4}$$

Am Rande des Turbulenzbereiches ist die Geschwindigkeit $\boldsymbol{u}$ in das Innere dieses Bereiches gerichtet und bildet mit der positiven x-Achse den Winkel $(\pi - \alpha)/2$.

Wir vergleichen die mittlere Geschwindigkeit $\bar{u}_x$ im Turbulenzbereich, die definiert ist als

$$\bar{u}_x = \frac{Q}{\pi R^2 \varrho} = \frac{B}{\pi \varrho x \tan^2 \alpha},$$

mit der Geschwindigkeit $(u_x)_{\text{pot}}$ am Rande dieses Bereiches. Verwenden wir die zweite Beziehung von (3) mit $\Theta = \alpha$, so erhalten wir

$$\frac{(u_x)_{\text{pot}}}{\bar{u}_x} = \frac{1 - \cos \alpha}{2}.$$

Für $\alpha = 12°$ ergibt sich für dieses Verhältnis der Wert 0,011, d. h., die Geschwindigkeit am Rande des Turbulenzbereiches ist im Vergleich zur mittleren Geschwindigkeit im Turbulenzbereich klein.

2. Nach welchem Gesetz ändern sich die Abmessungen und die Geschwindigkeit in einem überfluteten turbulenten Strahl aus einem unendlich langen dünnen Spalt?

Lösung. Aus denselben Gründen wie für den axialen Strahl schließen wir, daß der Turbulenzbereich von zwei Ebenen begrenzt wird, die sich im Spalt schneiden, d. h., die halbe Breite des Strahles ist

$$Y = x \tan \alpha .$$

Der Impulsstrom im Strahl (auf die Längeneinheit des Spaltes bezogen) hat die Größenordnung $\varrho u^2 Y$. Für die Abhängigkeit der mittleren Geschwindigkeit u von x erhalten wir daher

$$u \sim \frac{\text{const}}{\sqrt{x}} .$$

Durch den Querschnitt des Turbulenzbereiches des Strahles fließt die Flüssigkeitsmenge $Q = \varrho u Y$; daraus ergibt sich

$$Q = \text{const} \sqrt{x} .$$

Die lokale Reynolds-Zahl $\text{Re} = uY/\nu$ wächst mit x nach dem gleichen Gesetz.

Der empirische Wert für den Öffnungswinkel des ebenen Strahles ist ungefähr gleich dem für den kreisförmigen Strahl ($2\alpha \approx 25°$).

§ 37. Turbulenter Nachlauf

Für Reynolds-Zahlen, die bedeutend größer als der kritische Wert sind, bildet sich bei der Strömung um einen festen Körper hinter diesem Körper ein langer Turbulenzbereich aus. Dieser Bereich wird als *turbulenter Nachlauf* (oder *turbulentes Totwasser*) bezeichnet. Für (gegenüber den Abmessungen des Körpers) große Abstände kann man die Gestalt des Nachlaufs und das Gesetz für die Abnahme der Strömungsgeschwindigkeit darin aus einfachen Überlegungen ableiten (L. Prandtl, 1926).

Wie bei der Untersuchung des laminaren Nachlaufs in § 21 bezeichnen wir die Geschwindigkeit der anströmenden Flüssigkeit mit $\boldsymbol{U}$ und wählen deren Stromrichtung als x-Achse. Die über die turbulenten Schwankungen gemittelte Geschwindigkeit schreiben wir in jedem Punkte als $\boldsymbol{U} + \boldsymbol{u}$. Wir bezeichnen mit a eine gewisse Querausdehnung des Nachlaufs und bestimmen die Abhängigkeit des a von x. Erfährt der Körper bei der Umströmung keinen Auftrieb, dann ist der Nachlauf weit hinter dem Körper axialsymmetrisch und hat einen kreisförmigen Querschnitt; als Größe a kann man in diesem Falle den Radius des Nachlaufs nehmen. Das Vorhandensein eines Auftriebes führt zur Auszeichnung einer Richtung in der yz-Ebene, und der Nachlauf wird in keiner Entfernung vom Körper axialsymmetrisch sein.

Die Geschwindigkeitskomponente in Längsrichtung hat im Nachlauf die Größenordnung U, die dazu senkrechte Komponente ist von der Größenordnung eines mittleren Wertes u der turbulenten Geschwindigkeit. Der Winkel zwischen den Stromlinien und der x-Achse hat daher die Größenordnung u/U. Andererseits ist, wie wir wissen, der Rand des Nachlaufs eine Grenze, durch die keine Stromlinien aus dem Wirbelbereich der turbulenten Strömung herausgehen. Der Steigungswinkel der Randkurve eines Längsschnittes des Nachlaufs in bezug auf die x-Achse hat folglich ebenfalls die Größenordnung u/U; das bedeutet

$$\frac{\mathrm{d}a}{\mathrm{d}x} \sim \frac{u}{U} . \tag{37,1}$$

Weiter verwenden wir die Formeln (21,1) und (21,2), in denen die auf den Körper wirkenden Kräfte durch Integrale über die Geschwindigkeit im Nachlauf dargestellt werden (unter der Geschwindigkeit ist hier immer der Mittelwert zu verstehen). In diesen Integralen ist der Integrationsbereich von der Größenordnung a^2. Die Abschätzung des Integrals ergibt daher die Beziehung $F \sim \varrho U u a^2$, wenn F die Größenordnung des Widerstandes oder des Auftriebes ist. Somit gilt

$$u \sim \frac{F}{\varrho U a^2}. \tag{37,2}$$

Wir setzen das in (37,1) ein und finden

$$\frac{\mathrm{d}a}{\mathrm{d}x} \sim \frac{F}{\varrho U^2 a^2};$$

daraus ergibt sich durch Integration

$$a \sim \left(\frac{Fx}{\varrho U^2}\right)^{1/3}. \tag{37,3}$$

Die Breite des Nachlaufs nimmt also proportional zur dritten Wurzel aus dem Abstand vom Körper zu. Für die Geschwindigkeit u erhalten wir aus (37,2) und (37,3)

$$u \sim \left(\frac{FU}{\varrho x^2}\right)^{1/3}, \tag{37,4}$$

d. h., die mittlere Strömungsgeschwindigkeit im Nachlauf nimmt umgekehrt proportional zu $x^{2/3}$ ab.

In jedem Teilstück längs des Nachlaufs wird die Strömung durch eine Reynolds-Zahl $\mathrm{Re} \sim au/\nu$ beschrieben. Setzen wir hier (37,3) und (37,4) ein, so erhalten wir

$$\mathrm{Re} \sim \frac{F}{\nu \varrho U a} \sim \frac{1}{\nu}\left(\frac{F^2}{\varrho^2 U x}\right)^{1/3}.$$

Wir sehen, daß diese Zahl im Nachlauf nicht konstant bleibt, im Gegensatz zum Fall des turbulenten Strahles. In genügend großen Abständen vom Körper wird Re so klein, daß die Strömung im Nachlauf aufhört, turbulent zu sein. Es schließt sich dann der Bereich des laminaren Nachlaufs an, dessen Eigenschaften wir schon in § 21 untersucht haben.

In § 21 haben wir Formeln für die Strömung außerhalb des Nachlaufs in großer Entfernung vom Körper hergeleitet. Diese Formeln sind auf die Strömung außerhalb des turbulenten Nachlaufs genauso anwendbar wie auf die Strömung außerhalb des laminaren Nachlaufs.

Wir geben hier noch einige allgemeine Eigenschaften der Geschwindigkeitsverteilung um einen umströmten Körper an. Sowohl im Turbulenzbereich als auch außerhalb dieses Bereiches nimmt die Geschwindigkeit (wir sprechen hier überall von der Geschwindigkeit $\boldsymbol{u}$) mit zunehmender Entfernung vom Körper ab. Dabei nimmt die Geschwindigkeitskomponente u_x in Richtung der Grundströmung außerhalb des Nachlaufs bedeutend schneller ab (wie $1/x^2$) als im Nachlauf. Weit weg vom Körper kann man daher annehmen, daß es nur im Nachlauf eine Geschwindigkeit u_x gibt und außerhalb des Nachlaufs $u_x = 0$ ist. u_x nimmt von einem gewissen Maximalwert auf der „Achse" des Nachlaufs bis auf Null an dessen Rand ab. Die zur Richtung der Grundströmung senkrechten Geschwindigkeitskomponenten u_y und u_z sind am Rande des Nachlaufs von derselben Größenordnung wie in seinem Inneren; mit zunehmender Entfernung vom Nachlauf nehmen sie (bei unverändertem Abstand vom Körper) rasch ab.

§ 38. Die Joukowskische Formel

Die am Schluß des vorangehenden Paragraphen beschriebene Geschwindigkeitsverteilung um einen umströmten Körper bezieht sich nicht auf die Ausnahmefälle, bei denen die Dicke des hinter dem Körper entstehenden Nachlaufs sehr klein gegenüber dessen Breite ist. Ein solcher Nachlauf bildet sich bei der Strömung um Körper aus, deren Dicke (in y-Richtung) klein gegenüber ihrer Breite in z-Richtung ist (die Länge in Richtung der Grundströmung — in x-Richtung — kann beliebig sein). Wir wollen, mit anderen Worten, von der Strömung um solche Körper sprechen, deren Querschnitt (senkrecht zur Grundströmung) in einer Richtung sehr weit ausgedehnt ist. Hierher gehören insbesondere die Strömungen um *Tragflügel*, d. h. um Körper, deren Spannweite im Vergleich zu allen ihren anderen Abmessungen groß ist.

In diesem Falle gibt es offenbar keinerlei Gründe dafür, daß die zur Ebene des turbulenten Nachlaufs senkrechte Geschwindigkeitskomponente u_y bereits in Abständen von der Größenordnung der Dicke des Nachlaufs merklich abnimmt. Im Gegenteil, diese Geschwindigkeit wird jetzt auch in beträchtlichen Entfernungen (der Größenordnung der Spannweite des Tragflügels) vom Nachlauf die gleiche Größenordnung haben wie im Nachlauf. Dabei wird natürlich vorausgesetzt, daß der Auftrieb von Null verschieden ist; andernfalls würde eine zur Grundströmung senkrechte Geschwindigkeitskomponente praktisch nicht vorhanden sein.

Wir betrachten den bei einer solchen Umströmung entstehenden vertikalen Auftrieb F_y. Nach der Formel (21,2) wird er durch das Integral

$$F_y = -\varrho U \int\int u_y \,\mathrm{d}y\,\mathrm{d}z \tag{38,1}$$

gegeben, wobei die Integration im vorliegenden Falle wegen der Art der Geschwindigkeitsverteilung von u_y über die ganze senkrechte Ebene zu erstrecken ist. Da die Dicke des Nachlaufs (in y-Richtung) klein und die Geschwindigkeit u_y im Nachlauf keineswegs groß gegenüber der Geschwindigkeit u_y außerhalb des Nachlaufs ist, kann man sich bei der Integration über dy im betrachteten Falle mit genügender Genauigkeit auf den Bereich

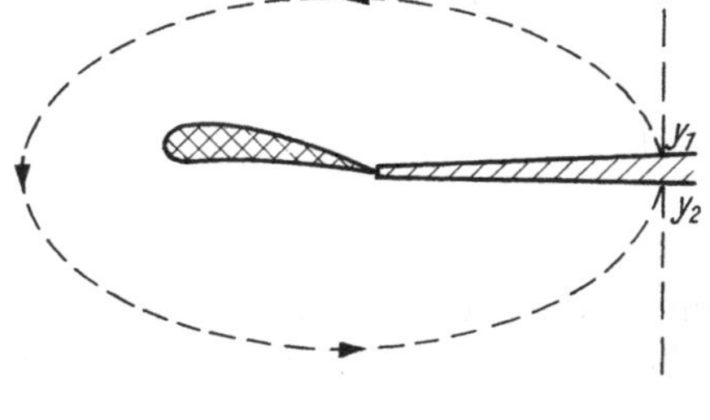

Abb. 26

außerhalb des Nachlaufs beschränken, d. h., man kann

$$\int_{-\infty}^{\infty} u_y \, \mathrm{d}y \approx \int_{y_1}^{\infty} u_y \, \mathrm{d}y + \int_{-\infty}^{y_2} u_y \, \mathrm{d}y$$

schreiben, wobei y_1 und y_2 die Koordinaten der Ränder des Nachlaufs sind (Abb. 26).

Außerhalb des Nachlaufs ist die Strömung aber eine Potentialströmung, und es ist $u_y = \partial\varphi/\partial y$. Beachten wir, daß im Unendlichen $\varphi = 0$ ist, so erhalten wir

$$\int u_y \, \mathrm{d}y = \varphi_2 - \varphi_1 ;$$

φ_2 und φ_1 sind die Werte des Potentials auf beiden Seiten des Nachlaufs. Man kann sagen, daß $\varphi_2 - \varphi_1$ der Sprung des Potentials auf der Unstetigkeitsfläche ist, durch die man sich den schmalen Nachlauf ersetzt denken kann. Die Ableitung $u_y = \partial\varphi/\partial y$ muß stetig bleiben: Ein Sprung in der zur Oberfläche des Nachlaufs normalen Geschwindigkeitskomponente würde bedeuten, daß eine gewisse Flüssigkeitsmenge in den Nachlauf hineinströmt; in der Näherung, in der man die Dicke des Nachlaufs vernachlässigen kann, darf aber dieser Effekt nicht vorhanden sein. Wir ersetzen also den Nachlauf durch eine Fläche mit einer tangentialen Unstetigkeit. Weiterhin muß in dieser Näherung auch der Druck im Nachlauf stetig sein. Da die Druckänderung nach der Bernoullischen Gleichung in erster Näherung durch die Größe $\varrho U u_x = \varrho U \, (\partial\varphi/\partial x)$ gegeben wird, folgt, daß auch die Ableitung $\partial\varphi/\partial x$ stetig sein muß. Die Ableitung $\partial\varphi/\partial z$, die Geschwindigkeit in Richtung der Spannweite des Tragflügels, erfährt im allgemeinen einen Sprung.

Wegen der Stetigkeit der Ableitung $\partial\varphi/\partial x$ hängt der Sprung $\varphi_2 - \varphi_1$ nur von z ab, aber nicht von der Koordinate x in der Längsausdehnung des Nachlaufs. Wir erhalten für den Auftrieb

$$F_y = -\varrho U \int (\varphi_2 - \varphi_1) \, \mathrm{d}z \, . \tag{38,2}$$

Die Integration über dz geht faktisch nur über die Breite des Nachlaufs (außerhalb des Nachlaufs ist natürlich $\varphi_2 - \varphi_1 \equiv 0$).

Man kann dieser Formel auch eine etwas andere Gestalt geben. Auf Grund der bekannten Eigenschaften von Integralen über den Gradienten eines Skalars kann man die Differenz $\varphi_2 - \varphi_1$ als Kurvenintegral

$$\int \operatorname{grad} \varphi \, \mathrm{d}\boldsymbol{l} = \int (u_y \, \mathrm{d}y + u_z \, \mathrm{d}z)$$

über einen Weg von y_1 um den Körper herum nach y_2 schreiben; dieser Weg verläuft überall im Bereich der Potentialströmung. Da der Nachlauf schmal ist, kann man diesen langen Weg durch die kurze Strecke zwischen y_1 und y_2 ergänzen und verändert dabei das Integral nur um kleine Größen höherer Ordnung. Durch diese Ergänzung wird das Integral über einen geschlossenen Weg erstreckt. Wir bezeichnen die Zirkulation längs des geschlossenen Weges C um den Körper (Abb. 26) mit Γ,

$$\Gamma = \oint \boldsymbol{u} \, \mathrm{d}\boldsymbol{l} = \varphi_2 - \varphi_1 \, , \tag{38,3}$$

und erhalten für den Auftrieb die Formel

$$F_y = -\varrho U \int \Gamma \, \mathrm{d}z \, . \tag{38,4}$$

Das Vorzeichen der Zirkulation wird immer für einen Umlauf im Gegenzeigersinn gewählt. Das Vorzeichen in der Formel (38,3) hängt auch mit der Wahl der Strömungsrichtung zusammen: Wir setzen überall voraus, daß die Strömung in positiver x-Richtung erfolgt (der Flüssigkeitsstrom fließt von links nach rechts).

Die abgeleitete Formel (38,4), die den Auftrieb mit der Zirkulation in Zusammenhang bringt, ist die bekannte *Joukowskische Formel* (1906).[1]) Die Anwendung dieser Formel auf stromlinienförmige Tragflügel betrachten wir in § 46.

Aufgaben

1. Nach welchem Gesetz verbreitert sich der turbulente Nachlauf hinter einem unendlich langen Zylinder, der quer angeströmt wird?

Lösung. Für den Widerstand pro Längeneinheit des Zylinders f_x haben wir größenordnungsmäßig $f_x \sim \varrho U u Y$. Wir kombinieren dies mit der Beziehung (37,1) und erhalten für die Breite Y des Nachlaufs

$$Y = A\sqrt{\frac{x f_x}{\varrho U^2}}\,; \tag{1}$$

A ist eine Konstante. Die mittlere Geschwindigkeit u im Nachlauf nimmt nach dem Gesetz

$$u \sim \sqrt{\frac{f_x}{\varrho x}}$$

ab. Die Reynolds-Zahl $\mathrm{Re} \sim \frac{Yu}{\nu} \sim \frac{f_x}{\nu \varrho U}$ hängt nicht von x ab, und es gibt daher keinen laminaren Teil im Nachlauf.

Wir weisen darauf hin, daß nach den experimentellen Daten der in (1) stehende konstante Koeffizient $A = 0{,}9$ ist (wobei Y die halbe Breite des Nachlaufs ist); versteht man unter Y den Abstand, in dem die Geschwindigkeit u_x auf die Hälfte ihres Maximalwertes in der Mitte des Nachlaufs abfällt, so ist $A = 0{,}4$.

2. Man berechne die Strömung außerhalb des Nachlaufs, der sich hinter einem quer angeströmten unendlich langen Körper ausbildet.

Lösung. Außerhalb des Nachlaufs haben wir es mit einer Potentialströmung zu tun (das Potential bezeichnen wir hier mit Φ, um es vom Winkel φ der Zylinderkoordinaten r, z, φ zu unterscheiden; die z-Achse liegt in der Längsausdehnung des Körpers). Ähnlich wie in (21,16) schließen wir, daß

$$\int \boldsymbol{u}\,\mathrm{d}\boldsymbol{f} = \int \operatorname{grad}\Phi\,\mathrm{d}\boldsymbol{f} = \frac{f_x}{\varrho U}$$

sein muß. Der Integrationsbereich ist hier eine Zylinderfläche von großem Radius mit der Achse in Richtung der z-Achse und der Länge 1; f_x ist der Widerstand des Körpers pro Längeneinheit. Die diese Bedingung erfüllende Lösung der zweidimensionalen Laplaceschen Gleichung $\triangle\Phi = 0$ ist

$$\Phi = \frac{f_x}{2\pi\varrho U}\ln r\,.$$

Weiterhin haben wir nach der Formel (38,2) für den Auftrieb

$$f_y = \varrho U(\Phi_1 - \Phi_2)\,.$$

[1]) Diese Formel wird in der deutschsprachigen Literatur meist als Kutta-Joukowskische Formel bezeichnet (Anm. d. Herausg.).

Die mit wachsendem r am langsamsten abnehmende Lösung der Laplaceschen Gleichung, die an der Ebene $\varphi = 0$ einen Sprung erleidet, ist

$$\Phi = \mathrm{const}\,\varphi = -\frac{f_y}{2\pi\varrho U}\varphi$$

(die Wahl der Konstanten ist dadurch bestimmt, daß $\varphi_2 - \varphi_1 = 2\pi$). Die Strömung wird durch die Summe der beiden gefundenen Lösungen gegeben, d. h.

$$\Phi = \frac{1}{2\pi\varrho U}(f_x \ln r - f_y\varphi)\,. \tag{2}$$

Die Komponenten der Geschwindigkeit $\boldsymbol{u}$ in Zylinderkoordinaten sind

$$u_r = \frac{\partial\Phi}{\partial r} = \frac{f_x}{2\pi\varrho Ur}, \qquad u_\varphi = \frac{1}{r}\frac{\partial\Phi}{\partial\varphi} = -\frac{f_y}{2\pi\varrho Ur}\,. \tag{3}$$

Die Geschwindigkeit $\boldsymbol{u}$ bildet mit dem Radiusvektor einen konstanten Winkel, dessen Tangens gleich f_y/f_x ist.

3. Man berechne die Krümmung des Nachlaufs hinter einem unendlich langen Körper, wenn ein Auftrieb vorhanden ist.

Lösung. Ist ein Auftrieb vorhanden, dann krümmt sich der Nachlauf (der als Unstetigkeitsfläche behandelt wird) in der xy-Ebene. Die Abhängigkeit $y = y(x)$ dieser Krümmung wird aus der Gleichung $\frac{\mathrm{d}x}{u_x + U} = \frac{\mathrm{d}y}{u_y}$ bestimmt. Setzen wir hier nach (3) $u_y \approx -\frac{f_y}{2\pi\varrho Ux}$ ein und vernachlässigen u_x gegenüber U, dann erhalten wir

$$\frac{\mathrm{d}y}{\mathrm{d}x} = -\frac{f_y}{2\pi\varrho U^2 x}$$

und daraus

$$y = \mathrm{const} - \frac{f_y}{2\pi\varrho U^2}\ln x\,.$$

IV GRENZSCHICHTEN

§ 39. Die laminare Grenzschicht

Wir haben schon wiederholt darauf hingewiesen, daß sehr große Reynolds-Zahlen sehr kleinen Zähigkeiten äquivalent sind und man daher eine Flüssigkeit für solche Re als ideale Flüssigkeit behandeln kann. Eine solche Näherung ist aber auf keinen Fall auf die Strömung in der Nähe fester Wände anwendbar. Die Randbedingungen für eine ideale Flüssigkeit verlangen nur, daß die Normalkomponente der Geschwindigkeit verschwindet. Die zur Oberfläche eines umströmten Körpers tangentiale Geschwindigkeitskomponente bleibt im allgemeinen endlich. Dagegen muß bei einer realen zähen Flüssigkeit die Geschwindigkeit an festen Wänden gleich Null sein.

Man kann daraus den Schluß ziehen, daß die Abnahme der Geschwindigkeit auf Null für große Reynolds-Zahlen fast vollständig innerhalb einer dünnen Flüssigkeitsschicht an den Wänden erfolgt. Diese Schicht hat die Bezeichnung *Grenzschicht* erhalten und wird dadurch charakterisiert, daß in ihr die Geschwindigkeitsgradienten beträchtliche Werte annehmen. Die Strömung in einer Grenzschicht kann sowohl laminar als auch turbulent sein. Hier behandeln wir nur die Eigenschaften einer laminaren Grenzschicht. Der Rand dieser Schicht ist natürlich nicht scharf; der Übergang der laminaren Strömung in der Grenzschicht in diejenige der Grundströmung erfolgt stetig.

Der Geschwindigkeitsabfall in der Grenzschicht wird letzten Endes von der Zähigkeit der Flüssigkeit verursacht; man darf hier die Zähigkeit trotz der großen Werte von Re nicht vernachlässigen. Mathematisch zeigt sich das darin, daß die Geschwindigkeitsgradienten in der Grenzschicht groß sind und daß deshalb in den Bewegungsgleichungen die Terme mit der Zähigkeit, die die Ortsableitungen der Geschwindigkeit enthalten, trotz des kleinen ν groß sind.[1]

Wir wollen die Bewegungsgleichungen für die Flüssigkeit in einer laminaren Grenzschicht herleiten. Um die Ableitung zu vereinfachen, behandeln wir eine zweidimensionale Strömung um ein ebenes Teilstück der Oberfläche eines Körpers. Diese Ebene wählen wir als xz-Ebene, die x-Achse soll in Strömungsrichtung zeigen. Die Geschwindigkeitsverteilung hängt nicht von z ab, eine z-Komponente der Geschwindigkeit gibt es nicht.

Die exakten Navier-Stokesschen Gleichungen und die Kontinuitätsgleichung haben in Komponentenschreibweise die Gestalt

$$v_x \frac{\partial v_x}{\partial x} + v_y \frac{\partial v_x}{\partial y} = -\frac{1}{\varrho}\frac{\partial p}{\partial x} + \nu\left(\frac{\partial^2 v_x}{\partial x^2} + \frac{\partial^2 v_x}{\partial y^2}\right), \tag{39,1}$$

---

[1]) Die Idee und die grundlegenden Gleichungen der Theorie der laminaren Grenzschicht wurden von L. Prandtl, 1904, formuliert.

$$v_x \frac{\partial v_y}{\partial x} + v_y \frac{\partial v_y}{\partial y} = -\frac{1}{\varrho}\frac{\partial p}{\partial y} + \nu\left(\frac{\partial^2 v_y}{\partial x^2} + \frac{\partial^2 v_y}{\partial y^2}\right), \tag{39,2}$$

$$\frac{\partial v_x}{\partial x} + \frac{\partial v_y}{\partial y} = 0 . \tag{39,3}$$

Die Strömung wird als stationär vorausgesetzt, deshalb haben wir die Zeitableitungen nicht mit aufgeschrieben.

Die Grenzschicht ist dünn, und es ist daher klar, daß die Strömung hauptsächlich parallel zu der umströmten Oberfläche verlaufen wird, d. h., die Geschwindigkeit v_y wird gegenüber v_x klein sein (das erkennt man schon unmittelbar aus der Kontinuitätsgleichung).

In y-Richtung ändert sich die Geschwindigkeit schnell, sie erfährt auf Strecken von der Größenordnung der Dicke δ der Grenzschicht eine merkliche Änderung. In x-Richtung ändert sich die Geschwindigkeit langsam; sie erfährt nur auf Strecken von der Größenordnung einer charakteristischen Länge l des betreffenden Problems (sagen wir der Abmessungen des Körpers) eine merkliche Änderung. Die Ableitungen nach y sind daher im Vergleich zu den Ableitungen nach x groß. Daraus folgt, daß man in der Gleichung (39,1) die Ableitung $\partial^2 v_x/\partial x^2$ gegenüber $\partial^2 v_x/\partial y^2$ vernachlässigen kann. Vergleichen wir die erste Gleichung mit der zweiten, so sehen wir, daß die Ableitung $\partial p/\partial y$ gegenüber $\partial p/\partial x$ klein ist (größenordnungsmäßig im Verhältnis v_y/v_x). In der betrachteten Näherung können wir einfach

$$\frac{\partial p}{\partial y} = 0 \tag{39,4}$$

setzen, d. h., wir können annehmen, daß senkrecht zur Grenzschicht kein Druckgradient vorhanden ist. Der Druck in der Grenzschicht ist mit anderen Worten gleich dem Druck $p(x)$ in der Grundströmung; für die Lösung des Strömungsproblems in der Grenzschicht ist er eine gegebene Funktion von x. Wir können jetzt in der Gleichung (39,1) statt $\partial p/\partial x$ die totale Ableitung $\mathrm{d}p(x)/\mathrm{d}x$ schreiben. Diese Ableitung kann man durch die Geschwindigkeit $U(x)$ der Grundströmung ausdrücken. Da die Strömung außerhalb der Grenzschicht eine Potentialströmung ist, gilt die Bernoullische Gleichung $p + \varrho U^2/2 = \text{const}$, und daher

$$\frac{1}{\varrho}\frac{\mathrm{d}p}{\mathrm{d}x} = -U\frac{\mathrm{d}U}{\mathrm{d}x} .$$

Auf diese Weise erhalten wir das System der Bewegungsgleichungen in der laminaren Grenzschicht, die *Prandtlschen Gleichungen*, in der Form

$$v_x \frac{\partial v_x}{\partial x} + v_y \frac{\partial v_x}{\partial y} - \nu \frac{\partial^2 v_x}{\partial y^2} = -\frac{1}{\varrho}\frac{\mathrm{d}p}{\mathrm{d}x} = U\frac{\mathrm{d}U}{\mathrm{d}x}, \tag{39,5}$$

$$\frac{\partial v_x}{\partial x} + \frac{\partial v_y}{\partial y} = 0 . \tag{39,6}$$

Die Randbedingungen zu diesen Gleichungen fordern das Verschwinden der Geschwindigkeit auf der Wand:

$$v_x = v_y = 0 \quad \text{für} \quad y = 0 . \tag{39,7}$$

Bei Entfernung von der Wand muß sich die longitudinale Komponente der Geschwindigkeit asymptotisch der Geschwindigkeit der Grundströmung annähern:

$$v_x = U(x) \quad \text{für} \quad y \to \infty \tag{39,8}$$

(für v_y wird im Unendlichen keine Bedingung gefordert).

Man kann leicht zeigen, daß die Gleichungen (39,5), (39,6) (die für die Strömung an einer ebenen Wand hergeleitet worden sind) auch im allgemeineren Falle einer zweidimensionalen Strömung um einen Körper (um einen quer angeströmten unendlich langen Zylinder beliebigen Querschnittes) gültig bleiben. Dabei ist x die von irgendeinem Punkt an gemessene Bogenlänge der Berandung des Körperquerschnittes, y ist der Abstand von der Körperoberfläche (in Normalenrichtung).

Es sei U_0 eine charakteristische Geschwindigkeit für das betreffende Problem (z. B. die Geschwindigkeit der anströmenden Flüssigkeit im Unendlichen). Wir führen durch die Definitionen

$$x = lx', \qquad y = \frac{ly'}{\sqrt{\mathrm{Re}}}, \qquad v_x = U_0 v'_x, \qquad v_y = \frac{U_0 v'_y}{\sqrt{\mathrm{Re}}} \tag{39,9}$$

die dimensionslosen Variablen x', y', v'_y statt der Koordinaten x, y und der Geschwindigkeiten v_x und v_y ein (dementsprechend setzen wir $U = U_0 U'$); hier ist $\mathrm{Re} = U_0 l/\nu$. Die Gleichungen (39,5), (39,6) erhalten dann die Gestalt

$$\left.\begin{aligned} v'_x \frac{\partial v'_x}{\partial x'} + v'_y \frac{\partial v'_y}{\partial y'} - \frac{\partial^2 v'_x}{\partial y'^2} &= U' \frac{\mathrm{d}U'}{\mathrm{d}x'}, \\ \frac{\partial v'_x}{\partial x'} + \frac{\partial v'_y}{\partial y'} &= 0 . \end{aligned}\right\} \tag{39,10}$$

Diese Gleichungen (und auch die zugehörigen Randbedingungen) enthalten die Zähigkeit nicht. Das bedeutet, daß ihre Lösung nicht von der Reynolds-Zahl abhängt. Wir kommen auf diese Weise zu einem wichtigen Ergebnis: Bei einer Änderung der Reynolds-Zahl wird das ganze Strömungsbild in der Grenzschicht nur einer Ähnlichkeitstransformation unterworfen. Bei dieser Transformation bleiben die Abstände und Geschwindigkeiten in Richtung der Längsausdehnung der Grenzschicht unverändert, die Abstände und Geschwindigkeiten senkrecht dazu ändern sich umgekehrt proportional zur Wurzel aus Re.

Weiterhin können wir feststellen, daß die durch Lösen der Gleichungen (39,10) erhaltenen dimensionslosen Geschwindigkeiten v'_x und v'_y von der Größenordnung Eins sein müssen, weil sie nicht von Re abhängen. Aus den Formeln (39,9) folgt demnach

$$v_y \sim \frac{U_0}{\sqrt{\mathrm{Re}}}, \tag{39,11}$$

d. h., das Verhältnis der Geschwindigkeit in Normalenrichtung zu der Geschwindigkeit in Längsrichtung ist umgekehrt proportional zu $\sqrt{\mathrm{Re}}$. Das gleiche gilt für die *Dicke der Grenzschicht* δ: In den dimensionslosen Koordinaten x', y' ist die Dicke $\delta' \approx 1$, und in den wirklichen Koodinaten x, y gilt

$$\delta \sim l/\sqrt{\mathrm{Re}} . \tag{39,12}$$

Wir wenden die Gleichungen für die Grenzschicht auf die Strömung um eine ebene halbunendliche Platte in einem ebenen parallelen Flüssigkeitsstrom an (H. Blasius, 1908). Die Platte soll die Halbebene $x > 0$ in der xz-Ebene einnehmen (so daß der vordere Rand der Platte die Gerade $x = 0$ ist). Die Geschwindigkeit der Grundströmung ist in diesem Falle offensichtlich konstant: U = const. Die Gleichungen (39,5), (39,6) erhalten die Form

$$v_x \frac{\partial v_x}{\partial x} + v_y \frac{\partial v_x}{\partial y} = \nu \frac{\partial^2 v_x}{\partial y^2}, \qquad \frac{\partial v_x}{\partial x} + \frac{\partial v_y}{\partial y} = 0. \tag{39,13}$$

Bei den Lösungen der Prandtlschen Gleichungen können die Größen v_x/U und $v_y(l/U\nu)^{1/2}$, wie wir gesehen haben, nur Funktionen von $x' = x/l$ und $y' = y(U/l\nu)^{1/2}$ sein. In der Aufgabe mit der halbunendlichen Platte gibt es aber keinen charakteristischen Längenparameter l. Deshalb kann v_x/U nur von einer solchen Kombination von x' und y' abhängen, die l nicht enthalten würde; eine solche Kombination ist

$$\frac{y'}{\sqrt{x'}} = y\sqrt{\frac{U}{\nu x}}.$$

Was v_y betrifft, so muß hier das Produkt $v_y' \sqrt{x'}$ eine Funktion von $y'/\sqrt{x'}$ sein.

Um den durch die Kontinuitätsgleichung ausgedrückten Zusammenhang zwischen v_x und v_y von Anfang an zu berücksichtigen, führen wir die Stromfunktion ψ nach der Definition (10,9) ein:

$$v_x = \frac{\partial \psi}{\partial y}, \qquad v_y = -\frac{\partial \psi}{\partial x}. \tag{39,14}$$

Den oben angegebenen Eigenschaften der Funktionen $v_x(x, y)$ und $v_y(x, y)$ entspricht eine Stromfunktion der Form

$$\psi = \sqrt{x\nu U}\, f(\xi), \qquad \xi = y\sqrt{\frac{U}{\nu x}}. \tag{39,15}$$

Damit gilt

$$v_x = U f'(\xi), \qquad v_y = \frac{1}{2}\sqrt{\frac{\nu U}{x}}\,(\xi f' - f). \tag{39,16}$$

Bereits ohne eine quantitative Bestimmung der Funktion $f(\xi)$ kann man den folgenden wesentlichen Schluß ziehen. Am wichtigsten für die Beschreibung der Strömung in der Grenzschicht ist die Verteilung der longitudinalen Komponente der Geschwindigkeit v_x (da v_y klein ist). Diese Geschwindigkeit wächst von Null auf der Plattenoberfläche bis zu einem bestimmten Teil von U für einen bestimmten Wert von ξ. Daher kann man schließen, daß die Dicke der Grenzschicht auf der umströmten Platte (definiert als y-Wert, bei dem v_x/U einen bestimmten Wert ~ 1 erreicht) der Größenordnung nach gegeben ist durch

$$\delta \sim \sqrt{x\nu/U}. \tag{39,17}$$

Die Dicke der Grenzschicht wächst also proportional zur Wurzel aus dem Abstand vom Rand der Platte.

Wir setzen (39,16) in die erste der Gleichungen (39,13) ein und erhalten eine Gleichung für die Funktion $f(\xi)$:

$$ff'' + 2f''' = 0\,. \tag{39,18}$$

Die Randbedingungen (39,7) und (39,8) haben die Form

$$f(0) = f'(0) = 0\,, \qquad f'(\infty) = 1 \tag{39,19}$$

(die Geschwindigkeitsverteilung ist offensichtlich symmetrisch zur Ebene $y = 0$; deshalb reicht es aus, die Seite $y > 0$ zu betrachten). Die Gleichung (39,18) muß numerisch gelöst werden. Abb. 27 zeigt die so erhaltene Kurve für $f'(\xi)$. Wir sehen, daß $f'(\xi)$ sehr schnell seinem Grenzwert, der Eins, zustrebt. Für kleine ξ hat die Funktion $f(\xi)$ selbst die Form

$$f(\xi) = \tfrac{1}{2}\alpha\xi^2 + O(\xi^5)\,, \qquad \alpha = 0{,}332\,; \tag{39,20}$$

Glieder mit ξ^3 und ξ^4 kann es in dieser Entwicklung nicht geben, wovon man sich leicht auf Grund der Gleichung (39,18) überzeugt. Die asymptotische Form dieser Funktion für große ξ ist

$$f(\xi) = \xi - \beta\,, \qquad \beta = 1{,}72\,, \tag{39,21}$$

wobei der Fehler dieses Ausdruckes, wie man zeigen kann, exponentiell klein ist.

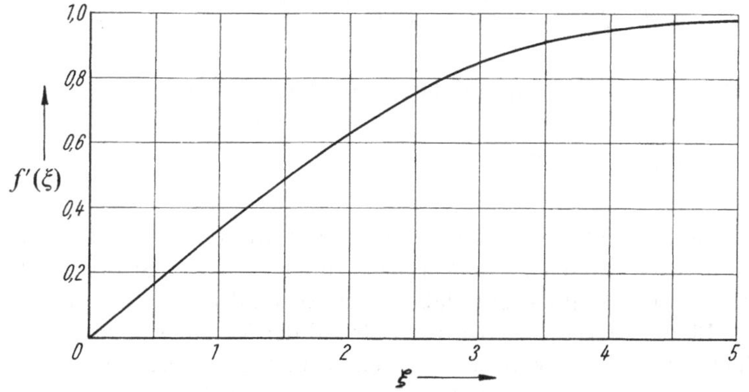

Abb. 27

Die auf die Flächeneinheit der Oberfläche der Platte wirkende Reibungskraft ist

$$\sigma_{xy} = \eta \frac{\partial v_x}{\partial y}\bigg|_{y=0} = \eta \left(\frac{U^3}{x\nu}\right)^{1/2} f''(0)$$

oder

$$\sigma_{xy} = 0{,}332 \sqrt{\frac{\eta \varrho U^3}{x}}\,. \tag{39,22}$$

Wenn die Platte die Länge l (längs der x-Achse) hat, dann ist die gesamte auf sie wirkende Reibungskraft (bezogen auf die Längeneinheit längs der Kante der Platte) gleich

$$F = 2 \int_0^l \sigma_{xy}\, \mathrm{d}x = 1{,}328 \sqrt{\eta \varrho l U^3} \tag{39,23}$$

(der Faktor 2 berücksichtigt die beiden Seiten der Platte).[1]) Wir merken an, daß die Reibungskraft zur Potenz 3/2 der Geschwindigkeit des heranfließenden Stromes proportional ist. Die Formel (39,23) ist natürlich nur auf lange Platten anwendbar, für die die Zahl $\mathrm{Re} = Ul/\nu$ hinreichend groß ist. An Stelle der Kraft führt man üblicherweise den Widerstandsbeiwert ein, der als das dimensionslose Verhältnis

$$C = \frac{F}{\frac{1}{2}\varrho U^2 2l} \tag{39,24}$$

definiert ist. Nach (39,23) ist diese Größe für die laminare Strömung um die Platte der Wurzel aus der Reynolds-Zahl umgekehrt proportional:

$$C = 1{,}328\,\mathrm{Re}^{-1/2}\,. \tag{39,25}$$

Als eine genau definierte Größe zur Charakterisierung der Dicke der Grenzschicht kann man die sogenannte *Verdrängungsdicke* δ^* einführen durch die Definition

$$U\delta^* = \int_0^\infty (U - v_x)\,\mathrm{d}y\,. \tag{39,26}$$

Einsetzen von v_x aus (39,16) ergibt

$$\delta^* = \sqrt{\frac{x\nu}{U}} \int_0^\infty (1 - f')\,\mathrm{d}\xi = \sqrt{\frac{x\nu}{U}}\,[\xi - f(\xi)]_{\xi\to\infty}$$

und unter Verwendung des asymptotischen Ausdrucks (39,21)

$$\delta^* = \beta\sqrt{\frac{x\nu}{U}} = 1{,}72\sqrt{\frac{x\nu}{U}}\,. \tag{39,27}$$

Der Ausdruck auf der rechten Seite der Definition (39,26) ist das „Defizit" des Durchflusses der Flüssigkeit in der Grenzschicht im Vergleich zum homogenen Strom mit der Geschwindigkeit U. Man kann deshalb sagen, daß δ^* der Abstand ist, auf den der heranfließende Strom von der Platte weggedrängt wird auf Grund der Verlangsamung der Flüssigkeit in der Grenzschicht. Mit dieser Verdrängung hängt auch die Tatsache zusammen, daß die Normalkomponente der Geschwindigkeit v_y für $y \to \infty$ nicht gegen Null strebt, sondern gegen den endlichen Wert

$$v_y = \frac{1}{2}\sqrt{\frac{\nu U}{x}}\,[\xi f' - f]_{\xi\to\infty} = \frac{\beta}{2}\sqrt{\frac{\nu U}{x}} = 0{,}86\sqrt{\frac{\nu U}{x}}\,. \tag{39,28}$$

Die oben erhaltenen quantitativen Formeln beziehen sich natürlich nur auf die Umströmung der Platte. Die qualitativen Ergebnisse (wie (39,11) und (39,12)) sind gültig für die Strömung um einen Körper beliebiger Form; dabei hat man unter l die Abmessungen des Körpers in Stromrichtung zu verstehen.

---

[1]) Die Näherung für die Grenzschicht ist nicht anwendbar in der Nähe der vorderen Kante, wo $\delta \gtrsim x$. Diese Tatsache ist jedoch unwesentlich für die Berechnung der gesamten Kraft F wegen der schnellen Konvergenz des Integrals an der unteren Grenze.

Wir verweisen besonders noch auf die folgenden beiden Fälle einer Grenzschicht. Wenn wir eine ebene Scheibe (mit großem Radius) haben, die in der Flüssigkeit um eine zu ihrer Ebene senkrechte Achse rotiert, dann muß man zur Abschätzung der Dicke der Grenzschicht in (39,17) Ωx statt U einsetzen (Ω ist die Winkelgeschwindigkeit bei der Rotation). Wir finden dann

$$\delta \sim \sqrt{\frac{\nu}{\Omega}} . \tag{39,29}$$

Wir können die Dicke der Grenzschicht über die ganze Oberfläche der Scheibe als konstant ansehen (in Einklang mit der in § 23 erhaltenen exakten Lösung dieses Problems). Berechnet man das auf die Scheibe wirkende Drehmoment der Reibungskräfte mit Hilfe der Gleichungen für die Grenzschicht, so ergibt sich natürlich die Formel (23,4), da diese Formel exakt und daher auf eine laminare Strömung für beliebige Re anwendbar ist.

Schließlich befassen wir uns noch mit der laminaren Grenzschicht an den Wänden eines Rohres in der Nähe des Einlaufs der Flüssigkeit. Beim Einlauf in das Rohr ist die Geschwindigkeit über den ganzen Querschnitt der Flüssigkeit fast konstant; der Abfall der Geschwindigkeit erfolgt nur in der Grenzschicht. Mit zunehmender Entfernung vom Einlauf werden Flüssigkeitsschichten gebremst, die immer näher an der Achse des Rohres liegen. Da die Durchflußmenge konstant bleiben muß, wird der innere Teil der Strömung beschleunigt, während sein Durchmesser gleichzeitig abnimmt (dieser innere Teil hat ein fast konstantes Geschwindigkeitsprofil). Das dauert solange an, bis sich asymptotisch die Poiseuillesche Geschwindigkeitsverteilung ausgebildet hat, die also nur in genügend großen Entfernungen vom Einlauf anzutreffen ist. Man kann leicht die Größenordnung der Länge l dieses sogenannten Einlaufstückes der Strömung bestimmen. Sie wird dadurch gegeben, daß die Dicke der Grenzschicht im Abstand l vom Einlauf die Größenordnung des Radius a des Rohres hat, so daß die Grenzschicht gewissermaßen den ganzen Querschnitt ausfüllt. Wir setzen in (39,17) $x \sim l$ und $\delta \sim a$ und erhalten

$$l \sim \frac{a^2 U}{\nu} \sim a \,\mathrm{Re} . \tag{39,30}$$

Die Länge des Einlaufstückes ist also der Reynolds-Zahl proportional.[1])

Aufgaben

1. Man bestimme die Dicke der Grenzschicht in der Nähe des Staupunktes (siehe § 10) auf einem umströmten Körper.

Lösung. In der Nähe des Staupunktes ist die Strömungsgeschwindigkeit (außerhalb der Grenzschicht) eine lineare Funktion des Abstandes x von diesem Punkte, so daß man $U = \mathrm{const}\, x$ schreiben

[1]) Wir behandeln in diesem Buch nicht die verhältnismäßig komplizierte und weniger anschauliche Theorie der Grenzschicht in einer kompressiblen Flüssigkeit. Die Kompressibilität muß bei Geschwindigkeiten berücksichtigt werden, die mit der Schallgeschwindigkeit vergleichbar sind (oder sie überschreiten). Wegen der dabei auftretenden starken Erwärmung des Gases und des umströmten Körpers ist es notwendig, die Bewegungsgleichungen in der Grenzschicht zusammen mit der Gleichung für den Wärmetransport zu betrachten. Es kann sich auch als notwendig erweisen, die Temperaturabhängigkeit der Zähigkeit und der Wärmeleitfähigkeit zu berücksichtigen.

kann. Die Abschätzung der Glieder in den Gleichungen (39,5), (39,6) ergibt

$$\delta \sim \sqrt{\frac{\nu}{\text{const}}}\,.$$

Die Dicke der Grenzschicht bleibt also in der Nähe eines Staupunktes endlich (und wird insbesondere im Staupunkt selbst nicht Null).

2. Man berechne die Strömung in der Grenzschicht bei einer Konfusorströmung (siehe § 23) zwischen zwei sich schneidenden Ebenen (K. POHLHAUSEN, 1921).

Lösung. Wir betrachten die Grenzschicht, die sich auf einer Seite des Winkels ausbildet, und zählen die Koordinate x auf dieser Seite vom Scheitel 0 des Winkels an (Abb. 8). Bei der Strömung einer idealen Flüssigkeit hätten wir für die Geschwindigkeit die Formel $U = Q/\alpha\varrho x$, die einfach die Erhaltung der Flüssigkeitsmenge Q im Strom ausdrückt (α ist der Winkel zwischen den sich schneidenden Ebenen). Damit ergibt sich in Gleichung (39,5) auf der rechten Seite $U\,\mathrm{d}U/\mathrm{d}x = -Q^2/\alpha^2\varrho^2x^3$. Man sieht leicht, daß dann die Gleichungen (39,5) und (39,6) invariant werden gegenüber der Transformation $x \to ax$, $y \to ay$, $v_x \to v_x/a$, $v_y \to v_y/a$ mit einer beliebigen Konstanten a. Folglich kann man v_x und v_y in der Form

$$v_x = \frac{Q}{\alpha\varrho x} f(\xi)\,, \qquad v_y = \frac{Q}{\alpha\varrho x} f_1(\xi)\,, \qquad \xi = \frac{y}{x}\,,$$

ansetzen, die auch gegen die angegebene Transformation invariant ist. Aus der Kontinuitätsgleichung (39,6) finden wir $f_1 = \xi f$, und danach erhalten wir aus (39,5) für die Funktion $f(\xi)$ die Gleichung

$$\frac{\varrho\nu\alpha}{Q} f'' = 1 - f^2\,. \tag{1}$$

Die Randbedingungen (39,7), (39,8) besagen, daß $f(0) = 0$, $f(\infty) = 1$ sein muß. Das erste Integral der Gleichung (1) ist

$$\frac{\varrho\nu\alpha}{2Q} f'^2 = f - \frac{f^3}{3} + \text{const}\,.$$

Da die Funktion f für $\xi \to \infty$ gegen Eins geht, sehen wir, daß auch f' gegen einen bestimmten Grenzwert strebt, und es ist klar, daß dieser Grenzwert nur Null sein kann. Wir bestimmen daraus const und erhalten

$$\frac{\varrho\nu\alpha}{2Q} f'^2 = -\frac{1}{3}(f-1)^2(f+2)\,. \tag{2}$$

Da die rechte Seite im Intervall $0 \leqq f \leqq 1$ negativ ist, muß unbedingt $Q < 0$ sein: Eine Grenzschicht der betrachteten Art bildet sich nur bei der Konfusorströmung (mit großen Reynolds-Zahlen $\mathrm{Re} = |Q|/\varrho\alpha\nu$) aus und wird nicht bei der Diffusorströmung gebildet, in Übereinstimmung mit den Ergebnissen von § 23. Wir integrieren noch einmal und erhalten endgültig

$$f = 3\tanh^2\left[\ln(\sqrt{2} + \sqrt{3}) + \left(\frac{\mathrm{Re}}{2}\right)^{1/2}\xi\right]. \tag{3}$$

Die Dicke der Grenzschicht ist $\delta \sim x/\mathrm{Re}^{1/2}$. Der Wert der Ableitung ist $f'(0) = 2\,(\mathrm{Re}/3)^{1/2}$, wie aus (2) folgt. Deshalb ist die auf die Flächeneinheit der Wand wirkende Reibungskraft

$$\sigma_{xy} = \eta\,\frac{U}{x} f'(0) = \left(\frac{4U^3\eta\varrho}{3x}\right)^{1/2} = \frac{2}{x^2}\left(\frac{\eta\,|Q|^3}{3\alpha^3\varrho^2}\right)^{1/2}.$$

§ 40. Die Strömung in der Nähe der Ablösungslinie

Bei der Beschreibung der Ablösung (§ 35) ist schon darauf hingewiesen worden, daß die reale Lage der Ablösungslinie auf der Oberfläche des umströmten Körpers durch die Eigenschaften der Strömung in der Grenzschicht bestimmt wird. Wie wir später sehen werden, ist die Ablösungslinie vom rein mathematischen Gesichtspunkt aus die Kurve, deren Punkte singuläre Punkte der Lösungen der Bewegungsgleichungen in der Grenzschicht (der Prandtlschen Gleichungen) sind. Das Problem besteht nun darin, die Eigenschaften dieser Lösungen in der Nähe solcher singulärer Kurven zu bestimmen.[1])

Von der Ablösungslinie aus verläuft, wie wir wissen, die Grenzfläche des Turbulenzbereiches in die Flüssigkeit hinein. Die Strömung enthält im ganzen Turbulenzbereich Wirbel. Würde sich die Strömung nicht ablösen, dann wäre sie nur in der Grenzschicht, wo die Zähigkeit wesentlich ist, eine Wirbelströmung. In der Grundströmung wäre die Rotation der Geschwindigkeit gleich Null. Man kann daher sagen, daß die Rotation der Geschwindigkeit beim Ablösen aus der Grenzschicht heraus in die Flüssigkeit eindringt. Wegen des Erhaltungssatzes für die Zirkulation kann dieses Eindringen nur so erfolgen, daß Flüssigkeit, die sich in der Nähe der Oberfläche des Körpers (in der Grenzschicht) bewegt, direkt in das Innere der Grundströmung gelangt. Mit anderen Worten, die Strömung muß sich von der Oberfläche des Körpers „ablösen", so daß die Stromlinien aus der Grenzschicht in das Innere der Flüssigkeit gehen. (Deshalb nennt man diese Erscheinung Ablösung oder Ablösung der Grenzschicht.)

Die Bewegungsgleichungen in der Grenzschicht ergeben, wie wir gesehen haben, daß die tangentiale Geschwindigkeitskomponente (v_x) in der Grenzschicht groß gegenüber der zur Oberfläche des Körpers normalen Komponente (v_y) ist. Diese Beziehung zwischen v_x und v_y hängt eng mit den Grundvoraussetzungen über den Strömungscharakter in der Grenzschicht zusammen und muß notwendig überall dort eingehalten werden, wo die Prandtlschen Gleichungen physikalisch sinnvolle Lösungen haben. Mathematisch muß sie in allen Punkten gelten, die nicht in unmittelbarer Nähe singulärer Punkte liegen. $v_y \ll v_x$ bedeutet, daß die Flüssigkeit entlang der Oberfläche des Körpers strömt und praktisch nicht von ihr abweicht, so daß sich die Strömung nicht ablösen kann. Wir kommen also zu dem Schluß, daß sich die Strömung nur an einer solchen Linie ablösen kann, deren Punkte für die Lösung der Prandtlschen Gleichungen singulär sind.

Auch der Charakter der Singularitäten folgt unmittelbar aus dem Gesagten. Wird die Ablösungslinie erreicht, dann weicht die Strömung von der Oberfläche des Körpers ab und verläuft aus dem Bereich der Grenzschicht in die Flüssigkeit hinein. Mit anderen Worten, die Normalkomponente der Geschwindigkeit hört auf, klein gegenüber der Tangentialkomponente zu sein und erreicht mindestens die gleiche Größenordnung wie diese. Wir haben gesehen, daß das Verhältnis v_y/v_x von der Größenordnung $1/\sqrt{\mathrm{Re}}$ ist (s. (39,11)), so daß die Zunahme von v_y auf $v_y \sim v_x$ eine Vergrößerung um das $\sqrt{\mathrm{Re}}$-fache bedeutet. Für genügend große Reynolds-Zahlen (von denen selbstverständlich hier gesprochen wird) kann man daher annehmen, daß v_y unbeschränkt wächst. Geht man in den Prandtlschen Gleichungen zu dimensionslosen Größen über (siehe (39,10)), dann bedeutet die beschriebene Situation formal, daß auf der Ablösungslinie die dimensionslose Geschwindigkeit v_y' in der Lösung der Gleichungen unendlich wird.

Um die weitere Untersuchung etwas zu vereinfachen, werden wir das zweidimensionale Problem der Strömung um einen unendlich langen Körper behandeln. Wie üblich bedeutet x die Koordinate längs der Oberfläche des Körpers in Strömungsrichtung, y ist der Abstand von der Oberfläche des Körpers. Statt von der Ablösungslinie kann man hier von dem Ablösungspunkt sprechen, unter dem wir den Schnittpunkt der Ablösungslinie mit der

[1]) Die hier wiedergegebene Behandlung des Problems, die von der üblichen ein wenig abweicht, stammt von L. D. LANDAU (1944).

xy-Ebene verstehen. In unseren Koordinaten ist dieser Punkt $x = \text{const} \equiv x_0$, $y = 0$. Der Bereich vor dem Ablösungspunkt soll zu $x < x_0$ gehören.

Nach den erhaltenen Ergebnissen haben wir für $x = x_0$ und für alle y[1])

$$v_y(x_0, y) = \infty \,. \tag{40,1}$$

In den Prandtlschen Gleichungen ist aber die Geschwindigkeit v_y ihrer Natur nach eine Hilfsgröße, die uns bei der Untersuchung der Strömungen in der Grenzschicht normalerweise nicht interessiert (weil sie klein ist). Es ist daher wünschenswert festzustellen, welche Eigenschaften die Funktion v_x in der Nähe der Ablösungslinie hat.

Aus (40,1) geht hervor, daß für $x = x_0$ auch die Ableitung $\partial v_y/\partial y$ unendlich wird. Aus der Kontinuitätsgleichung

$$\frac{\partial v_x}{\partial x} + \frac{\partial v_y}{\partial y} = 0 \tag{40,2}$$

folgt dann, daß auch die Ableitung $\partial v_x/\partial x$ bei $x = x_0$ unendlich wird, oder

$$\left.\frac{\partial x}{\partial v_x}\right|_{v_x = v_0} = 0\,, \tag{40,3}$$

wobei x als Funktion von v_x und y aufgefaßt wird, und $v_0(y) = v_x(x_0, y)$. In der Nähe des Ablösungspunktes sind die Differenzen $v_x - v_0$ und $x_0 - x$ klein, und man kann $x_0 - x$ in eine Potenzreihe nach $v_x - v_0$ (bei festem y) entwickeln. Auf Grund der Bedingung (40,3) muß der Term erster Ordnung in dieser Entwicklung identisch herausfallen; bis zu Gliedern zweiter Ordnung haben wir

$$x_0 - x = f(y)\,(v_x - v_0)^2$$

oder

$$v_x = v_0(y) + \alpha(y)\sqrt{x_0 - x}\,, \tag{40,4}$$

wobei $\alpha = f^{-1/2}$ eine gewisse nur von y abhängige Funktion ist. Schreiben wir jetzt

$$\frac{\partial v_y}{\partial y} = -\frac{\partial v_x}{\partial x} = \frac{\alpha(y)}{2\sqrt{x_0 - x}}$$

und integrieren, so erhalten wir

$$v_y = \frac{\beta(y)}{\sqrt{x_0 - x}}\,, \tag{40,5}$$

wobei $\beta(y)$ wieder eine Funktion von y ist.

Weiter verwenden wir die Gleichung (39,5):

$$v_x \frac{\partial v_x}{\partial x} + v_y \frac{\partial v_x}{\partial y} = \nu \frac{\partial^2 v_x}{\partial y^2} - \frac{1}{\varrho}\frac{\mathrm{d}p}{\mathrm{d}x}\,. \tag{40,6}$$

Wie man aus (40,2) sieht, wird die Ableitung $\partial^2 v_x/\partial y^2$ für $x = x_0$ nicht unendlich. Dasselbe gilt auch für die Größe $\mathrm{d}p/\mathrm{d}x$, die von der Strömung außerhalb der Grenzschicht bestimmt

[1]) Außer dem Punkt $y = 0$, in dem nach den Randbedingungen auf der Oberfläche des Körpers immer $v_y = 0$ sein muß.

wird. Jeder der beiden Terme auf der linken Seite der Gleichung (40,6) wird für sich unendlich. In erster Näherung kann man folglich für den Bereich in der Nähe des Ablösungspunktes

$$v_x \frac{\partial v_x}{\partial x} + v_y \frac{\partial v_x}{\partial y} = 0$$

schreiben. Mit Hilfe der Kontinuitätsgleichung (40,2) formen wir diese Gleichung um:

$$v_x \frac{\partial v_y}{\partial y} - v_y \frac{\partial v_x}{\partial y} = v_x^2 \frac{\partial}{\partial y} \frac{v_y}{v_x} = 0 .$$

Da für $x = x_0$ die Geschwindigkeit v_x im allgemeinen nicht gleich Null wird, folgt hieraus, daß das Verhältnis v_y/v_x nicht von y abhängt. Andererseits erhalten wir aus (40,4) und (40,5) bis auf Glieder höherer Ordnung

$$\frac{v_y}{v_x} = \frac{\beta(y)}{v_0(y)\sqrt{x_0 - x}} .$$

Wenn dieser Ausdruck nur eine Funktion von x sein soll, dann muß $\beta(y) = \frac{Av_0(y)}{2}$ sein, wobei A ein Zahlenfaktor ist. Es wird also

$$v_y = \frac{Av_0(y)}{2\sqrt{x_0 - x}} . \tag{40,7}$$

Die Funktionen α und β in (40,4) und (40,5) hängen miteinander über die Gleichung $\alpha = 2\beta'$ zusammen, und wir erhalten $\alpha = A \frac{dv_0}{dy}$, so daß sich schließlich

$$v_x = v_0(y) + A \frac{dv_0}{dy} \sqrt{x_0 - x} \tag{40,8}$$

ergibt.

Die Formeln (40,7) und (40,8) geben die x-Abhängigkeit der Funktionen v_x und v_y in der Nähe des Ablösungspunktes an. Wir sehen, daß beide Funktionen in diesem Bereich nach Potenzen der Wurzel $\sqrt{x_0 - x}$ entwickelbar sind; die Entwicklung von v_y beginnt mit einem Glied (-1)-ter Ordnung, so daß v_y für $x \to x_0$ wie $1/\sqrt{x_0 - x}$ gegen Unendlich geht. Für $x > x_0$, d. h. hinter dem Ablösungspunkt, sind die Entwicklungen (40,7) und (40,8) physikalisch nicht verwendbar, weil die Wurzeln imaginär werden. Das besagt, daß es physikalisch unsinnig ist, die Lösungen der Prandtlschen Gleichungen über den Ablösungspunkt hinaus fortzusetzen; diese Gleichungen beschreiben die Strömung nur bis zu diesem Punkt.

Wegen der Randbedingungen muß auf der Oberfläche des Körpers immer $v_x = v_y = 0$ für $y = 0$ gelten. Aus (40,7) und (40,8) erhalten wir daher

$$v_0(0) = 0 , \quad \left. \frac{dv_0}{dy} \right|_{y=0} = 0 . \tag{40,9}$$

Wir haben auf diese Weise das wichtige Resultat gewonnen: Im Ablösungspunkt ($x = x_0$, $y = 0$) verschwindet nicht nur die Geschwindigkeit v_x, sondern auch deren erste Ableitung nach y (dieses Resultat stammt von PRANDTL).

Es muß hervorgehoben werden, daß die Gleichung $\partial v_x/\partial y = 0$ nur dann eine Ablösungslinie charakterisiert, wenn v_y für dasselbe x unendlich wird. Wäre die Konstante A in (40,7) zufällig gleich Null (und wäre daher nicht $v_y(x_0, y) = \infty$),so wäre der Punkt $x = x_0$, $y = 0$, in dem die Ableitung $\partial v_x/\partial y$ verschwindet, in keiner Weise bemerkenswert und auf keinen Fall ein Ablösungspunkt. Das Verschwinden von A kann jedoch nur rein zufällig auftreten und ist daher unwahrscheinlich. Praktisch ist folglich ein Punkt auf der Oberfläche eines Körpers, in dem $\partial v_x/\partial y = 0$ ist, immer ein Ablösungspunkt.

Würde sich die Strömung im Punkte $x = x_0$ nicht ablösen (d. h. wäre $A = 0$), dann wäre $\left.\frac{\partial v_x}{\partial y}\right|_{y=0} < 0$ für $x > x_0$, d. h., entfernt man sich von der Wand, so würde v_x (für genügend kleine y) negativ und betragsmäßig größer. Mit andern Worten, die Flüssigkeit würde hinter dem Punkt $x = x_0$ in den unteren Schichten der Grenzschicht der Grundströmung entgegen fließen; es würde eine Rückströmung der Flüssigkeit zu diesem Punkt hin entstehen. Aus derartigen Überlegungen darf man aber noch keinesfalls den Schluß ziehen, daß sich die Strömung in einem Punkt, in dem $\partial v_x/\partial x = 0$ ist, ablösen muß. Das gesamte Strömungsbild mit der „Rückströmung“ könnte sich (wie es auch für $A = 0$ der Fall wäre) ganz im Bereich der Grenzschicht befinden und nicht in die Grundströmung hinaus verlaufen; während für die Ablösung gerade der Ausbruch der Strömung in das Hauptvolumen der Flüssigkeit charakteristisch ist.

Im vorhergehenden Paragraphen ist gezeigt worden, daß das Strömungsbild in der Grenzschicht bei einer Änderung der Reynolds-Zahl ähnlich bleibt; insbesondere bleiben die Maßstäbe in der x-Richtung unverändert. Der Wert x_0, für den die Ableitung $\left.\frac{\partial v_x}{\partial y}\right|_{y=0}$ verschwindet, bleibt demnach bei einer Änderung von Re unverändert. Wir kommen auf diese Weise zu dem wesentlichen Schluß, daß die Lage des Ablösungspunktes auf der Oberfläche eines umströmten Körpers nicht von der Reynolds-Zahl abhängt (selbstverständlich nur solange die Grenzschicht laminar bleibt; siehe dazu § 45).

Wir stellen jetzt fest, welche Eigenschaften die Druckverteilung $p(x)$ in der Nähe des Ablösungspunktes hat. Für $y = 0$ verschwindet die linke Seite der Gleichung (40,6) zusammen mit v_x und v_y, und es verbleibt

$$\nu \left.\frac{\partial^2 v_x}{\partial y^2}\right|_{y=0} = \frac{1}{\varrho}\frac{\mathrm{d}p}{\mathrm{d}x}. \qquad (40,10)$$

Daraus erkennt man, daß das Vorzeichen von $\frac{\mathrm{d}p}{\mathrm{d}x}$ mit dem Vorzeichen von $\left.\frac{\partial^2 v_x}{\partial y^2}\right|_{y=0}$ übereinstimmt. Solange $\left.\frac{\partial v_x}{\partial y}\right|_{y=0} > 0$ ist, kann man über das Vorzeichen der zweiten Ableitung nichts aussagen. Aber mit zunehmender Entfernung von der Wand nimmt v_x zu und ist positiv (im Bereich vor dem Ablösungspunkt), daher muß im Punkte $x = x_0$ selbst, wo $\frac{\partial v_x}{\partial y} = 0$ ist, auf jeden Fall $\left.\frac{\partial^2 v_x}{\partial y^2}\right|_{y=0} > 0$ sein. Daraus folgt

$$\left.\frac{\mathrm{d}p}{\mathrm{d}x}\right|_{x=x_0} > 0\,, \qquad (40,11)$$

d. h., in der Nähe des Ablösungspunktes strömt die Flüssigkeit vom niedrigeren zum höheren Druck. Der Druckgradient hängt mit dem Gradienten der Geschwindigkeit $U(x)$ außerhalb der Grenzschicht über die Beziehung $\frac{1}{\varrho}\frac{\mathrm{d}p}{\mathrm{d}x} = -U\frac{\mathrm{d}U}{\mathrm{d}x}$ zusammen. Da die x-Achse die Richtung der Grundströmung hat, ist $U > 0$, und wir erhalten

$$\left.\frac{\mathrm{d}U}{\mathrm{d}x}\right|_{x=x_0} < 0\,, \tag{40,12}$$

d. h., nahe am Ablösungspunkt nimmt die Geschwindigkeit U in Stromrichtung ab.

Aus den erhaltenen Ergebnissen kann man den Schluß ziehen, daß sich die Strömung um einen Körper an irgendeiner Stelle der Oberfläche ablösen muß: Es gibt sowohl am hinteren wie auch am vorderen Ende des Körpers einen Punkt, in dem die Strömungsgeschwindigkeit bei der Potentialströmung einer idealen Flüssigkeit um den Körper gleich Null würde (Staupunkt). Die Geschwindigkeit $U(x)$ muß daher von irgendeinem x-Wert an zu fallen beginnen und schließlich gleich Null werden. Andererseits ist klar, daß die entlang der Oberfläche des Körpers strömende Flüssigkeit um so stärker gebremst wird, je näher die betrachtete Schicht an der Wand verläuft (d. h. je kleiner y ist). Noch bevor die Geschwindigkeit $U(x)$ am äußeren Rand der Grenzschicht gleich Null wird, muß deshalb die Geschwindigkeit in unmittelbarer Nähe der Wand gleich Null werden. Mathematisch bedeutet das offensichtlich, daß die Ableitung $\partial v_x/\partial y$ auf jeden Fall für ein kleineres x verschwinden muß (und die Strömung sich dort ablösen muß) als für den x-Wert, für den $U(x) = 0$ ist.

Für die Strömung um beliebig gestaltete Körper können alle Rechnungen ganz analog ausgeführt werden, und sie ergeben, daß die Ableitungen $\partial v_x/\partial y$ und $\partial v_z/\partial y$ der beiden zur Körperoberfläche tangentialen Geschwindigkeitskomponenten v_x und v_z auf der Ablösungslinie verschwinden müssen (die y-Achse hat wie früher die Richtung der Normale des betrachteten Abschnittes der Oberfläche des Körpers).

Wir stellen jetzt eine einfache Überlegung an, die uns zeigt, daß sich die Strömung immer dann unbedingt ablösen muß, wenn anderenfalls im Flüssigkeitsstrom um den Körper ein genügend rascher Druckanstieg (und dementsprechend eine Abnahme der Geschwindigkeit U) in Stromrichtung vorhanden wäre. Es soll der Druck p auf der kleinen Strecke $\Delta x = x_2 - x_1$ hinreichend schnell vom Wert p_1 auf den Wert $p_2 (p_2 \gg p_1)$ zunehmen. Auf derselben Strecke Δx nimmt die Geschwindigkeit U der Flüssigkeit außerhalb der Grenzschicht von dem ursprünglichen Wert U_1 auf den beträchtlich kleineren Wert U_2 ab, der durch die Bernoullische Gleichung bestimmt wird:

$$\frac{1}{2}\,(U_1^2 - U_2^2) = \frac{1}{\varrho}\,(p_2 - p_1)\,.$$

Da p nicht von y abhängt, ist die Druckzunahme $p_2 - p_1$ in allen Entfernungen von der Wand die gleiche. Für genügend großen Druckgradienten $\frac{\mathrm{d}p}{\mathrm{d}x} \sim \frac{p_2 - p_1}{\Delta x}$ kann in der Bewegungsgleichung (40,6) der Term $\nu\,\frac{\partial^2 v_x}{\partial y^2}$ mit der Zähigkeit weggelassen werden (selbstverständlich nur dann, wenn y nicht zu klein ist). Dann kann man auch zur Abschätzung der Änderung der Geschwindigkeit v in der Grenzschicht die Bernoullische Gleichung verwenden:

$$\frac{1}{2}\,(v_2^2 - v_1^2) = -\frac{1}{\varrho}\,(p_2 - p_1)\,.$$

Durch Vergleich mit der vorhergehenden Gleichung ergibt sich

$$v_2^2 = v_1^2 - (U_1^2 - U_2^2).$$

Die Geschwindigkeit v_1 in der Grenzschicht ist aber kleiner als die Geschwindigkeit der Grundströmung. Man kann ein solches y finden, für das $v_1^2 < U_1^2 - U_2^2$. Die Geschwindigkeit v_2 wird auf diese Weise imaginär; das bedeutet, daß es keine physikalisch sinnvollen Lösungen der Prandtlschen Gleichungen gibt. In Wirklichkeit muß sich die Strömung auf der Strecke Δx ablösen, so daß der zu große Druckgradient herabgesetzt wird.

Ein interessanter Fall für das Auftreten der Ablösung ist die Strömung um einen Winkel, der von zwei sich schneidenden festen Flächen gebildet wird. Bei einer laminaren Potentialströmung um einen konvexen Winkel (Abb. 3) würde die Strömungsgeschwindigkeit an der Winkelkante unendlich (siehe Aufgabe 6, § 10); sie würde im Strom zur Kante hin zunehmen und von der Kante weg abnehmen. In Wirklichkeit führt der starke Geschwindigkeitsabfall hinter der Kante (und der zugehörige Druckanstieg) zur Ablösung. Die Kante des Winkels ist die Ablösungslinie. Es entsteht das Strömungsbild, das in § 35 behandelt worden ist.

Bei der laminaren Strömung in einem konkaven Winkel (Abb. 4) wird die Strömungsgeschwindigkeit auf der Kante des Winkels gleich Null. Die Geschwindigkeit nimmt hier in Stromrichtung zur Kante hin ab (dementsprechend nimmt der Druck zur Kante hin zu). Das führt im allgemeinen zur Ablösung; die Ablösungslinie liegt stromaufwärts von der Kante des Winkels entfernt.

Aufgabe

Man bestimme die kleinste Größenordnung des Druckanstieges Δp, der (in der Grundströmung) auf der Strecke Δx vorhanden sein muß, damit sich die Strömung ablöst.

Lösung. y sei ein solcher Abstand von der Oberfläche des Körpers, für den man einerseits schon die Bernoullische Gleichung anwenden kann und für den andererseits das Quadrat $v^2(y)$ der Geschwindigkeit v in der Grenzschicht kleiner als die Änderung $|\Delta U^2|$ des Quadrates der Geschwindigkeit U außerhalb dieser Schicht ist. Für $v(y)$ können wir größenordnungsmäßig schreiben:

$$v(y) \approx \frac{\mathrm{d}v}{\mathrm{d}y} y \sim \frac{U}{\delta} y$$

($\delta \sim (\nu l/U)^{1/2}$ ist die Dicke der Grenzschicht, l sind die Abmessungen des Körpers). Setzen wir die Größenordnungen der beiden Terme auf der rechten Seite der Gleichung (40,6) gleich, so erhalten wir

$$\frac{1}{\varrho} \frac{\Delta p}{\Delta x} \sim \nu \frac{v(y)}{y^2} \sim \nu \frac{U}{\delta y}.$$

Die Bedingung

$$v^2 = |\Delta U^2| = 2 \frac{\Delta p}{\varrho}$$

ergibt $\frac{U^2}{\delta^2} y^2 \sim \frac{\Delta p}{\varrho}$. Wir eliminieren aus den beiden erhaltenen Beziehungen y und finden endgültig

$$\Delta p \sim \varrho U^2 \left(\frac{\Delta x}{l}\right)^{2/3}.$$

§ 41. Die Stabilität der Strömung in einer laminaren Grenzschicht

Die laminare Strömung in einer Grenzschicht wird wie jede andere laminare Strömung für genügend große Reynolds-Zahlen in einem gewissen Grade instabil. Der Charakter des Stabilitätsverlustes ist in einer Grenzschicht ähnlich wie bei der Strömung durch ein Rohr (§ 28).

Die Reynolds-Zahl für die Strömung in einer Grenzschicht ändert sich längs der Oberfläche des umströmten Körpers. So kann man bei der Strömung um eine Platte die Reynolds-Zahl als $\mathrm{Re}_x = Ux/\nu$ definieren; x ist der Abstand von der vorderen Plattenkante, U die Strömungsgeschwindigkeit außerhalb der Grenzschicht. Zur Beschreibung einer Grenzschicht ist es jedoch zweckmäßiger, in die Definition als Abmessung irgendeine Länge aufzunehmen, die direkt die Dicke der Schicht charakterisiert. Als solche Abmessung kann man die in (39,26) definierte Verdrängungsdicke nehmen:

$$\mathrm{Re}_\delta = \frac{U\delta^*}{\nu} = 1{,}72\sqrt{\mathrm{Re}_x} \qquad (41{,}1)$$

(der Zahlenkoeffizient bezieht sich auf die Grenzschicht an einer ebenen Oberfläche).

Auf Grund der verhältnismäßig langsamen Änderung der Schichtdicke mit dem Abstand und der Kleinheit der Normalkomponente der Geschwindigkeit in der Schicht kann man bei der Untersuchung der Stabilität der Strömung in einem kleinen Abschnitt der Grenzschicht eine ebene Parallelströmung mit einem längs der x-Achse unveränderlichen Geschwindigkeitsprofil betrachten.[1] Vom rein mathematischen Standpunkt aus ist unser Problem ähnlich zu dem Problem, die Stabilität der Strömung zwischen zwei parallelen Ebenen zu untersuchen (worüber wir in § 29 gesprochen haben). Ein Unterschied besteht allein in der Form des Geschwindigkeitsprofils: Statt des symmetrischen Profils mit $v = 0$ an beiden Rändern haben wir hier ein unsymmetrisches Profil; die Geschwindigkeit ändert sich darin von Null auf der Oberfläche des Körpers bis zu einem gewissen gegebenen Wert U – der Strömungsgeschwindigkeit außerhalb der Grenzschicht. Eine solche Untersuchung ergibt die folgenden Resultate (W. Tollmien, 1929; H. Schlichting, 1933; C. C. Lin, 1945).

Die Gestalt der neutralen Kurve im ω, Re-Diagramm (siehe § 28) hängt von der Form des Geschwindigkeitsprofils in der Grenzschicht ab. Enthält das Geschwindigkeitsprofil keinen Wendepunkt (die Geschwindigkeit v_x wächst monoton, wobei die Kurve $v_x = v_x(y)$ überall konvex ist; Abb. 28a), dann hat die Stabilitätsgrenze eine ganz ähnliche Form wie für die Strömung durch ein Rohr: Es gibt einen gewissen Minimalwert $\mathrm{Re} = \mathrm{Re}_{\mathrm{kr}}$, für den sich aufschaukelnde Störungen vorkommen; für $\mathrm{Re} \to \infty$ schmiegen sich beide Kurvenäste asymptotisch der Abszissenachse an (Abb. 29a). Für das Geschwindigkeitsprofil in der

---

[1]) Bei einer solchen Behandlung wird natürlich die Frage außer acht gelassen, welchen Einfluß die Krümmung der umströmten Fläche auf die Stabilität der Grenzschicht hat. Die vorgenommenen Vernachlässigungen sind auch nicht ganz folgerichtig. Die einzigen ebenen Parallelströmungen (mit nur von einer Koordinate abhängigem Geschwindigkeitsprofil), die der Navier-Stokesschen Gleichung genügen, sind nämlich die Strömungen mit linearem (17,1) und parabolischem (17,4) Profil (während die Eulersche Gleichung durch ebene Parallelströmungen mit beliebigem Profil erfüllt wird). Deshalb ist die in der Stabilitätstheorie der Grenzschicht betrachtete Grundströmung streng genommen keine Lösung der Bewegungsgleichungen.

Grenzschicht auf einer ebenen Platte ergibt die Rechnung für die kritische Reynolds-Zahl den Wert $\mathrm{Re}_{\delta\,\mathrm{kr}} \approx 420.$[1])

Ein Geschwindigkeitsprofil wie in Abb. 28a kann dann nicht vorliegen, wenn die Strömungsgeschwindigkeit außerhalb der Grenzschicht in Richtung der Strömung abnimmt. In diesem Falle muß das Geschwindigkeitsprofil unbedingt einen Wendepunkt haben: Wir wollen dazu ein kleines Stück der Wandfläche betrachten, das wir als eben ansehen können.

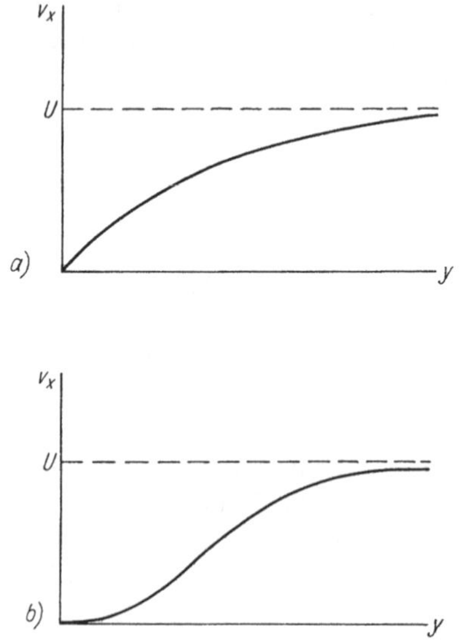

Abb. 28

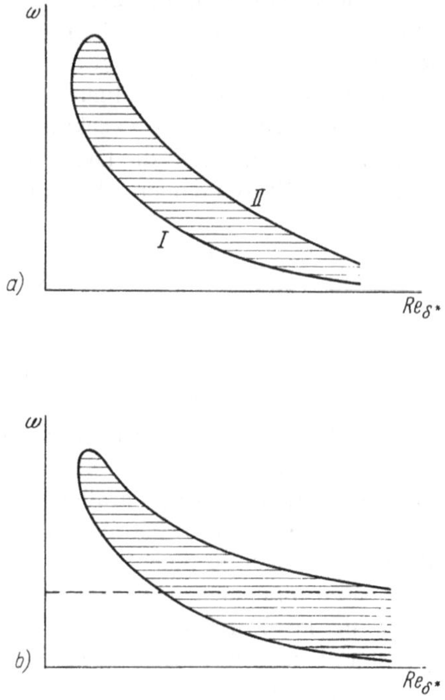

Abb. 29

x sei wieder die Koordinate in Strömungsrichtung, y der Abstand von der Wand. Aus der Beziehung (40,10) folgt

$$\nu \left.\frac{\partial^2 v_x}{\partial y^2}\right|_{y=0} = \frac{1}{\varrho}\frac{\mathrm{d}p}{\mathrm{d}x} = -\,U\,\frac{\partial U}{\partial x},$$

und daraus ist ersichtlich, daß in der Nähe der Oberfläche

$$\frac{\partial^2 v_x}{\partial y^2} > 0$$

ist, wenn U in Stromrichtung abnimmt ($\partial U/\partial x < 0$); d. h., die Kurve $v_x = v_x(y)$ ist konkav. Mit zunehmendem y muß sich die Geschwindigkeit v_x asymptotisch dem endlichen Grenzwert U annähern. Schon aus rein geometrischen Überlegungen ist klar, daß die Kurve dazu konvex werden muß und deshalb irgendwo einen Wendepunkt hat (Abb. 28b).

[1]) Für $\mathrm{Re}_\delta \to \infty$ geht ω auf den Ästen I und II der neutralen Kurve wie $\mathrm{Re}_\delta^{-1/2}$ und $\mathrm{Re}_\delta^{-1/5}$ gegen Null. Zum Punkt $\mathrm{Re} = \mathrm{Re}_{\mathrm{kr}}$ gehört die Frequenz $\omega_{\mathrm{kr}} = 0{,}15\, U/\delta^*$ und die Wellenzahl $k_{\mathrm{kr}} = 0{,}36/\delta^*$.

Ist im Geschwindigkeitsprofil ein Wendepunkt enthalten, dann ändert sich die Gestalt der Berandung des Stabilitätsbereiches ein wenig. Die beiden Kurvenäste haben dann für $\mathrm{Re} \to \infty$ verschiedene Asymptoten: Ein Ast nähert sich wie vorher asymptotisch der Abszissenachse, auf dem anderen strebt ω gegen einen endlichen, von Null verschiedenen Grenzwert (Abb. 29b). Außerdem verringert die Existenz eines Wendepunktes den Wert von Re_{kr} bedeutend.

Die Reynolds-Zahl nimmt entlang der Grenzschicht zu. Aus diesem Grunde zeigen die Störungen ein eigenartiges Verhalten, wenn sie von der Strömung mitgeführt werden. Wir betrachten die Strömung um eine ebene Platte und setzen voraus, daß an einer gewissen Stelle der Grenzschicht eine Störung mit der gegebenen Frequenz ω erzeugt wird. Der Ausbreitung dieser Störung in Stromrichtung entspricht in Abb. 29a eine Bewegung auf der horizontalen Geraden $\omega = \mathrm{const}$ nach rechts. Dabei wird die Störung zunächst gedämpft, nach Erreichen des Astes *I* der Stabilitätsgrenze wird sie angefacht. Die Verstärkung dauert solange, bis der Ast *II* erreicht wird, danach wird die Störung wieder gedämpft. Der gesamte Verstärkungsfaktor für die Störung während des Durchganges durch den instabilen Bereich ist um so größer, je weiter dieser Bereich nach großen Re hin verschoben ist (d. h., je niedriger in Abb. 21a der entsprechende horizontale Abschnitt zwischen den Ästen *I* und *II* der Stabilitätsgrenze liegt).

Die Frage nach dem Charakter der Instabilität der Grenzschicht gegenüber infinitesimalen Störungen (absolute oder konvektive Instabilität) ist noch nicht vollständig beantwortet. Für ein Geschwindigkeitsprofil ohne Wendepunkt ist die Instabilität konvektiv in dem Gebiet der Werte von Re, in dem beide Äste der neutralen Kurve (Abb. 29a) nahe an der Abszisse liegen (auf dieses Gebiet bezieht sich auch der Beweis für die ebene Poiseuille-Strömung, vgl. die Fußnote auf S. 133). Für kleine Werte von Re und auch für Geschwindigkeitsprofile mit einem Wendepunkt ist diese Frage noch ungelöst.

Wegen der Änderung der Reynolds-Zahl längs der Grenzschicht wird nicht die ganze Schicht auf einmal turbulent, sondern nur derjenige Teil, für den Re_δ einen bestimmten Wert überschreitet. Bei gegebener Umströmungsgeschwindigkeit bedeutet dies, daß die Turbulenz in einem bestimmten Abstand von der vorderen Kante entsteht; bei Vergrößerung der Geschwindigkeit nähert sich diese Stelle der vorderen Kante. Experimentelle Daten zeigen, daß die Stelle für das Entstehen der Turbulenz in der Grenzschicht auch wesentlich von der Intensität der Störungen im heranfließenden Strom abhängt. Bei Verringerung des Störungsgrades verschiebt sich das Einsetzen der Turbulenz zu höheren Werten von Re_δ.

Der Unterschied zwischen den neutralen Kurven in den Abbildungen 29a und 29b hat prinzipiellen Charakter. Wenn der obere Ast der Frequenz für $\mathrm{Re}_\delta \to \infty$ zu einem von Null verschiedenen Grenzwert strebt, so bedeutet dies, daß die Strömung bei beliebig kleiner Zähigkeit instabil wird. Im Fall der Kurve in Abb. 29a dagegen wird für $\nu \to 0$ eine Störung mit einer beliebigen endlichen Frequenz gedämpft. Dieser Unterschied wird gerade bedingt durch das Vorhandensein oder das Fehlen eines Wendepunktes im Geschwindigkeitsprofil $v_x = v(y)$. Den Ursprung dieses Unterschieds kann man mathematisch verfolgen, indem man das Stabilitätsproblem im Rahmen der Hydrodynamik der idealen Flüssigkeit betrachtet (Rayleigh, 1880).

Wir setzen in die Gleichung für die ebene Strömung einer idealen Flüssigkeit (10,10) die Stromfunktion in der Form

$$\psi = \psi_0(y) + \psi_1(x, y, t)$$

ein, wobei ψ_0 die Stromfunktion der ungestörten Strömung ist (so daß $\psi_0' = v(y)$) und ψ_1 eine kleine Störung. Die letztere setzen wir in der Form

$$\psi_1 = \varphi(y)\, e^{i(kx-\omega t)}$$

an. Einsetzen in (10,10) führt zu der folgenden linearisierten Gleichung für die Funktion ψ_1 [1]):

$$\left(v - \frac{\omega}{k}\right)(\varphi'' - k^2\varphi) - v''\varphi = 0\,. \tag{41,2}$$

Wenn die Begrenzung der Strömung eine feste Wand ist, dann gilt auf ihr (für ihre y-Koordinate) $\varphi = 0$ (als Folge der Bedingung $v_y = 0$); wenn die Breite des Stromes nicht begrenzt ist (auf einer oder auf beiden Seiten), dann muß eine solche Bedingung auch im Unendlichen gestellt werden, wo der Strom homogen ist. Wir werden k als eine gegebene reelle Größe betrachten; die Frequenz ω wird durch die Eigenwerte der Randwertaufgabe für die Gleichung (41,2) bestimmt.

Wir teilen die Gleichung (41,2) durch $v - \omega/k$, multiplizieren mit φ^* und integrieren über y zwischen den beiden Begrenzungen für die Strömung y_1 und y_2. Durch partielle Integration des Produkts $\varphi^*\varphi''$ erhalten wir

$$\int_{y_1}^{y_2} (|\varphi'|^2 + k^2\,|\varphi|^2)\,dy + \int_{y_1}^{y_2} \frac{v''\,|\varphi|^2}{v - \omega/k}\,dy = 0\,. \tag{41,3}$$

Das erste Glied ist hier in jedem Falle reell. Wir nehmen die Frequenz als komplex an, suchen den Imaginärteil der Gleichung heraus und erhalten

$$\operatorname{Im}\omega \int_{y_1}^{y_2} \frac{v''\,|\varphi|^2}{|v - \omega/k|^2}\,dy = 0\,. \tag{41,4}$$

Damit $\operatorname{Im}\omega \neq 0$ sein kann, muß das Integral gleich Null werden, und dafür ist in jedem Falle notwendig, daß v'' irgendwo im Integrationsgebiet durch Null geht. Folglich kann eine Instabilität (bei $\nu = 0$) nur entstehen, wenn das Geschwindigkeitsprofil einen Wendepunkt hat.[2])

Vom physikalischen Gesichtspunkt aus hängt das Auftreten dieser Instabilität mit der „Resonanzwechselwirkung“ zwischen den Schwingungen des Mediums und der Bewegung seiner Teilchen in der Grundströmung zusammen und ist in diesem Sinne analog zum

---

[1]) Eine beliebige Funktion $\psi_0(y)$ befriedigt die Gleichung (10,10) identisch; s. die Bemerkung in der Fußnote auf S. 211.

[2]) Es muß bemerkt werden, daß die Aufgabenstellung zur Untersuchung der Stabilität mit der exakten Gleichung $\nu = 0$ physikalisch nicht völlig korrekt ist. Sie berücksichtigt nicht, daß eine reale Flüssigkeit unbedingt eine, wenn auch kleine, von Null verschiedene Zähigkeit besitzt. Dies führt zu einer Reihe mathematischer Schwierigkeiten: Zum Verschwinden gewisser Lösungen (auf Grund der Erniedrigung der Ordnung der Differentialgleichung für die Funktion φ) und zum Auftreten neuer Lösungen, die für $\nu \neq 0$ fehlen. Die letztere Tatsache ist mit der Singularität der Gleichung (41,2) verbunden (die für $\nu \neq 0$ fehlt): Im Punkt, in dem $v(y) = \omega/k$ ist, verschwindet der Koeffizient der höchsten Ableitung in der Gleichung.

Auftreten der aus der kinetischen Theorie bekannten Landau-Dämpfung (oder Verstärkung im Fall der Instabilität) der Schwingungen im stoßfreien Plasma (s. X, § 30).[1])

Nach Gleichung (41,2) hängen die Eigenschwingungen einer Strömung (wenn sie existieren) mit denjenigen ihrer Teile zusammen, wo $v''(y) \neq 0$.[2]) Um den Mechanismus der Verstärkung der Schwingungen zu untersuchen, ist das Beispiel eines Geschwindigkeitsprofils zweckmäßig, bei dem die „Quelle" der Schwingungen in einer einzigen Schicht der Strömung lokalisiert ist: Wir betrachten ein Profil $v(y)$, dessen Krümmung überall klein ist mit Ausnahme der Umgebung eines gewissen Punktes $y = y_0$; ersetzen wir diese Umgebung einfach durch einen Knick im Profil, dann werden wir in $v''(y)$ ein Glied der Form $A\delta(y - y_0)$ haben. Gerade dieses Glied wird den wesentlichen Beitrag zum Integral in (41,3) liefern. Wir werden die Strömung in einem Koordinatensystem beschreiben, in dem die „Quelle" ruht, d. h. $v(y_0) = 0$ (wie in Abb. 30 dargestellt). Wir suchen in (41,3) den Realteil heraus:

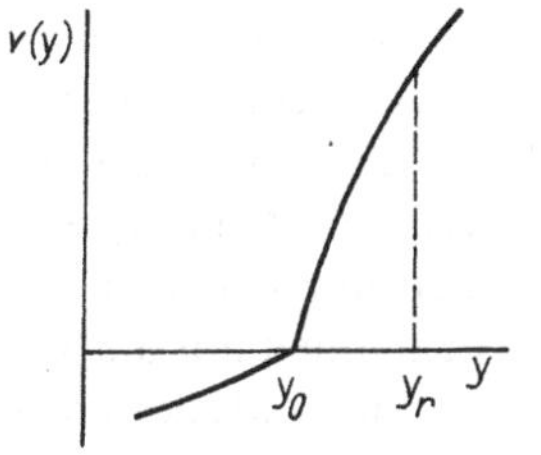

Abb. 30

$$\int_{y_1}^{y_2} (|\varphi'|^2 + k^2 |\varphi|^2)\, dy - \frac{A\, |\varphi(y_0)|^2 \operatorname{Re} \omega/k}{|\omega/k|^2} = 0\,.$$

Es sei $A > 0$ (wie in Abb. 30); da das erste Glied in dieser Gleichung positiv ist, muß $\operatorname{Re} \omega/k > 0$ sein, die Phasengeschwindigkeit der Welle ist nach rechts gerichtet. Hierbei liegt der Resonanzpunkt y_r, in dem die Phasengeschwindigkeit der Welle mit der lokalen Geschwindigkeit der Strömung zusammenfällt, $v(y_r) = \operatorname{Re} \omega/k$, rechts vom Punkt y_0. Flüssigkeitsteilchen, die sich in der Umgebung des Resonanzpunktes bewegen und die Welle überholen, geben ihr Energie ab; Teilchen, die hinter der Welle zurückbleiben, entnehmen ihr Energie; die Welle wird verstärkt (Instabilität), wenn es von der ersten Sorte mehr Teilchen gibt als von der zweiten.[3]) Auf Grund der vorausgesetzten Inkompressibilität der Flüssigkeit ist die Zahl der Teilchen, die auf das Element dy der Breite des Stromes entfallen, einfach proportional zu dy; damit ist auch die Zahl der Teilchen mit

[1]) Auf diese Analogie wurde von A. W. Timofejew (1979) und A. A. Andronow und A. L. Fabrikant (1979) hingewiesen; wir folgen unten der Darlegung von A. W. Timofejew.

[2]) Bei $v''(y) = 0$ hat die Gleichung (41,2) überhaupt keine Lösungen, die den notwendigen Randbedingungen genügen.

[3]) In bezug auf die Resonanzteilchen ist die Bewegung in der Welle stationär; deshalb ist der Energieaustausch zwischen ihnen und der Welle im Zeitmittel nicht gleich Null (wie dies für die anderen Teilchen der Fall ist, relativ zu denen die Bewegung in der Welle oszilliert). Wir bemerken noch, daß die angegebene Richtung für den Energieaustausch dem Streben nach Verkleinerung des Geschwindigkeitsgradienten in der Strömung entspricht und in diesem Sinne der Berücksichtigung einer sehr kleinen Zähigkeit.

Geschwindigkeiten im Intervall $\mathrm{d}v$ proportional zu $\mathrm{d}y = (\mathrm{d}y/\mathrm{d}v)\,\mathrm{d}v = \mathrm{d}v/v'(y)$, d. h., die Größe $1/v'(y)$ spielt die Rolle der Verteilungsfunktion für die Geschwindigkeiten. Für das Entstehen einer Instabilität ist es folglich notwendig, daß die Funktion $1/v'(y)$ beim Durchgang durch den Punkt y_r von links nach rechts anwächst, d. h., daß $v'(y)$ abfällt. Mit anderen Worten, es muß $v''(y_r) < 0$ sein, und da im Punkt y_0 die Ableitung v'' positiv ist, muß irgendwo zwischen den Punkten y_0 und y_r ein Wendepunkt im Profil sein.

In analoger Weise kann der Fall mit $A < 0$ betrachtet werden (und dies führt zum gleichen Resultat); hierbei sind die Phasengeschwindigkeit der Welle und die Geschwindigkeit der Resonanzteilchen nach links gerichtet.

§ 42. Das logarithmische Geschwindigkeitsprofil

Wir wollen einen planparallelen turbulenten Flüssigkeitsstrom an einer unbegrenzten ebenen Fläche betrachten. (Wenn wir von einem planparallelen turbulenten Strom sprechen, dann ist natürlich die zeitlich gemittelte Strömung gemeint.)[1]) Die Stromrichtung wählen wir als x-Richtung, die Ebene der Wand als xz-Ebene, so daß y der Abstand von der Wand ist. Die y- und z-Komponenten der mittleren Geschwindigkeit sind Null: $u_x = u$, $u_y = u_z = 0$. Ein Druckgefälle ist nicht vorhanden; alle Größen hängen nur von y ab.

Mit σ bezeichnen wir die Reibungskraft, die pro Flächeneinheit auf die Wand wirkt (und offensichtlich in x-Richtung zeigt). Die Größe σ ist nichts anderes als der von der Flüssigkeit auf die feste Wand übertragene Impuls. Sie ist gleichzeitig auch der konstante Impulsstrom (genauer der Strom der x-Komponente des Impulses), der in negativer y-Richtung fließt und den Impuls angibt, der dauernd von den von der Wand weiter entfernten Schichten auf die näher gelegenen Schichten übertragen wird.

Dieser Impulsstrom wird natürlich von dem Gradienten der mittleren Geschwindigkeit u in y-Richtung hervorgerufen. Würde die Flüssigkeit überall mit der gleichen Geschwindigkeit strömen, dann wäre kein Impulsstrom in ihr vorhanden. Man kann das Problem auch umgekehrt stellen. Wir geben uns dazu einen bestimmten Wert für σ vor und fragen, wie die Strömung einer Flüssigkeit gegebener Dichte ϱ beschaffen sein muß, damit dieser Impulsstrom σ entsteht. Da wir asymptotische Gesetze erhalten wollen, die sich auf sehr große Reynolds-Zahlen beziehen, gehen wir wieder von der Voraussetzung aus, daß in diesen Gesetzen die Zähigkeit ν nicht explizit auftreten darf (sie wird jedoch für sehr kleine Abstände y wichtig, s. unten).

Der Wert des Geschwindigkeitsgradienten $\mathrm{d}u/\mathrm{d}y$ muß also für jeden Abstand von der Wand durch die konstanten Parameter ϱ, σ und natürlich durch den Abstand y selbst bestimmt werden. Die einzige Kombination mit der geforderten Dimension, die man aus ϱ, σ und y bilden kann, ist $(\sigma/\varrho)^{1/2}/y$. Deshalb muß

$$\frac{\mathrm{d}u}{\mathrm{d}y} = \frac{v_*}{\varkappa y} \qquad (42,1)$$

gelten, wo die für das weitere zweckmäßige Größe v_* (mit der Dimension einer Geschwindigkeit) entsprechend der Definition

$$\sigma = \varrho v_*^2 \qquad (42,2)$$

---

[1]) Die Ergebnisse von §§ 42–44 stammen von TH. VON KÁRMÁN (1930) und L. PRANDTL (1932)

eingeführt worden ist und $\varkappa$ einen Zahlenfaktor (die *Kármánsche Konstante*) darstellt. Der Wert von $\varkappa$ kann nicht theoretisch berechnet werden, sondern muß aus dem Experiment bestimmt werden. Er erweist sich als[1])

$$\varkappa = 0{,}4\,. \tag{42,3}$$

Durch Integration der Beziehung (42,1) erhalten wir

$$u = \frac{v_*}{\varkappa}(\ln y + c)\,, \tag{42,4}$$

wobei c eine Integrationskonstante ist. Zur Bestimmung dieser Konstanten darf man nicht die üblichen Randbedingungen auf der Wandfläche verwenden, denn für $y = 0$ wird der erste Summand in (42,4) unendlich. Der Grund dafür ist, daß der angegebene Ausdruck in Wirklichkeit für sehr kleine Abstände von der Wand unbrauchbar wird, weil für sehr kleine y der Einfluß der Zähigkeit wesentlich wird und nicht vernachlässigt werden darf. Bedingungen im Unendlichen sind ebenfalls nicht vorhanden: Für $y = \infty$ wird der Ausdruck (42,4) auch unendlich. Das hängt damit zusammen, daß bei den von uns aufgestellten idealisierten Bedingungen für das Problem eine unendliche Wandfläche vorkommt, deren Einfluß daher bis zu unendlich großen Abständen spürbar ist.

Bevor wir die Konstante c bestimmen, weisen wir zunächst auf folgende wesentliche Besonderheit der betrachteten Strömung hin: Sie hat keine charakteristischen konstanten Längenparameter, die die Ausdehnung der Turbulenz bestimmen könnten, wie es normalerweise der Fall ist. Die Grundausdehnung der Turbulenz wird daher durch den Abstand y selbst gegeben; die turbulente Strömung hat im Abstand y von der Wand eine Grundabmessung von der Größenordnung y. Die ungeordnete Geschwindigkeit in der Turbulenz hat die Größenordnung v_*. Das folgt unmittelbar aus Dimensionsbetrachtungen, weil v_* die einzige Größe mit der Dimension einer Geschwindigkeit ist, die man aus den uns zur Verfügung stehenden Größen σ, ϱ und y bilden kann. Während die mittlere Geschwindigkeit mit abnehmendem y kleiner wird, bleibt die Größenordnung der Geschwindigkeitsschwankung in allen Abständen von der Wand gleich. Dieses Ergebnis stimmt mit der allgemeinen Regel überein, daß die Größenordnung der Geschwindigkeitsschwankung durch die Änderung Δu der mittleren Geschwindigkeit bestimmt wird (§ 33). Im vorliegenden Falle gibt es keine charakteristischen Längen l, auf denen man die Änderung der mittleren Geschwindigkeit betrachten könnte. Δu muß jetzt vernünftigerweise als Änderung von u bei einer Änderung des Abstandes y um dessen eigene Größenordnung definiert werden. Bei einer solchen Änderung von y ändert sich die Geschwindigkeit u nach (42,4) gerade um die Größenordnung von v_*.

In genügend kleinen Abständen von der Wand beginnt die Zähigkeit der Flüssigkeit eine Rolle zu spielen; die Größenordnung dieser Abstände bezeichnen wir mit y_0. Man kann y_0 folgendermaßen bestimmen. Die Abmessung der turbulenten Bewegung ist in diesen Abständen von der Größenordnung y_0, ihre Geschwindigkeit von der Größenordnung v_*. Für die Reynolds-Zahl, die die Strömung in Abständen der Größenordnung y_0 charakterisiert, gilt deshalb $\mathrm{Re} \sim y_0 v_*/\nu$. Die Zähigkeit beginnt eine Rolle zu spielen bei $\mathrm{Re} \sim 1$.

---

[1]) Dieser Wert (und der Wert einer weiteren Konstanten in der Formel (42,8) unten) ist aus Messungen des Geschwindigkeitsprofils in der Nähe von Rohrwänden, in der Nähe der Wände rechteckiger Kanäle und in der Grenzschicht auf ebenen Wänden erhalten worden.

Daraus finden wir

$$y_0 \sim \nu/v_* , \tag{42,5}$$

wodurch der uns interessierende Abstand bestimmt wird.

Für Abstände $y \ll y_0$ wird die Strömung der Flüssigkeit durch die gewöhnliche zähe Reibung bestimmt. Die Geschwindigkeitsverteilung kann hier unmittelbar aus der üblichen Formel für die zähe Reibung erhalten werden:

$$\sigma = \varrho\nu \frac{\mathrm{d}u}{\mathrm{d}y}$$

und hieraus

$$u = \frac{\sigma}{\varrho\nu} y = \frac{v_*^2}{\nu} y . \tag{42,6}$$

Direkt an der Wand liegt also eine dünne Flüssigkeitsschicht, in der sich die mittlere Geschwindigkeit nach einem linearen Gesetz ändert. Die Geschwindigkeit in dieser Schicht ist klein; sie ändert sich vom Wert Null an der Wand bis zu einem Wert $\sim v_*$ bei $y \sim y_0$. Diese Schicht nennt man *zähe Unterschicht.* Es existiert selbstverständlich keine scharfe Grenze zwischen der zähen Unterschicht und dem übrigen Strom; in diesem Sinne hat der Begriff der zähen Unterschicht einen rein qualitativen Charakter. Wir betonen, daß die Strömung in ihr turbulent ist.[1])

Im folgenden werden wir uns nicht mehr für die Strömung in der zähen Unterschicht interessieren. Das Vorhandensein dieser Schicht muß nur durch eine entsprechende Wahl der Integrationskonstanten in (42,4) berücksichtigt werden: Sie muß so gewählt werden, daß $u \sim v_*$ wird für Abstände $y \sim y_0$. Dafür muß man $c = -\ln y_0$ setzen, so daß

$$u = \frac{v_*}{\varkappa} \ln \frac{y v_*}{\nu} . \tag{42,7}$$

Diese Formel bestimmt (für begrenzte y) die Verteilung der Geschwindigkeit im turbulenten Strom entlang einer festen Wand. Diese Verteilung heißt *logarithmisches Geschwindigkeitsprofil.*[2])

In der Formel (42,7) müßte unter dem Logarithmus eigentlich noch ein gewisser Zahlenfaktor stehen. In der aufgeschriebenen Form besitzt die Formel, wie man sagt, nur *logarithmische Genauigkeit*. Dies bedeutet, daß das Argument im Logarithmus als so groß vorausgesetzt wird, daß auch der Logarithmus selbst groß ist. Die Einführung eines nicht großen Zahlenfaktors unter dem Logarithmus in (42,7) ist äquivalent der Addition eines Zusatzgliedes der Form const $\cdot\, v_*$ zum aufgeschriebenen Ausdruck, wobei const eine Zahl der Größenordnung Eins ist; in logarithmischer Näherung wird ein solches Glied vernach-

---

[1]) In diesem Sinne ist die manchmal noch benutzte Bezeichnung als „laminare Unterschicht“ nicht angemessen. Eine Ähnlichkeit mit der laminaren Strömung besteht nur insofern, als die mittlere Geschwindigkeit nach dem gleichen Gesetz verteilt ist, nach dem die wirkliche Geschwindigkeit bei der laminaren Strömung unter denselben Bedingungen verteilt wäre.
Die Geschwindigkeitsschwankung in der zähen Unterschicht zeigt eigenartige Besonderheiten, die noch keine ausreichende theoretische Interpretation gefunden haben.

[2]) Die hier dargelegte einfache Ableitung des logarithmischen Geschwindigkeitsprofils stammt von L. D. Landau (1944).

lässigt gegenüber dem Glied, das den großen Logarithmus enthält. In Wirklichkeit ist jedoch das Argument des Logarithmus in der hier betrachteten Formel (und den unten betrachteten Formeln) nicht sehr groß, und deshalb ist die Genauigkeit der logarithmischen Näherung nicht sehr hoch. Man kann die Genauigkeit dieser Formeln erhöhen, indem man empirische Zahlenfaktoren in das Argument des Logarithmus aufnimmt oder, was das gleiche ist, zum Logarithmus empirische Konstanten addiert. So hat eine genauere Formel für das Geschwindigkeitsprofil die Gestalt

$$u = v_* \left(2{,}5 \ln \frac{y v_*}{\nu} + 5{,}1 \right) = 2{,}5 v_* \ln \frac{y v_*}{0{,}13 \nu} . \tag{42,8}$$

Wir bemerken, daß die beiden Formeln (42,6) und (42,8) die Form

$$u = v_* f(\xi) , \qquad \xi = y v_* / \nu , \tag{42,9}$$

haben, wo $f(\xi)$ eine universelle Funktion ist. Dies ist eine direkte Folge der Tatsache, daß ξ die einzige dimensionslose Kombination ist, die man aus den uns zur Verfügung stehenden Parametern ϱ, σ, ν und der Variablen y bilden kann. Aus diesem Grunde muß eine Abhängigkeit von dieser Art für überhaupt alle Abstände von der Wand gelten, darunter auch für das Zwischengebiet zwischen den Gültigkeitsbereichen der Formeln (42,6) und (42,8). In Abb. 31 ist die Kurve der Funktion $f(\xi)$ im halblogarithmischen Maßstab (Zehnerlogarithmus) aufgetragen. Die ausgezogenen Linien 1 und 2 entsprechen den Formeln (42,6) und (42,8); die gestrichelte Kurve gibt die empirische Abhängigkeit im Zwischengebiet (das sich etwa von $\xi \approx 5$ bis $\xi \approx 30$ erstreckt).

Die Energiedissipation im betrachteten turbulenten Strom ist leicht zu berechnen. Die Größe σ ist der Mittelwert der Komponente Π_{xy} des Tensors der Impulsstromdichte. Außerhalb der zähen Unterschicht kann man in Π_{xy} das Glied mit der Zähigkeit fortlassen,

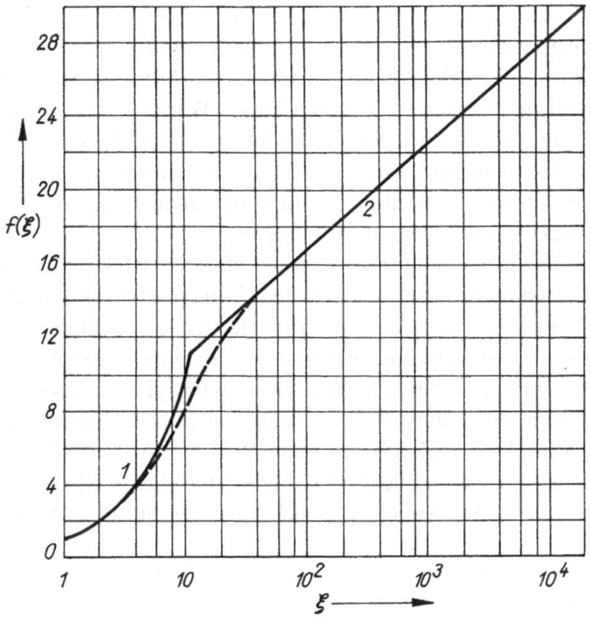

Abb. 31

so daß $\Pi_{xy} = \varrho v_x y_y$. Wir führen den schwankenden Anteil der Geschwindigkeit $\boldsymbol{v}'$ ein und beachten, daß die mittlere Geschwindigkeit die Richtung der x-Achse hat: $v_x = u + v'_x$, $v_y = v'_y$. Damit wird [1])

$$\sigma = \varrho\langle v_x v_y\rangle = \varrho\langle v'_x v'_y\rangle + \varrho u\langle v'_y\rangle = \varrho\langle v'_x v'_y\rangle\,. \tag{42,10}$$

Weiter ist die Energiestromdichte in Richtung der y-Achse gleich $(p + \varrho v^2/2)\, v_y$ (auch hier wurde das Glied mit der Zähigkeit fortgelassen). Indem wir $v^2 = (u + v'_x)^2 + v'^2_y + v'^2_z$ schreiben und den gesamten Ausdruck mitteln, erhalten wir

$$\langle p'v'_y\rangle + \frac{\varrho}{2}\langle v'^2_x v'_y + v'^3_y + v'^2_z v'_y\rangle + \varrho u\langle v'_x v'_y\rangle\,.$$

Hier ist es ausreichend, das letzte Glied zu behalten. Der schwankende Anteil der Geschwindigkeit ist nämlich von der Größenordnung v_* und deshalb (mit logarithmischer Genauigkeit) klein gegen u. Was den Druck betrifft, so gilt für seine turbulente Schwankung $p' \sim \varrho v_*^2$, und deshalb kann mit der gleichen Genauigkeit auch das erste Glied in dem aufgeschriebenen Ausdruck weggelassen werden. So finden wir für die mittlere Energiestromdichte

$$\langle q\rangle = \varrho u\langle v'_x v'_y\rangle = u\sigma\,. \tag{42,11}$$

Bei Annäherung an die Oberfläche der Wand verringert sich dieser Strom, was gerade durch die Energiedissipation bedingt ist. Die Ableitung $\mathrm{d}\,|q|/\mathrm{d}y$ gibt die Dissipation in der Volumeneinheit der Flüssigkeit, und indem wir sie durch ϱ teilen, erhalten wir die Dissipation in der Masseneinheit:

$$\varepsilon = \frac{v_*^3}{\varkappa y} = \frac{1}{\varkappa y}\left(\frac{\sigma}{\varrho}\right)^{3/2}. \tag{42,12}$$

Bisher haben wir vorausgesetzt, daß die Oberfläche der Wand hinreichend glatt ist. Wenn die Oberfläche rauh ist, dann müssen die abgeleiteten Formeln etwas geändert werden. Als Maß für die Rauhigkeit der Wand kann man die Abmessungen der Vorsprünge wählen, deren Größenordnung wir mit d bezeichnen. Wichtig ist das Verhältnis der Größe d zur Dicke der Unterschicht y_0. Wenn die Dicke y_0 groß ist im Vergleich zu d, dann ist die Rauhigkeit nicht wesentlich; dies ist auch gemeint, wenn wir von einer hinreichend glatten Wand sprechen. Wenn y_0 und d die gleiche Größenordnung haben, dann kann man keine allgemeinen Formeln aufschreiben.

Für den entgegengesetzten Grenzfall starker Rauhigkeit ($d \gg y_0$) kann man wieder einige allgemeine Beziehungen aufstellen. Von einer zähen Unterschicht kann man in diesem Falle offensichtlich nicht sprechen. Um die Vorsprünge der Unebenheiten wird sich eine turbulente Strömung ausbilden, die durch die Größen ϱ, σ, d charakterisiert ist; die Zähigkeit ν kann, wie üblich, nicht explizit eingehen. Die Geschwindigkeit dieser Strömung muß die Größenordnung v_* haben, denn dies ist die einzige uns zur Verfügung stehende Größe mit der Dimension einer Geschwindigkeit. Auf diese Weise sehen wir, daß die Geschwindigkeit in dem entlang der rauhen Oberfläche fließenden Strom klein ist ($\sim v_*$) auf Abständen $y \sim d$, während bei der Strömung entlang einer glatten Oberfläche dies für

[1]) Der Tensor des Impulsstroms, der von den turbulenten Schwankungen mitgeführt wird, heißt *Reynoldsscher Spannungstensor*; dieser Begriff wurde von O. Reynolds, 1895, eingeführt.

Abstände $y \sim y_0$ gilt. Hieraus folgt, daß die Verteilung der Geschwindigkeiten durch eine Formel bestimmt wird, die sich aus (42,7) durch die Ersetzung von v/v_* durch d ergibt:

$$u = \frac{v_*}{\varkappa} \ln \frac{y}{d}. \tag{42,13}$$

§ 43. Turbulente Strömung in Rohren

Wir wenden jetzt die erhaltenen Ergebnisse auf die turbulente Strömung durch ein Rohr an. In der Nähe der Wand des Rohres (in Abständen klein gegenüber dem Radius a) kann man seine Oberfläche genähert als eben ansehen, und die Geschwindigkeitsverteilung muß durch die Formel (42,7) oder (42,8) gegeben werden. Wegen der langsamen Änderung der Funktion $\ln y$ kann man die Formel (42,7) mit logarithmischer Genauigkeit auch auf die mittlere Strömungsgeschwindigkeit in dem Rohr U anwenden, indem man in dieser Formel statt y den Radius des Rohres a schreibt:

$$U = \frac{v_*}{\varkappa} \ln \frac{a v_*}{\nu}. \tag{43,1}$$

Unter der Geschwindigkeit U verstehen wir hier die Flüssigkeitsmenge (das Volumen), die in 1 s durch den Rohrquerschnitt strömt, dividiert durch die Fläche des Querschnittes: $U = Q/\varrho\pi a^2$.

Um die Geschwindigkeit U mit dem die Strömung hervorrufenden Druckgefälle $\Delta p/l$ (Δp ist die Druckdifferenz an den Enden des Rohres mit der Länge l) in Zusammenhang zu bringen, bemerken wir folgendes. Die auf den ganzen Stromquerschnitt wirkende Kraft ist $\pi a^2 \Delta p$. Diese Kraft dient zur Überwindung der Reibung an der Wand. Die Reibungskraft an der Wand ist pro Flächeneinheit $\sigma = \varrho v_*^2$, so daß die gesamte Reibungskraft gleich $2\pi a l \varrho v_*^2$ ist. Wir setzen die beiden Ausdrücke einander gleich und finden

$$\frac{\Delta p}{l} = \frac{2\varrho v_*^2}{a}. \tag{43,2}$$

Die Gleichungen (43,1) und (43,2) geben in Parameterdarstellung (mit dem Parameter v_*) den Zusammenhang zwischen der Strömungsgeschwindigkeit in dem Rohr und dem Druckgefälle an. Diesen Zusammenhang bezeichnet man gewöhnlich als *Widerstandsgesetz* für das Rohr. Wir drücken v_* nach (43,2) durch $\Delta p/l$ aus und setzen es in (43,1) ein; so erhalten wir das Widerstandsgesetz in der Form

$$U = \sqrt{\frac{a\,\Delta p}{2\varkappa^2 \varrho l}} \ln\left[\frac{a}{\nu}\sqrt{\frac{a\,\Delta p}{2\varrho l}}\right]. \tag{43,3}$$

Üblicherweise führt man in dieser Formel den sogenannten Widerstandsbeiwert des Rohres ein; dieser ist eine dimensionslose Größe und definiert als das Verhältnis

$$\lambda = \frac{2a\,\Delta p/l}{\varrho U^2/2}. \tag{43,4}$$

Die Abhängigkeit des λ von der dimensionslosen Reynolds-Zahl $\mathrm{Re} = \frac{2aU}{\nu}$ wird implizit durch die Gleichung

$$\frac{1}{\sqrt{\lambda}} = 0{,}88 \ln (\mathrm{Re} \sqrt{\lambda}) - 0{,}85 \tag{43,5}$$

gegeben. Wir haben hier für $\varkappa$ den Wert (42,3) eingesetzt und zu dem Logarithmus eine empirische numerische Konstante addiert.[1]) Der durch diese Formel bestimmte Widerstandsbeiwert nimmt mit wachsender Reynolds-Zahl langsam ab. Zum Vergleich geben wir das Widerstandsgesetz für eine laminare Strömung durch das Rohr an. Führen wir in die Formel (17,10) den Widerstandsbeiwert ein, so erhalten wir

$$\lambda = \frac{64}{\mathrm{Re}}. \tag{43,6}$$

Für die laminare Strömung nimmt der Widerstandsbeiwert mit wachsender Reynolds-Zahl schneller ab als für die turbulente Strömung.

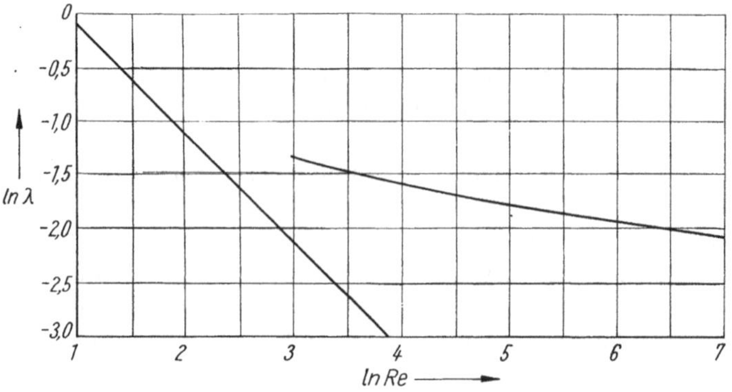

Abb. 32

In Abb. 32 ist die Abhängigkeit des λ von Re (in logarithmischem Maßstab) graphisch dargestellt. Die steil fallende Gerade gehört zum laminaren Bereich (vgl. (43,6)), die allmählich fallende Kurve (die praktisch auch fast eine Gerade ist) gehört zur turbulenten Strömung. Der Übergang von der ersten zur zweiten Kurve erfolgt mit zunehmender Reynolds-Zahl in dem Moment, in dem die Strömung in eine turbulente Strömung umschlägt. Je nach den konkreten Bedingungen (je nach dem „Störungsgrad" des Stromes) kann die Strömung bei verschiedenen Werten von Re umschlagen. Bei diesem Umschlagen steigt der Widerstandsbeiwert schroff an.

---

[1]) Der Faktor vor dem Logarithmus in dieser Formel ist in Übereinstimmung mit dem Faktor in Formel (42,8) für das logarithmische Geschwindigkeitsprofil gewählt worden. Nur unter dieser Bedingung hat diese Formel den Sinn einer theoretischen Formel für die turbulente Strömung in der Grenze genügend großer Reynolds-Zahlen. Wählt man die Werte der beiden in die Formel (43,5) eingehenden Konstanten willkürlich, dann kann diese nur die Rolle einer rein empirischen Formel für die Re-Abhängigkeit von λ spielen. In diesem Falle gibt es aber keine Begründung dafür, sie einer beliebigen anderen einfacheren empirischen Formel vorzuziehen, die die experimentellen Daten hinreichend gut beschreibt.

Die oben aufgeschriebenen Formeln beziehen sich auf Rohre mit glatten Wänden. Analoge Formeln für Rohre mit Wänden mit starker Rauhigkeit erhält man einfach durch die Ersetzung von ν/v_* durch d (vgl. (42,13)). Für das Widerstandsgesetz erhalten wir jetzt statt (43,3) die Formel

$$U = \sqrt{\frac{a\,\Delta p}{2\varkappa^2 \varrho l}} \ln \frac{a}{d}. \tag{43,7}$$

Im Logarithmus steht jetzt eine konstante Größe, die nicht das Druckgefälle enthält, wie es in (43,3) der Fall ist. Wir sehen, daß die mittlere Strömungsgeschwindigkeit jetzt einfach der Wurzel aus dem Druckgradienten in dem Rohr proportional ist. Durch Einführung des Widerstandsbeiwertes erhält (43,7) die Gestalt

$$\lambda = \frac{8\varkappa^2}{\ln^2 (a/d)} = \frac{1{,}3}{\ln^2 (a/d)}, \tag{43,8}$$

d. h., λ ist eine Konstante, die nicht von der Reynolds-Zahl abhängt.

§ 44. Die turbulente Grenzschicht

Wir haben für einen planparallelen turbulenten Strom formal im ganzen Raum eine logarithmische Abhängigkeit für die Geschwindigkeitsverteilung erhalten. Diese Tatsache hängt damit zusammen, daß wir die Strömung längs einer Wand mit unendlicher Fläche betrachtet haben. Bei der Strömung an der Oberfläche realer endlicher Körper hat die Bewegung nur in kleinen Abständen von der Oberfläche – in der Grenzschicht – ein logarithmisches Geschwindigkeitsprofil.

Die Dicke der Grenzschicht nimmt auf der Oberfläche des umströmten Körpers in Strömungsrichtung zu (das Gesetz für diese Zunahme wird später bestimmt). Dies erklärt, warum das logarithmische Geschwindigkeitsprofil bei der Strömung durch ein Rohr den ganzen Querschnitt des Rohres einnimmt. Die Dicke der Grenzschicht an der Rohrwand nimmt vom Einlauf an zu. Schon in einem gewissen endlichen Abstand vom Einlauf sieht es so aus, als würde die Grenzschicht den ganzen Querschnitt ausfüllen. Sieht man das Rohr als genügend lang an und interessiert sich nicht für das Anfangsstück, dann ist die Strömung in dem ganzen Rohr von derselben Art wie in einer turbulenten Grenzschicht. Wir erinnern daran, daß eine ähnliche Sachlage auch für eine laminare Strömung durch ein Rohr zutrifft. Eine solche Strömung wird immer durch die Formel (17,9) beschrieben; die Zähigkeit spielt in allen Abständen von der Wand eine Rolle und ist niemals auf eine dünne Flüssigkeitsschicht an der Wand beschränkt.

Der Geschwindigkeitsabfall wird in einer turbulenten wie auch in einer laminaren Grenzschicht letzten Endes durch die Zähigkeit der Flüssigkeit hervorgerufen. Der Einfluß der Zähigkeit äußert sich in einer turbulenten Grenzschicht jedoch in sehr eigenartiger Weise. Die Art, wie sich die mittlere Geschwindigkeit in der Schicht ändert, hängt selbst nicht direkt von der Zähigkeit ab. Nur in dem Ausdruck für den Geschwindigkeitsgradienten in der zähen Unterschicht ist die Zähigkeit enthalten. Die Gesamtdicke der Grenzschicht wird durch die Zähigkeit bestimmt und verschwindet mit dieser (s. u.). Wäre die Zähigkeit exakt Null, dann würde es überhaupt keine Grenzschicht geben.

Wir wenden die im vorhergehenden Paragraphen gewonnenen Ergebnisse auf die turbulente Grenzschicht an, die sich bei der Strömung um eine dünne ebene Platte ausbildet, genauso, wie es in § 39 für eine laminare Strömung durchgeführt wurde. An der Grenze der turbulenten Schicht ist die Geschwindigkeit fast gleich der Geschwindigkeit U der Grundströmung. Andererseits können wir zur Bestimmung der Geschwindigkeit an der Grenze (mit logarithmischer Genauigkeit) die Formel (42,7) benutzen, in die wir statt y die Dicke der Grenzschicht δ einsetzen.[1]) Wir setzen beide Ausdrücke gleich und erhalten

$$U = \frac{v_*}{\varkappa} \ln \frac{v_* \delta}{\nu}. \tag{44,1}$$

Hier ist U (für einen gegebenen Flüssigkeitsstrom) ein konstanter Parameter. Die Dicke δ ändert sich längs der Platte. Daher ist auch die Größe v_* eine langsam veränderliche Funktion von x. Die Formel (44,1) reicht zur Bestimmung dieser Funktionen nicht aus. Man muß noch irgendeine andere Beziehung finden, die v_* und δ mit x in Zusammenhang bringt.

Dazu stellen wir die gleichen Überlegungen an wie zur Herleitung der Formel (37,3) für die Breite des turbulenten Nachlaufs. Wie dort muß die Ableitung $\mathrm{d}\delta/\mathrm{d}x$ die Größenordnung des Verhältnisses der Geschwindigkeitskomponente in y-Richtung zur x-Komponente an der Grenze dieser Schicht haben. Die x-Komponente hat die Größenordnung U, die y-Komponente stammt von den Schwankungen und hat daher die Größenordnung v_*. Es ist also

$$\frac{\mathrm{d}\delta}{\mathrm{d}x} \sim \frac{v_*}{U},$$

und daher

$$\delta \sim \frac{v_* x}{U}. \tag{44,2}$$

Die Formeln (44,1) und (44,2) bestimmen gemeinsam die x-Abhängigkeit von v_* und δ.[2]) Man kann diese Abhängigkeit aber nicht explizit aufschreiben. Später werden wir δ durch eine Hilfsgröße ausdrücken. Da v_* aber eine langsam veränderliche Funktion von x ist, ist bereits aus (44,2) zu erkennen, daß sich die Dicke der Schicht im wesentlichen proportional zu x ändert. Wir erinnern daran, daß die Dicke einer laminaren Grenzschicht proportional zu $\sqrt{x}$ wächst, d. h. langsamer als die Dicke einer turbulenten Grenzschicht.

Wir wollen die x-Abhängigkeit der Reibungskraft σ bestimmen, die pro Flächeneinheit auf die Oberfläche der Platte wirkt. Diese Abhängigkeit wird durch die beiden Formeln

$$\sigma = \varrho v_*^2, \qquad U = \frac{v_*}{\varkappa} \ln \frac{v_*^2 x}{U\nu}$$

---

[1]) In Wirklichkeit wird das logarithmische Profil nicht auf der gesamten Dicke der Grenzschicht beobachtet. Die letzten 20–25% des Geschwindigkeitsbereiches werden auf der äußeren Seite der Schicht schneller durchlaufen als nach dem logarithmischen Gesetz. Diese Abweichung hängt dem Anschein nach mit nichtregulären Schwingungen der Grenze der Schicht zusammen (vgl. das am Ende von § 35 über die Grenzen des Turbulenzbereiches Gesagte).

[2]) Streng genommen muß der Abstand x etwa von der Stelle an gezählt werden, wo die laminare Schicht in die turbulente übergeht.

gegeben. Die zweite Formel ergibt sich durch Einsetzen von (44,2) in (44,1) und gilt mit logarithmischer Genauigkeit. Wir führen den Widerstandsbeiwert c (pro Flächeneinheit der Plattenoberfläche) als das dimensionslose Verhältnis

$$c = \frac{2\sigma}{\varrho U^2} = 2\left(\frac{v_*}{U}\right)^2 \tag{44,3}$$

ein. Eliminieren wir v_* aus den beiden erhaltenen Gleichungen, dann bekommen wir die folgende Gleichung, die die x-Abhängigkeit von c (mit logarithmischer Genauigkeit) implizit angibt:

$$\sqrt{\frac{2\varkappa^2}{c}} = \ln (c\,\mathrm{Re}_x), \qquad \mathrm{Re}_x = \frac{Ux}{\nu}. \tag{44,4}$$

Der durch diese Formel gegebene Widerstandsbeiwert c ist eine langsam abfallende Funktion des Abstands x.

Durch diese Funktion kann man die Dicke der Grenzschicht ausdrücken. Wir haben

$$v_* = \sqrt{\frac{\sigma}{\varrho}} = U\sqrt{\frac{c}{2}}\,.$$

Wir setzen dies in (44,2) ein und finden

$$\delta = \mathrm{const}\cdot x\sqrt{c}\,. \tag{44,5}$$

Der empirische Wert des Koeffizienten in dieser Formel ist etwa 0,3.

In analoger Weise kann man Formeln für die turbulente Grenzschicht auf einer rauhen Oberfläche erhalten. Entsprechend der Formel (42,13) haben wir jetzt an Stelle von (44,1)

$$U = \frac{v_*}{\varkappa}\ln\frac{\delta}{d},$$

wo d die Abmessungen der Vorsprünge der rauhen Oberfläche angibt. Setzen wir hier δ aus (44,2) ein, so erhalten wir

$$U = \frac{v_*}{\varkappa}\ln\frac{xv_*}{Ud}$$

oder, indem wir hier den Widerstandsbeiwert (44,3) einführen,

$$\sqrt{\frac{2\varkappa^2}{c}} = \ln\frac{x\sqrt{c}}{d}\,. \tag{44,6}$$

§ 45. Die Widerstandskrisis

Aus den in den letzten Paragraphen gewonnenen Ergebnissen kann man wesentliche Schlüsse über das Widerstandsgesetz für große Reynolds-Zahlen ziehen, d. h. über die Re-Abhängigkeit des Widerstandes eines umströmten Körpers für große Werte von Re.

Das Strömungsbild um einen Körper sieht für große Re (über die im folgenden ausschließlich gesprochen wird), wie schon gesagt worden ist, folgendermaßen aus. Man kann die Flüssigkeit fast in ihrem gesamten Volumen (d. h. überall außer in der Grenzschicht, für die wir uns hier nicht interessieren) als ideal ansehen; die Strömung ist überall eine Potentialströmung, außer im Bereich des turbulenten Nachlaufs. Die Abmessungen – die Breite – des Nachlaufs hängen von der Ablösungslinie auf der Oberfläche des umströmten Körpers ab. Dabei ist es wesentlich, daß sich diese Lage, wie in § 40 bemerkt worden ist, als unabhängig von der Reynolds-Zahl erweist, obgleich sie von den Eigenschaften der Grenzschicht bestimmt wird. Wir können somit sagen, daß das ganze Strömungsbild um einen Körper für große Reynolds-Zahlen von der Zähigkeit praktisch nicht abhängt, d. h. mit anderen Worten, von Re unabhängig ist (solange die Grenzschicht laminar bleibt, s. u.).

Daraus folgt, daß auch die Widerstandskraft nicht von der Zähigkeit abhängen kann. Uns stehen nur drei Größen zur Verfügung: die Geschwindigkeit U der anströmenden Flüssigkeit, die Flüssigkeitsdichte ϱ und die Körperabmessungen l. Daraus kann man nur eine Größe mit der Dimension einer Kraft zusammenstellen, nämlich $\varrho U^2 l^2$. Statt des Quadrates l^2 der linearen Körperabmessungen führen wir, wie es üblich ist, die dazu proportionale Fläche S des zur Richtung der Grundströmung senkrechten Querschnittes des Körpers ein und schreiben

$$F = \text{const} \cdot \varrho U^2 S . \tag{45,1}$$

Die Konstante ist ein Zahlenfaktor, der nur von der Gestalt des Körpers abhängt. Der Widerstand muß also (für große Re) dem Querschnitt des Körpers und dem Geschwindigkeitsquadrat der Grundströmung proportional sein. Zum Vergleich erinnern wir daran, daß der Widerstand für sehr kleine Re (Re $\ll$ 1) der ersten Potenz der linearen Körperabmessungen und der ersten Potenz der Geschwindigkeit proportional ist ($F \sim \nu \varrho l U$; s. § 20).[1]

Man betrachtet meist, wie schon erwähnt wurde, statt des Widerstandes F den Widerstandsbeiwert C, der als

$$C = \frac{F}{\frac{1}{2}\varrho U^2 S}$$

definiert ist. C ist eine dimensionslose Größe und kann nur von Re abhängen. Die Formel (45,1) erhält die Gestalt

$$C = \text{const} , \tag{45,2}$$

d. h., der Widerstandsbeiwert hängt nur von der Gestalt des Körpers ab.

Der Widerstand kann aber nicht bis zu beliebig großen Reynolds-Zahlen eine derartige Abhängigkeit haben; denn für genügend große Re wird die laminare Grenzschicht (auf der Oberfläche des Körpers bis zur Ablösungslinie) instabil und schlägt in eine turbulente um. Dabei wird nicht die ganze Grenzschicht turbulent, sondern nur ein gewisser Teil von ihr. Die gesamte Oberfläche des Körpers kann auf diese Weise in drei Teile unterteilt werden: Auf dem vorderen Teil befindet sich eine laminare Grenzschicht, dann kommt der Bereich mit der turbulenten Grenzschicht und schließlich der Bereich hinter der Ablösungslinie.

---

[1]) Ein eigenartiger Fall, bei dem der Widerstand auch für große Re-Werte zur ersten Potenz der Geschwindigkeit proportional bleibt, ist die Strömung um eine Gasblase; siehe die Aufgabe zu diesem Paragraphen.

Das ganze Strömungsbild in der Grundströmung wird wesentlich beeinflußt, wenn die Grenzschicht turbulent wird. Bei diesem Umschlagen verschiebt sich die Ablösungslinie merklich nach der Rückseite des Körpers (d. h. mit der Strömung vorwärts), so daß der turbulente Nachlauf hinter dem Körper schmaler wird (in Abb. 33 schematisch dargestellt; der Bereich des Nachlaufs ist schraffiert).[1] Die Verschmälerung des turbulenten Nachlaufs bewirkt eine Abnahme des Widerstandes. Das Umschlagen der Strömung in der Grenzschicht bei großen Reynolds-Zahlen wird also von einer Abnahme des Widerstandsbeiwertes begleitet. Der Widerstandsbeiwert nimmt in einem relativ kleinen Intervall der Reynolds-Zahl (in einem Bereich, wo Re etwa 10^5 ist) auf einen Bruchteil ab. Diese Erscheinung wird als *Widerstandskrisis* bezeichnet. Die Abnahme des Widerstandsbeiwertes ist so beträchtlich, daß der Widerstand selbst, der bei konstantem C proportional zum Geschwindigkeitsquadrat zunehmen muß, in diesem Bereich der Reynolds-Zahl mit zunehmender Geschwindigkeit sogar kleiner wird.[2]

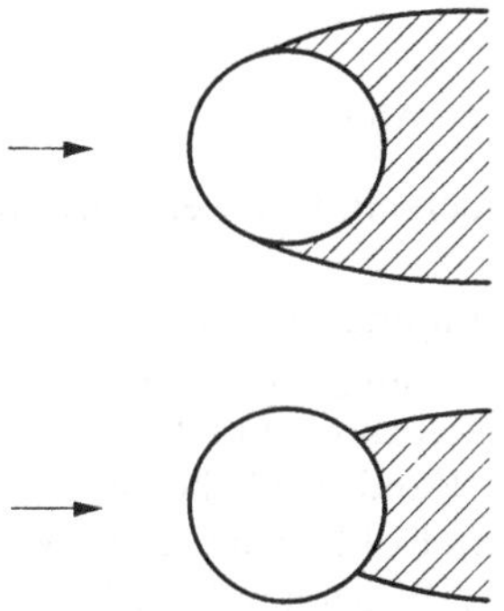

Abb. 33

Man kann feststellen, daß der Turbulenzgrad der anströmenden Flüssigkeit die Widerstandskrisis beeinflußt. Je größer dieser Turbulenzgrad ist, um so früher (bei kleineren Re) wird die Genzschicht turbulent. Infolgedessen beginnt auch die Abnahme des Widerstandsbeiwertes bei kleineren Reynolds-Zahlen (und dehnt sich über ein größeres Intervall der Reynolds-Zahl aus).

In Abb. 34 und 35 sind die experimentell gefundenen Kurven für die Abhängigkeit des Widerstandsbeiwertes von der Reynolds-Zahl $\mathrm{Re} = Ud/\nu$ für eine Kugel mit dem Durchmesser d dargestellt (in Abb. 34 in logarithmischem, in Abb. 35 in gewöhnlichem Maßstab). Für sehr kleine Re ($\mathrm{Re} \ll 1$) nimmt der Widerstandsbeiwert nach dem Gesetz $C = 24/\mathrm{Re}$ ab (Stokessche Formel). C nimmt dann langsamer bis $\mathrm{Re} \approx 5 \cdot 10^3$ weiter ab, dort erreicht C ein Minimum und wird danach etwas größer. Im Bereich der Reynolds-Zahlen von $2 \cdot 10^4$ bis $2 \cdot 10^5$ gilt das Gesetz (45,2), d. h., C bleibt praktisch konstant. Bei $\mathrm{Re} \approx 2 \cdot 10^5$

---

[1]) Bei einem quer angeströmten unendlich langen Zylinder z. B. verschiebt sich die Lage des Ablösungspunktes infolge des Umschlagens der Grenzschicht von 95° auf 60° (der Winkel im Zylinderquerschnitt wird von der Strömungsrichtung aus gezählt).

[2]) Wir bemerken, daß das erste Auftreten einer Nichtstationarität bei der Strömung um eine Kugel (bei Re der Größenordnung 10 bis 100) nicht von einer sprungartigen Änderung des Widerstandes begleitet wird. Dies hängt mit der Stetigkeit des Übergangs bei schwacher Selbsterregung zusammen. Die Änderung des Strömungscharakters könnte sich nur im Auftreten eines Knickes in der Kurve $C(\mathrm{Re})$ äußern.

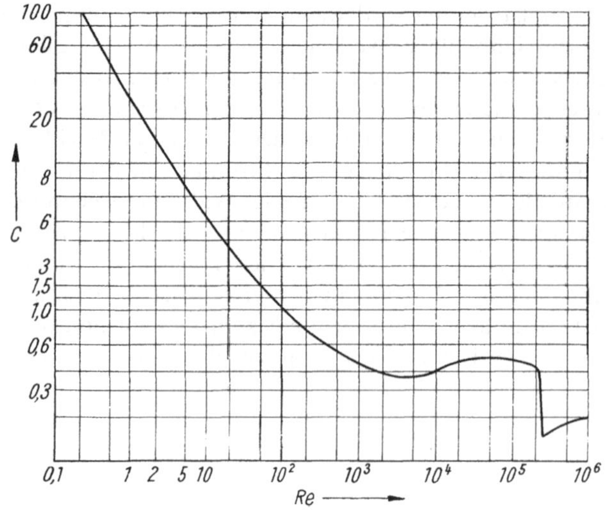

Abb. 34

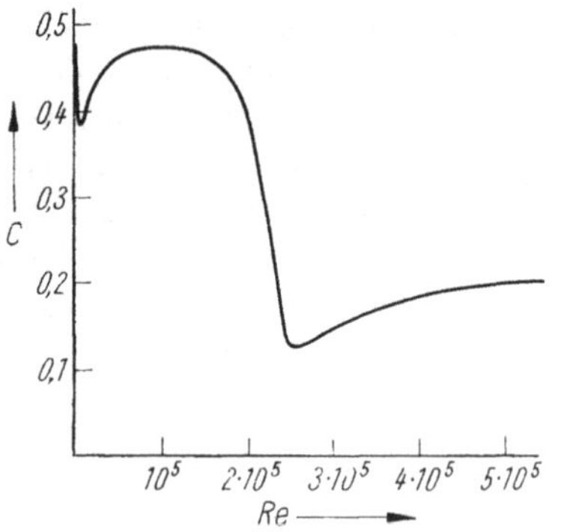

Abb. 35

bis $3 \cdot 10^5$ setzt die Widerstandskrisis ein, und der Widerstandsbeiwert wird ungefähr 4- bis 5mal kleiner.

Zum Vergleich geben wir ein Beispiel für eine Strömung um einen Körper an, bei der keine Widerstandskrisis einsetzt. Wir betrachten die Strömung um eine senkrecht angeströmte Scheibe. Die Ablösungsstelle ist in diesem Falle von vornherein allein aus geometrischen Überlegungen zu finden: Die Strömung löst sich am Rand der Scheibe ab und kann sich im folgenden nicht mehr verschieben. Mit zunehmendem Re bleibt daher der Widerstandsbeiwert der Scheibe konstant, und man beobachtet keine Widerstandskrisis.

Man muß beachten, daß bei den großen Geschwindigkeiten, bei denen die Widerstandskrisis eintritt, die Kompressibilität der Flüssigkeit schon einen merklichen Einfluß haben kann. Der Parameter zur Charakterisierung dieses Einflusses ist die Mach-Zahl $\mathrm{Ma} = U/c$, wobei c die Schallgeschwindigkeit ist. Man kann eine Flüssigkeit als inkompressibel ansehen, wenn $\mathrm{Ma} \ll 1$ (§ 10). Die beiden Zahlen Ma und Re können sich unabhängig voneinander ändern, weil nur eine dieser beiden Zahlen die Körperabmessungen enthält.

Die experimentellen Ergebnisse deuten darauf hin, daß die Kompressibilität im allgemeinen auf die Strömung in der laminaren Grenzschicht stabilisierend wirkt. Mit zunehmendem Ma vergrößert sich der kritische Wert von Re, bei dem die Strömung in der Grenzschicht turbulent wird. Im Zusammenhang damit verschiebt sich auch das Einsetzen der Widerstandskrisis. Ändert sich Ma von 0,3 bis 0,7, so verschiebt sich die Widerstandskrisis für eine Kugel ungefähr von $\mathrm{Re} \approx 4 \cdot 10^5$ bis $8 \cdot 10^5$.

Wir wollen auch darauf hinweisen, daß sich die Lage des Ablösungspunktes in der laminaren Grenzschicht mit wachsendem Ma entgegen der Strömung verschiebt – in Richtung zum vorderen Ende des Körpers; das muß zu einer gewissen Vergrößerung des Widerstandes führen.

Aufgabe

Man berechne den Widerstand, den eine in einer Flüssigkeit bewegte Gasblase bei großen Reynolds-Zahlen erfährt.

Lösung. An der Grenzfläche zwischen Flüssigkeit und Gas muß nicht die Tangentialkomponente der Geschwindigkeit der Flüssigkeit gleich Null werden, sondern nur deren Normalableitung (die Zähigkeit des Gases vernachlässigen wir). Der Geschwindigkeitsgradient wird in der Nähe dieser Fläche nicht anomal groß, eine Grenzschicht (in der Form, wie wir sie in § 39 besprochen haben) wird nicht vorhanden sein, und daher gibt es (fast auf der ganzen Oberfläche der Blase) auch keine Ablösung. Bei der Berechnung der Energiedissipation mit Hilfe des Volumenintegrals (16,3) kann man daher im ganzen Raum die einer Potentialströmung um die Kugel entspechende Geschwindigkeitsverteilung (Aufgabe 2, § 10) verwenden und dabei die Rolle der Flüssigkeitsschicht an der Oberfläche und den sehr schmalen turbulenten Nachlauf vernachlässigen. Wir benutzen zur Rechnung die in der Aufgabe zu § 16 abgeleitete Formel und erhalten

$$\dot{E}_{\text{kin}} = -\eta \int \left(\frac{\partial v^2}{\partial r}\right)_{r=R} 2\pi R^2 \sin\Theta \, d\Theta = -12\pi\eta R U^2 .$$

Der gesuchte dissipative Widerstand ist

$$F = 12\pi\eta R U .$$

Der Anwendungsbereich dieser Formel ist in Wirklichkeit nicht groß, weil die Blase bei entsprechender Geschwindigkeitszunahme ihre Kugelgestalt verliert.

§ 46. Stromlinienkörper

Man kann die Frage stellen, welche Gestalt ein Körper (z. B. bei vorgegebener Fläche des Querschnitts) haben muß, damit er bei einer Bewegung in einer Flüssigkeit einen möglichst kleinen Widerstand hat. Nach dem Vorhergehenden ist klar, daß man dazu erreichen muß, daß sich die Strömung möglichst spät ablöst: Sie muß sich möglichst nahe am hinteren Ende des Körpers ablösen, damit der turbulente Nachlauf möglichst schmal wird. Wir wissen bereits, daß die Ablösung durch einen raschen Druckanstieg in Strömungsrichtung längs des umströmten Körpers erleichtert wird. Deshalb muß man dem Körper eine solche Form geben, für die die Druckänderung längs seiner Oberfläche dort, wo der Druck ansteigt, möglichst langsam und stetig erfolgt. Man kann das erreichen, indem man dem Körper eine (in Strömungsrichtung) längliche Form gibt; in Strömungsrichtung muß er spitz zulaufen, so daß die von den verschiedenen Seiten der Körperoberfläche zusammenfließenden Ströme sich möglichst stetig aneinander anschmiegen, ohne daß sie dabei irgendwelche Winkel umströmen oder sich gegenüber der Richtung der Grundströmung stark drehen müßten. Vorn muß der Körper abgerundet sein; wäre hier ein Winkel vorhanden, dann würde die Strömungsgeschwindigkeit unendlich (siehe Aufgabe 6, § 10), dahinter würde der Druck in Strömungsrichtung stark ansteigen, und die Strömung würde sich ablösen.

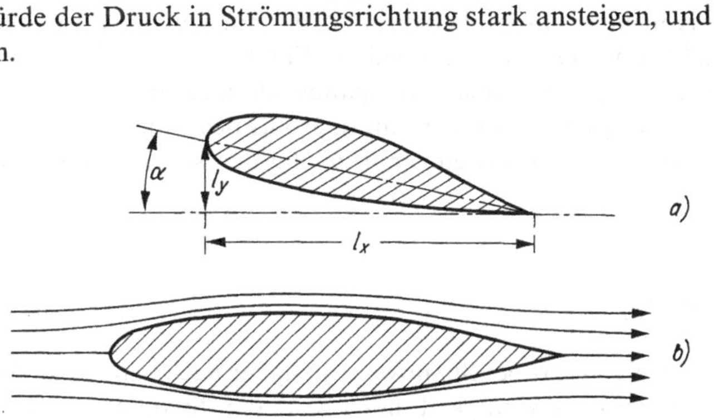

Abb. 36

Die in Abb. 36 dargestellten Formen erfüllen alle diese Forderungen in hohem Maße. Das in Abb. 36b wiedergegebene Profil kann z. B. der Querschnitt eines verlängerten Rotationskörpers sein, es kann aber auch der Querschnitt eines Körpers mit großer Spannweite sein (solche Körper werden wir als *Tragflügel* bezeichnen). Das Profil eines Tragflügels kann auch unsymmetrisch sein, wie z. B. in Abb. 36a. Die Strömung um Körper dieser Gestalt löst sich erst in unmittelbarer Nähe des spitzen Endes ab, infolgedessen ist der Widerstandsbeiwert relativ klein. Man nennt solche Körper *Stromlinienkörper*.

Für den Widerstand von Stromlinienkörpern spielt die direkte Reibung der Flüssigkeit an der Körperoberfläche in der Grenzschicht eine merkliche Rolle. Dieser Effekt ist relativ sehr klein und deshalb für Nichtstromlinienkörper vollkommen unwesentlich (über solche Körper haben wir im vorhergehenden Paragraphen gesprochen). Im entgegengesetzten Grenzfall, bei der Strömung um eine (parallel angeströmte) ebene Platte, ist dieser Effekt die einzige Quelle für den Widerstand (§ 39).

Bei der Strömung um stromlinienförmige Tragflügel, die zur Stromrichtung unter einem kleinen Winkel geneigt sind (α in Abb. 36a; sogenannter *Anstellwinkel*), entsteht ein großer Auftrieb F_y. Der Widerstand F_x bleibt dabei klein, so daß das Verhältnis F_y/F_x große Werte annehmen kann (der Größenordnung 10 bis 100). Das gilt jedoch nur, solange der Anstellwinkel nicht zu groß wird (gewöhnlich ungefähr 10°). Danach beginnt der Widerstand sehr rasch anzusteigen, und der Auftrieb wird kleiner. Diese Erscheinung wird dadurch hervorgerufen, daß der Körper bei großen Anstellwinkeln nicht mehr die Bedingungen für einen Stromlinienkörper erfüllt: Die Ablösungsstelle wird auf der Oberfläche des Körpers weit zur vorderen Kante hin verschoben, infolgedessen wird der Nachlauf bedeutend breiter. Man muß beachten, daß im Grenzfall eines sehr dünnen Körpers, d. h. einer ebenen Platte, die Bedingungen für einen Stromlinienkörper nur für sehr kleine Anstellwinkel erfüllt werden. Die Strömung löst sich schon bei kleinen Neigungswinkeln gegenüber der Stromrichtung am vorderen Rande der Platte ab.

Der Anstellwinkel wird definitionsgemäß von der Lage des Tragflügels aus gezählt, für die der Auftrieb Null ist. Für kleine Anstellwinkel kann der Auftrieb in eine Potenzreihe nach α entwickelt werden. Beschränken wir uns auf das erste Glied in dieser Entwicklung, so können wir F_y als zu α proportional annehmen. Auf Grund der gleichen Dimensionsbetrachtungen wie für den Widerstand muß der Auftrieb proportional zu ϱU^2 sein. Wir führen noch die Spannweite l_z des Tragflügels ein und können

$$F_y = \text{const} \cdot \varrho U^2 \alpha l_x l_z \tag{46,1}$$

schreiben, wobei die Konstante ein Zahlenfaktor ist, der nur von der Form des Tragflügels, aber insbesondere nicht vom Anstellwinkel abhängt. Für Tragflügel sehr großer Spannweite kann man den Auftrieb als proportional zur Spannweite ansehen. In diesem Falle hängt die Konstante nur von der Form des Querschnittsprofils des Tragflügels ab.

Statt des Auftriebs eines Tragflügels gibt man häufig den sogenannten *Auftriebsbeiwert* an, der als

$$C_y = \frac{F_y}{\frac{1}{2}\varrho U^2 l_x l_z} \tag{46,2}$$

definiert ist. Für Tragflügel sehr großer Spannweite hängt er nach den obigen Feststellungen weder von der Strömungsgeschwindigkeit noch von der Spannweite ab und ist zum

Anstellwinkel proportional:

$$C_y = \text{const} \cdot \alpha\,. \tag{46,3}$$

Zur Berechnung des Auftriebs eines stromlinienförmigen Tragflügels nach der Joukowskischen Formel muß man die Zirkulation Γ bestimmen. Das geschieht folgendermaßen. Überall außerhalb des Nachlaufs ist die Strömung eine Potentialströmung. Im vorliegenden Falle ist der Nachlauf sehr schmal und nimmt auf dem Tragflügel nur einen sehr kleinen Bereich am hinteren spitzen Rande ein. Um die Geschwindigkeitsverteilung (und damit die Zirkulation Γ) zu berechnen, kann man deshalb die Potentialströmung einer idealen Flüssigkeit um den Tragflügel heranziehen. Das Vorhandensein des Nachlaufs wird dabei berücksichtigt, indem man von dem hinteren zugeschärften Rand des Tragflügels eine Fläche mit einer tangentialen Unstetigkeit ausgehen läßt, auf der das Potential einen Sprung $\varphi_2 - \varphi_1 = \Gamma$ hat. Wie schon in § 38 gezeigt worden ist, erfährt auch die Ableitung $\partial\varphi/\partial z$ auf dieser Fläche einen Sprung; die Ableitungen $\partial\varphi/\partial x$ und $\partial\varphi/\partial y$ sind stetig. Für einen Tragflügel endlicher Spannweite hat das so gestellte Problem eine eindeutige Lösung. Die exakte Lösung zu finden, ist jedoch sehr schwierig.

Hat der Tragflügel eine sehr große Spannweite (und einen längs der Spannweite konstanten Querschnitt), dann kann man ihn als unendlich lang in z-Richtung ansehen und die Strömung als ebene Strömung (in der xy-Ebene) behandeln. Aus Symmetriegründen ist klar, daß die Geschwindigkeit $v_z = \partial\varphi/\partial z$ in Richtung der Spannweite überhaupt gleich Null ist. In diesem Falle müssen wir also eine Lösung suchen, bei der nur das Potential selbst einen Sprung erfährt und seine Ableitungen stetig sind. Mit anderen Worten, die tangentiale Unstetigkeitsfläche ist überhaupt nicht vorhanden, und wir haben es einfach mit einer nicht eindeutigen Funktion $\varphi(x, y)$ zu tun, die bei einem Umlauf um das Profil einen endlichen Zuwachs Γ bekommt. In dieser Form ist das Problem der ebenen Strömung um das Profil aber nicht eindeutig, weil es Lösungen mit beliebig vorgegebenem Potentialsprung hat. Um eine eindeutige Lösung zu erhalten, muß man noch eine zusätzliche Bedingung stellen (S. A. Tschaplygin, 1909).

Diese Bedingung verlangt, daß die Strömungsgeschwindigkeit am hinteren spitzen Rande des Tragflügels nicht unendlich wird. Wir erinnern in diesem Zusammenhang daran, daß bei der Strömung einer idealen Flüssigkeit um einen Winkel die Strömungsgeschwindigkeit im Scheitel des Winkels im allgemeinen nach einem Potenzgesetz unendlich wird (Aufgabe 6, § 10). Die aufgestellte Bedingung bedeutet also, daß sich die von den beiden Seiten des Tragflügels zusammenfließenden Strahlen stetig aneinanderschmiegen müssen, ohne sich dabei um einen spitzen Winkel zu drehen. Ist diese Bedingung erfüllt, dann wird die Lösung für die Potentialströmung um das Profil ein Strömungsbild ergeben, das dem wahren Strömungsbild sehr nahe kommt, bei dem die Geschwindigkeit überall endlich ist und die Strömung sich erst ganz hinten an der Kante ablöst. Die Lösung wird jetzt eindeutig und liefert insbesondere auch die zur Berechnung des Auftriebs notwendige Zirkulation Γ.

§ 47. Der induzierte Widerstand

Ein wesentlicher Teil des Widerstandes eines stromlinienförmigen Tragflügels (endlicher Spannweite) stammt von dem Widerstand, der mit der Energiedissipation in dem schmalen turbulenten Nachlauf zusammenhängt. Dieser Widerstand heißt *induzierter Widerstand.*

In § 21 ist gezeigt worden, wie man den mit dem Nachlauf zusammenhängenden Widerstand berechnen kann, indem man die Strömung in großer Entfernung vom Körper betrachtet. Die dort erhaltene Formel (21,1) ist aber im vorliegenden Falle nicht anwendbar. Nach dieser Formel wird der Widerstand durch das Integral über v_x über einen Querschnitt des Nachlaufs gegeben, d. h. durch die Durchflußmenge der Flüssigkeit durch einen Querschnitt des Nachlaufs. Da der Nachlauf hinter einem stromlinienförmigen Tragflügel aber sehr schmal ist, ist diese Durchflußmenge im vorliegenden Falle klein und kann in der unten betrachteten Näherung ganz vernachlässigt werden.

Ähnlich wie in § 21 schreiben wir die Kraft F_x als Differenz der Gesamtströme der x-Komponente des Impulses durch Ebenen $x = x_1$ und $x = x_2$, die weit hinter bzw. weit vor dem Körper liegen. Wir schreiben die drei Geschwindigkeitskomponenten als $U + v_x$, v_y und v_z und erhalten für die Komponente Π_{xx} der Impulsstromdichte den Ausdruck $\Pi_{xx} = p + \varrho(U + v_x)^2$, so daß der Widerstand

$$F_x = \left(\int\limits_{x=x_2} - \int\limits_{x=x_1}\right) [p + \varrho(U + v_x)^2]\, dy\, dz \tag{47,1}$$

wird. Da der Nachlauf sehr schmal ist, kann man (in dem Integral über die Fläche $x = x_1$) das Integral über den Querschnitt des Nachlaufs vernachlässigen und überall nur außerhalb des Nachlaufs integrieren. Außerhalb des Nachlaufs ist die Strömung eine Potentialströmung, und es gilt die Bernoullische Gleichung

$$p + \frac{\varrho}{2}(\boldsymbol{U} + \boldsymbol{v})^2 = p_0 + \frac{\varrho}{2}U^2\,,$$

und daher

$$p = p_0 - \varrho U v_x - \frac{\varrho}{2}(v_x^2 + v_y^2 + v_z^2)\,. \tag{47,2}$$

Man darf hier die quadratischen Terme nicht (wie in § 21) vernachlässigen, weil gerade sie im vorliegenden Falle den gesuchten Widerstand bestimmen. Setzen wir (47,2) in (47,1) ein, so erhalten wir

$$F_x = \left[\int\limits_{x=x_2} - \int\limits_{x=x_1}\right] \left[p_0 + \varrho U^2 + \varrho U v_x + \frac{\varrho}{2}(v_x^2 - v_y^2 - v_z^2)\right] dy\, dz\,.$$

Die Differenz der Integrale über die konstante Größe $p_0 + \varrho U^2$ verschwindet. Weiter ist auch die Differenz der Integrale über $\varrho U v_x$ gleich Null, weil die Flüssigkeitsströme $\int \varrho v_x\, dy\, dz$ durch die vordere und durch die hintere Ebene gleich sein müssen (die Durchflußmenge der Flüssigkeit durch den Querschnitt des Nachlaufs vernachlässigen wir in der verwendeten Näherung). Weiterhin verschieben wir die Ebene $x = x_2$ in genügend große Entfernung vor den Körper, so daß die Geschwindigkeit $\boldsymbol{v}$ dort sehr kleine Werte annimmt und wir das Integral über $\frac{\varrho}{2}(v_x^2 - v_y^2 - v_z^2)$ über diese Ebene vernachlässigen können. Schließlich ist bei der Strömung um einen stromlinienförmigen Tragflügel die Geschwindigkeit v_x außerhalb des Nachlaufs klein gegenüber v_y und v_z. In dem Integral über die Ebene $x = x_1$ kann man daher v_x^2 gegenüber $v_y^2 + v_z^2$ vernachlässigen. Wir erhalten auf diese Weise

$$F_x = \frac{\varrho}{2} \int (v_y^2 + v_z^2)\, dy\, dz\,. \tag{47,3}$$

Die Integration erfolgt über eine Ebene $x =$ const in großer Entfernung hinter dem Körper; der Querschnitt des Nachlaufs wird nicht mit in den Integrationsbereich aufgenommen.[1])

Der auf diese Weise berechnete Widerstand eines stromlinienförmigen Tragflügels kann durch die Zirkulation Γ ausgedrückt werden, die auch den Auftrieb bestimmt. Dazu bemerken wir zunächst, daß die Geschwindigkeit in genügend großer Entfernung vom Körper von x nur schwach abhängt; deshalb kann man $v_y(y, z)$ und $v_z(y, z)$ als Geschwindigkeit einer zweidimensionalen Strömung ansehen und die x-Abhängigkeit ganz außer Acht lassen. Es ist bequem, die Stromfunktion (§ 10) als Hilfsgröße einzuführen, so daß $v_z = \partial\psi/\partial y$ und $v_y = -\partial\psi/\partial z$ gilt. So ergibt sich

$$F_x = \frac{\varrho}{2} \iint \left[\left(\frac{\partial\psi}{\partial y}\right)^2 + \left(\frac{\partial\psi}{\partial z}\right)^2\right] dy\, dz\,.$$

Die Integration über y wird von $+\infty$ bis y_1 und von y_2 bis $-\infty$ erstreckt (y_1 und y_2 sind die Koordinaten des oberen und des unteren Randes des Nachlaufs; siehe Abb. 18). Da es sich außerhalb des Nachlaufs um eine Potentialströmung (rot $\boldsymbol{v} = 0$) handelt, ist $\dfrac{\partial^2\psi}{\partial y^2} + \dfrac{\partial^2\psi}{\partial z^2} = 0$. Wir wenden auf das aufgeschriebene Integral die zweidimensionale Greensche Formel an und erhalten

$$F_x = -\frac{\varrho}{2} \oint \psi \frac{\partial\psi}{\partial n}\, dl\,.$$

Die Integration erfolgt hier über eine Kurve, die den Integrationsbereich in dem ursprünglichen Integral umschließt ($\partial/\partial n$ bedeutet Differentiation nach der äußeren Normalen dieser Kurve). Im Unendlichen ist $\psi = 0$, folglich muß man längs des Randes des Nachlaufquerschnitts integrieren (Querschnitt in der yz-Ebene). Als Resultat ergibt sich

$$F_x = \frac{\varrho}{2} \int \psi \left[\left(\frac{\partial\psi}{\partial y}\right)_2 - \left(\frac{\partial\psi}{\partial y}\right)_1\right] dz\,.$$

Hier hat man über dz über die Breite des Nachlaufs zu integrieren; die in der eckigen Klammer stehende Differenz ist der Sprung der Ableitung $\partial\psi/\partial y$ beim Durchgang durch den Nachlauf. Wegen $\partial\psi/\partial y = v_z = \partial\varphi/\partial z$ ist

$$\left(\frac{\partial\psi}{\partial y}\right)_2 - \left(\frac{\partial\psi}{\partial y}\right)_1 = \left(\frac{\partial\varphi}{\partial z}\right)_2 - \left(\frac{\partial\varphi}{\partial z}\right)_1 = \frac{d\Gamma}{dz}\,,$$

[1]) Um Mißverständnisse zu vermeiden, machen wir die folgende Anmerkung. Die Formel (47,3) kann den Eindruck erwecken, daß die Größenordnung der Geschwindigkeiten v_y und v_z mit zunehmendem x überhaupt nicht kleiner wird. Das ist tatsächlich solange der Fall, wie die Dicke des Nachlaufs gegenüber der Breite klein ist, was bei der Ableitung der Formel (47,3) auch vorausgesetzt worden ist. In sehr großen Entfernungen hinter dem Tragflügel dehnt sich der Nachlauf schließlich so aus, daß sein Querschnitt ungefähr kreisförmig wird. Die Formel (47,3) ist dort nicht mehr anwendbar, und v_y und v_z werden mit zunehmendem x schnell kleiner werden.

so daß

$$F_x = \frac{\varrho}{2}\int \psi \frac{\mathrm{d}\Gamma}{\mathrm{d}z}\,\mathrm{d}z$$

gilt. Schließlich benutzen wir die aus der Potentialtheorie bekannte Formel

$$\psi = -\frac{1}{2\pi}\int\left[\left(\frac{\partial\psi}{\partial n}\right)_2 - \left(\frac{\partial\psi}{\partial n}\right)_1\right]\ln r\,\mathrm{d}l\,.$$

Die Integration erfolgt hier über eine ebene Kurve; r ist der Abstand zwischen $\mathrm{d}l$ und dem Punkt, in dem der Wert von ψ gesucht wird. In der eckigen Klammer steht der vorgegebene Sprung der Ableitung von ψ nach der Normalen der Kurve.[1]) In unserem Falle ist der Integrationsbereich eine Strecke auf der z-Achse, so daß man für die Funktionswerte $\psi(y, z)$ auf der z-Achse

$$\psi(0, z) = \frac{1}{2\pi}\int\left[\left(\frac{\partial\psi}{\partial y}\right)_1 - \left(\frac{\partial\psi}{\partial y}\right)_2\right]\ln|z - z'|\,\mathrm{d}z' = -\frac{1}{2\pi}\int\frac{\mathrm{d}\Gamma(z')}{\mathrm{d}z'}\ln|z - z'|\,\mathrm{d}z'$$

schreiben kann. Wir setzen dies in F_x ein und erhalten endgültig die folgende Formel für den induzierten Widerstand:

$$F_x = -\frac{\varrho}{4\pi}\int_0^l\int_0^l \frac{\mathrm{d}\Gamma(z)}{\mathrm{d}z}\frac{\mathrm{d}\Gamma(z')}{\mathrm{d}z'}\ln|z - z'|\,\mathrm{d}z\,\mathrm{d}z' \qquad (47,4)$$

(L. Prandtl, 1918). Die Spannweite des Tragflügels ist hier mit $l_z = l$ bezeichnet worden, z wird von einem Ende an gezählt.

Vergrößert man alle Abmessungen in z-Richtung in einem bestimmten Verhältnis (ohne dabei Γ zu ändern), dann ändert sich das Integral (47,4) nicht.[2]) Der gesamte induzierte Widerstand eines Tragflügels ändert sich also größenordnungsmäßig nicht, wenn man die Spannweite vergrößert. Mit anderen Worten, der induzierte Widerstand pro Längeneinheit des Tragflügels nimmt mit zunehmender Länge ab.[3]) Im Gegensatz zum Widerstand wächst der Gesamtauftrieb

$$F_y = -\varrho U \int \Gamma\,\mathrm{d}z \qquad (47,5)$$

---

[1]) Diese Formel gibt in der zweidimensionalen Potentialtheorie das Potential einer geladenen ebenen Kurve mit der Ladungsdichte

$$\frac{1}{2\pi}\left[\left(\frac{\partial\psi}{\partial n}\right)_2 - \left(\frac{\partial\psi}{\partial n}\right)_1\right]$$

an.

[2]) Um Mißverständnisse zu vermeiden, bemerken wir folgendes. Es ist unwesentlich, daß sich der im Integranden stehende Logarithmus bei einer Änderung der Maßeinheit für die Länge um eine Konstante vergrößert. Tatsächlich ist ein Integral, das sich von dem aufgeschriebenen dadurch unterscheidet, daß statt $\ln|z - z'|$ eine Konstante steht, immer gleich Null, weil $\int\frac{\mathrm{d}\Gamma}{\mathrm{d}z}\,\mathrm{d}z = \Gamma|_0^l = 0$ ist (an den Rändern des Nachlaufs wird Γ gleich Null).

[3]) Im Grenzfall unendlich großer Spannweite wird der induzierte Widerstand pro Längeneinheit gleich Null. In Wirklichkeit verbleibt dabei noch ein gewisser Widerstand, der durch die Durchflußmenge der Flüssigkeit im Nachlauf (d. h. durch das Integral $\int v_x\,\mathrm{d}y\,\mathrm{d}z$) bestimmt wird, die wir bei der Ableitung der Formel (47,3) vernachlässigt haben. Dieser Widerstand enthält den Reibungswiderstand und den verbleibenden Teil des Widerstandes infolge der Dissipation im Nachlauf.

ungefähr proportional zur Spannweite des Tragflügels; der Auftrieb pro Längeneinheit bleibt konstant.

Zur Berechnung der Integrale (47,4) und (47,5) ist die folgende Methode zweckmäßig. Statt der Koordinate z führen wir durch

$$z = \frac{l}{2}(1 - \cos\Theta) \qquad (0 \leqq \Theta \leqq \pi) \tag{47,6}$$

die neue Veränderliche Θ ein. Die Verteilung der Zirkulation wird als trigonometrische Reihe vorgegeben:

$$\Gamma = -2Ul \sum_{n=1}^{\infty} A_n \sin n\Theta \,. \tag{47,7}$$

Hierbei ist die Bedingung $\Gamma = 0$ an den Enden des Tragflügels erfüllt, d. h. für $z = 0, l$ oder $\Theta = 0, \pi$.

Wir setzen diesen Ausdruck in die Formel (47,5) ein, integrieren (dabei beachten wir die Orthogonalität der Funktionen $\sin\Theta$ und $\sin n\Theta$ mit $n \neq 1$) und erhalten

$$F_y = \frac{\varrho U^2 \pi l^2 A_1}{2} \,.$$

Der Auftrieb hängt nur von dem ersten Koeffizienten in der Entwicklung (47,7) ab. Für den Auftriebsbeiwert (46,2) ergibt sich

$$C_y = \pi\lambda A_1 \,; \tag{47,8}$$

hier ist das Verhältnis $\lambda = \frac{l}{l_x}$ der Spannweite zur Breite des Tragflügels eingeführt worden.

Zur Berechnung des Widerstandes schreiben wir die Formel (47,4) um, indem wir einmal partiell integrieren:

$$F_x = \frac{\varrho}{4\pi} \int_0^l \int_0^l \Gamma(z) \frac{\mathrm{d}\Gamma(z')}{\mathrm{d}z'} \frac{\mathrm{d}z' \, \mathrm{d}z}{z - z'} \,. \tag{47,9}$$

Das Integral über $\mathrm{d}z'$ muß, wie man leicht erkennt, im Sinne des Hauptwertes genommen werden. Eine elementare Rechnung unter Verwendung von (47,7)[1]) ergibt für den induzierten

---

[1]) Bei der Integration über $\mathrm{d}z'$ benötigt man das Integral

$$P \int_0^\pi \frac{\cos n\Theta'}{\cos\Theta' - \cos\Theta} \mathrm{d}\Theta' = \frac{\pi \sin n\Theta}{\sin\Theta} \,.$$

Bei der Integration über $\mathrm{d}z$ verwenden wir die Beziehungen

$$\int_0^\pi \sin n\Theta \sin m\Theta \, \mathrm{d}\Theta = \begin{cases} \dfrac{\pi}{2} & \text{für} \quad m = n \,, \\ 0 & \text{für} \quad m \neq n \,. \end{cases}$$

Widerstandsbeiwert

$$C_x = \pi\lambda \sum_{n=1}^{\infty} nA_n^2 . \tag{47,10}$$

Den Widerstandsbeiwert des Tragflügels definieren wir als

$$C_x = \frac{F_x}{\frac{1}{2}\varrho U^2 l_x l_z}; \tag{47,11}$$

wir beziehen ihn wie den Aufriebsbeiwert auf die Fläche des Tragflügels in der xz-Ebene.

Aufgabe

Man bestimme den Minimalwert des induzierten Widerstandes eines Tragflügels bei gegebenem Auftrieb und gegebener Spannweite $l_z = l$.

Lösung. Aus den Formeln (47,8) und (47,10) ergibt sich, daß der Minimalwert von C_x bei gegebenem C_y (d. h. bei gegebenem A_1) dann erreicht wird, wenn alle A_n mit $n \neq 1$ gleich Null sind. Dabei ist

$$C_{x,\min} = \frac{C_y^2}{\pi\lambda}. \tag{1}$$

Die Verteilung der Zirkulation über die Spannweite des Tragflügels wird durch die Formel

$$\Gamma = -\frac{4}{\pi l} U l_x C_y \sqrt{z(l-z)} \tag{2}$$

gegeben. Wenn die Spannweite genügend groß ist, dann entspricht die Strömung um einen jeden Querschnitt des Tragflügels genähert der ebenen Strömung um einen unendlich langen Tragflügel mit demselben Profil. In diesem Falle kann man feststellen, daß die Verteilung (2) der Zirkulation für einen Tragflügel verwirklicht wird, dessen Querschnitt in der xz-Ebene eine Ellipse mit den Halbachsen $l_x/2$ und $l/2$ ist.

§ 48. Der Auftrieb eines dünnen Tragflügels

Die Berechnung des Auftriebs eines Tragflügels wird mit Hilfe der Joukowskischen Formel auf die Berechnung der Zirkulation Γ zurückgeführt. Dieses Problem kann für einen stromlinienförmigen dünnen Tragflügel mit unendlicher Spannweite allgemein gelöst werden, wenn das Profil des Querschnittes längs des Tragflügels konstant ist (die im folgenden dargestellte Lösungsmethode stammt von M. W. Keldysch und L. I. Sedow, 1939).

Es seien $y = \zeta_1(x)$ und $y = \zeta_2(x)$ die Gleichungen des unteren bzw. oberen Randes des Querschnittes (Abb. 37). Wir setzen voraus, daß das Profil dünn und schwach gebogen ist und zur Strömungsrichtung (x-Achse) einen kleinen Anstellwinkel hat. Mit anderen Worten, sowohl ζ_1 und ζ_2 selbst als auch die Ableitungen ζ_1' und ζ_2' sind klein, d. h., die Normale zu der Berandung ist überall fast parallel zur y-Achse. Unter diesen Bedingungen kann man die Störung $\boldsymbol{v}$ der Strömungsgeschwindigkeit durch den Tragflügel überall (außer einem

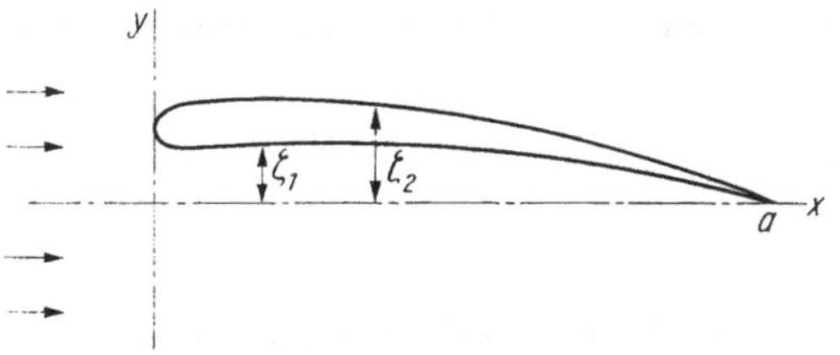

Abb. 37

kleinen Bereich an der vorderen abgerundeten Kante des Tragflügels) als klein gegenüber der Geschwindigkeit U der Grundströmung annehmen. Die Randbedingung an der Oberfläche des Tragflügels lautet $v_y/U = \zeta'$ für $y = \zeta$. Auf Grund der gemachten Voraussetzungen können wir fordern, daß diese Bedingungen nicht für $y = \zeta$ sondern für $y = 0$ erfüllt sind. Auf der x-Achse muß dann zwischen $x = 0$ und $x = l_x \equiv a$ folgendes gelten:

$$v_y = U\zeta_2'(x) \quad \text{für} \quad y \to +0\,, \qquad v_y = U\zeta_1'(x) \quad \text{für} \quad y \to -0\,. \tag{48,1}$$

Mit der Absicht, funktionentheoretische Methoden anzuwenden, führen wir die komplexe Geschwindigkeit $\frac{dw}{dz} = v_x - iv_y$ ein (vgl. § 10). Sie ist eine analytische Funktion der Variablen $z = x + iy$. Im vorliegenden Falle muß diese Funktion im Intervall $(0, a)$ auf der Abszissenachse die Bedingung

$$\left.\begin{aligned} \operatorname{Im}\left(\frac{dw}{dz}\right) &= -U\zeta_2'(x) \quad \text{für} \quad y \to +0\,, \\ \operatorname{Im}\left(\frac{dw}{dz}\right) &= -U\zeta_1'(x) \quad \text{für} \quad y \to -0 \end{aligned}\right\} \tag{48,2}$$

erfüllen.

Um dieses Problem zu lösen, stellen wir zunächst das gesuchte Geschwindigkeitsfeld $\boldsymbol{v}(x, y)$ als Summe $\boldsymbol{v} = \boldsymbol{v}^+ + \boldsymbol{v}^-$ zweier Felder dar, die die folgenden Symmetrieeigenschaften besitzen:

$$\left.\begin{aligned} v_x^-(x, -y) &= v_x^-(x, y)\,, \qquad & v_y^-(x, -y) &= -v_y^-(x, y)\,, \\ v_x^+(x, -y) &= -v_x^+(x, y)\,, \qquad & v_y^+(x, -y) &= v_y^+(x, y)\,. \end{aligned}\right\} \tag{48,3}$$

Diese Eigenschaften (für jedes der Felder $\boldsymbol{v}^-$ und $\boldsymbol{v}^+$ einzeln) widersprechen nicht der Kontinuitätsgleichung und der Bedingung für eine Potentialströmung. Auf Grund der Linearität des Problems können diese beiden Felder unabhängig voneinander bestimmt werden.

Dementsprechend stellen wir auch die komplexe Geschwindigkeit als Summe dar: $w' = w'_+ + w'_-$. Die Randbedingungen im Intervall $(0, a)$ lauten für die beiden Summanden

$$\left.\begin{aligned} \operatorname{Im} w'_+|_{y\to+0} &= \operatorname{Im} w'_+|_{y\to-0} = -\frac{U}{2}(\zeta_1' + \zeta_2')\,, \\ \operatorname{Im} w'_-|_{y\to+0} &= -\operatorname{Im} w'_-|_{y\to-0} = \frac{U}{2}(\zeta_1' - \zeta_2')\,. \end{aligned}\right\} \tag{48,4}$$

Die Funktion w'_- kann mit Hilfe der Cauchyschen Formel bestimmt werden:

$$w'_-(z) = \frac{1}{2\pi i} \oint_L \frac{w'_-(\xi)}{\xi - z} d\xi .$$

Die Integration erfolgt in der komplexen ξ-Ebene auf einem kleinen Kreis L um den Punkt $\xi = z$ (Abb. 38). Der Weg L kann durch den unendlich großen Kreis C' und den im Uhrzeigersinn durchlaufenen Weg C ersetzt werden. Der Weg C kann auf die doppelt

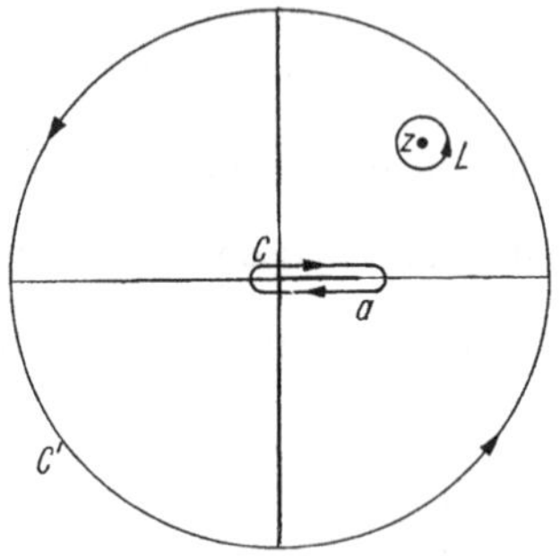

Abb. 38

durchlaufene Strecke $(0, a)$ zusammengezogen werden. Das Integral über C' verschwindet, weil $w'(z)$ im Unendlichen verschwindet. Das Integral über C ergibt

$$w'_- = -\frac{U}{2\pi} \int_0^a \frac{\zeta'_2(\xi) - \zeta'_1(\xi)}{\xi - z} d\xi . \tag{48,5}$$

Dabei haben wir die Grenzwerte (48,4) des Imaginärteils von w'_- auf der Strecke $(0, a)$ verwendet. Ferner haben wir ausgenutzt, daß der Realteil von w'_- wegen der Symmetrieforderungen (48,3) auf dieser Strecke keinen Sprung erleidet.

Um die Funktion w'_+ zu finden, muß man die Cauchysche Formel nicht auf diese Funktion selbst, sondern auf das Produkt $w'_+(z)\, g(z)$ mit

$$g(z) = \sqrt{\frac{z}{z - a}}$$

anwenden; für $z = x > a$ ist dabei die Wurzel mit dem positiven Vorzeichen zu nehmen. Im Intervall $(0, a)$ der reellen Achse ist die Funktion $g(z)$ rein imaginär und hat einen Sprung:

$$g(x + i0) = -g(x - i0) = -i \sqrt{\frac{x}{a - x}} .$$

Auf Grund dieser Eigenschaften der Funktion $g(z)$ ist klar, daß der Imaginärteil des Produktes gw'_+ im Intervall $(0, a)$ einen Sprung hat und daß der Realteil stetig ist, ebenso wie bei der Funktion w'_-. Genau analog wie bei der Ableitung der Formel (48,5) erhalten wir daher

$$w'_+(z)\, g(z) = -\frac{U}{2\pi}\int_0^a \frac{\zeta'_1(\xi) + \zeta'_2(\xi)}{\xi - z}\, g(\xi + \mathrm{i}0)\,\mathrm{d}\xi\,.$$

Wir fassen die erhaltenen Ausdrücke zusammen und erhalten endgültig für die Geschwindigkeitsverteilung um einen dünnen Tragflügel

$$\frac{\mathrm{d}w}{\mathrm{d}z} = -\frac{U}{2\pi\mathrm{i}}\sqrt{\frac{z-a}{z}}\int_0^a \frac{\zeta'_1(\xi) + \zeta'_2(\xi)}{\xi - z}\sqrt{\frac{\xi}{a-\xi}}\,\mathrm{d}\xi$$
$$-\frac{U}{2\pi}\int_0^a \frac{\zeta'_2(\xi) - \zeta'_1(\xi)}{\xi - z}\,\mathrm{d}\xi\,. \qquad (48,6)$$

In der Nähe der abgerundeten vorderen Kante (d. h. für $z \to 0$) wird dieser Ausdruck im allgemeinen unendlich, das liegt daran, daß die verwendete Näherung in diesem Bereich nicht anwendbar ist. In der Nähe der hinteren spitzen Kante (d. h. für $z \to a$) ist der erste Term in (48,6) endlich; der zweite Term wird zwar im allgemeinen auch unendlich, aber nur logarithmisch.[1]) Diese logarithmische Singularität hängt mit der Art der hier angewandten Näherung zusammen und tritt bei einer genaueren Behandlung des Problems nicht auf; an der hinteren Kante ergibt sich in Übereinstimmung mit der Tschaplyginschen Bedingung keine potenzartige Divergenz. Diese Bedingung wurde durch die geeignete Wahl der oben verwendeten Funktion $g(z)$ erfüllt.

Die Formel (48,6) erlaubt unmittelbar, die Zirkulation um das Profil des Tragflügels zu berechnen. Nach der allgemeinen Regel (s. § 10) wird Γ als Residuum der Funktion $w'(z)$ im Punkte $z = 0$ bestimmt, in dem $w'(z)$ einen einfachen Pol hat. Das gesuchte Residuum ergibt sich leicht als Koeffizient von $1/z$ in der Entwicklung der Funktion $w'(z)$ nach Potenzen von $1/z$ in der Nähe des unendlich fernen Punktes:

$$\frac{\mathrm{d}w}{\mathrm{d}z} = \frac{\Gamma}{2\pi\mathrm{i}z} + \ldots\,.$$

Für Γ ergibt sich die einfache Formel

$$\Gamma = U\int_0^a (\zeta'_1 + \zeta'_2)\sqrt{\frac{\xi}{a-\xi}}\,\mathrm{d}\xi\,. \qquad (48,7)$$

---

[1]) Diese Divergenz ist nicht vorhanden, wenn ζ_1 und ζ_2 an der hinteren Kante wie $(a - x)^k$ mit $k > 1$ verschwinden, d. h., wenn der Punkt auf der hinteren Kante ein Umkehrpunkt ist.

Hier geht nur die Summe der Funktionen ζ_1 und ζ_2 ein. Der Auftrieb ändert sich demnàch nicht, wenn man den dünnen Tragflügel durch eine gebogene Platte ersetzt, deren Form durch die Funktion $\frac{1}{2}(\zeta_1 + \zeta_2)$ gegeben wird.

Für eine ebene, unendlich lange Platte als Tragflügel mit einem kleinen Anstellwinkel α haben wir zum Beispiel $\zeta_1 = \zeta_2 = \alpha(a - x)$, und die Formel (48,7) ergibt $\Gamma = -\pi\alpha a U$. Der Auftriebsbeiwert für einen solchen Tragflügel ist

$$C_y = \frac{-\varrho U \Gamma}{\frac{1}{2}\varrho U^2 a} = 2\pi\alpha\,.$$

V WÄRMELEITUNG IN FLÜSSIGKEITEN

§ 49. Die allgemeine Gleichung für den Wärmetransport

Am Schluß von § 2 ist darauf hingewiesen worden, daß das vollständige Gleichungssystem der Hydrodynamik fünf Gleichungen enthalten muß. Für eine Flüssigkeit, in der Wärmeleitung und innere Reibung vorhanden sind, ist eine dieser Gleichungen wie früher die Kontinuitätsgleichung; die Eulerschen Gleichungen werden durch die Navier-Stokesschen Gleichungen ersetzt. Die fünfte Gleichung ist für ideale Flüssigkeit die Gleichung für die Erhaltung der Entropie (2,6). In einer zähen Flüssigkeit gilt diese Gleichung selbstverständlich nicht, weil in ihr irreversible Prozesse der Energiedissipation ablaufen.

Für eine ideale Flüssigkeit wird der Energieerhaltungssatz durch die Gleichung (6,1)

$$\frac{\partial}{\partial t}\left(\frac{\varrho v^2}{2} + \varrho\varepsilon\right) = -\operatorname{div}\left[\varrho \boldsymbol{v}\left(\frac{v^2}{2} + w\right)\right]$$

ausgedrückt. Links steht die Änderungsgeschwindigkeit der Energie der Flüssigkeit pro Volumeneinheit, rechts die Divergenz der Energiestromdichte. In einer zähen Flüssigkeit gilt der Energieerhaltungssatz natürlich auch: Die Änderung der Gesamtenergie der Flüssigkeit in einem gewissen Volumen (pro Sekunde) muß nach wie vor gleich dem gesamten Energiestrom durch die Begrenzung dieses Volumens sein. Die Energiestromdichte sieht jetzt aber anders aus. Vor allem gibt es neben dem Strom $\varrho \boldsymbol{v}\left(\frac{v^2}{2} + w\right)$, der mit der einfachen Verschiebung der Flüssigkeitsmasse während der Strömung zusammenhängt, noch einen Energiestrom infolge der Prozesse der inneren Reibung. Dieser zweite Strom wird durch den Vektor $(\boldsymbol{v}\sigma')$ mit den Komponenten $v_i\sigma'_{ik}$(§ 16) gegeben. Dadurch werden jedoch noch nicht alle zusätzlichen Terme im Energiestrom erfaßt.

Wenn die Temperatur einer Flüssigkeit nicht im ganzen Volumen konstant ist, dann erfolgt ein Wärmetransport, außer durch die beiden angegebenen Mechanismen des Energietransportes, auch noch auf Grund der *Wärmeleitung*. Damit ist die direkte molekulare Energieübertragung von Orten mit höherer nach Orten mit niedrigerer Temperatur gemeint. Sie hängt nicht mit der makroskopischen Bewegung zusammen und erfolgt auch in einer unbewegten Flüssigkeit.

Wir bezeichnen mit $\boldsymbol{q}$ die Dichte des Wärmestromes infolge der Wärmeleitung. Der Strom $\boldsymbol{q}$ hängt in gewisser Weise mit der Temperaturänderung in der Flüssigkeit zusammen. Man kann diese Abhängigkeit sofort aufschreiben, wenn der Temperaturgradient in der Flüssigkeit nicht allzu groß ist. Bei den Erscheinungen im Zusammenhang mit der Wärmeleitung haben wir es praktisch fast immer mit diesem Fall zu tun. Wir können dann $\boldsymbol{q}$ in eine Potenzreihe nach dem Temperaturgradienten entwickeln und uns auf die ersten Glieder

der Entwicklung beschränken. Der konstante Term in dieser Entwicklung verschwindet offensichtlich, weil $\boldsymbol{q}$ zusammen mit ∇T verschwinden muß. Wir erhalten auf diese Weise

$$\boldsymbol{q} = -\varkappa \nabla T . \tag{49,1}$$

Der Proportionalitätsfaktor $\varkappa$ heißt *Wärmeleitfähigkeit.* Er ist immer positiv; das folgt unmittelbar daraus, daß der Energiestrom von Orten mit höherer nach Orten mit niedrigerer Temperatur gerichtet sein muß, d. h., $\boldsymbol{q}$ und ∇T müssen entgegengesetzte Richtungen haben. Die Wärmeleitfähigkeit $\varkappa$ ist im allgemeinen eine Funktion der Temperatur und des Druckes.

Die gesamte Energiestromdichte in einer Flüssigkeit ist also unter Berücksichtigung der Zähigkeit und der Wärmeleitfähigkeit gleich

$$\varrho \boldsymbol{v}\left(\frac{v^2}{2} + w\right) - (\boldsymbol{v}\sigma') - \varkappa \nabla T .$$

Dementsprechend wird der allgemeine Energieerhaltungssatz durch die Gleichung

$$\frac{\partial}{\partial t}\left(\frac{\varrho v^2}{2} + \varrho\varepsilon\right) = -\operatorname{div}\left[\varrho \boldsymbol{v}\left(\frac{v^2}{2} + w\right) - (\boldsymbol{v}\sigma') - \varkappa \nabla T\right] \tag{49,2}$$

ausgedrückt.

Diese Gleichung könnte man als fünfte Gleichung in dem vollständigen Gleichungssystem der Hydrodynamik einer zähen Flüssigkeit verwenden. Es ist jedoch angebracht, sie erst noch mit Hilfe der Bewegungsgleichungen umzuformen. Dazu berechnen wir die Zeitableitung der Energie der Flüssigkeit pro Volumeneinheit, ausgehend von den Bewegungsgleichungen. Wir haben

$$\frac{\partial}{\partial t}\left(\frac{\varrho v^2}{2} + \varrho\varepsilon\right) = \frac{v^2}{2}\frac{\partial \varrho}{\partial t} + \varrho \boldsymbol{v}\frac{\partial \boldsymbol{v}}{\partial t} + \varrho\frac{\partial \varepsilon}{\partial t} + \varepsilon\frac{\partial \varrho}{\partial t} .$$

Setzen wir hier $\frac{\partial \varrho}{\partial t}$ aus der Kontinuitätsgleichung und $\frac{\partial \boldsymbol{v}}{\partial t}$ aus der Navier-Stokesschen Gleichung ein, so erhalten wir

$$\frac{\partial}{\partial t}\left(\frac{\varrho v^2}{2} + \varrho\varepsilon\right) = -\frac{v^2}{2}\operatorname{div}(\varrho \boldsymbol{v}) - \varrho(\boldsymbol{v}\nabla)\frac{v^2}{2} - \boldsymbol{v}\nabla p + v_i\frac{\partial \sigma'_{ik}}{\partial x_k} + \varrho\frac{\partial \varepsilon}{\partial t} - \varepsilon \operatorname{div}(\varrho \boldsymbol{v}) .$$

Jetzt benutzen wir die thermodynamische Beziehung

$$\mathrm{d}\varepsilon = T\,\mathrm{d}s - p\,\mathrm{d}V = T\,\mathrm{d}s + \frac{p}{\varrho^2}\mathrm{d}\varrho ,$$

aus der

$$\frac{\partial \varepsilon}{\partial t} = T\frac{\partial s}{\partial t} + \frac{p}{\varrho^2}\frac{\partial \varrho}{\partial t} = T\frac{\partial s}{\partial t} - \frac{p}{\varrho^2}\operatorname{div}(\varrho \boldsymbol{v})$$

folgt. Das setzen wir ein und führen die Enthalpie $w = \varepsilon + \frac{p}{\varrho}$ ein:

$$\frac{\partial}{\partial t}\left(\frac{\varrho v^2}{2} + \varrho\varepsilon\right) = -\left(\frac{v^2}{2} + w\right)\operatorname{div}(\varrho \boldsymbol{v}) - \varrho(\boldsymbol{v}\nabla)\frac{v^2}{2} - \boldsymbol{v}\nabla p + \varrho T\frac{\partial s}{\partial t} + v_i\frac{\partial \sigma'_{ik}}{\partial x_k}.$$

Weiter folgt aus der thermodynamischen Beziehung $\mathrm{d}w = T\,\mathrm{d}s + \frac{1}{\varrho}\,\mathrm{d}p$

$$\nabla p = \varrho\nabla w - \varrho T\nabla s.$$

Das letzte Glied auf der rechten Seite der Gleichung kann man umformen in

$$v_i\frac{\partial \sigma'_{ik}}{\partial x_k} = \frac{\partial}{\partial x_k}(v_i\sigma'_{ik}) - \sigma'_{ik}\frac{\partial v_i}{\partial x_k} \equiv \operatorname{div}(\boldsymbol{v}\sigma') - \sigma'_{ik}\frac{\partial v_i}{\partial x_k}.$$

Wir setzen diese Ausdrücke ein, addieren und subtrahieren $\operatorname{div}(\varkappa\nabla T)$ und erhalten

$$\frac{\partial}{\partial t}\left(\frac{\varrho v^2}{2} + \varrho\varepsilon\right) = -\operatorname{div}\left[\varrho\boldsymbol{v}\left(\frac{v^2}{2} + w\right) - (\boldsymbol{v}\sigma') - \varkappa\nabla T\right] + \varrho T\left(\frac{\partial s}{\partial t} + \boldsymbol{v}\nabla s\right) - \sigma'_{ik}\frac{\partial v_i}{\partial x_k} - \operatorname{div}(\varkappa\nabla T). \tag{49,3}$$

Aus dem Vergleich dieses Ausdruckes für die Ableitung der Energie pro Volumeneinheit mit dem Ausdruck (49,2) ergibt sich

$$\varrho T\left(\frac{\partial s}{\partial t} + \boldsymbol{v}\nabla s\right) = \sigma'_{ik}\frac{\partial v_i}{\partial x_k} + \operatorname{div}(\varkappa\nabla T). \tag{49,4}$$

Wir werden diese Gleichung die *allgemeine Gleichung für den Wärmetransport* nennen. Sind Zähigkeit und Wärmeleitfähigkeit nicht vorhanden, dann verschwindet die rechte Seite, und man erhält die Gleichung für die Entropieerhaltung (2,6) in einer idealen Flüssigkeit.

Es soll nun die Aufmerksamkeit auf die folgende Interpretation der Gleichung (49,4) gelenkt werden. Der auf der linken Seite stehende Ausdruck ist gerade die mit ϱT multiplizierte totale Zeitableitung der Entropie: $\varrho T\,\mathrm{d}s/\mathrm{d}t$. Der Ausdruck $\mathrm{d}s/\mathrm{d}t$ gibt die Entropieänderung einer im Raume bewegten Masseneinheit der Flüssigkeit an. $T\,\mathrm{d}s/\mathrm{d}t$ ist folglich die Wärmemenge, die diese Masseneinheit pro Zeiteinheit aufnimmt; $\varrho T\,\mathrm{d}s/\mathrm{d}t$ ist die Wärmemenge pro Volumeneinheit. Aus (49,4) sehen wir daher, daß die von der Flüssigkeit pro Volumeneinheit aufgenommene Wärmemenge gleich

$$\sigma'_{ik}\frac{\partial v_i}{\partial x_k} + \operatorname{div}(\varkappa\nabla T)$$

ist. Das erste Glied stellt hier die Energie dar, die infolge der Zähigkeit in Wärme umgewandelt wird; das zweite ist die Wärme, die durch die Wärmeleitung in das betrachtete Volumen gebracht wird.

Wir rechnen das erste Glied auf der rechten Seite der Gleichung (49,4) weiter aus, indem wir für σ'_{ik} den Ausdruck (15,3) einsetzen, und erhalten

$$\sigma'_{ik}\frac{\partial v_i}{\partial x_k} = \eta\frac{\partial v_i}{\partial x_k}\left(\frac{\partial v_i}{\partial x_k} + \frac{\partial v_k}{\partial x_i} - \frac{2}{3}\delta_{ik}\frac{\partial v_l}{\partial x_l}\right) + \zeta\frac{\partial v_i}{\partial x_k}\delta_{ik}\frac{\partial v_l}{\partial x_l}.$$

Man kann leicht nachprüfen, daß das erste Glied in

$$\frac{\eta}{2}\left(\frac{\partial v_i}{\partial x_k} + \frac{\partial v_k}{\partial x_i} - \frac{2}{3}\delta_{ik}\frac{\partial v_l}{\partial x_l}\right)^2$$

umgeformt werden kann. Im zweiten haben wir

$$\zeta\frac{\partial v_i}{\partial x_k}\delta_{ik}\frac{\partial v_l}{\partial x_l} = \zeta\frac{\partial v_i}{\partial x_i}\frac{\partial v_l}{\partial x_l} \equiv \zeta(\operatorname{div}\boldsymbol{v})^2 .$$

Die Gleichung (49,4) nimmt auf diese Weise die folgende Gestalt an:

$$\varrho T\left(\frac{\partial s}{\partial t} + \boldsymbol{v}\nabla s\right) = \operatorname{div}(\varkappa\nabla T) + \frac{\eta}{2}\left(\frac{\partial v_i}{\partial x_k} + \frac{\partial v_k}{\partial x_i} - \frac{2}{3}\delta_{ik}\frac{\partial v_l}{\partial x_l}\right)^2 + \zeta(\operatorname{div}\boldsymbol{v})^2 . \tag{49,5}$$

Die Entropie der Flüssigkeit wächst, weil in ihr die irreversiblen Prozesse der Wärmeleitung und der inneren Reibung ablaufen. Wir sprechen hier natürlich nicht von der Entropie eines einzelnen Volumenelementes der Flüssigkeit, sondern von der Gesamtentropie der Flüssigkeit, die gleich dem Integral $\int \varrho s\,\mathrm{d}V$ ist. Die Entropieänderung pro Zeiteinheit wird durch die Zeitableitung

$$\frac{\partial}{\partial t}\int \varrho s\,dV = \int\frac{\partial(\varrho s)}{\partial t}\,\mathrm{d}V$$

gegeben. Unter Verwendung der Kontinuitätsgleichung und der Gleichung (49,5) ergibt sich

$$\frac{\partial(\varrho s)}{\partial t} = \varrho\frac{\partial s}{\partial t} + s\frac{\partial \varrho}{\partial t} = -s\operatorname{div}(\varrho\boldsymbol{v}) - \varrho(\boldsymbol{v}\nabla)s + \frac{1}{T}\operatorname{div}(\varkappa\nabla T)$$
$$+ \frac{\eta}{2T}\left(\frac{\partial v_i}{\partial x_k} + \frac{\partial v_k}{\partial x_i} - \frac{2}{3}\delta_{ik}\frac{\partial v_l}{\partial x_l}\right)^2 + \frac{\zeta}{T}(\operatorname{div}\boldsymbol{v})^2 .$$

Die ersten beiden Glieder ergeben in der Summe $-\operatorname{div}(\varrho s\boldsymbol{v})$. Das Volumenintegral über dieses Glied wird in ein Oberflächenintegral über den Entropiestrom $\varrho s\boldsymbol{v}$ umgeformt. Betrachten wir ein unbegrenztes Flüssigkeitsvolumen, und ruht die Flüssigkeit im Unendlichen, dann können wir diese Oberfläche nach Unendlich streben lassen; der Integrand im Oberflächenintegral wird dabei gleich Null, und das Integral verschwindet. Das Integral über das dritte Glied wird folgendermaßen umgeformt:

$$\int\frac{1}{T}\operatorname{div}(\varkappa\nabla T)\,\mathrm{d}V = \int\operatorname{div}\left(\frac{\varkappa\nabla T}{T}\right)\mathrm{d}V + \int\frac{\varkappa(\nabla T)^2}{T}\,\mathrm{d}V .$$

Wir nehmen an, daß die Temperatur der Flüssigkeit im Unendlichen hinreichend schnell gegen einen konstanten Grenzwert strebt, und formen das erste Integral in ein Integral über eine unendlich ferne Oberfläche um; dann ist dort $\nabla T = 0$, so daß das Integral ebenfalls verschwindet.

Als Ergebnis erhalten wir

$$\frac{\partial}{\partial t}\int \varrho s \, dV = \int \frac{\varkappa(\nabla T)^2}{T^2} dV + \int \frac{\eta}{2T}\left(\frac{\partial v_i}{\partial x_k} + \frac{\partial v_k}{\partial x_i} - \frac{2}{3}\delta_{ik}\frac{\partial v_l}{\partial x_l}\right)^2 dV + \int \frac{\zeta}{T}(\operatorname{div} \boldsymbol{v})^2 \, dV. \tag{49,6}$$

Der erste Term ist der Entropiezuwachs infolge der Wärmeleitung, die beiden restlichen Terme geben den Entropiezuwachs infolge der inneren Reibung.

Die Entropie kann nur zunehmen, d. h., die Summe (49,6) muß positiv sein. Andererseits kann in jedem Summanden der Integrand auch dann von Null verschieden sein, wenn die beiden anderen Integrale gleich Null sind. Daher muß jedes einzelne Integral immer positiv sein. Daraus folgt neben der uns schon bekannten Tatsache, daß $\varkappa$ und η positiv sind, daß auch der zweite Zähigkeitskoeffizient ζ positiv ist.

Bei der Ableitung der Formel (49,1) haben wir stillschweigend angenommen, daß der Wärmestrom nur vom Temperaturgradienten, aber nicht vom Druckgradienten abhängt. Diese Voraussetzung, die a priori nicht offensichtlich ist, kann jetzt folgendermaßen bestätigt werden. Würde in $\boldsymbol{q}$ ein zu ∇p proportionaler Term eingehen, dann müßte zum Ausdruck (49,6) für die Entropieänderung noch ein Glied addiert werden, das das Produkt $\nabla p \, \nabla T$ im Integranden enthält. Da dieses Produkt sowohl positiv als auch negativ sein kann, wäre die Zeitableitung der Entropie nicht positiv definit, was aber unmöglich ist.

Die oben angestellten Überlegungen müssen schließlich noch in folgender Hinsicht präzisiert werden. In einem System, das sich thermodynamisch nicht im Gleichgewicht befindet, – eine Flüssigkeit ist beim Vorhandensein von Geschwindigkeits- und Temperaturgradienten nicht im thermodynamischen Gleichgewicht – verlieren die üblichen Definitionen der thermodynamischen Größen ihren Sinn und müssen verallgemeinert werden. Die von uns hier gemeinten Definitionen besagen vor allem, daß ϱ, ε und $\boldsymbol{v}$ wie vorher definiert werden: ϱ und $\varrho\varepsilon$ sind Masse und innere Energie pro Volumeneinheit, $\boldsymbol{v}$ ist der Impuls der Flüssigkeit pro Masseneinheit. Die übrigen thermodynamischen Größen werden dann als diejenigen Funktionen von ϱ und ε definiert, die sie im thermodynamischen Gleichgewichtszustand sind. Dabei ist aber die Entropie $s = s(\varepsilon, \varrho)$ nicht mehr die wirkliche thermodynamische Entropie: Das Integral $\int \varrho s \, dV$ ist streng genommen nicht diejenige Größe, die im Laufe der Zeit zunehmen muß. Trotzdem kann man leicht erkennen, daß die von uns hier verwendete Näherung für s für kleine Geschwindigkeits- und Temperaturgradienten mit der wirklichen Entropie übereinstimmt:

Sind diese Gradienten vorhanden, dann treten im allgemeinen in der Entropie (bezüglich $s(\varepsilon, \varrho)$) zusätzliche Glieder auf, die mit diesen Gradienten zusammenhängen. Auf die oben angegebenen Resultate könnten aber nur in den Gradienten lineare Terme Auswirkungen haben (z. B. ein Term proportional zu dem Skalar div $\boldsymbol{v}$). Solche Terme könnten unvermeidlich sowohl positive als auch negative Werte annehmen. Sie müßten aber negativ sein, weil der Gleichgewichtswert $s = s(\varepsilon, \varrho)$ der maximal mögliche Wert ist. Die Entwicklung der Entropie nach Potenzen kleiner Gradienten kann daher (außer dem Glied nullter Ordnung) nur Glieder zweiter und höherer Ordnung enthalten.

Ähnliche Bemerkungen hätten eigentlich schon in § 15 gemacht werden müssen (vgl. die Anmerkung auf S. 57), weil schon die Anwesenheit eines Geschwindigkeitsgradienten aus dem thermodynamischen Gleichgewichtszustand herausführt. Unter dem Druck p, der in den Ausdruck für den Tensor der Impulsstromdichte einer zähen Flüssigkeit eingeht, hat man gerade diejenige Funktion $p = p(\varepsilon, \varrho)$ zu verstehen, die im thermodynamischen Gleichgewicht zutreffend ist. Dabei ist p bereits streng genommen nicht mehr der Druck im üblichen Sinne des Wortes, d. h., er stimmt nicht mehr mit der Kraft überein, die auf ein Flächenelement in Normalenrichtung wirkt. Im Unterschied zu dem oben für die Entropie Gesagten tritt hier der Unterschied schon bei Größen erster Ordnung bezüglich des kleinen Gradienten auf: In der Normalkomponente der Kraft erscheint, wie wir gesehen haben, neben p noch ein zu div $\boldsymbol{v}$ proportionales Glied (in einer inkompressiblen Flüssigkeit ist dieses Glied nicht vorhanden, und der Unterschied macht sich dort nur in Gliedern höherer Ordnung bemerkbar.)

Die drei Koeffizienten η, ζ und $\varkappa$, die in den Bewegungsgleichungen für eine zähe, wärmeleitende Flüssigkeit vorkommen, bestimmen somit die hydrodynamischen Eigenschaften der Flüssigkeit in der betrachteten, immer anwendbaren Näherung vollständig (d. h. unter Vernachlässigung der höheren Ortsableitungen der Geschwindigkeit, der Temperatur u.s.w.). Würde man in die Gleichungen irgendwelche zusätzlichen Terme einführen (z. B. zum Dichte- oder Temperaturgradienten proportionale Terme in die Massenstromdichte), so hätte das keinen physikalischen Sinn und würde bestenfalls nur eine Abänderung der Definition der Grundgrößen bedeuten; insbesondere würde die Geschwindigkeit nicht mehr mit dem Impuls der Flüssigkeit pro Masseneinheit übereinstimmen.[1])

§ 50. Wärmeleitung in einer inkompressiblen Flüssigkeit

Die allgemeine Wärmeleitungsgleichung in der Form (49,4) oder (49,5) kann in verschiedenen Fällen beträchtlich vereinfacht werden.

Ist die Strömungsgeschwindigkeit klein gegenüber der Schallgeschwindigkeit, dann sind die bei der Strömung entstehenden Druckänderungen so klein, daß die von diesen hervorgerufenen Dichteänderungen (und die Änderungen der anderen thermodynamischen Größen) vernachlässigt werden können. Eine ungleichmäßig erwärmte Flüssigkeit ist aber nicht völlig inkompressibel im früher benutzten Sinne. Das liegt daran, daß sich die Dichte noch unter dem Einfluß der Temperaturänderung verändert. Diese Dichteänderung kann

---

[1]) Im schlimmsten Falle kann die Einführung solcher Terme die notwendigen Erhaltungssätze verletzen. Man muß beachten, daß bei einer beliebigen Definition der Größen die Massenstromdichte $\boldsymbol{j}$ auf jeden Fall mit dem Impuls der Flüssigkeit pro Volumeneinheit übereinstimmen muß: Die Stromdichte $\boldsymbol{j}$ wird durch die Kontinuitätsgleichung

$$\frac{\partial \varrho}{\partial t} + \operatorname{div} \boldsymbol{j} = 0$$

definiert. Wir multiplizieren sie mit $\boldsymbol{r}$, integrieren über das ganze von der Flüssigkeit eingenommene Volumen und erhalten

$$\frac{\partial}{\partial t} \int \varrho \boldsymbol{r} \, \mathrm{d}V = \int \boldsymbol{j} \, \mathrm{d}V .$$

Das Integral $\int \varrho \boldsymbol{r} \, \mathrm{d}V$ bestimmt die Lage des Massenmittelpunktes der gegebenen Flüssigkeitsmasse; daher ist klar, daß das Integral $\int \boldsymbol{j} \, \mathrm{d}V$ ihr Impuls ist.

man im allgemeinen nicht vernachlässigen. Daher kann man die Dichte einer ungleichmäßig erwärmten Flüssigkeit sogar bei genügend kleinen Geschwindigkeiten nicht als konstant ansehen. In diesem Falle hat man bei der Differentiation der thermodynamischen Größen folglich den Druck als konstant anzunehmen, aber nicht die Dichte. So erhalten wir

$$\frac{\partial s}{\partial t} = \left(\frac{\partial s}{\partial T}\right)_p \frac{\partial T}{\partial t}, \qquad \nabla s = \left(\frac{\partial s}{\partial T}\right)_p \nabla T.$$

Da $T\left(\frac{\partial s}{\partial T}\right)_p$ die spezifische Wärmekapazität bei konstantem Druck c_p ist, gilt

$$T\frac{\partial s}{\partial t} = c_p \frac{\partial T}{\partial t}, \qquad T\nabla s = c_p \nabla T.$$

Die Gleichung (49,4) erhält die Gestalt

$$\varrho c_p \left(\frac{\partial T}{\partial t} + \boldsymbol{v}\nabla T\right) = \operatorname{div}(\varkappa \nabla T) + \sigma'_{ik}\frac{\partial v_i}{\partial x_k}. \tag{50,1}$$

Um in den Bewegungsgleichungen für eine ungleichmäßig erwärmte Flüssigkeit die Dichte als konstant ansehen zu können, müssen (außer einem kleinen Verhältnis der Strömungsgeschwindigkeit zur Schallgeschwindigkeit) die in der Flüssigkeit vorkommenden Temperaturdifferenzen genügend klein sein. Wir betonen, daß es hier um die Absolutbeträge der Temperaturdifferenzen geht und nicht um den Temperaturgradienten. Unter dieser Voraussetzung kann man eine Flüssigkeit in demselben Sinne wie früher als inkompressibel ansehen. Insbesondere lautet die Kontinuitätsgleichung dann einfach $\operatorname{div} \boldsymbol{v} = 0$. Da wir die Temperaturdifferenzen als klein annehmen, werden wir auch die Temperaturabhängigkeit der Größen η, $\varkappa$, c_p vernachlässigen, d. h., wir werden sie als konstant ansehen. Schreiben wir das Glied $\sigma'_{ik}\frac{\partial v_i}{\partial x_k}$ in derselben Gestalt wie in (49,5), dann erhalten wir die Gleichung für den Wärmetransport in einer inkompressiblen Flüssigkeit in der relativ einfachen Form

$$\frac{\partial T}{\partial t} + \boldsymbol{v}\nabla T = \chi \triangle T + \frac{\nu}{2c_p}\left(\frac{\partial v_i}{\partial x_k} + \frac{\partial v_k}{\partial x_i}\right)^2; \tag{50,2}$$

$\nu = \eta/\varrho$ ist die kinematische Zähigkeit, und statt $\varkappa$ ist die *Temperaturleitfähigkeit* eingeführt worden, die als

$$\chi = \frac{\varkappa}{\varrho c_p} \tag{50,3}$$

definiert ist.

Besonders einfach sieht die Gleichung für den Wärmetransport in einer ruhenden Flüssigkeit aus, in der der Energietransport allein durch die Wärmeleitung bewirkt wird. Lassen wir in (50,2) alle die Geschwindigkeit enthaltenden Glieder weg, so erhalten wir einfach

$$\frac{\partial T}{\partial t} = \chi \triangle T. \tag{50,4}$$

Diese Gleichung wird in der mathematischen Physik als *Wärmeleitungsgleichung* oder *Fouriersche Gleichung* bezeichnet. Sie kann selbstverständlich auch viel einfacher abgeleitet werden, ohne die allgemeine Gleichung für den Wärmetransport in einer bewegten Flüssigkeit zu Hilfe zu nehmen. Nach dem Energieerhaltungssatz muß die in einem bestimmten Volumen pro Zeiteinheit absorbierte Wärmemenge gleich dem gesamten Wärmestrom sein, der durch die Oberfläche in dieses Volumen hineinfließt. Wie wir wissen, kann dieser Erhaltungssatz als Kontinuitätsgleichung für die Wärmemenge geschrieben werden. Man erhält diese Gleichung, indem man die pro Volumen- und Zeiteinheit in der Flüssigkeit absorbierte Wärmemenge gleich der mit dem negativen Vorzeichen genommenen Divergenz der Wärmestromdichte setzt. Der erste dieser Terme ist $\varrho c_p (\partial T/\partial t)$; hier muß die spezifische Wärme bei konstantem Druck c_p genommen werden, weil der Druck in einer ruhenden Flüssigkeit selbstverständlich konstant sein muß. Wir setzen diesen Ausdruck gleich $-\operatorname{div} \boldsymbol{q} = \varkappa \triangle T$ und erhalten sofort die Gleichung (50,4).

Es muß bemerkt werden, daß die Wärmeleitungsgleichung (50,4) auf Flüssigkeiten praktisch nur sehr begrenzt anwendbar ist; denn in Flüssigkeiten, die sich im Schwerefeld befinden, bewirkt meist schon ein kleiner Temperaturgradient eine merkliche Strömung (die freie Konvektion; siehe § 56). In Wirklichkeit hat man es nur dann mit einer ungleichmäßigen Temperaturverteilung in einer ruhenden Flüssigkeit zu tun, wenn der Temperaturgradient der Schwerkraft entgegengerichtet ist oder wenn die Flüssigkeit sehr zäh ist. Trotzdem ist das Studium der Wärmeleitungsgleichung in der Gestalt (50,4) sehr wichtig, weil eine derartige Gleichung die Wärmeleitungsvorgänge in festen Körpern beschreibt. Das haben wir im Auge, wenn wir hier und in den §§ 51 und 52 diese Gleichung eingehender untersuchen.

Wird die Temperaturverteilung in einem ungleichmäßig erwärmten, ruhenden Medium (durch irgendwelche äußere Wärmequellen) zeitlich konstant gehalten, dann nimmt die Wärmeleitungsgleichung die Gestalt

$$\triangle T = 0 \tag{50,5}$$

an. Eine stationäre Temperaturverteilung in einem ruhenden Medium wird also durch die Laplacesche Gleichung beschrieben. In dem allgemeineren Falle, in dem wir $\varkappa$ nicht als konstant ansehen dürfen, erhalten wir statt (50,5) die Gleichung

$$\operatorname{div} (\varkappa \nabla T) = 0\,. \tag{50,6}$$

Sind in einer Flüssigkeit fremde Wärmequellen vorhanden, dann muß zur Wärmeleitungsgleichung ein entsprechender Zusatzterm addiert werden (eine solche Wärmequelle kann z. B. die Aufheizung durch einen elektrischen Strom sein). Q sei die Wärmemenge, die von diesen Quellen an die Flüssigkeit pro Volumen- und Zeiteinheit abgegeben wird; Q ist im allgemeinen eine Funktion des Ortes und der Zeit. Die Wärmebilanz, d. h. die Wärmeleitungsgleichung, erhält jetzt die Gestalt

$$\varrho c_p \frac{\partial T}{\partial t} = \varkappa \triangle T + Q\,. \tag{50,7}$$

Wir wollen die Randbedingungen für die Wärmeleitungsgleichung angeben, die an der Grenze zwischen zwei Medien erfüllt sein müssen. Vor allem müssen an dieser Grenze die Temperaturen der beiden Medien gleich sein:

$$T_1 = T_2\,. \tag{50,8}$$

Außerdem muß der aus dem einen Medium herausfließende Wärmestrom gleich dem in das andere Medium hineinfließenden Wärmestrom sein. Wir wählen ein Koordinatensystem, in dem der betreffende Teil der Grenzfläche ruht, und können diese Bedingung in der Form

$$\varkappa_1 \nabla T_1 \, \mathrm{d}\boldsymbol{f} = \varkappa_2 \nabla T_2 \, \mathrm{d}\boldsymbol{f}$$

schreiben; sie gilt für jedes Element $\mathrm{d}\boldsymbol{f}$ der Grenzfläche. Wir schreiben

$$\nabla T \, \mathrm{d}\boldsymbol{f} = \frac{\partial T}{\partial n} \, \mathrm{d}f ,$$

wobei $\partial T/\partial n$ die Ableitung von T in Normalenrichtung ist, und erhalten die Randbedingung in der Gestalt

$$\varkappa_1 \frac{\partial T}{\partial n} = \varkappa_2 \frac{\partial T}{\partial n} . \tag{50,9}$$

Wenn auf der Grenzfläche noch fremde Wärmequellen vorhanden sind, die pro Flächeneinheit und pro Zeiteinheit die Wärmemenge $Q^{(s)}$ abgeben, dann erhält man statt (50,9)

$$\varkappa_1 \frac{\partial T_1}{\partial n} - \varkappa_2 \frac{\partial T_2}{\partial n} = Q^{(s)} . \tag{50,10}$$

Bei den physikalischen Problemen der Temperaturverteilung in Anwesenheit von Wärmequellen ist die Intensität dieser Quellen gewöhnlich selbst als Funktion der Temperatur gegeben. Wächst die Funktion $Q(T)$ mit zunehmendem T genügend schnell, dann kann die Ausbildung einer stationären Temperaturverteilung in einem Körper, an dessen Berandung gegebene Verhältnisse aufrechterhalten werden (z. B. die Temperatur gegeben ist), unmöglich sein. Die Wärmeabfuhr durch die Berandung eines Körpers ist einem gewissen Mittelwert der Temperaturdifferenz $T - T_0$ zwischen der Temperatur des Körpers und des äußeren Mediums proportional, unabhängig von dem Gesetz für die Wärmeabgabe innerhalb des Körpers. Wenn diese Wärmeabgabe mit der Temperatur genügend schnell wächst, dann ist klar, daß die Wärmeabfuhr unzureichend sein kann, um einen Gleichgewichtszustand zu verwirklichen.

Unter diesen Bedingungen kann eine *thermische Explosion* auftreten: Wenn die Geschwindigkeit einer exothermen Verbrennungsreaktion mit zunehmender Temperatur genügend schnell anwächst, so daß keine stationäre Verteilung möglich ist, dann erfolgt eine schnelle nichtstationäre Aufheizung der Substanz, und die Reaktion wird beschleunigt (N. N. Semjonow, 1923). Die Geschwindigkeit (und mit ihr auch die Intensität der Wärmeabgabe) einer explosiven Verbrennungsreaktion hängt von der Temperatur im wesentlichen durch einen Proportionalitätsfaktor $\exp(-U/T)$ mit großer Aktivierungsenergie U ab. Bei der Untersuchung der Bedingungen für das Auftreten einer thermischen Explosion hat man den Verlauf der Reaktion bei verhältnismäßig geringer Aufheizung zu betrachten und kann dementsprechend entwickeln:

$$\frac{1}{T} \approx \frac{1}{T_0} - \frac{T - T_0}{T_0^2} ,$$

wobei T_0 die äußere Temperatur ist. Die Aufgabe reduziert sich damit auf die Untersuchung der Wärmeleitungsgleichung mit im Volumen verteilten Wärmequellen, deren Intensität die Form

$$Q = Q_0 \exp\{\alpha(T - T_0)\} \tag{50,11}$$

hat (D. A. Frank-Kamenezki, 1939), vgl. Aufgabe 1.

Aufgaben

1. In einer Schicht einer Substanz zwischen zwei parallelen Ebenen sind im Volumen Wärmequellen mit der Intensität (50,11) verteilt. Die Begrenzungsebenen werden auf konstanter Temperatur gehalten. Unter welchen Bedingungen kann sich eine stationäre Temperaturverteilung ausbilden? (D. A. Frank-Kamenezki, 1939).[1]

Lösung. Die Gleichung für die stationäre Wärmeleitung lautet im vorliegenden Falle

$$\varkappa \frac{d^2T}{dx^2} = -Q_0\, e^{\alpha(T-T_0)}$$

mit den Randbedingungen $T = T_0$ für $x = 0$ und $x = 2l$ ($2l$ ist die Breite der Schicht). Wir führen die dimensionslosen Variablen $\tau = \alpha(T - T_0)$ und $\xi = x/l$ ein und erhalten

$$\tau'' + \lambda\, e^{\tau} = 0\,, \qquad \lambda = \frac{Q_0 \alpha l^2}{\varkappa}.$$

Durch einmalige Integration dieser Gleichung (nachdem wir sie mit $2\tau'$ multipliziert haben) finden wir

$$\tau'^2 = 2\lambda(e^{\tau_0} - e^{\tau})\,,$$

wobei τ_0 eine Konstante ist. Diese Konstante ist offensichtlich der maximale Wert von τ, der auf Grund der Symmetrie des Problems in der Mitte der Schicht erreicht werden muß, d. h. für $\xi = 1$. Die zweite Integration ergibt daher unter Berücksichtigung der Bedingung $\tau = 0$ für $\xi = 0$

$$\frac{1}{\sqrt{2\lambda}} \int_0^{\tau_0} \frac{d\tau}{\sqrt{e^{\tau_0} - e^{\tau}}} = \int_0^1 d\xi = 1\,.$$

Führen wir die Integration aus, so erhalten wir

$$e^{-\tau_0/2}\, \operatorname{Arch} e^{\tau_0/2} = \sqrt{\frac{\lambda}{2}}\,. \tag{1}$$

Die durch diese Gleichung gegebene Funktion $\lambda(\tau_0)$ hat ein Maximum $\lambda = \lambda_{kr}$ für einen bestimmten Wert $\tau_0 = \tau_{0\,kr}$. Wenn $\lambda > \lambda_{kr}$ ist, dann existiert keine Lösung, die den Randbedingungen genügt.[2] Die Zahlenwerte sind $\lambda_{kr} = 0{,}88$ und $\tau_{0\,kr} = 1.2$.[3]

---

[1]) Eine eingehende Darstellung hierzu gehöriger Fragen findet man in dem Buch: D. A. Frank-Kamenezki (Д. А. Франк-Каменецкий), Диффузия и теплопередача в химической кинетике, Nauka, Moskau 1967; Diffusion and Heat Exchange in Chemical Kinetics, Princeton 1955.

[2]) Von den beiden Wurzeln der Gleichung (1) für $\lambda < \lambda_{kr}$ gehört nur die kleinere zu einer stabilen Temperaturverteilung.

[3]) Die analogen Werte für einen kugelförmigen Bereich (mit dem Radius als Länge l) sind $\lambda_{kr} = 3{,}32$ und $\tau_{0kr} = 1{,}47$; für einen unendlich langen Zylinder sind $\lambda_{kr} = 2{,}00$ und $\tau_{0kr} = 1{,}36$.

2. In einer ruhenden Flüssigkeit, in der ein konstanter Temperaturgradient aufrechterhalten wird, befindet sich eine Kugel. Man berechne die entstehende stationäre Temperaturverteilung in der Flüssigkeit und in der Kugel.

Lösung. Die Temperaturverteilung wird im ganzen Raum durch die Gleichung $\triangle T = 0$ bestimmt; dazu kommen die Randbedingungen

$$T_1 = T_2\,, \qquad \varkappa_1 \frac{\partial T_1}{\partial r} = \varkappa_2 \frac{\partial T_2}{\partial r}$$

für $r = R$ (R ist der Kugelradius; Größen mit den Indizes 1 und 2 gehören zur Kugel bzw. zur Flüssigkeit) und die Bedingung $\nabla T = \boldsymbol{A}$ im Unendlichen ($\boldsymbol{A}$ ist der vorgegebene Temperaturgradient). Auf Grund der Symmetrie des Problems ist $\boldsymbol{A}$ der einzige Vektor, durch den die gesuchte Lösung bestimmt wird. Solche Lösungen der Laplaceschen Gleichung sind const $\cdot\, \boldsymbol{A}\boldsymbol{r}$ und const $\cdot\, \boldsymbol{A}\nabla(1/r)$. Die Lösung muß im Kugelmittelpunkt endlich bleiben, daher setzen wir die Temperaturen T_1 und T_2 in der Gestalt

$$T_1 = c_1 \boldsymbol{A}\boldsymbol{r}\,, \qquad T_2 = c_2 \boldsymbol{A}\frac{\boldsymbol{r}}{r^3} + \boldsymbol{A}\boldsymbol{r}$$

an. Die Konstanten c_1 und c_2 werden aus den Bedingungen für $r = R$ bestimmt, und wir finden

$$T_1 = \frac{3\varkappa_2}{\varkappa_1 + 2\varkappa_2}\boldsymbol{A}\boldsymbol{r}\,, \qquad T_2 = \left[1 + \frac{\varkappa_2 - \varkappa_1}{\varkappa_1 + 2\varkappa_2}\left(\frac{R}{r}\right)^3\right]\boldsymbol{A}\boldsymbol{r}\,.$$

§ 51. Wärmeleitung in einem unbegrenzten Medium

Wir wollen die Wärmeleitung in einem unbegrenzten ruhenden Medium behandeln. Die allgemeinste Problemstellung ist folgende. Zu einer gegebenen Anfangszeit $t = 0$ ist die Temperaturverteilung im ganzen Raum vorgegeben:

$$T = T_0(x, y, z) \quad \text{für} \quad t = 0\,,$$

wobei $T_0(\boldsymbol{r})$ ist eine gegebene Ortsfunktion ist. Es ist die Temperaturverteilung zu einer beliebigen späteren Zeit zu berechnen.

Wir entwickeln die gesuchte Funktion $T(\boldsymbol{r}, t)$ in ein Fourier-Integral bezüglich der Koordinaten:

$$T(\boldsymbol{r}, t) = \int T_{\boldsymbol{k}}(t)\, \mathrm{e}^{\mathrm{i}\boldsymbol{k}\boldsymbol{r}} \frac{\mathrm{d}^3 k}{(2\pi)^3}\,, \qquad T_{\boldsymbol{k}}(t) = \int T(\boldsymbol{r}, t)\, \mathrm{e}^{-\mathrm{i}\boldsymbol{k}\boldsymbol{r}}\, \mathrm{d}^3 x\,. \tag{51,1}$$

Für jede Fourier-Komponente der Temperatur, $T_{\boldsymbol{k}}\, \mathrm{e}^{\mathrm{i}\boldsymbol{k}\boldsymbol{r}}$, gibt die Gleichung (50,4)

$$\frac{\mathrm{d}T_{\boldsymbol{k}}}{\mathrm{d}t} + k^2 \chi T_{\boldsymbol{k}} = 0\,,$$

woraus wir die Zeitabhängigkeit von $T_{\boldsymbol{k}}$ finden:

$$T_{\boldsymbol{k}} = T_{0\boldsymbol{k}}\, \mathrm{e}^{-k^2 \chi t}\,.$$

Da $T = T_0(\boldsymbol{r})$ für $t = 0$ gelten muß, ist klar, daß $T_{0\boldsymbol{k}}$ mit den Koeffizienten der Fourier-Entwicklung der Funktion T_0 übereinstimmen muß:

$$T_{0\boldsymbol{k}} = \int T_0(\boldsymbol{r}')\, \mathrm{e}^{-\mathrm{i}\boldsymbol{k}\boldsymbol{r}'}\, \mathrm{d}^3 x'\,.$$

Auf diese Weise finden wir

$$T = \int T_0(\boldsymbol{r}')\, e^{-k^2\chi t}\, e^{i\boldsymbol{k}(\boldsymbol{r}-\boldsymbol{r}')}\, d^3x' \frac{d^3k}{(2\pi)^3}.$$

Das Integral über d^3k zerfällt in das Produkt dreier gleichartiger Integrale der Form

$$\int_{-\infty}^{\infty} e^{-\alpha\xi^2} \cos\beta\xi\, d\xi = \left(\frac{\pi}{\alpha}\right)^{1/2} e^{-\beta^2/4\alpha},$$

wobei ξ eine der Komponenten des Vektors $\boldsymbol{k}$ ist (das analoge Integral mit dem sin an Stelle des cos verschwindet, da der Sinus eine ungerade Funktion ist). Als Ergebnis erhalten wir schließlich den folgenden Ausdruck:

$$T(\boldsymbol{r}, t) = \frac{1}{8(\pi\chi t)^{3/2}} \int T_0(\boldsymbol{r}') \exp\left\{-\frac{(\boldsymbol{r}-\boldsymbol{r}')^2}{4\chi t}\right\} d^3x'. \tag{51,2}$$

Diese Formel ist die vollständige Lösung des gestellten Problems; sie gibt die Temperaturverteilung zu einer beliebigen Zeit aus der gegebenen Anfangsverteilung an.

Falls die Anfangsverteilung der Temperatur nur von einer Koordinate x abhängt, dann kann man in (51,2) die Integration über $dy'\,dz'$ ausführen und findet

$$T(x, t) = \frac{1}{2(\pi\chi t)^{1/2}} \int_{-\infty}^{\infty} T_0(x') \exp\left\{-\frac{(x-x')^2}{4\chi t}\right\} dx'. \tag{51,3}$$

Es sei für $t = 0$ die Temperatur im ganzen Raum gleich Null mit Ausnahme eines Punktes (des Koordinatenurprungs), in dem sie einen unendlich großen Wert annehmen

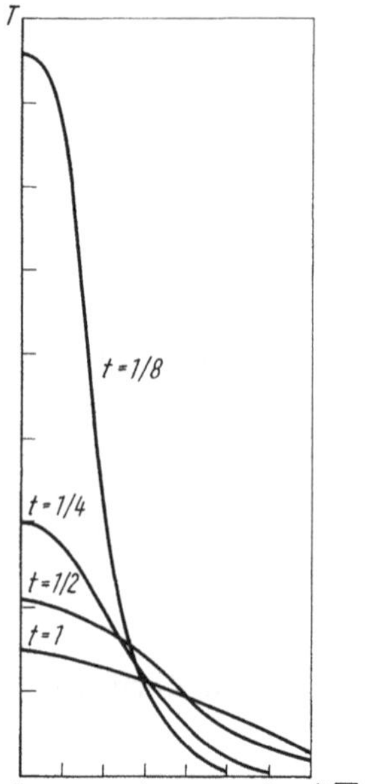

Abb. 39

soll, jedoch so, daß die gesamte Wärmemenge, die dem Integral $\int T_0(\boldsymbol{r})\, d^3x$ proportional ist, endlich bleibt. Eine solche Verteilung kann man mit Hilfe der δ-Funktion darstellen:

$$T_0(\boldsymbol{r}) = \text{const}\, \delta(\boldsymbol{r})\,. \tag{51,4}$$

Die Integration in der Formel (51,2) reduziert sich dann einfach auf das Ersetzen von $\boldsymbol{r}'$ durch Null, und wir erhalten das Ergebnis

$$T(\boldsymbol{r}, t) = \text{const}\, \frac{1}{8(\pi\chi t)^{3/2}}\, e^{-r^2/4\chi t}\,. \tag{51,5}$$

Die Temperatur im Punkte $r = 0$ nimmt im Laufe der Zeit proportional zu $t^{-3/2}$ ab. Gleichzeitig nimmt die Temperatur in der Umgebung dieses Punktes zu. Der Bereich mit merklich von Null verschiedener Temperatur dehnt sich dabei allmählich aus (Abb. 39). Der Verlauf dieser Ausdehnung wird in der Hauptsache durch den Exponentialfaktor in (51,5) bestimmt. Die Größenordnung l der Abmessungen dieses Bereiches wird durch die Beziehung

$$l \sim \sqrt{\chi t} \tag{51,6}$$

gegeben, d. h., dieser Bereich wächst proportional der Quadratwurzel aus der Zeit.

Ähnlich ist der Fall, bei dem zur Anfangszeit eine endliche Wärmemenge in der Ebene $x = 0$ konzentriert ist; dann wird die Temperaturverteilung für spätere Zeiten durch die Formel

$$T(x, t) = \text{const}\, \frac{1}{2(\pi\chi t)^{1/2}}\, e^{-x^2/4\chi t} \tag{51,7}$$

gegeben.

Man kann die Formel (51,6) auch von einem etwas anderen Standpunkt aus interpretieren. l sei die Größenordnung der Abmessungen eines Körpers. Der Körper soll zunächst ungleichmäßig erwärmt sein. Die Größenordnung der Zeit τ, in der sich die Temperaturen in den verschiedenen Punkten des Körpers merklich ausgleichen, ist

$$\tau \sim \frac{l^2}{\chi}\,. \tag{51,8}$$

Die Zeit τ, die man die Relaxationszeit für den Wärmeleitungsvorgang nennen kann, ist proportional zum Quadrat der Körperabmessungen und umgekehrt proportional zur Temperaturleitfähigkeit.

Der Wärmeleitungsvorgang, der durch die hier hergeleiteten Formeln beschrieben wird, hat die Eigenschaft, daß sich der Einfluß irgendeiner thermischen Störung augenblicklich über den ganzen Raum ausbreitet. So ist aus der Formel (51,5) zu erkennen, daß sich die Wärme aus der punktförmigen Quelle so ausbreitet, daß schon im nächsten Moment die Temperatur des Mediums nur im Unendlichen asymptotisch gleich Null wird. Auch ein Medium mit temperaturabhängiger Temperaturleitfähigkeit χ hat diese Eigenschaft, wenn nur diese Abhängigkeit nicht dazu führt, daß χ in irgendeinem Raumgebiet Null ist. Wenn χ eine Funktion der Temperatur ist und zusammen mit dieser abnimmt und verschwindet, dann wird die Ausbreitung der Wärme verlangsamt, und der Einfluß einer beliebigen thermischen Störung erstreckt sich dann zu jedem Zeitpunkt nur über ein gewisses endliches Raumgebiet; wir sprechen hier von der Wärmeausbreitung in einem Medium, dessen Temperatur man (außerhalb des Einflußbereiches der Störung) als gleich Null annehmen kann (J. B. SELDOWITSCH und A. S. KOMPANEJEZ, 1950; von ihnen stammt auch die Lösung der unten angeführten Aufgaben).

Aufgaben

1. Die spezifische Wärmekapazität und die Wärmeleitfähigkeit eines Mediums seien gewissen Potenzen der Temperatur proportional, die Dichte sei konstant. Nach welchem Gesetz nimmt die Temperatur in der Nähe der Grenze desjenigen Bereiches auf Null ab, in dem sich in einem gegebenen Moment die Wärme aus einer beliebigen Quelle ausgebreitet hat? Außerhalb dieses Bereiches sei die Temperatur gleich Null.

Lösung. Sind $\varkappa$ und c_p Potenzen der Temperatur proportional, dann gilt dasselbe auch für die Temperaturleitfähigkeit χ und die Enthalpie $w = \int c_p \, \mathrm{d}T$ (das konstante Glied in w lassen wir weg). Daher kann man $\chi = aW^n$ schreiben, wobei wir mit $W = \varrho w$ die Enthalpie des Mediums pro Volumeneinheit bezeichnet haben. Die Wärmeleitungsgleichung

$$\varrho c_p \frac{\partial T}{\partial t} = \operatorname{div}(\varkappa \nabla T)$$

erhält dann die Gestalt

$$\frac{\partial W}{\partial t} = a \operatorname{div}(W^n \nabla W). \tag{1}$$

Während eines kleinen Zeitintervalls kann man einen kleinen Abschnitt der Grenzfläche als eben und die Geschwindigkeit v, mit der sich dieser Abschnitt im Raum verschiebt, als konstant ansehen. Dementsprechend setzen wir die Lösung der Gleichung (1) in der Form $W = W(x - vt)$ an; x ist die Koordinate senkrecht zur Grenzfläche. Es gilt

$$-v \frac{\mathrm{d}W}{\mathrm{d}x} = a \frac{\mathrm{d}}{\mathrm{d}x}\left(W^n \frac{\mathrm{d}W}{\mathrm{d}x}\right). \tag{2}$$

Nach zweimaliger Integration finden wir daraus das folgende Gesetz, nach dem W verschwindet:

$$W \propto |x|^{1/n}; \tag{3}$$

$|x|$ ist der Abstand von der Grenze des erwärmten Bereiches. Gleichzeitig wird dadurch der Schluß bestätigt, daß es eine Grenze des erwärmten Bereiches gibt (außerhalb dessen W und damit auch T gleich Null sind), wenn der Exponent $n > 0$ ist. Für $n \leqq 0$ hat die Gleichung (2) keine Lösungen, die in einem endlichen Abstand verschwinden, d. h., die Wärme breitet sich zu jedem Zeitpunkt über den ganzen Raum aus.

2. In demselben Medium sei zu einer Anfangszeit in der Ebene $x = 0$ die Wärmemenge Q (pro Flächeneinheit) konzentriert, im übrigen Raum sei $T = 0$. Man berechne die Temperaturverteilung zu späteren Zeiten.

Lösung. Im eindimensionalen Fall lautet die Gleichung (1)

$$\frac{\partial W}{\partial t} = a \frac{\partial}{\partial x}\left(W^n \frac{\partial W}{\partial x}\right). \tag{4}$$

Aus den uns zur Verfügung stehenden Parametern Q und a und den Veränderlichen x und t kann man nur eine dimensionslose Kombination bilden:

$$\xi = \frac{x}{(Q^n a t)^{1/(2+n)}} \tag{5}$$

(Q und a haben die Einheiten J/m^2 und m^2/s (m^3/J)^n). Die gesuchte Funktion $W(x, t)$ muß daher die Gestalt

$$W = \left(\frac{Q^2}{at}\right)^{1/(2+n)} f(\xi) \tag{6}$$

haben, wobei die dimensionslose Funktion $f(\xi)$ mit einer Größe mit der Einheit J/m^3 multipliziert ist. Nach dieser Substitution ergibt die Gleichung (4)

$$(2 + n) \frac{\mathrm{d}}{\mathrm{d}\xi}\left(f^n \frac{\mathrm{d}f}{\mathrm{d}\xi}\right) + \xi \frac{\mathrm{d}f}{\mathrm{d}\xi} + f = 0 .$$

Diese gewöhnliche Differentialgleichung hat eine einfache Lösung, die den Bedingungen der Aufgabe genügt:

$$f(\xi) = \left[\frac{n}{2(2+n)}(\xi_0^2 - \xi^2)\right]^{1/n}; \tag{7}$$

ξ_0 ist eine Integrationskonstante.

Für $n > 0$ gibt diese Formel die Temperaturverteilung in dem Bereich zwischen den Grenzen $x = \pm x_0$ an, die aus der Gleichung $\xi = \pm\xi_0$ bestimmt werden. Außerhalb dieser Grenzen ist $W = 0$. Daraus folgt, daß sich die Grenzen des erwärmten Bereiches mit der Zeit nach dem Gesetz

$$x_0 = \text{const}\, t^{1/(2+n)}$$

verschieben. Die Konstante ξ_0 wird aus der Bedingung bestimmt, daß die gesamte Wärmemenge konstant sein muß:

$$Q = \int_{-x_0}^{x_0} W\,\mathrm{d}x = Q\int_{-\xi_0}^{\xi_0} f(\xi)\,\mathrm{d}\xi; \tag{8}$$

daraus ergibt sich

$$\xi_0^{2+n} = \frac{(2+n)^{1+n}\,2^{1-n}}{n\pi^{n/2}}\,\frac{\Gamma^n(1/2+1/n)}{\Gamma^n(1/n)}. \tag{9}$$

Für $n = -\nu < 0$ schreiben wir die Lösung in der Form

$$f(\xi) = \left[\frac{\nu}{2(2-\nu)}(\xi_0^2 + \xi^2)\right]^{-1/\nu}. \tag{10}$$

Die Wärme ist hier über den ganzen Raum ausgebreitet; in großen Entfernungen nimmt W wie eine Potenz ab: $W \sim x^{-2/\nu}$. Diese Lösung kann nur für $\nu < 2$ verwendet werden. Für $\nu \geqq 2$ divergiert das Normierungsintegral (8) (das jetzt von $-\infty$ bis $+\infty$ zu erstrecken ist), was physikalisch bedeutet, daß die Wärme augenblicklich ins Unendliche abfließt. Für $\nu < 2$ ist die Konstante ξ_0 in (10) gleich

$$\xi_0^{2-\nu} = \frac{2(2-\nu)\,\pi^{\nu/2}}{\nu}\,\frac{\Gamma^\nu(1/\nu - 1/2)}{\Gamma^\nu(1/\nu)}. \tag{11}$$

Schließlich haben wir $\xi_0 \to \dfrac{2}{\sqrt{n}}$ für $n \to 0$, und die durch die Formeln (5) bis (7) gegebene Lösung liefert

$$W = \lim_{n\to 0}\left\{\frac{Q}{2\sqrt{\pi a t}}\left(1 - n\frac{x^2}{4at}\right)^{1/n}\right\} = \frac{Q}{2\sqrt{\pi a t}}\,\mathrm{e}^{-x^2/4at}$$

im Übereinstimmung mit der Formel (51,7).

§ 52. Wärmeleitung in einem begrenzten Medium

Bei den Wärmeleitungsproblemen in einem begrenzten Medium reicht die Vorgabe der Anfangsverteilung der Temperatur zur eindeutigen Lösung nicht aus, man muß noch die Randbedingungen auf der Oberfläche des Mediums angeben.

Wir behandeln die Wärmeleitung in einem Halbraum ($x > 0$) und beginnen mit dem Fall, daß auf der Begrenzungsfläche $x = 0$ eine vorgegebene konstante Temperatur aufrechterhalten wird. Diese Temperatur setzen wir gleich Null, d. h., wir beziehen die Temperatur in anderen Punkten des Mediums auf diese Temperatur.

Zur Anfangszeit wird wie früher die Temperaturverteilung im ganzen Medium vorgegeben. Die Anfangs- und die Randbedingungen lauten also

$$T = 0 \quad \text{für} \quad x = 0\,; \qquad T = T_0(x, y, z) \quad \text{für} \quad t = 0\,, \qquad x > 0\,. \tag{52,1}$$

Mit Hilfe des folgenden Kunstgriffes kann man die Lösung der Wärmeleitungsgleichung mit diesen Bedingungen auf die Lösung derselben Gleichung für ein nach beiden Seiten der x-Achse unbegrenztes Medium zurückführen. Wir stellen uns vor, daß sich das Medium auch auf der linken Seite der Ebene $x = 0$ befindet; die Anfangsverteilung der Temperatur wird in diesem Teil des Mediums durch dieselbe Funktion T_0, aber mit dem entgegengesetzten Vorzeichen beschrieben. Mit anderen Worten, die Anfangsverteilung der Temperatur wird im ganzen Raum durch eine in der Variablen x ungerade Funktion gegeben:

$$T_0(-x, y, z) = -T_0(x, y, z)\,. \tag{52,2}$$

Aus der Gleichung (52,2) folgt $T_0(0, y, z) = -T_0(0, y, z) = 0$, d. h., die erforderliche Randbedingung (52,1) ist zur Anfangszeit automatisch erfüllt, und aus der Symmetrie des Problems ist offensichtlich, daß sie auch in jedem beliebigen anderen Zeitpunkt erfüllt ist.

Unser Problem ist damit auf die Lösung der Gleichung (50,4) in einem unbegrenzten Medium mit der Anfangsverteilung $T_0(x, y, z)$ zurückgeführt, die (52,2) erfüllt, ohne daß eine Randbedingung hinzukommt. Wir können daher direkt die allgemeine Formel (51,2) benutzen.

Wir teilen den Integrationsbereich für dx' in (51,2) in zwei Teile auf: von $-\infty$ bis 0 und von 0 bis $+\infty$. Unter Verwendung der Beziehung (52,2) erhalten wir

$$T(x, y, z, t) = \frac{1}{8(\pi\chi t)^{3/2}} \int_{-\infty}^{\infty}\int_{-\infty}^{\infty}\int_{-\infty}^{\infty} T_0(x', y', z') \left\{ e^{-(x-x')^2/4\chi t} - e^{-(x+x')^2/4\chi t} \right\}$$
$$\times\, e^{-[(y-y')^2 + (z-z')^2]/4\chi t}\, dx'\, dy'\, dz'\,. \tag{52,3}$$

Diese Formel löst das gestellte Problem vollständig und gibt die Temperatur im ganzen Medium an.

Hängt die Anfangsverteilung der Temperatur nur von x ab, dann erhält die Formel (52,3) die Gestalt

$$T(x, t) = \frac{1}{2\sqrt{\pi\chi t}} \int_0^{\infty} T_0(x') \left\{ e^{-(x-x')^2/4\chi t} - e^{-(x+x')^2/4\chi t} \right\} dx'\,. \tag{52,4}$$

Als Beispiel behandeln wir den Fall, bei dem zu Beginn überall außer für $x = 0$ die Temperatur konstant ist; diese Konstante kann man ohne Beschränkung der Allgemeinheit gleich -1 setzen. Die Temperatur auf der Ebene $x = 0$ ist ständig gleich Null. Die entsprechende Lösung ergibt sich unmittelbar, indem man $T_0(x) = -1$ in (52,4) einsetzt. Wir teilen die Differenz (52,4) in zwei Integrale auf und substituieren in beiden Integralen die Variablen, z. B.

$$\xi = \frac{x' - x}{2\sqrt{\chi t}}\,.$$

Dann erhalten wir für $T(x, t)$ den folgenden Ausdruck:

$$T(x, t) = \frac{1}{2}\left\{\operatorname{erf}\left(\frac{-x}{2\sqrt{\chi t}}\right) - \operatorname{erf}\left(\frac{x}{2\sqrt{\chi t}}\right)\right\},$$

wobei die Funktion erf (x) durch

$$\operatorname{erf}(x) = \frac{2}{\sqrt{\pi}} \int_0^x e^{-\xi^2} \, d\xi \tag{52,5}$$

definiert ist und als *Fehlerintegral* bezeichnet wird (wir bemerken, daß erf $(\infty) = 1$ ist). Wegen

$$\operatorname{erf}(-x) = -\operatorname{erf}(x)$$

erhalten wir endgültig

$$T(x, t) = -\operatorname{erf}\left(\frac{x}{2\sqrt{\chi t}}\right). \tag{52,6}$$

In Abb. 40 finden wir die graphische Darstellung der Funktion erf (x). Im Laufe der Zeit gleicht sich die Temperaturverteilung im Raum immer mehr aus. Dieser Ausgleich erfolgt so, daß jeder Temperaturwert proportional zu $\sqrt{t}$ nach rechts verschoben wird. Das letzte Ergebnis ist übrigens von vornherein zu erkennen: Das behandelte Problem wird durch einen Parameter bestimmt – durch die Anfangsdifferenz T_0 der Temperaturen auf der Begrenzungsebene und im übrigen Raum (die oben nach Verabredung gleich 1 gesetzt worden ist). Aus den uns zur Verfügung stehenden Parametern T_0 und χ sowie den Variablen x und t kann man nur die eine dimensionslose Kombination $x/\sqrt{\chi t}$ bilden. Daher ist klar, daß die gesuchte Temperaturverteilung durch eine Funktion der Gestalt $T = T_0 f\,(x/\sqrt{\chi t})$ gegeben werden muß.

Jetzt behandeln wir den Fall, bei dem die Begrenzungsebene des Mediums thermisch isoliert ist. Mit anderen Worten, der Wärmestrom muß auf der Ebene $x = 0$ verschwinden, d. h., es muß $\partial T/\partial x = 0$ sein. Wir haben also jetzt die folgenden Rand- und Anfangs-

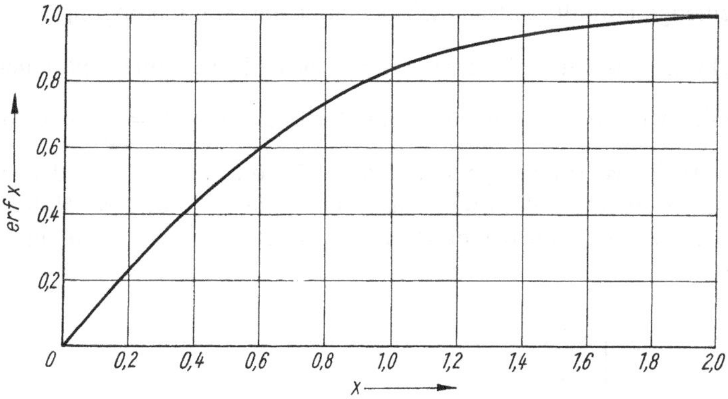

Abb. 40

bedingungen:

$$\frac{\partial T}{\partial x} = 0 \quad \text{für} \quad x = 0\,; \qquad T = T_0(x, y, z) \quad \text{für} \quad t = 0\,, \quad x > 0\,. \tag{52,7}$$

Bei der Lösung dieses Problems verfahren wir ähnlich wie bei dem obigen Beispiel. Wir stellen uns das Medium wieder auf beiden Seiten der Ebene $x = 0$ unbegrenzt vor. Die Anfangsverteilung der Temperatur sei jetzt symmetrisch zur Ebene $x = 0$. Mit anderen Worten, wir setzen für die Funktion $T_0(x, y, z)$ jetzt eine gerade Funktion in x an:

$$T_0(-x, y, z) = T_0(x, y, z)\,. \tag{52,8}$$

Dann ist

$$\frac{\partial T_0(x, y, z)}{\partial x} = -\frac{\partial T_0(-x, y, z)}{\partial x}$$

und für $x = 0$ wird $\partial T_0/\partial x = 0$. Aus Symmetriegründen ist klar, daß diese Bedingung auch zu allen späteren Zeiten automatisch erfüllt ist. Wir wiederholen alle oben angestellten Rechnungen, verwenden dabei aber (52,8) an Stelle von (52,2) und finden, daß die allgemeine Lösung der gestellten Aufgabe durch Formeln gegeben wird, die sich von (52,3) oder (52,4) nur insofern unterscheiden, als in den geschwungenen Klammern an Stelle der Differenz der beiden Glieder ihre Summe steht.

Wir wollen nun zu Problemen mit andersartigen Randbedingungen übergehen, für die man die Wärmeleitungsgleichung ebenfalls allgemein lösen kann. Das betrachtete Medium sei durch die Ebene $x = 0$ begrenzt. Durch diese Ebene fließe ein Wärmestrom von außen in das Medium, der eine vorgegebene Funktion der Zeit ist. Wir haben also die Rand- und Anfangsbedingungen

$$-\varkappa \frac{\partial T}{\partial x} = q(t) \quad \text{für} \quad x = 0\,; \qquad T = 0 \quad \text{für} \quad t = -\infty\,, \qquad x > 0 \tag{52,9}$$

mit der vorgegebenen Funktion $q(t)$.

Wir behandeln zunächst eine Hilfsaufgabe, bei der $q(t) = \delta(t)$ ist. Man kann sich leicht überlegen, daß diese Aufgabe physikalisch dem Problem der Wärmeausbreitung in einem unbegrenzten Medium von einer Punktquelle aus äquivalent ist, die eine vorgegebene Gesamtwärmemenge enthält. Tatsächlich bedeutet die Randbedingung $-\varkappa \frac{\partial T}{\partial x} = \delta(t)$ für $x = 0$ physikalisch, daß durch die Ebene $x = 0$ pro Flächeneinheit plötzlich die Wärmemenge 1 zugeführt wird. Bei dem Problem mit der Bedingung $T = \frac{2}{\varrho c_p}\delta(x)$ für $t = 0$ ist auf der Ebene $x = 0$ die Wärmemenge $\int \varrho c_p T\,\mathrm{d}x = 2$ konzentriert, von der sich die Hälfte anschließend in positiver x-Richtung ausbreitet (und die andere Hälfte in negativer x-Richtung). Die Lösung dieser beiden Probleme ist demnach identisch, und wir finden auf Grund von (51,7)

$$\varkappa T(x, t) = \sqrt{\frac{\chi}{\pi t}}\,\mathrm{e}^{-x^2/4\chi t}\,.$$

Wegen der Linearität der Gleichungen addieren sich einfach die Einflüsse der zu verschiedenen Zeiten zugeführten Wärmemengen, und die gesuchte allgemeine Lösung der Wärmeleitungsgleichung mit den Bedingungen (52,9) ist

$$\varkappa T(x, t) = \int_{-\infty}^{t} \sqrt{\frac{\chi}{\pi(t-\tau)}}\, q(\tau)\, \mathrm{e}^{-x^2/4\chi(t-\tau)}\, \mathrm{d}\tau . \tag{52,10}$$

Insbesondere ändert sich die Temperatur auf der Ebene $x = 0$ nach dem Gesetz

$$\varkappa T(0, t) = \int_{-\infty}^{t} \sqrt{\frac{\chi}{\pi(t-\tau)}}\, q(\tau)\, \mathrm{d}\tau . \tag{52,11}$$

Mit Hilfe dieser Ergebnisse kann man unmittelbar die Lösung eines anderen Problems erhalten, bei dem die Temperatur T selbst auf der Ebene $x = 0$ als Funktion der Zeit vorgegeben ist:

$$T = T_0(t) \quad \text{für} \quad x = 0; \qquad T = 0 \quad \text{für} \quad t = -\infty, \qquad x > 0 . \tag{52,12}$$

Dazu bemerken wir zunächst folgendes: Wenn eine gewisse Funktion $T(x, t)$ der Wärmeleitungsgleichung genügt, dann genügt auch die Ableitung $\partial T/\partial x$ dieser Gleichung. Differenzieren wir den Ausdruck (52,10) nach x, so erhalten wir

$$-\varkappa \frac{\partial T(x, t)}{\partial x} = \int_{-\infty}^{t} \frac{x q(\tau)}{2\sqrt{\pi\chi(t-\tau)^3}}\, \mathrm{e}^{-x^2/4\chi(t-\tau)}\, \mathrm{d}\tau .$$

Diese Funktion erfüllt die Wärmeleitungsgleichung, und ihr Wert für $x = 0$ ist (nach (52,9)) $q(t)$; offensichtlich stellt sie auch die gesuchte Lösung des Problems mit den Bedingungen (52,12) dar. Wir schreiben $T(x, t)$ anstelle von $-\varkappa\,(\partial T/\partial x)$ und $T_0(t)$ statt $q(t)$ und erhalten

$$T(x, t) = \frac{x}{2\sqrt{\pi\chi}} \int_{-\infty}^{t} \frac{T_0(\tau)}{(t-\tau)^{3/2}}\, \mathrm{e}^{-x^2/4\chi(t-\tau)}\, \mathrm{d}\tau . \tag{52,13}$$

Für den Wärmestrom $q = -\varkappa\,(\partial T/\partial x)$ durch die Begrenzungsfläche $x = 0$ ergibt sich nach einer kurzen Umformung

$$q(t) = \frac{\varkappa}{\sqrt{\pi\chi}} \int_{-\infty}^{t} \frac{\mathrm{d}T_0(\tau)}{\mathrm{d}\tau} \frac{\mathrm{d}\tau}{\sqrt{t-\tau}} . \tag{52,14}$$

Diese Formel ist die Umkehrung der Integralbeziehung (52,11).

Sehr einfach kann das folgende wichtige Problem gelöst werden. Die Temperatur wird auf der Grenzfläche $x = 0$ ständig durch eine periodische Funktion gegeben:

$$T = T_0\, \mathrm{e}^{-\mathrm{i}\omega t} \quad \text{für} \quad x = 0 .$$

Die Zeitabhängigkeit der Temperaturverteilung wird offensichtlich im ganzen Raum durch denselben Faktor $\mathrm{e}^{-\mathrm{i}\omega t}$ festgelegt. Die eindimensionale Wärmeleitungsgleichung stimmt formal mit der Gleichung (24,3) für die Bewegung einer zähen Flüssigkeit über einer schwingenden Ebene überein. Deshalb können wir die gesuchte Temperaturverteilung analog zur Formel (24,5) unmittelbar angeben:

$$T = T_0\, e^{-x\sqrt{\omega/2\chi}}\, e^{i[x\sqrt{\omega/2\chi} - \omega t]} . \tag{52,15}$$

Die Temperaturschwankungen auf der Grenzfläche breiten sich als stark gedämpfte Wärmewellen in das Innere des Mediums aus.

Einen anderen Aufgabentyp in der Theorie der Wärmeleitung stellen die folgenden Probleme dar: Es ist die Geschwindigkeit des Temperaturausgleichs in ungleichmäßig erwärmten endlichen Körpern zu berechnen, an deren Oberfläche vorgegebene Bedingungen aufrechterhalten werden. Für die Lösung solcher Probleme suchen wir den allgemeinen Methoden folgend Lösungen der Wärmeleitungsgleichung in der Form

$$T = T_n(\boldsymbol{r})\, e^{-\lambda_n t}$$

mit konstanten λ_n. Für die Funktionen T_n ergibt sich

$$\chi \triangle T_n = -\lambda_n T_n . \tag{52,16}$$

Diese Gleichung hat bei gegebenen Randbedingungen nur für bestimmte λ_n von Null verschiedene Lösungen; diese λ_n bilden den Satz der Eigenwerte dieser Gleichung. Alle diese Werte sind reell und positiv, die zugehörigen Funktionen $T_n(\boldsymbol{r})$ bilden ein vollständiges System orthogonaler Funktionen. Die Anfangsverteilung der Temperatur soll durch die Funktion $T_0(\boldsymbol{r})$ gegeben sein. Wir entwickeln diese Funktion nach den Funktionen T_n,

$$T_0(\boldsymbol{r}) = \sum_n c_n T_n(\boldsymbol{r}) ,$$

und erhalten die gesuchte Lösung unseres Problems in der Gestalt

$$T(\boldsymbol{r}, t) = \sum_n c_n T_n(\boldsymbol{r})\, e^{-\lambda_n t} . \tag{52,17}$$

Die Geschwindigkeit des Temperaturausgleichs wird offenbar hauptsächlich durch den Summanden mit dem kleinsten λ_n bestimmt; es sei λ_1 dieser kleinste Wert. Die Ausgleichszeit für die Temperatur kann als $\tau = 1/\lambda_1$ definiert werden.

Aufgaben

1. Man berechne die Temperaturverteilung um eine Kugelfläche (mit dem Radius R), deren Temperatur eine gegebene Funktion $T_0(t)$ der Zeit ist.

Lösung. Die Wärmeleitungsgleichung für eine kugelsymmetrische Temperaturverteilung lautet in Kugelkoordinaten

$$\frac{\partial T}{\partial t} = \frac{\chi}{r} \frac{\partial^2 (rT)}{\partial r^2} .$$

Durch die Substitution $T(r, t) = F(r, t)/r$ wird sie auf die Gleichung

$$\frac{\partial F}{\partial t} = \chi \frac{\partial^2 F}{\partial r^2}$$

vom Typ der eindimensionalen Wärmeleitungsgleichung zurückgeführt. Die gesuchte Lösung kann daher unmittelbar auf Grund der Lösung (52,13) in der Form

$$T(r,t) = \frac{R(r-R)}{2r\sqrt{\pi\chi}} \int\limits_{-\infty}^{t} \frac{T_0(\tau)}{(t-\tau)^{3/2}} \exp\left\{-\frac{(r-R)^2}{4\chi(t-\tau)}\right\} d\tau$$

aufgeschrieben werden.

2. Wie Aufgabe 1, wenn die Temperatur auf der Kugelfläche $T_0\,\mathrm{e}^{-i\omega t}$ ist.

Lösung. Analog zu (52,15) erhalten wir

$$T = T_0\,\mathrm{e}^{-i\omega t}\frac{R}{r}\,\mathrm{e}^{-(1-i)(r-R)\sqrt{\omega/2\chi}}.$$

3. Man berechne die Ausgleichszeit für die Temperatur in einem Würfel (der Kantenlänge a), auf dessen Oberfläche folgende Bedingungen aufrechterhalten werden: a) die vorgegebene Temperatur ist $T = 0$, b) thermische Isolation.

Lösung. Im Falle a) gehört zu dem kleinsten λ-Wert die folgende Lösung der Gleichung (52,16):

$$T_1 = \sin\frac{\pi x}{a}\sin\frac{\pi y}{a}\sin\frac{\pi z}{a}$$

(der Koordinatenursprung liegt in einer der Ecken des Würfels); dabei ist

$$\tau = \frac{1}{\lambda_1} = \frac{a^2}{3\pi^2\chi}.$$

Im Falle b) haben wir $T_1 = \cos\frac{\pi x}{a}$ (oder dieselbe Funktion von y oder z) mit $\tau = \frac{a^2}{\pi^2\chi}$.

4. Wie Aufgabe 3 für eine Kugel mit dem Radius R.

Lösung. Zum kleinsten Wert von λ gehört die kugelsymmetrische Lösung der Gleichung (52,16)

$$T_1 = \frac{\sin kr}{r}$$

mit $k = \frac{\pi}{R}$ im Falle a), so daß

$$\tau = \frac{1}{\chi k^2} = \frac{R^2}{\chi\pi^2}$$

ist. Im Falle b) wird k als kleinste Wurzel der Gleichung $\tan kR = kR$ bestimmt; daraus ergibt sich $kR = 4{,}493$, so daß $\tau = \frac{0{,}050R^2}{\chi}$ ist.

§ 53. Das Ähnlichkeitsgesetz für den Wärmetransport

Die Prozesse des Wärmetransports in einer Flüssigkeit sind gegenüber dem Wärmetransport in festen Körpern komplizierter, da sich die Flüssigkeit bewegen kann. Ein erwärmter Körper kühlt sich in einer bewegten Flüssigkeit bedeutet schneller ab als in einer ruhenden Flüssigkeit, wo der Wärmetransport nur durch die Wärmeleitungsvorgänge erfolgt. Die Strömung in einer ungleichmäßig erwärmten Flüssigkeit bezeichnet man als *Konvektion.*

Wir wollen voraussetzen, daß die in der Flüssigkeit vorhandenen Temperaturdifferenzen genügend klein sind, so daß man die physikalischen Eigenschaften der Flüssigkeit als unabhängig von der Temperatur ansehen kann. Andererseits sollen diese Differenzen so groß sein, daß man gegen sie die Temperaturänderungen infolge der Wärmeentwicklung bei der Energiedissipation durch die innere Reibung vernachlässigen kann (s. § 55). In der Gleichung (50,2) kann man dann den Term mit der Zähigkeit fortlassen, und es bleibt

$$\frac{\partial T}{\partial t} + \boldsymbol{v}\nabla T = \chi \triangle T \tag{53,1}$$

übrig mit der Temperaturleitfähigkeit $\chi = \frac{\varkappa}{\varrho c_p}$. Unter den angegebenen Bedingungen beschreibt diese Gleichung zusammen mit der Navier-Stokesschen Gleichung und der Kontinuitätsgleichung die Konvektion vollständig. Im folgenden werden wir uns für die stationäre Konvektion interessieren.[1]) Dann fallen alle Zeitableitungen heraus, und wir erhalten folgendes System von Grundgleichungen:

$$\boldsymbol{v}\nabla T = \chi \triangle T, \tag{53,2}$$

$$(\boldsymbol{v}\nabla)\,\boldsymbol{v} = -\nabla \frac{p}{\varrho} + \nu \triangle \boldsymbol{v} = 0\,, \qquad \operatorname{div} \boldsymbol{v} = 0\,. \tag{53,3}$$

In diesem System sind $\boldsymbol{v}$, T und p/ϱ die unbekannten Funktionen. Es gehen insgesamt zwei konstante Parameter ein: ν und χ. Außerdem hängt die Lösung dieser Gleichungen über die Randbedingungen noch von einem charakteristischen Längenparameter l, der Geschwindigkeit U und einer charakteristischen Temperaturdifferenz $T_1 - T_0$ ab. Die ersten beiden geben wie immer die Abmessungen der in dem Problem vorkommenden festen Körper und die Geschwindigkeit der Grundströmung an, der dritte ist ein Maß für die Temperaturdifferenz zwischen der Flüssigkeit und den festen Körpern.

Bei der Bildung von dimensionslosen Größen aus den uns zur Verfügung stehenden Parametern taucht die Frage auf, welche Dimension der Temperatur zuzuschreiben ist. Dazu bemerken wir, daß die Temperatur durch die Gleichung (53,2) bestimmt wird; diese Gleichung ist in T linear und homogen. Die Temperatur kann daher mit einem beliebigen konstanten Faktor multipliziert werden, ohne die Gleichungen zu verletzen. Das bedeutet mit anderen Worten, daß die Maßeinheit für die Temperatur willkürlich gewählt werden kann. Die Möglichkeit einer solchen Transformation der Temperatur kann formal berücksichtigt werden, indem man ihr eine besondere Dimension zuordnet, die nicht in die Dimensionen der übrigen Größen eingeht. Dazu ist gerade die Dimension K, die übliche Maßeinheit für die Temperatur, geeignet.

Die Konvektion wird also unter den vorausgesetzten Bedingungen durch fünf Parameter mit den folgenden Einheiten charakterisiert:

$$[\nu] = [\chi] = \mathrm{m^2/s}\,, \qquad [U] = \mathrm{m/s}\,, \qquad [l] = \mathrm{m}\,, \qquad [T_1 - T_0] = \mathrm{K}\,.$$

---

[1]) Damit die Konvektion stationär sein kann, ist strenggenommen notwendig, daß in den mit der Flüssigkeit in Berührung kommenden festen Körpern Wärmequellen sind, die diese auf einer konstanten Temperatur halten.

Man kann aus ihnen zwei unabhängige dimensionslose Kombinationen bilden. Als solche wählen wir die Reynolds-Zahl $\mathrm{Re} = Ul/\nu$ und die *Prandtl-Zahl*, die als das Verhältnis

$$\mathrm{Pr} = \frac{\nu}{\chi} \tag{53,4}$$

definiert ist. Jede andere dimensionslose Größe kann durch Re und Pr ausgedrückt werden. [1])

Die Prandtl-Zahl ist einfach eine Materialkonstante und hängt von den Eigenschaften der Strömung selbst nicht ab. Für Gase ist diese Zahl immer von der Größenordnung 1. Die Werte für Pr streuen für verschiedene Flüssigkeiten in einem weiten Bereich. Für sehr zähe Flüssigkeiten kann Pr sehr große Werte annehmen. Wir wollen als Beispiel die Werte von Pr bei 20 °C für einige Stoffe angegeben:

Luft	0,733
Wasser	6,75
Alkohol	16,6
Glyzerin	7250
Quecksilber	0,044

Ähnlich wie in § 19 können wir jetzt schließen, daß die Verteilungen der Temperatur und der Geschwindigkeit in einem stationären Konvektionsstrom (gegebenen Typs) die Form

$$\frac{T - T_0}{T_1 - T_0} = f\left(\frac{\mathbf{r}}{l}, \mathrm{Re}, \mathrm{Pr}\right), \qquad \frac{\mathbf{v}}{U} = \mathbf{f}\left(\frac{\mathbf{r}}{l}, \mathrm{Re}\right) \tag{53,5}$$

haben. In die dimensionslose Funktion für die Temperaturverteilung gehen die beiden Zahlen Re und Pr als Parameter ein. In der Geschwindigkeitsverteilung ist nur die Zahl Re enthalten, da sie durch die Gleichungen (53,3) bestimmt wird, in die die Wärmeleitfähigkeit überhaupt nicht eingeht. Zwei Konvektionsströmungen sind ähnlich, wenn ihre Reynolds-Zahlen und ihre Prandtl-Zahlen übereinstimmen.

Der Wärmetransport zwischen den festen Körpern und der Flüssigkeit wird gewöhnlich durch die *Wärmeübergangszahl* α charakterisiert, die durch das Verhältnis

$$\alpha = \frac{q}{T_1 - T_0} \tag{53,6}$$

definiert ist. q ist die Wärmestromdichte durch die Körperoberfläche, $T_1 - T_0$ ist eine charakteristische Temperaturdifferenz zwischen dem festen Körper und der Flüssigkeit. Ist die Temperaturverteilung in der Flüssigkeit bekannt, dann kann man die Wärmeübergangszahl leicht bestimmen, indem man die Wärmestromdichte $q = -\varkappa\,(\partial T/\partial n)$ am Rande der Flüssigkeit berechnet (die Ableitung wird in Richtung der Normalen zur Körperoberfläche gebildet).

Die Wärmeübergangszahl besitzt eine Dimension. Als dimensionslose Größe zur Charakterisierung des Wärmetransportes verwendet man die sogenannte *Nusselt-Zahl*

$$\mathrm{Nu} = \frac{\alpha l}{\varkappa}. \tag{53,7}$$

[1]) Manchmal wird die als Ul/χ definierte *Péclet-Zahl* benutzt. Sie ist einfach gleich dem Produkt Re Pr.

Aus Ähnlichkeitsüberlegungen folgt, daß die Nusselt-Zahl für jeden gegebenen Typ einer Konvektionsströmung eine bestimmte Funktion der Reynolds-Zahl und der Prandtl-Zahl allein ist:

$$\mathrm{Nu} = f(\mathrm{Re}, \mathrm{Pr})\,. \tag{53,8}$$

Für eine Konvektion mit genügend kleiner Reynolds-Zahl hat diese Funktion eine triviale Form. Zu kleinen Re gehören kleine Strömungsgeschwindigkeiten. In erster Näherung kann man daher in der Gleichung (53,2) den Term mit der Geschwindigkeit vernachlässigen, so daß die Temperaturverteilung durch die Gleichung $\triangle T = 0$ bestimmt wird, d. h. durch die gewöhnliche Gleichung für die stationäre Wärmeleitung in einem ruhenden Medium. Die Wärmeübergangszahl kann jetzt offensichtlich weder von der Geschwindigkeit noch von der Zähigkeit der Flüssigkeit abhängen, und daher muß einfach

$$\mathrm{Nu} = \mathrm{const} \tag{53,9}$$

sein. Zur Berechnung dieser Konstanten kann man die Flüssigkeit als ruhend ansehen.

Aufgabe

Man berechne die Temperaturverteilung in der Flüssigkeit bei einer Poiseuille-Strömung durch ein Rohr mit kreisförmigem Querschnitt. Die Wandtemperatur ändere sich längs des Rohres linear.

Lösung. Die Bedingungen für die Strömung sind auf allen Querschnitten des Rohres gleich, und man kann die Temperaturverteilung in der Gestalt $T = Az + f(r)$ ansetzen, wobei Az die Wandtemperatur ist (wir verwenden Zylinderkoordinaten mit der Rohrachse als z-Achse). Für die Geschwindigkeit haben wir nach (17,9)

$$v_z = v = 2\bar{v}\left(1 - \frac{r^2}{R^2}\right),$$

wenn $\bar{v}$ die mittlere Geschwindigkeit ist. Setzen wir das in (53,2) ein, so finden wir

$$\frac{1}{r}\frac{\mathrm{d}}{\mathrm{d}r}\left(r\frac{\mathrm{d}f}{\mathrm{d}r}\right) = \frac{2\bar{v}A}{\chi}\left[1 - \left(\frac{r}{R}\right)^2\right].$$

Die Lösung dieser Gleichung, die für $r = 0$ keine Singularitäten hat und die Bedingung $f = 0$ für $r = R$ erfüllt, ist

$$f(r) = -\frac{\bar{v}AR^2}{2\chi}\left[\frac{3}{4} - \left(\frac{r}{R}\right)^2 + \frac{1}{4}\left(\frac{r}{R}\right)^4\right].$$

Die Wärmestromdichte ist

$$q = \varkappa \left.\frac{\partial T}{\partial r}\right|_{r=R} = \frac{\varrho c_p \bar{v} R A}{2}.$$

Sie hängt nicht von der Wärmeleitfähigkeit ab.

§ 54. Wärmetransport in der Grenzschicht

Die Temperaturverteilung in einer Flüssigkeit hat für sehr große Reynolds-Zahlen ähnliche Besonderheiten wie die Geschwindigkeitsverteilung. Sehr große Re-Werte sind äquivalent zu sehr kleiner Zähigkeit. Da aber die Zahl $\mathrm{Pr} = \nu/\chi$ i. allg. nicht sehr klein ist, muß man zusammen mit ν auch die Temperaturleitfähgigkeit χ als sehr klein ansehen. Das entspricht der Tatsache, daß man eine Flüssigkeit bei genügend großen Strömungsgeschwindigkeiten genähert als ideal ansehen kann, – in einer idealen Flüssigkeit dürfen weder die Vorgänge der inneren Reibung noch die der Wärmeleitung vorhanden sein.

Eine solche Behandlung ist aber wieder in der Flüssigkeitsschicht nahe einer Wand nicht zulässig, weil dabei auf der Oberfläche des Körpers die beiden Bedingungen, daß die Flüssigkeit an der Körperoberfläche haftet und daß die Temperaturen der Flüssigkeit und des Körpers gleich sind, nicht erfüllt werden. In der Grenzschicht wird neben der schnellen Geschwindigkeitsabnahme auch eine rasche Temperaturänderung erfolgen, bei der die Temperatur der Flüssigkeit gleich der Temperatur der Oberfläche des festen Körpers wird. Die Grenzschicht wird also dadurch charakterisiert, daß dort sowohl ein großer Geschwindigkeitsgradient als auch ein großer Temperaturgradient auftreten.

Hinsichtlich der Temperaturverteilung in der Flüssigkeit außerhalb der Grenzschicht ist leicht zu sehen, daß sich die Flüssigkeit bei der Strömung um einen erwärmten Körper (für große Re) praktisch nur im Nachlauf erwärmen wird, während die Temperatur der Flüssigkeit außerhalb des Nachlaufs unverändert bleibt. Für sehr große Re spielen die Wärmeleitungsvorgänge außerhalb der Grenzschicht praktisch keine Rolle. Die Temperatur ändert sich daher nur an den Raumpunkten, an die während der Strömung in der Grenzschicht erwärmte Flüssigkeit gelangt. Wir wissen aber (s. § 35), daß nur hinter der Ablösungslinie Stromlinien aus der Grenzschicht herauskommen; sie verlaufen in den Bereich des turbulenten Nachlaufs. Aus dem Bereich des Nachlaufs gelangen keine Stromlinien in den umgebenden Raum. Die an der Oberfläche des erwärmten Körpers in der Grenzschicht vorbeiströmende Flüssigkeit kommt also vollständig in den Nachlauf und bleibt dort. Wir sehen, daß die Wärme in die Gebiete ausgebreitet wird, in denen die Rotation der Geschwindigkeit von Null verschieden ist.

Innerhalb des Turbulenzbereiches führt die starke Durchmischung der Flüssigkeit, die für jede turbulente Strömung charakteristisch ist, zu einem sehr intensiven Wärmeaustausch. Diesen Mechanismus des Wärmetransportes kann man turbulente Wärmeleitung nennen und durch einen entsprechenden Koeffizienten χ_{turb} charakterisieren, ähnlich wie wir die turbulente Zähigkeit ν_{turb} eingeführt haben (§ 33). Größenordnungsmäßig wird die *turbulente Temperaturleitfähigkeit* durch dieselbe Formel wie für ν_{turb} (33,2) bestimmt:

$$\chi_{\mathrm{turb}} \sim l\,\Delta u\,.$$

Die Prozesse des Wärmetransportes in einer laminaren und in einer turbulenten Strömung sind also prinzipiell verschieden. Im Grenzfall beliebig kleiner Zähigkeit und Wärmeleitfähigkeit ist in einer laminaren Strömung überhaupt kein Wärmetransport vorhanden, und die Temperatur der Flüssigkeit ändert sich in keinem Raumpunkt. In einer turbulent strömenden Flüssigkeit ist im gleichen Grenzfall ein Wärmetransport vorhanden, der einen raschen Temperaturausgleich in den verschiedenen Bereichen der Strömung bewirkt.

Wir wollen zunächst den Wärmetransport in einer laminaren Grenzschicht behandeln. Die Bewegungsgleichungen (39,13) behalten ihre Gestalt. Die Gleichung (53,2) muß jetzt analog vereinfacht werden. Ausgeschrieben lautet diese Gleichung (alle Größen hängen nicht von z ab):

$$v_x \frac{\partial T}{\partial x} + v_y \frac{\partial T}{\partial y} = \chi \left(\frac{\partial^2 T}{\partial x^2} + \frac{\partial^2 T}{\partial y^2} \right).$$

Auf der rechten Seite kann man die Ableitung $\frac{\partial^2 T}{\partial x^2}$ gegenüber $\frac{\partial^2 T}{\partial y^2}$ vernachlässigen, und es verbleibt

$$v_x \frac{\partial T}{\partial x} + v_y \frac{\partial T}{\partial y} = \chi \frac{\partial^2 T}{\partial y^2} . \tag{54,1}$$

Diese Gleichung vergleichen wir mit der ersten Gleichung (39,13). Wenn die Prandtl-Zahl von der Größenordnung Eins ist, dann wird die Größenordnung der Schichtdicke δ, in der die Geschwindigkeit v_x abfällt und in der sich die Temperatur T ändert, wie früher durch die in § 39 abgeleiteten Formeln gegeben, d. h., sie ist umgekehrt proportional zu $\sqrt{\text{Re}}$. Der Wärmestrom ist

$$q = -\varkappa \frac{\partial T}{\partial n} \sim \varkappa \frac{T_1 - T_0}{\delta} .$$

Daher gelangen wir zu dem Ergebnis, daß q und damit auch die Nusselt-Zahl direkt proportional zu $\sqrt{\text{Re}}$ sind. Die Pr-Abhängigkeit von Nu bleibt unbestimmt. Wir erhalten auf diese Weise

$$\text{Nu} = \sqrt{\text{Re}}\, f(\text{Pr}) . \tag{54,2}$$

Daraus folgt insbesondere, daß die Wärmeübergangszahl α umgekehrt proportional zur Wurzel aus den Abmessungen l des Körpers ist.

Jetzt kommen wir zum Wärmetransport in einer turbulenten Grenzschicht. Dazu ist es wie in § 42 bequem, einen unendlichen planparallelen turbulenten Strom zu behandeln, der auf einer unendlichen ebenen Fläche entlangfließt. Der Temperaturgradient $\mathrm{d}T/\mathrm{d}y$ senkrecht zu diesem Strom kann aus ebensolchen Dimensionsbetrachtungen gewonnen werden, wie wir sie zur Bestimmung des Geschwindigkeitsgradienten $\mathrm{d}u/\mathrm{d}y$ angestellt haben. Wir bezeichnen mit q die Dichte des Wärmestroms in y-Richtung, der von dem Temperaturgradienten hervorgerufen wird. Dieser Strom ist eine konstante Größe (unabhängig von y), ebenso wie der Impulsstrom σ. Beide können als vorgegebene Parameter angesehen werden, die die Eigenschaften der Strömung bestimmen. Außerdem haben wir jetzt als weitere Parameter die Dichte ϱ und die spezifische Wärmekapazität c_p pro Masseneinheit. Anstelle von σ führen wir die Größe v_* als Parameter ein. q und c_p haben die Einheiten $\text{J/s} \cdot \text{m}^2 = \text{kg/s}^3$ und $\text{J/kg} \cdot \text{K} = \text{m}^2/\text{s}^2 \cdot \text{K}$. Die Zähigkeit und die Wärmeleitfähigkeit können für genügend große Re nicht explizit in $\mathrm{d}T/\mathrm{d}y$ eingehen.

Wir haben schon im § 53 erwähnt, daß die Gleichungen in der Temperatur homogen sind und daß man die Temperatur daher mit einem beliebigen Faktor multiplizieren kann, ohne die Gleichungen zu verletzen. Bei einer Änderung der Temperatur muß man aber den Wärmestrom gleichermaßen ändern. Daher müssen q und T proportional zueinander sein. Aus q, v_*, ϱ, c_p und y kann man nur eine Größe mit der Einheit K/m bilden, die gleichzeitig zu q proportional ist. Diese Größe ist $\frac{q}{\varrho c_p v_* y}$. Deshalb muß

$$\frac{\mathrm{d}T}{\mathrm{d}y} = \beta \frac{q}{\varrho c_p \varkappa v_* y}$$

sein; β ist ein Zahlenfaktor, der experimentell bestimmt werden muß.[1]) Daraus folgt

$$T = \beta \frac{q}{\varkappa \varrho c_p v_*} (\ln y + c) . \tag{54,3}$$

Die Temperaturverteilung gehorcht also wie die Geschwindigkeitsverteilung einem logarithmischen Gesetz. Die hier eingehende Integrationskonstante c muß wie bei der Ableitung von (42,7) aus den Bedingungen in der zähen Unterschicht bestimmt werden. Die gesamte Differenz zwischen der Temperatur der Flüssigkeit in einem gegebenen Punkt und der Wandtemperatur (die wir gleich Null annehmen wollen) setzt sich aus dem Temperaturabfall in der turbulenten Schicht und dem Temperaturabfall in der zähen Unterschicht zusammen. Die logarithmische Abhängigkeit (54,3) gilt nur für den ersten Anteil. Schreibt man (54,3) durch Einführung der Dicke y_0 als Faktor in den Logarithmus in der Gestalt

$$T = \beta \frac{q}{\varkappa \varrho c_p v_*} \left[\ln \left(\frac{y v_*}{\nu} \right) + \text{const} \right],$$

dann muß const (multipliziert mit dem Faktor vor der Klammer) die Temperaturänderung in der zähen Unterschicht angeben. Diese Änderung hängt natürlich auch von den Koeffizienten ν und χ ab. Da const eine dimensionslose Größe ist, muß es eine Funktion der Zahl Pr sein, denn Pr ist die einzige dimensionslose Kombination, die man aus den uns zur Verfügung stehenden Größen ν, χ, ϱ, v_* und c_p bilden kann (der Wärmestrom q kann in const nicht enthalten sein, weil T proportional zu q sein muß und q schon in den Faktor vor der Klammer eingeht). Wir erhalten also die Temperaturverteilung in der Form

$$T = \beta \frac{q}{\varkappa \varrho c_p v_*} \left[\ln \left(\frac{y v_*}{\nu} \right) + f(\text{Pr}) \right] \tag{54,4}$$

(L. D. LANDAU, 1944). Der empirische Wert der Konstanten in diesem Ausdruck ist $\beta \approx 0{,}9$. Der Wert der Funktion f ist für Luft $f(0{,}7) \approx 1{,}5$.

Mit dieser Formel kann man den Wärmetransport bei der turbulenten Strömung durch ein Rohr, bei der turbulenten Strömung um eine ebene Platte u. ä. berechnen. Wir werden hierauf nicht eingehen.

Turbulente Temperaturschwankungen

Wenn wir oben von der Temperatur einer turbulenten Flüssigkeit gesprochen haben, dann war natürlich der zeitliche Mittelwert der Temperatur gemeint. Die wirkliche Temperatur ändert sich in jedem Raumpunkt im Laufe der Zeit äußerst unregelmäßig; dies ist ähnlich wie bei den Schwankungen der Geschwindigkeit.

Wir werden annehmen, daß eine wesentliche Änderung der mittleren Temperatur auf den gleichen Abständen l (Grundskala der Turbulenz) erfolgt, auf denen sich auch die mittlere Geschwindigkeit der Strömung ändert. Auf die Schwankungen der Temperatur mit kleinen

---

[1]) Hier ist $\varkappa$ die Kármánsche Konstante aus dem logarithmischen Geschwindigkeitsprofil (42,4). Bei dieser Definition ist β das Verhältnis $\beta = \nu_{\text{turb}}/\chi_{\text{turb}}$, und ν_{turb} und χ_{turb} sind die Koeffizienten in den Beziehungen

$$q = \varrho c_p \chi_{\text{turb}} \frac{dT}{dy}, \qquad \sigma = \varrho \nu_{\text{turb}} \frac{du}{dy} .$$

Abmessungen ($\lambda \ll 1$) werden wir die gleichen allgemeinen Vorstellungen und Ähnlichkeitsüberlegungen anwenden, die wir bei der Betrachtung der lokalen Eigenschaften der Turbulenz in § 33 benutzt haben. Hierbei werden wir annehmen, daß die Zahl Pr ~ 1 ist (andernfalls wäre es notwendig, zwei innere Skalen einzuführen, die durch ν und durch χ definiert sind). Dann ist der Trägheitsbereich für die Abmessungen gleichzeitig auch der *konvektive Bereich*: Der Temperaturausgleich erfolgt durch mechanische Vermischung der verschieden erwärmten „Flüssigkeitsteilchen" ohne Beteiligung der eigentlichen Wärmeleitung; die Eigenschaften der Temperaturschwankungen hängen in diesem Bereich nicht von der durch große Abmessungen charakterisierten Strömung ab. Wir bestimmen die Abhängigkeit der Temperaturdifferenzen T_λ von den Abmessungen λ im Trägheitsbereich (A. M. Obuchow, 1949).

Die Energiedissipation infolge der Wärmeleitung (in der Volumeneinheit) wird durch den Ausdruck $\varkappa(\nabla T)^2/T$ gegeben (vgl. (49,6) oder unten (79,1)). Teilen wir diesen Ausdruck durch ϱc_p, so erhalten wir die Größe $\chi(\nabla T)^2/T \equiv \varphi/T$, die die Geschwindigkeit der dissipativen Temperaturerniedrigung angibt; wenn wir die relativen turbulenten Schwingungen der Temperatur als klein annehmen, dann können wir T im Nenner durch die konstante mittlere Temperatur ersetzen. Die so eingeführte Größe φ stellt einen weiteren Parameter dar (neben ε), der die lokalen Eigenschaften der Turbulenz in einer ungleichförmig erwärmten Flüssigkeit bestimmt.

Wir folgen dem in § 33 dargelegten Vorgehen (vgl. den Text nach (33,1)) und drücken φ durch Größen aus, die die Schwankungen mit Abmessungen λ charakterisieren:

$$\varphi \sim \chi_{\mathrm{turb}\,\lambda}(T_\lambda/\lambda)^2 .$$

Indem wir hier

$$\chi_{\mathrm{turb}\,\lambda} \sim \nu_{\mathrm{turb}\,\lambda} \sim \lambda v_\lambda , \qquad v_\lambda \sim (\varepsilon\lambda)^{1/3}$$

(entsprechend (33,2) und (33,6)) einsetzen, erhalten wir das gesuchte Ergebnis:

$$T_\lambda^2 \sim \varphi\varepsilon^{-1/3}\lambda^{2/3} . \tag{54,5}$$

Für $\lambda \gg \lambda_0$ sind also die Temperaturschwankungen wie auch die Geschwindigkeitsschwankungen proportional zu $\lambda^{1/3}$.

Auf Abständen $\lambda \lesssim \lambda_0$ gleicht sich die Temperatur durch die eigentliche Wärmeleitung aus. Für Abstände $\lambda \ll \lambda_0$ ändert sich die Temperatur in glatter, regulärer Weise. Nach den gleichen Überlegungen wie auch für die Geschwindigkeit (vgl. (33,19)) ergibt sich für die Temperaturdifferenzen T_λ hier Proportionalität zu λ.

Aufgaben

1. Wie hängt die Nusselt-Zahl von der Prandtl-Zahl in einer laminaren Grenzschicht für große Werte von Pr und große Re ab?

Lösung. Für große Pr ist die Strecke δ', auf der sich die Temperatur ändert, klein gegenüber der Dicke δ der Schicht, in der die Geschwindigkeit v_x abfällt (δ' kann als Dicke der Temperaturgrenzschicht bezeichnet werden). Man kann die Größenordnung von δ' durch Abschätzung der Glieder in der Gleichung (54,1) erhalten. Auf der Strecke von $y = 0$ bis $y \sim \delta'$ ändert sich die Temperatur größenordnungsmäßig um die ganze Differenz $T_1 - T_0$ zwischen den Temperaturen der Flüssigkeit und des festen Körpers; die Geschwindigkeit v_x ändert sich auf derselben Strecke um $U\delta'/\delta$ (die gesamte Änderung von der Größenordnung U erfährt die Geschwindigkeit auf der Strecke δ). Für $y \sim \delta'$ haben die Glieder der Gleichung (54,1) daher die Größenordnungen

$$\chi \frac{\partial^2 T}{\partial y^2} \sim \chi \frac{T_1 - T_0}{\delta'^2} \quad \text{und} \quad v_x \frac{\partial T}{\partial x} \sim U \frac{\delta'}{\delta} \frac{T_1 - T_0}{l}.$$

Der Vergleich dieser beiden Ausdrücke ergibt $\delta'^3 \sim \chi\, \delta l/U$. Setzen wir $\delta \sim \frac{l}{\sqrt{\mathrm{Re}}}$ ein, so erhalten wir

$$\delta' \sim \frac{l}{\mathrm{Re}^{1/2}\,\mathrm{Pr}^{1/3}} \sim \frac{\delta}{\mathrm{Pr}^{1/3}}.$$

Für große Pr nimmt die Dicke der Temperaturgrenzschicht relativ zur Dicke der Geschwindigkeitsgrenzschicht umgekehrt proportional zur dritten Wurzel aus Pr ab. Der Wärmestrom ist

$$q = -\varkappa \frac{\partial T}{\partial y} \sim \varkappa \frac{T_1 - T_0}{\delta'},$$

und wir finden für die gesuchte Abhängigkeit des Wärmetransportes im Grenzfall großer Re und großer Pr endgültig[1])

$$\mathrm{Nu} = \mathrm{const} \cdot \mathrm{Re}^{1/2}\,\mathrm{Pr}^{1/3}.$$

2. Man berechne die Gestalt der Funktion $f(\mathrm{Pr})$ in dem logarithmischen Gesetz für die Temperaturverteilung (54,4) in der Grenze großer Pr-Werte.

Lösung. Nach § 42 hat die zur Strömungsrichtung senkrechte Geschwindigkeitskomponente in der zähen Unterschicht die Größenordnung $v_*(y/y_0)^2$; die Abmessung der turbulenten Bewegung ist von der Größenordnung y^2/y_0. Die turbulente Temperaturleitfähigkeit hat folglich die Größenordnung

$$\chi_{\mathrm{turb}} \sim v_* y_0 \left(\frac{y}{y_0}\right)^4 \sim \nu \left(\frac{y}{y_0}\right)^4$$

(wir haben hier die Beziehung (42,5) verwendet). χ_{turb} ist in Abständen $y_1 \sim y_0\,\mathrm{Pr}^{-1/4}$ größenordnungsmäßig gleich der gewöhnlichen Temperaturleitfähigkeit χ. Da χ_{turb} mit zunehmendem y sehr rasch anwächst, ist klar, daß sich die Temperatur in der zähen Unterschicht hauptsächlich auf einer Entfernung von der Wand der Größenordnung y_1 ändern wird. Man kann die Temperaturänderung proportional zu y_1 ansehen, d. h., sie hat die Größenordnung

$$\frac{q y_1}{\varkappa} \sim \frac{q y_0}{\varkappa\,\mathrm{Pr}^{1/4}} \sim \frac{q\,\mathrm{Pr}^{3/4}}{\varrho c_p v_*}.$$

Vergleichen wir dies mit der Formel (54,4), so finden wir für die Funktion $f(\mathrm{Pr})$:

$$f(\mathrm{Pr}) = \mathrm{const} \cdot \mathrm{Pr}^{3/4};$$

die Konstante ist ein Zahlenfaktor.

3. Man leite eine Beziehung zwischen den lokalen Korrelationsfunktionen

$$B_{TT} = \langle (T_2 - T_1)^2 \rangle, \qquad B_{iTT} = \langle (v_{2i} - v_{1i})(T_2 - T_1)^2 \rangle$$

in einem ungleichmäßig erwärmten turbulenten Strom her (A. M. Jaglom, 1949).

[1]) Für die realen Werte der Wärmeleitfähigkeit verschiedener Stoffe erreicht die *Prandtl-Zahl* nicht solche großen Werte, für die dieses Grenzgesetz gelten könnte. Solche Gesetze können aber auf die konvektive Diffusion angewendet werden, die durch dieselben Gleichungen wie der konvektive Wärmetransport beschrieben wird; die Rolle der Temperatur spielt dann die Konzentration der gelösten Substanz, die Rolle des Wärmestroms übernimmt der Massenstrom dieser Substanz. Die *Prandtl-Zahl* für die Diffusion wird als $\mathrm{Pr}_D = \nu/D$ definiert, wobei D der Diffusionskoeffizient ist. Für Lösungen in Wasser und ähnlichen Flüssigkeiten erreicht die Zahl Pr_D Werte der Größenordnung 10^3, für Lösungen in sehr zähen Lösungsmitteln 10^6 und mehr.

Lösung. Die Rechnungen sind ähnlich wie bei der Ableitung in § 34. Neben den Funktionen B_{TT} und B_{iTT} führen wir noch die Hilfsfunktionen

$$b_{TT} = \langle T_1 T_2 \rangle, \qquad b_{iTT} = \langle v_{1i} T_1 T_2 \rangle$$

ein und betrachten zur Vereinfachung die Turbulenz als vollständig homogen und isotrop. Wir haben dann

$$B_{TT} = 2\langle T^2 \rangle - 2b_{TT}, \qquad B_{iTT} = 4b_{iTT} \tag{1}$$

(die Mittelwerte

$$\langle v_{1i} T_1 T_2 \rangle = -\langle v_{2i} T_1 T_2 \rangle$$

und Mittelwerte der Form $\langle v_{1i} T_2^2 \rangle$ verschwinden auf Grund der Inkompressibilität der Flüssigkeit, vgl. die Begründung für (34,18)). Mit Hilfe der Gleichungen

$$\frac{\partial T}{\partial t} + (\boldsymbol{v}\nabla)\, T = \chi \triangle T, \qquad \operatorname{div} \boldsymbol{v} = 0$$

berechnen wir die Ableitung

$$\frac{\partial}{\partial t} b_{TT} = -2 \frac{\partial}{\partial x_{1i}} b_{iTT} + 2\chi \triangle_1 b_{TT}. \tag{2}$$

Auf Grund der Isotropie und der Homogenität hat die Funktion b_{iTT} die Form

$$b_{iTT} = n_i b_{rTT} \tag{3}$$

(wo $\boldsymbol{n}$ der Einheitsvektor in Richtung von $\boldsymbol{r} = \boldsymbol{r}_2 - \boldsymbol{r}_1$ ist), und b_{rTT} und b_{TT} hängen nur von r ab. Unter Berücksichtigung von (1) und (3) erhält die Gleichung (2) die Gestalt

$$-2\varphi - \frac{\partial B_{TT}}{\partial t} = \frac{1}{2} \operatorname{div} (\boldsymbol{n} B_{rTT}) - \chi \triangle B_{TT}$$

$$= \frac{1}{2r^2} \frac{\partial}{\partial r} (r^2 B_{rTT}) - \frac{\chi}{r^2} \frac{\partial}{\partial r} \left(r^2 \frac{\partial B_{TT}}{\partial r} \right),$$

wobei die Größe

$$\varphi = -\frac{1}{2} \frac{\partial}{\partial t} \langle T^2 \rangle$$

eingeführt wurde (die mit der im Text eingeführten Größe übereinstimmt). Da man die lokale Turbulenz als stationär ansehen kann, vernachlässigen wir die Ableitung $\partial B_{TT}/\partial t$. Indem wir die verbleibende Gleichung über r integrieren, erhalten wir die gesuchte (zu (34,21) analoge) Beziehung

$$B_{rTT} - 2\chi \frac{\mathrm{d}B_{TT}}{\mathrm{d}r} = -\frac{4}{3} r\varphi. \tag{4}$$

Für $r \gg \lambda_0$ ist das χ enthaltende Glied klein, da nach (54,4) die Funktion $B_{TT} \propto r^{2/3}$ ist. Dann erhalten wir aus (4)

$$B_{rTT} \approx -\tfrac{4}{3} r\varphi.$$

Für Abstände $r \ll \lambda_0$ haben wir $B_{TT} \propto r^2$, und das Glied B_{rTT} kann vernachlässigt werden; dann gilt

$$B_{rr} \approx \tfrac{1}{3} r^2 \varphi.$$

§ 55. Erwärmung eines Körpers in einer bewegten Flüssigkeit

Ein Thermometer in einer ruhenden Flüssigkeit zeigt die Temperatur der Flüssigkeit an. Bewegt sich die Flüssigkeit, dann zeigt das Thermometer eine etwas höhere Temperatur an. Diese Erscheinung wird durch die Erwärmung infolge der inneren Reibung der an der Oberfläche des Thermometers gebremsten Flüssigkeit hervorgerufen.

Das allgemeine Problem kann man in folgender Weise formulieren. Ein beliebig gestalteter Körper befinde sich in einer strömenden Flüssigkeit. Nach einer genügend langen Zeit stellt sich ein gewisses thermisches Gleichgewicht ein. Es ist die dabei entstehende Temperaturdifferenz $T_1 - T_0$ zwischen dem Körper und der Flüssigkeit zu bestimmen.

Die Lösung dieses Problems wird durch die Gleichung (50,2) bestimmt. Man darf in dieser Gleichung jetzt aber nicht mehr den Term mit der Zähigkeit vernachlässigen, wie es in (53,1) getan worden ist; gerade dieser Term bestimmt den uns hier interessierenden Effekt. Wir haben also für den sich einstellenden Zustand die Gleichung

$$\boldsymbol{v}\nabla T = \chi\triangle T + \frac{\nu}{2c_p}\left(\frac{\partial v_i}{\partial x_k} + \frac{\partial v_k}{\partial x_i}\right)^2 . \tag{55,1}$$

Dazu müssen noch die Bewegungsgleichungen für die Flüssigkeit (53,3) und streng genommen noch die Wärmeleitungsgleichung innerhalb des festen Körpers herangezogen werden. Im Grenzfall hinreichend kleiner Wärmeleitung im Körper kann man die letzte Gleichung ganz weglassen und die Temperatur in jedem Punkt der Körperoberfläche einfach gleich der Temperatur der Flüssigkeit in diesem Punkt setzen, die man durch Lösen der Gleichung (55,1) mit der Randbedingung $\partial T/\partial n = 0$ erhält, d. h. mit der Bedingung, daß der Wärmestrom durch die Oberfläche des Körpers verschwinden soll. Im entgegengesetzten Grenzfall genügend großer Wärmeleitfähigkeit des Körpers kann man näherungsweise fordern, daß die Temperatur auf der ganzen Oberfläche gleich ist. Die Ableitung $\partial T/\partial n$ wird dabei im allgemeinen nicht auf der ganzen Oberfläche gleich Null, und es muß nur verlangt werden, daß der gesamte Wärmestrom durch die Oberfläche des Körpers verschwindet (d. h., daß das Integral über $\partial T/\partial n$ über diese Oberfläche verschwindet). In beiden Grenzfällen geht die Wärmeleitfähigkeit des Körpers in die Lösung des Problems nicht explizit ein. Im folgenden werden wir voraussetzen, daß wir es mit einem dieser Grenzfälle zu tun haben.

In die Gleichungen (55,1) und (53,3) gehen die konstanten Parameter χ, ν und c_p ein; außerdem kommen in der Lösung die Abmessungen des Körpers l und die Geschwindigkeit U der anströmenden Flüssigkeit vor. (Die Temperaturdifferenz $T_1 - T_0$ ist jetzt kein beliebiger Parameter, sie muß durch Lösen der Gleichungen bestimmt werden.) Aus diesen Parametern kann man zwei unabhängige dimensionslose Kombinationen bilden, wir wählen Re und Pr. Man kann dann behaupten, daß die gesuchte Differenz $T_1 - T_0$ gleich irgendeiner Größe mit der Dimension der Temperatur (wir nehmen U^2/c_p), multipliziert mit einer Funktion von Re und Pr ist:

$$T_1 - T_0 = \frac{U^2}{c_p} f(\mathrm{Re}, \mathrm{Pr}) . \tag{55,2}$$

Man kann die Gestalt dieser Funktion für sehr kleine Reynolds-Zahlen leicht bestimmen, d. h. für genügend kleine Geschwindigkeiten U. Der Term $\boldsymbol{v}\nabla T$ ist dann gegenüber $\chi\triangle T$

in (55,1) klein, so daß sich die Gleichung (55,1) zu

$$\chi \triangle T = -\frac{\nu}{2c_p}\left(\frac{\partial v_i}{\partial x_k} + \frac{\partial v_k}{\partial x_i}\right)^2 \tag{55,3}$$

vereinfacht. Temperatur und Geschwindigkeit ändern sich auf Strecken der Größenordnung der Körperabmessungen l beträchtlich. Die Abschätzung der beiden Seiten der Gleichung (55,3) ergibt daher

$$\frac{\chi(T_1 - T_0)}{l^2} \sim \frac{\nu U^2}{c_p l^2}.$$

Wir kommen auf diese Weise zu dem Ergebnis, daß für kleine Re

$$T_1 - T_0 = \text{const} \cdot \frac{\Pr U^2}{c_p} \tag{55,4}$$

gilt, wobei const ein Zahlenfaktor ist, der von der Gestalt des Körpers abhängt. Die Temperaturdifferenz ist demnach dem Quadrat der Geschwindigkeit U proportional.

Einige allgemeine Schlüsse über die Gestalt der Funktion $f(\Pr, \mathrm{Re})$ in (55,2) kann man auch im entgegengesetzten Grenzfall großer Re ziehen, wenn sich Geschwindigkeit und Temperatur nur in einer dünnen Grenzschicht ändern. δ und δ' seien die Abstände, auf denen sich die Geschwindigkeit bzw. die Temperatur ändern. δ und δ' unterscheiden sich voneinander durch einen von Pr abhängigen Faktor. Die pro Zeiteinheit in der Grenzschicht infolge der Zähigkeit entwickelte Wärmemenge wird durch das Integral (16,3) gegeben. Bezogen auf die Flächeneinheit der Oberfläche des Körpers, ist sie der Größenordnung nach gleich $\nu\varrho(U/\delta)^2\,\delta = \nu\varrho U^2/\delta$. Andererseits muß diese Wärme gleich derjenigen Wärme sein, die der Körper verliert und die gleich dem Strom

$$q = -\varkappa\frac{\partial T}{\partial n} \sim \chi c_p \varrho\,\frac{T_1 - T_0}{\delta'}$$

ist. Setzen wir die beiden Ausdrücke gleich, so finden wir

$$T_1 - T_0 = \frac{U^2}{c_p} f(\Pr). \tag{55,5}$$

Auch in diesem Falle hängt die Funktion f also nicht von Re ab, die Abhängigkeit von Pr bleibt unbestimmt.

Aufgaben

1. Man berechne die Temperaturverteilung in einer Flüssigkeit bei einer Poiseuille-Stömung durch ein Rohr mit kreisförmigem Querschnitt, wenn die Rohrwand auf der konstanten Temperatur T_0 gehalten wird.

Lösung. In Zylinderkoordinaten mit der Rohrachse als z-Achse haben wir

$$v_2 = v = 2\bar{v}\left[1 - \left(\frac{r}{R}\right)^2\right],$$

wenn $\bar{v}$ die mittlere Strömungsgeschwindigkeit ist. Durch Einsetzen in (55,3) kommen wir zu der Gleichung

$$\frac{1}{r}\frac{\mathrm{d}}{\mathrm{d}r}\left(r\frac{\mathrm{d}T}{\mathrm{d}r}\right) = -\frac{16\bar{v}^2}{R^4}\frac{\nu}{\chi c_p}r^2 .$$

Die Lösung dieser Gleichung, die für $r = 0$ endlich ist und der Bedingung $T = T_0$ für $r = R$ genügt, ist

$$T - T_0 = \bar{v}^2\frac{\mathrm{Pr}}{c_p}\left[1 - \left(\frac{r}{R}\right)^4\right].$$

2. Man berechne die Temperaturdifferenz zwischen einer festen Kugel und der Flüssigkeit, die sie umströmt, für kleine Reynolds-Zahlen. Die Wärmeleitfähigkeit der Kugel wird als groß vorausgesetzt.

Lösung. Wir verwenden Kugelkoordinaten r, Θ und φ mit dem Ursprung im Kugelmittelpunkt und der Polarachse in Richtung der Geschwindigkeit der anströmenden Flüssigkeit. Mit Hilfe der Formeln (15,20) und der Formel (20,9) für die Strömungsgeschwindigkeit um die Kugel berechnen wir die Komponenten des Tensors $\partial v_i/\partial x_k + \partial v_k/\partial x_i$ und erhalten die Gleichung (55,3) in der Form

$$\frac{1}{r^2}\frac{\partial}{\partial r}\left(r^2\frac{\partial T}{\partial r}\right) + \frac{1}{r^2\sin\Theta}\frac{\partial}{\partial\Theta}\left(\sin\Theta\frac{\partial T}{\partial\Theta}\right)$$
$$= -A\left(\frac{R}{r}\right)^4\left\{\cos^2\Theta\left[3 - 6\left(\frac{R}{r}\right)^2 + 2\left(\frac{R}{r}\right)^4\right] + \left(\frac{R}{r}\right)^4\right\}$$

mit

$$A = \frac{9}{4}u^2\frac{\mathrm{Pr}}{c_p}.$$

Wir setzen $T(r, \Theta)$ in der Gestalt

$$T = f(r)\cos^2\Theta + g(r)$$

an und trennen die von Θ abhängigen von den von Θ unabhängigen Teilen. So erhalten wir für f und g die beiden Gleichungen

$$r^2f'' + 2rf' - 6f = -A\left[3\left(\frac{R}{r}\right)^2 - 6\left(\frac{R}{r}\right)^4 + 2\left(\frac{R}{r}\right)^6\right],$$

$$r^2g'' + 2rg' + 2f = -A\left(\frac{R}{r}\right)^6 .$$

Aus der ersten Gleichung ergibt sich

$$f = A\left[\frac{3}{4}\left(\frac{R}{r}\right)^2 + \left(\frac{R}{r}\right)^4 - \frac{1}{12}\left(\frac{R}{r}\right)^6\right] + c_1\left(\frac{R}{r}\right)^3$$

(den Term der Gestalt const $\cdot\, r^2$ lassen wir weg, weil er im Unendlichen nicht verschwindet). Die zweite Gleichung hat nun die Lösung

$$g = -\frac{A}{2}\left[\frac{3}{2}\left(\frac{R}{r}\right)^2 + \frac{1}{3}\left(\frac{R}{r}\right)^4 + \frac{1}{18}\left(\frac{R}{r}\right)^6\right] - \frac{c_1}{3}\left(\frac{R}{r}\right)^3 + c_2\frac{R}{r} + c_3 .$$

Die Konstanten c_1, c_2 und c_3 werden aus den Bedingungen

$$T = \text{const} \quad \text{und} \quad \int\frac{\partial T}{\partial r}r^2\sin\Theta\,\mathrm{d}\Theta = 0 \quad \text{für} \quad r = R$$

bestimmt, denen die Forderungen

$$f(R) = 0 \quad \text{und} \quad g'(R) + \tfrac{1}{3} f'(R) = 0$$

äquivalent sind. Im Unendlichen muß $T = T_0$ sein. Wir finden

$$c_1 = -\frac{5A}{3}, \qquad c_2 = \frac{2A}{3}, \qquad c_3 = T_0 .$$

Für die Temperaturdifferenz zwischen der Kugel ($T_1 = T(R)$) und der Flüssigkeit (T_0) erhalten wir

$$T_1 - T_0 = \frac{5}{8} \Pr \frac{u^2}{c_p}.$$

Wir bemerken, daß die gefundene Temperaturverteilung auch die Bedingung $\partial T/\partial r = 0$ für $r = R$ erfüllt, d. h. $f'(R) = g'(R) = 0$. Sie ist daher gleichzeitig auch die Lösung desselben Problems im Falle kleiner Wärmeleitfähigkeit der Kugel.

§ 56. Freie Konvektion

Wenn in einer Flüssigkeit im Schwerefeld mechanisches Gleichgewicht herrscht, dann darf die Temperaturverteilung, wie wir in § 3 gesehen haben, nur von der Höhe z abhängen: $T = T(z)$. Genügt eine Temperaturverteilung dieser Forderung nicht, d. h., ist sie im allgemeinen Falle eine Funktion aller drei Koordinaten, dann ist in der Flüssigkeit ein mechanisches Gleichgewicht unmöglich. Sogar wenn $T = T(z)$ ist, kann ein mechanisches Gleichgewicht unmöglich sein, wenn nämlich der vertikale Temperaturgradient nach unten zeigt und betragsmäßig größer als ein bestimmter Grenzwert ist (§ 4).

Besteht in einer Flüssigkeit kein mechanisches Gleichgewicht, so entstehen in ihr innere Strömungen, die die Flüssigkeit so zu vermischen suchen, daß sich eine konstante Temperatur einstellt. Diese im Schwerefeld auftretende Strömung wird als *freie Konvektion* bezeichnet.

Wir wollen die Gleichungen für die Konvektion herleiten. Dabei werden wir die Flüssigkeit als inkompressibel betrachten. Das bedeutet, daß sich der Druck in der Flüssigkeit so wenig ändert, daß die Dichteänderung infolge der Druckänderung vernachlässigt werden kann. In der Atmosphäre, wo sich der Druck mit der Höhe ändert, bedeutet das z. B., daß wir nicht so hohe Luftsäulen betrachten werden, in denen die Dichteänderung mit der Höhe wesentlich wird. Die Dichteänderungen infolge ungleichmäßiger Erwärmung der Flüssigkeit dürfen natürlich nicht vernachlässigt werden. Gerade sie verursachen die Kräfte, die die Konvektionsströmung hervorrufen.

Die veränderliche Temperatur schreiben wir in der Form $T = T_0 + T'$; T_0 ist ein konstanter Mittelwert, von dem aus die Temperaturabweichungen T' gezählt werden. Wir werden voraussetzen, daß T' gegenüber T_0 klein ist.

Auch die Dichte der Flüssigkeit schreiben wir in der Form $\varrho = \varrho_0 + \varrho'$ mit konstantem ϱ_0. Für kleine Temperaturänderungen T' sind auch die von ihnen bewirkten Dichteänderungen ϱ' klein, und es ist

$$\varrho' = \left(\frac{\partial \varrho_0}{\partial T}\right)_p T' = -\varrho_0 \beta T' . \qquad (56,1)$$

Hier ist $\beta = -\frac{1}{\varrho}\frac{\partial \varrho}{\partial T}$ der *thermische Ausdehnungskoeffizient* der Flüssigkeit.[1])

---

[1]) Wir werden voraussetzen, daß $\beta > 0$ ist.

Beim Druck $p = p_0 + p'$ wird die Größe p_0 nicht konstant sein. p_0 ist der Druck im mechanischen Gleichgewicht bei konstanter Temperatur und Dichte (T_0 und ϱ_0). Er ändert sich mit der Höhe nach der hydrostatischen Gleichung

$$p_0 = \varrho_0 \boldsymbol{g}\boldsymbol{r} + \text{const} = -\varrho_0 g z + \text{const}\,, \tag{56,2}$$

wobei die Koordinate z senkrecht nach oben gerichtet ist.

In einer Flüssigkeitssäule der Höhe h ist der hydrostatische Druckabfall gleich $\varrho_0 g h$. Dieser Abfall führt zu einer Änderung der Dichte um $\sim \varrho_0 g h/c^2$, wobei c die Schallgeschwindigkeit ist (s. unten (64,4)). Unter unseren Bedingungen muß diese Änderung vernachlässigbar sein nicht nur gegenüber der Dichte selbst, sondern auch gegenüber ihrer Änderung (56,1) durch die Wärmeausdehnung. Mit anderen Worten, es muß die Ungleichung

$$gh/c^2 \ll \beta\Theta \tag{56,3}$$

erfüllt sein; Θ ist hier eine charakteristische Temperaturdifferenz.

Wir beginnen mit der Umformung der Navier-Stokesschen Gleichung. In Anwesenheit des Schwerefeldes hat sie die Gestalt

$$\frac{\partial \boldsymbol{v}}{\partial t} + (\boldsymbol{v}\nabla)\,\boldsymbol{v} = -\frac{1}{\varrho}\nabla p + \nu\,\triangle\boldsymbol{v} + \boldsymbol{g}\,,$$

die man aus der Gleichung (15,7) erhält, wenn man dort die pro Masseneinheit wirkende Kraft $\boldsymbol{g}$ auf der rechten Seite addiert. Hier setzen wir $p = p_0 + p'$ und $\varrho = \varrho_0 + \varrho'$ ein. Bis zu Gliedern erster Ordnung haben wir

$$\frac{\nabla p}{\varrho} = \frac{\nabla p_0}{\varrho_0} + \frac{\nabla p'}{\varrho_0} - \frac{\nabla p_0}{\varrho_0^2}\varrho'$$

oder, wenn wir (56,1) und (56,2) einsetzen,

$$\frac{\nabla p}{\varrho} = \boldsymbol{g} + \frac{\nabla p'}{\varrho_0} + \boldsymbol{g}\beta T'\,.$$

Diesen Ausdruck setzen wir in die Navier-Stokessche Gleichung ein, lassen den Index von ϱ_0 weg und erhalten endgültig

$$\frac{\partial \boldsymbol{v}}{\partial t} + (\boldsymbol{v}\nabla)\,\boldsymbol{v} = -\frac{1}{\varrho}\nabla p' + \nu\triangle\boldsymbol{v} - \beta T'\boldsymbol{g}\,. \tag{56,4}$$

Für die freie Konvektion ist, wie man zeigen kann, das Glied mit der Zähigkeit in der Wärmeleitungsgleichung (50,2) immer klein gegenüber den anderen Gliedern der Gleichung und kann daher weggelassen werden. Auf diese Weise erhalten wir

$$\frac{\partial T'}{\partial t} + \boldsymbol{v}\nabla T' = \chi\triangle T'\,. \tag{56,5}$$

Die Gleichungen (56,4) und (56,5) bilden zusammen mit der Kontinuitätsgleichung div $\boldsymbol{v} = 0$ das vollständige System der Gleichungen, die die freie Konvektion beschreiben (A. Oberbeck, 1879; J. Boussinesq, 1903).

Für eine stationäre Strömung wird aus den Gleichungen für die Konvektion

$$(\boldsymbol{v}\nabla)\,\boldsymbol{v} = -\frac{1}{\varrho}\nabla p' - \beta T'\boldsymbol{g} + \nu\triangle\boldsymbol{v}, \tag{56,6}$$

$$\boldsymbol{v}\nabla T' = \chi\triangle T', \tag{56,7}$$

$$\operatorname{div}\boldsymbol{v} = 0. \tag{56,8}$$

In diesem System von fünf Gleichungen für die unbekannten Funktionen $\boldsymbol{v}, \frac{p'}{\varrho}$ und T' sind drei Parameter enthalten: ν, χ und $g\beta$. Außerdem gehen in ihre Lösung die charakteristische Länge h und die charakteristische Temperaturdifferenz Θ ein. Eine charakteristische Geschwindigkeit ist jetzt nicht vorhanden, weil es keinen von äußeren Ursachen bedingten Flüssigkeitsstrom gibt und die ganze Strömung durch die ungleichmäßige Erwärmung der Flüssigkeit hervorgerufen wird. Aus diesen Größen kann man zwei unabhängige dimensionslose Kombinationen bilden (wir erinnern daran, daß man der Temperatur hierbei eine eigene Dimension zuschreiben muß, vgl. § 53). Als diese beiden Kombinationen wählt man üblicherweise die Prandtl-Zahl $\mathrm{Pr} = \nu/\chi$ und die *Rayleigh-Zahl*[1])

$$\mathrm{Ra} = \frac{g\beta\Theta h^3}{\nu\chi}. \tag{56,9}$$

Die Prandtl-Zahl hängt nur von den Eigenschaften der betrachteten Flüssigkeit ab; grundlegend für die Charakterisierung der Konvektion ist die Rayleigh-Zahl.

Das Ähnlichkeitsgesetz für die freie Konvektion lautet

$$\boldsymbol{v} = \frac{\nu}{h}\boldsymbol{f}\left(\frac{\boldsymbol{r}}{h}, \mathrm{Ra}, \mathrm{Pr}\right), \qquad T = \Theta f\left(\frac{\boldsymbol{r}}{h}, \mathrm{Ra}, \mathrm{Pr}\right). \tag{56,10}$$

Zwei Strömungen sind ähnlich, wenn für sie die Zahlen Ra und Pr übereinstimmen. Der Wärmetransport bei der Konvektion im Schwerefeld wird durch die Nusselt-Zahl charakterisiert, die ebenso wie früher entsprechend (53,7) definiert ist. Sie ist jetzt eine nur von Ra und Pr abhängige Funktion.

Eine Konvektionsströmung kann sowohl laminar als auch turbulent sein. Das Einsetzen der Turbulenz wird durch die Rayleigh-Zahl bestimmt; die Konvektion wird turbulent bei sehr großen Werten von Ra.

Aufgaben

1. Man führe die Berechnung der Nusselt-Zahl für die freie Konvektion an einer ebenen vertikalen Wand auf die Lösung von gewöhnlichen Differentialgleichungen zurück. Es wird vorausgesetzt, daß die Geschwindigkeit und die Temperaturdifferenz nur in einer dünnen Grenzschicht an der Oberfläche der Wand merklich von Null verschieden sind (E. POHLHAUSEN, 1921).

---

[1]) In der Literatur wird auch die *Grashof-Zahl*

$$\mathrm{Gr} = g\beta\Theta h^3/\nu^2 = \mathrm{Ra}/\mathrm{Pr}.$$

benutzt.

Lösung. Wir legen den Koordinatenursprung auf die untere Kante der Wand; die x-Achse soll vertikal in ihrer Ebene liegen, die y-Achse senkrecht zur Wand. In der Grenzschicht ändert sich der Druck in y-Richtung nicht (vgl. § 39) und ist daher überall gleich dem hydrostatischen Druck $p_0(x)$, so daß $p' = 0$ ist. Mit der für die Grenzschicht üblichen Genauigkeit lauten die Gleichungen (56,6) bis (56,8):

$$v_x \frac{\partial v_x}{\partial x} + v_y \frac{\partial v_x}{\partial y} = \nu \frac{\partial^2 v_x}{\partial y^2} + g\beta(T - T_0),$$

$$v_x \frac{\partial T}{\partial x} + v_y \frac{\partial T}{\partial y} = \chi \frac{\partial^2 T}{\partial y^2}, \tag{1}$$

$$\frac{\partial v}{\partial x} + \frac{\partial v_y}{\partial y} = 0$$

mit den Randbedingungen

$$v_x = v_y = 0, \quad T = T_1 \quad \text{für} \quad y = 0; \quad v_x = 0, \quad T = T_0 \quad \text{für} \quad y = \infty$$

(T_1 ist die Temperatur der Wand, T_0 die Temperatur der Flüssigkeit in großer Entfernung von der Wand). Man kann diese Gleichungen in gewöhnliche Differentialgleichungen umformen, indem man die Größe

$$\xi = \mathrm{Gr}^{1/4} \frac{y}{(4xh^3)^{1/4}}, \qquad \mathrm{Gr} = \frac{g\beta(T_1 - T_0)\, h^3}{\nu^2} \tag{2}$$

als unabhängige Variable einführt (h ist die Höhe der Wand). Wir setzen

$$v_x = \frac{2\nu}{h^{3/2}} \mathrm{Gr}^{1/2} \sqrt{x}\, \varphi'(\xi), \qquad T - T_0 = (T_1 - T_0)\, \Theta(\xi). \tag{3}$$

Die letzte der Gleichungen (1) gibt

$$v_y = \frac{\nu\, \mathrm{Gr}^{1/4}}{(4xh^3)^{1/4}} (\xi\varphi' - 3\varphi),$$

und die ersten beiden geben Gleichungen für die Funktionen $\varphi(\xi)$ und $\Theta(\xi)$:

$$\varphi''' + 3\varphi\varphi'' - 2\varphi'^2 + \Theta = 0, \qquad \Theta'' + 3\,\mathrm{Pr}\,\varphi\Theta' = 0. \tag{4}$$

Aus (3) und (4) folgt für die Dicke der Grenzschicht $\delta \sim (xh^3/\mathrm{Gr})^{1/4}$. Die Bedingung für die Anwendbarkeit der Lösung, $\delta \ll h$, ist für hinreichend große Werte von Gr erfüllt.

Der gesamte Wärmestrom (pro Flächeneinheit der Wand) ist

$$q = -\frac{1}{h}\int_0^h \varkappa \left.\frac{\partial T}{\partial y}\right|_{y=0} \mathrm{d}x = -\frac{4\varkappa}{3}\, \Theta'(0; \mathrm{Pr})\, (T_1 - T_0) \left(\frac{\mathrm{Gr}}{4h}\right)^{1/4}.$$

Die Nusselt-Zahl ist

$$\mathrm{Nu} = f(\mathrm{Pr})\, \mathrm{Gr}^{1/4}.$$

Die Funktion $f(\mathrm{Gr})$ wird durch Lösung der Gleichungen (4) bestimmt.

2. Ein heißer, überfluteter turbulenter Gasstrahl krümmt sich unter dem Einfluß des Schwerefeldes. Man bestimme seine Gestalt (G. N. Abramowitsch, 1938).

Lösung. T' sei eine mittlere Temperaturdifferenz (über den Strahlquerschnitt gemittelt) zwischen dem Strahl und dem umgebenden Gas, u ein gewisser Mittelwert der Geschwindigkeit im Strahl und l sei der Abstand vom Austrittspunkt in Längsrichtung des Strahles (l wird als groß gegenüber den Abmessungen der Austrittsöffnung des Strahles vorausgesetzt). Die Bedingung für die Konstanz des

Wärmestromes Q im Strahl lautet

$$Q \sim \varrho c_p T' u R^2 = \text{const}\,.$$

Da der Radius eines turbulenten Strahles zu l proportional ist (vgl. § 36), haben wir

$$T' u l^2 = \text{const} \sim \frac{Q}{\varrho c_p} \tag{1}$$

(würde man das Schwerefeld nicht berücksichtigen, wäre $u \propto 1/l$, siehe (36,3), und aus (1) folgt dann $T' \propto 1/l$).

Der Vektor des Impulsstromes durch den Strahlquerschnitt ist proportional zu $\varrho u^2 R^2 \boldsymbol{n} \sim \varrho u^2 l^2 \boldsymbol{n}$ ($\boldsymbol{n}$ ist der Einheitsvektor in Strahlrichtung). Seine horizontale Komponente ist im Strahl konstant:

$$u^2 l^2 \cos\Theta = \text{const} \tag{2}$$

(Θ ist der Winkel zwischen $\boldsymbol{n}$ und der Horizontalen). Die Änderung der vertikalen Komponente wird durch die auf den Strahl wirkende Auftriebskraft bestimmt. Sie ist proportional zu

$$\varrho \beta g T' R^2 \sim \varrho \beta g T' l^2 \sim \frac{\beta g Q}{c_p u}\,.$$

Daher haben wir

$$\frac{\mathrm{d}}{\mathrm{d}l}(l^2 u^2 \sin\Theta) \sim \frac{\beta g Q}{\varrho c_p u}\,. \tag{3}$$

Auf Grund von (2) folgt daraus

$$\frac{\mathrm{d}\tan\Theta}{\mathrm{d}l} = \text{const}\cdot l\sqrt{\cos\Theta}$$

und endgültig

$$\int\limits_{\Theta_0}^{\Theta} \frac{\mathrm{d}\Theta}{(\cos\Theta)^{5/2}} = \text{const}\cdot l^2 \tag{4}$$

(Θ_0 gibt die Strahlrichtung im Austrittspunkt an).

Wenn die Änderung des Winkels Θ längs des ganzen Strahles nur unbeträchtlich ist, ergibt (4) insbesondere

$$\Theta - \Theta_0 = \text{const}\cdot l^2\,.$$

Der Strahl hat in diesem Falle die Gestalt einer kubischen Parabel; die Abweichung d von der geradlinigen Bahn ist $d = \text{const}\cdot l^3$.

3. Von einem unbeweglichen heißen Körper aus steigt ein erhitzter turbulenter Gasstrahl auf (die Grashof-Zahl sei groß). Wie ändern sich Geschwindigkeit und Temperatur des Strahles mit der Höhe (Ja. B. Seldowitsch, 1937)?

Lösung. Wie im vorhergehenden Fall ist der Strahlradius dem Abstand von der Quelle proportional, und wir haben analog zu (1)

$$T' u z^2 = \text{const}$$

und statt (3)

$$\frac{\mathrm{d}}{\mathrm{d}z}(z^2 u^2) = \frac{\text{const}}{u}$$

(z ist die Höhe über dem Körper, sie wird gegenüber den Körperabmessungen als groß vorausgesetzt).

Durch Integration der letzten Gleichung finden wir

$$u \propto z^{-1/3},$$

und für die Temperatur gilt entsprechend

$$T' \propto z^{-5/3}.$$

4. Wie Aufgabe 3 für einen laminaren, frei aufsteigenden Konvektionsstrahl (JA. B. SELDOWITSCH, 1937).

Lösung. Neben der Beziehung

$$T'uR^2 = \text{const}$$

für die Konstanz des Wärmestromes haben wir die Beziehung

$$\frac{u^2}{z} \sim \frac{\nu u}{R^2} \sim \beta g T',$$

die aus der Gleichung (56,6) folgt. Aus diesen Beziehungen finden wir die folgenden Abhängigkeiten des Radius, der Geschwindigkeit und der Temperatur des Strahles von der Höhe:

$$R \propto \sqrt{z}, \qquad u = \text{const}, \qquad T' \propto \frac{1}{z}.$$

Wir bemerken, daß die Zahl

$$\text{Ra} \propto T'R^3 \propto \sqrt{z}$$

ist, d. h., sie wächst mit der Höhe. Aus diesem Grunde muß der Strahl in einer gewissen Höhe turbulent werden.

§ 57. Die konvektive Instabilität einer ruhenden Flüssigkeit

Wenn bei einer gegebenen Konfiguration der Flüssigkeit und der festen Wände die Rayleigh-Zahl allmählich vergrößert wird, dann tritt ein Moment auf, in dem der Ruhezustand der Flüssigkeit instabil wird gegenüber infinitesimal kleinen Störungen.[1]) Als Ergebnis entsteht Konvektion, wobei der Übergang vom Regime reiner Wärmeleitung in der ruhenden Flüssigkeit zum konvektiven Regime stetig erfolgt. Die Abhängigkeit der Nusselt-Zahl von Ra zeigt deshalb bei diesem Übergang keinen Sprung, sondern nur einen Knick.

Die theoretische Bestimmung des kritischen Wertes Ra_{kr} ist nach dem Schema durchzuführen, das schon in § 26 erklärt wurde. Wir wiederholen dies hier, angewandt auf den vorliegenden Fall.

Wir stellen T' und p' in der Form

$$T' = T'_0 + \tau, \qquad p' = p'_0 + \varrho w \tag{57,1}$$

dar, wobei T'_0 und p'_0 sich auf die ruhende Flüssigkeit beziehen und τ und w auf die Störung. T'_0 und p'_0 befriedigen die Gleichungen

$$\triangle T'_0 = \frac{d^2 T'_0}{dz^2} = 0, \qquad \frac{dp'_0}{dz} = \varrho g \beta T'_0.$$

[1]) Diese Instabilität ist nicht mit der konvektiven Instabilität zu verwechseln, die in § 28 betrachtet wurde!

Aus der ersten erhalten wir $T_0' = -Az$, wo A eine Konstante ist; im uns interessierenden Fall der Erwärmung der Flüssigkeit von unten ist die Konstante $A > 0$.

In den Gleichungen (56,4) und (56,5) sind $\boldsymbol{v}$ (eine ungestörte Geschwindigkeit gibt es nicht), τ und w kleine Größen. Lassen wir quadratische Glieder fort und betrachten eine wie $e^{-i\omega t}$ von der Zeit abhängige Störung, so erhalten wir die Gleichungen

$$-\mathrm{i}\omega\boldsymbol{v} = -\nabla w + \nu\triangle\boldsymbol{v} - \beta\tau\boldsymbol{g},$$

$$-\mathrm{i}\omega\tau - Av_z = \chi\triangle\tau, \qquad \operatorname{div}\boldsymbol{v} = 0.$$

Es ist zweckmäßig, diese Gleichungen in dimensionsloser Form zu schreiben, indem wir die folgenden Maßeinheiten für die in ihnen vorkommenden Größen einführen: Für Längen, Frequenzen, Geschwindigkeiten, Drücke und Temperaturen entsprechend h, ν/h^2, ν/h, $\varrho\nu^2/h^2$, und $Ah\nu/\chi$. Im folgenden bezeichnen in diesem Paragraphen (und in den dazugehörenden Aufgaben) alle Buchstaben die dimensionslosen Größen. Die Gleichungen nehmen die Form

$$-\mathrm{i}\omega\boldsymbol{v} = -\nabla w + \triangle\boldsymbol{v} + \mathrm{Ra}\,\tau\boldsymbol{n}, \tag{57,2}$$

$$-\mathrm{i}\omega\tau\,\mathrm{Pr} = \triangle\tau + v_z, \tag{57,3}$$

$$\operatorname{div}\boldsymbol{v} = 0 \tag{57,4}$$

an ($\boldsymbol{n}$ ist der Einheitsvektor in Richtung der z-Achse, senkrecht nach oben). Hier treten die dimensionslosen Parameter Ra und Pr deutlich hervor. Wenn die an die Flüssigkeit angrenzenden festen Oberflächen auf konstanter Temperatur gehalten werden, dann müssen auf ihnen die Bedingungen

$$\boldsymbol{v} = 0, \qquad \tau = 0 \tag{57,5}$$

erfüllt sein.[1])

Die Gleichungen (57,2) bis (57,4) mit den Randbedingungen (57,5) bestimmen das Spektrum der Eigenfrequenzen ω. Für $\mathrm{Ra} < \mathrm{Ra}_{\mathrm{kr}}$ sind deren Imaginärteile $\gamma \equiv \operatorname{Im}\omega < 0$, und die Störungen werden gedämpft. Der Wert $\mathrm{Ra}_{\mathrm{kr}}$ wird durch den Moment bestimmt, in dem (bei laufender Vergrößerung von Ra) erstmals ein Frequenzeigenwert mit $\gamma > 0$ auftritt; bei $\mathrm{Ra} = \mathrm{Ra}_{\mathrm{kr}}$ geht der Wert von γ durch Null.

Das Problem der konvektiven Instabilität einer ruhenden Flüssigkeit weist die Besonderheit auf, daß alle Eigenwerte $\mathrm{i}\omega$ reell sind, so daß Störungen entweder monoton gedämpft werden oder verstärkt werden ohne Schwingungen. Dementsprechend ist die als Folge der Instabilität der ruhenden Flüssigkeit auftretende stabile Strömung stationär. Wir zeigen dies für eine Flüssigkeit, die einen geschlossenen Hohlraum ausfüllt mit den Randbedingungen (57,5) auf seinen Wänden.[2])

---

[1]) Wir betrachten die einfachsten Randbedingungen, die ideal wärmeleitenden Wänden entsprechen. Bei endlicher Wärmeleitung der Wände muß zum System der Gleichungen auch noch die Gleichung für die Ausbreitung der Wärme in der Wand hinzugefügt werden. Wir betrachten auch nicht solche Fälle, wo die Flüssigkeit eine freie Oberfläche besitzt. In solchen Fällen muß, streng genommen, die infolge der Störung entstehende Deformation der Oberfläche berücksichtigt werden einschließlich der dabei auftretenden Kräfte von der Oberflächenspannung.

[2]) Bei dieser Ableitung und der anschließenden Formulierung des Variationsprinzips folgen wir W. S. Sorokin (1953).

Wir multiplizieren die Gleichungen (57,2) bzw. (57,3) mit $\boldsymbol{v}^*$ bzw. τ^* und integrieren sie über das Volumen des Hohlraumes. Wir integrieren die Glieder $\boldsymbol{v}^*\triangle\boldsymbol{v}$ und $\tau^*\triangle\tau$ partiell[1]) und beachten, daß die Integrale über die Oberfläche des Hohlraumes auf Grund der Randbedingungen verschwinden; damit erhalten wir

$$\begin{aligned} -\mathrm{i}\omega \int |\boldsymbol{v}|^2\,\mathrm{d}V &= \int (-\,|\mathrm{rot}\,\boldsymbol{v}|^2 + \mathrm{Ra}\,\tau v_z^*)\,\mathrm{d}V\,, \\ -\mathrm{i}\omega\,\mathrm{Pr} \int |\tau|^2\,\mathrm{d}V &= \int (-\,|\nabla\tau|^2 + \tau^* v_z)\,\mathrm{d}V\,. \end{aligned} \tag{57,6}$$

Wir subtrahieren von diesen Gleichungen ihre komplex konjugierten und finden

$$-\mathrm{i}(\omega + \omega^*) \int |\boldsymbol{v}|^2\,\mathrm{d}V = \mathrm{Ra} \int (\tau v_z^* - \tau^* v_z)\,\mathrm{d}V\,,$$

$$-\mathrm{i}(\omega + \omega^*)\,\mathrm{Pr} \int |\tau|^2\,\mathrm{d}V = -\int (\tau v_z^* - \tau^* v_z)\,\mathrm{d}V\,.$$

Schließlich multiplizieren wir die zweite Gleichung mit Ra und addieren sie zur ersten:

$$\mathrm{Re}\,\omega \int (|\boldsymbol{v}|^2 + \mathrm{Ra}\,\mathrm{Pr}\,|\tau|^2)\,\mathrm{d}V = 0\,.$$

Da das Integral positiv definit ist, folgt hieraus das gesuchte Resultat $\mathrm{Re}\,\omega = 0$.[2]) Wir bemerken, daß für $A < 0$ (die Flüssigkeit wird von oben erwärmt), was formal $\mathrm{Ra} < 0$ entspricht, das Integral verschwinden kann und deshalb $\mathrm{i}\omega$ komplex sein kann.

Wir kehren zu den Gleichungen (57,6) zurück. Multiplizieren wir jetzt die zweite mit Ra und addieren sie zur ersten, so erhalten wir für das Inkrement $\gamma = -\mathrm{i}\omega$ den folgenden Ausdruck:

$$-\gamma = J/N\,, \tag{57,7}$$

wobei J und N die Integrale

$$J = \int [(\mathrm{rot}\,\boldsymbol{v})^2 + \mathrm{Ra}(\nabla\tau)^2 - 2\,\mathrm{Ra}\,\tau v_z]\,\mathrm{d}V\,, \qquad N = \int (\boldsymbol{v}^2 + \mathrm{Ra}\,\mathrm{Pr}\,\tau^2)\,\mathrm{d}V \tag{57,8}$$

bezeichnen (die Funktionen $\boldsymbol{v}$ und τ werden als reell vorausgesetzt). Wie bekannt, erlaubt das Eigenwertproblem selbstadjungierter linearer Differentialoperatoren eine Variations-

---

[1]) Unter Benutzung der Gleichungen

$$\boldsymbol{v}^*\triangle\boldsymbol{v} = -\boldsymbol{v}^*\,\mathrm{rot}\,\mathrm{rot}\,\boldsymbol{v} = \mathrm{div}\,(\boldsymbol{v}^* \times \mathrm{rot}\,\boldsymbol{v}) - |\mathrm{rot}\,\boldsymbol{v}|^2\,,$$

$$\tau^*\triangle\tau = \mathrm{div}\,(\tau^*\nabla\tau) - |\nabla\tau|^2\,, \qquad \boldsymbol{v}\triangle w = \mathrm{div}\,(w\boldsymbol{v})\,.$$

[2]) Vom mathematischen Standpunkt aus reduziert sich die dargelegte Ableitung auf den Beweis der Selbstadjungiertheit des Gleichungssystems (57,2) bis (57,4). Vom physikalischen Gesichtspunkt aus kann man den Ursprung dieses Resultats durch die folgenden Überlegungen erklären. Bei der Störung verschiebe sich z. B. ein Flüssigkeitselement nach oben. Dabei kommt es in den Bereich weniger erwärmter Flüssigkeit, und es wird durch die Wärmeleitung abgekühlt, bleibt dabei aber immer noch wärmer als das umgebende Medium. Wegen der auf das Element deshalb wirkenden Auftriebskraft wird es seine Bewegung nach oben fortsetzen, gedämpft oder beschleunigt in Abhängigkeit vom Verhältnis zwischen dem Temperaturgradienten und den dissipativen Koeffizienten. In beiden Fällen entstehen wegen des Fehlens „rücktreibender Kräfte" keine Schwingungen. Wir bemerken, daß beim Vorhandensein einer freien Oberfläche eine rücktreibende Kraft auf Grund der Oberflächenspannung ıuftritt, die bestrebt ist, die Deformation der Oberfläche zu glätten; bei Berücksichtigung dieser Kraft ind die aufgestellten Behauptungen schon nicht mehr gültig.

formulierung, die gerade auf Ausdrücken der Form (57,7) und (57,8) beruht. Wir betrachten J und N als Funktionale der Funktionen $\boldsymbol{v}$ und τ und fordern einen Extremalwert für J unter den Nebenbedingungen $\operatorname{div} \boldsymbol{v} = 0$ und $N = 1$; dabei spielt die letztere die Rolle der „Normierungsbedingung“. Nach den allgemeinen Regeln der Variationsrechnung bilden wir die Variationsgleichung

$$\delta J + \gamma \delta N - \int 2w\delta(\operatorname{div} \boldsymbol{v})\, \mathrm{d}V = 0\,, \tag{57,9}$$

wobei die Konstante γ und die Funktion $w(\boldsymbol{r})$ die Rolle von Lagrangeschen Multiplikatoren spielen. Indem wir die hier eingehenden Variationen ausrechnen (wir führen dabei partielle Integrationen unter Berücksichtigung der Randbedingungen (57,5) durch) und die bei den unabhängigen Variationen $\delta \boldsymbol{v}$ und $\delta\tau$ stehenden Ausdrücke gleich Null setzen, erhalten wir in der Tat die Gleichungen (57,2) und (57,3). Der Wert von J, der beim so gestellten Variationsproblem berechnet wird, bestimmt nach (57,7) den kleinsten Wert von $-\gamma = -\gamma_1$, d. h. das Inkrement der am schnellsten anwachsenden Störung (oder das Dekrement der am langsamsten abfallenden Störung, in Abhängigkeit vom Vorzeichen von γ).

Im Sinne seiner Einführung bestimmt der kritische Wert $\mathrm{Ra}_{\mathrm{kr}}$ die Stabilitätsgrenze in bezug auf unendlich kleine Störungen. Es erweist sich aber, daß dieser Wert beim Problem der konvektiven Instabilität der unbewegten Flüssigkeit gleichzeitig die Stabilitätsgrenze in bezug auf eine beliebige endliche Störung darstellt.[1]) Mit anderen Worten, für $\mathrm{Ra} < \mathrm{Ra}_{\mathrm{kr}}$ existieren keine zeitlich ungedämpften Lösungen der Bewegungsgleichungen mit Ausnahme des Ruhezustandes. Wir zeigen dies jetzt (W. S. Sorokin, 1954).

Für endliche Störungen müssen die Bewegungsgleichungen in der Form

$$\frac{\partial \boldsymbol{v}}{\partial t} = -\nabla w + \triangle \boldsymbol{v} + \mathrm{Ra}\, \tau \boldsymbol{n} - (\boldsymbol{v}\nabla)\, \boldsymbol{v}\,, \qquad \mathrm{Pr}\frac{\partial \tau}{\partial t} = \triangle \tau + v_z - \mathrm{Pr}\, \boldsymbol{v}\nabla\tau \tag{57,10}$$

geschrieben werden, die sich von (57,2), (57,3) um die nichtlinearen Glieder unterscheiden. Wir führen mit diesen Gleichungen genau dieselben Operationen durch, die oben mit den Gleichungen (57,2), (57,3) bei der Ableitung der Beziehungen (57,6) und (57,7) ausgeführt worden sind. Wegen der Gleichung $\operatorname{div} \boldsymbol{v} = 0$ reduzieren sich die nichtlinearen Glieder auf vollständige Divergenzen,

$$\boldsymbol{v}(\boldsymbol{v}\nabla)\, \boldsymbol{v} = \operatorname{div}\left(\frac{v^2}{2}\,\boldsymbol{v}\right), \qquad \tau(\boldsymbol{v}\nabla)\,\tau = \operatorname{div}\left(\frac{\tau^2}{2}\,\boldsymbol{v}\right),$$

die bei der Integration wegfallen. Wir erhalten deshalb als Ergebnis die Beziehung

$$\frac{1}{2}\frac{\mathrm{d}N}{\mathrm{d}t} = -J\,,$$

die sich von der Gleichung $\gamma N = -J$ (57,7) nur insofern unterscheidet, als an Stelle des Produktes γN jetzt die Zeitableitung steht. Auf Grund des oben formulierten Variationsprinzips gilt für beliebige Funktionen $\boldsymbol{v}$ und τ die Ungleichung $-J \leqq \gamma_1 N$. Deshalb

[1]) Wenn wir von Störungen endlicher Intensität sprechen, so haben wir hier Störungen im Auge, für die in den Gleichungen (56,4) und (56,5) die nichtlinearen Glieder nicht vernachlässigt werden dürfen, die aber gleichzeitig noch die Bedingungen erfüllen, die oben bei der Ableitung dieser Gleichungen gestellt worden sind.

haben wir

$$\frac{dN(t)}{dt} \leqq 2\gamma_1 N(t),$$

und hieraus

$$N(t) \leqq N(0)\,e^{2\gamma_1 t}. \tag{57,11}$$

Aber im unterkritischen Bereich ($\mathrm{Ra} < \mathrm{Ra}_{kr}$) sind alle durch die lineare Theorie erhaltenen Inkremente, darunter auch das größte von ihnen (γ_1), negativ. Deshalb folgt aus (57,11), daß $N(t) \to 0$ geht für $t \to \infty$, und da der Integrand im Ausdruck für N positiv definit ist, streben auch die Funktionen $\boldsymbol{v}$ und τ selbst gegen Null.

Wir kommen jetzt zur Frage der Berechnung von Ra_{kr}. Da alle Eigenwerte $i\omega$ reell sind, bedeutet die Gleichung $\gamma = 0$ für $\mathrm{Ra} = \mathrm{Ra}_{kr}$, daß auch $\omega = 0$ gilt. Der Wert Ra_{kr} wird damit bestimmt als der kleinste Eigenwert des Parameters Ra im Gleichungssystem

$$\begin{gathered} \triangle \boldsymbol{v} - \nabla w + \mathrm{Ra}\,\tau \boldsymbol{n} = 0, \\ \triangle \tau = -v_z, \qquad \operatorname{div} \boldsymbol{v} = 0 \end{gathered} \tag{57,12}$$

(dieses Problem erlaubt auch eine Variationsformulierung, s. Aufgabe 2). Wir machen darauf aufmerksam, daß weder die Gleichungen (57,12) selbst, noch die zu ihnen gehörenden Randbedingungen die Zahl Pr enthalten. Deshalb hängt die durch sie bestimmte kritische Rayleigh-Zahl bei gegebener Konfiguration der Flüssigkeit und der festen Wände nicht von der Substanz der Flüssigkeit ab.

Am einfachsten und gleichzeitig theoretisch am wichtigsten ist das Problem der Stabilität einer Flüssigkeitsschicht zwischen zwei unbegrenzten horizontalen Ebenen, von denen die obere auf einer niedrigeren Temperatur gehalten wird als die untere.[1])

Für diese Aufgabe ist es zweckmäßig, das System (57,12) in eine Gleichung zu überführen.[2]) Wir wenden auf die erste Gleichung die Operation $\operatorname{rot}\operatorname{rot} = \nabla \operatorname{div} - \triangle$ an, nehmen dann ihre z-Komponente und erhalten unter Verwendung der beiden anderen Gleichungen

$$\triangle^3 \tau = \mathrm{Ra}\,\triangle^2 \tau \tag{57,13}$$

(wo $\triangle_2 = \partial^2/\partial x^2 + \partial^2/\partial y^2$ der zweidimensionale Laplacesche Operator ist). Die Randbedingungen auf den beiden Ebenen sind

$$\tau = 0, \qquad v_z = 0, \qquad \frac{\partial v_z}{\partial z} = 0 \quad \text{für} \quad z = 0, 1$$

(die letzte ist wegen der Kontinuitätsgleichung äquivalent zu den Bedingungen $v_x = v_y = 0$ für alle x, y). Auf Grund der zweiten der Gleichungen (57,12) kann man die Bedingungen für v_z durch Bedingungen für die höheren Ableitungen von τ ersetzen:

$$\frac{\partial^2 \tau}{\partial z^2} = 0, \qquad \frac{\partial^3 \tau}{\partial z^3} - k^2 \frac{\partial \tau}{\partial z} = 0.$$

---

[1]) Zuerst experimentell untersucht von H. Bénard (1900) (*Bénard-Instabilität*) und theoretisch betrachtet von Rayleigh (1916).

[2]) Die Realität von $i\omega$ für diese Aufgabe wurde von A. Pellew und R. V. Southwell (1940) bewiesen.

Wir setzen τ in der Form

$$\tau = f(z)\,\varphi(x, y)\,, \qquad \varphi = \mathrm{e}^{\mathrm{i}\boldsymbol{kr}} \tag{57,14}$$

an (wo $\boldsymbol{k}$ ein Vektor in der xy-Ebene ist) und erhalten für $f(z)$ die Gleichung

$$\left(\frac{\mathrm{d}^2}{\mathrm{d}z^2} - k^2\right)^3 f + \mathrm{Ra}\,k^2 f = 0\,.$$

Die allgemeine Lösung dieser Gleichung ist eine Linearkombination der Funktionen $\cosh \mu z$ und $\sinh \mu z$, wobei

$$\mu^2 = k^2 - \mathrm{Ra}^{1/3} k^{2/3} \sqrt[3]{1}$$

ist mit den drei verschiedenen Werten der Wurzel. Die Koeffizienten dieser Kombination werden durch die Randbedingungen bestimmt; dies führt auf ein System algebraischer Gleichungen, deren Lösbarkeitsbedingung eine transzendente Gleichung gibt, deren Wurzeln die Abhängigkeit $k = k_n(\mathrm{Ra})$, $n = 1, 2, \ldots$, bestimmen. Die Umkehrfunktionen $\mathrm{Ra} = \mathrm{Ra}_n(k)$ haben Minima bei bestimmten Werten von k; das kleinste dieser Minima gibt auch den Wert $\mathrm{Ra}_{\mathrm{kr}}$.[1]) Er ist gleich 1708, wobei der zugehörige Wert für die Wellenzahl $k_{\mathrm{kr}} = 3{,}12$ ist in Einheiten $1/h$ (H. Jeffreys, 1908).

Eine horizontale Flüssigkeitsschicht der Dicke h mit einem nach unten gerichteten Temperaturgradienten A wird also instabil bei[2])

$$\frac{g\beta A h^3}{\nu\chi} > 1708\,. \tag{57,15}$$

Für $\mathrm{Ra} > \mathrm{Ra}_{\mathrm{kr}}$ entsteht in der Flüssigkeit eine stationäre Konvektionsströmung, die in der xy-Ebene periodisch ist. Der gesamte Raum zwischen den Ebenen wird in aneinanderliegende gleiche Zellen aufgeteilt; in jeder dieser Zellen bewegt sich die Flüssigkeit auf geschlossenen Trajektorien, die nicht von einer Zelle in die andere übergehen. Die Ränder dieser Zellen bilden auf den begrenzenden Ebenen ein gewisses Gitter. Der Wert k_{kr} bestimmt die Periodizität, aber nicht die Symmetrie dieses Gitters; die linearisierten Bewegungsgleichungen jedoch erlauben in (57,14) eine beliebige Funktion $\varphi(x, y)$, die die Gleichung $(\triangle_2 - k^2)\cdot\varphi = 0$ erfüllt. Die Beseitigung dieser Nichteindeutigkeit ist im Rahmen der linearen Theorie nicht möglich. Dem Anschein nach muß eine „zweidimensionale“ Struktur

[1]) Detaillierte Rechnungen kann man finden in dem Buch von G. Z. Gerschuni und Je. M. Shuchowizki (Г. З. Гершуни, Е. М. Жуховицкий), Konvektive Stabilität der inkompressiblen Flüssigkeit (Конвективная устойчивость несжимаемой жидкости). Nauka 1972, und auch in den auf S. 128 angegebenen Büchern von S. Chandrasekhar und P. G. Drazin, H. W. Reid.

[2]) Bei gegebenem Wert von A wird diese Bedingung in jedem Falle durch hinreichend großes h erfüllt. Zur Vermeidung von Mißverständnissen sei daran erinnert, daß hier nur von solchen Höhen die Rede ist, für die die Änderung der Dichte der Flüssigkeit unter dem Einfluß des Schwerkraftfeldes unwesentlich ist. Deshalb ist dieses Kriterium nicht anwendbar auf hohe Flüssigkeitssäulen. In einem solchen Fall hat man das in § 4 erhaltene Kriterium anzuwenden, aus dem ersichtlich ist, daß die Konvektion für eine beliebig hohe Säule fehlen kann, wenn der Temperaturgradient nicht sehr groß ist.

der Strömung zustande kommen, bei der es in der xy-Ebene nur eine eindimensionale Periodizität gibt, ein System paralleler Streifen. [1])

Aufgaben

1. Man bestimme die kritische Rayleigh-Zahl für das Auftreten der Konvektion in einer Flüssigkeit in einem vertikalen zylindrischen Rohr, wenn in Achsenrichtung ein konstanter Temperaturgradient aufrechterhalten wird; die Wände des Rohres seien a) ideal wärmeleitend oder b) wärmeisolierend (G. A. Ostroumow, 1946).

Lösung. Wir suchen eine Lösung der Gleichungen (57,2) bis (57,4), bei der die konvektive Geschwindigkeit $\mathbf{v}$ überall die Richtung der Rohrachse (z-Achse) hat und das ganze Strömungsbild längs dieser Achse konstant ist, d. h., die Größen $v_z = v$, τ, $\partial w/\partial z$ hängen nur von den Koordinaten im Querschnitt des Rohres ab. [2]) Die Gleichungen erhalten die Form

$$\frac{\partial w}{\partial x} = \frac{\partial w}{\partial y} = 0\,, \qquad \triangle_2 v = -\mathrm{Ra}\,\tau + \frac{\partial w}{\partial z}\,, \qquad \triangle_2 \tau = v$$

($\mathrm{Ra} = g\beta A R^4/\chi\nu$, R ist der Radius des Rohres). Aus den ersten beiden Gleichungen folgt $\partial w/\partial z = \mathrm{const}$, und durch Elimination von τ aus den verbleibenden Gleichungen erhalten wir

$$\triangle_2^2 v = \mathrm{Ra}\, v\,.$$

Auf den Wänden des Rohres ($r = 1$) müssen die Bedingung $v = 0$ und die Bedingung $\tau = 0$ (im Fall a) oder $\partial\tau/\partial r = 0$ (im Fall b) erfüllt sein. Außerdem muß der gesamte Flüssigkeitsstrom durch einen Querschnitt des Rohres gleich Null sein.

Die Gleichung hat Lösungen der Form

$$\cos n\varphi \cdot J_n(kr)\,, \qquad \cos n\varphi \cdot I_n(kr)\,,$$

wobei J_n, I_n die Bessel-Funktionen mit reellem und imaginärem Argument sind und $k^4 = \mathrm{Ra}$; r und φ sind Polarkoordinaten in der Ebene des Rohrquerschnittes. Dem Eintreten der Konvektion entspricht die Lösung, die zum kleinsten Wert von Ra gehört. Es zeigt sich, daß dies die Lösung mit $n = 1$ ist:

$$v = v_0 \cos\varphi [J_1(kr)\, I_1(k) - I_1(kr)\, J_1(k)]\,,$$

$$\tau = \frac{v_0}{\mathrm{Ra}^{1/2}} \cos\varphi [J_1(kr)\, I_1(k) + I_1(kr)\, J_1(k)]$$

(wobei der Gradient $\partial w/\partial z = 0$ ist). Die durch diese Formeln beschriebene Strömung ist antisymmetrisch in bezug auf eine vertikale durch die Rohrachse gehende Ebene; der Hohlraum wird in zwei Teile geteilt, in dem einen sinkt die Flüssigkeit herab, im anderen Teil steigt sie auf. Die aufgeschriebene Lösung befriedigt die Bedingung $v = 0$ bei $r = 1$. Im Fall a) führt die Bedingung $\tau = 0$ auf die Gleichung

---

[1]) Die theoretischen Hinweise bestehen darin, daß sich im überkritischen Gebiet nahe $\mathrm{Ra}_{\mathrm{kr}}$ nur diese Struktur als stabil gegenüber kleinen Störungen erweist; „dreidimensionale" prismatische Strukturen erweisen sich als instabil. Die experimentellen Ergebnisse hängen wesentlich von den Versuchsbedingungen ab (darunter von der Form und den Abmessungen der seitlichen Gefäßwände) und sind nicht eindeutig. Die in einer Reihe von Fällen beobachtete hexagonale Struktur hängt allem Anschein nach mit dem Einfluß der Oberflächenspannung auf der oberen freien Oberfläche und mit der Temperaturabhängigkeit der Zähigkeit zusammen (in der dargelegten Theorie wurde die Zähigkeit ν natürlich als konstant betrachtet).

[2]) Die Gleichungen haben auch solche Lösungen, die längs der z-Achse periodisch sind, einen Faktor $\exp(ikz)$ enthalten. Sie alle führen jedoch zu höheren Werten von $\mathrm{Ra}_{\mathrm{kr}}$. Wir machen darauf aufmerksam, daß die betrachtete Lösung mit $k = 0$ auch den exakten (nicht linearisierten) Gleichungen (57,10) genügt, da die nichtlinearen Glieder $(\mathbf{v}\nabla)\,\mathbf{v}$ und $\mathbf{v}\nabla\tau$ dann identisch gleich Null sind.

$J_1(k) = 0$; ihre kleinste Wurzel gibt die kritische Zahl $\mathrm{Ra}_{\mathrm{kr}} = k^4 = 216$. Im Fall b) führt die Bedingung $\partial\tau/\partial r = 0$ auf die Gleichung

$$\frac{J_0(k)}{J_1(k)} + \frac{I_0(k)}{I_1(k)} = \frac{2}{k}.$$

Die kleinste Wurzel dieser Gleichung gibt $\mathrm{Ra}_{\mathrm{kr}} = 68$.

2. Man formuliere das Variationsprinzip für das durch die Gleichungen (57,12) bestimmte Eigenwertproblem für Ra.

Lösung. Wir geben den Gleichungen (57,12) durch Einführung einer neuen Funktion $\tilde{\tau} = \sqrt{\mathrm{Ra}}\,\tau$ an Stelle von τ eine symmetrischere Form, d. h. ändern erneut die Maßeinheit der Temperatur. Dann haben wir

$$\sqrt{\mathrm{Ra}}\,\tilde{\tau}\boldsymbol{n} = \nabla w - \triangle \boldsymbol{v}, \qquad \sqrt{\mathrm{Ra}}\,v_z = -\triangle\tilde{\tau}, \qquad \operatorname{div} \boldsymbol{v} = 0.$$

Wir gehen weiter wie bei der Ableitung von (57,7) vor und erhalten $\sqrt{\mathrm{Ra}} = J/N$, wobei

$$J = \tfrac{1}{2}\int [(\operatorname{rot} \boldsymbol{v})^2 + (\nabla\tilde{\tau})^2]\,\mathrm{d}V, \qquad N = \int v_z\tilde{\tau}\,\mathrm{d}V$$

(das Integral N ist positiv, wovon man sich leicht überzeugt, indem man es auf die Form $\mathrm{Ra}^{-1/2}\int(\nabla\tilde{\tau})^2\,\mathrm{d}V$ bringt). Das Variationsprinzip wird dann formuliert als Forderung nach einem Extremum von J unter den Nebenbedingungen $\operatorname{div} \boldsymbol{v} = 0$ und $N = 1$. Der kleinste Wert von J bestimmt den kleinsten Eigenwert $\sqrt{\mathrm{Ra}}$.

VI DIFFUSION

§ 58. Die hydrodynamischen Gleichungen für ein Gemisch von Flüssigkeiten

In der gesamten bisherigen Darstellung ist angenommen worden, daß die Zusammensetzung der Flüssigkeit vollkommen homogen ist. Für ein Gemisch von Flüssigkeiten oder Gasen, dessen Zusammensetzung sich von Ort zu Ort ändert, werden die Gleichungen der Hydrodynamik wesentlich abgeändert.

Wir beschränken uns hier auf die Behandlung von Gemischen aus nur zwei Komponenten. Die Zusammensetzung eines Gemisches beschreiben wir durch die Konzentration c, die als das Verhältnis der Masse einer Substanz des Gemisches zur Gesamtmasse der Flüssigkeit in dem betreffenden Volumenelement definiert ist.

Im Laufe der Zeit wird sich die Verteilung der Konzentration in der Flüssigkeit im allgemeinen ändern. Die Konzentrationsänderung erfolgt auf zwei Wegen. Erstens bewegt sich bei einer makroskopischen Strömung der Flüssigkeit jedes Teilvolumen als Ganzes mit unveränderter Zusammensetzung. Auf diese Weise wird die Flüssigkeit rein mechanisch durchmischt. Obwohl sich die Zusammensetzung der bewegten Teilvolumina der Flüssigkeit nicht ändert, ändert sich aber die Konzentration der Flüssigkeit an einem festen Raumpunkt zeitlich. Sieht man von den gleichzeitig möglichen Prozessen der Wärmeleitung und der inneren Reibung ab, dann ist eine solche Konzentrationsänderung thermodynamisch ein reversibler Prozeß und bewirkt keine Energiedissipation.

Zweitens kann sich die Zusammensetzung durch molekularen Massentransport aus einem Teilvolumen der Flüssigkeit in ein anderes ändern. Der Konzentrationsausgleich infolge dieser direkten Änderung der Zusammensetzung eines jeden Teilvolumens der Flüssigkeit wird als *Diffusion* bezeichnet. Die Diffusion ist ein irreversibler Vorgang. Zusammen mit der Wärmeleitung und der Zähigkeit ist sie eine der Ursachen für die Energiedissipation in einem Flüssigkeitsgemisch.

Mit ϱ bezeichnen wir die Gesamtdichte der Flüssigkeit. Die Kontinuitätsgleichung für die gesamte Masse der Flüssigkeit behält ihre frühere Gestalt:

$$\frac{\partial \varrho}{\partial t} + \operatorname{div}(\varrho \boldsymbol{v}) = 0 . \tag{58,1}$$

Sie besagt, daß sich die Gesamtmasse der Flüssigkeit in einem gewissen Volumen nur ändern kann, indem Flüssigkeit aus diesem Volumen herausfließt oder in das Volumen hineinfließt. Es muß hervorgehoben werden, daß streng genommen der Begriff der Geschwindigkeit für ein Flüssigkeitsgemisch neu definiert werden muß. Indem wir die Kontinuitätsgleichung in der Form (58,1) aufschreiben, haben wir die Geschwindigkeit in Übereinstimmung mit der früheren Definition als Gesamtimpuls der Flüssigkeit pro Masseneinheit definiert.

Auch die Navier-Stokessche Gleichung (15,5) ändert sich nicht. Wir wollen jetzt die übrigen hydrodynamischen Gleichungen für Flüssigkeitsgemische aufstellen.

Wenn keine Diffusion vorhanden wäre, würde die Zusammensetzung eines Flüssigkeitselementes bei seiner Bewegung unverändert bleiben. Das bedeutet, daß dann die totale Ableitung $\mathrm{d}c/\mathrm{d}t$ gleich Null wäre, d. h., es würde

$$\frac{\mathrm{d}c}{\mathrm{d}t} = \frac{\partial c}{\partial t} + \boldsymbol{v}\nabla c = 0$$

gelten. Diese Gleichung kann man unter Verwendung von (58,1) umformen in

$$\frac{\partial(\varrho c)}{\partial t} + \operatorname{div}(\varrho c \boldsymbol{v}) = 0\,,$$

d. h. in eine Kontinuitätsgleichung für eine der Substanzen des Gemisches (ϱc ist die Masse einer Substanz des Gemisches pro Volumeneinheit). In Integralform

$$\frac{\partial}{\partial t}\int \varrho c \,\mathrm{d}V = -\oint \varrho c \boldsymbol{v}\,\mathrm{d}\boldsymbol{f}$$

besagt diese Gleichung, daß die Änderung der Menge dieser Substanz in einem gewissen Volumen gleich der Menge dieser Substanz ist, die von der strömenden Flüssigkeit durch die Oberfläche des Volumens transportiert wird.

Infolge der Diffusion gibt es neben dem Strom $\varrho c \boldsymbol{v}$ der betreffenden Substanz zusammen mit der ganzen Flüssigkeit noch einen anderen Strom, der in dem Gemisch auch dann einen Stofftransport bewirkt, wenn die Flüssigkeit ruht. $\boldsymbol{i}$ sei die Dichte dieses Diffusionsstromes, d. h. die Menge der betrachteten Substanz, die durch die Diffusion pro Zeiteinheit durch eine Flächeneinheit transportiert wird.[1]) Die Menge dieser Substanz in einem gewissen Volumen ändert sich dann um

$$\frac{\partial}{\partial t}\int \varrho c \,\mathrm{d}V = -\oint \varrho c \boldsymbol{v}\,\mathrm{d}\boldsymbol{f} - \oint \boldsymbol{i}\,\mathrm{d}\boldsymbol{f}$$

oder, in differentieller Form,

$$\frac{\partial(\varrho c)}{\partial t} = -\operatorname{div}(\varrho c \boldsymbol{v}) - \operatorname{div}\boldsymbol{i}\,. \tag{58,2}$$

Mit Hilfe von (58,1) kann man diese Kontinuitätsgleichung für eine Substanz des Gemisches umformen:

$$\varrho\left(\frac{\partial c}{\partial t} + \boldsymbol{v}\nabla c\right) = -\operatorname{div}\boldsymbol{i}\,. \tag{58,3}$$

Um noch eine weitere Gleichung herzuleiten, wiederholen wir die Rechnungen von § 49 und beachten, daß die thermodynamischen Größen der Flüssigkeit jetzt auch von der Konzentration abhängen.

[1]) Die Summe der Stromdichten der beiden Substanzen muß $\varrho \boldsymbol{v}$ sein. Falls daher die eine $\varrho \boldsymbol{v} c + \boldsymbol{i}$ ist, muß die andere $\varrho \boldsymbol{v}(1 - c) - \boldsymbol{i}$ sein.

Bei der Berechnung (in § 49) der Ableitung

$$\frac{\partial}{\partial t}\left(\frac{\varrho v^2}{2} + \varrho\varepsilon\right)$$

mit Hilfe der Bewegungsgleichungen mußten wir insbesondere die Glieder $\varrho\, \partial\varepsilon/\partial t$ und $-\boldsymbol{v}\nabla p$ umformen. Diese Umformung ändert sich jetzt, weil die thermodynamischen Identitäten für die Energie und die Enthalpie einen zusätzlichen Term mit dem Differential der Konzentration enthalten:

$$\mathrm{d}\varepsilon = T\,\mathrm{d}s + \frac{p}{\varrho^2}\,\mathrm{d}\varrho + \mu\,\mathrm{d}c\,,$$

$$\mathrm{d}w = T\,\mathrm{d}s + \frac{1}{\varrho}\,\mathrm{d}p + \mu\,\mathrm{d}c\,;$$

μ ist das in geeigneter Weise definierte chemische Potential des Gemisches.[1] Infolgedessen kommt jetzt in der Ableitung $\varrho\,(\partial\varepsilon/\partial t)$ der Zusatzterm $\varrho\mu\,(\partial c/\partial t)$ vor. Die zweite der thermodynamischen Beziehungen schreiben wir in der Form

$$\mathrm{d}p = \varrho\,\delta w - \varrho T\,\mathrm{d}s - \varrho\mu\,\mathrm{d}c$$

und sehen, daß zu dem Glied $-\boldsymbol{v}\nabla p$ der Zusatzterm $\varrho\mu\boldsymbol{v}\nabla c$ hinzukommt.

Zum Ausdruck (49,3) muß man also

$$\varrho\mu\left(\frac{\partial c}{\partial t} + \boldsymbol{v}\nabla c\right)$$

---

[1]) Aus der Thermodynamik ist bekannt (s. V, § 85), daß für ein Gemisch aus zwei Substanzen

$$\mathrm{d}\varepsilon = T\,\mathrm{d}s - p\,\mathrm{d}V + \mu_1\,\mathrm{d}n_1 + \mu_2\,\mathrm{d}n_2$$

gilt; n_1 und n_2 sind die Teilchenzahlen der beiden Substanzen in 1 kg des Gemisches, μ_1 und μ_2 sind die chemischen Potentiale dieser Substanzen. Die Zahlen n_1 und n_2 genügen der Beziehung $n_1 m_1 + n_2 m_2 = 1$, wenn m_1 und m_2 die Massen der beiden verschiedenartigen Teilchen sind. Führen wir die Konzentration $c = n_1 m_1$ als Variable ein, so erhalten wir

$$\mathrm{d}\varepsilon = T\,\mathrm{d}s - p\,\mathrm{d}V + \left(\frac{\mu_1}{m_1} - \frac{\mu_2}{m_2}\right)\mathrm{d}c\,.$$

Aus dem Vergleich mit der im Text angegebenen Beziehung erkennen wir, daß das von uns verwendete chemische Potential μ mit den üblichen Potentialen μ_1 und μ_2 über die Beziehung

$$\mu = \frac{\mu_1}{m_1} - \frac{\mu_2}{m_2}$$

zusammenhängt.

addieren. Nach der Gleichung (58,3) kann man dies in der Form $-\mu\, div\, \boldsymbol{i}$ schreiben, und es ergibt sich

$$\frac{\partial}{\partial t}\left(\frac{\varrho v^2}{2} + \varrho\varepsilon\right) = -\operatorname{div}\left[\varrho \boldsymbol{v}\left(\frac{v^2}{2} + w\right) - (\boldsymbol{v}\sigma') + \boldsymbol{q}\right] + \varrho T\left(\frac{\partial s}{\partial t} + \boldsymbol{v}\nabla s\right)$$
$$-\sigma'_{ik}\frac{\partial v_i}{\partial x_k} + \operatorname{div}\boldsymbol{q} - \mu\operatorname{div}\boldsymbol{i}. \qquad (58,4)$$

An Stelle von $-\varkappa\nabla T$ haben wir jetzt einen Wärmestrom $\boldsymbol{q}$ hingeschrieben, der nicht nur vom Temperaturgradienten, sondern auch vom Konzentrationsgradienten abhängen kann (siehe den folgenden Paragraphen). Die Summe der beiden letzten Glieder auf der rechten Seite der Gleichung formen wir um in

$$\operatorname{div}\boldsymbol{q} - \mu\operatorname{div}\boldsymbol{i} = \operatorname{div}(\boldsymbol{q} - \mu\boldsymbol{i}) + \boldsymbol{i}\nabla\mu.$$

Der Ausdruck

$$\varrho\boldsymbol{v}\left(\frac{v^2}{2} + w\right) - (\boldsymbol{v}\sigma') + \boldsymbol{q},$$

von dem in (58,4) die Divergenz gebildet wird, ist auf Grund der Definition von $\boldsymbol{q}$ der gesamte Energiestrom in der Flüssigkeit. Der erste Term ist der reversible Energiestrom, der einfach mit der Bewegung der Flüssigkeit als Ganzes zusammenhängt; die Summe $-(\boldsymbol{v}\sigma') + \boldsymbol{q}$ stellt den irreversiblen Strom dar. Ist keine makroskopische Strömung vorhanden, dann fehlt der zur Zähigkeit gehörende Strom $(\boldsymbol{v}\sigma')$, und der irreversible Strom ist einfach gleich dem Wärmestrom $\boldsymbol{q}$.

Der Energieerhaltungssatz lautet

$$\frac{\partial}{\partial t}\left(\frac{\varrho v^2}{2} + \varrho\varepsilon\right) = -\operatorname{div}\left[\varrho\boldsymbol{v}\left(\frac{v^2}{2} + w\right) - (\boldsymbol{v}\sigma') + \boldsymbol{q}\right]. \qquad (58,5)$$

Subtrahieren wir ihn gliedweise von (58,4), so erhalten wir die gesuchte Gleichung

$$\varrho T\left(\frac{\partial s}{\partial t} + \boldsymbol{v}\nabla s\right) = \sigma'_{ik}\frac{\partial v_i}{\partial x_k} - \operatorname{div}(\boldsymbol{q} - \mu\boldsymbol{i}) - \boldsymbol{i}\nabla\mu, \qquad (58,6)$$

die eine Verallgemeinerung der früher abgeleiteten Gleichung (49,4) ist.

Wir haben damit das vollständige Gleichungssystem der Hydrodynamik für ein Gemisch von Flüssigkeiten gewonnen. In diesem System gibt es eine Gleichung mehr als für eine reine Flüssigkeit, weil es eine weitere unbekannte Funktion, die Konzentration, gibt. Diese Gleichungen sind: die Kontinuitätsgleichung (58,1), die Navier-Stokessche Gleichung, die Kontinuitätsgleichung (58,2) für eine der Komponenten des Gemisches und die Gleichung (58,6) für die Entropieänderung. Man muß aber bemerken, daß die Gleichungen (58,2) und (58,6) zunächst im wesentlichen nur die Form der entsprechenden hydrodynamischen Gleichungen angeben, da sie die unbestimmten Ströme $\boldsymbol{i}$ und $\boldsymbol{q}$ enthalten. Diese Gleichungen erhalten erst dann einen genau definierten Sinn, wenn man $\boldsymbol{i}$ und $\boldsymbol{q}$ durch die Temperatur- und Konzentrationsgradienten ausdrückt; die entsprechenden Formeln werden in § 59 hergeleitet.

Eine ganz ähnliche Rechnung wie in § 49 (unter Verwendung von (58,6) anstelle von (49,4)) ergibt für die gesamte Entropieänderung der Flüssigkeit:

$$\frac{\partial}{\partial t}\int \varrho s \,\mathrm{d}V = -\int \frac{(\boldsymbol{q} - \mu \boldsymbol{i})\,\nabla T}{T^2}\,\mathrm{d}V - \int \frac{\boldsymbol{i}\nabla\mu}{T}\,\mathrm{d}V + \dots \tag{57,7}$$

(die mit der Zähigkeit zusammenhängenden Glieder schreiben wir der Kürze halber nicht mit auf).

§ 59. Diffusions- und Thermodiffusionskoeffizienten

Der Diffusionsstrom $\boldsymbol{i}$ und der Wärmestrom $\boldsymbol{q}$ werden durch die in der Flüssigkeit vorhandenen Konzentrations- und Temperaturgradienten verursacht. Man darf dabei aber nicht annehmen, daß $\boldsymbol{i}$ nur vom Konzentrationsgradienten und $\boldsymbol{q}$ nur vom Temperaturgradienten abhängt. Im Gegenteil, beide Ströme hängen im allgemeinen von beiden Gradienten ab.

Sind die Temperatur- und Konzentrationsgradienten klein, dann kann man $\boldsymbol{i}$ und $\boldsymbol{q}$ als lineare Funktionen von $\nabla\mu$ und ∇T ansetzen (die Ströme $\boldsymbol{q}$ und $\boldsymbol{i}$ hängen bei gegebenen $\nabla\mu$ und ∇T aus dem gleichen Grunde nicht vom Druckgradienten ab, der schon in § 49 für $\boldsymbol{q}$ angegeben wurde). Dementsprechend schreiben wir für $\boldsymbol{i}$ und $\boldsymbol{q}$

$$\boldsymbol{i} = -\alpha\nabla\mu - \beta\nabla T\,,$$

$$\boldsymbol{q} = -\delta\nabla\mu - \gamma\nabla T + \mu\boldsymbol{i}\,.$$

Zwischen den Koeffizienten β und δ besteht eine einfache Beziehung, die eine Folge des Symmetrieprinzips für die kinetischen Koeffizienten ist. Dieses allgemeine Prinzip besagt folgendes (s. V, § 120). Wir betrachten irgendein abgeschlossenes System, und $x_1, x_2, \dots$ seien gewisse Größen zur Angabe des Zustandes des Systems. Ihre Gleichgewichtswerte werden aus der Forderung bestimmt, daß die Entropie S des Gesamtsystems im statistischen Gleichgewicht ein Maximum haben muß, d. h., es muß $X_a = 0$ gelten, wenn X_a die Ableitungen

$$X_a = -\frac{\partial S}{\partial x_a} \tag{59,1}$$

bezeichnen. Wir setzen voraus, daß sich das System in einem Zustand befindet, der dem Gleichgewicht nahe liegt. Alle x_a werden sich dann nur wenig von ihren Gleichgewichtswerten unterscheiden, und die Größen X_a sind klein. In dem System werden Prozesse ablaufen, die bestrebt sind, das System in den Gleichgewichtszustand zu bringen. Die Größen x_a sind dabei Funktionen der Zeit und die Geschwindigkeit ihrer Änderungen wird durch die Zeitableitungen $\dot{x}_a$ gegeben. Wir stellen die letzteren als Funktionen der X_a dar und entwickeln diese Funktionen in eine Reihe. Bis zu Gliedern erster Ordnung haben wir

$$\dot{x}_a = -\sum_b \gamma_{ab} X_b\,. \tag{59,2}$$

Das Onsagersche Symmetrieprinzip für die kinetischen Koeffizienten besagt, daß die Größen γ_{ab} (die sogenannten *kinetischen Koeffizienten*) in den Indizes a und b symmetrisch sind:

$$\gamma_{ab} = \gamma_{ba}\,. \tag{59,3}$$

Die Geschwindigkeit der Entropieänderung ist

$$\dot{S} = -\sum_a X_a \dot{x}_a .$$

Es seien jetzt die Größen x_a für verschiedene Punkte des Körpers verschieden, d. h., jedes Volumenelement des Körpers muß durch seine eigenen Werte der Größen x_a charakterisiert werden. Mit anderen Worten, wir fassen die x_a als Ortsfunktionen auf. In dem Ausdruck für S muß man dann nicht nur über a summieren, sondern auch über das ganze Volumen des Körpers integrieren; d. h.

$$\dot{S} = -\int \sum_a X_a \dot{x}_a \, \mathrm{d}V . \tag{59,4}$$

Über den Zusammenhang zwischen X_a und $\dot{x}_a$ kann man normalerweise sagen, daß die Werte von $\dot{x}_a$ in einem gegebenen Punkt des Systems nur von den Werten der Größen X_a in demselben Punkt abhängen. Ist diese Bedingung erfüllt, dann kann man den Zusammenhang zwischen $\dot{x}_a$ und X_a für jeden Punkt in dem System aufschreiben, und wir kommen zu den früheren Beziehungen zurück.

In unserem Falle wählen wir als Größen $\dot{x}_a$ die Komponenten der Vektoren $\boldsymbol{i}$ und $\boldsymbol{q} - \mu\boldsymbol{i}$. Aus dem Vergleich von (58,7) und (59,4) erkennt man dann, daß die Komponenten der Vektoren $\frac{1}{T}\nabla\mu$ und $\frac{1}{T^2}\nabla T$ die Rolle der Größen X_a spielen. Die kinetischen Koeffizienten γ_{ab} sind die Koeffizienten dieser Vektoren in den Gleichungen

$$\boldsymbol{i} = -\alpha T\left(\frac{\nabla\mu}{T}\right) - \beta T^2\left(\frac{\nabla T}{T^2}\right),$$

$$\boldsymbol{q} - \mu\boldsymbol{i} = -\delta T\left(\frac{\nabla\mu}{T}\right) - \gamma T^2\left(\frac{\nabla T}{T^2}\right).$$

Wegen der Symmetrie der kinetischen Koeffizienten muß $\beta T^2 = \delta T$ sein, d. h.

$$\delta = \beta T .$$

Das ist die gesuchte Beziehung. Wir können daher die Ströme $\boldsymbol{i}$ und $\boldsymbol{q}$ in der Gestalt

$$\left.\begin{aligned} \boldsymbol{i} &= -\alpha\nabla\mu - \beta\nabla T , \\ \boldsymbol{q} &= -\beta T\nabla\mu - \gamma\nabla T + \mu\boldsymbol{i} \end{aligned}\right\} \tag{59,5}$$

mit insgesamt drei unabhängigen Koeffizienten α, β und γ schreiben. Es ist zweckmäßig, den Gradienten $\nabla\mu$ aus dem Ausdruck für den Wärmestrom zu eliminieren und ihn durch $\boldsymbol{i}$ und ∇T auszudrücken. Wir erhalten

$$\begin{aligned} \boldsymbol{i} &= -\alpha\nabla\mu - \beta\nabla T , \\ \boldsymbol{q} &= \left(\mu + \frac{\beta T}{\alpha}\right)\boldsymbol{i} - \varkappa\nabla T \end{aligned} \tag{59,6}$$

mit der Bezeichnung

$$\varkappa = \gamma - \frac{\beta^2 T}{\alpha} . \tag{59,7}$$

Ist der Massenstrom $\boldsymbol{i}$ nicht vorhanden, so spricht man von reiner Wärmeleitung. Damit $\boldsymbol{i} = 0$ ist, müssen T und μ die Gleichung $\alpha\nabla\mu + \beta\nabla T = 0$ erfüllen, oder

$$\alpha \, \mathrm{d}\mu + \beta \, \mathrm{d}T = 0 .$$

Die Integration dieser Gleichung ergibt eine Beziehung der Art $f(c, T) = 0$, die die Koordinaten nicht explizit enthält (das chemische Potential hängt nicht nur von c und T, sondern auch vom Druck ab; im Gleichgewicht ist aber der Druck im ganzen Körper konstant, und wir setzen daher $p = \text{const}$). Diese Beziehung gibt den Zusammenhang zwischen der Konzentration und der Temperatur an, der für das Fehlen eines Massenstromes notwendig ist. Weiterhin erhalten wir für $\boldsymbol{i} = 0$ aus (59,7) $\boldsymbol{q} = -\varkappa\nabla T$; $\varkappa$ ist also nichts anderes als die Wärmeleitfähigkeit.

Wir gehen jetzt zu den üblichen Variablen p, T und c über und haben

$$\nabla\mu = \left(\frac{\partial\mu}{\partial c}\right)_{p,T} \nabla c + \left(\frac{\partial\mu}{\partial T}\right)_{c,p} \nabla T + \left(\frac{\partial\mu}{\partial p}\right)_{c,T} \nabla p .$$

Das letzte Glied kann man mit Hilfe der thermodynamischen Beziehung

$$\mathrm{d}\varphi = -s \, \mathrm{d}T + V \, \mathrm{d}p + \mu \, \mathrm{d}c \tag{59,8}$$

umformen; hier ist φ die freie Enthalpie pro Masseneinheit und V das spezifische Volumen. Wir haben

$$\left(\frac{\partial\mu}{\partial p}\right)_{c,T} = \frac{\partial^2\varphi}{\partial p \, \partial c} = \left(\frac{\partial V}{\partial c}\right)_{p,T} .$$

Setzen wir $\nabla\mu$ in (59,6) ein und verwenden die Bezeichnungen

$$D = \frac{\alpha}{\varrho}\left(\frac{\partial\mu}{\partial c}\right)_{p,T}, \qquad \frac{\varrho k_T D}{T} = \alpha\left(\frac{\partial\mu}{\partial T}\right)_{c,p} + \beta , \tag{59,9}$$

$$k_p = p\left(\frac{\partial V}{\partial c}\right)_{p,T} \Big/ \left(\frac{\partial\mu}{\partial c}\right)_{p,T} , \tag{59,10}$$

so erhalten wir

$$\boldsymbol{i} = -\varrho D\left[\nabla c + \frac{k_T}{T}\nabla T + \frac{k_p}{p}\nabla p\right], \tag{59,11}$$

$$\boldsymbol{q} = \left[k_T\left(\frac{\partial\mu}{\partial c}\right)_{p,T} - T\left(\frac{\partial\mu}{\partial T}\right)_{p,c} + \mu\right]\boldsymbol{i} - \varkappa\nabla T . \tag{59,12}$$

Der Koeffizient D heißt *Diffusionskoeffizient*. Er bestimmt den Diffusionsstrom, wenn lediglich ein Konzentrationsgradient vorhanden ist. Der vom Temperaturgradienten verursachte Diffusionsstrom wird durch den *Thermodiffusionskoeffizienten* $k_T D$ bestimmt (die dimensionslose Größe k_T wird als *Thermodiffusionsverhältnis* bezeichnet). Den letzten Term in (59,11) braucht man nur dann zu berücksichtigen, wenn in der Flüssigkeit ein beträchtlicher Druckgradient vorhanden ist, der z. B. von einem äußeren Feld hervorgerufen wird. Die Größe $k_p D$ kann man als *Barodiffusionskoeffizienten* bezeichnen; wir kommen am Ende des Paragraphen auf diese Größe zurück.

In einer reinen Flüssigkeit gibt es selbstverständlich keinen Diffusionsstrom. Daher ist klar, daß die Koeffizienten k_T und k_p an den beiden Grenzen $c = 0$ und $c = 1$ verschwinden müssen.

Die Bedingung, daß die Entropie eines abgeschlossenen Systems nicht abnehmen kann, legt den Koeffizienten in den Formeln (59,6) bestimmte Beschränkungen auf. Setzen wir diese Formeln in den Ausdruck (58,7) für die Geschwindigkeit der Entropieänderung ein, so erhalten wir

$$\frac{\partial}{\partial t}\int \varrho s \,\mathrm{d}V = \int \frac{\varkappa(\nabla T)^2}{T^2}\,\mathrm{d}V + \int \frac{\boldsymbol{i}^2}{\alpha T}\,\mathrm{d}V + \ldots \tag{59,13}$$

Hieraus entnehmen wir, daß neben der uns schon bekannten Bedingung $\varkappa > 0$ auch die Bedingung $\alpha > 0$ erfüllt sein muß. Wir beachten, daß nach einer Ungleichung der Thermodynamik (s. V, § 96)

$$\left(\frac{\partial \mu}{\partial c}\right)_{p,T} > 0$$

sein muß, und finden daraus, daß auch der Diffusionskoeffizient positiv sein muß: $D > 0$. Die Größen k_T und k_p können sowohl positiv als auch negativ sein.

Wir wollen hier nicht die umfangreichen allgemeinen Gleichungen aufschreiben, die sich beim Einsetzen der hier erhaltenen Ausdrücke für $\boldsymbol{i}$ und $\boldsymbol{q}$ in die Gleichungen (58,3) und (58,6) ergeben. Wir beschränken uns auf den Fall, daß kein wesentlicher Druckgradient vorhanden ist. Weiter sollen sich Temperatur und Konzentration in der Flüssigkeit nur so wenig ändern, daß man die Koeffizienten in den Ausdrücken (59,11) und (59,12), die im allgemeinen von c und T abhängen, als konstant ansehen kann. Wir werden außerdem voraussetzen, daß es in der Flüssigkeit keine makroskopischen Bewegungen gibt außer denen, die von den Temperatur- und Konzentrationsgradienten selbst hervorgerufen werden. Die Geschwindigkeit einer solchen Bewegung ist zu diesen Gradienten proportional. Deshalb sind die Terme mit der Geschwindigkeit in den Gleichungen (58,3) und (58,6) Größen zweiter Ordnung und können weggelassen werden. Auch der Term $\boldsymbol{i}\nabla\mu$ in (58,6) ist eine Größe zweiter Ordnung. Es bleibt also

$$\varrho\frac{\partial c}{\partial t} + \operatorname{div}\boldsymbol{i} = 0\,, \qquad \varrho T\frac{\partial s}{\partial t} + \operatorname{div}(\boldsymbol{q} - \mu\boldsymbol{i}) = 0\,.$$

Hier setzen wir für $\boldsymbol{i}$ und $\boldsymbol{q}$ die Ausdrücke (59,11) und (59,12) (ohne den Term ∇p) ein und formen die Ableitung $\dfrac{\partial s}{\partial t}$ folgendermaßen um:

$$\frac{\partial s}{\partial t} = \left(\frac{\partial s}{\partial T}\right)_{c,p}\frac{\partial T}{\partial t} + \left(\frac{\partial s}{\partial c}\right)_{T,p}\frac{\partial c}{\partial t} = \frac{c_p}{T}\frac{\partial T}{\partial t} - \left(\frac{\partial \mu}{\partial T}\right)_{p,c}\frac{\partial c}{\partial t}\,.$$

Hier ist berücksichtigt, daß nach (59,8)

$$\left(\frac{\partial s}{\partial c}\right)_{p,T} = -\frac{\partial^2\varphi}{\partial c\,\partial T} = -\left(\frac{\partial \mu}{\partial T}\right)_{p,c}\,.$$

Nach einer einfachen Rechnung gelangen wir zu den folgenden Gleichungen:

$$\frac{\partial c}{\partial t} = D\left[\triangle c + \frac{k_T}{T}\triangle T\right], \tag{59,14}$$

$$\frac{\partial T}{\partial t} - \frac{k_T}{c_p}\left(\frac{\partial \mu}{\partial c}\right)_{p,T}\frac{\partial c}{\partial t} = \chi \triangle T. \tag{59,15}$$

Dieses lineare Gleichungssystem bestimmt die Verteilungen der Temperatur und der Konzentration in der Flüssigkeit.

Besonders wichtig ist der Fall, bei dem die Konzentration des Gemisches klein ist. Strebt die Konzentration gegen Null, so strebt der Diffusionskoeffizient gegen eine gewisse endliche Konstante, der Thermodiffusionskoeffizient geht dabei gegen Null. k_T ist daher für kleine Konzentrationen klein, und man kann in der Gleichung (59,14) das Glied $k_T\triangle T$ vernachlässigen. Sie geht dann in die Diffusionsgleichung über:

$$\frac{\partial c}{\partial t} = D\triangle c. \tag{59,16}$$

Die Randbedingungen zu der Gleichung (59,16) sind für verschiedene Fälle verschieden. Auf der Oberfläche eines in der Flüssigkeit unlöslichen Körpers muß die Normalkomponente des Diffusionsstromes $\boldsymbol{i} = -\varrho D\nabla c$ verschwinden, d. h., es muß $\partial c/\partial n = 0$ sein. Bei der Diffusion, die von einem in der Flüssigkeit löslichen Körper ausgeht, stellt sich in der Nähe seiner Oberfläche schnell ein Gleichgewicht ein. Die Konzentration der unmittelbar an der Oberfläche des Körpers befindlichen Flüssigkeit ist gleich der Sättigungskonzentration c_0; die Diffusion der gelösten Substanz aus dieser Schicht heraus erfolgt langsamer als die Auflösung. Die Randbedingung an einer solchen Oberfläche lautet daher $c = c_0$. Wenn schließlich eine feste Oberfläche die zu ihr hin diffundierende Substanz „absorbiert", dann ist die Randbedingung $c = 0$ (mit diesem Falle hat man es z. B. bei der Untersuchung chemischer Reaktionen zu tun, die an der Oberfläche eines festen Körpers ablaufen).

Da die Gleichungen für die reine Diffusion (59,16) und die Wärmeleitung genau die gleiche Gestalt haben, können alle in §§ 51, 52 abgeleiteten Formeln unmittelbar auf die Diffusion übertragen werden, indem man einfach T durch c und χ durch D ersetzt. Der Randbedingung einer thermisch isolierten Oberfläche entspricht bei der Diffusion die Bedingung auf einer unlöslichen festen Oberfläche. Der auf einer konstanten Temperatur befindlichen Oberfläche entspricht die Diffusion, die von der Oberfläche eines in der Flüssigkeit löslichen Körpers ausgeht.

Insbesondere können wir in Analogie zur Formel (51,5) die folgende Lösung für die Diffusionsgleichung angeben:

$$c(r, t) = \frac{M}{8\varrho(\pi D t)^{3/2}}\, e^{-r^2/4Dt}. \tag{59,17}$$

Sie gibt die Verteilung der gelösten Substanz in einem beliebigen Zeitpunkt an, wenn am Anfang bei $t = 0$ die ganze Substanz in einem unendlich kleinen Volumenelement der Flüssigkeit im Koordinatenursprung konzentriert war (M ist die Gesamtmenge der gelösten Substanz).

Zu dem in diesem Paragraphen Dargelegten muß noch eine wichtige Bemerkung gemacht werden. Die Ausdrücke (59,5) oder (59,11), (59,12) stellen die ersten nicht verschwindenden

Glieder in der Entwicklung der Ströme nach den Ableitungen der thermodynamischen Größen dar. Wie aus der Kinetik bekannt ist (s. X, §§ 5, 6, 14), ist eine solche Entwicklung vom mikroskopischen Gesichtspunkt aus eine Entwicklung (für Gase) nach Potenzen von l/L, dem Verhältnis der freien Weglänge l der Gasmoleküle zur charakteristischen räumlichen Länge L der Aufgabe. Die Berücksichtigung von Gliedern mit Ableitungen höherer Ordnungen würde die Berücksichtigung von Größen höherer Ordnung in dem angegebenen Verhältnis bedeuten. Die auf die in (59,5) aufgeschriebenen Glieder folgenden Terme, die man aus den Ableitungen der skalaren Größen μ und T bilden kann, sind Glieder mit Ableitungen dritter Ordnung: grad $\triangle\mu$ und grad $\triangle T$; diese Glieder sind offensichtlich um einen Faktor der Größenordnung $(l/L)^2$ kleiner als die schon berücksichtigten.

Die Ausdrücke für die Ströme können aber auch Glieder mit Ableitungen der Geschwindigkeit enthalten. Mit Hilfe der Ableitungen erster Ordnung, $\partial v_i/\partial x_k$, kann man nur tensorielle Größen bilden; eine solche Größe ist der zähe Spannungstensor, der in den Tensor der Impulsstromdichte eingeht. Größen mit Vektorcharakter kann man aus den Ableitungen zweiter Ordnung bilden. So erscheinen im Vektor der Dichte des Diffusionsstromes die Glieder

$$\boldsymbol{i}' = \varrho\lambda_1 \triangle \boldsymbol{v} + \varrho\lambda_2 \nabla \operatorname{div} \boldsymbol{v} \,. \tag{59,18}$$

Die Forderung, daß diese Glieder klein sein sollen im Vergleich zu den schon in den Formeln (59,11), (59,12) stehenden Gliedern, führt zu einer Zusatzbedingung für die Anwendbarkeit dieser Formeln. Damit es einen Sinn hat, in (59,11) das Glied mit ∇p beizubehalten und gleichzeitig die Glieder (59,18) fortzulassen, muß die Bedingung

$$\frac{D}{p}\frac{p_2 - p_1}{L} \gg \lambda \frac{U}{L^2}$$

erfüllt sein, wobei $p_2 - p_1$ der charakteristische Druckabfall auf der Länge L ist und U der charakteristische Abfall der Geschwindigkeit (bei dieser Abschätzung ist $k_p \sim 1$ gesetzt worden, s. Aufgabe). Entsprechend der kinetischen Theorie drücken sich D und λ durch die charakteristischen Größen für die Wärmebewegung der Gasmoleküle aus. Schon aus Dimensionsüberlegungen ist klar, daß $\lambda/D \sim l/v_T$ ist, wobei v_T die mittlere Geschwindigkeit der Wärmebewegung der Moleküle ist. Berücksichtigen wir noch, daß für den Druck des Gases $p \sim \varrho v_T^2$ gilt, so kommen wir zu der Bedingúng

$$p_2 - p_1 \gg \varrho v_T U \frac{l}{L} \,. \tag{59,19}$$

Diese Bedingung ist keinesfalls automatisch erfüllt. Im Gegenteil, in dem wichtigen Fall stationärer Strömungen mit kleinen Reynolds-Zahlen erweisen sich die Glieder mit ∇p und mit $\triangle \boldsymbol{v}$ im Diffusionsstrom als von gleicher Größenordnung (JU. M. KAGAN, 1962). Für eine solche Strömung hängt nämlich der Druckgradient mit den Ableitungen der Geschwindigkeit nach Gleichung (20,1) zusammen:

$$\frac{1}{\varrho}\nabla p = \nu \triangle \boldsymbol{v} \tag{59,20}$$

(wir nehmen an, daß das Gas bei der Strömung als inkompressibel betrachtet werden kann). Die kinematische Zähigkeit läßt sich zu $\nu \sim v_T l$ abschätzen, und deshalb finden wir aus dieser Gleichung

$$p_2 - p_1 \sim \frac{\varrho \nu U}{L} \sim \varrho v_T U \frac{l}{L}$$

an Stelle der Ungleichung (59,19). Da sich $\triangle \boldsymbol{v}$ nach (20,1) unmittelbar durch ∇p ausdrückt, bedeutet die Notwendigkeit der gleichwertigen Berücksichtigung der Glieder mit ∇p und $\triangle \boldsymbol{v}$, daß der Barodiffusionskoeffizient k_p durch den „effektiven“ Koeffizienten

$$(k_p)_{\text{eff}} = k_p - \frac{p\lambda_1}{\varrho \nu D} \tag{59,21}$$

zu ersetzen ist. Wir machen darauf aufmerksam, daß dieser Koeffizient eine kinetische Größe ist und nicht eine rein thermodynamische Größe wie der durch (59,10) definierte Koeffizient k_p.

Aufgabe

Man berechne den Barodiffusionskoeffizienten für ein Gemisch zweier idealer Gase.

Lösung. Für das spezifische Volumen haben wir

$$V = kT \frac{n_1 + n_2}{p}$$

(die Bezeichnungen sind dieselben wie in der Fußnote auf Seite 289), und die chemischen Potentiale haben die Gestalt (s. V, § 93)

$$\mu_1 = f_1(p, T) + kT \ln \frac{n_1}{n_1 + n_2},$$

$$\mu_2 = f_2(p, T) + kT \ln \frac{n_2}{n_1 + n_2}.$$

Die Zahlen n_1 und n_2 werden mit Hilfe der Beziehungen $n_1 m_1 = c$ und $n_2 m_2 = l - c$ durch die Konzentration des Gases l ausgedrückt. Die Berechnung nach der Formel (59,10) ergibt

$$k_p = (m_2 - m_1)\, c(l - c) \left[\frac{l - c}{m_2} + \frac{c}{m_1}\right].$$

§ 60. Diffusion der in einer Flüssigkeit suspendierten Teilchen

Unter dem Einfluß der Molekularbewegung führen in einer Flüssigkeit suspendierte Teilchen eine ungeordnete Bewegung aus (die *Brownsche Bewegung*). Es soll sich zu einer Anfangszeit ein solches Teilchen in einem bestimmten Punkt (Koordinatenursprung) befinden. Man kann dann seine weitere Bewegung als Diffusion auffassen; die Aufenhaltswahrscheinlichkeit in einem gewissen Volumenelement der Flüssigkeit spielt dabei die Rolle der Konzentration. Dementsprechend können wir zur Bestimmung dieser Wahrscheinlichkeit unmittelbar die Lösung (59,17) der Diffusionsgleichung verwenden. Eine solche Betrachtungsweise ist möglich, weil die Teilchen der gelösten Substanz bei der Diffusion in verdünnten Lösungen (d. h. für $c \ll 1$; auch nur dafür kann man die Diffusionsgleichung in der Form (59,16) verwenden) praktisch nicht miteinander wechselwirken und die Bewegung eines einzelnen Teilchens als unabhängig von den anderen Teilchen angesehen werden kann.

Es sei $w(r, t)\,\mathrm{d}r$ die Aufenthaltswahrscheinlichkeit für das Teilchen zur Zeit t in einem Abstand zwischen r und $r + \mathrm{d}r$ vom Ursprung. Wir setzen in (59,17) $M/\varrho = 1$, multiplizieren mit dem Volumenelement $4\pi r^2\,\mathrm{d}r$ der Kugelschale und erhalten

$$w(r, t)\,\mathrm{d}r = \frac{1}{2\sqrt{\pi D^3 t^3}}\,\mathrm{e}^{-r^2/4Dt}\,r^2\,\mathrm{d}r\,. \tag{60,1}$$

Wir wollen das mittlere Quadrat des Abstandes vom Ausgangspunkt berechnen, in dem sich das Teilchen nach der Zeit t befindet, und haben

$$\overline{r^2} = \int_0^\infty r^2 w(r, t)\,\mathrm{d}r\,. \tag{60,2}$$

Die Rechnung ergibt unter Verwendung von (60,1)

$$\overline{r^2} = 6Dt\,. \tag{60,3}$$

Die mittlere Strecke, die ein Teilchen im Verlauf eines gewissen Zeitintervalls zurücklegt, ist also der Wurzel aus dieser Zeit proportional.

Der Diffusionskoeffizient der in einer Flüssigkeit suspendierten Teilchen kann auch aus der sogenannten Beweglichkeit berechnet werden.

Wir setzen voraus, daß eine konstante äußere Kraft $\boldsymbol{f}$ (z. B. die Schwerkraft) auf diese Teilchen wirkt. Im stationären Zustand muß die auf ein Teilchen wirkende Kraft gleich dem Widerstand sein, den das Teilchen bei seiner Bewegung in der Flüssigkeit erfährt. Für nicht zu große Geschwindigkeiten ist dieser Widerstand der Geschwindigkeit proportional. Wir schreiben den Widerstand in der Form $\boldsymbol{v}/b$ (b ist eine Konstante) und setzen ihn gleich der äußeren Kraft $\boldsymbol{f}$:

$$\boldsymbol{v} = b\boldsymbol{f}; \tag{60,4}$$

d. h., die Geschwindigkeit, die ein Teilchen infolge der äußeren Kraft erhält, ist dieser Kraft proportional. Die Konstante b wird *Beweglichkeit* genannt und kann prinzipiell mit Hilfe der hydrodynamischen Gleichungen berechnet werden. Für kugelförmige Teilchen (mit dem Radius R) ist der Widerstand $6\pi\eta R v$ (siehe (20, 14)), und die Beweglichkeit ist

$$b = \frac{1}{6\pi\eta R}\,. \tag{60,5}$$

Haben die Teilchen keine Kugelgestalt, dann hängt der Widerstand von der Bewegungsrichtung ab; er kann in der Form $a_{ik}v_k$ angegeben werden, wobei a_{ik} ein symmetrischer Tensor ist (siehe (20, 15)). Bei der Berechnung der Beweglichkeit muß man über alle Orientierungen des Teilchens mitteln. Sind a_1, a_2 und a_3 die Hauptachsenwerte des symmetrischen Tensors a_{ik}, so erhalten wir

$$b = \frac{1}{3}\left(\frac{1}{a_1} + \frac{1}{a_2} + \frac{1}{a_3}\right). \tag{60,6}$$

Zwischen der Beweglichkeit b und dem Diffusionskoeffizienten D besteht eine einfache Beziehung. Um sie herzuleiten, schreiben wir den Diffusionsstrom $\boldsymbol{i}$ auf, der neben dem üblichen Term $-\varrho D \nabla c$, der mit dem Konzentrationsgradienten zusammenhängt (die Temperatur setzen wir als konstant voraus), auch einen Term mit der Geschwindigkeit enthält, die ein Teilchen durch die äußere Kraft erfährt. Der zuletzt genannte Term ist offensichtlich gleich $\varrho c \boldsymbol{v} = \varrho c b \boldsymbol{f}$. Also gilt[1])

$$\boldsymbol{i} = -\varrho D \nabla c + \varrho c b \boldsymbol{f}. \tag{60,7}$$

Wir formen diesen Ausdruck um,

$$\boldsymbol{i} = -\frac{\varrho D}{(\partial \mu / \partial c)_{T,p}} \nabla \mu + \varrho c b \boldsymbol{f},$$

wobei μ jetzt das chemische Potential der suspendierten Teilchen ist (die die Rolle der gelösten Substanz spielen). Die Abhängigkeit dieses Potentials von der Konzentration wird (in einer schwachen Lösung) durch den Ausdruck

$$\mu = T \ln c + \psi(p, T)$$

(s. V, § 87) gegeben, so daß

$$\boldsymbol{i} = -\frac{\varrho D c}{T} \nabla \mu + \varrho c b \boldsymbol{f}.$$

Im Zustand des thermodynamischen Gleichgewichts gibt es keine Diffusion, und der Strom $\boldsymbol{i}$ muß verschwinden. Andererseits verlangt die Bedingung für das Gleichgewicht bei Anwesenheit eines äußeren Feldes, daß in der Lösung die Summe $\mu + U$ konstant ist, wo U die potentielle Energie der suspendierten Teilchen in diesem Feld ist. Dann gilt $\nabla \mu = -\nabla U = \boldsymbol{f}$, und wir erhalten aus der Gleichung $\boldsymbol{i} = 0$

$$D = Tb. \tag{60,8}$$

Das ist die gesuchte Beziehung zwischen dem Diffusionskoeffizienten und der Beweglichkeit *(Einsteinsche Beziehung)*.

Setzen wir (60,5) in (60,8) ein, so finden wir für den Diffusionskoeffizienten kugelförmiger Teilchen

$$D = \frac{T}{6\pi\eta R}. \tag{60,9}$$

Neben der translatorischen Brownschen Bewegung und der translatorischen Diffusion suspendierter Teilchen kann man deren Brownsche Rotationsbewegung und -diffusion betrachten. Ähnlich wie der translatorische Diffusionskoeffizient aus dem Widerstand berechnet werden kann, kann der Koeffizient für die Rotationsdiffusion durch das Drehmoment ausgedrückt werden, das auf ein in der Flüssigkeit rotierendes Teilchen wirkt.

---

[1]) Hier kann c als Zahl der in der Masseneinheit der Flüssigkeit suspendierten Teilchen definiert werden und $\boldsymbol{i}$ als die Stromdichte zu dieser Teilchenzahl.

Aufgaben

1. In einer Flüssigkeit, die auf einer Seite von einer ebenen Wand begrenzt ist, führen Teilchen eine Brownsche Bewegung aus. Gelangen die Teilchen auf die Wand, dann „haften" sie an ihr fest. Man berechne die Wahrscheinlichkeit dafür, daß ein Teilchen nach der Zeit t festhaftet, wenn es sich zur Zeit $t = 0$ im Abstand x_0 von der Wand befunden hat.

Lösung. Die Wahrscheinlichkeitsverteilung $w(x, t)$ (x ist der Abstand von der Wand) wird aus der Diffusionsgleichung mit der Randbedingung $w = 0$ für $x = 0$ und der Anfangsbedingung $w = \delta(x - x_0)$ für $t = 0$ bestimmt. Die entsprechende Lösung wird durch die Formel (52,4) gegeben, in der man jetzt w statt T und D statt χ schreiben muß; im Integranden muß man $w_0(x') = \delta(x' - x_0)$ setzen. Wir erhalten dann

$$w(x, t) = \frac{1}{2\sqrt{\pi D t}} \{e^{-(x-x_0)^2/4Dt} - e^{-(x+x_0)^2/4Dt}\}.$$

Die Wahrscheinlichkeit für das Festhaften an der Wand pro Zeiteinheit wird durch den Wert des Diffusionsstromes $D\,\partial w/\partial x$ für $x = 0$ gegeben. Die gesuchte Wahrscheinlichkeit $W(t)$ für das Festhaften nach der Zeit t ist

$$W(t) = D \int_0^t \left.\frac{\partial w}{\partial x}\right|_{x=0} dt.$$

Setzen wir w ein, so erhalten wir

$$W(t) = 1 - \operatorname{erf}\left(\frac{x_0}{2\sqrt{Dt}}\right).$$

2. Man berechne die Größenordnung der Zeit τ, in der sich ein in einer Flüssigkeit suspendiertes Teilchen um einen großen Winkel um seine Achse dreht.

Lösung. Die gesuchte Zeit τ wird als die Zeit bestimmt, in der sich ein Teilchen bei der Brownschen Bewegung um eine Strecke von der Größenordnung seiner linearen Ausdehnung a fortbewegt. Nach (60,3) haben wir $\tau \sim a^2/D$ und nach (60,9) $D \sim T/\eta a$. Es ist also

$$\tau \sim \frac{\eta a^3}{T}.$$

VII OBERFLÄCHENERSCHEINUNGEN

§ 61. Die Laplacesche Formel

In diesem Kapitel werden wir uns mit den Erscheinungen an der Grenzfläche zwischen zwei kontinuierlichen Medien befassen (in Wirklichkeit sind natürlich zwei aneinander grenzende Medien durch eine dünne Übergangsschicht getrennt; diese ist aber so dünn, daß wir sie als Fläche ansehen können).

An einer gekrümmtem Grenzfläche zwischen zwei Medien ist der Druck in den beiden Medien verschieden. Zur Bestimmung dieser Druckdifferenz (des sogenannten *Oberflächendruckes*) schreiben wir die Bedingung dafür auf, daß sich die beiden Medien miteinander im thermodynamischen Gleichgewicht befinden und beachten dabei die Oberflächeneigenschaften der Grenzfläche.

Die Grenzfläche soll infinitesimal verschoben werden. In jedem Punkte der unverrückten Fläche errichten wir die Normale. Den Abschnitt auf der Normalen zwischen der unverrückten und der verschobenen Fläche bezeichnen wir mit $\delta\zeta$. Das zwischen den beiden Flächen eingeschlossene Volumenelement ist dann $\delta\zeta\,\mathrm{d}f$, wenn $\mathrm{d}f$ das Flächenelement ist. p_1 und p_2 seien die Drücke im ersten und im zweiten Medium. Wir werden $\delta\zeta$ als positiv zählen, wenn die Verschiebung der Grenzfläche, sagen wir, nach dem zweiten Medium hin erfolgt. Die bei der beschriebenen Volumenänderung zu leistende Arbeit ist

$$\int (-p_1 + p_2)\,\delta\zeta\,\mathrm{d}f\,.$$

Die gesamte Arbeit δR bei der Verschiebung der Fläche ergibt sich durch Addition der Arbeit, die mit der Änderung der Größe dieser Fläche zusammenhängt. Dieser Teil der Arbeit ist bekanntlich der Änderung δf der Größe der Fläche proportional und gleich $\alpha\,\delta f$; α ist die *Oberflächenspannung*. Die gesamte Arbeit ist also gleich

$$\delta R = -\int (p_1 - p_2)\,\delta\zeta\,\mathrm{d}f + \alpha\,\delta f\,. \tag{61,1}$$

Die Bedingung für das thermodynamische Gleichgewicht fordert bekanntlich $\delta R = 0$.

Es seien weiter R_1 und R_2 die Hauptkrümmungsradien in dem gegebenen Flächenpunkt; wir zählen R_1 und R_2 als positiv, wenn sie in das erste Medium hineingerichtet sind. Die Bogenelemente $\mathrm{d}l_1$ und $\mathrm{d}l_2$ auf der Fläche in den Ebenen der Hauptschnitte nehmen bei der infinitesimalen Verschiebung der Fläche um $\frac{\delta\zeta}{R_1}\,\mathrm{d}l_1$ bzw. $\frac{\delta\zeta}{R_2}\,\mathrm{d}l_2$ zu (man muß $\mathrm{d}l_1$ und $\mathrm{d}l_2$ als Bogenelemente von Kreisen mit den Radien R_1 und R_2 auffassen). Das Flächenelement $\mathrm{d}f = \mathrm{d}l_1\,\mathrm{d}l_2$ wird daher nach der Verschiebung

$$\mathrm{d}l_1\left(1 + \frac{\delta\zeta}{R_1}\right)\mathrm{d}l_2\left(1 + \frac{\delta\zeta}{R_2}\right) \approx \mathrm{d}l_1\,\mathrm{d}l_2\left(1 + \frac{\delta\zeta}{R_1} + \frac{\delta\zeta}{R_2}\right),$$

d. h., es ändert sich um die Größe

$$\delta\zeta\, df\left(\frac{1}{R_1} + \frac{1}{R_2}\right).$$

Die gesamte Änderung des Flächeninhaltes der Grenzfläche ist demnach

$$\delta f = \int \delta\zeta \left(\frac{1}{R_1} + \frac{1}{R_2}\right) df. \tag{61,2}$$

Setzen wir den erhaltenen Ausdruck in (61,1) ein und verlangen $\delta R = 0$, dann erhalten wir die Gleichgewichtsbedingung in der Gestalt

$$\int \delta\zeta \left\{(p_1 - p_2) - \alpha\left(\frac{1}{R_1} + \frac{1}{R_2}\right)\right\} df = 0.$$

Diese Bedingung muß bei einer beliebigen infinitesimalen Verschiebung der Fläche erfüllt sein, d. h. für beliebiges $\delta\zeta$. Daher muß der Integrand identisch verschwinden:

$$p_1 - p_2 = \alpha\left(\frac{1}{R_1} + \frac{1}{R_2}\right). \tag{61,3}$$

Das ist die gesuchte Formel (*Laplacesche Formel*) für den Oberflächendruck.[1]) Wie wir sehen, ist $p_1 > p_2$ für positive R_1 und R_2. Der Druck ist in demjenigen der beiden Medien größer, dessen Oberfläche konvex ist. Für $R_1 = R_2 = \infty$, d. h. für eine ebene Grenzfläche, sind die Drücke in beiden Medien gleich, wie es auch sein muß.

Wir verwenden die Formel (61,3) zur Untersuchung des mechanischen Gleichgewichts zweier aneinander grenzender Medien. Dabei setzen wir voraus, daß weder auf der Grenzfläche noch in den Medien selbst eine äußere Kraft wirkt. Nach der Formel (61,3) können wir die Gleichgewichtsbedingung in der Form

$$\frac{1}{R_1} + \frac{1}{R_2} = \text{const} \tag{61,4}$$

schreiben. Die Summe der reziproken Krümmungsradien muß auf einer freien Grenzfläche überall konstant sein. Wenn die ganze Fläche frei ist, dann besagt die Bedingung (61,4), daß diese Fläche eine Kugelfläche sein muß (z. B. die Oberfläche eines kleinen Tropfens, wenn man den Einfluß der Schwerkraft auf ihn vernachlässigen kann). Ist die Oberfläche längs irgendeiner Linie befestigt (z. B. bei einem Flüssigkeitsfilm in einem festen Rahmen), dann ist ihre Gestalt komplizierter.

Wendet man die Bedingung (61,4) auf das Gleichgewicht dünner Flüssigkeitsfilme im festen Rahmen an, so muß auf der rechten Seite dieser Bedingung Null stehen: Die Summe $\frac{1}{R_1} + \frac{1}{R_2}$ muß auf der ganzen freien Oberfläche des Filmes gleich groß sein und gleichzeitig auf den beiden Flächen des Filmes entgegengesetzte Vorzeichen haben; denn ist die eine Fläche konvex, dann ist die andere konkav mit den gleichen Krümmungsradien, die aber

[1]) Die hier gegebene Ableitung unterscheidet sich von der in V, § 156 gegebenen im wesentlichen nur dadurch, daß hier eine Grenzfläche beliebiger Form betrachtet wird und nicht nur eine kugelförmige.

jetzt negativ genommen werden. Daraus folgt für die Gleichgewichtsbedingung eines dünnen Filmes

$$\frac{1}{R_1} + \frac{1}{R_2} = 0. \tag{61,5}$$

Jetzt wollen wir die Gleichgewichtsbedingung an der Oberfläche eines Mediums im Schwerefeld behandeln. Wir setzen der Einfachheit halber voraus, daß das zweite Medium einfach die Atmosphäre ist, deren Druck auf der Grenzfläche als konstant angesehen werden kann. Als erstes Medium betrachten wir eine inkompressible Flüssigkeit. Wir haben dann p_2 = const; der Druck p_1 in der Flüssigkeit ist nach (3,2) $p_1 = \text{const} - \varrho g z$ (z wird nach oben positiv gezählt). Die Gleichgewichtsbedingung erhält also die Gestalt

$$\frac{1}{R_1} + \frac{1}{R_2} + \frac{g\varrho z}{\alpha} = \text{const}. \tag{61,6}$$

Es sei übrigens bemerkt, daß es in konkreten Fällen bei der Bestimmung der Gleichgewichtsgestalt einer Flüssigkeitsoberfläche gewöhnlich zweckmäßiger ist, die Gleichgewichtsbedingung nicht in der Form (61,6) zu verwenden, sondern unmittelbar das Variationsproblem für das Minimum der gesamten freien Energie zu lösen. Die innere freie Energie einer inkompressiblen Flüssigkeit hängt nur vom Volumen ab, aber nicht von der Oberflächengestalt. Von der Oberflächengestalt hängen die freie Energie der Oberfläche

$$\int \alpha \, \mathrm{d}f$$

und die Energie im äußeren Feld (Schwerefeld)

$$g\varrho \int z \, \mathrm{d}V$$

ab. Die Gleichgewichtsbedingung kann also in die Form

$$\alpha \int \mathrm{d}f + g\varrho \int z \, \mathrm{d}V = \min \tag{61,7}$$

gebracht werden. Das Minimum muß unter der Nebenbedingung

$$\int \mathrm{d}V = \text{const} \tag{61,8}$$

berechnet werden, die besagt, daß das Gesamtvolumen der Flüssigkeit unveränderlich ist.

Die Konstanten α, ϱ und g gehen in die Gleichgewichtsbedingungen (60,6) und (61,7) nur in dem Verhältnis $\alpha/g\varrho$ ein. Dieses Verhältnis hat die Dimension eines Längenquadrates. Die Länge

$$a = \sqrt{\frac{2\alpha}{g\varrho}} \tag{61,9}$$

wird als *Kapillaritätskonstante* der betreffenden Substanz bezeichnet.[1]) Die Gestalt der Flüssigkeitsoberfläche wird allein durch diese Größe bestimmt. Ist die Kapillaritätskonstante (gegenüber den Abmessungen des Mediums) groß, dann kann man bei der Berechnung der Oberflächengestalt das Schwerefeld vernachlässigen.

Um die Gestalt einer Oberfläche aus der Bedingung (61,4) oder (61,6) zu bestimmen, braucht man Formeln, die die Krümmungsradien aus der Form der Oberfläche angeben.

---

[1]) Zum Beispiel ist für Wasser $a = 0{,}39$ cm (bei 20 °C).

Diese Formeln sind aus der Differentialgeometrie bekannt, aber im allgemeinen Fall recht kompliziert. Sie vereinfachen sich wesentlich für den Fall, bei dem die betrachtete Fläche nur wenig von einer Ebene abweicht. Wir leiten hier direkt die entsprechenden Näherungsformeln ab, ohne die allgemeine Formel der Differentialgeometrie zu benutzen.

Es sei $z = \zeta(x, y)$ die Gleichung der Oberfläche. Wir setzen ζ überall als klein voraus, d. h., die Oberfläche soll nur wenig von der Ebene $z = 0$ abweichen. Bekanntlich wird der Flächeninhalt f einer Fläche durch das Integral

$$f = \int \sqrt{1 + \left(\frac{\partial \zeta}{\partial x}\right)^2 + \left(\frac{\partial \zeta}{\partial y}\right)^2}\, \mathrm{d}x\, \mathrm{d}y$$

gegeben; für kleine ζ haben wir näherungsweise

$$f = \int \left[1 + \frac{1}{2}\left(\frac{\partial \zeta}{\partial x}\right)^2 + \frac{1}{2}\left(\frac{\partial \zeta}{\partial y}\right)^2\right] \mathrm{d}x\, \mathrm{d}y\,. \tag{61,10}$$

Wir wollen die Variationen δf berechnen:

$$\delta f = \int \left\{\frac{\partial \zeta}{\partial x}\frac{\partial \delta\zeta}{\partial x} + \frac{\partial \zeta}{\partial y}\frac{\partial \delta\zeta}{\partial y}\right\} \mathrm{d}x\, \mathrm{d}y\,.$$

Durch partielle Integration finden wir

$$\delta f = -\int \left(\frac{\partial^2 \zeta}{\partial x^2} + \frac{\partial^2 \zeta}{\partial y^2}\right) \delta\zeta\, \mathrm{d}x\, \mathrm{d}y\,.$$

Aus dem Vergleich dieses Ausdruckes mit (61,2) ergibt sich

$$\frac{1}{R_1} + \frac{1}{R_2} = -\left(\frac{\partial^2 \zeta}{\partial x^2} + \frac{\partial^2 \zeta}{\partial y^2}\right). \tag{61,11}$$

Das ist die gesuchte Formel für die Summe der reziproken Krümmungsradien einer schwach gekrümmten Fläche.

Sollen drei aneinander angrenzende Medien miteinander im Gleichgewicht sein, dann bilden sich ihre Grenzflächen in solcher Weise aus, daß die Resultierende der Kräfte der drei Oberflächenspannungen auf der gemeinsamen Grenzkurve aller drei Medien gleich Null ist. Nach dieser Bedingung müssen sich die Grenzflächen unter Winkeln (den sogenannten Randwinkeln) schneiden, die durch die Werte der Oberflächenspannungen bestimmt werden.

Schließlich wollen wir uns noch der Frage nach den Randbedingungen zuwenden, die an der Grenze zwischen zwei bewegten Flüssigkeiten gelten müssen, wenn man die Kräfte der Oberflächenspannung berücksichtigt. Berücksichtigen wir die Oberflächenspannung nicht, dann haben wir an der Grenzfläche zweier Flüssigkeiten

$$n_k(\sigma_{ik}^{(2)} - \sigma_{ik}^{(1)}) = 0\,.$$

Diese Beziehung drückt die Gleichheit der zähen Reibungskräfte aus, die auf die Oberflächen der beiden Flüssigkeiten wirken. Um die Oberflächenspannung zu berücksichtigen, muß man auf der rechten Seite dieser Gleichung die zusätzliche Kraft addieren, die durch die

Laplacesche Formel gegeben wird und in Richtung der Flächennormalen zeigt:

$$n_k \sigma_{ik}^{(2)} - n_k \sigma_{ik}^{(1)} = \alpha \left(\frac{1}{R_1} + \frac{1}{R_2} \right) n_i \,. \tag{61,12}$$

Man kann diese Gleichung auch in der Form

$$(p_1 - p_2)\, n_i = (\sigma_{ik}'^{(1)} - \sigma_{ik}'^{(2)})\, n_k + \alpha \left(\frac{1}{R_1} + \frac{1}{R_2} \right) n_i \tag{61,13}$$

schreiben. Kann man beide Flüssigkeiten als ideale Flüssigkeiten ansehen, dann verschwinden die zähen Spannungen σ_{ik}', und wir erhalten wieder die einfache Gleichung (61,3).

Die Bedingung (61,13) hat jedoch noch nicht die allgemeine Gestalt. Das liegt daran, daß die Oberflächenspannung nicht auf der ganzen Oberfläche konstant sein muß (z. B., wenn die Temperatur nicht konstant ist). Neben der Normalkraft (die für eine ebene Oberfläche verschwindet) tritt dann noch eine zusätzliche Kraft tangential zur Oberfläche auf. Ähnlich wie sich für veränderlichen Druck eine Volumenkraft ergibt, die (pro Volumeneinheit) gleich $-\nabla p$ ist, haben wir hier für die Tangentialkraft $\boldsymbol{f}_t$ pro Flächeneinheit der Grenzfläche $\boldsymbol{f}_t = \operatorname{grad} \alpha$. Wir schreiben hier den Gradienten mit dem positiven Vorzeichen und nicht wie bei der Kraft $-\nabla p$ mit dem negativen, weil die Kräfte der Oberflächenspannung den Flächeninhalt zu verkleinern suchen, während die Druckkräfte das Volumen des Körpers vergrößern wollen. Addieren wir diese Kraft zur rechten Seite der Gleichung (61,13), so erhalten wir die Randbedingung

$$\left[p_1 - p_2 - \alpha \left(\frac{1}{R_1} + \frac{1}{R_2} \right) \right] n_i = (\sigma_{ik}'^{(1)} - \sigma_{ik}'^{(2)})\, n_k + \frac{\partial \alpha}{\partial x_i} \tag{61,14}$$

(der Einheitsvektor $\boldsymbol{n}$ in Normalenrichtung zeigt in das Innere der ersten Flüssigkeit). Wir bemerken, daß diese Bedingung nur für eine zähe Flüssigkeit erfüllt sein kann. Für eine ideale Flüssigkeit ist $\sigma_{ik}' = 0$; auf der linken Seite der Gleichung (61,14) steht dann ein Vektor in Normalenrichtung, auf der rechten Seite ein Vektor tangential zur Oberfläche. Eine solche Gleichung kann aber unmöglich bestehen (selbstverständlich mit Ausnahme des trivialen Falles, daß diese Größen einzeln gleich Null sind).

Aufgaben

1. Man berechne die Gestalt eines Flüssigkeitsfilmes, der an zwei Rahmen befestigt ist, die Kreisform haben und deren Mittelpunkte auf einer Geraden senkrecht zu ihren Ebenen liegen (ein Schnitt durch den Flüssigkeitsfilm ist in Abb. 41 dargestellt).

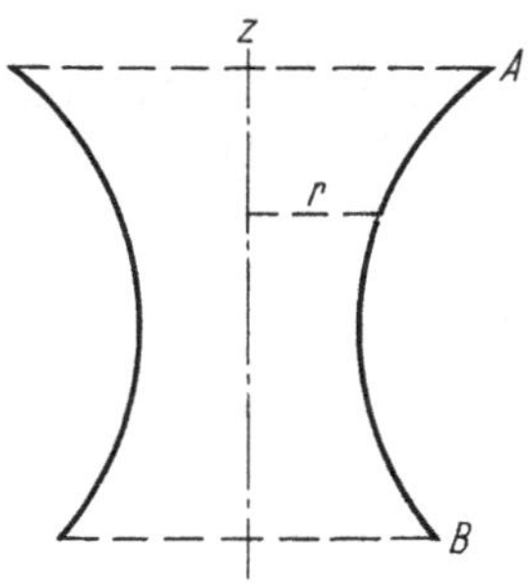

Abb. 41

Lösung. Die Aufgabe führt auf die Berechnung der minimalen Rotationsfläche, die bei der Rotation der Kurve $z = z(r)$ um die Gerade $r = 0$ entsteht; die Kurve $z = z(r)$ endet in den beiden vorgegebenen Punkten A und B. Der Flächeninhalt der Rotationsfläche ist

$$f = 2\pi \int_{z_1}^{z_2} F(r, r')\,\mathrm{d}z\,, \qquad F = r(1 + r'^2)^{1/2}\,,$$

wo $r' \equiv \mathrm{d}r/\mathrm{d}z$ ist. Das erste Integral der Eulerschen Gleichung für die Extremwertaufgabe für ein solches Integral (in dem der Ausdruck F die Koordinate z nicht enthält) ist

$$F - r' \frac{\partial F}{\partial r'} = \text{const.}$$

In unserem Fall gibt dies

$$r = c_1(1 + r'^2)^{1/2}\,,$$

und wir finden nach Integration

$$r = c_1 \operatorname{ch} \frac{z - c_2}{c_1}\,.$$

Die gesuchte Oberfläche entsteht also durch Rotation der Kettenlinie (sogenannte Katenoide). Die Konstanten c_1 und c_2 müssen so bestimmt werden, daß die Kurve $r(z)$ durch die gegebenen Punkte A und B verläuft. c_2 hängt dabei einfach von der Wahl des Koordinatenursprungs auf der z-Achse ab. Für die Konstante c_1 ergeben sich zwei Werte, von denen man den größeren auswählen muß (zu dem kleineren gehört kein Minimum des Integrals).

Vergrößert man den Abstand h zwischen den Rahmen, so tritt für einen bestimmten Wert von h der Fall ein, daß die Gleichung zur Bestimmung der Konstanten c_1 keine reellen Wurzeln mehr hat. Für größere Abstände ist nur die Form stabil, bei der sich je ein Flüssigkeitsfilm auf jedem der beiden Rahmen befindet. Für zwei Rahmen mit dem gleichen Radius R wird die Katenoide als Oberfläche beim Abstand $h = 1{,}33R$ unmöglich.

2. Man berechne die Gestalt der Oberfläche einer Flüssigkeit im Schwerefeld, die an einer Seite von einer vertikalen ebenen Wand begrenzt wird. Der Randwinkel, den die Flüssigkeit bei der Berührung mit dem Material der Wand bildet, sei Θ (Abb. 42).

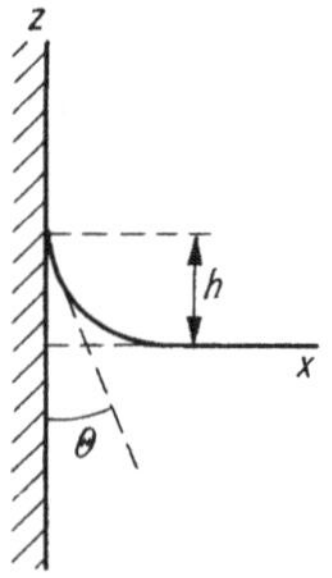

Abb. 42

Lösung. Die Wahl der Koordinatenachsen ist in Abb. 42 angegeben. Die Ebene $x = 0$ ist die Wandebene; $z = 0$ ist die Ebene der Flüssigkeitsoberfläche in großer Entfernung von der Wand. Die Krümmungsradien der Fläche $z = z(x)$ sind

$$R_1 = \infty\,, \qquad R_2 = -\frac{(1 + z'^2)^{3/2}}{z''}\,,$$

so daß die Gleichung (61,6) die Form

$$\frac{2z}{a^2} - \frac{z''}{(1 + z'^2)^{3/2}} = \text{const} \tag{1}$$

erhält (a ist die Kapillaritätskonstante). Für $x = \infty$ müssen $z = 0$ und $1/R_2 = 0$ sein, daher ist const $= 0$. Das erste Integral der erhaltenen Gleichung ist

$$\frac{1}{\sqrt{1 + z'^2}} = A - \frac{z^2}{a^2}. \tag{2}$$

Aus der Bedingung im Unendlichen ($z = 0$ und $z' = 0$ für $x = \infty$) erhalten wir $A = 1$. Die zweite Integration liefert

$$x = -\frac{a}{\sqrt{2}} \operatorname{arcosh} \frac{\sqrt{2}a}{z} + a\sqrt{2 - \frac{z^2}{a^2}} + x_0 .$$

Die Konstante x_0 muß so bestimmt werden, daß an der Wandfläche ($x = 0$) $z' = -\cot \Theta$ oder nach (2) $z = h$ ist; $h = a\sqrt{1 - \sin \Theta}$ ist die Steighöhe der Flüssigkeit an der Wand.

3. Welche Gestalt hat die Oberfläche der Flüssigkeit, die zwischen zwei vertikalen parallelen ebenen Platten hochsteigt (Abb. 43)?

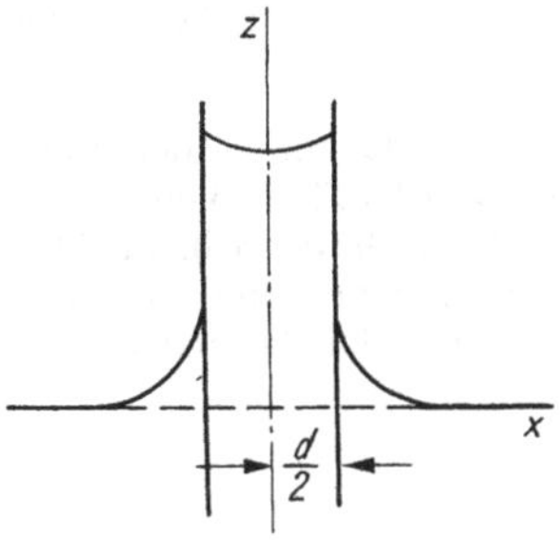

Abb. 43

Lösung. Wir legen die yz-Ebene in die Mitte zwischen die beiden Platten; die xy-Ebene soll mit der Flüssigkeitsoberfläche außerhalb des Raumes zwischen den Platten in großer Entfernung von ihnen übereinstimmen. Die Gleichung (1) der Aufgabe 2 stellt die Gleichgewichtsbedingung dar und gilt daher auf der ganzen Flüssigkeitsoberfläche (sowohl zwischen den Platten als auch außerhalb derselben). Die Bedingungen für $x = \infty$ ergeben in dieser Gleichung wieder const $= 0$. In dem Integral (2) der Gleichung (1) ist die Konstante A für $|x| > d/2$ und $|x| < d/2$ verschieden (für $|x| = d/2$ ist die Funktion $z(x)$ unstetig). Für den Raum zwischen den Platten haben wir die folgenden Bedingungen: Für $x = 0$ muß $z' = 0$ sein, für $x = d/2$ muß $z' = \cot \Theta$ sein, wenn Θ der Randwinkel ist. Nach (2) haben wir für die Höhen $z_0 = z(0)$ und $z_1 = z(d/2)$:

$$z_0 = a\sqrt{A - 1}, \qquad z_1 = a\sqrt{A - \sin \Theta}.$$

Die Integration von (2) ergibt

$$x = \int\limits_{z_0}^{z} \frac{(A - z^2/a^2)\,\mathrm{d}z}{\sqrt{1 - (A - z^2/a^2)^2}} = \frac{a}{2} \int\limits_{0}^{a\sqrt{A - \cos\xi} = z} \frac{\cos \xi \,\mathrm{d}\xi}{\sqrt{A - \cos \xi}};$$

ξ ist eine neue Variable, die mit z über die Beziehung $z = a\sqrt{A - \cos \xi}$ zusammenhängt. Das Integral ist ein elliptisches Integral und kann nicht durch elementare Funktionen ausgedrückt werden. Die Konstante A wird aus der Bedingung $z = z_1$ für $x = d/2$ bestimmt; es ergibt sich

$$d = a \int\limits_{0}^{\pi/2 - \Theta} \frac{\cos \xi \,\mathrm{d}\xi}{\sqrt{A - \cos \xi}}.$$

Die abgeleiteten Formeln geben die Gestalt der Flüssigkeitsoberfläche zwischen den beiden Platten an. Für $d \to 0$ strebt A gegen Unendlich. Daher haben wir für $d \ll a$

$$d \approx \frac{a}{\sqrt{A}} \int\limits_0^{\pi/2-\Theta} \cos\xi \, d\xi = \frac{a}{\sqrt{A}} \cos\Theta$$

und damit $A = \frac{a^2}{d^2} \cos^2\Theta$. Die Steighöhe der Flüssigkeit ist

$$z_0 \approx z_1 \approx \frac{a^2}{d} \cos\Theta\,;$$

diese Formel kann man selbstverständlich auch elementar herleiten.

4. Auf einer ebenen, horizontalen festen Oberfläche befindet sich (im Schwerefeld) eine dünne ungleichmäßig erwärmte Flüssigkeitsschicht. Ihre Temperatur ist eine gegebene Funktion der Koordinate x längs der Schicht; sie kann als unabhängig von der Koordinate z senkrecht zur Schicht angenommen werden (da der Flüssigkeitsfilm dünn sein soll). Die ungleichmäßige Erwärmung ruft eine stationäre Strömung der Flüssigkeit in dem Film hervor, durch die sich die Schichtdicke ζ längs der Schicht verändert. Man bestimme die Funktion $\zeta = \zeta(x)$.

Lösung. Zusammen mit der Temperatur sind auch die Dichte ϱ der Flüssigkeit und die Oberflächenspannung α gegebene Funktionen von x. Der Druck in der Flüssigkeit ist $p = p_0 + \varrho g(\zeta - z)$, wenn p_0 der Atmosphärendruck ist (der Druck auf die freie Oberfläche der Schicht). Die Druckänderung infolge der Oberflächenkrümmung kann man vernachlässigen. Man kann annehmen, daß die Strömungsgeschwindigkeit in der dünnen Schicht überall die x-Richtung hat. Die Bewegungsgleichung lautet

$$\eta \frac{\partial^2 v}{\partial z^2} = \frac{\partial p}{\partial x} = g\left[\frac{d(\varrho\zeta)}{dx} - z\frac{d\varrho}{dx}\right]. \tag{1}$$

Auf der festen Oberfläche ($z = 0$) haben wir $v = 0$, auf der freien Oberfläche ($z = \zeta$) muß die Randbedingung (61,14) erfüllt sein, die im vorliegenden Falle

$$\eta \left.\frac{dv}{dz}\right|_{z=\zeta} = \frac{d\alpha}{dx}$$

liefert. Wir integrieren die Gleichung (1) unter diesen Bedingungen und erhalten

$$\eta v = gz\left(\zeta - \frac{z}{2}\right)\frac{d(\varrho\zeta)}{dx} - \frac{gz}{6}(3\zeta^2 - z^2)\frac{d\varrho}{dx} - z\frac{d\alpha}{dx}. \tag{2}$$

Da die Strömung stationär ist, muß der gesamte Flüssigkeitsstrom durch einen Querschnitt der Schicht gleich Null sein: $\int_0^\zeta v\,dz = 0$. Setzen wir hier (2) ein, so erhalten wir die Gleichung

$$\frac{\varrho}{3}\frac{d\zeta^2}{dx} + \frac{\zeta^2}{4}\frac{d\varrho}{dx} = \frac{1}{g}\frac{d\alpha}{dx}$$

zur Bestimmung der Funktion $\zeta(x)$. Die Integration ergibt

$$g\zeta^2 = 3\varrho^{-3/4}\left[\int \varrho^{-1/4}\,d\alpha + \text{const}\right]. \tag{3}$$

Ändert sich die Temperatur (und damit auch ϱ und α) nur langsam in der Flüssigkeitsschicht, dann kann man (3) in der Form

$$\zeta^2 = \zeta_0^2\left(\frac{\varrho_0}{\varrho}\right)^{3/4} + \frac{3(\alpha - \alpha_0)}{\varrho g}$$

schreiben. ζ_0 ist der Wert von ζ in einem Punkt, wo $\varrho = \varrho_0$, $\alpha = \alpha_0$ ist.

§ 62. Kapillarwellen

Eine Flüssigkeitsoberfläche ist immer bestrebt, ihre Gleichgewichtsgestalt anzunehmen; die Ursache dafür bilden sowohl das auf die Flüssigkeit wirkende Schwerefeld wie auch die Oberflächenspannung. Wir haben aber bei der Untersuchung von Wellen auf Flüssigkeitsoberflächen in § 12 die Oberflächenspannung nicht berücksichtigt. Wir werden unten sehen, daß die Kapillarität die Schwerewellen mit kleinen Wellenlängen wesentlich beeinflußt.

Wie in § 12 werden wir voraussetzen, daß die Amplitude der Wellen im Vergleich zur Wellenlänge klein ist. Für das Geschwindigkeitspotential haben wir wie früher die Gleichung

$$\triangle\varphi = 0\,.$$

Auf der Flüssigkeitsoberfläche haben wir aber jetzt eine andere Bedingung. Die Differenz der Drücke auf beiden Seiten dieser Oberfläche muß nämlich jetzt nicht gleich Null sein, wie es in § 12 vorausgesetzt worden ist, sondern sie wird durch die Laplacesche Formel (61,3) gegeben.

Wir bezeichnen die z-Koordinate der Punkte auf der Flüssigkeitsoberfläche mit ζ. Da ζ klein ist, kann man den Ausdruck (61,11) verwenden und die Laplacesche Formel in der Form

$$p - p_0 = -\alpha\left(\frac{\partial^2\zeta}{\partial x^2} + \frac{\partial^2\zeta}{\partial y^2}\right)$$

schreiben. Hier ist p der Druck in der Flüssigkeit in der Nähe der Oberfläche, p_0 ist der konstante äußere Druck. Für p setzen wir nach (12,2)

$$p = -\varrho g\zeta - \varrho\frac{\partial\varphi}{\partial t}$$

ein und erhalten

$$\varrho g\zeta + \varrho\frac{\partial\varphi}{\partial t} - \alpha\left(\frac{\partial^2\zeta}{\partial x^2} + \frac{\partial^2\zeta}{\partial y^2}\right) = 0$$

(aus denselben Gründen wie in § 12 kann man die Konstante p_0 weglassen, indem man φ in geeigneter Weise definiert). Wir differenzieren diese Beziehung nach t und ersetzen darin $\partial\zeta/\partial t$ durch $\partial\varphi/\partial z$. Auf diese Weise ergibt sich die Randbedingung für das Potential φ in der Form

$$\left\{\varrho g\frac{\partial\varphi}{\partial z} + \varrho\frac{\partial^2\varphi}{\partial t^2} - \alpha\frac{\partial}{\partial z}\left(\frac{\partial^2\varphi}{\partial x^2} + \frac{\partial^2\varphi}{\partial y^2}\right)\right\}_{z=0} = 0\,. \tag{62,1}$$

Wir betrachten eine ebene, in x-Richtung fortschreitende Welle. Wie in § 12 erhalten wir die Lösung in der Gestalt

$$\varphi = A\,\mathrm{e}^{kz}\cos(kx - \omega t)\,.$$

Der Zusammenhang zwischen k und ω wird jetzt aus der Randbedingung (62,1) bestimmt und lautet

$$\omega^2 = gk + \frac{\alpha k^3}{\varrho} \tag{62,2}$$

(W. Thomson, 1871).

Für große Wellenlängen, die der Bedingung $k \ll \sqrt{\frac{g\varrho}{\alpha}}$ oder

$$k \ll \frac{1}{a}$$

genügen (a ist die Kapillaritätskonstante), kann man den Einfluß der Kapillarität vernachlässigen, und die Welle ist eine reine Schwerewelle. Im entgegengesetzten Falle kurzer Wellen kann man den Einfluß des Schwerefeldes vernachlässigen. Dann ist

$$\omega^2 = \frac{\alpha k^3}{\varrho}. \tag{62,3}$$

Solche Wellen heißen *Kapillarwellen* (oder *Kräuselwellen*). Im dazwischenliegenden Falle spricht man von *Kapillar-Schwerewellen.*

Wir wollen noch die Eigenschwingungen eines kugelförmigen Tropfens einer inkompressiblen Flüssigkeit unter dem Einfluß der Kapillarkräfte berechnen. Bei den Schwingungen wird die Oberfläche des Tropfens von der Kugelgestalt abweichen. Die Amplitude der Schwingungen werden wir wie üblich als klein voraussetzen.

Wir beginnen mit der Berechnung der Summe $\frac{1}{R_1} + \frac{1}{R_2}$ für eine Fläche, die sich ein wenig von einer Kugelfläche unterscheidet. Wir gehen dabei ähnlich wie bei der Ableitung der Formel (61,11) vor. Der Flächeninhalt einer Fläche, die in Kugelkoordinaten r, Θ, φ[1]) durch die Funktion $r = r(\Theta, \varphi)$ gegeben wird, ist bekanntlich gleich dem Integral

$$f = \int_0^{2\pi}\int_0^{\pi} \sqrt{r^2 + \left(\frac{\partial r}{\partial \Theta}\right)^2 + \frac{1}{\sin^2\Theta}\left(\frac{\partial r}{\partial \varphi}\right)^2}\; r \sin\Theta \,\mathrm{d}\Theta \,\mathrm{d}\varphi\,. \tag{62,4}$$

Eine Kugelfläche wird durch die Gleichung $r = \text{const} \equiv R$ (R ist der Kugelradius) dargestellt; eine benachbarte Fläche wird durch die Gleichung $r = R + \zeta$ mit kleinem ζ beschrieben. Setzen wir das in (62,4) ein, so haben wir genähert

$$f = \int_0^{2\pi}\int_0^{\pi} \left\{(R+\zeta)^2 + \frac{1}{2}\left[\left(\frac{\partial \zeta}{\partial \Theta}\right)^2 + \frac{1}{\sin^2\Theta}\left(\frac{\partial \zeta}{\partial \varphi}\right)^2\right]\right\} \sin\Theta \,\mathrm{d}\Theta \,\mathrm{d}\varphi\,.$$

Wir wollen jetzt die Änderung δf der Fläche bei einer Variation von ζ berechnen und haben

$$\delta f = \int_0^{2\pi}\int_0^{\pi} \left\{2(R+\zeta)\,\delta\zeta + \frac{\partial \zeta}{\partial \Theta}\frac{\partial \delta\zeta}{\partial \Theta} + \frac{1}{\sin^2\Theta}\frac{\partial \zeta}{\partial \varphi}\frac{\partial \delta\zeta}{\partial \varphi}\right\} \sin\Theta \,\mathrm{d}\Theta \,\mathrm{d}\varphi\,.$$

Den zweiten Term integrieren wir partiell über den Winkel Θ, den dritten über φ und erhalten

$$\delta f = \int_0^{2\pi}\int_0^{\pi} \left\{2(R+\zeta) - \frac{1}{\sin\Theta}\frac{\partial}{\partial \Theta}\left(\sin\Theta\,\frac{\partial \zeta}{\partial \Theta}\right) - \frac{1}{\sin^2\Theta}\frac{\partial^2 \zeta}{\partial \varphi^2}\right\} \delta\zeta \sin\Theta \,\mathrm{d}\Theta \,\mathrm{d}\varphi\,.$$

[1]) Im folgenden Teil dieses Paragraphen ist φ das Azimut der Kugelkoordinaten, das Geschwindigkeitspotential werden wir mit ψ bezeichnen.

Den Ausdruck in der geschweiften Klammer dividieren wir durch $R(R + 2\zeta)$. Der Ausdruck, der dann im Integranden als Faktor bei

$$\delta\zeta \, \mathrm{d}f \approx \delta\zeta \, R(R + 2\zeta) \sin\Theta \, \mathrm{d}\Theta \, \mathrm{d}\varphi$$

steht, stellt nach Formel (61,2) gerade die gesuchte Summe der reziproken Krümmungsradien bis zu Gliedern einschließlich erster Ordnung in ζ dar. Wir erhalten auf diese Weise

$$\frac{1}{R_1} + \frac{1}{R_2} = \frac{2}{R} - \frac{2\zeta}{R^2} - \frac{1}{R^2}\left\{\frac{1}{\sin^2\Theta}\frac{\partial^2\zeta}{\partial\varphi^2} + \frac{1}{\sin\Theta}\frac{\partial}{\partial\Theta}\left(\sin\Theta\,\frac{\partial\zeta}{\partial\Theta}\right)\right\}. \tag{62,5}$$

Der erste Term entspricht einer reinen Kugelfläche, für die $R_1 = R_2 = R$ ist.

Das Geschwindigkeitspotential ψ erfüllt die Laplacesche Gleichung $\triangle\psi = 0$ mit der Randbedingung (analog zu der für die ebene Oberfläche)

$$\varrho\,\frac{\partial\psi}{\partial t} + \alpha\left\{\frac{2}{R} - \frac{2\zeta}{R^2} - \frac{1}{R^2}\left[\frac{1}{\sin\Theta}\frac{\partial}{\partial\Theta}\left(\sin\Theta\,\frac{\partial\zeta}{\partial\Theta}\right) + \frac{1}{\sin^2\Theta}\frac{\partial^2\zeta}{\partial\varphi^2}\right]\right\} + p_0 = 0$$

für $r = R$. Die Konstante $\dfrac{2\alpha}{R} + p_0$ kann man in dieser Bedingung wieder weglassen. Wir differenzieren nach der Zeit und ersetzen

$$\frac{\partial\zeta}{\partial t} = v_r = \frac{\partial\psi}{\partial r};$$

so finden wir die Randbedingung für ψ endgültig in der Gestalt

$$\varrho\,\frac{\partial^2\psi}{\partial t^2} - \frac{\alpha}{R^2}\left\{2\,\frac{\partial\psi}{\partial r} + \frac{\partial}{\partial r}\left[\frac{1}{\sin\Theta}\frac{\partial}{\partial\Theta}\left(\sin\Theta\,\frac{\partial\psi}{\partial\Theta}\right) + \frac{1}{\sin^2\Theta}\frac{\partial^2\psi}{\partial\varphi^2}\right]\right\} = 0 \quad \text{für} \quad r = R. \tag{62,6}$$

Wir werden die Lösung als stehende Welle ansetzen:

$$\psi = \mathrm{e}^{-\mathrm{i}\omega t} f(r, \Theta, \varphi).$$

Die Funktion f genügt dabei der Laplaceschen Gleichung $\triangle f = 0$. Bekanntlich kann jede Lösung der Laplaceschen Gleichung als Linearkombination von räumlichen Kugelfunktionen der Gestalt

$$r^l Y_{lm}(\Theta, \varphi)$$

dargestellt werden, wobei die $Y_{lm}(\Theta, \varphi)$ die Kugelflächenfunktionen

$$Y_{lm}(\Theta, \varphi) = P_l^m(\cos\Theta)\,\mathrm{e}^{\mathrm{i}m\varphi}$$

sind. Hier sind

$$P_l^m(\cos\Theta) = \sin^m\Theta\,\frac{d^m P_l(\cos\Theta)}{d(\cos\Theta)^m}$$

die zugeordneten Legendreschen Polynome ($P_l(\cos\Theta)$ ist das Legendresche Polynom l-ter Ordnung). Bekanntlich durchläuft l alle positiven ganzzahligen Werte einschließlich Null, m nimmt bei festem l die Werte $m = 0, \pm 1, \pm 2, \ldots, \pm l$ an.

Dementsprechend setzen wir eine spezielle Lösung unseres Problems in der Form

$$\psi = A\,\mathrm{e}^{-\mathrm{i}\omega t}\, r^l P_l^m(\cos\Theta)\,\mathrm{e}^{\mathrm{i}m\varphi} \tag{62,7}$$

an. Die Frequenz ω wird so bestimmt, daß die Randbedingung (62,6) erfüllt ist. Setzen wir den Ausdruck (62,7) in diese Gleichung ein und beachten, daß die Kugelfunktionen Y_{lm} der Gleichung

$$\frac{1}{\sin\Theta}\frac{\partial}{\partial\Theta}\left(\sin\Theta\,\frac{\partial Y_{lm}}{\partial\Theta}\right) + \frac{1}{\sin^2\Theta}\frac{\partial^2 Y_{lm}}{\partial\varphi^2} + l(l+1)\,Y_{lm} = 0$$

genügen, dann finden wir (nachdem wir den gemeinsamen Faktor ψ gekürzt haben)

$$\varrho\omega^2 + \frac{l\alpha}{R^3}\{2 - l(l+1)\} = 0\,,$$

und daraus

$$\omega^2 = \frac{\alpha}{\varrho R^3}\, l(l-1)\,(l+2) \tag{62,8}$$

(RAYLEIGH, 1879).

Diese Formel gibt die Eigenfrequenzen der Schwingungen eines kugelförmigen Tropfens unter dem Einfluß der Kapillarkräfte an. Die Eigenfrequenzen hängen nur von l, aber nicht von m ab. Für ein festes l gibt es $2l + 1$ verschiedene Funktionen (62,7). Jede einzelne Frequenz (62,8) gehört also zu $2l + 1$ verschiedenen Eigenschwingungen. Die voneinander unabhängigen Eigenschwingungen mit den gleichen Frequenzen bezeichnet man als entartet. Im gegebenen Falle liegt eine $(2l + 1)$-fache Entartung vor.

Der Ausdruck (62,8) verschwindet für $l = 0$ und $l = 1$. Der Wert $l = 0$ würde radialen Schwingungen entsprechen, d. h. kugelsymmetrischen Pulsationen des Tropfens; in einer inkompressiblen Flüssigkeit sind solche Schwingungen offensichtlich nicht möglich. Für $l = 1$ wäre die entsprechende Bewegung einfach eine Translation des ganzen Tropfens. Die kleinste mögliche Schwingungsfrequenz des Tropfens gehört zu $l = 2$ und ist

$$\omega_{\min}^2 = \frac{8\alpha}{\varrho R^3}\,. \tag{62,9}$$

Aufgaben

1. Wie hängt die Frequenz von der Wellenzahl für Kapillar-Schwerewellen auf der Oberfläche einer Flüssigkeit ab, deren Tiefe h ist?

Lösung. Wir setzen

$$\varphi = A\cos(kx - \omega t)\cosh k(z + h)$$

in die Bedingung (62,1) ein (siehe Aufgabe 1, § 12) und erhalten

$$\omega^2 = \left(gk + \frac{\alpha k^3}{\varrho}\right)\tanh kh\,.$$

Für $kh \gg 1$ kommen wir zur Formel (62,2) zurück, und für lange Wellen ($kh \ll 1$) haben wir

$$\omega^2 = ghk^2 + \frac{\alpha h k^4}{\varrho}.$$

2. Man berechne den Dämpfungsfaktor für Kapillarwellen.

Lösung. Wir setzen (62,3) in (25,5) ein und erhalten

$$\gamma = \frac{2\eta k^2}{\varrho} = \frac{2\eta\omega^{4/3}}{\varrho^{1/3}\alpha^{2/3}}.$$

3. Man leite die Stabilitätsbedingungen für eine tangentiale Unstetigkeit im Schwerefeld unter Berücksichtigung der Oberflächenspannung ab; die Flüssigkeiten auf den beiden Seiten der Unstetigkeitsfläche werden als verschieden vorausgesetzt (Kelvin, 1871).

Lösung. U sei die Relativgeschwindigkeit der oberen Flüssigkeitsschicht gegenüber der unteren. Wir überlagern der Grundströmung eine längs der horizontalen Achse periodische Störung und setzen das Geschwindigkeitspotential in der folgenden Form an:
in der unteren Flüssigkeit als

$$\varphi = A\,\mathrm{e}^{kz}\cos(kx - \omega t),$$

in der oberen als

$$\varphi' = A'\,\mathrm{e}^{-kz}\cos(kx - \omega t) + Ux.$$

Für die untere Flüssigkeit haben wir auf der Unstetigkeitsfläche

$$v_z = \frac{\partial\varphi}{\partial z} = \frac{\partial\zeta}{\partial t}$$

(ζ ist die vertikale Koordinate auf der Unstetigkeitsfläche), in der oberen ist

$$v'_z = \frac{\partial\varphi'}{\partial z} = U\frac{\partial\zeta}{\partial x} + \frac{\partial\zeta}{\partial t}.$$

Die Bedingung, daß die Drücke auf der Unstetigkeitsfläche in beiden Flüssigkeiten gleich sein müssen, lautet

$$\varrho\frac{\partial\varphi}{\partial t} + \varrho g\zeta - \alpha\frac{\partial^2\zeta}{\partial x^2} = \varrho'\frac{\partial\varphi'}{\partial t} + \varrho' g\zeta + \frac{\varrho'}{2}(v'^2 - U^2)$$

(bei der Auflösung des Ausdruckes $v'^2 - U^2$ müssen nur die Glieder erster Ordnung in A' beibehalten werden). Die Verschiebung ζ setzen wir in der Form $\zeta = a\sin(kx - \omega t)$ an. In die aufgeschriebenen drei Bedingungen für $z = 0$ setzen wir φ, φ' und ζ ein und erhalten drei Gleichungen, aus denen wir a, A und A' eliminieren. Wir finden

$$\omega = \frac{k\varrho' U}{\varrho + \varrho'} \pm \sqrt{\frac{kg(\varrho - \varrho')}{\varrho + \varrho'} - \frac{k^2\varrho\varrho' U^2}{(\varrho + \varrho')^2} + \frac{\alpha k^3}{\varrho + \varrho'}}.$$

Damit dieser Ausdruck für alle k reell ist, muß die Bedingung

$$U^4 \leqq \frac{4\alpha g(\varrho - \varrho')(\varrho + \varrho')^2}{\varrho^2\varrho'^2}$$

erfüllt sein. Ist das nicht der Fall, dann gibt es komplexe ω mit positivem Imaginärteil, und die Strömung ist instabil.

§ 63. Der Einfluß adsorbierter Filme auf die Bewegung einer Flüssigkeit

Ein Film aus einer an der Flüssigkeitsoberfläche adsorbierten Substanz kann die hydrodynamischen Eigenschaften der freien Flüssigkeitsoberfläche wesentlich verändern; denn bei einer Änderung der Oberflächengestalt infolge einer Bewegung der Flüssigkeit wird der Film ausgedehnt oder zusammengedrückt, d. h., die Flächenkonzentration der adsorbierten Substanz wird verändert. Diese Änderung ruft zusätzliche Kräfte hervor, die in den Randbedingungen an einer freien Flüssigkeitsoberfläche berücksichtigt werden müssen.

Wir beschränken uns hier auf die Behandlung adsorbierter Filme aus Substanzen, die man als in der Flüssigkeit unlöslich ansehen kann. Dies bedeutet, daß sich die betreffende Substanz nur auf der Oberfläche befindet und nicht in das Innere der Flüssigkeit eindringt. Wäre die oberflächenaktive Substanz in merklichem Grade löslich, dann müßte man auch die Diffusion dieser Substanz zwischen dem Oberflächenfilm und dem Flüssigkeitsvolumen in Betracht ziehen, die bei einer Konzentrationsänderung im Film auftritt.

Ist auf einer Flüssigkeitsoberfläche eine Substanz adsorbiert, dann hängt die Oberflächenspannung α von der Flächenkonzentration dieser Substanz ab (von der Substanzmenge pro Flächeneinheit), die wir mit γ bezeichnen wollen. Ändert sich γ auf der Oberfläche, dann ist auch α eine Funktion der Koordinaten der Oberflächenpunkte. Im Zusammenhang damit wird in der Randbedingung auf der Flüssigkeitsoberfläche eine tangentiale Kraft addiert, über die wir schon am Schluß von § 61 gesprochen haben (Bedingung (61,14)). Im vorliegenden Falle wird der Gradient von α durch den Gradienten der Flächenkonzentration ausgedrückt, so daß die auf die Oberfläche wirkende Tangentialkraft

$$f_t = \frac{\partial \alpha}{\partial \gamma} \operatorname{grad} \gamma \tag{63,1}$$

ist. In § 61 ist bereits erwähnt worden, daß die Randbedingung (61,14) mit dieser Kraft nur für eine zähe Flüssigkeit erfüllt werden kann. In Fällen, bei denen die Zähigkeit einer Flüssigkeit klein und für die betrachtete Erscheinung unwesentlich ist, braucht folglich auch ein Film auf der Oberfläche nicht berücksichtigt zu werden.

Bei der Berechnung der Bewegung einer Flüssigkeit, die mit einem Film überzogen ist, muß man zu den Bewegungsgleichungen der Flüssigkeit mit der Randbedingung (61,14) noch eine Gleichung hinzunehmen, weil jetzt eine unbekannte Größe mehr vorhanden ist (die Flächenkonzentration γ). Diese zusätzliche Gleichung ist die Kontinuitätsgleichung, die die Konstanz der Gesamtmenge der adsorbierten Substanz im Film ausdrückt. Die konkrete Form dieser Gleichung hängt von der Oberflächengestalt ab. Für eine ebene Oberfläche hat sie offensichtlich die Form

$$\frac{\partial \gamma}{\partial t} + \frac{\partial (\gamma v_x)}{\partial x} + \frac{\partial (\gamma v_y)}{\partial y} = 0\,, \tag{63,2}$$

wobei alle Größen auf der Flüssigkeitsoberfläche zu nehmen sind (wir haben diese Oberfläche als xy-Ebene gewählt).

Die Berechnung der Bewegung einer Flüssigkeit, die mit einem adsorbierten Film überzogen ist, vereinfacht sich wesentlich, wenn man den Film als inkompressibel ansehen kann, d. h., wenn man die Fläche jedes Oberflächenelementes des Filmes während der Bewegung als konstant annehmen kann.

Ein Beispiel dafür, wie wesentlich ein adsorbierter Film in hydrodynamischer Hinsicht sein kann, ist die Bewegung einer Gasblase in einer zähen Flüssigkeit. Befindet sich auf der Oberfläche der Blase kein Film, dann führt das Gas im Inneren ebenfalls eine Bewegung aus. Der Widerstand dieser Blase in der Flüssigkeit ist verschieden von dem Widerstand, den eine feste Kugel mit gleichem Radius erfahren würde (siehe Aufgabe 2, § 20). Ist die Blase mit einem Film aus einer adsorbierten Substanz bedeckt, dann ist zunächst aus Symmetrieüberlegungen unmittelbar klar, daß der Film bei der Bewegung der Blase in Ruhe bleibt. Tatsächlich könnte eine Strömung in dem Film nur längs eines Meridians auf der Oberfläche der Blase vor sich gehen. Infolge dieser Strömung würde sich die Substanz des Filmes kontinuierlich an einem Pol der Blase ansammeln (die adsorbierte Substanz dringt nicht in das Gas oder die Flüssigkeit ein), was aber unmöglich ist. Zusammen mit der Geschwindigkeit des Filmes muß auch die Geschwindigkeit des Gases auf der Oberfläche der Blase gleich Null sein. Unter diesen Randbedingungen bleibt das Gas im Inneren der Blase überhaupt in Ruhe. Eine mit einem Film bedeckte Blase bewegt sich also wie eine feste Kugel, und insbesondere ihr Widerstand wird (für kleine Reynolds-Zahlen) durch die Stokessche Formel gegeben (W. G. Lewitsch).

Aufgaben

1. Zwei Gefäße sind durch einen tiefen langen Kanal mit planparallelen Wänden miteinander verbunden (die Breite des Kanals ist a, die Länge l). Die Oberfläche der Flüssigkeit in den Gefäßen und im Kanal ist mit einem adsorbierten Film bedeckt. Die Flächenkonzentrationen γ_1 und γ_2 des Filmes in den beiden Gefäßen sind verschieden, infolgedessen entsteht in der Nähe der Flüssigkeitsoberfläche im Kanal eine Strömung. Man berechne die Menge der bei dieser Strömung transportierten Substanz des Filmes (W. G. Lewitsch).

Lösung. Wir wählen eine Wand des Kanals als xz-Ebene und die Flüssigkeitsoberfläche als xy-Ebene, so daß die x-Achse die Richtung des Kanals hat. Die Flüssigkeit füllt den Bereich $z < 0$. Ein Druckgradient ist nicht vorhanden, so daß die Gleichung für eine stationäre Strömung der Flüssigkeit (vgl. § 17)

$$\frac{\partial^2 v}{\partial y^2} + \frac{\partial^2 v}{\partial z^2} = 0 \tag{1}$$

ist; v ist die offensichtlich zur x-Achse parallele Strömungsgeschwindigkeit. Längs des Kanals besteht der Konzentrationsgradient $\mathrm{d}\gamma/\mathrm{d}x$. Auf der Flüssigkeitsoberfläche im Kanal gilt die Randbedingung

$$\eta \frac{\partial v}{\partial z} = \frac{\mathrm{d}\alpha}{\mathrm{d}x} \quad \text{für} \quad z = 0\,. \tag{2}$$

An den Wänden des Kanals muß die Flüssigkeit ruhen:

$$v = 0 \quad \text{für} \quad y = 0 \quad \text{und} \quad y = a\,. \tag{3}$$

Wir nehmen den Kanal als unendlich tief an, daher ist

$$v = 0 \quad \text{für} \quad z \to -\infty\,. \tag{4}$$

Spezielle Lösungen der Gleichung (1), die den Bedingungen (3) und (4) genügen, sind

$$\text{const} \cdot \sin\,(2n + 1)\frac{\pi y}{a} \cdot \mathrm{e}^{(2n+1)\pi z/a}$$

mit ganzzahligem n. Der Bedingung (2) genügt die Summe

$$v = \frac{4a}{\eta\pi^2}\frac{\mathrm{d}\alpha}{\mathrm{d}x}\sum_{n=0}^{\infty}\frac{\sin(2n+1)\dfrac{\pi y}{a}\, e^{(2n+1)\pi z/a}}{(2n+1)^2}.$$

Die Menge der (pro Zeiteinheit) transportierten Substanz des Filmes ist

$$Q = \int_0^a \gamma v|_{z=0}\,\mathrm{d}y = \frac{8a^2}{\eta\pi^3}\left(\sum_{n=0}^{\infty}\frac{1}{(2n+1)^3}\right)\gamma\frac{\mathrm{d}\alpha}{\mathrm{d}x}$$

(die Strömung verläuft in Richtung zunehmender α). Die Größe Q muß offensichtlich längs des Kanals konstant sein. Daher können wir

$$\gamma\frac{\mathrm{d}\alpha}{\mathrm{d}x} = \text{const} \equiv \frac{1}{l}\int_0^l \gamma\frac{\mathrm{d}\alpha}{\mathrm{d}x}\,\mathrm{d}x = \frac{1}{l}\int_{\alpha_2}^{\alpha_1}\gamma\,\mathrm{d}\alpha$$

schreiben, wenn $\alpha_1 = \alpha(\gamma_1)$, $\alpha_2 = \alpha(\gamma_2)$ und $\alpha_1 > \alpha_2$ vorausgesetzt wird. Wir erhalten endgültig

$$Q = \frac{8a^2}{\eta l\pi^3}\left(\sum_{n=0}^{\infty}\frac{1}{(2n+1)^3}\right)\int_{\alpha_2}^{\alpha_1}\gamma\,\mathrm{d}\alpha = 0{,}27\,\frac{a^2}{\eta l}\int_{\alpha_2}^{\alpha_1}\gamma\,\mathrm{d}\alpha\,.$$

2. Man berechne den Dämpfungsfaktor für Kapillarwellen auf der Oberfläche einer Flüssigkeit, die mit einem adsorbierten Film bedeckt ist (W. G. Lewitsch).

Lösung. Die Zähigkeit der Flüssigkeit sei nicht zu groß. Die (tangentialen) Dehnungskräfte, die die Flüssigkeit auf den Film ausübt, sind dann klein, und man kann den Film als inkompressibel ansehen. Damit kann man die Energiedissipation als Dissipation in der Nähe einer festen Wand berechnen, d. h. nach der Formel (24,14). Wir schreiben das Geschwindigkeitspotential in der Form

$$\varphi = \varphi_0\,\mathrm{e}^{\mathrm{i}(kx-\omega t)}\,\mathrm{e}^{-kz}$$

und erhalten für die Energiedissipation pro Flächeneinheit

$$\bar{\dot{E}}_{\text{kin}} = -\sqrt{\frac{\varrho\eta\omega}{8}}\,|k\varphi_0|^2\,.$$

Die Gesamtenergie (ebenfalls pro Flächeneinheit) ist

$$\bar{E} = \varrho\int\overline{v^2}\,\mathrm{d}z = \frac{\varrho}{2k}\,|k\varphi_0|^2\,.$$

Der Dämpfungsfaktor ist (wir verwenden die Beziehung (62,3))

$$\gamma = \frac{\omega^{7/6}\eta^{1/2}}{2\sqrt{2}\alpha^{1/3}\varrho^{1/6}} = \frac{k^{7/4}\eta^{1/2}\alpha^{1/4}}{2\sqrt{2}\varrho^{3/4}}.$$

Das Verhältnis dieser Größe zum Dämpfungsfaktor für Kapillarwellen auf einer reinen Flüssigkeitsoberfläche (Aufgabe 2, § 62) ist gleich

$$\frac{1}{4\sqrt{2}}\left(\frac{\alpha\varrho}{k\eta^2}\right)^{1/4}.$$

Es ist groß gegen 1, wenn die Wellenlänge nicht außergewöhnlich klein ist. Durch einen adsorbierten Film auf der Flüssigkeitsoberfläche wird also der Dämpfungsfaktor für die Wellen beträchtlich vergrößert.

VIII DER SCHALL

§ 64. Schallwellen

Wir gehen jetzt zum Studium der Bewegungen einer kompressiblen Flüssigkeit (oder eines Gases) über und beginnen mit der Untersuchung kleiner Schwingungen in einem solchen Medium. Eine Schwingungsbewegung mit kleinen Amplituden in einer kompressiblen Flüssigkeit wird als *Schallwelle* bezeichnet. In einer Schallwelle wird die Flüssigkeit an jedem Ort abwechselnd verdichtet und verdünnt.

Da die Schwingungen in einer Schallwelle klein sein sollen, ist auch die Geschwindigkeit $\boldsymbol{v}$ klein, so daß man in der Eulerschen Gleichung den Term $(\boldsymbol{v}\nabla)\,\boldsymbol{v}$ vernachlässigen kann. Aus dem gleichen Grunde sind auch die relativen Dichte- und Druckänderungen in der Flüssigkeit klein. Wir werden die Variablen p und ϱ in der Form

$$p = p_0 + p', \qquad \varrho = \varrho_0 + \varrho' \tag{64,1}$$

schreiben. ϱ_0 und p_0 sind die konstante Dichte und der konstante Druck der Flüssigkeit im Gleichgewicht, ϱ' und p' sind deren Änderungen in der Schallwelle ($\varrho' \ll \varrho_0$, $p' \ll p_0$).

Die Kontinuitätsgleichung

$$\frac{\partial \varrho}{\partial t} + \operatorname{div}(\varrho \boldsymbol{v}) = 0$$

erhält durch Einsetzen von (64,1) und Vernachlässigen der kleinen Größen zweiter Ordnung (ϱ', p' und $\boldsymbol{v}$ hat man dabei als Größen erster Ordnung anzusehen) die Gestalt

$$\frac{\partial \varrho'}{\partial t} + \varrho_0 \operatorname{div} \boldsymbol{v} = 0\,. \tag{64,2}$$

Die Eulersche Gleichung

$$\frac{\partial \boldsymbol{v}}{\partial t} + (\boldsymbol{v}\nabla)\,\boldsymbol{v} = -\frac{1}{\varrho}\nabla p$$

reduziert sich in derselben Näherung auf die Gleichung

$$\frac{\partial \boldsymbol{v}}{\partial t} + \frac{1}{\varrho_0}\nabla p' = 0\,. \tag{64,3}$$

Die linearisierten Bewegungsgleichungen (64,2) und (64,3) können für die Ausbreitung von Schallwellen unter der Bedingung angewendet werden, daß die Geschwindigkeit der

Flüssigkeitsteilchen in der Welle gegenüber der Schallgeschwindigkeit klein ist: $v \ll c$. Diese Bedingung kann man z. B. aus der Forderung $\varrho' \ll \varrho_0$ (s. u. Formel (64,12)) ableiten.

Die Gleichungen (64,2) und (64,3) enthalten die unbekannten Funktionen $\boldsymbol{v}$, p' und ϱ'. Um eine dieser unbekannten Funktionen zu eliminieren, bemerken wir, daß eine Schallwelle in einer idealen Flüssigkeit, wie auch jede andere Bewegung in einer solchen Flüssigkeit, ein adiabatischer Vorgang ist. Die kleine Druckänderung p' hängt daher mit der kleinen Dichteänderung ϱ' über die Gleichung

$$p' = \left(\frac{\partial p}{\partial \varrho_0}\right)_s \varrho' \tag{64,4}$$

zusammen. Diese Beziehung verwenden wir, um ϱ' in (64,2) durch p' zu ersetzen, und erhalten

$$\frac{\partial p'}{\partial t} + \varrho_0 \left(\frac{\partial p}{\partial \varrho_0}\right)_s \operatorname{div} \boldsymbol{v} = 0\,. \tag{64,5}$$

Die beiden Gleichungen (64,3) und (64,5) mit den Unbekannten $\boldsymbol{v}$ und p beschreiben eine Schallwelle vollständig.

Um alle unbekannten Größen durch eine einzige auszudrücken, ist es zweckmäßig, durch $\boldsymbol{v} = \operatorname{grad} \varphi$ das Geschwindigkeitspotential einzuführen. Aus (64,3) erhalten wir die Gleichung

$$p' = -\varrho \frac{\partial \varphi}{\partial t}, \tag{64,6}$$

die p' mit φ verknüpft (die Indizes von p_0 und ϱ_0 lassen wir hier und im folgenden der Kürze halber weg). Nun finden wir aus (64,5) die Gleichung

$$\frac{\partial^2 \varphi}{\partial t^2} - c^2 \triangle \varphi = 0\,, \tag{64,7}$$

der das Potential φ genügen muß. Hier haben wir die Bezeichnung

$$c = \sqrt{\left(\frac{\partial p}{\partial \varrho}\right)_s} \tag{64,8}$$

eingeführt. Eine Gleichung des Typs (64,7) heißt *Wellengleichung*. Bilden wir von (64,7) den Gradienten, dann sehen wir, daß jede der drei Komponenten der Geschwindigkeit $\boldsymbol{v}$ eine solche Gleichung erfüllt; durch Bildung der Zeitableitung finden wir auch für den Druck p' (und damit auch für ϱ') diese Wellengleichung.

Wir wollen eine Schallwelle behandeln, bei der alle Größen nur von einer Koordinate, sagen wir von x, abhängen. Mit anderen Worten, die ganze Bewegung soll in der yz-Ebene homogen sein. Eine solche Welle bezeichnet man als ebene Welle. Die Wellengleichung (64,7) nimmt jetzt die Gestalt

$$\frac{\partial^2 \varphi}{\partial x^2} - \frac{1}{c^2} \frac{\partial^2 \varphi}{\partial t^2} = 0 \tag{64,9}$$

an. Zur Lösung dieser Gleichung führen wir statt x und t die neuen Variablen

$$\xi = x - ct\,, \qquad \eta = x + ct$$

ein. Wie man sich leicht überzeugen kann, lautet die Gleichung (64,9) in diesen Variablen

$$\frac{\partial^2 \varphi}{\partial \eta \, \partial \xi} = 0 .$$

Diese Gleichung integrieren wir über ξ und finden

$$\frac{\partial \varphi}{\partial \eta} = F(\eta) ,$$

wobei $F(\eta)$ eine willkürliche Funktion ist. Durch nochmalige Integration erhalten wir $\varphi = f_1(\xi) + f_2(\eta)$ mit beliebigen Funktionen f_1 und f_2. Es ist also

$$\varphi = f_1(x - ct) + f_2(x + ct) . \tag{64,10}$$

Durch Funktionen dieser Art werden auch die Verteilungen der übrigen Größen (p', ϱ' und $\boldsymbol{v}$) in einer ebenen Welle beschrieben.

Um etwas Bestimmtes zu betrachten, wollen wir uns mit der Dichte $\varrho' = f_1(x - ct) + f_2(x + ct)$ befassen. Es sei beispielsweise $f_2 = 0$, so daß $\varrho' = f_1(x - ct)$ ist. Wir wollen uns die anschauliche Bedeutung dieser Lösung klarmachen. In jeder Ebene $x = \text{const}$ ist die Dichte zeitlich veränderlich; zu einer festen Zeit ist die Dichte für verschiedene x verschieden. Offensichtlich ist die Dichte für diejenigen x und diejenigen Zeiten t gleich, die der Beziehung $x - ct = \text{const}$ oder

$$x = \text{const} + ct$$

genügen. Hat die Dichte der Flüssigkeit zu einer Zeit $t = 0$ in einem Punkt einen bestimmten Wert, dann hat die Dichte nach der Zeit t denselben Wert im Abstand ct (in x-Richtung) vom Ausgangsort (dasselbe gilt auch für die übrigen Größen der Welle). Wir können sagen, daß sich der Bewegungszustand in dem Medium längs der x-Achse mit der Geschwindigkeit c ausbreitet, die als Schallgeschwindigkeit bezeichnet wird.

$f_1(x - ct)$ stellt also, wie man sagt, eine *fortschreitende ebene* Welle dar, die sich in positiver x-Richtung ausbreitet. Offenbar stellt $f_2(x + ct)$ eine Welle dar, die sich in negativer x-Richtung ausbreitet.

Von den drei Komponenten der Geschwindigkeit $\boldsymbol{v} = \text{grad}\, \varphi$ ist in der ebenen Welle nur die Komponente $v_x = \partial\varphi/\partial x$ von Null verschieden. Die Geschwindigkeit der Flüssigkeitsteilchen in einer Schallwelle liegt also in der Ausbreitungsrichtung der Welle. In diesem Zusammenhang sagt man, daß die Schallwellen in einer Flüssigkeit longitudinale Wellen sind.

In einer fortschreitenden ebenen Welle bestehen zwischen der Geschwindigkeit $v_x = v$, dem Druck p' und der Dichte ϱ' einfache Beziehungen. Wir setzen $\varphi = f(x - ct)$ und haben

$$v = \frac{\partial \varphi}{\partial x} = f'(x - ct) , \qquad p' = -\varrho \frac{\partial \varphi}{\partial t} = \varrho c f'(x - ct) .$$

Aus dem Vergleich dieser beiden Ausdrücke finden wir

$$v = \frac{p'}{\varrho c} . \tag{64,11}$$

Hier setzen wir nach (64,4) $p' = c^2\varrho'$ und erhalten den folgenden Zusammenhang zwischen der Geschwindigkeit und der Dichteänderung:

$$v = \frac{c\varrho'}{\varrho}. \tag{64,12}$$

Wir wollen auch den Zusammenhang zwischen der Geschwindigkeit und den Temperaturschwankungen in einer Schallwelle angeben. Es ist $T' = \left(\frac{\partial T}{\partial p}\right)_s p'$. Unter Verwendung der aus der Thermodynamik bekannten Formel

$$\left(\frac{\partial T}{\partial p}\right)_s = \frac{T}{c_p}\left(\frac{\partial V}{\partial T}\right)_p$$

und der Formel (64,11) erhalten wir

$$T' = \frac{c\beta T}{c_p} v, \tag{64,13}$$

worin $\beta = \frac{1}{V}\left(\frac{\partial V}{\partial T}\right)_p$ der thermische Ausdehnungskoeffizient ist.

Die Formel (64,8) gibt die Schallgeschwindigkeit durch die adiabatische Kompressibilität der Substanz an. Die letztere ist mit der isothermen Kompressibilität durch die aus der Thermodynamik bekannte Formel

$$\left(\frac{\partial p}{\partial \varrho}\right)_s = \frac{c_p}{c_v}\left(\frac{\partial p}{\partial \varrho}\right)_T \tag{64,14}$$

verknüpft. Wir wollen die Schallgeschwindigkeit in einem (im Sinne der Thermodynamik) idealen Gas berechnen. Die Zustandsgleichung eines idealen Gases lautet

$$pV = \frac{p}{\varrho} = \frac{RT}{\mu},$$

wobei R die Gaskonstante und μ die Molmasse sind. Für die Schallgeschwindigkeit erhalten wir den Ausdruck

$$c = \sqrt{\frac{\gamma RT}{\mu}}. \tag{64,15}$$

Mit γ haben wir hier das Verhältnis c_p/c_v bezeichnet: $\gamma = c_p/c_v$. Da γ normalerweise nur wenig von der Temperatur abhängt, kann man die Schallgeschwindigkeit in einem Gas als zur Wurzel aus der Temperatur proportional ansehen.[1]) Bei fester Temperatur hängt sie nicht vom Druck des Gases ab.[2])

[1]) Es ist nützlich darauf hinzuweisen, daß die Schallgeschwindigkeit in einem Gas von der Größenordnung der mittleren thermischen Geschwindigkeit der Moleküle ist.

[2]) Ein Ausdruck für die Schallgeschwindigkeit in einem Gas in der Form $c^2 = p/\varrho$ wurde zuerst von NEWTON (1687) erhalten. Die Notwendigkeit der Einführung des Faktors γ in diesen Ausdruck wurde von LAPLACE gezeigt.

Unter den Wellen sind die *monochromatischen* Wellen besonders wichtig, in denen alle Größen einfache periodische (harmonische) Funktionen der Zeit sind. Solche Funktionen schreibt man üblicherweise zweckmäßig als Realteil eines komplexen Ausdruckes (siehe den Anfang von § 24). So schreiben wir für das Geschwindigkeitspotential

$$\varphi = \mathrm{Re}\,\{\varphi_0(x, y, z)\,\mathrm{e}^{-\mathrm{i}\omega t}\}\,, \tag{64,16}$$

wobei ω die Frequenz der Welle ist. Die Funktion φ_0 genügt der Gleichung

$$\triangle\varphi_0 + \frac{\omega^2}{c^2}\varphi_0 = 0\,, \tag{64,17}$$

die man durch Einsetzen von (64,16) in (64,7) erhält.

Wir betrachten eine fortschreitende ebene monochromatische Welle, die sich in positiver x-Richtung ausbreitet. In einer solchen Welle hängen alle Größen nur von $x - ct$ ab. Daher hat z. B. das Potential die Gestalt

$$\varphi = \mathrm{Re}\,\{A\,\mathrm{e}^{-\mathrm{i}\omega(t - x/c)}\}\,. \tag{64,18}$$

Die Konstante A wird als *komplexe Amplitude* bezeichnet. Wir schreiben sie in der Form $A = a\,\mathrm{e}^{\mathrm{i}\alpha}$ mit den reellen Konstanten a und α und haben

$$\varphi = a\cos\left(\frac{\omega x}{c} - \omega t + \alpha\right). \tag{64,19}$$

Die Konstante a heißt die Amplitude, und das Argument des Kosinus heißt die Phase der Welle. Mit $\boldsymbol{n}$ bezeichnen wir den Einheitsvektor in der Ausbreitungsrichtung der Welle. Der Vektor

$$\boldsymbol{k} = \frac{\omega}{c}\boldsymbol{n} = \frac{2\pi}{\lambda}\boldsymbol{n} \tag{64,20}$$

heißt *Wellenzahlvektor* (und sein absoluter Betrag wird oft *Wellenzahl* genannt). Mit Hilfe dieses Vektors können wir (64,18) in der Form

$$\varphi = \mathrm{Re}\,\{A\,\mathrm{e}^{\mathrm{i}(\boldsymbol{kr} - \omega t)}\} \tag{64,21}$$

schreiben.

Monochromatische Wellen spielen eine sehr wesentliche Rolle, weil man jede beliebige Welle als Summe ebener monochromatischer Wellen mit verschiedenen Wellenzahlvektoren und Frequenzen darstellen kann. Eine solche Darstellung einer Welle ist nichts anderes als die Entwicklung in eine Fourier-Reihe oder die Darstellung durch ein Fourier-Integral (sie wird auch als *Spektraldarstellung* bezeichnet). Die einzelnen Komponenten dieser Darstellung nennt man monochromatische Komponenten der Welle oder Fourier-Komponenten.

Aufgaben

1. Man berechne die Schallgeschwindigkeit in einem feindispersen Zweiphasensystem: in einem Dampf mit suspendierten kleinen Flüssigkeitströpfchen („feuchter Dampf") oder in einer Flüssigkeit mit kleinen Dampfblasen. Die Wellenlänge der Schallwellen sei groß gegenüber den Abmessungen der Inhomogenitäten des Systems.

Lösung. In einem Zweiphasensystem sind p und T nicht unabhängige Variable; sie hängen über die Gleichung für das Gleichgewicht der Phasen miteinander zusammen. Eine Verdichtung oder eine Verdünnung des Systems ist immer von einem Übergang der Substanz aus einer in die andere Phase begleitet. x sei der (Massen-)Anteil der Phase 2 des Systems. Es gilt

$$s = (1 - x)\, s_1 + x s_2\,, \qquad V = (1 - x)\, V_1 + x V_2\,. \tag{1}$$

Die Indizes 1 und 2 unterscheiden die zu den reinen Phasen 1 und 2 gehörigen Größen. Um die Ableitung $\left(\frac{\partial V}{\partial p}\right)_s$ zu berechnen, transformieren wir sie zuerst von den Variablen p und s auf die Variablen p und x und erhalten

$$\left(\frac{\partial V}{\partial p}\right)_s = \left(\frac{\partial V}{\partial p}\right)_x - \frac{\left(\frac{\partial V}{\partial x}\right)_p \left(\frac{\partial s}{\partial p}\right)_x}{\left(\frac{\partial s}{\partial x}\right)_p}.$$

Einsetzen von (1) ergibt

$$\left(\frac{\partial V}{\partial p}\right)_s = x\left[\frac{\mathrm{d}V_2}{\mathrm{d}p} - \frac{V_2 - V_1}{s_2 - s_1}\frac{\mathrm{d}s_2}{\mathrm{d}p}\right] + (1 - x)\left[\frac{\mathrm{d}V_1}{\mathrm{d}p} - \frac{V_2 - V_1}{s_2 - s_1}\frac{\mathrm{d}s_1}{\mathrm{d}p}\right]. \tag{2}$$

Die Schallgeschwindigkeit wird mit Hilfe von (1) und (2) aus der Formel (64,8) bestimmt.

Zur Berechnung der totalen Ableitungen nach dem Druck führen wir die latente Wärme für den Übergang aus der Phase 1 in die Phase 2 ein, $q = T(s_2 - s_1)$, und verwenden die Clausius-Clapeyronsche Gleichung

$$\frac{\mathrm{d}p}{\mathrm{d}T} = \frac{q}{T(V_2 - V_1)}$$

für die Ableitung auf der Gleichgewichtskurve der Phasen (s. V, § 82). Wir erhalten für den Ausdruck in der ersten eckigen Klammer in (2)

$$\left(\frac{\partial V_2}{\partial p}\right)_T + \frac{2T}{q}\left(\frac{\partial V_2}{\partial T}\right)_p (V_2 - V_1) - \frac{T c_{p2}}{q^2}(V_2 - V_1)^2\,.$$

Die zweite Klammer wird ähnlich umgeformt.

Die Phase 1 sei die Flüssigkeit, die Phase 2 der Dampf. Den Dampf sehen wir als ideales Gas an; das spezifische Volumen V_1 kann gegen V_2 vernachlässigt werden. Für $x \ll 1$ (Flüssigkeit mit einer kleinen Menge Dampfblasen) ergibt sich die Schallgeschwindigkeit als

$$c = \frac{q \mu p V_1}{RT\sqrt{c_{p1} T}} \tag{3}$$

(R ist die Gaskonstante, μ die Molmasse). Diese Geschwindigkeit ist im allgemeinen sehr klein. Bei der Entstehung von Dampfblasen in einer Flüssigkeit (Kavitation) wird die Schallgeschwindigkeit in der Flüssigkeit also sprungartig herabgesetzt.

Für $1 - x \ll 1$ (Dampf mit einem geringen Anteil von Flüssigkeitströpfchen) ergibt sich

$$\frac{1}{c^2} = \frac{\mu}{RT} - \frac{2}{q} + \frac{c_{p2} T}{q^2}\,. \tag{4}$$

Vergleichen wir mit der Schallgeschwindigkeit im reinen Gas (64,15), so finden wir, daß auch hier die Zugabe der zweiten Phase die Schallgeschwindigkeit verringert, aber bei weitem nicht in so starkem Maße.

Für die zwischen diesen beiden Grenzfällen liegenden x-Werte nimmt die Schallgeschwindigkeit monoton vom Wert (3) auf den Wert (4) zu.

Für $x = 0$ und $x = 1$ erfährt die Schallgeschwindigkeit einen Sprung, wenn man von einem Einphasen- zu einem Zweiphasensystem übergeht. Aus diesem Grunde wird die übliche lineare Theorie des Schalls für sehr nahe bei 0 oder 1 gelegene x-Werte schon für kleine Amplituden der Schallwelle unanwendbar : Die Verdichtungen und Verdünnungen in der Welle werden unter diesen Umständen von einem Übergang des Zweiphasensystems in ein Einphasensystem (und umgekehrt) begleitet, wodurch die für die Theorie wesentliche Voraussetzung über die Konstanz der Schallgeschwindigkeit verletzt wird.

2. Man berechne die Schallgeschwindigkeit in einem heißen Gas von so hoher Temperatur, daß der Gleichgewichtsdruck der schwarzen Strahlung mit dem Gasdruck selbst vergleichbar ist.

Lösung. Der Druck der Substanz ist

$$p = nT + \frac{aT^4}{4},$$

und die Entropie ist

$$s = \frac{1}{m} \ln \frac{T^{3/2}}{n} + \frac{aT^3}{n}.$$

In diesen Ausdrücken gehören die ersten Glieder zu den Teilchen, die zweiten zur Strahlung. n ist die Teilchenzahldichte, m die Masse der Teilchen, $a = \frac{4\pi^2}{45\hbar^3 c^3}$ (s. V, § 63).[1] Für die Dichte der Substanz spielt die schwarze Strahlung keine Rolle, so daß $\varrho = mn$ ist. Die Schallgeschwindigkeit bezeichnen wir hier zur Unterscheidung von der Lichtgeschwindigkeit mit u. Die Ableitungen schreiben wir als Funktionaldeterminanten und haben

$$u^2 = \frac{\partial(p, s)}{\partial(\varrho, s)} = \frac{\partial(p, s)}{\partial(n, T)} \Big/ \frac{\partial(\varrho, s)}{\partial(n, T)}.$$

Die Berechnung dieser Determinanten ergibt

$$u^2 = \frac{5T}{3m}\left[1 + \frac{2a^2T^6}{5n(n + 2aT^3)}\right].$$

§ 65. Energie und Impuls der Schallwellen

Wir wollen den Ausdruck für die Energie einer Schallwelle herleiten. Nach der allgemeinen Formel ist die Energie der Flüssigkeit pro Volumeneinheit gleich $\varrho\varepsilon + \varrho v^2/2$. Hier setzen wir $\varrho = \varrho_0 + \varrho'$ und $\varepsilon = \varepsilon_0 + \varepsilon'$ ein; die mit einem Strich versehenen Buchstaben bedeuten die Abweichungen der entsprechenden Größen von den Werten in einer ruhenden Flüssigkeit. Der Term $\varrho' v^2/2$ ist eine Größe dritter Ordnung. Beschränken wir uns auf Glieder bis einschließlich zweiter Ordnung, so erhalten wir

$$\varrho_0\varepsilon_0 + \varrho' \frac{\partial(\varrho\varepsilon)}{\partial\varrho_0} + \frac{\varrho'^2}{2}\frac{\partial^2(\varrho\varepsilon)}{\partial\varrho_0^2} + \frac{\varrho_0 v^2}{2}.$$

Die Ableitungen werden bei konstanter Entropie gebildet, weil die Vorgänge in einer Schallwelle adiabatisch ablaufen. Auf Grund der thermodynamischen Beziehung

$$\mathrm{d}\varepsilon = T\,\mathrm{d}s - p\,\mathrm{d}V = T\,\mathrm{d}s + \frac{p}{\varrho^2}\mathrm{d}\varrho$$

[1]) Wie überall in diesem Buch wird die Temperatur in Energieeinheiten gemessen.

haben wir

$$\left(\frac{\partial(\varrho\varepsilon)}{\partial\varrho}\right)_s = \varepsilon + \frac{p}{\varrho} = w\,,$$

und die zweite Ableitung ist

$$\left(\frac{\partial^2(p\varepsilon)}{\partial\varrho^2}\right)_s = \left(\frac{\partial w}{\partial\varrho}\right)_s = \left(\frac{\partial w}{\partial p}\right)_s\left(\frac{\partial p}{\partial\varrho}\right)_s = \frac{c^2}{\varrho}\,.$$

Die Energie der Flüssigkeit pro Volumeneinheit ist somit gleich

$$\varrho_0\varepsilon_0 + w_0\varrho' + \frac{c^2}{2\varrho_0}\varrho'^2 + \frac{\varrho_0 v^2}{2}\,.$$

Der erste Term in diesem Ausdruck ($\varepsilon_0\varrho_0$) ist die Energie der ruhenden Flüssigkeit pro Volumeneinheit und hat mit der Schallwelle nichts zu tun. Der zweite Term ($w_0\varrho'$) ist die Energieänderung, die mit der Änderung der Flüssigkeitsmenge (Masse der Flüssigkeit) pro Volumeneinheit zusammenhängt. In der Gesamtenergie, die sich durch Integration der Energiedichte über das ganze Flüssigkeitsvolumen ergibt, fällt dieser Term weg: Da die Gesamtmenge der Flüssigkeit unverändert bleibt, ist $\int \varrho'\,\mathrm{d}V = 0$. Die gesamte Energieänderung der Flüssigkeit durch die Schallwelle ist also gleich dem Integral

$$\int\left(\frac{\varrho_0 v^2}{2} + \frac{c^2\varrho'^2}{2\varrho_0}\right)\mathrm{d}V\,.$$

Den Integranden kann man als Dichte E der Schallenergie ansehen:

$$E = \frac{\varrho_0 v^2}{2} + \frac{c^2\varrho'^2}{2\varrho_0}\,. \tag{65,1}$$

Für eine fortschreitende ebene Welle vereinfacht sich dieser Ausdruck. In einer solchen Welle ist $\varrho' = \varrho_0 \dfrac{v}{c}$ (s. (64,12)), und die beiden Glieder in (65,1) stimmen überein, so daß

$$E = \varrho_0 v^2 \tag{65,2}$$

wird. Für eine beliebige Welle gilt keine solche Beziehung. Man kann im allgemeinen Falle nur für den (zeitlichen) Mittelwert der gesamten Schallenergie eine ähnliche Formel angeben. Sie folgt unmittelbar aus dem bekannten allgemeinen Satz der Mechanik, daß in jedem System, das kleine Schwingungen ausführt, der Mittelwert der gesamten potentiellen Energie gleich dem Mittelwert der gesamten kinetischen Energie ist. Der letzte ist im gegebenen Falle $\frac{1}{2}\int \varrho_0\overline{v^2}\,\mathrm{d}V$, und wir finden für die gesamte mittlere Schallenergie

$$\int \bar{E}\,\mathrm{d}V = \int \varrho_0\overline{v^2}\,\mathrm{d}V\,. \tag{65,3}$$

Jetzt wollen wir ein gewisses Flüssigkeitsvolumen betrachten, in dem sich eine Schallwelle ausbreitet, und den mittleren Energiestrom durch die geschlossene Begrenzungsfläche dieses Volumens bestimmen. Die Energiestromdichte in einer Flüssigkeit ist nach (6,3) gleich $\varrho\boldsymbol{v}(w + v^2/2)$. Im betrachteten Falle kann man das Glied mit v^2 als Größe dritter Ordnung vernachlässigen. Die Energiestromdichte in einer Schallwelle ist daher $\varrho \boldsymbol{v} w$. Hier setzen wir $w = w_0 + w'$ ein:

$$\varrho w \boldsymbol{v} = w_0 \varrho \boldsymbol{v} + \varrho w' \boldsymbol{v} .$$

Für eine kleine Enthalpieänderung haben wir

$$w' = \left(\frac{\partial w}{\partial p}\right)_s p' = \frac{p'}{\varrho}$$

und daher $\varrho w \boldsymbol{v} = w_0 \varrho \boldsymbol{v} + p' \boldsymbol{v}$. Der gesamte Energiestrom durch die betrachtete Oberfläche wird durch das Integral

$$\oint (w_0 \varrho \boldsymbol{v} + p' \boldsymbol{v}) \, \mathrm{d}\boldsymbol{f}$$

gegeben.

Das erste Glied in dieser Formel ist der Energiestrom, der mit der Änderung der Masse der Flüssigkeit im betrachteten Volumen verbunden ist. Wir haben aber schon das entsprechende Glied $w_0 \varrho'$ in der Energiedichte (das bei Integration über ein unendlich großes Volumen verschwindet) fortgelassen. Um den Energiestrom zu der in (65,1) definierten Energiedichte zu erhalten, müssen wir deshalb oben das erste Glied auch fortlassen, und der Energiestrom ist daher einfach

$$\oint p' \boldsymbol{v} \, \mathrm{d}\boldsymbol{f} .$$

Wir sehen, daß die mittlere Energiestromdichte einer Schallwelle durch den Vektor

$$\boldsymbol{q} = p' \boldsymbol{v} \tag{65,4}$$

dargestellt wird. Wie man leicht nachprüft, gilt, wie es auch sein muß, die Beziehung

$$\frac{\partial E}{\partial t} + \operatorname{div} (p' \boldsymbol{v}) = 0 . \tag{65,5}$$

Diese Gleichung drückt den Erhaltungssatz für die Schallenergie aus; die Rolle der Energiestromdichte spielt dabei gerade der Vektor (65,4).

In einer (von links nach rechts) fortschreitenden ebenen Welle hängt die Druckänderung mit der Geschwindigkeit über die Beziehung $p' = c \varrho_0 v$ zusammen, wobei die Geschwindigkeit $v \equiv v_x$ mit ihrem Vorzeichen gemeint ist. Führen wir den Einheitsvektor $\boldsymbol{n}$ in der Ausbreitungsrichtung der Welle ein (die mit Genauigkeit bis auf das Vorzeichen mit der Richtung der Geschwindigkeit $\boldsymbol{v}$ übereinstimmt), so erhalten wir

$$\boldsymbol{q} = c \varrho_0 v^2 \boldsymbol{n} = c E \boldsymbol{n} . \tag{65,6}$$

In einer ebenen Schallwelle ist also die Energiestromdichte gleich der Energiedichte, multipliziert mit der Schallgeschwindigkeit; dieses Ergebnis war natürlich auch zu erwarten.

Wir wollen jetzt eine Schallwelle betrachten, die in jedem Zeitpunkt ein gewisses endliches Raumgebiet (nirgends von festen Wänden begrenzt) einnimmt, ein *Wellenpaket*, und den Gesamtimpuls der Flüssigkeit in einer solchen Welle berechnen. Der Impuls der Flüssigkeit pro Volumeneinheit ist gleich der Massenstromdichte $\boldsymbol{j} = \varrho \boldsymbol{v}$. Einsetzen von $\varrho = \varrho_0 + \varrho'$ ergibt $\boldsymbol{j} = \varrho_0 \boldsymbol{v} + \varrho' \boldsymbol{v}$. Die Dichteänderung ist durch $\varrho' = p'/c^2$ mit der Druckänderung verknüpft. Mit Hilfe von (65,4) erhalten wir

$$\boldsymbol{j} = \varrho_0 \boldsymbol{v} + \frac{\boldsymbol{q}}{c^2}. \tag{65,7}$$

Wenn bei den betrachteten Erscheinungen die Zähigkeit der Flüssigkeit unwesentlich ist, dann kann man die Strömung in der Schallwelle als Potentialströmung ansehen und $v = \nabla\varphi$ schreiben (wir heben hervor, daß diese Feststellung nichts mit den Vernachlässigungen zu tun hat, die in § 64 bei der Ableitung der linearen Bewegungsgleichungen gemacht worden sind; eine Lösung mit $\operatorname{rot} \boldsymbol{v} = 0$ ist eine exakte Lösung der Eulerschen Gleichungen). Es ist demnach

$$\boldsymbol{j} = \varrho_0 \nabla\varphi + \frac{\boldsymbol{q}}{c^2}.$$

Der Gesamtimpuls der Welle wird durch das Integral $\int \boldsymbol{j}\, \mathrm{d}V$ über das ganze von der Welle eingenommene Volumen gegeben. Das Integral über $\nabla\varphi$ kann in ein Oberflächenintegral verwandelt werden,

$$\int \nabla\varphi\, \mathrm{d}V = \oint \varphi\, \mathrm{d}\boldsymbol{f},$$

und verschwindet, weil außerhalb des von der Welle eingenommenen Volumens $\varphi = 0$ ist. Der Gesamtimpuls der Welle ist also

$$\int \boldsymbol{j}\, \mathrm{d}V = \frac{1}{c^2} \int \boldsymbol{q}\, \mathrm{d}V. \tag{65,8}$$

Diese Größe ist im allgemeinen keineswegs gleich Null. Ist aber ein von Null verschiedener Gesamtimpuls vorhanden, so findet ein Massentransport statt. Wir kommen zu dem Ergebnis, daß die Ausbreitung eines Schallwellenpaketes von einem Massentransport in der Flüssigkeit begleitet wird. Dieser Effekt ist ein Effekt zweiter Ordnung (da $\boldsymbol{q}$ eine Größe zweiter Ordnung ist).

Schließlich betrachten wir noch ein Schallfeld in einem Raumgebiet, das in seiner Länge unbegrenzt ist, aber einen begrenzten Querschnitt besitzt (einen *Wellenzug* mit endlicher Apertur); wir berechnen den Mittelwert des veränderlichen Teils des Druckes p'. In der ersten Näherung, die den üblichen linearen Bewegungsgleichungen entspricht, ist p' eine periodisch ihr Vorzeichen wechselnde Funktion, und der Mittelwert von p' ist Null. Dieses Ergebnis gilt aber nicht mehr, wenn man zu höheren Näherungen übergeht. Wenn man sich auf kleine Größen zweiter Ordnung beschränkt, dann kann man $\overline{p'}$ durch Größen ausdrücken, die mit Hilfe der linearen Gleichungen für die Schallausbreitung berechenbar sind. Es ist daher nicht notwendig, die bei der Berücksichtigung von Größen höherer Ordnung entstehenden nichtlinearen Bewegungsgleichungen direkt zu lösen.

Es ist eine charakteristische Eigenschaft des betrachteten Schallfeldes, daß die Differenz der Werte des Geschwindigkeitspotentials φ in verschiedenen Punkten endlich bleibt bei unbegrenzter Vergrößerung des Abstandes zwischen den Punkten (das gleiche gilt auch für die Differenz der Werte von φ in einem gegebenen Punkt des Raumes für verschiedene Zeitpunkte). Die Änderung des Geschwindigkeitspotentials wird nämlich durch das Integral

$$\varphi_2 - \varphi_1 = \int_1^2 \boldsymbol{v}\, \mathrm{d}\boldsymbol{l}$$

gegeben, das auf einem beliebigen Weg zwischen den Punkten 1 und 2 berechnet werden kann; die erwähnte Eigenschaft des Potentials wird offensichtlich, wenn man bedenkt, daß man im betrachteten Fall auch einen Weg wählen kann, der beim Fortschreiten in Längsrichtung außerhalb des Wellenzuges verläuft.[1])

In Kenntnis dieser Eigenschaft gehen wir von der Bernoullischen Gleichung

$$w + \frac{v^2}{2} + \frac{\partial \varphi}{\partial t} = \text{const}$$

aus und mitteln diese Gleichung über die Zeit. Der Mittelwert der Zeitableitung $\partial\varphi/\partial t$ verschwindet.[2]) Weiter setzen wir $w = w_0 + w'$ und fassen die Konstante w_0 mit der Konstanten in der Bernoullischen Gleichung zusammen: $\overline{w'} + \overline{v^2}/2 = \text{const}$. Da const im ganzen Raume einheitlich ist, aber außerhalb des Wellenzuges in größerer Entfernung w' und v verschwinden, so muß diese Konstante gleich Null sein, so daß

$$\overline{w'} + \frac{\overline{v^2}}{2} = 0 \tag{65,9}$$

wird. Wir entwickeln nun w' in eine Potenzreihe nach p'. Bis zu Gliedern zweiter Ordnung haben wir

$$w' = \left(\frac{\partial w}{\partial p}\right)_s p' + \frac{1}{2}\left(\frac{\partial^2 w}{\partial p^2}\right)_s p'^2,$$

und da $\left(\frac{\partial w}{\partial p}\right)_s = \frac{1}{\varrho}$ ist,

$$w' = \frac{p'}{\varrho_0} - \frac{p'^2}{2\varrho_0^2}\left(\frac{\partial \varrho}{\partial p}\right)_s = \frac{p'}{\varrho_0} - \frac{p'^2}{2c^2\varrho_0^2}.$$

Setzen wir das in (65,9) ein, so erhalten wir

$$\overline{p'} = -\frac{\varrho_0\overline{v^2}}{2} + \frac{\overline{p'^2}}{2\varrho_0 c^2} = \frac{\varrho_0\overline{v^2}}{2} + \frac{c^2\overline{\varrho'^2}}{2\varrho_0}. \tag{65,10}$$

Dadurch wird der gesuchte mittlere Druck gegeben. Der rechts stehende Ausdruck ist eine Größe zweiter Ordnung. Um ihn zu berechnen, muß man ϱ' und v verwenden, die man durch Lösen der linearen Bewegungsgleichungen erhalten hat. Für die mittlere Dichte

[1]) Analoge Überlegungen sind auch bei der Ableitung von (65,8) benutzt worden, begründet auf die Feststellung, daß $\varphi = 0$ überall in hinreichender Entfernung vom Wellenpaket gilt.

[2]) Nach der allgemeinen Definition von Mittelwerten haben wir für den Mittelwert der Ableitung irgendeiner Funktion $f(t)$

$$\overline{\frac{\mathrm{d}f}{\mathrm{d}t}} = \frac{1}{T}\int_{-T/2}^{T/2} \frac{\mathrm{d}f}{\mathrm{d}t}\,\mathrm{d}t = \frac{1}{T}[f(T/2) - f(-T/2)].$$

Bleibt die Funktion $f(t)$ für alle t endlich, dann strebt diese Größe gegen Null bei Vergrößerung des Mittelungsintervalls T.

erhalten wir

$$\overline{\varrho'} = \left(\frac{\partial \varrho}{\partial p}\right)_s \overline{p'} + \frac{1}{2}\left(\frac{\partial^2 \varrho}{\partial p^2}\right)_s \overline{p'^2}\,. \tag{65,11}$$

Wegen der endlichen Querschnittsfläche kann der Wellenzug nicht exakt eine ebene Welle sein. Wenn aber die linearen Abmessungen des Querschnitts hinreichend groß sind im Vergleich mit der Wellenlänge des Schalls, dann kann das Schallfeld mit hoher Genauigkeit nahe einem ebenen Feld sein. In einer fortschreitenden ebenen Welle ist $v = c\varrho'/\varrho_0$, so daß $\overline{v^2} = c^2\overline{\varrho'^2}/\varrho_0^2$, und der Ausdruck (65,10) wird gleich Null, d. h., die mittlere Änderung des Druckes ist ein Effekt höherer als zweiter Ordnung. Die Änderung der Dichte

$$\overline{\varrho'} = \frac{1}{2}\left(\frac{\partial^2 \varrho}{\partial p^2}\right)_s \overline{p'^2}$$

verschwindet nicht.[1]) In derselben Näherung haben wir für den Mittelwert des Tensors der Impulsstromdichte in einer fortschreitenden ebenen Welle (im oben erläuterten Sinne)

$$\overline{p'} + \overline{\varrho v_i v_k} = \overline{p'} + \varrho_0 \overline{v_i v_k}\,.$$

Der erste Term ist gleich Null. Im zweiten Glied führen wir den Einheitsvektor $\boldsymbol{n}$ in Ausbreitungsrichtung der Welle ein (die mit Genauigkeit bis auf das Vorzeichen mit der Richtung von $\boldsymbol{v}$ übereinstimmt). Mit Hilfe der Beziehung (65,2) erhalten wir für die Impulsstromdichte

$$\bar{\Pi}_{ik} = \bar{E} n_i n_k\,. \tag{65,12}$$

Schreitet die Welle in x-Richtung fort, dann ist nur die Komponente $\bar{\Pi}_{xx} = \bar{E}$ von Null verschieden. In der betrachteten Näherung gibt es also in der Schallwelle nur einen mittleren Strom der x-Komponente des Impulses; dieser Strom fließt in x-Richtung.

In bezug auf das im letzten Absatz Gesagte betonen wir nochmals, daß wir hier einen in seinem Querschnitt begrenzten Wellenzug betrachten. Für Wellen, die eben sind im strengen Sinne dieses Begriffs, sind diese Resultate nicht richtig (insbesondere kann $\overline{p'}$ schon in quadratischer Näherung verschieden von Null sein, s. Aufgabe 4 in § 101). Formal hängt dies damit zusammen, daß für eine exakt ebene Welle (die man nicht „seitlich" umgehen kann) im allgemeinen die Behauptung über die Endlichkeit des Potentials φ im ganzen Raum (oder im Verlauf der ganzen Zeit) nicht gültig ist. Der physikalische Unterschied besteht in der Möglichkeit des Auftretens einer senkrechten Strömung (im Falle des im Querschnitt begrenzten Wellenzuges), die zum Ausgleich des mittleren Druckes führt.

§ 66. Reflexion und Brechung der Schallwellen

Trifft eine Schallwelle auf die Grenze zwischen zwei verschiedenen Medien, so wird sie reflektiert und gebrochen. Die Bewegung im ersten Medium ist dann eine Überlagerung von zwei Wellen (der einfallenden und der reflektierten), und im zweiten Medium gibt es nur eine Welle (die gebrochene). Der Zusammenhang zwischen allen drei Wellen wird durch die Grenzbedingungen auf der Grenzfläche bestimmt.

---

[1]) Die Ableitung $(\partial^2\varrho/\partial p^2)_s$ ist immer negativ, und deshalb ist in einer fortschreitenden Welle $\overline{\varrho'} < 0$.

Wir wollen die Reflexion und die Brechung einer monochromatischen longitudinalen Welle an einer ebenen Grenzfläche behandeln. Die Grenzfläche wählen wir als yz-Ebene. Wie man leicht sieht, haben alle drei Wellen (einfallende, reflektierte und gebrochene) die gleiche Frequenz ω und gleiche Komponenten k_y und k_z des Wellenzahlvektors (die Komponente k_x senkrecht zur Grenzfläche wird nicht für alle drei Wellen gleich sein): In einem unbegrenzten homogenen Medium ist eine monochromatische Welle mit konstanten $\boldsymbol{k}$ und ω eine Lösung der Bewegungsgleichungen. Ist eine Grenzfläche vorhanden, so kommen nur Randbedingungen hinzu, die sich in unserem Falle auf $x = 0$ beziehen, d. h. weder von der Zeit noch von den Koordinaten y und z abhängen. Die Abhängigkeit der Lösung von t sowie von y und z bleibt daher im ganzen Raum und für alle Zeiten unverändert, d. h., ω, k_y und k_z sind gleich den entsprechenden Größen in der einfallenden Welle.

Aus diesem Ergebnis kann man unmittelbar Beziehungen zur Bestimmung der Ausbreitungsrichtungen der reflektierten und der gebrochenen Welle ableiten. Die xy-Ebene sei die Einfallsebene der Welle. In der einfallenden Welle ist dann $k_z = 0$; dasselbe gilt auch für die reflektierte und die gebrochene Welle. Die Ausbreitungsrichtungen der einfallenden, der reflektierten und der gebrochenen Welle liegen also in einer Ebene.

Es sei Θ der Winkel zwischen der Ausbreitungsrichtung einer Welle und der x-Achse. Aus der Gleichheit der Größen $k_y = \frac{\omega}{c} \sin \Theta$ folgt dann für die einfallende und die reflektierte Welle

$$\Theta_1 = \Theta'_1\,, \tag{66,1}$$

d. h., der Einfallswinkel Θ_1 ist gleich dem Reflexionswinkel Θ'_1. Analog folgt für die einfallende und die gebrochene Welle die Beziehung

$$\frac{\sin \Theta_1}{\sin \Theta_2} = \frac{c_1}{c_2} \tag{66,2}$$

zwischen dem Einfallswinkel Θ_1 und dem Brechungswinkel Θ_2 (c_1 und c_2 sind die Schallgeschwindigkeiten in den beiden Medien).

Um eine quantitative Beziehung zwischen den Intensitäten der einfallenden, der reflektierten und der gebrochenen Welle zu erhalten, schreiben wir die Geschwindigkeitspotentiale für diese Wellen in der Gestalt

$$\varphi_1 = A_1\, e^{i\omega\{(x/c_1)\cos\Theta_1 + (y/c_1)\sin\Theta_1 - t\}}\,,$$

$$\varphi'_1 = A'_1\, e^{i\omega\{(-x/c_1)\cos\Theta_1 + (y/c_1)\sin\Theta_1 - t\}}\,,$$

$$\varphi_2 = A_2\, e^{i\omega\{(x/c_2)\cos\Theta_2 + (y/c_2)\sin\Theta_2 - t\}}\,.$$

Auf der Grenzfläche ($x = 0$) müssen die Drücke ($p = -\varrho\dot{\varphi}$) und die Normalgeschwindigkeiten ($v_x = \partial\varphi/\partial x$) in beiden Medien gleich sein; diese Bedingungen ergeben die Gleichungen

$$\varrho_1(A_1 + A'_1) = \varrho_2 A_2\,, \qquad \frac{\cos\Theta_1}{c_1}(A_1 - A'_1) = \frac{\cos\Theta_2}{c_2} A_2\,.$$

Der Reflexionskoeffizient R wird als Verhältnis der (zeitlich) gemittelten Energiestromdichten in der reflektierten und in der einfallenden Welle definiert. Da die Energiestromdichte in einer ebenen Welle gleich $c\varrho v^2$ ist, haben wir

$$R = \frac{c_1\varrho_1\overline{v_1'^2}}{c_1\varrho_1\overline{v_1^2}} = \frac{|A_1'|^2}{|A_1|^2}.$$

Eine einfache Rechnung ergibt

$$R = \left(\frac{\varrho_2 \tan\Theta_2 - \varrho_1 \tan\Theta_1}{\varrho_2 \tan\Theta_2 + \varrho_1 \tan\Theta_1}\right)^2. \tag{66,3}$$

Die Winkel Θ_1 und Θ_2 sind durch die Beziehung (66,2) miteinander verknüpft; drückt man Θ_2 durch Θ_1 aus, dann kann man den Reflexionskoeffizienten in die Form

$$R = \left[\frac{\varrho_2 c_2 \cos\Theta_1 - \varrho_1\sqrt{c_1^2 - c_2^2\sin^2\Theta_1}}{\varrho_2 c_2 \cos\Theta_1 + \varrho_1\sqrt{c_1^2 - c_2^2\sin^2\Theta_1}}\right]^2 \tag{66,4}$$

bringen.

Für senkrechten Einfall ($\Theta_1 = 0$) ergibt diese Formel einfach

$$R = \left(\frac{\varrho_2 c_2 - \varrho_1 c_1}{\varrho_2 c_2 + \varrho_1 c_1}\right)^2. \tag{66,5}$$

Für den Einfallswinkel, der durch

$$\tan^2\Theta_1 = \frac{\varrho_2^2 c_2^2 - \varrho_1^2 c_1^2}{\varrho_1^2(c_1^2 - c_2^2)} \tag{66,6}$$

bestimmt wird, ist der Reflexionskoeffizient gleich Null, d. h., die Schallwelle wird vollständig gebrochen und überhaupt nicht reflektiert. Dieser Fall ist für $c_1 > c_2$, aber $\varrho_2 c_2 > \varrho_1 c_1$ (oder umgekehrt) möglich.

Aufgabe

Man berechne den Druck, den eine Schallwelle auf die Grenzfläche zwischen zwei Flüssigkeiten ausübt.

Lösung. Die Summe der gesamten Energieströme in der reflektierten und in der gebrochenen Welle muß gleich dem einfallenden Energiestrom sein. Wir beziehen den Energiestrom auf die Flächeneinheit der Grenzfläche und schreiben diese Bedingung in der Form

$$c_1 E_1 \cos\Theta_1 = c_1 E_1' \cos\Theta_1 + c_2 E_2 \cos\Theta_2;$$

E_1, E_1' und E_2 sind die Energiedichten in der einfallenden, der reflektierten und der gebrochenen Welle. Durch Einführung des Reflexionskoeffizienten $R = \bar{E}_1'/\bar{E}_1$ erhalten wir daraus

$$\bar{E}_2 = \frac{c_1\cos\Theta_1}{c_2\cos\Theta_2}(1 - R)\,\bar{E}_1.$$

Der gesuchte Druck p ist die x-Komponente des Impulses, den die Schallwelle pro Zeiteinheit verliert (bezogen auf die Flächeneinheit der Grenzfläche). Mit Hilfe des Ausdruckes (65,12) für den Tensor der Impulsstromdichte einer Schallwelle finden wir

$$p = \bar{E}_1\cos^2\Theta_1 + \bar{E}_1'\cos^2\Theta_1 - \bar{E}_2\cos^2\Theta_2.$$

Wir verwenden den Ausdruck für $\bar{E}_2$ und (66,2), führen R ein und erhalten

$$p = \overline{E_1} \sin \Theta_1 \cos \Theta_1 [(1 + R) \cot \Theta_1 - (1 - R) \cot \Theta_2] .$$

Für senkrechten Einfall finden wir mit Hilfe von (66,5)

$$p = 2\bar{E}_1 \left[\frac{\varrho_1^2 c_1^2 + \varrho_2^2 c_2^2 - 2\varrho_1 \varrho_2 c_1^2}{(\varrho_1 c_1 + \varrho_2 c_2)^2} \right].$$

§ 67. Geometrische Akustik

Eine ebene Welle zeichnet sich durch die Eigenschaft aus, daß ihre Ausbreitungsrichtung und ihre Amplitude im ganzen Raum gleich sind. Beliebige Schallwellen haben diese Eigenschaft natürlich nicht. Es ist aber der Fall möglich, daß man eine Schallwelle jeweils in einem kleinen Raumgebiet als ebene Welle ansehen kann, obwohl sie insgesamt keine ebene Welle ist. Dazu ist offenbar notwendig, daß die Amplitude und die Richtung der Welle auf Strecken von der Größenordnung der Wellenlänge beinahe konstant sind.

Ist diese Bedingung erfüllt, dann kann man den Begriff der *Strahlen* einführen. Sie werden als diejenigen Linien definiert, deren Tangenten in jedem Punkt mit der Ausbreitungsrichtung der Welle übereinstimmen. Man kann nun von der Ausbreitung des Schalls längs dieser Strahlen sprechen und dabei von der Wellennatur des Schalls ganz absehen. Die Untersuchung der Gesetze der Schallausbreitung in diesen Fällen bildet den Gegenstand der geometrischen Akustik. Man kann sagen, daß die geometrische Akustik dem Grenzfall kleiner Wellenlängen, $\lambda \to 0$, entspricht.

Wir wollen jetzt die Grundgleichung der geometrischen Akustik, d. h. die Gleichung zur Bestimmung der Strahlrichtung, herleiten. Dazu schreiben wir das Geschwindigkeitspotential der Welle in der Gestalt

$$\varphi = a\, \mathrm{e}^{\mathrm{i}\psi} . \tag{67,1}$$

In den Fällen, bei denen die Welle nicht eben ist, aber die Voraussetzungen der geometrischen Akustik erfüllt sind, ist die Amplitude a eine langsam veränderliche Funktion der Koordinaten und der Zeit; die Phase ψ der Welle ist eine „fast lineare“ Funktion (wir erinnern daran, daß in einer ebenen Welle $\psi = \boldsymbol{k}\boldsymbol{r} - \omega t$ mit konstanten $\boldsymbol{k}$ und ω ist). Für kleine Raumgebiete und kleine Zeitintervalle kann man die Phase ψ in eine Reihe entwickeln und erhält bis zu Gliedern erster Ordnung

$$\psi = \psi_0 + \boldsymbol{r}\nabla\psi + t\frac{\partial\psi}{\partial t} .$$

Da die Welle in jedem kleinen Raumgebiet (und für nicht zu große Zeitintervalle) als ebene Welle angesehen werden kann, definieren wir den Wellenzahlvektor und die Frequenz der Welle in jedem Punkt als

$$\boldsymbol{k} = \frac{\partial\psi}{\partial\boldsymbol{r}} \equiv \operatorname{grad}\psi , \qquad \omega = -\frac{\partial\psi}{\partial t} . \tag{67,2}$$

Die Größe ψ heißt *Eikonal.*

In einer Schallwelle haben wir $\frac{\omega^2}{c^2} = k^2 = k_x^2 + k_y^2 + k_z^2$. Setzen wir hier (67,2) ein, so erhalten wir die Grundgleichung der geometrischen Akustik:

$$\left(\frac{\partial\psi}{\partial x}\right)^2 + \left(\frac{\partial\psi}{\partial y}\right)^2 + \left(\frac{\partial\psi}{\partial z}\right)^2 - \frac{1}{c^2}\left(\frac{\partial\psi}{\partial t}\right)^2 = 0\,. \tag{67,3}$$

Für eine inhomogene Flüssigkeit ist der Koeffizient $1/c^2$ eine Ortsfunktion.

Wie aus der Mechanik bekannt ist, kann man die Bewegung materieller Teilchen mit Hilfe der Hamilton-Jacobischen Gleichung berechnen, die wie die Gleichung (67,3) eine partielle Differentialgleichung erster Ordnung ist. Die zu ψ analoge Größe ist darin die Wirkung S des Teilchens. Aus den Ableitungen der Wirkung erhält man den Impuls $\boldsymbol{p}$ und die Hamilton-Funktion H (die Energie) eines Teilchens nach den Formeln $\boldsymbol{p} = \partial S/\partial \boldsymbol{r}$ und $H = -\partial S/\partial t$ analog zu den Formeln (67,2). Weiterhin ist bekannt, daß die Hamilton-Jacobische partielle Differentialgleichung den Hamiltonschen Gleichungen $\dot{\boldsymbol{p}} = -\partial H/\partial \boldsymbol{r}$, $\boldsymbol{v} \equiv \dot{\boldsymbol{r}} = \partial H/\partial \boldsymbol{p}$ äquivalent ist. Auf Grund der erwähnten Analogie zwischen der Mechanik eines materiellen Teilchens und der geometrischen Akustik können wir für die Strahlen sofort ähnliche Gleichungen aufschreiben:

$$\dot{\boldsymbol{k}} = -\frac{\partial\omega}{\partial\boldsymbol{r}}\,, \qquad \dot{\boldsymbol{r}} = \frac{\partial\omega}{\partial\boldsymbol{k}}\,. \tag{67,4}$$

In einem homogenen isotropen Medium gilt $\omega = ck$ mit konstantem c, so daß $\dot{\boldsymbol{k}} = 0$ und $\dot{\boldsymbol{r}} = c\boldsymbol{n}$ ist ($\boldsymbol{n}$ ist der Einheitsvektor in $\boldsymbol{k}$-Richtung); die Strahlen sind also Geraden, wie es sein muß, und die Frequenz ω bleibt bei der Schallausbreitung konstant.

Die Frequenz bleibt selbstverständlich auf den Strahlen immer konstant, wenn sich der Schall unter stationären Bedingungen ausbreitet, d. h., wenn sich die Eigenschaften des Mediums in allen Raumpunkten zeitlich nicht ändern. Tatsächlich ist die totale Ableitung der Frequenz nach der Zeit, die die Frequenzänderung auf einem Strahl bestimmt, gleich

$$\frac{\mathrm{d}\omega}{\mathrm{d}t} = \frac{\partial\omega}{\partial t} + \dot{\boldsymbol{r}}\frac{\partial\omega}{\partial\boldsymbol{r}} + \dot{\boldsymbol{k}}\frac{\partial\omega}{\partial\boldsymbol{k}}\,.$$

Setzt man (67,4) ein, dann heben sich die beiden letzten Terme gegeneinander weg. Im stationären Falle ist $\partial\omega/\partial t = 0$ und damit auch $\mathrm{d}\omega/\mathrm{d}t = 0$.

Für die stationäre Schallausbreitung in einem ruhenden inhomogenen Medium ist $\omega = ck$, wobei c eine gegebene Ortsfunktion ist. Die Gleichungen (67,4) ergeben

$$\dot{\boldsymbol{r}} = c\boldsymbol{n}\,, \qquad \dot{\boldsymbol{k}} = -k\nabla c\,. \tag{67,5}$$

Der Betrag des Vektors $\boldsymbol{k}$ ändert sich auf einem Strahl einfach nach dem Gesetz $k = \omega/c$ (mit $\omega = \text{const}$). Zur Bestimmung der Richtungsänderung setzen wir in der zweiten Gleichung (67,5) $\boldsymbol{k} = \frac{\omega}{c}\boldsymbol{n}$ und schreiben

$$\frac{\omega\dot{\boldsymbol{n}}}{c} - \frac{\omega\boldsymbol{n}}{c^2}(\dot{\boldsymbol{r}}\nabla c) = -k\nabla c\,,$$

woraus

$$\frac{d\boldsymbol{n}}{dt} = -\nabla c + \boldsymbol{n}(\boldsymbol{n}\nabla c)$$

folgt. Durch Einführen des vom Strahl zurückgelegten Wegelementes $dl = c\,dt$ formen wir diese Gleichung in

$$\frac{d\boldsymbol{n}}{dl} = -\frac{\nabla c}{c} + \frac{\boldsymbol{n}(\boldsymbol{n}\nabla c)}{c} \tag{67,6}$$

um. Durch diese Gleichung wird die Gestalt der Strahlen bestimmt; $\boldsymbol{n}$ ist der Einheitsvektor in Richtung der Tangente an den Strahl.[1]

Hat man die Gleichung (67,3) gelöst, ist also das Eikonal ψ als Funktion des Ortes und der Zeit bekannt, dann kann man auch die Verteilung der Schallintensität im Raum berechnen. Unter stationären Bedingungen wird sie aus der Gleichung $\operatorname{div} \boldsymbol{q} = 0$ bestimmt ($\boldsymbol{q}$ ist die Stromdichte der Schallenergie), die im ganzen Raum außer in den Schallquellen erfüllt sein muß. Wir setzen $\boldsymbol{q} = cE\boldsymbol{n}$ mit der Dichte E der Schallenergie (siehe (65,6)), beachten, daß $\boldsymbol{n}$ der Einheitsvektor in Richtung von $\boldsymbol{k} = \nabla\psi$ ist, und erhalten die Gleichung

$$\operatorname{div}\left(cE\frac{\nabla\psi}{|\nabla\psi|}\right) = 0\,, \tag{67,7}$$

die die räumliche Verteilung von E bestimmt.

Die zweite Formel (67,4) liefert die Ausbreitungsgeschwindigkeit der Wellen aus der bekannten Abhängigkeit der Frequenz von den Komponenten des Wellenzahlvektors. Das ist eine sehr wichtige Beziehung, die nicht nur für Schallwellen, sondern überhaupt für beliebige Wellen gilt (wir haben diese Formel z. B. schon in § 12 für die Schwerewellen angewendet). Wir wollen hier noch eine Ableitung dieser Formel angeben, aus der man den Sinn der durch sie definierten Geschwindigkeit erkennen kann. Wir betrachten eine Welle, die ein endliches Raumgebiet einnimmt (oder, wie man sagt, ein *Wellenpaket*). Dieses Wellenpaket sei so beschaffen, daß seine Spektraldarstellung nur monochromatische Komponenten aus einem engen Frequenzbereich enthält; die Komponenten der Wellenzahlvektoren sollen auch in einem kleinen Intervall liegen. ω sei eine mittlere Frequenz des Wellenpaketes, $\boldsymbol{k}$ ein mittlerer Wellenzahlvektor. Zu einer gewissen Anfangszeit wird das Wellenpaket durch eine Funktion der Gestalt

$$\varphi = e^{i\boldsymbol{k}\boldsymbol{r}} f(\boldsymbol{r}) \tag{67,8}$$

beschrieben. Die Funktion $f(\boldsymbol{r})$ ist nur in einem kleinen (aber gegenüber der Wellenlänge $1/k$ großen) Raumgebiet von Null verschieden. Ihr Fourier-Integral enthält nach unseren Voraussetzungen Komponenten der Form $e^{i\boldsymbol{r}\Delta\boldsymbol{k}}$, wobei die $\Delta\boldsymbol{k}$ kleine Größen sind.

---

[1]) Wie aus der Differentialgeometrie bekannt ist, ist die Ableitung $d\boldsymbol{n}/dl$ längs eines Strahles gleich $\boldsymbol{N}/R$; $\boldsymbol{N}$ ist der Einheitsvektor in Richtung der Hauptnormalen, R ist der Krümmungsradius des Strahles. Der Ausdruck auf der rechten Seite der Gleichung (67,6) ist bis auf den Faktor $1/c$ die Ableitung der Schallgeschwindigkeit in Richtung der Hauptnormalen. Daher kann man diese Gleichung in der Form

$$\frac{1}{R} = -\frac{1}{c}\boldsymbol{N}\nabla c$$

schreiben. Der Strahl krümmt sich nach der Seite abnehmender Schallgeschwindigkeit.

Jede der monochromatischen Komponenten der Welle ist also zur Anfangszeit einem Faktor der Gestalt

$$\varphi_{\boldsymbol{k}} = \text{const}\, e^{i(\boldsymbol{k}+\Delta\boldsymbol{k})\boldsymbol{r}} \tag{67,9}$$

proportional. Die zugehörige Frequenz ist $\omega(\boldsymbol{k} + \Delta\boldsymbol{k})$ (wir erinnern daran, daß die Frequenz eine Funktion des Wellenzahlvektors ist). Zur Zeit t hat daher dieselbe Komponente die Gestalt

$$\varphi_{\boldsymbol{k}} = \text{const}\, e^{i(\boldsymbol{k}+\Delta\boldsymbol{k})\boldsymbol{r} - i\omega(\boldsymbol{k}+\Delta\boldsymbol{k})t}.$$

Da $\Delta\boldsymbol{k}$ klein ist, schreiben wir

$$\omega(\boldsymbol{k} + \Delta\boldsymbol{k}) \approx \omega + \frac{\partial\omega}{\partial\boldsymbol{k}}\Delta\boldsymbol{k}.$$

Für $\varphi_{\boldsymbol{k}}$ ergibt sich

$$\varphi_{\boldsymbol{k}} = \text{const}\, e^{i(\boldsymbol{k}\boldsymbol{r}-\omega t)} \exp\left\{i\,\Delta\boldsymbol{k}\left(\boldsymbol{r} - \frac{\partial\omega}{\partial\boldsymbol{k}}t\right)\right\}. \tag{67,10}$$

Summieren wir jetzt wieder alle monochromatischen Komponenten der Welle mit allen vorkommenden $\Delta\boldsymbol{k}$, dann erhalten wir, wie aus dem Vergleich von (67,9) und (67,10) folgt,

$$\varphi = e^{i(\boldsymbol{k}\boldsymbol{r}-\omega t)} f\left(\boldsymbol{r} - \frac{\partial\omega}{\partial\boldsymbol{k}}t\right); \tag{67,11}$$

f ist dieselbe Funktion wie in (67,8). Der Vergleich mit (67,8) zeigt, daß sich nach der Zeit t die ganze Verteilung der Amplituden in der Welle um die Strecke $\frac{\partial\omega}{\partial\boldsymbol{k}}t$ im Raum verschoben hat (der Exponentialfaktor vor f in (67,11) beeinflußt nur die Phase der Welle). Ihre Geschwindigkeit ist folglich

$$\boldsymbol{U} = \frac{\partial\omega}{\partial\boldsymbol{k}}. \tag{67,12}$$

Diese Formel gibt die Ausbreitungsgeschwindigkeit einer Welle mit einer beliebigen Abhängigkeit des ω von $\boldsymbol{k}$ an. Für $\omega = ck$ mit konstantem c ergibt sie natürlich das übliche Resultat $U = \omega/k = c$. Im allgemeinen Falle einer beliebigen Abhängigkeit $\omega(\boldsymbol{k})$ ist die Ausbreitungsgeschwindigkeit einer Welle eine Funktion der Frequenz, und ihre Richtung muß nicht mit der Richtung des Wellenzahlvektors übereinstimmen.

Die durch (67,12) gegebene Geschwindigkeit wird auch als *Gruppengeschwindigkeit* der Welle bezeichnet, das Verhältnis ω/k als *Phasengeschwindigkeit.* Man hat aber zu beachten, daß die Phasengeschwindigkeit nicht die Ausbreitungsgeschwindigkeit irgendeiner realen physikalischen Größe ist.

In bezug auf die im Text gegebene Ableitung betonen wir, daß die durch (67,11) gegebene Verschiebung des Wellenpaketes ohne Änderung seiner Gestalt eine Näherung ist; sie hängt mit der Voraussetzung zusammen, daß $\Delta\boldsymbol{k}$ klein ist. Allgemein gilt bei von ω abhängigem U, daß das Wellenpaket bei seiner Ausbreitung „zerfließt", das von ihm eingenommene Raumgebiet wird immer größer. Man kann zeigen, daß dieses Zerfließen dem Quadrat des Intervalls $\Delta\boldsymbol{k}$ der Wellenzahlvektoren proportional ist, die in der Fourier-Darstellung des Wellenpaketes enthalten sind.

Aufgabe

Man bestimme die Änderung der Amplitude mit der Höhe, wenn sich eine Schallwelle im Schwerefeld in einer isothermen Atmosphäre ausbreitet.

Lösung. In einer isothermen Atmosphäre (die als ideales Gas angesehen wird) ist die Schallgeschwindigkeit konstant. Die Energiestromdichte nimmt auf einem Strahl offensichtlich umgekehrt proportional zum Quadrat des Abstandes r von der Quelle ab:

$$c\varrho\overline{v^2} \propto \frac{1}{r^2}.$$

Die Amplitude der Geschwindigkeit in einer Schallwelle ändert sich auf einem Strahl folglich umgekehrt proportional zu $r\sqrt{\varrho}$. Dabei ändert sich die Dichte ϱ nach der barometrischen Höhenformel wie

$$\varrho \propto \mathrm{e}^{-\mu g z/RT}$$

(z ist die Höhe, μ die Molmasse des Gases, R die Gaskonstante).

§ 68. Schallausbreitung in einem bewegten Medium

Die Beziehung $\omega = ck$ zwischen der Frequenz und der Wellenzahl gilt nur für eine monochromatische Schallwelle, die sich in einem ruhenden Medium ausbreitet. Man kann die entsprechende Beziehung für eine Welle in einem bewegten Medium leicht herleiten (die Welle wird dabei von einem ruhenden Koordinatensystem aus beobachtet).

Wir betrachten einen homogenen Flüssigkeitsstrom mit der Geschwindigkeit $\boldsymbol{u}$. Das ruhende Koordinatensystem x, y, z bezeichnen wir als System K. Weiter führen wir das System K' mit den Koordinaten x', y', z' ein, das sich relativ zum System K mit der Geschwindigkeit $\boldsymbol{u}$ bewegt. Im System K' ruht die Flüssigkeit, und eine monochromatische Welle hat darin die Gestalt

$$\varphi = \text{const}\, \mathrm{e}^{\mathrm{i}(\boldsymbol{k}\boldsymbol{r}' - kct)}.$$

Der Ortsvektor $\boldsymbol{r}'$ im System K' hängt mit dem Ortsvektor $\boldsymbol{r}$ im System K über die Beziehung $\boldsymbol{r}' = \boldsymbol{r} - \boldsymbol{u}t$ zusammen. Im ruhenden Koordinatensystem hat die Welle daher die Gestalt

$$\varphi = \text{const}\, \mathrm{e}^{\mathrm{i}[\boldsymbol{k}\boldsymbol{r} - (kc + \boldsymbol{k}\boldsymbol{u})t]}.$$

Der Koeffizient von t im Exponenten ist die Frequenz ω der Welle. In einem bewegten Medium besteht also die folgende Beziehung zwischen der Frequenz und dem Wellenzahlvektor:

$$\omega = ck + \boldsymbol{u}\boldsymbol{k}. \tag{68,1}$$

Die Ausbreitungsgeschwindigkeit der Wellen ist

$$\frac{\partial\omega}{\partial\boldsymbol{k}} = c\,\frac{\boldsymbol{k}}{k} + \boldsymbol{u}. \tag{68,2}$$

Das ist die geometrische Summe der Geschwindigkeit c in $\boldsymbol{k}$-Richtung und der Geschwindigkeit $\boldsymbol{u}$, mit der der Schall von der strömenden Flüssigkeit „mitgeführt“ wird.

Wir berechnen die Energiedichte einer Schallwelle im bewegten Medium. Die gesamte momentane Energiedichte wird durch den Ausdruck

$$\frac{1}{2}(\varrho + \varrho')(\boldsymbol{u} + \boldsymbol{v})^2 + \frac{c^2\varrho'^2}{2\varrho} = \frac{\varrho u^2}{2} + \frac{\varrho' u^2}{2} + \varrho \boldsymbol{v}\boldsymbol{u} + \left(\frac{\varrho v^2}{2} + \varrho' \boldsymbol{v}\boldsymbol{u} + \frac{c^2\varrho'^2}{2\varrho}\right)$$

gegeben (s. (65,1); den Index 0 bei den ungestörten Größen lassen wir weg). Das erste Glied ist hier die Energie der ungestörten Strömung. Die folgenden beiden Glieder, die klein sind in erster Ordnung, bei der zeitlichen Mittelung aber Größen zweiter Ordnung geben, hängen mit der Energie der durch die Welle angeregten mittleren Strömung zusammen. Alle diese Glieder sind wegzulassen, und die uns interessierende eigentliche Energiedichte der Schallwelle wird folglich durch die drei letzten Terme in der Klammer gegeben. Die Geschwindigkeit und die Änderung des Druckes in einer ebenen Welle im bewegten Medium sind durch die Beziehung

$$(\omega - \boldsymbol{k}\boldsymbol{u})\,\boldsymbol{v} = \boldsymbol{k}c^2\varrho'/\varrho$$

miteinander verknüpft, die aus der linearisierten Eulerschen Gleichung

$$\frac{\partial \boldsymbol{v}}{\partial t} + (\boldsymbol{u}\nabla)\,\boldsymbol{v} = -\frac{1}{\varrho}\nabla p$$

folgt. Berücksichtigen wir noch (68,1), so finden wir schließlich für die Dichte der Schallenergie im bewegten Medium

$$E = E_0 \frac{\omega}{\omega - \boldsymbol{k}\boldsymbol{u}}, \tag{68,3}$$

wobei $E_0 = c^2\varrho'^2/\varrho = p'^2/\varrho c^2$ die Energiedichte im sich mit dem Medium mitbewegenden Bezugssystem ist.[1])

Mit Hilfe der Formel (68,1) kann man den Doppler-*Effekt* behandeln. Als Doppler-Effekt bezeichnet man die Erscheinung, daß die Frequenz des Schalles, die ein relativ zur Schallquelle bewegter Beobachter feststellt, nicht mit der Schwingungsfrequenz der Schallquelle übereinstimmt.

Der von einer (im Medium) ruhenden Schallquelle ausgesandte Schall soll von einem Beobachter empfangen werden, der sich mit der Geschwindigkeit $\boldsymbol{u}$ bewegt. Im relativ zum Medium ruhenden System K' haben wir $k = \omega_0/c$, wenn ω_0 die Schwingungsfrequenz der Schallquelle ist. In dem mit dem Beobachter bewegten System K bewegt sich das Medium mit der Geschwindigkeit $-\boldsymbol{u}$, und die Schallfrequenz wird nach (68,1) $\omega = ck - \boldsymbol{u}\boldsymbol{k}$. Wir führen den Winkel Θ zwischen der Geschwindigkeit $\boldsymbol{u}$ und dem Wellenzahlvektor $\boldsymbol{k}$ ein und setzen $k = \omega_0/c$. Die vom sich bewegenden Beobachter empfangene Schallfrequenz ist

$$\omega = \omega_0\left[1 - \frac{u}{c}\cos\Theta\right]. \tag{68,4}$$

Ein in gewissem Sinne umgekehrter Fall ist die Ausbreitung einer Schallwelle, die von einer bewegten Quelle ausgesandt wird, in einem ruhenden Medium. $\boldsymbol{u}$ sei jetzt die

---

[1]) Diese Formel kann man anschaulich vom Standpunkt der Quantentheorie aus deuten: Die Zahl der Schallquanten (Phononen) $N = E/\hbar\omega = E^0/\hbar(\omega - \boldsymbol{k}\boldsymbol{u})$ hängt nicht von der Wahl des Bezugssystems ab.

Geschwindigkeit der Schallquelle. Wir gehen vom ruhenden System zum System K' über, das sich zusammen mit der Quelle bewegt. Im System K' bewegt sich die Flüssigkeit mit der Geschwindigkeit $-\boldsymbol{u}$. In diesem System, in dem die Schallquelle ruht, muß die Frequenz der ausgesandten Schallwellen gleich der Schwingungsfrequenz ω_0 der Quelle sein. Wir ändern in (68,1) das Vorzeichen von $\boldsymbol{u}$, führen den Winkel Θ zwischen den Richtungen von $\boldsymbol{u}$ und $\boldsymbol{k}$ ein und erhalten

$$\omega_0 = ck\left[1 - \frac{u}{c}\cos\Theta\right].$$

Andererseits muß im ruhenden System K zwischen der Frequenz und der Wellenzahl die Beziehung $\omega = ck$ bestehen. Wir erhalten somit

$$\omega = \frac{\omega_0}{1 - (u/c)\cos\Theta}. \tag{68,5}$$

Diese Formel gibt den Zusammenhang zwischen der Schwingungsfrequenz ω_0 der bewegten Schallquelle und der Frequenz ω des Schalls an, den ein ruhender Beobachter hört.

Entfernt sich die Schallquelle vom Beobachter, dann liegt der Winkel Θ zwischen der Geschwindigkeit der Schallquelle und der Richtung, aus der die Welle zum Beobachtungspunkt kommt, im Intervall $\pi/2 < \Theta \leqq \pi$, so daß $\cos\Theta < 0$ ist. Es ergibt sich also aus (68,5): Entfernt sich die Schallquelle vom Beobachter, dann ist die Frequenz des Schalls, den der Beobachter hört, kleiner als ω_0.

Umgekehrt ist für eine sich dem Beobachter nähernde Schallquelle $0 \leqq \Theta < \pi/2$, so daß $\cos\Theta > 0$ ist; die Frequenz $\omega > \omega_0$ wächst mit zunehmender Geschwindigkeit u. Für $u\cos\Theta > c$ wird ω nach Formel (68,5) negativ; dies bedeutet, daß der vom Beobachter empfangene Schall diesen in Wirklichkeit in umgekehrter Reihenfolge erreicht, d. h., der von der Quelle zu späteren Zeitpunkten ausgesandte Schall erreicht den Beobachter eher als der früher ausgesandte Schall.

Wie am Anfang von § 67 angegeben worden ist, entspricht die Näherung der geometrischen Akustik dem Falle genügend kleiner Wellenlängen, d. h. großer Wellenzahlen. Dazu muß die Schallfrequenz im allgemeinen hinreichend groß sein. In der Akustik der bewegten Medien ist die letzte Bedingung nicht unbedingt notwendig, wenn die Geschwindigkeit, mit der sich das Medium bewegt, größer als die Schallgeschwindigkeit wird. Tatsächlich kann in diesem Falle k sogar für die Frequenz Null groß sein: Aus (68,1) erhalten wir für $\omega = 0$ die Gleichung

$$ck = -\boldsymbol{uk}\,, \tag{68,6}$$

die für $u > c$ Lösungen hat. In einem mit Überschallgeschwindigkeit bewegten Medium kann es also stationäre kleine Störungen geben, die (für hinreichend große k) von der geometrischen Akustik beschrieben werden, d. h., diese Störungen breiten sich auf bestimmten Linien (Strahlen) aus.

Wir betrachten z. B. einen homogenen Überschallstrom mit der konstanten Geschwindigkeit $\boldsymbol{u}$. Die Stromrichtung wählen wir als x-Achse. Die Komponenten von $\boldsymbol{k}$, die in der xy-Ebene liegen sollen, sind durch die Beziehung

$$(u^2 - c^2)\,k_x^2 = c^2 k_y^2 \tag{68,7}$$

miteinander verknüpft, die sich durch Quadrieren der beiden Seiten der Gleichung (68,6) ergibt. Um die Gestalt der Strahlen zu bestimmen, verwenden wir die Gleichungen der geometrischen Akustik (67,4), nach denen

$$\dot{x} = \frac{\partial\omega}{\partial k_x}, \qquad \dot{y} = \frac{\partial\omega}{\partial k_y}$$

gilt. Diese beiden Gleichungen dividieren wir durcheinander und erhalten

$$\frac{\mathrm{d}y}{\mathrm{d}x} = \frac{\partial\omega/\partial k_y}{\partial\omega/\partial k_x}.$$

Diese Beziehung ist aber nach der Differentiationsregel für implizite Funktionen gerade die Ableitung $-\partial k_x/\partial k_y$ (genommen bei konstanter Frequenz, im vorliegenden Falle für $\omega = 0$). Die Gleichung, die die Gestalt der Strahlen durch die gegebene Beziehung zwischen k_x und k_y ausdrückt, lautet also

$$\frac{\mathrm{d}y}{\mathrm{d}x} = -\frac{\partial k_x}{\partial k_y}. \tag{68,8}$$

Durch Einsetzen von (68,7) erhalten wir daraus

$$\frac{\mathrm{d}y}{\mathrm{d}x} = \pm\frac{c}{\sqrt{u^2 - c^2}}.$$

Für konstantes u ergibt diese Gleichung zwei geradlinige Strahlen, die die x-Achse unter den Winkeln $\pm\alpha$ schneiden, wobei $\sin\alpha = c/u$ ist.

In der Gasdynamik, wo diese Strahlen eine große Rolle spielen, werden wir sie eingehender untersuchen.

Aufgaben

1. Es ist die Gleichung für die Form der Schallstrahlen anzugeben, die sich in einem stationär bewegten homogenen Medium mit der Geschwindigkeitsverteilung $\boldsymbol{u}(x, y, z)$ ausbreiten, wobei überall $u \ll c$ ist. Es wird vorausgesetzt, daß sich die Geschwindigkeit $\boldsymbol{u}$ nur auf gegenüber der Schallwellenlänge großen Strecken merklich ändert.

Lösung. Wir setzen (68,1) in (67,4) ein und erhalten die Gleichungen für die Ausbreitung der Strahlen in der Gestalt

$$\dot{\boldsymbol{k}} = -(\boldsymbol{k}\nabla)\,\boldsymbol{u} - \boldsymbol{k} \times \operatorname{rot}\boldsymbol{u}, \qquad \dot{\boldsymbol{r}} \equiv \boldsymbol{v} = \frac{c\boldsymbol{k}}{k} + \boldsymbol{u}.$$

Mit Hilfe dieser Gleichungen berechnen wir die Ableitung $\frac{\mathrm{d}}{\mathrm{d}t}(\boldsymbol{k}\boldsymbol{v})$ bis zu Gliedern erster Ordnung in $\boldsymbol{u}$. Bei der Rechnung verwenden wir die Beziehung

$$\frac{\mathrm{d}\boldsymbol{u}}{\mathrm{d}t} \equiv \frac{\partial\boldsymbol{u}}{\partial t} + (\boldsymbol{v}\nabla)\,\boldsymbol{u} = (\boldsymbol{v}\nabla)\,\boldsymbol{u} \approx \frac{c}{k}(\boldsymbol{k}\nabla)\,\boldsymbol{u}$$

und erhalten

$$\frac{\mathrm{d}(k\boldsymbol{v})}{\mathrm{d}t} = -kv\boldsymbol{n} \times \operatorname{rot} \boldsymbol{u},$$

wenn $\boldsymbol{n}$ der Einheitsvektor in $\boldsymbol{v}$-Richtung ist. Auf der anderen Seite ist

$$\frac{\mathrm{d}(k\boldsymbol{v})}{\mathrm{d}t} = \boldsymbol{n}\frac{\mathrm{d}(kv)}{\mathrm{d}t} + kv\frac{\mathrm{d}\boldsymbol{n}}{\mathrm{d}t}.$$

Da $\boldsymbol{n}$ und $\mathrm{d}\boldsymbol{n}/\mathrm{d}t$ aufeinander senkrecht stehen (aus $\boldsymbol{n}^2 = 1$ folgt $\boldsymbol{n}\dot{\boldsymbol{n}} = 0$), finden wir durch Vergleich der beiden Ausdrücke $\dot{\boldsymbol{n}} = \operatorname{rot} \boldsymbol{u} \times \boldsymbol{n}$. Mit der vom Strahl zurückgelegten Weglänge $\mathrm{d}l = c\,\mathrm{d}t$ erhalten wir endgültig

$$\frac{\mathrm{d}\boldsymbol{n}}{\mathrm{d}l} = \frac{1}{c} \operatorname{rot} \boldsymbol{u} \times \boldsymbol{n}. \tag{1}$$

Durch diese Gleichung wird die Form der Strahlen bestimmt. $\boldsymbol{n}$ ist der Einheitsvektor in Richtung der Tangente an den Strahl (die jetzt keineswegs mit der $\boldsymbol{k}$-Richtung übereinstimmt!).

2. Man berechne die Form der Schallstrahlen in einem bewegten Medium mit der Geschwindigkeitsverteilung $u_x = u(z)$, $u_y = u_z = 0$.

Lösung. Die Gleichung (1) ergibt

$$\frac{\mathrm{d}n_x}{\mathrm{d}l} = \frac{n_z}{c}\frac{\mathrm{d}u}{\mathrm{d}z}, \qquad \frac{\mathrm{d}n_y}{\mathrm{d}l} = 0$$

(eine Gleichung für n_z braucht man nicht aufzuschreiben, weil $\boldsymbol{n}^2 = 1$ ist). Die zweite Gleichung liefert

$$n_y = \text{const} \equiv n_{y0}.$$

In der ersten Gleichung schreiben wir $n_z = \mathrm{d}z/\mathrm{d}l$ und erhalten durch Integration

$$n_x = n_{x0} + \frac{u(z)}{c}.$$

Diese Formeln geben die Lösung der gestellten Aufgabe.

Wir setzen voraus, daß die Geschwindigkeit u für $z = 0$ gleich Null ist und nach oben zunimmt ($\mathrm{d}u/\mathrm{d}z > 0$). Breitet sich der Schall „gegen den Wind" aus ($n_x < 0$), dann wird seine Bahn nach oben gekrümmt. Bei Ausbreitung „mit dem Wind" ($n_x > 0$) wird der Strahl nach unten gekrümmt; ein unter einem kleinen Steigungswinkel zur x-Achse ausgehender Strahl (n_{x0} nahe bei 1) erreicht in diesem Falle nur eine endliche Höhe $z = z_{\max}$, die man folgendermaßen berechnen kann. In der Höhe $z_{\max}$ verläuft der Strahl horizontal, d. h. $n_z = 0$. Daher haben wir hier

$$n_x^2 + n_y^2 \approx n_{x0}^2 + n_{y0}^2 + \frac{2n_{x0}u}{c} = 1,$$

so daß

$$\frac{2n_{x0}u(z_{\max})}{c} = n_{z0}^2$$

wird. Aus der gegebenen Funktion $u(z)$ und der Anfangsrichtung des Strahles $\boldsymbol{n}_0$ kann man $z_{\max}$ bestimmen.

3. Es ist der Ausdruck für das Fermatsche Prinzip für Schallstrahlen in einem stationär bewegten Medium herzuleiten.

Lösung. Das Fermatsche Prinzip verlangt, daß das längs eines Strahles zwischen zwei gegebenen Punkten erstreckte Integral $\int \boldsymbol{k}\,\mathrm{d}\boldsymbol{l}$ ein Minimum ist; $\boldsymbol{k}$ wird dabei als Funktion der Frequenz ω und der Strahlrichtung $\boldsymbol{n}$ angesehen (s. II, § 53). Diese Funktion kann man bestimmen, indem man v und k aus den Beziehungen $\omega = ck + \boldsymbol{uk}$ und $v\boldsymbol{n} = c\frac{\boldsymbol{k}}{k} + u$ eliminiert. Das Fermatsche Prinzip erhält dann die Gestalt

$$\delta \int \frac{\sqrt{(c^2 - u^2)\,\mathrm{d}l^2 + (\boldsymbol{u}\,\mathrm{d}\boldsymbol{l})^2} - \boldsymbol{u}\,\mathrm{d}\boldsymbol{l}}{c^2 - u^2} = 0\,.$$

In einem ruhenden Medium reduziert sich dieses Integral auf den üblichen Ausdruck $\int \frac{\mathrm{d}l}{c}$.

§ 69. Eigenschwingungen

Bisher haben wir Schwingungen in unbegrenzten Medien behandelt. Insbesondere haben wir gesehen, daß sich in solchen Medien Wellen mit beliebigen Frequenzen ausbreiten können.

Die Situation wird ganz anders, wenn man eine Flüssigkeit in einem Gefäß mit endlichen Abmessungen betrachtet. Die Bewegungsgleichungen selbst (die Wellengleichungen) bleiben dabei natürlich gleich. Man muß aber jetzt Randbedingungen hinzufügen, die an den Gefäßwänden (oder an der freien Oberfläche der Flüssigkeit) erfüllt sein müssen. Wir werden hier nur sogenannte *freie Schwingungen* behandeln, d. h. Schwingungen ohne Einwirkung veränderlicher äußerer Kräfte (Schwingungen unter dem Einfluß äußerer Kräfte heißen *erzwungene Schwingungen*).

Die Bewegungsgleichungen für eine begrenzte Flüssigkeit haben bei weitem nicht für jede beliebige Frequenz eine Lösung, die den Randbedingungen genügt. Solche Lösungen gibt es nur für eine Reihe ganz bestimmter Werte von ω. Mit anderen Worten, in einem Medium mit endlichem Volumen sind freie Schwingungen nur mit ganz bestimmten Frequenzen möglich. Diese Frequenzen nennt man Frequenzen der *Eigenschwingungen* oder *Eigenfrequenzen* der Flüssigkeit in dem betreffenden Gefäß.

Die konkreten Werte der Eigenfrequenzen hängen von der Gestalt und den Abmessungen des Gefäßes ab. In jedem gegebenen Fall existiert eine unendliche Folge zunehmender Eigenfrequenzen. Zur Bestimmung der Eigenfrequenzen muß man die Bewegungsgleichungen mit den entsprechenden Randbedingungen konkret untersuchen.

Die erste, d. h. die kleinste Eigenfrequenz kann größenordnungsmäßig unmittelbar aus Dimensionsbetrachtungen gewonnen werden. Der einzige in die Aufgabenstellung eingehende Parameter mit der Dimension einer Länge ist die lineare Abmessung l der Flüssigkeit. Es ist daher klar, daß die zur ersten Eigenfrequenz gehörende Wellenlänge λ_1 von der Größenordnung l sein muß. Die Frequenz ω_1 ergibt sich durch Division der Schallgeschwindigkeit durch λ_1. Auf diese Weise erhalten wir

$$\lambda_1 \sim l\,, \qquad \omega_1 \sim \frac{c}{l}\,. \tag{69,1}$$

Wir wollen den Charakter der Eigenschwingungen untersuchen. Setzt man die zeitlich periodische Lösung der Wellengleichung, sagen wir für das Geschwindigkeitspotential, in der Form $\varphi = \varphi_0(x, y, z)\,\mathrm{e}^{-\mathrm{i}\omega t}$ an, dann ergibt sich für φ_0 die Gleichung

$$\triangle\varphi_0 + \frac{\omega^2}{c^2}\,\varphi_0 = 0\,. \tag{69,2}$$

In einem unbegrenzten Medium, wo man keinerlei Randbedingungen zu berücksichtigen hat, besitzt diese Gleichung sowohl reelle als auch komplexe Lösungen. Insbesondere hat sie eine Lösung proportional zu $e^{i\boldsymbol{kr}}$, die ein Potential der Gestalt $\varphi = \text{const}\, e^{i(\boldsymbol{kr}-\omega t)}$ ergibt. Eine solche Lösung stellt eine Welle dar, die sich mit einer bestimmten Geschwindigkeit ausbreitet, d. h. eine fortschreitende Welle.

Für ein Medium mit endlichem Volumen können komplexe Lösungen im allgemeinen nicht existieren. Davon kann man sich durch die folgenden Überlegungen überzeugen. Die Gleichung für φ_0 ist reell, und auch die Randbedingungen sind reell. Ist $\varphi_0(x, y, z)$ eine Lösung der Bewegungsgleichungen, dann ist auch das konjugiert Komplexe φ_0^* eine Lösung. Andererseits ist eine Lösung der Gleichungen für gegebene Randbedingungen im allgemeinen eindeutig[1]) (bis auf einen konstanten Faktor); deshalb muß $\varphi_0^* = \text{const}\, \varphi_0$ sein. Der Faktor const ist irgendeine komplexe Konstante, deren Betrag gleich 1 ist. φ_0 muß also die Gestalt

$$\varphi_0 = f(x, y, z)\, e^{-i\alpha}$$

haben, wobei f eine reelle Funktion und α eine reelle Konstante sind. Das Potential φ hat folglich die Form (wir bilden den Realteil von $\varphi_0\, e^{-i\omega t}$)

$$\varphi = f(x, y, z) \cos(\omega t + \alpha)\,, \tag{69,3}$$

d. h., es ist das Produkt aus einer Ortsfunktion mit einer einfachen periodischen Funktion der Zeit.

Eine solche Lösung hat einen ganz anderen Charakter als eine fortschreitende Welle. Bei einer fortschreitenden Welle sind die Phasen $\boldsymbol{kr} - \omega t + \alpha$ der Schwingungen in verschiedenen Raumpunkten zu einer festen Zeit verschieden; sie sind nur in den Punkten gleich, deren gegenseitiger Abstand gleich der Wellenlänge ist. In der Welle (69,3) dagegen schwingen in jedem Zeitpunkt alle Punkte der Flüssigkeit mit derselben Phase $(\omega t + \alpha)$. Von einer Ausbreitung einer solchen Welle kann man offensichtlich nicht sprechen. Solche Wellen werden als *stehend* bezeichnet. Die Eigenschwingungen sind also stehende Wellen.

Wir wollen eine ebene stehende Schallwelle betrachten, in der alle Größen nur von einer Koordinate abhängen, sagen wir von x (und von der Zeit). Die allgemeine Lösung der Gleichung

$$\frac{d^2\varphi_0}{dx^2} + \frac{\omega^2\varphi_0}{c^2} = 0$$

schreiben wir in der Form $\varphi_0 = a \cos\left(\frac{\omega x}{c} + \beta\right)$ und erhalten

$$\varphi = a \cos(\omega t + \alpha) \cos\left(\frac{\omega x}{c} + \beta\right).$$

Durch geeignete Wahl des Koordinatenursprungs und des Anfangs der Zeitzählung kann man erreichen, daß α und β gleich Null sind, so daß

$$\varphi = a \cos \omega t \cos \frac{\omega x}{c} \tag{69,4}$$

[1]) Das braucht nicht für ein Gefäß mit hoher Symmetrie zu gelten, z. B. für eine Kugel.

wird. Für die Geschwindigkeit und den Druck in der Welle haben wir

$$v = \frac{\partial \varphi}{\partial x} = -\frac{a\omega}{c}\cos\omega t \sin\frac{\omega x}{c},$$

$$p' = -\varrho\frac{\partial \varphi}{\partial t} = a\varrho\omega \sin\omega t \cos\frac{\omega x}{c}.$$

In den Punkten $x = 0, \frac{\pi c}{\omega}, \frac{2\pi c}{\omega}, \ldots$, die voneinander den Abstand $\frac{\pi c}{\omega} = \frac{\lambda}{2}$ haben, ist die Geschwindigkeit v immer Null. Diese Punkte nennt man *Knoten* der Geschwindigkeit. In der Mitte zwischen diesen Punkten $\left(\text{bei } x = \frac{\pi c}{2\omega}, \frac{3\pi c}{2\omega}, \ldots\right)$ liegen Punkte, in denen die Amplitude der Geschwindigkeit maximal ist; diese Punkte werden als *Bäuche* der Welle bezeichnet. Für den Druck sind offenbar die zuerst genannten Punkte Bäuche und die zuletzt genannten Knoten. In einer stehenden ebenen Schallwelle fallen also die Druckbäuche mit den Geschwindigkeitsknoten zusammen und umgekehrt.

Ein interessanter Fall von Eigenschwingungen sind die Schwingungen eines Gases in einem Gefäß mit einer kleinen Öffnung (ein solches Gefäß bezeichnet man als einen Resonator). In einem geschlossenen Gefäß ist die kleinste Eigenfrequenz, wie wir wissen, von der Größenordnung c/l, wenn l die linearen Gefäßabmessungen bezeichnet. Wenn eine kleine Öffnung vorhanden ist, dann tritt ein neuer Typ von Eigenschwingungen mit einer bedeutend kleineren Frequenz auf. Der Grund für das Auftreten des neuen Schwingungstyps ist der folgende: Tritt zwischen dem Gas innerhalb und außerhalb des Gefäßes eine Druckdifferenz auf, so kann sich diese Differenz durch Ein- oder Ausströmen des Gases aus dem Gefäß ausgleichen. Es treten also Schwingungen auf, bei denen das Gas zwischen dem Resonator und dem äußeren Medium hin und her strömt. Da die Öffnung klein ist, erfolgt dieser Gasaustausch langsam. Die Schwingungsdauer ist daher groß, und die Frequenz ist dementsprechend klein (siehe Aufgabe 2). Die üblichen Schwingungen, die in einem geschlossenen Gefäß auftreten, ändern ihre Frequenz bei Anwesenheit einer kleinen Öffnung praktisch nicht.

Aufgaben

1. Man berechne die Eigenfrequenz der Schallschwingungen einer Flüssigkeit in einem Gefäß, das die Form eines Parallelepipeds hat.

Lösung. Wir setzen die Lösung der Gleichung (69,2) in der Gestalt

$$\varphi_0 = \text{const} \cdot \cos qx \cos ry \cos sz$$

an, dabei ist $q^2 + r^2 + s^2 = \frac{\omega^2}{c^2}$. An den Gefäßwänden haben wir die Bedingungen

$$v_x = \frac{\partial \varphi}{\partial x} = 0 \quad \text{für} \quad x = 0, a$$

und analog für $y = 0, b$ und $z = 0, c$, wobei a, b und c die Kantenlängen des Parallelepipeds sind.

Hieraus finden wir $q = \frac{m\pi}{a}$, $r = \frac{n\pi}{b}$ und $s = \frac{p\pi}{c}$ mit ganzzahligen m, n und p. Die Eigenfrequenzen sind also gleich

$$\omega^2 = c^2\pi^2\left(\frac{m^2}{a^2} + \frac{n^2}{b^2} + \frac{p^2}{c^2}\right).$$

2. An der Öffnung eines Resonators ist ein dünnes Rohr angebracht (Querschnitt S, Länge l). Man berechne die Eigenfrequenz der Schwingungen.

Lösung. Da das Rohr dünn ist, kann man annehmen, daß bei den zum Ein- und Ausströmen des Gases aus dem Resonator gehörenden Schwingungen nur das Gas in dem Rohr eine merkliche Geschwindigkeit hat; die Geschwindigkeit des Gases innerhalb des Gefäßes ist praktisch gleich Null. Die Masse des Gases in dem Rohr ist $S\varrho l$, die darauf wirkende Kraft ist $S(p_0 - p)$ (p und p_0 sind die Gasdrücke im Resonator und im äußeren Medium). Es muß daher $S\varrho l\dot{v} = S(p - p_0)$ sein (v ist die Geschwindigkeit des Gases in dem Rohr). Andererseits haben wir für die zeitliche Ableitung des Druckes $\dot{p} = c^2\dot{\varrho}$. Die Abnahme $-\dot{\varrho}$ der Gasdichte im Resonator pro Zeiteinheit kann man gleich der pro Zeiteinheit ausströmenden Gasmenge $S\varrho v$ dividiert durch das Resonatorvolumen V setzen. Auf diese Weise erhalten wir $\dot{p} = -\frac{c^2 S\varrho}{V} v$ und daraus

$$\ddot{p} = -\frac{c^2 S\varrho\dot{v}}{V} = -\frac{c^2 S(p - p_0)}{lV}.$$

Diese Gleichung liefert $p - p_0 = \text{const} \cos \omega_0 t$ mit der Eigenfrequenz

$$\omega_0 = c\sqrt{\frac{S}{lV}}.$$

Diese Frequenz ist gegenüber c/L klein (L bezeichnet die linearen Gefäßabmessungen), und die Wellenlänge ist dementspechend groß im Vergleich zu L.

Bei der Lösung haben wir angenommen, daß die lineare Schwingungsamplitude des Gases in dem Rohr klein gegenüber der Länge des Rohres l ist. Ist diese Voraussetzung nicht erfüllt, dann strömt ein beträchtlicher Teil des Gases bei den Schwingungen aus dem Rohr heraus, und man kann die oben verwendete lineare Bewegungsgleichung für das Gas in dem Rohr nicht mehr anwenden.

§ 70. Kugelwellen

Wir wollen eine Schallwelle betrachten, in der die Verteilungen der Dichte, der Geschwindigkeit usw. nur vom Abstand von irgendeinem Zentrum abhängen, d. h., in der diese Verteilungen kugelsymmetrisch sind. Eine solche Welle wird als Kugelwelle bezeichnet.

Wir wollen die allgemeine Lösung der Wellengleichung für eine Kugelwelle bestimmen. Die Wellengleichung schreiben wir z. B. für das Geschwindigkeitspotential auf:

$$\triangle\varphi - \frac{1}{c^2}\frac{\partial^2\varphi}{\partial t^2} = 0.$$

Da φ nur eine Funktion des Abstandes r vom Zentrum (und von der Zeit t) ist, erhalten wir unter Verwendung des Ausdruckes für den Laplace-Operator in Kugelkoordinaten

$$\frac{\partial^2\varphi}{\partial t^2} = c^2\frac{1}{r^2}\frac{\partial}{\partial r}\left(r^2\frac{\partial\varphi}{\partial r}\right). \tag{70,1}$$

Wir setzen $\varphi = f(r, t)/r$ und erhalten für die Funktion f die Gleichung

$$\frac{\partial^2 f}{\partial t^2} = c^2 \frac{\partial^2 f}{\partial r^2}.$$

Das ist die gewöhnliche eindimensionale Wellengleichung, in der der Radius r die Rolle der Koordinate spielt. Die Lösung dieser Gleichung hat, wie wir wissen, die Gestalt

$$f = f_1(ct - r) + f_2(ct + r)$$

mit zwei beliebigen Funktionen f_1 und f_2. Die allgemeine Lösung der Gleichung (70,1) ist also

$$\varphi = \frac{f_1(ct - r)}{r} + \frac{f_2(ct + r)}{r}. \tag{70,2}$$

Das erste Glied stellt eine auslaufende Welle dar, die sich vom Koordinatenursprung aus nach allen Seiten ausbreitet. Der zweite Term ist eine in das Zentrum einlaufende Welle. Anders als bei den ebenen Wellen, deren Amplitude konstant bleibt, nimmt die Amplitude einer Kugelwelle umgekehrt proportional zum Abstand vom Zentrum ab. Die Intensität der Welle, die durch das Amplitudenquadrat gegeben wird, ist dem Quadrat des Abstandes umgekehrt proportional. Das muß auch so sein, denn der gesamte Energiestrom in der Welle verteilt sich auf eine Fläche, die proportional zu r^2 zunimmt.

Die veränderlichen Anteile des Druckes und der Dichte hängen mit dem Geschwindigkeitspotential über die Beziehungen

$$p' = -\varrho \frac{\partial \varphi}{\partial t}, \qquad \varrho' = -\frac{\varrho}{c^2} \frac{\partial \varphi}{\partial t}$$

zusammen. Sie werden durch ähnliche Formeln wie (70,2) gegeben. Die Verteilung der (radialen) Geschwindigkeit ergibt sich als Gradient des Potentials und hat die Gestalt

$$v = \frac{\partial}{\partial r} \left\{ \frac{f_1(ct - r) + f_2(ct + r)}{r} \right\}. \tag{70,3}$$

Befindet sich im Koordinatenursprung keine Schallquelle, dann muß das Potential (70,2) für $r = 0$ endlich bleiben. Dafür ist $f_1(ct) = -f_2(ct)$ notwendig, d. h.,

$$\varphi = \frac{f(ct - r) - f(ct + r)}{r} \tag{70,4}$$

(stehende Kugelwelle). Für eine Quelle im Koordinatenursprung ist das Potential der von ihr ausgestrahlten auslaufenden Welle $\varphi = \frac{f(ct - r)}{r}$; es braucht für $r = 0$ nicht endlich zu bleiben, weil sich diese Lösung im allgemeinen nur auf den Bereich außerhalb des Körpers bezieht.

Eine monochromatische stehende Kugelwelle hat die Gestalt

$$\varphi = A\, \mathrm{e}^{-\mathrm{i}\omega t} \frac{\sin kr}{r} \tag{70,5}$$

mit $k = \omega/c$. Eine auslaufende monochromatische Kugelwelle wird durch den Ausdruck

$$\varphi = A \frac{e^{i(kr-\omega t)}}{r} \tag{70,6}$$

gegeben. Es ist nützlich zu bemerken, daß dieser Ausdruck der Differentialgleichung

$$\triangle\varphi + k^2\varphi = -4\pi A\, e^{-i\omega t}\, \delta(\boldsymbol{r}) \tag{70,7}$$

genügt, auf deren rechter Seite die δ-Funktion der Koordinaten steht: $\delta(\boldsymbol{r}) = \delta(x)\,\delta(y)\,\delta(z)$. Tatsächlich ist überall, außer im Koordinatenursprung, $\delta(\boldsymbol{r}) = 0$, und wir kommen zur homogenen Gleichung (70,1) zurück. Integrieren wir über eine kleine Kugel um den Koordinatenursprung $\left(\text{in diesem Bereich reduziert sich der Ausdruck (70,6) auf } \frac{A}{r}\, e^{-i\omega t}\right)$, so erhalten wir auf beiden Seiten $-4\pi A\, e^{-i\omega t}$.

Wir betrachten eine auslaufende Kugelwelle, die eine Kugelschale einnimmt; außerhalb dieser Kugelschale soll entweder überhaupt keine Bewegung vorhanden sein, oder die Bewegung soll rasch abklingen. Eine solche Welle kann entweder von einer Quelle stammen, die nur eine gewisse endliche Zeit lang wirksam war, oder von einem gewissen Bereich, in dem ursprünglich eine Schallstörung vorhanden war (siehe den Schluß von § 72 und Aufgabe 4, § 74). Bevor die Welle an einen gegebenen Raumpunkt gelangt, ist dort $\varphi \equiv 0$. Nach dem Durchgang der Welle muß die Bewegung wieder abklingen; das bedeutet, daß auf jeden Fall $\varphi = \text{const}$ werden muß. In einer auslaufenden Kugelwelle ist das Potential aber eine Funktion der Gestalt $\varphi = \frac{f(ct - r)}{r}$; eine solche Funktion kann nur dann konstant sein, wenn die Funktion f verschwindet. Das Potential muß also sowohl vor als auch nach dem Durchgang der Welle verschwinden.[1]) Aus diesem Umstand kann man einen wichtigen Schluß über die Verteilung der Verdichtungen und der Verdünnungen in einer Kugelwelle ziehen.

Die Druckänderung in der Welle hängt mit dem Potential über die Beziehung $p' = -\varrho(\partial\varphi/\partial t)$ zusammen. Integrieren wir p' bei festem r über die Zeit, dann erhalten wir auf Grund der obigen Feststellung Null:

$$\int_{-\infty}^{\infty} p'\, dt = 0\,. \tag{70,8}$$

Beim Durchgang einer Kugelwelle durch einen gegebenen Raumpunkt wird man also in diesem Punkt sowohl Verdichtungen ($p' > 0$) als auch Verdünnungen ($p' < 0$) beobachten. In dieser Hinsicht unterscheidet sich eine Kugelwelle wesentlich von einer ebenen Welle, die auch nur aus Verdichtungen oder Verdünnungen bestehen kann.

Dasselbe Bild ergibt sich auch aus der Betrachtung der Änderung des Druckes mit dem Abstand in einem festen Zeitpunkt. Statt des Integrals (70,8) verschwindet dabei das Integral

$$\int_{0}^{\infty} rp'\, dr = 0\,. \tag{70,9}$$

[1]) Im Gegensatz zu einer ebenen Welle; hat eine ebene Welle einen Punkt passiert, dann kann anschließend $\varphi = \text{const} \neq 0$ sein.

Aufgaben

1. Ein Gas sei am Anfang in einer Kugel (vom Radius a) komprimiert, so daß $\varrho' = \text{const} \equiv \Delta$ ist; außerhalb der Kugel sei $\varrho' = 0$. Die Anfangsgeschwindigkeit soll im ganzen Raum gleich Null sein. Man berechne die anschließende Bewegung des Gases.

Lösung. Die Anfangsbedingungen für das Potential $\varphi(r, t)$ lauten

$$\varphi(r, 0) = 0\,, \qquad \dot{\varphi}(r, 0) = F(r)\,,$$

wobei

$$F(r) = 0 \quad \text{für} \quad r > a\,, \qquad F(r) = -\Delta c^2/\varrho \quad \text{für} \quad r < a\,.$$

Wir setzen φ in der Form (70,4) an und finden aus den Anfangsbedingungen

$$f(-r) - f(r) = 0\,, \qquad f'(-r) - f'(r) = \frac{r}{c} F(r)$$

und damit

$$f'(r) = -f'(-r) = -\frac{r}{2c} F(r)\,.$$

Schließlich setzen wir den Wert für $F(r)$ ein und erhalten für die Ableitung $f'(\xi)$ und die Funktion $f(\xi)$ selbst das folgende Ergebnis:

$$\text{für} \quad |\xi| > a\,, \qquad f'(\xi) = 0\,, \qquad f(\xi) = 0\,;$$

$$\text{für} \quad |\xi| < a\,, \qquad f'(\xi) = \frac{c\Delta}{2\varrho}\,\xi\,, \qquad f(\xi) = \frac{c\Delta}{4\varrho}(\xi^2 - a^2)\,.$$

Das ist die Lösung unserer Aufgabe. Wir betrachten einen Punkt mit $r > a$, d. h. außerhalb des Bereiches der ursprünglichen Verdichtung. Hier haben wir für die Dichte ϱ':

$$\text{für} \quad t < (r - a)/c\,, \qquad \varrho' = 0\,;$$

$$\text{für} \quad (r - a)/c < t < (r + a)/c\,, \qquad \varrho' = \frac{\Delta}{2}\frac{r - ct}{r}\,;$$

$$\text{für} \quad t > (r + a)/c\,, \qquad \varrho' = 0\,.$$

Die Welle läuft während der Zeit $2a/c$ über den betrachteten Punkt hinweg; sie hat, mit anderen Worten, die Gestalt einer Kugelschale der Dicke $2a$, die zur Zeit t von den beiden Kugeln mit den Radien $ct - a$ und $ct + a$ begrenzt wird. In dieser Schale ändert sich die Dichte linear; im äußeren Teil ($r > ct$) ist das Gas verdichtet ($\varrho' > 0$), im inneren ($r < ct$) verdünnt ($\varrho' < 0$).

2. Man berechne die Eigenfrequenzen der kugelsymmetrischen Schallschwingungen in einer Hohlkugel.

Lösung. Aus der Randbedingung $\dfrac{\partial\varphi}{\partial r} = 0$ für $r = a$ (a ist der Kugelradius, φ entnehmen wir (70,5)) erhalten wir die Gleichung

$$\tan ka = ka$$

für die Eigenfrequenzen. Die erste (kleinste) Frequenz ist $\omega_1 = \dfrac{4{,}49c}{a}$.

§ 71. Zylinderwellen

Wir wollen jetzt eine Welle behandeln, in der alle Größen in einer gewissen Richtung homogen (diese Richtung wählen wir als z-Achse) und bezüglich dieser Achse axialsymmetrisch sind. Für eine solche Zylinderwelle haben wir $\varphi = \varphi(R, t)$, wenn R den Abstand von der z-Achse bezeichnet. Wir wollen die allgemeine Form einer solchen zylindersymmetrischen Lösung der Wellengleichung bestimmen. Dazu kann man von der allgemeinen Gestalt der kugelsymmetrischen Lösung (70,2) ausgehen. Zwischen R und r besteht die Beziehung $r^2 = R^2 + z^2$, das durch die Formel (70,2) definierte φ hängt also für festes t und R noch von z ab. Man kann durch Integration des Ausdruckes (70,2) über alle z von $-\infty$ bis $+\infty$, oder ebensogut von 0 bis ∞, eine Funktion gewinnen, die nur von R und t abhängt und der Wellengleichung genügt. Die Integration über z ersetzen wir durch die Integration über r. Es ist

$$z = \sqrt{r^2 - R^2}, \qquad \mathrm{d}z = \frac{r\,\mathrm{d}r}{\sqrt{r^2 - R^2}}.$$

Durchläuft z das Intervall von 0 bis ∞, dann ändert sich r zwischen R und ∞. Damit finden wir endgültig die allgemeine Gestalt der zylindersymmetrischen Lösung:

$$\varphi = \int_R^\infty \frac{f_1(ct - r)}{\sqrt{r^2 - R^2}}\,\mathrm{d}r + \int_R^\infty \frac{f_2(ct + r)}{\sqrt{r^2 - R^2}}\,\mathrm{d}r\,; \tag{71,1}$$

f_1 und f_2 sind beliebige Funktionen. Das erste Glied stellt eine auslaufende, das zweite eine einlaufende Zylinderwelle dar.

In diesen Integralen setzen wir $ct \pm r = \xi$ und formen (71,1) um in

$$\varphi = \int_{-\infty}^{ct-R} \frac{f_1(\xi)\,\mathrm{d}\xi}{\sqrt{(ct - \xi)^2 - R^2}} + \int_{ct+R}^{\infty} \frac{f_2(\xi)\,\mathrm{d}\xi}{\sqrt{(\xi - ct)^2 - R^2}}. \tag{71,2}$$

Der Wert des Potentials zur Zeit t (im Punkt R) wird in einer auslaufenden Zylinderwelle durch die Werte der Funktion $f_1(t)$ während der ganzen Zeit zwischen $-\infty$ und $t - R/c$ bestimmt. Analog sind für eine einlaufende Welle die Funktionswerte von $f_2(t)$ während der ganzen Zeit zwischen $t + R/c$ und ∞ wesentlich.

Wie schon bei den Kugelwellen ergeben sich stehende Zylinderwellen für $f_1(\xi) = -f_2(\xi)$. Man kann zeigen, daß eine stehende Zylinderwelle auch in der folgenden Form dargestellt werden kann:

$$\varphi = \int_{ct-R}^{ct+R} \frac{F(\xi)\,\mathrm{d}\xi}{\sqrt{R^2 - (\xi - ct)^2}}. \tag{71,3}$$

$F(\xi)$ ist wiederum eine beliebige Funktion.

Wir wollen jetzt den Ausdruck für das Potential einer monochromatischen Zylinderwelle herleiten. Die Wellengleichung für das Potential $\varphi(R, t)$ lautet in Zylinderkoordinaten

$$\frac{1}{R}\frac{\partial}{\partial R}\left(R\frac{\partial \varphi}{\partial R}\right) - \frac{1}{c^2}\frac{\partial^2 \varphi}{\partial t^2} = 0\,.$$

Für eine monochromatische Welle ist $\varphi = e^{-i\omega t} f(R)$, und wir erhalten für die Funktion $f(R)$ die Gleichung

$$f'' + \frac{1}{R} f' + k^2 f = 0 .$$

Das ist die Differentialgleichung der Besselschen Funktionen nullter Ordnung. In einer stehenden Zylinderwelle muß φ für $R = 0$ endlich bleiben. Die entsprechende Lösung ist $J_0(kR)$, wobei J_0 die Besselsche Funktion erster Art ist. In einer stehenden Zylinderwelle ist also

$$\varphi = A\, e^{-i\omega t} J_0(kR) . \tag{71,4}$$

Für $R = 0$ wird die Funktion J_0 gleich 1, so daß die Amplitude der Welle gegen die endliche Größe A strebt. Für große Abstände R kann man die Funktion J_0 durch ihre bekannte asymptotische Darstellung ersetzen; die Welle erhält dann die Gestalt

$$\varphi = A \sqrt{\frac{2}{\pi}} \frac{\cos(kR - \pi/4)}{\sqrt{kR}} e^{-i\omega t} . \tag{71,5}$$

Die einer monochromatischen auslaufenden Welle entsprechende Lösung ist

$$\varphi = A\, e^{-i\omega t} H_0^{(1)}(kR) ; \tag{71,6}$$

$H_0^{(1)}$ ist die Hankelsche Funktion erster Art und nullter Ordnung. Für $R \to 0$ hat dieser Ausdruck eine logarithmische Singularität:

$$\varphi \approx A \frac{2i}{\pi} \ln(kR)\, e^{-i\omega t} . \tag{71,7}$$

Für große Abstände gilt die asymptotische Darstellung

$$\varphi = A \sqrt{\frac{2}{\pi}} \frac{e^{i(kR - \omega t - \pi/4)}}{\sqrt{kR}} . \tag{71,8}$$

Die Amplitude einer Zylinderwelle nimmt, wie wir sehen, (in großen Abständen) umgekehrt proportional zur Wurzel aus dem Abstand von der Achse ab, die Intensität fällt dementsprechend wie R ab. Dieses Resultat ist ganz natürlich, weil sich der gesamte Energiestrom bei der Ausbreitung der Welle auf Zylinderflächen verteilt, deren Fläche proportional zu R zunimmt.

Eine auslaufende Zylinderwelle unterscheidet sich in folgender Hinsicht wesentlich von einer Kugelwelle und von einer ebenen Welle. Sie kann eine vordere, kann aber keine hintere Front haben: Nachdem eine Schallstörung einen gegebenen Raumpunkt erreicht hat, hört sie dort nicht auf, sondern klingt nur relativ langsam asymptotisch für $t \to \infty$ ab. Die Funktion $f_1(\xi)$ im ersten Glied in (71,2) sei nur in einem gewissen endlichen ξ-Intervall $\xi_1 \leqq \xi \leqq \xi_2$ von Null verschieden. Für Zeiten $ct > R + \xi_2$ haben wir dann

$$\varphi = \int_{\xi_1}^{\xi_2} \frac{f_1(\xi)\, d\xi}{\sqrt{(ct - \xi)^2 - R^2}} .$$

Für $t \to \infty$ strebt dieser Ausdruck nach dem Gesetz

$$\varphi = \frac{1}{ct} \int_{\xi_1}^{\xi_2} f_1(\xi)\, \mathrm{d}\xi$$

gegen Null, d. h. umgekehrt proportional zur Zeit.

Das Potential einer auslaufenden Zylinderwelle, das von einer nur eine endliche Zeit wirksamen Quelle erzeugt wird, geht folglich für $t \to \infty$, wenn auch langsam, gegen Null. Deswegen verschwindet wie im kugelsymmetrischen Fall das Integral

$$\int_{-\infty}^{\infty} p'\, \mathrm{d}t = 0 \,. \tag{71,9}$$

Eine Zylinderwelle muß also wie eine Kugelwelle unbedingt sowohl Verdichtungen als auch Verdünnungen enthalten.

§ 72. Die allgemeine Lösung der Wellengleichung

Wir wollen jetzt die allgemeine Formel für die Lösung der Wellengleichung in einer unbegrenzten Flüssigkeit unter gegebenen Anfangsbedingungen herleiten, d. h. eine Formel, die die Geschwindigkeits- und Druckverteilung in einer Flüssigkeit zu einer beliebigen Zeit aus den Anfangsverteilungen bestimmt.

Zunächst verschaffen wir uns einige Hilfsformeln. Es seien $\varphi(x, y, z, t)$ und $\psi(x, y, z, t)$ zwei beliebige, im Unendlichen verschwindende Lösungen der Wellengleichung. Wir betrachten das über den ganzen Raum erstreckte Integral

$$I = \int (\varphi\dot{\psi} - \psi\dot{\varphi})\, \mathrm{d}V$$

und berechnen seine Zeitableitung. Da φ und ψ den Gleichungen

$$\triangle\varphi - \frac{1}{c^2}\,\ddot{\varphi} = 0\,, \qquad \triangle\psi - \frac{1}{c^2}\,\ddot{\psi} = 0$$

genügen, finden wir

$$\begin{aligned}\frac{\mathrm{d}I}{\mathrm{d}t} &= \int (\varphi\ddot{\psi} - \psi\ddot{\varphi})\, \mathrm{d}V = c^2 \int (\varphi\triangle\psi - \psi\nabla\varphi)\, \mathrm{d}V \\ &= c^2 \int \operatorname{div}\,(\varphi\nabla\psi - \psi\nabla\varphi)\, \mathrm{d}V.\end{aligned}$$

Das letzte Integral kann in ein Integral über eine unendliche ferne Oberfläche umgeformt werden und verschwindet deshalb. Wir gelangen also zu dem Ergebnis $\mathrm{d}I/\mathrm{d}t = 0$, d. h., I ist eine zeitunabhängige Konstante:

$$I = \int (\varphi\dot{\psi} - \psi\dot{\varphi})\, \mathrm{d}V = \text{const}\,. \tag{72,1}$$

Weiter betrachten wir die folgende spezielle Lösung der Wellengleichung:

$$\psi = \frac{\delta[r - c(t_0 - t)]}{r}\,, \tag{72,2}$$

wobei r der Abstand von irgendeinem gegebenen Raumpunkt O ist, t_0 ist ein bestimmter Zeitpunkt, und δ bedeutet die δ-Funktion. Wir berechnen das Integral von ψ über den Raum und haben

$$\int \psi \, \mathrm{d}V = \int_0^\infty 4\pi\psi r^2 \, \mathrm{d}r = 4\pi \int_0^\infty r\delta[r - c(t_0 - t)] \, \mathrm{d}r \, .$$

Das Argument der δ-Funktion ist für $r = c(t_0 - t)$ gleich Null (es wird $t_0 > t$ vorausgesetzt). Auf Grund der Eigenschaften der δ-Funktion erhalten wir

$$\int \psi \, \mathrm{d}V = 4\pi c(t_0 - t) \, . \tag{72,3}$$

Diese Gleichung differenzieren wir nach t und erhalten

$$\int \dot{\psi} \, \mathrm{d}V = -4\pi c \, . \tag{72,4}$$

Jetzt setzen wir für ψ die Funktion (72,2) in das Integral (72,1) ein; unter φ wollen wir die gesuchte allgemeine Lösung der Wellengleichung verstehen. Nach (72,1) ist I eine konstante Größe. Dementsprechend schreiben wir die Ausdrücke für I in den Zeitpunkten $t = 0$ und $t = t_0$ auf und setzen sie einander gleich. Für $t = t_0$ sind die beiden Funktionen ψ und $\dot{\psi}$ nur für $r = 0$ von Null verschieden. Man kann daher in φ und $\dot{\varphi}$ bei der Integration r gleich Null setzen (d. h. den Wert im Punkte O nehmen) und φ und $\dot{\varphi}$ aus dem Integral herausziehen:

$$I = \varphi(x, y, z, t_0) \int \dot{\psi} \, \mathrm{d}V - \dot{\varphi}(x, y, z, t_0) \int \psi \, \mathrm{d}V$$

(mit x, y, z bezeichnen wir die Koordinaten des Punktes O). Nach (72,3) und (72,4) verschwindet das zweite Glied für $t = t_0$, und das erste ergibt

$$I = -4\pi c\varphi(x, y, z, t_0) \, .$$

Wir berechnen jetzt I für $t = 0$. Dazu schreiben wir $\dot{\psi} = \frac{\partial\psi}{\partial t} = -\frac{\partial\psi}{\partial t_0}$ und bezeichnen den Funktionswert von φ für $t = 0$ mit φ_0. Es ergibt sich

$$I = -\int \left(\varphi_0 \frac{\partial\psi}{\partial t_0} + \dot{\varphi}_0\psi\right) \mathrm{d}V = -\frac{\partial}{\partial t_0} \int \varphi_0\psi|_{t=0} \, \mathrm{d}V - \int \dot{\varphi}_0\psi|_{t=0} \, \mathrm{d}V .$$

Das Volumenelement schreiben wir in der Form $\mathrm{d}V = r^2 \, \mathrm{d}r \, \mathrm{d}o$, wobei $\mathrm{d}o$ das Oberflächenelement auf der Einheitskugel ist. Auf Grund der Eigenschaften der δ-Funktion erhalten wir

$$\int \varphi_0\psi|_{t=0} \, \mathrm{d}V = \int \varphi_0 r\delta(r - ct_0) \, \mathrm{d}r \, \mathrm{d}o = ct_0 \int \varphi_0|_{r=ct_0} \, \mathrm{d}o \, .$$

Ähnliches gilt auch für das Integral über $\dot{\varphi}_0\psi$. Es ist also

$$I = -\frac{\partial}{\partial t_0} \left(ct_0 \int \varphi_0|_{r=ct_0} \, \mathrm{d}o\right) - ct_0 \int \dot{\varphi}_0|_{r=ct_0} \, \mathrm{d}o \, .$$

Schließlich setzen wir die beiden Ausdrücke für I gleich, lassen den Index Null von t_0 weg und erhalten endgültig

$$\varphi(x, y, z, t) = \frac{1}{4\pi} \left\{\frac{\partial}{\partial t}\left(t \int \varphi_0|_{r=ct} \, \mathrm{d}o\right) + t \int \dot{\varphi}_0|_{r=ct} \, \mathrm{d}o\right\} . \tag{72,5}$$

Diese *Poissonsche Formel* gibt die räumliche Verteilung des Potentials in einem beliebigen Zeitpunkt an, wenn die Potentialverteilung und deren Zeitableitung zu einer gewissen Anfangszeit gegeben sind (das ist der Vorgabe der Geschwindigkeits- und Druckverteilung äquivalent). Wie wir sehen, wird der Wert des Potentials zur Zeit t durch die Werte von φ und $\dot{\varphi}$ bestimmt, die sie zur Zeit $t = 0$ auf einer Kugeloberfläche mit dem Radius $r = ct$ um den Punkt O hatten.

Wir setzen voraus, daß φ_0 und $\dot{\varphi}_0$ zur Anfangszeit nur in einem gewissen endlichen Raumgebiet von Null verschieden sind; dieses Raumgebiet soll von der geschlossenen Fläche C begrenzt werden (Abb. 44). Wir betrachten die Werte, die φ zu späteren Zeiten in einem Punkt O annimmt. Diese Werte werden durch die Werte von φ_0 und $\dot{\varphi}_0$ im Abstand $r = ct$ vom Punkt O bestimmt. Die Kugeln mit den Radien ct verlaufen aber nur für $d/c \leqq t \leqq D/c$ durch das Gebiet innerhalb der Oberfläche C; d und D sind der kleinste und der größte Abstand zwischen dem Punkt O und der Fläche C. Für alle anderen Zeitpunkte ist das Integral in (72,5) Null. Die Bewegung im Punkt O beginnt also zur Zeit $t = d/c$ und endet zur Zeit $t = D/c$. Die vom Bereich C ausgehende Welle hat zwei Fronten: eine vordere und eine hintere. Die Bewegung in der Flüssigkeit beginnt, wenn die vordere Wellenfront den gegebenen Punkt erreicht; an der hinteren Wellenfront kommen die vorher schwingenden Punkte zur Ruhe.

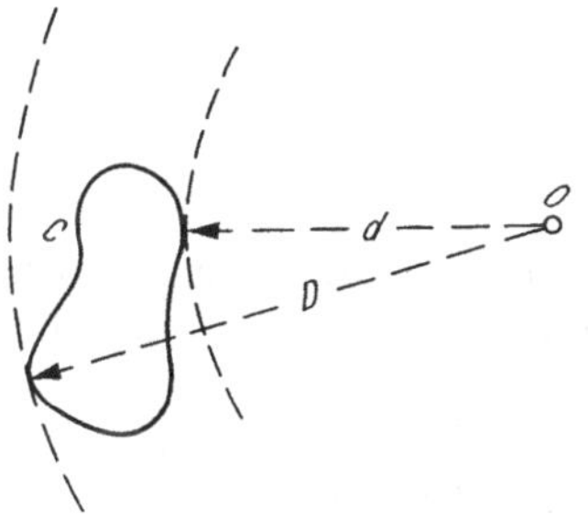

Abb. 44

Aufgabe

Man leite die Formel her, die das Potential aus den Anfangsbedingungen für eine Welle angibt, die nur von zwei Koordinaten (x und y) abhängt.

Lösung: Das Oberflächenelement der Kugel mit dem Radius $r = ct$ kann man in der Form $df = c^2t^2\, do$ schreiben; do ist das Oberflächenelement auf der Einheitskugel. Andererseits ist die Projektion von df auf die xy-Ebene gleich

$$dx\, dy = df \frac{\sqrt{(ct)^2 - \varrho^2}}{ct},$$

wenn ϱ der Abstand des Punktes x, y vom Kugelmittelpunkt ist. Der Vergleich der beiden Ausdrücke ergibt

$$do = \frac{dx\, dy}{ct\sqrt{(ct)^2 - \varrho^2}}.$$

Die Koordinaten des Punktes, in dem wir den Wert von φ suchen, bezeichnen wir mit x und y; die Koordinaten des variablen Punktes im Integrationsbereich nennen wir ξ und η. Wir können demnach im vorliegenden Falle do in der allgemeinen Formel (72,5) durch

$$\frac{d\xi\, d\eta}{ct\sqrt{(ct)^2 - (x-\xi)^2 - (y-\eta)^2}}$$

ersetzen. Der dabei entstehende Ausdruck ist mit 2 zu multiplizieren, weil dx dy die Projektion zweier Flächenelemente der Kugel darstellt, die auf verschiedenen Seiten der xy-Ebene liegen. Wir erhalten also endgültig

$$\varphi(x, y, z, t) = \frac{1}{2\pi c}\frac{\partial}{\partial t}\iint \frac{\varphi_0(\xi, \eta)\, d\xi\, d\eta}{\sqrt{(ct)^2 - (x-\xi)^2 - (y-\eta)^2}} + \frac{1}{2\pi c}\iint \frac{\dot{\varphi}_0(\xi, \eta)\, d\xi\, d\eta}{\sqrt{(ct)^2 - (x-\xi)^2 - (y-\eta)^2}}.$$

Die Integration ist über eine Kreisfläche mit dem Radius $r = ct$ und dem Mittelpunkt O zu erstrecken. Sind φ_0 und $\dot{\varphi}_0$ am Anfang nur in einem endlichen Bereich C der xy-Ebene von Null verschieden (genauer in einem zylindrischen Raumgebiet mit zur z-Achse parallelen Erzeugenden), dann beginnen die Schwingungen im Punkt O (Abb. 44) zur Zeit $t = d/c$, wenn d der kürzeste Abstand zwischen O und diesem Bereich ist. Im folgenden enthalten die Kreise mit dem Radius $ct > d$ und dem Mittelpunkt O immer einen Teil oder die ganze Fläche des Bereiches C, und φ strebt nur asymptotisch gegen Null. Im Unterschied zu den „dreidimensionalen" Wellen haben also die hier behandelten zweidimensionalen Wellen eine vordere, aber keine hintere Front (vgl. § 71).

§ 73. Die Seitenwelle

Die Reflexion einer Kugelwelle an der Grenzfläche zwischen zwei Medien ist besonders interessant, weil sie von der eigenartigen Erscheinung begleitet sein kann, daß eine *Seitenwelle* auftritt.

In Abb. 45 ist Q die Quelle einer Kugelwelle (Schallwelle), die sich (im ersten Medium) im Abstand l von der ebenen Grenzfläche zwischen den beiden Medien 1 und 2 befindet. Der Abstand l ist beliebig und muß keinesfalls groß gegenüber der Wellenlänge λ sein. Die Dichten der beiden Medien und die zugehörigen Schallgeschwindigkeiten seien ϱ_1, ϱ_2 und c_1, c_2.

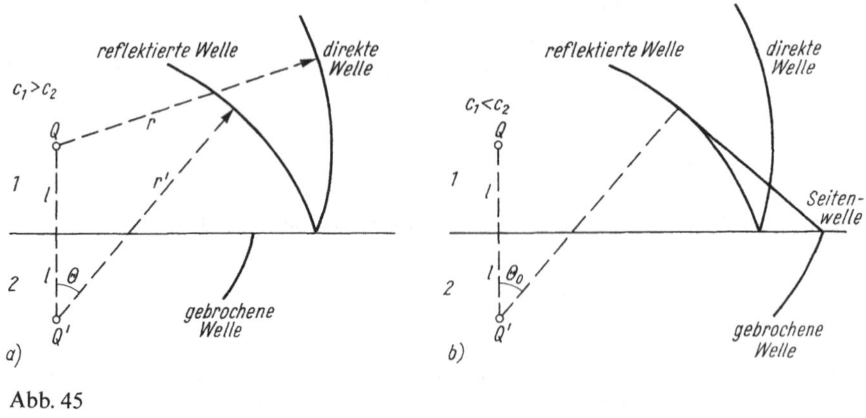

Abb. 45

Wir setzen zunächst voraus, daß $c_1 > c_2$ ist. In (im Vergleich zu λ) großen Entfernungen von der Quelle ist die Bewegung im ersten Medium die Überlagerung zweier auslaufender Wellen. Eine davon ist die direkt von der Quelle kommende Kugelwelle (*direkte Welle*); ihr Potential ist

$$\varphi_1^{(0)} = \frac{e^{ikr}}{r}\,; \tag{73,1}$$

r ist der Abstand von der Quelle, die Amplitude haben wir gleich 1 gesetzt; die Faktoren $e^{-i\omega t}$ lassen wir der Kürze halber in allen Ausdrücken in diesem Paragraphen weg.

Die zweite Welle (die reflektierte) ist ebenfalls eine Kugelwelle. Ihr Zentrum liegt im Punkt Q' (Spiegelbild der Quelle Q an der Grenzfläche). Die Wellenfläche der reflektierten Welle ist der geometrische Ort der Punkte P, bis zu denen die vom Punkt Q gleichzeitig ausgesandten und an der Grenzfläche nach den Gesetzen der geometrischen Akustik reflektierten Strahlen in einem bestimmten Zeitintervall gelangen (in Abb. 46 der Strahl QAP mit dem Einfalls- und Reflexionswinkel Θ). Die Amplitude der reflektierten Welle nimmt umgekehrt proportional zum Abstand r' vom Punkt Q' ab (der Punkt Q' wird manchmal als imaginäre Quelle bezeichnet); sie hängt außerdem auch vom Winkel Θ ab. Diese Abhängigkeit ist dieselbe, als würde jeder Strahl mit dem Koeffizienten reflektiert, der zur Reflexion einer ebenen Welle unter dem gegebenen Einfallswinkel Θ gehört. Mit anderen Worten, die reflektierte Welle wird in großen Entfernungen durch die Formel

$$\varphi_1' = \frac{e^{ikr'}}{r'}\left[\frac{\varrho_2 c_2 \cos\Theta - \varrho_1\sqrt{c_1^2 - c_2^2 \sin^2\Theta}}{\varrho_2 c_2 \cos\Theta + \varrho_1\sqrt{c_1^2 - c_2^2 \sin^2\Theta}}\right] \tag{73,2}$$

beschrieben (vgl. die Formel (66,4) für den Reflexionskoeffizienten einer ebenen Welle). Diese Formel, deren Gültigkeit (für große r') selbstverständlich ist, kann nach dem unten angegebenen Verfahren streng hergeleitet werden.

Interessanter ist der Fall

$$c_1 < c_2\,.$$

Hier tritt neben der üblichen reflektierten Welle (73,2) im ersten Medium noch eine Welle auf, deren Haupteigenschaften man den folgenden einfachen Überlegungen entnehmen kann.

Der gewöhnliche reflektierte Strahl QAP (Abb. 46) befriedigt das Fermatsche Prinzip in dem Sinne, daß der Schall auf diesem Wege die kürzeste Zeit braucht, um vom Punkt Q

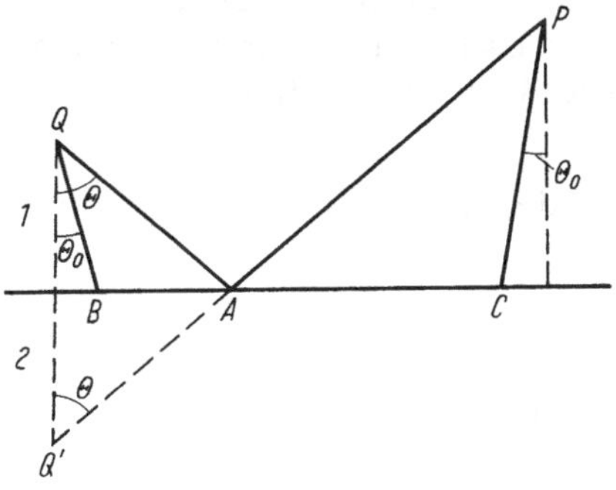

Abb. 46

zum Punkt P zu gelangen, verglichen mit allen Wegen, die ganz im Medium 1 liegen und eine einmalige Reflexion erfahren. Aber auch ein anderer Weg befriedigt (für $c_1 < c_2$) das Fermatsche Prinzip: Der Strahl fällt unter dem Grenzwinkel der Totalreflexion Θ_0 ($\sin \Theta_0 = c_1/c_2$) auf die Grenzfläche, dann breitet er sich im Medium 2 längs der Grenzfläche aus und geht schließlich wieder unter dem Winkel Θ_0 in das Medium 1 über (*QBCP* in Abb. 46); offensichtlich muß $\Theta > \Theta_0$ sein. Es ist leicht zu sehen, daß dieser Weg ebenfalls eine Extremaleigenschaft besitzt: Die Zeit für die Schallausbreitung ist auf diesem Wege kleiner als auf einem beliebigen anderen Wege von Q nach P, der teilweise im zweiten Medium verläuft.

Der geometrische Ort der Punkte P, bis zu denen die von Q gleichzeitig ausgesandten Strahlen in der gleichen Zeit gelangen, wenn sie erst längs des Weges QB verlaufen und dann an verschiedenen Punkten C wieder in das Medium 1 eintreten, ist offenbar eine Kegelfläche. Die Erzeugenden dieser Fläche stehen senkrecht auf den Geraden, die von der „imaginären Quelle“ Q' unter dem Winkel Θ_0 gezogen werden.

Für $c_1 < c_2$ breitet sich also im ersten Medium neben der gewöhnlichen reflektierten Welle mit einer Kugelfläche als Wellenfront noch eine Welle mit einer Kegelfläche als Wellenfront aus. Diese Kegelfläche erstreckt sich von der Grenzfläche (wo sie sich an die Wellenfläche der gebrochenen Welle im zweiten Medium anschließt) bis zur Berührungslinie mit der Wellenfläche der reflektierten Kugelwelle (die Berührungslinie ist die Schnittlinie mit dem Kegel, der den Öffnungswinkel Θ_0 hat und dessen Achse mit QQ' zusammenfällt; siehe Abb. 45). Diese Kegelwelle heißt *Seitenwelle*.

Durch eine einfache Rechnung kann man sich davon überzeugen, daß die vom Schall auf dem Wege *QBCP* (Abb. 46) benötigte Zeit kleiner ist als auf dem Weg *QAP*, der zu demselben Beobachtungspunkt P führt. Das bedeutet, daß ein Schallsignal von der Quelle Q den Punkt P zuerst als Seitenwelle erreicht; erst dann gelangt die gewöhnliche reflektierte Welle an diesen Punkt.

Man muß beachten, daß die Seitenwelle ein Effekt der Wellenakustik ist, auch wenn man sie anschaulich mit den Vorstellungen der geometrischen Akustik erläutern kann. Wir werden später sehen, daß die Amplitude der Seitenwelle im Grenzfall $\lambda \to 0$ gegen Null geht.

Wir kommen jetzt zur quantitativen Berechnung. Die Ausbreitung einer monochromatischen Schallwelle von einer Punktquelle wird durch die Gleichung (70,7) beschrieben:

$$\triangle\varphi + k^2\varphi = -4\pi\delta(\boldsymbol{r} - \boldsymbol{l})\,; \tag{73,3}$$

$k = \omega/c$, und $\boldsymbol{l}$ ist der Ortsvektor der Quelle. Der Faktor der δ-Funktion ist so gewählt worden, daß die direkte Welle die Gestalt (73,1) hat. Unten werden wir ein Koordinatensystem mit der Grenzfläche als xy-Ebene und der z-Achse in Richtung QQ' verwenden; das erste Medium gehört zu $z > 0$. An der Grenzfläche müssen der Druck und die z-Komponente der Geschwindigkeit stetig sein, oder was dasselbe ist, die Größen $\varrho\varphi$ und $\partial\varphi/\partial z$.

Wir benutzen die allgemeine Fouriersche Methode und setzen die Lösung in der Gestalt

$$\varphi = \frac{1}{4\pi^2} \iint\limits_{-\infty}^{+\infty} \varphi_\varkappa(z)\, e^{i(\varkappa_x x + \varkappa_y y)}\, d\varkappa_x\, d\varkappa_y \tag{73,4}$$

mit

$$\varphi_\varkappa(z) = \iint\limits_{-\infty}^{+\infty} \varphi\, e^{-i(\varkappa_x x + \varkappa_y y)}\, dx\, dy \tag{73,5}$$

an. Aus der Symmetrie in der xy-Ebene ist von vornherein klar, daß $\varphi_\varkappa$ nur vom Betrag $\varkappa^2 = \varkappa_x^2 + \varkappa_y^2$ abhängen kann. Unter Verwendung der bekannten Formel

$$J_0(u) = \frac{1}{2\pi} \int_0^{2\pi} \cos(u \sin\varphi)\, \mathrm{d}\varphi$$

kann man daher (73,4) in der Form

$$\varphi = \frac{1}{2\pi} \int_0^{\infty} \varphi_\varkappa(z)\, J_0(\varkappa R)\, \varkappa\, \mathrm{d}\varkappa \tag{73,6}$$

darstellen; $R = \sqrt{x^2 + y^2}$ ist eine Zylinderkoordinate (der Abstand von der z-Achse). Für die weiteren Rechnungen ist es bequemer, diese Beziehung so umzuformen, daß das Integral von $-\infty$ bis $+\infty$ erstreckt wird; dazu wird der Integrand durch die Hankelsche Funktion $H_0^{(1)}(u)$ ausgedrückt. Die letztere hat bekanntlich eine logarithmische Singularität im Punkte $u = 0$. Unter der Vereinbarung, den Punkt $u = 0$ beim Übergang von positiven zu negativen reellen u-Werten in der oberen Halbebene der komplexen u-Ebene zu umgehen, gilt

$$H_0^{(1)}(-u) = H_0^{(1)}(u\, \mathrm{e}^{\mathrm{i}\pi}) = H_0^{(1)}(u) - 2J_0(u).$$

Mit dieser Beziehung kann man (73,6) umformen in

$$\varphi = \frac{1}{4\pi} \int_{-\infty}^{+\infty} \varphi_\varkappa(z)\, H_0^{(1)}(\varkappa R)\, \varkappa\, \mathrm{d}\varkappa\,. \tag{73,7}$$

Aus der Gleichung (73,3) erhalten wir für die Funktion $\varphi_\varkappa$

$$\frac{\mathrm{d}^2\varphi_\varkappa}{\mathrm{d}z^2} - \left(\varkappa^2 - \frac{\omega^2}{c^2}\right)\varphi_\varkappa = -4\pi\delta(z - l)\,. \tag{73,8}$$

Man kann die δ-Funktion auf der rechten Seite der Gleichung beseitigen, indem man der Funktion $\varphi_\varkappa(z)$ (die der homogenen Gleichung genügt) bei $z = l$ die Randbedingungen

$$\varphi_\varkappa(z)|_{l-0}^{l+0} = 0\,, \qquad \left.\frac{\mathrm{d}\varphi_\varkappa}{\mathrm{d}z}\right|_{l-0}^{l+0} = -4\pi \tag{73,9}$$

auferlegt. Die Randbedingungen für $z = 0$ lauten

$$\varrho\varphi_\varkappa|_{-0}^{+0} = 0\,, \qquad \left.\frac{\mathrm{d}\varphi_\varkappa}{\mathrm{d}z}\right|_{-0}^{+0} = 0\,. \tag{73,10}$$

Wir setzen die Lösung in der Form

$$\left.\begin{aligned} \varphi_\varkappa &= A\,\mathrm{e}^{-\mu_1 z} && \text{für} \quad z > l\,, \\ \varphi_\varkappa &= B\,\mathrm{e}^{-\mu_1 z} + C\,\mathrm{e}^{\mu_1 z} && \text{für} \quad l > z > 0\,, \\ \varphi_\varkappa &= D\,\mathrm{e}^{\mu_2 z} && \text{für} \quad 0 > z \end{aligned}\right\} \tag{73,11}$$

an. Hier ist

$$\mu_1^2 = \varkappa^2 - k_1^2, \qquad \mu_2^2 = \varkappa^2 - k_2^2 \qquad \left(k_1 = \frac{\omega}{c_1}, \quad k_2 = \frac{\omega}{c_2}\right),$$

und man muß

$$\left.\begin{aligned} \mu &= +\sqrt{\varkappa^2 - k^2} \qquad \text{für} \quad \varkappa > k, \\ \mu &= -\mathrm{i}\sqrt{k^2 - \varkappa^2} \qquad \text{für} \quad \varkappa < k \end{aligned}\right\} \tag{73,12}$$

setzen. Die erste Gleichung ist notwendig, damit φ im Unendlichen nicht anwächst, die zweite, damit φ eine auslaufende Welle darstellt. Die Bedingungen (73,9) und (73,10) ergeben vier Gleichungen für die Koeffizienten A, B, C und D. Eine einfache Rechnung liefert

$$\left.\begin{aligned} B &= C\,\frac{\mu_1\varrho_2 - \mu_2\varrho_1}{\mu_1\varrho_2 + \mu_2\varrho_1}, \qquad C = \frac{2\pi}{\mu_1}\,\mathrm{e}^{-\mu_1 l}, \\ D &= C\,\frac{2\varrho_1\mu_1}{\mu_1\varrho_2 + \mu_2\varrho_1}, \qquad A = B + C\,\mathrm{e}^{2\mu_1 l} \end{aligned}\right\}. \tag{73,13}$$

Für $\varrho_2 = \varrho_1$, $c_2 = c_1$ (d. h., wenn es im ganzen Raum nur ein Medium gäbe) werden B gleich Null und $A = C\,\mathrm{e}^{2\mu_1 l}$. Der entsprechende Term in φ stellt offensichtlich die direkte Welle (73,1) dar. Deshalb ist die uns interessierende reflektierte Welle

$$\varphi_1' = \frac{1}{4\pi}\int_{-\infty}^{+\infty} B(\varkappa)\,\mathrm{e}^{-\mu_1 z}\,H_0^{(1)}(\varkappa R)\,\varkappa\,\mathrm{d}\varkappa\,. \tag{73.14}$$

In diesem Ausdruck muß man noch den Integrationsweg festlegen. Der singuläre Punkt $\varkappa = 0$ wird, wie schon gesagt worden ist, in der oberen $\varkappa$-Halbebene umgangen. Außerdem hat der Integrand singuläre Punkte (Verzweigungspunkte) für $\varkappa = \pm k_1$, $\pm k_2$, wo μ_1 oder μ_2 verschwinden. Entsprechend den Bedingungen (73,12) müssen die Punkte $+k_1$ und $+k_2$ in der unteren und die Punkte $-k_1$ und $-k_2$ in der oberen Halbebene umgangen werden.

Wir untersuchen den erhaltenen Ausdruck für große Entfernungen von der Quelle. Dabei ersetzen wir die Hankelsche Funktion durch die bekannte asymptotische Darstellung und erhalten

$$\varphi_1' = \int_C \frac{\mu_1\varrho_2 - \mu_2\varrho_1}{\mu_1(\mu_1\varrho_2 + \mu_2\varrho_1)}\sqrt{\frac{\varkappa}{2\mathrm{i}\pi R}}\,\mathrm{e}^{-\mu_1(z+l)+\mathrm{i}\varkappa R}\,\mathrm{d}\varkappa\,. \tag{73,15}$$

In Abb. 47 ist der Integrationsweg C für den Fall $c_1 > c_2$ dargestellt. Das Integral kann nach der Sattelpunktmethode berechnet werden. Der Exponent

$$\mathrm{i}[(z + l)\sqrt{k_1^2 - \varkappa^2} + \varkappa R]$$

hat in dem Punkt ein Extremum, in dem

$$\frac{\varkappa}{\sqrt{k_1^2 - \varkappa^2}} = \frac{R}{z + l} = \frac{r'\sin\Theta}{r'\cos\Theta} = \tan\Theta$$

ist, d. h. $\varkappa = k_1 \sin \Theta$ mit dem Einfallswinkel Θ (s. Abb. 45). Gehen wir zum Integrationsweg C' über, der in diesem Punkt mit der Abszissenachse den Winkel $\pi/4$ einschließt, so erhalten wir die Formel (73,2).

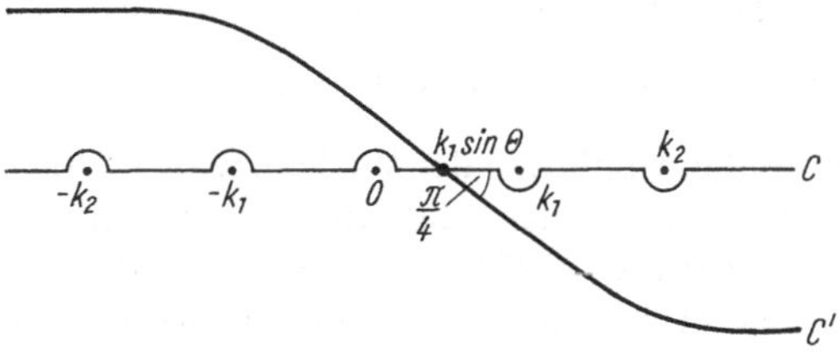

Abb. 47

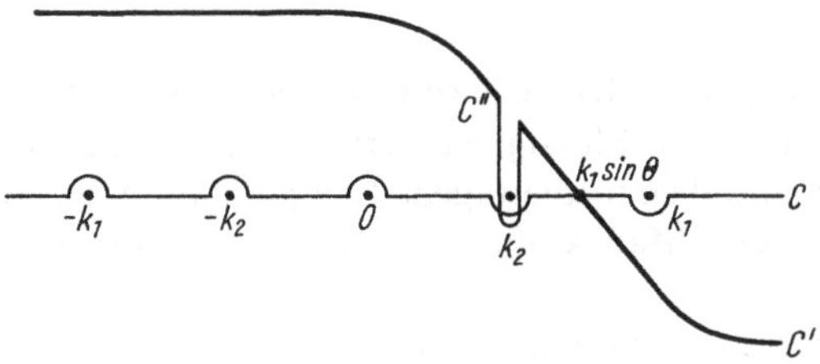

Abb. 48

Im Falle $c_1 < c_2$ (d. h. $k_1 > k_2$) liegt der Punkt $\varkappa = k_1 \sin \Theta$ zwischen den Punkten k_2 und k_1, wenn $\sin \Theta > k_2/k_1 = c_1/c_2 = \sin \Theta_0$ ist, d. h. für $\Theta > \Theta_0$ (Abb. 45). In diesem Falle muß der Integrationsweg C' noch eine Schleife um den Punkt k_2 enthalten. Zur gewöhnlichen reflektierten Welle (73,2) wird daher noch die Welle φ_1'' addiert; diese Welle wird durch das über die erwähnte Schleife (wir nennen sie C'', Abb. 48) erstreckte Integral (73,15) gegeben und stellt die Seitenwelle dar. Man kann das Integral leicht berechnen, wenn der Punkt $k_1 \sin \Theta$ nicht zu nahe an k_2 liegt, d. h., wenn der Winkel Θ nicht zu nahe am Grenzwinkel der Totalreflexion Θ_0 liegt. [1])

In der Nähe des Punktes $\varkappa = k_2$ ist μ_2 klein. Wir entwickeln den Faktor vor der Exponentialfunktion im Integranden in (73,15) nach Potenzen von μ_2. Das nullte Glied der Entwicklung hat für $\varkappa = k_2$ überhaupt keine Singularität, und das Integral über dieses Glied längs C'' verschwindet. Deshalb haben wir

$$\varphi_1'' = -\int_{C''} \frac{2\mu_2\varrho_1}{\mu_1^2\varrho_2} \sqrt{\frac{\varkappa}{2\mathrm{i}\pi R}}\, e^{-\mu_1(z+l)+\mathrm{i}\varkappa R}\, \mathrm{d}\varkappa\,. \tag{73,16}$$

Den Exponenten entwickeln wir in eine Potenzreihe nach $\varkappa - k_2$ und integrieren über die vertikale Schleife C''. Nach einer einfachen Rechnung erhalten wir für das Potential der

---

[1]) Zur Untersuchung der Seitenwelle für alle Winkel Θ siehe L. BRECHOWSKICH (Л. Бреховских), Zh. tekh. Fiz. **18**, 455 (1948). Dort wird auch das nächste Glied der Entwicklung der gewöhnlichen reflektierten Welle nach Potenzen von λ/R angegeben. Für Winkel Θ nahe bei Θ_0 (im Falle $c_1 < c_2$) nimmt das Verhältnis des Korrekturterms zum Hauptterm mit dem Abstand wie $(\lambda/R)^{1/4}$ und nicht wie λ/R ab.

Seitenwelle

$$\varphi_1'' = \frac{2\mathrm{i}\varrho_1 k_2 \, e^{\mathrm{i}k_1 r' \cos(\Theta_0 - \Theta)}}{r'^2 \varrho_2 k_1^2 \sqrt{\cos\Theta_0 \sin\Theta \sin^3(\Theta_0 - \Theta)}}. \tag{73,17}$$

In Übereinstimmung mit der obigen Feststellung sind die Wellenflächen die Kegel

$$r' \cos(\Theta - \Theta_0) = R \sin\Theta_0 + (z + l)\cos\Theta_0 = \mathrm{const}.$$

In einer gegebenen Richtung nimmt die Amplitude der Welle umgekehrt proportional zum Quadrat des Abstandes r' ab. Wir sehen auch, daß diese Welle im Grenzfall $\lambda \to 0$ verschwindet. Für $\Theta \to \Theta_0$ ist der Ausdruck (73,17) nicht mehr anwendbar. In Wirklichkeit nimmt die Amplitude der Seitenwelle in diesem Bereich mit dem Abstand wie $r'^{-5/4}$ ab.

§ 74. Schallausstrahlung

Ein in einer Flüssigkeit schwingender Körper ruft in seiner Umgebung periodische Verdichtungen und Verdünnungen der Flüssigkeit hervor und erzeugt auf diese Weise Schallwellen. Die von diesen Schallwellen fortgetragene Energie stammt aus der kinetischen Energie des schwingenden Körpers. Man kann also von der Schallausstrahlung durch schwingende Körper sprechen.

Unten werden wir überall voraussetzen, daß die Geschwindigkeit u des schwingenden Körpers gegenüber der Schallgeschwindigkeit klein ist. Da $u \sim a\omega$ ist (wenn a die lineare Schwingungsamplitude des Körpers ist), bedeutet das $a \ll \lambda$.[1])

Im allgemeinen Falle eines beliebig schwingenden Körpers beliebiger Gestalt muß man die Ausstrahlung von Schallwellen folgendermaßen behandeln. Als Grundgröße wählen wir das Geschwindigkeitspotential φ. Es genügt der Wellengleichung

$$\triangle\varphi - \frac{1}{c^2}\frac{\partial^2\varphi}{\partial t^2} = 0. \tag{74,1}$$

An der Oberfläche des Körpers muß die Normalkomponente der Geschwindigkeit der Flüssigkeit gleich der entsprechenden Komponente der Geschwindigkeit $\boldsymbol{u}$ des Körpers sein:

$$\frac{\partial\varphi}{\partial n} = u_n. \tag{74,2}$$

In großen Entfernungen vom Körper muß die Welle in eine auslaufende Kugelwelle übergehen. Die Lösung der Gleichung (74,1) mit diesen Randbedingungen und der Bedingung im Unendlichen stellt die von dem Körper ausgestrahlte Schallwelle dar.

Wir wollen zwei Grenzfälle eingehender behandeln. Zuerst setzen wir voraus, daß die Schwingungsfrequenz des Körpers groß und dementsprechend die Wellenlänge der ausgestrahlten Welle gegenüber den Körperabmessungen l klein ist:

$$\lambda \ll l. \tag{74,3}$$

---

[1]) Die Schwingungsamplitude wird im allgemeinen auch als klein gegenüber den Körperabmessungen vorausgesetzt; andernfalls ist die Strömung in der Nähe des Körpers keine Potentialströmung mehr (vgl. § 9). Diese Bedingung ist nur für reine Pulsationsschwingungen nicht notwendig, für die die unten verwendete Lösung (74,7) im wesentlichen schon unmittelbar aus der Kontinuitätsgleichung folgt.

In diesem Falle kann man die Oberfläche des Körpers in Bereiche einteilen, deren Abmessungen einerseits so klein sind, daß man diese Bereiche als eben ansehen kann, die aber andererseits noch groß gegenüber der Wellenlänge sind. Man kann dann annehmen, daß jeder einzelne Bereich bei seiner Bewegung eine ebene Welle aussendet; die Geschwindigkeit der Flüssigkeit ist in dieser Welle gleich der Normalkomponente u_n der Geschwindigkeit des betreffenden Bereiches der Oberfläche. Der mittlere Energiestrom in einer ebenen Welle ist (siehe § 65) $c\varrho\overline{v^2}$, wenn v die Geschwindigkeit der Flüssigkeit in der Welle ist. Wir setzen $v = u_n$ und integrieren über die ganze Oberfläche des Körpers. So finden wir, daß die mittlere vom Körper mit den Schallwellen pro Zeiteinheit ausgestrahlte Energie, d. h. die Gesamtintensität des ausgestrahlten Schalls,

$$I = c\varrho \oint \overline{u_n^2}\, \mathrm{d}f \tag{74,4}$$

ist. Sie hängt nicht von der Schwingungsfrequenz ab (bei gegebener Amplitude der Geschwindigkeit).

Jetzt betrachten wir den entgegengesetzten Grenzfall, bei dem die Wellenlänge der ausgestrahlten Welle groß gegenüber den Abmessungen des Körpers ist:

$$\lambda \gg l\,. \tag{74,5}$$

Man kann dann in der Nähe des Körpers (in gegenüber der Wellenlänge kleinen Abständen) das Glied $\frac{1}{c^2}\frac{\partial^2\varphi}{\partial t^2}$ in der allgemeinen Gleichung (74,1) vernachlässigen. Dieses Glied hat nämlich die Größenordnung $\frac{\omega^2}{c^2}\varphi \sim \frac{\varphi}{\lambda^2}$, während die zweite Ableitung nach dem Ort in dem betrachteten Bereich von der Größenordnung $\frac{\varphi}{l^2}$ ist.

In der Nähe des Körpers wird also die Bewegung durch die Laplacesche Gleichung $\triangle\varphi = 0$ beschrieben. Das ist aber die Gleichung für die Potentialströmung einer inkompressiblen Flüssigkeit. Demnach bewegt sich die Flüssigkeit in der Nähe des Körpers im vorliegenden Falle wie eine inkompressible Flüssigkeit. Schallwellen, d. h. Verdichtungs- und Verdünnungswellen, entstehen nur in großen Entfernungen vom Körper.

Für Abstände von der Größenordnung der Körperabmessungen und für kleinere Abstände kann die gesuchte Lösung der Gleichung $\triangle\varphi = 0$ nicht allgemein aufgeschrieben werden; sie hängt von der konkreten Gestalt des schwingenden Körpers ab. Für gegenüber l große, aber im Vergleich zu λ kleine Abstände (so daß die Gleichung $\triangle\varphi = 0$ noch anwendbar ist) kann man eine allgemeine Form für die Lösung finden, indem man ausnutzt, daß φ mit zunehmender Entfernung vom Körper abnehmen muß. Mit solchen Lösungen der Laplaceschen Gleichung hatten wir es schon in § 11 zu tun. Wie dort ist die allgemeine Gestalt der Lösung

$$\varphi = -\frac{a}{r} + \boldsymbol{A}\nabla\frac{1}{r} \tag{74,6}$$

(r ist der Abstand vom Koordinatenursprung, der irgendwo im Körper liegen soll). Dabei ist natürlich wesentlich, daß die betrachteten Abstände groß gegenüber den Körperabmessungen sind. Nur aus diesem Grunde kann man sich in φ auf die Terme beschränken, die mit zunehmendem r am langsamsten abnehmen. Wir lassen in (74,6) beide aufgeschriebenen Glieder stehen, beachten aber, daß das erste Glied nicht immer vorhanden ist (s. u.).

Wir wollen feststellen, wann das Glied $-a/r$ von Null verschieden ist. Wie wir in § 11 gefunden haben, gehört zum Potential $-a/r$ ein von Null verschiedener Flüssigkeitsstrom durch eine Fläche um den Körper; dieser Strom ist $4\pi\varrho a$. In einer inkompressiblen Flüssigkeit kann ein solcher Strom nur infolge einer Änderung des Gesamtvolumens der Flüssigkeit vorhanden sein, die sich innerhalb der geschlossenen Fläche befindet. Mit anderen Worten, das Volumen des Körpers muß sich ändern; das bewirkt ein Ausströmen der Flüssigkeit aus dem betrachteten Volumen oder umgekehrt ein „Eindringen" der Flüssigkeit in das Volumen. Der erste Term in (74,6) ist also immer dann vorhanden, wenn der strahlende Körper Pulsationen ausführt, die von einer Änderung seines Volumens begleitet sind.

Wir setzen voraus, daß dies der Fall ist, und berechnen die Gesamtintensität des ausgestrahlten Schalls. Das Volumen $4\pi a$ der durch die geschlossene Fläche strömenden Flüssigkeit muß nach unserer obigen Feststellung gleich der Änderung des Volumens V des Körpers pro Zeiteinheit sein, d. h. gleich der Ableitung $\mathrm{d}V/\mathrm{d}t$ (das Volumen V ist eine gegebene Funktion der Zeit):

$$4\pi a = \dot{V}.$$

In Abständen r mit $l \ll r \ll \lambda$ wird die Bewegung der Flüssigkeit also durch die Funktion

$$\varphi = -\frac{\dot{V}(t)}{4\pi r}$$

beschrieben. Andererseits muß φ in Abständen $r \gg \lambda$ (in der *Wellenzone*) eine auslaufende Kugelwelle darstellen, d. h. die Gestalt

$$\varphi = -\frac{f(t - r/c)}{r} \tag{74,7}$$

haben. Wir gelangen daher unmittelbar zu dem Ergebnis, daß die ausgestrahlte Welle für alle Abstände (groß gegenüber l) die Form

$$\varphi = -\frac{\dot{V}(t - r/c)}{4\pi r} \tag{74,8}$$

hat, bei der das Argument t in $\dot{V}(t)$ durch $t - r/c$ ersetzt ist.

Die Geschwindigkeit $\boldsymbol{v} = \operatorname{grad} \varphi$ hat in jedem Punkt die Richtung des Ortsvektors, und ihr Betrag ist $v = \partial\varphi/\partial r$. Bei der Differentiation von (74,8) muß man (für $r \gg \lambda$) nur vom Zähler die Ableitung bilden. Die Ableitung des Nenners würde einen Term höherer Ordnung in $1/r$ ergeben, den man vernachlässigen muß. Da

$$\frac{\partial \dot{V}(t - r/c)}{\partial r} = -\frac{1}{c}\ddot{V}(t - r/c)$$

ist, erhalten wir ($\boldsymbol{n}$ ist der Einheitsvektor in $\boldsymbol{r}$-Richtung)

$$\boldsymbol{v} = \frac{\ddot{V}(t - r/c)}{4\pi c r}\boldsymbol{n}. \tag{74,9}$$

Die Intensität der Strahlung wird durch das Quadrat der Geschwindigkeit gegeben und erweist sich hier als unabhängig von der Ausstrahlungsrichtung, d. h., die Ausstrahlung ist in bezug auf alle Richtungen symmetrisch. Der Mittelwert der pro Zeiteinheit ausgestrahlten Energie ist

$$I = \varrho c \oint \overline{v^2}\, \mathrm{d}f = \frac{\varrho}{16 c \pi^2} \oint \frac{\overline{\ddot{V}^2}}{r^2}\, \mathrm{d}f ;$$

die Integration erfolgt dabei über eine geschlossene Fläche um den Koordinatenursprung. Als diese Fläche wählen wir eine Kugel mit dem Radius r. Da der Integrand nur vom Abstand vom Mittelpunkt abhängt, erhalten wir endgültig

$$I = \frac{\varrho \overline{\ddot{V}^2}}{4\pi c}. \tag{74,10}$$

Das ist die Gesamtintensität des ausgestrahlten Schalls. Sie wird, wie wir sehen, durch das Quadrat der zweiten Ableitung des Volumens des Körpers nach der Zeit gegeben.

Führt der Körper harmonische Pulsationsschwingungen mit der Frequenz ω aus, dann ist die zweite Ableitung des Volumens nach der Zeit der Frequenz und der Geschwindigkeitsamplitude proportional. Das mittlere Quadrat dieser Ableitung ist dem Quadrat der Frequenz proportional. Die Intensität der Strahlung ist also bei gegebenem Wert der Geschwindigkeitsamplitude der Oberflächenpunkte des Körpers dem Quadrat der Frequenz proportional. Bei gegebener Amplitude der Schwingungen selbst ist die Geschwindigkeitsamplitude der Frequenz proportional, so daß die Intensität der Strahlung zu ω^4 proportional ist.

Jetzt wollen wir uns mit der Schallausstrahlung eines Körpers befassen, der ohne Volumenänderungen schwingt. Dann bleibt in (74,6) nur das zweite Glied stehen. Wir schreiben es in der Form

$$\varphi = \operatorname{div}\left[\frac{\boldsymbol{A}(t)}{r}\right].$$

Wie im vorhergehenden Fall schließen wir, daß die allgemeine Form der Lösung für alle $r \gg l$

$$\varphi = \operatorname{div}\left[\frac{\boldsymbol{A}(t - r/c)}{r}\right]$$

ist. Dieser Ausdruck ist tatsächlich eine Lösung der Wellengleichung; das erkennt man unmittelbar daran, daß die Funktion $\dfrac{\boldsymbol{A}(t - r/c)}{r}$ und damit auch ihre Ortsableitungen dieser Gleichung genügen. Wir differenzieren wieder nur den Zähler und erhalten (für $r \gg \lambda$)

$$\varphi = -\frac{\dot{\boldsymbol{A}}(t - r/c)\, \boldsymbol{n}}{cr}. \tag{74,11}$$

Zur Berechnung der Geschwindigkeit $\boldsymbol{v} = \operatorname{grad} \varphi$ brauchen wir ebenfalls nur $\boldsymbol{A}$ zu differenzieren. Nach den aus der Vektoranalysis bekannten Regeln für die Differentiation von Funktionen eines skalaren Argumentes haben wir

$$\boldsymbol{v} = -\frac{\ddot{\boldsymbol{A}}(t - r/c)\, \boldsymbol{n}}{cr} \nabla \left(t - \frac{r}{c}\right).$$

Durch Einsetzen von $\nabla\left(t - \frac{r}{c}\right) = -\frac{1}{c}\nabla r = -\frac{\boldsymbol{n}}{c}$ erhalten wir endgültig

$$\boldsymbol{v} = \frac{1}{c^2 r}\,\boldsymbol{n}(\boldsymbol{n}\ddot{\boldsymbol{A}})\,. \tag{74,12}$$

Die Intensität der Strahlung ist jetzt proportional zum Quadrat des Kosinus des Winkels zwischen der Richtung der Strahlung ($\boldsymbol{n}$-Richtung) und dem Vektor $\ddot{\boldsymbol{A}}$ (diese Strahlung heißt *Dipolstrahlung*). Die Gesamtausstrahlung ist gleich dem Integral

$$I = \frac{\varrho}{c^3}\oint \frac{\overline{(n\ddot{A})^2}}{r^2}\,\mathrm{d}f\,.$$

Als Integrationsfläche wählen wir wieder eine Kugel mit dem Radius r, weiter führen wir Kugelkoordinaten mit der Polarachse in Richtung von $\ddot{A}$ ein. Eine einfache Integration ergibt als endgültige Formel für die Gesamtausstrahlung pro Zeiteinheit:

$$I = \frac{4\pi\varrho}{3c^3}\,\overline{\ddot{A}^2}\,. \tag{74,13}$$

Die Komponenten des Vektors $\boldsymbol{A}$ sind lineare Funktionen der Geschwindigkeitskomponenten $\boldsymbol{u}$ des Körpers (s. § 11). Die Intensität der Strahlung ist hier also eine quadratische Funktion der zweiten Zeitableitungen der Geschwindigkeitskomponenten des Körpers.

Falls der Körper eine harmonische Schwingung mit der Frequenz ω ausführt, schließen wir ähnlich wie im vorangegangenen Fall, daß die Intensität der Strahlung bei gegebenem Wert der Geschwindigkeitsamplitude zu ω^4 proportional ist. Bei gegebener linearer Schwingungsamplitude des Körpers ist die Geschwindigkeitsamplitude der Frequenz proportional und die Strahlung daher zu ω^6 proportional.

Ganz ähnlich wird die Ausstrahlung von zylindersymmetrischen Schallwellen durch einen senkrecht zur Achse pulsierenden oder schwingenden Zylinder beliebigen Querschnittes behandelt. Wir schreiben hier die entsprechenden Formeln für spätere Anwendungen auf.

Wir betrachten zunächst kleine Pulsationsschwingungen des Zylinders. $S = S(t)$ sei die veränderliche Fläche des Querschnittes. In Entfernungen r von der Zylinderachse mit $l \ll r \ll \lambda$ (l ist die Querausdehnung des Zylinders) erhalten wir analog zu (74,8)

$$\varphi = \frac{\dot{S}(t)}{2\pi}\ln fr\,; \tag{74,14}$$

darin ist $f(t)$ eine Funktion der Zeit (der Faktor vor $\ln fr$ ist so gewählt, daß man den richtigen Wert für den Flüssigkeitsstrom durch eine koaxiale Zylinderfläche erhält). In Einklang mit der Formel für das Potential einer auslaufenden Zylinderwelle (erster Term der Formel (71,2)) schließen wir jetzt, daß das Potential für alle $r \gg l$ durch den Ausdruck

$$\varphi = -\frac{c}{2\pi}\int\limits_{-\infty}^{t-r/c} \frac{\dot{S}(t')\,\mathrm{d}t'}{\sqrt{c^2(t-t')^2 - r^2}} \tag{74,15}$$

gegeben wird. Für $r \to 0$ stimmt der Hauptterm dieses Ausdruckes mit (74,14) überein, wobei automatisch auch die Funktion $f(t)$ bestimmt wird (wir setzen voraus, daß die

Ableitung $\dot{S}(t)$ für $t \to -\infty$ hinreichend schnell verschwindet). Für sehr große Werte von r (in der Wellenzone) spielt der Bereich $t - t' \sim r/c$ im Integral (74,15) die Hauptrolle. Deshalb kann man im Nenner des Integranden

$$(t - t')^2 - \frac{r^2}{c^2} \approx \frac{2r^2}{c}\left(t - t' - \frac{r}{c}\right)$$

setzen, und wir erhalten

$$\varphi = \frac{c}{2\pi\sqrt{2r}} \int\limits_{-\infty}^{t-r/c} \frac{\dot{S}(t')\,\mathrm{d}t'}{\sqrt{c(t - t') - r}}. \tag{74,16}$$

Schließlich betrachten wir noch die Geschwindigkeit $v = \partial\varphi/\partial r$. Für die Differentiation setzt man in dem Integral zweckmäßig $t - t' - r/c = \xi$:

$$\varphi = -\frac{1}{2\pi}\sqrt{\frac{c}{2r}} \int\limits_0^{\infty} \frac{\dot{S}(t - r/c - \xi)}{\sqrt{\xi}}\,\mathrm{d}\xi\,.$$

Jetzt enthalten die Integrationsgrenzen nicht mehr r. Der Faktor $1/\sqrt{r}$ vor dem Integral wird nicht differenziert, weil er einen Term höherer Ordnung in $1/r$ ergeben würde. Wir differenzieren unter dem Integral, gehen dann wieder zur Variablen t' über und erhalten

$$v = \frac{1}{2\pi\sqrt{2r}} \int\limits_{-\infty}^{t-r/c} \frac{\ddot{S}(t')\,\mathrm{d}t'}{\sqrt{c(t - t') - r}}. \tag{74,17}$$

Die Intensität der Strahlung wird durch das Produkt $2\pi r\varrho c\overline{v^2}$ gegeben. Wir machen darauf aufmerksam, daß hier im Unterschied zum kugelsymmetrischen Fall die Intensität der Strahlung in jedem Zeitpunkt durch den ganzen Verlauf der Funktion $S(t)$ für die Zeiten von $-\infty$ bis $t - r/c$ bestimmt wird.

Das Potential für translatorische Schwingungen eines unendlich langen Zylinders senkrecht zu seiner Achse hat für $l \ll r \ll \lambda$ die Gestalt

$$\varphi = \operatorname{div}\,(\boldsymbol{A}\ln fr)\,, \tag{74,18}$$

wobei $\boldsymbol{A}(t)$ durch Lösung der Laplaceschen Gleichung für die Strömung einer inkompressiblen Flüssigkeit um den Zylinder bestimmt wird. Hieraus erhalten wir wieder für alle $r \gg l$

$$\varphi = -\operatorname{div} \int\limits_{-\infty}^{t-r/c} \frac{\boldsymbol{A}(t')\,\mathrm{d}t'}{\sqrt{(t - t')^2 - r^2/c^2}}. \tag{74,19}$$

Zum Schluß ist noch die folgende Bemerkung notwendig. Wir haben hier den Einfluß der Zähigkeit der Flüssigkeit vollständig vernachlässigt und dementsprechend die Bewegung in der ausgestrahlten Welle als Potentialströmung angesehen. In Wirklichkeit ist die Strömung in einer Flüssigkeitsschicht um den schwingenden Körper, deren Dicke größenordnungsmäßig $\sqrt{\nu/\omega}$ ist, keine Potentialströmung (s. § 24). Für die Anwendbarkeit aller erhaltenen Formeln ist daher notwendig, daß die Dicke dieser Schicht gegenüber den Körperabmessungen l klein ist:

$$\sqrt{\frac{\nu}{\omega}} \ll l. \tag{74,20}$$

Diese Bedingung kann für zu kleine Frequenzen oder zu kleine Körperabmessungen nicht erfüllt sein.

Aufgaben

1. Man berechne die Gesamtintensität der Schallausstrahlung einer Kugel, die kleine translatorische (harmonische) Schwingungen mit der Frequenz ω ausführt. Die Wellenlänge sei dabei mit dem Kugelradius R vergleichbar.

Lösung. Die Geschwindigkeit der Kugel schreiben wir in der Form $\boldsymbol{u} = \boldsymbol{u}_0\,\mathrm{e}^{-\mathrm{i}\omega t}$. Dann hängt φ ebenfalls über den Faktor $\mathrm{e}^{-\mathrm{i}\omega t}$ von der Zeit ab und genügt der Gleichung $\triangle\varphi + k^2\varphi = 0$ mit $k = \omega/c$. Die Lösung setzen wir in der Gestalt $\varphi = \boldsymbol{u}\,\triangle f(r)$ an (als Koordinatenursprung wird zu jedem Zeitpunkt der Kugelmittelpunkt gewählt). Für f erhalten wir die Gleichung $(\boldsymbol{u}\nabla)\,(\triangle f + k^2 f) = 0$, daraus folgt $\triangle f + k^2 f = \mathrm{const}$. Bis auf eine unwesentliche additive Konstante erhalten wir daraus $f = A\,\dfrac{\mathrm{e}^{ikr}}{r}$. Die Konstante A wird aus der Bedingung $\partial\varphi/\partial r = u_r$ für $r = R$ bestimmt. Als Ergebnis erhalten wir

$$\varphi = \boldsymbol{u}\boldsymbol{r}\,\mathrm{e}^{\mathrm{i}k(r-R)}\left(\frac{R}{r}\right)^3 \frac{\mathrm{i}kr - 1}{2 - 2\mathrm{i}kR - k^2R^2}.$$

Es handelt sich bei dieser Strahlung folglich um eine Dipolstrahlung. In genügend großen Entfernungen von der Kugel kann man die 1 gegenüber $\mathrm{i}kr$ vernachlässigen, und φ erhält die Gestalt (74,11) mit

$$\dot{\boldsymbol{A}} = -\boldsymbol{u}\,\mathrm{e}^{\mathrm{i}k(r-R)}\,R^3\,\frac{\mathrm{i}\omega}{2 - 2\mathrm{i}kR - k^2R^2}.$$

Wegen $\overline{(\mathrm{Re}\,\ddot{\boldsymbol{A}})^2} = \dfrac{\overline{|\ddot{\boldsymbol{A}}|^2}}{2}$ erhalten wir für die Gesamtausstrahlung nach (74,13)

$$I = \frac{2\pi\varrho}{3c^3}\,|\boldsymbol{u}_0|^2\,\frac{R^6\omega^4}{4 + (\omega R/c)^4}.$$

Für $\dfrac{\omega}{c}R \ll 1$ geht dieser Ausdruck in

$$I = \frac{\pi\varrho R^6}{6c^3}|\boldsymbol{u}_0|^2\,\omega^4$$

über (das kann man auch unmittelbar durch Einsetzen des Ausdruckes $A = \dfrac{R^3\boldsymbol{u}}{2}$ aus Aufgabe 1, § 11, in (74,13) erhalten). Für $\dfrac{\omega}{c}R \gg 1$ haben wir

$$I = \frac{2\pi\varrho c}{3}\,R^2\,|\boldsymbol{u}_0|^2,$$

was der Formel (74,4) entspricht.

Die auf die Kugel in der Flüssigkeit wirkende Widerstandskraft ergibt sich durch Integration der Projektion der Druckkräfte ($p' = -\varrho\dot{\varphi}'|_{r=R}$) auf die Richtung von $\boldsymbol{u}$; die Integration wird über die Kugeloberfläche erstreckt und liefert

$$\boldsymbol{F} = \frac{4\pi}{3}\,\varrho\omega R^3 \boldsymbol{u}\,\frac{-k^3R^3 + \mathrm{i}(2 + k^2R^2)}{4 + k^4R^4}$$

(über die Bedeutung eines komplexen Widerstandes vgl. den Schluß von § 24).

2. Wie Aufgabe 1, wenn der Kugelradius R größenordnungsmäßig gleich $\sqrt{\nu/\omega}$ ist (aber gleichzeitig $\lambda \gg R$).

Lösung. Sind die Abmessungen des Körpers gegenüber $\sqrt{\nu/\omega}$ nicht groß, dann darf man zur Berechnung der ausgestrahlten Welle nicht von der Gleichung $\triangle\varphi = 0$ ausgehen, sondern muß die Bewegungsgleichung für eine inkompressible zähe Flüssigkeit benutzen. Die entsprechende Lösung dieser Gleichung für eine Kugel wird durch die Formeln (1), (2) der Aufgabe 5, § 24, gegeben. Beim Übergang zu großen r kann man das erste Glied in (1), das mit r exponentiell abnimmt, weglassen. Das zweite Glied ergibt die Geschwindigkeit

$$\boldsymbol{v} = -\,b(\boldsymbol{u}\nabla)\,\nabla\,\frac{1}{r}\,.$$

Der Vergleich mit (74,6) zeigt, daß

$$\boldsymbol{A} = -\,b\boldsymbol{u} = \frac{R^3}{2}\left[1 - \frac{3}{(\mathrm{i}-1)\,\varkappa} - \frac{3}{2\mathrm{i}\varkappa^2}\right]\boldsymbol{u}$$

mit $\varkappa = R\sqrt{\omega/2\nu}$ ist, d. h., $\boldsymbol{A}$ unterscheidet sich von dem entsprechenden Ausdruck für eine ideale Flüssigkeit um den Faktor in der Klammer. Als Ergebnis erhalten wir

$$I = \frac{\pi\varrho R^6}{6c^3}\,\omega^4\left(1 + \frac{3}{\varkappa} + \frac{9}{2\varkappa^2} + \frac{9}{2\varkappa^3} + \frac{9}{4\varkappa^4}\right)|\boldsymbol{u}_0|^2\,.$$

Für $\varkappa \gg 1$ geht dieser Ausdruck in die in Aufgabe 1 hergeleitete Formel über, für $\varkappa \ll 1$ erhalten wir

$$I = \frac{3\pi\varrho R^2\nu^2}{2c^3}\,\omega^2\,|\boldsymbol{u}_0|^2\,,$$

d. h., die Strahlung ist nicht der vierten, sondern der zweiten Potenz der Frequenz proportional.

3. Man berechne die Intensität der Schallausstrahlung einer Kugel, die kleine (harmonische) Pulsationsschwingungen mit beliebiger Frequenz ausführt.

Lösung. Wir setzen die Schallwelle in der Gestalt

$$\varphi = \frac{au}{r}\,\mathrm{e}^{\mathrm{i}k(r-R)}$$

an (R ist der Kugelradius im Gleichgewichtszustand) und bestimmen die Konstante a aus der Bedingung

$$\left.\frac{\partial\varphi}{\partial r}\right|_{r=R} = u = u_0\,\mathrm{e}^{-\mathrm{i}\omega t}\,;$$

u ist die radiale Geschwindigkeit der Oberflächenpunkte der Kugel:

$$a = \frac{R^2}{\mathrm{i}kR - 1}\,.$$

Die Intensität der Strahlung ist

$$I = 2\pi \varrho c \, |u_0|^2 \, \frac{k^2 R^4}{1 + k^2 R^2}.$$

Für $kR \ll 1$ gilt

$$I = \frac{2\pi\varrho}{c} \, \omega^2 R^4 \, |u_0|^2$$

in Übereinstimmung mit (74,10), und für $kR \gg 1$ haben wir

$$I = 2\pi \varrho c R^2 \, |u_0|^2$$

in Einklang mit (74,4).

4. Eine Kugel (Radius R) führt kleine Pulsationsschwingungen aus; die radiale Geschwindigkeit der Oberflächenpunkte ist eine beliebige Funktion $u(t)$ der Zeit. Man berechne die ausgestrahlte Welle.

Lösung. Wir setzen die Lösung in der Gestalt $\varphi = f(t')/r$ mit $t' = t - (r - R)/c$ an und bestimmen f aus der Randbedingung $\left.\frac{\partial\varphi}{\partial r}\right|_{r=R} = u(t)$. Das führt auf die Gleichung

$$\frac{\mathrm{d}f}{\mathrm{d}t} + \frac{cf(t)}{R} = -Rcu(t).$$

Wir lösen diese lineare Gleichung, ersetzen in der Lösung das Argument t durch t' und erhalten

$$\varphi(r, t) = -\frac{cR}{r} \, \mathrm{e}^{-ct'/R} \int_{-\infty}^{t'} u(\tau) \, \mathrm{e}^{c\tau/R} \, \mathrm{d}\tau. \tag{1}$$

Wenn die Schwingungen der Kugel z. B. zur Zeit $t = 0$ aufhören (d. h. $u(\tau) = 0$ für $\tau > 0$), dann hat das Potential im Abstand r vom Kugelmittelpunkt vom Zeitpunkt $t = (r - R)/c$ an die Gestalt $\varphi = \mathrm{const} \cdot \mathrm{e}^{-ct/R}$, d. h., die Bewegung wird exponentiell gedämpft.

Es sei T die Zeit, in der sich die Geschwindigkeit $u(t)$ wesentlich ändert. Für $T \gg R/c$ (d. h. die Wellenlänge der ausgestrahlten Wellen $\lambda \sim cT \gg R$) kann man in (1) den langsam veränderlichen Faktor $u(\tau)$ aus dem Integral herausziehen und durch $u(t')$ ersetzen. Für $r \gg R$ erhalten wir dann

$$\varphi = -\frac{R^2}{r} u\left(t - \frac{r}{c}\right),$$

was mit der Formel (74,8) übereinstimmt. Für $T \ll R/c$ ergibt sich analog

$$\varphi = -\frac{cR}{r} \int_{-\infty}^{t'} u(\tau) \, \mathrm{d}\tau, \qquad v = \frac{\partial\varphi}{\partial r} = \frac{R}{r} \, u(t')$$

in Übereinstimmung mit der Formel (74,4).

5. Man berechne die Bewegung, die in einer idealen kompressiblen Flüssigkeit bei einer beliebigen translatorischen Bewegung einer Kugel vom Radius R entsteht (die Geschwindigkeit der Bewegung sei gegenüber der Schallgeschwindigkeit klein).

Lösung. Die Lösung setzen wir in der Gestalt

$$\varphi = \operatorname{div} \frac{f(t')}{r} \tag{1}$$

an (r ist der Abstand vom Koordinatenursprung, den wir in den Kugelmittelpunkt zur Zeit $t' = t - (r - R)/c$ legen); da die Geschwindigkeit $\boldsymbol{u}$ der Kugel gegenüber der Schallgeschwindigkeit klein ist, kann man den Effekt der Verschiebung des Koordinatenursprungs vernachlässigen. Die Geschwindigkeit der Flüssigkeit ist

$$\boldsymbol{v} = \nabla\varphi = \frac{3(\boldsymbol{f}\boldsymbol{n})\,\boldsymbol{n} - \boldsymbol{f}}{r^3} + \frac{3(\boldsymbol{f}'\boldsymbol{n})\,\boldsymbol{n} - \boldsymbol{f}'}{cr^2} + \frac{(\boldsymbol{f}''\boldsymbol{n})\,\boldsymbol{n}}{c^2 r} \tag{2}$$

($\boldsymbol{n}$ ist der Einheitsvektor in $\boldsymbol{r}$-Richtung; der Strich bezeichnet die Ableitung der Funktion $\boldsymbol{f}$ nach ihrem Argument). Die Randbedingung lautet $v_r = \boldsymbol{u}\boldsymbol{n}$ für $r = R$, daraus folgt

$$\boldsymbol{f}''(t) + \frac{2c}{R}\,\boldsymbol{f}'(t) + \frac{2c^2}{R^2}\,\boldsymbol{f}(t) = Rc^2\,\boldsymbol{u}(t)\,.$$

Diese Gleichung lösen wir durch Variation der Konstanten und erhalten für die Funktion $\boldsymbol{f}(t)$ den allgemeinen Ausdruck

$$\boldsymbol{f}(t) = cR^2\,\mathrm{e}^{-ct/R}\int_{-\infty}^{t}\boldsymbol{u}(\tau)\sin\frac{c(t-\tau)}{R}\,\mathrm{e}^{c\tau/R}\,\mathrm{d}\tau\,. \tag{3}$$

Beim Einsetzen in (1) muß man hier t' statt t schreiben. Wir haben $-\infty$ als untere Integrationsgrenze gewählt, damit $\boldsymbol{f} = 0$ wird für $t = -\infty$

6. Eine Kugel vom Radius R beginnt zur Zeit $t = 0$ eine Bewegung mit der konstanten Geschwindigkeit $\boldsymbol{u}_0$. Man berechne die bei Beginn der Bewegung entstehende Schallstrahlung.

Lösung. Wir setzen in der Formel (3) der Aufgabe 5 $\boldsymbol{u}(\tau) = 0$ für $\tau < 0$ und $\boldsymbol{u}(\tau) = \boldsymbol{u}_0$ für $\tau > 0$ und verwenden dieses Ergebnis in der Formel (2) (hier behalten wir nur das letzte, mit zunehmendem r am langsamsten verschwindende Glied bei). So finden wir für die Strömungsgeschwindigkeit der Flüssigkeit in großer Entfernung von der Kugel

$$\boldsymbol{v} = -\boldsymbol{n}(\boldsymbol{n}\boldsymbol{u}_0)\,\frac{\sqrt{2}R}{r}\,\mathrm{e}^{-ct'/R}\sin\left(\frac{ct'}{R} - \frac{\pi}{4}\right)$$

(für $t' > 0$). Die Gesamtintensität der Strahlung nimmt zeitlich nach dem Gesetz

$$I = \frac{8\pi}{3}\,c\varrho R^2 u_0^2\,\mathrm{e}^{-2ct'/R}\sin^2\left(\frac{ct'}{R} - \frac{\pi}{4}\right)$$

ab. Insgesamt wird (über die Zeit integriert) die Energie

$$\frac{\pi}{3}\,\varrho R^3 u_0^2$$

ausgestrahlt.

7. Man berechne die Intensität der Schallausstrahlung eines unendlich langen Zylinders (Radius R), der harmonische Pulsationsschwingungen ausführt. Für die Wellenlänge gelte $\lambda \gg R$.

Lösung. Nach der Formel (74,14) finden wir zunächst für das Potential in Abständen $r \ll \lambda$ (in den Aufgaben 7 und 8 bedeutet r den Abstand von der Zylinderachse)

$$\varphi = Ru\ln kr;$$

$u = u_0\,\mathrm{e}^{-\mathrm{i}\omega t}$ ist die Geschwindigkeit der Oberflächenpunkte des Zylinders. Aus dem Vergleich mit den Formeln (71,7) und (71,8) erhalten wir für das Potential für große r

$$\varphi = -Ru\sqrt{\frac{\mathrm{i}\pi}{2kr}}\,\mathrm{e}^{\mathrm{i}kr}\,.$$

Daraus folgt

$$\boldsymbol{v} = Ru\sqrt{\frac{\pi k}{2\mathrm{i}r}}\,\boldsymbol{n}\,\mathrm{e}^{\mathrm{i}kr}$$

($\boldsymbol{n}$ ist der Einheitsvektor senkrecht zur Zylinderachse); die Strahlungsintensität (pro Längeneinheit des Zylinders) ist

$$I = \frac{\pi^2}{2}\,\varrho\omega R^2\,|u_0^2|\,.$$

8. Man berechne die Schallausstrahlung eines Zylinders, der translatorische harmonische Schwingungen senkrecht zu seiner Achse ausführt.

Lösung. Für $r \ll \lambda$ haben wir

$$\varphi = -\operatorname{div}\,(R^2\boldsymbol{u}\ln kr)$$

(vgl. Formel (74,18) und Aufgabe 3, § 10). Daraus schließen wir, daß für große r

$$\varphi = R^2\sqrt{\frac{\mathrm{i}\pi}{2k}}\operatorname{div}\frac{\mathrm{e}^{\mathrm{i}kr}\boldsymbol{u}}{\sqrt{r}} = -R^2\boldsymbol{un}\sqrt{\frac{\pi k}{2\mathrm{i}r}}\,\mathrm{e}^{\mathrm{i}kr}$$

ist, für die Geschwindigkeit folgt

$$\boldsymbol{v} = -kR^2\sqrt{\frac{\mathrm{i}\pi k}{2r}}\,\boldsymbol{n}(\boldsymbol{un})\,\mathrm{e}^{\mathrm{i}kr}\,.$$

Die Intensität der Strahlung ist proportional zum Quadrat des Kosinus des Winkels zwischen der Schwingungs- und der Strahlrichtung. Die Gesamtintensität ist

$$I = \frac{\pi^2}{4c^2}\,\varrho\omega^3R^4\,|\boldsymbol{u}_0|^2\,.$$

9. Man berechne die Intensität der Schallstrahlung von einer ebenen Fläche mit periodisch schwankender Temperatur. Die Frequenz der Schwankungen sei $\omega \ll c^2/\chi$, wobei χ die Temperaturleitfähigkeit der Flüssigkeit ist.

Lösung. Der veränderliche Teil der Temperatur der Fläche sei $T_0'\,\mathrm{e}^{-\mathrm{i}\omega t}$. Diese Temperaturschwankungen erzeugen in der Flüssigkeit eine gedämpfte Temperaturwelle (52,15):

$$T' = T_0'\mathrm{e}^{-\mathrm{i}\omega t}\,\mathrm{e}^{-(1-\mathrm{i})\sqrt{\omega/2\chi}\,x}\,.$$

Die Temperaturwelle führt zu Dichteschwingungen in der Flüssigkeit:

$$\varrho' = \left(\frac{\partial\varrho}{\partial T}\right)_p T' = -\varrho\beta T',$$

wo β der thermische Ausdehnungskoeffizient ist. Diese rufen ihrerseits eine Bewegung hervor, die durch die Kontinuitätsgleichung

$$\varrho\frac{\partial v}{\partial x} = -\frac{\partial\varrho'}{\partial t} = -\mathrm{i}\omega\varrho\beta T'$$

beschrieben wird. An der festen Oberfläche ist die Geschwindigkeit $v_x = v = 0$, mit zunehmendem Abstand von ihr strebt sie gegen den Grenzwert

$$v = -\mathrm{i}\omega\beta\int_0^\infty T'\,\mathrm{d}x = \frac{1-\mathrm{i}}{\sqrt{2}}\,\beta\sqrt{\omega\chi}\,T_0'\,\mathrm{e}^{-\mathrm{i}\omega t}\,.$$

Dieser Wert wird in Abständen $\sim\sqrt{\chi/\omega}$ angenommen, die gegenüber c/ω klein sind; er dient als Randbedingung für die entstehende Schallwelle. Für die Intensität der Schallstrahlung von 1 m² der Fläche finden wir daraus

$$I = \frac{c}{2}\,\varrho\beta^2\omega\chi\,|T_0'|^2\,.$$

10. Eine Punktquelle, die eine Kugelwelle aussendet, befindet sich im Abstand l von einer festen (den Schall vollständig reflektierenden) Wand, die einen mit Flüssigkeit gefüllten Halbraum begrenzt. Man berechne das Verhältnis der Gesamtintensität der von der Schallquelle ausgesandten Strahlung zur Intensität der Strahlung, die in einem unbegrenzten Medium vorhanden wäre. Ferner bestimme man die Richtungsabhängigkeit der Intensität in großen Entfernungen von der Quelle.

Lösung. Die Summe der ausgestrahlten und der von der Wand reflektierten Welle wird durch die Lösung der Wellengleichung beschrieben, bei der die Normalkomponente der Geschwindigkeit $v_n = \partial\varphi/\partial n$ an der Wand gleich Null ist. Eine solche Lösung ist

$$\varphi = \left(\frac{e^{ikr}}{r} + \frac{e^{ikr'}}{r'}\right)e^{-i\omega t}$$

(den konstanten Faktor haben wir der Kürze halber weggelassen); r ist der Abstand von der Schall-

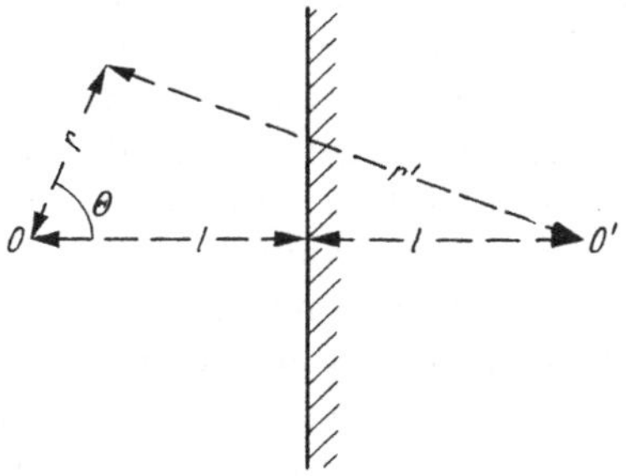

Abb. 49

quelle O (Abb. 49), r' der Abstand vom Punkt O', dem Spiegelpunkt von O in bezug auf die Wand. In großen Entfernungen von der Quelle haben wir $r' \approx r - 2l\cos\Theta$, so daß

$$\varphi = \frac{e^{i(kr-\omega t)}}{r}\,(1 + e^{-2ikl\cos\Theta})$$

wird. Die Richtungsabhängigkeit der Intensität wird hier durch den Faktor $\cos^2(kl\cos\Theta)$ gegeben.

Zur Berechnung der Gesamtintensität der Strahlung integrieren wir den Energiestrom

$$\bar{\boldsymbol{q}} = \overline{p'\boldsymbol{v}} = -\overline{\varrho\dot{\varphi}\,\nabla\varphi}$$

(siehe (65,4)) über eine Kugelfläche um den Punkt O mit beliebig kleinem Radius. Diese Integration ergibt

$$2\pi\varrho k\omega\left(1 + \frac{\sin 2kl}{2kl}\right).$$

In einem unbegrenzten Medium hätten wir nur die Kugelwelle $\varphi = \dfrac{e^{i(kr-\omega t)}}{r}$ mit dem gesamten Energiestrom $2\pi\varrho k\omega$. Das gesuchte Intensitätsverhältnis ist also gleich

$$1 + \frac{\sin 2kl}{2kl}.$$

11. Wie Aufgabe 10 für eine Flüssigkeit mit einer freien Oberfläche.

Lösung. Auf der freien Oberfläche muß die Bedingung $p' = -\varrho\dot{\varphi} = 0$ erfüllt sein. Für eine monochromatische Welle ist das der Forderung $\varphi = 0$ äquivalent. Die entsprechende Lösung der Wellengleichung ist

$$\varphi = \left(\frac{e^{ikr}}{r} - \frac{e^{ikr'}}{r'}\right) e^{-i\omega t}.$$

In großen Entfernungen von der Quelle wird die Strahlungsintensität durch den Faktor $\sin^2 (kl \cos \Theta)$ bestimmt.

Das gesuchte Intensitätsverhältnis ist

$$1 - \frac{\sin 2kl}{2kl}.$$

§ 75. Schallanregung durch Turbulenz

Auch turbulente Geschwindigkeitsschwankungen sind Quellen für Schallanregungen im umgebenden Flüssigkeitsvolumen. In diesem Paragraphen stellen wir die allgemeine Theorie dieser Erscheinung dar (M. J. Lighthill, 1952). Wir werden eine Situation betrachten, bei der die Turbulenz ein endliches Gebiet V_0 einnimmt, umgeben von einem unbegrenzten Volumen unbewegter Flüssigkeit. Die Turbulenz selbst betrachten wir dabei im Rahmen der Theorie der inkompressiblen Flüssigkeit, d. h., wir vernachlässigen die durch die Schwankungen hervorgerufene Dichteänderung; dies bedeutet, daß die Geschwindigkeit der turbulenten Strömung als klein angenommen wird im Vergleich zur Schallgeschwindigkeit (was auch im gesamten Kapitel III vorausgesetzt wurde).

Wir beginnen mit der Ableitung der allgemeinen Gleichung, die neben der Bewegung in den Schallwellen auch die Bewegung der Flüssigkeit im turbulenten Gebiet berücksichtigt. Der Unterschied zu der in § 64 durchgeführten Ableitung besteht nur darin, daß das nichtlineare Glied $(\boldsymbol{v}\nabla)\,\boldsymbol{v}$ beibehalten werden muß; obwohl die Geschwindigkeit v klein ist im Vergleich zu c, so ist sie doch groß im Vergleich mit der Geschwindigkeit der Flüssigkeit in einer Schallwelle. Wir schreiben deshalb an Stelle von (64,3)

$$\frac{\partial \boldsymbol{v}}{\partial t} + (\boldsymbol{v}\nabla)\,\boldsymbol{v} + \frac{1}{\varrho_0}\,p' = 0\,.$$

Wenden wir auf diese Gleichung die Operation div an und benutzen die Gleichung (64,5),

$$\frac{\partial p'}{\partial t} + \varrho_0 c^2 \operatorname{div} \boldsymbol{v} = 0\,,$$

so erhalten wir

$$\frac{1}{c^2}\frac{\partial^2 p'}{\partial t^2} - \triangle p' = \varrho_0 \frac{\partial}{\partial x_i}\left(v_k \frac{\partial v_i}{\partial x_k}\right).$$

Die rechte Seite dieser Gleichung läßt sich mit Hilfe der Kontinuitätsgleichung $\operatorname{div} \boldsymbol{v} = 0$ umformen (die Turbulenz wird als imkompressibel betrachtet!): Man kann die Differentiation nach x_k aus der Klammer herausziehen. Wir schreiben also endgültig

$$\frac{1}{c^2}\frac{\partial^2 p'}{\partial t^2} - \triangle p' = \varrho \frac{\partial^2 T_{ik}}{\partial x_i\,\partial x_k}, \qquad T_{ik} = v_i v_k \tag{75,1}$$

(den Index bei ϱ_0 lassen wir wieder weg). Außerhalb des turbulenten Gebietes ist der Ausdruck auf der rechten Seite dieser Gleichung eine kleine Größe zweiter Ordnung und kann fortgelassen werden, so daß wir zur Wellengleichung für die Schallausbreitung zurückkommen. Die rechte Seite, die im Gebiet V_0 verschieden von Null ist, spielt die Rolle der Schallquelle. In diesem Gebiet ist $\boldsymbol{v}$ die Geschwindigkeit der turbulenten Bewegung.

Die Gleichung (75,1) ist vom Typ der Gleichung für die retardierten Potentiale. Die Lösung dieser Gleichung, die die von der Quelle ausgehende Ausstrahlung beschreibt, ist

$$p'(\boldsymbol{r}, t) = \frac{\varrho}{4\pi} \int \left.\frac{\partial^2 T_{ik}(\boldsymbol{r}_1, t)}{\partial x_{1i}\, \partial x_{1k}}\right|_{t - R/c} \frac{\mathrm{d}V_1}{R} \tag{75,2}$$

(s. II, § 62). Hier ist $\boldsymbol{r}$ der Ortsvektor zum Aufpunkt, $\boldsymbol{r}_1$ der Ortsvektor zum Integrationspunkt, $R = |\boldsymbol{r} - \boldsymbol{r}_1|$; der Integrand wird im „retardierten“ Zeitpunkt $t - R/c$ genommen. Die Integration in (75,2) erstreckt sich nur über das Gebiet V_0, in dem der Integrand verschieden von Null ist.

Der Hauptteil der Energie der turbulenten Bewegung ist in Frequenzen $\sim u/l$ enthalten, die der Grundskala l der Turbulenz entsprechen; u ist die charakteristische Geschwindigkeit der Bewegung (s. § 33). Von dieser Größenordnung werden offensichtlich auch die Grundfrequenzen im Spektrum der ausgestrahlten Schallwellen sein. Die zugehörigen Wellenlängen sind $\lambda \sim cl/u \gg l$.

Zur Bestimmung der Intensität der Ausstrahlung ist es ausreichend, das Schallfeld in Entfernungen zu betrachten, die groß gegen die Wellenlänge λ sind (in der „Wellenzone“); diese Abstände sind auch groß im Vergleich mit den linearen Abmessungen der Quelle, des turbulenten Gebietes.[1]) Den Faktor $1/R$ im Integranden kann man in dieser Zone durch den Faktor $1/r$ ersetzen und kann ihn vor das Integral ziehen (r ist der Abstand vom Aufpunkt zum Koordinatenursprung, den wir irgendwo im Innern der Quelle wählen); damit vernachlässigen wir Glieder, die schneller als $1/r$ abfallen und die sowieso keinen Beitrag zur Intensität der ins Unendliche laufenden Wellen geben. Damit wird

$$p'(\boldsymbol{r}, t) = \frac{\varrho}{4\pi r} \int \left.\frac{\partial^2 T_{ik}(\boldsymbol{r}_1, t)}{\partial x_{1i}\, \partial x_{1k}}\right|_{t - R/c} \mathrm{d}V_1\,. \tag{75,3}$$

Die Ableitungen im Integranden sind vor dem Einsetzen des Wertes $t - R/c$ zu nehmen, d. h. nur in bezug auf das erste Argument der Funktion $T_{ik}(\boldsymbol{r}_1, t)$. Diese Ableitungen kann man durch die Ableitungen der Funktion $T_{ik}(\boldsymbol{r}_1, t - R/c)$ nach beiden Argumenten ersetzen, wenn man von jeder von ihnen die Ableitung nach dem zweiten Argument wieder abzieht. Die Ableitungen nach beiden Argumenten sind vollständige Divergenzen, und die Integrale über sie, die man in Integrale über eine weit entfernte geschlossene Oberfläche verwandeln kann, verschwinden, da außerhalb des turbulenten Gebietes $T_{ik} = 0$ ist. Die Ableitungen nach den Integrationsvariablen $\boldsymbol{r}_1$, die in das Argument $t - R/c$ eingehen, kann man durch Ableitungen nach den Koordinaten des Aufpunkts $\boldsymbol{r}$ ersetzen, da $\boldsymbol{r}$ und $\boldsymbol{r}_1$ nur in Form der Differenz $R = |\boldsymbol{r} - \boldsymbol{r}_1|$ eingehen. Damit kommen wir zu dem Ausdruck

$$p'(\boldsymbol{r}, t) = \frac{\varrho}{4\pi r} \frac{\partial^2}{\partial x_i\, \partial x_k} \int T_{ik}\left(\boldsymbol{r}_1, t - \frac{R}{c}\right) \mathrm{d}V_1\,. \tag{75,4}$$

---

[1]) Da wir über Größenordnungen sprechen, unterscheiden wir nicht zwischen der Grundskala l und den Abmessungen des turbulenten Gebietes, obwohl die letzteren l merklich übersteigen können.

Die Zeit $t - R/c$ unterscheidet sich von der Zeit $t - r/c$ um ein Intervall $\sim l/c$. Ein solches Zeitintervall ist aber klein gegen die Perioden l/u der turbulenten Grundschwankungen. Dies erlaubt die Ersetzung des Arguments $t - R/c$ im Integranden durch $t - r/c \equiv \tau$.[1]) Differenzieren wir jetzt unter dem Integral und beachten, daß $\partial r/\partial x_i = n_i$ ist ($\boldsymbol{n}$ ist der Einheitsvektor in Richtung $\boldsymbol{r}$), so erhalten wir

$$p'(\boldsymbol{r}, t) = \frac{\varrho}{4\pi c^2 r} n_i n_k \int \ddot{T}_{ik}(\boldsymbol{r}_1, \tau)\, \mathrm{d}V_1 , \tag{75,5}$$

wobei der Punkt die Ableitung nach τ bezeichnet.

Der Tensor $\ddot{T}_{ik}$ kann wie jeder symmetrische Tensor mit nichtverschwindender Spur in der Form

$$\ddot{T}_{ik} = (\ddot{T}_{ik} - \tfrac{1}{3}\ddot{T}_{ll}\delta_{ik}) + \tfrac{1}{3}\ddot{T}_{ll}\delta_{ik} \equiv Q_{ik} + Q\delta_{ik} \tag{75,6}$$

dargestellt werden, wo Q_{ik} ein „irreduzibler" Tensor mit verschwindender Spur ist und Q ein Skalar. Die Welle (75,5) wird damit in eine Summe von zwei Gliedern zerlegt,

$$p'(\boldsymbol{r}, t) = \frac{\varrho}{4\pi c^2 r}\left\{\int Q(\boldsymbol{r}_1, \tau)\, \mathrm{d}V_1 + n_i n_k \int Q_{ik}(\boldsymbol{r}_1, \tau)\, \mathrm{d}V_1\right\}, \tag{75,7}$$

von denen das erste die Ausstrahlung einer Monopolquelle darstellt und das zweite die Ausstrahlung einer Quadrupolquelle.

Wir berechnen jetzt die Gesamtintensität der Ausstrahlung. Die Stromdichte der Schallenergie hat in der Wellenzone in jedem Punkt die Richtung von $\boldsymbol{n}$ und ist dem Betrag nach gleich $q = p'^2/c\varrho$. Die Gesamtintensität ergibt sich durch Multiplikation von q mit $r^2\,\mathrm{d}o$ und Integration über alle Richtungen von $\boldsymbol{n}$.[2]) Uns interessiert jedoch nicht der momentane schwankende Wert der Intensität, sondern ihr zeitlicher Mittelwert (die Turbulenz wird dabei als „stationär" vorausgesetzt). Diese Mittelung führen wir aus, indem wir das Quadrat der Integrale als zweifaches Integral schreiben und die Mittelung (die wir mit spitzen Klammern bezeichnen) unter dem Integral durchführen. Damit erhalten wir das folgende Ergebnis:

$$\begin{aligned} I = {} & \frac{\varrho_0}{60\pi c^5}\iint \langle Q(\boldsymbol{r}_1, \tau)\, Q(\boldsymbol{r}_2, \tau)\rangle\, \mathrm{d}V_1\, \mathrm{d}V_2 \\ & + \frac{\varrho_0}{30\pi c^5}\iint \langle Q_{ik}(\boldsymbol{r}_1, \tau)\, Q_{ik}(\boldsymbol{r}_2, \tau)\rangle\, \mathrm{d}V_1\, \mathrm{d}V_2 . \end{aligned} \tag{75,8}$$

Das gemischte Produkt der beiden Glieder in (75,7) fällt bei der Integration über die Richtungen weg, so daß die Gesamtintensität die Summe der Intensitäten der Monopolstrah-

---

[1]) Hiermit sehen wir von der spektralen Zusammensetzung der Ausstrahlung ab und beschränken uns auf die Grundfrequenzen, die die Gesamtintensität bestimmen. Wir bemerken noch, daß die angeführte Ersetzung nicht schon in einem früheren Stadium der Umformungen (in (75,3)) vorgenommen werden durfte, da sonst das Integral verschwinden würde.

[2]) Die Integration über die Richtungen von $\boldsymbol{n}$ wird unter Verwendung der folgenden Ausdrücke für die Mittelwerte der Produkte von zwei oder vier Komponenten des Vektors $\boldsymbol{n}$ ausgeführt:

$$\overline{n_i n_k} = \tfrac{1}{3}\delta_{ik}, \qquad \overline{n_i n_k n_l n_m} = \tfrac{1}{15}(\delta_{ik}\delta_{lm} + \delta_{il}\delta_{km} + \delta_{im}\delta_{kl}) .$$

lung und der Quadrupolstrahlung ist. Im betrachteten Fall sind beide Anteile im allgemeinen von gleicher Größenordnung.

Wir wollen diese Größenordnung abschätzen (genauer, die Abhängigkeit von I von den Parametern der turbulenten Bewegung ermitteln). Es gilt für die Komponenten des Tensors $T_{ik} \sim u^2$, wo u die charakteristische Geschwindigkeit der turbulenten Bewegung ist. Jede Differentiation nach der Zeit multipliziert diese Größenordnung mit der charakteristischen Frequenz u/l. Deshalb ist $Q \sim u^4/l^2$. Die Korrelation zwischen den Geschwindigkeiten der turbulenten Schwankungen in verschiedenen Punkten des Raumes erstreckt sich über Abstände $\sim l$. Daher ist die als Schall ausgestrahlte Energie pro Masseneinheit des turbulenten Mediums und pro Zeiteinheit gleich

$$\varepsilon_{\text{Sch}} \sim \frac{1}{c^5} \frac{u^8}{l^4} l^3 = \frac{u^8}{c^5 l}. \tag{75,9}$$

Die Ausstrahlungsintensität ist also der achten Potenz der Geschwindigkeit der turbulenten Bewegung proportional.

Die turbulente Bewegung wird durch die von einer gewissen äußeren Quelle zugeführte Leistung aufrechterhalten. Im „stationären" Fall ist diese Leistung gleich der pro Zeiteinheit dissipierten Energie. Auf die Masseneinheit bezogen, ist die letztere gleich $\varepsilon_{\text{diss}} \sim u^3/l$.[1]) Den akustischen Wirkungsgrad kann man als das Verhältnis der ausgestrahlten Leistung zur dissipierten definieren:

$$\frac{\varepsilon_{\text{Sch}}}{\varepsilon_{\text{diss}}} \sim \left(\frac{u}{c}\right)^5. \tag{75,10}$$

Die hier stehende hohe Potenz des Verhältnisses u/c hat zur Folge, daß die Effektivität der Turbulenz als Schallquelle für $u/c \ll 1$ niedrig ist.

§ 76. Das Reziprozitätsgesetz

Bei der Ableitung der Gleichungen für eine Schallwelle in § 64 haben wir vorausgesetzt, daß sich die Welle in einem homogenen Medium ausbreitet. Insbesondere haben wir die Dichte des Mediums ϱ_0 und die Schallgeschwindigkeit c als konstante Größen angesehen. Wir wollen jetzt einige allgemeine Beziehungen ableiten, die auch im allgemeinen Falle eines beliebigen inhomogenen Mediums gelten. Dazu leiten wir zunächst die Gleichung für die Schallausbreitung in einem solchen Medium her.

Wir schreiben die Kontinuitätsgleichung in der Form

$$\frac{\mathrm{d}\varrho}{\mathrm{d}t} + \varrho \operatorname{div} \boldsymbol{v} = 0 .$$

Da wir es bei der Schallausbreitung mit einem adiabatischen Vorgang zu tun haben, ist

$$\frac{\mathrm{d}\varrho}{\mathrm{d}t} = \left(\frac{\partial \varrho}{\partial p}\right)_s \frac{\mathrm{d}p}{\mathrm{d}t} = \frac{1}{c^2} \frac{\mathrm{d}p}{\mathrm{d}t} = \frac{1}{c^2}\left(\frac{\partial p}{\partial t} + \boldsymbol{v} \nabla p\right),$$

[1]) Siehe (33,1). Wir unterscheiden hier nicht zwischen u und Δu; die Wahl des Bezugssystems, von dem aus die Bewegung betrachtet wird, ist dadurch festgelegt, daß die Flüssigkeit außerhalb des turbulenten Gebietes als ruhend vorausgesetzt wurde.

und die Kontinuitätsgleichung geht über in

$$\frac{\partial p}{\partial t} + \boldsymbol{v}\,\nabla p + \varrho c^2 \operatorname{div} \boldsymbol{v} = 0\,.$$

Wie üblich setzen wir $\varrho = \varrho_0 + \varrho'$; ϱ_0 ist jetzt eine gegebene Funktion der Koordinaten. In der Beziehung $p = p_0 + p'$ für den Druck muß wie früher $p_0 = \text{const}$ sein, weil im Gleichgewicht der Druck im ganzen Medium konstant sein muß (natürlich wenn kein äußeres Feld vorhanden ist). Bis zu Größen zweiter Ordnung haben wir also

$$\frac{\partial p'}{\partial t} + \varrho_0 c^2 \operatorname{div} \boldsymbol{v} = 0\,.$$

Diese Gleichung hat dieselbe Gestalt wie die Gleichung (64,5), aber der Koeffizient $\varrho_0 c^2$ ist eine Ortsfunktion. Für die Eulersche Gleichung haben wir wie in § 64

$$\frac{\partial \boldsymbol{v}}{\partial t} = -\frac{1}{\varrho_0}\nabla p'\,.$$

Wir eliminieren aus diesen beiden Gleichungen $\boldsymbol{v}$ (und lassen den Index von ϱ_0 weg) und erhalten endgültig als Gleichung für die Schallausbreitung in einem inhomogenen Medium:

$$\operatorname{div}\frac{\nabla p'}{\varrho} - \frac{1}{\varrho c^2}\frac{\partial^2 p'}{\partial t^2} = 0\,. \tag{76,1}$$

Handelt es sich um eine monochromatische Welle mit der Frequenz ω, dann ist $\ddot{p}' = -\omega^2 p'$ und somit

$$\operatorname{div}\frac{\nabla p'}{\varrho} + \frac{\omega^2}{\varrho c^2} p' = 0\,. \tag{76,2}$$

Wir behandeln jetzt die Schallwelle, die von einer Quelle mit kleinen Abmessungen ausgestrahlt wird, die Pulsationsschwingungen ausführt (diese Strahlung ist, wie wir in § 74 gesehen haben, isotrop). Den Ort der Quelle bezeichnen wir mit A, den Druck p' in der ausgesandten Welle im Punkt B nennen wir $p_A(B)$.[1]) Befindet sich dieselbe Quelle im Punkt B, dann bezeichnen wir den von ihr im Punkt A erzeugten Druck mit $p_B(A)$. Wir wollen eine Beziehung zwischen $p_A(B)$ und $p_B(A)$ herleiten.

Dazu benutzen wir die Gleichung (76,2), die wir einmal auf die Strahlung der Quelle im Punkt A und zum anderen auf die Strahlung der Quelle im Punkt B anwenden:

$$\operatorname{div}\frac{\nabla p'_A}{\varrho} + \frac{\omega^2}{\varrho c^2} p'_A = 0\,, \qquad \operatorname{div}\frac{\nabla p'_B}{\varrho} + \frac{\omega^2}{\varrho c^2} p'_B = 0\,.$$

Die erste Gleichung multiplizieren wir mit p'_B, die zweite mit p'_A, dann subtrahieren wir die zweite von der ersten und erhalten

$$p'_B \operatorname{div}\frac{\nabla p'_A}{\varrho} - p'_A \operatorname{div}\frac{\nabla p'_B}{\varrho} = \operatorname{div}\left(\frac{p'_B\,\nabla p'_A}{\varrho} - \frac{p'_A\,\nabla p'_B}{\varrho}\right) = 0\,.$$

[1]) Die Abmessungen der Quelle müssen gegenüber dem Abstand zwischen A und B und auch im Vergleich zur Wellenlänge klein sein.

Diese Gleichung integrieren wir über ein Volumen, das von einer sehr großen geschlossenen Fläche C begrenzt wird und aus dem zwei kleine Kugeln C_A und C_B um die Punkte A und B ausgespart sind. Das Volumenintegral wird in ein Oberflächenintegral über diese drei Oberflächen verwandelt; das Integral über C verschwindet, weil die Schallwelle im Unendlichen verschwindet. Wir erhalten auf diese Weise

$$\oint\limits_{C_A+C_B} \left(p'_B \frac{\nabla p'_A}{\varrho} - p'_A \frac{\nabla p'_B}{\varrho} \right) \mathrm{d}\boldsymbol{f} = 0 \,. \tag{76,3}$$

In der kleinen Kugel C_A ändert sich der Druck p'_A in der Welle, die von der Quelle in A ausgesandt wird, rasch mit dem Abstand von A, daher ist der Gradient $\nabla p'_A$ groß. Der von der Quelle in B erzeugte Druck p'_B ist in dem Bereich um den Punkt A, der von B weit entfernt ist, eine langsam veränderliche Ortsfunktion, so daß der Gradient $\nabla p'_B$ relativ klein ist. Bei genügend kleinem Radius der Kugel C_A kann man deshalb im Integral über sie das zweite Glied im Integranden gegenüber dem ersten vernachlässigen, und im letzteren kann man die fast konstante Größe p'_B vor das Integral ziehen, indem man ihr den Wert im Punkt A gibt. Ähnliche Überlegungen lassen sich auch auf das Integral über die Kugel C_B anwenden, und wir erhalten als Ergebnis aus (76,3)

$$p'_B(A) \oint\limits_{C_A} \frac{\nabla p'_A}{\varrho} \, \mathrm{d}\boldsymbol{f} = p'_A(B) \oint\limits_{C_B} \frac{\nabla p'_B}{\varrho} \, \mathrm{d}\boldsymbol{f} \,.$$

Wegen $\dfrac{\nabla p'}{\varrho} = -\dfrac{\partial \boldsymbol{v}}{\partial t}$ kann man diese Gleichung in der Form

$$p'_B(A) \frac{\partial}{\partial t} \oint\limits_{C_A} \boldsymbol{v}_A \, \mathrm{d}\boldsymbol{f} = p'_A(B) \frac{\partial}{\partial t} \oint\limits_{C_B} \boldsymbol{v}_B \, \mathrm{d}\boldsymbol{f}$$

schreiben. Das Integral $\oint_{C_A} \boldsymbol{v}_A \, \mathrm{d}\boldsymbol{f}$ ist die Flüssigkeitsmenge, die pro Zeiteinheit durch die Kugeloberfläche C_A strömt, d. h. die Volumenänderung (pro Sekunde) der pulsierenden Schallquelle. Da die Schallquellen in A und B identisch sind, ist

$$\oint\limits_{C_A} \boldsymbol{v}_A \, \mathrm{d}\boldsymbol{f} = \oint\limits_{C_B} \boldsymbol{v}_B \, \mathrm{d}\boldsymbol{f}$$

und folglich

$$p'_A(B) = p'_B(A) \,. \tag{76,4}$$

Diese Gleichung stellt das sogenannte *Reziprozitätsgesetz* dar: Der von einer Quelle in A im Punkt B erzeugte Druck ist gleich dem von derselben Quelle in B im Punkt A erzeugten Druck. Wir heben hervor, daß dieses Ergebnis sich insbesondere auch auf den Fall bezieht, bei dem das Medium aus mehreren verschiedenen homogenen Bereichen zusammengesetzt ist. Der Schall wird bei der Ausbreitung in einem solchen Medium an den Grenzflächen zwischen den verschiedenen Bereichen reflektiert und gebrochen. Das Reziprozitätsgesetz ist also auch dann anwendbar, wenn die Welle bei der Ausbreitung von A nach B und umgekehrt gebrochen und reflektiert wird.

Aufgabe

Man leite das Reziprozitätsgesetz für die Dipolstrahlung einer Schallquelle her, die Schwingungen ohne Volumenänderung ausführt.

Lösung. In diesem Falle gilt

$$\oint_{C_A} \boldsymbol{v}_A \, \mathrm{d}\boldsymbol{f} = 0\,, \tag{1}$$

und man muß bei der Berechnung der Integrale in (76,3) die nächsthöhere Näherung berücksichtigen. Dazu schreiben wir bis zu Gliedern erster Ordnung

$$p'_B = p'_B(A) + \boldsymbol{r} \nabla p'_B\,; \tag{2}$$

$\boldsymbol{r}$ ist der Ortsvektor vom Punkt A aus. Im Integral

$$\oint_{C_A} \left(p'_B \frac{\nabla p'_A}{\varrho} - p'_A \frac{\nabla p'_B}{\varrho} \right) \mathrm{d}\boldsymbol{f} \tag{3}$$

haben jetzt beide Terme die gleiche Größenordnung. Wir setzen hier p'_B aus (2) ein, berücksichtigen (1) und erhalten

$$\oint_{C_A} \left\{ (\boldsymbol{r} \nabla p'_B) \frac{\nabla p'_A}{\varrho} - p'_A \frac{\nabla p'_A}{\varrho} \right\} \mathrm{d}\boldsymbol{f}\,.$$

Weiterhin ziehen wir die beinahe konstante Größe $\nabla p'_B = -\varrho \dot{\boldsymbol{v}}_B$ vor das Integral und ersetzen sie durch ihren Wert im Punkt A:

$$\varrho_A \dot{\boldsymbol{v}}_B(A) \oint_{C_A} \left\{ \frac{p'_A}{\varrho} \mathrm{d}\boldsymbol{f} - \boldsymbol{r} \left(\frac{\nabla p'_A}{\varrho} \mathrm{d}\boldsymbol{f} \right) \right\}$$

(ϱ_A ist die Dichte des Mediums im Punkt A). Zur Berechnung dieses Integrals bemerken wir, daß man die Flüssigkeit in der Nähe der Quelle als inkompressibel ansehen kann (s. § 74); daher kann man für den Druck in der kleinen Kugel C_A nach (11,1)

$$p'_A = -\varrho \dot{\varphi} = \varrho \dot{\boldsymbol{A}} \frac{\boldsymbol{r}}{r^3}$$

schreiben. Für eine monochromatische Welle ist $\dot{\boldsymbol{v}} = -\mathrm{i}\omega \boldsymbol{v}$, $\dot{\boldsymbol{A}} = -\mathrm{i}\omega \boldsymbol{A}$. Führen wir noch den Einheitsvektor $\boldsymbol{n}_A$ in Richtung des Vektors $\boldsymbol{A}$ für die Quelle im Punkt A ein, so finden wir, daß das Integral (3) der Größe

$$\varrho_A \boldsymbol{v}_B(A) \, \boldsymbol{n}_A$$

proportional ist. Analog ist das Integral über die Kugel C_B mit demselben Proportionalitätsfaktor zu

$$-\varrho_B \boldsymbol{v}_A(B) \, \boldsymbol{n}_B$$

proportional. Die Summe dieser beiden Ausdrücke setzen wir gleich Null und erhalten für die gesuchte Beziehung

$$\varrho_A \boldsymbol{v}_B(A) \, \boldsymbol{n}_A = \varrho_B \boldsymbol{v}_A(B) \, \boldsymbol{n}_B\,.$$

Diese Beziehung stellt das Reziprozitätsgesetz für eine Dipolstrahlung dar.

§ 77. Schallausbreitung in einem Rohr

Wir behandeln jetzt die Ausbreitung einer Schallwelle in einem langen engen Rohr. Unter einem engen Rohr verstehen wir ein Rohr, dessen Breite gegenüber der Wellenlänge klein ist. Der Rohrquerschnitt kann sowohl seine Gestalt als auch seinen Flächeninhalt entlang des Rohres ändern. Wichtig ist nur, daß diese Änderung genügend langsam erfolgt. Die Fläche S des Querschnitts darf sich auf Strecken von der Größenordnung der Rohrbreite nur wenig ändern.

Unter den genannten Bedingungen kann man alle Größen (Geschwindigkeit, Dichte u. s. w.) in jedem Rohrquerschnitt als konstant annehmen. Die Ausbreitungsrichtung der Welle kann mit der Rohrachse identifiziert werden. Die Gleichung für die Ausbreitung einer solchen Welle gewinnt man am einfachsten mit einer ähnlichen Methode wie in § 12, wo wir die Gleichung für die Ausbreitung von Schwerewellen in Kanälen hergeleitet haben.

Pro Zeiteinheit tritt durch einen Rohrquerschnitt die Flüssigkeitsmenge $S\varrho v$. Daher verringert sich die Flüssigkeitsmenge (Masse) in dem Volumen zwischen zwei infinitesimal benachbarten Querschnitten in einer Sekunde um

$$(S\varrho v)_{x+\mathrm{d}x} - (S\varrho v)_x = \frac{\partial(S\varrho v)}{\partial x}\,\mathrm{d}x$$

(x wird längs der Achse des Rohres gezählt). Weil das Volumen zwischen den beiden Querschnitten unverändert bleibt, kann diese Verringerung nur durch eine Dichteänderung der Flüssigkeit erfolgen. Die Dichteänderung pro Zeiteinheit ist $\partial\varrho/\partial t$. Die entsprechende Massenabnahme im Volumen $S\,\mathrm{d}x$ zwischen den beiden Querschnitten ist

$$-S\,\frac{\partial\varrho}{\partial t}\,\mathrm{d}x\,.$$

Durch Gleichsetzen dieser beiden Ausdrücke erhalten wir die Beziehung

$$S\,\frac{\partial\varrho}{\partial t} = -\,\frac{\partial(S\varrho v)}{\partial x}\,, \tag{77,1}$$

die die Kontinuitätsgleichung für die Flüssigkeit in dem Rohr darstellt.

In der Eulerschen Gleichung lassen wir das in der Geschwindigkeit quadratische Glied weg und schreiben

$$\frac{\partial v}{\partial t} = -\,\frac{1}{\varrho}\,\frac{\partial p}{\partial x}\,. \tag{77,2}$$

Wir differenzieren (77,1) nach der Zeit. Bei der Ableitung der rechten Seite der Gleichung muß man ϱ als zeitunabhängig ansehen, da bei der Differentiation von ϱ ein Term mit $v\,\dfrac{\partial\varrho}{\partial t} = v\,\dfrac{\partial\varrho'}{\partial t}$ auftritt, der von zweiter Ordnung ist. Es entsteht also

$$S\,\frac{\partial^2\varrho}{\partial t^2} = -\,\frac{\partial}{\partial x}\left(S\varrho\,\frac{\partial v}{\partial t}\right).$$

Hier setzen wir für $\partial v/\partial t$ den Ausdruck (77,2) ein; die auf der linken Seite stehende Ableitung der Dichte drücken wir durch die Ableitung des Druckes aus: $\ddot{\varrho} = \ddot{p}/c^2$.

Als Ergebnis erhalten wir die folgende Gleichung für die Schallausbreitung in einem Rohr:

$$\frac{1}{S}\frac{\partial}{\partial x}\left(S\frac{\partial p}{\partial x}\right)-\frac{1}{c^2}\frac{\partial^2 p}{\partial t^2}=0\,. \qquad (77,3)$$

Bei einer monochromatischen Welle hängt p [1]) über den Faktor $e^{-i\omega t}$ von der Zeit ab, und aus (77,3) wird

$$\frac{1}{S}\frac{\partial}{\partial x}\left(S\frac{\partial p}{\partial x}\right)+k^2 p=0 \qquad (77,4)$$

($k = \omega/c$ ist die Wellenzahl).

Schließlich befassen wir uns noch mit der Abstrahlung des Schalls aus dem offenen Ende eines Rohres. Die Druckdifferenz zwischen dem Gas am Ende des Rohres und dem Gas in der Umgebung des Rohres ist klein gegenüber den Druckdifferenzen in dem Rohr. Als Randbedingung am offenen Ende eines Rohres kann man deshalb mit ausreichender Genauigkeit das Verschwinden des Druckes p fordern. Die Geschwindigkeit v des Gases am Rohrende wird dabei von Null verschieden sein; v_0 sei die Geschwindigkeit am Rohrende. Das Produkt Sv_0 ist die Gasmenge (Volumen), die pro Zeiteinheit aus dem Rohrende herausströmt.

Wir können das offene Ende des Rohres jetzt als eine Gasquelle mit der Ergiebigkeit Sv_0 betrachten. Das Problem der Schallabstrahlung aus einem Rohr ist somit dem Problem der Schallausstrahlung eines pulsierenden Körpers äquivalent. Diese Strahlung wird durch die Formel (74,10) beschrieben. Statt der Ableitung $\dot{V}$ des Volumens des Körpers nach der Zeit müssen wir jetzt die Größe Sv_0 hinschreiben. Die Gesamtintensität des abgestrahlten Schalls ist

$$I=\frac{\varrho S^2\overline{\dot{v}_0^2}}{4\pi c}\,. \qquad (77,5)$$

Aufgaben

1. Man berechne den Durchlässigkeitskoeffizienten für den Schall beim Übergang von einem Rohr mit dem Querschnitt S_1 in ein Rohr mit dem Querschnitt S_2.

Lösung. In dem ersten Rohr haben wir zwei Wellen, die einfallende Welle p_1 und die reflektierte p_1', und im zweiten Rohr eine durchgelassene Welle p_2:

$$p_1=a_1\,e^{i(kx-\omega t)}\,,\qquad p_1'=a_1'\,e^{-i(kx+\omega t)}\,,\qquad p_2=a_2\,e^{i(kx-\omega t)}\,.$$

An der Stelle, an der die beiden Rohre zusammengefügt sind ($x = 0$), müssen die Drücke und die Gasmengen Sv gleich sein, die aus einem Rohr in das andere übertreten. Diese Bedingungen ergeben

$$a_1+a_1'=a_2\,,\qquad S_1(a_1-a_1')=S_2a_2\,;$$

daraus folgt

$$a_2=a_1\frac{2S_1}{S_1+S_2}\,.$$

[1]) Hier und in den Aufgaben zu diesem Paragraphen ist mit p immer der veränderliche Teil des Druckes gemeint (den wir früher mit p' bezeichnet haben).

Das Verhältnis D des Energiestromes in der durchgelassenen Welle zum Energiestrom in der einfallenden Welle ist

$$D = \frac{S_2 \overline{|v_2|^2}}{S_1 \overline{|v_1|^2}} = \frac{4S_1S_2}{(S_1 + S_2)^2} = 1 - \left(\frac{S_2 - S_1}{S_2 + S_1}\right)^2 .$$

2. Welche Energiemenge wird vom offenen Ende eines zylindrischen Rohres abgestrahlt?

Lösung. In der Randbedingung $p = 0$ am offenen Ende des Rohres kann man die ausgestrahlte Welle näherungsweise vernachlässigen (wir werden sehen, daß die Intensität der Abstrahlung aus dem Rohrende klein ist). Wir haben dann die Bedingung $p_1 = -p'_1$; p_1 und p'_1 sind die Drücke in der einfallenden Welle und in der reflektierten Welle, die in das Rohr zurückläuft. Für die Geschwindigkeiten haben wir entsprechend $v_1 = v'_1$, so daß die gesamte Geschwindigkeit am Ende des Rohres $v_0 = v_1 + v'_1 = 2v_1$ ist. Der Energiestrom in der einfallenden Welle ist $cS\varrho \overline{v_1^2} = \frac{1}{4} cS\varrho \overline{v_0^2}$. Mit Hilfe von (77,5) erhalten wir für das Verhältnis der ausgestrahlten Energie zum Energiestrom in der einfallenden Welle

$$D = \frac{S\omega^2}{\pi c^2} .$$

Für ein Rohr mit kreisförmigen Querschnitt (Radius R) haben wir $D = R^2\omega^2/c^2$. Auf Grund der Voraussetzung $R \ll c/\omega$ ist $D \ll 1$.

3. Ein Ende eines zylindrischen Rohres ist mit einer den Schall abstrahlenden Membran verschlossen, die eine gegebene Schwingung ausführt; das andere Ende des Rohres ist offen. Man berechne die Schallabstrahlung aus dem Rohr.

Lösung. Wir bestimmen die Konstanten a und b in der allgemeinen Lösung

$$p = (a\, e^{ikx} + b\, e^{-ikx})\, e^{-i\omega t}$$

aus der Bedingung $v = u$ ($u = u_0\, e^{-i\omega t}$ ist die gegebene Geschwindigkeit der Membranschwingungen) am geschlossenen Ende des Rohres ($x = 0$) und der Bedingung $p = 0$ am offenen Ende ($x = l$). Diese Bedingungen liefern

$$a\, e^{ikl} + b\, e^{-ikl} = 0 , \qquad a - b = c\varrho u_0 .$$

Durch Bestimmung der Konstanten a und b finden wir für die Geschwindigkeit des Gases am offenen Ende des Rohres: $v_0 = u/\cos kl$. Wäre das Rohr nicht vorhanden, dann würde die Strahlungsintensität der schwingenden Membran nach Formel (74,10) mit Su statt $\dot{V}$ durch den quadratischen Mittelwert $S^2\, \overline{|\dot{u}|^2} = S^2\omega^2\, \overline{|u|^2}$ gegeben; S ist die Fläche der Membran. Die Strahlung vom Rohrende ist proportional zu $S^2\, \overline{|v_0|^2}\, \omega^2$. Der Verstärkungsfaktor des Rohres für den Schall ist

$$A = \frac{S^2\, \overline{|v_0|^2}}{S^2\, \overline{|u|^2}} = \frac{1}{\cos^2 kl} .$$

Schwingt die Membran mit einer der Eigenfrequenzen des Rohres, dann wird dieser Verstärkungsfaktor unendlich (Resonanz). In Wirklichkeit bleibt er natürlich immer endlich wegen der Effekte, die wir vernachlässigt haben (z. B. Reibung, Einfluß der Schallabstrahlung).

4. Wie Aufgabe 3 für ein konisches Rohr (die Membran verschließt die kleinere Rohröffnung).

Lösung. Für den Rohrquerschnitt haben wir $S = S_0x^2$. Zur kleineren und zur größeren Rohröffnung sollen die x-Werte x_1 und x_2 gehören; die Länge des Rohres ist $l = x_2 - x_1$. Die allgemeine Lösung der Gleichung (77,4) lautet

$$p = \frac{1}{x}\, (a\, e^{ikx} + b\, e^{-ikx})\, e^{-i\omega t} ;$$

a und b werden aus den Bedingungen $v = u$ für $x = x_1$ und $p = 0$ für $x = x_2$ bestimmt. Für den Verstärkungsfaktor erhalten wir

$$A = \frac{S_0^2 x_2^4 \overline{|v_2|^2}}{S_0^2 x_1^4 \overline{|u|^2}} = \frac{k^2 x_2^2}{(\sin kl + kx_1 \cos kl)^2}.$$

5. Wie Aufgabe 3 für ein Rohr mit exponentiell veränderlichem Querschnitt $S = S_0\, e^{\alpha x}$.
Lösung. Aus Gleichung (77,4) ergibt sich

$$\frac{\partial^2 p}{\partial x^2} + \alpha \frac{\partial p}{\partial x} + k^2 p = 0\,,$$

und daraus erhalten wir

$$p = e^{-\frac{\alpha}{2}x}\,(a\, e^{imx} + b\, e^{-imx})\, e^{-i\omega t}\,, \qquad m = \sqrt{k^2 - \frac{\alpha^2}{4}}\,.$$

Wir bestimmen a und b aus den Bedingungen $v = u$ für $x = 0$ und $p = 0$ für $x = l$ und finden für den Verstärkungsfaktor

$$A = \frac{S_0^2\, e^{2\alpha l}\, \overline{|v_0|^2}}{S_0^2\, \overline{|u|^2}} = \frac{e^{\alpha l}}{\left[\frac{\alpha}{2}\frac{\sin ml}{m} + \cos ml\right]^2}$$

für $k > \frac{\alpha}{2}$, und

$$A = \frac{e^{\alpha l}}{\left[\frac{\alpha}{2}\frac{\sinh m'l}{m'} + \cosh m'l\right]^2}\,, \qquad m' = \sqrt{\frac{\alpha^2}{4} - k^2}$$

für $k < \frac{\alpha}{2}$.

§ 78. Schallstreuung

Befindet sich auf dem Wege einer Schallwelle irgendein Körper, dann wird die Schallwelle, wie man sagt, gestreut: Neben der einfallenden Welle treten zusätzliche (gestreute) Wellen auf, die sich vom streuenden Körper aus nach allen Seiten ausbreiten. Eine Schallwelle wird schon allein auf Grund der Anwesenheit eines Körpers auf ihrem Wege gestreut. Außerdem wird der Körper selbst durch die einfallende Welle in Bewegung versetzt. Diese Bewegung verursacht ihrerseits eine zusätzliche Schallausstrahlung durch den Körper, d. h. eine zusätzliche Streuung. Ist jedoch die Dichte des Körpers gegenüber der Dichte des Mediums, in dem sich der Schall ausbreitet, groß und seine Kompressibilität klein, dann ist die Streuung infolge der Bewegung des Körpers nur eine kleine Korrektur zur Grundstreuung, die allein durch die Anwesenheit des Körpers auftritt. Wir werden diese Korrektur im folgenden vernachlässigen und den streuenden Körper als unbeweglich ansehen.

Die Wellenlänge des Schalls λ setzen wir im Vergleich zu den Abmessungen l des Körpers als groß voraus. Wir können dann die Formeln (74,8) und (74,11) zur Berechnung der gestreuten Welle verwenden.[1]) Dabei sehen wir die gestreute Welle als vom Körper ausgestrahlte Welle an. Der Unterschied besteht nur darin, daß wir es jetzt nicht mit der Bewegung eines Körpers in einer Flüssigkeit, sondern mit der Bewegung der Flüssigkeit relativ zum Körper zu tun haben. Diese beiden Probleme sind offensichtlich äquivalent.

Für das Potential der ausgestrahlten Welle haben wir den Ausdruck

$$\varphi = -\frac{\dot{V}}{4\pi r} - \frac{\dot{\boldsymbol{A}}\boldsymbol{r}}{cr^2}$$

erhalten. In dieser Formel war V das Volumen des Körpers. Jetzt ist das Volumen des Körpers unveränderlich, und man hat unter $\dot{V}$ nicht die Änderungsgeschwindigkeit des Körpervolumens, sondern die Flüssigkeitsmenge (Volumen) zu verstehen, die pro Zeiteinheit in das vom Körper eingenommene Volumen eindringen würde (wir bezeichnen dieses Volumen mit V_0), wenn dieser Körper nicht vorhanden wäre. In der Tat, ist ein Körper vorhanden, dann dringt diese Flüssigkeitsmenge nicht in das vom Körper eingenommene Volumen ein, was dem Herauswerfen derselben Flüssigkeitsmenge aus dem Volumen V_0 äquivalent ist. Der Koeffizient von $1/4\pi r$ im ersten Term von φ muß, wie wir im vorhergehenden Paragraphen gesehen haben, gerade gleich der pro Sekunde aus dem Koordinatenursprung „herausgeworfenen" Flüssigkeitsmenge sein. Diese Flüssigkeitsmenge kann man leicht berechnen. Die Änderung der Masse der Flüssigkeit in einem Volumen gleich dem des Körpers ist pro Zeiteinheit $V_0\dot{\varrho}$; die Funktion $\dot{\varrho}$ beschreibt die zeitliche Änderung der Dichte der Flüssigkeit in der einfallenden Welle (da die Wellenlänge gegenüber den Körperabmessungen groß ist, kann man die Dichte ϱ auf Strecken von der Größenordnung dieser Abmessungen als konstant ansehen; wir können daher die Massenänderung der Flüssigkeit im Volumen V_0 einfach in der Form $V_0\dot{\varrho}$ schreiben, wobei $\dot{\varrho}$ im ganzen Volumen V_0 gleich groß ist). Die zur Massenänderung $\dot{\varrho}V_0$ gehörende Volumenänderung der Flüssigkeit ist offensichtlich $V_0\dot{\varrho}/\varrho$. Wir haben also in den Ausdruck für φ statt $\dot{V}$ die Größe $V_0\dot{\varrho}/\varrho$ einzusetzen. In einer einfallenden ebenen Welle hängt der veränderliche Teil der Dichte ϱ' mit der Geschwindigkeit über die Beziehung $\varrho' = \varrho v/c$ zusammen, daher ist $\dot{\varrho} = \dot{\varrho}' = \varrho\dot{v}/c$, und wir können statt $V_0\dot{\varrho}/\varrho$ auch $V_0\dot{v}/c$ schreiben.

Der Vektor $\boldsymbol{A}$ wird für einen in der Flüssigkeit bewegten Körper durch die Formeln (11,5) und (11,6) gegeben:

$$4\pi\varrho A_i = m_{ik}u_k + \varrho V_0 u_i\,.$$

Jetzt müssen wir statt der Geschwindigkeit $\boldsymbol{u}$ des Körpers die mit dem entgegengesetzten Vorzeichen genommene Geschwindigkeit $\boldsymbol{v}$ der Flüssigkeit in der einfallenden Welle verwenden (die sie am Ort des Körpers hätte, wenn dieser nicht vorhanden wäre). Wir haben also

$$A_i = -\frac{m_{ik}v_k}{4\pi\varrho} - \frac{V_0 v_i}{4\pi}\,. \tag{78,1}$$

Endgültig erhalten wir für das Potential der gestreuten Welle

$$\varphi_s = -\frac{V_0\dot{v}}{4\pi cr} - \frac{\dot{\boldsymbol{A}}\boldsymbol{r}}{cr^2} \tag{78,2}$$

---

[1]) Gleichzeitig wird gefordert, daß die Körperabmessungen gegenüber der Amplitude der Verschiebung der Flüssigkeitsteilchen in der Welle groß sind; andernfalls ist die Bewegung der Flüssigkeit im allgemeinen keine Potentialströmung.

mit dem durch die Formel (78,1) gegebenen Vektor $\boldsymbol{A}$. Für die Geschwindigkeitsverteilung in der gestreuten Welle erhalten wir daraus

$$\boldsymbol{v}_s = \frac{V_0 \dot{v} \boldsymbol{n}}{4\pi r c^2} + \frac{\boldsymbol{n}(\boldsymbol{n}\ddot{\boldsymbol{A}})}{r c^2} \tag{78,3}$$

(s. § 74; $\boldsymbol{n}$ ist der Einheitsvektor in der Streurichtung).

Die mittlere (pro Sekunde) in den gegebenen Raumwinkel do gestreute Energiemenge wird durch den Energiestrom $c\varrho \overline{\boldsymbol{v}_s^2} r^2 \mathrm{d}o$ bestimmt. Die Gesamtintensität der Streuwelle ergibt sich durch Integration dieses Ausdruckes über alle Richtungen. Bei dieser Integration verschwindet das doppelte Produkt der beiden Glieder in (78,3), das dem Kosinus des Winkels zwischen den Richtungen der gestreuten und der einfallenden Welle proportional ist, und es verbleibt (vgl. (74,10) und (74,13))

$$I_s = \frac{V_0^2 \varrho}{4\pi c^3} \overline{\dot{v}^2} + \frac{4\pi\varrho}{3c^3} \overline{\ddot{\boldsymbol{A}}^2}\,. \tag{78,4}$$

Es ist üblich, die Streuung durch den *effektiven Streuquerschnitt* (oder einfach *Querschnitt*) dσ zu charakterisieren. Als dσ definiert man das Verhältnis der (zeitlich) gemittelten in einen gegebenen Raumwinkel gestreuten Energie zur mittleren Energiestromdichte in der einfallenden Welle. Der totale Streuquerschnitt σ ist das Integral über dσ über alle Streurichtungen, d. h. das Verhältnis der Gesamtintensität der Streuwelle zur Energiestromdichte der einfallenden Welle. Der Streuquerschnitt hat offensichtlich die Dimension einer Fläche.

Die mittlere Energiestromdichte der einfallenden Welle ist $c\varrho\overline{\boldsymbol{v}^2}$. Der differentielle Streuquerschnitt ist daher gleich dem Verhältnis

$$\mathrm{d}\sigma = \frac{\overline{\boldsymbol{v}_s^2}}{\overline{\boldsymbol{v}^2}} r^2 \,\mathrm{d}o\,. \tag{78,5}$$

Der totale Streuquerschnitt ist

$$\sigma = \frac{V_0^2}{4\pi c^4} \frac{\overline{\dot{v}^2}}{\overline{\boldsymbol{v}^2}} + \frac{4\pi}{3c^4} \frac{\overline{\ddot{\boldsymbol{A}}^2}}{\overline{\boldsymbol{v}^2}}\,. \tag{78,6}$$

Für eine monochromatische einfallende Welle ist der Mittelwert des Quadrates der zweiten Ableitung der Geschwindigkeit nach der Zeit der vierten Potenz der Frequenz proportional. Der Streuquerschnitt eines Körpers für Schallwellen ist also der vierten Potenz der Frequenz proportional, wenn die Abmessungen des Körpers gegenüber der Wellenlänge klein sind.

Schließlich beschäftigen wir uns noch mit dem entgegengesetzten Grenzfall, bei dem die Wellenlänge des gestreuten Schalls gegenüber den Körperabmessungen klein ist. In diesem Falle reduziert sich die gesamte Streuung, bis auf die Streuung in sehr kleine Winkel, auf die einfache Reflexion an der Körperoberfläche. Der entsprechende Teil des totalen Streuquerschnittes ist offensichtlich einfach gleich der Fläche S des Querschnittes des Körpers senkrecht zur Einfallsrichtung der Welle. Die Streuung in kleine Winkel (Winkel der Größenordnung λ/l) erscheint als Beugung an den Rändern des Körpers. Wir werden die Theorie dieser Erscheinung hier nicht darlegen, sie ist ganz analog zur Theorie der Beugung des Lichtes (s. II, §§ 60, 61). Wir erwähnen nur, daß nach dem Babinetschen Prinzip die Gesamtintensität des gebeugten Schalls gleich der Gesamtintensität des reflektierten

Schalls ist. Der Beugungsanteil am Streuquerschnitt ist daher gleich derselben Fläche S; der totale Querschnitt ist folglich $2S$.

Aufgaben

1. Man berechne den Querschnitt für die Streuung einer ebenen Schallwelle an einer festen Kugel. Der Kugelradius R sei klein gegenüber der Wellenlänge.

Lösung. Die Geschwindigkeit in einer ebenen Welle ist $v = a \cos \omega t$ (in einem festen Raumpunkt). Der Vektor $\boldsymbol{A}$ ist für eine Kugel (s. Aufgabe 1, § 11) $\boldsymbol{A} = -\boldsymbol{v}R^3/2$. Für den differentiellen Streuquerschnitt erhalten wir

$$\mathrm{d}\sigma = \frac{\omega^4 R^6}{9c^4}\left(1 - \frac{3}{2}\cos\Theta\right)^2 \mathrm{d}o$$

(Θ ist der Winkel zwischen der einfallenden Welle und der Streurichtung). Die Intensität der gestreuten Welle ist maximal in der Richtung $\Theta = \pi$, d. h. entgegengesetzt zur Einfallsrichtung. Der totale Streuquerschnitt ist

$$\sigma = \frac{7\pi}{9}\left(\frac{R^3\omega^2}{c^2}\right)^2. \tag{1}$$

Hier (und auch unten in den Aufgaben 3 und 4) wird die Dichte ϱ_0 der Kugel als groß gegenüber der Gasdichte ϱ vorausgesetzt; anderenfalls muß man die Mitbewegung der Kugel unter dem Einfluß der Druckkräfte in dem schwingenden Gas berücksichtigen.

2. Man berechne den Streuquerschnitt eines Flüssigkeitstropfens unter Berücksichtigung der Kompressibilität der Flüssigkeit und der Bewegung des Tropfens unter dem Einfluß der einfallenden Schallwelle.

Lösung. Bei einer adiabatischen Druckänderung des Gases, in dem sich der Tropfen befindet, um den Wert p' verkleinert sich das Volumen des Tropfens um

$$\frac{V_0}{\varrho_0}\left(\frac{\partial \varrho_0}{\partial p}\right)_s p' = \frac{V_0}{\varrho_0 c_0^2}\, c\varrho v$$

(ϱ ist die Dichte des Gases, ϱ_0 die Dichte der Flüssigkeit im Tropfen, c_0 die Schallgeschwindigkeit in der Flüssigkeit). In den Ausdrücken (78,2) und (78,3) hat man jetzt statt $V_0\ddot{v}/c$ die Differenz

$$V_0(\ddot{v}/c - \ddot{v}c\varrho/c_0^2\varrho_0)$$

einzusetzen. Weiterhin haben wir in den Ausdruck für $\boldsymbol{A}$ jetzt statt $-\boldsymbol{v}$ die Differenz $\boldsymbol{u} - \boldsymbol{v}$ einzutragen, wobei $\boldsymbol{u}$ die Geschwindigkeit des Tropfens ist, die er unter dem Einfluß der einfallenden Welle erhält. Für eine Kugel erhalten wir mit Hilfe der Ergebnisse von Aufgabe 1, § 11,

$$\boldsymbol{A} = R^3\boldsymbol{v}\,\frac{\varrho - \varrho_0}{2\varrho_0 + \varrho}.$$

Nach dem Einsetzen dieser Ausdrücke ergibt sich der Streuquerschnitt zu

$$\mathrm{d}\sigma = \frac{\omega^4 R^6}{9c^4}\left\{\left(1 - \frac{c^2\varrho}{c_0^2\varrho_0}\right) - 3\cos\Theta\,\frac{\varrho_0 - \varrho}{2\varrho_0 + \varrho}\right\}^2 \mathrm{d}o\,.$$

Der totale Streuquerschnitt ist

$$\sigma = \frac{4\pi\omega^4 R^6}{9c^4}\left\{\left(1 - \frac{c^2\varrho}{c_0^2\varrho_0}\right)^2 + \frac{3(\varrho_0 - \varrho)^2}{(2\varrho_0 + \varrho)^2}\right\}.$$

3. Man berechne den Streuquerschnitt einer festen Kugel, deren Radius R klein gegenüber $\sqrt{\nu/\omega}$ ist. Die Wärmekapazität der Kugel wird als so groß vorausgesetzt, daß die Temperatur der Kugel als unveränderlich angesehen werden kann.

Lösung. In diesem Falle muß man den Einfluß der Zähigkeit des Gases auf die Bewegung der Kugel berücksichtigen, und der Vektor A muß wie in Aufgabe 2, § 74, abgeändert werden. Für $R\sqrt{\omega/\nu} \ll 1$ haben wir

$$A = -\mathrm{i}\,\frac{3R\nu}{2\omega}\,\boldsymbol{v}\,.$$

Außerdem verursacht die Wärmeleitfähigkeit des Gases eine Streuung von derselben Größenordnung. Es sei $T'_0\,\mathrm{e}^{-\mathrm{i}\omega t}$ die Temperaturschwankung in einem festen Punkt der Schallwelle. Die Temperaturverteilung in der Nähe der Kugel ist (vgl. Aufgabe 2, § 52)

$$T' = T'_0\,\mathrm{e}^{-\mathrm{i}\omega t}\left[1 - \frac{R}{r}\,\mathrm{e}^{-(1-\mathrm{i})(r-R)\sqrt{\omega/2\chi}}\right]$$

(für $r = R$ muß $T' = 0$ sein). Die pro Zeiteinheit vom Gas auf die Kugel übertragene Wärmemenge ist (für $R\,(\sqrt{\omega/\chi} \ll 1)$

$$q = 4\pi R^2 \varkappa \left.\frac{\mathrm{d}T'}{\mathrm{d}r}\right|_{r=R} = 4\pi R \varkappa T'_0\,\mathrm{e}^{-\mathrm{i}\omega t}\,.$$

Die Übertragung dieser Wärmemenge führt zu einer Volumenänderung des Gases, die man im Hinblick auf die Streuung als entsprechende effektive Volumenänderung der Kugel um

$$\dot{V} = -4\pi R\chi\beta T'_0\,\mathrm{e}^{-\mathrm{i}\omega t} = -4\pi R\chi(\gamma - 1)\frac{v}{c}$$

auffassen kann; β ist dabei der thermische Ausdehnungskoeffizient des Gases, $\gamma = c_p/c_v$; wir haben außerdem die Formeln (64,13) und (79,2) verwendet.

Unter Berücksichtigung beider Effekte erhalten wir für den differentiellen Streuquerschnitt

$$\mathrm{d}\sigma = \frac{\omega^2 R^2}{c^4}\left[\chi(\gamma - 1) - \frac{3}{2}\,\nu\cos\theta\right]^2 \mathrm{d}o\,.$$

Der totale Streuquerschnitt wird

$$\sigma = \frac{4\pi\omega^2 R^2}{c^4}\left[\chi^2(\gamma - 1)^2 + \frac{3}{4}\,\nu^2\right].$$

Diese Formeln sind nur solange anwendbar, wie die Stokessche Reibungskraft gegenüber der Trägheitskraft klein ist, d. h. solange $\eta R \ll M\omega$ ist; $M = \frac{4\pi}{3} R^3 \varrho_0$ ist die Masse der Kugel. Anderenfalls wird die Mitbewegung der Kugel unter dem Einfluß der Reibungskräfte wesentlich.

4. Man berechne die mittlere Kraft auf eine feste Kugel, an der eine ebene Schallwelle gestreut wird ($\lambda \gg R$).

Lösung. Der pro Zeiteinheit von der einfallenden Welle auf die Kugel übertragene Impuls, d. h. die gesuchte Kraft, ist gleich der Differenz zwischen dem Impulsstrom, den die einfallende Welle abgibt und dem gesamten Impulsstrom in der gestreuten Welle. Aus der einfallenden Welle geht der Energiestrom $\sigma c\bar{E}_0$ in die gestreute Welle über, wenn E_0 die Energiedichte in der einfallenden Welle ist. Der zugehörige Impulsstrom ergibt sich durch Division durch c, d. h., er ist $\sigma\bar{E}_0$. In der gestreuten Welle ist der Impulsstrom in den Raumwinkel $\mathrm{d}o$ gleich $\bar{E}_s r^2\,\mathrm{d}o = \bar{E}_0\,\mathrm{d}\sigma$. Wir projizieren ihn auf die Richtung der einfallenden Welle (offensichtlich hat die gesuchte Kraft diese Richtung) und erhalten nach Integration über alle Winkel $\bar{E}_0 \int \cos\theta\,\mathrm{d}\sigma$. Die auf die Kugel wirkende Kraft ist also

$$F = \bar{E}_0 \int (1 - \cos\theta)\,\mathrm{d}\sigma\,.$$

Hier setzen wir $\mathrm{d}\sigma$ aus der Aufgabe 1 ein und erhalten

$$F = \bar{E}_0\,\frac{11\pi\omega^4 R^6}{9c^4}\,.$$

§ 79. Schallabsorption

Zähigkeit und Wärmeleitfähigkeit führen zur Dissipation der Energie der Schallwellen; der Schall wird folglich absorbiert, d. h., seine Intensität wird allmählich immer geringer. Zur Berechnung der pro Zeiteinheit dissipierten Energie $\dot{E}_{\text{mech}}$ stellen wir die folgenden allgemeinen Überlegungen an. Die mechanische Energie ist gerade die maximale Arbeit, die man beim Übergang aus einem gegebenen Nichtgleichgewichtszustand in den Zustand des thermodynamischen Gleichgewichts erhält. Wie aus der Thermodynamik bekannt ist, erhält man die maximale Arbeit, wenn der Übergang reversibel erfolgt (d. h. ohne Entropieänderung); die mechanische Energie ist also

$$E_{\text{mech}} = E_0 - E(S);$$

E_0 ist der gegebene Anfangswert der Energie des Körpers im Ausgangszustand, $E(S)$ ist die Energie des Körpers im Gleichgewichtszustand mit derselben Entropie S wie am Anfang. Wir differenzieren nach der Zeit und erhalten

$$\dot{E}_{\text{mech}} = -\dot{E}(S) = -\frac{\partial E}{\partial S}\dot{S}.$$

Die Ableitung der Energie nach der Entropie ist die Temperatur. Daher ist $\partial E/\partial S$ die Temperatur des Körpers, die er im thermodynamischen Gleichgewichtszustand (mit dem vorgegebenen Entropiewert) haben würde. Diese Temperatur bezeichnen wir mit T_0 und haben folglich

$$\dot{E}_{\text{mech}} = -T_0\dot{S}.$$

Für $\dot{S}$ verwenden wir den Ausdruck (49,6), der die Entropiezunahme sowohl infolge der Wärmeleitfähigkeit als auch infolge der Zähigkeit enthält. Da sich die Temperatur T in der Flüssigkeit nur wenig ändert und sich nur wenig von T_0 unterscheidet, kann man sie aus dem Integral herausziehen und T statt T_0 schreiben:

$$\dot{E}_{\text{mech}} = -\frac{\varkappa}{T}\int(\nabla T)^2\,\mathrm{d}V - \frac{\eta}{2}\int\left(\frac{\partial v_i}{\partial x_k} + \frac{\partial v_k}{\partial x_i} - \frac{2}{3}\delta_{ik}\frac{\partial v_l}{\partial x_l}\right)^2\mathrm{d}V$$
$$- \zeta\int(\operatorname{div}\boldsymbol{v})^2\,\mathrm{d}V. \tag{79,1}$$

Diese Formel ist die Verallgemeinerung der Formel (16,3) auf eine kompressible Flüssigkeit mit Wärmeleitung.

Die x-Achse soll in der Ausbreitungsrichtung der Schallwelle liegen. Dann gilt

$$v_x = v_0\cos(kx - \omega t), \qquad v_y = v_z = 0.$$

Die letzten beiden Glieder in (79,1) ergeben

$$-\left(\frac{4\eta}{3} + \zeta\right)\int\left(\frac{\partial v_x}{\partial x}\right)^2\mathrm{d}V = -k^2\left(\frac{4\eta}{3} + \zeta\right)v_0^2\int\sin^2(kx - \omega t)\,\mathrm{d}V.$$

Uns interessiert natürlich nur der zeitliche Mittelwert der Größen; die Mittelung liefert

$$-k^2\left(\frac{4\eta}{3}+\zeta\right)\frac{v_0^2}{2}V_0$$

(V_0 ist das Volumen der Flüssigkeit).

Weiter berechnen wir das erste Glied in (79,1). Die Abweichung T' der Temperatur in einer Schallwelle vom Gleichgewichtswert hängt mit der Geschwindigkeit nach der Formel (64,13) zusammen, so daß der Temperaturgradient gleich

$$\frac{\partial T}{\partial x}=\frac{\beta c T}{c_p}\frac{\partial v}{\partial x}=-\frac{\beta c T}{c_p}v_0 k\sin(kx-\omega t)$$

ist. Für den zeitlichen Mittelwert des ersten Gliedes in (79,1) erhalten wir

$$-\varkappa c^2 T\beta^2 v_0^2 k^2\frac{V_0}{2c_p^2}.$$

Mit Hilfe der aus der Thermodynamik bekannten Formeln

$$c_p-c_v=T\beta^2\left(\frac{\partial p}{\partial \varrho}\right)_T=T\beta^2\frac{c_v}{c_p}\left(\frac{\partial p}{\partial \varrho}\right)_s=T\beta^2c^2\frac{c_v}{c_p} \tag{79,2}$$

kann man diesen Ausdruck umformen in

$$-\frac{\varkappa}{2}\left(\frac{1}{c_v}-\frac{1}{c_p}\right)k^2v_0^2V_0.$$

Wir fassen die erhaltenen Ausdrücke zusammen und erhalten für den Mittelwert der Energiedissipation

$$\bar{\dot{E}}_{\text{mech}}=-\frac{k^2v_0^2V_0}{2}\left[\left(\frac{4\eta}{3}+\zeta\right)+\varkappa\left(\frac{1}{c_v}-\frac{1}{c_p}\right)\right]. \tag{79,3}$$

Die Gesamtenergie der Schallwelle ist

$$\bar{E}=\frac{\varrho v_0^2}{2}V_0. \tag{79,4}$$

Der in § 25 eingeführte Dämpfungsfaktor charakterisiert die zeitliche Abnahme der Intensität. In der Akustik hat man es jedoch gewöhnlich mit einer etwas anderen Problemstellung zu tun: Eine Schallwelle breitet sich in einer Flüssigkeit aus, und ihre Intensität nimmt mit der zurückgelegten Weglänge x ab. Offensichtlich erfolgt diese Abnahme nach dem Gesetz $e^{-2\gamma x}$, die Amplitude nimmt dann wie $e^{-\gamma x}$ ab, wobei der Absorptionskoeffizient γ als

$$\gamma=\frac{|\bar{\dot{E}}_{\text{mech}}|}{2c\bar{E}} \tag{79,5}$$

definiert ist. Durch Einsetzen von (79,3) und (79,4) finden wir den folgenden Ausdruck für den

Absorptionskoeffizienten des Schalls:

$$\gamma = \frac{\omega^2}{2\varrho c^3}\left[\left(\frac{4\eta}{3} + \zeta\right) + \varkappa\left(\frac{1}{c_v} - \frac{1}{c_p}\right)\right] \equiv a\omega^2 . \tag{79,6}$$

Er ist proportional zum Quadrat der Schallfrequenz.[1])

Diese Formel kann solange verwendet werden, wie der durch sie gegebene Absorptionskoeffizient klein ist: Die relative Abnahme der Amplitude auf Strecken der Größenordnung der Wellenlänge muß klein sein (d. h., es muß $\gamma c/\omega \ll 1$ sein). Auf dieser Voraussetzung baut eigentlich unsere ganze Ableitung auf, da wir die Energiedissipation mit Hilfe des Ausdruckes für eine ungedämpftc Schallwelle berechnet haben. Für Gase ist diese Bedingung praktisch immer erfüllt. Wir betrachten z. B. das erste Glied in (79,6). Die Bedingung $\gamma c/\omega \ll 1$ bedeutet $\nu\omega/c^2 \ll 1$. Aus der kinetischen Gastheorie ist bekannt, daß die Zähigkeit ν eines Gases die Größenordnung des Produktes der freien Weglänge l mit der mittleren thermischen Geschwindigkeit der Moleküle hat. Die letztere ist größenordnungsmäßig gleich der Schallgeschwindigkeit in dem Gas, so daß $\nu \sim lc$ ist. Daher haben wir

$$\frac{\nu\omega}{c^2} \sim \frac{l\omega}{c} \sim \frac{l}{\lambda} \ll 1 , \tag{79,7}$$

da natürlich $l \ll \lambda$ ist. Das Glied mit der Wärmeleitfähigkeit in (79,6) ergibt dasselbe, weil $\chi \sim \nu$ ist.

Auch für Flüssigkeiten ist der Absorptionskoeffizient immer dann klein, wenn die hier besprochene Problemstellung für die Schallabsorption überhaupt einen Sinn hat. Die Absorption (auf einer Wellenlänge) kann nur dann groß werden, wenn die Kräfte der zähen Spannungen mit den bei der Kompression der Substanz auftretenden Druckkräften vergleichbar werden. Unter diesen Bedingungen ist aber die Navier-Stokessche Gleichung (mit frequenzunabhängigen Zähigkeitskoeffizienten) nicht mehr anwendbar, und es tritt eine wesentliche, mit den Prozessen der inneren Reibung zusammenhängende Dispersion des Schalls auf.[2])

Bei Absorption des Schalls läßt sich die Beziehung zwischen der Wellenzahl und der Frequenz offensichtlich in der Form

$$k = \frac{\omega}{c} + \mathrm{i}a\omega^2 \tag{79,8}$$

schreiben (wo a der Koeffizient in (79,6) ist). Man kann sich leicht überlegen, wie die Gleichung für eine fortschreitende Schallwelle abzuändern ist, damit die Absorption berücksichtigt wird. Ist keine Absorption vorhanden, dann kann man die Differentialglei-

---

[1]) Ein besonderer Absorptionsmechanismus muß bei der Schallausbreitung in einem System mit zwei verschiedenen Phasen (einer Emulsion) vorhanden sein (M. A. Issakowitsch, 1948). Wegen der unterschiedlichen thermodynamischen Eigenschaften der Komponenten der Emulsion werden deren Temperaturänderungen beim Durchgang einer Schallwelle im allgemeinen verschieden sein. Der dabei zwischen ihnen einsetzende Wärmeaustausch bewirkt eine zusätzliche Schallabsorption. Da dieser Wärmeaustausch relativ langsam erfolgt, tritt schon relativ bald eine wesentliche Schalldispersion auf.

[2]) Ein Gas mit (gegenüber der Zähigkeit) anomal großer Wärmeleitfähigkeit stellt einen besonderen Fall dar, bei dem eine starke Schallabsorption möglich ist, die mit den üblichen Methoden behandelt werden kann. Die hier gemeinte Wärmeleitfähigkeit kann z. B. mit der Wärmestrahlung bei sehr hohen Temperaturen zusammenhängen (s. Aufgabe 3 zu diesem Paragraphen).

chung, sagen wir für den Druck $p' = p'(x - ct)$, in der Gestalt

$$\frac{\partial p'}{\partial x} = -\frac{1}{c}\frac{\partial p'}{\partial t}$$

schreiben. Die Gleichung, deren Lösung die Funktion $e^{i(kx-\omega t)}$ mit k aus (79,8) ist, muß offenbar in der Form

$$\frac{\partial p'}{\partial x} = -\frac{1}{c}\frac{\partial p'}{\partial t} + a\frac{\partial^2 p'}{\partial t^2} \tag{79,9}$$

angesetzt werden. Führt man statt t die Variable $\tau = t - \frac{x}{c}$ ein, dann geht diese Gleichung in

$$\frac{\partial p'}{\partial x} = a\frac{\partial^2 p'}{\partial \tau^2}$$

über, d. h. in eine eindimensionale Wärmeleitungsgleichung.

Die allgemeine Lösung dieser Gleichung kann man in der Form (siehe § 51)

$$p'(x, \tau) = \frac{1}{2\sqrt{\pi a x}} \int p'_0(\tau')\, e^{-(\tau'-\tau)^2/4ax}\, d\tau' \tag{79,10}$$

(mit $p'_0(\tau) = p'(0, \tau)$) angeben. Falls die Welle während eines endlichen Zeitintervalls ausgestrahlt worden ist, geht dieser Ausdruck für genügend große Abstände von der Quelle in

$$p'(x, \tau) = \frac{1}{2\sqrt{\pi a x}}\, e^{-\tau^2/4ax} \int p'_0(\tau')\, d\tau \tag{79,11}$$

über. Mit anderen Worten, das Profil der Welle wird in großen Abständen durch eine Gaußkurve beschrieben. Ihre Breite ist $\sim (ax)^{1/2}$, d. h., sie nimmt proportional zur Wurzel aus dem von der Welle zurückgelegten Weg zu; die Amplitude der Welle nimmt proportional zu $x^{-1/2}$ ab. Daraus kann man leicht schließen, daß auch die Gesamtenergie der Welle wie $x^{-1/2}$ abnimmt.

Auch für Kugelwellen kann man die entsprechenden Formeln leicht herleiten. Dabei muß die Tatsache berücksichtigt werden, daß für eine solche Welle $\int p'\, dt = 0$ ist (s. (70,8)). Statt (79,11) erhalten wir jetzt

$$p'(r, \tau) = \text{const} \cdot \frac{1}{r}\frac{\partial}{\partial \tau}\frac{e^{-\tau^2/4ar}}{r^{1/2}}$$

oder

$$p'(r, \tau) = \text{const} \cdot \frac{\tau}{r^{5/2}}\, e^{-\tau^2/4ar}\,. \tag{79,12}$$

Starke Absorption tritt bei der Reflexion einer Schallwelle an einer festen Wand auf. Diese Erscheinung hat folgende Ursache (K. F. Herzfeld, 1938; B. P. Konstantinow, 1939):

In einer Schallwelle schwankt gemeinsam mit der Dichte und dem Druck auch die Temperatur periodisch um einen Mittelwert. In der Nähe einer festen Wand besteht daher eine periodisch veränderliche Temperaturdifferenz zwischen der Flüssigkeit und der Wand, auch wenn die mittlere Temperatur der Flüssigkeit gleich der Wandtemperatur ist. An der Grenzfläche müssen aber die Temperaturen der angrenzenden Flüssigkeit und der Wand gleich sein. Es entsteht also in einer dünnen Flüssigkeitsschicht an der Wand ein großer Temperaturgradient; die Temperatur ändert sich schnell von dem Wert in der Schallwelle auf die Wandtemperatur. Die großen Temperaturgradienten verursachen eine große Energiedissipation infolge der Wärmeleitung. Aus einem ähnlichen Grunde bewirkt auch die Zähigkeit einer Flüssigkeit eine große Absorption bei schrägem Einfall einer Schallwelle. Bei schrägem Einfall hat die Geschwindigkeit der Flüssigkeit in der Welle (die parallel zur Ausbreitungsrichtung der Welle ist) eine von Null verschiedene Komponente tangential zur Wandfläche. An der Grenzfläche muß die Flüssigkeit aber an der Wand „haften". Daher bildet sich in einer Flüssigkeitsschicht an der Wand ein großer Gradient der tangentialen Geschwindigkeitskomponente aus,[1]) der zu einer großen Energiedissipation durch die Zähigkeit führt (s. Aufgabe 1).

Aufgaben

1. Man berechne den bei der Reflexion einer Schallwelle an einer festen Wand absorbierten Teil der Energie. Die Wand soll nach Voraussetzung aus einem Stoff so großer Dichte bestehen, daß der Schall praktisch nicht in die Wand eindringt; die Wärmekapazität sei so groß, daß man die Wandtemperatur als konstant ansehen kann.

Lösung. Die Ebene der Wand wählen wir als Ebene $x = 0$, die Einfallsebene als xy-Ebene. Der Einfallswinkel (gleich dem Ausfallswinkel) ist Θ. Die Dichteänderung in der einfallenden Welle ist an einem Punkt der Grenzfläche (z. B. im Punkt $x = y = 0$) gleich $\varrho_1' = A\,\mathrm{e}^{-\mathrm{i}\omega t}$. Die reflektierte Welle hat dieselbe Amplitude, so daß an der Wand $\varrho_2' = \varrho_1'$ gilt. Die tatsächliche Dichteänderung der Flüssigkeit, in der sich die beiden Wellen (einfallende und reflektierte) gleichzeitig ausbreiten, ist $\varrho' = 2A\,\mathrm{e}^{-\mathrm{i}\omega t}$. Die Geschwindigkeit der Flüssigkeit in der Welle wird aus

$$\boldsymbol{v}_1 = \frac{c}{\varrho}\,\varrho_1'\boldsymbol{n}_1\,, \qquad \boldsymbol{v}_2' = \frac{c}{\varrho}\,\varrho_2'\boldsymbol{n}_2$$

bestimmt. Die resultierende Geschwindigkeit an der Wand $\boldsymbol{v} = \boldsymbol{v}_1 + \boldsymbol{v}_2$ ist deshalb

$$v = v_y = 2A \sin\Theta\,\frac{c}{\varrho}\,\mathrm{e}^{-\mathrm{i}\omega t}$$

(genauer ist das der Wert der Geschwindigkeit, der ohne Berücksichtigung der korrekten Randbedingungen für eine zähe Flüssigkeit an der Wand vorliegt). Der tatsächliche Verlauf der Geschwindigkeit v_y in der Nähe der Wand wird durch die Formel (24,13) gegeben, die Energiedissipation durch die Zähigkeit gibt die Formel (24,14); in diese Formeln muß man statt $v_0\,\mathrm{e}^{-\mathrm{i}\omega t}$ den oben erhaltenen Ausdruck für v einsetzen.

Für die Abweichung T' der Temperatur vom Mittelwert (der gleich der Wandtemperatur ist) ergibt sich ohne Berücksichtigung der richtigen Randbedingungen an der Wand (s. (64,13))

$$T' = 2A\,\frac{c^2 T\beta}{c_p\varrho}\,\mathrm{e}^{-\mathrm{i}\omega t}\,.$$

[1]) Die Normalkomponente der Geschwindigkeit ist an der Wand schon auf Grund der Randbedingungen für eine ideale Flüssigkeit gleich Null.

In Wirklichkeit wird aber die Temperaturverteilung durch die Wärmeleitungsgleichung mit der Randbedingung $T' = 0$ für $x = 0$ bestimmt und dementsprechend durch eine zu (24,13) vollständig analoge Formel dargestellt.

Wir berechnen die Energiedissipation infolge der Wärmeleitung mit Hilfe des ersten Terms der Formel (79,1) und erhalten für die gesamte Energiedissipation pro Flächeneinheit der Wand

$$\bar{\dot{E}}_{\text{mech}} = -\frac{A^2c^2\sqrt{2\omega}}{\varrho}\left[\sqrt{\chi}\left(\frac{c_p}{c_v}-1\right)+\sqrt{\nu}\sin^2\Theta\right].$$

Der Mittelwert des Energiestromes der einfallenden Welle ist pro Flächeneinheit

$$c\varrho\overline{v_1^2}\cos\Theta = \frac{c^3A^2}{2\varrho}\cos\theta\,.$$

Daher ist der bei der Reflexion absorbierte Teil der Energie gleich

$$\frac{2\sqrt{2\omega}}{c\cos\Theta}\left[\sqrt{\nu}\sin^2\Theta+\sqrt{\chi}\left(\frac{c_p}{c_v}-1\right)\right].$$

Dieser Ausdruck gilt nur, solange er klein ist (bei der Ableitung haben wir die Amplituden der einfallenden und der reflektierten Welle als gleich angesehen). Diese Bedingung bedeutet, daß der Einfallswinkel nicht zu nahe bei $\pi/2$ liegen darf.

2. Man berechne den Absorptionskoeffizienten für den Schall, der sich in einem zylindrischen Rohr ausbreitet.

L ö s u n g. Der Hauptanteil der Absorption stammt von Effekten an der Wand. Der Absorptionskoeffizient γ ist gleich der pro Zeiteinheit und Längeneinheit an der Wandfläche des Rohres absorbierten Energie, dividiert durch den doppelten gesamten Energiestrom durch den Rohrquerschnitt. Die Rechnung verläuft ganz ähnlich wie in Aufgabe 1 und ergibt (R ist der Radius des Rohres)

$$\gamma = \frac{\sqrt{\omega}}{\sqrt{2}\,Rc}\left[\sqrt{\nu}+\sqrt{\chi}\left(\frac{c_p}{c_v}-1\right)\right].$$

3. Man berechne die Dispersion des Schalls in einem Medium mit sehr großer Wärmeleitfähigkeit.

L ö s u n g. In einem Medium mit großer Wärmeleitfähigkeit ist die Bewegung in einer Schallwelle nicht adiabatisch. Wir haben daher statt der Bedingung für die Konstanz der Entropie jetzt die Gleichung

$$\dot{s}' = \frac{\varkappa}{\varrho T}\triangle T' \tag{1}$$

(das ist die linearisierte Gleichung (49,4) ohne die Terme mit der Zähigkeit). Als zweite Gleichung nehmen wir

$$\ddot{\varrho}' = \triangle p'. \tag{2}$$

Diese Gleichung ergibt sich durch Elimination von $\mathbf{v}$ aus den Gleichungen (64,2) und (64,3). Als Variable wählen wir p' und T' und schreiben für ϱ' und s':

$$\varrho' = \left(\frac{\partial\varrho}{\partial T}\right)_p T' + \left(\frac{\partial\varrho}{\partial p}\right)_T p', \qquad s' = \left(\frac{\partial s}{\partial T}\right)_p T' + \left(\frac{\partial s}{\partial p}\right)_T p'.$$

Mit diesen Ausdrücken gehen wir in (1) und (2) ein und setzen dann T' und p' proportional zu $e^{i(kx-\omega t)}$ an. Die Lösbarkeitsbedingung der beiden so erhaltenen Gleichungen für p' und T' kann man (unter Verwendung einiger bekannter Beziehungen zwischen den Ableitungen der thermodynamischen Größen) in die Gestalt

$$k^4 - k^2\left(\frac{\omega^2}{c_T^2}+\frac{i\omega}{\chi}\right)+\frac{i\omega^3}{\chi c_s^2} = 0 \tag{3}$$

bringen. Durch diese Gleichung wird die gesuchte Abhängigkeit zwischen k und ω gegeben. Hier haben wir die Bezeichnungen

$$c_s^2 = \left(\frac{\partial p}{\partial \varrho}\right)_s, \qquad c_T^2 = \left(\frac{\partial p}{\partial \varrho}\right)_T = \frac{c_s^2}{\gamma}$$

eingeführt (γ ist das Verhältnis der spezifischen Wärmekapazitäten c_p/c_v).

Im Grenzfall kleiner Frequenzen ($\omega \ll c^2/\chi$) liefert die Gleichung (3)

$$k = \frac{\omega}{c_s} + \mathrm{i}\,\frac{\omega^2 \chi}{2c_s}\left(\frac{1}{c_T^2} - \frac{1}{c_s^2}\right).$$

Dieses Ergebnis entspricht der Schallausbreitung mit der gewöhnlichen „adiabatischen" Geschwindigkeit c_s und kleinem Absorptionskoeffizienten, der gleich dem zweiten Term in (79,6) ist. Das muß auch so sein, weil die Bedingung $\omega \ll c^2/\chi$ bedeutet, daß sich die Wärme während einer Schwingungsdauer nur bis in eine Entfernung $\sim \sqrt{\chi/\omega}$ ausbreiten kann (vgl. (51,7)), die gegenüber der Wellenlänge c/ω klein ist.

Im entgegengesetzten Grenzfall großer Frequenzen finden wir aus (3)

$$k = \frac{\omega}{c_T} + \mathrm{i}\,\frac{c_T}{2\chi c_s^2}\,(c_s^2 - c_T^2)\,.$$

In diesem Falle breitet sich der Schall mit der „isothermen" Geschwindigkeit c_T aus (die immer kleiner als c_s ist). Der Absorptionskoeffizient ist wiederum klein (gegenüber der reziproken Wellenlänge); er ist frequenzunabhängig und umgekehrt proportional zur Wärmeleitfähigkeit.[1]

4. Es ist die zusätzliche Absorption des Schalls infolge der Diffusion in einem Gemisch aus zwei Substanzen zu berechnen (I. G. SCHAPOSCHNIKOW und S. A. GOLDBERG, 1952).

Lösung. In einem Gemisch ist eine zusätzliche Ursache für die Schallabsorption vorhanden; denn wegen der in einer Schallwelle vorhandenen Temperatur- und Druckgradienten laufen die irreversiblen Prozesse der Thermodiffusion und der Barodiffusion ab (ein Gradient der Massenkonzentration und damit reine Diffusion treten offensichtlich nicht auf). Diese Absorption wird durch den Term

$$\frac{1}{T\varrho D}\left(\frac{\partial \mu}{\partial C}\right)_{p,T} \int \boldsymbol{i}^2 \,\mathrm{d}V$$

in der Änderungsgeschwindigkeit der Entropie (59,13) bestimmt (wir bezeichnen die Konzentration hier mit C, um sie von der Schallgeschwindigkeit c zu unterscheiden). Der Diffusionsstrom ist

$$\boldsymbol{i} = -\varrho D\left(\frac{k_T}{T}\,\nabla T + \frac{k_p}{p}\,\nabla p\right)$$

mit k_p aus (59,10). Die Rechnung verläuft ähnlich wie im Text. Unter Verwendung einiger Beziehungen zwischen den Ableitungen der thermodynamischen Größen erhalten wir das folgende Ergebnis: Man

---

[1]) Die andere Wurzel der in k^2 quadratischen Gleichung (3) entspricht mit x rasch abklingenden Wärmewellen. Im Grenzfall $\omega\chi \ll c^2$ ergibt diese Wurzel

$$k = \sqrt{\frac{\mathrm{i}\omega}{\chi}} = (1 + \mathrm{i})\sqrt{\frac{\omega}{2\chi}}$$

in Übereinstimmung mit (52,15). Im Falle $\omega\chi \gg c^2$ erhält man

$$k = (1 + \mathrm{i})\sqrt{\frac{\omega c_v}{2\chi c_p}}\,.$$

muß zu dem Ausdruck (79,6) für den Absorptionskoeffizienten den Term

$$\gamma_D = \frac{D\omega^2}{2c\varrho^2\left(\frac{\partial\mu}{\partial C}\right)_{p,T}}\left\{\left(\frac{\partial\varrho}{\partial C}\right)_{p,T} + \frac{k_T}{c_p}\left(\frac{\partial\varrho}{\partial T}\right)_{p,C}\left(\frac{\partial\mu}{\partial C}\right)_{p,T}\right\}^2$$

addieren.

5. Man berechne den Absorptionsquerschnitt für die Schallabsorption durch eine Kugel, deren Radius gegenüber $\sqrt{\nu/\omega}$ klein ist.

Lösung. Die gesamte Absorption setzt sich aus den zur Zähigkeit und zur Wärmeleitfähigkeit des Gases gehörenden Effekten zusammen. Der Effekt der Zähigkeit wird durch die Arbeit der Stokesschen Reibungskraft bei der Strömung des in der Schallwelle bewegten Gases um die Kugel gegeben (wie in Aufgabe 3, § 78, wird vorausgesetzt, daß die Kugel von dieser Kraft nicht mitbewegt wird). Der zweite Effekt wird durch die Wärmemenge q bestimmt, die vom Gas pro Zeiteinheit auf die Kugel übertragen wird (Aufgabe 3 § 78): Die Energiedissipation infolge der Übertragung der Wärmemenge q bei der Temperaturdifferenz T' zwischen dem Gas (in großer Entfernung von der Kugel) und der Kugel ist qT'/T. Für den gesamten Absorptionsquerschnitt ergibt sich der Ausdruck

$$\sigma = \frac{2\pi R}{c}\left[3\nu + 2\chi\left(\frac{c_p}{c_v} - 1\right)\right].$$

§ 80. Die akustische Strömung

Eine der interessantesten Folgen des Einflusses der Zähigkeit auf Schallwellen besteht im Auftreten stationärer Wirbelströmungen im stehenden Schallfeld bei Anwesenheit von festen Hindernissen oder begrenzenden festen Wänden. Diese Bewegung (sie wird *akustische Strömung* genannt) ergibt sich in zweiter Ordnung in der Amplitude der Welle; ihre charakteristische Besonderheit liegt darin, daß sich die Geschwindigkeit bei dieser Bewegung (im Raum außerhalb einer dünnen wandnahen Schicht) als von der Zähigkeit unabhängig erweist, obwohl das Auftreten dieser Bewegung gerade durch die Zähigkeit hervorgerufen wird.

Die Eigenschaften der akustischen Strömung zeigen sich in besonders typischer Weise unter den Bedingungen, daß die charakteristische Länge der Aufgabe (die Abmessungen der Hindernisse oder des Gebietes der Bewegung) klein ist im Vergleich mit der Schallwellenlänge λ, gleichzeitig aber groß ist gegen die in § 24 eingeführte Eindringtiefe $\delta = \sqrt{2\nu/\omega}$ einer Welle in einer zähen Flüssigkeit:

$$\lambda \gg l \gg \delta. \tag{80,1}$$

Auf Grund der letzten Bedingung kann man in dem Gebiet der Bewegung eine dünne *akustische Grenzschicht* abteilen, in der der Abfall der Geschwindigkeit von den Werten in der Schallwelle auf Null an der festen Oberfläche erfolgt. Da die Geschwindigkeit des Gases in dieser Schicht (wie auch in der Schallwelle selbst) klein gegen die Schallgeschwindigkeit ist und die charakteristische Abmessung der Schicht, die Dicke δ, klein gegen λ ist (vgl. die Bedingung (10,17)), kann man die Bewegung in der Schicht als inkompressibel behandeln.

Wir betrachten die akustische Grenzschicht an einer festen Wand (xz-Ebene), wobei wir die Bewegung als eben (in der xy-Ebene) annehmen (H. SCHLICHTING, 1932). Die in § 39 beschriebenen Näherungen, die mit der kleinen Dicke der Grenzschicht zusammenhängen, bleiben auch bei der betrachteten nichtstationären Bewegung gültig. Die Nichtstationarität führt nur in der Prandtlschen Gleichung zu Gliedern mit Zeitableitungen:

$$\frac{\partial v_x}{\partial t} + v_x \frac{\partial v_x}{\partial x} + v_y \frac{\partial v_x}{\partial y} - \nu \frac{\partial^2 v_x}{\partial y^2} = U \frac{\partial U}{\partial x} + \frac{\partial U}{\partial t} \tag{80,2}$$

(die Ableitung $\mathrm{d}p/\mathrm{d}x$ ist mit Hilfe der Gleichung (9,3) durch die Geschwindigkeit $U(x, t)$ der Strömung außerhalb der Grenzschicht ausgedrückt worden). Im gegebenen Falle gilt

$$U = v_0 \cos kx \cos \omega t = v_0 \cos kx \,\mathrm{Re}\, \mathrm{e}^{-i\omega t} \tag{80,3}$$

($k = \omega/c$) entsprechend einer stehenden ebenen Schallwelle mit der Frequenz ω. Die gesuchte Geschwindigkeit $\boldsymbol{v}$ in der Grenzschicht drücken wir durch die Stromfunktion $\psi(x, y, t)$ aus:

$$v_x = \frac{\partial \psi}{\partial y}, \qquad v_y = -\frac{\partial \psi}{\partial x},$$

wodurch die Kontinuitätsgleichung (39,6) automatisch erfüllt wird.

Wir lösen die Gleichung (80,2) durch sukzessive Approximationen in bezug auf die kleine Größe v_0, die Schwingungsamplitude der Geschwindigkeit des Gases in der Schallwelle. In erster Näherung vernachlässigen wir quadratische Glieder vollständig. Die Lösung der Gleichung

$$\frac{\partial v_x^{(1)}}{\partial t} - \nu \frac{\partial^2 v_x^{(1)}}{\partial y^2} = -\mathrm{i}\omega v_0 \cos kx \,\mathrm{e}^{-\mathrm{i}\omega t},$$

die den zu fordernden Bedingungen bei $y = 0$ und $y = \infty$ genügt, ist

$$v_x^{(1)} = \mathrm{Re}\,\{v_0 \cos kx \,\mathrm{e}^{-\mathrm{i}\omega t}\,(1 - \mathrm{e}^{-\varkappa y})\},$$

wobei

$$\varkappa = \sqrt{-\frac{\mathrm{i}\omega}{\nu}} = \frac{1 - \mathrm{i}}{\delta}. \tag{80,4}$$

Die zugehörige Stromfunktion (die die Bedingung $\psi^{(1)} = 0$ für $y = 0$ erfüllt, die äquivalent zur Bedingung $v_y^{(1)} = 0$ ist) lautet

$$\psi^{(1)} = \mathrm{Re}\,\{v_0 \cos kx \,\zeta^{(1)}(y)\,\mathrm{e}^{-\mathrm{i}\omega t}\}, \tag{80,5}$$

$$\zeta^{(1)}(y) = y + \frac{1}{\varkappa}\mathrm{e}^{-\varkappa y}.$$

In der zweiten Näherung schreiben wir $\boldsymbol{v} = \boldsymbol{v}^{(1)} + \boldsymbol{v}^{(2)}$ und erhalten für die Geschwindigkeit $\boldsymbol{v}^{(2)}$ aus (80,2) die Gleichung

$$\frac{\partial v_x^{(2)}}{\partial t} - \nu \frac{\partial^2 v_x^{(2)}}{\partial y^2} = U \frac{\partial U}{\partial x} - v_x^{(1)} \frac{\partial v_x^{(1)}}{\partial x} - v_y^{(1)} \frac{\partial v_x^{(1)}}{\partial y}. \tag{80,6}$$

Auf der rechten Seite stehen Glieder mit den Frequenzen $\omega + \omega = 2\omega$ und $\omega - \omega = 0$. Die letzteren führen in $\boldsymbol{v}^{(2)}$ zum Auftreten von zeitunabhängigen Gliedern, die die uns interessierende stationäre Bewegung beschreiben; im folgenden werden wir unter $\boldsymbol{v}^{(2)}$ nur diesen Teil der Geschwindigkeit verstehen. Den entsprechenden Anteil der Stromfunktion schreiben wir in der Form

$$\psi^{(2)} = \frac{v_0^2}{c}\sin 2kx\,\zeta^{(2)}(y) \tag{80,7}$$

und finden für $\zeta^{(2)}(y)$ die Gleichung

$$\delta^2\zeta^{(2)\prime\prime\prime} = \frac{1}{2} - \frac{1}{2}|\zeta^{(1)\prime}|^2 + \frac{1}{2}\,\mathrm{Re}\,(\zeta^{(1)*}\,\zeta^{(1)\prime\prime})\,, \tag{80,8}$$

wo die Striche die Ableitung nach y bedeuten.

Die Lösung dieser Gleichung muß die Bedingungen $\zeta^{(2)}(0) = 0$, $\zeta^{(2)\prime}(0) = 0$ erfüllen, die den Forderungen $v_x^{(2)} = v_y^{(2)} = 0$ an der festen Oberfläche äquivalent sind. Was die Bedingungen in großer Entfernung von der Wand betrifft, so kann man nur fordern, daß die Geschwindigkeit $v_x^{(2)}$ einem endlichen Grenzwert zustrebt (aber nicht der Null). Einsetzen von (80,5) in (80,8) und zweifache Integration liefert das folgende Ergebnis für die Ableitung $\zeta^{(2)\prime}$:

$$\begin{aligned}\zeta^{(2)\prime}(y) = {} & \frac{3}{8} - \frac{1}{8}\mathrm{e}^{-2y/\delta} - \mathrm{e}^{-y/\delta}\sin\frac{y}{\delta} - \frac{1}{4}\mathrm{e}^{-y/\delta}\cos\frac{y}{\delta} \\ & + \frac{y}{4\delta}\mathrm{e}^{-y/\delta}\left(\cos\frac{y}{\delta} - \sin\frac{y}{\delta}\right).\end{aligned}$$

Für $y \to \infty$ strebt diese Ableitung gegen den Wert

$$\zeta^{(2)\prime}(\infty) = 3/8\,, \tag{80,9}$$

dem die Geschwindigkeit

$$v_x^{(2)}(\infty) = \frac{3v_0^2}{8c}\sin 2kx \tag{80,10}$$

entspricht.

Dieses Ergebnis beweist die Existenz der am Anfang des Paragraphen beschriebenen Erscheinung. Wir sehen, daß (in zweiter Ordnung in v_0) außerhalb der Grenzschicht eine stationäre Bewegung entsteht, deren Geschwindigkeit nicht von der Zähigkeit abhängt. Ihr Wert (80,10) dient als Randbedingung für die Bestimmung der akustischen Strömung im Hauptgebiet der Bewegung (s. Aufgabe).[1])

---

[1]) Die zur longitudinalen Geschwindigkeit (80,10) gehörende senkrechte Geschwindigkeit ist

$$v_y^{(2)} = -\frac{3v_0^2k}{4c}\,y\cos 2kx \ll v_x^{(2)}\,.$$

Bei der Lösung des Bewegungsproblems außerhalb der Grenzschicht tritt diese Geschwindigkeit automatisch durch die Kontinuitätsgleichung auf, wenn man die Randbedingung $v_y^{(2)} = 0$ für $y = 0$ stellt.

Aufgabe

Man bestimme die akustische Strömung im Raum zwischen zwei planparallelen Wänden (den Ebenen $y = 0$ und $y = h$), in dem eine stehende Schallwelle der Form (80,3) vorliegt. Der Abstand h zwischen den Ebenen (der die Rolle der charakteristischen Länge l spielt) soll die Bedingungen (80,1) erfüllen (RAYLEIGH, 1883).

Lösung. Da die Geschwindigkeit $v^{(2)}$ der gesuchten stationären Bewegung klein ist im Vergleich zur Schallgeschwindigkeit, kann man Inkompressibilität voraussetzen. Weiterhin kann man wegen der vorauszusetzenden hinreichenden Kleinheit der Geschwindigkeit v_0 in der Schallwelle (und damit auch der Kleinheit der Geschwindigkeit $v^{(2)} \sim v_0^2/c$) die quadratischen Glieder in der Bewegungsgleichung vernachlässigen.[1]) Dann reduziert sich die Gleichung (15,12) für die Stromfunktion auf

$$\triangle^2 \psi^{(2)} = \left(\frac{\partial^2}{\partial x^2} + \frac{\partial^2}{\partial y^2}\right)^2 \psi^{(2)} = 0$$

(wir bemerken, daß diese Gleichung aus dem Glied mit der Zähigkeit entsteht, die Zähigkeit aber herausfällt). Wir setzen $\psi^{(2)}$ in der Form (80,7) an. Wegen der Bedingung $h \ll \lambda$ sind die Ableitungen nach y groß im Vergleich zu den Ableitungen nach x; wir vernachlässigen die letzteren und erhalten für die Funktion $\zeta^{(2)}(y)$ die Gleichung

$$\zeta^{(2)''''} = 0\,. \tag{1}$$

Auf Grund der offensichtlichen Symmetrie der Aufgabe ist die Strömung symmetrisch in bezug auf die Ebene $y = h/2$. Hieraus folgt

$$v_x^{(2)}(x, y) = v_x^{(2)}(x, h - y)\,, \qquad v_y^{(2)}(x, y) = -v_y^{(2)}(x, h - y)\,,$$

wofür

$$\zeta^{(2)}(y) = -\zeta^{(2)}(h - y)$$

nötig ist. Eine solche Lösung von Gleichung (1) ist

$$\zeta^{(2)}(y) = A\left(y - \frac{h}{2}\right) + B\left(y - \frac{h}{2}\right)^3.$$

Die Konstanten A und B werden durch die Randbedingungen

$$\zeta^{(2)}(0) = 0\,, \qquad \zeta^{(2)'}(0) = 3/8$$

bestimmt. Im Ergebnis finden wir für die Stromfunktion den Ausdruck

$$\psi^{(2)} = \frac{3v_0^2}{16c} \sin 2kx \left[-\left(y - \frac{h}{2}\right) + \frac{(y - h/2)^3}{(h/2)^2}\right]$$

und daraus die folgenden endgültigen Formeln für die Geschwindigkeitsverteilung:

$$v_x^{(2)} = -\frac{3v_0^2}{16c} \sin 2kx \left[1 - \frac{3(y - h/2)^2}{(h/2)^2}\right],$$

$$v_y^{(2)} = \frac{3v_0^2 k}{8c} \cos 2kx \left[\left(y - \frac{h}{2}\right) - \frac{(y - h/2)^3}{(h/2)^2}\right].$$

Die Geschwindigkeit $v_x^{(2)}$ ändert ihr Vorzeichen im Abstand $(h/2)\,(1 - 3^{-1/2}) = 0{,}423h/2$ von der Wand.

Die durch diese Formeln beschriebene Strömung besteht aus zwei Reihen von Wirbeln, die symmetrisch um die Mittelebene $y = h/2$ liegen und die längs der x-Achse periodisch sind mit der Periode $\lambda/2$.

---

[1]) Mit anderen Worten, das Verhältnis v_0/c wird als klein vorausgesetzt gegen alle anderen kleinen Parameter der Aufgabe; insbesondere $v_0/c \ll \delta/h$.

§ 81. Die zweite Zähigkeit

Der zweite Zähigkeitskoeffizient ζ (wir werden ihn hier einfach als *zweite Zähigkeit* bezeichnen) ist normalerweise von derselben Größenordnung wie die Zähigkeit η. Es gibt jedoch auch Fälle, bei denen ζ beträchtlich größere Werte als η annehmen kann. Wie wir wissen, tritt die zweite Zähigkeit bei denjenigen Prozessen in Erscheinung, die von einer Änderung des Flüssigkeitsvolumens (d. h. der Dichte) begleitet werden. Bei einer Kompression oder Dilatation wird wie bei jeder anderen schnellen Zustandsänderung das thermodynamische Gleichgewicht in der Flüssigkeit gestört. Infolgedessen beginnen innere Prozesse abzulaufen, die dieses Gleichgewicht wieder herzustellen suchen. Normalerweise sind diese Prozesse so schnell (d. h., ihre Relaxationszeit ist so klein), daß die Ausbildung des Gleichgewichts praktisch vollständig mit der Volumenänderung mitgeht, wenn nur die Geschwindigkeit dieser Änderung nicht zu groß ist.

Die Relaxationszeit der Prozesse zur Herstellung des Gleichgewichtes in einer Substanz kann manchmal auch groß sein, d. h., die Prozesse laufen relativ langsam ab. Betrachten wir eine Flüssigkeit oder ein Gas, die aus einem Stoffgemisch bestehen, wobei zwischen diesen Stoffen eine chemische Reaktion ablaufen kann. Für jede gegebene Dichte und Temperatur gibt es dann einen bestimmten chemischen Gleichgewichtszustand, der durch bestimmte Konzentrationen der Stoffe in dem Gemisch charakterisiert wird. Die Flüssigkeit werde nun komprimiert. Dadurch wird der Gleichgewichtszustand gestört, und es wird eine Reaktion ablaufen, bei der die Konzentrationen der Stoffe gegen die dem neuen Dichtewert (und Temperaturwert) entsprechenden Gleichgewichtswerte streben. Ist die Geschwindigkeit dieser Reaktion nicht zu groß, dann wird das Gleichgewicht relativ langsam erreicht und bleibt hinter der Druckänderung zurück. Die Kompression wird dann von inneren Prozessen zur Annäherung an den Gleichgewichtszustand begleitet. Die Prozesse zur Herstellung des Gleichgewichtes sind aber irreversible Prozesse; zu ihnen gehört eine Entropiezunahme und folglich eine Energiedissipation. Wenn daher die Relaxationszeit dieser Prozesse groß ist, dann bewirkt eine Kompression oder Dilatation der Flüssigkeit eine beträchtliche Energiedissipation. Da diese Dissipation durch die zweite Zähigkeit bestimmt werden muß, kommen wir zu dem Schluß, daß ζ groß ist.[1])

Die Intensität der Dissipationsprozesse und damit die Größe ζ hängen natürlich von der Beziehung zwischen der Geschwindigkeit der Kompression oder Dilatation und der Relaxationszeit ab. Handelt es sich z. B. um die Verdichtungen und Verdünnungen in einer Schallwelle, dann wird die zweite Zähigkeit von der Frequenz der Welle abhängen. Der Wert der zweiten Zähigkeit ist also nicht einfach eine Konstante, die für eine gegebene Substanz charakteristisch ist, sondern er hängt von der Frequenz der Bewegung ab, bei der sie in Erscheinung tritt. Die Frequenzabhängigkeit der Größe ζ bezeichnet man als ihre Dispersion.

Die unten dargestellte Methode zur allgemeinen Behandlung aller dieser Erscheinungen stammt von L. I. Mandelschtam und M. A. Leontowitsch (1937).

ξ sei eine für den Zustand eines Körpers charakteristische physikalische Größe, ξ_0 sei ihr Wert im Gleichgewichtszutand; ξ_0 ist eine Funktion der Dichte und der Temperatur. So kann beispielsweise ξ für ein flüssiges (oder gasförmiges) Gemisch die Konzentration

---

[1]) Auch die Energieübertragung von den Translationsfreiheitsgraden eines Moleküls auf die (innermolekularen) Schwingungsfreiheitsgrade ist häufig ein langsamer Prozeß, der ein großes ζ zur Folge hat.

einer Komponente des Gemisches sein; ξ_0 ist dann der Wert der Konzentration im chemischen Gleichgewicht.

Wenn sich der Körper nicht im Gleichgewichtszustand befindet, dann wird sich die Größe ξ zeitlich ändern und gegen den Wert ξ_0 streben. In zum Gleichgewicht benachbarten Zuständen ist die Differenz $\xi - \xi_0$ klein, und man kann die Geschwindigkeit $\dot{\xi}$ der Änderung von ξ in eine Reihe nach dieser Differenz entwickeln. In dieser Entwicklung ist kein Glied nullter Ordnung vorhanden, weil $\dot{\xi}$ im Gleichgewichtszustand, d. h. für $\xi = \xi_0$, verschwinden muß. Bis zu Gliedern erster Ordnung haben wir daher

$$\dot{\xi} = -\frac{\xi - \xi_0}{\tau}. \tag{81,1}$$

Der Proportionalitätsfaktor zwischen $\dot{\xi}$ und $\xi - \xi_0$ muß negativ sein, weil anderenfalls ξ nicht gegen den endlichen Grenzwert streben würde. Die positive Konstante τ hat die Dimension einer Zeit und kann als Relaxationszeit für den betreffenden Prozeß angesehen werden. Je größer τ ist, desto langsamer wird der Gleichgewichtszustand erreicht.

Im folgenden werden wir Vorgänge behandeln, bei denen die Flüssigkeit periodisch adiabatische[1]) Verdichtungen und Verdünnungen erfährt, so daß der veränderliche Teil der Dichte (und der anderen thermodynamischen Größen) über den Faktor $e^{-i\omega t}$ von der Zeit abhängt; es handelt sich also um eine Schallwelle in einer Flüssigkeit. Zusammen mit der Dichte und den anderen Größen ändert sich auch die Lage des Gleichgewichtes, so daß man ξ_0 in der Form $\xi_0 = \xi_{00} + \xi_0'$ schreiben kann; ξ_{00} ist der konstante, zum Mittelwert der Dichte gehörende Wert von ξ_0, ξ_0' ist der periodische Anteil, der zu $e^{-i\omega t}$ proportional ist. Den wirklichen Wert ξ schreiben wir als $\xi = \xi_{00} + \xi'$. Aus der Gleichung (81,1) schließen wir, daß ξ' ebenfalls eine periodische Funktion der Zeit ist und mit ξ_0' über die Beziehung

$$\xi' = \frac{\xi_0'}{1 - i\omega\tau} \tag{81,2}$$

zusammenhängt.

Wir berechnen die Ableitung des Druckes nach der Dichte für den betrachteten Prozeß. Der Druck muß jetzt als Funktion der Dichte und der Größe ξ in dem betreffenden Zustand sowie der Entropie angesehen werden; die Entropie ist als konstant vorausgesetzt, und wir werden sie der Kürze halber weglassen. Wir haben

$$\frac{\partial p}{\partial \varrho} = \left(\frac{\partial p}{\partial \varrho}\right)_\xi + \left(\frac{\partial p}{\partial \xi}\right)_\varrho \frac{\partial \xi}{\partial \varrho}.$$

Nach (81,2) setzen wir hier

$$\frac{\partial \xi}{\partial \varrho} = \frac{\partial \xi'}{\partial \varrho} = \frac{1}{1 - i\omega\tau}\frac{\partial \xi_0'}{\partial \varrho} = \frac{1}{1 - i\omega\tau}\frac{\partial \xi_0}{\partial \varrho}$$

ein und erhalten

$$\frac{\partial p}{\partial \varrho} = \frac{1}{1 - i\omega\tau}\left\{\left(\frac{\partial p}{\partial \varrho}\right)_\xi + \left(\frac{\partial p}{\partial \xi}\right)_\varrho \frac{\partial \xi_0}{\partial \varrho} - i\omega\tau\left(\frac{\partial p}{\partial \varrho}\right)_\xi\right\}.$$

---

[1]) Die Entropieänderung (in zum Gleichgewicht benachbarten Zuständen) ist eine Größe zweiter Ordnung. Daher kann man mit einer Genauigkeit bis zu Größen erster Ordnung von einem adiabatischen Prozeß sprechen.

Die Summe

$$\left(\frac{\partial p}{\partial \varrho}\right)_\xi + \left(\frac{\partial p}{\partial \xi}\right)_\varrho \frac{\partial \xi_0}{\partial \varrho}$$

ist gerade die Ableitung von p nach ϱ für einen Prozeß, der so langsam verläuft, daß sich die Flüssigkeit ständig im Gleichgewichtszustand befindet. Wir bezeichnen sie mit $\left(\frac{\partial p}{\partial \varrho}\right)_{\text{gl}}$ und haben endgültig

$$\frac{\partial p}{\partial \varrho} = \frac{1}{1 - \mathrm{i}\omega\tau}\left[\left(\frac{\partial p}{\partial \varrho}\right)_{\text{gl}} - \mathrm{i}\omega\tau\left(\frac{\partial p}{\partial \varrho}\right)_\xi\right]. \tag{81,3}$$

Weiter sei p_0 der Druck im thermodynamischen Gleichgewichtzustand. p_0 hängt über die Zustandsgleichung der Flüssigkeit mit den anderen thermodynamischen Größen zusammen und ist bei gegebener Dichte und Entropie vollkommen festgelegt. Der Druck p in einem Nichtgleichgewichtszustand ist von p_0 verschieden und hängt auch von ξ ab. Erhält die Dichte einen adiabatischen Zuwachs $\delta\varrho$, dann ändert sich der Gleichgewichtsdruck um

$$\delta p_0 = \left(\frac{\partial p}{\partial \varrho}\right)_{\text{gl}} \delta\varrho\,,$$

während die gesamte Druckänderung $\frac{\partial p}{\partial \varrho}\,\delta\varrho$ ist; dabei wird $\frac{\partial p}{\partial \varrho}$ durch die Formel (81,3) gegeben. Die Differenz $p - p_0$ zwischen dem wirklichen Druck und dem Gleichgewichtsdruck im Zustand mit der Dichte $\varrho + \delta\varrho$ ist daher

$$p - p_0 = \left[\frac{\partial p}{\partial \varrho} - \left(\frac{\partial p}{\partial \varrho}\right)_{\text{gl}}\right]\delta\varrho = \frac{\mathrm{i}\omega\tau}{1 - \mathrm{i}\omega\tau}\left[\left(\frac{\partial p}{\partial \varrho}\right)_{\text{gl}} - \left(\frac{\partial p}{\partial \varrho}\right)_\xi\right]\delta\varrho\,.$$

Uns interessieren hier solche Dichteänderungen, die durch eine Bewegung der Flüssigkeit hervorgerufen werden. Dann ist $\delta\varrho$ mit der Geschwindigkeit durch die Kontinuitätsgleichung verknüpft, die wir in der Form

$$\frac{\mathrm{d}\,\delta\varrho}{\mathrm{d}t} + \varrho \operatorname{div} \boldsymbol{v} = 0$$

schreiben; $\frac{\mathrm{d}}{\mathrm{d}t}$ bedeutet die totale Ableitung nach der Zeit. Für eine periodische Bewegung haben wir $\frac{\mathrm{d}\,\delta\varrho}{\mathrm{d}t} = -\mathrm{i}\omega\,\delta\varrho$ und somit

$$\delta\varrho = \frac{\varrho}{\mathrm{i}\omega} \operatorname{div} \boldsymbol{v}\,.$$

Dieser Ausdruck wird in $p - p_0$ eingesetzt, und es ergibt sich

$$p - p_0 = \frac{\tau\varrho}{1 - \mathrm{i}\omega\tau}(c_0^2 - c_\infty^2) \operatorname{div} \boldsymbol{v}\,; \tag{81,4}$$

hier sind die Bezeichnungen

$$c_0^2 = \left(\frac{\partial p}{\partial \varrho}\right)_{\text{gl}}, \qquad c_\infty^2 = \left(\frac{\partial p}{\partial \varrho}\right)_\xi \tag{81,5}$$

eingeführt worden, deren Bedeutung später klar wird.

Um die erhaltenen Ausdrücke mit der Zähigkeit der Flüssigkeit in Zusammenhang zu bringen, schreiben wir den Spannungstensor σ_{ik} auf. Dieser Tensor enthält den Druck in dem Term $-p\delta_{ik}$. Davon trennen wir den von der Zustandsgleichung gegebenen Druck p_0 ab. In einem Nichtgleichgewichtszustand ist demnach in σ_{ik} der Zusatzterm

$$-(p - p_0)\,\delta_{ik} = \frac{\tau\varrho}{1 - \mathrm{i}\omega\tau}(c_\infty^2 - c_0^2)\,\delta_{ik}\,\mathrm{div}\,\boldsymbol{v}$$

enthalten. Andererseits vergleichen wir diesen Term mit dem allgemeinen Ausdruck (15,2) und (15,3) für den Spannungstensor, in den div $\boldsymbol{v}$ in der Form ζ div $\boldsymbol{v}$ eingeht, und kommen zu dem Ergebnis, daß die langsamen Prozesse zur Herstellung des Gleichgewichtes makroskopisch einer zweiten Zähigkeit

$$\zeta = \frac{\tau\varrho}{1 - \mathrm{i}\omega\tau}(c_\infty^2 - c_0^2) \tag{81,6}$$

äquivalent sind. Die gewöhnliche Zähigkeit η wird von diesen Prozessen nicht beeinflußt. Für langsame Prozesse mit $\tau\omega \ll 1$ ist ζ gleich

$$\zeta_0 = \tau\varrho(c_\infty^2 - c_0^2)\,. \tag{81,7}$$

ζ nimmt mit wachsender Relaxationszeit τ in Einklang mit der obigen Feststellung zu. Für große Frequenzen ist ζ frequenzabhängig, d. h., es wird eine Dispersion beobachtet.

Wir behandeln jetzt die Frage, wie die Prozesse mit großer Relaxationszeit (um etwas Bestimmtes vor Augen zu haben, werden wir von chemischen Reaktionen sprechen) die Schallausbreitung in einer Flüssigkeit beeinflussen. Dazu könnte man von den Bewegungsgleichungen für eine zähe Flüssigkeit mit dem durch die Formel (81,6) gegebenen ζ ausgehen. Es ist aber einfacher, die Bewegung formal nicht als Bewegung einer zähen Flüssigkeit zu behandeln, sondern den Druck p zu benutzen, dessen Wert statt aus der Zustandsgleichung aus den hier erhaltenen Formeln bestimmt wird. Dann bleiben alle uns schon aus § 64 bekannten allgemeinen Beziehungen formal anwendbar. Insbesondere wird der Zusammenhang zwischen der Wellenzahl und der Frequenz nach wie vor durch die Formel $k = \omega/c$ gegeben mit $c = \sqrt{\partial p/\partial \varrho}$, wobei die Ableitung $\partial p/\partial \varrho$ gleich dem Ausdruck (81,3) ist. (Die Größe c hat jetzt jedoch nicht mehr die Bedeutung der Schallgeschwindigkeit, schon deshalb, weil sie komplex ist.) Wir erhalten auf diese Weise

$$k = \omega\sqrt{\frac{1 - \mathrm{i}\omega\tau}{c_0^2 - c_\infty^2\mathrm{i}\omega\tau}}\,. \tag{81,8}$$

Die durch diese Formel gegebene „Wellenzahl" ist eine komplexe Größe. Man kann die Bedeutung dieses Sachverhaltes leicht erkennen. In einer ebenen Welle hängen alle Größen von der Koodinate x (in Ausbreitungsrichtung) über den Faktor e^{ikx} ab. Wir stellen k als $k = k_1 + ik_2$ mit reellen k_1 und k_2 dar und erhalten $\mathrm{e}^{ikx} = \mathrm{e}^{ik_1x}\,\mathrm{e}^{-k_2x}$, d. h., neben dem periodischen Faktor e^{ik_1x} ergibt sich auch ein Dämpfungsfaktor e^{-k_2x} (k_2 muß natürlich positiv sein). Eine komplexe Wellenzahl ist also der formale Ausdruck dafür, daß die Welle gedämpft, d. h. der Schall absorbiert wird. Der Realteil der komplexen „Wellenzahl" bestimmt dabei die Änderung der Phase der Welle mit dem Abstand, der Imaginärteil ist der Absorptionskoeffizient.

Man kann in (81,8) leicht Real- und Imaginärteil voneinander trennen. Im allgemeinen Falle beliebiger ω sind die Ausdrücke für k_1 und k_2 recht umfangreich, und wir werden sie hier nicht aufschreiben. Wesentlich ist, daß k_1 (wie auch k_2) frequenzabhängig ist. Können in einer Flüssigkeit chemische Reaktionen ablaufen, dann zeigt die Schallausbreitung (bei genügend großen Frequenzen) eine Dispersion.

Im Grenzfall kleiner Frequenzen ($\omega\tau \ll 1$) ergibt die Formel (81,8) in erster Näherung $k = \omega/c_0$; das entspricht einer Schallausbreitung mit der Geschwindigkeit c_0. So muß es selbstverständlich auch sein: Die Bedingung $\omega\tau \ll 1$ bedeutet, daß die Schwingungsdauer $1/\omega$ in der Schallwelle groß gegenüber der Relaxationszeit ist; mit anderen Worten, die Einstellung des chemischen Gleichgewichtes kann den Dichteschwankungen in der Schallwelle folgen, und die Schallgeschwindigkeit muß deshalb durch die Gleichgewichtsableitung $\left(\frac{\partial p}{\partial \varrho}\right)_{\text{gl}}$ gegeben werden. in zweiter Näherung haben wir

$$k = \frac{\omega}{c_0} + \mathrm{i}\frac{\omega^2\tau}{2c_0^3}(c_\infty^2 - c_0^2), \tag{81,9}$$

d. h., es tritt eine Dämpfung mit einem Koeffizienten proportional zum Quadrat der Frequenz auf. Mit Hilfe von (81,7) kann man den Imaginärteil von k in der Form $k_2 = \omega^2\zeta_0/2\varrho c_0^3$ schreiben. Das stimmt mit dem ζ-abhängigen Teil des Absorptionskoeffizienten γ (79,6) überein, der ohne Berücksichtigung der Dispersion gewonnen worden ist.

Im entgegengesetzten Grenzfall großer Frequenzen ($\omega\tau \gg 1$) haben wir in erster Näherung $k = \omega/c_\infty$, d. h., eine Schallausbreitung mit der Geschwindigkeit c_∞. Das ist wiederum ein ganz natürliches Ergebnis, weil man für $\omega\tau \gg 1$ annehmen kann, daß die Reaktion während einer Schwingungsdauer überhaupt nicht abläuft. Die Schallgeschwindigkeit muß deshalb durch die Ableitung $\left(\frac{\partial p}{\partial \varrho}\right)_\xi$ bei konstanter Konzentration gegeben werden. In zweiter Näherung ergibt sich

$$k = \frac{\omega}{c_\infty} + \mathrm{i}\frac{c_\infty^2 - c_0^2}{2\tau c_\infty^3}. \tag{81,10}$$

Der Absorptionskoeffizient ist frequenzunabhängig. Beim Übergang von $\omega \ll 1/\tau$ zu $\omega \gg 1/\tau$ muß dieser Koeffizient monoton wachsen und gegen den durch die Formel (81,10) gegebenen konstanten Wert streben. Die für die Absorption auf einer Wellenlänge charakteristische Größe k_2/k_1 ist in beiden Grenzfällen klein ($k_2/k_1 \ll 1$); sie hat bei einer mittleren Frequenz (die durch $\omega\tau = \sqrt{c_0/c_\infty}$ gegeben wird) ein Maximum.

Man sieht z. B. schon aus der Formel (81,7), daß

$$c_\infty > c_0 \tag{81,11}$$

ist (weil $\zeta > 0$ sein muß). Davon kann man sich auch durch eine einfache Überlegung auf Grund des Le-Chatelierschen Prinzips überzeugen.

Wir setzen voraus, daß das Volumen unter dem Einfluß einer äußeren Einwirkung verkleinert (und die Dichte vergrößert) wird. Dadurch wird das System aus dem Gleichgewichtszustand herausgebracht. Nach dem Le-Chatelierschen Prinzip müssen Vorgänge einsetzen, die den Druck zu verringern suchen. Folglich wird die Größe $\partial p/\partial \varrho$ kleiner. Wenn das System wieder in den Gleichgewichtszustand zurückgekehrt ist, wird der Wert $\partial p/\partial \varrho = c^2$ kleiner sein, als er im Nichtgleichgewichtszustand war.

Bei der Ableitung aller Formeln hatten wir vorausgesetzt, daß es insgesamt nur einen langsamen inneren Relaxationsprozeß gibt. Es ist aber auch möglich, daß gleichzeitig verschiedene derartige Prozesse vorkommen. Alle Formeln können mühelos auf diesen Fall verallgemeinert werden. Statt einer Größe haben wir jetzt eine Reihe von Größen $\xi_1, \xi_2, \ldots$ zur Charakterisierung eines Zustandes des Körpers, dementsprechend gibt es eine Reihe von Relaxationszeiten $\tau_1, \tau_2, \ldots$. Wir wählen die Größen ξ_n so, daß jede Ableitung $\dot{\xi}_n$ nur von dem entsprechenden ξ_n abhängt, d. h., daß

$$\dot{\xi}_n = -\frac{\xi_n - \xi_{0n}}{\tau_n} \tag{81,12}$$

gilt. Die Rechnungen sind ganz analog wie oben und ergeben

$$c^2 = c_\infty^2 + \sum_n \frac{a_n}{1 - i\omega\tau_n} \tag{81,13}$$

mit $c_\infty^2 = \left(\frac{\partial p}{\partial \varrho}\right)_\xi$; die Konstanten a_n sind

$$a_n = \frac{\partial p}{\partial \xi_n}\left(\frac{\partial \xi_n}{\partial \varrho}\right)_{gl}. \tag{81,14}$$

Wenn nur eine Größe ξ vorhanden ist, geht diese Formel in die Formel (81,3) über, wie es sein muß.

IX STOSSWELLEN

§ 82. Die Ausbreitung von Störungen in einem strömenden kompressiblen Gas

Wenn die Strömungsgeschwindigkeit einer Flüssigkeit mit der Schallgeschwindigkeit vergleichbar wird oder sie übersteigt, dann gewinnen die mit der Kompressibilität der Flüssigkeiten zusammenhängenden Erscheinungen entscheidende Bedeutung. In der Praxis hat man es bei Gasen mit solchen Strömungen zu tun. Deshalb ist für die Hydrodynamik großer Geschwindigkeiten die Bezeichnung *Gasdynamik* gebräuchlich.

Vor allem muß bemerkt werden, daß man es in der Gasdynamik praktisch immer mit sehr großen Werten der Reynolds-Zahl zu tun hat: Die kinematische Zähigkeit eines Gases ist, wie wir aus der kinetischen Gastheorie wissen, von der Größenordnung des Produktes der freien Weglänge l der Moleküle mit der mittleren thermischen Geschwindigkeit. Die letztere ist größenordnungsmäßig gleich der Schallgeschwindigkeit, so daß $\nu \sim cl$ ist. Hat auch die charakteristische Geschwindigkeit eines gasdynamischen Problems die Größenordnung der Schallgeschwindigkeit oder ist größer, dann ist die Reynolds-Zahl $\mathrm{Re} \sim u/\nu \sim Lu/lc$, d. h., sie enthält das offensichtlich sehr große Verhältnis der charakteristischen Abmessungen L zur freien Weglänge l.[1]) Wie immer bei sehr großen Werten von Re ist die Zähigkeit praktisch im ganzen Raum für die Strömung des Gases unwesentlich, und wir können im folgenden überall (außer an besonders verabredeten Stellen) das Gas als ideale Flüssigkeit (im hydrodynamischen Sinne) ansehen.

Eine Gasströmung hat einen wesentlich verschiedenen Charakter je nachdem, ob es sich um eine *Unterschallströmung* oder eine *Überschallströmung* handelt, d. h., ob ihre Geschwindigkeit größer oder kleiner als die Schallgeschwindigkeit ist. Einer der wesentlichsten prinzipiellen Unterschiede einer Überschallströmung besteht darin, daß in ihr sogenannte Stoßwellen existieren können. Die Eigenschaften dieser Stoßwellen werden wir in den folgenden Paragraphen eingehend behandeln. Hier betrachten wir eine andere charakteristische Besonderheit einer Überschallströmung, die mit den Eigenschaften der Ausbreitung kleiner Störungen in einem Gas zusammenhängt.

Erfährt ein stationär strömendes Gas an irgendeiner Stelle eine schwache Störung, dann breitet sich der Einfluß dieser Störung in dem Gas mit Schallgeschwindigkeit (relativ zum Gas) aus. Die Ausbreitungsgeschwindigkeit der Störung relativ zu einem ruhenden Koordinatensystem setzt sich aus zwei Anteilen zusammen: Die Störung wird im Gasstrom mit der Geschwindigkeit $\mathbf{v}$ mitgeführt und breitet sich außerdem relativ zum Gas mit der Geschwindigkeit c in einer gewissen Richtung $\mathbf{n}$ aus. Der Einfachheit halber betrachten wir

---

[1]) Wir behandeln in diesem Buch nicht die Bewegung von Körpern in sehr verdünnten Gasen, bei denen die freie Weglänge der Moleküle mit den Körperabmessungen vergleichbar ist. Dieses Problem ist seiner Natur nach kein hydrodynamisches Problem und muß mit den Mitteln der kinetischen Gastheorie behandelt werden.

einen homogenen planparallelen Gasstrom mit konstanter Geschwindigkeit $\boldsymbol{v}$. In einem (raumfesten) Punkt O soll das Gas eine kleine Störung erfahren. Die Geschwindigkeit $\boldsymbol{v} + c\boldsymbol{n}$, mit der sich die Störung (relativ zum ruhenden Koordinatensystem) vom Punkt O ausbreitet, hat je nach der Richtung des Einheitsvektors $\boldsymbol{n}$ verschiedene Werte. Wir erhalten alle möglichen Werte in folgender Weise: Vom Punkt O aus tragen wir den Vektor $\boldsymbol{v}$ ab und konstruieren um seinen Endpunkt eine Kugel mit dem Radius c. Die vom Punkt O zu den Punkten dieser Kugel gezogenen Vektoren ergeben die möglichen Größen und Richtungen der Ausbreitungsgeschwindigkeit der Störung. Zunächst setzen wir $v < c$ voraus. Dann können die Vektoren $\boldsymbol{v} + c\boldsymbol{n}$ eine beliebige Richtung im Raum haben (Abb. 50a). Mit anderen Worten, eine von irgendeinem Punkt ausgehende Störung breitet sich in einer Unterschallströmung schließlich über das gesamte Gas aus. In einer Überschallströmung, $v > c$, können die Richtungen der Vektoren $\boldsymbol{v} + c\boldsymbol{n}$ dagegen, wie aus Abb. 50b ersichtlich ist, nur innerhalb eines Kegels mit der Spitze im Punkt O liegen. Dieser Kegel berührt die um das Ende des Vektors $\boldsymbol{v}$ konstruierte Kugel. Für den Öffnungswinkel 2α dieses Kegels entnimmt man der Abbildung

$$\sin \alpha = \frac{c}{v}. \tag{82,1}$$

Eine von einem Punkt ausgehende Störung breitet sich also in einer Überschallströmung nur in Stromrichtung innerhalb eines Kegels aus, dessen Öffnungswinkel um so kleiner ist, je kleiner das Verhältnis c/v ist. Auf die Strömung außerhalb dieses Kegels wirkt sich die Störung im Punkt O überhaupt nicht aus.

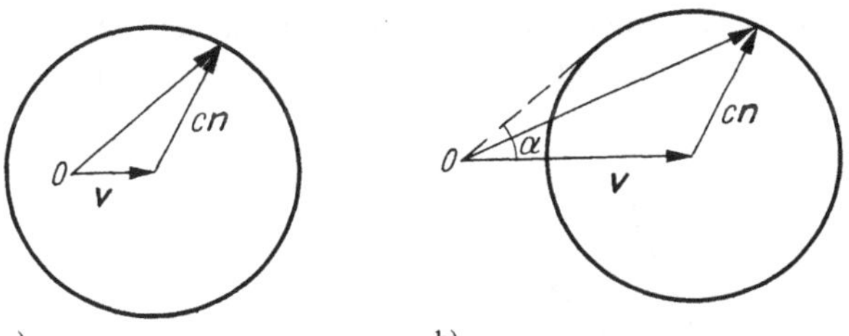

a) b)

Abb. 50

Wir werden den durch die Gleichung (82,1) gegebenen Winkel α den *Machschen Winkel* nennen. Das Verhältnis v/c, das uns in der Gasdynamik ständig begegnet, wird als *Mach-Zahl* bezeichnet:

$$\mathrm{Ma} = \frac{v}{c}. \tag{82,2}$$

Die Grenzfläche des Bereiches, den eine von einem Punkt ausgehende Störung erreichen kann, heißt *Machsche Fläche* oder *charakteristische Fläche*.

Im allgemeinen Falle einer beliebigen stationären Strömung ist die charakteristische Fläche nicht mehr im ganzen Volumen ein Kegel. Man kann aber nach wie vor feststellen, daß die Fläche eine Stromlinie überall unter dem Machschen Winkel schneidet. Die Größe des Machschen Winkels ändert sich von Ort zu Ort entsprechend der Änderung der Geschwindigkeiten v und c. Wir betonen hier, daß die Schallgeschwindigkeit bei Strömungen mit großen Geschwindigkeiten an verschiedenen Stellen des Gases verschieden ist; sie ändert sich zusammen mit den thermodynamischen Größen (Druck, Dichte usw.), von denen sie abhängt.[1]) Die Schallgeschwindigkeit als Funktion des Ortes wird manchmal auch als *lokale Schallgeschwindigkeit* bezeichnet.

Durch die beschriebenen Eigenschaften erhält eine Überschallströmung einen ganz anderen Charakter als eine Unterschallströmung. Trifft ein Gasstrom mit Unterschallgeschwindigkeit auf seinem Wege auf ein Hindernis, strömt er z. B. um irgendeinen Körper, dann verändert die Anwesenheit dieses Hindernisses die Strömung im ganzen Raum, sowohl vor als auch hinter dem Körper. Der Einfluß des umströmten Körpers verschwindet nur asymptotisch mit zunehmender Entfernung vom Körper. Ein Überschallstrom bewegt sich „blind" auf ein Hindernis zu. Der Einfluß des umströmten Körpers macht sich nur in einem Bereich hinter dem Körper bemerkbar[2]), im ganzen übrigen Bereich davor strömt das Gas so, als wäre der Körper überhaupt nicht vorhanden.

Im Falle einer ebenen stationären Gasströmung kann man statt von charakteristischen Flächen von *charakteristischen Linien* (oder einfach von *Charakteristiken*) in der ebenen Strömung sprechen. Durch jeden Punkt O dieser Ebene gehen zwei Charakteristiken (AA' und BB' in Abb. 51), sie schneiden die durch diesen Punkt verlaufende Stromlinie unter dem Machschen Winkel. Man kann sagen, daß die Äste OA und OB der Charakteristiken in Strömungsrichtung vom Punkt O auslaufen. Sie begrenzen den Strömungsbereich, der von Störungen im Punkte O beeinflußt werden kann. Die Äste $B'O$ und $A'O$ kann man als in den Punkt O einlaufend bezeichnen. Der Bereich $A'OB'$ zwischen ihnen ist der Strömungsbereich, der die Strömung im Punkt O beeinflussen kann.

Der Begriff der Charakteristiken (der charakteristischen Flächen im dreidimensionalen Fall) hat auch einen etwas anderen Aspekt. Die Charakteristiken sind nämlich die Strahlen,

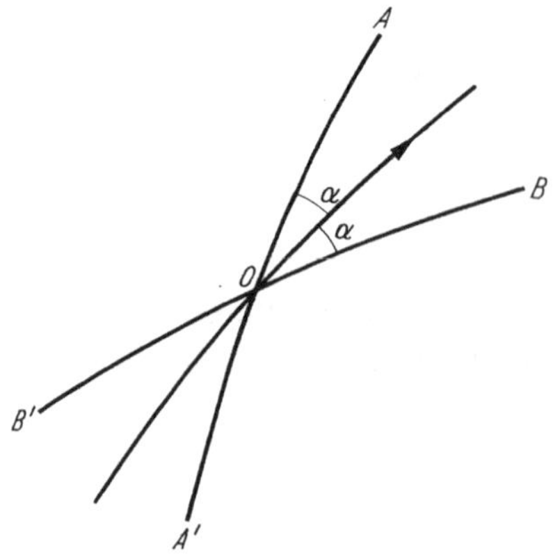

Abb. 51

[1]) Bei der Untersuchung von Schallwellen in Kapitel VIII konnten wir die Schallgeschwindigkeit als konstant annehmen.

[2]) Um Mißverständnisse zu vermeiden, verabreden wir, daß dieser Bereich etwas vergrößert wird, wenn vor dem umströmten Körper eine Stoßwelle entsteht (s. § 122).

auf denen sich die Störungen ausbreiten, die die Bedingungen der geometrischen Akustik erfüllen. Zum Beispiel in einer stationären Überschallströmung eines Gases um ein genügend kleines Hindernis erfährt die Gasströmung auf den von diesem Hindernis ausgehenden Charakteristiken eine stationäre Störung. Zu diesem Ergebnis sind wir schon in § 68 beim Studium der geometrischen Akustik in bewegten Medien gelangt.

Wenn wir von der Störung des Zustandes eines Gases sprechen, dann verstehen wir darunter eine kleine Änderung irgendwelcher für diesen Zustand charakteristischen Größen: Geschwindigkeit, Dichte, Druck u. a. In diesem Zusammenhang muß folgender Vorbehalt gemacht werden: Störungen der Entropiewerte eines Gases (bei konstantem Druck) und der Rotation der Geschwindigkeit breiten sich nicht mit Schallgeschwindigkeit aus. Diese Störungen bewegen sich, nachdem sie einmal aufgetreten sind, relativ zum Gas überhaupt nicht. In bezug auf ein ruhendes Koordinatensystem werden sie von dem Gas mit der Geschwindigkeit des betreffenden Gasteilchens mitgeführt. Für die Entropie folgt das unmittelbar aus dem Erhaltungssatz (für eine ideale Flüssigkeit), der gerade aussagt, daß die Entropie jedes Elementes des Gases bei seiner Bewegung unverändert bleibt. Für die Rotation der Geschwindigkeit (die Wirbelung) folgt dasselbe aus dem Erhaltungssatz für die Zirkulation. Die Charakteristiken für diese Störungen sind die Stromlinien.

Wir betonen, daß der zuletzt genannte Sachverhalt selbstverständlich nichts an der Gültigkeit der obigen Feststellungen über die Einflußbereiche ändert, da für diese nur die Existenz einer größtmöglichen Geschwindigkeit (gleich der Schallgeschwindigkeit) für die Ausbreitung von Störungen relativ zum Gas wesentlich war.

Aufgabe

Man leite die Beziehungen zwischen den kleinen Änderungen der Geschwindigkeit und der thermodynamischen Größen für eine beliebige kleine Störung in einem homogenen Gasstrom ab.

Lösung. Wir bezeichnen die kleinen Änderungen der Größen durch die Störung mit dem Symbol δ (statt des Striches wie in § 64). In bezüglich dieser Größen linearer Näherung hat die Eulersche Gleichung die Form

$$\frac{\partial \delta \boldsymbol{v}}{\partial t} + (\boldsymbol{v}\nabla)\,\delta\boldsymbol{v} + \frac{1}{\varrho}\nabla\delta p = 0 \tag{1}$$

($\boldsymbol{v}$ ist die konstante ungestörte Geschwindigkeit des Stromes), die Gleichung für die Erhaltung der Entropie lautet

$$\frac{\partial \delta s}{\partial t} + \boldsymbol{v}\nabla\delta s = 0 \tag{2}$$

und die Kontinuitätsgleichung

$$\frac{\partial \delta p}{\partial t} + \boldsymbol{v}\nabla\delta p + \varrho c^2 \operatorname{div}\delta\boldsymbol{v} = 0 \tag{3}$$

(hier ist $\delta\varrho = c^{-2}\,\delta p + (\partial\varrho/\partial s)_p\,\delta s$ eingesetzt worden; die Glieder mit δs fallen wegen (2) heraus). Für Störungen der Form $\exp\,[\mathrm{i}(\boldsymbol{kr} - \omega t)]$ finden wir das System algebraischer Gleichungen

$$(\boldsymbol{vk} - \omega)\,\delta s = 0\,, \qquad (\boldsymbol{vk} - \omega)\,\delta\boldsymbol{v} + \boldsymbol{k}\,\delta p/\varrho = 0\,,$$

$$(\boldsymbol{vk} - \omega)\,\delta p + \varrho c^2 \boldsymbol{k}\,\delta\boldsymbol{v} = 0\,.$$

Hieraus ist ersichtlich, daß zwei Typen von Störungen möglich sind.

Bei der einen von ihnen (der Entropie-Wirbel-Welle),

$$\omega = \boldsymbol{vk}\,, \qquad \delta s \neq 0\,, \qquad \delta p = 0\,, \qquad \delta\varrho = \left(\frac{\partial\varrho}{\partial s}\right)_p \delta s\,, \qquad \boldsymbol{k}\,\delta\boldsymbol{v} = 0\,,$$

ist auch die Wirbelung rot $\delta\boldsymbol{v} = \mathrm{i}\boldsymbol{k} \times \delta\boldsymbol{v}$ verschieden von Null. Die Störungen δs und $\delta\boldsymbol{v}$ sind in dieser Welle unabhängig voneinander. Die Gleichung $\omega = \boldsymbol{vk}$ bedeutet die Mitnahme der Störung mit dem sich bewegenden Gas.

Für den zweiten Typ der Störungen gilt

$$(\omega - \boldsymbol{vk})^2 = c^2k^2\,, \qquad \delta s = 0\,, \qquad \delta p = c^2\,\delta\varrho\,,$$

$$(\omega - \boldsymbol{vk})\,\delta p = \varrho c^2\boldsymbol{k}\,\delta\boldsymbol{v}\,, \qquad \boldsymbol{k} \times \delta\boldsymbol{v} = 0\,.$$

Dies ist eine Schallwelle mit einer durch den Doppler-Effekt verschobenen Frequenz. Die Vorgabe der Störung einer der Größen in dieser Welle bestimmt die Störungen aller übrigen Größen.

§ 83. Stationäre Strömung eines kompressiblen Gases

Man kann einige allgemeine Ergebnisse über eine beliebige, adiabatisch verlaufende, stationäre Strömung eines kompressiblen Gases bereits unmittelbar aus der Bernoullischen Gleichung erhalten. Die Bernoullische Gleichung lautet für eine stationäre Strömung

$$w + \frac{v^2}{2} = \text{const}\,.$$

Die Größe const auf der rechten Seite ist längs jeder Stromlinie konstant (handelt es sich um eine Potentialströmung, dann ist const für die verschiedenen Stromlinien gleich, d. h. im ganzen Flüssigkeitsvolumen). Liegt auf einer Stromlinie ein Punkt, in dem die Strömungsgeschwindigkeit gleich Null ist, dann kann man die Bernoullische Gleichung in der Form

$$w + \frac{v^2}{2} = w_0$$

schreiben, wobei w_0 der Wert der Enthalpie in dem Punkt mit $v = 0$ ist.

Die Gleichung für die Entropieerhaltung reduziert sich für eine stationäre Strömung auf $\boldsymbol{v}\nabla s = v\,(\partial s/\partial l) = 0$, d. h. $s = \text{const}$; die Größe const ist wieder längs einer Stromlinie konstant. Wir schreiben diese Gleichung analog zu (83,1):

$$s = s_0\,. \tag{83,2}$$

Aus der Gleichung (83,1) ist ersichtlich, daß die Geschwindigkeit v an den Stellen groß ist, wo die Enthalpie w klein ist. Die Geschwindigkeit nimmt (auf der gegebenen Stromlinie) ihren Maximalwert dort an, wo w minimal ist. Bei konstanter Entropie haben wir $\mathrm{d}w = \mathrm{d}p/\varrho$. Da $\varrho > 0$ ist, haben die Differentiale $\mathrm{d}w$ und $\mathrm{d}p$ gleiche Vorzeichen, deshalb ändern sich w und p immer im gleichen Sinne. Man kann folglich sagen, daß auf einer Stromlinie die Geschwindigkeit immer mit zunehmendem Druck kleiner wird und umgekehrt.

Die kleinstmöglichen Werte des Druckes und der Enthalpie (bei adiabatischem Prozeß) werden angenommen, wenn die absolute Temperatur $T = 0$ ist. Der zugehörige Wert des Druckes ist $p = 0$; den Wert von w für $T = 0$ nehmen wir als Nullpunkt für die Energie, dann wird für $T = 0$ auch $w = 0$. Aus (83,1) erhalten wir jetzt für den größtmöglichen

Wert der Geschwindigkeit (für die gegebenen Werte der thermodynamischen Größen in dem Punkt mit $v = 0$)

$$v_{\max} = \sqrt{2w_0}\,. \tag{83,3}$$

Diese Geschwindigkeit kann beim stationären Ausströmen eines Gases ins Vakuum erreicht werden.[1])

Wir untersuchen jetzt, wie sich die Stromdichte $j = \varrho v$ der Flüssigkeit längs einer Stromlinie ändert. Aus der Eulerschen Gleichung $(\boldsymbol{v}\nabla)\boldsymbol{v} = -\nabla p/\varrho$ finden wir, daß auf einer Stromlinie die Beziehung

$$v\,\mathrm{d}v = -\frac{\mathrm{d}p}{\varrho}$$

zwischen den Differentialen $\mathrm{d}v$ und $\mathrm{d}p$ besteht. Wir schreiben $\mathrm{d}p = c^2\,\mathrm{d}\varrho$ und erhalten

$$\frac{\mathrm{d}\varrho}{\mathrm{d}v} = -\frac{\varrho v}{c^2} \tag{83,4}$$

und dann

$$\frac{\mathrm{d}(\varrho v)}{\mathrm{d}v} = \varrho\left(1 - \frac{v^2}{c^2}\right). \tag{83,5}$$

Hieraus erkennt man, daß die Stromdichte mit zunehmender Geschwindigkeit längs einer Stromlinie solange größer wird, wie die Geschwindigkeit unterhalb der Schallgeschwindigkeit bleibt. Für Überschallgeschwindigkeiten nimmt die Stromdichte mit wachsender Geschwindigkeit ab und wird zusammen mit ϱ für $v = v_{\max}$ gleich Null (Abb. 52). Dieser wesentliche Unterschied zwischen stationären Strömungen mit Unterschallgeschwindigkeit und mit Überschallgeschwindigkeit kann auch folgendermaßen anschaulich beschrieben werden. In einer Unterschallströmung nähern sich die Stromlinien in Richtung zunehmender

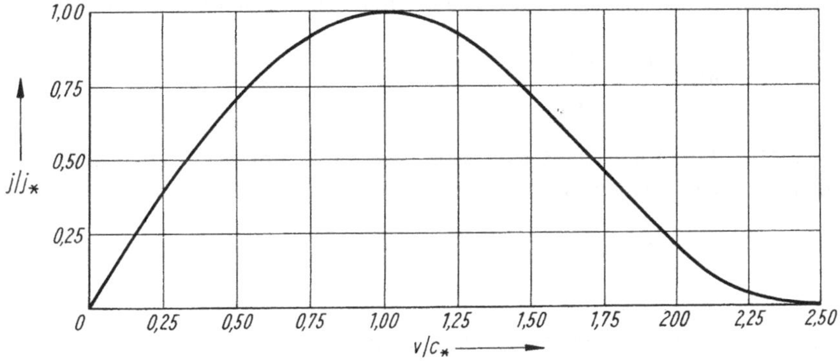

Abb. 52

[1]) In Wirklichkeit muß das Gas natürlich bei einer starken Temperaturerniedrigung kondensieren, und es entsteht ein Zweiphasensystem, ein Nebel

Geschwindigkeit einander an. Bei einer Überschallströmung gehen die Stromlinien mit wachsender Geschwindigkeit auseinander.

Der Strom j hat seinen Maximalwert j_* in dem Punkt, in dem die Strömungsgeschwindigkeit gleich der lokalen Schallgeschwindigkeit ist:

$$j_* = \varrho_* c_* \,. \tag{83,6}$$

Die Buchstaben mit dem Index $_*$ bedeuten die Werte der entsprechenden Größen in diesem Punkt. Die Geschwindigkeit $v_* = c_*$ heißt *kritische Geschwindigkeit.* Für den allgemeinen Fall eines beliebigen Gases können die kritischen Werte der Größen durch die Werte dieser Größen im Punkt mit $v = 0$ ausgedrückt werden, indem man die Gleichungen

$$s_* = s_0 \,, \qquad w_* + \frac{c_*^2}{2} = w_0 \tag{83,7}$$

auflöst.

Offensichtlich haben wir für $\mathrm{Ma} = v/c < 1$ immer $v/c^* < 1$ und für $\mathrm{Ma} > 1$ immer $v/c_* > 1$. Daher kann für die betrachtete Strömung das Verhältnis $\mathrm{Ma}_* = v/c_*$ ebenso wie die Mach-Zahl Ma als Kriterium dienen. Ma_* ist sogar noch geeigneter, weil c_* eine konstante Größe ist, während sich c in der Strömung ändert.

Bei den Anwendungen der allgemeinen Gleichungen der Hydrodynamik nimmt das im Sinne der Thermodynamik ideale Gas eine besondere Stellung ein. Wenn wir von einem solchen Gas sprechen, dann werden wir immer annehmen (wenn es nicht ausdrücklich anders vermerkt ist), daß seine spezifische Wärmekapazität konstant ist, d. h. nicht von der Temperatur abhängt (im uns interessierenden Temperaturgebiet). Ein solches Gas wird oft *polytrop* genannt; wir werden diesen Begriff benutzen, um jedesmal zu betonen, daß wir eine Voraussetzung machen, die wesentlich weiter geht als thermodynamische Idealität. Für ein polytropes Gas sind alle Beziehungen zwischen den thermodynamischen Größen bekannt, wobei es sich um äußerst einfache Formeln handelt; dies gibt oft die Möglichkeit, die hydrodynamischen Gleichungen bis zum Ende zu lösen. Wir schreiben hier zur Übersicht diese Beziehungen auf, die wir im folgenden vielfach benutzen müssen.

Die Zustandsgleichung eines thermodynamisch idealen Gases lautet

$$pV = \frac{p}{\varrho} = \frac{RT}{\mu} \,; \tag{83,8}$$

$R = 8{,}314\ \mathrm{J/K \cdot mol}$ ist die Gaskonstante, μ die Molmasse des Gases. Die Schallgeschwindigkeit in einem idealen Gas ist in § 64 berechnet worden:

$$c^2 = \frac{\gamma RT}{\mu} = \frac{\gamma p}{\varrho} \,. \tag{83,9}$$

Hier ist das Verhältnis der Wärmekapazitäten

$$\gamma = \frac{c_p}{c_v}$$

eingeführt worden. Dieses Verhältnis ist immer größer als Eins, und für ein polytropes Gas ist es konstant. Für einatomige Gase ist $\gamma = 5/3$, für zweiatomige Gase $\gamma = 7/5$ (bei üblichen Temperaturen).[1]

Die innere Energie eines idealen Gases ist bis auf eine unwesentliche additive Konstante

$$\varepsilon = c_v T = \frac{pV}{\gamma - 1} = \frac{c^2}{\gamma(\gamma - 1)}. \tag{83,10}$$

Für die Enthalpie gelten ähnliche Formeln:

$$w = c_p T = \frac{\gamma p V}{\gamma - 1} = \frac{c^2}{\gamma - 1}. \tag{83,11}$$

Hier ist die bekannte Beziehung $c_p - c_v = R/\mu$ benutzt werden. Schließlich ist die Entropie des Gases

$$s = c_v \ln \frac{p}{\varrho^\gamma} = c_p \ln \frac{p^{1/\gamma}}{\varrho}. \tag{83,12}$$

Wir kehren nun zum Studium der stationären Strömung zurück und wenden die oben abgeleiteten allgemeinen Beziehungen auf ein polytropes Gas an.

Durch Einsetzen von (83,11) in (83,3) finden wir, daß die maximale Geschwindigkeit bei stationärem Ausströmen

$$v_{\max} = c_0 \sqrt{\frac{2}{\gamma - 1}} \tag{83,13}$$

ist. Für die kritische Geschwindigkeit erhalten wir aus der zweiten Gleichung (83,7)

$$\frac{c_*^2}{\gamma - 1} + \frac{c_*^2}{2} = w_0 = \frac{c_0^2}{\gamma - 1}$$

und daraus[2])

$$c_* = c_0 \sqrt{\frac{2}{\gamma + 1}}. \tag{83,14}$$

Die Bernoullische Gleichung (83,1) liefert nach Einsetzen des Ausdruckes (83,11) für die Enthalpie eine Beziehung zwischen der Temperatur und der Geschwindigkeit in einem beliebigen Punkt einer Stromlinie. Ähnliche Beziehungen für den Druck und die Dichte kann man dann unmittelbar auf Grund der Poissonschen Adiabatengleichung angeben:

$$\varrho = \varrho_0 \left(\frac{T}{T_0}\right)^{\frac{1}{\gamma - 1}}, \qquad p = p_0 \left(\frac{\varrho}{\varrho_0}\right)^\gamma. \tag{83,15}$$

---

[1]) Die Bezeichnung des Gases als „polytrop" stammt von dem Begriff „polytroper Prozeß"; dies ist ein Prozeß, bei dem sich der Druck umgekehrt proportional zu einer gewissen Potenz des Volumens ändert. Für Gase mit konstanten Wärmekapazitäten ist ein solcher Prozeß nicht nur der isotherme, sondern auch der adiabatische Prozeß, für den $pV^\gamma =$ const gilt (Poissonsche Adiabate). Das Verhältnis γ der Wärmekapazitäten heißt *Exponent der Adiabate*.

[2]) In Abb. 52 ist das Verhältnis j/j_* als Funktion von v/c_* für Luft dargestellt ($\gamma = 1{,}4$; $v_{\max} = 2{,}45 c_*$).

Wir erhalten auf diese Weise die folgenden wichtigen Formeln:

$$\left.\begin{aligned} T &= T_0\left[1 - \frac{\gamma - 1}{2}\frac{v^2}{c_0^2}\right] = T_0\left(1 - \frac{\gamma - 1}{\gamma + 1}\frac{v^2}{c_*^2}\right), \\ \varrho &= \varrho_0\left[1 - \frac{\gamma - 1}{2}\frac{v^2}{c_0^2}\right]^{\frac{1}{\gamma - 1}} = \varrho_0\left(1 - \frac{\gamma - 1}{\gamma + 1}\frac{v^2}{c_*^2}\right)^{\frac{1}{\gamma - 1}}, \\ p &= p_0\left[1 - \frac{\gamma - 1}{2}\frac{v^2}{c_0^2}\right]^{\frac{\gamma}{\gamma - 1}} = p_0\left(1 - \frac{\gamma - 1}{\gamma + 1}\frac{v^2}{c_*^2}\right)^{\frac{\gamma}{\gamma - 1}}. \end{aligned}\right\} \tag{83,16}$$

Manchmal ist es bequem, diese Beziehungen in einer Form zu verwenden, bei der die Geschwindigkeit durch die anderen Größen ausgedrückt wird:

$$v^2 = \frac{2\gamma}{\gamma - 1}\frac{p_0}{\varrho_0}\left[1 - \left(\frac{p}{p_0}\right)^{\frac{\gamma - 1}{\gamma}}\right] = \frac{2\gamma}{\gamma - 1}\frac{p_0}{\varrho_0}\left[1 - \left(\frac{\varrho}{\varrho_0}\right)^{\gamma - 1}\right]. \tag{83,17}$$

Wir schreiben auch die Beziehung auf, die die Schallgeschwindigkeit mit der Geschwindigkeit v verknüpft:

$$c^2 = c_0^2 - \frac{\gamma - 1}{2}v^2 = \frac{\gamma + 1}{2}c_*^2 - \frac{\gamma - 1}{2}v^2. \tag{83,18}$$

Daraus finden wir den folgenden Zusammenhang zwischen den Zahlen Ma und Ma_*:

$$\mathrm{Ma}_*^2 = \frac{\gamma + 1}{\gamma - 1 + 2/\mathrm{Ma}^2}. \tag{83,19}$$

Wenn Ma von 0 bis ∞ zunimmt, wächst Ma_*^2 von 0 bis $\dfrac{\gamma + 1}{\gamma - 1}$.

Schließlich geben wir noch die Ausdrücke für die kritischen Werte der Temperatur, des Druckes und der Dichte an; sie ergeben sich aus den Formeln (80,16) für $v = c_*$ [1]):

$$\left.\begin{aligned} T_* &= \frac{2T_0}{\gamma + 1}, \\ p_* &= p_0\left(\frac{2}{\gamma + 1}\right)^{\frac{\gamma}{\gamma - 1}}, \\ \varrho_* &= \varrho_0\left(\frac{2}{\gamma + 1}\right)^{\frac{1}{\gamma - 1}}. \end{aligned}\right\} \tag{83,20}$$

Zum Schluß heben wir hervor, daß sich die hier erhaltenen Ergebnisse auf eine Strömung beziehen, bei der keine Stoßwellen auftreten. Wenn Stoßwellen vorhanden sind, gilt die Gleichung (83,2) nicht: Durchsetzt eine Stromlinie eine Stoßwelle, dann nimmt die Entropie des Gases zu.

Wir werden aber noch sehen, daß die Bernoullische Gleichung (83,1) auch dann gilt, wenn eine Stoßwelle vorhanden ist; denn $w + v^2/2$ ist gerade eine der Größen, die beim Durchgang durch die Unstetigkeitsfläche erhalten bleiben (§ 85). Daher bleibt z. B. auch die Gleichung (83,14) gültig.

---

[1]) So erhält man für Luft ($\gamma = 1{,}4$) $c_* = 0{,}913 c_0$; $p_* = 0{,}528 p_0$; $\varrho_* = 0{,}634 \varrho_0$; $T_* = 0{,}833 T_0$.

Aufgabe

Temperatur, Druck und Dichte sind längs einer Stromlinie durch die Mach-Zahl Ma $= v/c$ auszudrükken.

Lösung. Mit Hilfe der im Text erhaltenen Formeln ergibt sich

$$\frac{T_0}{T} = 1 + \frac{\gamma - 1}{2}\,\mathrm{Ma}^2\,, \qquad \frac{p_0}{p} = \left[1 + \frac{\gamma - 1}{2}\,\mathrm{Ma}^2\right]^{\frac{\gamma}{\gamma-1}},$$

$$\frac{\varrho_0}{\varrho} = \left[1 + \frac{\gamma - 1}{2}\,\mathrm{Ma}^2\right]^{\frac{1}{\gamma-1}}.$$

§ 84. Unstetigkeitsflächen

In den vorangegangenen Kapiteln haben wir uns nur mit solchen Strömungen befaßt, bei denen alle Größen (Geschwindigkeit, Druck, Dichte usw.) im Gas stetig sind. Es sind aber auch Strömungen mit Unstetigkeiten in den Verteilungen dieser Größen möglich.

Die Stetigkeit einer Gasströmung kann auf gewissen Flächen unterbrochen sein. Beim Durchgang durch eine solche Fläche zeigen die betrachteten Größen einen Sprung. Diese Flächen bezeichnet man als *Unstetigkeitsflächen* oder *Diskontinuitätsflächen.* Bei einer nicht stationären Gasströmung bleiben die Unstetigkeitsflächen im allgemeinen nicht in Ruhe. Es muß dabei betont werden, daß die Geschwindigkeit, mit der sich eine Unstetigkeitsfläche bewegt, nichts mit der Strömungsgeschwindigkeit des Gases zu tun hat. Die Gasteilchen können bei ihrer Bewegung durch diese Fläche hindurchgehen.

Auf Unstetigkeitsflächen müssen gewisse Grenzbedingungen erfüllt sein. Um diese Bedingungen zu formulieren, betrachten wir irgendein Element der Unstetigkeitsfläche. Dabei verwenden wir ein mit diesem Element verbundenes Koordinatensystem mit der x-Achse in Normalenrichtung.[1])

Erstens muß auf einer Unstetigkeitsfläche der Massenstrom stetig sein: Die auf der einen Seite anströmende Gasmenge muß gleich der Gasmenge sein, die von der anderen Seite der Fläche wegströmt. Der Gasstrom durch das betrachtete Flächenelement (pro Flächeneinheit) ist ϱv_x. Daher muß die Bedingung $\varrho_1 v_{1x} = \varrho_2 v_{2x}$ erfüllt sein, wobei sich die Indizes 1 und 2 auf die beiden Seiten der Unstetigkeitsfläche beziehen.

Die Differenz der Werte irgendeiner Größe auf den beiden Seiten einer Unstetigkeitsfläche werden wir im folgenden mit eckigen Klammern bezeichnen, z. B.

$$[\varrho v_x] \equiv \varrho_1 v_{1x} - \varrho_2 v_{2x}\,.$$

Die erhaltene Bedingung kann jetzt in der folgenden Form geschrieben werden:

$$[\varrho v_x] = 0\,. \tag{84,1}$$

Weiter muß der Energiestrom stetig sein. Der Energiestrom wird durch den Ausdruck (6,3) gegeben. Daher erhalten wir die Bedingung

$$\left[\varrho v_x\left(\frac{v^2}{2} + w\right)\right] = 0\,. \tag{84,2}$$

[1]) Ist die Strömung nicht stationär, dann betrachten wir ein Flächenelement während eines kurzen Zeitintervalls.

Schließlich muß der Impulsstrom stetig sein, d. h., die Kräfte, mit denen die Gase auf den beiden Seiten einer Unstetigkeitsfläche aufeinander wirken, müssen gleich sein. Der Impulsstrom durch eine Flächeneinheit ist (siehe § 7)

$$pn_i + \varrho v_i v_k n_k \,.$$

Der Normalenvektor $\boldsymbol{n}$ hat die Richtung der x-Achse. Daher bedeutet die Stetigkeit der x-Komponente des Impulsstromes die Bedingung

$$[p + \varrho v_x^2] = 0 \,, \tag{84,3}$$

und die Stetigkeit der y- und z-Komponente ergibt

$$[\varrho v_x v_y] = 0 \,, \qquad [\varrho v_x v_z] = 0 \,. \tag{84,4}$$

Die Gleichungen (84,1)–(84,4) bilden das vollständige System der Grenzbedingungen auf einer Unstetigkeitsfläche. Daraus kann man sofort folgern, daß zwei Typen von Unstetigkeitsflächen existieren können.

Im ersten Falle gibt es keinen Massenstrom durch die Unstetigkeitsfläche. Das bedeutet $\varrho_1 v_{1x} = \varrho_2 v_{2x} = 0$. Da ϱ_1 und ϱ_2 von Null verschieden sind, muß $v_{1x} = v_{2x} = 0$ gelten. Die Bedingungen (84,2) und (84,4) sind in diesem Falle automatisch erfüllt, und die Bedingung (84,3) ergibt $p_1 = p_2$. Auf der Unstetigkeitsfläche sind also in diesem Falle die Normalkomponente der Geschwindigkeit und der Druck stetig:

$$v_{1x} = v_{2x} = 0 \,, \qquad [p] = 0 \,. \tag{84,5}$$

Die tangentialen Geschwindigkeiten v_y und v_z sowie die Dichte (und auch die anderen thermodynamischen Größen, außer dem Druck) können einen beliebigen Sprung haben. Solche Unstetigkeiten werden wir *tangentiale Unstetigkeiten* nennen.

Im zweiten Falle ist der Massenstrom und damit auch v_{1x} und v_{2x} von Null verschieden. Dann erhalten wir aus (84,1) und (84,4)

$$[v_y] = 0 \,, \qquad [v_z] = 0 \,, \tag{84,6}$$

d. h., die tangentiale Geschwindigkeit ist auf der Unstetigkeitsfläche stetig. Die Dichte, der Druck (und daher auch die anderen thermodynamischen Größen) sowie die Normalkomponente der Geschwindigkeit erleiden einen Sprung. Die Sprünge dieser Größen werden durch die Beziehungen (84,1)–(84,3) miteinander verknüpft. In der Bedingung (84,2) können wir auf Grund von (84,1) ϱv_x kürzen, und statt v^2 kann man v_x^2 schreiben wegen der Stetigkeit von v_y und v_x. Auf der Unstetigkeitsfläche müssen also im betrachteten Falle die Bedingungen

$$\left.\begin{aligned} &[\varrho v_x] = 0 \,, \\ &\left[\frac{v_x^2}{2} + w\right] = 0 \,, \\ &[p + \varrho v_x^2] = 0 \end{aligned}\right\} \tag{84,7}$$

erfüllt sein. Unstetigkeiten dieses Typs nennt man *Stoßwellen.*

Wir wollen jetzt zum ruhenden Koordinatensystem zurückgehen. Dabei müssen wir überall statt v_x die Differenz zwischen der zur Unstetigkeitsfläche normalen Komponente v_n der Strömungsgeschwindigkeit und der Geschwindigkeit u der Fläche schreiben, die definitionsgemäß die Richtung der Normalen hat:

$$v_x = v_n - u\,. \tag{84,8}$$

Die Geschwindigkeiten v_n und u sind auf das ruhende System bezogen. Die Geschwindigkeit v_x ist die Strömungsgeschwindigkeit des Gases relativ zur Unstetigkeitsfläche; umgekehrt ist $-v_x = u - v_n$ die Geschwindigkeit der Unstetigkeitsfläche gegenüber dem Gas. Wir machen darauf aufmerksam, daß diese Geschwindigkeit relativ zum Gas auf den beiden Seiten der Fläche verschieden ist (wenn v_x einen Sprung hat).

Tangentiale Unstetigkeiten, bei denen die Tangentialkomponenten der Geschwindigkeit Sprünge erleiden, haben wir bereits in § 29 behandelt. Dort ist gezeigt worden, daß diese Unstetigkeiten in einer inkompressiblen Flüssigkeit absolut instabil sind und in einen Turbulenzbereich übergehen. Eine analoge Untersuchung für die kompressible Flüssigkeit zeigt, daß diese Instabilität auch im allgemeinen Falle beliebiger Geschwindigkeiten vorhanden ist (s. Aufgabe 1).

Einen Spezialfall der tangentialen Unstetigkeiten stellen die Unstetigkeiten dar, bei denen die Geschwindigkeit stetig ist und nur die Dichte einen Sprung hat (und mit ihr die anderen thermodynamischen Größen außer dem Druck); solche Unstetigkeiten heißen *Kontaktunstetigkeiten.* Alle obigen Feststellungen über die Instabilität beziehen sich nicht auf solche Unstetigkeiten.

Aufgaben

1. Man untersuche die Stabilität (gegenüber unendlich kleinen Störungen) von tangentialen Unstetigkeiten in einem homogenen kompressiblen Medium (Gas oder Flüssigkeit).

Lösung. Die Rechnungen sind analog zu den in § 29 für eine inkompressible Flüssigkeit durchgeführten. Wie auch dort legen wir die z-Achse in Richtung der Flächennormalen.

Im Medium 2 (mit der Geschwindigkeit $\mathbf{v}_2 = 0$, $z < 0$) befriedigt der Druck die Gleichung

$$\ddot{p}'_2 - c^2 \triangle p'_2 = 0$$

(an Stelle der Laplaceschen Gleichung (29,2) in der inkompressiblen Flüssigkeit). Wir setzen p'_2 in der Form

$$p'_2 = \text{const} \cdot \exp\left(-i\omega t + iqx + i\varkappa_2 z\right)$$

an, wobei die Wellenzahl der „Kräuselung" auf der Fläche mit q bezeichnet wurde (statt k in § 29); wenn $\varkappa_2$ komplex ist, dann muß es so gewählt werden, daß $\operatorname{Im} \varkappa_2 < 0$. Die Wellengleichung liefert die Beziehung

$$\omega^2 = c^2(q^2 + \varkappa_2^2)\,. \tag{1}$$

An Stelle von (29,7) finden wir jetzt in gleicher Weise

$$p'_2 = \zeta\varrho\omega^2/i\varkappa_2\,.$$

Im Gas 1, das sich mit der Geschwindigkeit $\mathbf{v}_1 = \mathbf{v}$ ($z > 0$) bewegt, setzen wir p'_1 in der Form

$$p'_1 = \text{const} \cdot \exp\left(-i\omega t + iqx - i\varkappa_1 z\right)$$

an. Zur Vereinfachung der Rechnungen setzen wir zunächst voraus, daß die Geschwindigkeit $\mathbf{v}$ auch die Richtung der x-Achse hat. Die Beziehung zwischen ω, q, $\varkappa_1$ ist gegeben durch die Formel

$$(\omega - vq)^2 = c^2(q^2 + \varkappa_1^2) \tag{2}$$

(s. (68,1)). Statt (29,6) erhalten wir jetzt

$$p'_1 = -\zeta(\omega - qv)^2 \varrho/\mathrm{i}\varkappa_1 ,$$

und die Bedingung $p'_1 = p'_2$ führt zu der Gleichung

$$\frac{\varkappa_1}{(\omega - qv)^2} + \frac{\varkappa_2}{\omega^2} = 0 . \tag{3}$$

Von der oben gemachten Voraussetzung über die Richtung der Geschwindigkeit $\boldsymbol{v}$ kann man sich wieder befreien, indem man ausnutzt, daß die ungestörte Geschwindigkeit in die linearisierten Ausgangsgleichungen, die Kontinuitätsgleichung und die Eulersche Gleichung, nur in der Kombination $(\boldsymbol{v}\nabla)$ eingeht (in den entsprechenden Gliedern $(\boldsymbol{v}\nabla)\,p'$ und $(\boldsymbol{v}\nabla)\,\boldsymbol{v}'$). Daher ist es für den Übergang zu einer beliebigen Richtung von $\boldsymbol{v}$ (in der xy-Ebene) ausreichend, in (1) bis (3) v durch $v \cos\varphi$ zu ersetzen, wo φ der Winkel zwischen $\boldsymbol{v}$ und $\boldsymbol{q}$ ist (vgl. die Fußnote auf S. 137).

Durch Elimination von $\varkappa_1$, $\varkappa_2$ aus (1) bis (3) erhalten wir die folgende Dispersionsgleichung für die Bestimmung der Frequenz ω der Störung als Funktion der Wellenzahl q:

$$\left[\frac{1}{\omega^2} - \frac{1}{(\omega - qv\cos\varphi)^2}\right]\left[\frac{1}{c^2q^2} - \frac{1}{\omega^2} - \frac{1}{(\omega - qv\cos\varphi)^2}\right] = 0 . \tag{4}$$

Die Wurzel des ersten Faktors

$$\omega = \tfrac{1}{2}\, qv\cos\varphi \tag{5}$$

ist immer reell. Die Wurzeln des zweiten Faktors sind

$$\omega = \tfrac{1}{2}\, vq\cos\varphi \pm q\,[\tfrac{1}{4}\, v^2\cos^2\varphi + c^2 \pm c(c^2 + v^2\cos^2\varphi)^{1/2}]^{1/2} ; \tag{6}$$

diese Wurzeln sind nur reell für $v\cos\varphi > v_k$, wobei

$$v_k = 2^{3/2} c . \tag{7}$$

Für $v\cos\varphi < v_k$ hat die Dispersionsgleichung folglich ein Paar komplex konjugierter Wurzeln, wovon für eine $\operatorname{Im}\omega > 0$ ist; die zugehörigen Störungen führen zur Instabilität. Für $v < v_k$ sind dies die Störungen mit beliebigem Winkel φ, während für $v > v_k$ nur Störungen mit $\cos\varphi < v_k/v$ instabil sind. Im Endergebnis ist die tangentiale Unstetigkeit immer instabil. Wir bemerken noch, daß die Instabilität an sich (d. h., wenn wir uns nicht dafür interessieren, gegenüber welcher Art von Störung sie besteht) schon aus der Instabilität im Fall der inkompressiblen Flüssigkeit ersichtlich ist auf Grund der Feststellung, daß die Geschwindigkeit v in die Dispersionsgleichung nur in der Kombination $v\cos\varphi$ eingeht: Wie groß die Geschwindigkeit auch sei, es gibt immer solche Winkel φ, für die $v\cos\varphi \ll c$ gilt, so daß sich das Medium in bezug auf solche Störungen inkompressibel verhält.[1])

2. Auf eine tangentiale Unstetigkeit in einem homogenen kompressiblen Medium falle eine ebene Schallwelle; man bestimme die Intensität der von der Unstetigkeit reflektierten Welle und der von ihr gebrochenen (J. W. Miles, 1957; H. S. Ribner, 1957).

Lösung. Wir wählen die Koordinatenachsen wie in der vorangehenden Aufgabe, wobei die Geschwindigkeit $\boldsymbol{v}$ (im Medium 1, $z > 0$) die Richtung der x-Achse haben soll. Die Schallwelle falle aus dem unbewegten Medium ein (Medium 2, $z < 0$); die Richtung ihres Wellenvektors $\boldsymbol{k}$ sei in Kugelkoordinaten durch die Winkel Θ und φ gegeben; Θ sei der Winkel zwischen $\boldsymbol{k}$ und der z-Achse, φ der Winkel zwischen der Projektion von $\boldsymbol{k}$ auf die xy-Ebene (wir bezeichnen sie mit $\boldsymbol{q}$) und der Geschwindigkeit $\boldsymbol{v}$:

$$k_x = q\cos\varphi , \qquad k_y = q\sin\varphi , \qquad k_z = \frac{\omega}{c}\sin\Theta ,$$

$$q = \frac{\omega}{c}\sin\Theta = k\sin\Theta ,$$

[1]) Der Wert (7) wurde von L. D. Landau (1944) erhalten. Auf die Notwendigkeit der Berücksichtigung nichtparalleler $\boldsymbol{v}$ und $\boldsymbol{q}$ wurde von S. I. Syrowatski (1954) hingewiesen.

wobei $0 < \Theta < \pi/2$ (die Welle fällt in positiver z-Richtung ein). Im Medium 2 setzen wir den Druck in der Form

$$p_2' = e^{i(k_x x + k_y y - \omega t)}(e^{ik_z z} + A\, e^{-ik_z z})$$

an, wo A die Amplitude der reflektierten Welle ist und die Amplitude der einfallenden Welle gleich Eins gesetzt wurde. Im Medium 1 haben wir nur die gebrochene Welle,

$$p_1' = B\, e^{i(k_x x + k_y y + \varkappa z - \omega t)},$$

wobei $\varkappa$ der Gleichung

$$(\omega - vk_x)^2 = c^2(k_x^2 + k_y^2 + \varkappa^2)$$

genügen muß (s. (2)). Die Amplituden A und B werden aus den Stetigkeitsbedingungen für den Druck und für die vertikale Verschiebung der Flüssigkeitsteilchen auf beiden Seiten der Unstetigkeit bestimmt:

$$1 + A = B, \qquad \frac{\varkappa}{(\omega - vk_x)^2} B = \frac{k_z}{\omega^2}(1 - A),$$

woraus

$$A = \frac{(\omega - vk_x)^2/\varkappa - \omega^2/k_z}{(\omega - vk_x)^2/\varkappa + \omega^2/k_z}, \qquad B = \frac{2(\omega - vk_x)^2/\varkappa}{(\omega - vk_x)^2/\varkappa + \omega^2/k_z} \tag{8}$$

folgt; damit ist die gestellte Aufgabe gelöst. Das Vorzeichen der Größe $\varkappa$,

$$\varkappa^2 = \frac{\omega^2}{c^2}[(1 - \mathrm{Ma} \sin\Theta \cos\varphi)^2 - \sin^2\Theta], \qquad \mathrm{Ma} = \frac{v}{c},$$

muß unter Berücksichtigung der Grenzbedingung für $z \to \infty$ gewählt werden: Die Geschwindigkeit der gebrochenen Welle muß von der Unstetigkeit weg gerichtet sein, d. h.

$$U_z = \frac{\partial\omega}{\partial\varkappa} = \frac{c^2\varkappa}{\omega - vk_x} > 0. \tag{9}$$

Aus den erhaltenen Formeln ist ersichtlich, daß für die Brechung drei verschiedene Regimes möglich sind.

1) Für $\mathrm{Ma}\cos\varphi < 1/\sin\Theta - 1$ ist die Größe $\varkappa$ reell, und da $\omega - vk_x > 0$ ist, ergibt sich aus der Bedingung (9) $\varkappa > 0$. Aus (8) folgt dann, daß hierbei $|A| < 1$ ist, die Reflexion erfolgt mit einer Abschwächung der Welle.

2) Für $1/\sin\Theta - 1 < \mathrm{Ma}\cos\varphi < 1/\sin\Theta + 1$ ist die Größe $\varkappa$ imaginär und $|A| = 1$, es liegt Totalreflexion der Schallwelle vor.

3) Für $\mathrm{Ma}\cos\varphi > 1 + 1/\sin\Theta$ (was nur für $\mathrm{Ma} > 2$ möglich ist) wird die Größe $\varkappa$ wieder reell, jetzt ist aber $\varkappa < 0$ zu wählen. Nach (8) gilt dabei $|A| > 1$, d. h., die Reflexion erfolgt mit einer Verstärkung der Welle. Die Nenner der Ausdrücke (8) können sogar für $\varkappa < 0$ bei bestimmten Einfallswinkeln der Welle verschwinden, und dann wird der Reflexionskoeffizient unendlich. Da dieser Nenner (bis auf die Bezeichnungen) mit der linken Seite der Gleichung (3) der vorangehenden Aufgabe übereinstimmt, kann man sofort schließen, daß diese „Resonanzwinkel" für den Einfall durch die Gleichungen (5) und (6) (die letztere für $\mathrm{Ma} > 2^{3/2}$) bestimmt werden. Die Unendlichkeit des Reflexionskoeffizienten (und des Durchlässigkeitskoeffizienten), d. h. die Endlichkeit der Amplitude der reflektierten Welle bei gegen Null strebender Amplitude der einfallenden Welle, bedeutet die Möglichkeit spontaner Schallausstrahlung durch die Unstetigkeitsfläche: Hat sich einmal auf ihr eine Störung (Kräuselung) herausgebildet, so kann sie unbegrenzt lange Schallwellen ausstrahlen, ohne dabei gedämpft oder verstärkt zu werden; die vom ausgestrahlten Schall weggetragene Energie wird dem gesamten sich bewegenden Medium entnommen.

Die Stromdichte der Energie (zeitlich gemittelt) in der gebrochenen Welle ist

$$\bar{q}_2 = U_z\bar{E}_2 = \frac{c^2\varkappa}{\omega - vk_x}\,\frac{\omega}{\omega - vk_x}\,\frac{|B|^2}{2\varrho c^2}$$

(E_2 aus (68,3)). Im Fall 3 haben wir $\varkappa < 0$ und deshalb auch $\bar{q}_2 < 0$; die Energie kommt vom sich bewegenden Medium zur Unstetigkeit, was auch als Quelle für die Verstärkung dient. Bei spontaner Schallausstrahlung stimmt diese herankommende Energie mit der Energie überein, die von der ins unbewegte Medium laufenden Welle weggetragen wird.

Die dargestellte Lösung der Aufgabe berücksichtigt nicht die Instabilität der Unstetigkeitsfläche. Die formale Korrektheit einer solchen Behandlung der Aufgabe ergibt sich daraus, daß die Schallwellen und die instabilen Oberflächenwellen (die für $z \to \pm\infty$ abklingen) linear unabhängige Schwingungsmoden sind. Die physikalische Korrektheit erfordert die Erfüllung spezieller Bedingungen (z. B. Anfangsbedingungen), bei denen die Oberflächenwellen noch hinreichend schwach sind.

§ 85. Die Stoßadiabate

Wir kommen jetzt zur ausführlichen Untersuchung von Stoßwellen.[1] Wie wir gesehen haben, ist bei diesen Unstetigkeiten die Tangentialkomponente der Strömungsgeschwindigkeit stetig. Man kann daher ein Koordinatensystem wählen, in dem ein betrachtetes Element der Unstetigkeitsfläche ruht und die Tangentialkomponente der Strömungsgeschwindigkeit auf beiden Seiten der Fläche gleich Null ist.[2] Dann kann man statt der Normalkomponente v_x einfach v schreiben, und die Bedingungen (84,7) lauten

$$\varrho_1 v_1 = \varrho_2 v_2 \equiv j\,, \tag{85,1}$$

$$p_1 + \varrho_1 v_1^2 = p_2 + \varrho_2 v_2^2\,, \tag{85,2}$$

$$w_1 + \frac{v_1^2}{2} = w_2 + \frac{v_2^2}{2}\,. \tag{85,3}$$

Mit j ist die Stromdichte des Gases durch die Unstetigkeitsfläche bezeichnet worden. Wir vereinbaren für das folgende, j immer positiv zu zählen, wobei das Gas von der Seite 1 auf die Seite 2 gelangt. Mit anderen Worten, wir bezeichnen mit 1 dasjenige Gas, in das sich die Stoßwelle hineinbewegt, und mit 2 das Gas, das hinter der Stoßwelle zurückbleibt. Die dem Gas 1 zugewandte Seite der Stoßwelle nennen wir Vorderseite, die dem Gas 2 zugewandte Rückseite.

Wir leiten eine Reihe von Beziehungen her, die aus den angegebenen Bedingungen folgen. Dazu führen wir die spezifischen Volumina $V_1 = 1/\varrho_1$ und $V_2 = 1/\varrho_2$ des Gases ein. Aus (85,1) erhalten wir

$$v_1 = jV_1\,, \qquad v_2 = jV_2 \tag{85,4}$$

und durch Einsetzen in (85,2)

$$p_1 + j^2 V_1 = p_2 + j^2 V_2 \tag{85,5}$$

oder

$$j^2 = \frac{p_2 - p_1}{V_1 - V_2}\,. \tag{85,6}$$

---

[1]) Wir machen noch eine terminologische Bemerkung. Unter einer Stoßwelle verstehen wir die Unstetigkeitsfläche allein. In der Literatur kann man jedoch auch eine andere Terminologie antreffen, in der man die Unstetigkeitsfläche die Front der Stoßwelle nennt und unter der Stoßwelle die Unstetigkeitsfläche gemeinsam mit der ihr nachfolgenden Gasströmung versteht.

[2]) Diese Wahl des Koordinatensystems treffen wir überall in diesem Kapitel mit Ausnahme von § 92. Eine ruhende Stoßwelle wird häufig als *Verdichtungsstoß* bezeichnet. Liegt die ruhende Stoßwelle senkrecht zur Stromrichtung, dann spricht man von einem geraden Verdichtungsstoß, bildet sie mit der Strömungsrichtung einen gewissen Winkel, dann spricht man von einem schrägen Verdichtungsstoß.

Diese Formel verknüpft (zusammen mit (85,4)) die Ausbreitungsgeschwindigkeit der Stoßwelle mit den Drücken und den Dichten des Gases auf den beiden Seiten der Fläche.

j^2 ist eine positive Größe. Daher muß gleichzeitig $p_2 > p_1, V_1 > V_2$ oder $p_2 < p_1, V_1 < V_2$ sein. Wir werden später sehen, daß in Wirklichkeit nur der erste Fall möglich ist.

Wir vermerken noch folgende nützliche Formel für die Geschwindigkeitsdifferenz $v_1 - v_2$. Durch Einsetzen von (85,6) in $v_1 - v_2 = j(V_1 - V_2)$ erhalten wir[1])

$$v_1 - v_2 = \sqrt{(p_2 - p_1)(V_1 - V_2)}. \tag{85,7}$$

Weiter schreiben wir (85,3) in der Form

$$w_1 + \frac{j^2 V_1^2}{2} = w_2 + \frac{j^2 V_2^2}{2} \tag{85,8}$$

und erhalten, nachdem wir j^2 aus (82,6) eingesetzt haben,

$$w_1 - w_2 + \frac{1}{2}(V_1 + V_2)(p_2 - p_1) = 0. \tag{85,9}$$

Statt der Enthalpie führen wir durch $\varepsilon = w - pV$ die innere Energie ε ein und können die erhaltene Beziehung in der Gestalt

$$\varepsilon_1 - \varepsilon_2 + \frac{1}{2}(V_1 - V_2)(p_1 + p_2) = 0 \tag{85,10}$$

schreiben. Diese Beziehungen stellen den Zusammenhang zwischen den thermodynamischen Größen auf den beiden Seiten einer Unstetigkeitsfläche her.

Für gegebenes p_1 und V_1 stellen die Gleichungen (85,9) oder (85,10) die Abhängigkeit zwischen p_2 und V_2 dar. Diese Abhängigkeit bezeichnet man als *Stoßadiabate* oder

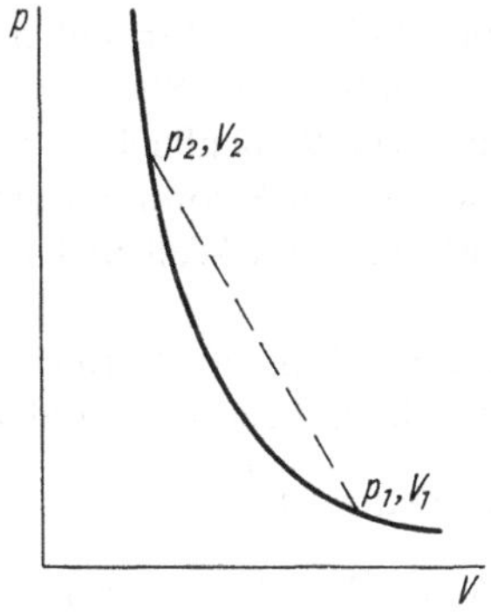

Abb. 53

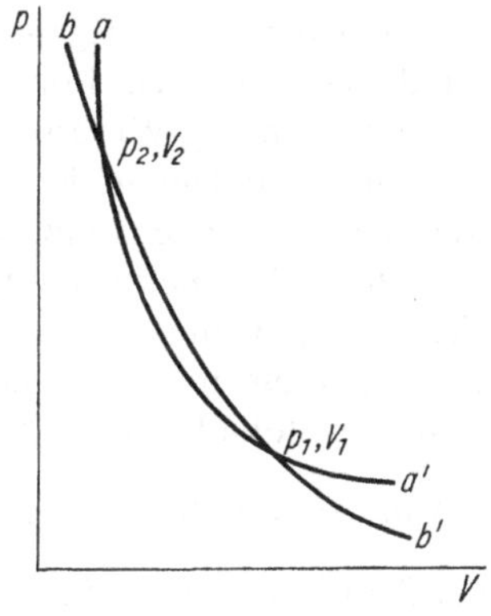

Abb. 54

[1]) Wir nehmen hier die Quadratwurzel mit dem positiven Vorzeichen, da $v_1 - v_2 > 0$ sein muß, wie später festgestellt wird (§ 87).

Hugoniotsche Adiabate[1]) (W. J. Rankine, 1870; H. Hugoniot, 1885). Ihre graphische Darstellung (Abb. 53) in der pV-Ebene ist eine Kurve durch den gegebenen Punkt p_1, V_1, der dem Zustand des Gases 1 vor der Stoßwelle entspricht; diesen Punkt der Stoßadiabate werden wir ihren *Anfangspunkt* nennen. Die Stoßadiabate kann die vertikale Gerade $V = V_1$ nur im Anfangspunkt schneiden. Tatsächlich würde ein weiterer Schnittpunkt bedeuten, daß zu einem Volumen zwei verschiedene Drücke gehören, die der Gleichung (85,10) genügen. Für $V_1 = V_2$ ergibt sich aber aus (85,10) auch $\varepsilon_1 = \varepsilon_2$, und für gleiche Volumina und Energien müssen auch die Drücke gleich sein. Die Gerade $V = V_1$ teilt also die Stoßadiabate in zwei Teile; jeder Teil liegt vollständig auf einer Seite der Geraden. Aus einem ähnlichen Grunde schneidet die Stoßadiabate auch die horizontale Gerade $p = p_1$ nur in dem einen Punkt (p_1, V_1).

Es sei aa' (Abb. 54) die Stoßabiabate durch den Punkt p_1, V_1 als Anfangspunkt. Auf dieser Adiabate wählen wir irgendeinen Punkt p_2, V_2 und ziehen durch ihn eine andere Adiabate (bb'), für die dieser Punkt der Anfangspunkt ist. Offensichtlich erfüllt das Wertepaar p_1, V_1 auch die Gleichung für diese zweite Adiabate. Die Adiabaten aa' und bb' schneiden sich also in den beiden Punkten p_1, V_1 und p_2, V_2. Wir unterstreichen, daß diese beiden Adiabaten keineswegs vollständig miteinander übereinstimmen, wie es für die Poissonschen Adiabaten durch einen gegebenen Punkt der Fall ist.

Dieser Sachverhalt ist eine der Folgen der Tatsache, daß die Gleichung für die Stoßadiabate nicht in der Gestalt $f(p, V) = \text{const}$ mit irgendeiner Funktion f der Argumente p und V geschrieben werden kann, wie es z. B. für die Poissonsche Adiabate möglich ist (deren Gleichung $s(p, V) = \text{const}$ lautet). Während die Poissonschen Adiabaten (für ein gegebenes Gas) eine einparametrige Kurvenschar bilden, wird eine Stoßadiabate durch die Vorgabe zweier Parameter bestimmt: durch die Anfangswerte p_1 und V_1. Damit hängt auch die folgende wichtige Feststellung zusammen: Wenn zwei (oder mehrere) aufeinanderfolgende Stoßwellen das Gas aus dem Zustand 1 in den Zustand 2 und aus 2 in 3 überführen, dann ist der Übergang aus dem Zustand 1 in den Zustand 3 durch eine einzige Stoßwelle im allgemeinen nicht möglich.

Ist der thermodynamische Anfangszustand eines Gases gegeben (d. h., sind p_1 und V_1 gegeben), dann wird eine Stoßwelle durch einen einzigen Parameter bestimmt. Es sei z. B. der Druck p_2 hinter der Welle gegeben; aus der Hugoniotschen Adiabate wird dann V_2 bestimmt und danach aus den Formeln (85,4) und (85,6) die Stromdichte j und die Geschwindigkeiten v_1 und v_2. Wir erinnern aber daran, daß wir die Stoßwelle hier in einem Koordinatensystem behandeln, in dem das Gas normal zur Wellenfläche strömt. Will man die Möglichkeit berücksichtigen, daß die Stoßwelle schräg zur Stromrichtung liegen kann, dann wird ein weiterer Parameter benötigt, z. B. der Wert der zur Wellenfläche tangentialen Geschwindigkeitskomponente.

Wir weisen hier auf folgende bequeme graphische Darstellung der Formel (85,6) hin. Der Punkt p_1, V_1 auf der Stoßadiabate (Abb. 53) wird mit einem beliebigen anderen Punkt p_2, V_2 auf dieser Adiabate durch eine Sehne verbunden. Dann ist $\dfrac{p_2 - p_1}{V_2 - V_1} = -j^2$ gerade die Steigung dieser Sehne in bezug auf die (positive) x-Achse. Der Wert von j und damit auch die Geschwindigkeiten der Stoßwelle werden also in jedem Punkt der Stoßadiabate durch die Steigung der Sehne zwischen diesem Punkt und dem Punkt p_1, V_1 bestimmt.

---

[1]) In der deutschsprachigen Literatur ist auch die Bezeichnung *dynamische Adiabate* gebräuchlich (Anm. d. Herausg.).

Neben anderen thermodynamischen Größen erfährt auch die Entropie in der Stoßwelle einen Sprung. Auf Grund des Gesetzes vom Anwachsen der Entropie muß die Entropie des Gases bei dessen Bewegung zunehmen. Daher muß die Entropie s_2 des Gases nach dem Durchgang der Stoßwelle größer sein als der Anfangswert s_1 der Entropie:

$$s_2 > s_1 . \tag{85,11}$$

Wie wir später sehen werden, schränkt diese Bedingung die Art der Änderung aller Größen in einer Stoßwelle wesentlich ein.

Wir betonen hier folgendes. Die Anwesenheit von Stoßwellen bewirkt eine Entropiezunahme bei solchen Strömungen, die man im ganzen Raume als Strömungen einer idealen Flüssigkeit ohne Zähigkeit und Wärmeleitfähigkeit ansehen kann. Die Entropiezunahme bedeutet, daß die Strömung irreversibel abläuft, d. h., daß eine Energiedissipation vorhanden ist. Die Unstetigkeiten stellen somit einen Mechanismus dar, der eine Energiedissipation bei der Bewegung einer idealen Flüssigkeit zur Folge hat. In diesem Zusammenhang gibt es für die Bewegung eines Körpers in einer idealen Flüssigkeit bei Anwesenheit von Stoßwellen kein d'Alembertsches Paradoxon (§ 11); bei einer derartigen Bewegung wirkt auf den Körper eine Widerstandskraft.

Selbstverständlich hat der wirkliche Mechanismus der Entropiezunahme in Stoßwellen seine Ursache in den dissipativen Prozessen innerhalb der sehr dünnen Schichten der Substanz, die in Wirklichkeit die physikalischen Stoßwellen darstellen (siehe § 93). Es ist aber bemerkenswert, daß die Größe dieser Dissipation allein durch die auf die beiden Seiten dieser Schichten angewandten Erhaltungssätze für Masse, Energie und Impuls bestimmt wird. Die Breite dieser Schichten reguliert sich gerade so, daß der von diesen Erhaltungssätzen geforderte Entropiezuwachs erreicht wird.

Der Entropiezuwachs in einer Stoßwelle hat auch noch einen anderen wesentlichen Einfluß auf die Strömung: Falls die Gasströmung vor der Stoßwelle eine Potentialströmung ist, dann wird sie im allgemeinen hinter ihr eine Wirbelströmung sein; wir werden darauf in § 114 zurückkommen.

§ 86. Stoßwellen mit geringer Intensität

Wir wollen eine Stoßwelle behandeln, in der alle Größen nur einen kleinen Sprung erfahren. Diese Unstetigkeiten werden wir als Stoßwellen mit geringer Intensität bezeichnen. Wir formen die Beziehung (85,9) um, indem wir Entwicklungen nach Potenzen der kleinen Differenzen $s_2 - s_1$ und $p_2 - p_1$ durchführen. Dabei werden wir sehen, daß sich von dieser Entwicklung in (85,9) die Glieder erster und zweiter Ordnung in $p_2 - p_1$ wegheben; deshalb muß man die Entwicklung nach $p_2 - p_1$ bis zu Gliedern einschließlich dritter Ordnung verwenden. In der Entwicklung nach $s_2 - s_1$ brauchen wir nur bis zu Gliedern erster Ordnung zu gehen. Wir haben

$$\begin{aligned} w_2 - w_1 = & \left(\frac{\partial w}{\partial s_1}\right)_p (s_2 - s_1) + \left(\frac{\partial w}{\partial p_1}\right)_s (p_2 - p_1) \\ & + \frac{1}{2}\left(\frac{\partial^2 w}{\partial p_1^2}\right)_s (p_2 - p_1)^2 + \frac{1}{6}\left(\frac{\partial^3 w}{\partial p_1^3}\right)_s (p_2 - p_1)^3 . \end{aligned}$$

Aus der Indentität $dw = T\,ds + V\,dp$ der Thermodynamik erhalten wir für die Ableitungen

$$\left(\frac{\partial w}{\partial s}\right)_p = T\,, \qquad \left(\frac{\partial w}{\partial p}\right)_s = V\,.$$

Daher ist

$$w_2 - w_1 = T_1(s_2 - s_1) + V_1(p_2 - p_1) + \frac{1}{2}\left(\frac{\partial V}{\partial p_1}\right)_s (p_2 - p_1)^2 + \frac{1}{6}\left(\frac{\partial^2 V}{\partial p_1^2}\right)_s (p_2 - p_1)^3\,.$$

Das Volumen V_2 braucht man nur nach $p_2 - p_1$ zu entwickeln; denn im zweiten Term der Gleichung (85,9) ist bereits die kleine Differenz $p_2 - p_1$ vorhanden, und seine Entwicklung nach $s_2 - s_1$ würde ein Glied der Größenordnung $(s_2 - s_1)\,(p_2 - p_1)$ ergeben, das uns aber nicht interessiert. Es ist also

$$V_2 - V_1 = \left(\frac{\partial V}{\partial p_1}\right)_s (p_2 - p_1) + \frac{1}{2}\left(\frac{\partial^2 V}{\partial p_1^2}\right)_s (p_2 - p_1)^2\,.$$

Diese Entwicklungen setzen wir in (85,9) ein und erhalten

$$s_2 - s_1 = \frac{1}{12T_1}\left(\frac{\partial^2 V}{\partial p_1^2}\right)_s (p_2 - p_1)^3\,. \tag{86,1}$$

Der Sprung der Entropie in einer Stoßwelle mit geringer Intensität ist also eine kleine Größe dritter Ordnung im Vergleich zum Sprung des Druckes.

In nahezu allen Fällen nimmt die adiabatische Kompressibilität $-\left(\frac{\partial V}{\partial p}\right)_s$ mit zunehmendem Druck ab, d. h., für die zweite Ableitung gilt[1])

$$\left(\frac{\partial^2 V}{\partial p^2}\right)_s > 0\,. \tag{86,2}$$

Diese Ungleichung ist aber keine Relation der Thermodynamik, und es ist im Prinzip möglich, daß sie verletzt wird.[2]) Wie wir später noch mehrfach sehen werden, ist das Vorzeichen der Ableitung (86,2) in der Gasdynamik sehr wesentlich; im folgenden werden wir sie immer als positiv voraussetzen.

---

[1]) Für ein polytropes Gas ist

$$\left(\frac{\partial^2 V}{\partial p^2}\right)_s = \frac{\gamma + 1}{\gamma^2}\frac{V}{p^2}\,.$$

Diesen Ausdruck kann man am einfachsten durch Differentiation der Poissonschen Adiabatengleichung $pV^\gamma = \text{const}$ erhalten.

[2]) Dies kann der Fall sein im Gebiet nahe dem kritischen Punkt Flüssigkeit – Gas. Eine Situation, bei der die Bedingung (86,2) verletzt wird, kann auch auf der Stoßadiabate für ein Medium imitiert werden, das einen Phasenübergang erleidet (als dessen Folge entsteht auf der Adiabate ein Knick). Siehe hierzu in dem Buch: JA. B. SELDOWITSCH, JU. P. RAISER, (Я. Б. Зельдович, Ю. П. Райзер), Physik der Stoßwellen und der hydrodynamischen Erscheinungen bei hohen Temperaturen (Физика ударных волн и высокотемпературных гидродинамических явлений), 2. Auflage, Nauka, Moskau 1966, Kap. I, § 19; XI, § 20.

Wir ziehen durch den Punkt 1 (p_1, V_1) im pV-Diagramm zwei Kurven, die Stoßadiabate und die Poissonsche Adiabate. Die Gleichung für die Poissonsche Adiabate ist $s_2 - s_1 = 0$. Diese Adiabate vergleichen wir mit der Gleichung (86,1) für die Stoßadiabate in der Nähe des Punktes 1. Die beiden Kurven berühren sich in diesem Punkt. Es handelt sich dabei um eine Berührung zweiter Ordnung, d. h., es stimmen nicht nur die ersten, sondern auch die zweiten Ableitungen überein. Zur Bestimmung der gegenseitigen Lage der beiden Kurven in der Nähe des Punktes 1 benutzen wir die Tatsache, daß nach (86,1) und (86,2) für $p_2 > p_1$ auf der Stoßadiabate $s_2 > s_1$ sein muß, während auf der Poinssonschen Adiabate $s_2 = s_1$ bleibt. Die Abzisse eines Punktes auf der Stoßadiabate muß daher für dieselbe Ordinate p_2 größer als die Abszisse des Punktes auf der Poissonschen Adiabate sein: Das ist eine Folge der aus der Thermodynamik bekannten Formel

$$\left(\frac{\partial V}{\partial s}\right)_p = \frac{T}{c_p}\left(\frac{\partial V}{\partial T}\right)_p,$$

nach der die Entropie bei konstantem Druck mit zunehmendem Volumen für alle Körper wächst, die sich bei Erwärmung ausdehnen, d. h., für die $\left(\frac{\partial V}{\partial T}\right)_p$ positiv ist. Ähnlich überzeugen wir uns davon, daß unterhalb des Punktes 1 (d. h. für $p_2 < p_1$) die Abszissen der Punkte auf der Poissonschen Adiabate größer als die Abzissen der Stoßadiabate sein müssen. In der Nähe des Berührungspunktes verlaufen die beiden Kurven also in der in Abb. 55 dargestellen Weise (HH' ist die Stoßadiabate, PP' die Poissonsche Adiabate).[1] Auf Grund von (86,2) sind beide Kurven von oben gesehen konkav.

Für kleine $p_2 - p_1$ und $V_2 - V_1$ kann man die Formel (85,6) in erster Näherung in der Gestalt

$$j^2 = -\left(\frac{\partial p}{\partial V}\right)_s$$

darstellen (wir schreiben hier die Ableitung bei konstanter Entropie, da die Tangenten an die Poissonsche Adiabate und an die Stoßadiabate im Punkt 1 übereinstimmen). Weiter

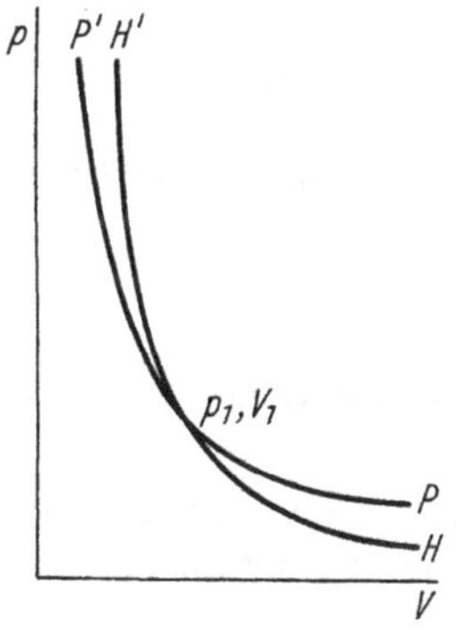

Abb. 55

[1]) Für negatives $\left(\frac{\partial V}{\partial T}\right)_p$ wäre die Lage der beiden Kurven umgekehrt.

sind die Geschwindigkeiten v_1 und v_2 in dieser Näherung einander gleich:

$$v_1 = v_2 = v = jV = \sqrt{-V^2\left(\frac{\partial p}{\partial V}\right)_s} = \sqrt{\left(\frac{\partial p}{\partial \varrho}\right)_s}\,.$$

Das ist aber gerade die Schallgeschwindigkeit. Die Ausbreitungsgeschwindigkeit von Stoßwellen mit geringer Intensität ist also in erster Näherung gleich der Schallgeschwindigkeit:

$$v = c\,. \tag{86,3}$$

Aus den gefundenen Eigenschaften der Stoßadiabate in der Umgebung des Punktes 1 kann man eine ganze Reihe wesentlicher Schlüsse ziehen. Da in einer Stoßwelle die Bedingung $s_2 > s_1$ erfüllt sein muß, folgt

$$p_2 > p_1\,,$$

d. h., die Punkte 2 (p_2, V_2) müssen oberhalb des Punktes 1 liegen. Die Sehne 12 verläuft steiler als die Tangente an die Adiabate im Punkt 1 (Abb. 53), und die Steigerung dieser Tangente ist gleich der Ableitung $\left(\frac{\partial p_1}{\partial V_1}\right)_{s_1}$; aus diesem Grunde haben wir

$$j^2 > -\left(\frac{\partial p}{\partial V_1}\right)_{s_1}.$$

Diese Ungleichung multiplizieren wir mit V_1^2 und finden

$$j^2V_1^2 = v_1^2 > -V_1^2\left(\frac{\partial p}{\partial V_1}\right)_{s_1} = \left(\frac{\partial p}{\partial \varrho_1}\right)_{s_1} = c_1^2\,,$$

wenn c_1 die Schallgeschwindigkeit im Punkt 1 ist. Es ist also

$$v_1 > c_1\,.$$

Die Sehne 12 verläuft nicht so steil wie die Tangente im Punkt 2. Daraus folgt schließlich analog $v_2 < c_2$.[1])

Zum Schluß erwähnen wir noch, daß im Falle von $\left(\frac{\partial^2 V}{\partial p^2}\right)_s < 0$ aus der Bedingung $s_2 > s_1$ für Stoßwellen mit geringer Intensität $p_2 < p_1$ folgen würde und für die Geschwindigkeiten wieder die Ungleichungen $v_1 > c_1$, $v_2 < c_2$.

§ 87. Die Änderungsrichtung der Größen in einer Stoßwelle

Unter der Voraussetzung, daß die Ableitung (86,2) positiv ist, konnte man also für Stoßwellen mit geringer Intensität sehr leicht zeigen, daß aus der Bedingung für die Entropiezunahme

[1]) Die letzte Argumentation ist nur nahe dem Punkt 1 anwendbar, wo die Steigung der Tangente an die Stoßadiabate im Punkt 2 sich von der Ableitung $\left(\frac{\partial p_2}{\partial V_2}\right)_{s_2}$ nur um kleine Größen zweiter Ordnung unterscheidet.

notwendig die Ungleichungen

$$p_2 > p_1 , \tag{87,1}$$

$$v_1 > c_1 , \qquad v_2 < c_2 \tag{87,2}$$

folgen. Aus der oben zur Formel (85,6) gemachten Bemerkung ergibt sich, daß für $p_2 > p_1$

$$V_2 < V_1 \tag{87,3}$$

gilt, und wegen $j = v_1/V_1 = v_2/V_2$ dann auch[1])

$$v_1 > v_2 . \tag{87,4}$$

Die Ungleichungen (87,1) und (87,3) bedeuten, daß beim Durchgang des Gases durch die Stoßwelle eine Kompression erfolgt, Druck und Dichte des Gases wachsen an. Die Ungleichung $v_1 > c_1$ bedeutet, daß sich die Stoßwelle relativ zu dem vor ihr befindenden Gas mit Überschallgeschwindigkeit bewegt; daher ist klar, daß in dieses Gas keine von der Stoßwelle ausgehenden Störungen eindringen können. Mit anderen Worten, die Anwesenheit der Stoßwelle wirkt sich überhaupt nicht auf den Zustand des Gases vor ihr aus.

Wir zeigen jetzt, daß alle Ungleichungen (87,1) bis (87,4) auch für Stoßwellen mit beliebiger Intensität gültig sind, wobei wir die gleiche Voraussetzung wie oben über das Vorzeichen der Ableitung $\left(\frac{\partial^2 V}{\partial p^2}\right)_s$ machen.[2])

Die Größe j^2 bestimmt die Steigung der Sehne vom Anfangspunkt 1 der Stoßadiabate zu einem beliebigen Punkt 2 ($-j^2$ ist der Tangens des Winkels zwischen der Sehne und der V-Achse). Wir zeigen zunächst, daß die Änderungsrichtung dieser Größe bei einer Verschiebung des Punktes 2 längs der Adiabate eindeutig mit der Änderungsrichtung der Entropie s_2 bei dieser Verschiebung zusammenhängt.

Wir differenzieren die Beziehungen (85,5) und (85,8) nach den Größen des Gases 2 bei gegebenem Zustand des Gases 1. Wir betrachten also p_1, V_1 und w_1 als konstant und differenzieren nach p_2, V_2, w_2 und j. Aus (85,5) erhalten wir

$$\mathrm{d}p_2 + j^2\,\mathrm{d}V_2 = (V_1 - V_2)\,\mathrm{d}(j^2) , \tag{87,5}$$

und aus (85,8)

$$\mathrm{d}w_2 + j^2 V_2\,\mathrm{d}V_2 = \tfrac{1}{2}(V_1^2 - V_2^2)\,\mathrm{d}(j^2)$$

oder durch Ausschreiben des Differentials $\mathrm{d}w_2$

$$T_2\,\mathrm{d}s_2 + V_2(\mathrm{d}p_2 + j^2\,\mathrm{d}V_2) = \tfrac{1}{2}(V_1^2 - V_2^2)\,\mathrm{d}(j^2) .$$

Hier setzen wir $\mathrm{d}p_2 + j^2\,\mathrm{d}V_2$ aus (87,5) ein und erhalten

$$T_2\,\mathrm{d}s_2 = \tfrac{1}{2}(V_1 - V_2)^2\,\mathrm{d}(j^2) . \tag{87,6}$$

---

[1]) Geht man zu dem Koordinatensystem über, in dem das Gas 1 vor der Stoßwelle ruht und in dem sich die Welle bewegt, dann bedeutet die Ungleichung $v_1 > v_2$, daß sich das Gas hinter der Stoßwelle (mit der Geschwindigkeit $v_1 - v_2$) in dieselbe Richtung wie die Welle bewegt.

[2]) Die Ungleichungen (87,1) bis (87,4) wurden für Stoßwellen beliebiger Intensität in einem polytropen Gas von E. Jouget, 1904, und von G. Zemplén, 1905, erhalten. Der unten dargestellte Beweis für ein beliebiges Medium stammt von L. D. Landau, 1944.

Daraus entnimmt man

$$\frac{d(j^2)}{ds_2} > 0\,, \tag{87,7}$$

d. h., j^2 wächst mit zunehmendem s_2.

Wir zeigen nun, daß es auf der Stoßadiabate keine Punkte geben kann, in denen sie eine vom Punkt 1 aus gezogene Gerade berührt (wie es im Punkt O in Abb. 56 der Fall sein würde).

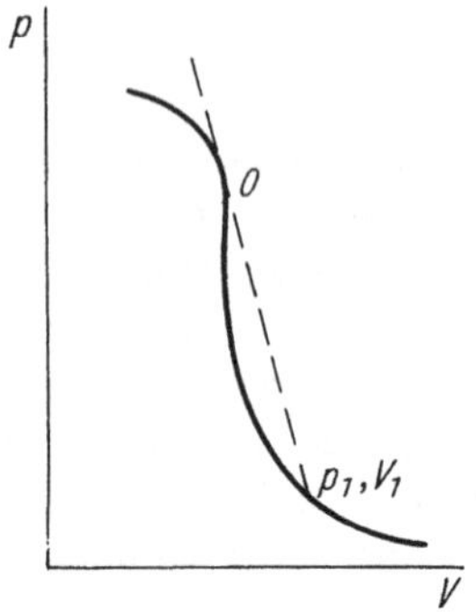

Abb. 56

In einem solchen Punkt hat der Steigungswinkel der Sehne (die vom Punkt 1 aus gezogen ist) ein Minimum; j^2 hat dementsprechend ein Maximum, deshalb ist

$$\frac{d(j^2)}{dp_2} = 0\,.$$

Wie wir der Beziehung (87,6) entnehmen, ist in diesem Falle auch

$$\frac{ds_2}{dp_2} = 0\,.$$

Weiter berechnen wir die Ableitung $d(j^2)/dp_2$ in einem beliebigen Punkt der Stoßadiabate. Wir setzen in die Beziehung (87,5) das Differential dV_2 in der Form

$$dV_2 = \left(\frac{\partial V_2}{\partial p_2}\right)_{s_2} dp_2 + \left(\frac{\partial V_2}{\partial s_2}\right)_{p_2} ds_2$$

ein, benutzen für ds_2 den Ausdruck (87,6) und teilen die Gleichung durch dp_2; so erhalten wir

$$\frac{d(j^2)}{dp_2} = \frac{1 + j^2\left(\frac{\partial V_2}{\partial p_2}\right)_{s_2}}{(V_1 - V_2)\left[1 - \frac{j^2(V_1 - V_2)}{2T_2}\left(\frac{\partial V_2}{\partial s_2}\right)_{p_2}\right]}\,. \tag{87,8}$$

Hieraus erkennen wir, daß das Verschwinden dieser Ableitung die Gleichung

$$1 + j^2\left(\frac{\partial V_2}{\partial p_2}\right)_{s_2} = 1 - \frac{v_2^2}{c_2^2} = 0$$

nach sich zieht, d. h. $v_2 = c_2$. Umgekehrt folgt aus der Gleichung $v_2 = c_2$, daß die Ableitung $\mathrm{d}(j^2)/\mathrm{d}p_2 = 0$ ist; die letztere brauchte nur dann nicht gleich Null zu sein, wenn gemeinsam mit dem Zähler in (87,8) auch der Nenner verschwinden würde; die Ausdrücke im Zähler und im Nenner sind aber zwei verschiedene Funktionen des Punktes 2 auf der Stoßadiabate, und ihr gleichzeitiges Verschwinden könnte nur rein zufällig sein und ist deshalb unwahrscheinlich.[1])

Daher folgen alle drei Gleichungen

$$\frac{\mathrm{d}(j^2)}{\mathrm{d}p_2} = 0\,, \qquad \frac{\mathrm{d}s_2}{\mathrm{d}p_2} = 0\,, \qquad v_2 = c_2 \tag{87,9}$$

auseinander, und sie müßten gleichzeitig im Punkt O auf der Kurve in Abb. 56 gelten (auf Grund der letzten Gleichung werden wir einen solchen Punkt *Schallpunkt* nennen). Schließlich erhalten wir noch für die Ableitung von $(v_2/c_2)^2$ in diesem Punkt

$$\frac{\mathrm{d}}{\mathrm{d}p_2}\left(\frac{v_2^2}{c_2^2}\right) = -\frac{\mathrm{d}}{\mathrm{d}p_2}\left[j^2\left(\frac{\partial V_2}{\partial p_2}\right)_{s2}\right] = -j^2\left(\frac{\partial^2 V_2}{\partial p_2^2}\right)_{s2}.$$

Wegen der überall vorausgesetzten Positivität der Ableitung $\left(\frac{\partial^2 V}{\partial p^2}\right)_s$ haben wir folglich in einem Schallpunkt

$$\frac{\mathrm{d}}{\mathrm{d}p_2}\frac{v_2}{c_2} < 0\,. \tag{87,10}$$

Nun ist es schon leicht, die Unmöglichkeit der Existenz von Schallpunkten auf der Stoßadiabate zu zeigen. In Punkten, die nahe zum Anfangspunkt 1 auf dem oberen Teil der Stoßadiabate liegen, haben wir $v_2 < c_2$ (siehe das Ende des vorhergehenden Paragraphen). Die Gleichheit $v_2 = c_2$ kann deshalb nur durch Vergrößerung von v_2/c_2 erreicht werden; mit anderen Worten, im Schallpunkt müßte $\mathrm{d}(v_2/c_2)/\mathrm{d}p_2 > 0$ sein, während wir nach (87,10) gerade die umgekehrte Ungleichung haben. In analoger Weise kann man sich auch von der Unmöglichkeit überzeugen, daß v_2/c_2 auf dem unteren Teil der Stoßadiabate, d. h. unterhalb des Punktes 1, gleich Eins wird.

Auf Grund der somit bewiesenen Unmöglichkeit der Existenz von Schallpunkten O können wir unmittelbar aus der graphischen Darstellung der Stoßadiabate schließen, daß der Steigungswinkel der Sehne vom Punkt 1 zum Punkt 2 kleiner wird, wenn man den Punkt 2 auf der Kurve nach oben bewegt; j^2 wächst dementsprechend monoton. Auf Grund der Ungleichung (87,7) folgt hieraus, daß auch die Entropie s_2 monoton wächst. Die Notwendigkeit der Bedingung $s_2 > s_1$ führt dann auch auf $p_2 > p_1$.

Wie man sich weiter leicht überlegen kann, gelten auf dem oberen Teil der Stoßadiabate auch die Ungleichungen $v_2 < c_2$ und $v_1 > c_1$. Die erste ist sofort einzusehen, weil sie in der Nähe des Punktes 1 gilt und das Verhältnis $\frac{v_2}{c_2}$ nirgends gleich 1 werden kann. Die zweite folgt aus der Unmöglichkeit einer solchen Krümmung der Adiabate, wie sie in Abb. 56 dargestellt ist; jede Sehne vom Punkt 1 nach einem weiter oben gelegenen Punkt 2 ist daher steiler als die Tangente an die Adiabate im Punkt 1.

---

[1]) Zur Vermeidung von Mißverständnissen betonen wir, daß die Ableitung $\mathrm{d}(j^2)/\mathrm{d}p_2$ nicht noch eine weitere unabhängige Funktion des Punktes 2 ist; der Ausdruck (87,8) ist ihre Definition.

Auf dem oberen Teil der Stoßadiabate sind also die Bedingung $s_2 > s_1$ und alle drei Ungleichungen (87,1) und (87,2) erfüllt. Umgekehrt sind auf dem unteren Teil der Adiabate alle diese Bedingungen nicht erfüllt. Folglich sind diese Bedingungen alle einander äquivalent, und die Erfüllung einer Bedingung zieht automatisch auch die Erfüllungen aller anderen Bedingungen nach sich.

Wir betonen nochmals, daß wir bei den obigen Überlegungen immer vorausgesetzt haben, daß die Ableitung $\left(\frac{\partial^2 V}{\partial p^2}\right)_s$ positiv ist. Wenn diese Ableitung ihr Vorzeichen ändern könnte, dann ließen sich aus der notwendigen thermodynamischen Ungleichung $s_2 > s_1$ keine universellen Schlüsse mehr über die Ungleichungen für die anderen Größen ziehen.

§ 88. Die Entwicklungsbedingung für Stoßwellen

Die Ableitung der Ungleichungen (87,1) bis (87,4) in § 86 und § 87 ist mit einer bestimmten Voraussetzung über die thermodynamischen Eigenschaften des Mediums verbunden, mit der Positivität der Ableitung $(\partial^2 V/\partial p^2)_s$. Es ist deshalb sehr wichtig, daß die Ungleichungen

$$v_1 > c_1, \qquad v_2 < c_2 \tag{88,1}$$

für die Geschwindigkeiten auch durch völlig andere Überlegungen gefunden werden können. Diese Überlegungen zeigen, daß Stoßwellen, in denen diese Ungleichungen nicht erfüllt sind, nicht existieren können, auch wenn dies den oben angestellten rein thermodynamischen Überlegungen nicht widersprechen würde.[1])

Man muß nämlich unbedingt noch die Stabilität der Stoßwellen untersuchen. Die allgemeinste notwendige Stabilitätsbedingung besteht in der Forderung, daß eine beliebige unendlich kleine Störung des Anfangszustandes (zu einer gewissen Zeit $t = 0$) nur zu vollständig bestimmten unendlich kleinen Änderungen der Strömung führen soll, wenigstens für einen hinreichend kleinen Zeitabschnitt t. Die letztere Einschränkung führt dazu, daß die genannte Bedingung nicht hinreichend ist; denn sogar bei exponentiellem Wachsen der kleinen Anfangsstörung (wie $e^{\gamma t}$ mit positiver Konstante γ) bleibt die Störung klein im Verlaufe von Zeiten $t \lessapprox 1/\gamma$, während sie im Endeffekt doch zur Zerstörung des gegebenen Bewegungsregimes führt. Eine Störung, die die aufgestellte notwendige Bedingung nicht erfüllt, ist die Aufspaltung der Stoßwelle in zwei (oder mehrere) aufeinanderfolgende Unstetigkeiten; die Änderung der Strömung ist hierbei offensichtlich sofort nicht klein, wenn sie auch für kleine t (solange beide Unstetigkeiten noch nicht auf eine große Entfernung auseinandergelaufen sind) nur ein kleines Abstandsintervall δx einnimmt.

Eine beliebige kleine Anfangsstörung wird durch eine gewisse Zahl unabhängiger Parameter bestimmt. Die weitere Entwicklung der Störung wird durch das System der linearisierten Grenzbedingungen bestimmt, die auf der Fläche der Unstetigkeit erfüllt sein müssen. Die oben aufgestellte notwendige Stabilitätsbedingung wird erfüllt, wenn die Zahl dieser Gleichungen mit der Zahl der in ihnen enthaltenen unbekannten Parameter

---

[1]) Wir erinnern aber daran, daß (zumindest für Stoßwellen mit geringer Intensität) diese thermodynamischen Überlegungen zu den Bedingungen (88,1) auch im Falle von $\left(\frac{\partial^2 V}{\partial p^2}\right)_s < 0$ führen, wo die Stoßwelle eine Verdünnungswelle ist (und keine Kompressionswelle); hierauf wurde schon am Ende von § 86 hingewiesen.

zusammenfällt; dann bestimmen die Grenzbedingungen die weitere Entwicklung der Störung, die für kleine t klein bleibt. Wenn die Zahl der Gleichungen größer oder kleiner als die Zahl der unabhängigen Parameter ist, dann besitzt das Problem der kleinen Störung gar keine Lösung oder eine unendlich große Menge von Lösungen. Beide Fälle würden von der Unrichtigkeit der am Anfang gemachten Voraussetzung (über die Kleinheit der Störung für kleine t) zeugen und würden deshalb im Widerspruch mit der gestellten Forderung stehen. Die auf diese Weise formulierte Bedingung heißt *Entwicklungsbedingung* für die Strömung.

Wir betrachten eine Störung der Stoßwelle, die eine unendlich kleine Verschiebung in der Richtung senkrecht zur Fläche der Stoßwelle darstellt. [1]) Sie wird begleitet von unendlich kleinen Störungen auch der anderen Größen (des Druckes, der Geschwindigkeit usw.) des Gases auf beiden Seiten der Unstetigkeitsfläche. Nachdem diese Störungen in der Nähe der Welle entstanden sind, breiten sie sich dann mit Schallgeschwindigkeit (relativ zum Gas) aus. Das trifft nicht auf Störungen der Entropie zu, die nur mit dem Gas selbst mitgeführt werden. Eine beliebige Störung gegebener Art kann man somit als Summe von Schallstörungen und einer Störung der Entropie ansehen. Die Schallstörungen breiten sich in den Gasen 1 und 2 auf beiden Seiten der Stoßwelle aus; die Störung der Entropie verschiebt sich nur zusammen mit dem Gas und ist offenbar nur im Gas 2 hinter der Stoßwelle vorhanden. In jeder Schallstörung hängen die Änderungen aller Größen über bestimmte Beziehungen miteinander zusammen, die aus den Bewegungsgleichungen folgen (wie bei einer beliebigen Schallwelle, § 64); daher wird jede dieser Störungen nur durch einen einzigen Parameter bestimmt.

Wir berechnen jetzt die Zahl der möglichen Schallstörungen. Sie hängt von der relativen Größe der Strömungsgeschwindigkeiten v_1 und v_2 und der Schallgeschwindigkeiten c_1 und c_2 ab. Die Strömungsrichtung des Gases (von der Seite 1 zur Seite 2) wählen wir als positive x-Richtung. Die Ausbreitungsgeschwindigkeit einer Störung im Gas 1 relativ zu der ruhenden Stoßwelle ist $u_1 = v_1 \pm c_1$, im Gase 2 ist sie $u_2 = v_2 \pm c_2$. Da diese Störungen von der Stoßwelle fortlaufen sollen, müssen $u_1 < 0$ und $u_2 > 0$ sein.

Wir setzen $v_1 > c_1$ und $v_2 < c_2$ voraus. Dann sind beide Werte von $u_1 = v_1 \pm c_1$ positiv; von den beiden Werten für u_2 wird nur $v_2 + c_2$ positiv. Im Gas 1 kann es folglich überhaupt

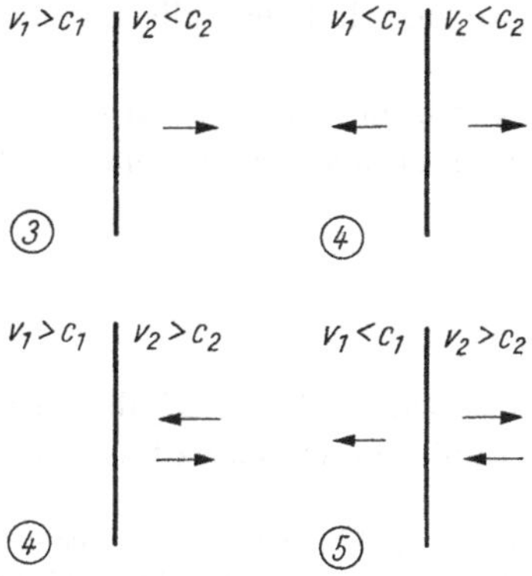

Abb. 57

[1]) Die unten dargelegte Begründung der Ungleichungen (88,1) stammt von L. D. LANDAU (1944).

keine uns interessierende Schallstörungen geben; im Gas 2 gibt es nur eine, die sich relativ zum Gas mit der Geschwindigkeit $+c_2$ ausbreitet. Ähnlich erfolgt die Abzählung auch in den anderen Fällen.

Das Ergebnis ist in Abb. 57 dargestellt. Jeder Pfeil entspricht einer Schallstörung, die sich relativ zum Gas in Pfeilrichtung ausbreitet. Jede Schallstörung wird, wie oben erwähnt worden ist, durch einen Parameter bestimmt. Außerdem gibt es in allen vier Fällen noch zwei Parameter: einen Parameter für die Störung der Entropie im Gas 2 und einen Parameter für die Verschiebung der Stoßwelle.

Für jeden der vier Fälle in Abb. 57 gibt die Ziffer im Kreis die so erhaltene Gesamtzahl der Parameter einer beliebigen Störung an, die bei der Verschiebung der Stoßwelle entsteht.

Andererseits haben wir drei notwendige Grenzbedingungen, denen eine Störung auf der Unstetigkeitsfläche genügen muß (die Stetigkeitsbedingungen für Massen-, Energie- und Impulsstrom). Außer im ersten Fall ist bei allen in Abb. 57 dargestellten Fällen die Anzahl der uns zur Verfügung stehenden Parameter größer als die Anzahl der Gleichungen. Wir sehen, daß die Entwicklungsbedingung nur für Stoßwellen erfüllt ist, die den Bedingungen (88,1) genügen. Diese Bedingungen sind also für die Existenz von Stoßwellen notwendig, unabhängig von den thermodynamischen Eigenschaften des Mediums. Eine künstlich entstandene Unstetigkeit, die diese Bedingungen nicht erfüllt, würde sofort in andere Unstetigkeiten zerfallen.[1])

Eine der Entwicklungsbedingung genügende Stoßwelle ist gegenüber dem betrachteten Typ von Störungen auch im üblichen Sinne dieses Begriffs stabil. Setzt man die Verschiebung der Stoßwelle (und mit ihr auch die Störungen aller anderen Größen) als proportional zu $e^{-i\omega t}$ an, dann ist von vornherein offensichtlich, daß der durch die Grenzbedingungen eindeutig bestimmte Wert von ω nur Null sein kann; dies ergibt sich aus einer Dimensionsbetrachtung, da es bei unserem Problem keinen Parameter mit der Dimension einer reziproken Zeit gibt, der einen von Null verschiedenen Wert für ω bestimmen könnte.

Wir kommen in § 90 auf die Frage der Stabilität von Stoßwellen zurück.

§ 89. Stoßwellen in einem polytropen Gas

Wir wenden die in den vorhergehenden Paragraphen erhaltenen allgemeinen Beziehungen auf Stoßwellen in einem polytropen Gas an.

Die Enthalpie eines polytropen Gases wird durch die einfache Formel (83,11) gegeben. Diesen Ausdruck setzen wir in (85,9) ein und erhalten nach einer einfachen Umformung

$$\frac{V_2}{V_1} = \frac{(\gamma + 1)\, p_1 + (\gamma - 1)\, p_2}{(\gamma - 1)\, p_1 + (\gamma + 1)\, p_2}. \tag{89,1}$$

Mit dieser Beziehung kann man aus drei der Größen p_1, V_1, p_2, V_2 die vierte bestimmen. Das Verhältnis V_2/V_1 ist eine monoton fallende Funktion des Verhältnisses p_2/p_1 und strebt

[1]) In allen in Abb. 57 aufgezählten Fällen, in denen die Entwicklungsbedingung nicht erfüllt ist, ist die Störung unterbestimmt: die Zahl der willkürlichen Parameter übersteigt die Zahl der Gleichungen. Wir erwähnen, daß in der Magnetohydrodynamik die Entwicklungsbedingung für Stoßwellen nicht erfüllt sein kann, sowohl auf Grund von Unterbestimmtheit als auch von Überbestimmtheit der Störungen (s. VIII, § 73).

gegen den endlichen Grenzwert $\frac{\gamma - 1}{\gamma + 1}$. Die Kurve für die Abhängigkeit zwischen p_2 und V_2 bei gegebenen p_1 und V_1 (Stoßadiabate) ist in Abb. 58 dargestellt. Sie ist eine gleichseitige Hyperbel mit den Asymptoten

$$\frac{V_2}{V_1} = \frac{\gamma - 1}{\gamma + 1}, \qquad \frac{p_2}{p_1} = -\frac{\gamma - 1}{\gamma + 1}.$$

Einen realen Sinn hat, wie wir wissen, nur der obere Teil der Kurve oberhalb des Punktes $V_2/V_1 = p_2/p_1 = 1$, der in Abb. 58 (für $\gamma = 1{,}4$) durch eine ausgezogene Linie wiedergegeben ist.

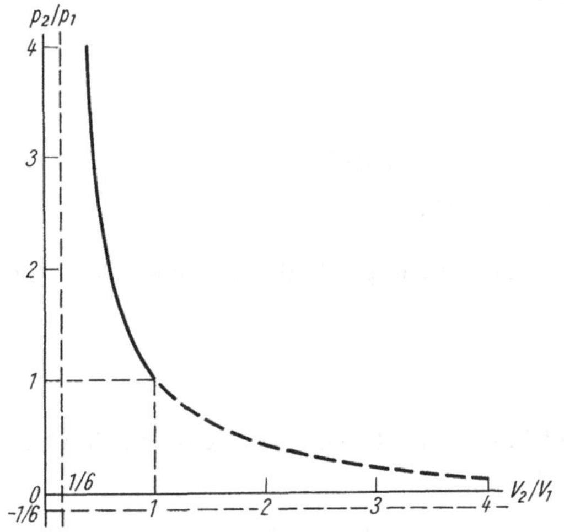

Abb. 58

Für das Verhältnis der Temperaturen auf beiden Seiten der Unstetigkeitsfläche haben wir nach der Zustandsgleichung für ein thermodynamisch ideales Gas $T_2/T_1 = p_2V_2/p_1V_1$, so daß

$$\frac{T_2}{T_1} = \frac{p_2}{p_1}\left[\frac{(\gamma + 1)\,p_1 + (\gamma - 1)\,p_2}{(\gamma - 1)\,p_1 + (\gamma + 1)\,p_2}\right] \tag{89,2}$$

ist. Für den Strom j erhalten wir aus (85,6) und (89,1)

$$j^2 = \frac{(\gamma - 1)\,p_1 + (\gamma + 1)\,p_2}{2V_1} \tag{89,3}$$

und daraus für die Ausbreitungsgeschwindigkeit der Stoßwelle gegenüber den Gasen, die sich vor und hinter ihr befinden,

$$v_1^2 = \frac{V_1}{2}\left[(\gamma - 1)\,p_1 + (\gamma + 1)\,p_2\right] = \frac{c_1^2}{2\gamma}\left[(\gamma - 1) + (\gamma + 1)\frac{p_2}{p_1}\right],$$

$$v_2^2 = \frac{V_1}{2}\,\frac{[(\gamma + 1)\,p_1 + (\gamma - 1)\,p_2]^2}{[(\gamma - 1)\,p_1 + (\gamma + 1)\,p_2]} = \frac{c_2^2}{2\gamma}\left[(\gamma - 1) + (\gamma + 1)\frac{p_1}{p_2}\right], \tag{89,4}$$

und für die Differenz der Geschwindigkeiten

$$v_1 - v_2 = \frac{\sqrt{2V_1}\,(p_2 - p_1)}{[(\gamma - 1)\,p_1 + (\gamma + 1)\,p_2]^{1/2}}\,. \tag{89,5}$$

Für Anwendungen sind Formeln nützlich, die die Verhältnisse der Dichten, der Drücke und der Temperaturen in einer Stoßwelle durch die Mach-Zahl $\mathrm{Ma}_1 = v_1/c_1$ ausdrücken. Diese Formeln kann man mühelos aus den oben abgeleiteten Beziehungen gewinnen, sie lauten:

$$\frac{\varrho_2}{\varrho_1} = \frac{v_1}{v_2} = \frac{(\gamma + 1)\,\mathrm{Ma}_1^2}{(\gamma - 1)\,\mathrm{Ma}_1^2 + 2}, \tag{89,6}$$

$$\frac{p_2}{p_1} = \frac{2\gamma\,\mathrm{Ma}_1^2}{\gamma + 1} - \frac{\gamma - 1}{\gamma + 1}, \tag{89,7}$$

$$\frac{T_2}{T_1} = \frac{[2\gamma\,\mathrm{Ma}_1^2 - (\gamma - 1)][(\gamma - 1)\,\mathrm{Ma}_1^2 + 2]}{(\gamma + 1)^2\,\mathrm{Ma}_1^2}\,. \tag{89,8}$$

Die Mach-Zahl $\mathrm{Ma}_2 = v_2/c_2$ ist durch die folgende Beziehung mit Ma_1 verbunden:

$$\mathrm{Ma}_2^2 = \frac{2 + (\gamma - 1)\,\mathrm{Ma}_1^2}{2\gamma\,\mathrm{Ma}_1^2 - (\gamma - 1)}\,. \tag{89,9}$$

Diese Beziehung ist in Ma_1 und Ma_2 symmetrisch, was offensichtlich wird, wenn man sie in die folgende Form umschreibt:

$$2\gamma\,\mathrm{Ma}_1^2\,\mathrm{Ma}_2^2 - (\gamma - 1)\,(\mathrm{Ma}_1^2 + \mathrm{Ma}_2^2) = 2\,.$$

Wir wollen die Formeln für den Grenzfall von Stoßwellen mit sehr großer Intensität aufschreiben (dafür ist $(\gamma - 1)\,p_2 \gg (\gamma + 1)\,p_1$ notwendig). Aus (89,1) und (89,2) erhalten wir

$$\frac{V_2}{V_1} = \frac{\varrho_1}{\varrho_2} = \frac{\gamma - 1}{\gamma + 1}, \qquad \frac{T_2}{T_1} = \frac{(\gamma - 1)p_2}{(\gamma + 1)p_1}\,. \tag{89,10}$$

Das Verhältnis T_2/T_1 wächst zusammen mit p_2/p_1 unbeschränkt, d. h., der Temperatursprung wie auch der Drucksprung in einer Stoßwelle können beliebig groß werden. Das Verhältnis der Dichten strebt gegen einen konstanten Grenzwert. Für ein einatomiges Gas ist dieser Grenzwert $\varrho_2 = 4\varrho_1$, für ein zweiatomiges $\varrho_2 = 6\varrho_1$. Die Ausbreitungsgeschwindigkeiten einer Stoßwelle mit großer Intensität sind

$$v_1 = \sqrt{\frac{\gamma + 1}{2}\,p_2 V_1}\,, \qquad v_2 = \sqrt{\frac{(\gamma - 1)^2}{2(\gamma + 1)}\,p_2 V_1}\,. \tag{89,11}$$

Sie nehmen proportional zur Wurzel aus dem Druck p_2 zu.

Zum Abschluß geben wir noch die Beziehungen für Stoßwellen mit geringer Intensität an, die die ersten Glieder der Entwicklungen nach Potenzen des kleinen Verhältnisses

$z \equiv (p_2 - p_1)/p_1$ darstellen:

$$\mathrm{Ma}_1 - 1 = 1 - \mathrm{Ma}_2 = \frac{\gamma + 1}{4\gamma} z\,, \qquad \frac{c_2}{c_1} = 1 + \frac{\gamma - 1}{2\gamma} z\,,$$
$$\frac{\varrho_2}{\varrho_1} = 1 + \frac{z}{\gamma} - \frac{\gamma - 1}{2\gamma^2} z^2\,. \tag{89,12}$$

Hier sind diejenigen Glieder beibehalten, die die ersten Korrekturen zu den Werten geben, die der Näherung für den Schall entsprechen.

Aufgaben

1. Man leite die Formel

$$v_1 v_2 = c_*^2$$

ab, wobei c_* die kritische Geschwindigkeit ist (L. PRANDTL).

Lösung. Die Größe $w + v^2/2$ ist in einer Stoßwelle stetig. Daher kann man durch

$$\frac{\gamma p_1}{(\gamma - 1)\,\varrho_1} + \frac{v_1^2}{2} = \frac{\gamma p_2}{(\gamma - 1)\,\varrho_2} + \frac{v_2^2}{2} = \frac{\gamma + 1}{2(\gamma - 1)} c_*^2$$

eine für die beiden Gase 1 und 2 gleiche kritische Geschwindigkeit einführen (vgl. (83,7)). Aus diesen Gleichungen berechnen wir p_2/ϱ_2 und p_1/ϱ_1. Die erhaltenen Ausdrücke setzen wir in die Gleichung

$$v_1 - v_2 = \frac{p_2}{\varrho_2 v_2} - \frac{p_1}{\varrho_1 v_1}$$

ein (die sich durch Kombination von (85,1) und (85,2) ergibt) und erhalten

$$\frac{\gamma + 1}{2\gamma} (v_1 - v_2) \left[1 - \frac{c_*^2}{v_1 v_2}\right] = 0\,.$$

Wegen $v_1 \neq v_2$ folgt daraus die gesuchte Beziehung.

2. Man berechne das Verhältnis p_2/p_1 aus den gegebenen Temperaturen T_1 und T_2 für eine Stoßwelle in einem thermodynamisch idealen Gas mit nicht konstanter Wärmekapazität.

Lösung. Für ein solches Gas kann man nur aussagen, daß w (wie auch ε) nur von der Temperatur abhängt und daß p, V und T durch die Zustandsgleichung $pV = RT/\mu$ miteinander verknüpft sind. Wir lösen die Gleichung (85,9) nach p_2/p_1 auf und erhalten

$$\frac{p_2}{p_1} = \frac{\mu}{RT_1}(w_2 - w_1) - \frac{T_2 - T_1}{2T_1} + \sqrt{\left[\frac{\mu(w_2 - w_1)}{RT_1} - \frac{T_2 - T_1}{2T_1}\right]^2 + \frac{T_2}{T_1}}$$

mit $w_1 = w(T_1)$ und $w_2 = w(T_2)$.

§ 90. Wellenförmige Instabilität von Stoßwellen

Die Erfüllung der Entwicklungsbedingung ist notwendig, aber noch nicht hinreichend für die Stabilität einer Stoßwelle. Die Welle kann sich als instabil erweisen gegenüber Störungen, die längs der Unstetigkeitsfläche periodisch sind, also „Riffelungen“ oder „Kräuselungen“ auf dieser Fläche darstellen (Störungen dieses Typs wurden schon in § 29 für tangentiale

Unstetigkeiten betrachtet).[1]) Wir wollen zeigen, in welcher Weise dieses Problem für Stoßwellen in einem beliebigen Medium untersucht werden kann (S. P. DJAKOW, 1954).

Die Stoßwelle ruhe und nehme die Ebene $x = 0$ ein; die Flüssigkeit bewege sich durch sie hindurch von links nach rechts in positiver x-Richtung. Die Unstetigkeitsfläche erleide eine Störung, bei der sich ihre Punkte längs der x-Achse um die kleine Größe

$$\zeta = \zeta_0 \, e^{-i(k_y y - \omega t)} \tag{90,1}$$

verschieben; k_y ist der Wellenvektor der „Riffelung". Diese Riffelung der Fläche erzeugt eine Störung der Strömung hinter der Stoßwelle, im Gebiet $x > 0$ (die Strömung vor der Unstetigkeit, für $x < 0$, erfährt keine Störung wegen ihrer Überschallgeschwindigkeit).

Eine beliebige Störung der Strömung setzt sich aus einer Entropie-Wirbel-Welle und einer Schallwelle zusammen (s. Aufgabe zu § 82). In beiden Wellen wird die Abhängigkeit der Größen von der Zeit und den Koordinaten durch einen Faktor der Form $\exp\,[i(\boldsymbol{kr} - \omega t)]$ gegeben mit der gleichen Frequenz ω wie auch in (90,1). Aus Symmetrieüberlegungen ist offensichtlich, daß der Wellenvektor $\boldsymbol{k}$ in der xy-Ebene liegt; seine y-Komponente fällt mit k_y in (90,1) zusammen, und seine x-Komponente ist verschieden für die beiden Störungstypen.

In der Entropie-Wirbel-Welle gilt $\boldsymbol{k}\boldsymbol{v}_2 = \omega$, d. h. $k_x = \omega/v_2$ (v_2 ist die ungestörte Geschwindigkeit des Gases hinter der Unstetigkeit). In dieser Welle gibt es keine Störung des Druckes, die Störung des spezifischen Volumens hängt mit der Störung der Entropie zusammen, $\delta V^{(\mathrm{Ent})} = (\partial V/\partial s)_p \, \delta s$, und die Störung der Geschwindigkeit genügt der Bedingung

$$\boldsymbol{k} \, \delta \boldsymbol{v}^{(\mathrm{Ent})} = \frac{\omega}{v_2} \, \delta v_x^{(\mathrm{Ent})} + k_y \, \delta v_y^{(\mathrm{Ent})} = 0\,. \tag{90,2}$$

In der Schallwelle im sich bewegenden Gas wird der Zusammenhang zwischen der Frequenz und dem Wellenvektor durch die Gleichung $(\omega - \boldsymbol{kv})^2 = c^2 k^2$ gegeben (s. (68,1)); daher wird k_x in dieser Welle durch die Gleichung

$$(\omega - k_x v_2)^2 = c_2^2 (k_x^2 + k_y^2) \tag{90,3}$$

bestimmt. Die Störungen des Druckes, des spezifischen Volumens und der Geschwindigkeit sind miteinander verknüpft durch die Beziehungen

$$\delta p^{(\mathrm{Sch})} = -(c_2/V_2)^2 \, \delta V^{(\mathrm{Sch})}\,, \tag{90,4}$$

$$(\omega - v_2 k_x) \, \delta \boldsymbol{v}^{(\mathrm{Sch})} = V_2 \boldsymbol{k} \, \delta p^{(\mathrm{Sch})}\,. \tag{90,5}$$

Die gesamte Störung ist eine Linearkombination der beiden Typen von Störungen:

$$\delta \boldsymbol{v} = \delta \boldsymbol{v}^{(\mathrm{Ent})} + \delta \boldsymbol{v}^{(\mathrm{Sch})}\,, \qquad \delta V = \delta V^{(\mathrm{Ent})} + \delta V^{(\mathrm{Sch})}\,, \qquad \delta p = \delta p^{(\mathrm{Sch})}\,. \tag{90,6}$$

Sie muß bestimmte Grenzbedingungen auf der gestörten Unstetigkeitsfläche erfüllen.

Vor allem muß auf dieser Fläche die Tangentialkomponente der Geschwindigkeit stetig sein, und der Sprung der Normalkomponente muß nach Gleichung (85,7) mit dem gestörten Druck und der gestörten Dichte zusammenhängen. Diese Bedingungen schreiben sich als

$$\boldsymbol{v}_1 \boldsymbol{t} = (\boldsymbol{v}_2 + \delta \boldsymbol{v}) \, \boldsymbol{t}\,,$$

$$\boldsymbol{v}_1 \boldsymbol{n} - (\boldsymbol{v}_2 + \delta \boldsymbol{v}) \, \boldsymbol{n} = [(p_2 - p_1 + \delta p)\,(V_1 - V_2 - \delta V)]^{1/2}\,,$$

[1]) Die Instabilität gegenüber solchen Störungen nennt man wellenförmige Instabilität oder Riffelinstabilität (corrugation instability im Englischen).

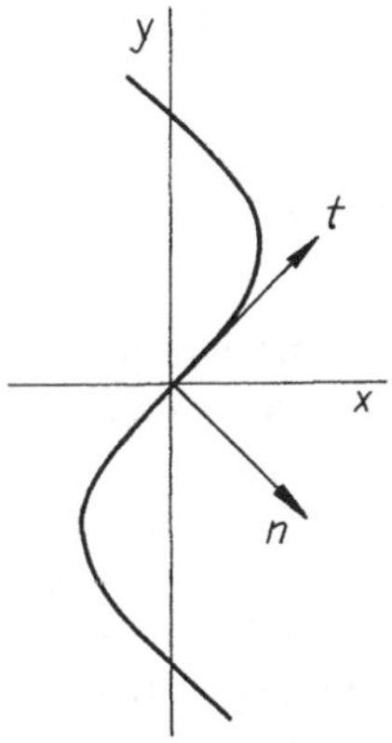

Abb. 59

wobei $\boldsymbol{t}$ und $\boldsymbol{n}$ die Einheitsvektoren in Richtung der Tangente und der Normalen zur Unstetigkeitsfläche sind (Abb. 59). Mit Genauigkeit bis zu kleinen Gliedern erster Ordnung sind die Komponenten dieser Vektoren (in der xy-Ebene) durch $\boldsymbol{t} = (ik\zeta, 1)$ und $\boldsymbol{n} = (1, -ik\zeta)$ gegeben; der Ausdruck $ik\zeta$ entsteht aus der Ableitung $\partial\zeta/\partial y$. Mit der gleichen Genauigkeit haben die Grenzbedingungen für die Geschwindigkeit die Form

$$\delta v_y = ik\zeta(v_1 - v_2), \qquad \delta v_x = \frac{v_2 - v_1}{2}\left[\frac{\delta p}{p_2 - p_1} - \frac{\delta V}{V_1 - V_2}\right]. \tag{90,7}$$

Weiterhin müssen die gestörten Werte $p_2 + \delta p$ und $v_2 + \delta V$ dieselbe Gleichung der Stoßadiabate erfüllen wie auch die ungestörten p_2 und V_2:

$$\delta p = \frac{dp_2}{dV_2}\,\delta V, \tag{90,8}$$

wobei die Ableitung auf der Adiabate zu nehmen ist.

Schließlich ergibt sich noch eine Beziehung aus dem Zusammenhang zwischen dem Materialstrom durch die Unstetigkeitsfläche und den Sprüngen des Druckes und der Dichte auf ihr. Für die ungestörte Unstetigkeit wird diese Beziehung durch die Formel (85,6) gegeben, und für die gestörte gilt die analoge Beziehung

$$\frac{1}{V_1^2}(\boldsymbol{v}_1\boldsymbol{n} - \boldsymbol{u}\boldsymbol{n})^2 = \frac{p_2 - p_1 + \delta p}{V_1 - V_2 - \delta V},$$

wobei $\boldsymbol{u}$ die Geschwindigkeit der Punkte der Unstetigkeitsfläche ist. In erster Näherung bezüglich der kleinen Größen haben wir $\boldsymbol{u}\boldsymbol{n} = -i\omega\zeta$; indem wir die aufgeschriebene Gleichung auch noch nach Potenzen von δp und δV entwickeln, erhalten wir

$$\frac{2i\omega}{v_1}\zeta = \frac{\delta p}{p_2 - p_1} + \frac{\delta V}{V_1 - V_2}. \tag{90,9}$$

Die Gleichungen (90,2), (90,4) und (90,5), (90,7) bis (90,9) bilden ein System von acht linearen algebraischen Gleichungen für die acht Größen ζ, δp, $\delta V^{(\mathrm{Ent})}$, $\delta V^{(\mathrm{Sch})}$, $\delta v_{x,y}^{(\mathrm{Ent})}$, $\delta v_{x,y}^{(\mathrm{Sch})}$.[1])

---

[1]) Alle diese Gleichungen werden bei $x = 0$ genommen, und unter den aufgezählten Größen in ihnen kann man die konstanten Amplituden verstehen, d. h. ohne die veränderlichen Exponentialfaktoren.

Die Verträglichkeitsbedingung für diese Gleichungen (ausgedrückt durch das Verschwinden ihrer Koeffizientendeterminante) hat die Form

$$\frac{2\omega v_2}{v_1}\left(k_y^2 + \frac{\omega^2}{v_2^2}\right) - \left(\frac{\omega^2}{v_1 v_2} + k_x^2\right)(\omega - v_2 k_y)(1 + h) = 0\,, \qquad (90,10)$$

wo zur Abkürzung die Bezeichnung $h = j^2(\mathrm{d}V_2/\mathrm{d}p_2)$ eingeführt wurde und j die übliche Bedeutung hat: $j = v_1/V_1 = v_2/V_2$. Die Größe k_x in (90,10) ist als Funktion von k_y und ω zu verstehen, bestimmt durch die Gleichung (90,3).

Die Bedingung für Instabilität besteht in der Existenz von exponentiell mit der Zeit anwachsenden Störungen, wobei diese Störungen mit der Entfernung von der Unstetigkeitsfläche (d. h. für $x \to \infty$) exponentiell abfallen müssen; die letzte Bedingung besagt, daß die Stoßwelle die Quelle der Störung ist und nicht irgendeine Quelle außerhalb von ihr. Mit anderen Worten, die Welle ist instabil, wenn die Gleichung (90,10) Lösungen hat mit

$$\operatorname{Im}\omega > 0\,, \qquad \operatorname{Im} k_x > 0\,. \qquad (90,11)$$

Die Untersuchung der Gleichung (90,10) zur Ermittlung der Bedingungen für die Existenz solcher Lösungen ist sehr langwierig. Wir werden diese Untersuchung hier nicht ausführen, sondern beschränken uns auf die Angabe des Endresultats.[1]) Die wellenförmige Instabilität einer Stoßwelle tritt auf für

$$j^2 \frac{\mathrm{d}V_2}{\mathrm{d}p_2} < -1 \qquad (90,12)$$

oder

$$j^2 \frac{\mathrm{d}V_2}{\mathrm{d}p_2} > 1 + 2\frac{v_2}{c_2}\,; \qquad (90,13)$$

wir erinnern, daß die Ableitung auf der Stoßadiabate zu nehmen ist (bei gegebenen p_1, V_1).[2])

Die Bedingungen (90,12) und (90,13) beziehen sich auf das Vorhandensein komplexer Wurzeln der Gleichung (90,10), die den Forderungen (90,11) genügen. Unter bestimmten Bedingungen kann diese Gleichung aber auch Wurzeln mit reellen ω und k_x haben; dies entspricht realen ungedämpften von der Unstetigkeit „auslaufenden" Schall- und Entropiewellen, d. h. der spontanen Ausstrahlung von Schall durch die Unstetigkeitsfläche. Wir werden über eine solche Situation wie über eine besondere Form der Instabilität der Stoßwelle sprechen, obwohl eine Instabilität im eigentlichen Sinne hier nicht vorliegt: Eine einmal auf der Unstetigkeitsfläche entstandene Störung (Riffelung) wird unbegrenzt lange Wellen ausstrahlen und dabei weder gedämpft noch verstärkt werden; die von den ausgestrahlten Wellen weggetragene Energie wird dem gesamten sich bewegenden Medium entnommen.[3])

---

[1]) Diese Untersuchung kann man in der Originalarbeit finden: S. P. Djakow (С. П. Дяков), Zh. eksper. teor. Fiz. **27**, 288 (1954). Im folgenden Paragraphen wird noch eine weniger strenge, dafür aber anschaulichere Begründung der Bedingungen (90,12) und (90,13) gegeben.

[2]) Wir bemerken, daß bei der Ableitung von (90,12) und (90,13) nur die unbedingt notwendige Bedingung (88,1) benutzt wurde, nicht aber die Ungleichung $p_2 > p_1$. Diese Instabilitätsbedingungen beziehen sich deshalb auch auf Verdünnungsstoßwellen, die bei $(\partial^2 V/\partial p^2)_s < 0$ existieren könnten.

[3]) Man vergleiche mit der analogen Situation bei tangentialen Unstetigkeiten, Aufgabe 2, § 84.

Zur Ermittlung der Bedingungen für das Auftreten dieser Erscheinung schreiben wir die Gleichung (90,10) um, indem wir den Winkel Θ zwischen $\boldsymbol{k}$ und der x-Achse einführen:

$$c_2 k_x = \omega_0 \cos \Theta\,, \qquad c_2 k_y = \omega_0 \sin \Theta\,, \qquad \omega = \omega_0 \left(1 + \frac{v_2}{c_2} \cos \Theta\right),$$

$$\omega_0^2 = c_2^2 (k_x^2 + k_y^2) \tag{90,14}$$

(ω_0 ist die Schallfrequenz im Koordinatensystem, das sich zusammen mit dem Gas hinter der Stoßwelle bewegt); damit erhalten wir aus (90,10) die in $\cos \Theta$ quadratische Gleichung

$$\frac{v_2^2}{c_2^2}\left[\frac{4}{1+h} + \frac{v_1}{v_2} - 1\right]\cos^2\Theta + \frac{2v_2}{c_2}\left[\frac{3 + (v_2/c_2)^2}{1+h} - 1\right]\cos\Theta$$
$$+ \frac{2[1 + (v_2/c_2)^2]}{1+h} - \left(1 + \frac{v_1 v_2}{c_2^2}\right) = 0\,. \tag{90,15}$$

Die Ausbreitungsgeschwindigkeit der Schallwelle im sich mit der Geschwindigkeit v_2 bewegenden Gas relativ zur ruhenden Unstetigkeitsfläche ist $v_2 + c_2 \cos \Theta$. Die Schallwelle wird auslaufend, wenn diese Summe positiv ist, d. h., wenn

$$-v_2/c_2 < \cos \Theta < 1 \tag{90,16}$$

(die Werte $\cos \Theta < 0$ gehören zu den Fällen, bei denen der Vektor $\boldsymbol{k}$ zur Unstetigkeit hin gerichtet ist, die Mitnahme der Schallwelle durch das sich bewegende Gas aber doch zum „Auslaufen“ der Schallwelle führt). Eine spontane Ausstrahlung von Schall durch die Stoßwelle tritt auf, wenn die Gleichung (90,15) eine in diesen Grenzen liegende Wurzel besitzt. Eine einfache Untersuchung führt zu der folgenden Ungleichung, die das Gebiet dieser Instabilität bestimmt[1]):

$$\frac{1 - v_2^2/c_2^2 - v_1 v_2/c_2^2}{1 - v_2^2/c_2^2 + v_1 v_2/c_2^2} < j^2 \frac{\mathrm{d}V_2}{\mathrm{d}p_2} < 1 + 2\frac{v_2}{c_2} \tag{90,17}$$

(die untere Grenze und die obere Grenze in dieser Bedingung entsprechen der unteren und der oberen Grenze in den Bedingungen (90,16)). Das Gebiet (90,17) grenzt an das Instabilitätsgebiet (90,13) an, erweitert es.

Das Entstehen der Instabilität der Stoßwellen im Gebiet (90,17) kann man auch von einem etwas anderen Gesichtspunkt aus behandeln, indem man die Reflexion von Schall an der Unstetigkeitsfläche betrachtet, der von der Seite des komprimierten Gases einfällt. Da sich die Stoßwelle relativ zum Gas vor ihr mit Überschallgeschwindigkeit bewegt, kann der Schall in dieses Gas nicht eindringen. Im Gas hinter der Stoßwelle werden wir neben der einfallenden Schallwelle noch die reflektierte Schallwelle und eine Entropie-Wirbel-Welle haben (und auf der Unstetigkeitsfläche entsteht eine Riffelung). Die Aufgabe der Bestimmung des Reflexionskoeffizienten ist in bezug auf das Herangehen ähnlich zur Stabilitätsuntersuchung. Der Unterschied besteht darin, daß in den Grenzbedingungen neben den zu bestimmenden Amplituden der von der Unstetigkeit auslaufenden (reflektierten) Wellen auch die gegebene Amplitude der einlaufenden (einfallenden) Schallwelle auftritt. An Stelle

---

[1]) Auf diese Instabilität hat schon S. P. Djakow (1954) hingewiesen; der richtige Wert für die untere Grenze in (90,17) wurde von W. M. Kontorowitsch (1957) gefunden.

eines Systems homogener algebraischer Gleichungen werden wir jetzt ein System inhomogener Gleichungen haben, in denen die Glieder mit der Amplitude der einfallenden Welle die Rolle der Inhomogenität spielen. Die Lösung dieses Systems wird durch Ausdrücke gegeben, in deren Nennern die Determinante der homogenen Gleichungen steht, also gerade die Determinante, die gleich Null gesetzt die Dispersionsgleichung für spontane Störungen (90,10) liefert. Die Tatsache, daß diese Gleichung im Gebiet (90,17) reelle Wurzeln für $\cos\Theta$ besitzt, bedeutet, daß ein bestimmter Wert für den Reflexionswinkel existiert (und damit auch für den Einfallswinkel), bei dem der Reflexionskoeffizient unendlich wird. Dies ist eine andere Formulierung der Möglichkeit spontaner Schallausstrahlung, d. h. Ausstrahlung ohne von außen einfallende Schallwelle.

Das gleiche gilt auch für den Durchgangskoeffizienten für Schall, der von vorn auf die Unstetigkeitsfläche einfällt. In diesem Falle existiert keine reflektierte Welle, und hinter der Unstetigkeitsfläche gibt es die durchgehende Schallwelle und die Entropie-Wirbel-Welle. Im Gebiet (90,17) ist es möglich, daß der Durchgangskoeffizient unendlich wird. [1]

Wir machen noch Bemerkungen über einige im Prinzip mögliche Typen von Stoßadiabaten, die die betrachteten Instabilitätsgebiete enthalten. [2]

Die Bedingung (90,12) fordert eine negative Ableitung dp_2/dV_2, wobei im Punkt 2 die Stoßadiabate (zur Abszisse) weniger steil geneigt sein muß als ihre Sehne 12 (d. h. gerade umgekehrt wie in den üblichen Fällen, Abb. 53). Dafür muß sich die Adiabate umbiegen, wie in Abb. 60 gezeigt; die Instabilitätsbedingung (90,12) ist im Abschnitt *ab* erfüllt.

Die Bedingung (90,13) fordert eine positive Ableitung dp_2/dV_2, wobei die Steigung der Adiabate hinreichend klein sein muß. In Abb. 60 ist diese Bedingung auf bestimmten Abschnitten der Adiabate erfüllt, die unmittelbar an die Punkte *a* und *b* angrenzen und das Instabilitätsgebiet auf diese Weise verbreitern. Die Bedingung (90,13) kann auch auf

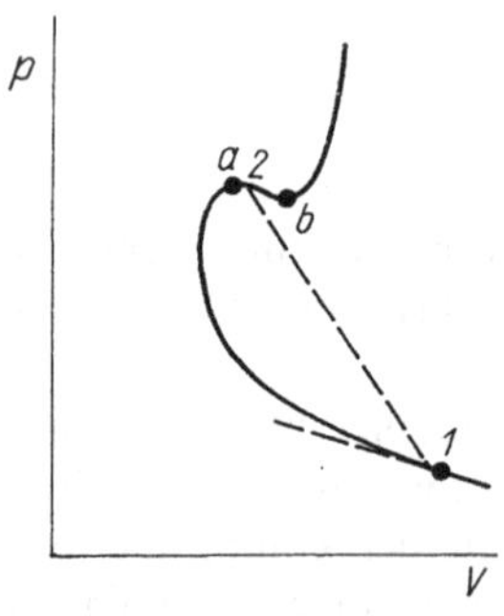

Abb. 60

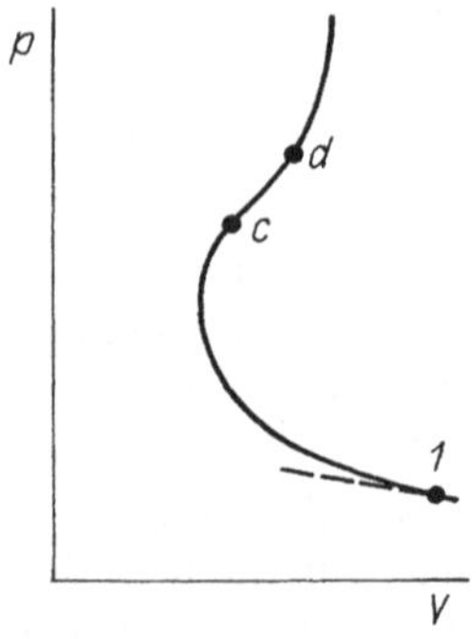

Abb. 61

[1] Bezüglich der Berechnung des Reflexionskoeffizienten und des Durchgangskoeffizienten für Schall an einer Stoßwelle bei beliebigen Einfallsrichtungen in einem beliebigen Medium siehe S. P. Djakow (С. П. Дяков), Zh. eksper. teor. Fiz. **33** (1957) 948, 962; W. M. Kontorowitsch (В. М. Конторович) J. exp. theor. Phys. **33**, 1527 (1957); Akust. J. **5**, 314 (1959)

[2] Im polytropen Gas gilt $h = -(c_1/v_1)^2$, wovon man sich leicht mit Hilfe der in § 89 erhaltenen Formeln überzeugt. Die Bedingungen (90,12), (90,13) und (90,17) sind damit offensichtlich nicht erfüllt, so daß die Stoßwelle stabil ist. Stabil sind natürlich auch Stoßwellen mit geringer Intensität in einem beliebigen Medium.

einem Abschnitt (cd in Abb. 61) einer Adiabate erfüllt sein, die keinen Abschnitt des Typs *ab* enthält.

Die Bedingung (90,17) ist noch weniger einschränkend als (90,13) und verbreitert weiter das Instabilitätsgebiet auf einer Stoßadiabate mit $\mathrm{d}p_2/\mathrm{d}V_2 > 0$. Darüber hinaus kann die untere Grenze in (90,17) auch negativ sein, so daß eine Instabilität dieses Typs im Prinzip auch auf einem gewissen Abschnitt einer Adiabate der üblichen Form möglich ist, wo die Ableitung $\mathrm{d}p_2/\mathrm{d}V_2$ überall negativ ist.

Die Frage nach dem weiteren Schicksal riffelinstabiler Stoßwellen hängt eng mit dem folgenden bemerkenswerten Umstand zusammen: Bei Erfüllung der Bedingungen (90,12) oder (90,13) erweist sich die Lösung der hydrodynamischen Gleichungen als nicht eindeutig (C. S. Gardner, 1963). Für zwei Zustände des Mediums, 1 und 2, die miteinander durch die Beziehungen (85,1) bis (85,3) verbunden sind, ist die Stoßwelle üblicherweise die einzige Lösung des Problems der (eindimensionalen) Strömung, die das Medium aus dem Zustand 1 in den Zustand 2 überführt. Es zeigt sich nun, daß bei Erfüllung der Bedingungen (90,12) oder (90,13) im Zustand 2 die Lösung der gegebenen hydrodynamischen Aufgabe nicht eindeutig ist: Der Übergang vom Zustand 1 in den Zustand 2 kann nicht nur in der Stoßwelle verwirklicht werden, sondern auch durch ein komplizierteres System von Wellen. Diese zweite Lösung (man kann sie die Zerfallslösung nennen) besteht aus einer Stoßwelle geringerer Intensität, aus einer ihr nachfolgenden Kontaktunstetigkeit und aus einer isentropen nichtstationären Verdünnungswelle (s. unten § 99), die sich (relativ zum Gas hinter der Stoßwelle) in entgegengesetzter Richtung ausbreitet. In der Stoßwelle vergrößert sich die Entropie von s_1 auf einen gewissen Wert $s_3 < s_2$, und die weitere Entropievergrößerung von s_3 bis zum vorgegebenen s_2 erfolgt sprunghaft in der Kontaktunstetigkeit (dieses Bild bezieht sich auf den unten in Abb. 78b dargestellten Typ; vorausgesetzt ist die Erfüllung der Ungleichung (86,2)).[1])

Die Frage, wodurch die Auswahl einer der beiden Lösungen bei konkreten hydrodynamischen Aufgaben bestimmt wird, ist nicht geklärt. Wird die Zerfallslösung ausgewählt, so würde dies bedeuten, daß die Instabilität der Stoßwelle mit spontaner Verstärkung der Riffelung der Fläche gar nicht verwirklicht wird. Dem Anschein nach kann aber diese Auswahl nicht mit der Instabilität zusammenhängen, da die Nichteindeutigkeit der Lösung nicht auf das Gebiet der Bedingungen (90,12), (90,13) beschränkt ist.[2])

Aufgaben

1. Auf eine Stoßwelle fällt von hinten (von der Seite des komprimierten Gases) senkrecht zu ihrer Fläche eine Schallwelle ein. Man bestimme den Reflexionskoeffizienten für den Schall.

Lösung. Wir betrachten den Prozeß im Koordinatensystem, in dem die Stoßwelle ruht und das Gas sich durch sie hindurch in Richtung der positiven x-Achse bewegt; die einfallende Schallwelle

---

[1]) In der Arbeit von C. S. Gardner, Phys. Fluids **6**, 1366 (1963), ist dies für das Gebiet (90,13) gezeigt. Eine allgemeinere Betrachtung, die auch das Gebiet (90,12) einschließt, wurde von N. M. Kusnezow (Н. М. Кузнецов), Zh. eksper. teor. Fiz. **88**, 470 (1985), gegeben; dort sind auch Stoßadiabaten betrachtet worden, die die Bedingung $\left(\frac{\partial^2 V}{\partial p^2}\right)_s > 0$ verletzen, wobei sich die Zerfallslösungen aus anderen Systemen von Wellen zusammensetzen.

[2]) Dem Anschein nach erstreckt sich das Gebiet auf der Stoßadiabate, in dem die Lösung nicht eindeutig ist, etwas über die Grenzen des durch diese Bedingungen bestimmten Instabilitätsgebietes hinaus. Vergleiche hierzu die oben angegebene Arbeit von N. M. Kusnezow.

breitet sich in negativer x-Richtung aus. Bei senkrechtem Einfall (und deshalb auch senkrechter Reflexion) ist in der reflektierten Entropiewelle die Geschwindigkeit $\delta v^{(\mathrm{Ent})} = 0$. Die Störung des Druckes ist $\delta p = \delta p^{(\mathrm{Sch})} + \delta p^{(0)}$, wobei sich der Index (0) auf die einfallende Schallwelle bezieht und der Index (Sch) auf die reflektierte Schallwelle. Für die Geschwindigkeit $\delta v_x \equiv \delta v$ haben wir

$$\delta v = \frac{V_2}{c_2}(\delta p^{(\mathrm{Sch})} - \delta p^{(0)})$$

(die Differenz tritt auf an Stelle der Summe wegen der entgegengesetzten Ausbreitungsrichtungen der beiden Wellen). Die zweite der Grenzbedingungen (90,7) hat die frühere Form (jedoch steht in ihr jetzt $\delta V = \delta V^{(0)} + \delta V^{(\mathrm{Sch})} + \delta V^{(\mathrm{Ent})}$); unter Berücksichtigung von (90,8) und der Formel (85,6) schreiben wir sie um in

$$\delta v = -\frac{1-h}{2j}(\delta p^{(\mathrm{Sch})} + \delta p^{(0)}).$$

Durch Gleichsetzen der beiden Ausdrücke für δv erhalten wir für das gesuchte Verhältnis der Amplituden des Druckes in der reflektierten und der einfallenden Schallwelle

$$\frac{\delta p^{(\mathrm{Sch})}}{\delta p^{(0)}} = -\frac{1 - 2\,\mathrm{Ma}_2 - h}{1 + 2\,\mathrm{Ma}_2 - h} \tag{1}$$

(wobei $\mathrm{Ma}_2 = v_2/c_2$). Dieses Verhältnis wird unendlich an der oberen Grenze des Gebietes (90,17).

Für ein polytropes Gas ist $h = -\mathrm{Ma}_1^{-2}$. Bei schwacher Intensität der Stoßwelle ($p_2 - p_1 \ll p_1$) strebt das Verhältnis (1) gegen Null wie $(p_2 - p_1)^2$, und im entgegengesetzten Fall großer Intensität strebt es gegen den konstanten Grenzwert

$$\frac{\delta p^{(\mathrm{Sch})}}{\delta p^{(0)}} \approx -\frac{\sqrt{\gamma} - \sqrt{2(\gamma-1)}}{\sqrt{\gamma} + \sqrt{2(\gamma-1)}}.$$

2. Auf eine Stoßwelle falle von vorn, senkrecht zu ihr, eine ebene Schallwelle ein. Man berechne den Durchgangskoeffizienten für den Schall.[1])

Lösung. Die Störung im Gas 1 vor der Stoßwelle ist

$$\delta p_1 = \delta p^{(0)}, \qquad \delta V_1 = \delta V^{(0)} = -\frac{V_1^2}{c_1^2}\delta p_1, \qquad \delta v_1 = \frac{V_1}{c_1}\delta p_1$$

und im Gas 2 hinter ihr

$$\delta p_2 = \delta p^{(\mathrm{Sch})}, \qquad \delta V_2 = \delta V^{(\mathrm{Sch})} + \delta V^{(\mathrm{Ent})}, \qquad \delta v_2 = \frac{V_2}{c_2}\delta p_2$$

(die Indizes (0), (Sch), (Ent) beziehen sich auf die einfallende Schallwelle, auf die durchgehende Schallwelle und die Entropiewelle). Die Störungen δp_2 und δV_2 sind miteinander verknüpft durch die aus der Gleichung der Stoßadiabate folgende Beziehung: Wenn wir diese Gleichung in der Form $V_2 = V_2(p_2; p_1, V_1)$ schreiben, dann wird

$$\begin{aligned}\delta V_2 &= \left(\frac{\partial V_2}{\partial p_2}\right)_H \delta p_2 + \left(\frac{\partial V_2}{\partial V_1}\right)_H \delta V_1 + \left(\frac{\partial V_2}{\partial p_1}\right)_H \delta p_1 \\ &= \left(\frac{\partial V_2}{\partial p_2}\right)_H \delta p_2 + \left[-\frac{V_1^2}{c_1^2}\left(\frac{\partial V_2}{\partial V_1}\right)_H + \left(\frac{\partial V_2}{\partial p_1}\right)_H\right]\delta p_1\end{aligned}$$

---

[1]) Für ein polytropes Gas wurde diese Aufgabe von D. I. Blochinzew (1945) und J. M. Burgers (1946) betrachtet.

(der Index H bei den Ableitungen bedeutet, daß sie auf der Hugoniotschen Adiabate zu nehmen sind[2])). Die Grenzbedingung (90,7) nimmt jetzt die Form

$$\delta v_2 - \delta v_1 = -\frac{v_1 - v_2}{2}\left[\frac{\delta p_2 - \delta p_1}{p_2 - p_1} - \frac{\delta V_2 - \delta V_1}{V_1 - V_2}\right]$$
$$= -\frac{1}{2j}[\delta p_2 - \delta p_1 - j^2(\delta V_2 - \delta V_1)]$$

an. Setzen wir die beiden Ausdrücke für $\delta v_2 - \delta v_1$ gleich, so erhalten wir für das gesuchte Verhältnis der Amplituden der durchgehenden und der einfallenden Schallwelle

$$\frac{\delta p^{(\mathrm{Sch})}}{\delta p^{(0)}} = \frac{(1 + \mathrm{Ma}_1)^2 + q}{1 + 2\,\mathrm{Ma}_2 - h}, \tag{2}$$

wobei h die frühere Bedeutung hat und

$$q = j^2\left[-\frac{V_1^2}{c_1^2}\left(\frac{\partial V_2}{\partial V_1}\right)_{\mathrm{H}} + \left(\frac{\partial V_2}{\partial p_1}\right)_{\mathrm{H}}\right].$$

Für ein polytropes Gas gilt

$$q = -\frac{\gamma - 1}{\gamma + 1}\frac{(\mathrm{Ma}_1^2 - 1)^2}{\mathrm{Ma}_1^2},$$

und der Durchgangskoeffizient wird

$$\frac{\delta p^{(\mathrm{Sch})}}{\delta p^{(0)}} = \frac{(1 + \mathrm{Ma}_1)^2}{1 + 2\mathrm{Ma}_2 + \mathrm{Ma}_1^{-2}}\left[1 - \frac{\gamma - 1}{\gamma + 1}\left(1 - \frac{1}{\mathrm{Ma}_1}\right)^2\right].$$

Bei schwacher Intensität der Stoßwelle ergibt sich hieraus

$$\frac{\delta p^{(\mathrm{Sch})}}{\delta p^{(0)}} \approx 1 + \frac{\gamma + 1}{2\gamma}\frac{p_2 - p_1}{p_1}$$

und im entgegengesetzten Fall großer Intensität

$$\frac{\delta p^{(\mathrm{Sch})}}{\delta p^{(0)}} \approx \frac{1}{\gamma + \sqrt{2\gamma(\gamma - 1)}}\frac{p_2}{p_1}.$$

In beiden Fällen übersteigt die Amplitude des Druckes in der durchgehenden Schallwelle den Druck in der einfallenden Welle.

§ 91. Die Ausbreitung einer Stoßwelle in einem Rohr

Wir betrachten die Ausbreitung einer Stoßwelle in einem Medium, das ein langes Rohr mit veränderlichem Querschnitt ausfüllt. Dabei besteht unser Ziel in der Bestimmung des Einflusses der Änderung der Fläche der Stoßwelle auf ihre Geschwindigkeit (G. B. Whitham, 1958).

Wir werden annehmen, daß sich die Querschnittsfläche des Rohres nur langsam längs seiner Länge (x-Achse) ändert, d. h. nur wenig auf Abständen von der Größenordnung der

---

[2]) Die Ableitung $(\partial V_2/\partial p_2)_{\mathrm{H}}$ ist diejenige, die wir oben einfach durch $\mathrm{d}V_2/\mathrm{d}p_2$ bezeichnet haben, wobei wir gemeint haben, daß die Ableitung bei konstanten p_1, V_1 zu nehmen ist.

Rohrweite. Dies gibt die Möglichkeit, die Näherung anzuwenden (man nennt sie die *hydraulische Näherung*), die schon in § 77 benutzt wurde: Man kann alle Größen im Strom auf jedem Querschnitt des Rohres als konstant ansehen und die Geschwindigkeit als parallel zur Rohrachse; mit anderen Worten, die Strömung wird als quasieindimensional betrachtet. Eine solche Strömung wird durch die folgenden Gleichungen beschrieben:

$$\frac{\partial v}{\partial t} + v\frac{\partial v}{\partial x} + \frac{1}{\varrho}\frac{\partial p}{\partial x} = 0\,, \tag{91,1}$$

$$\frac{\partial p}{\partial t} + v\frac{\partial p}{\partial x} - c^2\left(\frac{\partial \varrho}{\partial t} + v\frac{\partial \varrho}{\partial x}\right) = 0\,, \tag{91,2}$$

$$S\frac{\partial \varrho}{\partial t} + \frac{\partial}{\partial x}(\varrho v S) = 0\,. \tag{91,3}$$

Die erste ist die Eulersche Gleichung, die zweite Gleichung drückt aus, daß die Strömung adiabatisch verläuft, und die dritte ist die Kontinuitätsgleichung, aufgeschrieben in der Form (77,1).

Zur Klärung der uns interessierenden Frage ist es ausreichend, ein Rohr zu betrachten, bei dem nicht nur die Änderung des Querschnitts langsam erfolgt, sondern bei dem auch die absolute Größe der Änderung auf der gesamten Rohrlänge klein bleibt. Dann bleibt auch die mit der Querschnittsänderung verbundene Störung der Strömung klein, und die Gleichungen (91,1) bis (91,3) können linearisiert werden. Schließlich müssen noch Anfangsbedingungen gestellt werden, die irgendwelche äußere Störungen ausschließen, die auf die Bewegung der Stoßwelle einwirken könnten; uns interessiert nur die Störung, die mit der Änderung von $S(x)$ zusammenhängt. Dieses Ziel wird erreicht durch die Annahme, daß sich die Stoßwelle am Anfang mit konstanter Geschwindigkeit in einem Rohr mit konstantem Querschnitt bewegt und daß sich die Querschnittsfläche erst rechts von einem gewissen Punkt an (den wir als $x = 0$ nehmen) ändert.

Die linearisierten Gleichungen (91,1) bis (91,3) haben die Form

$$\frac{\partial \delta v}{\partial t} + v\frac{\partial \delta v}{\partial x} + \frac{1}{\varrho}\frac{\partial \delta p}{\partial x} = 0\,,$$

$$\frac{\partial \delta p}{\partial t} + v\frac{\partial \delta p}{\partial x} - c^2\left(\frac{\partial \delta\varrho}{\partial t} + v\frac{\partial \delta\varrho}{\partial x}\right) = 0\,,$$

$$\frac{\partial \delta\varrho}{\partial t} + v\frac{\partial \delta\varrho}{\partial x} + \varrho\frac{\partial \delta v}{\partial x} + \frac{\varrho v}{S}\frac{\partial \delta S}{\partial x} = 0\,,$$

wobei Buchstaben ohne Index die konstanten Werte der Größen im homogenen Strom im homogenen Teil des Rohres bezeichnen und Symbole mit δ die Änderung dieser Größen im Rohr mit veränderlichem Querschnitt. Wir multiplizieren die erste bzw. dritte dieser Gleichungen mit ϱc bzw. c^2, addieren dann alle drei Gleichungen und erhalten die folgende Kombination:

$$\left[\frac{\partial}{\partial t} + (v + c)\frac{\partial}{\partial x}\right](\delta p + \varrho c\delta v) = -\frac{\varrho v c^2}{S}\frac{\partial \delta S}{\partial x}\,. \tag{91,4}$$

Die allgemeine Lösung dieser Gleichung ist die Summe der allgemeinen Lösung der homogenen Gleichung und einer speziellen Lösung der Gleichung mit rechter Seite. Die erste Lösung ist $F(x - vt - ct)$ mit einer beliebigen Funktion F; diese Lösung beschreibt eine von links kommende Schallstörung. Im homogenen Teil, bei $x < 0$, soll aber keine Störung vorliegen; deshalb muß man $F \equiv 0$ setzen. Auf diese Weise reduziert sich die Lösung auf das Integral der inhomogenen Gleichung:

$$\delta p + \varrho c \delta v = - \frac{\varrho v c^2}{v + c} \frac{\delta S}{S}. \tag{91,5}$$

Die Stoßwelle bewegt sich von links nach rechts mit der Geschwindigkeit $v_1 > c_1$ durch das unbewegte Medium mit den gegebenen Werten p_1, ϱ_1. Die Bewegung im Medium hinter der Stoßwelle (im Medium 2) wird durch die Lösung (91,5) bestimmt im gesamten Teil des Rohres links von dem Punkt, der von der Unstetigkeit zum gegebenen Zeitpunkt erreicht worden ist. Nach dem Durchgang der Welle bleiben alle Größen auf jedem Querschnitt des Rohres zeitlich konstant, d. h., sie behalten diejenigen Werte, die sie im Moment des Durchgangs der Unstetigkeit bekommen haben: der Druck den Wert p_2, die Dichte ϱ_2 und die Geschwindigkeit den Wert $v_1 - v_2$ (in Übereinstimmung mit den vereinbarten Bezeichnungen in diesem Kapitel ist v_2 die Geschwindigkeit des Gases relativ zur sich bewegenden Stoßwelle; die Geschwindigkeit des Gases relativ zur Rohrwand ist dann $v_1 - v_2$). In diesen Bezeichnungen erhält die Gleichung (91,5) die Form

$$\frac{\delta S}{S} = - \frac{v_1 - v_2 + c_2}{\varrho_2 (v_1 - v_2) c_2^2} \{\delta p_2 + \varrho_2 c_2 (\delta v_1 - \delta v_2)\}. \tag{91,6}$$

Alle die Größen δv_1, δv_2, δp_2 lassen sich durch eine von ihnen ausdrücken, z. B. durch δv_1. Dafür schreiben wir die variierten Beziehungen (85,1), (85,2) auf der Unstetigkeit (für gegebene p_1 und ϱ_1) auf:

$$\varrho_1 \delta v_1 = v_2 \delta \varrho_2 + \varrho_2 \delta v_2, \qquad 2j(\delta v_1 - \delta v_2) = \delta p_2 + v_2^2 \delta \varrho_2$$

(wobei $j = \varrho_1 v_1 = \varrho_2 v_2$ der ungestörte Wert des Stromes ist); hierzu ist noch die Beziehung

$$\delta p_2 = \frac{\mathrm{d} p_2}{\mathrm{d} \varrho_2} \delta \varrho_2$$

hinzuzufügen, wo die Ableitung auf der Hugoniotschen Adiabate zu nehmen ist. Die Rechnung führt schließlich zu der folgenden Gleichung, die die Änderung δv_1 der Geschwindigkeit der Stoßwelle relativ zum unbewegten Gas vor ihr mit der Änderung δS der Querschnittsfläche des Rohres verknüpft:

$$- \frac{1}{S} \frac{\delta S}{\delta v_1} = \frac{v_1 - v_2 + c_2}{v_1 c_2} \left[\frac{1 + 2 v_2 / c_2 - h}{1 + h} \right], \tag{91,7}$$

wo wieder die Bezeichnung

$$h = - \frac{j^2}{\varrho_2^2} \frac{\mathrm{d} \varrho_2}{\mathrm{d} p_2} = j^2 \frac{\mathrm{d} V_2}{\mathrm{d} p_2} \tag{91,8}$$

eingeführt wurde.

Der Koeffizient vor der eckigen Klammer in (91,7) ist positiv. Das Vorzeichen des Verhältnisses $\delta v_1/\delta S$ wird deshalb durch das Vorzeichen des Ausdrucks in dieser Klammer bestimmt. Für alle stabilen Stoßwellen ist dieses Vorzeichen positiv, so daß $\delta v_1/\delta S < 0$ gilt. Jedoch bei Erfüllung irgendeiner der Bedingungen (90,12), (90,13) für die wellenförmige Instabilität wird der Ausdruck in den Klammern negativ, so daß $\delta v_1/\delta S > 0$ wird.

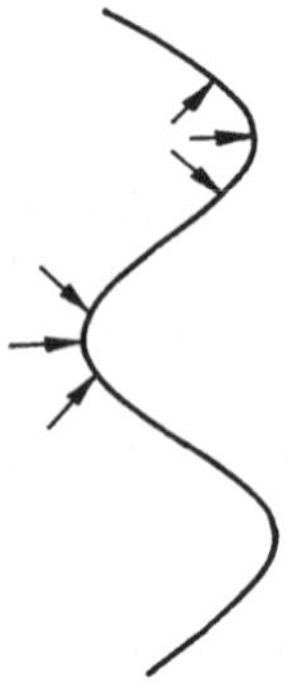

Abb. 62

Dieses Resultat bietet die Möglichkeit der anschaulichen Erklärung des Ursprungs der Instabilität. In Abb. 62 ist die „geriffelte“ sich nach rechts bewegende Fläche der Stoßwelle dargestellt; die Richtung der Stromlinien ist durch Pfeile schematisch angegeben. Bei Verschiebung der Stoßwelle wächst die Fläche δS auf den vorspringenden Teilen der Fläche, und auf den zurückbleibenden Teilen verringert sie sich. Bei $\delta v_1/\delta S < 0$ führt dies zu einer Verlangsamung der vorspringenden Teile und zu einer Beschleunigung der zurückbleibenden, so daß die Fläche bestrebt ist, sich zu glätten. Im Gegensatz dazu wird bei $\delta v_1/\delta S > 0$ die Störung der Form der Fläche verstärkt: die vorstehenden Teile werden noch weiter vorangehen und die zurückgebliebenen noch weiter zurückbleiben.[1])

§ 92. Schräge Stoßwellen

Wir behandeln eine stationäre Stoßwelle und gehen dabei von dem oben überall gewählten Koordinatensystem ab, in dem die Geschwindigkeit des Gases senkrecht zu dem betreffenden Flächenelement der Welle liegt. Die Stromlinien können eine solche Wellenfläche unter einem beliebigen Winkel schneiden, wobei sich eine Brechung der Stromlinien ergibt. Die Tangentialkomponente der Strömungsgeschwindigkeit ändert sich beim Durchgang durch eine Stoßwelle nicht, die Normalkomponente nimmt nach (87,4) ab:

$$v_{1t} = v_{2t}, \qquad v_{1n} > v_{2n}.$$

Beim Durchgang durch eine Stoßwelle werden die Stromlinien also zur Welle hin gebrochen (wie in Abb. 63 dargestellt). Die Brechung der Stromlinien an einer Stoßwelle erfolgt somit immer in eine bestimmte Richtung.

---

[1]) Der Ausdruck (91,7) für ein beliebiges (nicht polytropes) Medium und sein Zusammenhang mit der Bedingung für die wellenförmige Instabilität von Stoßwellen wurden von S. G. Sugak und von W. E. Fortow, A. L. Hu (1981) angegeben.

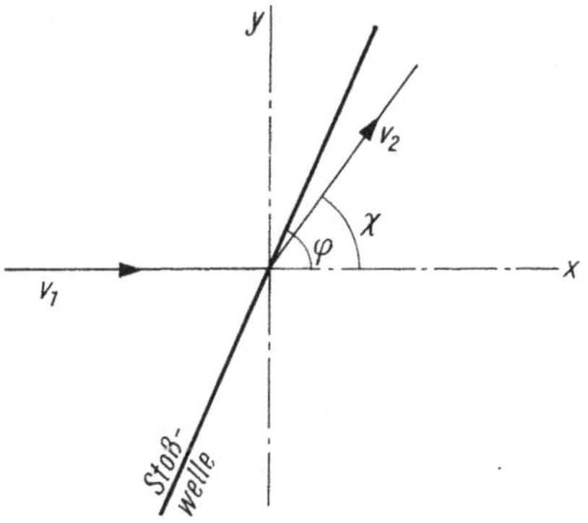

Abb. 63

Wir wählen die Richtung der Geschwindigkeit $\mathbf{v}_1$ des Gases vor der Stoßwelle als x-Achse, und φ sei der Winkel zwischen der Unstetigkeitsfläche und der x-Achse (Abb. 63). Die für den Winkel φ möglichen Werte sind durch die Bedingung beschränkt, daß die Normalkomponente der Geschwindigkeit $\mathbf{v}_1$ die Schallgeschwindigkeit c_1 überschreiten soll. Wegen $v_{1n} = v \sin \varphi$ folgt hieraus, daß φ beliebige Werte im Intervall zwischen $\pi/2$ und dem Machschen Winkel α_1 haben kann:

$$\alpha_1 < \varphi < \pi/2\,, \qquad \sin \alpha_1 = c_1/v_1 \equiv 1/\mathrm{Ma}_1\,.$$

Die Strömung hinter der Stoßwelle kann sowohl Unter- als auch Überschallgeschwindigkeit haben (nur die Normalkomponente der Geschwindigkeit muß kleiner als die Schallgeschwindigkeit c_2 sein). Die Strömung vor der Stoßwelle ist unbedingt eine Überschallströmung. Strömt das Gas auf beiden Seiten der Stoßwelle mit Überschallgeschwindigkeit, dann können sich alle Störungen längs der Fläche der Stoßwelle nur in Richtung der Tangentialkomponente der Strömungsgeschwindigkeit ausbreiten. In diesem Sinne kann man von einer „Richtung" der Stoßwelle sprechen und in bezug auf irgendeine Stelle zwischen „auslaufenden" und „einlaufenden" Wellen unterscheiden (ähnlich wie wir es bereits für die Charakteristiken getan haben, in deren Umgebung die Strömung immer Überschallgeschwindigkeit hat; s. § 82). Haben wir es hinter der Stoßwelle mit einer Unterschallströmung zu tun, dann verliert der Begriff der Richtung streng genommen seinen Sinn, weil sich die Störungen auf der Fläche der Stoßwelle nach allen Seiten ausbreiten können.

Wir wollen jetzt die Beziehung zwischen den beiden Geschwindigkeitskomponenten des Gases beim Durchgang durch eine schräge Stoßwelle ableiten. Dabei werden wir das Gas als polytrop voraussetzen.

Die Stetigkeit der zur Welle tangentialen Geschwindigkeitskomponente besagt $v_1 \cos \varphi = v_{2x} \cos \varphi + v_{2y} \sin \varphi$ oder

$$\tan \varphi = \frac{v_1 - v_{2x}}{v_{2y}}\,. \tag{92,1}$$

Weiter verwenden wir die Formel (89,6). In dieser Formel bedeuten v_1 und v_2 die zur Ebene der Stoßwelle normalen Geschwindigkeitskomponenten; sie müssen jetzt durch $v_1 \sin \varphi$ und $v_{2x} \sin \varphi - v_{2y} \cos \varphi$ ersetzt werden. Wir erhalten

$$\frac{v_{2x} \sin \varphi - v_{2y} \cos \varphi}{v_1 \sin \varphi} = \frac{\gamma - 1}{\gamma + 1} + \frac{2c_1^2}{(\gamma + 1)\, v_1^2 \sin^2 \varphi}\,. \tag{92,2}$$

Aus den beiden aufgeschriebenen Beziehungen kann man den Winkel φ eliminieren. Nach einfachen Rechnungen erhalten wir die folgende Formel für den Zusammenhang zwischen v_{2x} und v_{2y} (für gegebene v_1 und c_1):

$$v_{2y}^2 = (v_1 - v_{2x})^2 \frac{\frac{2}{\gamma+1}\left(v_1 - \frac{c_1^2}{v_1}\right) - (v_1 - v_{2x})}{v_1 - v_{2x} + \frac{2}{\gamma+1}\frac{c_1^2}{v_1}}. \tag{92,3}$$

Man kann diese Formel in eine elegantere Form bringen, indem man die kritische Geschwindigkeit einführt. Nach der Bernoullischen Gleichung und der Definition der kritischen Geschwindigkeit haben wir

$$w_1 + \frac{v_1^2}{2} = \frac{c_1^2}{\gamma - 1} + \frac{v_1^2}{2} = \frac{\gamma + 1}{2(\gamma - 1)} c_*^2$$

(s. Aufgabe 1, § 89) und daraus

$$c_*^2 = \frac{\gamma - 1}{\gamma + 1} v_1^2 + \frac{2}{\gamma + 1} c_1^2 . \tag{92,4}$$

Durch Einführung dieser Größe in (92,3) erhalten wir

$$v_{2y}^2 = (v_1 - v_{2x})^2 \frac{v_1 v_{2x} - c_*^2}{\frac{2}{\gamma + 1} v_1^2 - v_1 v_{2x} + c_*^2}. \tag{92,5}$$

Die Gleichung (92,5) wird als Gleichung für die *Stoßpolare* bezeichnet (A. BUSEMANN, 1931). In Abb. 64 ist die Abhängigkeit zwischen v_{2y} und v_{2x} graphisch dargestellt; sie ist eine Kurve dritter Ordnung (eine sogenannte Strophoide). Die Kurve schneidet die Abszissenachse in den Punkten P und Q (Abb. 64), die zu den Werten $v_{2x} = c_*^2/v_1$ und $v_{2x} = v_1$ gehören.[1]) Wir ziehen vom Koordinatenursprung aus einen Strahl (OB in Abb. 64) mit dem Winkel χ zur Abszissenachse. Aus der Länge des Abschnittes bis zum Schnittpunkt mit der Kurve der Stoßpolare bestimmen wir die Geschwindigkeit des Gases nach dem Sprung, der den Strom um den Winkel χ dreht. Es gibt zwei solche Schnittpunkte (A und B), d. h., zu einem gegebenen Wert χ gehören zwei verschiedene Stoßwellen. Die Richtung der Stoßwelle kann auch sofort aus diesem Diagramm graphisch bestimmt werden. Sie wird durch die Senkrechte gegeben, die vom Koordinatensprung auf die Gerade durch den Punkt Q und durch den Punkt B bzw. A gefällt wird (in Abb. 64 ist der Winkel φ für die zum Punkt B gehörende Welle dargestellt). Mit abnehmendem χ nähert sich der Punkt A dem Punkt P, der einer geraden Stoßwelle ($\varphi = \pi/2$) mit $v_2 = c_*^2/v_1$ entspricht. Der Punkt

---

[1]) Vom Punkt Q aus, der ein Doppelpunkt der Kurve ist, setzt sich die Strophoide in Wirklichkeit noch in zwei nach unendlichen $|v_{2y}|$ verlaufenden Zweigen fort mit der gemeinsamen vertikalen Asymptote

$$v_{2x} = \frac{c_*^2}{v_1} + \frac{2v_1}{\gamma + 1}$$

(in Abb. 50 nicht mit dargestellt). Die Punkte dieser Kurvenäste haben jedoch keine physikalische Bedeutung; sie würden für v_{2x} und v_{2y} Werte ergeben, die zu $v_{2n}/v_{1n} > 1$ führen, was unmöglich ist.

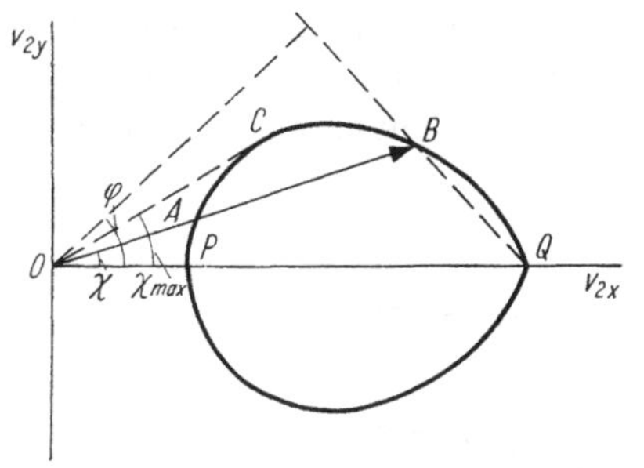

Abb. 64

B nähert sich dann dem Punkt Q, wobei die Intensität der Stoßwelle (der Geschwindigkeitssprung) gegen Null strebt. Im Grenzfall, im Punkt Q selbst, ist der Winkel φ gleich dem Machschen Winkel α_1, wie es sein muß (der Steigungswinkel der Tangente an die Stoßpolare ist in diesem Punkt in bezug auf die Abszissenachse $\pi/2 + \alpha_1$).

Aus dem Diagramm der Stoßpolare kann man sofort den wichtigen Schluß ziehen, daß der Winkel χ, um den der Gasstrom in der Stoßwelle abgelenkt wird, nicht größer als ein gewisser Maximalwert $\chi_{\max}$ sein kann, der zu dem vom Punkt O aus gezogenen Strahl gehört, der die Kurve berührt. $\chi_{\max}$ ist natürlich eine Funktion der Mach-Zahl $\mathrm{Ma}_1 = v_1/c_1$; wir geben sie hier ihres Umfanges wegen nicht an. Für $\mathrm{Ma}_1 = 1$ haben wir $\chi_{\max} = 0$. Mit zunehmendem Ma_1 wächst der Winkel $\chi_{\max}$ monoton und strebt für $\mathrm{Ma}_1 \to \infty$ gegen einen endlichen Grenzwert. Die beiden Grenzfälle kann man leicht behandeln.

Ist die Geschwindigkeit v_1 etwa gleich c_*, dann liegt auch die Geschwindigkeit v_2 in der Nähe von c_*, und der Winkel χ ist klein. Die Gleichung für die Stoßpolare kann man dann näherungsweise in der Gestalt[1])

$$\chi^2 = \frac{\gamma + 1}{2c_*^3} (v_1 - v_2)^2 (v_1 + v_2 - 2c_*) \tag{92,6}$$

schreiben (da der Winkel χ klein ist, ist hier $v_{2x} \approx v_2$, $v_{2y} \approx c_*\chi$ gesetzt worden). Nach elementarer Rechnung finden wir daraus[2])

$$\chi_{\max} = \frac{4\sqrt{\gamma + 1}}{3^{3/2}} \left(\frac{v_1}{c_*} - 1\right)^{3/2} = \frac{2^{7/2}}{3^{3/2}(\gamma + 1)} (\mathrm{Ma}_1 - 1)^{3/2} . \tag{92,7}$$

Im entgegengesetzten Grenzfall, für $\mathrm{Ma}_1 \to \infty$, entartet die Stoßpolare in einen Kreis,

$$v_{2y}^2 = (v_1 - v_{2x}) \left(v_{2x} - \frac{\gamma - 1}{\gamma + 1} v_1 \right).$$

Wie man leicht sieht, ist dabei

$$\chi_{\max} = \arcsin \frac{1}{\gamma} . \tag{92,8}$$

---

[1]) Man kann sich leicht überzeugen, daß die Gleichung (92,6) auch für ein beliebiges (nicht polytropes) Gas gilt, wenn man darin nur die Größe $(\gamma + 1)/2$ durch den in (102,2) definierten Parameter α_* ersetzt.

[2]) Diese Abhängigkeit des $\chi_{\max}$ von $\mathrm{Ma}_1 - 1$ steht in Einklang mit dem allgemeinen Ähnlichkeitsgesetz (126,7) für schallnahe Strömungen.

In Abb. 65 ist die Abhängigkeit des χ_{max} von Ma_1 für Luft dargestellt ($\gamma = 1{,}4$); das horizontale gestrichelte Linienstück zeigt den Grenzwert $\chi_{max}(\infty) = 45{,}6°$ (die obere Kurve in der Abbildung ist eine analoge Kurve für die Strömung um einen Kegel; s. § 113).

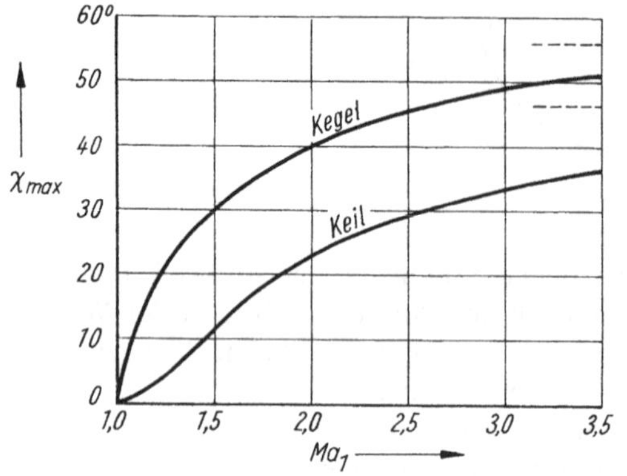

Abb. 65

Der Kreis $v_2 = c_*$ schneidet die Abszissenachse zwischen den Punkten P und Q (Abb. 64). Er teilt die Stoßpolare in zwei Teile, die zu Unter- bzw. Überschallgeschwindigkeit des Gases hinter der Unstetigkeit gehören. Der Schnittpunkt des Kreises $v_2 = c_*$ mit der Polare liegt rechts vom Punkt C, aber dicht zu ihm benachbart. Der ganze Abschnitt PC entspricht daher Übergängen zu Unterschallgeschwindigkeiten, und der Abschnitt CQ (bis auf einen kleinen Abschnitt in der Nähe des Punktes C) Übergängen zu Überschallgeschwindigkeiten.

Die Änderungen des Druckes und der Dichte in einer schrägen Stoßwelle hängen nur von der zu ihr normalen Komponente der Geschwindigkeit ab. Die Verhältnisse p_2/p_1 und ϱ_2/ϱ_1 erhält man deshalb bei gegebenen Ma_1 und φ einfach aus den Formeln (89,6), (89,7), indem man in ihnen Ma_1 durch $Ma_1 \sin\varphi$ ersetzt:

$$\frac{p_2 - p_1}{p_1} = \frac{2\gamma}{\gamma + 1}(Ma_1^2 \sin^2\varphi - 1), \tag{92,9}$$

$$\frac{\varrho_2 - \varrho_1}{\varrho_1} = \frac{2(Ma_1^2 \sin^2\varphi - 1)}{(\gamma - 1) Ma_1^2 \sin^2\varphi + 2}. \tag{92,10}$$

Diese Verhältnisse wachsen monoton, wenn der Winkel φ vom Wert $\varphi = \alpha_1$ (wo $p_2/p_1 = \varrho_2/\varrho_1 = 1$) bis $\pi/2$ zunimmt, d. h. mit der Verschiebung auf der Stoßpolaren vom Punkt Q zum Punkt P.

Wir geben noch zur Übersicht die Formel an, die den Drehwinkel χ der Geschwindigkeit durch die Zahl Ma_1 und den Winkel φ ausdrückt,

$$\cot\chi = \tan\varphi\left[\frac{(\gamma + 1) Ma_1^2}{2(Ma_1^2 \sin^2\varphi - 1)} - 1\right], \tag{92,11}$$

und die Formel, die die Zahl $Ma_2 = v_2/c_2$ aus Ma_1 und φ bestimmt:

$$Ma_2^2 = \frac{2 + (\gamma - 1) Ma_1^2}{2\gamma Ma_1^2 \sin^2\varphi - (\gamma - 1)} + \frac{2 Ma_1^2 \cos^2\varphi}{2 + (\gamma - 1) Ma_1^2 \sin^2\varphi} \tag{92,12}$$

(für $\varphi = \pi/2$ geht der letztere Ausdruck in (89,9) über).

Die beiden Stoßwellen, die durch die Stoßpolare für einen gegebenen Drehwinkel der Geschwindigkeit bestimmt werden, bezeichnet man als Wellen der *schwachen* und der *starken* Familie. Eine Stoßwelle der starken Familie (Abschnitt *PC* der Polare) hat eine größere Intensität (ein größeres Verhältnis p_2/p_1), bildet einen größeren Winkel φ mit der Richtung der Geschwindigkeit $\boldsymbol{v}_1$ und führt die Strömung aus dem Überschall- in den Unterschallbereich über. Eine Welle der schwachen Familie (Abschnitt *QC* der Polare) hat eine geringere Intensität, bildet mit dem Gasstrom einen kleineren Winkel und läßt die Strömung fast immer im Überschallbereich.

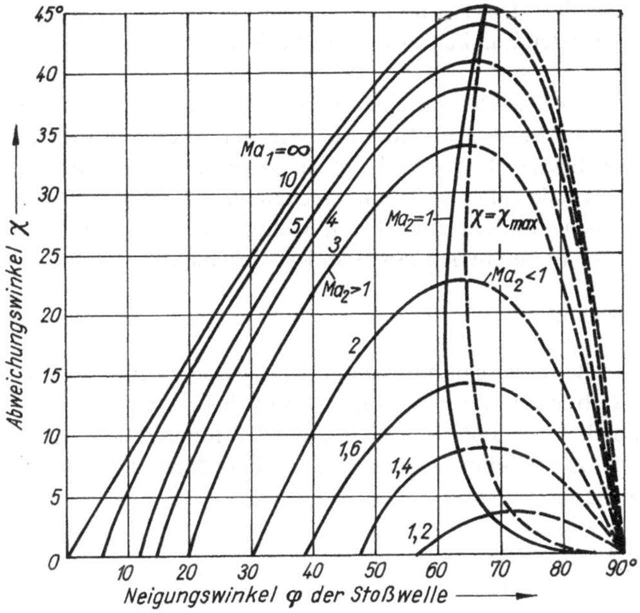

Abb. 66

Zur Illustration ist in Abb. 66 die Abhängigkeit des Abweichungswinkels χ der Geschwindigkeit vom Neigungswinkel φ der Unstetigkeitsfläche für Luft ($\gamma = 1{,}4$) dargestellt für einige Werte der Zahl Ma_1, darunter für den Grenzwert $\mathrm{Ma}_1 \to \infty$. Die ausgezogenen Äste der Kurven gehören zu den Stoßwellen der schwachen Familie, die gestrichelten Äste zu den Stoßwellen der starken Familie. Die gestrichelte Linie $\chi = \chi_{\max}$ ist der geometrische Ort aller Punkte mit maximalem (für jedes gegebene Ma_1) Abweichungswinkel, und die ausgezogene Linie $\mathrm{Ma}_2 = 1$ teilt die Gebiete der Überschall- und der Unterschallströmung hinter der Unstetigkeit; das schmale Gebiet zwischen diesen beiden Linien gehört zu Stoßwellen der schwachen Familie, die aber eine Überschallströmung in eine Unterschallströmung verwandeln. Die Differenz der Werte des Winkels φ auf den Linien $\chi = \chi_{\max}$ und $\mathrm{Ma}_2 = 1$ (bei gegebenem Ma_1) überschreitet nirgends 4,5°; die Differenz zwischen $\chi_{\max}$ und dem Wert $\chi = \chi_{\mathrm{Sch}}$ auf der Linie $\mathrm{Ma}_2 = 1$ (auch bei gegebenem Ma_1) überschreitet nicht 0,5°.[1])

---

[1]) Ausführliche Graphiken und Diagramme, die sich auf die Stoßpolare (für $\gamma = 1{,}4$) beziehen, kann man in den folgenden Büchern finden: H. W. Liepmann, A. Roschko, Elements of gas dynamics, J. Wiley, New York 1957; K. Oswatitsch, Grundlagen der Gasdynamik, Springer, Wien 1976.

§ 93. Die Fronttiefe der Stoßwellen

Bisher haben wir die Stoßwellen als geometrische Flächen ohne Ausdehnung in der Normalenrichtung angesehen. Wir behandeln jetzt die Frage nach der Struktur realer physikalischer Unstetigkeitsflächen. Wie wir sehen werden, stellen Stoßwellen mit kleinen Sprüngen in Wirklichkeit Übergangsschichten endlicher Dicke dar; die Dicke nimmt mit zunehmender Größe der Sprünge ab. Sind die Sprünge der Größen in einer Stoßwelle nicht klein, dann sind die Unstetigkeiten tatsächlich so schroff, daß es keinen Sinn hat, von einer Fronttiefe der Welle zu sprechen.

Bei der Bestimmung der Struktur und der Dicke der Übergangsschicht muß man die Zähigkeit und die Wärmeleitfähigkeit des Gases berücksichtigen, deren Einfluß wir bisher vernachlässigt haben.

Die Beziehungen (85,1) bis (85,3) in einer Stoßwelle sind aus den Bedingungen für die Konstanz der Ströme der Masse, des Impulses und der Energie abgeleitet worden. Sieht man eine Unstetigkeitsfläche als eine Schicht endlicher Dicke an, dann darf man diese Bedingungen nicht als Gleichheit der entsprechenden Größen auf beiden Seiten der Unstetigkeit aufschreiben, sondern muß ihre Konstanz auf der ganzen Dicke der Schicht fordern. Die erste dieser Bedingungen (85,1) ändert sich nicht:

$$\varrho v \equiv j = \text{const}\,. \tag{93,1}$$

In den beiden anderen Bedingungen muß man die zusätzlichen Impuls- und Energieströme infolge der inneren Reibung und der Wärmeleitfähigkeit berücksichtigen.

Die Impulsstromdichte (in x-Richtung) infolge der inneren Reibung wird durch die Komponente $-\sigma'_{xx}$ des zähen Spannungstensors gegeben. Nach dem allgemeinen Ausdruck (15,3) haben wir für diesen Tensor

$$\sigma'_{xx} = \left(\frac{4}{3}\eta + \zeta\right)\frac{\mathrm{d}v}{\mathrm{d}x}\,.$$

Die Bedingung (85,2) erhält jetzt die Gestalt[1])

$$p + \varrho v^2 - \left(\frac{4}{3}\eta + \zeta\right)\frac{\mathrm{d}v}{\mathrm{d}x} = \text{const}\,.$$

Wie in § 85 führen wir statt der Geschwindigkeit v das spezifische Volumen V durch $v = jV$ ein. Die Konstante auf der rechten Seite der Gleichung drücken wir durch die Grenzwerte der Größen in großer Entfernung vor der Stoßwelle (Seite 1) aus. Die aufgeschriebene Bedingung erhält damit die Form

$$p - p_1 + j^2(V - V_1) - \left(\frac{4}{3}\eta + \zeta\right) j\,\frac{\mathrm{d}V}{\mathrm{d}x} = 0\,. \tag{93,2}$$

Weiterhin ist die Energiestromdichte infolge der Wärmeleitung gleich $-\varkappa\, \partial T/\partial x$. Der

[1]) Die positive x-Richtung stimmt mit der Bewegungsrichtung des Gases durch die unbewegte Stoßwelle überein. Geht man zu einem Bezugssystem über, in dem sich das Gas vor der Stoßwelle nicht bewegt, so wird sich die Stoßwelle in negativer x-Richtung bewegen.

von der inneren Reibung verursachte Energiestrom ist

$$-\sigma'_{xi}v_i = -\sigma'_{xx}v = -\left(\frac{4}{3}\eta + \zeta\right)v\frac{\mathrm{d}v}{\mathrm{d}x}.$$

Auf diese Weise kann die Bedingung (85,3) in der Form

$$\varrho v\left(w + \frac{v^2}{2}\right) - \left(\frac{4}{3}\eta + \zeta\right)v\frac{\mathrm{d}v}{\mathrm{d}x} - \varkappa\frac{\mathrm{d}T}{\mathrm{d}x} = \text{const}$$

geschrieben werden. Wir führen wieder $v = jV$ ein, drücken die Konstante durch die Größen mit dem Index 1 aus und erhalten

$$w - w_1 + \frac{j^2}{2}(V^2 - V_1^2) - j\left(\frac{4}{3}\eta + \zeta\right)V\frac{\mathrm{d}V}{\mathrm{d}x} - \frac{\varkappa}{j}\frac{\mathrm{d}T}{\mathrm{d}x} = 0. \tag{93,3}$$

Wir werden hier Stoßwellen betrachten, bei denen alle Größen nur kleine Sprünge erfahren. Dann sind auch alle Differenzen $V - V_1$, $p - p_1$ usw. zwischen den Werten der Größen innerhalb und außerhalb der Übergangsschicht klein. Aus den unten resultierenden Beziehungen kann man entnehmen, daß $1/\delta$ (δ ist die Dicke der Übergangsschicht) eine kleine Größe erster Ordnung in $p_2 - p_1$ ist. Deshalb vergrößert Differentiation nach x die Ordnung kleiner Größen um eins (so daß die Ableitung $\mathrm{d}p/\mathrm{d}x$ eine Größe zweiter Ordnung ist).

Wir multiplizieren die Gleichung (93,2) mit $(V + V_1)/2$ und subtrahieren sie von Gleichung (93,3). Damit erhalten wir

$$(w - w_1) - \frac{1}{2}(p - p_1)(V + V_1) = \frac{\varkappa}{j}\frac{\mathrm{d}T}{\mathrm{d}x} \tag{93,4}$$

(hier ist das $(V - V_1)\,\mathrm{d}V/\mathrm{d}x$ enthaltende Glied weggelassen worden, da es eine Größe dritter Ordnung ist). Wir entwickeln den Ausdruck auf der linken Seite von (93,4) nach Potenzen von $p - p_1$ und $s - s_1$, wählen also Druck und Entropie als unabhängige Variable. Die Glieder erster und zweiter Ordnung in $p - p_1$ verschwinden in dieser Entwicklung (vgl. die Rechnungen bei der Ableitung der Formel (86,1)); indem wir Glieder höherer Ordnung weglassen, erhalten wir einfach $T(s - s_1)$. Die Ableitung $\mathrm{d}T/\mathrm{d}x$ schreiben wir in der Form

$$\frac{\mathrm{d}T}{\mathrm{d}x} = \left(\frac{\partial T}{\partial p}\right)_s\frac{\mathrm{d}p}{\mathrm{d}x} + \left(\frac{\partial T}{\partial s}\right)_p\frac{\mathrm{d}s}{\mathrm{d}x}.$$

Das Glied mit der Ableitung $\mathrm{d}s/\mathrm{d}x$ kann man als kleine Größe dritter Ordnung fortlassen (s. unten), und als Ergebnis finden wir die Formel, die die Funktion $s(x)$ durch die Funktion $p(x)$ ausdrückt:

$$T(s - s_1) = \frac{\varkappa}{j}\left(\frac{\partial T}{\partial p}\right)_s\frac{\partial p}{\partial x}. \tag{93,5}$$

Wir machen darauf aufmerksam, daß sich die Differenz $s - s_1$ innerhalb der Übergangsschicht als kleine Größe zweiter Ordnung erweist, während der gesamte Sprung $s_2 - s_1$ eine Größe dritter Ordnung ist (wie in § 86 gezeigt) im Vergleich zum Sprung des Druckes $p_2 - p_1$. Dies hängt damit zusammen, daß sich der Druck $p(x)$ (wie unten gezeigt wird) in der Übergangsschicht monoton von dem einen Grenzwert p_1 zum anderen p_2 ändert; die Entropie $s(x)$ dagegen, die durch die Ableitung dp/dx bestimmt wird, geht durch ein Maximum, erreicht also den größten Wert innerhalb der Übergangsschicht.

Die Gleichung für die Funktion $p(x)$ könnte man durch eine analoge Entwicklung der Gleichungen (93,2), (93,3) und ihre Kombination erhalten. Wir wählen hier jedoch einen anderen, instruktiveren Weg, der den Ursprung der verschiedenen Glieder in der Gleichung deutlicher zu verstehen erlaubt.

In § 79 wurde gezeigt, daß eine monochromatische schwache Störung des Zustandes des Gases (eine Schallwelle) bei ihrer Ausbreitung gedämpft wird mit einem zum Quadrat der Frequenz proportionalen Dekrement: $\gamma = a\omega^2$; der positive Koeffizient a ergibt sich nach Formel (79,6) aus dem Zähigkeitskoeffizienten und der Wärmeleitfähigkeit. Dort wurde auch gezeigt, daß diese Dämpfung (für eine beliebige ebene Schallwelle) durch Einführung eines zusätzlichen Gliedes in die linearisierte Bewegungsgleichung beschrieben werden kann, siehe (79,9). Ersetzen wir in dieser Gleichung die zweite Ableitung nach der Zeit durch die zweite Ableitung nach der Koordinate und ändern das Vorzeichen der Ableitung $\partial p'/\partial x$ (was der Ausbreitung der Welle in negativer x-Richtung entspricht[1]), so schreiben wir diese Gleichung in der Form

$$\frac{\partial p'}{\partial t} - c\frac{\partial p'}{\partial x} = ac^3\frac{\partial^2 p'}{\partial x^2}, \tag{93,6}$$

wo p' der veränderliche Anteil des Druckes ist.

Zur Berücksichtigung der schwachen Nichtlinearität müssen wir zu dieser Gleichung noch ein Glied der Form $p'\,\partial p'/\partial x$ hinzufügen:

$$\frac{\partial p'}{\partial t} - c\frac{\partial p'}{\partial x} - \alpha_p p'\frac{\partial p'}{\partial x} = ac^3\frac{\partial^2 p'}{\partial x^2}. \tag{93,7}$$

Der Koeffizient α_p des nichtlinearen Gliedes wird aus der entsprechenden Entwicklung der hydrodynamischen Gleichungen der idealen Flüssigkeit (ohne Dissipation) bestimmt und ist

$$\alpha_p = \frac{c^3}{2V^2}\left(\frac{\partial^2 V}{\partial p^2}\right)_s \tag{93,8}$$

(s. Aufgabe).[2]

Die Gleichung (93,7) beschreibt die Ausbreitung einer Störung in einem schwach dissipierenden, schwach nichtlinearen Medium. Bei Anwendung auf eine schwache Stoßwelle beschreibt sie deren Ausbreitung im Bezugssystem, in dem das ungestörte Gas (vor der Welle) ruht. Es ist nun notwendig, eine Lösung mit stationärem (d. h. nicht von der Zeit

---

[1]) Diese Wahl der Ausbreitungsrichtung hängt mit der in der Fußnote auf Seite 448 gemachten Bemerkung zusammen.

[2]) Durch Einführung der neuen unbekannten Funktion $u = -p'\alpha_p$ und der neuen (an Stelle von x) unabhängigen Variablen $\zeta = x + ct$ und mit der Bezeichnung $\mu = ac^3$ führen wir die Gleichung (93,7) in die Form

$$\frac{\partial u}{\partial t} + u\frac{\partial u}{\partial \zeta} = \mu\frac{\partial^2 u}{\partial \zeta^2} \tag{93,7a}$$

über, in der sie *Burgerssche Gleichung* heißt (J. M. Burgers, 1940).

abhängigem) Profil zu finden, bei der weit entfernt von der Welle, für $x \to \pm\infty$, der Druck die gegebenen Werte p_2 und p_1 annimmt; die Differenz $p_2 - p_1$ ist der Sprung des Druckes in der Unstetigkeit.[1])

Eine Welle mit stationärem Profil wird durch eine Lösung der Form

$$p'(x, t) = p'(x + v_1 t) \tag{93,9}$$

beschrieben, wobei v_1 die Ausbreitungsgeschwindigkeit einer solchen Welle ist. Einsetzen in (93,7) führt auf die Gleichung

$$\frac{\mathrm{d}}{\mathrm{d}\xi}\left[(v_1 - c)\, p' - \frac{\alpha_p}{2} p'^2 - ac^3 \frac{\mathrm{d}p'}{\mathrm{d}\xi}\right] = 0\,, \qquad \xi = x + v_1 t\,,$$

deren erstes Integral durch

$$ac^3 \frac{\mathrm{d}p'}{\mathrm{d}\xi} = -\frac{\alpha_p}{2} p'^2 + (v_1 - c)\, p' + \text{const} \tag{93,10}$$

gegeben wird. Das quadratische Polynom auf der rechten Seite der Gleichung muß gleich Null werden für die Werte von p', die den Grenzbedingungen im Unendlichen entsprechen, wo die Ableitung $\mathrm{d}p'/\mathrm{d}\xi$ verschwindet. Diese Werte sind gleich $p_2 - p_1$ und 0, wenn wir vereinbaren, p' vom ungestörten Druck p_1 vor der Welle zu zählen. Dies bedeutet, daß das erwähnte Polynom in der Form

$$-\frac{\alpha_p}{2}\,[p' - (p_2 - p_1)]\, p'$$

dargestellt werden kann, wobei sich die Konstante v_1 durch p_1 und p_2 ausdrückt:

$$v_1 = c + \frac{\alpha_p}{2}(p_2 - p_1)\,. \tag{93,11}$$

Für den gesamten Druck p erhält die Gleichung (93,10) die Form

$$ac^3 \frac{\mathrm{d}p}{\mathrm{d}\xi} = -\frac{\alpha_p}{2}(p - p_1)(p - p_2)\,.$$

Die Lösung dieser Gleichung, die den geforderten Bedingungen genügt, ist

$$p = \frac{p_1 + p_2}{2} + \frac{p_2 - p_1}{2} \tanh \frac{(p_2 - p_1)(x + v_1 t)}{4ac^3/\alpha_p}\,.$$

Damit ist die gestellte Aufgabe gelöst. Wir kehren in das Bezugssystem zurück, in dem die Stoßwelle ruht, und schreiben die Formel für den Verlauf der Druckänderung in der Form

$$p - \frac{p_1 + p_2}{2} = \frac{p_2 - p_1}{2} \tanh \frac{x}{\delta}\,, \tag{93,12}$$

---

[1]) Wir werden im folgenden sehen (§ 102), daß beim Fehlen der Dissipation die Effekte der Nichtlinearität zu einer Verformung des Profils der Welle bei ihrer Ausbreitung führen, nämlich zu einem allmählichen Anwachsen der Steilheit des Wellenprofils. Dieses Anwachsen führt seinerseits zu einer Verstärkung der dissipativen Effekte, die nach einer Verminderung der Steilheit des Profils streben (d. h. nach einer Verkleinerung der Gradienten der sich ändernden Größen). Gerade die Kompensation dieser einander entgegengesetzten Tendenzen führt zur Möglichkeit der Ausbreitung von Wellen mit stationärem Profil in einem nichtlinearen dissipativen Medium.

wobei

$$\delta = \frac{8aV^2}{(p_2 - p_1)(\partial^2 V/\partial p^2)_s}. \tag{93,13}$$

Praktisch erfolgt die gesamte Änderung des Druckes von p_1 bis p_2 auf Abständen $\sim\delta$, der Fronttiefe (Dicke) der Stoßwelle. Wie wir sehen, verringert sich die Fronttiefe der Welle bei Vergrößerung ihrer Intensität, d. h. des Sprunges des Druckes $p_2 - p_1$.[1])

Für den Verlauf der Entropieänderung innerhalb der Unstetigkeit erhalten wir aus (93,5) und (93,12)

$$s - s_1 = \frac{\varkappa}{16caVT}\left(\frac{\partial T}{\partial p}\right)_s \left(\frac{\partial^2 V}{\partial p^2}\right)_s (p_2 - p_1)^2 \frac{1}{\cosh^2(x/\delta)}. \tag{93,14}$$

Hieraus sieht man, daß sich die Entropie nicht monoton ändert, sondern daß sie in der Stoßwelle (bei $x = 0$) ein Maximum annimmt. Für $x = \pm\infty$ gibt diese Formel die gleichen Werte $s = s_1$: Dies hängt damit zusammen, daß die gesamte Entropieänderung $s_2 - s_1$ eine Größe dritter Ordnung in $p_2 - p_1$ ist (vgl. (86,1)), während $s - s_1$ eine Größe zweiter Ordnung ist.

Die Formel (93,12) ist nur für genügend kleine Differenzen $p_2 - p_1$ quantitativ anwendbar. Qualitativ können wir aber die Formel (93,13) auch dann zur Bestimmung der Größenordnung der Fronttiefe einer Stoßwelle verwenden, wenn die Differenz $p_2 - p_1$ die Größenordnung der Drücke p_1 und p_2 selbst hat. Die Schallgeschwindigkeit in einem Gas ist von der Größenordnung der thermischen Geschwindigkeit v der Moleküle. Die kinematische Zähigkeit ist nach der kinetischen Gastheorie $\nu \sim lv \sim lc$, wenn l die freie Weglänge der Moleküle bezeichnet. Daher ist $a \sim l/c^2$ (die Abschätzung des Termes mit der Wärmeleitfähigkeit ergibt dasselbe). Schließlich sind $\left(\frac{\partial^2 V}{\partial p^2}\right)_s \sim \frac{V}{p^2}$ und $pV \sim c^2$. Verwenden wir diese Ausdrücke in (93,13), so erhalten wir

$$\delta \sim l. \tag{93,15}$$

Die Fronttiefe der Stoßwellen mit großer Intensität hat also die Größenordnung der freien Weglänge der Gasmoleküle.[2]) In der makroskopischen Gasdynamik, in der das Gas als Kontinuum behandelt wird, muß man aber die freie Weglänge als gleich Null ansehen. Strenggenommen sind daher rein gasdynamische Methoden zur Untersuchung der inneren Struktur von Stoßwellen mit großer Intensität ungeeignet.

Aufgaben

1. Man bestimme den Koeffizienten α_p des nichtlinearen Gliedes in der Gleichung (93,7) für die Ausbreitung von Schallwellen in einem Gas.

---

[1]) Für eine Stoßwelle, die sich in einem Gemisch ausbreitet, ergibt sich auch durch die Diffusionsprozesse in der Übergangsschicht ein bestimmter Beitrag zu ihrer Fronttiefe. Für die Berechnung dieses Beitrages siehe S. P. Djakow (С. П. Дяков), Zh. eksper. teor. Fiz. **27**, 283 (1954).

Wir erwähnen noch, daß Stoßwellen geringer Intensität gegenüber senkrechter Modulation stabil sind (vgl. die Fußnote auf S. 436), auch wenn man ihre dissipative Struktur berücksichtigt; siehe M. D. Spektor (М. Д. Спектор), Zh. eksper. teor. Fiz., Pisma **35**, 181 (1983).

[2]) Eine starke Stoßwelle ist von einer beträchlichen Temperaturerhöhung begleitet, unter l hat man die Weglänge für eine gewisse mittlere Temperatur des Gases in der Welle zu verstehen.

Lösung. Die exakten hydrodynamischen Gleichungen für die eindimensionale Strömung eines idealen (nicht dissipativen) Gases sind

$$\frac{\partial v}{\partial t} + v\frac{\partial v}{\partial x} = -\frac{1}{\varrho}\frac{\partial p}{\partial x}, \qquad \frac{\partial \varrho}{\partial t} + \frac{\partial}{\partial x}\varrho v = 0\,. \tag{1}$$

Wir entwickeln sie, wobei wir Glieder bis zur zweiten Ordnung berücksichtigen werden. Dazu setzen wir

$$p = p_0 + p', \qquad \varrho = \varrho_0 + \frac{p'}{c^2} + \frac{p'^2}{2}\left(\frac{\partial^2 \varrho}{\partial p^2}\right)_s. \tag{2}$$

Die Glieder zweiter Ordnung in den Gleichungen kann man vereinfachen, indem man sie alle auf eine einheitliche Form bringt, die das Produkt $p'\,\partial p'/\partial x$ enthält. Hierbei beachten wir, daß für eine sich in negativer x-Richtung ausbreitende Welle (mit der Geschwindigkeit c) die Differentiation nach t zur Differentiation nach x/c äquivalent ist; dabei ist $v = -p'/c\varrho_0$. Nach allen diesen Ersetzungen erhalten wir aus (1) und (2) die folgenden Gleichungen:

$$\frac{\partial v}{\partial t} + \frac{1}{\varrho}\frac{\partial p'}{\partial x} = 0\,, \tag{3}$$

$$\frac{\partial v}{\partial x} + \frac{1}{\varrho c^2}\frac{\partial p'}{\partial t} = c\varrho\left(\frac{\partial^2 V}{\partial p^2}\right)_s p'\frac{\partial p'}{\partial x} \tag{4}$$

(den Index 0 bei den konstanten Gleichgewichtsgrößen haben wir weggelassen); hier ist auch noch die Gleichung

$$\left(\frac{\partial^2 \varrho}{\partial p^2}\right)_s = \frac{2}{\varrho c^4} - \varrho^2\left(\frac{\partial^2 V}{\partial p^2}\right)_s \tag{5}$$

benutzt worden ($V = 1/\varrho$ ist das spezifische Volumen). Wir differenzieren die Gleichungen (3) bzw. (5) nach x bzw. t, subtrahieren sie voneinander und erhalten

$$\left(\frac{1}{c}\frac{\partial}{\partial t} - \frac{\partial}{\partial x}\right)\left(\frac{1}{c}\frac{\partial}{\partial t} + \frac{\partial}{\partial x}\right)p' = c^2\varrho^2\left(\frac{\partial^2 V}{\partial p^2}\right)_s\frac{\partial}{\partial x}\left(p'\frac{\partial p'}{\partial x}\right).$$

Mit der gleichen Genauigkeit können wir auf der linken Seite dieser Gleichung $\partial/\partial x + \partial/c\,\partial t$ durch $2\,\partial/\partial x$ ersetzen. Indem wir schließlich auf beiden Seiten die Differentiation nach x streichen und die erhaltene Beziehung mit (93,7) vergleichen, finden wir für α_p den Wert (93,8).

Die Gleichung für die Geschwindigkeit v kann man unmittelbar aus (93,7) erhalten, ohne daß man Rechnungen durchführt, die die oben angegebenen in ähnlicher Weise wiederholen würden. Die Summe der Glieder erster Ordnung auf der linken Seite von (93,7) enthält nämlich den Operator $\partial/\partial t - c\,\partial/\partial x$, den man als kleine Größe erster Ordnung zu betrachten hat: Die Anwendung dieses Operators auf die Funktion $p'(x, t)$ in linearer Näherung ergibt Null. Wir erhalten deshalb die Gleichung für die Funktion $v(x, t)$ in der geforderten Näherung einfach dadurch, daß wir in (93,7) für p' die lineare Beziehung $p' = -\varrho c v$ einsetzen:

$$\frac{\partial v}{\partial t} - c\frac{\partial v}{\partial x} + \alpha_v v\frac{\partial v}{\partial x} = ac^3\frac{\partial^2 v}{\partial x^2}, \tag{6}$$

wobei

$$\alpha_v = \frac{c^4}{2V^3}\left(\frac{\partial^2 V}{\partial p^2}\right)_s.$$

Die Größe α_v ist dimensionslos; für ein polytropes Gas ist $\alpha_v = (\gamma + 1)/2$.

2. Durch eine nichtlineare Substitution soll die Burgerssche Gleichung (93,7a) auf die Form einer linearen Wärmeleitungsgleichung gebracht werden (E. Hopf, 1950).

Lösung. Die Substitution

$$u(\zeta, t) = -2\mu \frac{\partial}{\partial \zeta} \ln \varphi(\zeta, t) \tag{1}$$

bringt die Gleichung (93,7a) auf die Form

$$2\mu \frac{\partial}{\partial \zeta}\left[\frac{1}{\varphi}\left(-\frac{\partial \varphi}{\partial t} + \mu \frac{\partial^2 \varphi}{\partial \zeta^2}\right)\right] = 0\,;$$

hieraus folgt

$$\frac{\partial \varphi}{\partial t} - \mu \frac{\partial^2 \varphi}{\partial \zeta^2} = \varphi \frac{\mathrm{d}f(t)}{\mathrm{d}t},$$

wo durch $\mathrm{d}f/\mathrm{d}t$ eine beliebige Funktion von t bezeichnet ist. Die Umbenennung $\varphi \to \varphi\, e^f$ (die die gesuchte Funktion $u(\zeta, t)$ nicht verändert) führt diese Gleichung in die geforderte Form über:

$$\frac{\partial \varphi}{\partial t} = \mu \frac{\partial^2 \varphi}{\partial \zeta^2}. \tag{2}$$

Die Lösung dieser Gleichung mit der Anfangsbedingung $\varphi(\zeta, 0) = \varphi_0(\zeta)$ wird durch die Formel (51,3) gegeben:

$$\varphi(\zeta, t) = 2(\pi\mu t)^{-1/2} \int_{-\infty}^{\infty} \varphi_0(\zeta') \exp\left\{-\frac{(\zeta - \zeta')^2}{4\mu t}\right\} \mathrm{d}\zeta'. \tag{3}$$

Die Funktion $\varphi_0(\zeta)$ hängt mit den Anfangswerten der gesuchten Funktion $u(\zeta, t)$ zusammen durch

$$\ln \varphi_0(\zeta) = -\frac{1}{2\mu} \int_0^{\zeta} u_0(\zeta)\, \mathrm{d}\zeta \tag{4}$$

(die Wahl der unteren Grenze des Integrals ist beliebig).

§ 94. Stoßwellen in einem relaxierenden Medium

Zu einer beträchtlichen Verbreiterung einer Stoßwelle können im Gas vorhandene relativ langsam ablaufende Relaxationsprozesse führen: langsam ablaufende chemische Reaktionen, verlangsamte Energieübertragung zwischen verschiedenen Freiheitsgraden eines Moleküls u. ä. (JA. B. SELDOWITSCH, 1946).[1])

Es sei τ die Größenordnung der Relaxationszeit. Der Anfangs- und der Endzustand des Gases sollen vollkommene Gleichgewichtszustände sein. Es ist daher von vornherein klar, daß die gesamte Fronttiefe einer Stoßwelle von der Größenordnung τv_1 sein wird, denn das ist die vom Gas in der Zeit τ zurückgelegte Strecke. Außerdem wird die Struktur der Welle komplizierter, wenn die Intensität der Welle einen bestimmten Grenzwert überschreitet; davon kann man sich in folgender Weise überzeugen.

---

[1]) So ist bei zweiatomigen Gasen bei Temperaturen hinter der Stoßwelle der Größenordnung 1000 – 3000 K die Anregung der innermolekularen Schwingungen ein langsamer Relaxationsprozeß. Bei höheren Temperaturen spielt die thermische Dissoziation der Moleküle in die sie aufbauenden Atome die Rolle eines solchen Prozesses.

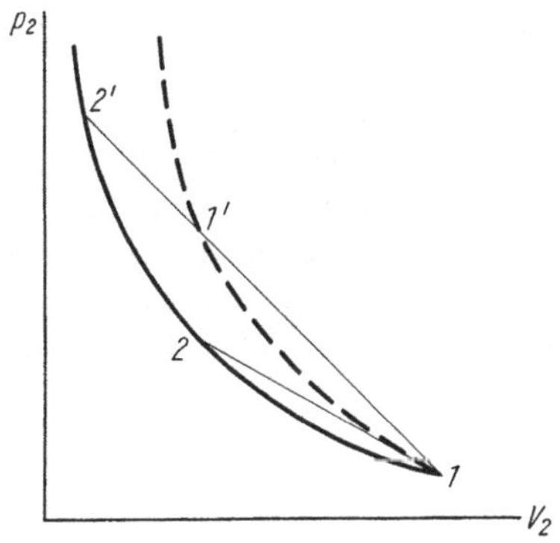

Abb. 67

In Abb. 67 ist die Stoßadiabate durch den gegebenen Anfangspunkt 1 als ausgezogene Kurve dargestellt; dabei wurde vorausgesetzt, daß die Endzustände des Gases vollkommene Gleichgewichtszustände sind. Die Steigung der Tangente an diese Kurve im Punkt 1 wird durch die Schallgeschwindigkeit „im Gleichgewicht" bestimmt, die wir in § 81 mit c_0 bezeichnet haben. Gestrichelt ist die Stoßadiabate durch denselben Punkt 1 unter der Voraussetzung gezeichnet, daß die Relaxationsvorgänge „eingefroren" sind und überhaupt nicht ablaufen. Die Steigung der Tangente an diese Kurve im Punkt 1 wird durch die Schallgeschwindigkeit bestimmt, die wir in § 81 mit c_∞ bezeichnet haben.

Wenn für die Geschwindigkeit der Stoßwelle die Ungleichung $c_0 < v_1 < c_\infty$ besteht, dann liegt die Sehne 12 so, wie es in Abb. 67 durch die untere Strecke angegeben ist. In diesem Falle ergibt sich eine einfache Verbreiterung der Stoßwelle; alle Zwischenzustände zwischen dem Anfangszustand 1 und dem Endzustand 2 werden in der pV-Ebene dabei durch Punkte auf der Strecke 12 dargestellt. Das folgt daraus, daß (unter Vernachlässigung der normalen Zähigkeit und Wärmeleitfähigkeit) alle von dem Gas nacheinander durchlaufenen Zustände den Gleichungen für die Erhaltung der Masse $\varrho v = j =$ const und für die Erhaltung des Impulses $p + j^2 V =$ const genügen (vgl. die ähnlichen Überlegungen in § 129).

Für $v_1 > c_\infty$ nimmt die Sehne die Lage 11′2′ ein. Alle Punkte auf der Strecke zwischen 1 und 1′ entsprechen keinen realen Zuständen des Gases. Der erste (hinter 1 gelegene) reale Punkt ist der Punkt 1′, der zu einem Zustand mit relativ zum Zustand 1 ungeänderten Relaxationsgleichgewicht gehört. Die Kompression des Gases vom Zustand 1 in den

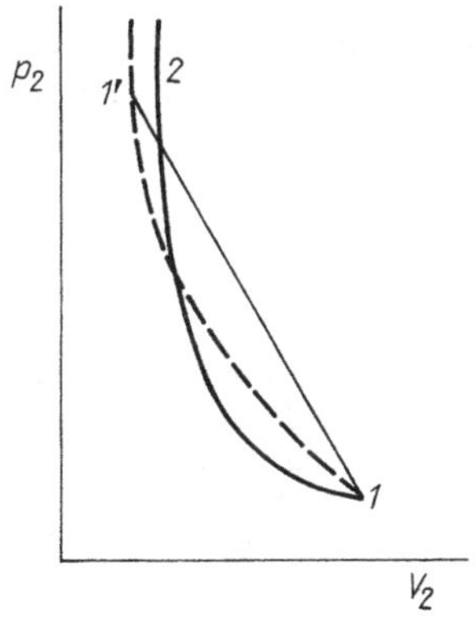

Abb. 68

Zustand 1′ erfolgt durch einen Sprung, danach wird das Gas (auf Strecken $\sim v_1\tau$) allmählich bis zum Endzustand 2′ komprimiert.

Wenn sich die Gleichgewichtsadiabate und die Nichtgleichgewichtsadiabate schneiden (Abb. 68), dann ergibt sich die Möglichkeit der Existenz von Stoßwellen eines weiteren Typs: Wenn die Geschwindigkeit der Welle einen solchen Wert hat, daß die Sehne 12 die Adiabaten oberhalb ihres gemeinsamen Schnittpunktes schneidet (wie in Abb. 68), dann wird die Relaxation von einer Erniedrigung des Druckes begleitet, nämlich von dem Wert, der dem Punkt 1′ entspricht, auf den zum Punkt 2 gehörenden Wert (S. P. DJAKOW, 1954).[1])

§ 95. Die isotherme Unstetigkeit

Bei der Behandlung der Struktur einer Stoßwelle in Paragraph 93 haben wir vorausgesetzt, daß die Zähigkeit und die Wärmeleitfähigkeit die gleiche Größenordnung haben, was gewöhnlich auch immer der Fall ist. Es ist aber auch der Fall $\chi \gg \nu$ möglich. Ist nämlich die Temperatur eines Stoffes genügend hoch, dann ist ein zusätzlicher Mechanismus am Wärmetransport beteiligt – Wärmeleitung durch Strahlung, hervorgerufen durch die sich im Gleichgewicht mit der Substanz befindliche Wärmestrahlung. Auf die Zähigkeit (d. h. auf den Impulstransport) wirkt sich die Strahlung unvergleichlich weniger aus, so daß ν gegenüber χ klein sein kann. Wir werden jetzt sehen, daß diese Ungleichung eine sehr wesentliche Änderung in der Struktur einer Stoßwelle bewirkt.

Unter Vernachlässigung der Terme mit der Zähigkeit schreiben wir die Gleichungen (93,2) und (93,3), die die Struktur der Übergangsschicht bestimmen, in der Form

$$p + j^2 V = p_1 + j^2 V_1 \,, \tag{95,1}$$

$$\frac{\varkappa}{j}\frac{\mathrm{d}T}{\mathrm{d}x} = w + \frac{j^2 V^2}{2} - w_1 - \frac{j^2 V_1^2}{2} \,. \tag{95,2}$$

Die rechte Seite der zweiten Gleichung verschwindet nur an den Rändern der Schicht. Da die Temperatur hinter der Stoßwelle größer als davor sein muß, folgt für die ganze Ausdehnung der Übergangsschicht

$$\frac{\mathrm{d}T}{\mathrm{d}x} > 0 \,, \tag{95,3}$$

d. h., die Temperatur nimmt monoton zu.

Alle Größen in der Schicht sind Funktionen einer Variablen, der Koordinate x, und damit auch bestimmte Funktionen voneinander. Wir differenzieren die Beziehung (95,1) nach V und erhalten

$$\left(\frac{\partial p}{\partial T}\right)_V \frac{\mathrm{d}T}{\mathrm{d}V} + \left(\frac{\partial p}{\partial V}\right)_T + j^2 = 0 \,.$$

[1]) Ein solcher Fall könnte im Prinzip in einem dissoziierenden mehratomigen Gas vorliegen, wenn im Gleichgewichtszustand hinter der Stoßwelle eine hinreichend vollständige Dissoziation der Gasmoleküle in kleinere Teile erreicht wird. Die Dissoziation vergrößert den Wert des Verhältnisses γ der Wärmekapazitäten und verringert dadurch den Grenzwert der Kompression, vorausgesetzt die Dissoziation ist schon so vollständig, daß für die Erwärmung des Gases nicht ein merklicher Energieverbrauch nötig ist, um die Dissoziation fortzusetzen.

Die Ableitung $\left(\frac{\partial p}{\partial T}\right)_V$ ist für Gase immer positiv. Das Vorzeichen der Ableitung $\frac{dT}{dV}$ wird daher durch das Vorzeichen der Summe $\left(\frac{\partial p}{\partial V}\right)_T + j^2$ bestimmt. Im Zustand 1 haben wir $j^2 > -\left(\frac{\partial p_1}{\partial V_1}\right)_s$ (weil $v_1 > c_1$ ist); die adiabatische Kompressibilität ist immer kleiner als die isotherme Kompressibilität, daher ist auf jeden Fall auch

$$j^2 > -\left(\frac{\partial p_1}{\partial V_1}\right)_T .$$

Folglich ist auf der Seite 1 die Ableitung

$$\frac{dT_1}{dV_1} < 0 .$$

Wenn diese Ableitung auch auf der ganzen Ausdehnung der Übergangsschicht negativ ist, dann wird bei der Kompression des Gases (Verkleinerung von V) die Temperatur beim Übergang von der Seite 1 zur Seite 2 in Übereinstimmung mit der Ungleichung (95,3) monoton wachsen. Wir haben es, mit anderen Worten, mit einer Stoßwelle zu tun, die durch die große Wärmeleitfähigkeit stark verbreitert ist (die Verbreiterung kann so groß sein, daß die Darstellung als Stoßwelle nur noch eine Konvention ist).

Eine andere Situation entsteht für

$$j^2 < -\left(\frac{\partial p_2}{\partial V_2}\right)_T \tag{95,4}$$

(diese Ungleichung entspricht hinreichend großer Intensität, vgl. unten (95,7)). Dann haben wir $dT_2/dV_2 > 0$ im Zustand 2, so daß die Funktion $T(V)$ irgendwo zwischen den Werten $V = V_1$ und $V = V_2$ ein Maximum hat (Abb. 69). Der Übergang vom Zustand 1 in den Zustand 2 ist jetzt mit einer stetigen Änderung von V unmöglich, weil dabei unvermeidlich die Ungleichung (95,3) verletzt würde.

Wir gelangen somit zu der folgenden Vorstellung von dem Übergang aus dem Anfangszustand 1 in den Endzustand 2. Zunächst gibt es einen Bereich, in dem das Gas allmählich vom spezifischen Volumen V_1 auf das Volumen V' komprimiert wird (V' ist der Wert von V, für den zuerst $T(V') = T_2$ wird; siehe Abb. 69). Die Breite dieses Bereiches wird durch

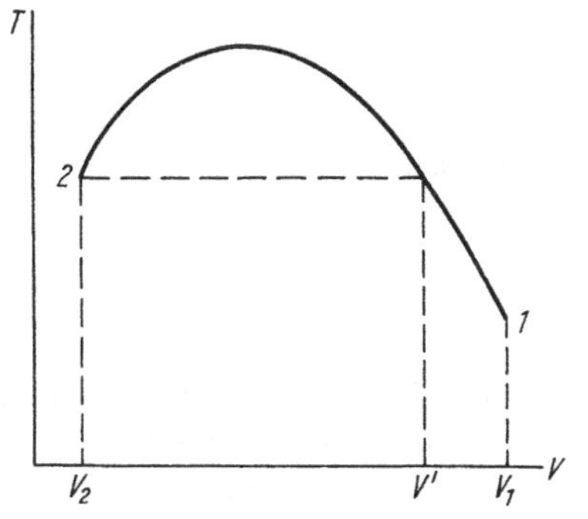

Abb. 69

die Wärmeleitfähigkeit bestimmt und kann sehr beträchtlich sein. Die Kompression von V' auf V_2 erfolgt dann sprunghaft bei konstanter Temperatur (gleich T_2). Eine solche Unstetigkeit kann man *isotherme Unstetigkeit* nennen.

Wir berechnen die Änderungen des Druckes und der Dichte in einer isothermen Unstetigkeit und setzen dazu das Gas als ideal voraus. Die Stetigkeitsbedingung für den Impulsstrom (95,1) ergibt auf beide Seiten der Unstetigkeit angewandt

$$p' + j^2 V' = p_2 + j^2 V_2 .$$

Für ein thermodynamisch ideales Gas haben wir $V = \dfrac{RT}{\mu p}$, und wegen $T' = T_2$ erhalten wir

$$p' + \frac{j^2 R T_2}{\mu p'} = p_2 + \frac{j^2 R T_2}{\mu p_2} .$$

Diese quadratische Gleichung für p' hat (außer der trivialen Wurzel $p' = p_2$) die Lösung

$$p' = \frac{j^2 R T_2}{\mu p_2} = j^2 V_2 . \tag{95,5}$$

Für j^2 verwenden wir die Formel (85,6):

$$p' = \frac{p_2 - p_1}{V_1 - V_2} V_2 .$$

Nach Einsetzen von V_2/V_1 aus (89,1) erhalten wir daraus für ein polytropes Gas

$$p' = \tfrac{1}{2} [(\gamma + 1) p_1 + (\gamma - 1) p_2] . \tag{95,6}$$

Da $p_2 > p'$ sein muß, finden wir, daß eine isotherme Unstetigkeit nur für solche Vehältnisse der Drücke p_2 und p_1 auftritt, für die die Bedingung

$$\frac{p_2}{p_1} > \frac{\gamma + 1}{3 - \gamma} \tag{95,7}$$

erfüllt ist (Rayleigh, 1910). Diese Bedingung kann man natürlich auch unmittelbar aus (95,4) erhalten.

Bei gegebener Temperatur ist die Dichte des Gases dem Druck proportional, das Verhältnis der Dichten in einer isothermen Unstetigkeit ist daher gleich dem Verhältnis der Drücke:

$$\frac{\varrho'}{\varrho_2} = \frac{V_2}{V'} = \frac{p'}{p_2} \tag{95,8}$$

und strebt bei Vergrößerung von p_2 gegen den Wert $(\gamma - 1)/2$.

§ 96. Schwache Unstetigkeiten

Neben den Unstetigkeitsflächen mit Sprüngen der Größen ϱ, p, $\boldsymbol{v}$ u. a. können auch solche Flächen existieren, auf denen diese Größen als Ortsfunktionen Singularitäten haben, dabei aber stetig bleiben. Diese Singularitäten können ganz verschiedenartig sein. Zum Beispiel können auf solchen Unstetigkeitsflächen die ersten Ortsableitungen der Größen ϱ, p, $\mathbf{v}$, ... Sprünge haben, oder diese Ableitungen können unendlich werden. Anstatt der Ableitungen erster Ordnung können sich auch die Ableitungen höherer Ordnungen so verhalten. Alle diese Flächen werden wir als Flächen mit *schwachen Unstetigkeiten* bezeichnen im Gegensatz zu den starken Unstetigkeiten (Stoßwelle und tangentiale Unstetigkeiten), bei denen die Größen ϱ, p, $\mathbf{v}$, ... selbst Sprünge haben. Wir bemerken, daß auf Grund der Stetigkeit dieser Größen auf der Fläche der schwachen Unstetigkeit auch ihre tangentialen Ableitungen stetig sind; Unstetigkeit zeigen nur die zur Fläche normalen Ableitungen.

Auf Grund einfacher Überlegungen kann man sich leicht davon überzeugen, daß sich die Flächen mit schwachen Unstetigkeiten (auf beiden Seiten der Fläche) relativ zum Gas mit Schallgeschwindigkeit ausbreiten. Da die Funktionen ϱ, p, $\mathbf{v}$, ... selbst keine Sprünge haben, kann man sie glätten, indem man sie durch Funktionen ersetzt, die überall außer in der Umgebung der Unstetigkeitsfläche mit den ursprünglichen Funktionen übereinstimmen und die sich in dieser Umgebung nur um beliebig kleine Größen unterscheiden. Die geglätteten Funktionen sollen keinerlei Singularitäten mehr haben. Die wirkliche Druckverteilung z. B. kann man auf diese Weise als Summe einer vollkommen stetigen Verteilung p_0 ohne jegliche Singularitäten und einer sehr kleinen Störung p' dieser Verteilung in der Nähe der Unstetigkeitsfläche darstellen. Die letztere breitet sich, wie jede kleine Störung, relativ zum Gas mit Schallgeschwindigkeit aus.

Im Falle einer Stoßwelle würden sich die geglätteten Funktionen von den wirklichen Größen im allgemeinen nicht mehr um kleine Größen unterscheiden, und die eben angestellten Überlegungen sind nicht anwendbar. Sind die Sprünge der Größen in einer Stoßwelle aber genügend klein, dann werden diese Überlegungen wieder gültig, und die Unstetigkeiten müssen sich mit Schallgeschwindigkeit ausbreiten; dieses Ergebnis haben wir in § 86 bereits auf einem anderen Wege erhalten.

Ist die Strömung in bezug auf ein gegebenes Koordinatensystem stationär, dann ruht die Unstetigkeitsfläche in diesem System, und das Gas strömt durch sie hindurch. Dabei muß die zur Unstetigkeitsfläche normale Komponente der Strömungsgeschwindigkeit gleich der Schallgeschwindigkeit sein. Wir bezeichnen mit α den Winkel zwischen der Strömungsgeschwindigkeit und der Tangentialebene an die Unstetigkeitsfläche. Es muß dann $v_n = v \sin \alpha = c$ oder

$$\sin \alpha = \frac{c}{v}$$

gelten, d. h., eine Fläche mit einer schwachen Unstetigkeit schneidet eine Stromlinie unter dem Machschen Winkel. Eine Fläche mit einer schwachen Unstetigkeit stimmt, mit anderen Worten, mit einer der charakteristischen Flächen überein. Das ist ein ganz natürliches Ergebnis, wenn wir an die physikalische Bedeutung einer Charakteristik denken: Sie ist die Fläche, auf der sich kleine Störungen ausbreiten (§ 82). Es ist klar, daß in einer stationären Strömung schwache Unstetigkeiten nur bei Geschwindigkeiten auftreten können, die gleich oder größer als die Schallgeschwindigkeit sind.

Die schwachen Unstetigkeiten unterscheiden sich in der Art der Entstehung wesentlich von den starken Unstetigkeiten. Wir werden sehen, daß sich Stoßwellen ganz von selbst ausbilden können, d. h. unmittelbar in einer Gasströmung bei stetigen Randbedingungen (z. B. die Bildung von Stoßwellen in einer Schallwelle, § 102). Im Gegensatz dazu können schwache Unstetigkeiten nicht von selbst auftreten. Ihre Entstehung hängt immer mit irgendwelchen Singularitäten in den Rand- oder Anfangsbedingungen der Strömung zusammen. Diese Singularitäten können, wie die schwachen Unstetigkeiten selbst, ganz verschiedenartig sein. Die Ursache für die Ausbildung einer schwachen Unstetigkeit kann z. B. ein Winkel an der Oberfläche eines umströmten Körpers sein; in der dabei entstehenden schwachen Unstetigkeit zeigen die ersten Ortsableitungen der Geschwindigkeit Sprünge. Eine schwache Unstetigkeit wird auch durch einen Sprung in der Krümmung der Körperoberfläche ohne Kante hervorgerufen (dabei sind die zweiten Ortsableitungen der Geschwindigkeit unstetig), u. ä. Schließlich bewirkt jede Singularität in der zeitlichen Änderung der Strömung die Entstehung einer nichtstationären schwachen Unstetigkeit.

Die zur Fläche einer schwachen Unstetigkeit tangentiale Geschwindigkeitskomponente des durch die Fläche strömenden Gases zeigt immer von der Stelle weg (z. B. von der Kante an der Oberfläche eines Körpers), von der die Entstehung dieser Unstetigkeit ausgeht; wir werden sagen, daß die Unstetigkeit von dieser Stelle „ausläuft“. Das ist ein Beispiel für die Tatsache, daß sich Störungen in einer Überschallströmung immer in Stromrichtung ausbreiten.

Zähigkeit und Wärmeleitfähigkeit führen zu einer gewissen Fronttiefe einer schwachen Unstetigkeit, so daß die schwachen Unstetigkeiten, wie auch die starken, in Wirklichkeit Übergangsschichten darstellen. Die Fronttiefe einer Stoßwelle hängt nur von deren Intensität ab und ist zeitlich konstant; im Unterschied dazu nimmt die Fronttiefe einer schwachen Unstetigkeit vom Zeitpunkt der Ausbildung der Unstetigkeit an im Laufe der Zeit zu. Man kann das qualitative Gesetz für diese Zunahme leicht bestimmen. Dazu gehen wir von der Analogie zwischen der Verschiebung der schwachen Unstetigkeit und der Ausbreitung von Schallstörungen aus. Infolge der Zähigkeit und der Wärmeleitfähigkeit dehnt sich eine ursprünglich in einem kleinen Volumenelement konzentrierte Störung (Wellenpaket) bei der Bewegung im Laufe der Zeit immer mehr aus. Der zeitliche Verlauf dieser Ausdehnung ist in § 79 bestimmt worden. Wir können daraus sofort den Schluß ziehen, daß die Fronttiefe δ einer schwachen Unstetigkeit die Größenordnung

$$\delta \sim (ac^3 t)^{1/2} \tag{96,1}$$

hat; t ist die Zeit seit der Entstehung der Unstetigkeit und a der Koeffizient des Quadrates der Frequenz in der Formel (79,6) für die Schallabsorption. Wenn wir es mit einem stationären Bild zu tun haben, bei dem die Unstetigkeit ruht, dann hat man anstatt von der Zeit t vom Abstand l von der Stelle zu sprechen, von der die Unstetigkeit ausgeht(z. B. für eine schwache Unstetigkeit, die an einem Winkel auf der Oberfläche eines umströmten Körpers entsteht, ist l der Abstand vom Scheitel des Winkels); dann gilt $\delta \sim (ac^2 l)^{1/2}$.[1])

Zum Abschluß dieses Paragraphen ist eine ähnliche Bemerkung notwendig, wie am Schluß von § 82. Dort wurde festgestellt, daß die Störungen der Entropie (bei konstantem Druck) und der Rotation der Geschwindigkeit eine Ausnahme unter den verschiedenen Störungen des Zustandes eines strömenden Gases darstellen. Diese Störungen ruhen relativ zum Gas und breiten sich nicht mit Schallgeschwindigkeit aus. Daher ruhen die Flächen relativ zum

---

[1]) Wir betonen aber, daß für die quantitative Bestimmung der Struktur einer schwachen Unstetigkeit die Analogie mit dem Schall nicht ausreicht. Bei der Bestimmung des Dämpfungsgesetzes für den Schall kann man nämlich seine Amplitude als beliebig klein voraussetzen und dementsprechend von den linearisierten Bewegungsgleichungen ausgehen. Für eine schwache Unstetigkeit (wie auch für Stoßwellen mit geringer Intensität — § 93) muß die Nichtlinearität der Gleichungen berücksichtigt werden, da es ohne sie auch die Unstetigkeiten nicht geben würde. Ein Beispiel für eine solche Untersuchung wird in Aufgabe 6 des § 99 gegeben.

Gas, auf denen die Entropie und die Rotation der Geschwindigkeit[1]) eine schwache Unstetigkeit haben, und bewegen sich gegenüber einem ruhenden Koordinatensystem zusammen mit dem Gas. Solche Unstetigkeiten werden wir *tangentiale schwache Unstetigkeiten* nennen. Sie bewegen sich auf den Stromlinien und sind in dieser Beziehung ganz analog zu den „starken" tangentialen Unstetigkeiten.

---

[1]) Eine schwache Unstetigkeit der Rotation der Geschwindigkeit bedeutet eine schwache Unstetigkeit der zur Unstetigkeitsfläche tangentialen Geschwindigkeitskomponente. Zum Beispiel können die in Richtung der Flächennormale genommenen Ableitungen der tangentialen Geschwindigkeitskomponente einen Sprung haben.

X EINDIMENSIONALE GASSTRÖMUNG

§ 97. Das Ausströmen eines Gases durch eine Düse

Wir wollen das stationäre Ausströmen eines Gases aus einem großen Gefäß durch ein Rohr mit veränderlichen Querschnitt oder, wie man sagt, durch eine *Düse* behandeln. Dabei werden wir voraussetzen, daß man die Gasströmung an jeder Stelle des Rohres auf dem Querschnitt als homogen ansehen kann, die Geschwindigkeit hat dann praktisch die Richtung der Rohrachse. Das Rohr darf dazu nicht allzu weit sein, und die Querschnittsfläche S darf sich entlang des Rohres nur langsam ändern. Alle für die Strömung charakteristischen Größen hängen dann nur von der Koordinate in Achsenrichtung ab. Unter diesen Bedingungen kann man die in § 83 erhaltenen Beziehungen, die längs einer Stromlinie gelten, unmittelbar für die Änderung der Größen entlang des Rohres verwenden.

Die pro Zeiteinheit durch einen Rohrquerschnitt strömende Gasmenge (Masse), d. h. die Durchflußmenge des Gases, ist $Q = \varrho v S$. Diese Größe muß offensichtlich längs des ganzen Rohres konstant bleiben:

$$Q = S\varrho v = \text{const} . \qquad (97,1)$$

Die linearen Abmessungen des Gefäßes setzen wir gegenüber dem Rohrdurchmesser als sehr groß voraus. Die Geschwindigkeit des Gases im Gefäß kann man daher als gleich Null annehmen. Dementsprechend sind in den Formeln von § 83 alle Größen mit dem Index Null die Werte der entsprechenden Größen im Gefäß.

Wie wir gesehen haben, kann die Stromdichte $j = \varrho v$ nicht größer als ein gewisser Grenzwert j_* werden. Es ist daher klar, daß auch die möglichen Werte für die gesamte Durchflußmenge Q des Gases (für das betreffende Rohr und für einen gegebenen Zustand des Gases im Gefäß) eine obere Grenze $Q_{\max}$ haben; diese läßt sich leicht bestimmen. Würde der Wert j_* für die Stromdichte nicht an der engsten Stelle des Rohres angenommen, dann müßte $j > j_*$ sein für Querschnitte mit kleinerem S, was aber unmöglich ist. Daher kann der Wert $j = j_*$ nur an der engsten Stelle des Rohres angenommen werden; die entsprechende Querschnittsfläche bezeichnen wir mit $S_{\min}$. Die obere Grenze für die gesamte Durchflußmenge des Gases ist also

$$Q_{\max} = \varrho_* v_* S_{\min} = \sqrt{\gamma p_0 \varrho_0} \left[\frac{2}{\gamma + 1}\right]^{(1+\gamma)/2(\gamma-1)} S_{\min} . \qquad (97,2)$$

Zuerst behandeln wir eine Düse, die sich zum äußeren Ende hin monoton verengt, so daß die minimale Querschnittsfläche am Ende erreicht wird (Abb. 70). Nach (97,1) nimmt die Stromdichte j längs des Rohres monoton zu. Dasselbe gilt für die Strömungsgeschwindigkeit v, der Druck nimmt dementsprechend monoton ab. Der größtmögliche Wert von j wird erreicht, wenn die Geschwindigkeit v gerade am Austrittsende den Wert c annimmt, d. h., für $v_1 = c_1 = v_*$ (die Buchstaben mit dem Index 1 bedeuten die Werte der Größen am Austrittsende des Rohres). Gleichzeitig wird auch $p = p_*$.

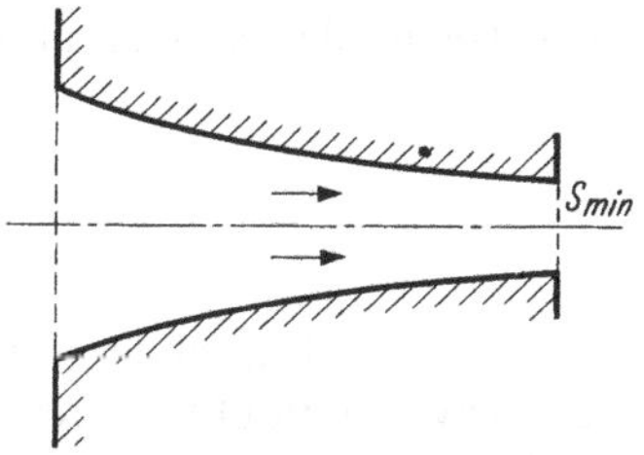

Abb. 70

Wir verfolgen nun die Änderung der Strömung des Gases, wenn der Druck p_e des äußeren Mediums abnimmt, in das das Gas ausströmt. Bei einer Abnahme des äußeren Druckes vom Wert p_0 (p_0 ist der Druck im Gefäß) bis zum Wert p_* nimmt gleichzeitig auch der Druck p_1 im Austrittsquerschnitt des Rohres ab; die beiden Drücke (p_1 und p_e) sind dabei immer einander gleich. Der gesamte Druckabfall von p_0 auf den äußeren Druck erfolgt, mit anderen Worten, innerhalb der Düse. Die Ausströmungsgeschwindigkeit v_1 und die gesamte Durchflußmenge des Gases $Q = j_1 S_{\min}$ nehmen monoton zu. Für $p_e = p_*$ wird die Ausströmungsgeschwindigkeit gleich dem lokalen Wert der Schallgeschwindigkeit, die Durchflußmenge wird $Q_{\max}$. Bei einer weiteren Erniedrigung des äußeren Druckes nimmt der Druck am Ende der Düse nicht mehr ab und bleibt immer gleich p_*. Der Druckabfall von p_* auf p_e erfolgt jetzt außerhalb des Rohres in dem benachbarten Raum. Mit anderen Worten, für keinen äußeren Druck kann der Druckabfall in dem Rohr größer als von p_0 bis p_* werden. Für Luft ($p_* = 0{,}53 p_0$) ist der maximale Druckabfall $0{,}47 p_0$. Die Ausströmungsgeschwindigkeit des Gases und die Durchflußmenge bleiben (für $p_e < p_*$) ebenfalls konstant. Beim Ausströmen durch eine sich verjüngende Düse kann also ein Gas keine Überschallgeschwindigkeit erreichen.

Ein Gas kann beim Ausströmen durch eine sich verjüngende Düse deshalb keine Überschallgeschwindigkeit erhalten, weil die lokale Schallgeschwindigkeit erst am Austrittsende einer solchen Düse erreicht wird. Überschallgeschwindigkeiten können offenbar nur mit einer Düse erzeugt werden, die sich zunächst verjüngt und dann wieder erweitert (Abb. 71). Solche Düsen bezeichnet man als *Laval-Düsen.*

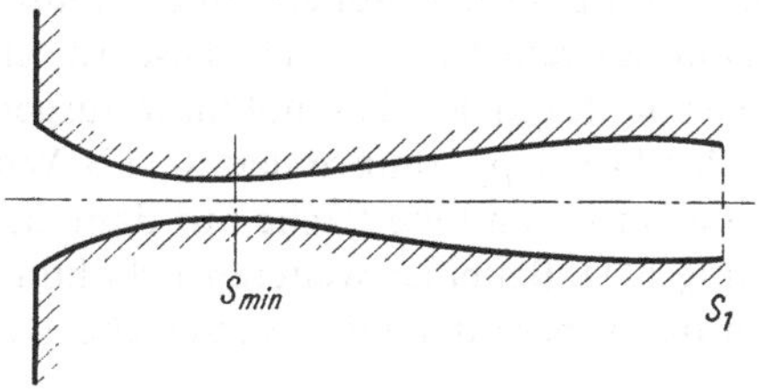

Abb. 71

Die maximale Stromdichte j_* wird, wenn sie erreicht wird, wiederum nur im kleinsten Querschnitt angenommen, so daß auch in einer solchen Düse die Durchflußmenge des Gases nicht größer als $S_{\min} j_*$ sein kann. In dem sich verjüngenden Teil der Düse nimmt die Stromdichte zu (und der Druck nimmt ab). Die Kurve in Abb. 72 stellt die p-Abhängigkeit von j dar.[1]) Die erwähnte Zunahme der Stromdichte entspricht auf dieser Kurve einer Bewegung vom Punkt c zum Punkt b. Wird in Querschnitt $S_{\min}$ der maximale Strom erreicht (Punkt b in Abb. 72), dann wird der Druck in dem sich erweiternden Teil der Düse weiter abnehmen, und auch j beginnt entsprechend der Verschiebung auf der Kurve in Abb. 72 vom Punkt b zum Punkt a abzunehmen. Am Austrittsende des Rohres nimmt der Strom j dann einen ganz bestimmten Wert an:

$$j_{1\,\max} = j_* \frac{S_{\min}}{S_1}.$$

Der zu diesem Strom gehörende Druck ist in Abb. 72 mit p'_1 bezeichnet (irgendein Punkt d auf der Kurve). Wird im Querschnitt $S_{\min}$ nur ein gewisser Punkt e erreicht, dann wird der Druck in dem sich erweiternden Teil der Düse zunehmen, entsprechend einer umgekehrten Verschiebung vom Punkt e auf der Kurve nach unten. Auf den ersten Blick könnte es scheinen, daß man von dem Kurvenast cb auf den Ast ab durch einen Sprung gelangen kann, indem man den Punkt b durch die Bildung einer Stoßwelle umgeht. Das ist aber unmöglich, weil das in eine Stoßwelle „einströmende" Gas keine Unterschallgeschwindigkeit haben kann.

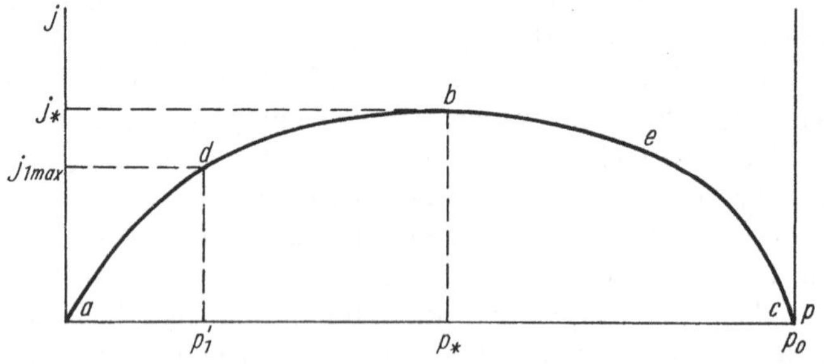

Abb. 72

Wir behalten alle diese Bemerkungen im Auge und verfolgen jetzt die Änderung der Ausströmung des Gases, wenn der äußere Druck p_e allmählich vergrößert wird. Für kleine Drücke von Null bis zu $p_e = p'_1$ werden im Querschnitt $S_{\min}$ der Druck p_* und die Geschwindigkeit $v_* = c_*$ erreicht. In dem sich erweiternden Teil der Düse nimmt die Geschwindigkeit weiter zu, so daß eine Überschallströmung erzeugt wird. Der Druck fällt dementsprechend weiter ab und erreicht am Austrittsende den Wert p'_1 unabhängig von der Größe von p_e. Der Druckabfall von p'_1 auf p_e erfolgt außerhalb der Düse in einer vom Rande der Öffnung ausgehenden Verdünnungswelle (wie in § 112 beschrieben wird).

Wird p_e größer als p'_1, dann entsteht eine vom Rand der Düsenöffnung ausgehende schräge Stoßwelle, die das Gas vom Druck p'_1 auf den Druck p_e komprimiert (§ 112). Wir werden aber sehen, daß eine stationäre Stoßwelle von einer festen Oberfläche nur dann ausgehen kann, wenn sie keine allzu große Intensität hat (§ 111). Bei einer weiteren Erhöhung des äußeren Druckes wird sich die Stoßwelle bald in das Innere der Düse verschieben, wobei sich die

---

[1]) Nach den Formeln (83,15) bis (83,17) wird diese Abhängigkeit durch

$$j = \left(\frac{p}{p_0}\right)^{1/\gamma} \left\{\frac{2\gamma}{\gamma - 1} p_0 \varrho_0 \left[1 - \left(\frac{p}{p_0}\right)^{(\gamma-1)/\gamma}\right]\right\}^{1/2}$$

gegeben.

Strömung vor ihr auf der inneren Oberfläche der Düse ablöst. Für einen gewissen Wert von p_e erreicht die Stoßwelle den engsten Querschnitt der Düse und verschwindet danach; die Strömung wird überall eine Unterschallströmung und löst sich an den Wänden des sich erweiternden Teiles der Düse (Diffusor) ab. Alle diese komplizierten Erscheinungen haben selbstverständlich wesentlich dreidimensionalen Charakter.

Aufgabe

Auf einem kleinen Teilstück eines Rohres wird einem stationär durchströmenden Gas eine kleine Wärmemenge zugeführt. Man berechne die Änderung der Strömungsgeschwindigkeit beim Durchgang des Gases durch dieses Teilstück. Das Gas wird als polytrop vorausgesetzt.

Lösung. Sq sei die pro Zeiteinheit zugeführte Wärmemenge (S ist die Fläche des Rohrquerschnittes in dem betreffenden Teilstück). Auf beiden Seiten des erwärmten Teilstückes sind die Massenstromdichten $j = \varrho v$ und die Impulsstromdichten $p + jv$ gleich groß. Daraus folgt $\Delta p = -j\Delta v$, wenn Δ die Änderung der Größen beim Durchgang durch das Teilstück bedeutet. Die Differenz der Energiestromdichten $(w + v^2/2)j$ ist q. Wir schreiben w in der Gestalt

$$w = \frac{\gamma p}{(\gamma - 1)\varrho} = \frac{\gamma p v}{(\gamma - 1) j}$$

und erhalten (wenn wir Δv und Δp als klein annehmen)

$$vj\,\Delta v + \frac{\gamma(p\,\Delta v + v\,\Delta p)}{\gamma - 1} = q\,.$$

Aus diesen beiden Beziehungen eliminieren wir Δp und finden

$$\Delta v = \frac{(\gamma - 1)\,q}{\varrho(c^2 - v^2)}\,.$$

Bei einer Unterschallströmung beschleunigt die Wärmezufuhr den Strom ($\Delta v > 0$), bei einer Überschallströmung verlangsamt sie ihn.

Die Temperatur des Gases schreiben wir in der Form $T = \dfrac{\mu p}{R\varrho} = \dfrac{\mu p v}{Rj}$ (R ist die Gaskonstante) und finden für die Temperaturänderung

$$\Delta T = \frac{\mu}{Rj}(v\,\Delta p + p\,\Delta v) = \frac{\mu(\gamma - 1)\,q}{Rj(c^2 - v^2)}\left(\frac{c^2}{\gamma} - v^2\right).$$

Für eine Überschallströmung ist dieser Ausdruck immer positiv, die Temperatur des Gases wird erhöht. Für eine Unterschallströmung kann er sowohl positiv als auch negativ sein.

§ 98. Die Strömung eines zähen Gases durch ein Rohr

Wir behandeln die Strömung eines Gases durch ein so langes Rohr (mit konstantem Querschnitt), daß man die Reibung des Gases an den Wänden, d. h. die Zähigkeit des Gases, nicht mehr vernachlässigen darf. Die Rohrwände werden wir als wärmeisoliert voraussetzen, so daß zwischen dem Gas und dem äußeren Medium kein Wärmeaustausch vor sich geht.

Für Strömungsgeschwindigkeiten, die von der Ordnung der Schallgeschwindigkeit oder größer sind (die hier allein betrachtet werden), ist die Strömung des Gases durch das Rohr natürlich turbulent (wenn nur der Radius des Rohres nicht zu klein ist). Die Turbulenz der

Strömung ist für uns hier nur in einer Hinsicht wesentlich. Wie wir in § 43 gesehen haben, ist die (mittlere) Geschwindigkeit bei einer turbulenten Strömung praktisch auf dem ganzen Rohrquerschnitt konstant und fällt erst sehr dicht an den Wänden rasch auf Null ab. Auf Grund dessen werden wir die Strömungsgeschwindigkeit v einfach auf dem ganzen Rohrquerschnitt als konstant ansehen. Wir bestimmen sie so, daß das Produkt $S\varrho v$ (S ist die Querschnittsfläche) gleich der gesamten Durchflußmenge des Gases durch einen Rohrquerschnitt ist.

Die gesamte Durchflußmenge $S\varrho v$ ist längs des ganzen Rohres konstant, und nach Voraussetzung ist auch S konstant; deshalb muß auch die Stromdichte des Gases konstant sein:

$$j = \varrho v = \text{const}\,. \tag{98,1}$$

Da das Rohr wärmeisoliert ist, muß ferner auch der gesamte Energiestrom durch einen Rohrquerschnitt konstant sein. Dieser Strom ist $S\varrho v\left(w + \frac{v^2}{2}\right)$, und wir haben auf Grund von (98,1)

$$w + \frac{v^2}{2} = w + \frac{j^2 V^2}{2} = \text{const}\,. \tag{98,2}$$

Die Entropie s des Gases bleibt wegen der inneren Reibung natürlich nicht konstant, sondern nimmt mit der Strömung des Gases entlang des Rohres zu. Es sei x die Koordinate längs der Rohrachse; die positive x-Richtung soll mit der Strömungsrichtung übereinstimmen. Wir haben dann

$$\frac{ds}{dx} > 0\,. \tag{98,3}$$

Jetzt differenzieren wir die Beziehung (98,2) nach x. Wegen $dw = T ds + V dp$ haben wir

$$T\frac{ds}{dx} + V\frac{dp}{dx} + j^2 V\frac{dV}{dx} = 0\,.$$

Weiter setzen wir hier

$$\frac{dV}{dx} = \left(\frac{\partial V}{\partial p}\right)_s \frac{dp}{dx} + \left(\frac{\partial V}{\partial s}\right)_p \frac{ds}{dx} \tag{98,4}$$

ein und erhalten

$$\left[T + j^2 V\left(\frac{\partial V}{\partial s}\right)_p\right]\frac{ds}{dx} = -V\left[1 + j^2\left(\frac{\partial V}{\partial p}\right)_s\right]\frac{dp}{dx}\,. \tag{98,5}$$

Nach einer aus der Thermodynamik bekannten Formel ist

$$\left(\frac{\partial V}{\partial s}\right)_p = \frac{T}{c_p}\left(\frac{\partial V}{\partial T}\right)_p\,.$$

Der thermische Ausdehnungskoeffizient von Gasen ist positiv. Wir schließen daher aus (98,3), daß auch der ganze Ausdruck auf der linken Seite der Gleichung (98,5) positiv ist. Das Vorzeichen der Ableitung $\mathrm{d}p/\mathrm{d}x$ stimmt folglich mit dem Vorzeichen des Ausdrucks

$$-\left[1 + j^2 \left(\frac{\partial V}{\partial p}\right)_s\right] = \frac{v^2}{c^2} - 1$$

überein. Wir erhalten also

$$\left.\begin{aligned} \frac{\mathrm{d}p}{\mathrm{d}x} &< 0 \quad \text{für} \quad v < c\,, \\ \frac{\mathrm{d}p}{\mathrm{d}x} &> 0 \quad \text{für} \quad v > c\,. \end{aligned}\right\} \tag{98,6}$$

Bei einer Unterschallströmung fällt der Druck in Strömungsrichtung ab (ebenso wie für eine inkompressible Flüssigkeit). Für eine Überschallströmung nimmt der Druck entlang des Rohres zu.

Ähnlich kann man das Vorzeichen der Ableitung $\mathrm{d}v/\mathrm{d}x$ feststellen. Wegen $j = v/V = \mathrm{const}$ stimmt das Vorzeichen von $\mathrm{d}v/\mathrm{d}x$ mit dem Vorzeichen der Ableitung $\mathrm{d}V/\mathrm{d}x$ überein. Die letztere kann mit Hilfe von (98,4) und (98,5) durch die positive Ableitung $\mathrm{d}s/\mathrm{d}x$ ausgedrückt werden. Das Ergebnis ist

$$\left.\begin{aligned} \frac{\mathrm{d}v}{\mathrm{d}x} &> 0 \quad \text{für} \quad v < c\,, \\ \frac{\mathrm{d}v}{\mathrm{d}x} &< 0 \quad \text{für} \quad v > c\,, \end{aligned}\right\} \tag{98,7}$$

d. h., die Geschwindigkeit nimmt in Strömungsrichtung für eine Unterschallströmung zu und für eine Überschallströmung ab.

Zwei beliebige thermodynamische Größen des durch das Rohr strömenden Gases sind Funktionen voneinander, die insbesondere nicht von dem Widerstandsgesetz für das Rohr abhängen. Diese Funktionen hängen vom Wert des konstanten j wie von einem Parameter ab und werden durch die Gleichung $w + j^2V^2/2 = \mathrm{const}$ gegeben, die sich durch Elimination der Geschwindigkeit aus den Erhaltungssätzen für die Masse und die Energie des Gases ergibt.

Wir untersuchen z. B. den Charakter der Abhängigkeit der Entropie vom Druck. (98,5) schreiben wir als

$$\frac{\mathrm{d}s}{\mathrm{d}p} = V \frac{\dfrac{v^2}{c^2} - 1}{T + j^2 V \left(\dfrac{\partial V}{\partial s}\right)_p}\,.$$

In dem Punkt, wo $v = c$ ist, hat die Entropie ein Extremum. Wie man leicht sieht, ist dieses Extremum ein Maximum. Tatsächlich haben wir für die zweite Ableitung von s nach p in diesem Punkt

$$\left.\frac{d^2 s}{dp^2}\right|_{v=c} = -\frac{j^2 V\left(\frac{\partial^2 V}{\partial p^2}\right)_s}{T + j^2 V\left(\frac{\partial V}{\partial s}\right)_p} < 0$$

$\left(\text{wir setzen überall die Ableitung } \left(\frac{\partial^2 V}{\partial p^2}\right)_s \text{ als positiv voraus}\right)$.

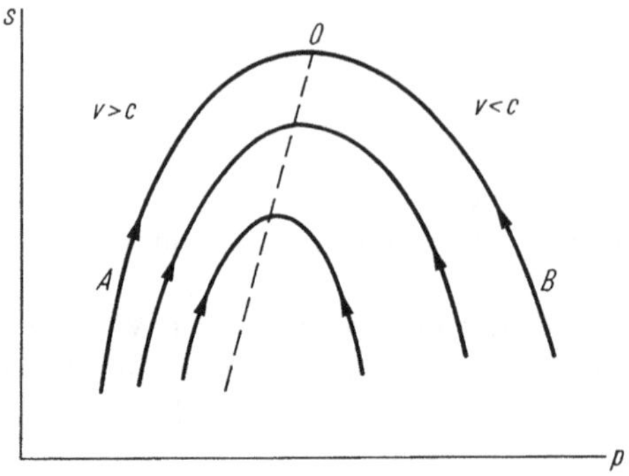

Abb. 73

Die Kurve der Funktion $s(p)$ hat also die in Abb. 73 wiedergegebene Form. Rechts vom Maximum liegt der Bereich der Unterschallgeschwindigkeiten, links derjenige der Überschallgeschwindigkeiten. Bei einer Vergrößerung des Parameters j kommen wir von höher zu tiefer gelegenen Kurven: Differenzieren wir die Gleichung (98,2) nach j bei konstantem p, so erhalten wir

$$\frac{ds}{dj} = -\frac{jV^2}{T + j^2 V\left(\frac{\partial V}{\partial s}\right)_p} < 0\,.$$

Aus den gewonnenen Ergebnissen kann man einen interessanten Schluß ziehen. Die Strömungsgeschwindigkeit am Einlauf des Rohres sei kleiner als die Schallgeschwindigkeit. In Strömungsrichtung nimmt die Entropie zu, und der Druck nimmt ab. Dies entspricht einer Bewegung auf dem rechten Ast der Kurve $s = s(p)$ in der Richtung von B nach O (Abb. 73). Das kann jedoch nur so lange vor sich gehen, bis die Entropie ihren Maximalwert erreicht. Eine weitere Bewegung auf der Kurve über den Punkt O hinaus (d. h. in den Bereich der Überschallgeschwindigkeiten) ist unmöglich, weil sie eine Entropieabnahme des Gases bei der Strömung durch das Rohr bedeuten würde. Der Übergang vom Ast BO zum Ast OA der Kurve kann auch nicht durch die Entstehung einer Stoßwelle erfolgen, weil die Geschwindigkeit des in die Stoßwelle „einströmenden" Gases nicht kleiner als die Schallgeschwindigkeit sein darf.

Wir kommen auf diese Weise zu dem folgenden Schluß: Ist die Strömungsgeschwindigkeit am Einlauf des Rohres kleiner als die Schallgeschwindigkeit, dann bleibt die Strömung auch in ihrer ganzen weiteren Ausdehnung eine Unterschallströmung. Wenn die lokale

Schallgeschwindigkeit überhaupt erreicht wird, dann erst am Austrittsende des Rohres (bei genügend niedrigem Druck im äußeren Medium, in das das Gas ausströmt).

Um eine Überschallströmung durch ein Rohr zu verwirklichen, muß das Gas schon mit Überschallgeschwindigkeit in das Rohr eintreten. Auf Grund der allgemeinen Eigenschaften einer Überschallströmung (Störungen können sich nicht entgegengesetzt zur Strömungsrichtung ausbreiten) erfolgt die weitere Strömung ganz unabhängig von den Verhältnissen am Ende des Rohres. Insbesondere nimmt die Entropie längs des Rohres in ganz bestimmter Weise zu; ihr Maximalwert wird in einem bestimmten Abstand $x = l_k$ vom Einlauf angenommen. Ist die Gesamtlänge des Rohres $l < l_k$, dann ist die Strömung in ihrer ganzen Ausdehnung eine Überschallströmung (dem entspricht eine Bewegung auf dem Ast AO von A nach O). Für $l > l_k$ kann die Strömung nicht im ganzen Rohr eine Überschallströmung sein, sie kann aber auch nicht stetig in eine Unterschallströmung übergehen, weil man auf dem Kurvenast OB nur in Pfeilrichtung fortschreiten kann. In diesem Falle ist deshalb die Entstehung einer Stoßwelle unvermeidlich, die die Strömung sprunghaft aus dem Über- in den Unterschallbereich überführt. Dabei nimmt der Druck zu, und wir kommen vom Ast AO unter Umgehung des Punktes O auf den Ast BO; in der ganzen übrigen Ausdehnung des Rohres strömt das Gas dann mit Unterschallgeschwindigkeit.

§ 99. Eindimensionale Ähnlichkeitsströmung

Eine wichtige Kategorie von eindimensionalen nichtstationären Gasströmungen bilden Strömungen unter Bedingungen, die durch irgendwelche Geschwindigkeitsparameter charakterisiert werden und nicht durch Längenparameter. Das einfachste Beispiel für eine solche Bewegung ist die Strömung eines Gases in einem zylindrischen Rohr, das auf einer Seite unbegrenzt ist und auf der anderen Seite durch einen Kolben verschlossen wird, der sich mit konstanter Geschwindigkeit in Bewegung setzt.

Eine solche Strömung wird außer durch den Geschwindigkeitsparameter noch durch Parameter bestimmt, die (sagen wir) den Druck und die Gasdichte zur Anfangszeit angeben. Man kann aber aus allen diesen Parametern keine Kombination mit der Dimension einer Länge oder einer Zeit bilden. Daraus folgt, daß die Verteilungen aller Größen von der Koordinate x und der Zeit t nur in der Form des Verhältnisses x/t abhängen können, das die Dimension einer Geschwindigkeit hat. Mit anderen Worten, diese Verteilungen sind zu verschiedenen Zeitpunkten einander ähnlich und unterscheiden sich nur durch ihren Maßstab auf der x-Achse. Dieser Maßstab nimmt proportional zur Zeit zu. Mißt man die Längen in Einheiten, die proportional zu t größer werden, dann ändert sich das Strömungsbild überhaupt nicht, die Strömung ist selbstähnlich.

Die Gleichung für die Entropieerhaltung lautet für eine Strömung, die nur von einer Koordinate abhängt:

$$\frac{\partial s}{\partial t} + v_x \frac{\partial s}{\partial x} = 0\,.$$

Nehmen wir an, daß alle Größen nur von der Variablen $\xi = x/t$ abhängen, dann ist

$$\frac{\partial}{\partial x} = \frac{1}{t}\frac{\mathrm{d}}{\mathrm{d}\xi}, \qquad \frac{\partial}{\partial t} = -\frac{\xi}{t}\frac{\mathrm{d}}{\mathrm{d}\xi},$$

und wir erhalten $(v_x - \xi)\, s' = 0$ (der Strich bezeichnet die Ableitung nach ξ). Daraus folgt $s' = 0$, d. h. $s = \text{const.}$[1]) Eine eindimensionale Ähnlichkeitsströmung ist also nicht nur adiabatisch, sondern auch isentrop. Analog finden wir aus der y- und der z-Komponente der Eulerschen Gleichung,

$$\frac{\partial v_y}{\partial t} + v_x \frac{\partial v_y}{\partial x} = 0\,, \qquad \frac{\partial v_z}{\partial t} + v_x \frac{\partial v_z}{\partial x} = 0\,,$$

daß v_y und v_z konstant sind. Ohne Beschränkung der Allgemeinheit können wir sie im folgenden gleich Null setzen.

Weiterhin haben die Kontinuitätsgleichung und die x-Komponente der Eulerschen Gleichung die Gestalt

$$\frac{\partial \varrho}{\partial t} + \varrho \frac{\partial v}{\partial x} + v \frac{\partial \varrho}{\partial x} = 0\,, \tag{99,1}$$

$$\frac{\partial v}{\partial t} + v \frac{\partial v}{\partial x} = -\frac{1}{\varrho}\frac{\partial p}{\partial x} \tag{99,2}$$

(hier und im folgenden schreiben wir einfach v statt v_x). Nach Einführung der Variablen ξ nehmen sie die Form

$$(v - \xi)\,\varrho' + \varrho v' = 0\,, \tag{99,3}$$

$$(v - \xi)\, v' = -\frac{p'}{\varrho} = -c^2 \frac{\varrho'}{\varrho} \tag{99,4}$$

an. (Da die Entropie konstant ist, haben wir in der zweiten Gleichung $p' = \left(\frac{\partial p}{\partial \varrho}\right)_s \varrho' = c^2 \varrho'$ gesetzt.)

Diese Gleichungen haben vor allem die triviale Lösung $v = \text{const}$, $\varrho = \text{const}$, d. h. einen homogenen Strom mit konstanter Geschwindigkeit. Zur Bestimmung der nichttrivialen Lösung eliminieren wir ϱ' und v' aus den Gleichungen und erhalten $(v - \xi)^2 = c^2$ und daraus $\xi = v \pm c$. Wir werden diese Beziehung mit dem Pluszeichen schreiben:

$$\frac{x}{t} = v + c \tag{99,5}$$

(die Wahl des Vorzeichens bedeutet eine bestimmte Bedingung für die Wahl der positiven x-Richtung, deren Bedeutung später klar wird). Schließlich setzen wir $v - \xi = -c$ in (99,3) ein und erhalten $c\varrho' = \varrho v'$ oder $\varrho\, \mathrm{d}v = c\, \mathrm{d}\varrho$. Die Schallgeschwindigkeit hängt vom thermodynamischen Zustand des Gases ab. Nehmen wir die Entropie s und die Dichte ϱ als thermodynamische Grundgrößen, dann können wir die Schallgeschwindigkeit als Funktion der Dichte $c(\varrho)$ für einen gegebenen konstanten Entropiewert darstellen. Wir wollen unter c diese Funktion verstehen und schreiben auf Grund der erhaltenen Gleichung

$$v = \int c \frac{\mathrm{d}\varrho}{\varrho} = \int \frac{\mathrm{d}p}{c\varrho}\,. \tag{99,6}$$

---

[1]) Die Annahme $v_x - \xi = 0$ würde den übrigen Bewegungsgleichungen widersprechen: Aus (99,3) würde sich $v_x = \text{const}$ ergeben im Widerspruch zu der Annahme.

Diese Formel kann man auch in die Gestalt

$$v = \int \sqrt{-\mathrm{d}p\,\mathrm{d}V} \tag{99,7}$$

bringen, bei der die Wahl der unabhängigen Variablen noch offengelassen ist.

Die Formeln (99,5) und (99,6) stellen die gesuchte Lösung der Bewegungsgleichungen dar. Ist die Funktion $c(\varrho)$ bekannt, dann kann man nach der Formel (99,6) die Geschwindigkeit v als Funktion der Dichte berechnen. Die Gleichung (99,5) gibt dann implizit die Abhängigkeit der Dichte von x/t an; damit ist auch die Abhängigkeit aller übrigen Größen von x/t bestimmt.

Wir wollen jetzt einige allgemeine Eigenschaften der erhaltenen Lösung diskutieren. Durch Differentiation der Gleichung (99,5) nach x ergibt sich

$$t\,\frac{\partial \varrho}{\partial x}\,\frac{\mathrm{d}(v+c)}{\mathrm{d}\varrho} = 1\,. \tag{99,8}$$

Für die Ableitung von $v + c$ erhalten wir mit Hilfe von (99,6)

$$\frac{\mathrm{d}(v+c)}{\mathrm{d}\varrho} = \frac{c}{\varrho} + \frac{\mathrm{d}c}{\mathrm{d}\varrho} = \frac{1}{\varrho}\,\frac{\mathrm{d}(\varrho c)}{\mathrm{d}\varrho}\,.$$

Es ist aber

$$\varrho c = \varrho \sqrt{\frac{\partial p}{\partial \varrho}} = \frac{1}{\sqrt{-\partial p/\partial V}}\,.$$

Durch Differentiation dieses Ausdruckes erhalten wir

$$\frac{\mathrm{d}(\varrho c)}{\mathrm{d}\varrho} = c^2\,\frac{\mathrm{d}(\varrho c)}{\mathrm{d}p} = \frac{\varrho^3 c^5}{2}\left(\frac{\partial^2 V}{\partial p^2}\right)_s, \tag{99,9}$$

also ist

$$\frac{\mathrm{d}(v+c)}{\mathrm{d}\varrho} = \frac{\varrho^2 c^5}{2}\left(\frac{\partial^2 V}{\partial p^2}\right)_s > 0\,. \tag{99,10}$$

Aus (99,8) folgt daher $\dfrac{\partial \varrho}{\partial x} > 0$ für $t > 0$. Wegen $\dfrac{\partial p}{\partial x} = c^2\,\dfrac{\partial \varrho}{\partial x}$ erhalten wir daraus $\dfrac{\partial p}{\partial x} > 0$. Schließlich haben wir $\dfrac{\partial v}{\partial x} = \dfrac{c}{\varrho}\,\dfrac{\partial \varrho}{\partial x}$, so daß $\dfrac{\partial v}{\partial x} > 0$ ist. Auf diese Weise ergeben sich die Ungleichungen

$$\frac{\partial \varrho}{\partial x} > 0\,, \qquad \frac{\partial p}{\partial x} > 0\,, \qquad \frac{\partial v}{\partial x} > 0\,, \tag{99,11}$$

Die Bedeutung dieser Ungleichungen wird deutlicher, wenn man nicht die Änderungen der Größen längs der x-Achse (bei festem t), sondern deren zeitliche Änderung für ein gegebenes, sich im Raum bewegendes Element des Gases verfolgt. Diese Änderungen werden durch die totalen Zeitableitungen gegeben. So erhalten wir für die Dichte unter Verwendung der Kontinuitätsgleichung

$$\frac{d\varrho}{dt} = \frac{\partial\varrho}{\partial t} + v\,\frac{\partial\varrho}{\partial x} = -\varrho\,\frac{\partial v}{\partial x}.$$

Nach der dritten Ungleichung (99,11) ist diese Größe negativ; zusammen mit ihr ist selbstverständlich auch die Ableitung dp/dt negativ:

$$\frac{d\varrho}{dt} < 0, \qquad \frac{dp}{dt} < 0. \tag{99,12}$$

Ähnlich (unter Verwendung der Eulerschen Gleichung (99,2)) kann man sich von $dv/dt < 0$ überzeugen. Das bedeutet aber nicht, daß der absolute Betrag der Geschwindigkeit mit der Zeit abnimmt, da v negativ sein kann.

Die Ungleichungen (99,12) besagen, daß Dichte und Druck jedes Elementes des Gases bei der Bewegung im Raum abnehmen. Die Bewegung des Gases ist, mit anderen Worten, von einer monotonen Verdünnung begleitet. Man kann die betrachtete Bewegung daher als eine *nichtstationäre Verdünnungswelle* bezeichnen.[1])

Eine Verdünnungswelle kann nur eine endliche Strecke auf der x-Achse einnehmen. Das erkennt man bereits daran, daß die Formel (99,5) für $x \to \pm\infty$ ein sinnloses Resultat, nämlich eine unendliche Geschwindigkeit, ergeben würde.

Wir wenden die Formel (99,5) auf eine Ebene an, die das von der Verdünnungswelle eingenommene Raumgebiet begrenzt. Dabei stellt x/t die Geschwindigkeit dar, mit der sich diese Grenze gegenüber einem ruhenden Koordinatensystem bewegt. Ihre Geschwindigkeit gegenüber dem Gas ist die Differenz $x/t - v$, sie ist nach (99,5) gerade die lokale Schallgeschwindigkeit. Die Ränder einer Verdünnungswelle sind also schwache Unstetigkeiten. Das Bild einer Ähnlichkeitsströmung setzt sich in den verschiedenen konkreten Fällen folglich aus Verdünnungswellen und aus Bereichen konstanter Strömung zusammen, die voneinander durch Flächen mit schwachen Unstetigkeiten abgegrenzt werden (außerdem kann es natürlich verschiedene Bereiche mit konstanter Strömung geben, die durch Stoßwellen voneinander getrennt werden).

Die von uns in der Formel (99,5) getroffene Vorzeichenwahl bedeutet also, wie wir jetzt erkennen, daß sich diese schwachen Unstetigkeiten relativ zum Gas in positiver x-Richtung bewegen. Die Ungleichungen (99,11) hängen mit dieser Vorzeichenwahl zusammen. Die Ungleichungen (99,12) sind selbstverständlich von der Wahl der Richtung der x-Achse unabhängig.

Gewöhnlich hat man es bei konkreten Problemen mit einer Verdünnungswelle zu tun, die auf einer Seite an ein ruhendes Gas grenzt. Der Bereich des ruhenden Gases (*I* in Abb. 74) soll sich rechts von der Verdünnungswelle befinden. Der Bereich *II* ist die Verdünnungswelle, und *III* ist das mit konstanter Geschwindigkeit strömende Gas. Die Pfeile in der Abbildung geben die Strömungsrichtung des Gases und die Bewegungsrichtung der schwachen Unstetigkeiten am Rande der Verdünnungswelle an (die Unstetigkeit *a* bewegt sich unbedingt nach der Seite des ruhenden Gases hin, die Unstetigkeit *b* kann sich

[1]) Diese Strömung kann nur infolge einer Singularität in den Anfangsbedingungen entstehen (so ändert sich in dem Beispiel mit dem Kolben die Geschwindigkeit des Kolbens im Zeitpunkt $t = 0$ sprunghaft). Die umgekehrte Bewegung könnte nur auf Grund der Wirkung eines komprimierenden Kolbens vor sich gehen, der sich nach einem genau bestimmten Gesetz bewegt.

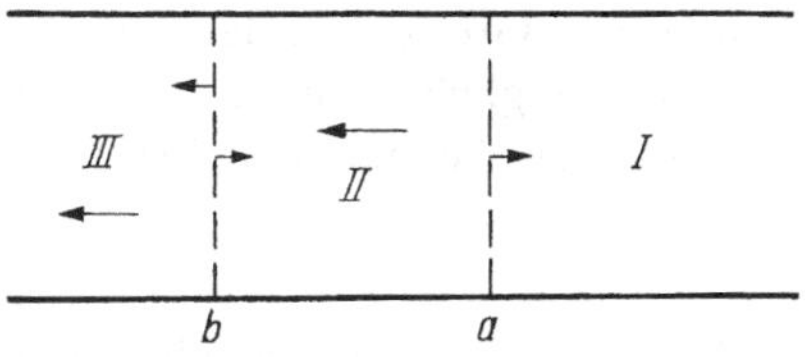

Abb. 74

in beiden Richtungen bewegen, je nach Größe der in der Verdünnungswelle erreichten Geschwindigkeit, vgl. Aufgabe 2). Wir schreiben die Beziehungen zwischen den verschiedenen Größen in einer solchen Verdünnungswelle für ein polytropes Gas explizit auf. Für einen adiabatischen Vorgang ist $\varrho T^{1/(1-\gamma)} = \text{const}$. Da die Schallgeschwindigkeit proportional zu $\sqrt{T}$ ist, können wir diese Beziehung in der Form

$$\varrho = \varrho_0 \left(\frac{c}{c_0}\right)^{2/(\gamma-1)} \tag{99,13}$$

schreiben. Diesen Ausdruck setzen wir in das Integral (99,6) ein und erhalten

$$v = \frac{2}{\gamma - 1} \int \mathrm{d}c = \frac{2}{\gamma - 1} (c - c_0)\,.$$

Die Integrationskonstante ist so gewählt, daß $c = c_0$ ist für $v = 0$ (mit dem Index Null bezeichnen wir die Werte der Größen in dem Punkt, wo das Gas ruht). Wir werden alle Größen durch v ausdrücken; dabei ist zu beachten, daß bei der angenommenen Lage der Bereiche die Strömungsgeschwindigkeit in die negative x-Richtung zeigt, so daß $v < 0$ ist. Die Beziehung

$$c = c_0 - \frac{\gamma - 1}{2} |v| \tag{99,14}$$

verknüpft also die lokale Schallgeschwindigkeit mit der Geschwindigkeit des Gases. Einsetzen in (99,13) ergibt für die Dichte

$$\varrho = \varrho_0 \left(1 - \frac{\gamma - 1}{2} \frac{|v|}{c_0}\right)^{2/(\gamma-1)} \tag{99,15}$$

und analog für den Druck

$$p = p_0 \left(1 - \frac{\gamma - 1}{2} \frac{|v|}{c_0}\right)^{2\gamma/(\gamma-1)} \tag{99,16}$$

Schließlich setzen wir (99,14) in die Formel (99,5) ein und erhalten

$$|v| = \frac{2}{\gamma + 1} \left(c_0 - \frac{x}{t}\right), \tag{99,17}$$

wodurch v in Abhängigkeit von x und t gegeben wird.

Die Größe c kann ihrer Natur nach nicht negativ sein. Man kann daher aus der Formel (99,14) den wichtigen Schluß ziehen, daß die Geschwindigkeit der Ungleichung

$$|v| \leqq \frac{2c_0}{\gamma - 1} \tag{99,18}$$

genügen muß. Erreicht die Geschwindigkeit diesen Grenzwert, dann wird die Dichte des Gases (und auch p und c) gleich Null. Das ursprünglich ruhende Gas kann also bei der nichtstationären Ausdehnung in der Verdünnungswelle maximal bis auf die Geschwindigkeit $\frac{2c_0}{\gamma - 1}$ beschleunigt werden.

Wir haben schon am Anfang dieses Paragraphen ein einfaches Beispiel für eine Ähnlichkeitsströmung erwähnt: die Strömung in einem zylindrischen Rohr, wenn sich ein Kolben mit konstanter Geschwindigkeit zu bewegen beginnt. Bewegt sich der Kolben aus dem Rohr heraus, dann erzeugt er hinter sich eine Verdünnung, und es entsteht die oben beschriebene Verdünnungswelle. Bewegt sich der Kolben in das Rohr hinein, dann komprimiert er das Gas vor sich, und der Übergang zu dem niedrigeren Anfangsdruck kann nur in einer Stoßwelle erfolgen, die vor dem Kolben entsteht und in Vorwärtsrichtung in das Rohr hineinläuft (siehe die Aufgaben zu diesem Paragraphen).[1]

Aufgaben

1. Ein Gas befindet sich in einem zylindrischen Rohr, das auf einer Seite unbegrenzt ist und auf der anderen Seite von einem Kolben verschlossen wird. Zur Anfangszeit beginnt der Kolben, sich mit der konstanten Geschwindigkeit U in das Rohr hineinzubewegen. Man berechne die entstehende Strömung des (als polytrop angenommenen) Gases.

Lösung. Vor dem Kolben bildet sich eine Stoßwelle aus, die in das Rohr hineinläuft. Zu Beginn der Bewegung befinden sich diese Wellen und der Kolben an derselben Stelle, dann „eilt" die Welle dem Kolben voraus, und zwischen ihr und dem Kolben bildet das Gas den Bereich 2. In dem Bereich vor der Stoßwelle (Bereich 1) ist der Druck des Gases gleich dem Anfangswert p_1, und die Geschwindigkeit (relativ zum Rohr) ist gleich Null. Im Bereich 2 bewegt sich das Gas mit der konstanten Geschwindigkeit U (Abb. 75). Die Geschwindigkeitsdifferenz zwischen den Gasen 1 und 2 ist folglich gleich U, und man hat nach den Formeln (85,7) und (89,1)

$$U = \sqrt{(p_2 - p_1)(V_1 - V_2)} = (p_2 - p_1)\sqrt{\frac{2V_1}{(\gamma - 1)p_1 + (\gamma + 1)p_2}}.$$

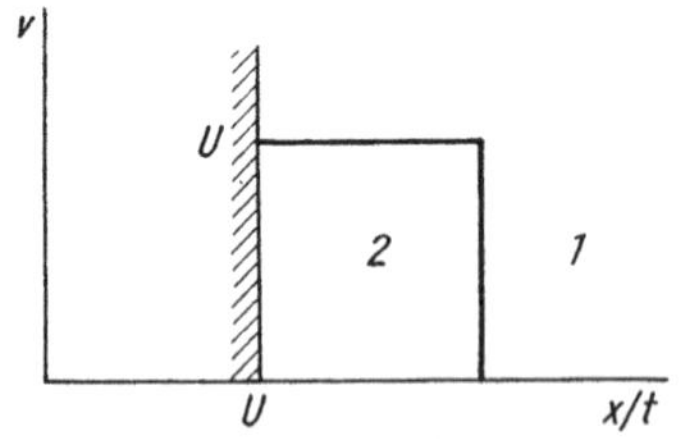

Abb. 75

[1]) Wir erwähnen eine analoge dreidimensionale Ähnlichkeitsströmung: die kugelsymmetrische Strömung eines Gases, die von einer sich gleichmäßig ausdehnenden Kugel hervorgerufen wird (L. I. Sedow, 1945, G. Taylor, 1946). Vor der Kugel entsteht eine kugelsymmetrische Stoßwelle, die sich mit konstanter Geschwindigkeit ausbreitet. Im Unterschied zum eindimensionalen Fall ist die Strömungsgeschwindigkeit des Gases zwischen der Kugel und der Welle nicht konstant. Die Gleichung, die die Geschwindigkeit in Abhängigkeit von dem Verhältnis r/t (und damit auch die Ausbreitungsgeschwindigkeit der Stoßwelle) bestimmt, kann nicht in analytischer Form integriert werden. Vgl. L. I. Sedow, Similarity and Dimensional Methods in Mechanics, Cleaver-Hume Press, London 1959; G. I. Taylor, Proc. Roy. Soc. **A 186**, 273 (1946).

Daraus erhalten wir für den Druck p_2 des Gases zwischen dem Kolben und der Stoßwelle

$$\frac{p_2}{p_1} = 1 + \frac{\gamma(\gamma+1)\,U^2}{4c_1^2} + \frac{\gamma U}{c_1}\sqrt{1 + \frac{(\gamma+1)^2\,U^2}{16c_1^2}}\,.$$

Kennt man p_2, so kann man nach den Formeln (89,4) die Geschwindigkeit der Stoßwelle relativ zu dem vor und hinter ihr befindlichen Gas berechnen. Das Gas 1 ruht, daher ist die Geschwindigkeit der Welle relativ zu diesem Gas die Ausbreitungsgeschwindigkeit der Welle in dem Rohr. Zählen wir die Koordinate x längs des Rohres von der Anfangslage des Kolbens an (wobei sich das Gas auf der Seite $x > 0$ befindet), dann erhalten wir für den Ort der Stoßwelle zur Zeit t

$$x = t\left\{\frac{\gamma+1}{4}\,U + \sqrt{\frac{(\gamma+1)^2}{16}\,U^2 + c_1^2}\right\}$$

(der Ort des Kolbens ist $x = Ut$).

2. Wie Aufgabe 1, wenn sich der Kolben mit der Geschwindigkeit U aus dem Rohr herausbewegt.

Lösung. An den Kolben schließt sich ein Bereich an (1 in Abb. 76a), in dem sich das Gas in die negative x-Richtung mit der konstanten Geschwindigkeit $-U$ bewegt; diese Geschwindigkeit ist gleich der des Kolbens. Danach folgt die Verdünnungswelle 2, in der sich das Gas ebenfalls in die negative x-Richtung bewegt; die Strömungsgeschwindigkeit ändert sich dabei nach (99,17) linear von $-U$ auf Null. Der Druck ändert sich nach (99,16) von dem Wert

$$p_1 = p_0\left(1 - \frac{\gamma-1}{2}\,\frac{U}{c_0}\right)^{\frac{2\gamma}{\gamma-1}}$$

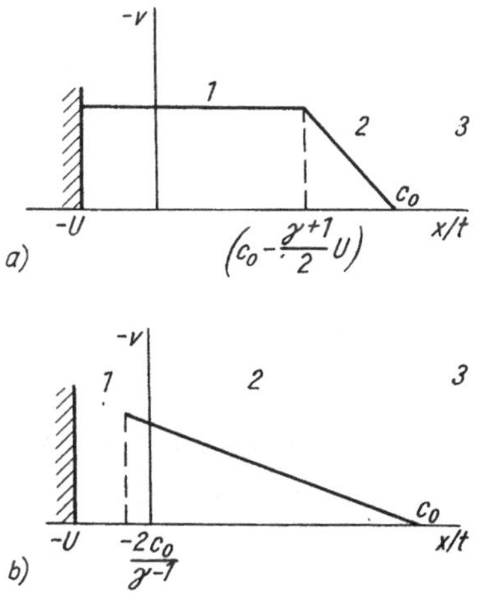

Abb. 76

im Gas 1 auf p_0 im ruhenden Gas 3. Die Grenze zwischen den Bereichen 2 und 1 wird durch die Bedingung $v = -U$ festgelegt; nach (99,17) erhalten wir

$$x = \left(c_0 - \frac{\gamma+1}{2}\,U\right)t = (c - U)\,t$$

(c ist die Schallgeschwindigkeit im Gas 1). An der Grenze zum Bereich 3 ist $v = 0$ und damit $x = c_0 t$. Diese beiden Grenzflächen sind Flächen mit schwachen Unstetigkeiten, die zweite bewegt sich immer nach rechts (d. h. vom Kolben weg). Die Grenzfläche zwischen 1 und 2 kann sich sowohl nach rechts bewegen (wie in Abb. 76a) als auch nach links, wenn die Geschwindigkeit des Kolbens $U > \dfrac{2c_0}{\gamma+1}$ ist.

Das beschriebene Strömungsbild liegt nur unter der Bedingung $U < \frac{2c_0}{\gamma - 1}$ vor. Für $U > \frac{2c_0}{\gamma - 1}$ bildet sich vor dem Kolben eine Vakuumzone (das Gas kann der Bewegung des Kolbens nicht folgen), die sich vom Kolben bis zum Punkt mit der Koordinate $x = -\frac{2c_0 t}{\gamma - 1}$ erstreckt (1 in Abb. 76b). In diesem Punkt ist $v = -\frac{2c_0}{\gamma - 1}$. Daran schließt sich der Bereich 2 an, in dem die Geschwindigkeit auf Null abfällt (bis zum Punkt $x = c_0 t$), dann folgt der Bereich 3 des ruhenden Gases.

3. Ein Gas befindet sich in einem zylindrischen Rohr, das auf einer Seite unbegrenzt ist ($x > 0$) und auf der anderen Seite durch eine Klappe verschlossen wird ($x = 0$). Zur Zeit $t = 0$ wird die Klappe geöffnet, und das Gas strömt in ein äußeres Medium aus, in dem der Druck p_e kleiner als der ursprüngliche Druck p_0 im Rohr ist. Man berechne die entstehende Strömung.

Lösung. Es sei $-v_e$ die Strömungsgeschwindigkeit des Gases, die nach der Formel (99,16) zum Außendruck p_e gehört. Für $x = 0$ und $t > 0$ muß $v = -v_e$ sein. Für $v_e < \frac{2c_0}{\gamma + 1}$ ergibt sich die in Abb. 77a dargestellte Geschwindigkeitsverteilung. Bei $v_e = \frac{2c_0}{\gamma + 1}$ (dabei ist die Ausströmungsgeschwindigkeit gleich der lokalen Schallgeschwindigkeit am Rohrende, wovon man sich leicht überzeugen

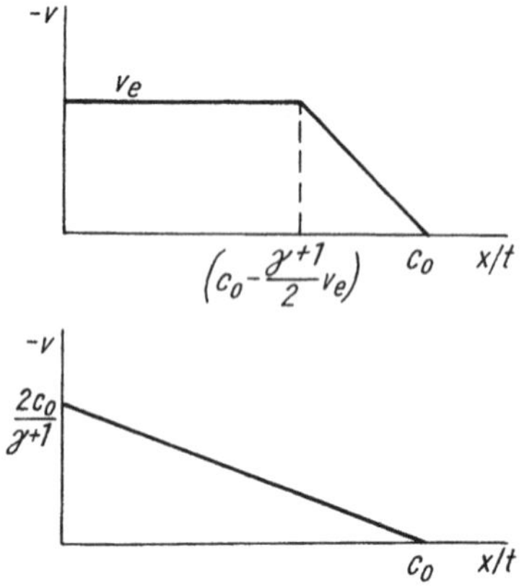

Abb. 77

kann, indem man $v = c$ in die Formel (99,14) einsetzt) verschwindet der Bereich konstanter Geschwindigkeit, und man erhält das in Abb. 77b dargestellte Strömungsbild. Die Größe $\frac{2c_0}{\gamma + 1}$ ist die unter den gegebenen Bedingungen größtmögliche Ausströmungsgeschwindigkeit des Gases aus dem Rohr. Für einen äußeren Druck

$$p_e < p_0 \left(\frac{2}{\gamma + 1}\right)^{\frac{2\gamma}{\gamma - 1}} \tag{1}$$

würde die zugehörige Geschwindigkeit v_e größer als $\frac{2c_0}{\gamma + 1}$. In Wirklichkeit bleibt dabei der Druck am Rohrende gleich dem Grenzwert (1), und die Ausströmungsgeschwindigkeit bleibt $\frac{2c_0}{\gamma + 1}$. Der restliche Druckabfall (auf p_e) erfolgt im äußeren Medium.

4. Ein unendlich langes Rohr wird durch einen Kolben geteilt. Auf einer Seite des Kolbens ($x < 0$) befindet sich zur Zeit $t = 0$ ein Gas unter dem Druck p_0, auf der anderen Seite ($x > 0$) ist Vakuum. Man berechne die Bewegung des Kolbens unter dem Einfluß des sich ausdehnenden Gases.

Lösung. Im Gas entsteht eine Verdünnungswelle, deren eine Grenzfläche sich zusammen mit dem Kolben nach rechts bewegt, die andere verschiebt sich nach links. Die Bewegungsgleichung für den Kolben ist

$$m\frac{\mathrm{d}U}{\mathrm{d}t} = p_0\left(1 - \frac{\gamma-1}{2}\frac{U}{c_0}\right)^{\frac{2\gamma}{\gamma-1}}$$

(U ist die Geschwindigkeit des Kolbens, m dessen Masse pro Flächeneinheit). Durch Integration ergibt sich

$$U(t) = \frac{2c_0}{\gamma-1}\left\{1 - \left[1 + \frac{(\gamma+1)\,p_0}{2mc_0}t\right]^{-\frac{\gamma-1}{\gamma+1}}\right\}.$$

5. Man berechne die Ähnlichkeitsströmung in einer isothermen Verdünnungswelle.

Lösung. Die isotherme Schallgeschwindigkeit ist

$$c_T = \sqrt{\left(\frac{\partial p}{\partial \varrho}\right)_T} = \sqrt{\frac{RT}{\mu}}$$

und bei konstanter Temperatur ist $c_T = \text{const} = c_{T_0}$. Aus (99,5) und (99,6) finden wir daher

$$v = c_{T_0}\ln\frac{\varrho}{\varrho_0} = c_{T_0}\ln\frac{p}{p_0} = \frac{x}{t} - c_{T_0}.$$

6. Mit Hilfe der Burgersschen Gleichung (§ 93) bestimme man die von der Dissipation hervorgerufene Struktur der schwachen Unstetigkeit zwischen einer Verdünnungswelle und einem unbewegten Gas.

Lösung. Das unbewegte Gas befinde sich links, und die Verdünnungswelle befinde sich rechts von der schwachen Unstetigkeit (dann bewegt sich die letztere nach links). Ohne Berücksichtigung der Dissipation haben wir im ersten dieser Gebiete $v = 0$, und im zweiten wird die Bewegung durch die Gleichungen (99,5) und (99,6) beschrieben (mit umgekehrtem Vorzeichen vor c), wobei nahe der Unstetigkeit die Geschwindigkeit v klein ist; mit Genauigkeit bis zu kleinen Gliedern erster Ordnung in v haben wir

$$\frac{x}{t} = v - c \approx -c_0 + \left(1 + \frac{\varrho_0}{c_0}\frac{\mathrm{d}c_0}{\mathrm{d}\varrho_0}\right) = -c_0 + \alpha_0 v,$$

wobei α durch (102,2) definiert ist und der Index 0 die Werte der Größen für $v = 0$ bezeichnet (diesen Index werden wir unten weglassen).

Mit Genauigkeit bis zu kleinen Gliedern zweiter Ordnung genügt die Geschwindigkeit in der sich nach links ausbreitenden Welle der in Aufgabe 1, § 93, erhaltenen Gleichung (6) oder der Burgersschen Gleichung

$$\frac{\partial u}{\partial t} + u\frac{\partial u}{\partial \zeta} = \mu\frac{\partial^2 u}{\partial \zeta^2},$$

wo $\mu = ac^3$ und die unbekannte Funktion $u = \alpha v$ von den Argumenten t und $\zeta = x + ct$ abhängt. Die Variable ζ mißt den Abstand von der schwachen Unstetigkeit zu jedem Zeitpunkt t. Es ist eine stetige Lösung dieser Gleichung zu finden, die die Randbedingungen

$$u = \zeta/t \quad \text{für} \quad \zeta \to \infty, \qquad u = 0 \quad \text{für} \quad \zeta \to -\infty$$

erfüllt; diese Randbedingungen entsprechen der Strömung ohne Berücksichtigung der Dissipation. Nach dem Gesetz (96,1) für die Ausdehnung einer schwachen Unstetigkeit muß die Variable t in die Lösung in der Kombination $z = \zeta/\sqrt{t}$ mit der Variablen ζ eingehen. Die Lösung kann die gestellten Randbedingungen erfüllen, wenn

$$u(t, \zeta) = \frac{1}{\zeta}\psi\left(\frac{\zeta}{\sqrt{t}}\right).$$

Die Funktion ψ hängt mit der in Aufgabe 2, § 93, eingeführten Funktion φ durch die Beziehung

$$-2\mu \ln \varphi = \int \psi(z) \frac{d\zeta}{\zeta} = \int \psi(z) \frac{dz}{z}$$

zusammen, so daß φ nur von z abhängt, wobei

$$\psi(z) = -2\mu z \frac{d}{dz} \ln \varphi(z) .$$

Die Gleichung (3) der genannten Aufgabe nimmt die Form $2\mu\varphi'' = -z\varphi'$ an, woraus

$$\varphi(z) = \int e^{-z^2/4\mu}\, dz$$

folgt.

Die die Randbedingungen erfüllende Lösung ist

$$u(z, \zeta) = \frac{2\mu z}{\zeta} \left[e^{z^2/4\mu} \int\limits_z^\infty e^{-z^2/4\mu}\, dz \right]^{-1}$$

oder endgültig für die Geschwindigkeit

$$v(\zeta, t) = \frac{\mu^{1/2}}{\alpha t^{1/2}} \left[e^{\zeta^2/4\mu t} \int\limits_{\zeta/2\sqrt{\mu t}}^\infty e^{-z^2}\, dz \right]^{-1} ;$$

damit ist die Struktur der schwachen Unstetigkeit bestimmt.

§ 100. Unstetigkeiten in den Anfangsbedingungen

Eine der wichtigsten Ursachen für die Entstehung von Unstetigkeitsflächen in einem Gas können Unstetigkeiten in den Anfangsbedingungen für die Strömung sein. Die Anfangsbedingungen (d. h. die Anfangsverteilungen für Geschwindigkeit, Druck u. ä.) können im allgemeinen beliebig vorgeschrieben werden. Diese Anfangsverteilungen brauchen insbesondere keineswegs überall stetige Funktionen zu sein und können auf gewissen Flächen Unstetigkeiten haben. Bringt man z. B. zu einer gewissen Zeit zwei Gase unter verschiedenen Drücken miteinander in Berührung, dann ist die Berührungsfläche eine Unstetigkeitsfläche der Anfangsverteilung des Druckes.

Es ist wesentlich, daß die Sprünge der verschiedenen Größen in den Unstetigkeiten der Anfangsbedingungen (oder, wie wir sagen werden, in den Anfangsunstetigkeiten) ganz beliebig sein können; es müssen keinerlei Beziehungen zwischen ihnen bestehen. Wie wir wissen, müssen dagegen auf stabilen Unstetigkeitsflächen in einem Gas gewisse Bedingungen erfüllt sein. Die Sprünge von Druck und Dichte in einer Stoßwelle sind z. B. durch die Stoßadiabate miteinander verknüpft. Sind in einer Anfangsunstetigkeit diese notwendigen Bedingungen nicht erfüllt, dann kann sie in dieser Art nicht weiterbestehen. Stattdessen zerfällt die Anfangsunstetigkeit im allgemeinen in einige Unstetigkeiten, von denen jede ein möglicher Typ einer Unstetigkeit ist (Stoßwelle, tangentiale Unstetigkeit, schwache Unstetigkeit). Im Laufe der Zeit werden die so entstandenden Unstetigkeiten auseinanderlaufen.[1])

[1]) Eine allgemeine Untersuchung dieses Problems wurde von N. Je. Kotschin (1926) durchgeführt.

Innerhalb einer kurzen Zeit nach dem Anfangspunkt $t = 0$ können sich die Unstetigkeiten, in die die Anfangsunstetigkeit zerfällt, noch nicht weit voneinander entfernen. Die ganze zu untersuchende Strömung ist dann auf ein relativ kleines Volumen beschränkt, das sich an die Fläche der Anfangsunstetigkeit anschließt. Wie üblich ist im allgemeinen die Betrachtung einzelner Teile der am Anfang vorliegenden Unstetigkeitsfläche ausreichend, die man jeweils als eben ansehen kann. Man kann sich daher auf die Behandlung einer ebenen Unstetigkeitsfläche beschränken. Wir wählen diese Ebene als yz-Ebene. Aus Symmetriegründen ist klar, daß die Unstetigkeiten, in die für $t > 0$ die Anfangsunstetigkeit zerfällt, auch eben und senkrecht zur x-Achse sein werden. Das gesamte Strömungsbild wird nur von der Koordinate x (und der Zeit) abhängen, so daß sich die Aufgabe auf ein eindimensionales Problem reduziert. Da keinerlei charakteristische Längen- und Zeitparameter vorhanden sind, handelt es sich um eine Ähnlichkeitsströmung, und wir können die im vorhergehenden Paragraphen gewonnenen Ergebnisse anwenden.

Die beim Zerfall der Anfangsunstetigkeit entstehenden Unstetigkeiten müssen sich offensichtlich vom Ort ihrer Entstehung fortbewegen, d. h. vom Ort der Anfangsunstetigkeit. Wie man leicht sieht, können sich dabei nach beiden Seiten (in positive und in negative x-Richtung) entweder je eine Stoßwelle oder je ein Paar von schwachen Unstetigkeiten bewegen, die eine Verdünnungswelle begrenzen: Würden sich, sagen wir, in positiver x-Richtung zwei am gleichen Ort zur Zeit $t = 0$ gebildete Stoßwellen ausbreiten, dann müßte sich die vordere Welle mit einer größeren Geschwindigkeit bewegen als die hintere. Die allgemeinen Eigenschaften von Stoßwellen besagen aber, daß sich die erste Welle relativ zum Gas hinter ihr mit einer Geschwindigkeit bewegen muß, die kleiner als die Schallgeschwindigkeit c in diesem Gas ist, die zweite Welle muß sich aber relativ zu demselben Gase mit einer Geschwindigkeit größer als c bewegen (in dem Bereich zwischen den beiden Stoßwellen ist $c = \text{const}$), d. h., sie muß die erste einholen. Aus demselben Grunde können nicht eine Stoß- und eine Verdünnungswelle in derselben Richtung aufeinanderfolgen (man braucht nur zu beachten, daß sich schwache Unstetigkeiten relativ zu den Gasen vor und hinter ihnen mit Schallgeschwindigkeit bewegen). Schließlich können zwei gleichzeitig entstehende Verdünnungswellen nicht auseinanderlaufen, weil die Geschwindigkeit der hinteren Front der ersten gleich der Geschwindigkeit der hinteren Front der zweiten ist.

Neben den Stoßwellen und den Verdünnungswellen muß beim Zerfall der Anfangsunstetigkeit im allgemeinen auch eine tangentiale Unstetigkeit entstehen. Diese Unstetigkeit ist auf jeden Fall notwendig, wenn die tangentialen Geschwindigkeitskomponenten v_y und v_z am Anfang einen Sprung haben. Da sich diese Geschwindigkeitskomponenten weder in einer Stoßwelle noch in einer Verdünnungswelle ändern, muß deren Sprung immer in einer tangentialen Unstetigkeit erfolgen, die am Ort der Anfangsunstetigkeit bleibt. Auf beiden Seiten dieser Unstetigkeit sind v_y und v_z konstant (wegen der Instabilität einer tangentialen Unstetigkeit mit einem Sprung der Geschwindigkeit wird sich diese in Wirklichkeit natürlich im Laufe der Zeit in einen Turbulenzbereich ausweiten).

Eine tangentiale Unstetigkeit muß aber auch dann entstehen, wenn v_y und v_z in der Anfangsunstetigkeit keine Sprünge haben (ohne Beschränkung der Allgemeinheit kann man in diesem Falle die Konstanten v_y und v_z gleich Null setzen, was wir unten auch tun werden). Das ergibt sich aus den folgenden Überlegungen. Die beim Zerfall entstehenden Unstetigkeiten müssen den Übergang von dem gegebenen Zustand 1 des Gases auf der einen Seite der Anfangsunstetigkeiten zu dem gegebenen Zustand 2 auf der anderen Seite ermöglichen. Die Zustände des Gases werden durch drei unabhängige Größen bestimmt, z. B. durch p, ϱ und $v_x = v$. Man muß daher drei willkürliche Parameter zur Verfügung haben, um durch einen gewissen Satz von Unstetigkeiten, sagen wir, vom Zustand 1 zu einem beliebig gegebenen Zustand 2 überzugehen. Wie uns aber bekannt ist, wird eine Stoßwelle (senkrecht zur Stromrichtung), die sich in einem Gas mit gegebenem thermodynamischem Zustand ausbreitet, durch einen einzigen Parameter vollständig bestimmt (§ 85). Dasselbe gilt für eine Verdünnungswelle (wie man aus den Formeln (99,14) bis (99,16) sieht, wird bei gegebenem Zustand des in die Verdünnungswelle einströmenden Gases der Zustand des ausströmenden Gases durch die Angabe einer Größe vollständig bestimmt). Andererseits haben wir gesehen, daß sich beim Zerfall nach jeder Seite nur je eine Welle ausbreiten kann, eine Stoßwelle oder eine Verdünnungswelle. Uns stehen also insgesamt nur zwei Parameter zur Verfügung, was nicht ausreicht.

Die am Ort der Anfangsunstetigkeit entstehende tangentiale Unstetigkeit stellt gerade den fehlenden dritten Parameter dar. An dieser Unstetigkeit bleibt der Druck stetig; die

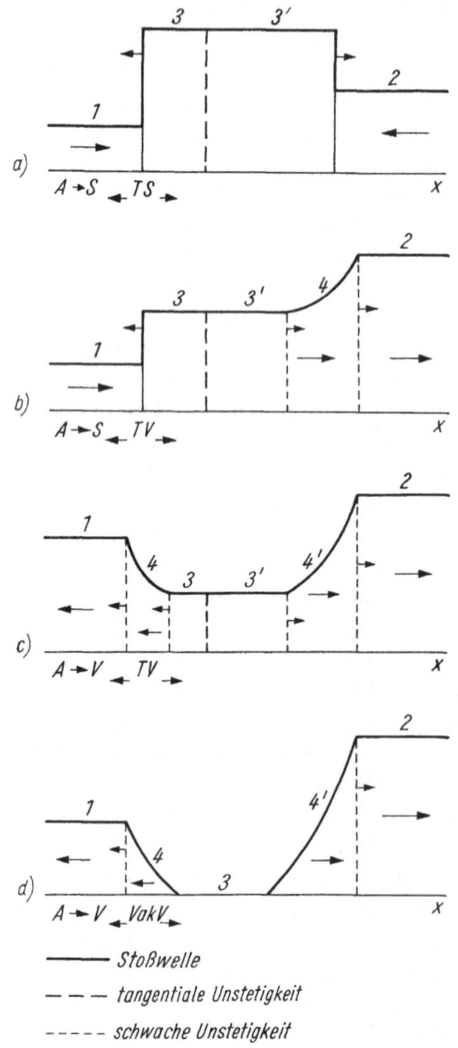

Abb. 78

Dichte (und mit ihr auch die Temperatur und die Entropie) zeigt einen Sprung. Eine tangentiale Unstetigkeit befindet sich relativ zum Gas auf beiden Seiten in Ruhe; für sie treffen daher die oben angestellten Betrachtungen über das Überholen zweier, sich in derselben Richtung ausbreitender Wellen nicht zu.

Die Gase auf den beiden Seiten einer tangentialen Unstetigkeit vermischen sich nicht miteinander, da kein Gas durch die tangentiale Unstetigkeit strömt. In allen unten angeführten Fällen können diese Gase sogar Gase verschiedener Substanzen sein.

In Abb. 78 sind alle möglichen Zerfallstypen für eine Anfangsunstetigkeit schematisch dargestellt. Die ausgezogene Kurve gibt die Druckänderung längs der x-Achse an (die Dichteänderung wird durch eine ähnliche Kurve gegeben; der einzige Unterschied ist, daß sie auch an der tangentialen Unstetigkeit einen Sprung hat). Die vertikalen Linien stellen die gebildeten Unstetigkeiten dar, die Pfeile geben ihre Ausbreitungsrichtung und die Strömungsrichtung des Gases an. Das Koordinatensystem ist überall so gewählt, daß die tangentiale Unstetigkeit darin ruht; zusammen mit ihr ruht auch das Gas in den angrenzenden Bereichen 3 und 3′. Die Drücke, die Dichten und die Geschwindigkeiten der Gase in den Bereichen 1 und 2 ganz links und ganz rechts sind die Werte der entsprechenden Größen zur Zeit $t = 0$ auf den beiden Seiten der Anfangsunstetigkeit.

Im ersten Fall, den wir in der Form $A \to S_{\leftarrow} T S_{\rightarrow}$ schreiben (s. Abb. 78a), entstehen aus der Anfangsunstetigkeit A zwei Stoßwellen S, die sich in entgegengesetzte Richtungen ausbreiten, und eine dazwischenliegende tangentiale Unstetigkeit T. Dieser Fall wird beim Zusammenstoß zweier Gasmassen verwirklicht, die sich mit großer Geschwindigkeit aufeinander zubewegen.

Im Fall $A \to S_{\leftarrow} T V_{\rightarrow}$ (Abb. 78b) breitet sich auf einer Seite der tangentialen Unstetigkeit eine Stoßwelle aus und auf der anderen Seite eine Verdünnungswelle V. Dieser Fall tritt z. B. ein, wenn zu einer gewissen Zeit zwei gegeneinander unbewegte Gasmassen ($v_2 - v_1 = 0$) bei verschiedenen Drücken miteinander in Berührung gebracht werden. Tatsächlich bewegen sich von allen vier in Abb. 78 wiedergegebenen Fällen nur im zweiten Fall die Gase 1 und 2 in derselben Richtung, so daß $v_1 = v_2$ sein kann.

Im dritten Fall ($A \to V_{\leftarrow} T V_{\rightarrow}$) bewegen sich nach beiden Seiten der tangentialen Unstetigkeit je eine Verdünnungswelle. Entfernen sich die beiden Gase 1 und 2 mit genügend großer Geschwindigkeit $v_2 - v_1$ voneinander, dann kann beim Druckabfall in der Verdünnungswelle der Druck Null erreicht werden. Es ergibt sich dann das in Abb. 78d dargestellte Bild; zwischen den Bereichen 4 und 4′ bildet sich die Vakuumzone 3.

Wir wollen jetzt die analytischen Bedingungen herleiten, die den Zerfallstyp für die Anfangsunstetigkeit aus deren Parametern bestimmen. Dabei nehmen wir in allen Fällen $p_2 > p_1$ an; als positive x-Richtung wählen wir überall die Richtung vom Bereich 1 zum Bereich 2 (entsprechend Abb. 78).

Die Gase auf den beiden Seiten der Anfangsunstetigkeit können auch Gase verschiedener Substanzen sein; wir werden sie unterscheiden, indem wir sie als Gas 1 bzw. 2 bezeichnen.

1. Zerfall $A \to S_{\leftarrow} T S_{\rightarrow}$: Es seien $p_3 = p'_3$, $v_3 = v'_3$, V_3 und V'_3 die Drücke, die Geschwindigkeiten und die spezifischen Volumina in den nach dem Zerfall gebildeten Bereichen 3 und 3′. Wir haben $p_3 > p_2 > p_1$; die Volumina V_3 bzw. V'_3 werden als Abszissen der Punkte mit den Ordinaten p_3 auf den Stoßadiabaten durch die Punkte p_1, V_1 bzw. p_2, V_2 als Ausgangspunkte bestimmt. Da die Gase in den Bereichen 3 und 3′ in dem gewählten Koordinatensystem ruhen, hat man nach der Formel (85,7) für die Geschwindigkeiten v_1

und v_2, die in die positive bzw. negative x-Richtung zeigen,

$$v_1 = \sqrt{(p_3 - p_1)(V_1 - V_3)}\,, \qquad v_2 = -\sqrt{(p_3 - p_2)(V_3 - V_3')}\,.$$

Der kleinste Wert für den Druck p_3 bei gegebenen p_1 und p_2, der der Voraussetzung $p_3 > p_2 > p_1$ nicht widerspricht, ist $p_3 = p_2$. Beachten wir noch, daß die Differenz $v_1 - v_2$ eine monoton wachsende Funktion von p_3 ist, so finden wir die gesuchte Ungleichung

$$v_1 - v_2 > \sqrt{(p_2 - p_1)(V_1 - V')}\,; \tag{100,1}$$

V' ist die Abszisse des Punktes mit der Ordinate p_2 auf der Stoßdiabate für das Gas 1 durch den Punkt p_1, V_1 als Anfangspunkt. Wir berechnen V' nach der Formel (89,1) (in der wir V' statt V_2 schreiben) und erhalten für ein polytropes Gas die Bedingung (100,1) in der Gestalt

$$v_1 - v_2 > (p_2 - p_1)\sqrt{\frac{2V_1}{(\gamma_1 - 1)\,p_1 + (\gamma_1 + 1)\,p_2}}\,. \tag{100,2}$$

Die Bedingungen (100,1) und (100,2) für die möglichen Werte der Geschwindigkeitsdifferenz $v_1 - v_2$ hängen offensichtlich nicht von der Wahl des Koordinatensystems ab.

2. Zerfall $A \to S_{\leftarrow} T V_{\rightarrow}$: Hier gilt $p_1 < p_3 = p_3' < p_2$. Für die Geschwindigkeit des Gases im Bereich 1 haben wir wieder

$$v_1 = \sqrt{(p_3 - p_1)(V_1 - V_3)}\,.$$

Die gesamte Geschwindigkeitsänderung in der Verdünnungswelle 4 ist nach (99,7)

$$v_2 = \int_{p_3}^{p_2} \sqrt{-\mathrm{d}p\,\mathrm{d}V}\,.$$

Für gegebene p_1 und p_2 können die Werte von p_3 zwischen p_1 und p_2 liegen. In der Differenz $v_2 - v_1$ ersetzen wir p_3 einmal durch p_1 und einmal durch p_2 und erhalten die Bedingung

$$-\int_{p_1}^{p_2} \sqrt{-\mathrm{d}p\,\mathrm{d}V} < v_1 - v_2 < \sqrt{(p_2 - p_1)(V_1 - V')}\,. \tag{100,3}$$

V' hat hier dieselbe Bedeutung wie im vorhergehenden Falle. Der Ausdruck für die obere Grenze der Differenz $v_1 - v_2$ muß für das Gas 1 berechnet werden, der untere Grenzwert für das Gas 2. Für ein polytropes Gas erhalten wir

$$\begin{aligned} -\frac{2c_2}{\gamma_2 - 1}\left[1 - \left(\frac{p_1}{p_2}\right)^{\frac{\gamma_2 - 1}{2\gamma_2}}\right] &< v_1 - v_2 \\ &< (p_2 - p_1)\sqrt{\frac{2V_1}{(\gamma_1 - 1)\,p_1 + (\gamma_1 + 1)\,p_2}}\,, \end{aligned} \tag{100,4}$$

wobei $c_2 = \sqrt{\gamma_2 p_2 V_2}$ die Schallgeschwindigkeit im Gas 2 im Zustand p_2, V_2 ist.

3. Zerfall $A \to V_{\leftarrow} T V_{\rightarrow}$: Jetzt gilt $p_2 > p_1 > p_3 = p_3' > 0$. Auf demselben Wege finden wir die folgende Bedingung für die Verwirklichung dieses Falles:

$$-\int_0^{p_1} \sqrt{-\mathrm{d}p\,\mathrm{d}V} - \int_0^{p_2} \sqrt{-\mathrm{d}p\,\mathrm{d}V} < v_1 - v_2 < -\int_{p_1}^{p_2} \sqrt{-\mathrm{d}p\,\mathrm{d}V}\,. \tag{100,5}$$

Das Integral auf der rechten Seite der Ungleichung wird für das Gas 2 berechnet; auf der linken Seite wird das erste Integral für das Gas 1 und das zweite für das Gas 2 berechnet. Für ein polytropes Gas erhalten wir

$$-\frac{2c_1}{\gamma_1 - 1} - \frac{2c_2}{\gamma_2 - 1} < v_1 - v_2 < -\frac{2c_2}{\gamma_2 - 1}\left[1 - \left(\frac{p_1}{p_2}\right)^{\frac{\gamma_2 - 1}{2\gamma_2}}\right] \tag{100,6}$$

mit $c_1 = \sqrt{\gamma_1 p_1 V_1}$ und $c_2 = \sqrt{\gamma_2 p_2 V_2}$. Für

$$v_1 - v_2 < -\frac{2c_1}{\gamma_1 - 1} - \frac{2c_2}{\gamma_2 - 1} \tag{100,7}$$

entsteht zwischen den Verdünnungswellen eine Vakuumzone (Zerfall $A \to V_{\leftarrow} Vak\ V_{\rightarrow}$).

Auf das Problem einer Unstetigkeit in den Anfangsbedingungen lassen sich insbesondere die verschiedenen Zusammenstöße ebener Unstetigkeitenflächen zurückführen. Im Zeitpunkt des Stoßes fallen die beiden Ebenen zusammen und bilden eine gewisse „Anfangsunstetigkeit", die dann in einer der oben beschriebenen Arten zerfällt. Beim Zusammenstoß zweier Stoßwellen entstehen wieder zwei Stoßwellen, die von der zwischen ihnen verbleibenden tangentialen Unstetigkeit weglaufen:

$$S_{\rightarrow} S_{\leftarrow} \to S_{\leftarrow} T S_{\rightarrow}\,.$$

Wenn eine Stoßwelle eine andere einholt, sind zwei Fälle möglich:

$$S_{\rightarrow} S_{\rightarrow} \to S_{\leftarrow} T S_{\rightarrow}\,, \qquad S_{\rightarrow} S_{\rightarrow} \to V_{\leftarrow} T S_{\rightarrow}\,.$$

In beiden Fällen breitet sich nach vorn eine Stoßwelle aus.

Zu diesem Problemkreis gehören auch die Reflexion und der Durchgang einer Stoßwelle durch eine tangentiale Unstetigkeit (Grenze zweier Medien). Hier sind zwei Fälle möglich:

$$S_{\rightarrow} T \to S_{\leftarrow} T S_{\rightarrow}\,, \qquad S_{\rightarrow} T \to V_{\leftarrow} T S_{\rightarrow}\,.$$

Die in das zweite Medium durchgelassene Welle ist immer eine Stoßwelle (siehe auch die Aufgaben zu diesem Paragraphen).[1]

Aufgaben

1. Eine ebene Stoßwelle wird an der ebenen Oberfläche eines absolut festen Körpers reflektiert. Man berechne den Gasdruck hinter der reflektierten Welle (H. Hugoniot, 1885).

Lösung. Beim Einfall einer Stoßwelle auf eine feste Wand entsteht eine reflektierte Stoßwelle, die von der Wand wegläuft. Wir werden mit den Indizes 1, 2 und 3 entsprechend das ungestörte Gas vor der einfallenden Stoßwelle, das Gas hinter der einfallenden Welle (das ist auch das Gas vor der reflektierten Welle) und das Gas hinter der reflektierten Welle bezeichnen (Abb. 79; durch die Pfeile sind die Bewegungsrichtungen der Stoßwellen und des Gases angegeben). In den an die feste Wand grenzenden Bereichen 1 und 3 ruht das Gas (in bezug auf die ruhende Wand). Daher ist die Relativgeschwindigkeit der Gase auf beiden Seiten der Unstetigkeit in beiden Fällen, in der einfallenden

[1] Der Vollständigkeit halber erwähnen wir, daß sich beim Auftreffen einer Stoßwelle auf eine schwache Unstetigkeit (dieses Problem gehört nicht zu der hier behandelten Ähnlichkeitsströmung) die Stoßwelle in der alten Richtung weiter ausbreitet; in dem Raum hinter ihr bleiben eine schwache Unstetigkeit des ursprünglichen Typs und eine „tangentiale" schwache Unstetigkeit (siehe den Schluß von § 96) zurück.

und in der reflektierten Stoßwelle, gleich (gleich der Geschwindigkeit des Gases 2). Auf Grund der Formel (85,7) für die Relativgeschwindigkeit erhalten wir daher

$$(p_2 - p_1)(V_1 - V_2) = (p_3 - p_2)(V_2 - V_3).$$

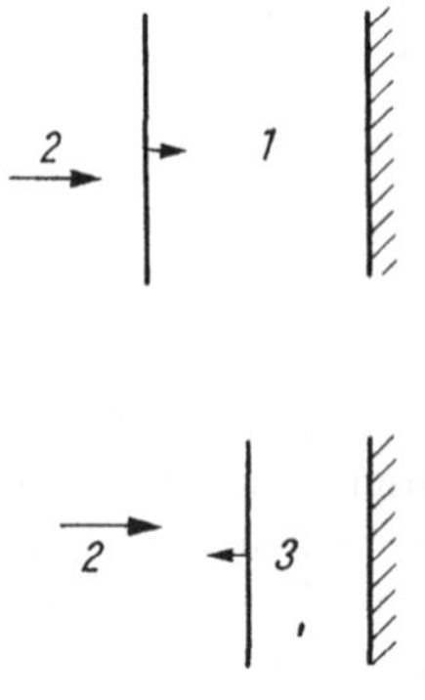

Abb. 79

Die Gleichung für die Stoßadiabate (89,1) ergibt für die beiden Stoßwellen

$$\frac{V_2}{V_1} = \frac{(\gamma + 1)\, p_1 + (\gamma - 1)\, p_2}{(\gamma - 1)\, p_1 + (\gamma + 1)\, p_2}, \quad \frac{V_3}{V_2} = \frac{(\gamma + 1)\, p_2 + (\gamma - 1)\, p_3}{(\gamma - 1)\, p_2 + (\gamma + 1)\, p_3}.$$

Aus diesen drei Gleichungen kann man die spezifischen Volumina eliminieren, und es ergibt sich

$$(p_3 - p_2)^2\, [(\gamma + 1)\, p_1 + (\gamma - 1)\, p_2] = (p_2 - p_1)^2\, [(\gamma + 1)\, p_3 + (\gamma - 1)\, p_2].$$

Das ist eine quadratische Gleichung für p_3, die die triviale Wurzel $p_3 = p_1$ hat. Wir dividieren durch $p_3 - p_1$ und erhalten die gesuchte Formel

$$\frac{p_3}{p_2} = \frac{(3\gamma - 1)\, p_2 - (\gamma - 1)\, p_1}{(\gamma - 1)\, p_2 + (\gamma + 1)\, p_1},$$

die p_3 aus p_1 und p_2 bestimmt. Im Grenzfall großer Intensität der einfallenden Welle wird die „Zusatzverdichtung" des Gases durch die reflektierte Stoßwelle durch die Formeln

$$\frac{p_3}{p_2} = \frac{3\gamma - 1}{\gamma - 1}, \quad \frac{V_3}{V_1} = \frac{\gamma - 1}{\gamma}$$

bestimmt. Im entgegengesetzten Grenzfall geringer Intensität haben wir $p_3 - p_2 = p_2 - p_1$, was der Schallnäherung entspricht.

2. Unter welcher Bedingung wird eine Stoßwelle von einer ebenen Grenzfläche zwischen zwei Gasen reflektiert?

L ö s u n g. $p_1 = p'_2$, V_1 und V'_2 seien die Drücke und die spezifischen Volumina der beiden Medien auf der Grenzfläche vor dem Einfall der Stoßwelle (die sich im Gas 2 ausbreitet); p_2 und V_2 seien Druck und spezifisches Volumen hinter der Stoßwelle. Die Bedingung dafür, daß die reflektierte Welle eine Stoßwelle ist, wird durch die Ungleichung (100,2) gegeben, in der man im vorliegenden Falle

$$v_1 - v_2 = \sqrt{(p_2 - p'_2)(V'_2 - V_2)}$$

setzen muß. Wir stellen alle Größen durch das Verhältnis der Drücke p_2/p_1 und die spezifischen Anfangsvolumina V_1 und V'_2 dar und erhalten die Bedingung

$$\frac{V_1}{(\gamma_1 + 1)\, p_2/p_1 + (\gamma_1 - 1)} < \frac{V'_2}{(\gamma_2 + 1)\, p_2/p_1 + (\gamma_2 - 1)}.$$

§ 101. Eindimensionale fortschreitende Wellen

Bei der Untersuchung der Schallwellen in § 64 haben wir die Amplitude der Wellen als klein vorausgesetzt. Dadurch wurden die Bewegungsgleichungen linear, und man konnte sie leicht lösen. Insbesondere ist eine Funktion von $x \pm ct$ (ebene Welle) eine Lösung dieser Gleichungen. Sie stellt eine fortschreitende Welle dar, die sich mit der Geschwindigkeit c ausbreitet, ohne dabei ihr Profil zu verändern (unter dem Profil einer Welle versteht man die Verteilung der verschiedenen Größen, Dichte, Geschwindigkeit usw., längs der Ausbreitungsrichtung). Da die Geschwindigkeit v, die Dichte ϱ und der Druck p (wie auch alle anderen Größen) in einer solchen Welle nur von der Kombination $x + ct$ abhängen, kann man sie als Funktionen voneinander darstellen. Die entsprechenden Beziehungen zwischen den genannten Größen enthalten weder die Koordinate noch die Zeit explizit (beispielsweise $p = p(\varrho)$, $v = v(\varrho)$ usw.).

Im Falle einer beliebigen, nicht kleinen Amplitude gelten diese einfachen Beziehungen nicht mehr. Es ist aber möglich, eine allgemeine Lösung der exakten Bewegungsgleichungen zu finden, die eine fortschreitende ebene Welle darstellt. Sie ist die Verallgemeinerung der Lösung $f(x \pm ct)$ der Näherungsgleichungen für den Fall kleiner Amplituden. Um diese Lösung zu finden, gehen wir von der Forderung aus, daß auch im allgemeinen Falle einer Welle mit beliebiger Amplitude Dichte und Geschwindigkeit als Funktionen voneinander dargestellt werden können.

Wenn keine Stoßwellen vorhanden sind, ist die Bewegung adiabatisch. War das Gas zu einer gewissen Anfangszeit homogen (so daß insbesondere $s =$ const war), dann bleibt auch für alle Zeiten $s =$ const, was wir unten voraussetzen werden; dann wird auch der Druck eine Funktion der Dichte allein.

In einer ebenen Schallwelle, die sich in x-Richtung ausbreitet, hängen alle Größen nur von x und t ab; für die Geschwindigkeit haben wir $v_x = v$, $v_y = v_z = 0$. Die Kontinuitätsgleichung lautet

$$\frac{\partial \varrho}{\partial t} + \frac{\partial(\varrho v)}{\partial x} = 0\,,$$

und die Eulersche Gleichung

$$\frac{\partial v}{\partial t} + v\frac{\partial v}{\partial x} + \frac{1}{\varrho}\frac{\partial p}{\partial x} = 0\,.$$

Da v als Funktion von ϱ allein dargestellt werden kann, schreiben wir diese Gleichungen in der Form

$$\frac{\partial \varrho}{\partial t} + \frac{\mathrm{d}(\varrho v)}{\mathrm{d}\varrho}\frac{\partial \varrho}{\partial x} = 0\,, \tag{101,1}$$

$$\frac{\partial v}{\partial t} + \left(v + \frac{1}{\varrho}\frac{\mathrm{d}p}{\mathrm{d}v}\right)\frac{\partial v}{\partial x} = 0\,. \tag{101,2}$$

Unter Beachtung von

$$\frac{\partial \varrho/\partial t}{\partial \varrho/\partial x} = -\left(\frac{\partial x}{\partial t}\right)_{\varrho}$$

erhalten wir aus (101,1)

$$\left(\frac{\partial x}{\partial t}\right)_\varrho = \frac{\mathrm{d}(\varrho v)}{\mathrm{d}\varrho} = v + \varrho\frac{\mathrm{d}v}{\mathrm{d}\varrho}$$

und analog aus (101,2)

$$\left(\frac{\partial x}{\partial t}\right)_v = v + \frac{1}{\varrho}\frac{\mathrm{d}p}{\mathrm{d}v}. \qquad (101,3)$$

Der Wert von ϱ bestimmt den Wert von v eindeutig. Es ist daher gleichgültig, ob man die Ableitung bei konstantem ϱ oder v bildet, so daß

$$\left(\frac{\partial x}{\partial t}\right)_\varrho = \left(\frac{\partial x}{\partial t}\right)_v$$

ist. Daraus erhalten wir

$$\varrho\frac{\mathrm{d}v}{\mathrm{d}\varrho} = \frac{1}{\varrho}\frac{\mathrm{d}p}{\mathrm{d}v} = \frac{c^2}{\varrho}\frac{\mathrm{d}\varrho}{\mathrm{d}v}.$$

Auf diese Weise erhalten wir $\frac{\mathrm{d}v}{\mathrm{d}\varrho} = \pm\frac{c}{\varrho}$; folglich ist

$$v = \pm\int\frac{c}{\varrho}\,\mathrm{d}\varrho = \pm\int\frac{\mathrm{d}p}{\varrho c}. \qquad (101,4)$$

Diese Formel gibt den allgemeinen Zusammenhang zwischen der Geschwindigkeit und der Dichte oder dem Druck in einer Welle an.[1])

Weiter ergibt sich durch Kombination von (101,3) und (101,4)

$$\left(\frac{\partial x}{\partial t}\right)_v = v + \frac{1}{\varrho}\frac{\mathrm{d}p}{\mathrm{d}v} = v \pm c(v).$$

Wir integrieren und erhalten

$$x = t[v \pm c(v)] + f(v); \qquad (101,5)$$

$f(v)$ ist eine beliebige Funktion der Geschwindigkeit, die Funktion $c(v)$ wird durch die Gleichung (101,4) gegeben.

Die Formeln (101,4) und (101,5) stellen die gesuchte allgemeine Lösung dar (zuerst von B. Riemann, 1860, gefunden). Sie geben implizit die Geschwindigkeit (und damit auch die übrigen Größen) als Funktion von x und t an, d. h. das Profil der Welle zu jeder beliebigen Zeit. Für jeden bestimmten Wert von v haben wir $x = at + b$, d. h., der Punkt, in dem die Geschwindigkeit diesen bestimmten Wert hat, bewegt sich mit konstanter Geschwindigkeit im Raum. In diesem Sinne stellt die gefundene Lösung eine fortschreitende Welle dar. Die beiden Vorzeichen in (101,5) entsprechen Wellen, die sich (relativ zum Gas) in positiver oder in negativer x-Richtung ausbreiten.

---

[1]) In einer Welle mit kleiner Amplitude haben wir $\varrho = \varrho_0 + \varrho'$, und (101,4) liefert in erster Näherung $v = c_0(\varrho'/\varrho_0)$ (mit $c_0 = c(\varrho_0)$), d. h. die übliche Formel (64,12).

Die durch die Lösung (101,4) und (101,5) beschriebene Bewegung bezeichnet man häufig als *einfache Welle*; wir werden im folgenden diesen Begriff verwenden. Die in § 99 behandelte Ähnlichkeitsströmung ist ein Spezialfall einer einfachen Welle, bei dem die Funktion $f(v)$ in (101,5) gleich Null ist.

Wir wollen die Beziehungen für eine einfache Welle in einem polytropen Gas explizit aufschreiben. Um etwas Bestimmtes vor Augen zu haben, werden wir annehmen, daß es in der Welle einen Punkt mit $v = 0$ gibt; das ist gewöhnlich bei den verschiedenen konkreten Problemen der Fall. Die Formel (101,4) stimmt mit der Formel (99,6) überein, daher haben wir analog zu den Formeln (99,14) bis (99,16)

$$c = c_0 \pm \frac{\gamma - 1}{2} v\,, \tag{101,6}$$

$$\varrho = \varrho_0 \left(1 \pm \frac{\gamma - 1}{2} \frac{v}{c_0}\right)^{\frac{2}{\gamma - 1}}, \qquad p = p_0 \left(1 \pm \frac{\gamma - 1}{2} \frac{v}{c_0}\right)^{\frac{2\gamma}{\gamma - 1}}. \tag{101,7}$$

Wir setzen (101,6) in (101,5) ein und erhalten

$$x = t\left(\pm c_0 + \frac{\gamma + 1}{2} v\right) + f(v)\,. \tag{101,8}$$

Für manche Zwecke ist es besser, diese Lösung in der Form

$$v = F\left[x - \left(\pm c_0 + \frac{\gamma + 1}{2} v\right) t\right] \tag{101,9}$$

zu schreiben, in der F auch eine beliebige Funktion ist.

Aus den Formeln (101,6) und (101,7) ist wieder (wie in § 99) zu erkennen, daß der Betrag der Geschwindigkeit beschränkt ist, wenn sie (relativ zum Gas) in die zur Ausbreitungsrichtung der Welle entgegengesetzte Richtung zeigt. Für eine in positiver x-Richtung fortschreitende Welle haben wir

$$-v \leqq \frac{2c_0}{\gamma - 1}\,. \tag{101,10}$$

Die durch die Formeln (101,4) und (101,5) beschriebene fortschreitende Welle unterscheidet sich wesentlich von der Welle, die sich im Grenzfalle kleiner Amplituden ergibt. Die Geschwindigkeit, mit der sich die Punkte des Wellenprofils verschieben, ist

$$u = v \pm c\,. \tag{101,11}$$

Man kann sie anschaulich als Überlagerung der Ausbreitung einer Störung mit Schallgeschwindigkeit relativ zum Gas und der Bewegung des Gases selbst mit der Geschwindigkeit v auffassen. Die Geschwindigkeit u ist jetzt eine Funktion der Dichte und deshalb für verschiedene Punkte des Profils verschieden. Im allgemeinen Falle einer ebenen Welle mit beliebiger Amplitude existiert also keine bestimmte konstante Geschwindigkeit der Welle. Wegen der unterschiedlichen Geschwindigkeiten der einzelnen Punkte des Wellenprofils bleibt das Profil nicht unverändert, sondern ändert im Laufe der Zeit seine Gestalt.

Wir wollen jetzt eine in positiver x-Richtung fortschreitende Welle betrachten; für diese ist $u = v + c$. In § 99 haben wir die Ableitung von $v + c$ nach der Dichte berechnet (siehe

99,10)). Wir haben dabei $du/d\varrho > 0$ gefunden. Die Ausbreitungsgeschwindigkeit eines gegebenen Punktes des Wellenprofils ist also um so größer, je größer die Dichte ist. Die der Gleichgewichtsdichte ϱ_0 entsprechende Schallgeschwindigkeit bezeichnen wir mit c_0. An den Stellen, wo das Gas komprimiert ist, gilt $\varrho > \varrho_0$ und $c > c_0$, an den Stellen einer Verdünnung ist dagegen $\varrho < \varrho_0$ und $c < c_0$.

Die Ungleichheit der Geschwindigkeiten, mit der sich die einzelnen Punkte des Wellenprofils bewegen, führt zu folgender Änderung des Profils im Laufe der Zeit: Die Punkte mit einer Verdichtung eilen voraus, die Punkte mit einer Verdünnung bleiben zurück (Abb. 80b). Schließlich kann sich das Wellenprofil so verbiegen, daß die Kurve $\varrho(x)$ (für festes (t)) nicht mehr eindeutig ist: Zu einem gewissen x gehören drei verschiedene Werte von ϱ (Abb. 80c, gestrichelte Kurve).[1]) Physikalisch ist eine solche Situation selbstverständlich unmöglich. In Wirklichkeit entstehen an den Stellen, wo ϱ mehrdeutig wird, Unstetigkeiten, wodurch ϱ überall (bis auf die Unstetigkeitsstellen selbst) zu einer eindeutigen Funktion wird. Das Wellenprofil nimmt dabei die in Abb. 80c durch eine ausgezogene Kurve wiedergegebene Gestalt an. Unstetigkeitsflächen entstehen also im Verlaufe jeder Wellenlänge.

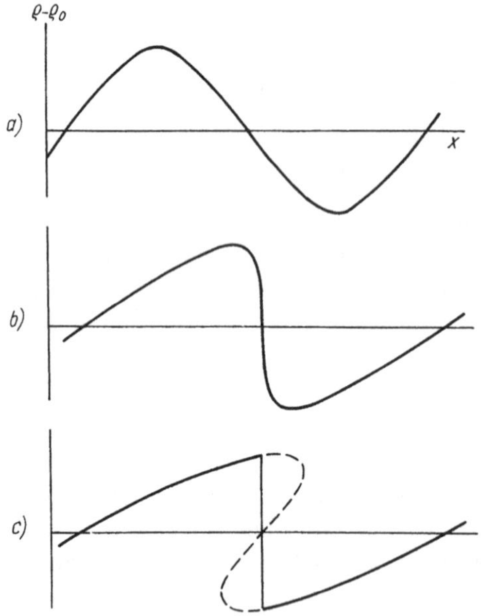

Abb. 80

Nach der Entstehung der Unstetigkeiten ist die Welle keine einfache Welle mehr. Der anschauliche Grund dafür ist folgender: Sind Unstetigkeitsflächen vorhanden, dann wird die Welle an diesen Flächen reflektiert. Infolgedessen ist die Welle keine in einer Richtung fortschreitende Welle mehr, und die der ganzen Betrachtung zugrunde gelegte Voraussetzung über die eindeutige Abhängigkeit zwischen den verschiedenen Größen trifft im allgemeinen nicht mehr zu.

---

[1]) Bei einer solchen Deformation des Profils der Welle spricht man oft von seinem *Überkippen*.

Die Anwesenheit von Unstetigkeiten (Stoßwellen) bewirkt eine Energiedissipation, wie in § 85 erwähnt wurde. Das Auftreten von Unstetigkeiten zieht daher eine starke Dämpfung der Welle nach sich. Die Existenz einer solchen Dämpfung ist unmittelbar aus Abb. 80 ersichtlich. Bei der Ausbildung der Unstetigkeit wird praktisch der höchste Teil des Wellenprofils abgeschnitten. Im Laufe der Zeit, mit zunehmender Verbiegung des Profils, nimmt dessen Höhe immer weiter ab. Das Profil wird geglättet, wobei die Amplitude abnimmt, was eine ständige Dämpfung der Welle bedeutet.

Auf Grund der obigen Feststellung ist klar, daß sich schließlich in jeder beliebigen einfachen Welle Unstetigkeiten ausbilden müssen, wenn in der Welle Abschnitte vorhanden sind, auf denen die Dichte in Ausbreitungsrichtung abnimmt. Der einzige Fall, in dem überhaupt keine Unstetigkeiten gebildet werden, ist eine Welle, bei der die Dichte in der ganzen Welle in Ausbreitungsrichtung monoton wächst (eine solche Welle entsteht z. B. beim Herausziehen eines Kolbens aus einem unendlich langen, gasgefüllten Rohr; siehe die Aufgaben zu diesem Paragraphen).

Obwohl eine Welle nach der Ausbildung einer Unstetigkeit keine einfache Welle mehr ist, können der Zeitpunkt und der Ort der Bildung der Unstetigkeit analytisch berechnet werden. Vom mathematischen Standpunkt aus hängt die Entstehung der Unstetigkeiten, wie wir gesehen haben, damit zusammen, daß die Größen p, ϱ und v als Funktionen von x (bei festem t) in der einfachen Welle nach einer bestimmten Zeit t_0 mehrdeutige Funktionen werden, während sie für $t < t_0$ eindeutige Funktionen waren. Im Zeitpunkt t_0 bildet sich die Unstetigkeit aus. Schon aus rein geometrischen Überlegungen wird klar, daß zur Zeit t_0 die Kurve z. B. für $v(x)$ an einem gewissen Punkt $x = x_0$ vertikal verlaufen muß, und zwar gerade in dem Punkt, in dessen Nähe die Funktion dann mehrdeutig wird. Analytisch bedeutet das, daß die Ableitung $\left(\frac{\partial v}{\partial x}\right)_t$ unendlich wird, oder umgekehrt die Ableitung $\left(\frac{\partial x}{\partial v}\right)_t$ verschwindet. Weiter muß die Kurve $v = v(x)$ zur Zeit t_0 auf beiden Seiten der vertikalen Tangente verlaufen, anderenfalls wäre die Funktion $v(x)$ bereits in diesem Zeitpunkt mehrdeutig. Mit anderen Worten, der Punkt $x = x_0$ muß kein Extremum, sondern ein Wendepunkt der Funktion $x(v)$ sein. Infolgedessen muß auch die zweite Ableitung $\left(\frac{\partial^2 x}{\partial v^2}\right)_t$ verschwinden. Der Zeitpunkt und der Ort, in dem sich die Stoßwelle ausbildet, wird also durch die gemeinsame Lösung der beiden Gleichungen

$$\left(\frac{\partial x}{\partial v}\right)_t = 0\,, \qquad \left(\frac{\partial^2 x}{\partial v^2}\right)_t = 0 \tag{101,12}$$

bestimmt. Für ein polytropes Gas lauten diese Gleichungen

$$t = -\frac{2f'(v)}{\gamma + 1}, \qquad f''(v) = 0\,; \tag{101,13}$$

$f(v)$ ist die Funktion aus der allgemeinen Lösung (101,8).

Diese Bedingungen müssen abgeändert werden, wenn die einfache Welle an ein ruhendes Gas grenzt und die Stoßwelle gerade an dieser Grenzfläche entsteht. Auch hier muß die Kurve $v = v(x)$ im Zeitpunkt der Entstehung der Unstetigkeit vertikal verlaufen, d. h., die Ableitung $\left(\frac{\partial x}{\partial v}\right)_t$ muß verschwinden. Die zweite Ableitung braucht nicht unbedingt zu verschwinden. Als zweite Bedingung haben wir hier einfach, daß die Geschwindigkeit an der Grenze zu dem ruhenden Gas gleich Null sein muß, so daß wir die Bedingung

$$\left(\frac{\partial x}{\partial v}\right)_t\bigg|_{v=0} = 0$$

erhalten. Aus dieser Bedingung können Zeit und Ort der Bildung der Unstetigkeit in expliziter Form bestimmt werden. Durch Differentiation des Ausdruckes (101,5) erhalten wir

$$t = -\frac{f'(0)}{\alpha_0}, \qquad x = \pm c_0 t + f(0), \tag{101,14}$$

wobei α_0 der Wert der Größe α für $v = 0$ ist; α wird durch die Formel (102,2) gegeben. Für ein polytropes Gas ist

$$t = -\frac{2f'(0)}{\gamma + 1}. \tag{101,15}$$

Aufgaben

1. Ein Gas befindet sich in einem zylindrischen Rohr, das auf einer Seite unbegrenzt ist ($x > 0$) und auf der anderen durch einen Kolben verschlossen wird ($x = 0$). Zur Zeit $t = 0$ beginnt der Kolben eine gleichmäßige Bewegung mit der Geschwindigkeit $U = \pm at$. Man berechne die entstehende Strömung des als polytrop angenommenen Gases.

Lösung. Falls sich der Kolben aus dem Rohr herausbewegt ($U = -at$), entsteht eine einfache Verdünnungswelle. Die vordere Front dieser Welle breitet sich in dem ruhenden Gase nach rechts mit der Geschwindigkeit c_0 aus. Im Bereich $x > c_0 t$ befindet sich das Gas in Ruhe. Auf der Oberfläche des Kolbens muß die Strömungsgeschwindigkeit mit der Geschwindigkeit des Kolbens übereinstimmen, d. h., es muß $v = -at$ für $x = -at^2/2$ und $t > 0$ sein. Aus dieser Bedingung erhält man die Funktion $f(v)$ in (101,8) in der Form

$$f(-at) = -c_0 t + \frac{\gamma a t^2}{2}.$$

Daher haben wir

$$x - \left[c_0 + \frac{(\gamma + 1)\, v}{2}\right] t = f(v) = \frac{c_0 v}{a} + \frac{\gamma v^2}{2a}$$

und daraus

$$-v = \frac{1}{\gamma}\left[c_0 + \frac{\gamma + 1}{2}\, at\right] - \frac{1}{\gamma}\sqrt{\left[c_0 + \frac{\gamma + 1}{2}\, at\right]^2 - 2a\gamma(c_0 t - x)}\,. \tag{1}$$

Diese Formel liefert die Geschwindigkeitsänderung in dem Bereich zwischen dem Kolben und der vorderen Wellenfront $x = c_0 t$ während der Zeit von $t = 0$ bis $t = \dfrac{2c_0}{(\gamma - 1)\, a}$ (Abb. 81a). Die Geschwindigkeit des Gases ist überall nach links gerichtet, in Bewegungsrichtung des Kolbens. Ihr Betrag nimmt in positiver x-Richtung monoton ab. Die Dichte und der Druck nehmen in dieser Richtung monoton zu. Für $t > \dfrac{2c_0}{(\gamma - 1)\, a}$ ist die Ungleichung (101,10) für die Geschwindigkeit des Kolbens nicht erfüllt, deshalb kann sich das Gas nicht zusammen mit dem Kolben bewegen. Zwischen dem Kolben und

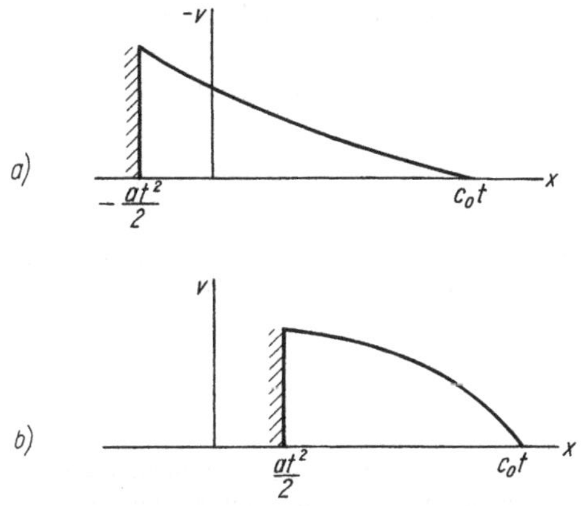

Abb. 81

dem Gas entsteht eine Vakuumzone, und die Strömungsgeschwindigkeit des Gases jenseits des Vakuums ändert sich nach Formel (1) vom Wert $-\frac{2c_0}{\gamma - 1}$ auf Null.

Bewegt sich der Kolben in das Rohr hinein ($U = at$), dann entsteht eine einfache Verdichtungswelle. Die entsprechende Lösung ergibt sich einfach durch Änderung des Vorzeichens von a in der Formel (1) (Abb. 81b). Sie ist aber nur bis zu dem Zeitpunkt anwendbar, in dem die Stoßwelle entsteht. Dieser Zeitpunkt wird durch die Formel (101,15) bestimmt und ist

$$t = \frac{2c_0}{a(\gamma + 1)}.$$

2. Wie Aufgabe 1 für eine beliebige Bewegung des Kolbens.

Lösung. Der Kolben soll zur Zeit $t = 0$ eine Bewegung nach dem Gesetz $x = X(t)$ beginnen (mit $X(0) = 0$); seine Geschwindigkeit ist dann $U = X'(t)$. Die Randbedingung am Kolben ($v = U$ für $x = X$) ergibt

$$v = X'(t), \qquad f(v) = X(t) - t\left[c_0 + \frac{(\gamma + 1)\,X'(t)}{2}\right].$$

Sieht man jetzt t als Parameter an, dann bestimmen diese beiden Gleichungen die Funktion $f(v)$ in Parameterdarstellung. Bezeichnen wir diesen Parameter im folgenden mit τ, so können wir die endgültige Lösung in der Form

$$v = X'(\tau), \qquad x = X(\tau) + (t - \tau)\left[c_0 + \frac{(\gamma + 1)\,X'(\tau)}{2}\right] \tag{2}$$

schreiben. Durch diese Beziehungen wird die gesuchte Funktion $v(t, x)$ für die bei der Bewegung des Kolbens entstehende einfache Welle in Parameterdarstellung gegeben.

3. Man berechne Zeit und Ort der Bildung der Stoßwelle, wenn sich der Kolben nach dem Gesetz $U = at^n$, $n > 0$, bewegt.

Lösung. Für $a < 0$, d. h., der Kolben bewegt sich aus dem Rohr heraus, entsteht eine einfache Verdünnungswelle, in der sich überhaupt keine Stoßwellen ausbilden. Im folgenden setzen wir $a > 0$ voraus, d. h., der Kolben bewegt sich in das Rohr hinein und erzeugt eine einfache Verdichtungswelle.

Wird die Funktion $v(x, t)$ in Parameterdarstellung durch die Formeln (2) mit

$$X = \frac{a}{n + 1}\,\tau^{n+1}$$

gegeben, dann werden Zeitpunkt und Ort der Bildung der Stoßwelle durch die Gleichungen

$$\left(\frac{\partial x}{\partial \tau}\right)_t = -c_0 + t\tau^{n-1}an\frac{\gamma+1}{2} - \frac{a\tau^n}{2}[\gamma - 1 + n(\gamma+1)] = 0\,,$$
$$\left(\frac{\partial^2 x}{\partial \tau^2}\right)_t = t\tau^{n-2}an(n-1)\frac{\gamma+1}{2} - \frac{an}{2}\tau^{n-1}[\gamma - 1 + n(\gamma+1)] = 0 \qquad (3)$$

bestimmt. Die zweite Gleichung ist dabei einfach durch die Gleichung $\tau = 0$ zu ersetzen, wenn es sich um die Bildung der Unstetigkeit an der vorderen Front einer einfachen Welle handelt.

Für $n = 1$ finden wir

$$\tau = 0\,, \qquad t = \frac{2c_0}{a(\gamma+1)}\,,$$

d. h., die Stoßwelle bildet sich an der vorderen Front nach einer endlichen Zeit (vom Beginn der Bewegung an gerechnet), in Übereinstimmung mit dem Ergebnis der Aufgabe 1.

Für $n < 1$ ändert die Ableitung $\left(\frac{\partial x}{\partial \tau}\right)_t$ als Funktion von τ bereits für jedes $t > 0$ ihr Vorzeichen (und daher ist die Funktion $v(x)$ für festes t mehrdeutig). Das bedeutet, daß sich die Stoßwelle gleich zu Beginn der Bewegung am Kolben bildet.

Für $n > 1$ entsteht die Stoßwelle nicht an der vorderen Front der einfachen Welle, sondern in einem durch die Gleichungen (3) bestimmten Zwischenpunkt. Nachdem man aus (3) die Werte von τ und t berechnet hat, kann man aus (2) den Ort finden, an dem sich die Unstetigkeit ausbildet. Die Rechnung ergibt

$$t = \left(\frac{2c_0}{a}\right)^{1/n} \frac{1}{\gamma+1}\left[\frac{n+1}{n-1}\gamma + 1\right]^{(n-1)/n},$$
$$x = 2c_0\left(\frac{2c_0}{a}\right)^{1/n}\left[\frac{\gamma}{\gamma+1} + \frac{n-1}{n+1}\right]\frac{1}{(n-1)^{(n-1)/n}[\gamma - 1 + n(\gamma+1)]^{1/n}}\,.$$

4. Für eine ebene Welle kleiner Amplitude (Schall) bestimme man die zeitlichen Mittelwerte der Größen in bezüglich der Amplitude quadratischer Näherung. Die Welle wird von einem Kolben ausgestrahlt, der nach einem Gesetz $x = X(t)$ schwingt; $U = X'(t)$ und $X(0) = 0$, $\bar{X} = 0$, $\bar{U} = 0$.[1])

Lösung. Wir gehen von der exakten Lösung (101,9) aus und schreiben sie in einer äquivalenten Form mit einer anderen Wahl des Arguments:

$$v = F\left(t - \frac{x}{u}\right), \qquad u = c_0 + \alpha_0 v \qquad (4)$$

(wobei $\alpha_0 = (\gamma + 1)/2$), oder $v = F(\xi)$, wo die Variable ξ durch die implizite Gleichung

$$\xi = t - x/u(\xi) \qquad (5)$$

bestimmt wird.[2]) Wir zeigen, daß für die Berechnung mit der Genauigkeit bis zu kleinen Gliedern zweiter Ordnung die Mittelung bezüglich t äquivalent ist zur Mittelung bezüglich ξ. Für festes x haben wir

$$\mathrm{d}t = \mathrm{d}\xi\left(1 - \frac{x}{u^2}\frac{\mathrm{d}u}{\mathrm{d}\xi}\right) \approx \mathrm{d}\xi\left(1 - \frac{x\alpha_0}{c_0^2}\frac{\mathrm{d}v}{\mathrm{d}\xi}\right)$$

(im Nenner u^2 kann man die kleine Größe $v \ll c_0$ vernachlässigen; der gesuchte Effekt, der mit den allmählich anwachsenden nichtlinearen Deformationen des Profils zusammenhängt, ergibt sich durch

---

[1]) Bei der Lösung dieser Aufgabe folgen wir L. A. Ostrowski (1968).

[2]) Für Wellen kleiner Amplitude ist die Lösung (4) auch für ein beliebiges (nicht polytropes) Gas gültig, wenn man α_0 nach (102,2) bestimmt.

Auflösung der Gleichung (4) nach v). Deshalb wird

$$\int_{t_1}^{t_2} v \, dt = \int_{\xi_1}^{\xi_2} \left\{ F - \frac{\varkappa\alpha_0}{c_0^2} F \frac{dF}{d\xi} \right\} d\xi = \int_{\xi_1}^{\xi_2} F \, d\xi - \frac{\varkappa\alpha_0}{2c_0^2} [F^2(\xi_2) - F^2(\xi_1)] .$$

Das zweite Glied ist immer endlich und gibt keinen Beitrag bei der Mittelung über ein großes Zeitintervall. Wir bemerken noch, daß

$$\xi_2 - \xi_1 \approx t_2 - t_1 + \frac{\alpha_0 x}{c_0^2} (v_2 - v_1) \approx t_2 - t_1 ,$$

und kommen zu dem gewünschten Resultat $\bar{v}^t = \bar{v}^\xi$, wo der Index am Strich die Variable angibt, bezüglich der die Mittelung ausgeführt wird (unten werden wir diesen Index weglassen). Wir merken noch an, daß sich der Mittelwert (über t) damit als unabhängig von x erweist.

Die Funktion $F(\xi)$ für die Aufgabe mit dem schwingenden Kolben wird durch die Gleichung (2) bestimmt, die man umschreiben kann in die Form

$$v(\tau) = X'(\tau) , \qquad \tau = \xi + X(\tau)/u(\tau)$$

oder wegen der Kleinheit der Schwingungsamplitude:

$$\tau \approx \xi + \frac{1}{c_0} X(\xi) , \qquad v(\tau) \approx U(\xi) + \frac{1}{c_0} X(\xi) \frac{dU(\xi)}{d\xi} .$$

Wir mitteln den zweiten Ausdruck,

$$\bar{v} = \frac{1}{c_0} \overline{X \frac{dU}{d\xi}} = \frac{1}{c_0} \frac{\overline{d(XU)}}{d\xi} - \frac{1}{c_0} \overline{U^2} ,$$

und da der Mittelwert der totalen Ableitung verschwindet, erhalten wir endgültig

$$\bar{v} = -\overline{U^2}/c_0 . \tag{6}$$

Mit der gleichen Genauigkeit gilt für den zeitlichen Mittelwert der Stromdichte der Substanz

$$\overline{\varrho v} = \varrho_0 \bar{v} + \overline{\varrho' v} = \varrho_0 \bar{v} + \frac{\varrho_0}{c_0} \overline{v^2} .$$

Aus (6) und der (in der gleichen Näherung gültigen) Gleichung $\overline{v^2} = \overline{U^2}$ erhalten wir $\overline{\varrho v} = 0$; dies muß auch (wegen des Erhaltungsgesetzes für die Substanz) so sein in unserem rein eindimensionalen Fall, wo keine „seitliche" Strömung der Substanz möglich ist. Für die mittlere Energiestromdichte haben wir

$$\bar{q} = \overline{\varrho w v} = w_0 \overline{\varrho v} + \varrho_0 \overline{w' v} = \overline{p' v} = \varrho_0 c_0 \overline{v^2}$$

(vgl. § 65) und damit schließlich $\bar{q} = \varrho_0 c_0 \overline{U^2}$.

Für die Berechnung von $\overline{p'}$ und $\overline{\varrho'}$ muß man p' und ϱ' durch v ausdrücken mit der Genauigkeit bis zu Gliedern $\sim v^2$. Aus (101,7) (oder aus (101,4) und (101,6) für ein nicht polytropes Gas) erhalten wir

$$\frac{\varrho'}{\varrho_0} = \frac{v}{c_0} + \frac{2 - \alpha}{2c_0^2} v^2 , \qquad p' = c^2 \varrho' + (\alpha - 1) \varrho_0 v^2$$

und nach der Mittelung[1])

$$\overline{\varrho'} = -\frac{\alpha \varrho_0}{2c_0^2} \overline{U^2} , \qquad \overline{p'} = -\frac{2 - \alpha}{2} \varrho_0 \overline{U^2} . \tag{7}$$

Wir machen darauf aufmerksam, daß sich $\overline{p'}$ hier schon in quadratischer Näherung als von Null verschieden erweist, vgl. das Ende von § 65.

---

[1]) Unter einschränkenderen Voraussetzungen wurden die Formeln (7) von A. EICHENWALD (1932) abgeleitet.

§ 102. Die Ausbildung von Unstetigkeiten in einer Schallwelle

Eine ebene fortschreitende Schallwelle stellt als exakte Lösung der Bewegungsgleichungen ebenfalls eine einfache Welle dar. Wir können die im vorhergehenden Paragraphen gewonnenen allgemeinen Ergebnisse verwenden, um einige Eigenschaften von Schallwellen mit kleiner Amplitude in zweiter Näherung zu ermitteln (unter der ersten Näherung verstehen wir hier diejenige, die der üblichen linearen Wellengleichung entspricht).

Zuerst bemerken wir, daß in einer Schallwelle nach einer genügend langen Zeit pro Wellenlänge jeweils eine Unstetigkeit entstehen muß. Dieser Effekt bewirkt dann eine sehr starke Dämpfung der Welle, wie in § 101 erklärt worden ist. Man muß aber dazu bemerken, daß sich selbstverständlich diese Behauptung praktisch nur auf genügend starken Schall bezieht. Im entgegengesetzten Falle wird eine Schallwelle durch die gewöhnlichen Auswirkungen der Zähigkeit und Wärmeleitfähigkeit schon absorbiert, bevor sich Effekte höherer Ordnungen in der Amplitude ausbilden können.

Die Deformation des Wellenprofils wirkt sich auch noch in einer anderen Hinsicht aus. War die Welle zu einer gewissen Zeit eine rein harmonische Welle, dann wird aus ihr im Laufe der Zeit wegen der Profiländerung eine nicht mehr rein harmonische Welle. Die Bewegung bleibt aber periodisch mit der ursprünglichen Periode. Die Fourier-Entwicklung dieser Welle enthält aber jetzt neben dem Term mit der Grundfrequenz ω auch Terme mit den Vielfachen dieser Frequenz $n\omega$ (n ganzzahlig). Die Deformation des Wellenprofils bei der Ausbreitung einer Schallwelle kann man daher auch als das Auftreten von Obertönen neben dem Grundton auffassen.

Die Geschwindigkeit u, mit der sich die einzelnen Punkte des Wellenprofils (einer in positiver x-Richtung fortschreitenden Welle) verschieben, ergibt sich in erster Näherung, indem man in (101,11) $v = 0$ setzt, d. h. $u = c_0$. Das entspricht einer Wellenausbreitung ohne Profiländerung. In der zweiten Näherung haben wir

$$u = c_0 + \frac{\partial u}{\partial \varrho_0} \varrho' = c_0 + \frac{\partial u}{\partial \varrho_0} \frac{\varrho_0 v}{c_0}$$

oder, unter Verwendung des Ausdruckes (99,10) für die Ableitung $\dfrac{\partial u}{\partial \varrho}$,

$$u = c_0 + \alpha_0 v\,. \tag{102,1}$$

Zur Abkürzung haben wir hier die Bezeichnung[1])

$$\alpha = \frac{c^4}{2V^3}\left(\frac{\partial^2 V}{\partial p^2}\right)_s \tag{102,2}$$

eingeführt. Für polytrope Gase ist $\alpha = \dfrac{\gamma + 1}{2}$, und die Formel (102,1) stimmt mit der exakten Formel (siehe (101,8)) für die Geschwindigkeit u überein.

Im allgemeinen Falle einer beliebigen Amplitude ist eine Welle nach dem Auftreten von Unstetigkeiten keine einfache Welle mehr. Es ist aber wesentlich, daß eine Welle mit kleiner Amplitude in zweiter Näherung auch bei Anwesenheit von Unstetigkeiten eine einfache Welle bleibt. Davon kann man sich folgendermaßen überzeugen. Die Änderungen der

[1]) In Aufgabe 1 zu § 93 wurde diese Größe mit α_v bezeichnet.

Geschwindigkeit, des Druckes und des spezifischen Volumens in einer Stoßwelle sind durch die Beziehung

$$v_1 - v_2 = \sqrt{(p_2 - p_1)(V_1 - V_2)}$$

miteinander verbunden. Die Änderung der Geschwindigkeit v auf einer gewissen Strecke der x-Achse ist in einer einfachen Welle gleich dem Integral

$$v_1 - v_2 = \int_{p_1}^{p_2} \sqrt{-\frac{\partial V}{\partial p}}\, \mathrm{d}p\,.$$

Eine einfache Rechnung mit Hilfe einer Reihenentwicklung zeigt, daß die beiden aufgeschriebenen Ausdrücke erst in Gliedern dritter Ordnung voneinander abweichen (bei der Rechnung muß man beachten, daß die Entropieänderung in der Unstetigkeit eine Größe dritter Ordnung ist; in einer einfachen Welle bleibt die Entropie überhaupt konstant). Bis zu Gliedern einschließlich zweiter Ordnung bleibt folglich eine Schallwelle auf beiden Seiten einer in ihr gebildeten Unstetigkeit eine einfache Welle, wobei an der Unstetigkeit selbst die entsprechende Randbedingung erfüllt wird. In den folgenden Näherungen trifft dies nicht mehr zu; das hängt mit dem Auftreten der Wellen zusammen, die an der Unstetigkeitsfläche reflektiert werden.

Wir wollen jetzt eine Bedingung herleiten, mit deren Hilfe man die Lagen der Unstetigkeiten in einer fortschreitenden Schallwelle berechnen kann (in derselben zweiten Näherung). u sei die Ausbreitungsgeschwindigkeit der Unstetigkeit (in bezug auf ein ruhendes Koordinatensystem), v_1 und v_2 seien die Geschwindigkeiten des Gases auf beiden Seiten der Unstetigkeit. Die Stetigkeitsbedingung für den Massenstrom besagt

$$\varrho_1(v_1 - u) = (v_2 - u)\,,$$

daraus folgt

$$u = \frac{\varrho_1 v_1 - \varrho_2 v_2}{\varrho_1 - \varrho_2}\,.$$

Mit Genauigkeit bis zu Gliedern zweiter Ordnung ist diese Größe gleich der Ableitung $\mathrm{d}(\varrho v)/\mathrm{d}\varrho$ in dem Punkt, in dem das Argument v gleich der Summe $v = (v_1 + v_2)/2$ ist. Da in einer einfachen Welle $\mathrm{d}(\varrho v)/\mathrm{d}\varrho = v + c$ ist, erhalten wir auf Grund von (102,1)

$$u = c_0 + \alpha_0 \frac{v_1 + v_2}{2}\,. \tag{102,3}$$

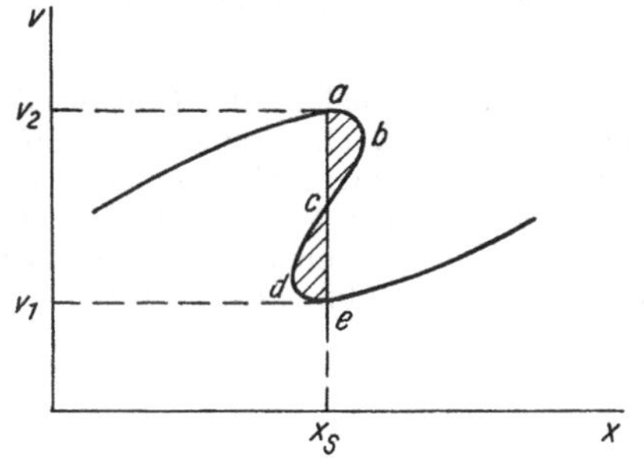

Abb. 82

Hieraus kann man die folgende einfache geometrische Bedingung für den Ort der Stoßwelle gewinnen. Die Kurve in Abb. 82 stellt das zu einer einfachen Welle gehörende Profil der Geschwindigkeitsverteilung dar. Die Strecke *ae* sei die in der Welle entstehende Unstetigkeit (x_s ist ihre Koordinate). Die Differenz der in der Abbildung schraffierten Flächen *abc* und *cde* wird durch das Integral $\int_{v_1}^{v_2} (x - x_s)\,\mathrm{d}v$ über die Kurve *abcde* gegeben. Im Laufe der Zeit verschiebt sich das Wellenprofil. Wir berechnen die Zeitableitung des angegebenen Integrals. Die Geschwindigkeit $\mathrm{d}x/\mathrm{d}t$ der einzelnen Punkte des Wellenprofils wird durch die Formel (102,1) gegeben, die Geschwindigkeit $\mathrm{d}x_s/\mathrm{d}t$ der Unstetigkeit entnehmen wir der Formel (102,3) und erhalten

$$\frac{\mathrm{d}}{\mathrm{d}t}\int_{v_1}^{v_2} (x - x_s)\,\mathrm{d}v = \alpha\left\{\int_{v_1}^{v_2} v\,\mathrm{d}v - \frac{v_1 + v_2}{2}\int_{v_1}^{v_2} \mathrm{d}v\right\} = 0\,.$$

(Bei der Differentiation des Integrals muß man folgendes beachten: Obwohl sich die Integrationsgrenzen v_1 und v_2 zeitlich ändern, ist der Wert von $x - x_s$ an diesen Grenzen immer gleich Null, und man braucht deshalb nur unter dem Integral zu differenzieren.)

Das Integral $\int (x - x_s)\,\mathrm{d}v$ bleibt also zeitlich konstant. Da es zum Zeitpunkt der Entstehung der Stoßwelle gleich Null ist (die Punkte *a* und *e* fallen zusammen), ist es immer gleich Null:

$$\int_{abcd} (x - x_s)\,\mathrm{d}v = 0\,. \tag{102,4}$$

Geometrisch bedeutet dies, daß die Fläche *abc* gleich der Fläche *cde* ist. Durch diese Bedingung wird die Lage der Unstetigkeit bestimmt.

Die Bildung von Unstetigkeiten in einer Schallwelle ist ein Beispiel für die spontane Entstehung von Stoßwellen, ohne daß irgendwelche Besonderheiten in den äußeren Bedingungen für die Strömung vorhanden sind. Es ist zu betonen, daß eine Stoßwelle zwar spontan zu einem diskreten Zeitpunkt entstehen kann, aber nicht in ebenso diskreter Weise wieder verschwinden kann. Einmal entstanden, wird eine Stoßwelle nur asymptotisch bei unbegrenztem Wachsen der Zeit abklingen.

Betrachten wir einen einzelnen eindimensionalen Schallimpuls, der eine Verdichtung des Gases darstellt und in dem sich bereits eine Stoßwelle ausgebildet hat. Wir wollen ermitteln, nach welchem Gesetz diese Welle schließlich gedämpft wird. Der Schallimpuls mit der Stoßwelle wird in den letzten Stadien seiner Ausbreitung ein dreieckiges Geschwindigkeitsprofil haben: ein lineares Profil bleibt bei seiner weiteren Deformation linear.[1])

---

[1]) Hier und im folgenden sprechen wir vom Profil der Verteilung der Geschwindigkeit v, haben dabei aber nur eine einfache Schreibweise der Formeln im Auge. Die interessantere Größe ist eigentlich der zusätzliche Druck p', der sich von v nur um einen konstanten Faktor unterscheidet: $p' = v/\varrho_0 c_0$; für ihn gelten die gleichen Resultate. Wir bemerken, daß das Vorzeichen von v mit dem von p' übereinstimmt: $v > 0$ entspricht Verdichtung und $v < 0$ Verdünnung. Die Verschiebungsgeschwindigkeit der Punkte des Profils als Funktion des Druckes wird durch die Formel

$$u = c_0(1 + \nu_0 p'/p_0)\,, \qquad \nu = \alpha p/\varrho c^2\,,$$

gegeben (für ein polytropes Gas ist $\nu = (\gamma + 1)/2\gamma$).

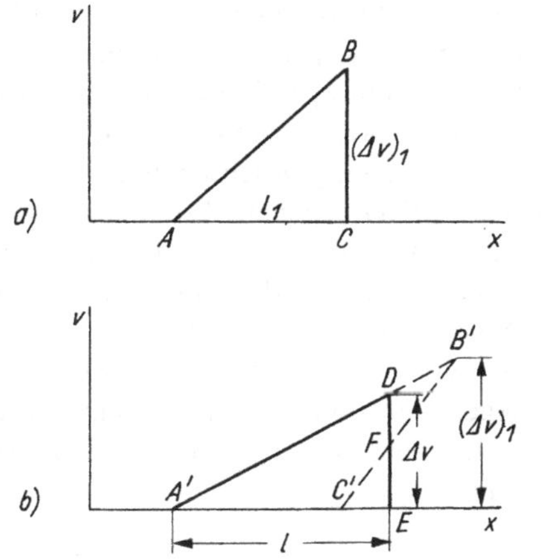

Abb. 83

Zu einem gewissen Zeitpunkt (den wir als $t = 0$ nehmen) soll dieses Profil durch das Dreieck ABC in Abb. 83a dargestellt werden (die sich auf diesen Zeitpunkt beziehenden Werte der Größen kennzeichnen wir mit dem Index 1).[1]) Verschieben wir die Punkte dieses Profils mit den Geschwindigkeiten (102,1), dann würden wir nach der Zeit t ein Profil der Gestalt $A'B'C'$ erhalten (Abb. 83b). In Wirklichkeit gelangt die Unstetigkeit in den Punkt E, und das tatsächliche Profil wird $A'DE$ sein. Die Flächen $DB'F$ und $C'FE$ sind nach der Bedingung (102,4) einander gleich; deshalb ist die Fläche $A'DE$ des neuen Profils gleich der Fläche ABC des Ausgangsprofils. l sei die Länge des Schallimpulses zur Zeit t und Δv der Geschwindigkeitssprung in der Stoßwelle. In der Zeit t verschiebt sich der Punkt B relativ zum Punkt C um die Strecke $\alpha t(\Delta v)_1$; daher ist der Tangens des Winkels $B'A'C'$ gleich $(\Delta v)_1/[l_1 + \alpha t(\Delta v)_1]$, und wir erhalten die Bedingung für die Gleichheit der Flächen ABC und $A'DE$ in der Form

$$l_1(\Delta v)_1 = \frac{l^2(\Delta v)_1}{l_1 + \alpha t(\Delta v)_1};$$

daraus folgt

$$l = l_1\left[1 + \frac{\alpha(\Delta v)_1}{l_1}\,t\right]^{1/2}, \qquad \Delta v = (\Delta v)_1\left[1 + \frac{\alpha(\Delta v)_1}{l_1}\,t\right]^{-1/2}. \tag{102,5}$$

Die Gesamtenergie des fortschreitenden Schallimpulses (bezogen auf die Flächeneinheit seiner Front) ist

$$E = \varrho\int v^2\,\mathrm{d}x = E_1\left[1 + \frac{\alpha(\Delta v)_1}{l_1}\,t\right]^{-1/2}. \tag{102,6}$$

Für $t \to \infty$ klingen die Größe des Sprunges in der Stoßwelle und ihre Energie asymptotisch wie $t^{-1/2}$ ab (oder, was dasselbe ist, wie $x^{-1/2}$ mit der Entfernung $x = ct$). Die Länge des Impulses wächst wie $t^{1/2}$. Wir machen noch darauf aufmerksam, daß der Grenzwert des Steigungswinkels des Profils $\Delta v/l \to 1/\alpha t$ weder von der Größe des Sprunges noch von der Länge des Impulses abhängt.

---

[1]) Den Index 0, der die Gleichgewichtswerte der Größen bezeichnet, werden wir unten weglassen.

Wir behandeln jetzt die Grenzeigenschaften der Stoßwellen (in großen Entfernungen von der Quelle), die sich in zylindersymmetrischen und kugelsymmetrischen Schallwellen ausbilden (L. D. LANDAU, 1945). Wir beginnen mit dem zylindersymmetrischen Fall.

In hinreichend großen Entfernungen r von der Achse kann man diese Wellen in jedem kleinen Teilstück als eben behandeln. Die Verschiebungsgeschwindigkeit jedes Punktes des Wellenprofils wird dann durch die Formel (102,1) gegeben. Wenn wir jedoch mit Hilfe dieser Formel die Verschiebung der Punkte des Profils im Verlauf großer Zeitabschnitte verfolgen wollen, dann müssen wir berücksichtigen, daß die Amplitude der Zylinderwelle schon in der ersten Näherung mit dem Abstand wie $r^{-1/2}$ abfällt. Dies bedeutet, daß für jeden Punkt des Profils v nicht konstant ist (wie bei einer ebenen Welle), sondern wie $r^{-1/2}$ fällt. Wenn v_1 der Wert von v (für einen gegebenen Punkt des Profils) im (großen) Abstand r_1 ist, dann können wir $v = v_1(r_1/r)^{1/2}$ schreiben. Auf diese Weise erhalten wir für die Geschwindigkeit u der Punkte des Wellenprofils

$$u = c + \alpha v_1 \sqrt{\frac{r_1}{r}}. \tag{102,7}$$

Der erste Term ist die übliche Schallgeschwindigkeit; er entspricht der Verschiebung der Welle „ohne Änderung der Form des Profils" (wenn wir von der allgemeinen Verringerung der Amplitude wie $r^{-1/2}$ absehen, d. h. unter Profil die Verteilung der Größe $v\sqrt{r}$ verstehen). Der zweite Term führt zur Deformation des Profils. Die Größe δr dieser zusätzlichen Verschiebung der Punkte des Profils im Verlauf der Zeit $(r - r_1)/c$ ergibt sich durch Integration über $\mathrm{d}r/c$:

$$\delta r = 2a \frac{v_1}{v} \sqrt{r_1} \left(\sqrt{r} - \sqrt{r_1}\right). \tag{102,8}$$

Die Deformation des Profils der Zylinderwelle wächst langsamer als bei der ebenen Welle (wo die Verschiebung δx proportional zum zurückgelegten Abstand x wächst). Aber auch diese Deformation führt natürlich letzten Endes zur Bildung von Unstetigkeiten. Wir wollen die Stoßwellen betrachten, die sich in einem einzelnen zylindersymmetrischen Schallimpuls in hinreichend großer Entfernung von der Quelle (Achse) ausbilden.

Der zylindersymmetrische Fall unterscheidet sich wesentlich vom ebenen Fall insbesondere dadurch, daß ein einzelner Impuls nicht nur aus einer Verdichtung allein oder einer Verdünnung allein bestehen kann; wenn es hinter der vorderen Front des Schallimpulses ein Gebiet mit Verdichtung gibt, dann muß nach ihm ein Gebiet mit Ausdehnung folgen (s. § 71).[1]) Der Punkt mit der maximalen Verdünnung wird gegenüber allen hinter ihm gelegenen Punkten zurückbleiben, im Resultat ergibt sich auch hier ein Überkippen des Profils, und es entsteht eine Unstetigkeit. Auf diese Weise bilden sich im zylindersymmetrischen Schallimpuls zwei Stoßwellen. In der vorderen Unstetigkeit wächst die Geschwindigkeit sprungartig von Null an, dann folgt ein Gebiet mit langsamer Abnahme der Verdichtung, die in Verdünnung übergeht; danach wächst der Druck in der zweiten Unstetigkeit erneut sprunghaft an. Der zylindersymmetrische Schallimpuls ist aber spezifisch (sowohl im Vergleich mit dem ebenen Fall wie auch mit dem kugelsymmetrischen Fall)

[1]) Wir haben gerade diese Situation im Auge. Sie entspricht insbesondere der Anwendung der darzulegenden Resultate auf die Stoßwellen, die bei der Überschallströmung um einen endlichen Körper (§ 122) entstehen.

noch in einer anderen Beziehung: Er kann keine hintere Front haben, v strebt nur asymptotisch gegen Null. Dies hat zur Folge, daß v in der hinteren Unstetigkeit nicht bis auf Null ansteigt, sondern nur bis auf einen endlichen (negativen) Wert, und erst danach asymptotisch auf Null sinkt. Im Ergebnis entsteht ein Profil der in Abb. 84 gezeigten Form.

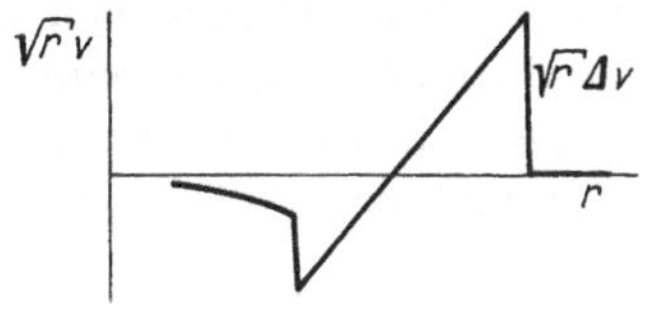

Abb. 84

Das Grenzgesetz, nach dem das endgültige Abklingen der Stoßwellen mit der Zeit (oder, was dasselbe ist, mit dem Abstand r von der Achse) vor sich geht, kann man analog dazu finden, wie dies oben für den ebenen Fall durchgeführt wurde. Aus der dort angegebenen Ableitung sieht man, daß dieses Grenzgesetz zu Zeiten gehört, für die die Verschiebung δr des höchsten Punktes des Profils schon groß ist im Vergleich mit der „Anfangs"-Breite l_1 des Impulses (worunter wir z. B. den Abstand von der vorderen Unstetigkeit bis zum Punkt mit $v = 0$ verstehen wollen). Diese Verschiebung auf dem Weg von r_1 bis $r \gg r_1$ ist

$$\delta r \approx \frac{2\alpha}{c} (\Delta v)_1 \sqrt{r_1 r}\,,$$

wo $(\Delta v)_1$ der „Anfangs"-Sprung (im Abstand r_1) auf der vorderen Unstetigkeit ist. Dann ist der „End"-Tangens des Steigungswinkels des linearen Teils des Profils zwischen den Unstetigkeiten $\approx \sqrt{r_1}\,(\Delta v)_1/\delta r \approx c/2\alpha \sqrt{r}$. Die Bedingung für die Konstanz der Fläche des Profils gibt

$$l_1 \sqrt{r_1}\,(\Delta v)_1 = l^2 c/\alpha \sqrt{r}\,,$$

woraus $l \propto r^{1/4}$ folgt (an Stelle des Gesetzes $l \propto x^{1/2}$ im ebenen Falle). Das Grenzgesetz für die Abnahme des Sprunges Δv in der vorderen Unstetigkeit ergibt sich dann aus $l \sqrt{r}\,\Delta v = \text{const}$, d. h.

$$\Delta v \propto r^{-3/4}\,. \tag{102,9}$$

Zum Abschluß behandeln wir den kugelsymmetrischen Fall.[1]) Der allgemeine Abfall der Amplitude der auslaufenden Schallwelle erfolgt wie $1/r$ (r ist jetzt der Abstand vom Zentrum). Wir wiederholen alle oben für den zylindersymmetrischen Fall dargestellten Überlegungen und erhalten für die Verschiebungsgeschwindigkeit der Punkte des Wellenprofils

$$u = c + \frac{\alpha v_1 r_1}{r}\,; \tag{102,10}$$

danach finden wir für die Verschiebung δr der Punkte des Profils auf dem Weg von r_1 bis r:

$$\delta r = \frac{\alpha v_1 r_1}{c} \ln \frac{r}{r_1}\,. \tag{102,11}$$

---

[1]) Es kann sich dabei z. B. um eine Stoßwelle handeln, die bei einer Explosion entsteht und in großer Entfernung von der Quelle betrachtet wird.

Wir sehen, daß die Deformation des Profils der Kugelwelle mit dem Abstand nur logarithmisch wächst, bedeutend langsamer als im ebenen Fall und auch im zylindersymmetrischen Fall.

Die kugelsymmetrische Ausbreitung eines Schallimpulses mit Verdichtung muß wie auch im zylindersymmetrischen Fall von einer auf die Verdichtung folgenden Verdünnung begleitet sein (s. § 70). Deshalb müssen sich auch hier zwei Unstetigkeiten bilden (ein einzelner kugelsymmetrischer Impuls kann jedoch eine hintere Front haben, und dann steigt v in der zweiten Unstetigkeit sprungartig sogleich auf Null an).[1] In gleicher Weise finden wir die Grenzgesetze für das Anwachsen der Impulslänge und den Abfall der Intensität der Stoßwelle:

$$l \propto \sqrt{\ln \frac{r}{a}}, \qquad \Delta v \propto \frac{1}{r \ln (r/a)}, \tag{102,12}$$

wo a eine gewisse Konstante mit der Dimension einer Länge ist.[2]

Aufgaben

1. Zur Anfangszeit soll ein Wellenprofil aus einer unendlichen Reihe von Zähnen bestehen, wie in Abb. 85 dargestellt.[3] Man berechne die zeitliche Änderung des Profils und der Energie der Welle.

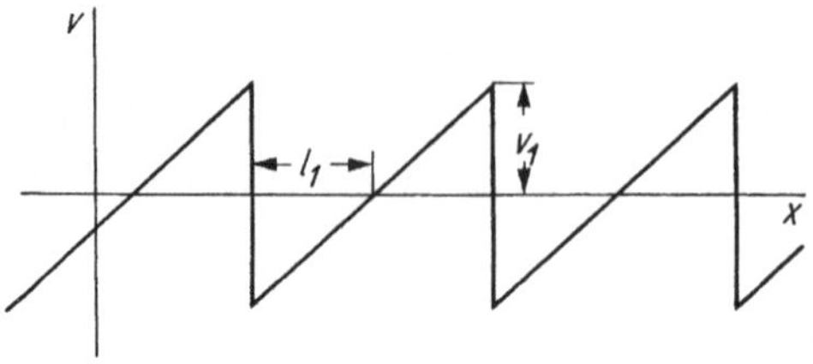

Abb. 85

Lösung. Es ist von vornherein klar, daß das Geschwindigkeitsprofil zu späteren Zeitpunkten t aus Zähnen derselben Gestalt und derselben Länge l_1, aber geringerer Höhe v_t bestehen wird. Wir betrachten einen der Zähne: Zur Zeit $t = 0$ schneidet die Abszisse des Punktes auf dem Profil mit $v = v_t$ den Teil $\frac{v_t}{v_1} l_1$ von der Basis des Dreiecks ab. In der Zeit t bewegt sich dieser Punkt um die Strecke $\alpha v_t t$ vorwärts. Die Bedingung, daß die Basis des Dreiecks unverändert bleiben soll, ist $\frac{v_t}{v_1} l_1 + \alpha t v_t = l_1$; daraus folgt

$$v_t = \frac{v_1}{1 + \alpha v_1 t/l_1}.$$

---

[1] Da in einem Gas in Wirklichkeit immer die übliche Absorption des Schalls, die von der Wärmeleitfähigkeit und der Zähigkeit hervorgerufen wird, vorhanden ist, kann wegen der Langsamkeit der Deformation der Kugelwelle diese schon absorbiert sein, bevor sich die Unstetigkeiten ausbilden können.

[2] Diese Konstante fällt im allg. nicht mit r_1 zusammen. Das Argument eines Logarithmus muß dimensionslos sein, und deshalb kann man für $r \gg r_1$ nicht einfach $\ln r_1$ in (102,11) vernachlässigen. Die Bestimmung des Koeffizienten von r in dem großen Logarithmus erfordert eine genauere Berücksichtigung der anfänglichen Form des Profils.

[3] Ein solches Profil ist die asymptotische Form des Profils einer beliebigen periodischen Welle.

Für $t \to \infty$ nimmt die Amplitude der Welle wie $1/t$ ab. Für die Energie finden wir

$$E = \frac{E_1}{(1 + \alpha v_1 t/l_1)^2},$$

d. h., die Energie nimmt für $t \to \infty$ wie $1/t^2$ ab.

2. Man berechne die Intensität der ersten Oberwelle, die infolge der Deformation des Wellenprofils in einer monochromatischen Kugelwelle auftritt.

Lösung. Wir setzen die Welle in der Form $rv = A \cos(kr - \omega t)$ an und können die Deformation in erster Ordnung berücksichtigen, indem wir auf der rechten Seite der Gleichung δr zu r addieren und in eine Potenzreihe nach δr entwickeln. Das ergibt mit Hilfe von (102,11)

$$rv = A \cos(kr - \omega t) - \frac{\alpha k}{2c} A^2 \ln \frac{r}{r_1} \sin 2(kr - \omega t)$$

(unter r_1 hat man hier einen Abstand zu verstehen, in dem man die Welle noch mit genügender Genauigkeit als streng monochromatisch ansehen kann). Der zweite Term in dieser Formel bestimmt die erste Oberwelle in der Spektralzerlegung der Welle. Ihre (zeitlich gemittelte) Gesamtintensität I_2 ist

$$I_2 = \frac{\alpha^2 k^2}{8\pi c^2 \varrho} \left(\ln \frac{r}{r_1}\right)^2 I_1^2,$$

wobei $I_1 = 2\pi c \varrho A^2$ die Intensität der Grundwelle ist.

§ 103. Charakteristiken

Die in § 82 gegebene Definition der Charakteristiken als die Kurven, auf denen sich (in der Näherung der geometrischen Akustik) kleine Störungen ausbreiten, hat allgemeine Gültigkeit. Sie ist nicht auf die Anwendung bei der ebenen stationären Überschallströmung beschränkt, die in § 82 behandelt worden ist.

Für eine eindimensionale, nichtstationäre Strömung kann man die Charakteristiken als die Kurven in der xt-Ebene einführen, deren Steigung $\mathrm{d}x/\mathrm{d}t$ gleich der Ausbreitungsgeschwindigkeit kleiner Störungen in bezug auf ein ruhendes Koordinatensystem ist. Die Störungen, die sich relativ zum Gas mit Schallgeschwindigkeit in positiver oder negativer x-Richtung ausbreiten, bewegen sich vom ruhenden System aus gesehen mit der Geschwindigkeit $v + c$ oder $v - c$. Die entsprechenden Differentialgleichungen für die beiden Charakteristikenscharen, die wir mit C_+ und C_- bezeichnen, lauten

$$\left(\frac{\mathrm{d}x}{\mathrm{d}t}\right)_+ = v + c, \qquad \left(\frac{\mathrm{d}x}{\mathrm{d}t}\right)_- = v - c. \tag{103,1}$$

Die Störungen, die zusammen mit dem Gas mitgeführt werden, „breiten" sich in der xt-Ebene auf den Charakteristiken der dritten Schar C_0 aus; für diese gilt

$$\left(\frac{\mathrm{d}x}{\mathrm{d}t}\right)_0 = v. \tag{103,2}$$

Sie sind einfach die „Stromlinien" in der xt-Ebene (vgl. den Schluß von § 82).[1]) Für die Existenz der Charakteristiken ist es hier keineswegs erforderlich, daß das Gas mit

[1]) Durch genau dieselben Gleichungen (103,1) und (103,2) werden auch die Charakteristiken für eine nichtstationäre kugelsymmetrische Strömung gegeben; dabei muß man nur x durch die Kugelkoordinate r ersetzen (die Charakteristiken sind jetzt Kurven in der rt-Ebene).

Überschallgeschwindigkeit strömt. Die Richtung der Ausbreitung von Störungen, die man mit Hilfe der Charakteristiken ausdrückt, entspricht hier einfach dem kausalen Zusammenhang der Strömung zu späteren Zeitpunkten mit der vorangegangenen Strömung.

Als Beispiel behandeln wir die Charakteristiken einer einfachen Welle. Für eine in positiver x-Richtung fortschreitende Welle haben wir nach (101,5) $x = t(v + c) + f(v)$. Diese Beziehung differenzieren wir und erhalten

$$dx = (v + c)\,dt + [t + tc'(v) + f'(v)]\,dv\,.$$

Andererseits haben wir $dx = (v + c)\,dt$ auf einer Charakteristik C_+. Vergleichen wir diese beiden Beziehungen, so finden wir auf der Charakteristik $dv\,[t + tc'(v) + f'(v)] = 0$. Der Ausdruck in der eckigen Klammer kann nicht identisch verschwinden. Deshalb muß $dv = 0$ sein, d. h. $v = \text{const}$. Wir gelangen somit zu dem Schluß, daß auf jeder Charakteristik C_+ die Geschwindigkeit konstant bleiben muß; damit bleiben auch alle anderen Größen konstant (in einer nach links fortschreitenden Welle haben die Charakteristiken C_- dieselbe Eigenschaft). Wie wir im folgenden Paragraphen sehen werden, ist dieser Sachverhalt nicht zufällig, sondern mit der mathematischen Natur der einfachen Wellen organisch verknüpft.

Aus dieser Eigenschaft der Charakteristiken C_+ einer einfachen Welle kann man weiter schließen, daß sie eine Geradenschar in der xt-Ebene bilden: Die Geschwindigkeit ist auf den Geraden $x = t\,[v + c(v)] + f(v)$ konstant (101,5). Für eine selbstähnliche Verdünnungswelle (für eine einfache Welle mit $f(v) = 0$) bilden diese Geraden ein Geradenbüschel mit dem Schnittpunkt im Koordinatenursprung der xt-Ebene. Auf Grund dieser Eigenschaft bezeichnet man eine einfache Ähnlichkeitswelle manchmal als *zentriert*.

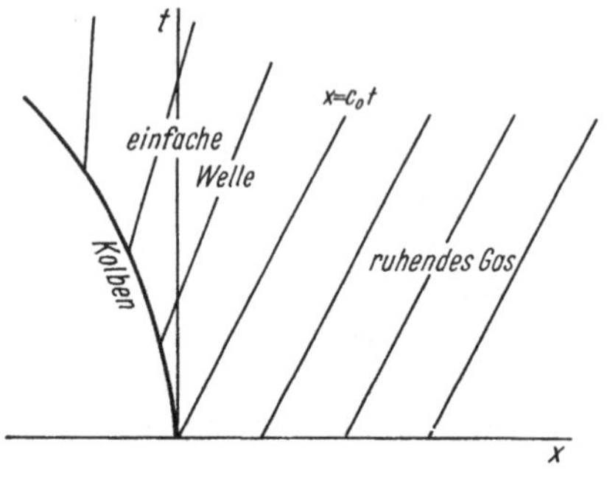

Abb. 86

Abb. 86 zeigt die Charakteristikenschar C_+ für eine einfache Verdünnungswelle, die beim beschleunigten Herausziehen eines Kolbens aus einem Rohr entsteht. Sie ist eine Schar divergierender Geraden, die von der Kurve $x = X(t)$ für die Bewegung des Kolbens ausgehen. Rechts von der Charakteristik $x = c_0 t$ erstreckt sich der Bereich des ruhenden Gases, in dem alle Charakteristiken zueinander parallel sind.

In Abb. 87 finden wir ein analoges Diagramm für eine einfache Verdichtungswelle, die beim beschleunigten Hineinbewegen eines Kolbens in ein Rohr entsteht. In diesem Falle bilden die Charakteristiken eine Schar konvergierender Geraden, die sich schließlich gegenseitig schneiden müssen. Da zu jeder Charakteristik ein bestimmter konstanter Wert von v gehört, bedeutet ihr Schnitt eine physikalisch sinnlose Mehrdeutigkeit der Funktion $v(x, t)$. Das ist der geometrische Ausdruck dafür, daß eine einfache Verdichtungswelle nicht unbegrenzt existieren kann und in ihr unvermeidlich eine Stoßwelle entstehen muß; zu

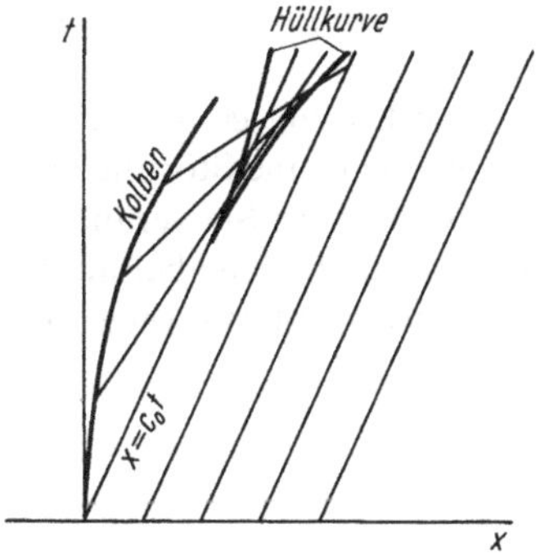

Abb. 87

diesem Ergebnis sind wir in § 101 auf einem ähnlichen Weg gelangt. Die geometrische Deutung der Bedingungen (101,12), die Zeit und Ort der Entstehung der Stoßwelle bestimmen, geschieht folgendermaßen: Die Schar der sich schneidenden geradlinigen Charakteristiken hat eine Hüllkurve, die nach kleinen t hin in eine Spitze ausläuft. Diese Spitze bestimmt den ersten Zeitpunkt, in dem eine Mehrdeutigkeit auftritt. Ist die Gleichung der Charakteristiken in Parameterdarstellung $x = x(v)$, $t = t(v)$ gegeben, dann wird die Lage der Spitze gerade durch die Gleichung (101,12) bestimmt.[1])

Wir wollen jetzt kurz zeigen, in welcher Weise die von uns gegebene Definition der Charakteristiken als Ausbreitungskurven für Störungen der aus der Theorie der partiellen Differentialgleichungen bekannten rein mathematischen Bedeutung dieses Begriffes entspricht. Dazu betrachten wir eine partielle Differentialgleichung der Gestalt

$$A\,\frac{\partial^2\varphi}{\partial x^2} + 2B\,\frac{\partial^2\varphi}{\partial x\,\partial t} + C\,\frac{\partial^2\varphi}{\partial t^2} + D = 0\,, \tag{103,3}$$

die in den zweiten Ableitungen linear ist (die Koeffizienten A, B, C und D können beliebige Funktionen sowohl der unabhängigen Veränderlichen x und t als auch der unbekannten Funktion φ und ihrer ersten Ableitungen sein).[2]) Die Gleichung (103,3) ist eine elliptische Gleichung, wenn überall $B^2 - AC < 0$ ist, für $B^2 - AC > 0$ ist sie eine hyperbolische Gleichung. Im letzten Falle bestimmt die Gleichung

$$A\,\mathrm{d}t^2 - 2B\,\mathrm{d}x\,\mathrm{d}t + C\,\mathrm{d}x^2 = 0 \tag{103,4}$$

oder

$$\frac{\mathrm{d}x}{\mathrm{d}t} = \frac{B \pm \sqrt{B^2 - AC}}{C} \tag{103,5}$$

zwei Kurvenscharen in der xt-Ebene, die Charakteristiken (für eine gegebene Lösung $\varphi(x, t)$ der Gleichung (103,3)). Hängen die Koeffizienten A, B und C in der Gleichung nur von x

---

[1]) Der ganze Bereich zwischen den beiden Ästen der Hüllkurve ist dreifach mit den Charakteristiken überdeckt, in Übereinstimmung mit der dreifachen Mehrdeutigkeit der Größen, die beim Überkippen des Wellenprofils auftritt.

Der Spezialfall, daß die Stoßwelle an der Grenze zu dem ruhenden Bereich entsteht, entspricht der Entartung eines Astes der Hüllkurve in einen Abschnitt der Charakteristik $x = c_0 t$.

[2]) Für eine eindimensionale nichtstationäre Strömung genügt das Geschwindigkeitspotential einer Gleichung dieser Art.

und t ab, dann sind die Charakteristiken von der konkreten Lösung der Gleichung unabhängig.

Eine gegebene Strömung werde durch eine gewisse Lösung $\varphi = \varphi_0(x, t)$ der Gleichung (103,3) beschrieben. Wir überlagern dieser Strömung eine kleine Störung φ_1. Diese Störung soll die Voraussetzungen der geometrischen Akustik erfüllen: Sie verändert die Strömung geringfügig (φ_1 und die ersten Ableitungen sind klein), ändert sich aber auf kleinen Strecken beträchtlich (die zweiten Ableitungen von φ_1 sind relativ groß). Wir setzen in der Gleichung (103,3) $\varphi = \varphi_0 + \varphi_1$ und erhalten für φ_1 die Gleichung

$$A \frac{\partial^2 \varphi_1}{\partial x^2} + 2B \frac{\partial^2 \varphi_1}{\partial x\, \partial t} + C \frac{\partial^2 \varphi_1}{\partial t^2} = 0\,.$$

In den Koeffizienten A, B und C ist dabei $\varphi = \varphi_0$ gesetzt worden. Wir verwenden die Methode, die beim Übergang von der Wellenoptik zur geometrischen Optik benutzt wird, und schreiben φ_1 in der Gestalt $\varphi_1 = a\, \mathrm{e}^{i\psi}$, wobei die Funktion ψ (das Eikonal) große Werte annimmt. Für das Eikonal erhalten wir die Gleichung

$$A \left(\frac{\partial \psi}{\partial x}\right)^2 + 2B \frac{\partial \psi}{\partial x} \frac{\partial \psi}{\partial t} + C \left(\frac{\partial \psi}{\partial t}\right)^2 = 0\,. \tag{103,6}$$

Die Gleichung für den Verlauf der Strahlen in der geometrischen Akustik ergibt sich, indem man $\mathrm{d}x/\mathrm{d}t$ gleich der Gruppengeschwindigkeit setzt:

$$\frac{\mathrm{d}x}{\mathrm{d}t} = \frac{\mathrm{d}\omega}{\mathrm{d}k}$$

mit

$$k = \frac{\partial \psi}{\partial x}, \qquad \omega = -\frac{\partial \psi}{\partial t}\,.$$

Durch Differentiation der Beziehung

$$Ak^2 - 2Bk\omega + C\omega^2 = 0$$

erhalten wir

$$\frac{\mathrm{d}x}{\mathrm{d}t} = \frac{B\omega - Ak}{C\omega - Bk}\,;$$

eliminieren wir hieraus k/ω mit Hilfe derselben Beziehung, so gelangen wir wieder zur Gleichung (103,5).

Aufgabe

Welcher Gleichung genügt die zweite Charakteristikenschar einer zentrierten einfachen Welle in einem polytropen Gas?

Lösung. Für eine zentrierte einfache Welle, die in Richtung auf das rechts von ihr befindliche ruhende Gas fortschreitet, haben wir

$$\frac{x}{t} = v + c = c_0 + \frac{\gamma + 1}{2}\, v\,.$$

Die Charakteristiken C_+ bilden ein Geradenbüschel $x = \text{const} \cdot t$. Die Charakteristiken C_- werden durch die Gleichung

$$\frac{dx}{dt} = v - c = \frac{3-\gamma}{\gamma+1}\frac{x}{t} - \frac{4}{\gamma+1} c_0$$

bestimmt. Integration ergibt

$$x = -\frac{2}{\gamma-1} c_0 t + \frac{\gamma+1}{\gamma-1} c_0 t_0 \left(\frac{t}{t_0}\right)^{\frac{3-\gamma}{\gamma+1}}.$$

Die Integrationskonstante wurde so gewählt, daß die Charakteristik C_- durch den Punkt $x = c_0 t_0$, $t = t_0$ auf der Charakteristik C_+ ($x = c_0 t$) geht, die die einfache Welle von dem ruhenden Bereich abgrenzt.

Die „Stromlinien" in der xt-Ebene werden durch die Gleichung

$$\frac{dx}{dt} = v = \frac{2}{\gamma+1}\left(\frac{x}{t} - c_0\right)$$

gegeben, woraus für die Charakteristiken C_0

$$x = -\frac{2}{\gamma-1} c_0 t + \frac{\gamma+1}{\gamma-1} c_0 t_0 \left(\frac{t}{t_0}\right)^{\frac{2}{\gamma+1}}$$

folgt.

§ 104. Die Riemannschen Invarianten

Eine beliebige kleine Störung breitet sich im allgemeinen auf allen drei Charakteristiken (C_+, C_-, C_0) aus, die von dem betreffenden Punkt der xt-Ebene ausgehen. Man kann aber eine beliebige Störung in solche Teile zerlegen, die sich jeweils nur auf einer Charakteristik ausbreiten.

Wir behandeln zunächst eine isentrope Gasströmung. Die Kontinuitätsgleichung und die Eulersche Gleichung schreiben wir in der Gestalt

$$\frac{\partial p}{\partial t} + v\frac{\partial p}{\partial x} + \varrho c^2 \frac{\partial v}{\partial x} = 0,$$

$$\frac{\partial v}{\partial t} + v\frac{\partial v}{\partial x} + \frac{1}{\varrho}\frac{\partial p}{\partial x} = 0;$$

in der Kontinuitätsgleichung haben wir die Ableitungen der Dichte nach den Formeln

$$\frac{\partial \varrho}{\partial t} = \left(\frac{\partial \varrho}{\partial p}\right)_s \frac{\partial p}{\partial t} = \frac{1}{c^2}\frac{\partial p}{\partial t}, \qquad \frac{\partial \varrho}{\partial x} = \frac{1}{c^2}\frac{\partial p}{\partial x}$$

durch die Ableitungen des Druckes ersetzt. Die erste Gleichung dividieren wir durch $\pm\varrho c$ und addieren sie zur zweiten. Es ergibt sich

$$\frac{\partial v}{\partial t} \pm \frac{1}{\varrho c}\frac{\partial p}{\partial t} + \left(\frac{\partial v}{\partial x} \pm \frac{1}{\varrho c}\frac{\partial p}{\partial x}\right)(v \pm c) = 0. \tag{104,1}$$

Weiter führen wir als neue unbekannte Funktionen die Größen

$$J_+ = v + \int \frac{\mathrm{d}p}{\varrho c}, \qquad J_- = v - \int \frac{\mathrm{d}p}{\varrho c} \tag{104,2}$$

ein, die als *Riemannsche Invarianten* bezeichnet werden. Wir erinnern daran, daß bei einer isentropen Strömung ϱ und c bestimmte Funktionen von p sind; daher haben die hier stehenden Integrale einen definierten Sinn. Für ein polytropes Gas gilt

$$J_+ = v + \frac{2}{\gamma - 1} c, \qquad J_- = v - \frac{2}{\gamma - 1} c. \tag{104,3}$$

Nach der Einführung dieser Größen erhalten die Bewegungsgleichungen die einfache Gestalt

$$\left[\frac{\partial}{\partial t} + (v + c)\frac{\partial}{\partial x}\right] J_+ = 0, \qquad \left[\frac{\partial}{\partial t} + (v - c)\frac{\partial}{\partial x}\right] J_- = 0. \tag{104,4}$$

Die auf J_+ und J_- wirkenden Differentialoperatoren sind gerade die Ableitungen in Richtung der Charakteristiken C_+ und C_- in der xt-Ebene. Auf jeder Charakteristik C_+ bzw. C_- bleibt also die Größe J_+ bzw. J_- konstant. Wir können auch sagen, daß sich kleine Störungen der Größe J_+ nur auf den Charakteristiken C_+ ausbreiten, Störungen von J_- nur auf C_-.

Im allgemeinen Fall einer nicht isentropen Strömung können die Gleichungen (104,1) nicht in der Form (104,4) geschrieben werden, weil $\mathrm{d}p/\varrho c$ kein totales Differential ist. Diese Gleichungen erlauben aber, ebenso wie vorher, die Störungen abzutrennen, die sich auf den Charakteristiken nur einer Schar ausbreiten. Das sind Störungen der Gestalt $\delta v \pm \frac{\delta p}{\varrho c}$, worin δv und δp beliebig kleine Störungen der Geschwindigkeit und des Druckes sind. Die Ausbreitung dieser Störungen wird durch die linearisierten Gleichungen

$$\left[\frac{\partial}{\partial t} + (v \pm c)\frac{\partial}{\partial x}\right]\left(\delta v \pm \frac{\delta p}{\varrho c}\right) = 0 \tag{104,5}$$

beschrieben. Das vollständige System der Bewegungsgleichungen für kleine Störungen erhält man, indem man hierzu noch die Adiabatengleichung

$$\left[\frac{\partial}{\partial t} + v\frac{\partial}{\partial x}\right] \delta s = 0 \tag{104,6}$$

hinzufügt, die zeigt, daß sich die Störungen δs auf den Charakteristiken C_0 ausbreiten. Eine beliebige kleine Störung kann man immer in die drei genannten voneinander unabhängigen Teile zerlegen.

Der Vergleich mit der Formel (101,4) ergibt, daß die Riemannschen Invarianten (104,2) mit den Größen übereinstimmen, die in einfachen Wellen im ganzen Volumen und während aller Zeiten konstant sind: In einer nach rechts fortschreitenden einfachen Welle ist J_- konstant, in einer nach links fortschreitenden Welle ist J_+ konstant. Vom mathematischen Standpunkt aus ist das die Grundeigenschaft der einfachen Wellen. Aus ihr folgt insbesondere auch die im vorhergehenden Paragraphen erwähnte Eigenschaft, daß eine Schar von Charakteristiken eine Geradenschar ist. Wir betrachten z. B. eine nach rechts fortschreitende

Welle. Zu jeder Charakteristik C_+ gehört ein bestimmter konstanter Wert von J_+. Außerdem ist die Größe J_- im ganzen Volumen konstant. Aus der Konstanz der beiden Größen J_+ und J_- folgt, daß auch v und p (und damit auch alle übrigen Größen) konstant sind, und wir gelangen zu der in § 103 gefundenen Eigenschaft der Charakteristiken C_+, aus der sich unmittelbar ergibt, daß diese Charakteristiken Geraden sind.

Wenn eine Strömung in zwei aneinandergrenzenden Bereichen der xt-Ebene durch zwei analytisch verschiedene Lösungen der Bewegungsgleichungen beschrieben wird, dann ist die Grenze zwischen diesen Bereichen eine Charakteristik. Tatsächlich sind auf dieser Grenze die Ableitungen irgendwelcher Größen unstetig, d. h., es ist auf dieser Grenze eine schwache Unstetigkeit vorhanden, die unbedingt mit einer Charakteristik zusammenfällt.

In der Theorie der isentropen eindimensionalen Strömungen hat die folgende Eigenschaft der einfachen Wellen eine sehr wesentliche Bedeutung: Die Strömung in einem Bereich, der an einen Bereich konstanter Strömung (Strömung mit v = const und p = const) angrenzt, ist unbedingt eine einfache Welle.

Der Beweis dieser Behauptung ist sehr einfach. Der uns interessierende Bereich 1 in der xt-Ebene soll rechts an den Bereich 2 einer konstanten Strömung angrenzen (Abb. 88). Im letzteren Bereich sind offensichtlich die beiden Invarianten J_+ und J_- konstant, und beide Charakteristikenscharen sind Geradenscharen. Die Grenze zwischen den beiden Bereichen ist eine der Charakteristiken C_+, die Kurven C_+ des einen Bereiches laufen nicht in den anderen Bereich hinein. Die Charakteristiken C_- setzen sich stetig aus dem einen Bereich in den anderen fort. Sie überdecken den Bereich 1 und gehören alle zu dem im Bereich 2 konstanten Wert von J_-. Die Größe J_- ist also auch im ganzen Bereich 1 konstant, so daß in diesem Bereich eine einfache Welle vorliegt.

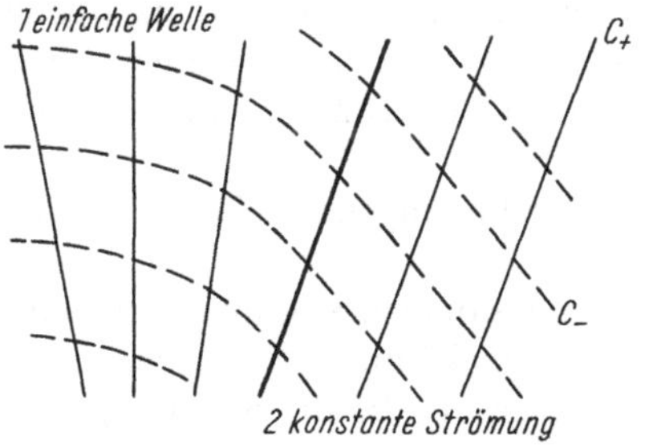

Abb. 88

Die Eigenschaft der Charakteristiken, konstante Werte bestimmter Größen zu übertragen, wirft Licht auf die allgemeine Problemstellung, wie man Anfangs- und Randbedingungen zu den Gleichungen der Hydrodynamik vorgeben kann. Bei den verschiedenen konkreten physikalischen Problemen gibt es gewöhnlich keine Zweifel über die Wahl dieser Bedingungen, sie ergeben sich direkt aus physikalischen Überlegungen. In komplizierten Fällen können sich aber auch rein mathematische Überlegungen als nützlich erweisen, die sich auf die allgemeinen Eigenschaften der Charakteristiken stützen.

Um etwas Bestimmtes vor Augen zu haben, werden wir von einer isentropen eindimensionalen Gasströmung sprechen. Vom rein mathematischen Standpunkt aus erfordert eine hydrodynamische Problemstellung gewöhnlich die Bestimmung zweier gesuchter Funktionen (etwa v und p) in einem Bereich der xt-Ebene zwischen zwei gegebenen Kurven (OA und OB in Abb. 89a), auf denen Randbedingungen vorgegeben werden. Es erhebt sich folgende Frage: Für wie viele Größen müssen die Werte auf diesen Kurven vorgegeben werden? In diesem Zusammenhang ist es sehr wesentlich, welche Lage jede Kurve relativ zu den Richtungen der beiden von jedem Kurvenpunkt auslaufenden[1]) Äste der Charakteristiken C_+ und C_- hat (in Abb. 89 durch Pfeile gekennzeichnet). Es können zwei Fälle eintreten: Entweder liegen beide Richtungen der Charakteristiken auf einer Seite der Kurve, oder die Kurve verläuft zwischen ihnen. In Abb. 89a gehört die Kurve OA zum ersten und die Kurve OB zum zweiten Fall. Zur vollständigen Bestimmung der gesuchten Funktionen im Bereich AOB müssen auf der Kurve OA offensichtlich die Werte zweier Größen vorgegeben werden (z. B. die Werte der beiden Invarianten J_+ und J_-), auf der Kurve OB dagegen nur die Werte einer Größe. Die Werte der zweiten Größe werden nämlich durch die Charakteristiken der entsprechenden Schar von der Kurve OA auf die Kurve OB übertragen und können daher nicht beliebig vorgegeben werden.[2]) Für die in Abb. 89b und 89c dargestellten Fälle müssen auf den Randkurven analog je eine oder je zwei Größen vorgegeben werden.

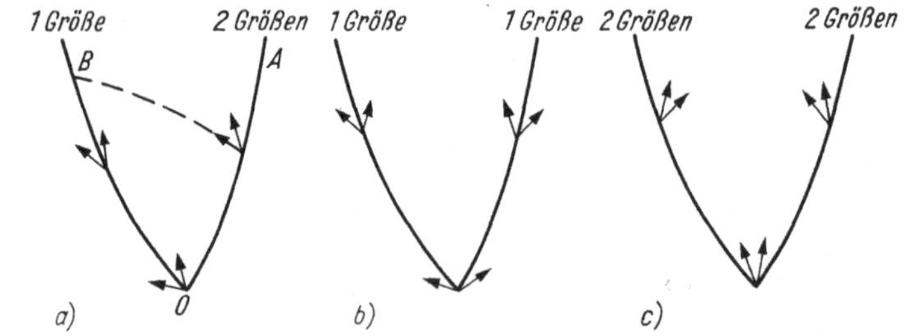

Abb. 89

Es soll noch folgendes erwähnt werden. Wenn eine Randkurve mit irgendeiner Charakteristik übereinstimmt, dann kann man auf ihr nicht zwei unabhängige Größen vorgeben, weil deren Werte durch die Bedingung miteinander verknüpft sind, daß die entsprechende Riemannsche Invariante konstant sein muß.

Ganz ähnlich kann das Problem der Randbedingungen im allgemeinen Falle einer nicht isentropen Strömung untersucht werden.

Wir haben die Charakteristiken einer eindimensionalen Strömung oben überall als Kurven in der xt-Ebene behandelt. Die Charakteristiken können aber auch in der Ebene zweier beliebiger anderer Veränderlicher bestimmt werden, die die Strömung beschreiben. Man kann z. B. die Charakteristiken in der vc-Ebene betrachten. Für eine isentrope Strömung sind die Gleichungen dieser Charakteristiken einfach die Gleichungen $J_+ = \text{const}$ und $J_- = \text{const}$ mit beliebigen Konstanten auf den rechten Seiten (wir werden sie als Charakteristiken Γ_+ und Γ_- bezeichnen). Für ein polytropes Gas ergeben sich so nach (104,3) zwei Scharen paralleler Geraden (Abb. 90).

---

[1]) Die in der xt-Ebene von einem gegebenen Punkt „auslaufenden" Äste der Charakteristiken sind die Äste in Richtung zunehmender t.

[2]) Zur Illustration geben wir ein Beispiel für einen solchen Fall an: Die Strömung eines Gases beim Hineinbewegen oder Herausziehen eines Kolbens aus einem unendlich langen Rohr. Dabei ist die Lösung der Gleichungen der Gasdynamik in dem Bereich der xt-Ebene zwischen den folgenden beiden Linien aufzufinden: Zwischen der zu $x > 0$ gehörenden Halbachse und der Kurve $x = X(t)$, die die Bewegung des Kolbens darstellt (Abb. 86, 87). Auf der ersten Kurve werden die Werte zweier Größen vorgegeben (die Anfangswerte $v = 0$ und $p = p_0$ für $t = 0$), auf der zweiten wird nur eine Größe gegeben ($v = u$, wenn $u(t)$ die Geschwindigkeit des Kolbens ist).

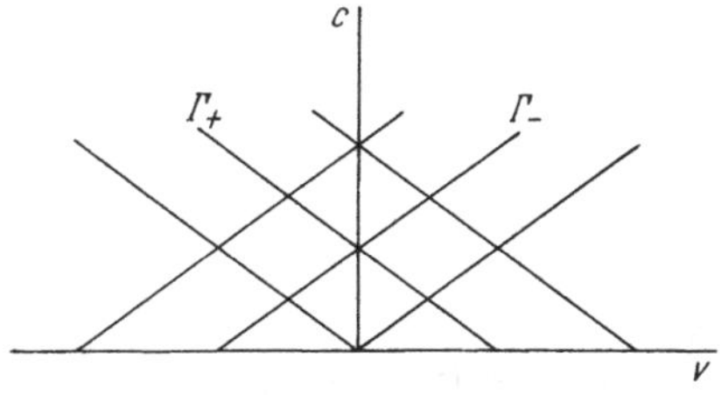

Abb. 90

Es ist bemerkenswert, daß diese Charakteristiken durch die Eigenschaften des strömenden Mediums (des Gases) vollständig bestimmt werden und nicht von der konkreten Lösung der Bewegungsgleichungen abhängen. Dies hängt damit zusammen, daß die Gleichung für eine isentrope Strömung in den Variablen v und c eine lineare Differentialgleichung zweiter Ordnung ist mit Koeffizienten, die nur von den unabhängigen Veränderlichen abhängen (wie wir im folgenden Paragraphen sehen werden).

Die Charakteristiken in der xt- und in der vc-Ebene können mit Hilfe der gegebenen Lösung der Bewegungsgleichungen aufeinander abgebildet werden. Diese Abbildung braucht aber keineswegs eineindeutig zu sein. Insbesondere entspricht einer gegebenen einfachen Welle nur eine Charakteristik in der vc-Ebene, auf die alle Charakteristiken der xt-Ebene abgebildet werden. Für eine nach rechts fortschreitende Welle ist dies eine der Charakteristiken Γ_-; die Charakteristiken C_- werden auf die ganze Kurve Γ_- abgebildet, die Charakteristiken C_+ auf ihre einzelnen Punkte.

§ 105. Beliebige eindimensionale Strömung eines kompressiblen Gases

Wir wollen jetzt das allgemeine Problem einer beliebigen eindimensionalen isentropen Gasströmung (ohne Stoßwellen) behandeln. Dazu zeigen wir zunächst, daß dieses Problem auf die Lösung einer gewissen linearen Differentialgleichung zurückgeführt werden kann.

Jede eindimensionale Strömung (jede Strömung, die nur von einer Ortskoordinate abhängt) ist immer eine Potentialströmung, weil jede Funktion $v(x, t)$ als Ableitung $v(x, t) = \dfrac{\partial\varphi(x, t)}{\partial x}$ dargestellt werden kann. Wir können daher die Bernoullische Gleichung (9,3),

$$\frac{\partial\varphi}{\partial t} + \frac{v^2}{2} + w = 0\,,$$

als erstes Integral der Eulerschen Gleichung verwenden. Mit Hilfe dieser Gleichung erhalten wir für das Differential $\mathrm{d}\varphi$:

$$\mathrm{d}\varphi = \frac{\partial\varphi}{\partial x}\,\mathrm{d}x + \frac{\partial\varphi}{\partial t}\,\mathrm{d}t = v\,\mathrm{d}x - \left(\frac{v^2}{2} + w\right)\mathrm{d}t\,.$$

Die unabhängigen Veränderlichen sind hier x und t. Wir wollen nun zu den neuen unabhängigen Veränderlichen v und w übergehen und verwenden dazu eine Legendresche Transformation. Wir schreiben

$$\mathrm{d}\varphi = \mathrm{d}(xv) - x\,\mathrm{d}v - \mathrm{d}\left[t\left(w + \frac{v^2}{2}\right)\right] + t\,\mathrm{d}\left(w + \frac{v^2}{2}\right)$$

und führen statt des Potentials φ die neue Hilfsfunktion

$$\chi = \varphi - xv + t\left(w + \frac{v^2}{2}\right)$$

ein. So erhalten wir

$$d\chi = -x\,dv + t\,d\left(w + \frac{v^2}{2}\right) = t\,dw + (vt - x)\,dv\,;$$

χ wird dabei als Funktion von v und w aufgefaßt. Diese Beziehung vergleichen wir mit dem Differential $d\chi = \frac{\partial \chi}{\partial w}\,dw + \frac{\partial \chi}{\partial v}\,dv$ und erhalten

$$t = \frac{\partial \chi}{\partial w}, \qquad vt - x = \frac{\partial \chi}{\partial v}$$

oder

$$t = \frac{\partial \chi}{\partial w}, \qquad x = v\frac{\partial \chi}{\partial w} - \frac{\partial \chi}{\partial v}. \tag{105,1}$$

Ist die Funktion $\chi(v, w)$ bekannt, so kann man aus diesen Formeln die Abhängigkeit von v und w von der Koordinate x und der Zeit t bestimmen.

Jetzt werden wir eine Gleichung zur Bestimmung von χ herleiten. Dazu gehen wir von der bisher noch nicht benutzten Kontinuitätsgleichung aus:

$$\frac{\partial \varrho}{\partial t} + \frac{\partial}{\partial x}(\varrho v) \equiv \frac{\partial \varrho}{\partial t} + v\frac{\partial \varrho}{\partial x} + \varrho\frac{\partial v}{\partial x} = 0\,.$$

In dieser Gleichung gehen wir zu den Variablen v und w über. Die partiellen Ableitungen schreiben wir als Funktionaldeterminanten und haben

$$\frac{\partial(\varrho, x)}{\partial(t, x)} + v\frac{\partial(t, \varrho)}{\partial(t, x)} + \varrho\frac{\partial(t, v)}{\partial(t, x)} = 0$$

oder, nach Multiplikation mit $\frac{\partial(t, x)}{\partial(w, v)}$,

$$\frac{\partial(\varrho, x)}{\partial(w, v)} + v\frac{\partial(t, \varrho)}{\partial(w, v)} + \varrho\frac{\partial(t, v)}{\partial(w, v)} = 0\,.$$

Bei der Berechnung dieser Funktionaldeterminanten muß man folgendes beachten. Auf Grund der Zustandsgleichung des Gases ist die Dichte ϱ eine Funktion zweier beliebiger anderer unabhängiger thermodynamischer Größen. Zum Beispiel kann man ϱ als Funktion von w und s auffassen. Für $s = \text{const}$ ist dann einfach $\varrho = \varrho(w)$; folglich hängt die Dichte in den Variablen v und w nicht von v ab. Durch Berechnung der Funktionaldeterminanten erhalten wir daher

$$\frac{d\varrho}{dw}\frac{\partial x}{\partial v} - v\frac{d\varrho}{dw}\frac{\partial t}{\partial v} + \varrho\frac{\partial t}{\partial w} = 0\,.$$

Hier setzen wir für t und x die Ausdrücke (105,1) ein und bekommen

$$\frac{1}{\varrho}\frac{d\varrho}{dw}\left(\frac{\partial\chi}{\partial w} - \frac{\partial^2\chi}{\partial v^2}\right) + \frac{\partial^2\chi}{\partial w^2} = 0\,.$$

Für $s = \text{const}$ haben wir $dw = \frac{1}{\varrho}\,dp$. Damit kann man

$$\frac{d\varrho}{dw} = \frac{d\varrho}{dp}\frac{dp}{dw} = \frac{\varrho}{c^2}$$

schreiben. Wir erhalten endgültig die folgende Gleichung für χ:

$$c^2\frac{\partial^2\chi}{\partial w^2} - \frac{\partial^2\chi}{\partial v^2} + \frac{\partial\chi}{\partial w} = 0 \qquad (105,2)$$

(die Schallgeschwindigkeit c muß man hier als Funktion von w ansehen). Die Integration der nichtlinearen Bewegungsgleichungen ist auf diese Weise auf die Lösung einer linearen Gleichung zurückgeführt worden.

Wir wenden die erhaltene Gleichung auf ein polytropes Gas an. Hier ist $c^2 = (\gamma - 1)\,w$, und die Grundgleichung (105,2) hat die Gestalt

$$(\gamma - 1)\,w\frac{\partial^2\chi}{\partial w^2} - \frac{\partial^2\chi}{\partial v^2} + \frac{\partial\chi}{\partial w} = 0\,. \qquad (105,3)$$

Diese Gleichung kann in allgemeiner Form elementar integriert werden, wenn die Zahl $\frac{3-\gamma}{\gamma-1}$ eine gerade ganze Zahl ist:

$$\frac{3-\gamma}{\gamma-1} = 2n \quad \text{oder} \quad \gamma = \frac{3+2n}{2n+1}, \qquad n = 0, 1, 2, \ldots \qquad (105,4)$$

Diese Bedingung wird sowohl für einatomige ($\gamma = 5/3$, $n = 1$) als auch für zweiatomige Gase ($\gamma = 7/5$, $n = 2$) erfüllt. Wir führen n an Stelle von γ ein und formen (105,3) um:

$$\frac{2}{2n+1}\,w\frac{\partial^2\chi}{\partial w^2} - \frac{\partial^2\chi}{\partial v^2} + \frac{\partial\chi}{\partial w} = 0\,. \qquad (105,5)$$

Eine Funktion, die diese Gleichung für ein gegebenes n erfüllt, bezeichnen wir mit χ_n. Für die Funktion χ_0 haben wir

$$2w\frac{\partial^2\chi_0}{\partial w^2} - \frac{\partial^2\chi_0}{\partial v^2} + \frac{\partial\chi_0}{\partial w} = 0\,.$$

Statt w führen wir die Variable $u = \sqrt{2w}$ ein und erhalten

$$\frac{\partial^2\chi_0}{\partial u^2} - \frac{\partial^2\chi_0}{\partial v^2} = 0\,.$$

Das ist aber die übliche Wellengleichung, deren allgemeine Lösung $\chi_0 = f_1(u + v) + f_2(u - v)$ mit zwei beliebigen Funktionen f_1 und f_2 ist. Es ist also

$$\chi_0 = f_1(\sqrt{2w} + v) + f_2(\sqrt{2w} - v)\,. \tag{105,6}$$

Jetzt werden wir zeigen, daß man die Funktion χ_{n+1} durch einfache Differentiation erhalten kann, wenn die Funktion χ_n bekannt ist. Wir differenzieren die Gleichung (105,5) nach w und erhalten nach einer Umordnung der Glieder

$$\frac{2}{2n+1}\, w \frac{\partial^2}{\partial w^2}\left(\frac{\partial \chi_n}{\partial w}\right) + \frac{2n+3}{2n+1}\frac{\partial}{\partial w}\left(\frac{\partial \chi_n}{\partial w}\right) - \frac{\partial^2}{\partial v^2}\left(\frac{\partial \chi_n}{\partial w}\right) = 0\,.$$

Führen wir statt v die Veränderliche

$$v' = v\sqrt{\frac{2n+3}{2n+1}}$$

ein, so ergibt sich für $\frac{\partial \chi_n}{\partial w}$ die Gleichung

$$\frac{2}{2(n+1)+1}\, w \frac{\partial^2}{\partial w^2}\left(\frac{\partial \chi_n}{\partial w}\right) + \frac{\partial}{\partial w}\left(\frac{\partial \chi_n}{\partial w}\right) - \frac{\partial^2}{\partial v'^2}\left(\frac{\partial \chi_n}{\partial w}\right) = 0\,,$$

die mit der Gleichung (105,5) für die Funktion $\chi_{n+1}(w, v')$ übereinstimmt. Wir gelangen also zu dem Ergebnis

$$\chi_{n+1}(w, v') = \frac{\partial}{\partial w}\,\chi_n(w, v) = \frac{\partial}{\partial w}\,x_n\left(w, \sqrt{\frac{2n+1}{2n+3}}\, v'\right). \tag{105,7}$$

Diese Formel wenden wir n-mal auf die Funktion χ_0 (105,6) an und erhalten die gesuchte allgemeine Lösung der Gleichung (105,5):

$$\chi = \frac{\partial^n}{\partial w^n}\left\{f_1(\sqrt{2(2n+1)\,w} + v) + f_2(\sqrt{2(2n+1)\,w} - v)\right\}$$

oder

$$\chi = \frac{\partial^{n-1}}{\partial w^{n-1}}\left\{\frac{F_1(\sqrt{2(2n+1)\,w} + v) + F_2(\sqrt{2(2n+1)\,w} - v)}{\sqrt{w}}\right\}; \tag{105,8}$$

F_1 und F_2 sind wieder zwei beliebige Funktionen.

Wenn wir statt w durch

$$w = \frac{c^2}{\gamma - 1} = \frac{2n+1}{2}\, c^2$$

die Schallgeschwindigkeit einführen, dann erhält die Lösung (105,8) die Gestalt

$$\chi = \left(\frac{\partial}{c\,\partial c}\right)^{n-1}\left\{\frac{1}{c}\, F_1\left(c + \frac{v}{2n+1}\right) + \frac{1}{c}\, F_2\left(c - \frac{v}{2n+1}\right)\right\}. \tag{105,9}$$

Die Ausdrücke

$$c \pm \frac{v}{2n+1} = c \pm \frac{\gamma - 1}{2} v$$

im Argument der beliebigen Funktionen sind gerade die Riemannschen Invarianten (104,3), die auf den Charakteristiken konstant sind.

Bei den Anwendungen muß man häufig die Funktionswerte von $\chi(v, c)$ auf einer Charakteristik berechnen. Dazu dient die folgende Formel[1]):

$$\left(\frac{\partial}{c\,\partial c}\right)^{n-1} \left\{\frac{1}{c} F\left(c \pm \frac{v}{2n+1}\right)\right\} = \frac{1}{2^{n-1}} \left(\frac{\partial}{\partial c}\right)^{n-1} \frac{F(2c+a)}{c^n} \qquad (105,10)$$

mit

$$\pm \frac{v}{2n+1} = c + a$$

(a ist eine beliebige Konstante).

Wir wollen jetzt feststellen, in welchem Verhältnis eine Lösung, die eine einfache Welle beschreibt, zu der hier gefundenen allgemeinen Lösung der hydrodynamischen Gleichungen steht. Eine einfache Welle zeichnet sich durch die Eigenschaft aus, daß für sie v und w in bestimmter Weise voneinander abhängen, $v = v(w)$. Daher verschwindet die Funktionaldeterminante

$$\Delta = \frac{\partial(v, w)}{\partial(x, t)}$$

identisch. Beim Übergang zu den Variablen v und w mußten wir aber die Bewegungsgleichung durch diese Funktionaldeterminante dividieren, infolgedessen ist die Lösung mit $\Delta \equiv 0$ verlorengegangen. Eine einfache Welle ist also nicht unmittelbar in dem allgemeinen Integral der Bewegungsgleichungen enthalten, sondern ist ein spezielles Integral derselben.

Für das Verständnis der Natur dieses speziellen Integrales ist aber wesentlich, daß es aus dem allgemeinen Integral durch einen eigenartigen Grenzübergang gewonnen werden kann. Dieser Grenzübergang ist eng mit der physikalischen Bedeutung der Charakteristiken als Ausbreitungskurven für kleine Störungen verknüpft. Wir stellen uns vor, daß der Bereich in der vw-Ebene, in dem die Funktion $\chi(v, w)$ von Null verschieden ist, auf einen sehr

---

[1]) Am einfachsten kann man diese Formel mit Hilfe der Cauchyschen Formel der Funktionentheorie herleiten. Für eine beliebige Funktion $F(c + u)$ haben wir

$$\left(\frac{\partial}{c\,\partial c}\right)^{n-1} \frac{F(c+u)}{c} = 2^{n-1} \left(\frac{\partial^2}{\partial c^2}\right)^{n-1} \frac{F(c+u)}{c} = 2^{n-1} \frac{(n-1)!}{2\pi\mathrm{i}} \oint \frac{F(\sqrt{z}+u)}{\sqrt{z}(z-c^2)^n} \mathrm{d}z\,.$$

Das Integral wird in der komplexen z-Ebene längs eines Weges um den Punkt $z = c^2$ berechnet. Wir setzen jetzt $u = c + a$, substituieren im Integral $\sqrt{z} = 2\zeta - c$ und erhalten

$$\frac{1}{2^{n-1}} \frac{(n-1)!}{2\pi\mathrm{i}} \oint \frac{F(2\zeta + a)}{\zeta^n(\zeta - c)^n} \mathrm{d}\zeta\,,$$

wobei der Integrationsweg in der ζ-Ebene jetzt den Punkt $\zeta = c$ umschlingt. Wir wenden nochmals die Cauchysche Formel an und finden, daß dieses Integral mit dem im Text angegebenen Ausdruck übereinstimmt.

schmalen Streifen (in der Grenze auf einen infinitesimal breiten Streifen) längs einer Charakteristik zusammengezogen wird. Die Ableitungen von χ in den zur Charakteristik senkrechten Richtungen durchlaufen dabei einen sehr großen Wertebereich (in der Grenze unendlich groß), da χ in diesen Richtungen sehr rasch abnimmt. Derartige Lösungen $\chi(v, w)$ der Bewegungsgleichungen müssen offensichtlich existieren: Fassen wir diese Lösungen als „Störungen" in der vw-Ebene auf, dann erfüllen sie die Bedingungen der geometrischen Akustik und liegen, wie es für solche Störungen sein muß, auf einer Charakteristik.

Damit ist klar, daß bei einer solchen Funktion χ die Zeit $t = \partial\chi/\partial w$ einen beliebig großen Wertebereich durchlaufen wird. Die Ableitung von χ längs der Charakteristik wird eine endliche Größe sein. Auf einer Charakteristik (z. B. auf einer Charakteristik Γ_-) haben wir

$$\frac{\mathrm{d}J_-}{\mathrm{d}v} = 1 - \frac{1}{\varrho c}\frac{\mathrm{d}p}{\mathrm{d}w}\frac{\mathrm{d}w}{\mathrm{d}v} = 1 - \frac{1}{c}\frac{\mathrm{d}w}{\mathrm{d}v} = 0\,.$$

Daher ist die Ableitung von χ nach v längs der Charakteristik (wir bezeichnen sie mit $-f(v)$)

$$\frac{\mathrm{d}\chi}{\mathrm{d}v} = \frac{\partial\chi}{\partial v} + \frac{\partial\chi}{\partial w}\frac{\partial w}{\partial v} = \frac{\partial\chi}{\partial v} + c\,\frac{\partial\chi}{\partial w} = -f(v)\,.$$

Wir drücken die partiellen Ableitungen von χ nach (105,1) durch x und t aus und erhalten die Beziehung $x = (v + c)\,t + f(v)$, d. h. gerade die Gleichung (101,5) für eine einfache Welle. Die Beziehung (101,4) für den Zusammenhang zwischen v und c in einer einfachen Welle ist wegen der Konstanz von J_- auf einer Charakteristik Γ_- automatisch erfüllt.

Wenn eine Lösung der Bewegungsgleichungen in irgendeinem Teil der xt-Ebene eine konstante Strömung ergibt, dann muß in den angrenzenden Bereichen eine einfache Welle vorhanden sein, wie wir in § 104 gezeigt haben. Eine durch die allgemeine Lösung (105,8) beschriebene Strömung kann sich also nur durch einen Zwischenbereich mit einer einfachen Welle an eine konstante Strömung (und insbesondere an einen ruhenden Bereich) anschließen. Die Grenze zwischen der einfachen Welle und der allgemeinen Lösung ist eine Charakteristik, wie jede Grenze zwischen Bereichen mit zwei analytisch verschiedenen Lösungen. Bei der Lösung der verschiedenen konkreten Probleme muß man die Werte der Funktion $\chi(w, v)$ auf dieser Grenzcharakteristik berechnen.

Die Bedingung für den Anschluß der einfachen Welle an die allgemeine Lösung auf der Grenzcharakteristik ergibt sich, indem man die Ausdrücke (105,1) für x und t in die Gleichung $x = (v \pm c)\,t + f(v)$ für eine einfache Welle einsetzt. Man erhält

$$\frac{\partial\chi}{\partial v} \pm c\,\frac{\partial\chi}{\partial w} + f(v) = 0\,.$$

Außerdem haben wir in der einfachen Welle (und auf der Grenzcharakteristik)

$$\mathrm{d}v = \pm\,\frac{\mathrm{d}p}{\varrho c} = \pm\,\frac{\mathrm{d}w}{c}$$

oder $\pm c = \dfrac{\mathrm{d}w}{\mathrm{d}v}$. Das setzen wir in die angegebene Bedingung ein und erhalten

$$\frac{\partial\chi}{\partial v} + \frac{\partial\chi}{\partial w}\frac{\mathrm{d}w}{\mathrm{d}v} + f(v) = \frac{\mathrm{d}\chi}{\mathrm{d}v} + f(v) = 0$$

und daraus endgültig

$$\chi = -\int f(v)\,dv\,. \tag{105,11}$$

Dadurch wird der gesuchte Grenzwert von χ gegeben. Ist die einfache Welle insbesondere im Koordinatenursprung zentriert, d. h., ist $f(v) \equiv 0$, dann ist $\chi = \text{const}$. Da die Funktion χ überhaupt nur bis auf eine additive Konstante definiert ist, kann man in diesem Falle ohne Einschränkung der Allgemeinheit auf der Grenzcharakteristik $\chi = 0$ setzen.

Aufgaben

1. Man berechne die Strömung, die bei der Reflexion einer zentrierten Verdünnungswelle an einer festen Wand entsteht.

Lösung. Die Verdünnungswelle soll zur Zeit $t = 0$ im Punkt $x = 0$ entstehen und sich in positiver x-Richtung ausbreiten. Sie erreicht die Wand nach der Zeit $t = l/c_0$, wenn l der Abstand von der Wand ist. In Abb. 91 sind die Charakteristiken für die Reflexion der Welle dargestellt. In den Bereichen 1 und 1′ ruht das Gas, im Bereich 3 strömt es mit der konstanten Geschwindigkeit $v = -U$.[1]) Der Bereich 2 ist die einfallende Verdünnungswelle (mit geradlinigen Charakteristiken C_+), 5 ist die reflektierte Welle (mit geradlinigen Charakteristiken C_-). Der Bereich 4 ist der „Wechselwirkungsbereich“, in dem die Lösung gesucht wird; die in diesen Bereich einlaufenden geradlinigen Charakteristiken werden gekrümmt. Diese Lösung wird durch die Randbedingungen auf den Strecken ab und ac vollständig bestimmt. Auf ab (d. h. an der Wand, $x = l$) muß $v = 0$ sein. Nach (105,1) erhalten wir daraus die Bedingung

$$\frac{\partial \chi}{\partial v} = -l \quad \text{für} \quad v = 0\,.$$

Die Grenze ac mit der Verdünnungswelle ist ein Abschnitt auf der Charakteristik C_-, daher gilt dort

$$c - \frac{(\gamma - 1)\,v}{2} = c - \frac{v}{2n + 1} = \text{const}\,.$$

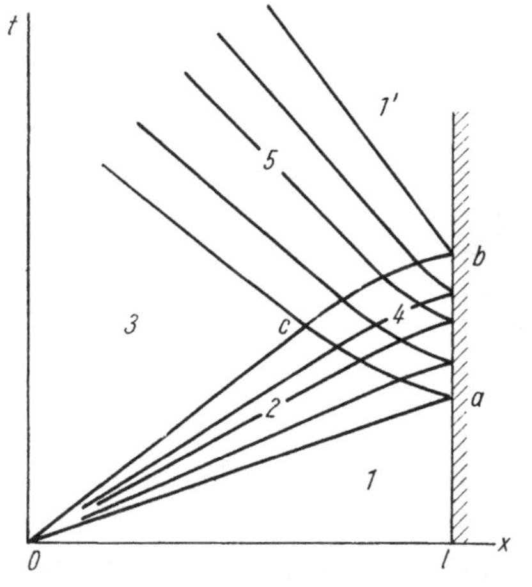

Abb. 91

[1]) Entsteht die Verdünnungswelle an einem Kolben, der sich mit konstanter Geschwindigkeit aus einem Rohr herauszubewegen beginnt, dann ist U die Geschwindigkeit des Kolbens.

Für den Punkt a haben wir $v = 0$ und $c = c_0$, deshalb ist const $= c_0$. Auf dieser Grenze muß $\chi = 0$ sein, so daß wir die Bedingung

$$\chi = 0 \quad \text{für} \quad c - \frac{v}{2n+1} = c_0$$

erhalten. Man kann sich leicht davon überzeugen, daß die Funktion der Gestalt (105,9), die diese Bedingungen erfüllt,

$$\chi = \frac{l(2n+1)}{2^n n!}\left(\frac{\partial}{c\,\partial c}\right)^{n-1}\left\{\frac{1}{c}\left[\left(c - \frac{v}{2n+1}\right)^2 - c_0^2\right]^n\right\} \tag{1}$$

ist. Hierdurch wird die gesuchte Lösung gegeben.

Die Gleichung für die Charakteristik ac ist (siehe die Aufgabe zu § 103)

$$x = -(2n+1)\,c_0 t + 2(n+1)\,l\left(\frac{tc_0}{l}\right)^{\frac{2n+1}{2(n+1)}}.$$

Ihr Schnittpunkt mit der Charakteristik Oc,

$$\frac{x}{t} = c_0 - \frac{\gamma+1}{2}U = c_0 - \frac{2(n+1)}{2n+1}U,$$

bestimmt den Zeitpunkt, in dem die einfallende Welle verschwindet:

$$t_c = \frac{l(2n+1)^{n+1}c_0^n}{[(2n+1)\,c_0 - U]^{n+1}}.$$

In Abb. 91 ist $U < \dfrac{2c_0}{\gamma+1}$ vorausgesetzt. Anderenfalls verläuft die Charakteristik Oc auf die Seite negativer x-Werte (Abb. 92). Die Wechselwirkung zwischen der einfallenden und der reflektierten Welle dauert dabei unendlich lange (und ist nicht wie in Abb. 91 auf eine endliche Zeit beschränkt).

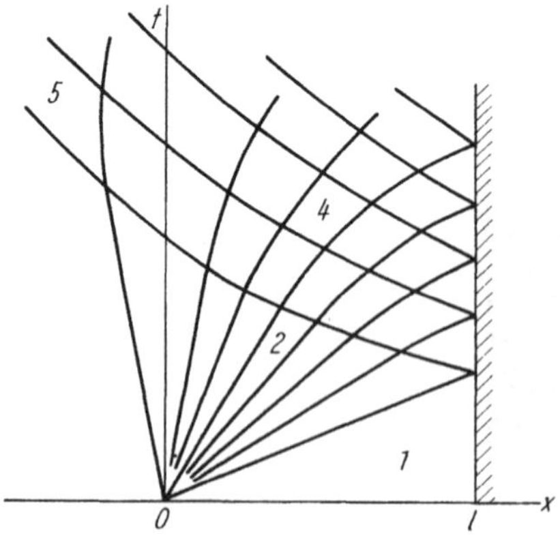

Abb. 92

Die Funktion (1) beschreibt auch die Wechselwirkung zweier zentrierter Verdünnungswellen, die zur Zeit $t = 0$ aus den Punkten $x = 0$ und $x = 2l$ kommen und sich einander entgegenbewegen, wie aus Symmetrieüberlegungen offensichtlich ist (Abb. 93).

2. Man leite die zu (105,3) analoge Gleichung für eine eindimensionale isotherme Strömung eines idealen Gases her.

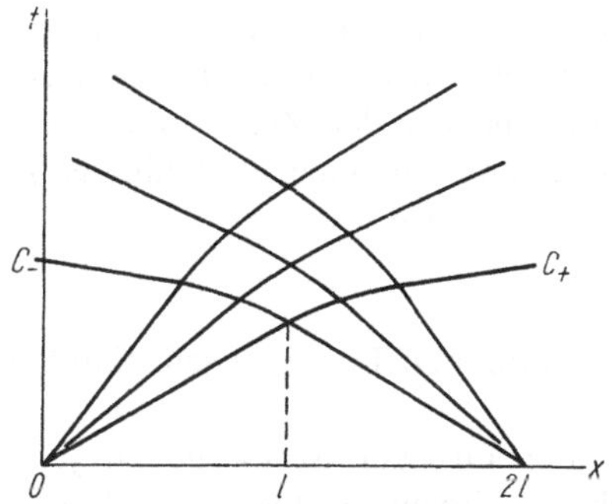

Abb. 93

Lösung. Für eine isotherme Strömung steht in der Bernoullischen Gleichung statt der Enthalpie w die Größe

$$\mu = \int \frac{dp}{\varrho} = c_T^2 \int \frac{d\varrho}{\varrho} = c_T^2 \ln \varrho ,$$

wobei $c_T^2 = \left(\frac{\partial p}{\partial \varrho}\right)_T$ das Quadrat der isothermen Schallgeschwindigkeit ist. Für ein ideales Gas ist $c_T = \text{const.}$ Wir wählen diese Größe statt w als unabhängige Variable und erhalten nach demselben Verfahren wie im Text die folgende lineare Gleichung mit konstanten Koeffizienten für die Funktion χ:

$$c_T^2 \frac{\partial^2 \chi}{\partial \mu^2} + \frac{\partial \chi}{\partial \mu} - \frac{\partial^2 \chi}{\partial v^2} = 0 .$$

§ 106. Das Problem der starken Explosion

Wir behandeln die Ausbreitung einer kugelsymmetrischen Stoßwelle großer Intensität, die bei einer starken Explosion entsteht, d. h. durch die plötzliche Freisetzung einer großen Energiemenge (die wir mit E bezeichnen) in einem gewissen kleinen Volumen. Das Gas, in dem sich die Welle ausbreitet, werden wir als polytropes Gas ansehen.[1])

Wir betrachten die Welle in nicht zu großen Entfernungen von der Quelle, wo sie noch eine große Intensität hat. Gleichzeitig seien diese Entfernungen als groß gegenüber den Abmessungen der Quelle vorausgesetzt. Dann kann man annehmen, daß die Energie E in einem Punkt (im Koordinatenursprung) freigesetzt wird.

Große Intensität einer Stoßwelle bedeutet einen sehr großen Sprung des Druckes in der Welle. Wir werden den Druck p_2 hinter der Unstetigkeit als so groß gegenüber dem Druck p_1 des ungestörten Gases vor der Welle voraussetzen, daß

$$\frac{p_2}{p_1} \gg \frac{\gamma + 1}{\gamma - 1}$$

gilt. Dann kann man überall p_1 gegenüber p_2 vernachlässigen, wobei das Verhältnis der Dichten $\frac{\varrho_1}{\varrho_2}$ gleich seinem Grenzwert $\frac{\gamma + 1}{\gamma - 1}$ wird (s. § 89).

---

[1]) Die unten dargestellte Lösung dieses Problems wurde unabhängig von L. I. Sedow (1946) und J. von Neumann (1947) erhalten. Mit geringerer Vollständigkeit (ohne die Konstruktion der analytischen Lösung der Gleichungen) wurde diese Aufgabe von G. I. Taylor (1941, veröffentlicht 1950) behandelt.

Das ganze Strömungsbild wird durch zwei Parameter bestimmt: durch die Anfangsdichte des Gases ϱ_1 und durch die bei der Explosion freigesetzte Energie E. Aus diesen Parametern und aus den beiden unabhängigen Veränderlichen, der Zeit t und der Koordinate r (Entfernung vom Zentrum), kann man insgesamt nur eine unabhängige dimensionslose Kombination bilden. Diese schreiben wir in der Form

$$r(\varrho_1/Et^2)^{1/5}.$$

Dementsprechend haben wir es mit einem bestimmten Typ einer selbstähnlichen Strömung zu tun.

Vor allem kann man feststellen, daß der Ort der Stoßwelle zu jeder Zeit einem bestimmten konstanten Wert der angegebenen dimensionslosen Kombination entspricht. Dadurch wird sofort das Gesetz für die Bewegung der Stoßwelle in Abhängigkeit von der Zeit gegeben. Wir bezeichnen die Entfernung der Welle vom Zentrum mit R und erhalten

$$R = \beta \left(\frac{Et^2}{\varrho_1}\right)^{1/5}, \tag{106,1}$$

wobei β eine numerische Konstante ist (abhängig von γ), die durch Lösung der Bewegungsgleichungen zu bestimmen ist. Die Ausbreitungsgeschwindigkeit der Stoßwelle (die Geschwindigkeit gegenüber dem ungestörten Gas, d. h. relativ zu einem unbewegten Koordinatensystem) ist

$$u_1 = \frac{\mathrm{d}R}{\mathrm{d}t} = \frac{2R}{5t} = \frac{2\beta E^{1/5}}{5\varrho_1^{1/5}t^{3/5}}. \tag{106,2}$$

Für die betrachtete Aufgabe läßt sich also das Bewegungsgesetz für die Stoßwelle (bis auf einen konstanten Faktor) schon aus einfachen Dimensionsüberlegungen bestimmen.

Der Druck p_2, die Dichte ϱ_2 und die Strömungsgeschwindigkeit $v_2 = u_2 - u_1$ des Gases (in bezug auf das unbewegte Koordinatensystem) an der „Rückseite" der Unstetigkeit können mit Hilfe der in § 89 erhaltenen Formeln durch u_1 ausgedrückt werden. Nach (89,10) und (89,11)[1]) haben wir

$$v_2 = \frac{2}{\gamma + 1} u_1, \qquad \varrho_2 = \varrho_1 \frac{\gamma + 1}{\gamma - 1}, \qquad p_2 = \frac{2}{\gamma + 1} \varrho_1 u_1^2. \tag{106,3}$$

Die Dichte bleibt zeitlich konstant, v_2 und p_2 nehmen wie $t^{-3/5}$ bzw. wie $t^{-6/5}$ ab. Der von der Welle erzeugte Druck p_2 wächst mit zunehmender Gesamtenergie der Explosion proportional zu $E^{2/5}$.

Wir kommen jetzt zur Bestimmung der Strömung in dem gesamten Bereich hinter der Welle. Statt der Geschwindigkeit v, der Dichte ϱ und des Quadrates der Schallgeschwindigkeit $c^2 = \gamma p/\varrho$ (die die Variable p, den Druck, ersetzt) führen wir die dimensionslosen Variablen V, G, Z ein[2]):

$$v = \frac{2r}{5t} V, \qquad \varrho = \varrho_1 G, \qquad c^2 = \frac{4r^2}{25t^2} Z. \tag{106,4}$$

[1]) Die durch die Formeln (89,11) gegebenen Geschwindigkeiten der Stoßwelle relativ zum Gas bezeichnen wir hier mit u_1 und u_2.

[2]) Der hier und in dem folgenden Paragraphen benutzte Buchstabe V ist nicht mit der Bezeichnung des spezifischen Volumens an anderen Stellen zu verwechseln!

Die Größen V, G, Z können Funktionen nur der einen dimensionslosen unabhängigen Variablen sein, die mit der Selbstähnlichkeit verbunden ist und die wir als

$$\xi = \frac{r}{R(t)} = \frac{r}{\beta}\left(\frac{\varrho_1}{Et^2}\right)^{1/5} \tag{106,5}$$

definieren. Nach (106,3) müssen sie auf der Unstetigkeitsfläche (d. h. für $\xi = 1$) die folgenden Werte annehmen:

$$V(1) = \frac{2}{\gamma + 1}, \qquad G(1) = \frac{\gamma + 1}{\gamma - 1}, \qquad Z(1) = \frac{2\gamma(\gamma - 1)}{(\gamma + 1)^2}. \tag{106,6}$$

Die Gleichungen für eine kugelsymmetrische adiabatische Gasströmung lauten:

$$\left.\begin{aligned} \frac{\partial v}{\partial t} + v\frac{\partial v}{\partial r} = -\frac{1}{\varrho}\frac{\partial p}{\partial r}, \qquad \frac{\partial \varrho}{\partial t} + \frac{\partial(\varrho v)}{\partial r} + \frac{2\varrho v}{r} = 0\,, \\ \left(\frac{\partial}{\partial t} + v\frac{\partial}{\partial r}\right)\ln\frac{p}{\varrho^\gamma} = 0\,. \end{aligned}\right\} \tag{106,7}$$

Die letzte Gleichung ist die Gleichung für die Entropieerhaltung, in die der Ausdruck (83,12) für die Entropie eines polytropen Gases eingesetzt worden ist. Nach dem Einsetzen der Ausdrücke (106,4) ergibt sich ein System gewöhnlicher Differentialgleichungen für die Funktionen V, G, Z. Die Integration dieses Systems wird dadurch erleichtert, daß ein Integral unmittelbar auf Grund der folgenden Überlegungen angegeben werden kann.

Die Vernachlässigung des Druckes p_1 im ungestörten Gas bedeutet, mit anderen Worten, die Vernachlässigung der Anfangsenergie des Gases gegenüber der Energie E, die das Gas bei der Explosion erhält. Die Gesamtenergie des Gases innerhalb einer von der Stoßwelle begrenzten Kugel ist deshalb konstant (und gleich E). Da es sich um eine Ähnlichkeitsströmung handelt, ist außerdem offensichtlich, daß die Energie des Gases auch innerhalb einer kleineren Kugel konstant bleiben muß, wenn sich deren Radius zeitlich nach dem Gesetz $\xi = \text{const}$ mit einem beliebigen Wert (nicht nur gleich ξ_0) für const ändert. Die Radialgeschwindigkeit der Punkte dieser Kugeloberfläche ist $v_n = 2r/5t$ (vgl. 106,2)).

Man kann leicht die Gleichung dafür angeben, daß diese Energie konstant bleibt. Einerseits fließt in der Zeit dt durch die Kugeloberfläche (Fläche $4\pi r^2$) die Energie

$$dt\, 4\pi r^2 \varrho v\left(w + \frac{v^2}{2}\right)$$

ab. Andererseits vergrößert sich während derselben Zeit das Volumen der Kugel um $dt\, v_n\, 4\pi r^2$; in diesem Volumenelement befindet sich Gas mit der Energie

$$dt\, 4\pi r^2 \varrho v_n\left(\varepsilon + \frac{v^2}{2}\right).$$

Diese beiden Ausdrücke setzen wir einander gleich, verwenden ε und w aus (83,10), (83,11) und führen nach (106,4) die dimensionslosen Funktionen ein. Wir erhalten die Beziehung

$$Z = \frac{\gamma(\gamma - 1)(1 - V)\,V^2}{2(\gamma V - 1)}, \tag{106,8}$$

die das gesuchte Integral des Gleichungssystems ist. Es erfüllt die Randbedingungen (106,6) auf der Unstetigkeitsfläche automatisch.

Nachdem wir das Integral (106,8) gefunden haben, ist die Integration des Gleichungssystems elementar, allerdings sehr umfangreich. Die zweite und die dritte Gleichung aus (106,7) ergeben

$$\left.\begin{aligned} \frac{\mathrm{d}V}{\mathrm{d}\ln\xi} - (1-V)\frac{\mathrm{d}\ln G}{\mathrm{d}\ln\xi} &= -3V, \\ \frac{\mathrm{d}\ln Z}{\mathrm{d}\ln\xi} - (\gamma-1)\frac{\mathrm{d}\ln G}{\mathrm{d}\ln\xi} &= -\frac{5-2V}{1-V}. \end{aligned}\right\} \tag{106,9}$$

Aus diesen beiden Gleichungen drücken wir mit Hilfe der Beziehung (106,8) die Ableitungen $\mathrm{d}V/\mathrm{d}\ln\xi$ und $\mathrm{d}\ln G/\mathrm{d}V$ durch Funktionen aus, die nur von V abhängen. Die Integration unter Beachtung der Randbedingungen (106,6) ergibt dann die folgenden Resultate:

$$\left.\begin{aligned} \xi^5 &= \left[\frac{\gamma+1}{2}V\right]^{-2}\left\{\frac{\gamma+1}{7-\gamma}[5-(3\gamma-1)V]\right\}^{\nu_1}\left[\frac{\gamma+1}{\gamma-1}(\gamma V-1)\right]^{\nu_2}, \\ G &= \frac{\gamma+1}{\gamma-1}\left[\frac{\gamma+1}{\gamma-1}(\gamma V-1)\right]^{\nu_3}\left\{\frac{\gamma+1}{7-\gamma}[5-(3\gamma-1)V]\right\}^{\nu_4}\left[\frac{\gamma+1}{\gamma-1}(1-V)\right]^{\nu_5}, \\ \nu_1 &= -\frac{13\gamma^2-7\gamma+12}{(3\gamma-1)(2\gamma+1)}, \quad \nu_2 = \frac{5(\gamma-1)}{2\gamma+1}, \quad \nu_3 = \frac{3}{2\gamma+1}, \\ \nu_4 &= -\frac{\nu_1}{2-\gamma}, \quad \nu_5 = -\frac{2}{2-\gamma}. \end{aligned}\right\} \tag{106,10}$$

Die Formeln (106,8) und (106,10) stellen die vollständige Lösung unseres Problems dar. Die in die Definition der unabhängigen Variablen ξ eingehende Konstante β wird aus der Bedingung

$$E = \int_0^R \varrho\left(\frac{v^2}{2} + \frac{c^2}{\gamma(\gamma-1)}\right) 4\pi r^2\,\mathrm{d}r$$

bestimmt, nach der die Gesamtenergie des Gases gleich der bei der Explosion freigesetzten Energie E ist. Nach Einführung der dimensionslosen Größen erhält diese Bedingung die Gestalt

$$\beta^5\frac{16\pi}{25}\int_0^1 G\left[\frac{V^2}{2} + \frac{Z}{\gamma(\gamma-1)}\right]\xi^4\,\mathrm{d}\xi = 1\,. \tag{106,11}$$

Für Luft ($\gamma = 7/5$) ist diese Konstante $\beta = 1{,}033$.

Aus den Formeln (106,10) erhält man leicht, daß für $\xi \to 0$ die Funktion V gegen einen konstanten Grenzwert geht und die Funktion G gegen Null:

$$V - \frac{1}{\gamma} \propto \xi^{5/\nu_2}, \qquad G \propto \xi^{5\nu_3/\nu_2}.$$

Hieraus folgt, daß die Verhältnisse v/v_2 und ϱ/ϱ_2 als Funktionen des Verhältnisses $r/R = \xi$ für $\xi \to 0$ nach den Gesetzen

$$v/v_2 \propto r/R\,, \qquad \varrho/\varrho_2 \propto (r/R)^{3/(\gamma-1)} \tag{106,12}$$

gegen Null gehen. Das Verhältnis der Drücke p/p_2 strebt gegen einen konstanten Grenzwert, das Verhältnis der Temperaturen gegen Unendlich.[1])

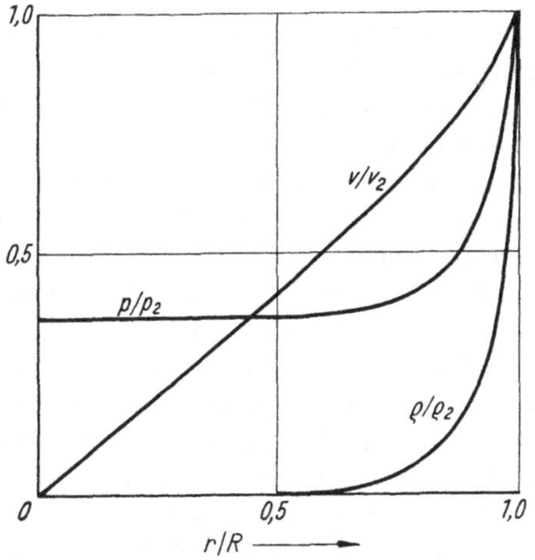

Abb. 94

In Abb. 94 sind die Größen v/v_2, p/p_2 und ϱ/ϱ_2 als Funktionen von r/R für Luft dargestellt ($\gamma = 1{,}4$). Besonders auffällig ist die rasche Abnahme der Dichte in Richtung auf den Kugelmittelpunkt: Fast die gesamte Substanz ist in einer relativ dünnen Schicht hinter der Front der Stoßwelle konzentriert. Dieser Sachverhalt ist eine natürliche Folge der Tatsache, daß an der Fläche mit dem größten Radius (gleich R) die Substanz eine Dichte haben muß, die den sechsfachen Wert der normalen Dichte hat.[2])

---

[1]) Diese Aussagen beziehen sich auf Werte $\gamma < 7$ (dafür ändert sich die Funktion $V(\xi)$ vom Wert $V(1) = 2/(\gamma + 1)$ auf $V(0) = 1/\gamma$). Für reale Gase, deren thermodynamische Funktionen durch die Formeln für ein polytropes Gas approximiert werden können, ist diese Ungleichung offenkundig erfüllt (die obere Grenze für γ ist in diesem Sinne der Wert 5/3 für ein einatomiges Gas). Zur formalen Vervollständigung weisen wir jedoch noch darauf hin, daß sich für $\gamma > 7$ die Funktion $V(\xi)$ vom Wert $2/(\gamma + 1)$ bei $\xi = 1$ bis zum Grenzwert 1 ändert, der bei einem bestimmten (von γ abhängigen) Wert $\xi = \xi_0 < 1$ erreicht wird; in diesem Punkt verschwindet die Funktion G, d. h., es entsteht ein sich ausdehnender kugelsymmetrischer Vakuumbereich.

[2]) Die Ergebnisse der Rechnungen für andere Werte von γ findet man in dem Buch von L. I. Sedow, Similarity and Dimensional Methods in Mechanics, Cleaver-Hume Press, London 1959. Dort ist auch eine analoge Lösung des zylindersymmetrischen Problems einer starken Explosion angegeben.

§ 107. Einlaufende kugelsymmetrische Stoßwelle

Eine Reihe von bemerkenswerten Besonderheiten besitzt das Problem einer in ein Zentrum einlaufenden Stoßwelle großer Intensität.[1]) Die Frage nach dem konkreten Entstehungsmechanismus solcher Wellen wird uns nicht interessieren; es reicht aus, sich vorzustellen, daß die Welle durch einen „kugelsymmetrischen Kolben" erzeugt worden ist, der dem Gas den Anfangsstoß gegeben hat. Im Verlauf der Annäherung an das Zentrum verstärkt sich die Welle.

Wir wollen die Bewegung des Gases in dem Stadium des Prozesses behandeln, in dem der Radius R der kugelförmigen Unstetigkeitsfläche schon klein ist im Vergleich mit ihrem Anfangsradius, dem Radius R_0 des „Kolbens". In diesem Stadium ist der Charakter der Strömung in merklichem Maße (unten wird deutlich, in welchem Maße) nicht mehr abhängig von den konkreten Anfangsbedingungen. Wir werden die Stoßwelle bereits als so stark annehmen, daß der Druck p_1 des Gases vor ihr vernachlässigt werden kann gegenüber dem Druck p_2 hinter ihr (ebenso wie im vorangehenden Paragraphen). Die Gesamtenergie des in das betrachtete (veränderliche!) Gebiet $r \sim R \ll R_0$ eingeschlossenen Gases ist aber nicht konstant (wie unten sichtbar wird, nimmt sie mit der Zeit ab).

Der räumliche Maßstab für die betrachtete Strömung kann nur durch den sich zeitlich ändernden Radius $R(t)$ der Stoßwelle gegeben werden, und der Maßstab für die Geschwindigkeit durch die Ableitung $\mathrm{d}R/\mathrm{d}t$. Unter diesen Bedingungen ist es natürlich anzunehmen, daß die Strömung selbstähnlich ist mit der unabhängigen Variablen $\xi = r/R(t)$. Es ist jedoch nicht möglich, die Abhängigkeit $R(t)$ allein aus Dimensionsüberlegungen zu ermitteln.

Den Zeitpunkt der Fokussierung der Stoßwelle (d. h. den Zeitpunkt, zu dem R gleich Null wird) nehmen wir als $t = 0$. Die Zeiten vor der Fokussierung entsprechen dann Werten $t < 0$. Wir werden die Funktion $R(t)$ in der Form

$$R(t) = A(-t)^{\alpha} \tag{107,1}$$

ansetzen mit zunächst unbekanntem *Ähnlichkeitsexponenten* α. Es wird sich zeigen, daß dieser Exponent durch die Existenzbedingung für die Lösung der Bewegungsgleichungen (im Gebiet $r \ll R_0$) mit den auferlegten Randbedingungen bestimmt wird. Dadurch wird auch die Dimension des konstanten Parameters A festgelegt. Die Größe dieses Parameters bleibt unbestimmt und kann im Prinzip nur durch die Lösung der Aufgabe über die Gasströmung im Ganzen gefunden werden, d. h. durch den Anschluß der Ähnlichkeitslösung an die Lösung für Abstände $r \sim R_0$, die von den konkreten Anfangsbedingungen abhängt. Über diesen Parameter, und nur über ihn, hängt die Strömung für $R \ll R_0$ davon ab, wie die Stoßwelle am Anfang erzeugt worden ist.

Wir zeigen, wie die so gestellte Aufgabe gelöst wird.

Ähnlich wie in § 106 führen wir dimensionslose unbekannte Funktionen ein durch die Definitionen

$$v = \frac{\alpha r}{t} V(\xi), \qquad \varrho = \varrho_1 G(\xi), \qquad c^2 = \frac{\alpha^2 r^2}{t^2} Z(\xi) \tag{107,2}$$

---

[1]) Diese Aufgabe wurde unabhängig von G. Guderley (1942) und von L. D. Landau und K. P. Stanjukowitsch (1944, veröffentlicht 1955) behandelt.

mit

$$\xi = \frac{r}{R(t)} = \frac{r}{A(-t)^{\alpha}} \tag{107,3}$$

(für $\alpha = 2/5$ stimmen die Definitionen (107,2) mit (106,4) überein). Wir erinnern, daß v die Radialgeschwindigkeit des Gases relativ zu dem unbewegten Koordinatensystem bezeichnet, das mit dem unbewegten Gas innerhalb der Kugel $r = R_0$ verbunden war. Das Gas bewegt sich zusammen mit der Stoßwelle in Richtung auf das Zentrum, was $v < 0$ bedeutet (so daß $V(\xi) > 0$).

In Wirklichkeit bezieht sich die gesuchte Lösung der Bewegungsgleichungen nur auf das Gebiet $r \sim R$ hinter der Stoßwelle und auf genügend kleine Zeiten t (für die $R \ll R_0$). Formal erstreckt sich aber die zu suchende Lösung über den gesamten Raum $r \geqq R$, von der Unstetigkeitsfläche bis ins Unendliche, und auf alle Zeiten $t \leqq 0$; die Variable ξ durchläuft dabei alle Werte von 1 bis ∞. Dementsprechend sind die Randbedingungen für die Funktionen G, V, Z für $\xi = 1$ und $\xi = \infty$ zu stellen.

Der Wert $\xi = 1$ gehört zur Fläche der Stoßwelle; die Randbedingung auf ihr stimmt mit (106,6) überein.

Um die Bedingung im Unendlichen (für ξ) zu stellen, bemerken wir, daß für $t = 0$ (zum Zeitpunkt der Fokussierung der Welle) alle Größen v, ϱ, c^2 für alle endlichen Abstände vom Zentrum endlich bleiben müssen. Aber für $t = 0$, $r \neq 0$ ist die Variable $\xi = \infty$. Damit die Funktionen $v(r, t)$ und $c^2(r, t)$ hierbei endlich bleiben, müssen die Funktionen $V(\xi)$ und $Z(\xi)$ verschwinden:

$$V(\infty) = 0\,, \qquad Z(\infty) = 0\,. \tag{107,4}$$

Nach dem Einsetzen von (107,2) und (107,3) erhält das Gleichungssystem (106,7) die Form

$$\begin{gathered}
(1 - V)\frac{\mathrm{d}V}{\mathrm{d}\ln\xi} - \frac{Z}{\gamma}\frac{\mathrm{d}\ln G}{\mathrm{d}\ln\xi} - \frac{1}{\gamma}\frac{\mathrm{d}Z}{\mathrm{d}\ln\xi} = \frac{2}{\gamma}Z - V\left(\frac{1}{\alpha} - V\right),\\
\frac{\mathrm{d}V}{\mathrm{d}\ln\xi} - (1 - V)\frac{\mathrm{d}\ln G}{\mathrm{d}\ln\xi} = -3V\,,\\
(\gamma - 1)\,Z\frac{\mathrm{d}\ln G}{\mathrm{d}\ln\xi} - \frac{\mathrm{d}Z}{\mathrm{d}\ln\xi} = \frac{2Z(1/\alpha - V)}{1 - V}
\end{gathered} \tag{107,5}$$

(vgl. die letzten beiden Gleichungen mit (106,9)). Wir bemerken, daß die unabhängige Variable ξ in diese Gleichungen nur in der Form des Differentials $\mathrm{d}\ln\xi$ eingeht; die Konstante $\ln A$ fällt dabei aus den Gleichungen völlig heraus und bleibt folglich unbestimmt, in Übereinstimmung mit dem oben Gesagten.

Die Koeffizienten der Ableitungen in den Gleichungen (107,5) und ihre rechten Seiten enthalten nur V und Z (aber nicht G).[1]) Lösen wir diese Gleichungen nach den Ableitungen auf, so drücken wir die Ableitungen durch diese beiden Funktionen aus. Auf diese Weise

[1]) Gerade darin liegt der Vorteil der Einführung von v, ϱ, c^2 als grundlegende Variable an Stelle von v, ϱ, p.

erhalten wir die Gleichungen

$$\frac{\mathrm{d}\ln\xi}{\mathrm{d}V} = -\frac{Z-(1-V)^2}{(3V-\varkappa)Z - V(1-V)(1/\alpha - V)}, \tag{107,6}$$

$$(1-V)\frac{\mathrm{d}\ln G}{\mathrm{d}\xi} = 3V - \frac{(3V-\varkappa)Z - V(1-V)(1/\alpha - V)}{Z-(1-V)^2} \tag{107,7}$$

(wobei $\varkappa = 2(1-\alpha)/\alpha\gamma$). Als dritte schreiben wir die Gleichung auf, die sich durch Division der Ableitung $\mathrm{d}Z/\mathrm{d}\ln\xi$ durch $\mathrm{d}V/\mathrm{d}\ln\xi$ ergibt; sie lautet

$$\frac{\mathrm{d}Z}{\mathrm{d}V} = \frac{Z}{1-V}\left\{\frac{[Z-(1-V)^2]\,[2/\alpha - (3\gamma-1)V]}{(3V-\varkappa)Z - V(1-V)(1/\alpha - V)} + \gamma - 1\right\}. \tag{107,8}$$

Wenn die gesuchte Lösung der Gleichung (107,8) gefunden ist, d. h. die funktionale Abhängigkeit $Z(V)$, dann reduziert sich die Lösung der Gleichungen (107,6), (107,7) (das Auffinden der Abhängigkeit $\xi(V)$ und dann $G(\xi)$) auf Quadraturen.

Die gesamte Aufgabe ist damit in erster Linie auf die Lösung der Gleichung (107,8) zurückgeführt. Die Integralkurve in der Ebene V, Z muß von dem Punkt (wir nennen ihn den Punkt Y) mit den Koordinaten $V(1)$, $Z(1)$ ausgehen, von dem „Bild“ der Stoßwelle in der Ebene V, Z. Durch die Angabe dieses Punktes ist die Lösung der Gleichung (107,8) (für gegebenes α) bereits bestimmt: Die Integralkurve einer Gleichung erster Ordnung ist eindeutig durch die Angabe eines ihrer (nichtsingulären) Punkte festgelegt. Wir wollen nun die Bedingung finden, die die Bestimmung des Wertes von α ermöglicht, der zur „richtigen“ Integralkurve führt.

Diese Bedingung ergibt sich aus der folgenden physikalisch offensichtlichen Forderung: Die Abhängigkeit aller Größen von ξ muß eindeutig sein, jedem Wert von ξ muß genau je ein Wert von V, G, Z entsprechen. Dies bedeutet, daß im ganzen Gebiet der Änderung der Variablen ξ ($1 \leqq \xi \leqq \infty$, d. h. $0 \leqq \ln\xi \leqq \infty$) die Funktionen $\xi(V)$, $\xi(G)$, $\xi(Z)$ kein Extremum haben dürfen. Mit anderen Worten, die Ableitungen $\mathrm{d}\ln\xi/\mathrm{d}V$, … dürfen nirgendwo verschwinden. In Abb. 95 ist die Kurve 1 die Parabel

$$Z = (1-V)^2. \tag{107,9}$$

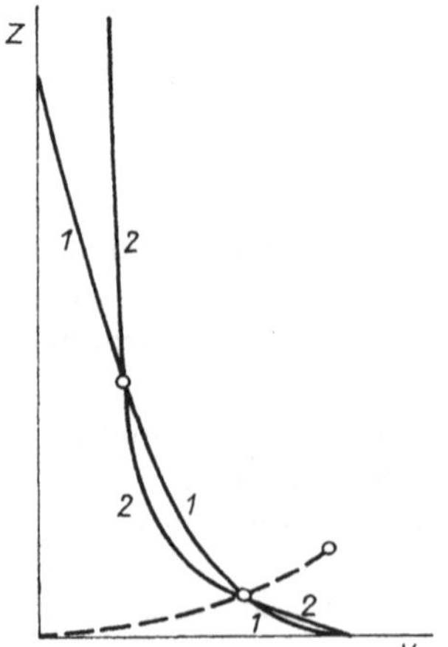

Abb. 95

Es ist leicht zu sehen, daß der Punkt Y oberhalb von ihr liegt.[1]) Weiterhin muß die Integralkurve, die zur Lösung der gestellten Aufgabe gehört, auf Grund der Randbedingung (107,4) zum Koordinatenursprung gehen; die Integralkurve muß deshalb unbedingt die Parabel (107,9) schneiden. Nach (107,6) bis (107,8) werden aber alle genannten Ableitungen durch Brüche dargestellt, in deren Zähler die Differenz $Z - (1 - V)^2$ steht. Damit diese Ausdrücke nicht im Schnittpunkt der Integralkurve mit der Parabel (107,9) verschwinden, muß gleichzeitig

$$(3V - \varkappa) Z = V(1 - V)(1/\alpha - V) \tag{107,10}$$

gelten. Mit anderen Worten, die Integralkurve muß durch den Schnittpunkt der Parabel (107,9) mit der Kurve (107,10) (der Kurve 2 in Abb. 95) gehen; dieser Punkt ist ein singulärer Punkt der Gleichung (107,8) (dort gilt für die Ableitung $\mathrm{d}Z/\mathrm{d}V = 0/0$). Durch diese Bedingung wird auch der Wert des Ähnlichkeitsexponenten α bestimmt; wir führen zwei numerisch erhaltene Zahlenwerte an:

$$\alpha = 0{,}6884 \quad \text{für} \quad \gamma = 5/3\,; \qquad \alpha = 0{,}7172 \quad \text{für} \quad \gamma = 7/5\,. \tag{107,11}$$

Nach dem Durchgang durch den singulären Punkt strebt die Integralkurve zum Koordinatenursprung (Punkt O), der zu den Grenzwerten (107,4) gehört. Zur Erläuterung der mathematischen Situation beschreiben wir kurz das Bild der Verteilung der Integralkurven der Gleichung (107,8) in der Ebene V, Z (für den „richtigen" Wert von α), ohne die zugehörigen Rechnungen durchzuführen.[2])

Die Kurven (107,9) und (107,10) schneiden sich, allgemein gesagt, in zwei Punkten, in Abb. 95 durch kleine Kreise dargestellt (daneben gibt es noch den unwichtigen Schnittpunkt $V = 1, Z = 0$ auf der Abszisse). Außerdem besitzt die Gleichung noch den singulären Punkt c, den Schnittpunkt der Kurve (107,10) mit der Geraden $(3\gamma - 1) V = 2/\alpha$ (Verschwinden des zweiten Faktors im Zähler von (107,8)). Der Punkt a, durch den die „richtige" Integralkurve geht, ist ein Sattelpunkt; die Punkte b und c sind Knotenpunkte. Ein singulärer Punkt, ein Knotenpunkt, ist auch der Koordinatenursprung O. In der Nähe des letzteren hat die Gleichung (107,8) die Form

$$\frac{\mathrm{d}Z}{\mathrm{d}V} = \frac{2Z}{V + \varkappa Z}\,.$$

Die elementare Integration dieser homogenen Gleichung zeigt, daß für $V \to 0$ die Funktion $Z(V)$ schneller gegen Null geht als V, nämlich

$$Z \approx \text{const} \cdot V^2\,. \tag{107,12}$$

Aus dem Koordinatenursprung kommt also eine unendliche Menge von Integralkurven (die sich durch die Werte von const in (107,12) unterscheiden). Alle diese Kurven gehen dann durch den Knotenpunkt b oder den Knotenpunkt c mit Ausnahme einer einzigen,

[1]) Dies ist einfach ein Ausdruck der Tatsache, daß die Geschwindigkeit des Gases auf der Rückseite der Unstetigkeitsfläche kleiner ist als dort die Schallgeschwindigkeit.

[2]) Die Untersuchung erfolgt nach den allgemeinen Methoden der Theorie der Eigenschaften von Differentialgleichungen. Die Klassifikation der Typen der singulären Punkte von Gleichungen erster Ordnung kann man in dem folgenden Buch finden: W. W. STEPANOW, Lehrbuch der Differentialgleichungen, Deutsch. Verl. Wiss., Berlin 1963, Kap. II.

die durch den Sattelpunkt a geht (eine der beiden Separatrizen, der einzigen Integralkurven, die durch den Sattelpunkt gehen).[1])

Zum Koordinatenursprung gehört $\xi = \infty$, d. h. der Zeitpunkt der Fokussierung der Stoßwelle im Zentrum. Wir bestimmen die Grenzgesetze für die Abhängigkeit aller Größen vom radikalen Abstand zu diesem Zeitpunkt. Unter Berücksichtigung von (107,12) finden wir aus den Gleichungen (107,6) und (107,7)

$$V = \text{const} \cdot \xi^{-1/\alpha}, \qquad Z = \text{const} \cdot \xi^{-2/\alpha}, \qquad G = \text{const} \quad \text{für} \quad \xi \to \infty \tag{107,13}$$

(die Werte der konstanten Koeffizienten können nur durch numerische Berechnung der Integralkurven in ihrer ganzen Ausdehnung bestimmt werden). Setzen wir diese Ausdrücke in die Definitionen (107,2) ein, so erhalten wir[2])

$$|v| \propto c \propto r^{-(1/\alpha - 1)}, \qquad \varrho = \text{const}, \qquad p \propto r^{-2(1/\alpha - 1)}. \tag{107,14}$$

Diese Gesetze können auch unmittelbar aus Dimensionsüberlegungen gefunden werden (nachdem die Dimension von A bekannt ist). Uns stehen zwei Parameter zur Verfügung, ϱ_1 und A, und eine Variable r; aus ihnen kann man nur eine Kombination mit der Dimension einer Geschwindigkeit bilden: $A^{1/\alpha} r^{1-1/\alpha}$; eine Größe mit der Dimension einer Dichte ist nur die Dichte ϱ_1 selbst.

Wir ermitteln noch das Gesetz für die zeitliche Änderung der Gesamtenergie des Gases im Bereich der Ähnlichkeitsströmung. Die Abmessungen dieses Gebietes (die Radien) sind von der Größenordnung des Radius R der Stoßwelle und verkleinern sich gemeinsam mit ihm. Wir vereinbaren, einen bestimmten Wert, $r/R = \xi_1$, als Grenze des Bereichs der selbstähnlichen Strömung zu nehmen. Die Gesamtenergie des Gases in der Kugelschicht zwischen den Radien R und $\xi_1 R$ wird nach Einführung dimensionsloser Variablen durch das Integral

$$E_{\text{Ähnl}} = \frac{\alpha^2 \varrho_1 R^5}{t^2} \int_1^{\xi_1} G \left[\frac{V^2}{2} + \frac{Z}{\gamma(\gamma - 1)} \right] 4\pi \xi^2 \, d\xi$$

gegeben (vgl. (106,11)). Das Integral hier ist eine konstante Zahl.[3]) Wir erhalten daher

$$E_{\text{Ähnl}} \propto R^{5-2/\alpha} \propto (-t)^{5\alpha - 2}. \tag{107,15}$$

Für alle realen Werte von γ sind die Exponenten hier positiv. Obwohl die Intensität der Stoßwelle im Verlauf ihrer Annäherung an das Zentrum wächst, verkleinert sich gleichzeitig das Volumen des Bereichs der Ähnlichkeitsströmung, und dies führt zur Verringerung der in diesem Bereich eingeschlossenen Gesamtenergie.

---

[1]) Das beschriebene Bild ist, wie sich zeigt, nur für $\gamma < \gamma_1 = 1{,}87 \ldots$ gültig. Bei $\gamma = \gamma_1$ und „richtigem" α verschmelzen die Punkte a und b, und für $\gamma > \gamma_1$ ändert sich das Bild der Verteilung der Integralkurven und erfordert eine weitere Untersuchung. Wir erinnern jedoch daran, daß in physikalisch realen Fällen $\gamma \leqq 5/3$ ist (vgl. die Fußnote auf S. 521).

[2]) Der Grenzwert des Verhältnisses ϱ/ϱ_1 zum Zeitpunkt der Fokussierung ist 20,1 für $\gamma = 7/5$ und 9,55 für $\gamma = 5/3$.

[3]) Das Integral divergiert für $\xi_1 \to \infty$. Dies ist die Folge der Nichtanwendbarkeit der Beziehungen für die selbstähnliche Strömung für Abstände $r \gg R$.

Nach der Fokussierung im Zentrum entsteht eine „reflektierte“ Stoßwelle, die sich (für $t > 0$) entgegen dem auf das Zentrum zuströmenden Gas ausbreitet. Die Strömung ist in diesem Stadium auch eine Ähnlichkeitsströmung mit dem gleichen Ähnlichkeitsexponenten, so daß das Gesetz für die Ausbreitung die Form $R \propto t^\alpha$ hat. Wir wollen uns hier nicht mit einer eingehenderen Untersuchung dieser Strömung befassen.[1])

Die behandelte Aufgabe ist ein Beispiel für eine selbstähnliche Strömung, bei der jedoch der Ähnlichkeitsexponent (d. h. die Form der die Selbstähnlichkeit charakterisierenden Variablen ξ) nicht aus Dimensionsüberlegungen bestimmt werden kann. Der Exponent kann nur durch die Lösung der Bewegungsgleichungen bestimmt werden unter Berücksichtigung der Bedingungen, die durch die physikalische Aufgabenstellung gefordert werden. Vom mathematischen Gesichtspunkt aus ist charakteristisch, daß diese Bedingungen formuliert werden als Forderung nach dem Durchgang der Integralkurve einer Differentialgleichung erster Ordnung durch deren singulären Punkt. Der Ähnlichkeitsexponent ergibt sich dabei im allg. als irrationale Zahl.[2])

§ 108. Theorie des „seichten Wassers“

Die Strömung einer inkompressiblen Flüssigkeit mit einer freien Oberfläche im Schwerefeld weist eine bemerkenswerte Analogie zur Strömung eines kompressiblen Gases auf, wenn die Flüssigkeitstiefe genügend klein ist (klein gegenüber den charakteristischen Abmessungen des Problems, z. B. gegenüber den Abmessungen der Unebenheiten am Gefäßboden). In diesem Falle kann man die zur Flüssigkeitsschicht senkrechte Komponente der Strömungsgeschwindigkeit gegenüber der Geschwindigkeitskomponente parallel zur Schicht vernachlässigen und die letztere auf der ganzen Schichtdicke als konstant ansehen. In dieser (sogenannten hydraulischen) Näherung kann man die Flüssigkeit als „zweidimensionales“ Medium behandeln, das in jedem Punkt eine bestimmte Geschwindigkeit $\boldsymbol{v}$ hat und außerdem in jedem Punkt durch einen Wert der Schichtdicke h charakterisiert wird.

Die entsprechenden allgemeinen Bewegungsgleichungen unterscheiden sich von den Gleichungen in § 12 nur dadurch, daß die Änderungen der Größen bei der Strömung nicht als klein vorausgesetzt werden sollen, wie es in § 12 beim Studium langer Schwerewellen mit kleiner Amplitude getan worden ist. Dementsprechend müssen in der Eulerschen Gleichung die Terme zweiter Ordnung in der Geschwindigkeit beibehalten werden. Speziell für eine eindimensionale Strömung in einem Kanal, die nur von einer Koordinate x (und der Zeit) abhängt, haben diese Gleichungen die Gestalt

$$\frac{\partial h}{\partial t} + \frac{\partial (vh)}{\partial x} = 0\,, \qquad \frac{\partial v}{\partial t} + v\frac{\partial v}{\partial x} = -g\frac{\partial h}{\partial x} \tag{108,1}$$

(die Tiefe h wird hier über die Breite des Kanals als konstant vorausgesetzt).

---

[1]) Wir weisen nur darauf hin, daß die Reflexion der Stoßwelle von einer weiteren Verdichtung der Substanz begleitet wird, und zwar um einen Faktor 145 für $\gamma = 7/5$ und 32,7 für $\gamma = 5/3$.

[2]) Ein anderes Beispiel für eine Ähnlichkeitsströmung dieser Art ist die Aufgabe über die Ausbreitung einer Stoßwelle, die durch einen kurzen kräftigen Stoß auf einen mit Gas gefüllten Halbraum erzeugt wird (Ja. B. Seldowitsch (Я. Б. Зельдович), Akust. Zh. **2** 29 (1956)). Eine Darstellung dieses Problems findet man auch in dem auf S. 420 angegebenen Buch von Ja. B. Seldowitsch und Ju. P. Raiser (Kap. XII) und in dem Buch von G. I. Barenblatt (Г. И. Баренблатт), Ähnlichkeit, Selbstähnlichkeit, Übergangsasymptotik (Подобие, автомодельность, промежуточная асимптотика), Moskau, Gidrometeoisdat, 1982, Kap. 4.

Die langen Schwerewellen stellen vom allgemeinen Standpunkt aus kleine Störungen der Strömung des betrachteten Systems dar. Die Ergebnisse von § 12 besagen, daß sich diese Störungen gegenüber der Flüssigkeit mit der endlichen Geschwindigkeit

$$c = \sqrt{gh} \tag{108,2}$$

ausbreiten. Diese Geschwindigkeit spielt hier dieselbe Rolle wie die Schallgeschwindigkeit in der Gasdynamik. Wie in § 82 können wir hier den folgenden Schluß ziehen: Strömt die Flüssigkeit mit der Geschwindigkeit $v < c$ (sogenannte *unterkritische Strömung*), dann breitet sich der Einfluß von Störungen über den ganzen Strom aus, sowohl mit der Strömung als auch gegen sie. Bei einer Strömung mit Geschwindigkeiten $v > c$ (*überkritische* oder *schießende Strömung*) breitet sich der Einfluß von Störungen nur in bestimmte Bereiche stromabwärts aus.

Der Druck p (der vom Atmosphärendruck auf der freien Oberfläche gezählt wird) ändert sich in der Flüssigkeit mit zunehmender Tiefe nach dem hydrostatischen Gesetz $p = \varrho g(h - z)$, wenn z die Höhe des Punktes über dem Boden ist. Führt man die Größen

$$\bar{\varrho} = \varrho h\,, \qquad \bar{p} = \int_0^h p\,\mathrm{d}z = \frac{\varrho g h^2}{2} = \frac{g\bar{\varrho}^2}{2\varrho} \tag{108.3}$$

in die Gleichungen (108,1) ein, so erhalten sie die Gestalt

$$\frac{\partial \bar{\varrho}}{\partial t} + \frac{\partial (v\bar{\varrho})}{\partial x} = 0\,, \qquad \frac{\partial v}{\partial t} + v\frac{\partial v}{\partial x} = -\frac{1}{\varrho}\frac{\partial \bar{p}}{\partial x}\,, \tag{108,4}$$

die formal mit der Gestalt der Gleichungen für die adiabatische Strömung eines polytropen Gases mit $\gamma = 2(\bar{p} \propto \bar{\varrho}^2)$ übereinstimmen. Dieser Umstand gestattet es, alle Ergebnisse der Gasdynamik für eine Strömung ohne Bildung von Stoßwellen unmittelbar auf die Theorie des „seichten Wasser“ zu übertragen. Für Stoßwellen unterscheiden sich die Beziehungen für das *seichte Wasser* von den entsprechenden Beziehungen für ein polytropes Gas.

Eine „Stoßwelle“ in einer Flüssigkeit, die durch einen Kanal strömt, stellt einen schroffen Sprung der Flüssigkeitshöhe h und damit auch der Geschwindigkeit v dar (sogenannter *hydraulischer Sprung*). Die Beziehungen zwischen den Werten dieser Größen auf den beiden Seiten der Unstetigkeit kann man aus den Stetigkeitsbedingungen für den Massen- und den Impulsstrom erhalten. Die Massenstromdichte (pro 1 m der Kanalbreite) ist $j = \varrho v h$. Die Impulsstromdichte ergibt sich durch Integration von $p + \varrho v^2$ über die Flüssigkeitstiefe und ist

$$\int_0^h (p + \varrho v^2)\,\mathrm{d}z = \frac{\varrho g h^2}{2} + \varrho v^2 h\,.$$

Daher ergeben die Stetigkeitsbedingungen die beiden Gleichungen

$$\begin{aligned} v_1 h_1 &= v_2 h_2\,, \\ v_1^2 h_1 + \frac{g h_1^2}{2} &= v_2^2 h_2 + \frac{g h_2^2}{2}\,. \end{aligned} \tag{108,5}$$

Diese Beziehungen stellen einen Zusammenhang zwischen den vier Größen v_1, v_2, h_1 und h_2 her; zwei davon können willkürlich vorgegeben werden. Wir drücken die Geschwindigkeiten v_1 und v_2 durch die Höhen h_1 und h_2 aus und erhalten

$$v_1^2 = \frac{g}{2}\frac{h_2}{h_1}(h_1 + h_2), \qquad v_2^2 = \frac{g}{2}\frac{h_1}{h_2}(h_1 + h_2). \tag{108,6}$$

Die Energieströme auf beiden Seiten der Unstetigkeit sind nicht gleich. Ihre Differenz gibt die Energiemenge an, die in der Unstetigkeit (in 1 s) dissipiert wird. Die Energiestromdichte in Richtung des Kanals ist

$$q = \int_0^h \left(\frac{p}{\varrho} + \frac{v^2}{2}\right) \varrho v \, \mathrm{d}z = \frac{1}{2} j(gh + v^2).$$

Unter Verwendung der Ausdrücke (108,6) erhalten wir für die gesuchte Differenz

$$q_1 - q_2 = \frac{gj}{4h_1h_2}(h_1^2 + h_2^2)(h_2 - h_1).$$

Die Flüssigkeit soll durch die Unstetigkeit von der Seite 1 auf die Seite 2 strömen. Energiedissipation bedeutet, daß $q_1 - q_2 > 0$ ist. Daraus schließen wir

$$h_2 > h_1, \tag{108,7}$$

d. h. die Flüssigkeit strömt von der Seite kleinerer auf die Seite größerer Höhe. Aus (108,6) kann man jetzt

$$v_1 > c_1 = \sqrt{gh_1}, \qquad v_2 < c_2 = \sqrt{gh_2} \tag{108,8}$$

entnehmen; das ist ganz analog zu den Stoßwellen in der Gasdynamik. Die Ungleichungen (108,8) könnte man auch als notwendige Bedingung für die Stabilität der Unstetigkeit finden, ähnlich wie es in § 88 durchgeführt worden ist.

Aufgabe

Man finde die Stabilitätsbedingung für eine tangentiale Unstetigkeit im seichten Wasser, d. h. für eine Linie, längs der sich die Flüssigkeit auf beiden Seiten mit verschiedenen Geschwindigkeiten bewegt (S. V. Besdenkov, O. P. Poguze, 1983).

Lösung. Auf Grund der im Text angegebenen Analogie zwischen der Hydrodynamik des seichten Wassers und der Dynamik eines kompressiblen polytropen Gases ist die gestellte Aufgabe äquivalent zur Aufgabe über die Stabilität der tangentialen Unstetigkeit in einem kompressiblen Gas (Aufgabe 1 zu § 84). Ein Unterschied besteht jedoch darin, daß im Falle des seichten Wassers Störungen betrachtet werden müssen, die nur von den Koordinaten in der Ebene der Flüssigkeitsschicht (längs der Geschwindigkeit $\mathbf{v}$ und senkrecht zu ihr), aber nicht von der Koordinate z in Richtung der Flüssigkeitstiefe abhängen[1]): Der Näherung für das seichte Wasser entspricht eine Störung mit einer Wellenlänge $\lambda \gg h$. Die in der Aufgabe zu § 84 gefundene Geschwindigkeit v_k erweist sich deshalb jetzt als Grenze für die Instabilität: Eine Unstetigkeit ist stabil für $v > v_k$ (v ist der Geschwindigkeitssprung an der Unstetigkeit). Da die Dichte und die Flüssigkeitstiefe auf beiden Seiten der Unstetigkeit gleich sind, wird die Rolle der Schallgeschwindigkeit auf den beiden Seiten von ein und derselben Größe $c_1 = c_2 = \sqrt{gh}$ gespielt, so daß die Unstetigkeit stabil ist für

$$v > 2\sqrt{2gh}.$$

---

[1]) In der Aufgabe zu § 84 entsprach ihr die Koordinate y.

XI DER SCHNITT VON UNSTETIGKEITSFLÄCHEN

§ 109. Verdünnungswelle

Die Schnittlinie zweier Stoßwellen ist in mathematischer Hinsicht eine singuläre Linie für die beiden Funktionen, die die Strömung des Gases beschreiben. Die Kante eines spitzen Winkels an der Oberfläche eines Körpers in der Gasströmung ist eine solche singuläre Linie. Man kann die Gasströmung in der Nähe einer singulären Linie ganz allgemein untersuchen (L. PRANDTL, TH. MEYER, 1908).

Bei der Betrachtung des Bereiches um ein kleines Stück der singulären Linie können wir die Linie als Gerade ansehen. Diese Gerade wählen wir als z-Achse der Zylinderkoordinaten r, φ und z. In der Nähe der singulären Linie hängen alle Größen wesentlich vom Winkel φ ab. Von der Koordinate r hängen sie dagegen nur wenig ab, und für genügend kleine r kann man die r-Abhängigkeit überhaupt vernachlässigen. Auch von z hängen die Größen nur unwesentlich ab, die Änderung des Strömungsbildes auf einem kleinen Stück der singulären Linie kann man vernachlässigen.

Wir müssen also eine stationäre Strömung untersuchen, bei der alle Größen nur von φ abhängen. Die Gleichung für die Erhaltung der Entropie $\boldsymbol{v}\nabla s = 0$ ergibt $v_\varphi\, \mathrm{d}s/\mathrm{d}\varphi = 0$ und daher $s = \mathrm{const}$[1]), d. h., die Strömung ist isentrop. In der Eulerschen Gleichung kann man deshalb ∇w statt $\nabla p/\varrho$ schreiben: $(\boldsymbol{v}\nabla)\,\boldsymbol{v} = -\nabla w$. In Zylinderkoordinaten erhalten wir drei Gleichungen:

$$\frac{v_\varphi}{r}\frac{\mathrm{d}v_r}{\mathrm{d}\varphi} - \frac{v_\varphi^2}{r} = 0\,, \qquad \frac{v_\varphi}{r}\frac{\mathrm{d}v_\varphi}{\mathrm{d}\varphi} + \frac{v_r v_\varphi}{r} = -\frac{1}{r}\frac{\mathrm{d}w}{\mathrm{d}\varphi}\,, \qquad v_\varphi \frac{\mathrm{d}v_z}{\mathrm{d}\varphi} = 0\,.$$

Aus der letzten ergibt sich $v_z = \mathrm{const}$. Ohne Beschränkung der Allgemeinheit kann man $v_z = 0$ setzen und die Strömung als ebene Strömung behandeln, man verwendet dazu einfach ein geeignet gewähltes, in z-Richtung bewegtes Koordinatensystem. Die ersten beiden Gleichungen formen wir um in

$$v_\varphi = \frac{\mathrm{d}v_r}{\mathrm{d}\varphi}\,, \tag{109,1}$$

$$v_\varphi \left(\frac{\mathrm{d}v_\varphi}{\mathrm{d}\varphi} + v_r\right) = -\frac{1}{\varrho}\frac{\mathrm{d}p}{\mathrm{d}\varphi} = -\frac{\mathrm{d}w}{\mathrm{d}\varphi}\,. \tag{109,2}$$

---

[1]) Setzt man $v_\varphi = 0$ (statt $\mathrm{d}s/\mathrm{d}\varphi = 0$), dann kann man aus den unten angegebenen Bewegungsgleichungen leicht $v_r = 0$ und $v_z \neq 0$ erhalten. Eine solche Strömung würde dem Schnitt von Flächen mit tangentialen Unstetigkeiten (mit einem Sprung von v_z) entsprechen. Wegen der Instabilität solcher Unstetigkeiten ist dieser Fall uninteressant.

Durch Einsetzen von (109,1) in (109,2) erhalten wir

$$v_\varphi \frac{dv_\varphi}{d\varphi} + v_r \frac{dv_r}{d\varphi} = -\frac{dw}{d\varphi}$$

oder nach Integration

$$w + \frac{v_\varphi^2 + v_r^2}{2} = \text{const}\,. \tag{109,3}$$

Die Gleichung (109,1) bedeutet rot $\boldsymbol{v} = 0$, d. h., es handelt sich um eine Potentialströmung. Im Zusammenhang damit gilt auch die Bernoullische Gleichung (109,3).

Weiter ergibt die Kontinuitätsgleichung div $(\varrho \boldsymbol{v}) = 0$:

$$\varrho v_r + \frac{d}{d\varphi}(\varrho v_\varphi) = \varrho\left(v_r + \frac{dv_\varphi}{d\varphi}\right) + v_\varphi \frac{d\varrho}{d\varphi} = 0\,. \tag{109,4}$$

Unter Benutzung von (109,2) gewinnen wir daraus

$$\left(\frac{dv_\varphi}{d\varphi} + v_r\right)\left(1 - v_\varphi^2 \frac{d\varrho}{dp}\right) = 0\,.$$

Die Ableitung $\frac{dp}{d\varrho}$, die man exakter in der Form $\left(\frac{\partial p}{\partial \varrho}\right)_s$ schreibt, ist das Quadrat der Schallgeschwindigkeit. So ergibt sich

$$\left(\frac{dv_\varphi}{d\varphi} + v_r\right)\left(1 - \frac{v_\varphi^2}{c^2}\right) = 0\,. \tag{109,5}$$

Diese Gleichung kann man auf zwei verschiedene Arten befriedigen. Erstens kann

$$\frac{dv_\varphi}{d\varphi} + v_r = 0$$

sein. Dann haben wir aus (109,2) p = const und ϱ = const, und aus (109,3) erhalten wir $v^2 = v_r^2 + v_\varphi^2$ = const, d. h., der Betrag der Geschwindigkeit ist konstant. Wie man leicht sieht, ist auch die Richtung der Geschwindigkeit in diesem Fall konstant. Der Winkel χ zwischen der Geschwindigkeit und einer festen Richtung in der Ebene der Strömung ist (Abb. 96)

$$\chi = \varphi + \arctan \frac{v_\varphi}{v_r}\,. \tag{109,6}$$

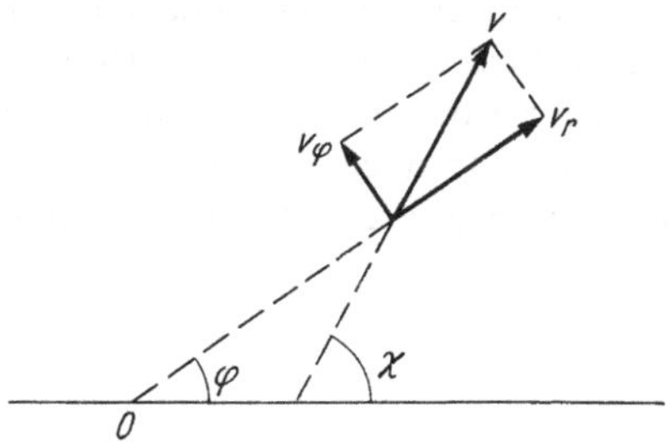

Abb. 96

Diesen Ausdruck differenzieren wir nach φ und verwenden (109,1) und (109,2); nach einer einfachen Umformung erhalten wir

$$\frac{\mathrm{d}\chi}{\mathrm{d}\varphi} = -\frac{v_r}{\varrho v_\varphi v^2}\frac{\mathrm{d}p}{\mathrm{d}\varphi}. \tag{109,7}$$

Für $p = \mathrm{const}$ haben wir tatsächlich $\chi = \mathrm{const}$. Setzen wir also den ersten Faktor in (109,5) gleich Null, dann erhalten wir einfach die triviale Lösung – einen homogenen Strom.

Zweitens kann man die Gleichung (109,5) erfüllen, indem man $1 - v_\varphi^2/c^2 = 0$ setzt, d.h. $v_\varphi = \pm c$. Die radiale Geschwindigkeit wird aus (109,3) bestimmt. Wir bezeichnen die Konstante in dieser Gleichung mit w_0 und erhalten

$$v_\varphi = \pm c, \qquad v_r = \pm\sqrt{2(w_0 - w) - c^2}.$$

In dieser Lösung ist die zum Ortsvektor senkrechte Geschwindigkeitskomponente v_φ in jedem Punkt gleich der lokalen Schallgeschwindigkeit. Die gesamte Geschwindigkeit $v = \sqrt{v_\varphi^2 + v_r^2}$ ist folglich größer als die Schallgeschwindigkeit. Betrag und Richtung der Geschwindigkeit ändern sich von Ort zu Ort. Da die Schallgeschwindigkeit nicht den Wert Null annehmen kann, muß die stetige Funktion $v_\varphi(\varphi)$ überall gleich $+c$ oder überall gleich $-c$ sein. Durch geeignete Wahl des Drehungssinnes von φ können wir erreichen, daß $v_\varphi = c$ ist. Wir werden später sehen, daß die Vorzeichenwahl von v_r aus physikalischen Überlegungen zwangsläufig folgt und daß v_r positiv sein muß. Es ist also

$$v_\varphi = c, \qquad v_r = \sqrt{2(w_0 - w) - c^2}. \tag{109,8}$$

Aus der Kontinuitätsgleichung (109,4) folgt $\mathrm{d}\varphi = -\dfrac{\mathrm{d}(\varrho v_\varphi)}{\varrho v_r}$. Hier setzen wir (109,8) ein und integrieren; es ergibt sich

$$\varphi = -\int \frac{\mathrm{d}(\varrho c)}{\varrho\sqrt{2(w_0 - w) - c^2}}. \tag{109,9}$$

Sind die Zustandsgleichung des Gases und die Adiabatengleichung bekannt (wir erinnern, daß $s = \mathrm{const}$ ist), dann kann man aus dieser Formel die φ-Abhängigkeit aller Größen bestimmen. Die Formeln (109,8) und (109,9) beschreiben also die Strömung des Gases vollständig.

Wir wollen jetzt die gewonnene Lösung genauer untersuchen. Vor allem bemerken wir, daß die Geraden $\varphi = \mathrm{const}$ die Stromlinien in jedem Punkt unter dem Machschen Winkel schneiden (dessen Sinus gleich $v_\varphi/v = c/v$ ist), d. h., sie sind Charakteristiken. Eine der beiden Charakteristikenscharen (in der xy-Ebene) ist also ein Geradenbüschel mit dem singulären Punkt als Schnittpunkt; sie hat im vorliegenden Falle die wichtige Eigenschaft, daß auf jeder Charakteristik alle Größen konstant bleiben. In diesem Sinne spielt die betrachtete Lösung in der Theorie der stationären ebenen Strömungen dieselbe Rolle wie die in § 99 untersuchte Ähnlichkeitsströmung in der Theorie der nichtstationären eindimensionalen Strömungen. Wir kommen auf diesen Punkt in § 115 noch zurück.

Aus (109,9) entnehmen wir $(\varrho c)' < 0$ (der Strich bezeichnet die Ableitung nach φ). Wir schreiben

$$(\varrho c)' = \frac{\mathrm{d}(\varrho c)}{\mathrm{d}\varrho}\varrho'$$

und beachten, daß die Ableitung $d(\varrho c)/d\varrho$ positiv ist (s. (99,9)); dann finden wir $\varrho' < 0$. Zusammen mit dieser Ableitung sind auch die Ableitungen $p' = c^2\varrho'$ und $w' = p'/\varrho$ negativ. Da die Ableitung w' negativ ist, folgt weiterhin, daß der Betrag der Geschwindigkeit $v = \sqrt{2(w_0 - w)}$ mit φ zunimmt. Schließlich ergibt sich aus (109,7) $\chi' > 0$. Wir erhalten also die Ungleichungen

$$\frac{dp}{d\varphi} < 0\,, \qquad \frac{d\varrho}{d\varphi} < 0\,, \qquad \frac{dv}{d\varphi} > 0\,, \qquad \frac{d\chi}{d\varphi} > 0\,. \tag{109,10}$$

Laufen wir in Richtung wachsender φ, die mit der Stromrichtung zusammenfällt um den singulären Punkt: Dichte und Druck nehmen dann in der Umlaufrichtung ab, der Betrag der Geschwindigkeit nimmt zu, und die Richtung der Geschwindigkeit dreht sich in Umlaufrichtung.

Die beschriebene Strömung wird häufig als *Verdünnungswelle* bezeichnet; wir werden im folgenden diesen Begriff gebrauchen.

Wie man leicht sieht, kann die Verdünnungswelle nicht in dem ganzen Bereich um die singuläre Linie vorhanden sein. Da v eine monoton wachsende Funktion von φ ist, würden wir bei einem ganzen Umlauf um den Koordinatenursprung (d. h. bei der Änderung von φ um 2π) für v einen anderen Wert als den ursprünglichen erhalten, das ist aber unsinnig. Das tatsächliche Strömungsbild um eine singuläre Linie muß daher aus einigen Sektoren bestehen, die durch Ebenen $\varphi = \text{const}$ voneinander getrennt sind. Diese Ebenen sind Unstetigkeitsflächen. In jedem dieser Bereiche existiert entweder eine durch eine Verdünnungswelle beschriebene Strömung oder eine Strömung mit konstanter Geschwindigkeit. Die Zahl und die Art dieser Bereiche werden für verschiedene konkrete Fälle in den folgenden Paragraphen ermittelt. Hier verweisen wir nur darauf, daß die Grenze zwischen einer Verdünnungswelle und einem Bereich homogener Strömung unbedingt eine schwache Unstetigkeit sein muß. Tatsächlich kann diese Grenze keine tangentiale Unstetigkeit sein (Unstetigkeit der Geschwindigkeit v_r), weil auf ihr die Normalkomponente der Geschwindigkeit $v_\varphi = c$ nicht verschwindet. Sie kann auch keine Stoßwelle sein, da die Normalkomponente der Geschwindigkeit (v_φ) auf der einen Seite einer Stoßwelle größer und auf der anderen Seite kleiner als die Schallgeschwindigkeit sein muß, während wir im vorliegenden Falle auf einer Seite der Grenzfläche immer $v_\varphi = c$ haben.

Aus dem Gesagten kann man eine wichtige Folgerung ziehen. Die Störungen, die zur Bildung der schwachen Unstetigkeiten führen, gehen offensichtlich von der singulären Linie aus (z-Achse) und laufen von ihr weg. Die an die Verdünnungswelle grenzenden schwachen Unstetigkeiten müssen demnach von dieser Linie „auslaufen", d. h., die zu der schwachen Unstetigkeit tangentiale Geschwindigkeitskomponente v_r muß positiv sein. Auf diese Weise ist die in (109,8) getroffene Vorzeichenwahl für v_r gerechtfertigt.

Jetzt wenden wir die erhaltenen Formeln auf ein polytropes Gas an. Für ein solches Gas ist $w = c^2/(\gamma - 1)$; die Poissonsche Adiabatengleichung kann man in der Form

$$\varrho c^{-2/(\gamma-1)} = \text{const}\,, \qquad p c^{-2\gamma/(\gamma-1)} = \text{const} \tag{109,11}$$

schreiben (vgl. (99,13)). Mit Hilfe dieser Formeln stellen wir das Integral (109,9) in der Gestalt

$$\varphi = -\sqrt{\frac{\gamma+1}{\gamma-1}} \int \frac{dc}{\sqrt{c_*^2 - c^2}}$$

dar, wobei c_* die kritische Geschwindigkeit ist (s. (83,14)). Daraus folgt

$$\varphi = \sqrt{\frac{\gamma+1}{\gamma-1}} \arccos \frac{c}{c_*} + \text{const},$$

oder, wenn man die Zählung von φ so wählt, daß const = 0 ist,

$$v_\varphi = c = c_* \cos \sqrt{\frac{\gamma-1}{\gamma+1}}\, \varphi. \tag{109,12}$$

Nach (109,8) erhalten wir hieraus

$$v_r = \sqrt{\frac{\gamma+1}{\gamma-1}}\, c_* \sin \sqrt{\frac{\gamma-1}{\gamma+1}}\, \varphi. \tag{109,13}$$

Weiter verwenden wir die Poissonsche Adiabatengleichung in der Form (109,11) und finden für die φ-Abhängigkeit des Druckes

$$p = p_* \left(\cos \sqrt{\frac{\gamma-1}{\gamma+1}}\, \varphi\right)^{2\gamma/(\gamma-1)}. \tag{109,14}$$

Schließlich erhalten wir für den Winkel χ (109,6)

$$\chi = \varphi + \arctan\left(\sqrt{\frac{\gamma-1}{\gamma+1}} \cot \sqrt{\frac{\gamma-1}{\gamma+1}}\, \varphi\right) \tag{109,15}$$

(der Winkel χ wird von derselben Richtung aus gezählt wie φ).

Wegen $v_r > 0$ and $c > 0$ kann sich der Winkel φ in diesen Formeln nur zwischen $\varphi = 0$ und $\varphi = \varphi_{\max}$ ändern mit

$$\varphi_{\max} = \frac{\pi}{2}\sqrt{\frac{\gamma+1}{\gamma-1}}. \tag{109,16}$$

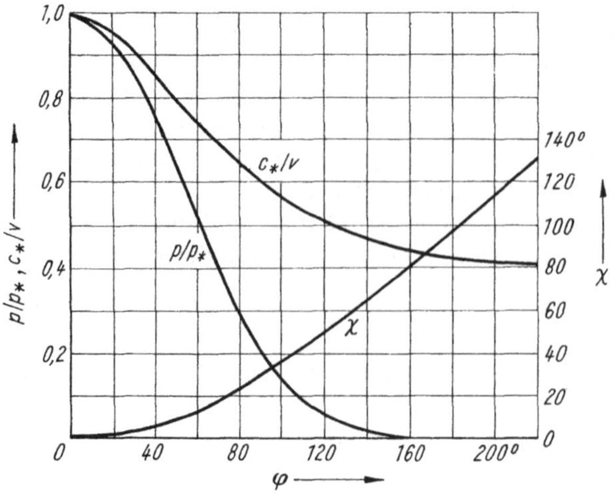

Abb. 97

Eine Verdünnungswelle kann also einen Sektor mit einem Öffnungswinkel einnehmen, der nicht größer als $\varphi_{\max}$ ist. Für ein zweiatomiges Gas (Luft) ist dieser Winkel 219,3°. Ändert sich φ von 0 bis $\varphi_{\max}$, dann ändert sich der Winkel χ von $\pi/2$ bis $\varphi_{\max}$. Die Richtung der Geschwindigkeit in einer Verdünnungswelle kann sich also maximal um den Winkel $\varphi_{\max} - \pi/2$ drehen (für Luft 129,3°).

Für $\varphi = \varphi_{\max}$ wird der Druck gleich Null. Erstreckt sich die Verdünnungswelle bis zu diesem Winkel, dann stellt die schwache Unstetigkeit, die sie auf dieser Seite begrenzt, eine Grenze zum Vakuum dar. Diese Unstetigkeit stimmt natürlich mit einer Stromlinie überein; wir haben hier

$$v_\varphi = c = 0\,, \qquad v_r = v = \sqrt{\frac{\gamma+1}{\gamma-1}}\,c_* = v_{\max}\,,$$

d. h., die Geschwindigkeit ist radial gerichtet und erreicht ihren Grenzwert $v_{\max}$ (siehe § 83).

In Abb. 97 sind die Größen p/p_*, c_*/v und χ in Abhängigkeit von φ für Luft graphisch dargestellt ($\gamma = 1{,}4$).

Es ist nützlich, die Gestalt der durch die Formeln (109,12) und (109,13) gegebenen Kurve in der v_x, v_y-Ebene zu betrachten (sogenannter Geschwindigkeitshodograph). Sie ist der Bogen der Epizykloide zwischen den Kreisen mit den Radien $v = c_*$ und $v = v_{\max}$ (Abb. 98).

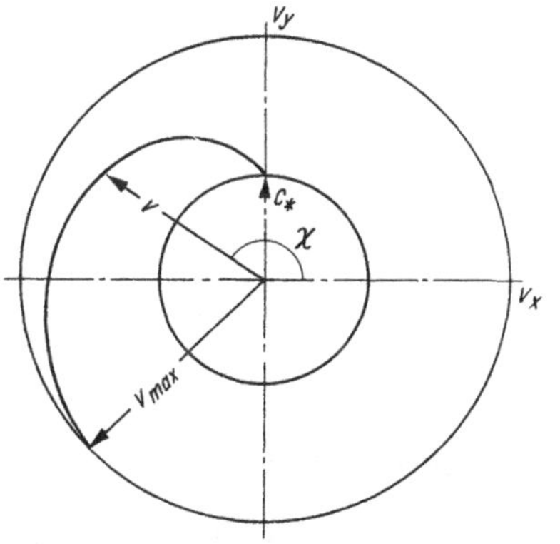

Abb. 98

Aufgaben

1. Welche Form haben die Stromlinien in einer Verdünnungswelle?

Lösung. Die Gleichung für die Stromlinien einer zweidimensionalen Strömung lautet in Polarkoordinaten $dr/v_r = r\,d\varphi/v_\varphi$. Hier setzen wir (109,12) und (109,13) ein und erhalten durch Integration

$$r = r_0\left(\cos\sqrt{\frac{\gamma-1}{\gamma+1}}\,\varphi\right)^{-\frac{\gamma+1}{\gamma-1}}.$$

Diese Stromlinien bilden eine Schar ähnlicher Kurven, die vom Koordinatenursprung aus betrachtet konkav sind; der Koordinatenursprung ist das Ähnlichkeitszentrum.

2. Man berechne den größtmöglichen Winkel zwischen den die Verdünnungswelle begrenzenden schwachen Unstetigkeiten, wenn auf der ersten Unstetigkeitsfläche die Werte v_1 und c_1 für die Strömungsgeschwindigkeit und die Schallgeschwindigkeit gegeben sind.

Lösung. Für den zur ersten Unstetigkeit gehörenden Winkel φ finden wir aus (109,12)

$$\varphi_1 = \sqrt{\frac{\gamma + 1}{\gamma - 1}} \arccos \frac{c_1}{c_*}.$$

Der Wert von φ_2 ist $\varphi_{\max}$, so daß der gesuchte Winkel

$$\varphi_2 - \varphi_1 = \sqrt{\frac{\gamma + 1}{\gamma - 1}} \arcsin \frac{c_1}{c_*}$$

ist. Die kritische Geschwindigkeit c_* wird mit der Bernoullischen Gleichung durch v_1 und c_1 ausgedrückt:

$$w_1 + \frac{v_1^2}{2} = \frac{c_1^2}{\gamma - 1} + \frac{v_1^2}{2} = \frac{\gamma + 1}{2(\gamma - 1)} c_*^2 .$$

Der größtmögliche Wert, um den sich die Strömungsgeschwindigkeit in der Verdünnungswelle drehen kann, ergibt sich mit Hilfe von (109,15) als die Differenz $\chi_{\max} = \chi(\varphi_1) - \chi(\varphi_2)$:

$$\chi_{\max} = \sqrt{\frac{\gamma + 1}{\gamma - 1}} \arcsin \frac{c_1}{c_*} - \arcsin \frac{c_1}{v_1}.$$

Als Funktion von $\frac{v_1}{c_1}$ hat $\chi_{\max}$ seinen größten Wert für $\frac{v_1}{c_1} = 1$:

$$\chi_{\max} = \frac{\pi}{2}\left(\sqrt{\frac{\gamma + 1}{\gamma - 1}} - 1\right).$$

Für $\frac{v_1}{c_1} \to \infty$ geht $\chi_{\max}$ wie

$$\chi_{\max} = \frac{2}{\gamma - 1} \frac{c_1}{v_1}$$

gegen Null.

§ 110. Die Typen der Schnitte von Unstetigkeitsflächen

Stoßwellen können einander schneiden; dieser Schnitt erfolgt längs einer Linie. Wir wollen die Strömung in der Umgebung eines kleinen Stückes dieser Linie betrachten. Dabei können wir die Linie als Gerade ansehen und die Unstetigkeitsflächen als Ebenen. Es genügt also, den Schnitt ebener Stoßwellen zu behandeln.

Die Schnittlinie von Unstetigkeitsflächen ist in mathematischer Hinsicht eine singuläre Linie (wie schon zu Beginn von § 109 erwähnt worden ist). Das ganze Strömungsbild um die Schnittlinie setzt sich aus einigen Sektoren zusammen, in denen jeweils eine homogene Strömung oder die in § 109 beschriebene Verdünnungswelle vorhanden ist. Wir werden im folgenden eine allgemeine Klassifizierung der möglichen Typen der Schnitte von Unstetigkeitsflächen vornehmen.[1])

Zuerst muß folgendes bemerkt werden. Strömt das Gas auf beiden Seiten einer Stoßwelle mit Überschallgeschwindigkeit, dann kann man (wie am Anfang von § 92 erwähnt worden

---

[1]) Sie wurde von L. D. Landau (1944) angegeben und in einigen Punkten (in bezug auf die Wechselwirkung von Stoßwellen mit tangentialen und schwachen Unstetigkeiten) von S. P. Djakow (1954) vervollständigt.

ist) von der „Richtung" der Stoßwelle sprechen und Stoßwellen unterscheiden, die von der Schnittlinie „auslaufen", und solche, die in die Schnittlinie „einlaufen". Im ersten Fall ist die Tangentialkomponente der Geschwindigkeit von der Schnittlinie weggerichtet, und man kann sagen, daß die zur Bildung der Unstetigkeit führenden Störungen von dieser Linie ausgehen. Im zweiten Falle gehen die Störungen von irgendeiner Stelle aus, die nicht auf der Schnittlinie liegt.

Wenn das Gas auf einer Seite der Stoßwelle mit Unterschallgeschwindigkeit strömt, dann breiten sich Störungen längs der Wellenfläche nach beiden Richtungen aus, und der Begriff der Richtung der Welle verliert strenggenommen seinen Sinn. Für die folgenden Überlegungen ist jedoch wesentlich, daß sich auf einer solchen Unstetigkeitsfläche Störungen ausbreiten können, die von der Stelle der Schnittlinie ausgehen. In diesem Sinne spielen derartige Stoßwellen in den unten angestellten Überlegungen dieselbe Rolle wie auslaufende reine Überschallwellen, und unter auslaufenden Stoßwellen verstehen wir im folgenden immer diese beiden Arten von Wellen.

In den folgenden Abbildungen sind die Strömungsbilder in einer zur Schnittlinie senkrechten Ebene dargestellt. Ohne Beschränkung der Allgemeinheit kann man annehmen, daß die Strömung in dieser Ebene erfolgt. Die zur Schnittlinie (und daher zur ganzen ebenen Unstetigkeitsfläche) parallele Geschwindigkeitskomponente muß im ganzen Bereich um die Schnittlinie gleich sein; durch geeignete Wahl des Koordinatensystems kann sie zu Null gemacht werden.

Wir weisen zuerst auf einige offensichtlich nicht mögliche Konfigurationen hin.

Wie man leicht sieht, kann es keinen solchen Schnitt von Stoßwellen geben, bei dem nicht wenigstens eine Welle einläuft. So würden für den in Abb. 99a dargestellen Schnitt zweier auslaufender Stoßwellen die Stromlinien des von links anströmenden Gases nach verschiedenen Seiten abgelenkt, während die Geschwindigkeit im ganzen Bereich 2 konstant sein muß. Diese Schwierigkeit kann auch nicht überwunden werden, indem man im Bereich 2 noch irgendwelche andere Unstetigkeiten einführt.[1]) Ähnlich überzeugen wir uns davon, daß der in Abb. 99b dargestellte Schnitt einer auslaufenden Stoßwelle mit einer auslaufenden Verdünnungswelle unmöglich ist. Obwohl in diesem Bild eine konstante Richtung der Geschwindigkeit im Bereich 2 erreicht werden kann, läßt sich nicht die Bedingung erfüllen, daß der Druck konstant ist, denn der Druck nimmt in der Stoßwelle zu und in der Verdünnungswelle ab.

Der Schnitt der Stoßwellen kann keinen rückwirkenden Einfluß auf die einlaufenden Stoßwellen ausüben. Der gleichzeitige Schnitt (auf einer gemeinsamen Schnittlinie) von mehr als zwei solcher Wellen, die aus irgendwelchen anderen Gründen entstehen, ist daher ein unwahrscheinlicher Zufall. Es können also nur eine oder zwei einlaufende Stoßwellen am Schnitt beteiligt sein.

Sehr wesentlich ist die folgende Feststellung: Das an einem Schnittpunkt vorbeiströmende Gas kann nur durch eine von diesem Punkt auslaufende Stoßwelle oder Verdünnungswelle hindurchströmen. Das Gas soll z. B. durch zwei aufeinanderfolgende, vom Punkt O auslaufende Stoßwellen hindurchströmen, wie es in Abb. 99c dargestellt ist. Da hinter der Welle Oa die Normalkomponente der Geschwindigkeit $v_{2n} < c_2$ ist, wäre die zur Welle Ob normale Geschwindigkeitskomponente im Bereich 2 erst recht kleiner als c_2; das widerspricht

---

[1]) Um den Text nicht mit eintönigen Überlegungen zu belasten, geben wir nicht die analogen Überlegungen für die Fälle an, bei denen es Bereiche mit Unterschallströmung gibt und die auslaufende Welle in Wirklichkeit eine Stoßwelle ist, die an einen Unterschallbereich grenzt.

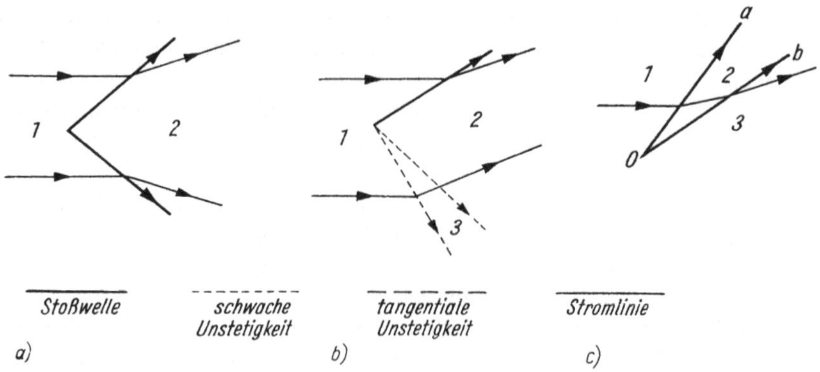

Abb. 99

der Grundeigenschaft der Stoßwellen. Ähnlich überzeugen wir uns von der Unmöglichkeit, daß das Gas durch zwei aufeinanderfolgende, vom Punkt O auslaufende Verdünnungswellen oder durch eine Verdünnungswelle und eine Stoßwelle hindurchströmt.

Diese Überlegungen gelten offensichtlich nicht für Stoßwellen, die in den Schnittpunkt einlaufen.

Jetzt können wir die verschiedenen möglichen Schnittypen aufzählen.

In Abb. 100 sehen wir einen Schnitt mit nur einer einlaufenden Stoßwelle Oa; die beiden anderen Stoßwellen Ob und Oc sind auslaufende Wellen. Dieser Fall kann als Verzweigung einer Stoßwelle in zwei Stoßwellen aufgefaßt werden.[1]) Wie man leicht sieht, muß neben den beiden auslaufenden Stoßwellen noch eine dazwischenliegende tangentiale Unstetigkeit Od entstehen, die die Gasströme durch Ob und Oc voneinander trennt[2]): Die Welle Oa entsteht aus anderen Ursachen und ist daher vollständig bestimmt. Das bedeutet, daß die thermodynamischen Größen (sagen wir p und ϱ) und die Geschwindigkeit $\boldsymbol{v}$ in den Bereichen 1 und 2 bestimmte vorgegebene Werte haben. Uns stehen deshalb nur noch zwei Größen

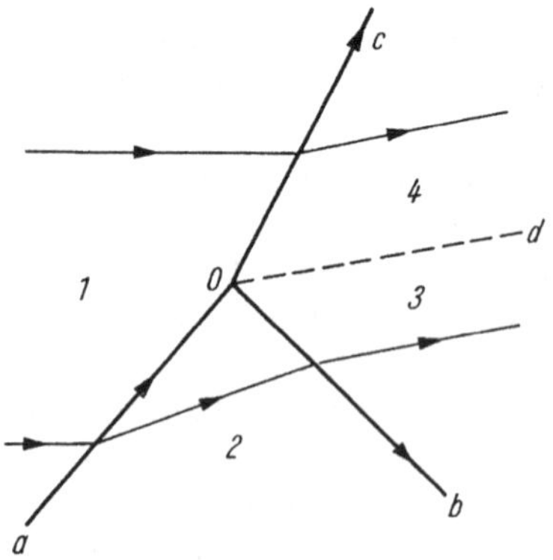

Abb. 100

[1]) Die Verzweigung einer Stoßwelle in eine Stoßwelle und eine Verdünnungswelle ist unmöglich. (Man kann sich ohne Mühe davon überzeugen, daß es bei einem solchen Schnitt unmöglich wäre, die Druckänderungen und die Richtungsänderungen der Geschwindigkeit in den beiden auslaufenden Wellen miteinander in Einklang zu bringen).

[2]) Wie immer löst sich die tangentiale Unstetigkeit in Wirklichkeit in einen Turbulenzbereich auf.

zur Verfügung, nämlich die zu den Richtungen der Unstetigkeiten Ob und Oc gehörenden Winkel. Damit kann man jedoch im allgemeinen nicht die vier Bedingungen (Konstanz von p, ϱ und von zwei Geschwindigkeitskomponenten) in den Bereichen 3 und 4 erfüllen, die beim Fehlen der tangentialen Unstetigkeit Od gestellt werden müßten. Die Einführung der tangentialen Unstetigkeit setzt die Zahl der Bedingungen auf zwei herab (Konstanz des Druckes und der Richtung der Geschwindigkeit).

Es kann sich aber keinesfalls jede beliebige Stoßwelle verzweigen. Eine einlaufende Stoßwelle wird (bei gegebenem thermodynamischen Zustand des Gases 1) durch zwei Parameter bestimmt, z. B. durch die Mach-Zahl Ma_1 des anströmenden Gases und durch das Druckverhältnis p_1/p_2. Eine Verzweigung ist nur in einem bestimmten Bercich in der Ebene dieser beiden Veränderlichen möglich.[1])

Schnitte mit zwei einlaufenden Stoßwellen kann man als Ergebnis des „Zusammenstoßes" zweier Wellen auffassen, die irgendwo aus anderen Gründen entstanden sind. Dabei sind die beiden in Abb. 101 dargestellten, voneinander wesentlich verschiedenen Fälle möglich.

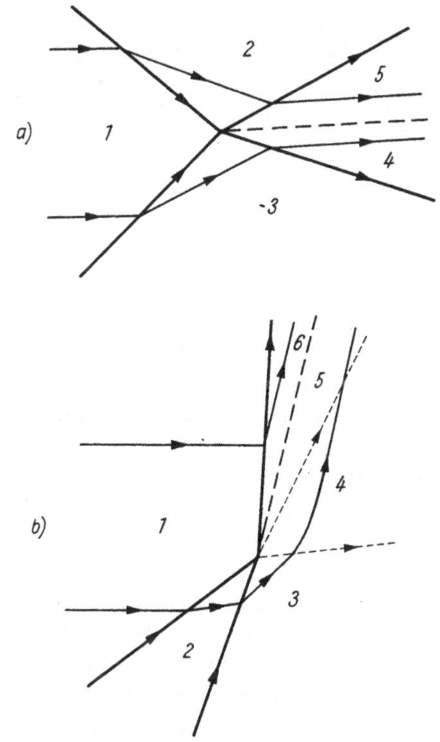

Abb. 101

[1]) Die Bestimmung dieses Bereiches erfordert sehr umfangreiche algebraische oder numerische Rechnungen. Wir betonen nochmals die Notwendigkeit, hierbei die „Richtungen" der Stoßwellen zu beachten. Fälle, in denen es zwei einlaufende Stoßwellen und eine auslaufende gäbe, würden den Schnitt zweier Unstetigkeiten darstellen, die aus anderen Ursachen entstehen und daher mit gegebenen Werten für alle Parameter im Schnittpunkt ankommen. Ihre Verschmelzung zu einer Welle ist nur unter einer ganz bestimmten Beziehung zwischen diesen willkürlichen Parametern möglich, was ein sehr unwahrscheinlicher Zufall wäre.

Im ersten Fall führt der Zusammenstoß der beiden Wellen zur Entstehung zweier Stoßwellen, die vom Schnittpunkt auslaufen. Damit alle notwendigen Bedingungen erfüllt werden können, muß zwischen den beiden auslaufenden Stoßwellen wieder eine tangentiale Unstetigkeit entstehen.

Im zweiten Falle entstehen statt zweier Stoßwellen eine Stoßwelle und eine Verdünnungswelle.

Zwei zusammentreffende Stoßwellen werden durch drei Parameter bestimmt (z. B. durch Ma_1 und die Verhältnise p_1/p_2, p_1/p_3). Die beschriebenen Schnittypen sind nur für bestimmte Wertebereiche dieser Parameter möglich. Wenn die Werte der Parameter außerhalb dieser Bereiche liegen, dann müssen sich die Stoßwellen vor dem Zusammenstoß verzweigen.

Weiter betrachten wir die Typen der Schnitte, die beim Einfallen einer Stoßwelle auf eine tangentiale Unstetigkeit auftreten können.

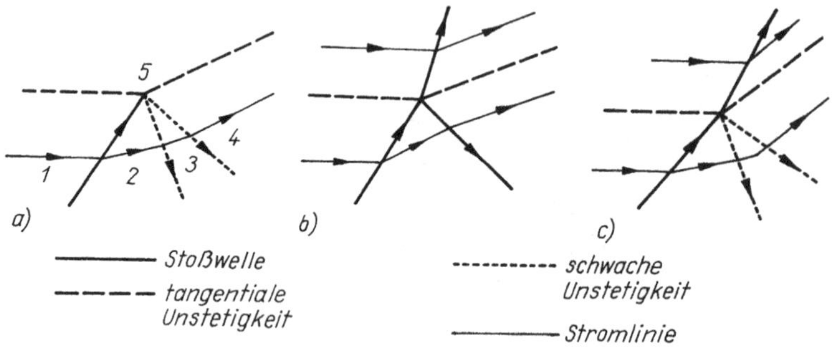

Abb. 102

In Abb. 102a ist die Reflexion einer Stoßwelle an der Grenzfläche zwischen einem strömenden und einem ruhenden Gas dargestellt. Der Bereich 5 ist der Bereich des ruhenden Gases; er wird von dem strömenden Gas durch eine tangentiale Unstetigkeit getrennt. In den beiden an die tangentiale Unstetigkeit angrenzenden Bereichen 1 und 4 muß der Druck gleich sein (gleich p_5). Da der Druck in einer Stoßwelle zunimmt, ist klar, daß die Stoßwelle an der tangentialen Unstetigkeit als Verdünnungswelle 3 reflektiert werden muß, die den Druck wieder auf den ursprünglichen Wert erniedrigt. Im Schnittpunkt erleidet die tangentiale Unstetigkeit einen Knick.

Der Schnitt einer Stoßwelle mit einer tangentialen Unstetigkeit, auf deren anderer Seite die Geschwindigkeit der Flüssigkeit verschieden von Null ist, aber im Unterschallbereich liegt, ist überhaupt nicht möglich. In den Unterschallbereich können nämlich weder eine Stoßwelle noch eine Verdünnungswelle eindringen; im Unterschallbereich kann deshalb nur eine triviale Strömung mit konstanter Geschwindigkeit vorliegen, so daß die tangentiale Unstetigkeit keinen Knick haben kann. Eine Reflexion der Stoßwelle als Verdünnungswelle ist nicht möglich, da dies unausweichlich zu einem Knick der tangentialen Unstetigkeit führen würde; eine Reflexion als Stoßwelle ist auch unmöglich, da hierbei die Bedingung der Gleichheit der Drücke an der tangentialen Unstetigkeit nicht erfüllt werden kann.

Wenn die Strömung auf beiden Seiten der tangentialen Unstetigkeit eine Überschallströmung ist, dann sind zwei verschiedene Konfigurationen möglich. In dem einen Fall (Abb. 102b) entstehen neben der auf die tangentiale Unstetigkeit einfallenden Stoßwelle noch eine reflektierte und eine gebrochene Stoßwelle; die tangentiale Unstetigkeit erleidet

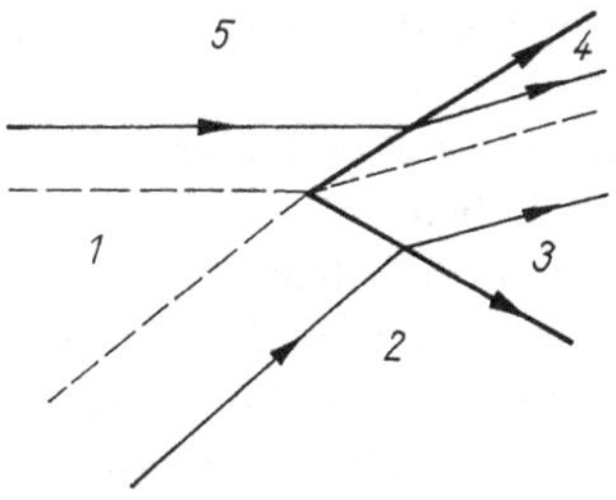

Abb. 103

einen Knick. Im zweiten Falle (Abb. 102c) entstehen eine reflektierte Verdünnungswelle und eine ins andere Medium gehende gebrochene Stoßwelle. Diese beiden Konfigurationen sind nur in bestimmten Wertebereichen der Parameter der einfallenden Stoßwelle und der tangentialen Unstetigkeit möglich.[1]

Die Wechselwirkung zweier tangentialer Unstetigkeiten kann zu einer Konfiguration ohne einlaufende Stoßwellen, jedoch mit zwei auslaufenden Stoßwellen führen (wie oben gezeigt wurde, ist dies ohne tangentiale Unstetigkeiten nicht möglich). Im Gebiet 1 in Abb. 103 ruht das Gas; diese Konfiguration ist offensichtlich nur bei Überschallströmungen in den Gebieten 2 und 5 möglich.

Wir besprechen noch kurz den Schnitt einer Stoßwelle mit einer schwachen Unstetigkeit, die von einer anderen Quelle stammt. Je nachdem, ob die Strömung hinter der Stoßwelle eine Über- oder eine Unterschallströmung ist, können hier zwei Fälle eintreten. Im ersten Fall (Abb. 104a) wird die schwache Unstetigkeit an der Stoßwelle gebrochen und gelangt in den Raum hinter der Welle (die Stoßwelle selbst zeigt im Schnittpunkt keinen Knick;

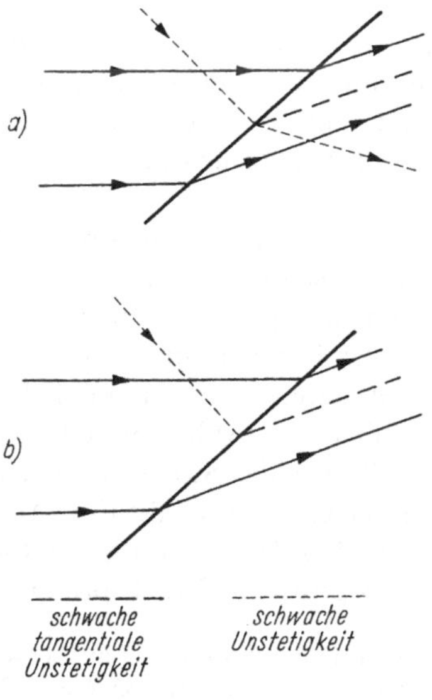

Abb. 104

[1]) Diese beiden Konfigurationen verallgemeinern in einem gewissen Sinne die in Abb. 100 und Abb. 101 b dargestellten Fälle.

ihre Form hat nur eine Singularität höherer Ordnung von derselben Art wie die Singularität auf der schwachen Unstetigkeit). Außerdem muß die Entropieänderung in der Stoßwelle noch zur Entstehung einer schwachen tangentialen Unstetigkeit hinter der Stoßwelle führen, auf der die Ableitungen der Entropie einen Sprung haben.

Wenn die Strömung hinter der Stoßwelle eine Unterschallströmung wird, dann kann die schwache Unstetigkeit nicht in diesen Bereich eindringen und endet im Schnittpunkt (Abb. 104b). Der Schnittpunkt ist in diesem Falle ein singulärer Punkt (wenn die einfallende Unstetigkeit eine Unstetigkeit der ersten Ableitungen der hydrodynamischen Größen darstellt, dann kann man zeigen, daß die auslaufende schwache tangentiale Unstetigkeit, die Form der Stoßwelle und die Druckverteilung in der Umgebung des Schnittpunktes eine logarithmische Singularität besitzen). Außerdem entsteht hinter der Stoßwelle wie schon im vorhergehenden Falle eine schwache tangentiale Unstetigkeit der Entropie.[1])

Das über die Wechselwirkung von Stoßwellen mit schwachen Unstetigkeiten Gesagte gilt auch für die Wechselwirkung mit schwachen tangentialen Unstetigkeiten. Wenn die Strömung im Bereich hinter der Stoßwelle eine Überschallströmung ist, dann entstehen dort eine schwache und eine schwache tangentiale Unstetigkeit. Wenn die Strömung hinter der Stoßwelle eine Unterschallströmung ist, dann entsteht nur eine gebrochene schwache tangentiale Unstetigkeit.

Schließlich erwähnen wir noch die Wechselwirkung schwacher Unstetigkeiten mit tangentialen Unstetigkeiten. Wenn die Strömung auf beiden Seiten der tangentialen Unstetigkeit eine Überschallströmung ist, dann entstehen neben der einfallenden eine reflektierte und eine gebrochene schwache Unstetigkeit. Wenn die Strömung auf beiden Seiten der tangentialen Unstetigkeit eine Unterschallströmung ist, dringt die schwache Unstetigkeit nicht ein, und es erfolgt „Totalreflexion" der schwachen Unstetigkeit.

§ 111. Der Schnitt von Stoßwellen mit der Oberfläche eines festen Körpers

Die Hauptrolle bei einem stationären Schnitt von Stoßwellen mit der Oberfläche eines umströmten Körpers spielt die Wechselwirkung mit der Grenzschicht. Die Eigenschaften dieser Wechselwirkung sind äußerst kompliziert, und ihre detaillierte Behandlung geht über den Rahmen dieses Buches hinaus. Wir beschränken uns hier auf einige allgemeine Feststellungen.[2])

In einer Stoßwelle hat der Druck einen Sprung und nimmt in Strömungsrichtung zu. Würde eine Stoßwelle die Oberfläche eines Körpers schneiden, dann würde der Druck in der Nähe des Schnittpunktes auf einer sehr kleinen Strecke um einen endlichen Betrag zunehmen, d. h., es würde ein sehr großer positiver Druckgradient auftreten. Wir wissen aber, daß ein so schroffer Druckanstieg an einer festen Wand unmöglich ist (siehe den Schluß von § 40); ein solcher Druckanstieg führt zur Ablösung der Strömung. Das Strömungsbild würde dadurch so verändert, daß sich die Stoßwelle in einen genügend großen Abstand von der Oberfläche des Körpers verschieben würde. Eine Ausnahme bilden nur Stoßwellen mit hinreichend geringer Intensität. Aus dem am Ende von § 40 dargelegten Beweis ist ersichtlich, daß die Unmöglichkeit eines positiven Drucksprunges am Rand der

---

[1]) Eine ausführliche quantitative Untersuchung der Schnitte von Stoßwellen mit schwachen Unstetigkeiten findet man bei S. P. Djakow (С. П. Дяков), Zh. eksper. teor. Fiz. **33** 948, 962 (1957).

[2]) In der Grenzschicht ist unbedingt ein an der Oberfläche des Körpers anliegender Teil mit Unterschallgeschwindigkeit vorhanden, in den die Stoßwelle überhaupt nicht eindringen kann. Wenn wir trotzdem von einem Schnitt sprechen, dann sehen wir von dieser Tatsache ab, die für die folgenden Überlegungen unwesentlich ist.

Grenzschicht mit der Annahme über die hinreichende Größe dieses Sprunges zusammenhängt: Er muß eine gewisse Grenze überschreiten, die vom Wert von Re abhängt und mit wachsendem Re kleiner wird.

Ein stationärer Schnitt von Stoßwellen mit der Oberfläche eines festen Körpers ist also nur für Stoßwellen mit nicht zu großer Intensität möglich, die um so kleiner sein muß, je größer Re ist. Der zulässige Grenzwert der Intensität der Stoßwelle hängt auch davon ab, ob die Grenzschicht laminar oder turbulent ist. In einer turbulenten Grenzschicht ist die Ablösung der Strömung erschwert (§ 45). Bei einer turbulenten Grenzschicht können daher von der Oberfläche eines Körpers stärkere Stoßwellen ausgehen als bei einer laminaren Grenzschicht.

Um Mißverständnisse zu vermeiden, betonen wir, daß es für alle angestellten Überlegungen wesentlich ist, daß sich die Grenzschicht vor der Stoßwelle befindet (d. h. stromaufwärts von ihr). Die oben erhaltenen Ergebnisse beziehen sich daher nicht auf die von der vorderen Kante eines Körpers ausgehenden Wellen, wie sie z. B. bei der Strömung um einen spitzen Keil auftreten können (darauf gehen wir im folgenden Paragraphen ausführlich ein). Im letzten Falle gelangt das Gas von außen an die Kante des Winkels, d. h. aus einem Raum, in dem keine Grenzschicht existiert. Die angestellten Überlegungen berühren daher in keiner Weise die mögliche Existenz von Stoßwellen, die von der Kante eines solchen Winkels ausgehen.

In einer Unterschallströmung kann sich die Strömung nur ablösen, wenn der Druck im Grundstrom längs der umströmten Oberfläche in Strömungsrichtung zunimmt. In einer Überschallströmung gibt es eine eigenartige Möglichkeit für die Ablösung auch in Gebieten, wo der Druck in Strömungsrichtung abnimmt. Diese Erscheinung kann durch die Kombination einer Stoßwelle geringer Intensität mit der Ablösung verwirklicht werden; der für die Ablösung notwendige Druckanstieg erfolgt in der Stoßwelle. In dem Gebiet vor der Stoßwelle kann der Druck dabei in Strömungsrichtung entweder zu- oder abnehmen.

Alle obigen Feststellungen gelten nur für einen stationären Schnitt, bei dem die Stoßwelle und der feste Körper relativ zueinander ruhen. Wir gehen jetzt zur Behandlung eines nichtstationären Schnittes über. Dabei fällt auf den Körper eine von außen kommende, sich bewegende Stoßwelle ein, so daß sich die Schnittlinie mit der Körperoberfläche auf dieser verschiebt. Ein solcher Schnitt wird von einer Reflexion der Stoßwelle begleitet: Neben der einfallenden Welle entsteht noch eine reflektierte Welle, die von dem Körper ausgeht.

Wir werden die Erscheinung in einem mit der Schnittlinie mitbewegten Koordinatensystem behandeln. In diesem System sind die Stoßwellen stationär. Das einfachste Bild für die Reflexion entsteht, wenn die reflektierte Welle unmittelbar von der Schnittlinie ausgeht; eine solche Reflexion heißt regulär (Abb. 105). Durch die Vorgabe des Einfallswinkels α_1 und die Intensität der einfallenden Welle wird die Strömung im Bereich 2 eindeutig bestimmt. In der reflektierten Welle muß sich die Strömungsgeschwindigkeit des Gases um einen

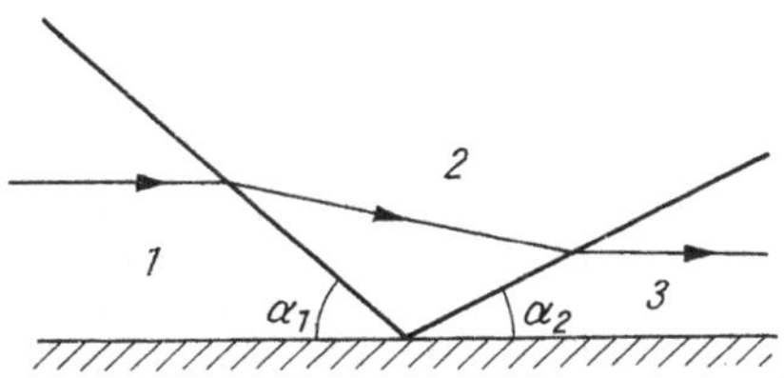

Abb. 105

bestimmten Winkel drehen, so daß sie wieder zur Körperoberfläche parallel wird. Durch diesen Winkel und die Gleichung für die Stoßpolare werden die Lage und die Intensität der reflektierten Welle festgelegt. Für einen gegebenen Drehwinkel der Geschwindigkeit liefert die Stoßpolare aber zwei verschiedene Stoßwellen: eine Welle der schwachen und eine der starken Familie (§ 92). Die Versuchsergebnisse zeigen, daß die reflektierte Welle in Wirklichkeit immer zur schwachen Familie gehört; dieser Fall ist im folgenden gemeint. Die Intensität der reflektierten Welle strebt beim Grenzübergang zu unendlich geringer Intensität der einfallenden Welle gegen Null, und der Reflexionswinkel α_2 strebt gegen den Einfallswinkel, wie es entsprechend der akustischen Näherung auch sein muß. Im Grenzfall $\alpha_1 \to 0$ geht die reflektierte Welle der schwachen Familie stetig in die Welle über, die man für die Reflexion bei frontalem Einfall der Stoßwelle erhält (Aufgabe 1, § 100).

Die mathematische Behandlung der regulären Reflexion (in einem idealen Gas) führt zu keinerlei prinzipiellen Schwierigkeiten, ist aber algebraisch äußerst umfangreich. Wir beschränken uns hier auf die Wiedergabe einiger Ergebnisse.[1])

Den allgemeinen Eigenschaften der Stoßpolare ist zu entnehmen, daß die reguläre Reflexion keineswegs für beliebige Werte der Parameter der einfallenden Welle möglich ist (diese Parameter sind der Einfallswinkel α_1 und das Verhältnis p_2/p_1). Für ein festes Verhältnis p_2/p_1 existiert ein Grenzwinkel α_{1k}; für $\alpha_1 > \alpha_{1k}$ ist reguläre Reflexion unmöglich. Für $p_2/p_1 \to 1$ strebt der Grenzwinkel gegen 90°, d. h., reguläre Reflexion ist für beliebige Einfallswinkel möglich. Im Grenzfall $p_2/p_1 \to \infty$ strebt er gegen einen gewissen von γ abhängigen Wert; für Luft 40°. In Abb. 106 ist α_{1k} als Funktion von p_1/p_2 für $\gamma = 7/5$ und $\gamma = 5/3$ dargestellt.

Der Reflexionswinkel α_2 stimmt im allgemeinen nicht mit dem Einfallswinkel überein. Es existiert ein bestimmter Wert α_* für den Einfallswinkel mit der Eigenschaft, daß für

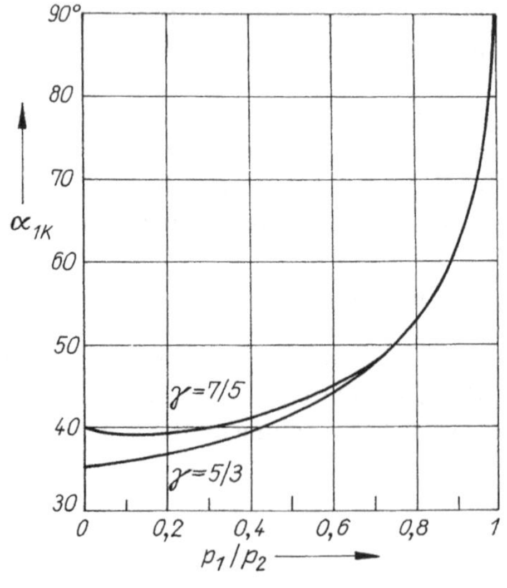

Abb. 106

[1]) Eine ausführliche Darstellung der Reflexion von Stoßwellen findet man in den folgenden Büchern: R. Courant und K. Friedrichs, Supersonic flow and shock waves, Interscience, New York 1948, Kap. IV; R. Mises, Mathematical theory of compressible fluid flow, Academic Press, New York 1958; siehe auch den Übersichtsartikel von W. Bleakney and A. H. Taub, Rev. Mod. Phys. **21**, 584 (1949).

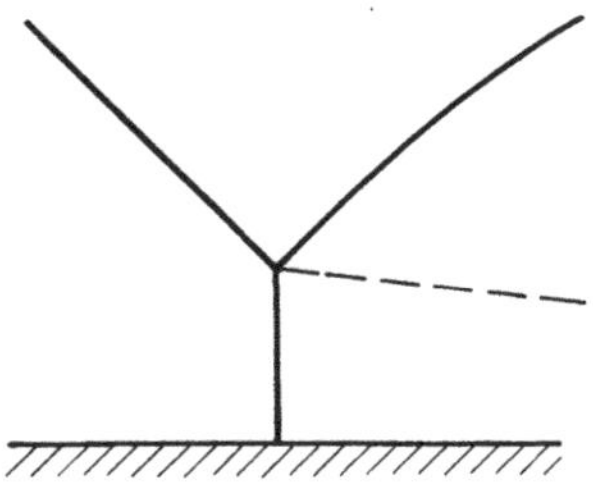

Abb. 107

$\alpha_1 < \alpha_*$ der Reflexionswinkel $\alpha_2 < \alpha_1$ ist und daß $\alpha_2 > \alpha_1$ ist für $\alpha_1 > \alpha_*$. Der Wert von α_* ist

$$\alpha_* = \frac{1}{2} \arccos \frac{\gamma - 1}{2}$$

(für Luft ist $\alpha_* = 39{,}2°$); es ist bemerkenswert, daß er nicht von der Intensität der einfallenden Welle abhängt.

Für $\alpha_1 > \alpha_{1k}$ ist eine reguläre Reflexion unmöglich, und die einfallende Stoßwelle muß sich in einem gewissen Abstand von der Oberfläche des Körpers verzweigen. Dabei entsteht das in Abb. 107 wiedergegebene Bild mit der Dreierkonfiguration der Stoßwellen und der vom Verzweigungspunkt ausgehenden tangentialen Unstetigkeit (eine solche Konfiguration heißt *Machsche Reflexion*).

§ 112. Überschallströmung um einen Winkel

Bei der Untersuchung der Strömung in der Nähe der Kante eines Winkels auf der Oberfläche eines umströmten Körpers braucht man wiederum nur kleine Abschnitte der Kante zu betrachten. Daher kann man annehmen, daß diese Kante eine Gerade ist und daß der Winkel von zwei sich schneidenden Ebenen gebildet wird. Wir werden von der Umströmung eines konvexen Winkels sprechen, wenn dieser größer als π ist, und von der Umströmung eines konkaven Winkels, wenn das Gas in einem Winkel strömt, der kleiner als π ist.

Die Strömung um einen Winkel mit Unterschallgeschwindigkeit unterscheidet sich in ihrer Art nicht von der Strömung einer inkompressiblen Flüssigkeit. Die Strömung mit Überschallgeschwindigkeit hat einen ganz anderen Charakter. Eine wesentliche Besonderheit ist die Entstehung von Unstetigkeiten, die von der Kante des Winkels ausgehen.

Wir betrachten zunächst die möglichen Typen der Strömung, wenn der Gasstrom längs eines Schenkels mit Überschallgeschwindigkeit an den Scheitelpunkt herankommt. Entsprechend den allgemeinen Eigenschaften einer Überschallströmung bleibt der Strom bis an die Kante heran homogen. Die Drehung der Strömung in die Richtung parallel zum anderen Schenkel des Winkels geschieht in einer von der Kante ausgehenden Verdünnungswelle. Das ganze Strömungsbild setzt sich aus drei Bereichen zusammen, die durch schwache Unstetigkeiten voneinander getrennt sind (*Oa* und *Ob* in Abb. 108): Der homogene Gasstrom 1 längs des Schenkels *AO* wird in der Verdünnungswelle 2 gedreht, danach bewegt er sich wieder mit konstanter Geschwindigkeit längs des anderen Schenkels. Wir machen darauf aufmerksam, daß bei einer derartigen Umströmung keine Turbulenzbereiche gebildet werden. In der analogen Strömung einer inkompressiblen Flüssigkeit trat unvermeidlich ein Turbulenzbereich mit der Winkelkante als Ablösungslinie auf (Abb. 24).

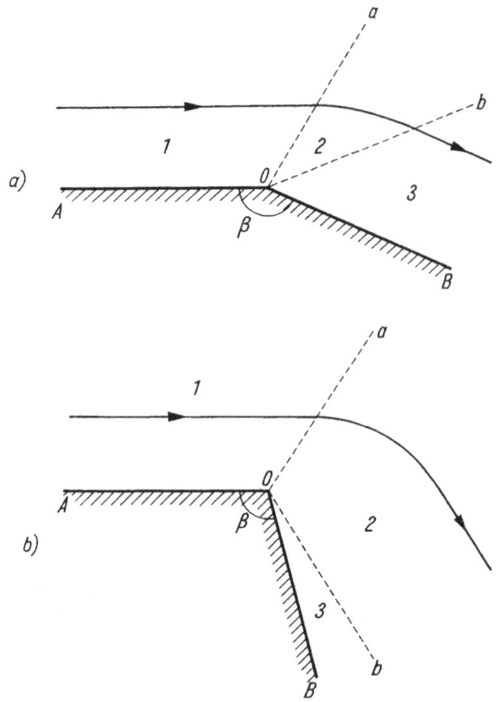

Abb. 108

Es sei v_1 die Geschwindigkeit des anströmenden Gases (1 in Abb. 108), c_1 die Schallgeschwindigkeit in dem Gas. Die Lage der schwachen Unstetigkeit Oa ergibt sich unmittelbar aus der Zahl $\mathrm{Ma}_1 = v_1/c_1$ durch die Bedingung, daß sie die Stromlinien unter dem Machschen Winkel schneiden muß. Die Änderungen der Geschwindigkeit und des Druckes in der Verdünnungswelle werden durch die Formeln (109,12) bis (109,15) gegeben. Dabei muß man nur die Richtung feststellen, von der aus der Winkel φ in diesen Formeln zu zählen ist. Zu dem Strahl $\varphi = 0$ gehört $v = c = c_*$. Für $\mathrm{Ma}_1 > 1$ gibt es in Wirklichkeit keine solche Linie, weil überall $v/c > 1$ ist. Wir stellen uns aber die Verdünnungswelle formal in den Bereich links von Oa fortgesetzt vor und verwenden die Formel (109,12); so finden wir, daß die Unstetigkeit Oa durch einen Wert des Winkels beschrieben wird, der gleich

$$\varphi_1 = \sqrt{\frac{\gamma+1}{\gamma-1}} \arccos \frac{c_1}{c_*}$$

ist, und daß φ dann von Oa nach Ob wächst. Die Lage der Unstetigkeit Ob ist durch den Moment bestimmt, wo die Richtung der Geschwindigkeit parallel zu OB wird.

Der Winkel, um den die Strömung in der Verdünnungsstelle gedreht wird, kann nicht größer als der in Aufgabe 2, § 109, berechnete Wert $\chi_{\max}$ sein. Ist der umströmte Winkel $\beta < \pi - \chi_{\max}$, dann kann die Verdünnungswelle den Strom nicht um den erforderlichen Winkel drehen, und es ergibt sich das in Abb. 108b dargestellte Strömungsbild. Die Verdünnung in der Welle 2 erfolgt dann bis zum Druck Null (der auf der Linie Ob erreicht wird), so daß die Verdünnungswelle von der Wand durch den Vakuumbereich 3 getrennt ist.

Die beschriebene Art der Strömung ist aber nicht die einzig mögliche. In Abb. 109 und 110 finden wir Strömungsbilder, bei denen sich an den zweiten Schenkel des Winkels ein

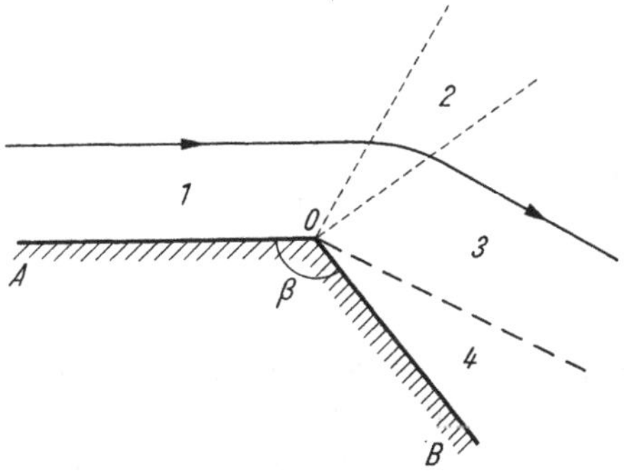

Abb. 109

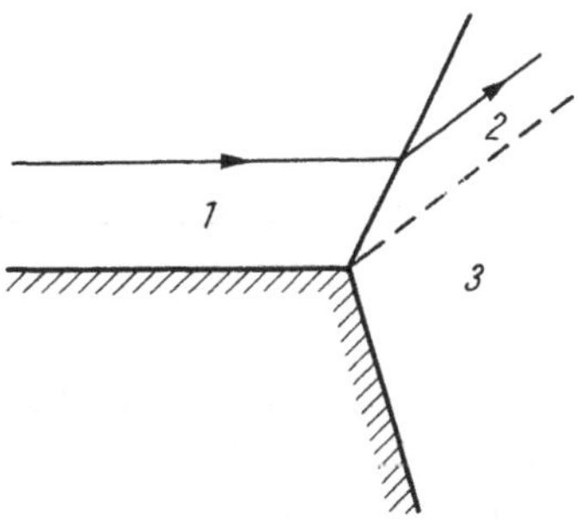

Abb. 110

Bereich ruhenden Gases anschließt, der durch eine tangentiale Unstetigkeit von dem strömenden Gas getrennt ist. Wie immer löst sich die tangentiale Unstetigkeit in einen Turbulenzbereich auf, so daß dieser Fall der Ablösung entspricht.[1]) Die Strömung wird in einer Verdünnungswelle (Abb. 109) oder in einer Stoßwelle (Abb. 110) um einen gewissen Winkel gedreht. Der letzte Fall ist jedoch nur bei nicht zu großer Intensität der Stoßwelle möglich (nach den allgemeinen Überlegungen im vorhergehenden Paragraphen).

Welcher der beschriebenen Strömungstypen in einem konkreten Falle verwirklicht wird, hängt im allgemeinen von den Strömungsbedingungen in großer Entfernung von der Kante ab. Bei der Strömung eines Gases aus einer Düse (die Kante des Winkels ist hier die Kante der Düsenöffnung) ist das Verhältnis zwischen dem Ausströmdruck p_1 und dem Druck im äußeren Medium p_e wesentlich. Für $p_e < p_1$ erfolgt die Strömung entsprechend Abb. 109. Die Lage und der Öffnungswinkel der Verdünnungswelle werden dabei aus der Bedingung bestimmt, daß der Druck in den Bereichen 3 und 4 gleich p_e ist. Je kleiner p_e ist, desto größer ist der Winkel, um den die Strömung gedreht werden muß. Wenn der umströmte Winkel (β in Abb. 109) zu groß wird, dann kann der Gasdruck den erforderlichen Wert p_e nicht erreichen; die Geschwindigkeit wird zur Seite OB parallel, bevor der Druck bis auf diesen Wert abfällt. Die Strömung in der Nähe des Düsenrandes ist dann von der in Abb. 108a dargestellten Art. Der Druck an der äußeren Seite OB der Düsenöffnung ist durch den Winkel β vollständig bestimmt und hängt nicht von dem Wert p_e ab. Der endgültige Druckabfall auf p_e erfolgt erst in einer gewissen Entfernung von der Düsenöffnung.

Für $p_e > p_1$ gehört die Strömung um die Kante der Düsenöffnung zu dem in Abb. 110 dargestellten Typ; dabei wird eine von der Kante auslaufende Stoßwelle gebildet, die den Druck von p_1 auf p_e erhöht. Das ist aber nur möglich, wenn p_e nicht allzuviel größer als p_1 ist, so daß die Intensität der Stoßwelle nicht zu groß wird. Anderenfalls löst sich die Strömung an der Innenfläche der Düse ab, und die Stoßwelle verlagert sich zusammen mit der Ablösungslinie in das Innere der Düse; darüber haben wir bereits in § 97 gesprochen.

Wir wollen jetzt die Strömung in einem konkaven Winkel betrachten. Handelt es sich um eine Unterschallströmung, dann löst sich die Strömung in einer gewissen Entfernung vor der Kante ab und erreicht diese nicht (siehe den Schluß von § 40). Strömt das Gas mit Überschallgeschwindigkeit heran, dann kann die Richtungsänderung der Strömungsge-

[1]) Nach den experimentellen Ergebnissen verkleinert die Kompressibilität des Gases den Öffnungswinkel des Turbulenzbereiches ein wenig, in den sich die tangentiale Unstetigkeit auflöst.

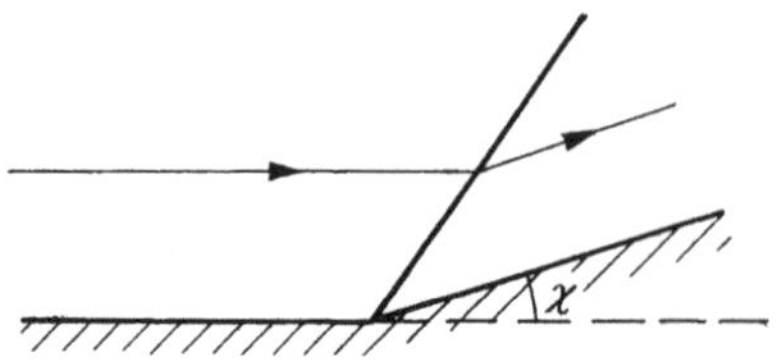

Abb. 111

schwindigkeit in einer Stoßwelle erfolgen, die von der Kante ausgeht (Abb. 111). Hier muß wieder die Einschränkung gemacht werden, daß eine solche einfache Strömung ohne Ablösung nur für eine nicht zu starke Stoßwelle möglich ist. Die Intensität der Stoßwelle wird mit zunehmendem Winkel χ größer, um den die Strömung gedreht wird. Man kann daher sagen, daß eine Strömung ohne Ablösung nur für nicht zu große Werte von χ möglich ist.

Wir wenden uns jetzt dem Strömungsbild zu, das entsteht, wenn ein freier Überschallstrom auf die Kante eines Winkels trifft (Abb. 112). Die Strömung wird in Stoßwellen, die von der Kante ausgehen, in die Richtungen parallel zu den Schenkeln des Winkels gedreht. Das ist gerade der Spezialfall, bei dem von der Oberfläche eines festen Körpers eine Stoßwelle mit beliebiger Intensität ausgehen kann, wie schon im vorhergehenden Paragraphen festgestellt wurde.

Aus den Geschwindigkeiten $\boldsymbol{v}_1$ und c_1 in dem anströmenden Gas 1 kann man die Lage der Stoßwellen und die Strömung in den Bereichen hinter diesen Wellen berechnen. Die Geschwindigkeit $\boldsymbol{v}_2$ muß parallel zum Schenkel OA des Winkels sein:

$$\frac{v_{2y}}{v_{2x}} = \tan \chi .$$

v_2 und der Winkel φ zwischen der x-Achse und der Stoßwelle ergeben sich daher unmittelbar aus der graphischen Darstellung der Stoßpolare, indem man vom Koordinatenursprung aus einen Strahl unter dem gegebenen Winkel χ zur Abszissenachse zieht (siehe Abb. 64), wie es in § 92 ausführlich erklärt worden ist. Für einen festen Winkel χ bestimmt die Stoßpolare zwei verschiedene Stoßwellen mit verschiedenen Winkeln φ. Eine davon (die zum Punkt

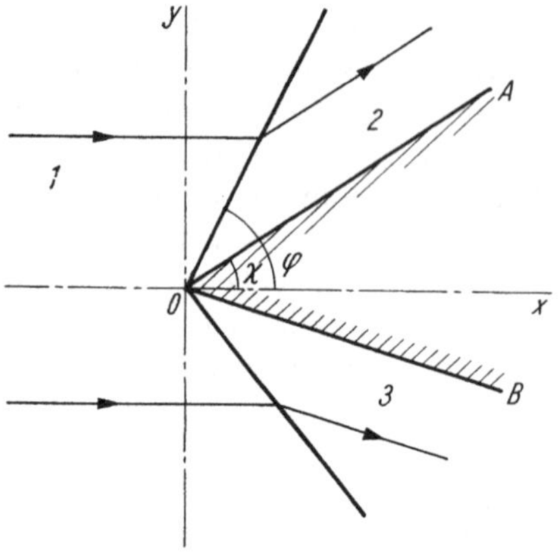

Abb. 112

B in Abb. 64 gehört) ist schwächer und läßt die Strömung im allgemeinen im Überschallbereich; die andere ist stärker und überführt die Strömung in den Unterschallbereich. Im betrachteten Fall der Strömung um einen Winkel auf der Oberfläche eines endlichen Körpers muß man immer die erste Welle wählen, die Welle der „schwachen" Familie. Es ist zu beachten, daß diese Wahl in Wirklichkeit durch die Strömungsbedingungen in großer Entfernung vom Winkel bestimmt wird. Bei der Umströmung eines sehr spitzen Winkels (kleines χ) muß die entstehende Stoßwelle offensichtlich eine sehr geringe Intensität haben. Es ist eine natürliche Annahme, daß die Intensität der Welle mit zunehmendem Winkel monoton wächst; dem entspricht gerade die Verschiebung vom Punkt Q zum Punkt C auf dem Abschnitt QC der Stoßpolare (Abb. 64).[1]

Wie wir bereits in § 92 gesehen haben, kann der Winkel, um den der Geschwindigkeitsvektor in einer Stoßwelle gedreht wird, nicht größer als ein bestimmter (von Ma_1 abhängiger) Wert χ_{max} sein. Das beschriebene Strömungsbild ist daher nicht möglich, wenn ein Schenkel des zu umströmenden Winkels mit der ursprünglichen Stromrichtung einen größeren Winkel als χ_{max} bildet. (In diesem Falle muß die Strömung in der Nähe des Winkels eine Unterschallströmung sein; das wird durch eine Stoßwelle erreicht, die sich irgendwo vor dem Körper ausbildet, siehe § 122.) Da χ_{max} eine monoton wachsende Funktion von Ma_1 ist, muß daher für einen gegebenen Wert des Winkels χ die Zahl Ma_1 des anströmenden Gases größer als ein bestimmter Wert $\mathrm{Ma}_{1\,min}$ sein.

Schließlich bemerken wir folgendes. Liegen die Schenkel eines Winkels relativ zum anströmenden Gas so wie in Abb. 113, dann entsteht selbstverständlich nur auf einer Seite des Winkels eine Stoßwelle. Die Drehung der Stromrichtung auf der anderen Seite erfolgt in einer Verdünnungswelle.

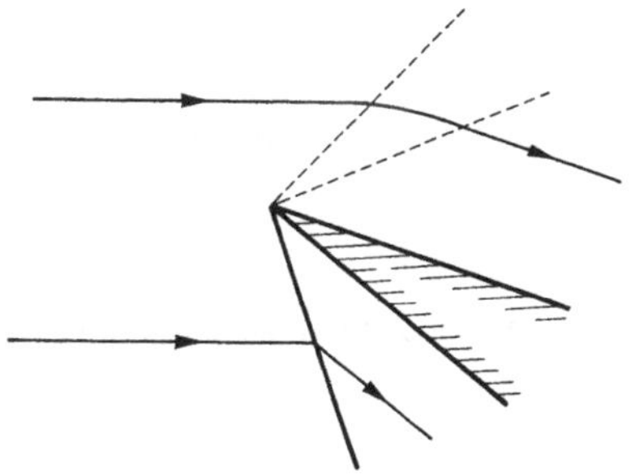

Abb. 113

Aufgaben

1. Man berechne die Lage und die Intensität der Stoßwelle bei der Umströmung eines sehr kleinen Winkels ($\chi \ll 1$) für nicht zu große Werte der Mach-Zahl: $\mathrm{Ma}_1\,\chi \ll 1$.

Lösung. Für $\chi \ll 1$ ergibt die Stoßpolare zwei Werte: Einen nahe bei $\pi/2$ (in der Nähe des Punktes P in Abb. 64) und einen nahe zum Machschen Winkel α_1 (in der Nähe des Punktes Q). Die uns

[1]) Vgl. jedoch die Fußnote auf S. 551. Das formale Problem der Strömung um einen Keil, der von zwei sich schneidenden unendlichen Ebenen gebildet wird, ist physikalisch uninteressant.

interessierende Welle der schwachen Familie gehört zum zweiten Wert. Aus (92,11) erhalten wir für $\chi \ll 1$

$$\mathrm{Ma}_1^2 \sin^2 \varphi - 1 \approx \chi \frac{\gamma + 1}{2} \mathrm{Ma}_1^2 \tan \alpha_1 = \chi \frac{\gamma + 1}{2} \frac{\mathrm{Ma}_1^2}{\sqrt{\mathrm{Ma}_1^2 - 1}}.$$

Wir setzen diesen Ausdruck in (92,9) ein und finden

$$\frac{p_2 - p_1}{p_1} = \frac{\gamma \, \mathrm{Ma}_1^2}{\sqrt{\mathrm{Ma}_1^2 - 1}} \chi.$$

Den Winkel φ setzen wir in der Form $\varphi = \alpha_1 + \varepsilon$ an, $\varepsilon \ll \alpha_1$, und erhalten aus dem oben schon einmal verwendeten Ausdruck

$$\varphi - \alpha_1 = \frac{\gamma + 1}{4} \frac{\mathrm{Ma}_1^2}{\mathrm{Ma}_1^2 - 1} \chi.$$

Für $\mathrm{Ma}_1 \gg 1$ gilt für den Winkel $\alpha_1 \approx 1/\mathrm{Ma}_1$, und für die Gültigkeit der erhaltenen Formeln muß $\mathrm{Ma}_1 \chi \ll 1$ sein.

2. Das gleiche, wenn die Zahl Ma_1 so groß ist, daß $\mathrm{Ma}_1 \chi \gg 1$.

Lösung. In diesem Falle sind die Winkel φ und χ klein von gleicher Ordnung. Aus (92,11) erhalten wir

$$\varphi = \frac{\gamma + 1}{2} \chi.$$

Für das Druckverhältnis finden wir nach (92,9)

$$\frac{p_2}{p_2} = \frac{2\gamma}{\gamma + 1} \mathrm{Ma}_1^2 \varphi^2 = \frac{\gamma(\gamma + 1)}{2} \mathrm{Ma}_1^2 \chi^2.$$

Die Mach-Zahl Ma_2 hinter der Welle ist (nach (92,12))

$$\mathrm{Ma}_2 = \frac{1}{\chi} \sqrt{\frac{2}{\gamma(\gamma - 1)}},$$

d. h., sie bleibt groß gegenüber 1, aber nicht gegenüber $1/\chi$. In der gleichen Näherung gilt

$$\frac{\varrho_2}{\varrho_1} = \frac{\gamma + 1}{\gamma - 1}, \qquad \frac{v_2}{v_1} = 1$$

(die Differenz $v_1 - v_2 \sim v_1 \chi^2$). Eine Verkleinerung der Mach-Zahl ist daher nur mit einer Vergrößerung der Schallgeschwindigkeit verbunden: $\mathrm{Ma}_2/\mathrm{Ma}_1 = c_1/c_2$.

§ 113. Die Umströmung einer konischen Spitze

Die Untersuchung der stationären Überschallströmung in der Nähe einer Spitze auf der Oberfläche eines umströmten Körpers stellt ein dreidimensionales Problem dar. Sie ist daher wesentlich komplizierter zu behandeln als die Strömung um einen Winkel mit einer geraden Kante. Es gibt heute noch keine vollständige Untersuchung dieses Problems im allgemeinen Fall. Vollständig kann die axialsymmetrische Strömung um eine Spitze behandelt werden, und damit wollen wir uns hier beschäftigen.

In der Nähe ihres Endes kann man eine axialsymmetrische Spitze als einen geraden Kreiskegel ansehen; die Aufgabe besteht also in der Untersuchung der Strömung um einen Kegel in einem homogenen Strom, der die Richtung der Kegelachse hat. Qualitativ sieht das Strömungsbild folgendermaßen aus.

Wie bei der analogen Strömung um einen ebenen Winkel muß eine Stoßwelle entstehen (A. BUSEMANN, 1929). Aus Symmetriegründen ist klar, daß diese Welle eine Kegelfläche darstellt, die zu dem umströmten Kegel koaxial ist und die gleiche Spitze wie dieser hat (in Abb. 114 ist ein Axialschnitt dieses Kegels wiedergegeben). Im Unterschied zum ebenen Fall bewirkt die Stoßwelle hier aber nicht die Drehung der Strömungsgeschwindigkeit um den ganzen Winkel χ, der für die Strömung entlang der Kegelfläche notwendig ist (2χ ist der Öffnungswinkel des Kegels). Nach dem Durchgang durch die Unstetigkeitsfläche werden die Stromlinien gekrümmt und nähern sich asymptotisch den Erzeugenden des umströmten Kegels. Diese Krümmung wird von einer stetigen Verdichtung (zusätzlich zur Verdichtung in der Welle) und der entsprechenden Geschwindigkcitsabnahme begleitet.

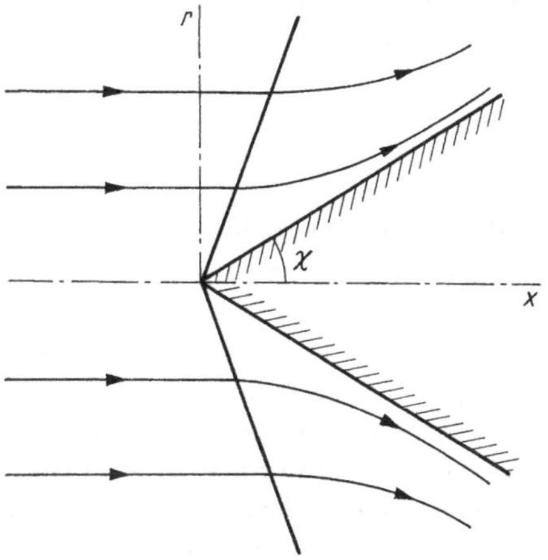

Abb. 114

Die Änderung der Richtung und des Betrages der Geschwindigkeit in der Stoßwelle werden durch die Stoßpolare gegeben, wobei auch hier die Lösung verwirklicht wird, die zum „schwachen“ Ast der Polare gehört.[1]) Dementsprechend gibt es für jeden Wert der Mach-Zahl des anströmenden Gases, $\mathrm{Ma}_1 = v_1/c_1$, einen bestimmten Grenzwert $\chi_{\max}$ für den halben Öffnungswinkel des Kegels, oberhalb dessen eine solche Umströmung unmöglich wird und die Stoßwelle sich von der Spitze des Kegels „abtrennt“. Da hinter der Stoßwelle eine zusätzliche Drehung der Strömung erfolgt, übersteigt der Wert $\chi_{\max}$ für die Umströmung des Kegels (bei gleichen Ma_1) den Wert $\chi_{\max}$ für den ebenen Fall (Umströmung eines Keils). Unmittelbar hinter der Stoßwelle ist die Strömungsgeschwindigkeit im allgemeinen noch größer als die Schallgeschwindigkeit; sie kann aber auch kleiner sein (für χ nahe an $\chi_{\max}$). Die Überschallströmung hinter der Stoßwelle kann mit zunehmender Annäherung an die Oberfläche des Kegels in eine Unterschallströmung übergehen, und dann geht die Geschwindigkeit auf einer bestimmten Kegelfläche durch den Wert der Schallgeschwindigkeit.

Die konische Stoßwelle schneidet alle Stromlinien des anströmenden Gases unter dem gleichen Winkel; sie hat deshalb eine konstante Intensität. Daraus folgt (siehe § 114), daß die Strömung auch hinter der Stoßwelle isentrop und eine Potentialströmung ist.

---

[1]) Dies kann jedoch bei gewissen „exotischen“ Formen des umströmten Körpers anders sein. So gibt es Hinweise auf die Auswahl der Welle der „starken“ Familie bei der Umströmung des Kegels am vorderen Ende eines breiten stumpfen Körpers.

Auf Grund der Symmetrie des Problems und der Selbstähnlichkeit (bei der Beschreibung dieser Strömung tritt keine charakteristische konstante Länge auf) ist klar, daß die Verteilung aller Größen (Geschwindigkeit, Druck) in der Strömung hinter der Stoßwelle nur von dem Winkel Θ zwischen der Kegelachse (x-Achse in Abb. 114) und dem Ortsvektor von der Kegelspitze zu dem gegebenen Punkt abhängt. Dementsprechend reduzieren sich die Bewegungsgleichungen auf gewöhnliche Differentialgleichungen. Die Randbedingungen zu diesen Gleichungen auf der Stoßwelle werden durch die Gleichung der Stoßpolare gegeben, auf der Kegelfläche muß die Geschwindigkeit zur Erzeugenden des Kegels parallel sein. Diese Gleichungen können aber nicht in analytischer Form integriert werden, sondern müssen numerisch gelöst werden. Wir verweisen wegen der Ergebnisse dieser Rechnungen auf die originalen Quellen[1]) und beschränken uns hier auf die Kurve (Abb. 65) für den maximal zulässigen Öffnungswinkel des Kegels $2\chi_{\max}$ in Abhängigkeit von Ma_1. Wir vermerken noch, daß für $\mathrm{Ma}_1 \to 1$ der Winkel $\chi_{\max}$ wie

$$\chi_{\max} = \text{const} \cdot \sqrt{\frac{\mathrm{Ma}_1 - 1}{\gamma + 1}} \tag{113,1}$$

gegen Null strebt; das kann man aus den allgemeinen Ähnlichkeitsgesetz für schallnahe Strömungen (126,11) schließen (die Konstante hängt weder von Ma_1 noch von der Art des Gases ab).

Eine geschlossene analytische Lösung für die Strömung um einen Kegel kann nur im Grenzfall kleiner Öffnungswinkel des Kegels angegeben werden. (Th. von Kármán, N. B. Moor, 1932). In diesem Fall wird sich die Strömungsgeschwindigkeit im ganzen Raum offensichtlich nur unbedeutend von der Geschwindigkeit $\boldsymbol{v}_1$ des anströmenden Gases unterscheiden. Wir bezeichnen die kleine Differenz zwischen der Strömungsgeschwindigkeit in einem gegebenen Punkt und der Geschwindigkeit $\boldsymbol{v}_1$ mit $\boldsymbol{v}$ und führen das Potential φ ein. Für das Potential können wir die linearisierte Gleichung (114,4) verwenden. Durch Einführung von Zylinderkoordinaten x, r, ω mit der Kegelachse als Polarachse (ω ist das Azimut) erhält diese Gleichung die Gestalt

$$\frac{1}{r}\frac{\partial}{\partial r}\left(r\frac{\partial\varphi}{\partial r}\right) + \frac{1}{r^2}\frac{\partial^2\varphi}{\partial\omega^2} - \beta^2\frac{\partial^2\varphi}{\partial x^2} = 0\,, \tag{113,2}$$

oder für eine axialsymmetrische Strömung

$$\frac{1}{r}\frac{\partial}{\partial r}\left(r\frac{\partial\varphi}{\partial r}\right) - \beta^2\frac{\partial^2\varphi}{\partial x^2} = 0\,. \tag{113,3}$$

Dabei haben wir die Bezeichnung

$$\beta = (\mathrm{Ma}_1^2 - 1)^{1/2} \tag{113,4}$$

eingeführt. Damit die Geschwindigkeitsverteilung nur vom Winkel Θ abhängt, muß das Potential die Form $\varphi = x f(\xi)$ mit $\xi = r/x = \tan\Theta$ haben. Für die Funktion $f(\xi)$ erhalten

---

[1]) Vgl. G. I. Taylor, J. W. Maccol, Proc. Roy. Soc. **139A**, 278 (1933); J. W. Maccol, Proc. Roy. Soc. **159A**, 459 (1937). Siehe auch die Darlegung in dem Buch von N. J. Kotschin, I. A. Kibel und W. N. Rose, Theoretische Hydromechanik, Band II, Akademie-Verlag, Berlin 1955, S. 172f.

wir nach dem Einsetzen die Gleichung

$$\xi(1 - \beta^2\xi^2) f'' + f' = 0\,,$$

die elementar gelöst werden kann. Der trivialen Lösung f = const entspricht ein homogener Strom. Die zweite Lösung ist

$$f = \text{const}\left(\sqrt{1 - \beta^2\xi^2} - \operatorname{arcosh}\frac{1}{\beta\xi}\right).$$

Die Randbedingung auf der Kegelfläche (d. h. für $\xi = \tan\chi \approx \chi$) lautet

$$\frac{v_r}{v_1 + v_x} \approx \frac{1}{v_1}\frac{\partial\varphi}{\partial r} = \chi \tag{113,5}$$

oder $f' = v_1\chi$. Daraus folgt const $= v_1\chi^2$, und wir erhalten den folgenden endgültigen Ausdruck für das Potential (im Bereich $x > \beta r$)[1]):

$$\varphi = v_1\chi^2\left[\sqrt{x^2 - \beta^2 r^2} - x\operatorname{arcosh}\frac{x}{\beta r}\right]. \tag{113,6}$$

Wir machen darauf aufmerksam, daß φ für $r \to 0$ eine logarithmische Singularität hat.

Hieraus finden wir die Geschwindigkeitskomponenten

$$\left.\begin{aligned} v_x &= -v_1\chi^2 \operatorname{arcosh}\frac{x}{\beta r}\,, \\ v_r &= \frac{v_1\chi^2}{r}\sqrt{x^2 - \beta^2 r^2}\,. \end{aligned}\right\} \tag{113,7}$$

Der Druck auf die Oberfläche des Kegels wird mit Hilfe der Formel (114,5) berechnet. Wegen der logarithmischen Singularität von φ für $r \to 0$ ist die Geschwindigkeit v_r auf der Oberfläche (d. h. für kleine r) groß gegenüber v_x. Daher braucht man in der Formel für den Druck nur den Term mit v_r^2 zu behalten. Als Ergebnis erhalten wir

$$p - p_1 = \varrho_1 v_1^2\chi^2\left(\ln\frac{2}{\beta\chi} - \frac{1}{2}\right). \tag{113,8}$$

Alle diese Formeln, die auf Grund der linearisierten Theorie abgeleitet wurden, sind für zu große Werte von Ma_1, vergleichbar mit $1/\chi$, nicht mehr anwendbar (s. § 127).

---

[1]) In der betrachteten Näherung ist der Kegel $x = \beta r$ eine Fläche mit einer schwachen Unstetigkeit. In der nächsten Näherung entsteht eine Stoßwelle, deren Intensität (deren relativer Drucksprung) proportional zu χ^4 ist, und der halbe Öffnungswinkel übersteigt den Machschen Winkel um eine Größe, die ebenfalls proportional zu χ^4 ist.

XII EBENE GASSTRÖMUNG

§ 114. Potentialströmung eines kompressiblen Gases

Wir werden im folgenden vielen wichtigen Fällen begegenen, bei denen man die Strömung eines Gases praktisch im ganzen Raum als Potentialströmung ansehen kann. Hier werden wir die allgemeinen Gleichungen für eine Potentialströmung herleiten und ihre Anwendbarkeit in allgemeiner Form diskutieren.[1])

Eine Gasströmung verliert ihre Eigenschaft, Potentialströmung zu sein, im allgemeinen durch Stoßwellen; nach dem Durchgang einer Potentialströmung durch eine Stoßwelle wird im allgemeinen Falle eine Wirbelströmung vorliegen. Eine Ausnahme stellen jedoch diejenigen Fälle dar, bei denen ein stationärer Potentialstrom durch eine Stoßwelle mit (auf der ganzen Wellenfläche) konstanter Intensität hindurchgeht. Damit hat man es z. B. zu tun, wenn ein homogener Strom eine Welle durchsetzt, die alle Stromlinien unter dem gleichen Winkel schneidet.[2]) Die Strömung bleibt in diesen Fällen auch hinter der Stoßwelle eine Potentialströmung.

Zum Beweis dieser Behauptung benutzen wir die Eulersche Gleichung in der Form

$$\frac{1}{2}\nabla v^2 - \boldsymbol{v}\times\operatorname{rot}\boldsymbol{v} = -\frac{1}{\varrho}\nabla p$$

(vgl. (2,10)) oder

$$\nabla\left(w + \frac{v^2}{2}\right) - \boldsymbol{v}\times\operatorname{rot}\boldsymbol{v} = T\nabla s\,.$$

Hier ist die Identität $\mathrm{d}w = T\,\mathrm{d}s + \mathrm{d}p/\varrho$ aus der Thermodynamik benutzt worden. In der Potentialströmung vor der Stoßwelle ist $w + v^2/2 = \text{const}$; in der Stoßwelle ist diese Größe stetig. Deshalb bleibt sie auch im ganzen Raum hinter der Stoßwelle konstant, und wir haben

$$\boldsymbol{v}\times\operatorname{rot}\boldsymbol{v} = -T\nabla s\,. \tag{114,1}$$

Die Potentialströmung vor der Stoßwelle ist isentrop. Im allgemeinen Fall einer beliebigen Stoßwelle mit einem auf der Wellenfläche veränderlichen Entropiesprung wird im Raum hinter der Welle $\nabla s \neq 0$ sein. Zusammen mit ∇s wird auch $\operatorname{rot}\boldsymbol{v}$ verschieden von Null sein. Hat die Stoßwelle aber eine konstante Intensität, dann ist auch der Entropiesprung in ihr konstant, so daß die Strömung hinter ihr ebenfalls isentrop wird, d. h. $\nabla s = 0$ ist.

---

[1]) In diesem Paragraphen wird die Strömung noch nicht als eben vorausgesetzt!

[2]) Solchen Fällen sind wir bereits beim Studium der Überschallströmungen um einen Keil und einen Kegel begegnet (§§ 112, 113).

Daraus folgt entweder rot $\boldsymbol{v} = 0$, oder die Vektoren rot $\boldsymbol{v}$ und $\boldsymbol{v}$ sind überall parallel zueinander. Der zuletzt genannte Fall ist unmöglich: In der Stoßwelle selbst hat $\boldsymbol{v}$ auf jeden Fall eine von Null verschiedene Normalkomponente, die Normalkomponente von rot $\boldsymbol{v}$ ist aber auf jeden Fall gleich Null (die Normalkomponente von rot $\boldsymbol{v}$ wird durch die tangentialen Ableitungen der tangentialen Geschwindigkeitskomponenten gegeben, die auf der Unstetigkeitsfläche stetig sind).

Ein anderer wichtiger Fall, bei dem die Potentialströmung durch Stoßwellen nicht gestört wird, liegt bei Wellen mit geringer Intensität vor. Wir haben gesehen (§ 86), daß der Entropiesprung in diesen Stoßwellen eine Größe dritter Ordnung im Vergleich mit dem Sprung des Druckes oder der Geschwindigkeit ist. Aus der Beziehung (114,1) entnehmen wir, daß dann auch rot $\boldsymbol{v}$ hinter der Unstetigkeit eine Größe dritter Ordnung ist. Folglich kann man die Strömung auch hinter der Stoßwelle als Potentialströmung ansehen, wenn man kleine Größen höherer Ordnungen vernachlässigt.

Wir wollen die allgemeine Gleichung für das Geschwindigkeitspotential einer beliebigen stationären Potentialströmung eines Gases herleiten. Dazu eliminieren wir die Dichte aus der Kontinuitätsgleichung div $\varrho\boldsymbol{v} \equiv \varrho$ div $\boldsymbol{v} + \boldsymbol{v}\nabla\varrho = 0$ mit Hilfe der Eulerschen Gleichung

$$(\boldsymbol{v}\nabla)\,\boldsymbol{v} = -\frac{1}{\varrho}\nabla p = -\frac{c^2}{\varrho}\nabla\varrho$$

und erhalten

$$c^2 \operatorname{div} \boldsymbol{v} - (\boldsymbol{v}\nabla)\,\boldsymbol{v} = 0\,.$$

Hier führen wir durch $\boldsymbol{v} = \nabla\varphi$ das Potential ein und berechnen die entstehenden Vektorausdrücke. Wir finden auf diese Weise die gesuchte Gleichung

$$(c^2 - \varphi_x^2)\,\varphi_{xx} + (c^2 - \varphi_y^2)\,\varphi_{yy} + (c^2 - \varphi_z^2)\,\varphi_{zz}$$
$$-2(\varphi_x\varphi_y\varphi_{xy} + \varphi_y\varphi_z\varphi_{yz} + \varphi_z\varphi_x\varphi_{zx}) = 0 \qquad (114,2)$$

(die unteren Indizes bedeuten hier die partiellen Ableitungen). Für eine ebene Strömung ist insbesondere

$$(c^2 - \varphi_x^2)\,\varphi_{xx} + (c^2 - \varphi_y^2)\,\varphi_{yy} - 2\varphi_x\varphi_y\varphi_{xy} = 0\,. \qquad (114,3)$$

In diesen Gleichungen muß die Schallgeschwindigkeit als Funktion der Geschwindigkeit angegeben werden. Das kann prinzipiell mit Hilfe der Bernoullischen Gleichung $w + v^2/2 = \text{const}$ und der Gleichung $s = \text{const}$ geschehen (für ein polytropes Gas wird die v-Abhängigkeit von c durch die Formel (83,18) gegeben).

Die Gleichung (114,2) vereinfacht sich wesentlich für den Fall, daß sich die Strömungsgeschwindigkeit im ganzen Raum in Betrag und Richtung nur unbedeutend von der Geschwindigkeit des aus dem Unendlichen anströmenden Gases unterscheidet.[1]) Damit ist gleichzeitig gemeint, daß Stoßwellen (wenn welche vorhanden sind) geringe Intensität haben und deshalb die Potentialströmung nicht zerstören.

Wir trennen von $\boldsymbol{v}$ die Geschwindigkeit des anströmenden Gases $\boldsymbol{v}_1$ ab und schreiben $\boldsymbol{v} = \boldsymbol{v}_1 + \boldsymbol{v}'$, wobei $\boldsymbol{v}'$ eine kleine Größe ist. An Stelle des Potentials φ der gesamten Ge-

---

[1]) Diesem Fall sind wir schon in § 113 begegnet (Strömung um einen dünnen Kegel); wir werden ihn bei der Untersuchung der Strömung eines kompressiblen Gases um beliebige dünne Körper wiederfinden.

schwindigkeit führen wir das Potential φ' der Geschwindigkeit $\boldsymbol{v}'$ ein: $\boldsymbol{v}' = \nabla\varphi'$. Die Gleichung für dieses Potential ergibt sich aus der Gleichung (114,2) durch die Substitution $\varphi \to \varphi' + xv_1$ (die x-Achse wählen wir parallel zu $\boldsymbol{v}_1$). Wir sehen φ' als kleine Größe an und lassen alle Glieder höherer als erster Ordnung weg; so erhalten wie die folgende lineare Gleichung:

$$(1 - \mathrm{Ma}_1^2)\frac{\partial^2\varphi'}{\partial x^2} + \frac{\partial^2\varphi'}{\partial y^2} + \frac{\partial^2\varphi'}{\partial z^2} = 0 \tag{114,4}$$

mit $\mathrm{Ma}_1 = v_1/c_1$. Für die Schallgeschwindigkeit wird hier natürlich ihr gegebener Wert im Unendlichen eingesetzt.

Der Druck in einem beliebigen Punkt des Stromes wird in dieser Näherung durch die Geschwindigkeit mit Hilfe einer Formel ausgedrückt, die man folgendermaßen ableiten kann. Wir sehen p als Funktion von w (bei gegebenem s) an, berücksichtigen $\left(\frac{\partial w}{\partial p}\right)_s = \frac{1}{\varrho}$ und schreiben

$$p - p_1 \approx \left(\frac{\partial p}{\partial w}\right)_s (w - w_1) = \varrho_1(w - w_1).$$

Nach der Bernoullischen Gleichung haben wir

$$w - w_1 = -\frac{1}{2}[(\boldsymbol{v}_1 + \boldsymbol{v}')^2 - v_1^2] \approx -\frac{1}{2}(v_y'^2 + v_z'^2) - v_1 v_x',$$

so daß

$$p - p_1 = -\varrho_1 v_1 v_x' - \frac{\varrho_1}{2}(v_y'^2 + v_z'^2) \tag{114,5}$$

wird. In diesem Ausdruck muß man im allgemeinen das Glied mit den Quadraten der Geschwindigkeitskomponenten senkrecht zur Richtung des Grundstromes beibehalten, weil in der Nähe der x-Achse (insbesondere auf der Oberfläche des umströmten dünnen Körpers selbst) die Ableitungen $\partial\varphi'/\partial y$ und $\partial\varphi'/\partial z$ groß gegenüber $\partial\varphi'/\partial x$ werden können.

Die Gleichung (114,4) kann jedoch nicht verwendet werden, wenn die Zahl Ma_1 sehr nahe bei 1 liegt (schallnahe Strömung), weil dann der Koeffizient des ersten Gliedes klein wird. In diesem Fall müssen offenbar in der Gleichung auch Glieder höherer Ordnung in den Ableitungen des Potentials nach x beibehalten werden. Zur Ableitung der entsprechenden Gleichung gehen wir wieder auf die Ausgangsgleichung (114,2) zurück, die sich unter Vernachlässigung der Terme, die sicher klein sind, auf die Gleichung

$$\left(1 - \frac{\varphi_x^2}{c^2}\right)\varphi_{xx} + \varphi_{yy} + \varphi_{zz} = 0 \tag{114,6}$$

reduziert. Im betrachteten Fall ist die Geschwindigkeit $v_x \approx v$, und die Schallgeschwindigkeit c ist ungefähr gleich der kritischen Geschwindigkeit c_*. Daher kann man

$$c - c_* = (v - c_*)\left.\frac{\mathrm{d}c}{\mathrm{d}v}\right|_{v=c_*}$$

schreiben oder

$$c - v = (c_* - v)\left[1 - \left.\frac{\mathrm{d}c}{\mathrm{d}v}\right|_{v=c_*}\right].$$

Wir benutzen, daß für $v = c = c_*$ nach (83,4) $\frac{\mathrm{d}\varrho}{\mathrm{d}v} = -\frac{\varrho}{c}$ ist, und schreiben (für $v = c_*$)

$$\frac{\mathrm{d}c}{\mathrm{d}v} = \frac{\mathrm{d}c}{\mathrm{d}\varrho}\frac{\mathrm{d}\varrho}{\mathrm{d}v} = -\frac{\varrho}{c}\frac{\mathrm{d}c}{\mathrm{d}\varrho},$$

so daß

$$c - v = (c_* - v)\frac{1}{c}\frac{\mathrm{d}(\varrho c)}{\mathrm{d}\varrho} = \alpha_*(c_* - v) \tag{114,7}$$

wird. Wir haben für die Ableitung $\frac{\mathrm{d}(\varrho c)}{\mathrm{d}\varrho}$ hier den Ausdruck (99,9) verwendet; α_* bedeutet den Wert von α (102,2) für $v = c_*$ (für ein polytropes Gas ist α einfach eine Konstante, so daß $\alpha_* = \alpha = (\gamma + 1)/2$ ist). Mit derselben Genauigkeit kann man die obige Formel in der Gestalt

$$\frac{v}{c} - 1 = \alpha_*\left(\frac{v}{c_*} - 1\right) \tag{114,8}$$

schreiben. Diese Beziehung gibt den Zusammenhang zwischen den Zahlen Ma und Ma_* für den Fall einer schallnahen Strömung in allgemeiner Form an.

Mit Hilfe dieser Formel erhalten wir

$$1 - \frac{v_x^2}{c^2} \approx 1 - \frac{v^2}{c^2} \approx 2\left(1 - \frac{v}{c}\right) \approx 2\alpha_*\left(1 - \frac{v}{c_*}\right).$$

Schließlich führen wir durch die Substitution

$$\varphi \to c_*(x + \varphi)$$

ein neues Potential ein, so daß jetzt

$$\frac{\partial\varphi}{\partial x} = \frac{v_x}{c_*} - 1, \qquad \frac{\partial\varphi}{\partial y} = \frac{v_y}{c_*}, \qquad \frac{\partial\varphi}{\partial z} = \frac{v_z}{c_*} \tag{114,9}$$

gilt. Durch Einsetzen in (114,6) erhalten wir für das Potential einer schallnahen Strömung (deren Geschwindigkeit überall nahezu parallel zur x-Achse ist) endgültig die folgende Gleichung:

$$2\alpha_*\frac{\partial\varphi}{\partial x}\frac{\partial^2\varphi}{\partial x^2} = \frac{\partial^2\varphi}{\partial y^2} + \frac{\partial^2\varphi}{\partial z^2}. \tag{114,10}$$

Die Eigenschaften des Gases gehen hier nur über die Konstante α_* ein. Wir werden im folgenden sehen, daß überhaupt alle Eigenschaften einer schallnahen Strömung nur über diese Konstante von der speziellen Art des Gases abhängen.

Die linearisierte Gleichung (114,4) wird auch in einem anderen Grenzfall unanwendbar, nämlich für sehr große Werte von Ma_1; dabei wurde noch gar nicht berücksichtigt, daß man wegen der Entstehung starker Stoßwellen eine Strömung für solche Ma_1 in Wirklichkeit überhaupt nicht als Potentialströmung ansehen kann (siehe § 127).

§ 115. Stationäre einfache Wellen

Wir wollen die allgemeine Gestalt der Lösungen der Bewegungsgleichungen für eine stationäre ebene Überschallströmung bestimmen, bei der im Unendlichen ein homogener planparalleler Strom vorhanden ist, der sich dann dreht und um ein gekrümmtes Profil strömt. Mit einem Spezialfall einer solchen Lösung hatten wir es bereits bei der Untersuchung der Strömung in der Nähe einen Winkels zu tun. Dabei haben wir einen planparallelen Strom längs des einen Schenkels des Winkels betrachtet, der sich um die Kante des Winkels dreht. In dieser speziellen Lösung waren alle Größen (die beiden Geschwindigkeitskomponenten, der Druck und die Dichte) nur von einer Variablen, dem Winkel φ, abhängig. Jede dieser Größen konnte daher als Funktion einer dieser Größen dargestellt werden. Da diese Lösung als Spezialfall in der gesuchten allgemeinen Lösung enthalten sein muß, ist es natürlich, beim Aufsuchen der allgemeinen Lösung von der Forderung auszugehen, daß jede der Größen p, ϱ, v_x und v_y (die Strömungsebene wählen wir als xy-Ebene) als Funktion einer der anderen dargestellt werden kann. Diese Forderung bedeutet aber eine sehr wesentliche Einschränkung für die Lösung der Bewegungsgleichungen; die auf diese Weise erhaltene Lösung ist keineswegs das allgemeine Integral dieser Gleichungen. Im allgemeinen Fall hängt jede der Größen p, ϱ, v_x und v_y von den beiden Koordinaten x und y ab und kann nur durch zwei von diesen Größen ausgedrückt werden.

Im Unendlichen ist ein homogener Strom vorhanden, in dem alle Größen, insbesondere auch die Entropie s, konstant sind. Bei der stationären Strömung einer idealen Flüssigkeit bleibt die Entropie auf einer Stromlinie erhalten; deshalb ist offenbar im ganzen Raum $s = \text{const}$, wenn keine Stoßwellen in dem Gas vorhanden sind, was im folgenden vorausgesetzt werden soll.

Die Eulersche Gleichung und die Kontinuitätsgleichung lauten

$$v_x \frac{\partial v_x}{\partial x} + v_y \frac{\partial v_x}{\partial y} = -\frac{1}{\varrho}\frac{\partial p}{\partial x}, \qquad v_x \frac{\partial v_y}{\partial x} + v_y \frac{\partial v_y}{\partial y} = -\frac{1}{\varrho}\frac{\partial p}{\partial y};$$

$$\frac{\partial}{\partial x}(\varrho v_x) + \frac{\partial}{\partial y}(\varrho v_y) = 0\,.$$

Wir schreiben die partiellen Ableitungen als Funktionaldeterminanten und erhalten für diese Gleichungen

$$v_x \frac{\partial(v_x, y)}{\partial(x, y)} - v_y \frac{\partial(v_x, x)}{\partial(x, y)} = -\frac{1}{\varrho}\frac{\partial(p, y)}{\partial(x, y)}, \qquad v_x \frac{\partial(v_y, y)}{\partial(x, y)} - v_y \frac{\partial(v_y, x)}{\partial(x, y)} = \frac{1}{\varrho}\frac{\partial(p, x)}{\partial(x, y)};$$

$$\frac{\partial(\varrho v_x, y)}{\partial(x, y)} - \frac{\partial(\varrho v_y, x)}{\partial(x, y)} = 0\,.$$

Wählen wir jetzt als unabhängige Variable x und p. Um die entsprechenden Umformungen durchzuführen, braucht man die Gleichungen nur mit $\frac{\partial(x, y)}{\partial(x, p)}$ zu multiplizieren. Dabei behalten die Gleichungen dieselbe Gestalt, mit dem einzigen Unterschied, daß in den Nennern aller Funktionaldeterminanten $\partial(x, p)$ statt $\partial(x, y)$ steht. Wir berechnen nun die Funktionaldeterminanten. Dabei muß beachtet werden, daß alle Größen ϱ, v_x und v_y nach Voraussetzung in den unabhängigen Variablen x und p Funktionen von p allein sind; daher verschwinden ihre partiellen Ableitungen nach x, und wir erhalten

$$\left(v_y - v_x \frac{\partial y}{\partial x}\right) \frac{dv_x}{dp} = \frac{1}{\varrho} \frac{\partial y}{\partial x}, \qquad \left(v_y - v_x \frac{\partial y}{\partial x}\right) \frac{dv_y}{dp} = -\frac{1}{\varrho},$$

$$\left(v_y - v_x \frac{\partial y}{\partial x}\right) \frac{d\varrho}{dp} + \varrho \left(\frac{dv_y}{dp} - \frac{\partial y}{\partial x} \frac{dv_x}{dp}\right) = 0$$

$\left(\frac{\partial y}{\partial x}\right.$ bedeutet $\left.\left(\frac{\partial y}{\partial x}\right)_p\right)$. Alle Größen in diesen Gleichungen, außer $\partial y/\partial x$, hängen nach Voraussetzung nur von p ab, und x geht explizit überhaupt nicht in die Gleichungen ein. Daher kann man auf Grund dieser Gleichungen sofort schließen, daß auch $\partial y/\partial x$ nur von p abhängt:

$$\left(\frac{\partial y}{\partial x}\right)_p = f_1(p).$$

Daraus folgt

$$y = x f_1(p) + f_2(p), \tag{115,1}$$

wobei $f_2(p)$ eine beliebige Funktion des Druckes ist.

Weitere Rechnungen lassen sich vermeiden, indem man unmittelbar von der uns schon bekannten speziellen Lösung für die Verdünnungswelle bei der Strömung um einen Winkel (§§ 109, 112) Gebrauch macht. Wir erinnern daran, daß in dieser Lösung alle Größen (darunter auch der Druck) auf jeder Geraden (Charakteristik) durch den Scheitelpunkt des Winkels konstant sind. Diese spezielle Lösung gehört offensichtlich zu dem Fall, bei dem die beliebige Funktion $f_2(p)$ in dem allgemeinen Ausdruck (115,1) identisch gleich Null ist. Die Funktion $f_1(p)$ wird durch die in § 109 gewonnenen Formeln gegeben.

Die Gleichung (115,1) stellt für konstante Werte von p eine Geradenschar in der xy-Ebene dar. Diese Geraden schneiden überall die Stromlinien unter dem Machschen Winkel. Man erkennt das unmittelbar daraus, daß die Geraden $y = x f_1(p)$ in der speziellen Lösung mit $f_2 \equiv 0$ diese Eigenschaft haben. Auch im allgemeinen Fall besteht also eine Charakteristikenschar (die von der Oberfläche des Körpers „auslaufenden" Charakteristiken) aus geraden Strahlen, auf denen alle Größen konstant bleiben. Diese Geraden haben aber jetzt keinen gemeinsamen Schnittpunkt.

Die erläuterten Eigenschaften der betrachteten Strömung sind in mathematischer Hinsicht ganz analog zu den Eigenschaften der eindimensionalen einfachen Wellen, für die eine Charakteristikenschar eine Geradenschar in der xt-Ebene ist (siehe §§ 101, 103 und 104). Die betrachtete Klasse von Strömungen spielt daher in der Theorie der stationären ebenen (Überschall-) Strömungen dieselbe Rolle wie die einfachen Wellen in der Theorie der nichtstationären eindimensionalen Strömung. Auf Grund dieser Analogie werden diese

Strömungen ebenfalls als einfache Wellen bezeichnet. Insbesondere nennt man die zum Falle $f_2 = 0$ gehörende Verdünnungswelle *zentrierte einfache Welle.*

Ebenso wie im nichtstationären Fall besteht eine der wichtigsten Eigenschaften der stationären einfachen Wellen darin, daß eine Strömung in jedem Bereich der xy-Ebene, der an einen Bereich homogener Strömung grenzt, eine einfache Welle ist (vgl. § 104).

Wir zeigen jetzt, wie man die einfache Welle für die Strömung um ein gegebenes Profil konstruieren kann.

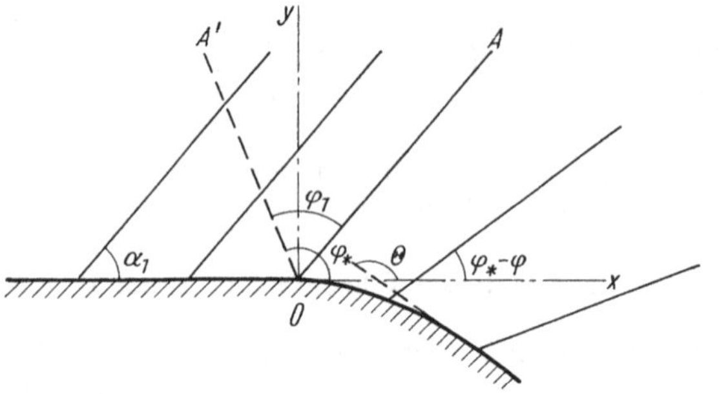

Abb. 115

In Abb. 115 ist das umströmte Profil dargestellt. Links vom Punkt O ist es geradlinig, im Punkt O beginnt die Krümmung. In einer Überschallströmung breitet sich der Einfluß der Krümmung selbstverständlich nur in den Bereich aus, der stromabwärts von der vom Punkt O auslaufenden Charakteristik OA liegt. Die gesamte Strömung links von dieser Charakteristik ist deshalb homogen (die zu diesem Bereich gehörenden Größen versehen wir mit dem Index 1). Alle Charakteristiken in diesem Bereich sind zueinander parallel und bilden mit der x-Achse den Machschen Winkel $\alpha_1 = \arcsin(c_1/v_1)$.

In den Formeln (109,12) bis (109,15) wird der Steigungswinkel φ der Charakteristiken von dem Strahl mit $v = c = c_*$ aus gezählt. Dementsprechend gehört zur Charakteristik OA der Winkel (vgl. § 112)

$$\varphi_1 = \sqrt{\frac{\gamma+1}{\gamma-1}} \arccos\frac{c_1}{c_*}.$$

Im folgenden beziehen wir die Winkel φ aller Charakteristiken auf die Richtung OA' (Abb. 115). Der Steigungswinkel der Charakteristiken in bezug auf die x-Achse ist dann gleich $\varphi_* - \varphi$ mit $\varphi_* = \alpha_1 + \varphi_1$. Mit Hilfe der Formeln (109,12) bis (109,15) werden Geschwindigkeit und Druck folgendermaßen durch den Winkel φ ausgedrückt:

$$v_x = v\cos\Theta\,, \qquad v_y = v\sin\Theta\,, \tag{115,2}$$

$$v^2 = c_*^2\left[1 + \frac{2}{\gamma-1}\sin^2\sqrt{\frac{\gamma-1}{\gamma+1}}\,\varphi\right], \tag{115,3}$$

$$\Theta = \varphi_* - \varphi - \arctan\left(\sqrt{\frac{\gamma-1}{\gamma+1}}\cot\sqrt{\frac{\gamma-1}{\gamma+1}}\,\varphi\right), \tag{115,4}$$

$$p = p_*\left(\cos\sqrt{\frac{\gamma-1}{\gamma+1}}\,\varphi\right)^{\frac{2\gamma}{\gamma-1}}. \tag{115,5}$$

Die Gleichung für die Charakteristiken erhält die Gestalt

$$y = x \tan(\varphi_* - \varphi) + F(\varphi)\,. \tag{115,6}$$

Die beliebige Funktion $F(\varphi)$ wird in folgender Weise aus der gegebenen Form des Profils bestimmt. Das Profil sei durch die Gleichung $Y = Y(X)$ gegeben, wobei X und Y die Koordinaten der Profilpunkte sind. Auf der Oberfläche hat die Strömungsgeschwindigkeit die Richtung der Tangente, d. h.

$$\tan \Theta = \frac{\mathrm{d}Y}{\mathrm{d}X}\,. \tag{115,7}$$

Die Gleichung der Geraden durch den Punkt X, Y mit dem Steigungswinkel $\varphi_* - \varphi$ relativ zur x-Achse ist

$$y - Y = (x - X) \tan(\varphi_* - \varphi)\,.$$

Diese Gleichung stimmt mit (115,6) überein, wenn wir in der letzteren

$$F(\varphi) = Y - X \tan(\varphi_* - \varphi) \tag{115,8}$$

setzen. Mit Hilfe der gegebenen Gleichung $Y = Y(X)$ und der Gleichung (115,7) stellen wir das Profil durch die Gleichungen $X = X(\Theta)$ und $Y = Y(\Theta)$ in Parameterform dar. Der Parameter ist der Steigungswinkel Θ der Tangente an das Profil. Hier setzen wir für Θ den Ausdruck (115,4) ein und erhalten X und Y als Funktionen von φ; diese setzen wir schließlich in (115,8) ein und erhalten die gesuchte Funktion $F(\varphi)$.

Bei der Strömung um eine konvexe Oberfläche nimmt der Steigungswinkel Θ des Geschwindigkeitsvektors relativ zur x-Achse in Strömungsrichtung ab (Abb. 115). Zusammen mit Θ wird auch der Steigungswinkel $\varphi_* - \varphi$ der Charakteristiken monoton kleiner (es handelt sich hier immer um die vom Körper auslaufenden Charakteristiken). Infolgedessen schneiden sich die Charakteristiken (im Strömungsbereich) nicht. Stromabwärts von der Charakteristik OA, die eine schwache Unstetigkeit darstellt, haben wir also einige stetige Strömung (ohne Stoßwellen), in der die Gasdichte monoton abnimmt.

Anders verhält es sich mit der Strömung um ein konkaves Profil. Hier wächst der Steigungswinkel Θ der Tangente an das Profil und damit auch die Steigung der Charakteristiken in Strömungsrichtung. Infolgedessen schneiden sich die Charakteristiken (im Strömungsbereich). Auf den verschiedenen, zueinander nicht parallelen Charakteristiken haben aber alle Größen (Geschwindigkeit, Druck usw.) verschiedene Werte. Daher sind alle diese Funktionen in den Schnittpunkten der Charakteristiken mehrdeutig, was physikalisch sinnlos ist. Eine ähnliche Erscheinung hatten wir schon bei einer nichtstationären eindimensionalen Verdichtungswelle (§ 101). Ebenso wie dort bedeutet diese Erscheinung auch hier, daß in Wirklichkeit eine Stoßwelle entsteht. Die Lage dieser Unstetigkeit kann aus der betrachteten Lösung nicht völlig bestimmt werden, weil diese Lösung unter der Voraussetzung gefunden worden ist, daß keine Stoßwellen vorhanden sind. Das einzige, was bestimmt werden kann, ist der Ort, an dem die Stoßwelle beginnt (der Punkt O in Abb. 116; die Stoßwelle ist durch die dicke Linie OB dargestellt). Er wird nämlich durch den Schnittpunkt der Charakteristiken bestimmt, der der Oberfläche des Körpers am nächsten liegt. Auf den Stromlinien unterhalb des Punktes O ist die Lösung überall eindeutig; im Punkt O beginnt ihre Mehrdeutigkeit. Die Gleichungen zur Bestimmung der Koordinaten x_0 und y_0 dieses Punktes können in ähnlicher Weise erhalten werden wie die entsprechenden Gleichungen zur Bestimmung des Zeitpunktes und des Ortes der Ausbildung einer Unstetigkeit in einer eindimensionalen nichtstationären einfachen Welle. Betrachtet man den Steigungswinkel der Charakteristiken als Funktion der Koordinaten x und y der Punkte, durch die sie hindurchgehen, dann wird diese Funktion für x und y oberhalb gewisser Werte x_0 und y_0 mehrdeutig. In § 101 hatten wir eine ganz ähnliche Situation für die Funktion $v(x, t)$. Ohne alle Überlegungen zu wiederholen, schreiben wir daher sofort die Gleichungen

$$\left(\frac{\partial y}{\partial \varphi}\right)_x = 0\,, \qquad \left(\frac{\partial^2 y}{\partial \varphi^2}\right)_x = 0 \tag{115,9}$$

zur Bestimmung des Anfangsortes der Stoßwelle auf. In mathematischer Hinsicht ist dieser Punkt die Spitze der Hüllkurve der Schar der geradlinigen Charakteristiken (vgl. § 103).

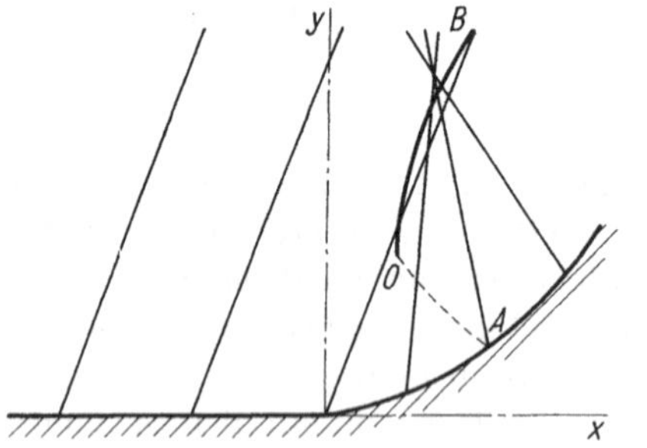

Abb. 116

Wir betrachten nun den Bereich, in dem bei der Strömung um ein konkaves Profil die einfache Welle existiert. Auf den Stromlinien oberhalb des Punktes O existiert sie bis zu den Schnittpunkten dieser Linien mit der Stoßwelle. Die Stromlinien unterhalb des Punktes O schneiden die Stoßwelle überhaupt nicht. Daraus darf man aber nicht schließen, daß man auf diesen Stromlinien die betrachtete Lösung überall anwenden kann. Die entstehende Stoßwelle wirkt sich auch auf das Gas störend aus, das sich längs dieser Stromlinien bewegt, und stört auf diese Weise die Strömung, die ohne Stoßwelle vorhanden wäre. Wegen der Eigenschaften einer Überschallströmung gelangen diese Störungen aber nur in den Bereich des Gases, der stromabwärts von der Charakteristik OA liegt, die vom Anfangspunkt der Stoßwelle ausgeht (und eine Charakteristik der zweiten Schar ist). Die hier betrachtete Lösung ist also in dem ganzen Bereich links der Linie AOB anwendbar. Die Linie OA selbst ist eine schwache Unstetigkeit. Wie wir sehen, ist eine im ganzen Bereich stetige einfache Verdichtungswelle (ohne Stoßwellen) längs einer konkaven Oberfläche, analog zu der einfachen Verdünnungswelle längs einer konvexen Oberfläche, unmöglich.

Die bei der Strömung um ein konkaves Profil entstehende Stoßwelle ist ein Beispiel für eine Welle, die in einem gewissen Punkt der Strömung weit entfernt von festen Wänden „beginnt". Dieser „Anfangspunkt" der Stoßwelle hat einige allgemeine Eigenschaften, die wir hier angeben wollen. Im Anfangspunkt selbst ist die Intensität der Stoßwelle gleich Null, und in seiner Umgebung ist sie klein. In einer Stoßwelle mit geringer Intensität sind aber die Sprünge der Entropie und der Rotation der Geschwindigkeit kleine Größen dritter Ordnung. Deshalb unterscheidet sich die Änderung der Strömung beim Durchgang durch die Welle von der stetigen isentropen Änderung in der Potentialströmung nur um Größen dritter Ordnung. Daraus folgt, daß in den vom Anfangspunkt der Stoßwelle ausgehenden schwachen Unstetigkeiten nur die dritten Ableitungen der verschiedenen Größen einen Sprung zeigen können. Im allgemeinen gibt es zwei solche Unstetigkeiten: eine mit der Charakteristik zusammenfallende schwache Unstetigkeit und eine tangentiale schwache Unstetigkeit, die mit der Stromlinie übereinstimmt (siehe den Schluß von § 96).

§ 116. Die Tschaplyginsche Gleichung (das allgemeine Problem der ebenen stationären Strömung eines kompressiblen Gases)

Nachdem wir die stationären einfachen Wellen behandelt haben, kommen wir jetzt zu dem allgemeinen Problem einer beliebigen stationären ebenen Potentialströmung. Wenn wir von einer Potentialströmung sprechen, dann meinen wir damit, daß die Strömung isentrop verläuft und daß in ihr keine Stoßwellen auftreten.

Es erweist sich als möglich, das gestellte Problem auf die Lösung einer einzigen linearen partiellen Differentialgleichung zurückzuführen (S. A. Tschaplygin, 1902). Das wird durch die Transformation auf neue unabhängige Variablen, die Geschwindigkeitskomponenten v_x und v_y erreicht (diese Transformation wird häufig als *Hodographentransformation* bezeichnet; die Ebene der Variablen v_x und v_y nennt man dabei Hodographenebene und die xy-Ebene physikalische Ebene).

Für eine Potentialströmung kann man statt der Eulerschen Gleichung gleich deren erstes Integral aufschreiben, d. h. die Bernoullische Gleichung

$$w + \frac{v^2}{2} = w_0 \,. \tag{116,1}$$

Die Kontinuitätsgleichung lautet

$$\frac{\partial}{\partial x}(\varrho v_x) + \frac{\partial}{\partial y}(\varrho v_y) = 0 \,. \tag{116,2}$$

Für das Differential des Geschwindigkeitspotentials φ haben wir

$$\mathrm{d}\varphi = v_x \,\mathrm{d}x + v_y \,\mathrm{d}y \,.$$

Wir transformieren diese Gleichung von den unabhängigen Variablen x und y mit Hilfe einer Legendreschen Transformation auf die unabhängigen Variablen v_x und v_y. Dazu schreiben wir

$$\mathrm{d}\varphi = \mathrm{d}(x v_x) - x\,\mathrm{d}v_x + \mathrm{d}(y v_y) - y\,\mathrm{d}v_y \,.$$

Wir führen die Funktion

$$\Phi = -\varphi + x v_x + y v_y \tag{116,3}$$

ein und erhalten

$$\mathrm{d}\Phi = x\,\mathrm{d}v_x + y\,\mathrm{d}v_y \,,$$

wobei Φ als Funktion von v_x und v_y aufzufassen ist. Daraus bekommen wir

$$x = \frac{\partial \Phi}{\partial v_x}, \qquad y = \frac{\partial \Phi}{\partial v_y}. \tag{116,4}$$

Es ist aber bequemer, nicht die kartesischen Geschwindigkeitskomponenten zu verwenden, sondern den Betrag v und den Winkel Θ zwischen der Geschwindigkeit und der x-Achse:

$$v_x = v \cos \Theta, \qquad v_y = v \sin \Theta. \tag{116,5}$$

Wir transformieren die entsprechenden Ableitungen und erhalten statt (116,4) mühelos die folgenden Beziehungen:

$$x = \cos \Theta \frac{\partial \Phi}{\partial v} - \frac{\sin \Theta}{v} \frac{\partial \Phi}{\partial \Theta}, \qquad y = \sin \Theta \frac{\partial \Phi}{\partial v} + \frac{\cos \Theta}{v} \frac{\partial \Phi}{\partial \Theta}. \tag{116,6}$$

Der Zusammenhang des Potentials φ mit der Funktion Φ wird dabei durch die einfache Formel

$$\varphi = -\Phi + v \frac{\partial \Phi}{\partial v} \tag{116,7}$$

gegeben.

Um die Gleichung zur Bestimmung der Funktion $\Phi(v, \Theta)$ zu erhalten, müssen wir schließlich noch die Kontinuitätsgleichung (116,2) auf die neuen Variablen transformieren. Wir schreiben die Ableitungen als Funktionaldeterminanten:

$$\frac{\partial(\varrho v_x, y)}{\partial(x, y)} - \frac{\partial(\varrho v_y, x)}{\partial(x, y)} = 0 .$$

Nun multiplizieren wir mit $\dfrac{\partial(x, y)}{\partial(v, \Theta)}$, setzen (116,5) ein und erhalten

$$\frac{\partial(\varrho v \cos \Theta, y)}{\partial(v, \Theta)} - \frac{\partial(\varrho v \sin \Theta, x)}{\partial(v, \Theta)} = 0 .$$

Zur Berechnung dieser Funktionaldeterminanten muß man für x und y die Ausdrücke (116,6) einsetzen. Stellen wir die Dichte als Funktion von s und w dar und setzen für w den Ausdruck $w = w_0 - v^2/2$ ein, so finden wir, da die Entropie s eine gegebene konstante Größe ist, daß die Dichte als Funktion der Geschwindigkeit allein geschrieben werden kann: $\varrho = \varrho(v)$. Damit erhalten wir nach einfachen Umformungen die folgende Gleichung:

$$\frac{\mathrm{d}(\varrho v)}{\mathrm{d}v} \left(\frac{\partial \Phi}{\partial v} + \frac{1}{v} \frac{\partial^2 \Phi}{\partial \Theta^2} \right) + \varrho v \frac{\partial^2 \Phi}{\partial v^2} = 0 .$$

Nach (83,5) ist

$$\frac{\mathrm{d}(\varrho v)}{\mathrm{d}v} = \varrho \left(1 - \frac{v^2}{c^2} \right),$$

und wir erhalten für die Funktion $\Phi(v, \Theta)$ endgültig die *Tschaplyginsche Gleichung*

$$\frac{\partial^2 \Phi}{\partial \Theta^2} + \frac{v^2}{1 - \frac{v^2}{c^2}} \frac{\partial^2 \Phi}{\partial v^2} + v \frac{\partial \Phi}{\partial v} = 0 . \tag{116,8}$$

Hier ist die Schallgeschwindigkeit eine gegebene Funktion der Geschwindigkeit, $c = c(v)$, die durch die Zustandsgleichung des Gases und die Bernoullische Gleichung bestimmt wird.

Die Gleichung (116,8) ersetzt zusammen mit den Beziehungen (116,6) die Bewegungsgleichungen. Die Lösung der nichtlinearen Bewegungsgleichungen ist auf diese Weise auf die Lösung einer linearen Gleichung für die Funktion $\Phi(v, \Theta)$ zurückgeführt worden. Dafür sind aber die Randbedingungen zu dieser Gleichung nichtlinear. Diese Bedingungen besagen folgendes. Auf der Oberfläche eines umströmten Körpers muß die Strömungsgeschwindigkeit die Richtung der Tangente haben. Wir geben die Gleichung für die Oberfläche in Parameterdarstellung $X = X(\Theta)$ und $Y = Y(\Theta)$ an (wie im vorhergehenden Paragraphen erklärt worden ist); in (116,6) setzen wir für x und y die Funktionen X und Y ein und erhalten zwei Gleichungen, die für alle Werte von Θ erfüllt sein müssen, was aber keineswegs für jede Funktion $\Phi(v, \Theta)$ möglich ist. Die Randbedingung besteht gerade in der Forderung, daß diese beiden Gleichungen für alle Θ miteinander verträglich sind, d. h., eine muß automatisch aus der anderen folgen.

Die Erfüllung der Randbedingungen ist aber noch nicht hinreichend dafür, daß die erhaltene Lösung der Tschaplyginschen Gleichung für die Beschreibung einer realen Strömung im ganzen Strömungsbereich in der physikalischen Ebene brauchbar ist. Es ist noch die folgende Forderung notwendig: Die Funktionaldeterminante

$$\Delta \equiv \frac{\partial(x, y)}{\partial(\Theta, v)}$$

darf nicht ihr Vorzeichen ändern, indem sie durch Null geht (bis auf den trivialen Fall, daß alle vier in ihr enthaltenen Ableitungen gleich Null sind). Wenn diese Bedingung verletzt ist, wird die Lösung beim Überschreiten der durch die Gleichung $\Delta = 0$ gegebenen Kurve in der xy-Ebene (der sogenannten *Grenzlinie*) im allgemeinen komplex[1]): Auf der Kurve $v = v_0(\Theta)$ sei $\Delta = 0$ und dabei $\left(\frac{\partial y}{\partial \Theta}\right)_v \neq 0$. Dann haben wir

$$-\Delta \left(\frac{\partial \Theta}{\partial y}\right)_v = \frac{\partial(x, y)}{\partial(v, \Theta)} \frac{\partial(v, \Theta)}{\partial(v, y)} = \frac{\partial(x, y)}{\partial(v, y)} = \left(\frac{\partial x}{\partial v}\right)_y = 0 .$$

Daraus ist zu entnehmen, daß v als Funktion von x (bei festem y) in der Nähe der Grenzlinie

---

[1]) Ein Vorzeichenwechsel dadurch, daß Δ unendlich wird, ist nicht verboten. Ist auf einer gewissen Kurve $1/\Delta = 0$, dann bedeutet das lediglich, daß sich die xy-Ebene und die $v\Theta$-Ebene nicht mehr eindeutig entsprechen; bei einem Umlauf in der xy-Ebene wird ein gewisser Teil der $v\Theta$-Ebene zwei- oder dreimal durchlaufen werden.

durch die Gleichung der Gestalt

$$x - x_0 = \frac{1}{2}\left(\frac{\partial^2 x}{\partial v^2}\right)_y (v - v_0)^2$$

gegeben wird. Auf einer Seite der Grenzlinie wird v komplex.[1])

Wie man leicht sieht, kann eine Grenzlinie nur in Bereichen mit Überschallströmung auftreten. Die direkte Berechnung unter Verwendung der Beziehungen (116,6) und der Gleichung (116,8) ergibt

$$\Delta = \frac{1}{v}\left[\left(\frac{\partial^2 \Phi}{\partial \Theta\, \partial v} - \frac{1}{v}\frac{\partial \Phi}{\partial \Theta}\right)^2 + \frac{v^2}{1 - \dfrac{v^2}{c^2}}\left(\frac{\partial^2 \Phi}{\partial v^2}\right)^2\right]. \qquad (116,9)$$

Offensichtlich ist für $v \leqq c$ immer $\Delta > 0$, und nur für $v > c$ kann Δ sein Vorzeichen ändern, indem es durch Null geht.

Das Auftreten von Grenzlinien in der Lösung der Tschaplyginschen Gleichung weist darauf hin, daß unter den gegebenen konkreten Bedingungen eine überall stetige Strömung unmöglich ist und daß in der Strömung Stoßwellen entstehen. Es muß aber hervorgehoben werden, daß die Lage dieser Wellen keineswegs mit den Grenzlinien übereinstimmt.

Im vorigen Paragraphen haben wir den Spezialfall einer stationären zweidimensionalen Überschallströmung (einfache Welle) behandelt, der dadurch charakterisiert wird, daß der Betrag der Geschwindigkeit nur von deren Richtung abhängt: $v = v(\Theta)$. Diese Lösung kann nicht aus der Tschaplyginschen Gleichung erhalten werden. Für sie ist identisch $1/\Delta \equiv 0$; d. h., sie geht verloren, wenn die Bewegungsgleichung (Kontinuitätsgleichung) bei der Transformation in die Hodographenebene mit der Funktionaldeterminante Δ multipliziert wird. Wir haben hier eine ganz ähnliche Situation wie in der Theorie der eindimensionalen nichtstationären Strömung. Alle Feststellungen in § 105 über das Verhältnis zwischen einer einfachen Welle und dem allgemeinen Integral (105,2) gelten uneingeschränkt auch für das Verhältnis zwischen einer stationären einfachen Welle und dem allgemeinen Integral der Tschaplyginschen Gleichung.

Da für eine Unterschallströmung die Funktionaldeterminante Δ immer positiv ist, kann eine Regel über die Drehrichtung der Geschwindigkeit längs der Strömung aufgestellt werden (A. A. Nikolski, G. I. Taganow, 1946). Wir haben identisch

$$\frac{1}{\Delta} \equiv \frac{\partial(\Theta, v)}{\partial(x, y)} = \frac{\partial(\Theta, v)}{\partial(x, v)}\frac{\partial(x, v)}{\partial(x, y)}$$

oder

$$\frac{1}{\Delta} = \left(\frac{\partial \theta}{\partial x}\right)_v \left(\frac{\partial v}{\partial y}\right)_x . \qquad (116,10)$$

---

[1]) Diese Behauptung bleibt offensichtlich auch dann richtig, wenn gleichzeitig mit Δ auch $\left(\frac{\partial^2 x}{\partial v^2}\right)_y$ verschwindet, die Ableitung $\left(\frac{\partial x}{\partial v}\right)_y$ aber nach wie vor bei $v = v_0$ ihr Vorzeichen wechselt, d. h. die Differenz $x - x_0$ einer höheren geraden Potenz von $v - v_0$ proportional ist.

In einer Unterschallströmung ist $\Delta > 0$, und wir sehen, daß die Ableitungen $\left(\frac{\partial \Theta}{\partial x}\right)_v$ und $\left(\frac{\partial v}{\partial y}\right)_x$ folglich einheitliche Vorzeichen haben. Dieses Ergebnis hat einen einfachen geometrischen Sinn: Bewegt man sich auf einer Kurve $v = \text{const} \equiv v_0$ in solcher Weise, daß der Bereich $v < v_0$ rechts liegt, dann wächst der Winkel Θ monoton, d. h., der Geschwindigkeitsvektor dreht sich monoton im Gegenzeigersinn. Dieses Resultat gilt insbesondere für die Übergangslinie zwischen Unter- und Überschallströmung, auf der $v = c = c_*$ ist.

Zum Abschluß schreiben wir noch die Tschaplyginsche Gleichung für ein polytropes Gas auf, indem wir c explizit durch v ausdrücken:

$$\frac{\partial^2 \Phi}{\partial \Theta^2} + v^2 \frac{1 - \frac{\gamma - 1}{\gamma + 1}\frac{v^2}{c_*^2}}{1 - \frac{v^2}{c_*^2}} \frac{\partial^2 \Phi}{\partial v^2} + v \frac{\partial \Phi}{\partial v} = 0 . \tag{116,11}$$

Diese Gleichung hat eine Schar von speziellen Lösungen, die durch hypergeometrische Funktionen ausgedrückt werden können.[1])

§ 117. Die Charakteristiken einer ebenen stationären Strömung

Einige allgemeine Eigenschaften der Charakteristiken einer ebenen stationären (Überschall-) Strömung sind bereits in § 82 behandelt worden. Wir wollen hier Gleichungen herleiten, mit deren Hilfe man diese Kurven auf Grund einer gegebenen Lösung der Bewegungsgleichungen berechnen kann.

In einer ebenen stationären Überschallströmung gibt es im allgemeinen drei Charakteristikenscharen. Auf zwei Scharen (die wir als Charakteristiken C_+ und C_- bezeichnen) breiten sich alle kleinen Störungen außer den Störungen der Entropie und der Rotation der Geschwindigkeit aus. Die letzteren breiten sich auf den Charakteristiken der dritten Schar C_0 aus, die mit den Stromlinien übereinstimmt. Für eine gegebene Strömung sind die Stromlinien bekannt, und es müssen nur die Charakteristiken der ersten beiden Scharen bestimmt werden.

Die Richtungen der Charakteristiken C_+ und C_- durch einen beliebigen Punkt der Ebene zeigen nach beiden Seiten der durch denselben Punkt gehenden Stromlinie und bilden mit ihr den lokalen Machschen Winkel α (Abb. 51). Wir bezeichnen die Steigung der Stromlinie in dem gegebenen Punkt mit m_0 und die Steigungen der Charakteristiken C_+ und C_- mit m_+ und m_-. Nach dem Additionstheorem für den Tangens haben wir

$$\frac{m_+ - m_0}{1 + m_0 m_+} = \tan\alpha , \qquad \frac{m_- - m_0}{1 + m_0 m_-} = -\tan\alpha$$

---

[1]) Siehe etwa L. I. Sedow (Л. И. Седов), Ebene Aufgaben der Hydrodynamik und Aerodynamik (Плоские задачи гидродонамики и азродинамики), Nauka, Moskau, 1966, Kap. X; R. Mises, Mathematical theory of compressible fluid flow, Academic Press, New York, 1958, § 20.

und daher

$$m_{\pm} = \frac{m_0 \pm \tan \alpha}{1 \mp m_0 \tan \alpha}$$

(die oberen Vorzeichen gehören immer zu C_+, die unteren zu C_-). Hier setzen wir

$$m_0 = \frac{v_y}{v_x}, \qquad \tan \alpha = \frac{c}{\sqrt{v^2 - c^2}}$$

ein und erhalten nach Vereinfachungen den folgenden Ausdruck für die Steigungen der Charakteristiken:

$$m_{\pm} \equiv \left(\frac{\mathrm{d}y}{\mathrm{d}x}\right)_{\pm} = \frac{v_x v_y \pm c\sqrt{v^2 - c^2}}{v_x^2 - c^2}. \tag{117,1}$$

Ist die Geschwindigkeitsverteilung in der Strömung bekannt, dann stellt (117,1) eine Differentialgleichung für die Charakteristiken C_+ und C_- dar.[1])

Neben den Charakteristiken in der xy-Ebene kann man auch die Charakteristiken in der Hodographenebene betrachten; das ist insbesondere bei der Behandlung einer isentropen Potentialströmung nützlich, mit der wir uns im folgenden befassen wollen. Vom mathematischen Standpunkt aus sind dies die Charakteristiken der Tschaplyginschen Gleichung (116,8) (die für $v > c$ eine hyperbolische Gleichung ist). Nach der aus der mathematischen Physik bekannten allgemeinen Methode (s. § 103) schreiben wir mit Hilfe der Koeffizienten dieser Gleichung die Gleichung für die Charakteristiken auf:

$$\mathrm{d}v^2 + \mathrm{d}\Theta^2 \frac{v^2}{1 - \frac{v^2}{c^2}} = 0$$

oder

$$\left(\frac{\mathrm{d}\Theta}{\mathrm{d}v}\right)_{\pm} = \pm \frac{1}{v}\sqrt{\frac{v^2}{c^2} - 1}. \tag{117,2}$$

Die durch diese Gleichungen gegebenen Charakteristiken hängen nicht von der konkreten Lösung der Tschaplyginschen Gleichung ab, weil die Koeffizienten der Tschaplyginschen Gleichung unabhängig von Φ sind. Die Charakteristiken in der Hodographenebene sind die Abbildungen der Charakteristiken C_+ und C_- in der physikalischen Ebene, wir werden sie als Charakteristiken Γ_+ und Γ_- bezeichnen (die Vorzeichen in (117,2) entsprechen dieser Bezeichnung).

Die Integration der Gleichung (117,2) liefert Beziehungen der Gestalt $J_+(v, \Theta) = \mathrm{const}$ und $J_-(v, \Theta) = \mathrm{const}$. Die Funktionen J_+ bzw. J_- bleiben auf den Charakteristiken C_+ bzw. C_- konstant (Riemannsche Invarianten). Für ein polytropes Gas kann man die Gleichung (117,2) explizit integrieren. Man braucht diese Rechnungen aber nicht durch-

[1]) Die Gleichung (117,1) bestimmt die Charakteristiken auch für eine axialsymmetrische stationäre Strömung; man muß dazu nur v_y und y durch v_r und r ersetzen, wobei die Zylinderkoordinate r der Abstand von der Symmetrieachse (x-Achse) ist. Es ist klar, daß sich die gesamte Ableitung nicht ändert, wenn man statt der xy-Ebene die durch die Symmetrieachse gehende xr-Ebene betrachtet.

zuführen, weil man das Ergebnis gleich mit Hilfe der Formeln (115,3) und (115,4) angeben kann: Auf Grund der allgemeinen Eigenschaften der einfachen Wellen (siehe § 104) wird die Θ-Abhängigkeit von v in einer einfachen Welle gerade durch die Bedingung festgelegt, daß eine der Riemannschen Invarianten im ganzen Raum konstant ist. Die willkürliche Konstante in den Formeln (115,3) und (115,4) ist φ_*. Wir eliminieren aus diesen Formeln den Parameter φ und erhalten

$$J_\pm = \Theta \pm \left\{\arcsin \sqrt{\frac{\gamma+1}{2}\left(1-\frac{c_*^2}{v^2}\right)} - \sqrt{\frac{\gamma+1}{\gamma-1}} \arcsin \sqrt{\frac{\gamma-1}{2}\left(\frac{v^2}{c_*^2}-1\right)}\right\}. \tag{117,3}$$

In der Hodographenebene bilden die Charakteristiken eine Schar von Epizykloiden, die den Raum zwischen den beiden Kreisen mit den Radien

$$v = c_* \quad \text{und} \quad v = \sqrt{\frac{\gamma+1}{\gamma-1}}\, c_*$$

ausfüllen (Abb. 117).

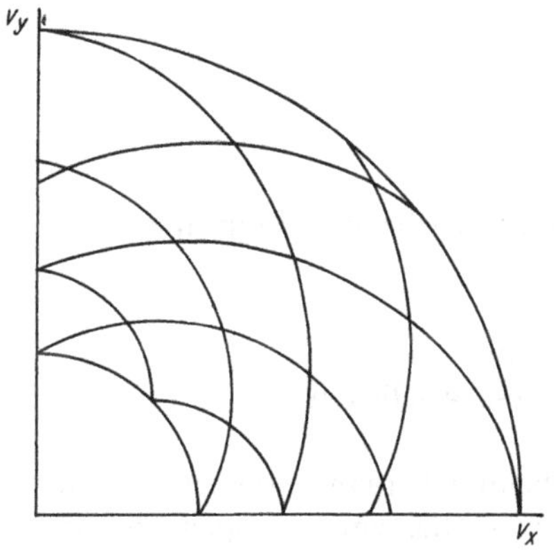

Abb. 117

Für eine isentrope Potentialströmung haben die Charakteristiken Γ_+ und Γ_- die folgende wichtige Eigenschaft: Die Charakteristikenscharen Γ_+ und Γ_- sind orthogonal zu den entsprechenden Charakteristikenscharen C_- und C_+ (dabei wird vorausgesetzt, daß die x- und die y-Achse parallel zur v_x- und v_y-Achse gezeichnet sind.[1])

Zum Beweis dieser Behauptung gehen wir von der Gleichung (114,3) für das Potential einer ebenen Strömung aus:

$$A\frac{\partial^2\varphi}{\partial x^2} + 2B\frac{\partial^2\varphi}{\partial x\,\partial y} + C\frac{\partial^2\varphi}{\partial y^2} = 0 \tag{117,4}$$

(das Fehlen des absoluten Gliedes ist wesentlich).

---

[1]) Diese Behauptung gilt nicht für die Charakteristiken einer axialsymmetrischen Strömung in der xr-Ebene!

Die Steigungen $m_\pm$ der Charakteristiken $C_\pm$ werden als Wurzeln der quadratischen Gleichung

$$Am^2 - 2Bm + C = 0$$

bestimmt.

Wir betrachten den Ausdruck $dv_x^+ \, dx^- + dv_y^+ \, dy^-$, in dem die Differentiale der Geschwindigkeit längs der Charakteristik Γ_+ und die Koordinatendifferentiale längs der Charakteristik C_- genommen werden. Wir haben identisch

$$dv_x^+ \, dx^- + dv_y^+ \, dy^- = \frac{\partial^2\varphi}{\partial x^2} dx^+ \, dx^- + \frac{\partial^2\varphi}{\partial x \, \partial y} (dx^+ \, dy^- + dx^- \, dy^+) + \frac{\partial^2\varphi}{\partial y^2} dy^+ \, dy^- .$$

Diesen Ausdruck dividieren wir durch $dx^+ \, dx^-$ und erhalten als Koeffizienten von $\frac{\partial^2\varphi}{\partial x \, \partial y}$ und $\frac{\partial^2\varphi}{\partial y^2}$ entsprechend $m_+ + m_- = \frac{2B}{A}$ und $m_+ m_- = \frac{C}{A}$. Nun ist offensichtlich, daß dieser Ausdruck wegen der Gleichung (117,4) verschwindet. Es ist also

$$dv_x^+ \, dx^- + dv_y^+ \, dy^- = d\boldsymbol{v}^+ \, d\boldsymbol{r}^- = 0 .$$

Ähnlich erhalten wir

$$d\boldsymbol{v}^- \, d\boldsymbol{r}^+ = 0 .$$

Diese Gleichungen beweisen die oben ausgesprochene Behauptung.

§ 118. Die Euler-Tricomische Gleichung. Das Überschreiten der Schallgeschwindigkeit

Die Untersuchung der Besonderheiten beim Übergang von einer Unter- in eine Überschallströmung und umgekehrt ist von wesentlichem prinzipiellem Interesse. Stationäre Strömungen mit einem solchen Übergang bezeichnet man als *gemischte* oder *schallnahe* Strömungen, die Grenze selbst heißt *Schallfläche* oder *Übergangsfläche.*

Zur Untersuchung der Strömung in der Nähe des Überganges ist die Tschaplyginsche Gleichung besonders geeignet, die sich in diesem Bereich stark vereinfacht.

Auf der Schallfläche ist $v = c = c_*$, und in deren Nähe (im *schallnahen* Bereich) sind die Differenzen $v - c_*$ und $c - c_*$ klein und durch die Beziehung (114,8),

$$\frac{v}{c} - 1 = \alpha_* \left[\frac{v}{c_*} - 1\right],$$

miteinander verknüpft. Wir wollen die Tschaplyginsche Gleichung entsprechend vereinfachen. Das dritte Glied in der Gleichung (116,8) ist klein gegenüber dem zweiten, das $1 - v^2/c^2$ im Nenner enthält. Im zweiten Glied setzen wir genähert

$$\frac{v^2}{1 - v^2/c^2} = \frac{c_*^2}{2(1 - v/c)} = \frac{c_*}{2\alpha_*(1 - v/c_*)} .$$

Schließlich führen wir statt der Geschwindigkeit v die neue Variable

$$\eta = (2\alpha_*)^{1/3} \frac{v - c_*}{c_*} \tag{118,1}$$

ein und erhalten die gesuchte Gleichung in der Form

$$\frac{\partial^2 \Phi}{\partial \eta^2} - \eta \frac{\partial^2 \Phi}{\partial \Theta^2} = 0 . \tag{118,2}$$

Eine Gleichung dieser Gestalt wird in der mathematischen Physik als *Euler-Tricomische Gleichung* bezeichnet. [1]) In der Halbebene $\eta > 0$ ist sie eine hyperbolische, in der Halbebene $\eta < 0$ eine elliptische Gleichung. Wir betrachten hier einige rein mathematische Eigenschaften dieser Gleichung, die für die Untersuchung gewisser konkreter physikalischer Fälle interessant sind.

Die Charakteristiken der Gleichung (118,2) werden durch die Gleichung

$$\eta \, \mathrm{d}\eta^2 - \mathrm{d}\Theta^2 = 0$$

bestimmt; sie hat das allgemeine Integral

$$\Theta \pm \frac{2}{3} \eta^{3/2} = C \tag{118,3}$$

mit der beliebigen Konstanten C. Diese Gleichungen beschreiben zwei Charakteristikenscharen in der $\eta\Theta$-Ebene. Die Charakteristiken sind die Äste der semikubischen Parabeln in der rechten Halbebene mit Umkehrpunkten auf der Θ-Achse (Abb. 118).

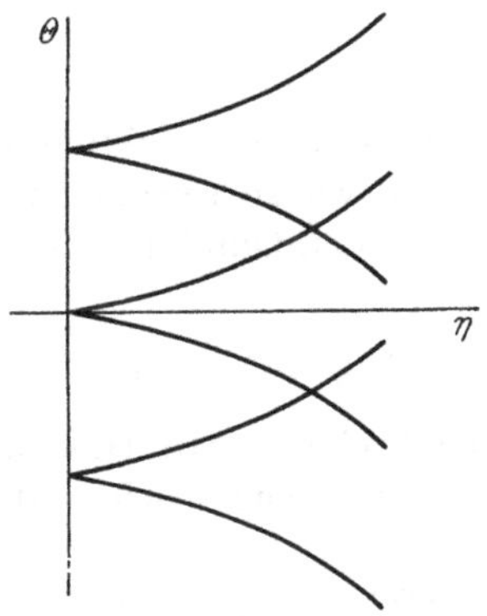

Abb. 118

[1]) Für das betrachtete gasdynamische Problem wurde die Tricomische Gleichung von F. I. Frankl (1945) herangezogen.

Bei der Untersuchung der Strömung in einem kleinen Raumgebiet, in dem sich die Richtung der Strömungsgeschwindigkeit nicht wesentlich ändert,[1]) kann man die x-Richtung immer so wählen, daß der von ihr aus gezählte Winkel Θ im ganzen betrachteten Bereich klein ist. Dann werden auch die Gleichungen (116,6) wesentlich einfacher, die die Koordinaten x und y durch die Funktion $\Phi(\eta, \Theta)$ ausdrücken[2]):

$$x = (2\alpha_*)^{1/3} \frac{\partial \Phi}{\partial \eta}, \qquad y = \frac{\partial \Phi}{\partial \Theta}.$$

Um in den Formeln den lästigen Faktor $(2\alpha_*)^{1/3}$ zu vermeiden, werden wir in §§ 118–121 statt der Koordinate x die Größe $x(2\alpha_*)^{-1/3}$ verwenden und diese mit demselben Buchstaben x bezeichnen. Dann ist

$$x = \frac{\partial \Phi}{\partial \eta}, \qquad y = \frac{\partial \Phi}{\partial \Theta}. \tag{118,4}$$

Es ist nützlich zu bemerken, daß auch $y(\eta, \Theta)$ (aber nicht $x(\eta, \Theta)$) wegen des einfachen Zusammenhanges mit der Funktion Φ die Euler-Tricomische Gleichung erfüllt. Im Hinblick darauf kann man die Funktionaldeterminante für die Tranformation von der physikalischen Ebene in die Hodographenebene in der folgenden Gestalt schreiben:

$$\Delta = \frac{\partial(x, y)}{\partial(\Theta, \eta)} = \Phi_{\eta\Theta}^2 - \Phi_{\eta\eta}\Phi_{\Theta\Theta} = \left(\frac{\partial y}{\partial \eta}\right)^2 - \eta\left(\frac{\partial y}{\partial \Theta}\right)^2. \tag{118,5}$$

Wie schon gesagt worden ist, verwendet man die Euler-Tricomische Gleichung gewöhnlich zur Untersuchung der Eigenschaften der Lösung in der Umgebung des Koordinatenursprungs in der $\eta\Theta$-Ebene. In den physikalisch interessanten Fällen ist dieser Punkt ein singulärer Punkt der Lösung. In diesem Zusammenhang hat eine Schar von speziellen Integralen der Euler-Tricomischen Gleichung mit bestimmten Homogenitätseigenschaften eine besondere Bedeutung. Es handelt sich dabei um Lösungen, die in den Variablen Θ^2 und η^3 homogen sind. Solche Lösungen müssen existieren, da die Transformation $\Theta^2 \to a\Theta^2$, $\eta^3 \to a\eta^3$ die Gleichung (118,2) invariant läßt. Wir werden diese Lösungen in der Gestalt

$$\Phi = \Theta^{2k} f(\xi), \qquad \xi = 1 - \frac{4\eta^3}{9\Theta^2}$$

mit der Konstanten k ansetzen (k ist der Homogenitätsgrad der Funktion Φ in bezug auf die angegebene Tranformation). Die Variable ξ haben wir so gewählt, daß sie auf den Charakteristiken durch den Punkt $\eta = \Theta = 0$ verschwindet. Durch Einsetzen erhalten wir für die Funktion $f(\xi)$ die Gleichung

$$\xi(1 - \xi) f'' + [\tfrac{5}{6} - 2k - \xi(\tfrac{3}{2} - 2k)] f' - k(k - \tfrac{1}{2}) f = 0.$$

Das ist ein Spezialfall der hypergeometrischen Gleichung. Mit Hilfe des bekannten Ausdruckes für die beiden unabhängigen Integrale der hypergeometrischen Gleichung finden

---

[1]) Die Worte „kleines Raumgebiet" darf man selbstverständlich nicht wörtlich auffassen. Es kann sich auch um die Untersuchung der Umgebung des unendlich fernen Punktes handeln, d. h. um die Strömung in genügend großen Entfernungen vom umströmten Körper.

[2]) Wir haben hier auf den rechten Seiten der Gleichung die Faktoren $1/c_*$ weggelassen. Das bedeutet nur, daß wir die Funktion Φ durch $c_*\Phi$ ersetzt haben, was die Gleichung (118,2) nicht verändert und daher immer zulässig ist.

wir die gesuchte Lösung (falls $2k + (1/6)$ keine ganze Zahl ist) in der Gestalt

$$\Phi_k = \Theta^{2k}\left[AF\left(-k,\ -k+\frac{1}{2},\ -2k+\frac{5}{6};\ 1-\frac{4\eta^3}{9\Theta^2}\right)\right.$$
$$\left. + B\left(1-\frac{4\eta^3}{9\Theta^2}\right)^{2k+1/6} F\left(k+\frac{1}{6},\ k+\frac{2}{3},\ 2k+\frac{7}{6};\ 1-\frac{4\eta^3}{9\Theta^2}\right)\right]. \tag{118,6}$$

Unter Anwendung der bekannten Beziehungen zwischen den hypergeometrischen Funktionen der Argumente $z, \frac{1}{z}, 1-z, \frac{1}{1-z}$ und $\frac{z}{1-z}$ kann man diese Lösung noch in fünf anderen Formen darstellen. Bei der Untersuchung verschiedener konkreter Fälle muß man alle diese verschiedenen Formen benutzen.[1]) Wir geben hier nur die folgenden beiden an:

$$\Phi_k = \Theta^{2k}\left[AF\left(-k,\ -k+\frac{1}{2},\ \frac{2}{3};\ \frac{4\eta^3}{9\Theta^2}\right)\right.$$
$$\left. + B\frac{\eta}{\Theta^{2/3}} F\left(-k+\frac{1}{3},\ -k+\frac{5}{6},\ \frac{4}{3};\ \frac{4\eta^3}{9\Theta^2}\right)\right], \tag{118,7}$$

$$\Phi_k = \eta^{3k}\left[AF\left(-k,\ -k+\frac{1}{3},\ \frac{1}{2};\ \frac{9\Theta^2}{4\eta^3}\right)\right.$$
$$\left. + B\frac{\Theta}{\eta^{3/2}} F\left(-k+\frac{1}{2},\ -k+\frac{5}{6},\ \frac{3}{2};\ \frac{9\Theta^2}{4\eta^3}\right)\right] \tag{118,8}$$

(die Konstanten A und B in den Formeln (118,6) bis (118,8) sind natürlich nicht gleich). Aus diesen Formeln ergibt sich sofort die folgende wichtige Eigenschaft der Funktionen Φ_k, die aus der Formel (118,6) nicht unmittelbar zu erkennen ist: Die Kurven $\eta = 0$ und $\Theta = 0$ sind keine singulären Kurven. (Aus (118,7) ist zu entnehmen, daß Φ_k in der Nähe von $\eta = 0$ nach ganzen Potenzen von η entwickelt werden kann, aus (118,8) ist dasselbe für Θ zu erkennen.) Dem Ausdruck (118,6) entnimmt man, daß die Charakteristiken dagegen singuläre Kurven des allgemeinen (d. h. beide Konstanten A und B enthaltenden) homogenen Integrals Φ_k der Euler-Tricomischen Gleichung sind: Für nichtganzes $2k + 1/6$ hat der Faktor $(9\Theta^2 - 4\eta^3)^{2k+1/6}$ Verzweigungspunkte, und für ganzzahliges $2k + 1/6$ verliert einer der Terme in (118,6) überhaupt seinen Sinn[2]) (oder er stimmt für $2k + 1/6 = 0$ mit dem anderen überein) und muß durch die zweite unabhängige Lösung der hypergeometrischen Gleichung ersetzt werden, die in diesem Falle bekanntlich eine logarithmische Singularität hat.

---

[1]) Die entsprechenden Formeln kann man z. B. in § e des Mathematischen Anhangs zu Band III finden. Wir benutzen die Gelegenheit, einen Druckfehler in Formel (e, 9) dieses Paragraphen zu korrigieren: Im zweiten Term muß der Faktor $z^{\beta-\gamma}$ (statt $z^{\alpha-\gamma}$) stehen.

[2]) Wir erinnern daran, daß die Reihe $F(\alpha, \beta, \gamma; z)$ für $\gamma = 0, -1, -2, \ldots$ ihren Sinn verliert.

Zwischen den Integralen Φ_k mit verschiedenen k-Werten bestehen die folgenden Beziehungen:

$$\Phi_k = \Phi_{-k-1/6}(9\Theta^2 - 4\eta^3)^{2k+1/6}, \tag{118,9}$$

$$\Phi_{k-1/2} = \frac{\partial \Phi_k}{\partial \Theta}. \tag{118,10}$$

Die erste Beziehung folgt direkt aus dem Ausdruck (118,6), und die zweite ergibt sich, weil die Funktion $\partial\Phi_k/\partial\Theta$ die Euler-Tricomische Gleichung erfüllt und denselben Homogenitätsgrad wie $\Phi_{k-1/2}$ hat. In diesen Formeln ist natürlich immer der allgemeine Ausdruck für Φ_k mit zwei beliebigen Konstanten gemeint.

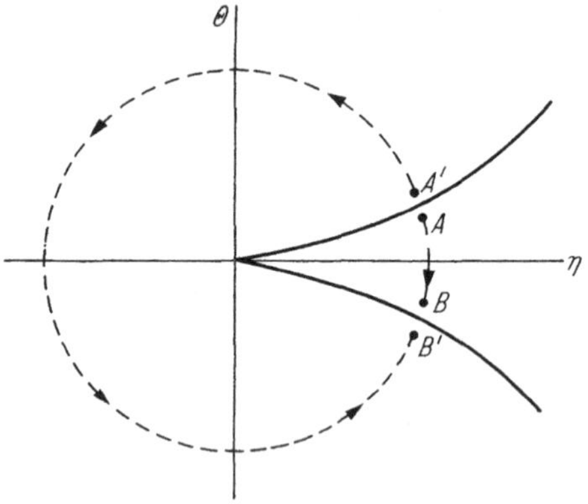

Abb. 119

Bei der Untersuchung der Lösung in der Umgebung des Punktes $\eta = \Theta = 0$ muß man deren Änderung bei einem Umlauf um diesen Punkt verfolgen. Die Funktion Φ_k (118,6) soll z. B. die Lösung im Punkt A nahe der Charakteristik $\Theta = \frac{2}{3}\eta^{3/2}$ darstellen (Abb. 119), und es soll die Gestalt der Lösung in der Nähe der Charakteristik $\Theta = -\frac{2}{3}\eta^{3/2}$ (im Punkt B) gefunden werden. Beim Fortschreiten auf der Kurve AB wird die Abszissenachse überquert. Der Wert $\Theta = 0$ ist aber ein singulärer Punkt der hypergeometrischen Funktionen im Ausdruck (118,6), weil deren Argument unendlich wird. Um diesen Übergang von A nach B auszuführen, muß man daher die hypergeometrischen Funktionen zunächst in Funktionen vom reziproken Argument $\left(\dfrac{9\Theta^2}{9\Theta^2 - 4\eta^3}\right)$ transformieren; für diese ist $\Theta = 0$ kein singulärer Punkt mehr. Danach ändern wir das Vorzeichen von Θ und durch nochmalige Anwendung derselben Transformation gelangen wir wieder zu Funktionen des ursprünglichen Argumentes. Auf diese Weise ergeben sich für die Funktionen im Ausdruck (118,6) die folgenden Transformationsformeln:

$$\left.\begin{aligned} F_1 &\to \frac{F_1}{2\sin\pi(2k+1/6)} + F_2 \cdot 2^{-4k-1/3}\frac{\Gamma(-2k-1/6)\,\Gamma(-2k+5/6)}{\Gamma(-2k)\,\Gamma(-2k+2/3)}, \\ F_2 &\to \frac{-F_2}{2\sin\pi(2k+1/6)} + F_1 \cdot 2^{4k+1/3}\frac{\Gamma(2k+1/6)\,\Gamma(2k+7/6)}{\Gamma(2k+1)\,\Gamma(2k+1/3)}; \end{aligned}\right\} \tag{118,11}$$

F_1 und F_2 bedeuten dabei die Ausdrücke

$$\left.\begin{aligned} F_1 &= |\Theta|^{2k} F\left(-k\,, \; -k + \frac{1}{2}, \; -2k + \frac{5}{6}; \; 1 - \frac{4\eta^3}{9\Theta^2}\right), \\ F_2 &= |\Theta|^{2k} \left|1 - \frac{4\eta^3}{9\Theta^2}\right|^{2k+1/6} \\ &\quad \times F\left(k + \frac{1}{6}, \; k + \frac{2}{3}, \; 2k + \frac{7}{6}; \; 1 - \frac{4\eta^3}{9\Theta^2}\right), \end{aligned}\right\} \tag{118,12}$$

in denen für Θ und $1 - \dfrac{4\eta^3}{9\Theta^2}$ in den Koeffizienten der hypergeometrischen Funktionen die absoluten Beträge zu nehmen sind.

Ähnlich kann man auch die Transformationsformeln für den Übergang vom Punkt A' zum Punkt B' durch Umrundung des Koordinatenursprungs in der entgegengesetzten Richtung gewinnen (Abb. 119). Die Rechnungen sind dabei umfangreicher, weil man durch drei singuläre Punkte der hypergeometrischen Funktionen hindurchgehen muß: durch einen Punkt mit $\Theta = 0$ und durch zwei Punkte mit $\eta = 0$ (wir erinnern daran, daß die singulären Punkte einer hypergeometrischen Funktion vom Argument z die Punkte $z = 1$ und $z = \infty$ sind). Die Endformeln lauten

$$\left.\begin{aligned} F_1 &\to -\frac{\sin \pi(4k - 1/6)}{\sin \pi(2k + 1/6)} F_1 \\ &\quad + F_2 \cdot 2^{-4k+2/3} \cos \pi(2k + 1/6) \frac{\Gamma(-2k - 1/6)\,\Gamma(-2k + 5/6)}{\Gamma(-2k)\,\Gamma(-2k + 2/3)}, \\ F_2 &\to \frac{\sin \pi(4k - 1/6)}{\sin \pi(2k + 1/6)} F_2 \\ &\quad + F_1 \cdot 2^{4k+4/3} \cos \pi(2k + 1/6) \frac{\Gamma(2k + 1/6)\,\Gamma(2k + 7/6)}{\Gamma(2k + 1)\,\Gamma(2k + 1/3)}. \end{aligned}\right\} \tag{118,13}$$

Neben der betrachteten Schar von homogenen Lösungen kann man natürlich auch andere Scharen von speziellen Integralen der Euler-Tricomischen Gleichung konstruieren. Wir geben hier nur die Lösungsschar an, die im Zusammenhang mit der Fourier-Entwicklung nach dem Winkel Θ entsteht. Setzt man Φ in der Gestalt

$$\Phi_\nu = g_\nu(\eta)\, \mathrm{e}^{\pm i\nu\Theta} \tag{118,14}$$

mit einer beliebigen Konstanten ν an, dann ergibt sich für die Funktion g_ν die Gleichung

$$g_\nu'' + \nu^2 \eta g_\nu = 0\,.$$

Das ist die Gleichung der Airyschen Funktionen; ihr allgemeines Integral ist

$$g_\nu(\eta) = \sqrt{\eta}\, Z_{1/3}\left(\tfrac{2}{3} \nu \eta^{3/2}\right); \tag{118,15}$$

$Z_{1/3}$ ist dabei eine beliebige Linearkombination der Besselschen Funktionen der Ordnung 1/3.

Schließlich ist es noch nützlich zu erwähnen, daß das allgemeine Integral der Euler-Tricomischen Gleichung in der Form

$$\Phi = \int_C f(\zeta)\,\mathrm{d}z\,, \qquad \zeta = z^3 - 3\eta z + 3\Theta \tag{118,16}$$

geschrieben werden kann; $f(\zeta)$ ist dabei eine beliebige Funktion. Die Integration erfolgt in der komplexen z-Ebene auf einem beliebigen Weg C, an dessen Enden die Ableitung $f'(\zeta)$ gleiche Werte hat. Setzt man den Ausdruck (118,16) nämlich in die Gleichung ein, so ergibt sich unmittelbar

$$\frac{\partial^2 \Phi}{\partial \eta^2} - \eta\frac{\partial^2 \Phi}{\partial \Theta^2} = 9\int_C (z^2 - \eta)\, f''(\zeta)\,\mathrm{d}z = 3\int f''(\zeta)\,\mathrm{d}\zeta = 3f'(\zeta)\Big|_C = 0\,,$$

d. h., die Gleichung ist erfüllt.

§ 119. Lösungen der Euler-Tricomischen Gleichung in der Nähe nichtsingulärer Punkte der Schallfläche

Wir wollen jetzt feststellen, welche Lösungen Φ_k einer Gasströmung entsprechen, die in der Umgebung der Schallfläche keine physikalischen Singularitäten hat (keine schwachen Unstetigkeiten oder Stoßwellen). Dazu ist es aber bequemer, nicht direkt von der Euler-Tricomischen Gleichung auszugehen, sondern von der Gleichung für das Geschwindigkeitspotential in der physikalischen Ebene. Diese Gleichung ist in § 114 hergeleitet worden. Für eine ebene Strömung nimmt die Gleichung (114,10) nach Einführung der neuen Koordinate durch $x \to x(2\alpha_*)^{1/3}$ die Gestalt

$$\frac{\partial \varphi}{\partial x}\frac{\partial^2 \varphi}{\partial x^2} = \frac{\partial^2 \varphi}{\partial y^2} \tag{119,1}$$

an. Wir erinnern daran, daß das Potential φ hier so definiert ist, daß seine Ableitungen nach den Koordinaten auf Grund der Gleichungen

$$\frac{\partial \varphi}{\partial x} = \eta\,, \qquad \frac{\partial \varphi}{\partial y} = \Theta \tag{119,2}$$

die Geschwindigkeit ergeben. Wir bemerken noch, daß man die Euler-Tricomische Gleichung auch direkt aus der Gleichung (119,1) erhalten kann, indem man mit Hilfe einer Legendreschen Tranformation zu den unabhängigen Variablen Θ, η übergeht; dabei wird $\Phi = -\varphi + x\eta + y\Theta$ oder

$$\varphi = -\Phi + \eta\frac{\partial \Phi}{\partial \eta} + \Theta\frac{\partial \Phi}{\partial \Theta}\,. \tag{119,3}$$

Wir legen den Ursprung der xy-Ebene in den Punkt auf der Schallinie, für dessen Umgebung wir uns interessieren, und entwickeln φ nach Potenzen von x und y. Im allgemeinen Falle ist das erste Glied der Entwicklung, das die Gleichung (119,1) erfüllt,

$$\varphi = \frac{1}{a}xy\,. \tag{119,4}$$

Dabei sind $\Theta = \frac{x}{a}$ und $\eta = \frac{y}{a}$, so daß

$$\Phi = a\Theta\eta \tag{119,5}$$

wird. Aus dem Homogenitätsgrad dieser Funktion ist zu erkennen, daß ihr eine der Funktionen $\Phi_{5/6}$ entspricht; sie ist das zweite Glied des Ausdrucks (118,7), bei dem sich die hypergeometrische Funktion mit $k = 5/6$ einfach auf 1 reduziert:

$$\eta\Theta F\left(-\frac{1}{2}, 0, \frac{4}{3}; \frac{4\eta^3}{9\Theta^2}\right) = \eta\Theta .$$

Wenn wir die Gleichung für die Schallinie in der physikalischen Ebene finden wollen, dann reicht das aufgeschriebene erste Glied der Entwicklung nicht aus. Das nächste Glied in der Entwicklung von Φ hat den Homogenitätsgrad 1, d. h., es entspricht einer der Funktionen Φ_1; es ist der erste Term in dem Ausdruck (118,7), der sich für $k = 1$ zu einem Polynom vereinfacht:

$$\Theta^2 F\left(-1, -\frac{1}{2}, \frac{2}{3}; \frac{4\eta^3}{9\Theta^2}\right) = \Theta^2 + \frac{\eta^3}{3}.$$

Die ersten beiden Glieder der Entwicklung von Φ sind also

$$\Phi = a\eta\Theta + b\left(\Theta^2 + \frac{\eta^3}{3}\right). \tag{119,6}$$

Daraus folgt

$$\left.\begin{aligned} x &= a\Theta + b\eta^2 , \\ y &= a\eta + 2b\Theta . \end{aligned}\right\} \tag{119,7}$$

Die Schallinie ($\eta = 0$) ist die Gerade $y = \frac{2b}{a} x$.

Um die Gleichung für die Charakteristiken in der physikalischen Ebenen zu finden, genügt das erste Glied der Entwicklung. Wir setzen $\Theta = x/a$ und $\eta = y/a$ in die Gleichung

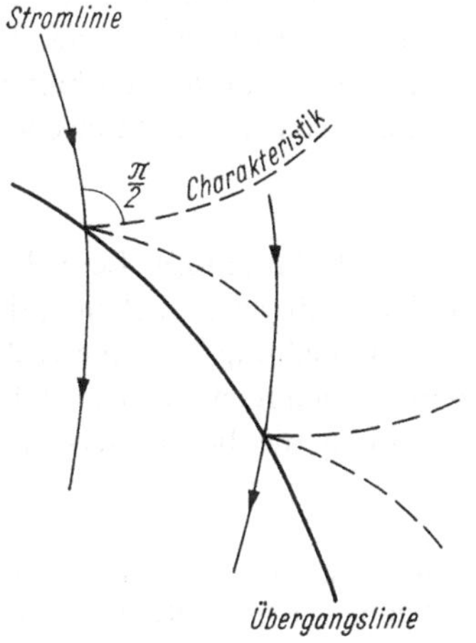

Abb. 120

$\Theta = \pm 2\eta^{3/2}/3$ für die Charakteristiken in der Hodographenebene ein und erhalten

$$x = \pm \frac{2}{3\sqrt{a}} y^{3/2},$$

d. h. wieder die beiden Äste einer semikubischen Parabel mit dem Umkehrpunkt auf der Übergangslinie (Schallinie) (Abb. 120).

Diese Eigenschaft der Charakteristiken ist nach den folgenden einfachen Überlegungen von vornherein klar. In den Punkten der Schallinie ist der Machsche Winkel gleich $\pi/2$. Die Tangenten an die Charakteristiken der beiden Scharen stimmen dementsprechend überein; dies bedeutet, daß hier ein Umkehrpunkt vorliegt (Abb. 120). Die Stromlinien schneiden die Schallinie senkrecht zu den Charakteristiken und haben hier keine Singularitäten.

Die Lösung (119,6) ist in dem Ausnahmefall nicht anwendbar, wenn die Stromlinie in dem betrachteten Punkt senkrecht auf der Schallinie steht.[1]) In der Nähe eines solchen Punktes ist die Strömung offensichtlich zur x-Achse symmetrisch. Dieser Fall erfordert eine besondere Betrachtung (F. I. Frankl and S. W. Falkowitsch, 1945).

Die Symmetrie der Strömung bedeutet, daß die Geschwindigkeit v_y bei einer Vorzeichenänderung von y ihr Vorzeichen wechselt, während v_x unverändert bleibt. Mit anderen Worten, das Potential φ muß eine gerade Funktion in y sein (und das Potential Φ eine gerade Funktion in Θ). Die ersten Glieder in der Entwicklung von φ haben daher in diesem Fall die Gestalt

$$\varphi = \frac{ax^2}{2} + \frac{a^2xy^2}{2} + \frac{a^3y^4}{24} \tag{119,8}$$

(die relative Größenordnung von x und y ist nicht von vornherein bestimmt, so daß alle drei aufgeschriebenen Terme von derselben Größenordnung sein können). Wir finden hieraus die folgenden Formeln für die Tranformation von der physikalischen Ebene in die Hodographenebene:

$$\eta = ax + \frac{a^2y^2}{2}, \qquad \Theta = a^2xy + \frac{a^3y^3}{6}. \tag{119,9}$$

Schon ohne diese Gleichungen explizit nach x und y aufzulösen, kann man leicht erkennen, daß die Funktion $y(\Theta, \eta)$ homogen vom Grade 1/6 ist. Für die zugehörige Funktion Φ ist $k = 1/6 + 1/2 = 2/3$, d. h., sie ist in dem allgemeinen Integral $\Phi_{2/3}$ enthalten.

Wir eliminieren x aus den Gleichungen (119,9) und erhalten die kubische Gleichung

$$(ay)^3 - 3\eta ay + 3\Theta = 0 \tag{119,10}$$

zur Bestimmung von $y(\Theta, \eta)$. Für $\Theta^2 - 4\eta^3/9 > 0$, d. h. im ganzen Bereich links von den Charakteristiken durch den Punkt $\eta = \Theta = 0$ in der Hodographenebene (also auch in der ganzen Unterschallzone $\eta < 0$; Abb. 121), hat diese Gleichung nur eine reelle Wurzel, die als Funktion $y(\Theta, \eta)$ verwendet werden muß. In dem Bereich rechts von den Charakteristiken gibt es drei reelle Wurzeln. Man hat diejenige zu nehmen, die die Fortsetzung der im linken Bereich reellen Wurzel ist.

---

[1]) In der Lösung (119,6) wäre dabei die Konstante a gleich Null; für $a = 0$ würde diese Lösung aber ihren Sinn verlieren, weil auf der Kurve $\eta = 0$ die Funktionaldeterminante Δ verschwindet.

Die Charakteristiken in der physikalischen Ebene (durch den Koordinatenursprung) ergeben sich durch Einsetzen der Ausdrücke (119,9) in die Gleichung $4\eta^3 = 9\Theta^2$. Man erhält zwei Parabeln:

$$\left.\begin{aligned} &\text{Charakteristiken 23 und 56:} \qquad x = -\frac{ay^2}{4}, \\ &\text{Charakteristiken 34 und 45:} \qquad x = \frac{ay^2}{2}. \end{aligned}\right\} \tag{119,11}$$

(Die Ziffern geben an, welche beiden Bereiche in der physikalischen Ebene die betreffende Charakteristik trennt). Die Übergangslinie (Schallinie, $\eta = 0$ in der Hodographenebene) ist in der physikalischen Ebene die Parabel $x = -ay^2/2$ (Abb. 121). Wir stellen die folgende Besonderheit des Schnittpunktes der Schallinie mit der Symmetrieachse fest: Von diesem Punkt gehen vier Äste der Charakteristiken aus, während von jedem anderen Punkt der Schallinie nur zwei ausgehen.

In Abb. 121 sind die einander entsprechenden Bereiche der Hodographenebene und der physikalischen Ebene mit gleichen Ziffern bezeichnet: Diese Zuordnung ist nicht eineindeutig.[1]) Bei einem vollständigen Umlauf um den Ursprung in der physikalischen Ebene wird der Bereich zwischen den beiden Charakteristiken in der Hodographenebene dreimal durchlaufen, wie es in Abb. 121 durch die gestrichelte, an den Charakteristiken zweimal reflektierte Linie angegeben ist.

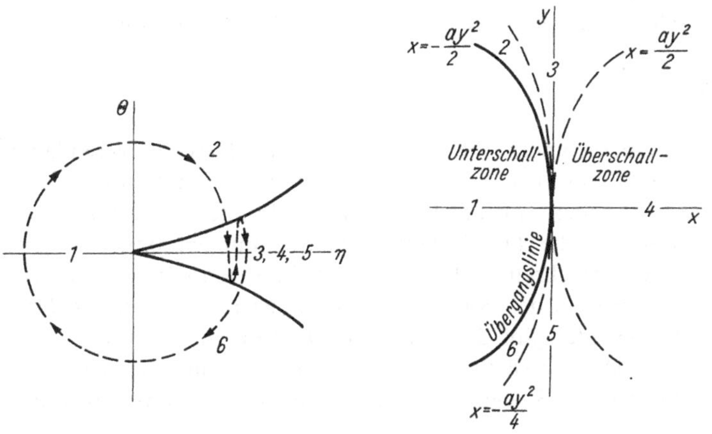

Abb. 121

Da die Funktion $y(\Theta, \eta)$ selbst die Euler-Tricomische Gleichung befriedigt, muß sie in dem allgemeinen Integral $\Phi_{1/6}$ enthalten sein. In der Nähe der Charakteristik 23 in der physikalischen Ebene haben wir

$$y = \frac{1}{a}\left(\frac{3\Theta}{2}\right)^{1/3} F\left(-\frac{1}{6}, \frac{1}{3}, \frac{1}{2}; 1 - \frac{4\eta^3}{9\Theta^2}\right) \tag{119,12}$$

---

[1]) In Übereinstimmung damit, daß auf der Charakteristik $x = ay^2/2$ in der physikalischen Ebene $\Delta = \infty$ ist (siehe die Fußnote auf S. 565).

(das ist der erste Term im Ausdruck (118,6), der auf der Charakteristik keine Singularität hat). Setzen wir diese Funktion in die Umgebung der Charakteristik 56 analytisch fort (auf einem Wege durch die Unterschallzone 1, d. h. mit Hilfe der Formeln (118,13)), so erhalten wir dort dieselbe Funktion. In der Nähe der Charakteristiken 34 und 45 ergibt sich $y(\Theta, \eta)$ als Linearkombinationen dieser Funktion und der Funktion

$$\Theta^{1/3} \sqrt{\frac{4\eta^3}{9\Theta^2} - 1}\; F\left(\frac{1}{3}, \frac{5}{6}, \frac{3}{2}; 1 - \frac{4\eta^3}{9\Theta^2}\right) \tag{119,13}$$

(das ist der zweite Term im Ausdruck (118,6)). Diese Kombinationen erhält man durch analytische Fortsetzung unter Verwendung der Formeln (118,11) (dabei ist zu beachten, daß die Quadratwurzel in der Funktion (119,13) bei jeder Reflexion an einer Charakteristik in der Hodographenebene ihr Vorzeichen wechselt).

Vom rein mathematischen Standpunkt aus besagen die erhaltenen Ergebnisse, daß die Funktionen $\Phi_{1/6}$ Linearkombinationen der Wurzeln der kubischen Gleichung

$$f^3 - 3\eta f + 3\Theta = 0 \tag{119,14}$$

sind, d. h., sie reduzieren sich auf algebraische Funktionen.[1] Zusammen mit $\Phi_{1/6}$ reduzieren sich auf algebraische Funktionen auch alle Φ_k mit

$$k = \frac{1}{6} \pm \frac{n}{2}, \qquad n = 0, 1, 2, \ldots, \tag{119,15}$$

die sich auf Grund der Formeln (118,9) und (118,10) aus $\Phi_{1/6}$ durch fortgesetzte Differentiation ergeben (F. I. Frankl, 1947).

Auf algebraische Funktionen reduzieren sich auch die Funktionen Φ_k mit

$$k = \pm \frac{n}{2}, \qquad k = \frac{1}{3} \pm \frac{n}{2}, \tag{119,16}$$

in denen sich die hypergeometrische Funktion zu einem Polynom vereinfacht[2] (das ist z. B. für $k = n/2$ das erste und für $k = -n/2$ das zweite Glied im Ausdruck (118,6)).

Zu diesen drei Familien von algebraischen Funktionen Φ_k gehören insbesondere alle diejenigen Funktionen, die (als Potential Φ) Strömungen ohne Singularitäten in der physikalischen Ebene beschreiben. Für solche Strömungen können nämlich alle Glieder in der Entwicklung von Φ in der Nähe eines unsymmetrischen Punktes der Übergangslinie (die ersten beiden Glieder gibt die Formel (119,6)) nur die k-Werte $k = 5/6 + n/2$ oder $k = 1 + n/2$ haben. Die Entwicklung von Φ in der Nähe eines symmetrischen Punktes (die mit einem Glied mit $k = 2/3$ beginnt) kann außerdem noch Funktionen mit $k = 2/3 + n/2$ enthalten.

§ 120. Umströmung mit Schallgeschwindigkeit

Die vereinfachte Tschaplyginsche Gleichung in der Form der Euler-Tricomischen Gleichung muß im Prinzip zur Untersuchung der grundlegenden qualitativen Besonderheiten der

---

[1]) Es ist unbequem, den expliziten Ausdruck für diese Funktionen zu benutzen, den man aus (119,14) unter Verwendung der Cardanoschen Formel erhält.

[2]) Wir erinnern daran, daß sich $F(\alpha, \beta, \gamma; z)$ zu einem Polynom vereinfacht, wenn für α (oder β) $\alpha = -n$ oder $\gamma - \alpha = -n$ gilt.

stationären ebenen Strömung um Körper benutzt werden, die mit dem Vorhandensein von schallnahen Bereichen zusammenhängen. Hierher gehören in erster Linie die Probleme im Zusammenhang mit der Entstehung von Stoßwellen. In der schallnahen Zone ist die Intensität der Stoßwelle klein; wir betonen, daß gerade diese Tatsache die Anwendung der Euler-Tricomischen Gleichung möglich macht. Hierzu sei daran erinnert (s. §§ 86, 114), daß die Änderung der Entropie und der Rotation der Geschwindigkeit in einer schwachen Stoßwelle kleine Größen höherer Ordnung sind; man kann deshalb die Strömung in erster Näherung auch hinter der Unstetigkeit als isentrop und als Potentialströmung ansehen.

In diesem Paragraphen wollen wir das theoretisch wichtige Problem des Charakters der stationären ebenen Strömung um einen Körper betrachten, wenn die Geschwindigkeit des anströmenden Gases genau gleich der Schallgeschwindigkeit ist.

Wir werden sehen, daß bei einer solchen Umströmung unbedingt eine vom Körper bis ins Unendliche reichende Stoßwelle vorhanden ist. Daraus kann man den wichtigen Schluß ziehen, daß die Stoßwelle erstmalig bei einer Mach-Zahl Ma_∞ entstehen muß, die auf jeden Fall kleiner als Eins ist.

Wir betrachten nun eine ebene Strömung um einen Körper mit unendlicher Spannweite („Tragflügel") und beliebigem, nicht unbedingt symmetrischem Querschnitt. Dabei interessieren wir uns für das Strömungsbild in (im Vergleich zu den Körperabmessungen) genügend großen Entfernungen vom Körper. Zur bequemeren Darstellung beschreiben wir die Ergebnisse zunächst qualitativ, und gehen erst später zur quantitativen Rechnung über. In Abb. 122 sind AB und $A'B'$ die Schallinien, so daß links von ihnen (stromaufwärts)

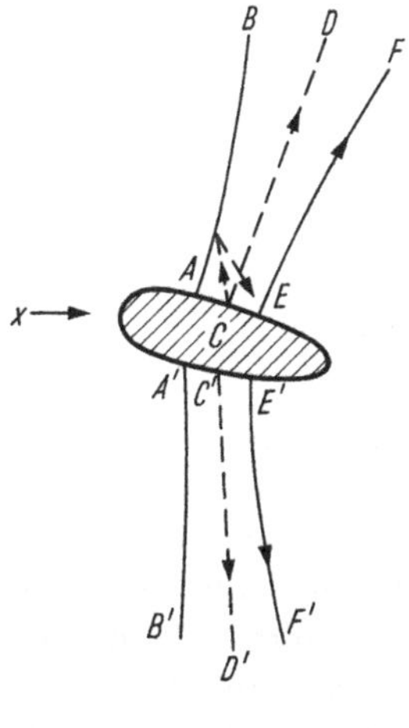

Abb. 122

die gesamte Unterschallzone liegt. Der Pfeil gibt die Richtung des anströmenden Gases an (die wir als x-Richtung wählen, der Koordinatenursprung liegt irgendwo im Körper). In einem gewissen Abstand von der Schallinie entstehen vom Körper „auslaufende" Stoßwellen (EF und $E'F'$ in Abb. 122). Es zeigt sich, daß man alle vom Körper auslaufenden Charakteristiken (in dem Bereich zwischen der Schallinie und der Stoßwelle) in zwei Gruppen einteilen kann. Die Charakteristiken der ersten Gruppe erreichen die Schalllinie und enden dort (oder anders ausgedrückt, sie werden daran reflektiert und gelangen als einlaufende Charakteristiken zum Körper; in Abb. 122 ist eine solche Charakteristik dargestellt). Die Charakteristiken der zweiten Gruppe enden auf der Stoßwelle. Diese beiden

Gruppen werden durch Grenzcharakteristiken voneinander getrennt; diese Grenzcharakteristiken sind die einzigen, die bis ins Unendliche verlaufen und nirgends die Schallinie oder die Stoßwelle erreichen (*CD* und *C'D'* in Abb. 122). Da (z. B. mit einer Änderung des Profils des umströmten Körpers zusammenhängende) Störungen, die sich vom Körper aus auf den Charakteristiken der ersten Gruppe ausbreiten, den Rand der Unterschallzone erreichen, beeinflußt der Teil des Überschallstromes zwischen der Übergangslinie und der Grenzcharakteristik offensichtlich die Unterschallzone. Die gesamte Strömung rechts der Grenzcharakteristiken hat keinerlei Einfluß auf die Strömung links davon: Die linke Strömung ändert sich nicht bei einer Störung der rechten Strömung (also nicht bei einer Änderung des Körperprofils rechts der Punkte *C* und *C'*). Die Strömung hinter einer Stoßwelle hat, wie wir wissen, keinen Einfluß auf die Strömung vor ihr. Man kann die ganze Strömung auf diese Weise in drei Teile einteilen (links von *DCC'D'*, zwischen *DCC'D'* und *FEE'F'* und rechts von *FEE'F'*). Die Strömung im zweiten Teil beeinflußt die Strömung im ersten Teil nicht, die Strömung im dritten Teil hat keinen Einfluß auf die Strömung im zweiten.

Wir kommen jetzt zur quantitativen Berechnung (und gleichzeitigen Bestätigung) des beschriebenen Strömungsbildes.

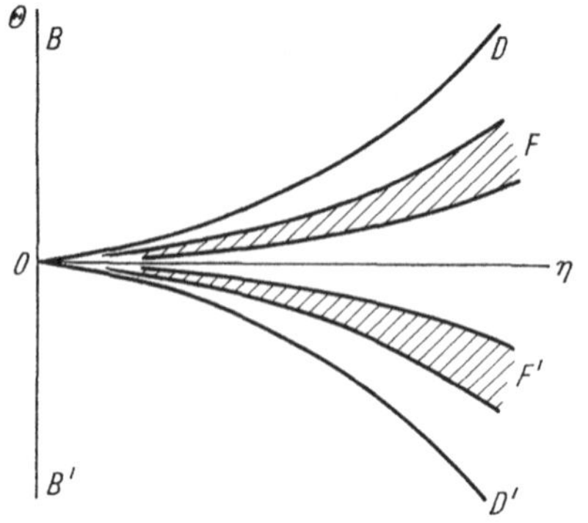

Abb. 123

Dem Koordinatenursprung in der Hodographenebene ($\Theta = \eta = 0$) entspricht der unendlich ferne Bereich in der physikalischen Ebene. Die vom Ursprung in der Hodographenebene ausgehenden Charakteristiken entsprechen den Grenzcharakteristiken *CD* und *C'D'*. In Abb. 123 ist die Umgebung um den Koordinatenursprung dargestellt; die Buchstaben stimmen mit den Bezeichnungen in Abb. 122 überein. Die Stoßwelle wird in der Hodographenebene nicht durch eine, sondern durch zwei Kurven wiedergegeben (entsprechend der Strömung des Gases auf den beiden Seiten der Unstetigkeit). Dem Bereich dazwischen (in Abb. 123 schraffiert) entspricht kein Bereich in der physikalischen Ebene.

Vor allem muß geklärt werden, welches allgemeine Integral Φ_k zu der betrachteten Umströmung gehört. Wenn $\Phi(\Theta, \eta)$ homogen vom Grad k ist, dann sind die Funktionen $x = \partial\Phi/\partial\eta$ und $y = \partial\Phi/\partial\Theta$ homogen vom Grade $k - 1/3$ bzw. $k - 1/2$. Gehen Θ und η gegen Null, so müssen wir im allgemeinen ins Unendliche der physikalischen Ebene gelangen, d. h., x und y müssen gegen Unendlich streben. Offensichtlich muß dazu $k < 1/3$ sein. Andererseits dürfen die Grenzcharakteristiken in der physikalischen Ebene nicht ganz im Unendlichen liegen, d. h., es darf nicht $y = \pm\infty$ sein auf der ganzen Kurve $9\Theta^2 = 4\eta^3$. Dazu muß (für $2k + 1/6 < 5/6$) das zweite Glied in der eckigen Klammer im Ausdruck

(118,6) weggelassen werden. Die Funktion $\Phi(\Theta, \eta)$ wird also durch das erste Glied im Ausdruck (118,6) gegeben:

$$\Phi = A\Theta^{2k} F\left(-k, \ -k + \frac{1}{2}, \ -2k + \frac{5}{6}, \ 1 - \frac{4\eta^3}{9\Theta^2}\right). \tag{120,1}$$

Die Funktion $y(\Theta, \eta)$ (die auch die Euler-Tricomische Gleichung erfüllt) hat dieselbe Gestalt, jedoch mit $k - 1/2$ statt k.

Wenn der Ausdruck (120,1) z. B. in der Nähe der oberen Charakteristik gilt ($\Theta = +\frac{2}{3}\eta^{3/2}$), so wird er für beliebiges $k < 1/3$ nicht gleichfalls in der Nähe der zweiten Charakteristik ($\Theta = -\frac{2}{3}\eta^{3/2}$) gelten. Wir müssen daher weiter fordern, daß die Gestalt (120,1) der Funktion $\Phi(\Theta, \eta)$ bei einem Umlauf um den Koordinatenursprung in der Hodographenebene von einer Charakteristik zur anderen gleich bleibt; der Umlauf muß dabei durch die Halbebene $\eta < 0$ erfolgen (Weg $A'B'$ in Abb. 119). Diesem Umlauf entspricht in der physikalischen Ebene ein Übergang von den unendlich fernen Punkten einer Grenzcharakteristik zu den unendlich fernen Punkten der anderen Grenzcharakteristik; bei diesem Übergang führt der Weg durch die Unterschallzone und schneidet daher nirgendwo die Stoßwelle, die die Stetigkeit der Strömung verletzt. Die Transformation der hypergeometrischen Funktion in (120,1) bei diesem Übergang wird durch die erste Formel (118,13) gegeben. Wir müssen fordern, daß der Koeffizient von F_2 in dieser Formel verschwindet. Diese Bedingung ist für die folgenden Werte von $k < 1/3$ erfüllt:

$$k = \frac{1}{6} - \frac{n}{2} \qquad n = 0, 1, 2, \ldots .$$

Von diesen Werten kann nur einer gewählt werden:

$$k = -\frac{1}{3}. \tag{120,12}$$

Wie man zeigen kann, führen alle Werte von k mit $n > 1$ zu einer nicht eindeutigen Abbildung der Hodographenebene auf die physikalische Ebene (bei einem einmaligen Umlauf in der ersten wird die zweite mehrmals durchlaufen), d. h., die physikalische Strömung wäre nicht eindeutig, was selbstverständlich unsinnig ist. Der Wert $k = 1/6$ ergibt eine Lösung, bei der man nicht in allen Richtungen der physikalischen Ebene ins Unendliche gelangt, wenn Θ und η gegen Null streben; es ist klar, daß eine solche Lösung physikalisch unbrauchbar ist.

Für $k = -1/3$ ist der Koeffizient von F_1 auf der rechten Seite der Formel (118,13) gleich $+1$, d. h., bei einem Umlauf von einer Charakteristik zur anderen ändert sich die Funktion Φ überhaupt nicht. Demnach ist Φ eine gerade Funktion von Θ, die Koordinate $y = \partial\Phi/\partial\Theta$ folglich eine ungerade Funktion. Physikalisch bedeutet dies, daß in der von uns betrachteten ersten Näherung das Strömungsbild in großen Entfernungen vom Körper symmetrisch zur Ebene $y = 0$ ist; das gilt unabhängig von der Gestalt des Körpers, insbesondere unabhängig vom Vorhandensein oder Fehlen des Auftriebs.

Wir haben auf diese Weise den Charakter der Singularität von $\Phi(\eta, \Theta)$ im Punkt $\eta = \Theta = 0$ geklärt. Daraus kann man bereits unmittelbar auf die Form der Schallinie, der Grenzcharakteristiken und der Stoßwellen in großen Entfernungen vom Körper schließen. Jede dieser Kurven muß einem bestimmten Wert des Verhältnisses Θ^2/η^3 entsprechen. Φ hat die Gestalt $\Phi = \Theta^{-2/3} f(\eta^3/\Theta^2)$; daher finden wir mit Hilfe der Formeln (118,4) $x \propto \Theta^{-4/3}$ und $y \propto \Theta^{-5/3}$. Die Form der erwähnten Kurven wird deshalb durch Gleichungen der Gestalt

$$x = \text{const} \cdot y^{4/5} \tag{120,3}$$

mit einem bestimmten Wert const für jede einzelne Kurve gegeben. Auf diesen Kurven nehmen Θ und η nach den Gesetzen

$$\Theta \propto y^{-3/5}, \qquad \eta \propto y^{-2/5} \tag{120,4}$$

ab (F. I. Frankl, 1947; K. Guderley, 1948).[1])

Im folgenden werden wir, um uns festzulegen, die Formeln mit den zur oberen Halbebene ($y > 0$) gehörenden Vorzeichen schreiben.

Wir wollen zeigen, wie die Koeffizienten in diesen Formeln berechnet werden können. Der Wert $k = -1/3$ ist einer der Werte, für die sich Φ_k zu einer algebraischen Funktion vereinfacht (siehe den vorhergehenden Paragraphen). Das spezielle Integral, das im vorliegenden Fall Φ bestimmt, kann in der Form $\Phi = \frac{a_1}{2}\frac{\partial f}{\partial \Theta}$ geschrieben werden. Dabei ist a_1 eine beliebige positive Konstante und f die Wurzel der kubischen Gleichung

$$f^3 - 3\eta f + 3\Theta = 0, \tag{120,5}$$

die für $\Theta^2 - 4\eta^3/9 > 0$ mit der einzigen reellen Wurzel übereinstimmt. Daraus folgt

$$\Phi = \frac{a_1}{2}\frac{\partial f}{\partial \Theta} = -\frac{a_1}{2(f^2 - \eta)}, \tag{120,6}$$

und für die Koordinaten erhalten wir

$$x = \frac{\partial \Phi}{\partial \eta} = \frac{a_1(f^2 + \eta)}{2(f^2 - \eta)^3}, \qquad y = \frac{\partial \Phi}{\partial \Theta} = -\frac{a_1 f}{(f^2 - \eta)^3}. \tag{120,7}$$

Diese Formeln kann man in einer zweckmäßigen Parameterdarstellung angeben, indem man die Größe $s = \frac{f^2}{f^2 - \eta}$ als Parameter einführt:

$$\frac{x}{y^{4/5}} = a_1^{1/5}\frac{2s - 1}{2s^{2/5}}; \qquad \eta y^{2/5} = a_1^{2/5} s^{1/5}(s - 1), \qquad \Theta y^{3/5} = \frac{a_1^{3/5}}{3} s^{4/5}(3 - 2s). \tag{120,8}$$

Durch diese Beziehungen wird die Koordinatenabhängigkeit von η und Θ in Parameterdarstellung gegeben. Der Parameter s durchläuft alle positiven Werte von Null an ($s = 0$ entspricht $x = -\infty$, d. h. dem aus dem Unendlichen kommenden Strom). Insbesondere gehört $s = 1/2$ zu $x = 0$; dieser Wert gibt also die Geschwindigkeitsverteilung für große y in einer zur x-Achse senkrechten Ebene durch den umströmten Körper. Der Wert $s = 1$ entspricht der Schallinie ($\eta = 0$), und $s = 4/3$ gehört zur Grenzcharakteristik, wovon man sich leicht überzeugen kann. Der Wert der Konstanten a_1 hängt von der konkreten

---

[1]) Wir erwähnen noch, daß sich analoge Resultate auch für eine axialsymmetrische Umströmung erhalten lassen (mit $\mathrm{Ma}_\infty = 1$).

In Zylinderkoordinaten x, r werden die Form der Schallfläche, der Grenzcharakteristik und der Stoßwelle und die Gesetze für die Änderung der Geschwindigkeit auf ihnen (in großer Entfernung vom Körper) durch die Formeln

$$x = \text{const} \cdot r^{4/7}, \qquad v_x \propto r^{-6/7}, \qquad v_r \propto r^{-9/7}$$

gegeben. Vgl. K. G. Guderley, Theorie schallnaher Strömungen, Springer, 1957; S. W. Falkowitsch, I. A. Tschernow (С. В. Фалькович, И. А. Чернов), Prikl. Mat. Mekh. **28**, 342 (1964).

Gestalt des umströmten Körpers ab und kann nur durch die exakte Lösung des Strömungsproblems im ganzen Raum berechnet werden.

Die Formeln (120,8) gelten nur in dem Bereich vor der Stoßwelle. Daß eine Stoßwelle zwangsläufig auftreten muß, erkennt man schon aus den folgenden Überlegungen. Eine einfache Rechnung ergibt aus der Formel (118,5) für die Funktionaldeterminante Δ den Ausdruck

$$\Delta = a_1^2 \frac{4f^2 - \eta}{(f^2 - \eta)^3}.$$

Auf den Charakteristiken und im ganzen Bereich links davon (das entspricht dem Bereich stromaufwärts von den Grenzcharakteristiken in der physikalischen Ebene) ist, wie man leicht sieht, $\Delta > 0$ und wird nirgends gleich Null. Im Bereich rechts der Charakteristiken geht Δ durch Null, woraus ersichtlich wird, daß hier die Entstehung einer Stoßwelle unvermeidlich ist.

Die Grenzbedingungen, denen die Lösung der Euler-Tricomischen Gleichung auf der Stoßwelle genügen, besagen folgendes: Θ_1, η_1 und Θ_2, η_2 seien die Werte von Θ und η auf den beiden Seiten der Unstetigkeit. Sie müssen vor allem zu ein und derselben Kurve in der physikalischen Ebene gehören, d. h.

$$x(\Theta_1, \eta_1) = x(\Theta_2, \eta_2), \qquad y(\Theta_1, \eta_1) = y(\Theta_2, \eta_2). \tag{120,9}$$

Weiterhin ist die Bedingung, daß die zur Unstetigkeitskurve tangentiale Geschwindigkeitskomponente stetig ist (d. h., daß die Ableitung des Potentials φ längs der Unstetigkeitskurve stetig ist), der Stetigkeitsbedingung für das Potential selbst äquivalent:

$$\varphi(\Theta_1, \eta_1) = \varphi(\Theta_2, \vartheta_2) \tag{120,10}$$

(das Potential φ wird mit Hilfe der Formel (119,3) durch die Funktion Φ bestimmt). Die letzte Bedingung erhält man schließlich aus der Grenzform der Gleichung für die Stoßpolare (92,6), die den Zusammenhang zwischen den Geschwindigkeitskomponenten auf den beiden Seiten der Unstetigkeit herstellt. Wir ersetzen in (92,6) den Winkel χ durch $\Theta_2 - \Theta_1$, führen η_1 und η_2 statt v_1 und v_2 ein und gelangen zu der folgenden Beziehung:

$$2(\Theta_2 - \Theta_1)^2 = (\eta_2 - \eta_1)^2 (\eta_2 + \eta_1). \tag{120,11}$$

Im vorliegenden Fall hat die Lösung der Euler-Tricomischen Gleichung hinter der Stoßwelle (im Bereich zwischen OF und OF' in der Hodographenebene; Abb. 123) dieselbe Gestalt (120,5), (120,6), aber natürlich mit einem anderen konstanten Koeffizienten als a_1 (wir bezeichnen ihn mit $-a_2$). Die vier Gleichungen (120,9) bis (120,11) bestimmen das Verhältnis a_2/a_1 und verknüpfen die Größen η_1, Θ_1, η_2 und Θ_2 miteinander. Die Lösung dieser Gleichungen ist recht kompliziert und ergibt die folgenden Resultate. Zur Stoßwelle gehört der Wert

$$s = \frac{5\sqrt{3} + 8}{6} = 2{,}78$$

des Parameters s in den Formeln (120,8), die für diesen Wert die Gestalt der Welle und die Geschwindigkeitsverteilung auf der Vorderseite der Unstetigkeit bestimmen. In dem Bereich hinter (stromabwärts) der Stoßwelle ist der Koeffizient $-a_2$ negativ, und der

Parameter $f^2/(f^2 - \eta)$ nimmt negative Werte an. Wir führen hier als s die positive Größe $s = f^2/(\eta - f^2)$ ein und erhalten statt (120,8) die Formeln

$$\left.\begin{aligned} \frac{x}{y^{4/5}} &= \frac{a_2^{1/5}(2s+1)}{2s^{2/5}}, \\ \eta y^{2/5} &= a_2^{2/5} s^{1/5}(s+1), \\ \Theta y^{3/5} &= -\frac{a_2^{3/5} s^{4/5}(2s+3)}{3} \end{aligned}\right\} \qquad (120{,}12)$$

mit

$$\frac{a_2}{a_1} = \frac{9\sqrt{3}+1}{9\sqrt{3}-1} = 1{,}14\,;$$

s durchläuft die Werte von

$$s = \frac{5\sqrt{3}-8}{6} = 0{,}11$$

(auf der Stoßwelle) bis Null (stromabwärts im Unendlichen).

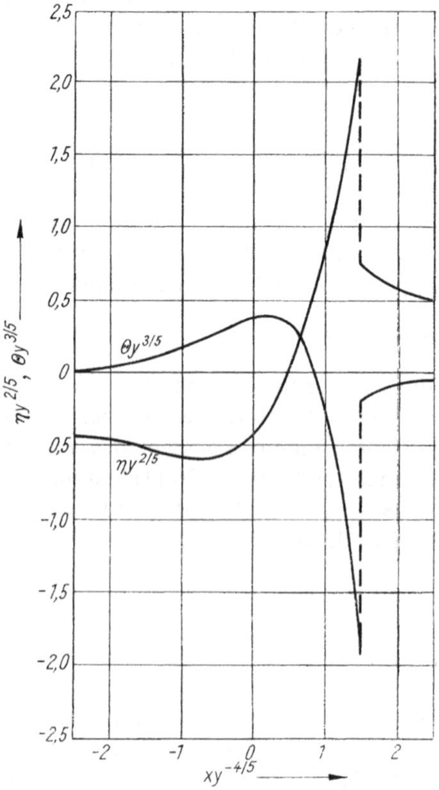

Abb. 124

In Abb. 124 finden wir die Funktionen $\eta y^{2/5}$ und $\Theta y^{3/5}$ in Abhängigkeit von $xy^{-4/5}$ graphisch dargestellt, die nach den Formeln (120,8) und (120,12) berechnet worden sind (die Konstante a_1 ist dabei gleich Eins gesetzt worden).

§ 121. Die Reflexion einer schwachen Unstetigkeit an der Schallinie

Wir betrachten die Reflexion einer schwachen Unstetigkeit an der Schallinie (Übergangslinie) wiederum mit Hilfe der Euler-Tricomischen Gleichung.

Wir werden annehmen, daß die auf die Schallinie treffende schwache Unstetigkeit (die in den Schnittpunkt „einläuft") vom üblichen Typ ist, wie sie (sagen wir) bei der Umströmung spitzer Winkel entsteht, d. h., in ihr sind die ersten Ortsableitungen der Geschwindigkeit unstetig. Sie wird an der Schallinie in Form einer anderen Unstetigkeit reflektiert, deren Charakter aber von vornherein nicht bekannt ist und durch eine Untersuchung der Strömung in der Umgebung des Schnittpunktes bestimmt werden muß. Den Schnittpunkt wählen wir als Koordinatenursprung und die Strömungsrichtung in diesem Punkt als x-Achse; dann entspricht dem Schnittpunkt auch der Koordinatenursprung in der Hodographenebene.

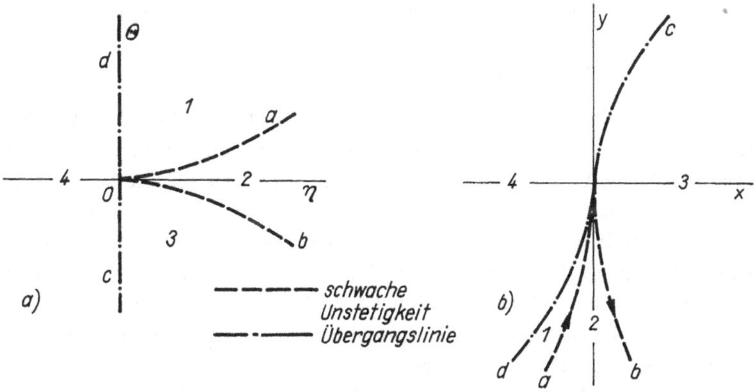

Abb. 125

Schwache Unstetigkeiten liegen, wie wir wissen, auf den Charakteristiken. Zu der einlaufenden Unstetigkeit soll in der Hodographenebene die Charakteristik Oa gehören (Abb. 125a). Die Stetigkeit der Koordinaten x und y an der Unstetigkeit bedeutet, daß die ersten Ableitungen Φ_η und Φ_Θ stetig sein müssen. Dagegen werden die zweiten Ableitungen von Φ durch die ersten Ortsableitungen der Geschwindigkeit gegeben und müssen daher einen Sprung haben. Wir bezeichnen die Sprünge der Größen mit eckigen Klammern und haben auf Oa

$$[\Phi_\eta] = [\Phi_\Theta] = 0\,; \qquad [\Phi_{\Theta\Theta}]\,,\ [\Theta_{\Theta\eta}]\,,\ [\Phi_{\eta\eta}] \neq 0\,. \tag{121,1}$$

Die Funktionen Φ in den Bereichen 1 und 2 auf den beiden Seiten der Charakteristik Oa dürfen auf Oa keine Singularitäten haben. Eine derartige Lösung kann mit Hilfe des zweiten Terms in (118,6) mit $k = 11/12$ konstruiert werden, der dem Quadrat der Differenz

$(1 - 4\eta^3/9\Theta^2)$ proportional ist (die zweite unabhängige Lösung $\Phi_{11/12}$ hat auf der Charakteristik eine Singularität, s. u.). Die ersten Ableitungen dieser Funktion sind auf der Charakteristik gleich Null, die zweiten sind von Null verschieden. Außerdem können in Φ auch solche speziellen Lösungen der Euler-Tricomischen Gleichung eingehen, die in der physikalischen Ebene keine Singularitäten der Strömung liefern. Eine derartige Lösung mit den niedrigsten Potenzen von Θ und η ist $\Theta\eta$ (§ 119). In der Nähe der Charakteristik Oa setzen wir daher Φ in der Form

$$\begin{aligned} \Phi_{a1} &= -A\eta\Theta - B\Theta^{11/6}\xi^2 F\left(\tfrac{13}{12}, \tfrac{19}{12}, 3; \xi\right), \\ \Phi_{a2} &= -A\eta\Theta - C\Theta^{11/6}\xi^2 F\left(\tfrac{13}{12}, \tfrac{19}{12}, 3; \xi\right) \end{aligned} \qquad (121,2)$$

an, wobei die Indizes $a1$ und $a2$ die Umgebungen auf den beiden Seiten der Charakteristik (in den Bereichen 1 und 2) bezeichnen; A, B, C sind Konstanten, und es wurde wieder die Abkürzung

$$\xi = 1 - \frac{4\eta^3}{9\Theta^2}$$

eingeführt (auf der Charakteristik gilt $\xi = 0$).

Wir werden unten sehen, daß es in Abhängigkeit vom Vorzeichen des Produktes AB zwei Fälle geben kann: Eine schwache Unstetigkeit wird als schwache Unstetigkeit mit einem anderen (logarithmischen) Charakter reflektiert oder als Stoßwelle mit geringer Intensität.

Reflexion als schwache Unstetigkeit

Wir behandeln zunächst den ersten dieser beiden Fälle (L. D. Landau, E. M. Lifschitz, 1954). Der an der Schallinie reflektierten schwachen Unstetigkeit entspricht die zweite Charakteristik (Ob in Abb. 125a) in der Hodographenebene. Die Gestalt der Funktion Φ in der Umgebung dieser Charakteristik wird durch analytische Fortsetzung der Funktionen (121,2) mit Hilfe der Formeln (118,11) bis (118,13) gewonnen. Für $k = 11/12$ verliert aber die Funktion F_1 ihren Sinn, und man kann diese Formeln daher nicht unmittelbar verwenden. Statt dessen muß man zunächst $k = 11/12 + \varepsilon$ setzen und anschließend ε gegen Null streben lassen. Entsprechend der allgemeinen Theorie der hypergeometrischen Gleichung treten dabei logarithmische Terme auf.

Die Rechnung (mit Hilfe von (118,13)) liefert für die Funktion Φ in der Umgebung der Charakteristik Ob im Bereich 3 den folgenden Ausdruck (mit der Genauigkeit bis zu Gliedern einschließlich zweiter Ordnung in ξ):

$$\Phi_{b3} = -A\Theta\eta + \frac{B}{\pi}(-\Theta)^{11/6}\{\xi^2 \ln|\xi| + c_0 + c_1\xi + c_2\xi^2\}, \qquad (121,3)$$

wobei c_0, c_1, c_2 numerische Konstanten sind.[1]) Eine analoge Transformation der Funktion Φ_{a2} (mit Hilfe von (118,11)) von der Umgebung der Charakteristik Oa in die Umgebung der Charakteristik Ob ergibt die Funktion Φ_{b2}, die sich von (121,3) nur durch die Ersetzung von B durch C/2 unterscheidet. Die Koordinaten x, y der Punkte der Charakteristik in der physikalischen Ebene ergeben sich als die Ableitungen (118,4), genommen für $\xi = 0$.

[1]) Die Werte dieser Konstanten sind

$$c_0 = -2^9 \cdot 3^4/385 = -108, \qquad c_1 = 288/7 = 41{,}1; \qquad c_2 = 4{,}86.$$

Ausgehend von (121,3) erhalten wir so

$$x = -A\Theta - \frac{12^{1/3}Bc_1}{\pi}(-\Theta)^{7/6},$$
$$y = -A\left(-\frac{3\Theta}{2}\right)^{2/3} - \frac{B}{\pi}\left(\frac{11}{6}c_0 + 2c_1\right)(-\Theta)^{5/6}. \tag{121,4}$$

Differentiation der Funktion Φ_{b2} gibt die gleichen Ausdrücke mit $C/2$ an Stelle von B. Die Stetigkeitsbedingung für die Koordinaten x und y auf der Charakteristik Ob liefert folglich die Beziehung

$$C = 2B. \tag{121,5}$$

Weiterhin ist für die Verwirklichung des betrachteten Bildes der Reflexion notwendig, daß es in der Hodographenebene keine Grenzlinien gibt (und damit auch keine unphysikalischen Bereiche in dieser Ebene), d. h., die Funktionaldeterminante Δ darf nirgendwo durch Null gehen. In der Nähe der Charakteristik Oa wird die Funktionaldeterminante mit Hilfe der Formel (121,2) berechnet und ergibt sich als positiv (der Hauptterm in ihr ist $\Delta \approx A^2$). In der Nähe der Charakteristik Ob ergibt die Berechnung mit Hilfe von (121,3)

$$\Delta \approx A^2 - 16\left(\frac{3}{2}\right)^{1/6} AB\eta^{1/4} \ln|\xi|. \tag{121,6}$$

Bei der Annäherung an die Charakteristik strebt der Logarithmus gegen $-\infty$, und der zweite Term wird entscheidend. Aus der Bedingung $\Delta > 0$ erhalten wir daher $AB > 0$, d. h., A und B müssen das gleiche Vorzeichen haben.

Um schließlich die Gestalt der Schallinie zu bestimmen, benötigen wir die Ausdrücke für Φ in der Nähe der Achse $\eta = 0$. Ein im oberen Teil der Umgebung dieser Achse brauchbarer Ausdruck ergibt sich einfach durch Transformation der hypergeometrischen Funktion in Φ (121,2) in hypergeometrische Funktionen vom Argument $1 - \xi = 4\eta^3/9\Theta^2$, das für $\eta = 0$ verschwindet.[1]) Wir behalten nur die Glieder mit den niedrigsten Potenzen von η bei und finden

$$\Phi_d = -A\eta\Theta - \frac{2\Gamma(1/3)}{\Gamma(23/12)\,\Gamma(17/12)} B\Theta^{11/6} = -A\eta\Theta - 6{,}25B\Theta^{11/6}. \tag{121,7}$$

Die analytische Fortsetzung in den unteren Teil der Umgebung der Achse liefert

$$\Phi_c = -A\eta\Theta - 6{,}25\cdot\sqrt{3}\,B\Theta^{11/6} \tag{121,8}$$

(die Rechnungen sind ähnlich wie bei der Ableitung der Transformationsformeln (118,13)).

Jetzt können wir die Gestalt aller uns interessierenden Kurven bestimmen. Auf den Charakteristiken haben wir unter Vernachlässigung von Termen höherer Ordnung: $x = -A\Theta$, $y = -A\eta$. Wir haben hier die Vereinbarung zugrunde gelegt, daß der einlaufenden schwachen Unstetigkeit die obere Charakteristik ($\Theta > 0$) entspricht. Da die Geschwindigkeit des Gases in die positive x-Richtung zeigt, muß diese Unstetigkeit, um einlaufend zu sein, in der Halbebene $x < 0$ liegen. Daraus folgt, daß die Konstante A und mit ihr auch die Konstante B positiv sein müssen. Die Gleichung für die Kurve der schwachen

---

[1]) Diese Transformation ist z. B. in § e des Mathematischen Anhangs zu Band III angegeben, Formel (e, 7).

Unstetigkeit lautet in der physikalischen Ebene

$$-y = \left(\frac{3}{2}\right)^{2/3} A^{1/3}(-x)^{2/3} = 1{,}31A^{1/3}(-x)^{2/3}. \qquad (121{,}9)$$

Die reflektierte Unstetigkeit, die der unteren Charakteristik entspricht, wird durch die Gleichung

$$-y = 1{,}31A^{1/3}x^{2/3} \qquad (121{,}10)$$

gegeben (s. Abb. 125b; die Bezeichnung der Kurven und der Bereiche in dieser Abbildung entspricht den Bezeichnungen in Abb. 125a).¹)

Die Gleichung für die Schallinie (Übergangslinie) ergibt sich aus den Funktionen (121,7) und (121,8). Wir differenzieren nach η und Θ und setzen anschließend $\eta = 0$; so erhalten wir aus (121,7) den Teil der Linie mit $\Theta > 0$:

$$x = -A\Theta, \qquad y = -\tfrac{11}{6}\cdot 6{,}25B\Theta^{5/6}$$

und daraus

$$y = -11{,}4BA^{-5/6}(-x)^{5/6}. \qquad (121{,}11)$$

Das ist der untere Teil der Übergangslinie in Abb. 125b. Ähnlich finden wir aus (121,8) die Gleichung für den oberen Teil dieser Linie:

$$y = 11{,}4\sqrt{3}\,BA^{-5/6}x^{5/6}. \qquad (121{,}12)$$

Die beiden schwachen Unstetigkeiten und die beiden Zweige der Schallinie haben also im Schnittpunkt O eine gemeinsame Tangente (die y-Achse); die beiden Zweige der Schallinie liegen auf verschiedenen Seiten der y-Achse.

Auf der einlaufenden Unstetigkeit haben die Ortsableitungen der Geschwindigkeit einen Sprung. Als charakteristische Größe betrachten wir den Sprung der Ableitung $\left(\frac{\partial\eta}{\partial x}\right)_y$. Mit Hilfe der Beziehung

$$\left(\frac{\partial\eta}{\partial x}\right)_y = \frac{\partial(\eta, y)}{\partial(x, y)} = \frac{\partial(\eta, y)}{\partial(\eta, \Theta)}\Bigg/\frac{\partial(x, y)}{\partial(\eta, \Theta)} = -\frac{1}{\Delta}\frac{\partial^2\Phi}{\partial\Theta^2}$$

und der Formeln (121,2) und (121,5) erhalten wir für den gesuchten Sprung

$$\left(\frac{\partial\eta}{\partial x}\right)_y\Bigg|_1^2 = 8\left(\frac{3}{2}\right)^{1/6}\frac{B}{A^2}\eta^{-1/4} = 8{,}56BA^{-7/4}(-y)^{-1/4}. \qquad (121{,}13)$$

Der Sprung nimmt also bei Annäherung an den Schnittpunkt wie $(-y)^{-1/4}$ zu.

In der reflektierten schwachen Unstetigkeit zeigen die Ableitungen der Geschwindigkeit i. allg. keinen Sprung, aber die Geschwindigkeitsverteilung hat eine eigenartige logarithmische Singularität. Berechnet man aus der Funktion (121,3) die Koordinaten $x = \Phi_\eta$ und $y = \Phi_\Theta$ als Funktionen von η und Θ (und berücksichtigt nur das erste Glied in der geschweiften Klammer), so kann man die x-Abhängigkeit von η bei festem y in der Nähe

---

¹) Bei Berücksichtigung der ersten Korrekturglieder (der zweiten Terme in den Formeln (121,4)) lautet die Gleichung für die reflektierte Unstetigkeit

$$-y = 1{,}31A^{1/3}x^{2/3} - 10{,}5BA^{-5/6}x^{5/6}. \qquad (121{,}10a)$$

der reflektierten Unstetigkeit in der Parameterdarstellung

$$\left.\begin{aligned} \eta &= \frac{|y|}{A} + \frac{x - x_0}{2\sqrt{A\,|y|}} - \frac{1}{6A}\,|y|\,\zeta\,, \\ x - x_0 &= \frac{1}{3\sqrt{A}}\,|y|^{3/2}\,\zeta - 5{,}7\,\frac{B\,|y|^{7/4}}{\pi A^{7/4}}\,\zeta\,\ln|\zeta| \end{aligned}\right\} \qquad (121{,}14)$$

angeben, wobei ζ die Rolle des Parameters spielt; $x_0 = x_0(y)$ ist die Gleichung der Unstetigkeitslinie in der physikalischen Ebene.

Reflexion als Stoßwelle

Wir gehen zur Behandlung des anderen Falles über, zur Reflexion der schwachen Unstetigkeit an der Schallinie als Stoßwelle (L. P. GORKOW, L. P. PITAJEWSKI, 1962).[1])

Dieser Fall tritt ein, wenn das Produkt $AB < 0$ ist. Aus (121,6) ist ersichtlich, daß es in diesem Falle zwei Grenzlinien gibt, die zur Charakteristik Ob exponentiell benachbart sind: Die Funktionaldeterminante Δ verschwindet für

$$|\xi| \approx \frac{2}{|\Theta|}\left|\Theta + \frac{2}{3}\eta^{3/2}\right| e^{-\Xi}, \qquad \Xi = \frac{A\pi(2/3)^{1/6}}{16\,|B|\,\eta^{1/4}}. \qquad (121{,}15)$$

Es ist von vornherein zu erwarten, daß auch die Grenzen des unphysikalischen Bereiches in der Hodographenebene (Ob_2 und Ob_3 in Abb. 126a) zur Charakteristik exponentiell benachbart sind und damit die Intensität der Stoßwelle exponentiell klein ist.

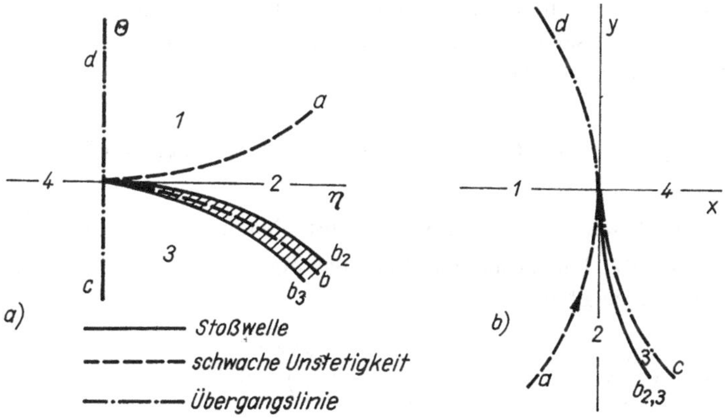

Abb. 126

Vernachlässigen wir die exponentiell kleinen Werte von ξ auf den Kurven Ob_2 und Ob_3, so erhalten wir für die Koordinaten x, y auf ihnen die gleichen Ausdrücke, die wir schon im vorhergehenden Fall auf den beiden Seiten der Charakteristik Ob hatten. Die Stetigkeitsbedingung für die Koordinaten auf der Stoßwelle führt deshalb auf die frühere Beziehung (121,5). Entsprechend bleibt auch der Ausdruck (121,13) für den Sprung der Ableitung der

[1]) Die prinzipielle Möglichkeit einer solchen Reflexion wurde schon früher von K. G. GUDERLEY, 1948, bemerkt.

Geschwindigkeit auf der einfallenden Unstetigkeit der gleiche. Nehmen wir wieder an, daß dieser Unstetigkeit die obere Charakteristik Oa in der Hodographenebene entspricht, dann gilt wie früher $A > 0$, so daß jetzt $B < 0$ ist. Aus (121,13) sieht man folglich, daß das physikalische Kriterium für das Eintreten der beiden Fälle für die Reflexion der schwachen Unstetigkeit im Vorzeichen des Sprunges der Ableitung der Geschwindigkeit auf der einfallenden Unstetigkeit besteht.

Die Gleichungen (121,9) und (121,10) für die Kurven der einfallenden (schwachen) Unstetigkeit und der reflektierten Unstetigkeit (Stoßwelle) gelten wie früher (bei Vernachlässigung exponentiell kleiner Korrekturen). Aber wegen des anderen Vorzeichens der Konstanten B ändert sich die Lage dieser Kurven in der physikalischen Ebene, wie in Abb. 126b gezeigt.

Zur Bestimmung der Intensität der Stoßwelle (d. h. der Sprünge der Größen $\delta\Theta$ und $\delta\eta$ auf ihr) muß man das vollständige System der Grenzbedingungen heranziehen, das die Lösung der Euler-Tricomischen Gleichung auf der Stoßwelle zu erfüllen hat. Diese Grenzbedingungen wurden bereits in § 120 formuliert, Bedingungen (120,9) bis (120,11). Die letzte von ihnen, die Gleichung der Stoßpolare, nimmt die Gestalt $(\delta\Theta)^2 = \eta(\delta\eta)^2$ an, wobei $\delta\Theta = \Theta_{b2} - \Theta_{b3}$, $\delta\eta = \eta_{b2} - \eta_{b3}$ die exponentiell kleinen Sprünge der Größen auf der Stoßwelle sind (die Indizes $b2$ und $b3$ beziehen sich auf die Kurven Ob_2 und Ob_3 in der Hodographenebene, d. h. auf die vordere und hintere Seite der Stoßwelle in der physikalischen Ebene). Daraus folgt

$$\delta\Theta = \sqrt{\eta}\,\delta\eta\,; \tag{121,16}$$

die Wahl des Vorzeichens beim Ziehen der Wurzel wird dadurch bestimmt, daß gleichzeitig mit der Verringerung der Geschwindigkeit des Gases beim Durchgang durch die Stoßwelle eine Annäherung der Stromlinien an die Unstetigkeitsfläche erfolgen muß.

Entsprechend (121,15) setzen wir die Gleichungen für die Kurven Ob_2 und Ob_3 in der Hodographenebene in der Form

$$\Theta + \frac{2}{3}\eta^{3/2} = a_{b2}\,|\Theta|\,\mathrm{e}^{-\Xi}, \qquad \Theta + \frac{2}{3}\eta^{3/2} = -a_{b3}\,|\Theta|\,\mathrm{e}^{-\Xi}$$

an, wobei a_{b2} und a_{b3} positive Zahlen sind. Nach (121,16) ist $\delta(\Theta + {}^2/_3\eta^{3/2}) = = \delta\Theta + \sqrt{\eta}\,\delta\eta = 2\delta\Theta$. Die gesuchten Sprünge $\delta\Theta$ und $\delta\eta$ werden deshalb durch die folgenden Ausdrücke gegeben:

$$\begin{gathered}\delta\Theta = a\frac{x}{A}\mathrm{e}^{-\Xi}, \qquad \delta\eta = a\left(\frac{2}{3}\right)^{1/3}\left(\frac{x}{A}\right)^{2/3}\mathrm{e}^{-\Xi},\\ \Xi = \frac{A\pi(2/3)^{1/3}}{16\,|B|}\left(\frac{A}{x}\right)^{1/6} = 0{,}17\,\frac{A^{7/6}}{|B|\,x^{1/6}}\end{gathered} \tag{121,17}$$

mit $a = (a_{b2} + a_{b3})/2$; die Variablen η, Θ drücken sich durch die Koordinaten in der physikalischen Ebene aus: $x \approx -A\Theta$, $y \approx -A\eta$. Die Bestimmung des Koeffizienten a erfordert die Berücksichtigung auch aller anderen Grenzbedingungen, wobei in ihnen sowohl lineare als auch quadratische Glieder in der exponentiell kleinen Größe $\exp(-\Xi)$ beibehalten werden müssen. Wir geben hier die recht umfangreichen Rechnungen nicht wieder, sondern führen nur ihr Ergebnis an: $a_{b2} = a_{b3} = a = 5{,}2$.

XIII DIE STRÖMUNG UM ENDLICHE KÖRPER

§ 122. Die Entstehung von Stoßwellen in der Überschallströmung um Körper

Einfache Überlegungen zeigen, daß in einer Überschallströmung um einen Körper beliebiger Gestalt vor dem Körper eine Stoßwelle entstehen muß. In einem Überschallstrom breiten sich Störungen infolge der Anwesenheit eines umströmten Körpers nur stromabwärts aus. Der den Körper anströmende homogene Überschallstrom müßte deshalb bis zum vordersten Ende des Körpers ungestört sein. Dann wäre aber auf der Oberfläche dieses Endes die Normalkomponente der Strömungsgeschwindigkeit von Null verschieden, im Widerspruch zu der notwendigen Randbedingung. Der Ausweg aus dieser Situation kann nur die Entstehung einer Stoßwelle sein, wodurch die Strömung zwischen der Welle und dem vorderen Ende des Körpers eine Unterschallströmung wird.

Wird ein Körper mit Überschallgeschwindigkeit angeströmt, so entsteht also vor ihm eine Stoßwelle; sie wird als *Kopfwelle* bezeichnet. Bei der Umströmung eines Körpers mit einem stumpfen vorderen Ende berührt diese Welle den Körper nicht. Vor der Stoßwelle ist der Strom homogen, hinter ihr ändert sich die Strömung und krümmt sich um den umströmten Körper (Abb. 127a). Die Fläche der Stoßwelle reicht bis ins Unendliche; in großen Entfernungen vom Körper, wo die Intensität der Welle gering ist, schneidet sie die Richtung des Stromes aus dem Unendlichen unter einem Winkel nahe dem Machschen Winkel. Charakteristisch für die Umströmung eines Körpers mit stumpfem Ende ist die Existenz eines Unterschallbereichs in der Strömung hinter der Stoßwelle, genauer, hinter dem am weitesten vorspringenden Teil ihrer Fläche. Dieser Bereich erstreckt sich bis zum umströmten Körper, er wird somit begrenzt von der Unstetigkeitsfläche, der Oberfläche des Körpers und der „seitlichen" Schallfläche (gestrichelte Linie in Abb. 127a).

Die Stoßwelle kann mit dem Körper nur dann in Berührung kommen, wenn das vordere Ende des Körpers zugespitzt ist. Dann hat auch die Unstetigkeitsfläche eine Spitze an derselben Stelle wie der Körper (Abb. 127b). Bei unsymmetrischem Anströmen kann ein Teil dieser Fläche eine schwache Unstetigkeitsfläche sein. Für einen Körper gegebener

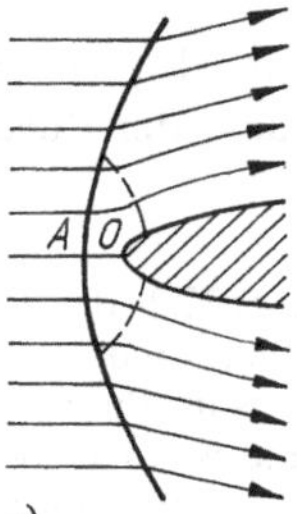

a)

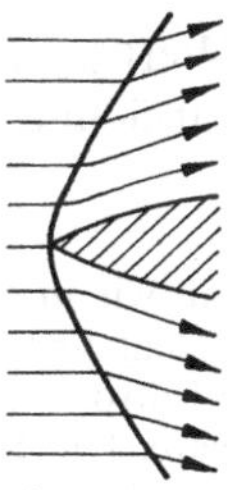

b)

Abb. 127

Form ist diese Art der Umströmung aber nur für Geschwindigkeiten möglich, die größer als ein bestimmter Grenzwert sind. Für kleinere Geschwindigkeiten löst sich die Stoßwelle von dem vorderen Ende des Körpers ab, auch wenn dieses eine Spitze ist (siehe § 113).

Wir wollen die Überschallströmung um einen Rotationskörper (parallel zu seiner Achse) behandeln und den Gasdruck am vorderen abgerundeten Ende des Körpers berechnen (im Staupunkt, Punkt O in Abb. 127a). Aus Symmetriegründen ist klar, daß die im Punkt O endende Stromlinie die Stoßwelle senkrecht schneidet, so daß die zur Unstetigkeitsfläche normale Geschwindigkeitskomponente im Punkt A gleich der gesamten Geschwindigkeit ist. Die Werte der Größen im Strom aus dem Unendlichen bezeichnen wir wie üblich mit dem Index 1, die Werte der Größen im Punkt A auf der Rückseite der Stoßwelle versehen wir mit dem Index 2. Die letzteren werden durch die Formeln (89,6) und (89,7) gegeben:

$$p_2 = p_1 \frac{2\gamma \,\mathrm{Ma}_1^2 - (\gamma - 1)}{\gamma + 1},$$

$$v_2 = c_1 \frac{2 + (\gamma - 1)\,\mathrm{Ma}_1^2}{(\gamma + 1)\,\mathrm{Ma}_1}, \qquad \varrho_2 = \varrho_1 \frac{(\gamma + 1)\,\mathrm{Ma}_1^2}{2 + (\gamma - 1)\,\mathrm{Ma}_1^2}.$$

Der Druck p_0 im Punkt O (in dem die Strömungsgeschwindigkeit $v = 0$ ist) kann nun aus den Formeln berechnet werden, die die Änderung der Größen längs einer Stromlinie angeben. Wir haben (siehe die Aufgabe zu § 83)

$$p_0 = p_2 \left[1 + \frac{\gamma - 1}{2} \frac{v_2^2}{c_2^2}\right]^{\frac{\gamma}{\gamma - 1}},$$

und eine einfache Rechnung ergibt

$$p_0 = p_1 \left(\frac{\gamma + 1}{2}\right)^{\frac{\gamma + 1}{\gamma - 1}} \mathrm{Ma}_1^2 \left[\gamma - \frac{\gamma - 1}{2\mathrm{Ma}_1^2}\right]^{-\frac{1}{\gamma - 1}}. \tag{122,1}$$

Dadurch wird der Druck am vorderen Ende eines Körpers in einem Überschallstrom ($\mathrm{Ma}_1 > 1$) bestimmt.

Zum Vergleich geben wir die Formel für den Druck im Staupunkt an, der sich bei stetiger adiabatischer Bremsung des Gases ohne Stoßwelle ergeben würde (wie es in einer Unterschallströmung der Fall ist):

$$p_0 = p_1 \left(1 + \frac{\gamma - 1}{2} \mathrm{Ma}_1^2\right)^{\frac{\gamma}{\gamma - 1}}. \tag{122,2}$$

Für $\mathrm{Ma}_1 = 1$ liefern beide Formeln denselben Wert p_0, aber für $\mathrm{Ma}_1 > 1$ ist der Druck nach der Formel (122,2) immer größer als der tatsächliche Druck, der durch die Formel (122,1) bestimmt wird.[1]

[1]) Diese Behauptung hängt nicht damit zusammen, daß wir in (122,1), (122,2) das Gas als polytrop vorausgesetzt haben (oder es als thermodynamisch ideal voraussetzen), sondern hat allgemeinen Charakter: Beim Vorhandensein einer Stoßwelle ist die Entropie des Gases im Punkt O gleich $s_0 > s_1$, während die Entropie ohne die Stoßwelle gleich s_1 wäre. Die Enthalpie ist in beiden Fällen gleich $w_0 = w_1 + v_1^2/2$, da sich die Größe $w + v^2/2$ nicht ändert, wenn eine Stromlinie einen geraden

Im Grenzfall sehr großer Geschwindigkeiten ($Ma_1 \gg 1$) ergibt die Formel (122,1)

$$p_0 = p_1 \left(\frac{\gamma + 1}{2}\right)^{\frac{\gamma+1}{\gamma-1}} \gamma^{-\frac{\gamma}{\gamma-1}} Ma_1^2 , \tag{122,3}$$

d. h., der Druck p_0 ist dem Quadrat der Strömungsgeschwindigkeit proportional. Auf Grund dieses Ergebnisses kann man den Schluß ziehen, daß auch der gesamte Widerstand eines Körpers bei Geschwindigkeiten, die groß gegenüber der Schallgeschwindigkeit sind, dem Quadrat der Geschwindigkeit proportional ist. Wir machen darauf aufmerksam, daß dasselbe Gesetz auch für den Widerstand bei Geschwindigkeiten gilt, die einerseits gegenüber der Schallgeschwindigkeit klein sind, andererseits aber doch so groß sind, daß die Reynolds-Zahl schon genügend groß ist (s. § 45).

Außer der Tatsache, daß Stoßwellen unbedingt entstehen müssen, kann man noch behaupten, daß es bei der Überschallumströmung in großen Entfernungen vom Körper auf jeden Fall zwei aufeinanderfolgende Stoßwellen geben muß (L. D. LANDAU, 1945): Die in großen Entfernungen vom Körper hervorgerufenen Störungen sind klein, und man kann sie als zylindersymmetrische Schallwelle ansehen, die von der x-Achse ausgeht (die x-Achse geht durch den Körper und ist parallel zur Strömungsrichtung). Wie immer betrachten wir die Strömung in dem Koordinatensystem, in dem der Körper ruht. Wir haben dann eine Welle, in der x/v_1 die Rolle der Zeit spielt, die Rolle der Ausbreitungsgeschwindigkeit übernimmt $c_1/\sqrt{Ma_1^2 - 1}$ (s. § 123). Wir können nun unmittelbar die in § 102 erhaltenen Ergebnisse für eine Zylinderwelle in großen Entfernungen von der Quelle anwenden. Auf diese Weise gelangen wir zu folgendem Bild für die Stoßwellen in großer Entfernung vom Körper. In der ersten Stoßwelle wird der Druck sprunghaft vergrößert, so daß hinter ihr eine Verdichtung entsteht. Dann folgt ein Bereich mit allmählicher Druckabnahme, und die Verdichtung geht in eine Verdünnung über. Danach nimmt der Druck in der zweiten Stoßwelle erneut sprunghaft zu. Die Intensität der vorderen Welle wird mit zunehmender Entfernung r von der x-Achse wie $r^{-3/4}$ kleiner; der Abstand zwischen den beiden Wellen nimmt wie $r^{1/4}$ zu.[1]

Wir verfolgen jetzt das Auftreten und die Entwicklung der Stoßwellen bei allmählicher Vergrößerung der Zahl Ma_1. Eine Überschallzone tritt in der Strömung erstmalig für einen gewissen Wert $Ma_1 < 1$ auf; sie bildet einen an der Oberfläche des umströmten Körpers anliegenden Bereich. In diesem Bereich entsteht zumindest eine Stoßwelle, die gewöhnlich die Überschallzone abschließt. Mit zunehmendem Ma_1 weitet sich die Überschallzone aus, und dabei wird auch die Stoßwelle verlängert, deren Existenz für $Ma_1 = 1$ (für den ebenen Fall) in § 120 bewiesen wurde; damit wurde gleichzeitig bewiesen, daß eine Stoßwelle erstmalig für $Ma_1 < 1$ auftreten muß. Sobald Ma_1 die Eins zu überschreiten beginnt,

---

Verdichtungsstoß schneidet. Aus der thermodynamischen Identität $dw = T ds + \frac{1}{\varrho} dp$ folgt

$$\left(\frac{\partial p}{\partial s}\right)_w = -\varrho T < 0 ,$$

d. h., eine Entropiezunahme bei konstantem w verringert den Druck; damit ist die ausgesprochene Behauptung bewiesen.

[1]) Für die bei der achsensymmetrischen Umströmung eines dünnen spitzen Körpers auftretenden Stoßwellen können die Koeffizienten in diesen Gesetzen auch quantitativ bestimmt werden, siehe die Fußnote auf S. 598.

erscheint noch eine Stoßwelle, die Kopfwelle, die den ganzen unendlich breiten anströmenden Gasstrom durchsetzt. Wenn Ma_1 genau gleich Eins ist, dann ist die ganze Strömung vor dem Körper eine Unterschallströmung. Für $Ma_1 > 1$, aber beliebig nahe an Eins, liegen deshalb der Überschallteil des ankommenden Stromes und mit ihm auch die Kopfwelle beliebig weit vor dem Körper. Bei weiterer Zunahme von Ma_1 nähert sich die Kopfwelle allmählich dem Körper.

Die Stoßwelle in der lokalen Überschallzone muß in irgendeiner Weise die Schallinie schneiden (wir sprechen vom ebenen Fall). Der Charakter dieses Schnittes ist noch nicht geklärt. Wenn die Stoßwelle im Schnittpunkt endet, dann verschwindet ihre Intensität in diesem Punkt, und die Strömung ist in der Ebene in der Nähe des Schnittpunkts schallnah. In diesem Fall muß das Strömungsbild durch die entsprechende Lösung der Euler-Tricomischen Gleichung beschrieben werden. Neben den allgemeinen Bedingungen, nämlich der Eindeutigkeit der Lösung in der physikalischen Ebene und den Grenzbedingungen auf der Stoßwelle, müssen auch noch die folgenden Bedingungen erfüllt werden: 1. Wenn die Strömung auf beiden Seiten der Stoßwelle eine Überschallströmung ist (wie es der Fall ist, wenn im Schnittpunkt nur die Stoßwelle endet, indem sie sich auf die Übergangslinie „stützt"), dann muß die Stoßwelle in den Schnittpunkt „einlaufen"; 2. die im Überschallbereich in den Schnittpunkt „einlaufenden" Charakteristiken dürfen keine Singularitäten der Strömung mit sich führen (Singularitäten könnten nur als Folge des Schnittes auftreten und deshalb nur vom Schnittpunkt weggeführt werden. Die Existenz einer Lösung der Euler-Tricomischen Gleichung, die alle diese Bedingungen erfüllt, ist anscheinend noch nicht bewiesen worden.)[1])

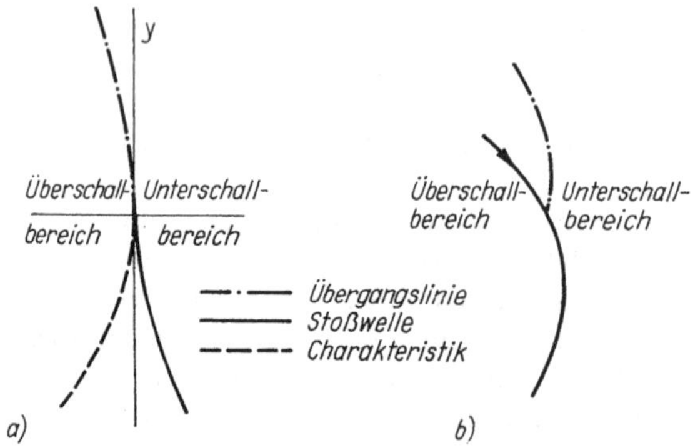

Abb. 128

[1]) P. Germain fand einige Lösungstypen der Euler-Tricomischen Gleichung, die den Schnitt einer Stoßwelle mit der Übergangslinie darstellen könnten, ihre Untersuchung ist aber im wesentlichen noch nicht abgeschlossen. Einige dieser Typen befriedigen nicht die oben gestellte Bedingung 1. In Abb. 128a ist der Fall dargestellt, der zum Endpunkt einer den lokalen Überschallbereich abschließenden Stoßwelle gehören würde: Im Schnittpunkt enden beide, die Stoßwelle und die Schallinie, und sie haben eine gemeinsame Tangente, von der aus sie auf verschiedenen Seiten liegen (das Gas bewegt sich von links nach rechts). Die Erfüllung der Bedingung 2 ist jedoch nicht überprüft worden. Für den Exponenten k der Lösung ist nur das Intervall angegeben, in dem er liegen kann ($3/4 < k < 11/12$), aber es ist nicht geprüft worden, ob dabei die Stetigkeitsbedingung für die Koordinaten auf der Stoßwelle in der physikalischen Ebene erfüllt werden kann. Siehe P. Germain, Écoulements transsoniques homogènes, in dem Buch: Progress in Aeronautical Sciences, Band 5, Pergamon Press, 1964).

Eine andere Möglichkeit für die Konfiguration aus Stoßwelle und Schallinie im lokalen Überschallbereich besteht darin, daß im Schnittpunkt nur die Übergangslinie endet (Abb. 128b); in diesem Punkt verschwindet die Intensität der Stoßwelle nicht, so daß die Strömung in der Nähe dieses Punktes nur auf einer Seite der Stoßwelle schallnah ist. Die Stoßwelle kann sich dabei mit einem Ende auf die feste Oberfläche „stützen“ und mit dem anderen Ende (oder mit beiden) unmittelbar im Überschallstrom beginnen (s. den Schluß von § 115).

§ 123. Überschallströmung um einen zugespitzten Körper

Die Gestalt, die ein Körper haben muß, damit er in einer Überschallströmung stromlinienförmig ist, d. h. einen möglichst kleinen Widerstand hat, unterscheidet sich wesentlich von der entsprechenden Form für eine Unterschallströmung. Wir erinnern daran, daß ein Stromlinienkörper in einer Unterschallströmung ein länglicher, vorn abgerundeter und hinten spitz zulaufender Körper ist. In einer Überschallströmung um einen solchen Körper würde vor ihm eine starke Stoßwelle entstehen, wodurch der Widerstand stark anwachsen würde. Ein länglicher, stromlinienförmiger Körper muß daher in einer Überschallströmung nicht nur am hinteren, sondern auch am vorderen Ende spitz zulaufen; der Winkel an den Spitzen muß dabei klein sein. Ist der Körper gegen die Stromrichtung geneigt, so muß auch der Anstellwinkel klein sein.

Bei einer stationären Überschallströmung um einen Körper dieser Gestalt wird sich die Strömungsgeschwindigkeit auch in der Nähe des Körpers in Betrag und Richtung nur unbedeutend von der Geschwindigkeit des Grundstromes unterscheiden; die gebildeten Stoßwellen werden geringe Intensitäten haben (die Intensität der Kopfwelle wird mit zunehmendem Öffnungswinkel der Spitze kleiner). In großer Entfernung vom Körper wird die Gasströmung aus auslaufenden Schallwellen bestehen. Der Hauptanteil des Widerstandes kommt durch den Übergang der kinetischen Energie des bewegten Körpers in die Energie der von ihm ausgesandten Schallwellen zustande. Dieser Widerstand, der für eine Überschallströmung spezifisch ist, wird als *Wellenwiderstand* bezeichnet.[1]) Er kann für einen beliebigen Querschnitt des Körpers in allgemeiner Form berechnet werden (Th. von Kármán, N. B. Moore, 1932).

Bei der beschriebenen Art der Strömung kann die linearisierte Gleichung für das Potential (114,4) verwendet werden:

$$\frac{\partial^2 \varphi}{\partial y^2} + \frac{\partial^2 \varphi}{\partial z^2} - \beta^2 \frac{\partial^2 \varphi}{\partial x^2} = 0 . \qquad (123,1)$$

Zur Abkürzung haben wir hier die positive Konstante

$$\beta^2 = \frac{v_1^2}{c_1^2} - 1 \qquad (123,2)$$

eingeführt (die x-Achse liegt in Strömungsrichtung, der Index 1 kennzeichnet die zum anströmenden Gas gehörenden Größen); $1/\beta$ ist der Tangens des Machschen Winkels.

Die Gleichung (123,1) stimmt formal mit der zweidimensionalen Wellengleichung überein; x/v_1 spielt dabei die Rolle der Zeit, v_1/β die Rolle der Ausbreitungsgeschwindigkeit der

[1]) Der Gesamtwiderstand ergibt sich durch Addition des Wellenwiderstandes und des Widerstandes infolge der Reibung und des Ablösens am hinteren Ende des Körpers.

Wellen. Dieser Sachverhalt ist nicht zufällig und hat einen tiefen physikalischen Sinn, da die Bewegung des Gases in großer Entfernung vom Körper, wie schon erwähnt worden ist, gerade durch die vom Körper ausgestrahlten auslaufenden Schallwellen dargestellt wird. Betrachtet man das Gas im Unendlichen als ruhend und den Körper als bewegt, dann wird sich die Fläche des senkrechten Querschnitts des Körpers an einem festen Ort im Raum zeitlich ändern. Der Abstand, den die Störungen bis zur Zeit t bei ihrer Ausbreitung erreichen (d. h. der Abstand bis zum Machschen Kegel), wird wie $v_1 t/\beta$ wachsen. Wir haben es also mit der „zweidimensionalen" (sich mit der Geschwindigkeit v_1/β ausbreitenden) Schallausstrahlung einer pulsierenden Kontur zu tun.

Lassen wir uns von dieser „Schallanalogie" leiten, so können wir sofort den gesuchten Ausdruck für das Potential der Strömungsgeschwindigkeit aufschreiben. Dazu verwenden wir den Ausdruck (74,15) für das Potential der von einer pulsierenden Quelle ausgesandten zylindersymmetrischen Schallwellen (in großen Entfernungen gegenüber den Abmessungen der Quelle), nachdem wir darin ct durch x/β ersetzt haben. $S(x)$ sei die Fläche des zur Strömungsrichtung (x-Achse) senkrechten Querschnitts des Körpers, l die Länge des Körpers in Strömungsrichtung, den Koordinatenursprung legen wir in das vordere Ende des Körpers. Dann haben wir

$$\varphi(x, r) = -\frac{v_1}{2\pi} \int_0^{x-\beta r} \frac{S'(\xi)\,d\xi}{\sqrt{(x-\xi)^2 - \beta^2 r^2}}. \tag{123,3}$$

Als untere Integrationsgrenze haben wir Null geschrieben, weil man für $x < 0$ (wie auch für $x > l$) identisch $S(x) \equiv 0$ setzen muß.

Damit haben wir die Gasströmung in gegenüber der Dicke des Körpers großen Abständen r von der Achse vollständig bestimmt.[1]) Die vom Körper ausgehenden Störungen breiten sich in dem Überschallstrom selbstverständlich nur innerhalb des Kegels $x - \beta r = 0$ mit der Spitze im vorderen Ende des Körpers aus. Vor diesem Kegel haben wir einfach $\varphi = 0$ (homogener Strom). Zwischen den Kegeln $x - \beta r = 0$ und $x - \beta r = l$ wird das Potential durch die Formel (123,3) gegeben. Hinter dem Kegel $x - \beta r = l$ (mit der Spitze im hinteren Ende des Körpers) wird in dieser Formel die obere Integrationsgrenze offensichtlich durch die konstante Größe l ersetzt. Die beiden angegebenen Kegel stellen in der betrachteten Näherung schwache Unstetigkeiten dar; in Wirklichkeit sind sie Stoßwellen mit geringer Intensität.

Der Widerstand des Körpers ist gerade die von den Schallwellen pro Zeiteinheit fortgeführte x-Komponente des Impulses. Wir wählen als Integrationsfläche eine Zylinderfläche mit genügend großem Radius r um die x-Achse. Die Stromdichte der x-Komponente

---

[1]) Bei axialsymmetrischer Umströmung eines Rotationskörpers gilt die Formel (123,3) für alle r bis an die Oberfläche des Körpers heran. Daraus kann man insbesondere wieder die Formel (113,6) für die Strömung um einen dünnen Kegel erhalten.

Betrachtet man andererseits diese in linearer Näherung erhaltene Lösung in großer Entfernung vom umströmten Körper, so kann man den Effekt der nichtlinearen Deformation des Profils in ähnlicher Weise einführen, wie dies in § 102 für eine zylindersymmetrische Schallwelle getan worden ist. Auf diesem Wege läßt sich die Intensität der Stoßwelle in großen Entfernungen von einem dünnen spitzen Rotationskörper bestimmen (darunter auch ihre Abhängigkeit von Ma_1), d. h. der Koeffizient im Gesetz für das Abklingen ($\propto r^{-3/4}$), das schon im vorangehenden Paragraphen erwähnt wurde. Siehe G. B. WHITHAM, Linear and nonlinear waves, J. Wiley, 1974, § 9.3.

des Impulses durch diese Fläche ist

$$\Pi_{xr} = \varrho v_r(v_x + v_1) \approx \varrho_1 \frac{\partial \varphi}{\partial r}\left(v_1 + \frac{\partial \varphi}{\partial x}\right).$$

Bei der Integration über die ganze Oberfläche verschwindet das erste Glied, weil das Integral über ϱv_r gleich dem gesamten Massenstrom durch die Fläche und damit gleich Null ist. Es verbleibt daher

$$F_x = -2\pi r \int_{-\infty}^{\infty} \Pi_{xr}\, \mathrm{d}x = -2\pi r \varrho_1 \int_{-\infty}^{\infty} \frac{\partial \varphi}{\partial r}\frac{\partial \varphi}{\partial x}\, \mathrm{d}x\,. \tag{123,4}$$

Für große Abstände (in der Wellenzone) werden die Ableitungen des Potentials wie in § 74 berechnet (s. Formel (74,17)), und es ergibt sich

$$\frac{\partial \varphi}{\partial r} = -\beta \frac{\partial \varphi}{\partial x} = \frac{v_1}{2\pi}\sqrt{\frac{\beta}{2r}} \int_0^{x-\beta r} \frac{S''(\xi)\, \mathrm{d}\xi}{\sqrt{x - \xi - \beta r}}\,.$$

Diesen Ausdruck setzen wir in (123,4) ein, wobei wir das Quadrat des Integrals als Doppelintegral schreiben. Zur Abkürzung setzen wir $x - \beta r = X$ und erhalten

$$F_x = \frac{\varrho_1 v_1^2}{4\pi} \int_{-\infty}^{\infty}\int_0^X\int_0^X \frac{S''(\xi_1)S''(\xi_2)\, \mathrm{d}\xi_1\, \mathrm{d}\xi_2\, \mathrm{d}X}{\sqrt{(X - \xi_1)(X - \xi_2)}}\,.$$

Jetzt führen wir die Integration über $\mathrm{d}X$ aus; nach der Änderung der Integrationsreihenfolge muß von dem größeren Wert von ξ_1 und ξ_2 bis $+\infty$ integriert werden. Als obere Grenze wählen wir zunächst eine große, aber endliche Zahl L, die wir anschließend gegen Unendlich streben lassen. Auf diese Weise erhalten wir

$$F_x = -\frac{\varrho_1 v_1^2}{2\pi} \int_0^l \int_0^{\xi_2} S''(\xi_1)\, S''(\xi_2)\, [\ln(\xi_2 - \xi_1) - \ln 4L]\, \mathrm{d}\xi_1\, \mathrm{d}\xi_2\,.$$

Das Integral über den Term mit dem konstanten Faktor $\ln 4L$ verschwindet identisch, weil an den spitzen Enden des Körpers nicht nur die Fläche $S(x)$, sondern auch deren Ableitung $S'(x)$ verschwindet. Wir erhalten also endgültig

$$F_x = -\frac{\varrho_1 v_1^2}{2\pi} \int_0^l \int_0^{\xi_2} S''(\xi_1)\, S''(\xi_2) \ln(\xi_2 - \xi_1)\, \mathrm{d}\xi_1\, \mathrm{d}\xi_2$$

oder

$$F_x = -\frac{\varrho_1 v_1^2}{4\pi} \int_0^l \int_0^l S''(\xi_1)\, S''(\xi_2) \ln|\xi_2 - \xi_1|\, \mathrm{d}\xi_1\, \mathrm{d}\xi_2\,. \tag{123,5}$$

Das ist die gesuchte Formel für den Wellenwiderstand eines dünnen zugespitzten Körpers.[1] Die Größenordnung des hier vorkommenden Integrals ist $(S/l^2)^2\, l^2$, wenn S die mittlere Querschnittsfläche des Körpers ist. Demnach ist

$$F_x \sim \frac{\varrho_1 v_1^2 S^2}{l^2}.$$

Den Widerstandsbeiwert eines länglichen Körpers wollen wir als

$$C_x = \frac{F_x}{\frac{1}{2}\varrho_1 v_1^2 l^2}$$

definieren, indem wir ihn auf das Quadrat der Länge des Körpers beziehen. In unserem Falle ist

$$C_x \sim \frac{S^2}{l^4}, \tag{123,6}$$

d. h. dem Quadrat des zur Strömungsrichtung senkrechten Querschnitts des Körpers proportional.

Wir weisen auf die formale Analogie zwischen der Formel (123,5) und der Formel (47,4) für den induzierten Widerstand eines dünnen Tragflügels hin: Statt der Funktion $\Gamma(z)$ in (47,4) steht hier die Funktion $v_1 S'(x)$. Auf Grund dieser Analogie kann man zur Berechnung des Integrals (123,5) dieselbe Methode wie am Schluß von § 47 verwenden.

Es soll noch vermerkt werden, daß sich der durch Formel (123,5) gegebene Wellenwiderstand nicht ändert, wenn man die Richtung der Grundströmung umkehrt: Das Integral in dieser Formel ist unabhängig davon, in welcher Richtung die Länge des Körpers durchlaufen wird. Diese Eigenschaft ist für die linearisierte Theorie charakteristisch.[2]

Schließlich wollen wir noch kurz den Anwendbarkeitsbereich der erhaltenen Formel betrachten. An dieses Problem kann man in folgender Weise herangehen. Die Schwingungsamplitude der Gasteilchen in den vom Körper ausgestrahlten Schallwellen ist von der Größenordnung der Dicke des Körpers, die wir mit δ bezeichnen. Die Geschwindigkeit bei diesen Schwingungen hat also die Größenordnung des Verhältnisses $\delta v_1/l$ der Amplitude δ zur Schwingungsdauer l/v_1. Die lineare Näherung für die Ausbreitung der Schallwellen (d. h. die linearisierte Gleichung für das Potential) erfordert aber auf jeden Fall, daß die Strömungsgeschwindigkeit des Gases in der Welle klein gegenüber der Schallgeschwindigkeit ist, d. h., es muß $v_1/\beta \gg v_1\delta/l$ sein, oder, was praktisch dasselbe ist,

$$\mathrm{Ma}_1 \ll \frac{l}{\delta}. \tag{123,7}$$

Die hier dargestellte Theorie kann also nicht verwendet werden, wenn Ma_1 mit dem Verhältnis von Länge zu Dicke des Körpers vergleichbar wird.

Sie ist selbstverständlich auch im entgegengesetzten Grenzfall unanwendbar, wenn Ma_1 ungefähr gleich Eins ist, denn dann ist die Linearisierung der Gleichungen ebenfalls unzulässig.

---

[1]) Der Auftrieb (für einen nicht axialsymmetrischen Körper oder für einen Körper mit einem von Null verschiedenen Anstellwinkel) tritt in der hier betrachteten Näherung überhaupt nicht auf.

[2]) Dasselbe gilt auch für die in § 125 dargelegte Theorie des Wellenwiderstandes dünner Tragflügel.

Aufgabe

Man berechne die Gestalt eines verlängerten Rotationskörpers, der bei gegebenem Volumen V und gegebener Länge l den kleinsten Widerstand hat.

Lösung. Auf Grund der im Text erwähnten Analogie führen wir die Variable Θ durch $x = \frac{l}{2}(1 - \cos\Theta)$ ein ($0 \leqq \Theta \leqq \pi$; x wird vom vorderen Ende des Körpers aus gezählt) und schreiben die Funktion $f(x) = S'(x)$ in der Gestalt

$$f = -l \sum_{n=2}^{\infty} A_n \sin n\Theta$$

(die Bedingung $S = 0$ für $x = 0, l$ läßt in dieser Summe nur Werte $n \geqq 2$ zu, wovon man sich leicht überzeugen kann). Der Widerstandsbeiwert ist dabei

$$C_x = \frac{\pi}{4} \sum_{n=2}^{\infty} n A_n^2 .$$

Die Fläche $S(x)$ und das Gesamtvolumen V des Körpers werden aus der Funktion $f(x)$ folgendermaßen berechnet:

$$S = \int_0^x f(x)\,\mathrm{d}x\,, \qquad V = \int_0^l S(x)\,\mathrm{d}x\,.$$

Eine einfache Rechnung ergibt

$$V = \frac{\pi l^3 A_2}{16},$$

d. h., das Volumen wird allein durch den Koeffizienten A_2 bestimmt. Aus diesem Grunde wird minimales F_x dann erreicht, wenn alle A_n mit $n \geqq 3$ gleich Null sind. Das Ergebnis ist

$$C_{x,\min} = \frac{128}{\pi}\left(\frac{V}{l^3}\right)^2 = \frac{9\pi}{2}\left(\frac{S_{\max}}{l^2}\right)^2 .$$

Für den Querschnitt des Körpers haben wir dabei $S = \frac{1}{3} l^2 A_2 \sin^3\Theta$; daraus ergibt sich folgende Funktion für den Radius des Körpers in Abhängigkeit von x:

$$R(x) = \frac{8}{\pi}\left(\frac{V}{3l^3}\right)^{1/2} [x(l-x)]^{3/4} \left(\frac{2}{l}\right)^{1/2} .$$

Der Körper ist zur Ebene $x = \frac{l}{2}$ symmetrisch.[1])

§ 124. Unterschallströmung um einen dünnen Tragflügel

Wir wollen die Strömung um einen stromlinienförmigen dünnen Tragflügel in einem Gasstrom mit Unterschallgeschwindigkeit behandeln. Ebenso wie im Fall des inkompressiblen Gases muß ein in einer Unterschallströmung stromlinienförmiger Tragflügel dünn sein; die vordere Kante muß abgerundet sein, die hintere spitz zulaufen; der Anstellwinkel muß

---

[1]) Obwohl $R(x)$ an den Enden des Körpers gleich Null wird, geht die Ableitung $R'(x)$ gegen Unendlich, d. h., der Körper läuft nicht spitz zu. Deshalb ist die der Methode zugrunde liegende Näherung strenggenommen in der Nähe der Enden nicht anwendbar.

klein sein. Die Richtung des Grundstromes wählen wir als x-Achse, die Richtung der Spannweite des Tragflügels als z-Achse.

Die Strömungsgeschwindigkeit wird sich im ganzen Raum[1]) nur wenig von der Geschwindigkeit $\boldsymbol{v}_1$ des Grundstromes unterscheiden, so daß man die linearisierte Gleichung (114,4) für das Potential verwenden kann:

$$(1 - \mathrm{Ma}_1^2)\frac{\partial^2\varphi}{\partial x^2} + \frac{\partial^2\varphi}{\partial y^2} + \frac{\partial^2\varphi}{\partial z^2} = 0\,. \tag{124,1}$$

Auf der Oberfläche des Tragflügels (die wir als Fläche C bezeichnen) darf die Geschwindigkeit nur eine Tangentialkomponente haben. Mit Hilfe des Einheitsvektors $\boldsymbol{n}$ in Richtung der Normale dieser Fläche schreiben wir diese Bedingung in der Gestalt

$$\left(v_1 + \frac{\partial\varphi}{\partial x}\right)n_x + \frac{\partial\varphi}{\partial y}n_y + \frac{\partial\varphi}{\partial z}n_z = 0\,.$$

Da der Anstellwinkel klein ist und der Tragflügel eine flache Form besitzt, ist die Normale $\boldsymbol{n}$ fast parallel zur y-Achse, so daß $|n_y|$ ungefähr gleich 1 und n_x und n_z klein sind. In der angegebenen Bedingung können wir daher die kleinen Terme zweiter Ordnung $\frac{\partial\varphi}{\partial y}n_y$ und $\frac{\partial\varphi}{\partial z}n_z$ weglassen und ± 1 für n_y schreiben ($+1$ auf der oberen Fläche und -1 auf der unteren Fläche des Tragflügels). Die Randbedingung zur Gleichung (124,1) lautet also

$$v_1 n_x \pm \frac{\partial\varphi}{\partial y} = 0\,. \tag{124,2}$$

Den Wert von $\partial\varphi/\partial y$ auf der Oberfläche des Flügels können wir einfach als Grenzwert für $y \to 0$ berechnen, da wir den Tragflügel als dünn vorausgesetzt haben.

Die Lösung der Gleichung (124,1) mit der Bedingung (124,2) kann man leicht mit dem Strömungsproblem einer inkompressiblen Flüssigkeit in Zusammenhang bringen. Dazu führen wir statt der Koordinaten x, y und z die Variablen

$$x' = x\,, \qquad y' = y\sqrt{1 - \mathrm{Ma}_1^2}\,, \qquad z' = z\sqrt{1 - \mathrm{Ma}_1^2} \tag{124,3}$$

ein. In diesen Variablen lautet die Gleichung (124,1)

$$\frac{\partial^2\varphi}{\partial x'^2} + \frac{\partial^2\varphi}{\partial y'^2} + \frac{\partial^2\varphi}{\partial z'^2} = 0\,, \tag{124,4}$$

d. h., sie geht in die Laplacesche Gleichung über. Statt der zu umströmenden Fläche führen wir eine andere Fläche C' ein, indem wir die Querschnitte des Tragflügels parallel zur xy-Ebene unverändert lassen, aber alle Strecken in Richtung der Spannweite (in z-Richtung) im Verhältnis $\sqrt{1 - \mathrm{Ma}_1^2}$ verkleinern.

Die Randbedingung (124,2) erhält dann die Gestalt

$$v_1 n_x \pm \frac{\partial\varphi}{\partial y'}\sqrt{1 - \mathrm{Ma}_1^2} = 0\,.$$

---

[1]) Bis auf einen kleinen Bereich an der vorderen Kante, d. h. in der Nähe der Staulinie des Gases.

Um sie in die übliche Form zu bringen, führen wir statt φ durch

$$\varphi' = \varphi \sqrt{1 - \mathrm{Ma}_1^2} \tag{124,5}$$

ein neues Potential φ' ein. Für φ' haben wir dieselbe Laplacesche Gleichung und die Randbedingung

$$v_1 n_x \pm \frac{\partial \varphi'}{\partial y'} = 0\,, \tag{124,6}$$

die für $y' = 0$ erfüllt werden muß.

Die Gleichung (124,4) mit der Randbedingung (124,6) ist aber die Gleichung für das Geschwindigkeitspotential einer inkompressiblen Flüssigkeit bei der Strömung um einen Körper mit der Oberfläche C'. Die Bestimmung der Geschwindigkeitsverteilung in der Strömung einer kompressiblen Flüssigkeit um einen Tragflügel mit der Oberfläche C ist somit auf die Berechnung der Geschwindigkeitsverteilung in der Strömung einer inkompressiblen Flüssigkeit um einen Tragflügel mit der Oberfläche C' zurückgeführt.

Wir betrachten weiter den Auftrieb F_y, der auf den Tragflügel wirkt. Vor allem bemerken wir, daß die Ableitung der Joukowskischen Formel (38,4) in § 38 auch für eine kompressible Flüssigkeit vollständig gültig ist, da man statt der veränderlichen Dichte ϱ der Flüssigkeit sowieso in der betrachteten Näherung die konstante Größe ϱ_1 zu benutzen hat. Er ist also

$$F_y = -\varrho_1 v_1 \int \Gamma \,\mathrm{d}z\,, \tag{124,7}$$

wobei die Integration über die ganze Länge l_z der Spannweite zu erstrecken ist. Aus der Beziehung (124,5) und der Gleichheit der Querschnittsprofile der Tragflügel C und C' folgt, daß die Zirkulation Γ bei der Strömung einer kompressiblen Flüssigkeit um den Tragflügel C und die Zirkulation Γ' bei der Strömung einer inkompressiblen Flüssigkeit um den Tragflügel C' durch die Beziehung

$$\Gamma' = \Gamma \sqrt{1 - \mathrm{Ma}_1^2} \tag{124,8}$$

miteinander zusammenhängen. Dies setzen wir in (124,7) ein und gehen von der Integration über dz zur Integration über dz' über; wir erhalten

$$F_y = \frac{-\varrho_1 v_1 \int \Gamma' \,\mathrm{d}z'}{1 - \mathrm{Ma}_1^2}\,.$$

Der Zähler ist der Auftrieb des Tragflügels C' in einer inkompressiblen Flüssigkeit. Wir bezeichnen ihn mit F'_y und haben

$$F_y = \frac{F'_y}{1 - \mathrm{Ma}_1^2}\,. \tag{124,9}$$

Unter Verwendung der Auftriebsbeiwerte

$$C_y = \frac{F_y}{\frac{1}{2}\varrho_1 v_1^2 l_x l_z}\,, \qquad C'_y = \frac{F'_y}{\frac{1}{2}\varrho_1 v_1^2 l_x l'_z}$$

(wobei l_x, l_z und l_x, $l'_z = l_z\sqrt{1 - \mathrm{Ma}_1^2}$ die Längen der Tragflügel C und C' in x- und z-Richtung sind) bringen wir diese Gleichung in die Form

$$C_y = \frac{C'_y}{\sqrt{1 - \mathrm{Ma}_1^2}}\,. \tag{124,10}$$

Für Tragflügel mit genügend großer Spannweite (und konstantem Profil längs der Spannweite) ist der Auftriebsbeiwert in einer inkompressiblen Flüssigkeit dem Anstellwinkel proportional und von der Länge und der Breite der Tragflügel unabhängig:

$$C'_y = \mathrm{const}\cdot\alpha\,. \tag{124,11}$$

Die Konstante hängt nur vom Profil des Querschnitts ab (s. § 46). In diesem Falle können wir statt (124,10) schreiben

$$C_y = \frac{C_y^{(0)}}{\sqrt{1 - \mathrm{Ma}_1^2}}\,; \tag{124,12}$$

C_y und $C_y^{(0)}$ sind die Auftriebsbeiwerte desselben Tragflügels in einem kompressiblen bzw. inkompressiblen Gasstrom. Wir erhalten also folgende Regel: Der Auftrieb eines langen Tragflügels in einem kompressiblen Gasstrom ist $1/\sqrt{1 - \mathrm{Ma}_1^2}$ mal größer als der Auftrieb desselben Tragflügels (mit demselben Anstellwinkel) in einem inkompressiblen Gasstrom (L. Prandtl, 1922; H. Glauert, 1928).

Ähnliche Beziehungen kann man auch für den Widerstand ableiten. Neben der Joukowskischen Formel für den Auftrieb läßt sich auch die Formel (47,4) für den induzierten Widerstand eines Tragflügels vollständig in die Theorie der kompressiblen Flüssigkeiten übertragen. Wir nehmen darin die Transformationen (124,3) und (124,8) vor und erhalten

$$F_x = \frac{F'_x}{1 - \mathrm{Ma}_1^2}\,; \tag{124,13}$$

F'_x ist der Widerstand des Tragflügels C' in einer inkompressiblen Flüssigkeit. Mit zunehmender Spannweite strebt der induzierte Widerstand gegen einen endlichen Grenzwert (§ 47). Für genügend lange Tragflügel kann man daher F'_x durch $F_x^{(0)}$ ersetzen (durch den Widerstand desselben Tragflügels C, zu dem F_x gehört, in einer inkompressiblen Flüssigkeit). Dann haben wir für den Widerstandsbeiwert

$$C_x = \frac{C_x^{(0)}}{1 - \mathrm{Ma}_1^2}\,. \tag{124,14}$$

Dem Vergleich mit (124,12) entnehmen wir, daß das Verhältnis C_y^2/C_x beim Übergang von einer inkompressiblen zu einer kompressiblen Flüssigkeit unverändert bleibt.

Alle hier erhaltenen Ergebnisse sind selbstverständlich für Ma_1 ungefähr gleich Eins unanwendbar, weil dann die linearisierte Theorie überhaupt nicht verwendet werden kann.

§ 125. Überschallströmung um einen Tragflügel

Damit ein Tragflügel in einem Überschallstrom stromlinienförmig ist, muß er sowohl an der hinteren als auch an der vorderen Kante zugeschärft sein, ähnlich wie die in § 123 behandelten dünnen Körper vorn und hinten Spitzen haben mußten.

Hier beschränken wir uns auf die Untersuchung der Strömung um einen dünnen Tragflügel mit sehr großer Spannweite und konstantem Querschnittsprofil in Richtung der Spannweite. Wir sehen die Spannweite als unendlich an und haben es daher mit einer ebenen Gasströmung (in der xy-Ebene) zu tun. Statt der Gleichung (123,1) haben wir für das Potential jetzt die Gleichung

$$\frac{\partial^2 \varphi}{\partial y^2} - \beta^2 \frac{\partial^2 \varphi}{\partial x^2} = 0 \tag{125,1}$$

mit der Randbedingung

$$\left.\frac{\partial \varphi}{\partial y}\right|_{y \to \pm 0} = \mp v_1 n_x \tag{125,2}$$

(die Vorzeichen $-$ und $+$ auf der rechten Seite der Gleichung gelten für die obere bzw. die untere Fläche des Tragflügels). Die Gleichung (125,1) ist eine eindimensionale Wellengleichung, und ihre allgemeine Lösung hat die Gestalt

$$\varphi = f_1(x - \beta y) + f_2(x + \beta y) .$$

Da die Störung der Strömung vom Körper ausgeht, muß im Raum über dem Tragflügel ($y > 0$) die Funktion $f_2 \equiv 0$ sein, so daß $\varphi = f_1(x - \beta y)$ wird; unterhalb des Tragflügels (für $y < 0$) ist $\varphi = f_2(x + \beta y)$. Um einen bestimmten Fall zu betrachten, behandeln wir den Raum oberhalb des Tragflügels, wo

$$\varphi = f(x - \beta y)$$

ist. Die Funktion f bestimmen wir aus der Randbedingung (125,2), in der wir $n_x \approx -\zeta_2'(x)$ setzen; $y = \zeta_2(x)$ ist die Gleichung für den oberen Teil des Profils des Tragflügels (Abb. 129a).

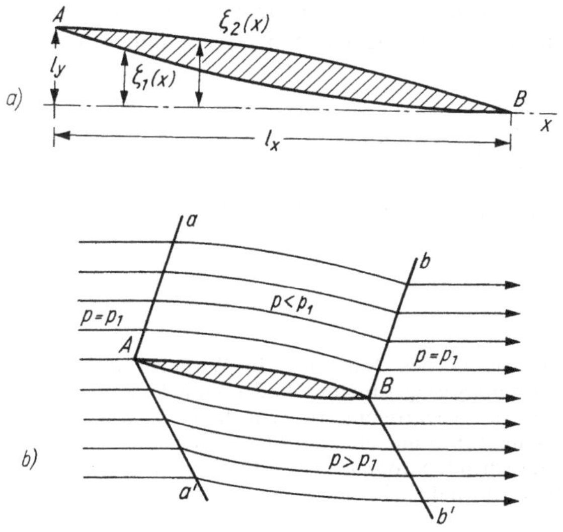

Abb. 129

Wir erhalten

$$\left.\frac{\partial\varphi}{\partial y}\right|_{y\to+0} = -\beta f'(x) = v_1\zeta_2'(x), \qquad f(x) = -\frac{v_1}{\beta}\zeta_2(x).$$

Die Geschwindigkeitsverteilung wird also (für $y > 0$) durch das Potential

$$\varphi(x, y) = -\frac{v_1}{\beta}\zeta_2(x - \beta y) \tag{125,3}$$

gegeben. Ähnlich erhalten wir

$$\varphi = \frac{v_1}{\beta}\zeta_1(x + \beta y)$$

für $y < 0$, wo $y = \zeta_1(x)$ die Gleichung für den unteren Teil des Profils ist. Das Potential und damit auch die anderen Größen sind auf den Geraden $x \pm \beta y = \text{const}$ (Charakteristiken) in Übereinstimmung mit den Ergebnissen von § 115 konstant; die hier erhaltene Lösung ist ein Spezialfall dieser Ergebnisse.

Das Strömungsbild sieht qualitativ folgendermaßen aus. Von der vorderen und von der hinteren scharfen Kante gehen schwache Unstetigkeiten aus (*aAa'* und *bBb'* in Abb. 129b).[1]) Im Raum vor der Unstetigkeit *aAa'* und hinter *bBb'* ist der Strom homogen. Im Bereich zwischen den Unstetigkeiten krümmt sich der Strom um die Oberfläche des Tragflügels. Die Strömung ist hier eine einfache Welle; in der betrachteten linearisierten Näherung sind alle Charakteristiken parallel und bilden mit der x-Achse einen Winkel, der gleich dem Machschen Winkel des ankommenden Stromes ist.

Die Druckverteilung ergibt sich aus der Formel

$$p - p_1 = -\varrho_1 v_1 \frac{\partial\varphi}{\partial x}$$

(den Term mit v_y^2 in der allgemeinen Formel (114,5) kann man im betrachteten Falle vernachlässigen, weil v_x und v_y von der gleichen Größenordnung sind). Wir verwenden (125,3), führen den sogenannten Druckkoeffizienten C_p ein und erhalten in der oberen Halbebene

$$C_p = \frac{p - p_1}{\frac{1}{2}\varrho_1 v_1^2} = \frac{2}{\beta}\zeta_2'(x - \beta y).$$

Speziell ist der Druckkoeffizient auf der oberen Fläche des Tragflügels

$$C_{p2} = \frac{2}{\beta}\zeta_2'(x). \tag{125,4}$$

---

[1]) Das gilt nur in der hier angenommenen Näherung. In Wirklichkeit liegen keine schwachen Unstetigkeiten, sondern Stoßwellen mit geringer Intensität oder schmale zentrierte Verdünnungswellen vor, je nachdem, nach welcher Seite sich die Strömungsrichtung dreht. Für das in Abb. 129b dargestellte Profil sind *Aa* und *Bb'* Verdünnungswellen und *Aa'* und *Bb* Stoßwellen.

Die von der hinteren Kante ausgehende Stromlinie (vom Punkt *B* in Abb. 129b) ist in Wirklichkeit eine tangentiale Unstetigkeit der Geschwindigkeit (die sich dann in einen schmalen turbulenten Nachlauf auflöst).

Analog finden wir für die untere Fläche

$$C_{p1} = -\frac{2}{\beta}\zeta_1'(x). \tag{125,5}$$

Der Druck hängt in jedem Punkt des Profils nur von der Steigung des Profils in diesem Punkt ab.

Die vertikale Projektion der Druckkräfte ist mit ausreichender Genauigkeit gleich dem Druck selbst, da der Steigungswinkel der Kontur des Profils in bezug auf die x-Achse überall klein ist. Der resultierende Auftrieb des Tragflügels ist gleich der Differenz der Druckkräfte auf die untere und auf die obere Fläche. Daher ist der Auftriebsbeiwert

$$C_y = \frac{1}{l_x}\int_0^{l_x} (C_{p1} - C_{p2})\,dx = \frac{4l_y}{\beta l_x}$$

(für die Definition der Längen l_x und l_y siehe Abb. 129a). Wir definieren den Anstellwinkel α als den Winkel zwischen der x-Achse und der Sehne AB durch die scharfen Kanten (Abb. 129a): $\alpha \approx l_y/l_x$. Endgültig erhalten wir die folgende einfache Formel:

$$C_y = \frac{4\alpha}{\sqrt{\mathrm{Ma}_1^2 - 1}} \tag{125,6}$$

(J. Ackeret, 1925). Im Unterschied zu den Verhältnissen bei einer Unterschallströmung (s. § 48, Formel (48,7)) hängt der Auftrieb hier nur vom Anstellwinkel ab und nicht von der Gestalt des Querschnitts des Tragflügels.

Weiterhin wollen wir den Widerstand des Tragflügels berechnen (das ist ein Wellenwiderstand von derselben Art wie der Wellenwiderstand dünner Körper; s. § 123). Dazu muß man die Druckkräfte auf die x-Achse projizieren und diese Projektion über die ganze Kontur des Profils integrieren. Wir erhalten dann für den Widerstandsbeiwert

$$C_x = \frac{2}{\beta l_x}\int_0^{l_x} (\zeta_1'^2 + \zeta_2'^2)\,dx. \tag{125,7}$$

Wir führen die Steigungswinkel $\Theta_1(x)$ und $\Theta_2(x)$ des unteren und des oberen Teiles des Profils in bezug auf die Sehne AB ein; es gilt $\zeta_1' = \Theta_1 - \alpha$ und $\zeta_2' = \Theta_2 - \alpha$. Die Integrale über Θ_1 und Θ_2 verschwinden offensichtlich, so daß wir endgültig die folgende Formel erhalten:

$$C_x = \frac{4\alpha^2 + 2(\overline{\Theta_1^2} + \overline{\Theta_2^2})}{\sqrt{\mathrm{Ma}_1^2 - 1}} \tag{125,8}$$

(der Strich bedeutet Mittelung über x). Bei festem Anstellwinkel ist der Widerstandsbeiwert offensichtlich für eine ebene Platte (für die $\Theta_1 = \Theta_2 = 0$ ist) als Tragflügel am kleinsten. In diesem Falle ist $C_x = \alpha C_y$. Wenden wir die Formel (125,8) auf eine rauhe Oberfläche an, so finden wir, daß die Rauhigkeit der Oberfläche eine beträchtliche Vergrößerung des Widerstandes bewirken kann, auch wenn die Höhe der einzelnen Unebenheiten klein ist.[1])

---

[1]) Aber doch größer als die Dicke der Grenzschicht.

Tatsächlich ist der Widerstand von der Höhe der einzelnen Unebenheiten unabhängig, wenn sich deren mittlere Neigung gegen die Oberfläche nicht ändert, d. h., wenn sich das mittlere Verhältnis der Höhe der Unebenheiten zum Abstand zwischen ihnen nicht ändert.

Schließlich bemerken wir noch folgendes. Hier und überall bei der Behandlung eines Tragflügels haben wir vorausgesetzt, daß die Kanten des Tragflügels zur Strömung senkrecht liegen. Die Verallgemeinerung auf den Fall eines beliebigen Winkels γ zwischen der Strömungsrichtung und der Kante (*Gleitwinkel*)[1]) liegt auf der Hand. Es ist klar, daß die Kräfte auf einen unendlichen Tragflügel mit konstantem Querschnitt nur von der zu den Kanten senkrechten Geschwindigkeitskomponente des anströmenden Gases abhängen; in einer reibungsfreien Flüssigkeit übt die zu den Kanten parallele Geschwindigkeitskomponente keinerlei Kräfte aus. Die Kräfte auf einen Tragflügel für einen beliebigen Gleitwinkel in einem Strom mit der Mach-Zahl Ma_1 sind dieselben wie die Kräfte, die am gleichen Tragflügel für den Gleitwinkel $\pi/2$ in einem Strom mit der Mach-Zahl $\mathrm{Ma}_1 \sin\gamma$ angreifen. Für $\mathrm{Ma}_1 > 1$, aber $\mathrm{Ma}_1 \sin\gamma < 1$ wird insbesondere der für eine Umströmung mit Überschallgeschwindigkeit charakteristische Wellenwiderstand nicht vorhanden sein.

§ 126. Das Ähnlichkeitsgesetz für schallnahe Strömungen

Die in §§ 123 bis 125 entwickelte Theorie für Über- und Unterschallströmungen um dünne Körper ist für schallnahe Strömungen nicht verwendbar, weil dann die linearisierte Gleichung für das Potential ungültig wird. In diesem Falle wird das Strömungsbild im ganzen Raume durch die nichtlineare Gleichung (114,10) bestimmt:

$$2\alpha_* \frac{\partial\varphi}{\partial x}\frac{\partial^2\varphi}{\partial x^2} = \frac{\partial^2\varphi}{\partial y^2} + \frac{\partial^2\varphi}{\partial z^2} \tag{126,1}$$

(oder für eine ebene Strömung durch die äquivalente Euler-Tricomische Gleichung). Die Lösung dieser Gleichungen für konkrete Fälle ist jedoch äußerst schwierig. Daher sind die Ähnlichkeitsregeln besonders interessant, die man für diese Strömungen aufstellen kann, ohne eine konkrete Lösung zu benutzen.

Wir wollen zunächst eine ebene Strömung behandeln. Es sei

$$Y = \delta f\left(\frac{x}{l}\right) \tag{126,2}$$

die Gleichung für die Kontur des umströmten dünnen Körpers, l dessen Länge (in Stromrichtung) und δ eine charakteristische Dicke ($\delta \ll l$). Durch Änderung der beiden Parameter l und δ erhalten wir eine Schar ähnlicher Konturen.

Die Bewegungsgleichung lautet

$$2\alpha_* \frac{\partial\varphi}{\partial x}\frac{\partial^2\varphi}{\partial x^2} = \frac{\partial^2\varphi}{\partial y^2}. \tag{126,3}$$

---

[1]) Anstelle des im russischen Original als „Gleitwinkel“ bezeichneten Winkels γ wird im allgemeinen in der deutschsprachigen Literatur der Pfeilwinkel $\gamma' = (\pi/2) - \gamma$ benutzt (Anm. d. Herausg.).

Dazu kommen die folgenden Randbedingungen. Im Unendlichen muß die Geschwindigkeit gleich der Geschwindigkeit $\mathbf{v}_1$ des ungestörten Stromes sein, d. h.

$$\frac{\partial \varphi}{\partial y} = 0\,, \qquad \frac{\partial \varphi}{\partial x} = \mathrm{Ma}_{1*} - 1 = \frac{\mathrm{Ma}_1 - 1}{\alpha_*} \tag{126,4}$$

(vgl. die Definition des Potentials φ durch (114,9)). Auf dem Profil darf die Geschwindigkeit nur eine Tangentialkomponente haben:

$$\frac{v_y}{v_x} \approx \frac{\partial \varphi}{\partial y} = \frac{\mathrm{d}Y}{\mathrm{d}x} = \frac{\delta}{l} f'\left(\frac{x}{l}\right). \tag{126,5}$$

Da das Profil dünn sein soll, kann man die Erfüllung dieser Bedingung für $y = 0$ fordern.

Wir führen durch

$$x = l\bar{x}\,, \qquad y = \frac{l}{(\Theta\alpha_*)^{1/3}}\,\bar{y}\,, \qquad \varphi = \frac{l\Theta^{2/3}}{\alpha_*^{1/3}}\,\bar{\varphi}(\bar{x}, \bar{y}) \tag{126,6}$$

neue dimensionslose Variable ein (dabei haben wir den Winkel $\Theta = \delta/l$ verwendet, der entweder den „Öffnungswinkel" des Körpers oder den Anstellwinkel charakterisiert). Wir erhalten dann die Gleichung

$$2\,\frac{\partial \bar{\varphi}}{\partial \bar{x}}\,\frac{\partial^2 \bar{\varphi}}{\partial \bar{x}^2} = \frac{\partial^2 \bar{\varphi}}{\partial \bar{y}^2}$$

mit den Randbedingungen

$$\frac{\partial \bar{\varphi}}{\partial \bar{x}} = K\,, \qquad \frac{\partial \bar{\varphi}}{\partial \bar{y}} = 0 \quad \text{im Unendlichen}\,,$$

$$\frac{\partial \bar{\varphi}}{\partial \bar{y}} = f'(\bar{x}) \quad \text{für} \quad \bar{y} = 0\,,$$

worin

$$K = \frac{\mathrm{Ma}_1 - 1}{(\alpha_*\Theta)^{2/3}} \tag{126,7}$$

ist. Diese Bedingungen enthalten nur einen Parameter, nämlich K. Wir haben auf diese Weise das gesuchte Ähnlichkeitsgesetz gewonnen: Ebene schallnahe Strömungen mit gleichen Werten der Zahl K sind ähnlich, wie es durch die Formeln (126,6) angegeben wird (S. W. Falkowitsch, 1947).

Wir lenken die Aufmerksamkeit darauf, daß in den Ausdruck (126,7) der einzige Parameter α_* eingeht, der die Eigenschaften des Gases selbst charakterisiert. Das erhaltene Gesetz bezieht sich also auch auf die Ähnlichkeit bei einer Änderung der Gasart.

Im Rahmen der betrachteten Näherung wird der Druck durch die Formel

$$p - p_1 \approx -\varrho_1 v_1 (v_x - v_1)$$

gegeben. Die Berechnung mit Hilfe der Ausdrücke (126,6) ergibt für den Druckkoeffizienten auf dem Profil eine Funktion der Form

$$C_p = \frac{p - p_1}{\frac{1}{2}\varrho_1 v_1^2} = \frac{\Theta^{2/3}}{\alpha_*^{1/3}} P\left(K, \frac{x}{l}\right).$$

Der Widerstandsbeiwert und der Auftriebsbeiwert werden als Kurvenintegrale über das Profil berechnet:

$$C_x = \frac{1}{l} \oint C_p \frac{\mathrm{d}Y}{\mathrm{d}x} \mathrm{d}x, \qquad C_y = \frac{1}{l} \oint C_p \, \mathrm{d}x,$$

und sind folglich Funktionen der Gestalt[1])

$$C_x = \frac{\Theta^{5/3}}{\alpha_*^{1/3}} f_x(K), \qquad C_y = \frac{\Theta^{2/3}}{\alpha_*^{1/3}} f_y(K). \tag{126,8}$$

Ganz analog kann man auch das Ähnlichkeitsgesetz für die dreidimensionale Strömung um einen dünnen Körper erhalten, dessen Gestalt durch die Gleichungen

$$Y = \delta f_1\left(\frac{x}{l}\right), \qquad Z = \delta f_2\left(\frac{x}{l}\right) \tag{126,9}$$

mit den beiden Parametern δ und l gegeben wird ($\delta \ll l$). Der wesentliche Unterschied gegenüber dem zweidimensionalen Fall hängt mit der logarithmischen Singularität des Potentials für $y \to 0$ und $z \to 0$ zusammen (siehe z. B die Formeln für die Strömung um einen dünnen Kegel in § 113). Die Randbedingung auf der x-Achse darf daher nicht die Ableitungen $\partial\varphi/\partial y$ und $\partial\varphi/\partial z$ selbst festlegen, sondern die endlich bleibenden Produkte

$$y \frac{\partial\varphi}{\partial y} = Y \frac{\mathrm{d}Y}{\mathrm{d}x}, \qquad z \frac{\partial\varphi}{\partial z} = Z \frac{\mathrm{d}Z}{\mathrm{d}x}.$$

Wie man sich leicht überzeugen kann, lautet die Ähnlichkeitstransformation in diesem Falle (wir führen wieder den Winkel $\Theta = \delta/l$ ein)

$$x = l\bar{x}, \qquad y = \frac{l}{\Theta\alpha_*^{1/2}} \bar{y}, \qquad z = \frac{1}{\Theta\alpha_*^{1/2}} \bar{z}, \qquad \varphi = l\Theta^2\bar{\varphi}, \tag{126,10}$$

wobei der Ähnlichkeitsparameter

$$K = \frac{\mathrm{Ma}_1 - 1}{\Theta^2\alpha_*} \tag{126,11}$$

---

[1]) Der Anwendungsbereich dieser Formeln wird durch die Ungleichung $|\mathrm{Ma}_1 - 1| \ll 1$ festgelegt. Die linearisierte Theorie gehört zu großen K-Werten, d. h. $|\mathrm{Ma}_1 - 1| \gg \Theta^{2/3}$. Im Bereich $1 \gg \mathrm{Ma}_1 - 1 \gg \Theta^{2/3}$ müssen die Formeln (126,8) folglich in die Formeln (125,6) bis (125,8) der linearisierten Theorie übergehen. Für große K müssen also die Funktionen f_x und f_y zu $K^{-1/2}$ proportional sein.

ist (TH. VON KÁRMÁN, 1947). Für den Druckkoeffizienten auf der Oberfläche des Körpers erhalten wir den Ausdruck

$$C_p = \Theta^2 P\left(K, \frac{x}{l}\right)$$

und für den Widerstandsbeiwert dementsprechend[1])

$$C_x = \Theta^4 f(K). \tag{126,12}$$

Alle erhaltenen Formeln gelten natürlich sowohl für kleine positive als auch für kleine negative Werte von $\mathrm{Ma}_1 - 1$. Falls genau $\mathrm{Ma}_1 = 1$ ist, wird der Ähnlichkeitsparameter $K = 0$, und die Funktionen in den Formeln (126,8) und (126,12) werden zu Konstanten, so daß diese Formeln die Abhängigkeit der Größen C_x und C_y vom Winkel Θ und den Eigenschaften des Gases α_* vollständig bestimmen.

§ 127. Das Ähnlichkeitsgesetz für Hyperschallströmungen

Für Strömungen um dünne zugespitzte Körper mit großen Überschallgeschwindigkeiten (große Ma_1) ist die linearisierte Theorie nicht anwendbar, worauf schon am Schluß von § 114 hingewiesen wurde. Aus diesem Grunde ist ein einfaches Ähnlichkeitsgesetz besonders interessant, das man für solche Strömungen (man nennt sie *Hyperschallströmungen*) aufstellen kann.

Die bei dieser Umströmung entstehenden Stoßwellen bilden mit der Strömungsrichtung einen kleinen Winkel von der Größenordnung des Verhältnisses $\Theta = \delta/l$ der Dicke des Körpers zu seiner Länge. Diese Wellen sind im allgemeinen gekrümmt und haben gleichzeitig eine große Intensität; obwohl der Sprung der Geschwindigkeit darin verhältnismäßig klein ist, ist der Sprung des Druckes (und damit auch der Sprung der Entropie) dagegen groß. Die Strömung des Gases ist daher im allgemeinen keine Potentialströmung.

Wir wollen voraussetzen, daß die Mach-Zahl Ma_1 von der Größenordnung $1/\Theta$ oder größer ist. Eine Stoßwelle setzt den Wert der lokalen Mach-Zahl Ma herab, sie bleibt aber auf jeden Fall von der Größenordnung $1/\Theta$ (vgl. die Aufgabe 2 zu § 112), so daß die Zahl Ma im ganzen Raum groß ist.

Wir benutzen die in § 123 angegebene „Schallanalogie“: Das dreidimensionale Problem einer stationären Strömung um einen dünnen Körper mit veränderlichem Querschnitt $S(x)$ ist dem zweidimensionalen Problem der nichtstationären Schallausstrahlung einer Kontur äquivalent, die sich zeitlich nach dem Gesetz $S(v_1 t)$ ändert; die Rolle der Schallgeschwindigkeit übernimmt dabei $v_1/\sqrt{\mathrm{Ma}_1^2 - 1}$ oder für große Ma_1 einfach c_1. Wir betonen, daß die einzige Bedingung für die Äquivalenz der beiden Probleme darin besteht, daß das Verhältnis δ/l klein ist; dann kann man in Richtung der Länge des Körpers kleine ringförmige Abschnitte seiner Oberfläche als Zylinderflächen ansehen. Für große Ma_1 ist jedoch die Ausbreitungsgeschwindigkeit der ausgestrahlten Wellen größenordnungsmäßig mit der Geschwindigkeit der Gasteilchen in den Wellen vergleichbar (siehe den Schluß von § 123). Deshalb muß das Problem mit Hilfe der exakten, nicht linearisierten Gleichungen gelöst werden.

[1]) Im Bereich $1 \gg \mathrm{Ma}_1 - 1 \gg \Theta^2$ muß sich die Formel (123,7) der linearisierten Theorie ergeben, nach der $C_x \sim \Theta^4$ ist. Mit zunehmendem K muß die Funktion $f(K)$ demnach gegen eine Konstante streben.

Die Störung der Geschwindigkeit ist schon bei jeder Überschallströmung um einen dünnen zugespitzten Körper klein (im Vergleich mit der Geschwindigkeit $\boldsymbol{v}_1$ des anströmenden Gases). Bei der Hyperschallumströmung ist zusätzlich noch die Störung der longitudinalen Komponente der Geschwindigkeit klein im Vergleich mit den auftretenden transversalen Geschwindigkeiten:

$$v_y \sim v_z \sim v_1\Theta\,, \qquad v_x - v_1 \sim v_1\Theta^2\,. \tag{127,1}$$

Die Änderungen des Druckes und der Dichte sind keineswegs klein:

$$\frac{p - p_1}{p_1} \sim \mathrm{Ma}_1^2\Theta^2\,, \qquad \frac{\varrho_2 - \varrho_1}{\varrho_1} \sim 1\,, \tag{127,2}$$

wobei die Änderung des Druckes (für $\mathrm{Ma}_1\Theta \gg 1$) sogar beliebig groß sein kann (vgl. Aufgabe 2 zu § 112).

Die Schallanalogie überführt das Problem in eine zweidimensionale Aufgabe über die Strömung in der yz-Ebene, senkrecht zum anströmenden Gas. Bei diesem zweidimensionalen Problem ist die lineare Geschwindigkeit der Schallquelle von der Größenordnung $v_1\Theta$; außerdem gehen in das Problem nur noch die Schallgeschwindigkeit c_1 und die Abmessungen der Quelle δ (und die Dichte ϱ_1) als unabhängige Parameter ein.[1]). Aus ihnen kann man nur die eine dimensionslose Kombination

$$K = \mathrm{Ma}_1\,\Theta \tag{127,3}$$

bilden, die den Ähnlichkeitsparameter darstellt.[2]) Als Maßeinheiten für die Koordinaten y und z und für die Zeit muß man Größen der entsprechenden Dimension verwenden, die aus den genannten Parametern zusammengestellt sind, beispielsweise δ und $\delta/v_1\Theta = l/v_1$; der natürliche Parameter für die Koordinate x ist die Länge des Körpers l. Dann kann man behaupten, daß

$$v_y = v_1\Theta v'_y\,, \qquad v_z = v_1\Theta v'_z\,, \qquad p = \varrho_1 v_1^2\Theta^2 p'\,, \qquad \varrho = \varrho_1\varrho' \tag{127,4}$$

gilt, wobei die v'_y, v'_z, p', ϱ' Funktionen der dimensionslosen Variablen x/l, y/δ, z/δ und des Parameters K sind; auf Grund von (127,1) und (127,2) kann man feststellen, daß diese Funktionen die Größenordnung Eins haben.[3])

---

[1]) Wir haben hier natürlich nicht nur die Bewegungsgleichungen für das Gas im Auge, sondern auch die zugehörigen Randbedingungen auf der Oberfläche des Körpers und die Bedingungen, die an den Stoßwellen erfüllt sein müssen. Das Gas wird als polytrop vorausgesetzt, so daß seine gasdynamischen Eigenschaften nur von dem dimensionslosen Parameter γ abhängen. Die unten abgeleitete Ähnlichkeitsregel bestimmt jedoch nicht die Abhängigkeit der Strömung von diesem Parameter.

Es ist jedoch zu beachten, daß bei einer Umströmung mit $\mathrm{Ma}_1 \gg 1$ das Gas stark erwärmt wird, wodurch sich seine thermodynamischen Eigenschaften wesentlich ändern können. Die quantitative Aussage der Formeln für ein polytropes Gas (d. h. bei vorausgesetzter Konstanz seiner Wärmekapazität) ist deshalb bei Hyperschallgeschwindigkeiten begrenzt.

[2]) Setzt man Ma_1 nicht als groß voraus, dann würde sich eine Ähnlichkeitsregel mit dem Parameter $K = \Theta\sqrt{\mathrm{Ma}_1^2 - 1}$ ergeben. Sie ist aber uninteressant, weil in Wirklichkeit die linearisierte Theorie die Abhängigkeit aller Größen von diesem Parameter vollkommen bestimmt.

[3]) Das Ähnlichkeitsgesetz für Hyperschallumströmungen wurde von H. S. Tsien, 1946, formuliert. Der Zusammenhang mit der auf die nichtlineare Aufgabe übertragenen „Schallanalogie" wurde von W. D. Hayes, 1947, angegeben; in der Spezialliteratur wird diese Analogie als „Kolbenanalogie" bezeichnet.

Die Widerstandskraft F_x wird durch das Integral

$$F_x = \oint p \, dy \, dz$$

gegeben, das über die gesamte Oberfläche des Körpers zu erstrecken ist (wegen der Randbedingung $v_n = 0$ verschwindet der Term $v_x(\boldsymbol{vn})$ in der Impulsstromdichte auf der Oberfläche des Körpers; $\boldsymbol{n}$ ist die Normale zu dieser Oberfläche). Wir gehen entsprechend (127,4) zu den dimensionslosen Variablen über und erhalten den Widerstandsbeiwert C_x (definiert nach (123,6)) in der Form

$$C_x = 2\Theta^4 \oint p' \, dy' \, dz' \, .$$

Das verbleibende Integral ist eine Funktion des dimensionslosen Parameters K. Also gilt

$$C_x = \Theta^4 f(K) \, . \tag{127,5}$$

Ein solches Ähnlichkeitsgesetz ergibt sich offensichtlich auch für den ebenen Fall, für die Umströmung eines dünnen Tragflügels mit unendlich großer Spannweite. Für den Widerstandsbeiwert und den Auftriebsbeiwert erhalten wir dabei die Formeln

$$C_x = \Theta^3 f_x(K) \, , \qquad C_y = \Theta^2 f_y(K) \, . \tag{127,6}$$

Bei der Anwendung der Gesetze (127,5) und (127,6) ist zu beachten, daß die Ähnlichkeit von Strömungen voraussetzt, daß die Gestalt, die Abmessungen und die Orientierung der umströmten Körper in bezug auf das anströmende Gas auseinander allein durch die Änderung des Maßstabs δ längs der y- und der z-Achse und des Maßstabs l längs der x-Achse hervorgehen. Dies bedeutet insbesondere, daß bei von Null verschiedenem Anstellwinkel α für ähnliche Konfigurationen das Verhältnis α/Θ das gleiche sein muß.

Für $K \to \infty$ streben die Funktionen dieses Parameters in (127,5) und (127,6) gegen konstante Grenzwerte. Diese Behauptung folgt aus der Existenz eines Grenzregimes (für $\mathrm{Ma}_1 \to \infty$) für die Umströmung, dessen Eigenschaften im wesentlichen Strömungsgebiet nicht von Ma_1 abhängen (S. W. Wallander, 1947; K. Oswatitsch, 1951). Unter dem „wesentlichen" Strömungsgebiet ist hier der Bereich zwischen dem vorderen Teil der Kopfwelle mit der größten Intensität und der Oberfläche des umströmten Körpers zu verstehen (wir unterstreichen, daß gerade dieses Gebiet mit dem größten Druck die auf den Körper wirkenden Kräfte bestimmt). Wenn wir die Strömung mit den „reduzierten" Variablen für die Geschwindigkeit v/v_1, den Druck $p/\varrho_1 v_1^2$ und die Dichte ϱ/ϱ_1 als Funktionen der dimensionslosen Koordinaten beschreiben, dann erweist sich das Bild der Umströmung eines Körpers gegebener Form in dem erwähnten Gebiet als unabhängig von Ma_1 im Grenzfall $\mathrm{Ma}_1 \to \infty$. Ausgedrückt in diesen Variablen, erweisen sich nämlich nicht nur die hydrodynamischen Gleichungen und die Randbedingungen auf der Oberfläche des umströmten Körpers als unabhängig von Ma_1, sondern auch alle Bedingungen auf der Fläche einer Stoßwelle. Die Beschränkung des Strömungsgebietes auf den „wesentlichen" Teil hängt damit zusammen, daß die in den zuletzt genannten Bedingungen vernachlässigten Größen die relative Größenordnung $1/\mathrm{Ma}_1^2 \sin^2 \varphi$ haben, wobei φ der Winkel zwischen $\boldsymbol{v}_1$ und der Unstetigkeitsfläche ist; in großen Entfernungen, wo die Intensität der Stoßwelle klein ist, strebt dieser Winkel gegen den Machschen Winkel $\arcsin(1/\mathrm{Ma}_1) \approx 1/\mathrm{Ma}_1$, so daß der Entwicklungsparameter nicht mehr klein ist: $1/\mathrm{Ma}_1^2 \sin^2 \varphi \sim 1$. [1])

---

[1]) Die Details des Beweises findet man in dem Buch von G. G. Tscherni (Г. Г. Черний), Gasströmungen mit großer Überschallgeschwindigkeit (Течения газа с большой сверхзвуковой скоростью), Fismatgis, Moskau 1959, Kap. I, § 4.

Aufgabe

Man berechne den Auftrieb eines ebenen Tragflügels mit unendlicher Spannweite und dem kleinen Anstellwinkel α für $\mathrm{Ma}_1\,\alpha \gtrsim 1$ (R. D. LINNELL, 1949).

Lösung. Abb. 130 zeigt das resultierende Strömungsbild: Von der vorderen und der hinteren Plattenkante gehen je eine Stoßwelle und eine Verdünnungswelle aus, in denen die Strömung zunächst um den Winkel α gedreht und danach um denselben Winkel zurückgedreht wird.

Auf Grund der Schallanalogie ist das Problem der stationären Strömung um diese Platte dem Problem der nichtstationären eindimensionalen Strömung vor und hinter einem Kolben äquivalent, der sich gleichförmig mit der Geschwindigkeit αv_1 bewegt. Vor dem Kolben bildet sich eine Stoßwelle, hinter ihm eine Verdünnungswelle (vgl. die Aufgaben 1 und 2, § 99). Wir verwenden die dort erhaltenen Ergebnisse und finden den gesuchten Auftrieb als Differenz der Drücke, die auf die beiden Seiten der Platte wirken. Der Auftriebsbeiwert ist

$$C_y = \alpha^2\left[\frac{2}{\gamma K^2} + \frac{\gamma+1}{2} + \sqrt{\frac{4}{K^2} + \left(\frac{\gamma+1}{2}\right)^2}\right] - \frac{2\alpha^2}{\gamma K^2}\left[1 - \frac{\gamma-1}{2}K\right]^{\frac{2\gamma}{\gamma-1}}$$

(mit $K = \alpha\,\mathrm{Ma}_1$). Für $K \geqq 2/(\gamma - 1)$ bildet sich unter der Platte eine Vakuumzone aus, und das zweite Glied muß weggelassen werden. Im Bereich $1 \ll \mathrm{Ma}_1 \ll 1/\alpha$ geht diese Formel in die Formel $C_y = 4\alpha/\mathrm{Ma}_1$ der linearisierten Theorie über im Einklang damit, daß sich hier die Anwendungsbereiche der beiden Theorien überlappen.

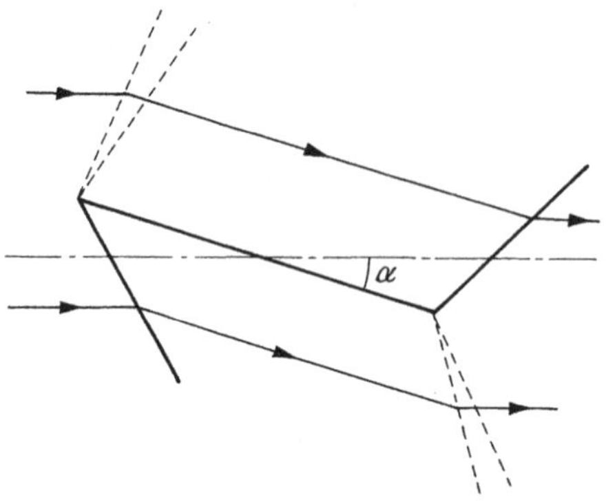

Abb. 130

XIV HYDRODYNAMIK DER VERBRENNUNG

§ 128. Langsame Verbrennung

Die Geschwindigkeit einer chemischen Reaktion (die, sagen wir, durch die Zahl der pro Zeiteinheit reagierenden Moleküle gemessen wird) hängt von der Temperatur des Gasgemisches ab, in dem sie abläuft, und wird mit wachsender Temperatur größer. In vielen Fällen ist diese Abhängigkeit sehr stark.[1]) Die Reaktionsgeschwindigkeit kann bei normalen Temperaturen so klein sein, daß die Reaktion praktisch überhaupt nicht vonstatten geht, auch wenn dem thermodynamischen (chemischen) Gleichgewichtszustand ein Gasgemisch entsprechen würde, dessen Komponenten miteinander reagiert haben. Bei genügend großer Temperaturerhöhung läuft die Reaktion mit beträchtlicher Geschwindigkeit ab. Wenn die Reaktion endotherm ist, muß zu ihrer Aufrechterhaltung dauernd Wärme von außen zugeführt werden. Erhöht man die Temperatur des Gemisches nur einmal zu Beginn der Reaktion, dann wird nur eine unbedeutende Substanzmenge miteinander reagieren; dadurch wird die Gastemperatur soweit herabgesetzt, daß die Reaktion wieder erlischt. Ganz anders verhält es sich mit einer stark exothermen Reaktion, durch die eine beträchtliche Wärmemenge freigesetzt wird. Hier braucht man die Temperatur nur an irgendeiner Stelle des Gemisches zu erhöhen. Die an dieser Stelle einsetzende Reaktion erwärmt durch die Wärmeentwicklung das Gas in der Umgebung, und die einmal angelaufene Reaktion breitet sich auf diese Weise über das ganze Gas aus. In diesen Fällen spricht man von einer *langsamen Verbrennung* des Gasgemisches oder von *Deflagration.*[2])

Die Verbrennung eines Gasgemisches wird zwangsläufig auch von einer Bewegung des Gases begleitet. Der Verbrennungsvorgang ist, mit anderen Worten, abgesehen von der chemischen Seite, auch ein gasdynamischer Vorgang. Im allgemeinen Fall muß man zur Bestimmung der Art der Verbrennung ein Gleichungssystem lösen, das sowohl die Gleichungen der chemischen Kinetik der betreffenden Reaktion wie auch die Bewegungsgleichungen des Gasgemisches enthält.

Die Situation vereinfacht sich jedoch wesentlich in dem sehr wichtigen Fall (der auch gewöhnlich vorliegt), bei dem die charakteristischen Abmessungen l für das betreffende konkrete Problem hinreichend groß sind (mit welcher Länge dabei zu vergleichen ist, wird

---

[1]) Die Reaktionsgeschwindigkeit hängt gewöhnlich exponentiell von der Temperatur ab. Sie ist im wesentlichen einem Faktor der Form $e^{-U/T}$ proportional; dabei ist U eine für jede einzelne Reaktion charakteristische Konstante (die *Aktivierungsenergie*). Je größer U ist, desto stärker hängt die Reaktionsgeschwindigkeit von der Temperatur ab.

[2]) Man muß beachten, daß in einem Gemisch, das an und für sich brennbar ist, unter bestimmten Bedingungen eine spontane Ausbreitung der Verbrennung unmöglich sein kann. Die entsprechenden Grenzen werden durch die Wärmeverluste bestimmt, die mit solchen Ursachen wie Wärmeableitung durch die Rohrwände (bei der Verbrennung eines Gases in einem Rohr), Strahlungsverluste u. ä. zusammenhängen. Daher ist z. B. eine Verbrennung in Rohren mit zu kleinem Radius unmöglich.

unten geklärt werden). Wir werden sehen, daß in diesen Fällen das rein gasdynamische Problem in gewisser Weise von dem Problem der chemischen Kinetik separiert werden kann.

Zwischen dem Bereich des verbrannten Gases (d. h. dem Bereich, in dem die Reaktion bereits abgelaufen ist und das Gas aus einem Gemisch der Verbrennungsprodukte besteht) und dem Bereich, in dem die Verbrennung noch nicht begonnen hat, befindet sich eine gewisse Übergangsschicht, in der die Reaktion gerade vonstatten geht (*Brennzone* oder *Flamme*). Im Laufe der Zeit verschiebt sich diese Schicht mit einer Geschwindigkeit, die man die Ausbreitungsgeschwindigkeit der Verbrennung in dem Gas nennen kann. Die Größe dieser Ausbreitungsgeschwindigkeit hängt von der Intensität des Wärmetransportes aus der Brennzone in das noch nicht erwärmte Gasgemisch der Ausgangsprodukte ab, wobei der Grundmechanismus des Wärmetransportes die normale Wärmeleitung ist (W. A. MICHELSON, 1980).

Die Größenordnung der Dicke der Brennzone δ wird durch die mittlere Entfernung bestimmt, die die bei der Reaktion freigesetzte Wärme in der Zeit τ erreicht; τ ist die Dauer der Reaktion (in dem betreffenden Teil des Gases). Die Zeit τ ist eine für die betreffende Reaktion charakteristische Größe und hängt nur vom thermodynamischen Zustand des brennenden Gases ab (aber nicht von den charakteristischen Parametern l des Problems). Ist χ die Temperaturleitfähigkeit des Gases, so haben wir (siehe (51,6))[1])

$$\delta \sim \sqrt{\chi\tau}\,. \tag{128,1}$$

Wir wollen jetzt die obige Voraussetzung präzisieren: Wir werden die charakteristischen Abmessungen des Problems als groß gegenüber der Dicke der Brennzone annehmen ($l \gg \delta$). Ist diese Voraussetzung erfüllt, so kann man das rein gasdynamische Problem abtrennen. Bei der Berechnung der Gasströmung kann man die Dicke der Brennzone vernachlässigen und sie einfach als Trennfläche zwischen den Verbrennungprodukten und dem unverbrannten Gas betrachten. Auf dieser Fläche (der *Flammenfront* oder *Verbrennungsfront*) erfährt der Zustand des Gases einen Sprung, d. h., diese Fläche ist eine Unstetigkeitsfläche besonderer Art.

Die Geschwindigkeit v_1, mit der sich diese Unstetigkeit gegenüber dem Gas (senkrecht zur Front) bewegt, wird als *normale Verbrennungsgeschwindigkeit* (oder *normale Flammengeschwindigkeit*) bezeichnet. Nach der Zeit τ ist die Verbrennung um eine Strecke der Größenordnung δ fortgeschritten. Die gesuchte Flammengeschwindigkeit ist daher[2])

$$v_1 \sim \frac{\delta}{\tau} \sim \sqrt{\frac{\chi}{\tau}}\,. \tag{128,2}$$

Die normale Temperaturleitfähigkeit eines Gases hat die Größenordnung des Produktes aus der freien Weglänge der Moleküle und deren thermischer Geschwindigkeit oder, was dasselbe ist, des Produktes aus der freien Flugzeit τ_{fr} und dem Quadrat der Geschwindigkeit. Da die thermische Geschwindigkeit der Moleküle größenordnungsmäßig gleich der Schallge-

---

[1]) Um Mißverständnisse zu vermeiden, bemerken wir, daß bei starker Temperaturabhängigkeit von τ in der Formel (128,1) noch ein recht großer Koeffizient stehen muß (wenn man für τ den Wert für die Temperatur der Verbrennungsprodukte nimmt). Für uns ist hier in erster Linie die Tatsache wesentlich, daß δ nicht von l abhängt.

[2]) Als Beispiel geben wir die folgenden Werte an: Die Ausbreitungsgeschwindigkeit der Flamme in einem Gemisch aus 6% CH_4 und 94% Luft ist 5 cm/s; in Knallgas ($2\,H_2 + O_2$) beträgt sie 1000 cm/s. Die Dicke der Brennzone ist in diesen beiden Fällen $\sim 5 \cdot 10^{-2}$ bzw. $5 \cdot 10^{-4}$ cm.

schwindigkeit ist, finden wir

$$\frac{v_1}{c} \sim \sqrt{\frac{\chi}{\tau c^2}} \sim \sqrt{\frac{\tau_{\mathrm{fr}}}{\tau}}\,.$$

Bei weitem nicht jeder Zusammenstoß von Molekülen führt zu einer chemischen Reaktion, im Gegenteil, nur ein sehr kleiner Bruchteil der zusammenstoßenden Moleküle reagiert miteinander. Das bedeutet $\tau_{\mathrm{fr}} \ll \tau$ und somit $v_1 \ll c$. Bei der betrachteten Art der Verbrennung ist also die Flammengeschwindigkeit klein gegenüber der Schallgeschwindigkeit.[1])

Auf der Unstetigkeitsfläche, die die Brennzone ersetzt, müssen wie an jeder Unstetigkeit Massen-, Impuls- und Energiestrom stetig sein. Die erste dieser Bedingungen bestimmt wie immer das Verhältnis der zur Unstetigkeitsfläche normalen Komponenten der Geschwindigkeit des Gases relativ zur Unstetigkeit: $\varrho_1 v_1 = \varrho_2 v_2$ oder

$$\frac{v_1}{v_2} = \frac{V_1}{V_2}; \tag{128,3}$$

dabei sind V_1 und V_2 die spezifischen Volumina des unverbrannten Gases und der Verbrennungsprodukte. Auf Grund der allgemeinen Ergebnisse von § 84 für beliebige Unstetigkeitsflächen muß die Tangentialkomponente der Geschwindigkeit stetig sein, wenn die Normalkomponente einen Sprung hat. Die Stromlinien werden folglich an der Unstetigkeitsfläche gebrochen.

Da die normale Flammengeschwindigkeit klein gegenüber der Schallgeschwindigkeit ist, folgt aus der Stetigkeit des Impulsstromes die Stetigkeit des Druckes; die Stetigkeit des Energiestromes führt auf die Stetigkeit der Enthalpie:

$$p_1 = p_2\,, \qquad w_1 = w_2\,. \tag{128,4}$$

Bei der Anwendung dieser Bedingungen muß man beachten, daß die Gase auf den beiden Seiten der betrachteten Unstetigkeit chemisch verschiedenartig sind; aus diesem Grunde sind die thermodynamischen Größen auch nicht die gleichen Funktionen voneinander.

Sehen wir die Gase als polytrop an, dann haben wir

$$w_1 = w_{01} + c_{p1} T_1\,, \qquad w_2 = w_{02} + c_{p2} T_2\,;$$

die additiven Konstanten kann man hier nicht gleich Null setzen, wie wir es im Falle eines Gases getan haben (indem wir den Anfang der Energiezählung geeignet gewählt haben), weil hier w_{01} und w_{02} voneinander verschieden sind. Wir führen die Bezeichnung $w_{01} - w_{02} = q$ ein; q ist nichts anderes als die bei der Reaktion freigesetzte Wärmemenge (pro Masseneinheit), wenn diese Reaktion am absoluten Nullpunkt der Temperatur ablaufen würde. Wir erhalten die folgenden Beziehungen zwischen den thermodynamischen Größen des unverbrannten Gases (Gas 1) und des verbrannten Gases (Gas 2):

$$p_1 = p_2\,, \qquad T_2 = \frac{q}{c_{p2}} + \frac{c_{p1}}{c_{p2}} T_1\,, \qquad V_2 = V_1 \frac{\gamma_1(\gamma_2 - 1)}{\gamma_2(\gamma_1 - 1)} \left(\frac{q}{c_{p1} T} + 1 \right). \tag{128,5}$$

---

[1]) Auch die Diffusion der verschiedenen Komponenten des brennenden Gemisches spielt beim Fortschreiten der Verbrennung eine bestimmte Rolle. Dieser Sachverhalt ändert aber nichts an den Größenordnungen der Geschwindigkeit und der Dicke der Flamme. Wir betonen jedoch, daß es hier überall um die Verbrennung vorher vermischter brennbarer Gasgemische geht und nicht um Fälle, in denen die reagierenden Substanzen räumlich getrennt sind und die Verbrennung nur infolge ihrer gegenseitigen Diffusion erfolgt.

Die Existenz einer bestimmten normalen Flammengeschwindigkeit, die nicht von der Strömungsgeschwindigkeit des Gases abhängt, führt zur Ausbildung einer bestimmten Gestalt der Flammenfront bei der stationären Verbrennung in einem strömenden Gas. Ein Beispiel dafür ist die Verbrennung eines Gases, das aus dem Ende eines Rohres (Brenneröffnung) ausströmt. Ist v die (über den Rohrquerschnitt) gemittelte Strömungsgeschwindigkeit, dann ist offensichtlich $v_1 S_1 = vS$, wenn S die Fläche des Rohrquerschnitts und S_1 die Gesamtfläche der Flammenfront sind.

Es erhebt sich nun die Frage nach den Stabilitätsgrenzen des beschriebenen Regimes gegenüber kleinen Störungen, d. h. nach den Bedingungen für seine reale Existenz. Da die Strömungsgeschwindigkeit des Gases klein gegenüber der Schallgeschwindigkeit ist, kann man bei der Untersuchung der Stabilität der Flammenfront das Gas als inkompressibles ideales (reibungsfreies) Medium ansehen, wobei die normale Flammengeschwindigkeit als gegebene konstante Größe vorausgesetzt wird. Eine solche Untersuchung führt zu dem Ergebnis, daß die Front instabil ist (L. D. Landau, 1944; s. Aufgabe 1 zu diesem Paragraphen). In dieser Form gilt diese Untersuchung nur für genügend große Werte der Reynolds-Zahlen lv_1/ν_1 und lv_2/ν_2. Die Berücksichtigung der Zähigkeit des Gases kann jedoch unter den gegebenen Bedingungen für sich allein zu keinem sehr großen kritischen Wert für diese Zahlen führen.

Diese Instabilität müßte zur spontanen Turbulenzbildung in der Flamme führen. Die experimentellen Ergebnisse besagen aber, daß eine spontane Turbulenzbildung in einer Flamme praktisch nicht erfolgt, zumindest nicht bis zu sehr großen Werten der Reynolds-Zahl. Dies hängt damit zusammen, daß unter realen Bedingungen eine Reihe von Faktoren wirken (hydrodynamische Faktoren, Diffusion und Wärmetransport), die die Flamme stabilisieren. Eine Darlegung dieser schwierigen Fragen führt über den Rahmen dieses Buches hinaus, und wir beschränken uns hier auf kurze Bemerkungen über einige der möglichen Ursachen für eine Stabilisierung.

Eine wesentliche Rolle für die Stabilisierung kann der Einfluß einer Krümmung der Front auf die Flammengeschwindigkeit spielen. Berücksichtigt man nur die Wärmeleitung, dann wird auf (in bezug auf das brennbare Ausgangsgemisch) konkaven Teilen der Front die Geschwindigkeit v_1 erhöht (wegen der Verbesserung der Bedingungen für den Wärmetransport in das von der konkaven Front umschlossene Frischgemisch), und an konvexen Stellen wird v_1 verkleinert; dieser Effekt führt zu einer Glättung der Front, d. h., er wirkt stabilisierend. Die Änderung des Diffusionsregimes, die aus analogen Überlegungen folgt, zeigt eine destabilisierende Wirkung. Das Vorzeichen des resultierenden Effektes hängt deshalb vom Verhältnis der Temperaturleitfähigkeit zum Diffusionskoeffizienten ab (I. P. Drosdow, Ja. B. Seldowitsch, 1943). Zur phänomenologischen Beschreibung des Einflusses der Krümmung der Front auf die Flammengeschwindigkeit v_1 kann man in diese einen zur Krümmung der Front proportionalen Summanden einführen (G. H. Markstein, 1951); bei geeignetem Vorzeichen dieses Terms beseitigt seine Einführung in die Grenzbedingungen auf der Flammenfront die Instabilität gegenüber Störungen mit kleinen Wellenlängen.[1]) Die Entwicklung von (in linearer Näherung) instabilen Störungen kann durch nichtlineare Effekte auf einem bestimmten Grenzwert (bezüglich ihrer Amplitude)

---

[1]) Mit den in Aufgabe 1 eingeführten Bezeichnungen hat man den Ausdruck für v_1 unter Berücksichtigung dieses Effektes in der Gestalt $v_1 = v_1^{(0)}(1 - \mu\, \partial^2\zeta/\partial y^2)$ zu schreiben, wo $v_1^{(0)}$ die Flammengeschwindigkeit bei ebener Front ist und μ eine empirische Konstante (mit der Dimension einer Länge), positiv für Stabilisierung.

stabilisiert werden (R. E. Petersen, N. W. Emmons, 1956; Ja. B. Seldowitsch, 1966); dieser Mechanismus kann zu einer „zellenartigen" Struktur der Flamme führen.[1])

Die durch das brennbare Gemisch fortschreitende Flamme setzt das Gas in einer beträchtlichen Umgebung in Bewegung. Die Notwendigkeit einer Strömung bei der Verbrennung erkennt man bereits daran, daß sich wegen der Verschiedenheit der Geschwindigkeiten v_1 und v_2 die Verbrennungsprodukte relativ zum unverbrannten Gas mit der Geschwindigkeit $v_1 - v_2$ bewegen müssen. In einer Reihe von Fällen führt diese Strömung auch zur Entstehung von Stoßwellen. Diese Wellen haben keine unmittelbare Beziehung zum Verbrennungsvorgang; sie entstehen, weil anderenfalls die notwendigen Grenzbedingungen nicht erfüllt werden können. Betrachten wir z. B. eine Verbrennung, die von dem verschlossenen Ende eines Rohres ausgeht. In Abb. 131 ist *ab* die Brennzone. Das Gas in den Bereichen 1 und 3 ist das unverbrannte Gasgemisch, im Bereich 2 besteht das Gas aus den Verbrennungsprodukten. Die Geschwindigkeit v_1, mit der sich die Brennzone gegenüber

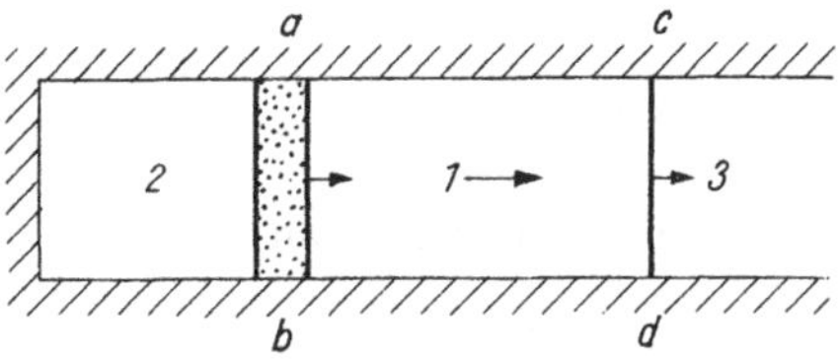

Abb. 131

dem vor ihr befindlichen Gas 1 bewegt, ist eine durch die Eigenschaften der Reaktion und die Bedingungen des Wärmetransportes bestimmte Größe (siehe oben), die man als gegeben ansehen muß. Die Geschwindigkeit v_2, mit der sich die Flamme relativ zum Gas 2 bewegt, wird danach unmittelbar durch die Bedingung (128,3) bestimmt. An dem geschlossenen Rohrende muß die Strömungsgeschwindigkeit gleich Null sein; deshalb wird das Gas im ganzen Bereich 2 ruhen. Das Gas 1 muß sich folglich relativ zum Rohr mit der konstanten Geschwindigkeit $v_2 - v_1$ bewegen. Im vorderen Teil des Rohres, in großer Entfernung von der Flamme, muß das Gas ebenfalls ruhen. Diese Bedingung kann man nur erfüllen, indem man eine Stoßwelle einführt (*cd* in Abb. 131). In dieser Stoßwelle besitzt die Strömungsgeschwindigkeit einen Sprung, so daß das Gas 3 in Ruhe bleibt. Aus dem gegebenen Sprung der Geschwindigkeit können auch die Sprünge der übrigen Größen berechnet werden sowie die Ausbreitungsgeschwindigkeit der Welle selbst. Die fortschreitende Flammenfront wirkt also wie ein Kolben, der das Gas vor sich her stößt. Die Stoßwelle bewegt sich schneller als die Flamme, so daß die Menge des in Bewegung gesetzten Gases im Laufe der Zeit zunimmt.[2])

---

[1]) Eine ausführliche Darlegung dieser Fragen wird in dem folgenden Buch gegeben: Ja. B. Seldowitsch, G. I. Barenblatt, W. B. Librowitsch, G. M. Machwiladse (Я. Б. Зельдович, Г. И. Баренблатт, В. Б. Либрович, Г. М. Махвиладзе), Mathematische Theorie der Verbrennung und der Explosion (Математическая теория горения и взрыва), Nauka, Moskau 1980, Kap. 4, 6.

[2]) Unter realen Bedingungen ist die Flammenfront in einem Rohr gewöhnlich konvex vom sich vor ihr befindenden Ausgangsgemisch her. Dies führt zum Auftreten eines spezifischen Stabilisierungsmechanismus für die Flamme gegenüber Störungen mit kleinen Abmessungen. Die Ausbreitung der Verbrennung normal zur Front „zieht" die Front auseinander, wobei in irgendwelchen ihrer Punkte entstehende Störungen zu den Rohrwänden weggeführt und dort ausgelöscht werden (die Stationarität der Gestalt der Front wird dabei durch die Strömung des Gases vor der Front aufrechterhalten). Siehe Ja. B. Seldowitsch, A. G. Istratow, N. I. Kidin, W. B. Librowitsch, Combustion Science and Technology, **24**, 113 (1980).

Für genügend große Werte der Reynolds-Zahl wird die bei der Verbrennung entstehende Strömung in dem Rohr turbulent; dies übt dann rückwärts eine turbulenzbildende Wirkung auf die Flamme aus. Beim Problem der turbulenten Verbrennung ist noch vieles ungeklärt, und wir werden sie hier nicht behandeln.

Aufgaben

1. Man untersuche die Stabilität einer ebenen Flammenfront bei langsamer Verbrennung gegenüber kleinen Störungen.

Lösung. Wir betrachten die Unstetigkeitsfläche (die Flammenfront) in einem Koordinatensystem, in dem sie ruht (und die yz-Ebene einnimmt); die ungestörte Geschwindigkeit des Gases soll die Richtung der positiven x-Achse haben. Der Strömung mit den konstanten Geschwindigkeiten v_1 und v_2 (auf den beiden Seiten der Unstetigkeit) überlagern wir eine in der Zeit und in der Koordinate y periodische Störung. Aus den Bewegungsgleichungen

$$\operatorname{div} \boldsymbol{v}' = 0\,, \qquad \frac{\partial \boldsymbol{v}'}{\partial t} + (\boldsymbol{v}\nabla)\,\boldsymbol{v}' = -\frac{1}{\varrho}\nabla p' \tag{1}$$

(unter $\boldsymbol{v}$ und ϱ sind $\boldsymbol{v}_1$ und ϱ_1 oder $\boldsymbol{v}_2$ und ϱ_2 zu verstehen) erhalten wir wie in § 29 die Gleichung

$$\triangle p' = 0\,. \tag{2}$$

Auf der Unstetigkeitsfläche (d. h. für $x \approx 0$) müssen folgende Bedingungen erfüllt sein: die Stetigkeitsbedingung für den Druck

$$p_1' = p_2'\,, \tag{3}$$

die Stetigkeitsbedingung für die zur Fläche tangentiale Geschwindigkeitskomponente

$$v_{1y}' + v_1 \frac{\partial \zeta}{\partial y} = v_{2y}' + v_2 \frac{\partial \zeta}{\partial y} \tag{4}$$

(dabei ist $\zeta(y, t)$ die kleine Verschiebung der Unstetigkeitsfläche in x-Richtung infolge der Störung) und die Bedingung, daß die zur Unstetigkeit normale Komponente der Strömungsgeschwindigkeit unverändert bleibt:

$$v_{1x}' - \frac{\partial \zeta}{\partial t} = v_{2x}' - \frac{\partial \zeta}{\partial t} = 0\,. \tag{5}$$

Für $x < 0$ (unverbranntes Gas 1) setzen wir die Lösung der Gleichungen (1) und (2) in der Gestalt

$$\left.\begin{aligned} v_{1x}' &= A\,\mathrm{e}^{iky + kx - \mathrm{i}\omega t}\,, \qquad v_{1y}' = \mathrm{i}\,A\,\mathrm{e}^{iky + kx - \mathrm{i}\omega t}\,, \\ p_1' &= A\varrho_1\left(\frac{\mathrm{i}\omega}{k} - v_1\right)\mathrm{e}^{iky + kx - \mathrm{i}\omega t} \end{aligned}\right\} \tag{6}$$

an. Im Bereich $x > 0$ (Gas 2, Verbrennungsprodukte) muß neben der Lösung der Gestalt $\mathrm{const}\cdot \mathrm{e}^{iky - kx - \mathrm{i}\omega t}$ noch eine andere spezielle Lösung der Gleichungen (1) und (2) berücksichtigt werden, in der die y- und t-Abhängigkeit der Größen durch denselben Faktor $\mathrm{e}^{iky - \mathrm{i}\omega t}$ bestimmt wird. Diese Lösung ergibt sich, wenn man $p' = 0$ setzt; dann verschwindet in der Eulerschen Gleichung die rechte Seite, und die verbleibende homogene Gleichung hat eine Lösung, in der

$$v_x', v_y' \propto \exp\left\{iky - \mathrm{i}\omega t + \frac{\mathrm{i}\omega}{v}\,x\right\}.$$

Diese Lösung muß nur für das Gas 2, aber nicht für das Gas 1 berücksichtigt werden, weil unser Endziel darin besteht, die mögliche Existenz von Frequenzen ω mit positivem Imaginärteil festzustellen.

Für solche ω würde der Faktor $e^{i\omega x/v}$ für $x < 0$ mit $|x|$ unbeschränkt wachsen, deshalb kann eine derartige Lösung im Bereich des Gases 1 nicht in Frage kommen. Wir wählen die konstanten Koeffizienten wieder geeignet und suchen die Lösung für $x > 0$ in der Gestalt

$$v'_{2x} = B\,e^{iky - kx - i\omega t} + C\,e^{iky - i\omega t + i\omega x/v_2},$$

$$v'_{2y} = -iB\,e^{iky - kx - i\omega t} - \frac{\omega}{kv_2}\,C\,e^{iky - i\omega t + i\omega x/v_2}, \tag{7}$$

$$p'_2 = -B\varrho_2\left(v_2 + \frac{i\omega}{k}\right)e^{iky - kx - i\omega t}.$$

Weiter setzen wir

$$\zeta = D\,e^{iky - i\omega t}.$$

Durch Einsetzen aller erhaltenen Ausdrücke in die Bedingungen (3) bis (5) erhalten wir vier homogene Gleichungen für die Koeffizienten A, B, C und D.[1]) Eine einfache Rechnung liefert die folgende Lösbarkeitsbedingung für diese Gleichungen (bei der Rechnung muß man $j \equiv \varrho_1 v_1 = \varrho_2 v_2$ beachten):

$$\Omega^2(v_1 + v_2) + 2\Omega k v_1 v_2 + k^2 v_1 v_2 (v_1 - v_2) = 0 \tag{9}$$

mit $\Omega = -i\omega$. Für $v_1 > v_2$ hat diese Gleichung entweder zwei negative reelle Wurzeln oder zwei konjugiert komplexe Wurzeln mit Re $\Omega < 0$; in diesem Falle ist die Strömung stabil. Für $v_1 < v_2$ (und entsprechend $\varrho_1 > \varrho_2$) sind beide Wurzeln der Gleichung (9) reell, wobei die eine von ihnen positiv ist:

$$\Omega = kv_1\,\frac{\mu}{1+\mu}\left[\sqrt{1 + \mu - \frac{1}{\mu}} - 1\right]$$

(mit $\mu = \varrho_1/\varrho_2$), so daß die Strömung instabil ist; dies ist gerade der Fall für die Verbrennungsfront, weil die Dichte ϱ_2 der Verbrennungsprodukte wegen der beträchtlichen Erwärmung immer kleiner ist als die Dichte ϱ_1 des unverbrannten Gases.

Wir bemerken, daß Im $\Omega = 0$; dies bedeutet, daß sich die Welle nicht längs der Front ausbreitet, sondern daß sie als stehende Welle verstärkt wird. Die Instabilität besteht gegenüber Störungen mit allen Wellenlängen, wobei das Inkrement für die Verstärkung mit k anwächst (man muß jedoch beachten, daß diese Untersuchung, in der die Front als geometrische Fläche behandelt wird, nur für Störungen gilt, deren Wellenlänge groß im Vergleich zu δ ist: $k\delta \ll 1$). Für festes k nimmt das Inkrement mit der Vergrößerung von μ zu.

2. Auf einer Flüssigkeitsoberfläche findet eine Verbrennung statt, wobei die Reaktion in dem Dampf über der Oberfläche abläuft.[2]) Wie lautet die Stabilitätsbedingung für eine derartige Verbrennung unter Berücksichtigung des Schwerefeldes und der Kapillarkräfte? (L. D. Landau, 1944).

Lösung. Wir betrachten die Brennzone im Dampf nahe an der Flüssigkeitsoberfläche als Unstetigkeitsfläche, versehen diese Fläche aber jetzt mit der Oberflächenspannung α. Die weiteren Rechnungen sind ganz ähnlich wie in Aufgabe 1. Der einzige Unterschied besteht darin, daß wir jetzt statt der Grenzbedingung (3) die Bedingung

$$p'_1 - p'_2 = -\alpha\frac{\partial^2\zeta}{\partial y^2} + (\varrho_1 - \varrho^2)\,g\zeta$$

haben (das Medium 1 ist die Flüssigkeit, das Medium 2 das verbrannte Gas). Die Bedingungen (4) und (5) bleiben unverändert. Anstelle der Gleichung (9) erhalten wir jetzt

$$\Omega^2(v_1 + v_1) + 2\Omega k v_1 v_2 + \left[k^2(v_1 - v_2) + \frac{gk(\varrho_1 - \varrho_2) + \alpha k^3}{j}\right]v_1 v_2 = 0.$$

---

[1]) Die durch die Formeln (6) beschriebene Strömung ist eine Potentialströmung; für die durch die Formeln (7) beschriebene Strömung gilt rot $\mathbf{v}'_2 \neq 0$. Die Strömung der Verbrennungsprodukte hinter der gestörten Front ist also eine Wirbelströmung.

[2]) Gemeint ist eine Reaktion, die in der Substanz des Dampfes abläuft ohne Beteiligung fremder Komponenten (z. B. des Sauerstoffs der Luft), d. h. eine spontane Zersetzungsreaktion.

Die Stabilitätsbedingung für die betrachtete Art der Verbrennung besteht in der Forderung, daß die Wurzeln dieser Gleichung einen negativen Realteil haben, d. h., das absolute Glied der Gleichung muß für beliebiges k positiv sein. Diese Forderung ergibt die Stabilitätsbedingung

$$j^4 < \frac{4\alpha g \varrho_1^2 \varrho_2^2}{\varrho_1 - \varrho_2}.$$

Da die Dichte der gasförmigen Verbrennungsprodukte klein gegenüber der Dichte der Flüssigkeit ist ($\varrho_1 \gg \varrho_2$), reduziert sich diese Bedingung praktisch auf die Ungleichung

$$j^4 < 4\alpha g \varrho_1 \varrho_2^2 .$$

3. Man berechne die Temperaturverteilung in dem Gas vor einer ebenen Flammenfront.

Lösung. In dem mit der Front mitbewegten Koordinatensystem ist die Temperaturverteilung stationär, und das Gas strömt mit der Geschwindigkeit $-v_1$. Die Wärmeleitungsgleichung

$$\mathbf{v}\nabla T = -v_1 \frac{\mathrm{d}T}{\mathrm{d}x} = \chi \frac{\mathrm{d}^2 T}{\mathrm{d}x^2}$$

hat die Lösung

$$T = T_0 \, \mathrm{e}^{-v_1 x/\chi},$$

T_0 ist darin die Temperatur der Flammenfront bezogen auf die Temperatur in großer Entfernung von ihr.

§ 129. Detonation

Die oben beschriebene langsame Verbrennung breitet sich im Gas infolge der Erwärmung aus, die durch den Wärmetransport vom brennenden zum noch nicht entflammten Gas bewirkt wird. Außer dieser Art der Ausbreitung ist noch ein ganz anderer Mechanismus für die Ausbreitung einer Verbrennung möglich, der mit Stoßwellen zusammenhängt. Beim Durchgang einer Stoßwelle wird das Gas erwärmt, die Gastemperatur hinter der Welle ist höher als vor der Welle. Bei genügend großer Intensität der Stoßwelle kann die von ihr bewirkte Temperaturerhöhung ausreichen, um das Gas zu entzünden. Die Stoßwelle wird dann bei ihrer Bewegung das Gasgemisch in Brand setzen, d. h., die Verbrennung breitet sich mit der Geschwindigkeit der Welle aus, also sehr viel schneller als bei einer normalen Verbrennung. Dieser Ausbreitungsmechanismus einer Verbrennung wird als *Detonation* bezeichnet.

Beim Durchgang einer Stoßwelle durch irgendeine Stelle des Gases beginnt an dieser Stelle die Reaktion. Sie dauert dann solange an, bis das ganze Gas verbrannt ist, d. h., sie läuft während einer für die Kinetik der betreffenden Reaktion charakteristischen Zeit τ ab.[1]) Hinter der Stoßwelle folgt deshalb eine sich mit der Welle vorwärtsbewegende Schicht, in der die Verbrennung stattfindet. Die Dicke dieser Schicht ist gleich dem Produkt der Ausbreitungsgeschwindigkeit der Welle mit der Zeit τ. Es ist wesentlich, daß sie nicht von den Abmessungen der in der konkreten Aufgabe vorkommenden Körper abhängt. Bei genügend großen charakteristischen Abmessungen eines Problems kann man daher die Stoßwelle zusammen mit der nachfolgenden Brennzone als eine Unstetigkeitsfläche auffassen, die das verbrannte Gas von dem unverbrannten trennt. Eine derartige „Unstetigkeitsfläche“ bezeichnen wir als *Detonationswelle*.

---

[1]) Diese Zeit selbst hängt jedoch von der Intensität der Stoßwelle ab: Sie fällt schnell ab mit wachsender Intensität der Welle, da bei Erhöhung der Temperatur die Reaktionsgeschwindigkeit vergrößert wird.

Auf einer Detonationswelle müssen die Stromdichten der Masse, der Energie und des Impulses stetig sein, und es bleiben alle früher für Stoßwellen abgeleiteten Beziehungen (85,1) bis (85,10) in Kraft, denn sie folgen allein aus den genannten Stetigkeitsbedingungen. Insbesondere gilt auch hier die Gleichung

$$w_1 - w_2 + \frac{V_1 + V_2}{2}(p_2 - p_1) = 0 \qquad (129{,}1)$$

(die Buchstaben mit dem Index 1 gehören immer zum unverbrannten Gas, diejenigen mit dem Index 2 zu den Verbrennungsprodukten). Die Kurve der durch diese Gleichungen gegebenen Abhängigkeit des Druckes p_2 von V_2 werden wir *Detonationsadiabate* nennen. Im Gegensatz zu der früher betrachteten Stoßadiabate geht diese Kurve nicht durch den gegebenen Ausgangspunkt p_1, V_1. Die Eigenschaft der Stoßadiabate, durch diesen Punkt zu gehen, hing damit zusammen, daß w_1 bzw. w_2 die gleichen Funktionen von p_1, V_1 bzw. p_2, V_2 waren; das trifft jetzt nicht zu, weil die beiden Gase chemisch verschiedenartig sind. Die ausgezogene Kurve in Abb. 132 ist die Detonationsadiabate. Durch den Punkt p_1, V_1 ist als Hilfskurve gestrichelt die gewöhnliche Stoßadiabate für das brennbare Ausgangsgemisch gezeichnet. Die Detonationsadiabate liegt überall oberhalb der Stoßadiabate, denn bei der Verbrennung wird eine hohe Temperatur erzeugt, und der Gasdruck ist größer als der entsprechende Wert für das unverbrannte Gas bei demselben spezifischen Volumen.

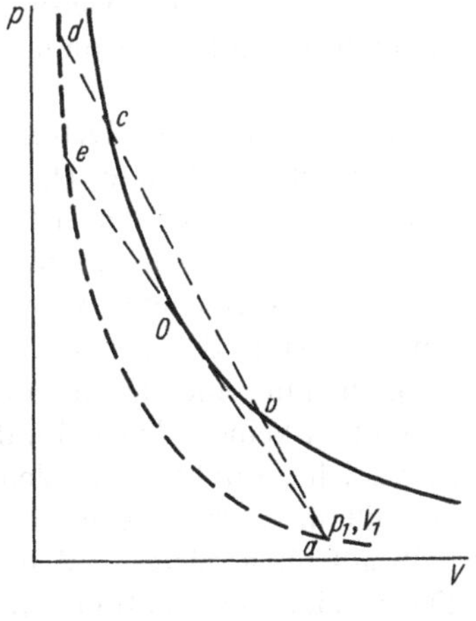

Abb. 132

Für die Massenstromdichte gilt die frühere Formel (85,6):

$$j^2 = \frac{p_2 - p_1}{V_1 - V_2}. \qquad (129{,}2)$$

Graphisch ist $-j^2$ wie früher die Steigung der Sehne durch den Punkt p_1, V_1 und durch den beliebigen Punkt p_2, V_2 der Detonationsadiabate (z. B. die Sehne *ac* in Abb. 132). Aus der Abbildung ist sofort zu erkennen, daß j^2 nicht kleiner sein kann als der Wert, der zur Steigung der Tangente *aO* gehört. Der Strom j ist gerade die pro Zeiteinheit verbrennende Stoffmenge (pro Flächeneinheit der Detonationswelle). Wie wir sehen, kann diese Stoffmenge bei einer Detonation nicht kleiner als ein bestimmter Grenzwert $j_{\min}$ sein (der vom Anfangszustand des unverbrannten Gases abhängt).

Die Formel (129,2) folgt allein aus den Stetigkeitsbedingungen für den Massen- und den Impulsstrom. Deshalb gilt die Gleichung (129,2) (bei gegebenem Anfangszustand des Gases) nicht nur für den Endzustand der Verbrennungsprodukte, sondern auch für alle Zwischenzustände, in denen erst ein Teil der Reaktionsenergie freigesetzt worden ist.[1]) Mit anderen Worten, der Druck p und das spezifische Volumen V des Gases sind in allen diesen Zuständen durch die lineare Beziehung

$$p = p_1 + j^2(V_1 - V) \tag{129,3}$$

miteinander verknüpft, die graphisch durch die Sehne *ad* dargestellt wird (W. A. MICHELSON, 1890).

Wir verfolgen jetzt (JA. B. SELDOWITSCH, 1940, folgend) den Verlauf der Zustandsänderung des Gases in der endlich dicken Schicht, die die Detonationswelle in Wirklichkeit darstellt. Die Vorderfront einer Detonationswelle ist die eigentliche Stoßwelle im Gas 1 (im brennbaren Anfangsgemisch). In dieser Welle wird das Gas komprimiert und erwärmt und gelangt in den Zustand *d* (Abb. 132) auf der Stoßadiabate des Gases 1. In dem komprimierten Gas beginnt die chemische Reaktion. Während der Reaktion wird der Zustand des Gases durch einen Punkt dargestellt, der auf der Sehne *da* nach unten wandert. Dabei wird Wärme entwickelt, das Gas dehnt sich aus, und sein Druck nimmt ab. Dies dauert solange, bis die Verbrennung abgeschlossen und die ganze Reaktionswärme freigesetzt ist. Diesem Zeitpunkt entspricht der Punkt *c* auf der Detonationsadiabate, die die Endzustände der Verbrennungsprodukte darstellt. Der untere Schnittpunkt *b* der Sehne *ad* mit der Detonationsadiabate ist für ein Gas unerreichbar, in dem die Verbrennung durch Kompression und Entzündung in einer Stoßwelle hervorgerufen worden ist.[2])

Wir gelangen somit zu dem wichtigen Ergebnis, daß nicht die ganze Detonationsadiabate einer Detonation entspricht, sondern nur der Teil oberhalb des Punktes O, in dem die vom Anfangspunkt a aus gezogene Gerade aO die Detonationsadiabate berührt.

In § 87 wurde gezeigt, daß in einem Punkt mit $\mathrm{d}(j^2)/\mathrm{d}p_2 = 0$ (d. h., die Sehne 12 berührt die Stoßadiabate) die Geschwindigkeit v_2 gleich dem entsprechenden Wert der Schallgeschwindigkeit c_2 ist. Dieses Ergebnis folgte allein auf Grund der Erhaltungssätze an der Unstetigkeitsfläche und ist daher in vollem Umfang auch für eine Detonationswelle gültig. Auf der gewöhnlichen Stoßadiabate für ein Gas gibt es keine solchen Punkte (wie dort gezeigt wurde). Auf der Detonationsadiabate ist ein solcher Punkt vorhanden, nämlich der Punkt O. Zusammen mit der Gleichung $v_2 = c_2$ gilt in einem solchen Punkt auch die Ungleichung (87,10) $\mathrm{d}(v_2/c_2)/\mathrm{d}p_2 < 0$, und deshalb gilt für größere p_2, d. h. oberhalb des Punktes O, für die Geschwindigkeit $v_2 < c_2$. Da zu einer Detonation nur der Teil der Detonationsadiabate oberhalb des Punktes O gehört, kommen wir zu dem Resultat

$$v_2 \leqq c_2\,, \tag{129,4}$$

d. h., eine Detonationswelle bewegt sich relativ zu dem unmittelbar hinter ihr befindlichen Gas mit einer Geschwindigkeit, die gleich oder kleiner als die Schallgeschwindigkeit ist.

---

[1]) Hierbei ist vorausgesetzt, daß Diffusion und Zähigkeit in der Brennzone vernachlässigt werden können, so daß der Transport von Masse und Impuls nur durch die hydrodynamische Strömung realisiert wird.

[2]) Zur Vervollständigung der Überlegungen muß noch erwähnt werden, daß ein sprungartiger Übergang aus dem Zustand c in den Zustand b in einer weiteren Stoßwelle ebenfalls unmöglich ist, weil das Gas eine solche Welle in der Richtung vom größeren zum kleineren Druck durchsetzen würde, was nicht möglich ist.

Die Gleichung $v_2 = c_2$ gilt für eine dem Punkt O entsprechende Detonation. (Der Punkt O wird als Chapman-Jouguet-Punkt bezeichnet.)[1])

Die Geschwindigkeit der Welle relativ zum Gas 1 ist immer (auch für den Punkt O) größer als die Schallgeschwindigkeit:

$$v_1 > c_1 . \tag{129,5}$$

Davon kann man sich sehr einfach unmittelbar an Hand von Abb. 132 überzeugen. Die Schallgeschwindigkeit c_1 wird graphisch durch die Steigung der Tangente an die Stoßadiabate des Gases 1 (gestrichelte Kurve) im Punkt a gegeben. Die Geschwindigkeit v_1 wird durch die Steigung der Sehne ac bestimmt. Alle in Betracht kommenden Sehnen verlaufen steiler als diese Tangente, deshalb ist immer $v_1 > c_1$. Da sich eine Detonationswelle mit Überschallgeschwindigkeit bewegt, kann sie, ebenso wie eine Stoßwelle, den Zustand des Gases vor ihr in keiner Weise beeinflussen. Die Geschwindigkeit v_1, mit der die Welle relativ zu dem ruhenden unverbrannten Gas fortschreitet, ist die Geschwindigkeit, die man als Ausbreitungsgeschwindigkeit der Detonation in einem brennbaren Gemisch bezeichnen muß.

Wegen $\frac{v_1}{V_1} = \frac{v_2}{V_2} \equiv j$ und $V_1 > V_2$ ist $v_1 > v_2$. Die Differenz $v_1 - v_2$ ist die Strömungsgeschwindigkeit der Verbrennungsprodukte gegenüber dem unverbrannten Gas. Diese Differenz ist positiv, d. h., die Verbrennungsprodukte strömen in die Ausbreitungsrichtung der Detonationswelle.

Wir bemerken noch folgendes. In § 87 ist auch gezeigt worden, daß $ds_2/d(j^2) > 0$ ist. Also ist in dem Punkt, wo j^2 sein Minimum hat, auch s_2 am kleinsten. Dieser Punkt ist gerade der Punkt O, und wir schließen daraus, daß er zu dem kleinsten Wert der Entropie s_2 auf der Detonationsadiabate gehört. Die Entropie s_2 hat im Punkt O auch dann ein Extremum, wenn man die Zustandsänderung auf der Geraden ae verfolgt (weil die Steigungen der Kurve und der Tangente im Punkt O übereinstimmen). Dieses Extremum ist aber ein Maximum (W. A. Michelson). In der Tat entspricht dem Fortschreiten vom Punkt e nach O eine Zustandsänderung durch die Verbrennungsreaktion im komprimierten Gemisch, wodurch Wärme freigesetzt wird und die Entropie zunimmt. Dem Übergang von O nach a würde die endotherme Umwandlung der Verbrennungsprodukte in das ursprüngliche Gas entsprechen, das eine kleinere Entropie hat.

Wird die Detonation von einer Stoßwelle verursacht, die von einer fremden Quelle in das brennbare Gemisch einfällt, dann kann zu dieser Detonation ein beliebiger Punkt auf dem oberen Teil der Detonationsadiabate gehören. Besonders interessant ist aber eine Detonation, die durch den Verbrennungsvorgang selbst spontan entsteht. Im folgenden Paragraphen werden wir sehen, daß in einer Reihe wichtiger Fälle diese Detonation gerade zum Chapman-Jouguet-Punkt gehören muß, so daß die Geschwindigkeit der Detonationswelle relativ zu den Verbrennungsprodukten hinter ihr gleich der Schallgeschwindigkeit ist; die Geschwindigkeit $v_1 = jV_1$ gegenüber dem unverbrannten Gas hat dann den kleinstmöglichen Wert.[2])

---

[1]) Wir erinnern daran, daß man unter den Geschwindigkeiten v_1 und v_2 überall die Geschwindigkeiten in Richtung der Normale zur Unstetigkeitsfläche zu verstehen hat.

[2]) Diese Behauptung ist hypothetisch bereits von D. L. Chapman, 1899, und E. Jouguet, 1905, ausgesprochen worden, und ihre theoretische Begründung stammt von Ja. B. Seldowitsch, 1940, und danach unabhängig von J. von Neumann, 1942, und W. Döring, 1943.

Wir wollen jetzt die Beziehungen zwischen den verschiedenen Größen in einer Detonationswelle in einem polytropen Gas herleiten. Wir setzen die Enthalpie in der Form

$$w = w_0 + c_p T = w_0 + \frac{\gamma p V}{\gamma - 1}$$

in die allgemeine Gleichung (129,1) ein und erhalten

$$\frac{\gamma_2 + 1}{\gamma_2 - 1} p_2 V_2 - \frac{\gamma_1 + 1}{\gamma_1 - 1} p_1 V_1 - V_1 p_2 + V_2 p_1 = 2q\,. \tag{129,6}$$

Mit $q = w_{01} - w_{02}$ haben wir wieder die Reaktionswärme (zurückgeführt auf den absoluten Nullpunkt der Temperatur) bezeichnet. Die durch diese Gleichung bestimmte Kurve $p_2(V_2)$ ist eine gleichseitige Hyperbel. Für $p_2/p_1 \to \infty$ strebt das Verhältnis der Dichten gegen den endlichen Grenzwert

$$\frac{\varrho_2}{\varrho_1} = \frac{V_1}{V_2} = \frac{\gamma_2 + 1}{\gamma_2 - 1}\,.$$

Das ist die größte Verdichtung des Gases, die in einer Detonationswelle erreicht werden kann.

Die Formeln vereinfachen sich für den Fall starker Detonationswellen beträchtlich. Solche Wellen entstehen, wenn die freigesetzte Reaktionswärme groß gegenüber der inneren Energie des unverbrannten Gases ist, d. h. für $q \gg c_{v1} T_1$. In diesem Falle kann man in (129,6) die Terme mit p_1 vernachlässigen und erhält

$$p_2 \left(\frac{\gamma_2 + 1}{\gamma_2 - 1} V_2 - V_1 \right) = 2q\,. \tag{129,7}$$

Wir wollen jetzt eine dem Chapman-Jouguet-Punkt entsprechende Detonation behandeln, die nach dem oben Gesagten besonders interessant ist. In diesem Punkt haben wir

$$j^2 = \frac{c_2^2}{V_2^2} = \frac{\gamma_2 p_2}{V_2}\,.$$

Mit Hilfe dieser Beziehung und der Gleichung (129,2) kann man p_2 und V_2 in der Form

$$p_2 = \frac{p_1 + j^2 V_1}{\gamma_2 + 1}\,, \qquad V_2 = \frac{\gamma_2 (p_1 + j^2 V_1)}{j^2 (\gamma_2 + 1)} \tag{129,8}$$

darstellen. Setzen wir jetzt diese Ausdrücke in die Gleichung (129,6) ein und verwenden die Geschwindigkeit $v_1 = j V_1$ statt des Stromes j, so erhalten wir nach einer einfachen Rechnung die folgende biquadratische Gleichung für v_1:

$$v_1^4 - 2 v_1^2 [(\gamma_2^2 - 1) q + (\gamma_2^2 - \gamma_1) c_{v1} T_1] + \gamma_2^2 (\gamma_1 - 1)^2 c_{v1}^2 T_1^2 = 0$$

(die Temperatur ist hier durch $T = \dfrac{pV}{c_p - c_v} = \dfrac{pV}{c_v(\gamma - 1)}$ eingeführt worden). Hieraus erhalten wir[1])

---

[1]) Für $x^4 - 2px^2 + q = 0$ ist

$$x = \sqrt{p \pm \sqrt{p^2 - q}} = \sqrt{\frac{p + \sqrt{q}}{2}} \pm \sqrt{\frac{p - \sqrt{q}}{2}}\,.$$

Die beiden Vorzeichen vor der Wurzel bedeuten im vorliegenden Fall, daß man vom Punkt a aus zwei Tangenten an die Detonationsadiabate legen kann: eine nach oben wie in der Abbildung und die andere nach unten. Die uns interessierende obere Tangente ist steiler, deshalb wählen wir das positive Vorzeichen vor der Wurzel.

$$v_1 = \sqrt{\frac{\gamma_2 - 1}{2}[(\gamma_2 + 1)\,q + (\gamma_1 + \gamma_2)\,c_{v1}T_1]}$$
$$+ \sqrt{\frac{\gamma_2 + 1}{2}[(\gamma_2 - 1)\,q + (\gamma_2 - \gamma_1)\,c_{v1}T_1]}\,. \tag{129,9}$$

Diese Formel bestimmt die Ausbreitungsgeschwindigkeit einer Detonation in Abhängigkeit von der Temperatur T_1 des unverbrannten Gasgemisches.

Wir schreiben die Formeln (129,8) um in die Gestalt

$$\frac{p_2}{p_1} = \frac{v_1^2 + (\gamma_1 - 1)\,c_{v1}T_1}{(\gamma_2 + 1)(\gamma_1 - 1)\,c_{v1}T_1}, \qquad \frac{V_2}{V_1} = \frac{\gamma_2[v_1^2 + (\gamma_1 - 1)\,c_{v1}T_1]}{(\gamma_2 + 1)\,v_1^2}. \tag{129,10}$$

Zusammen mit (129,9) geben sie die Verhältnisse der Drücke und der Dichten der Verbrennungsprodukte und des unverbrannten Gases in Abhängigkeit von der Temperatur T_1 an.

Die Geschwindigkeit v_2 wird aus $v_2 = \frac{V_2}{V_1}\,v_1$ mit Hilfe der Formeln (129,9) und (129,10) berechnet. Als Ergebnis erhalten wir

$$v_2 = \sqrt{\frac{\gamma_2 - 1}{2}[(\gamma_2 + 1)\,q + (\gamma_1 + \gamma_2)\,c_{v1}T_1]}$$
$$+ \frac{\gamma_2 - 1}{\gamma_2 + 1}\sqrt{\frac{\gamma_2 + 1}{2}[(\gamma_2 - 1)\,q + (\gamma_2 - \gamma_1)\,c_{v1}T_1]}\,. \tag{129,11}$$

Die Differenz $v_1 - v_2$, d. h. die Geschwindigkeit des verbrannten Gases relativ zum unverbrannten, ist

$$v_1 - v_2 = \sqrt{\frac{2[(\gamma_2 - 1)\,q + (\gamma_2 - \gamma_1)\,c_{v1}T_1]}{\gamma_2 + 1}}\,. \tag{129,12}$$

Die Temperatur der Verbrennungsprodukte wird aus der Formel

$$c_{v2}T_2 = \frac{v_2^2}{\gamma_2(\gamma_2 - 1)} \tag{129,13}$$

berechnet (wir erinnern daran, daß $v_2 = c_2$ ist).

Alle diese recht komplizierten Formeln vereinfachen sich wesentlich für starke Detonationswellen. In diesem Fall erhalten wir für die Geschwindigkeiten die folgenden einfachen Ausdrücke:

$$v_1 = \sqrt{2(\gamma_2^2 - 1)\,q}\,, \qquad v_1 - v_2 = \frac{v_1}{\gamma_2 + 1}. \tag{129,14}$$

Der thermodynamische Zustand der Verbrennungsprodukte wird durch die Formeln

$$\frac{V_2}{V_1} = \frac{\gamma_2}{\gamma_2 + 1}, \qquad \frac{p_2}{p_1} = \frac{2(\gamma_2 - 1)}{\gamma_1 - 1} \frac{q}{c_{v1} T_1} = \frac{\gamma_1 v_1^2}{(\gamma_2 + 1) c_1^2},$$
$$T_2 = \frac{2\gamma_2}{\gamma_2 + 1} \frac{q}{c_{v2}} \tag{129,15}$$

bestimmt.

Wir vergleichen die Formeln (129,15) mit den analogen Formeln (128,5) für eine langsame Verbrennung. Im Grenzfall $q \gg c_{v1} T_1$ strebt das Verhältnis der Temperaturen der Verbrennungsprodukte nach einer langsamen Verbrennung bzw. nach einer Detonation gegen

$$\frac{T_{2,\text{Det}}}{T_{2,\text{Verbr}}} = \frac{2\gamma_2^2}{\gamma_2 + 1}.$$

Dieses Verhältnis ist immer größer als 1 (da immer $\gamma_2 > 1$ ist).

Aufgabe

Man berechne die thermodynamischen Größen des Gases unmittelbar hinter einer Stoßwelle, die die Vorderfront einer starken Detonationswelle im Chapman-Jouguet-Punkt bildet.

Lösung. Unmittelbar hinter der Stoßwelle ist noch das unverbrannte Gasgemisch vorhanden, dessen Zustand durch den Schnittpunkt e der Verlängerung der Tangente aO (Abb. 132) mit der gestrichelt gezeichneten Stoßadiabate des Gases 1 bestimmt wird. Wir bezeichnen die Koordinaten dieses Punktes mit p'_1 und V'_1. Auf der einen Seite haben wir nach Gleichung (89,1) für die Stoßadiabate des Gases 1

$$\frac{V'_1}{V_1} = \frac{(\gamma_1 - 1) p_1 + (\gamma_1 - 1) p'_1}{(\gamma_1 - 1) p_1 + (\gamma_1 + 1) p'_1}$$

und andererseits

$$\frac{p'_1 - p_1}{V_1 - V'_1} = j^2 = \frac{v_1^2}{V_1^2}.$$

Für v_1 nehmen wir den Wert aus (129,14) und erhalten

$$p'_1 = p_1 \frac{4(\gamma_2^2 - 1)}{\gamma_1^2 - 1} \frac{q}{c_{v1} T_1}, \qquad V'_1 = V_1 \frac{\gamma_1 - 1}{\gamma_1 + 1}, \qquad T'_1 = \frac{q}{c_{v1}} \frac{4(\gamma_2^2 - 1)}{(\gamma_1 + 1)^2}.$$

Das Verhältnis des Druckes p'_1 zum Druck p_2 hinter der Detonationswelle ist

$$\frac{p'_1}{p_2} = \frac{2(\gamma_2 + 1)}{\gamma_1 + 1}.$$

§ 130. Die Ausbreitung einer Detonationswelle

Wir wollen jetzt einige konkrete Fälle der Ausbreitung von Detonationswellen in einem am Anfang ruhenden Gas behandeln. Wir beginnen mit der Detonation in einem Gas in einem Rohr mit einem verschlossenen Ende (bei $x = 0$). Die Randbedingungen verlangen in diesem Fall, daß die Strömungsgeschwindigkeit vor der Detonationswelle (die Detonationswelle beeinflußt nicht den Zustand des Gases vor ihr) und am geschlossenen Rohrende gleich Null ist. Da das Gas beim Durchgang der Detonationswelle eine von Null verschiedene Geschwindigkeit erhält, muß die Strömungsgeschwindigkeit in dem Raum zwischen der Welle und dem verschlossenen Rohrende abnehmen. Um das dabei entstehende Strömungsbild zu bestimmen, bemerken wir, daß es für das betrachtete Problem keine Längenparameter gibt, die für die Strömung längs des Rohres (in x-Richtung) charakteristisch sind. Wie wir in § 99 gesehen haben, kann in einem solchen Fall die Änderung der Strömungsgeschwindigkeit entweder in einer Stoßwelle (die zwei Bereiche konstanter Geschwindigkeit voneinander trennt) oder in einer selbstähnlichen Verdünnungswelle vor sich gehen.

Zunächst setzen wir voraus, daß die Detonationswelle nicht zum Chapman-Jouguet-Punkt auf der Adiabate gehört. Ihre Ausbreitungsgeschwindigkeit relativ zu dem Gas hinter ihr ist dann $v_2 < c_2$. Wie man leicht sieht, können in diesem Fall hinter der Detonationswelle weder eine Stoßwelle noch eine schwache Unstetigkeit (die Vorderfront einer Verdünnungswelle) folgen. Tatsächlich muß sich die erste gegenüber dem Gas vor ihr mit einer Geschwindigkeit bewegen, die größer als c_2 ist, und die zweite bewegt sich mit der Geschwindigkeit c_2; in beiden Fällen würden sie die Detonationswelle überholen. Unter der angenommenen Voraussetzung kann also die Strömungsgeschwindigkeit des Gases hinter der Detonationswelle nicht abnehmen, d. h., die Randbedingung für $x = 0$ läßt sich nicht erfüllen.

Diese Bedingung kann nur durch eine dem Chapman-Jouguet-Punkt entsprechende Detonationswelle befriedigt werden. In diesem Falle ist $v_2 = c_2$, und es kann der Detonationswelle eine Verdünnungswelle folgen. Die Verdünnungswelle entsteht im Punkt $x = 0$ gleichzeitig mit dem Beginn der Detonation; ihre Vorderfront fällt mit der Detonationswelle zusammen.

Wir gelangen auf diese Weise zu dem wichtigen Ergebnis, daß eine Detonationswelle, die sich in einem Rohr ausbreitet, dem Chapman-Jouguet-Punkt entsprechen muß, wenn das Gas am geschlossenen Rohrende entzündet worden ist. Die Welle bewegt sich relativ zu dem direkt hinter ihr befindlichen Gas mit der lokalen Schallgeschwindigkeit. Unmittelbar an der Detonationswelle beginnt das Gebiet der Verdünnungswelle, in dem die Strömungsgeschwindigkeit des Gases (gegenüber dem Rohr) monoton auf Null abnimmt. Der Punkt, in dem die Geschwindigkeit den Wert Null erreicht, ist eine schwache Unstetigkeit. Hinter der schwachen Unstetigkeit befindet sich das Gas in Ruhe (Abb. 133a).

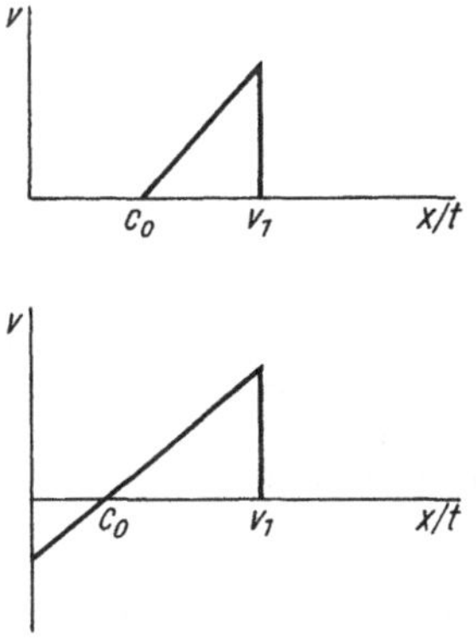

Abb. 133

Wir betrachten jetzt eine Detonationswelle, die vom offenen Ende eines Rohres ausgeht. Der Gasdruck vor der Detonationswelle muß gleich dem ursprünglichen Druck des unverbrannten Gases sein, der offensichtlich gleich dem Außendruck ist. Es ist klar, daß auch in diesem Fall die Geschwindigkeit irgendwo hinter der Detonationswelle abnehmen muß. Wäre die Strömungsgeschwindigkeit auf der ganzen Strecke vom Anfang des Rohres bis zur Welle konstant, so würde dies bedeuten, daß am offenen Rohrende Gas von außen angesaugt wird; indessen ist der Gasdruck in dem Rohr größer als der Außendruck (da hinter der Detonationswelle der Druck größer als davor ist), und deshalb ist ein solches Ansaugen nicht möglich. Aus denselben Gründen wie im vorhergehenden Fall muß die Detonationswelle dem Chapman-Jouguet-Punkt entsprechen. Es ergibt sich das in Abb. 133b schematisch dargestellte Strömungsbild. Unmittelbar hinter der Detonationswelle beginnt das Gebiet einer selbstähnlichen Verdünnungswelle, in der die Geschwindigkeit in Richtung auf das Rohrende monoton abnimmt und dabei in einem gewissen Punkt ihr Vorzeichen ändert. In einem gewissen Abschnitt am Rohrende wird sich das Gas also zum offenen Ende bewegen und dort weiter nach außen strömen. Die Ausströmungsgeschwindigkeit ist gleich der lokalen Schallgeschwindigkeit, und der Ausströmungsdruck ist größer als der Außendruck (wir haben in § 97 gesehen, daß eine solche Ausströmungsart möglich ist).[1]

Weiter wollen wir den wichtigen Fall einer kugelsymmetrischen Detonationswelle betrachten, die von der Stelle ausgeht, an der das Gas gezündet wird (Ja. B. Seldowitsch, 1942). Da das Gas sowohl vor der Detonationswelle als auch in der Nähe des Zentrums ruhen muß, muß auch hier die Geschwindigkeit in der Richtung von der Welle zum Zentrum abnehmen. Ebenso wie bei der Strömung in einem Rohr gibt es auch hier keine charakteristischen Parameter mit der Dimension einer Länge. Die entstehende Strömung muß aus diesem Grunde selbstähnlich sein. Die Rolle der Koordinate x spielt hier der Abstand r vom Mittelpunkt, alle Größen können daher nur von dem Verhältnis r/t abhängen.[2]

Für eine kugelsymmetrische Strömung ($v_r = v(r, t)$, $v_\varphi = v_\Theta = 0$) haben die Bewegungsgleichungen die folgende Gestalt. Die Kontinuitätsgleichung lautet

$$\frac{\partial \varrho}{\partial t} + \frac{\partial (v\varrho)}{\partial r} + \frac{2v\varrho}{r} = 0\,,$$

die Eulersche Gleichung

$$\frac{\partial v}{\partial t} + v\frac{\partial v}{\partial r} = -\frac{1}{\varrho}\frac{\partial p}{\partial r}\,,$$

und die Gleichung für die Erhaltung der Entropie ist

$$\frac{\partial s}{\partial t} + v\frac{\partial s}{\partial r} = 0\,.$$

[1]) Wir sehen überall vollständig von Wärmeverlusten ab, von denen die Ausbreitung der Detonationswelle begleitet sein kann. Wie auch im Fall der langsamen Verbrennung können diese Verluste die Ausbreitung der Detonation unmöglich machen. Bei der Detonation im Rohr ist die Ursache für die Verluste in erster Linie durch die Ableitung von Wärme durch die Rohrwände und die Verlangsamung des Gases infolge der Reibung gegeben.

[2]) Die dimensionslose Ähnlichkeitsvariable kann man bei dieser Aufgabe als $r/t\sqrt{q}$ definieren, wobei der charakteristische konstante Parameter q die auf die Masseneinheit bezogene Reaktionswärme ist.

Wir führen die Variable $\xi = \frac{r}{t}$ ($\xi > 0$) ein und sehen alle Größen als nur von ξ abhängig an. Dann erhalten wir das folgende Gleichungssystem:

$$(\xi - v)\frac{\varrho'}{\varrho} = v' + \frac{2v}{\xi}, \tag{130,1}$$

$$(\xi - v)\, v' = \frac{p'}{\varrho}, \tag{130,2}$$

$$(\xi - v)\, s' = 0 \tag{130,3}$$

(der Strich bezeichnet die Ableitung nach ξ). Hier kann man nicht $v = \xi$ setzen, weil das der ersten Gleichung widerspricht. Daher ergibt sich aus der dritten Gleichung sofort $s' = 0$, d. h.

$$s = \text{const}\,.$$

Da die Entropie konstant ist, können wir $p' = \left(\frac{\partial p}{\partial \varrho}\right)_s \varrho' = c^2 \varrho'$ schreiben, und die Gleichung (130,2) erhält die Gestalt

$$(\xi - v)\, v' = c^2\, \frac{\varrho'}{\varrho}\,. \tag{130,4}$$

Hier setzen wir $\frac{\varrho'}{\varrho}$ aus (130,1) ein und erhalten

$$\left[\frac{(\xi - v)^2}{c^2} - 1\right] v' = \frac{2v}{\xi}\,. \tag{130,5}$$

Die Gleichungen (130,4) und (130,5) können nicht in analytischer Form integriert werden, aber die Eigenschaften ihrer Lösungen können untersucht werden.

Das Gebiet, in dem das Gas in der betrachteten Art strömt, wird von zwei Kugelflächen begrenzt, wie wir unten sehen werden. Die äußere Kugel ist die Fläche der Detonationswelle selbst, die innere ist eine Fläche mit einer schwachen Unstetigkeit, auf der die Geschwindigkeit gleich Null ist.

Wir untersuchen zunächst die Eigenschaften der Lösung in der Nähe des Punktes, wo v gleich Null wird. Wie man leicht sieht, muß unbedingt in dem Punkt mit $v = 0$ gleichzeitig $\xi = c$ sein:

$$v = 0\,, \qquad \xi = c\,. \tag{130,6}$$

Wenn v gegen Null strebt, geht $\ln v$ gegen $-\infty$; wenn ξ kleiner wird und gegen den Wert an der inneren Grenze des betrachteten Bereiches geht, muß daher die Ableitung $\mathrm{d} \ln v/\mathrm{d}\xi$ gegen $+\infty$ streben. Aus (130,5) erhalten wir für $v = 0$

$$\frac{\mathrm{d} \ln v}{\mathrm{d}\xi} = \frac{2}{\xi(\xi^2/c^2 - 1)}\,.$$

Dieser Ausdruck kann nur für $\xi \to c$ gegen $+\infty$ gehen.

Im Koordinatenursprung muß die radiale Geschwindigkeitskomponente schon aus Symmetriegründen verschwinden. Um den Koordinatenursprung befindet sich also ein Bereich ruhenden Gases (der Bereich innerhalb der Kugel $\xi = c_0$, wobei c_0 der Wert der Schallgeschwindigkeit für $v = 0$ ist).

Wir wollen jetzt die Eigenschaften der Funktion $v(\xi)$ in der Nähe des Punktes (130,6) feststellen. Aus (130,5) ergibt sich

$$v \frac{d\xi}{dv} = \frac{\xi}{2}\left[\frac{(\xi - v)^2}{c^2} - 1\right].$$

Bis zu kleinen Größen erster Ordnung (solche Größen sind v, $\xi - c_0$, $c - c_0$) erhalten wir nach einer einfachen Rechnung

$$v \frac{d(\xi - c_0)}{dv} = (\xi - c_0) - (v + c - c_0).$$

Nach (102,1) haben wir $v + c - c_0 = \alpha_0 v$, wobei α_0 eine positive Konstante ist (der Wert der Größe (102,2) für $v = 0$), und es ergibt sich für $\xi - c_0$ als Funktion von v die folgende lineare Differentialgleichung erster Ordnung:

$$v \frac{d(\xi - c_0)}{dv} - (\xi - c_0) = -\alpha_0 v.$$

Die Lösung dieser Gleichung ist

$$\xi - c_0 = \alpha_0 v \ln \frac{\text{const}}{v}. \qquad (130,7)$$

Hierdurch wird implizit die Funktion $v(\xi)$ in der Nähe des Punktes mit $v = 0$ gegeben.

Wie wir sehen, ist die innere Grenze eine Fläche mit einer schwachen Unstetigkeit: Die Geschwindigkeit auf ihr ist gleich Null und besitzt keinen Sprung. Die Kurve $v(\xi)$ hat an dieser Grenze eine horizontale Tangente ($dv/d\xi = 0$). Wir haben es hier mit einer sehr eigenartigen schwachen Unstetigkeit zu tun: Die erste Ableitung ist stetig, alle höheren Ableitungen sind Unendlich (davon kann man sich leicht auf Grund von (130,7) überzeugen). Das Verhältnis r/t für $v = 0$ ist offensichtlich gerade die Geschwindigkeit, mit der sich diese Grenzfläche relativ zum Gas bewegt. Nach (130,6) ist sie gleich der lokalen Schallgeschwindigkeit, wie es für eine schwache Unstetigkeit sein muß.

Weiter haben wir für kleine v nach (130,7)

$$\xi - v - c = (\xi - c_0) - (v + c - c_0) = \alpha_0 v \left[\ln \frac{\text{const}}{v} - 1\right].$$

Diese Größe ist für kleine v positiv:

$$\xi - v - c > 0.$$

Wir werden zeigen, daß die Differenz $(\xi - v) - c$ nirgendwo innerhalb des Bereiches der betrachteten Strömung ihr Vorzeichen ändern kann. Sehen wir uns einen Punkt an, in dem

$$\xi - v = c, \qquad v \neq 0 \qquad (130,8)$$

wäre. Aus (130,5) ist zu entnehmen, daß in einem solchen Punkt die Ableitung v' unendlich würde, d. h.

$$\frac{d\xi}{dv} = 0 \,. \tag{130,9}$$

Für die zweite Ableitung $d^2\xi/dv^2$ ergibt eine einfache Rechnung (mit den Bedingungen (130,8) und (130,9)) den Wert

$$\frac{d^2\xi}{dv^2} = -\frac{\alpha_0}{c_0}\frac{\xi}{v},$$

der von Null verschieden ist. Das bedeutet aber, daß ξ als Funktion von v in dem betreffenden Punkt ein Maximum hat. Mit anderen Worten kann man sagen, daß die Funktion $v(\xi)$ nur für solche Werte von ξ existiert, die kleiner als der durch die Bedingungen (130,8) gegebene Wert sind; dieser Wert stellt die zweite Grenze dar, über die der betrachtete Bereich nicht hinausgehen kann. Da $\xi - v - c$ also nur an der Grenze des Bereiches verschwinden kann und für kleine v auf jeden Fall $\xi - v - c > 0$ ist, muß überall innerhalb dieses Bereiches

$$\xi - v > c \tag{130,10}$$

sein.

Jetzt ist schon leicht zu sehen, daß die reale vordere Grenze des Bereiches der betrachteten Strömung in den Punkt fallen muß, wo die Bedingung (130,8) erfüllt ist. Bezeichnet r die Koordinate dieser Grenze, dann ist die Differenz $r/t - v$ gerade die Geschwindigkeit dieser Grenze relativ zu dem Gas hinter ihr. Eine Fläche, auf der $r/t - v > c$ gilt, kann aber nicht die Fläche der Detonationswelle sein (auf der $r/t - v \leqq c$ sein muß). Wir kommen deshalb zu dem Ergebnis, daß die vordere Grenze des betrachteten Bereiches nur der Punkt sein kann, in dem (130,8) gilt. An dieser Grenze nimmt v sprunghaft auf Null ab, und die Geschwindigkeit der Grenze gegenüber dem unmittelbar hinter ihr zurückbleibenden Gas ist gleich der lokalen Schallgeschwindigkeit. Dies bedeutet, daß die Detonationswelle dem Chapman-Jouguet-Punkt auf der Detonationsadiabate entsprechen muß.[1])

Wir gelangen zu folgendem Strömungsbild für das Gas bei einer kugelsymmetrischen Ausbreitung der Detonation. Die Detonationswelle muß wie bei der Detonation in einem Rohr dem Chapman-Jouguet-Punkt entsprechen. Unmittelbar hinter der Welle schließt sich ein Bereich mit einer kugelsymmetrischen selbstähnlichen Verdünnungswelle an, in der die Strömungsgeschwindigkeit bis auf Null abnimmt. Die Geschwindigkeitsabnahme erfolgt monoton, weil nach (130,5) die Ableitung $dv/d\xi$ nur in dem Punkt verschwinden kann, in dem auch gleichzeitig $v = 0$ ist. Zusammen mit der Geschwindigkeit nehmen auch der Druck und die Gasdichte monoton ab (nach (130,4) und (130,10) hat die Ableitung p' überall dasselbe Vorzeichen wie v'). Die Kurve für die Funktion $v(r/t)$ hat an der vorderen Grenze eine vertikale (nach (130,9)) und an der inneren Grenze eine horizontale Tangente (Abb. 134). Die innere Grenze ist eine schwache Unstetigkeit, in deren Nähe die Abhängigkeit der Geschwindigkeit v von r/t durch die Gleichung (130,7) gegeben wird. Innerhalb der Kugelfläche mit der schwachen Unstetigkeit ruht das Gas. Die Gesamtmenge (Masse) des ruhenden Gases ist jedoch ganz unbeträchtlich (vgl. die Überlegungen am Schluß von § 106).

---

[1]) Der Vollständigkeit halber bemerken wir, daß $v = \text{const}$ keine Lösung der Gleichungen für eine kugelsymmetrische Bewegung ist. Daher kann hinter einer Detonationswelle kein Bereich mit konstanter Geschwindigkeit folgen.

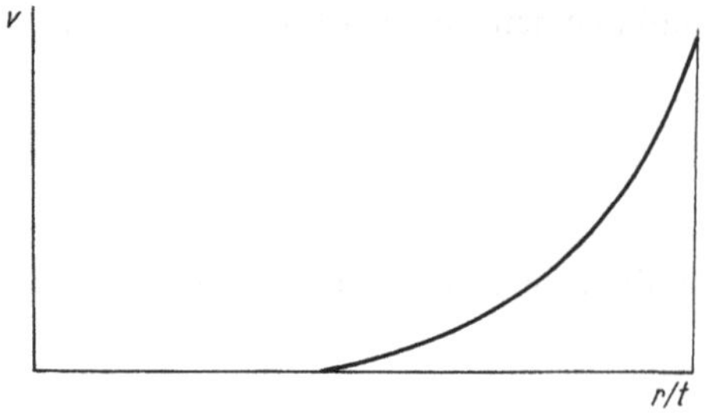

Abb. 134

In allen betrachteten typischen Fällen spontaner eindimensionaler oder kugelsymmetrischer Ausbreitung einer Detonation lassen die Randbedingungen hinter der Detonationswelle nur eine eindeutige Wahl der Geschwindigkeit dieser Welle zu: Die Geschwindigkeit muß dem Chapman-Jouguet-Punkt entsprechen (nachdem der gesamte Abschnitt der Detonationsadiabate unterhalb dieses Punktes durch die Überlegungen in § 129 ausgeschlossen worden ist). In einem Rohr mit konstantem Querschnitt könnte eine Detonation, die zu einem Punkt auf der Adiabate oberhalb des Chapman-Jouguet-Punktes gehört, nur dann verwirklicht werden, wenn die Verbrennungsprodukte durch einen mit Überschallgeschwindigkeit bewegten Kolben künstlich zusammengedrückt würden (siehe Aufgabe 3 zu diesem Paragraphen); solche Detonationswellen bezeichnet man als über*komprimiert*.

Es muß aber betont werden, daß diese Schlüsse nicht universell sind. Man kann sich auch Fälle spontaner Entstehung einer überkomprimierten Detonationswelle vorstellen. So entsteht eine überkomprimierte Welle beim Übergang einer Detonation aus einem weiten Rohr in ein enges. Diese Erscheinung hängt damit zusammen, daß die Detonationswelle teilweise reflektiert wird, wenn sie die Verengung erreicht. Infolgedessen steigt der Druck der Verbrennungsprodukte, die aus dem weiten in den engen Teil des Rohres strömen, stark an; siehe Aufgabe 4 (B. W. Aiwasow, Ja. B. Seldowitsch, 1947).[1]

In bezug auf die in diesem und dem vorangehenden Paragraphen dargestellte Theorie ist noch die folgende allgemeine Bemerkung zu machen. Die Struktur der Detonationswelle wird in dieser Theorie als stationär und homogen auf ihrer Fläche angenommen; sie ist eindimensional in dem Sinne, daß die Verteilung aller Größen in der Brennzone als nur von einer Koordinate in Richtung ihrer Dicke abhängig vorausgesetzt wird. Die bisher gesammelten experimentellen Daten zeugen jedoch davon, daß dieses Bild eine weitgehende Idealisierung darstellt, die nur für eine gewisse mittlere Beschreibung des Prozesses dienen kann; das real beobachtete Bild unterscheidet sich gewöhnlich wesentlich von diesem idealisierten. Die tatsächliche Struktur einer Detonationswelle ist wesentlich nichtstationär und wesentlich dreidimensional; die Welle besitzt auf ihrer Fläche eine komplizierte Struktur, die durch kleine Abmessungen und schnelle zeitliche Veränderlichkeit charakterisiert ist. Das Entstehen dieser Struktur ist eine Folge der Instabilität, die vor allem mit der starken (exponentiellen) Temperaturabhängigkeit der Reaktionsgeschwindigkeit zusammenhängt; bereits kleine Änderungen der Temperatur bei einer Deformation der Gestalt der Stoßfront wirken sich stark auf den Ablauf der Reaktion aus. Diese Instabilität ist um so stärker ausgebildet, je größer das Verhältnis der Aktivierungsenergie zur Temperatur des Gases (hinter der Stoßwelle) ist. Besonders auffällig sind die Inhomogenität und die Nicht-

---

[1]) Überkompression tritt auch bei der Ausbreitung einer einlaufenden zylindersymmetrischen oder kugelsymmetrischen Detonationswelle auf, siehe Ja. B. Seldowitsch (Я. Б. Зельдович), Zh. eksper. teor. Fiz. **36**, 782 (1959).

stationarität der Struktur der Detonationswelle unter Bedingungen, die in der Nähe der Grenze für die Ausbreitung einer Detonation in einem Rohr liegen: Die Entzündung des brennbaren Gemisches erfolgt hauptsächlich hinter einzelnen exzentrisch gelegenen (und sich auf Spiralen bewegenden) stark defomierten Teilstücken der Stoßfront (in solchen Fällen spricht man von *Spindetonation*). Eine Analyse der möglichen Mechanismen aller dieser komplizierten Erscheinungen gehört nicht zur Aufgabe dieses Buches.[1])

Aufgaben

1. Man berechne die Strömung des Gases bei der Ausbreitung einer vom verschlossenen Ende eines Rohres ausgehenden Detonationswelle.

Lösung. Die Geschwindigkeit v_1 der Detonationswelle gegenüber dem ruhenden Gas vor ihr und die Geschwindigkeit v_2 relativ zu dem verbrannten Gas unmittelbar hinter ihr werden durch die Formeln (129,11) und (129,12) aus der Temperatur T_1 bestimmt; v_1 ist gleichzeitig die Geschwindigkeit, mit der die Welle gegenüber dem Rohr fortschreitet, so daß ihr Ort durch $x = v_1 t$ gegeben wird. Die Geschwindigkeit der Verbrennungsprodukte an der Detonationswelle (in bezug auf das Rohr) ist $v_1 - v_2$. Die Geschwindigkeit v_2 ist gleich der lokalen Schallgeschwindigkeit. Da die Schallgeschwindigkeit in einer selbstähnlichen Verdünnungswelle durch $c = c_0 + \frac{\gamma - 1}{2} v$ mit der Strömungsgeschwindigkeit v des Gases zusammenhängt, erhalten wir

$$v_2 = c_0 + \frac{\gamma_2 - 1}{2}(v_1 - v_2)$$

und daraus

$$c_0 = \frac{\gamma_2 + 1}{2} v_2 - \frac{\gamma_2 - 1}{2} v_1 .$$

Für eine starke Detonationswelle erhalten wir mit (129,14) einfach $c_0 = v_1/2$. Die Größe c_0 ist auch die Geschwindigkeit der hinteren Grenze der Verdünnungswelle. Zwischen diesen beiden Grenzen ändert sich die Geschwindigkeit linear (Abb. 133a).

2. Wie Aufgabe 1 für ein Rohr mit offenem Ende.

Lösung. Die Geschwindigkeiten v_1 und v_2 werden genau wie in der vorhergehenden Aufgabe bestimmt; daher ist auch die Geschwindigkeit c_0 in beiden Fällen die gleiche. Der Bereich der Verdünnungswelle erstreckt sich aber jetzt nicht bis zu dem Punkt mit $v = 0$, sondern bis an das Rohrende ($x = 0$, Abb. 133b). Aus der Formel $x/t = v + c$ (99,5) entnehmen wir, daß das Gas aus der Rohröffnung mit der Geschwindigkeit $v = -c$ ausströmt, d. h. mit der lokalen Schallgeschwindigkeit. Wir schreiben

$$-v = c = c_0 + \frac{\gamma_2 - 1}{2} v$$

und erhalten daher für die Ausströmungsgeschwindigkeit des Gases den Wert

$$-v|_{x=0} = \frac{2c_0}{\gamma_2 + 1} .$$

Für eine starke Detonationswelle ist diese Geschwindigkeit gleich $v_1/(\gamma_2 + 1)$; sie fällt dem Betrag nach mit der Geschwindigkeit des Gases unmittelbar hinter der Welle zusammen.

---

[1]) Wir geben nur Hinweise auf einige Bücher und Übersichtsartikel: K. I. Schtschelkin, Ja. G. Troschin (К. И. Щелкин, Я. Г. Трошин), Gasdynamik der Verbrennung (Газодинамика горения), Nauka, Moskau 1963; R. I. Solouchin (Р. И. Солоухин), Stoßwellen und Detonation (Ударные волны и детонация), Nauka, Moskau 1963; R. I. Solouchin (Р. И. Солоухин), Uspekhi fiz. Nauk **80**, 525 (1963); A. K. Oppenheim, R. I. Soloukhin, Ann. Rev. Fluid Mech. **5**, 31 (1973).

3. Wie Aufgabe 1 für die Ausbreitung einer Detonationswelle von einem Rohrende, das mit einem Kolben verschlossen ist, der zu einer gewissen Anfangszeit beginnt, sich mit der konstanten Geschwindigkeit U vorwärts zu bewegen.

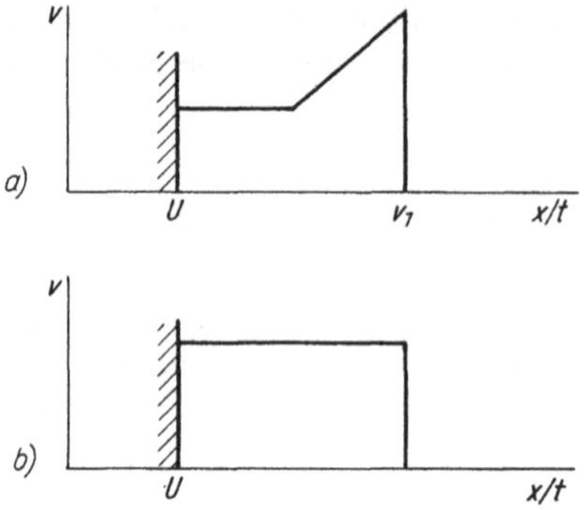

Abb. 135

Lösung. Für $U < v_1$ hat die Geschwindigkeitsverteilung im Gas die in Abb. 135a wiedergegebene Gestalt. Die Strömungsgeschwindigkeit nimmt vom Wert $v_1 - v_2$ für $x/t = v_1$ auf den Wert U für

$$\frac{x}{t} = c_0 + \frac{\gamma_2 + 1}{2} U$$

ab; c_0 ist der obige Wert. Daran schließt sich ein Bereich an, in dem das Gas mit der konstanten Geschwindigkeit U strömt.

Für $U > v_1$ kann die Detonationswelle nicht mehr dem Chapman-Jouguet-Punkt entsprechen (der Kolben würde sie „überholen"). In diesem Falle entsteht eine „überkomprimierte" Detonationswelle, die zu einem Punkt auf der Adiabate oberhalb des Chapman-Jouguet-Punktes gehört. Sie wird dadurch bestimmt, daß der Sprung der Geschwindigkeit in ihr gerade gleich der Geschwindigkeit des Kolbens ist: $v_1 - v_2 = U$. In dem ganzen Bereich zwischen der Detonationswelle und dem Kolben strömt das Gas mit der konstanten Geschwindigkeit U (Abb. 135b).

4. Man berechne den Druck, der an einer absolut festen Wand bei der Reflexion einer senkrecht einfallenden ebenen starken Detonationswelle auftritt (K. P. Stanjukowitsch, 1946).

Lösung. Beim Einfall einer Detonationswelle auf eine Wand entsteht eine reflektierte Stoßwelle, die sich in der entgegengesetzten Richtung durch die Verbrennungsprodukte ausbreitet. Die Rechnung ist ganz analog wie in Aufgabe 1, § 100. Mit denselben Bezeichnungen wie dort haben wir jetzt die drei Beziehungen

$$p_2(V_1 - V_2) = (p_3 - p_2)(V_2 - V_3),$$

$$\frac{V_2}{V_1} = \frac{\gamma_2}{\gamma_2 + 1}, \qquad \frac{V_3}{V_2} = \frac{(\gamma_2 + 1)p_2 + (\gamma_2 - 1)p_3}{(\gamma_2 - 1)p_2 + (\gamma_2 + 1)p_3}$$

(wir haben p_1 gegenüber p_2 vernachlässigt; p_2 und p_3 sind aber von der gleichen Größenordnung). Wir eliminieren die Volumina und erhalten für p_3 eine quadratische Gleichung, von der die Wurzel mit $p_3 > p_2$ verwendet werden muß:

$$\frac{p_3}{p_2} = \frac{5\gamma_2 + 1 + \sqrt{17\gamma_2^2 + 2\gamma_2 + 1}}{4\gamma_2}.$$

Wir bemerken, daß dieses Verhältnis von dem Wert von γ_2 fast unabhängig ist; wenn γ_2 von 1 bis ∞ läuft, ändert sich dieses Verhältnis zwischen 2,6 und 2,3.

§ 131. Das Verhältnis zwischen den verschiedenen Verbrennungsarten

In § 129 ist gezeigt worden, daß eine Detonation einem Punkt auf dem oberen Teil der Detonationsadiabate für den betreffenden Verbrennungsvorgang entspricht. Die Gleichung dieser Adiabate folgt allein aus den notwendigen Erhaltungssätzen für Masse, Impuls und Energie (angewandt auf den Anfangs- und Endzustand des brennenden Gases). Deshalb müssen auf dieser Kurve auch die Punkte für den Zustand der Verbrennungsprodukte bei einer beliebigen anderen Verbrennungsart liegen, bei der man die Brennzone als eine gewisse „Unstetigkeitsfläche" ansehen kann. Wir wollen jetzt die physikalische Bedeutung der übrigen Abschnitte dieser Kurve ergründen.

Wir ziehen durch den Punkt p_1, V_1 (Punkt 1 in Abb. 136) die vertikale und die horizontale Gerade *1A* und *1A'* und die beiden Tangenten *1O* und *1O'* an die Adiabate. Die Berührungs- bzw. Schnittpunkte *A*, *A'*, *O* und *O'* dieser Geraden mit der Kurve teilen die Adiabate in fünf Teile. Das Kurvenstück oberhalb des Punktes *O* entspricht, wie schon gesagt wurde, einer Detonation. Wir betrachten jetzt die anderen Kurvenstücke.

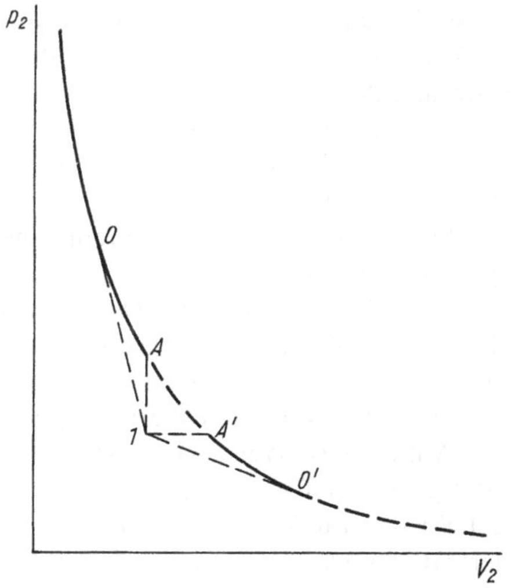

Abb. 136

Zunächst kann man leicht sehen, daß der Abschnitt *AA'* überhaupt keine physikalische Bedeutung hat. Tatsächlich haben wir auf diesem Abschnitt $p_2 > p_1$, $V_2 > V_1$; der Massenstrom j würde hier imaginär sein (vgl. (129,2)).

In den Berührungspunkten *O* und *O'* verschwindet die Ableitung $d(j^2)/dp_2$. Wie schon in § 129 (mit Verweis auf § 87) gezeigt worden ist, gelten in solchen Punkten gleichzeitig die Gleichung $v_2 = c_2$ und die Ungleichung $\frac{d}{dp_2}\left(\frac{v_2}{c_2}\right) < 0$. Daraus folgt oberhalb der Berührungspunkte $v_2 < c_2$ und unterhalb $v_2 > c_2$. Die Beziehungen zwischen den Geschwindigkeiten v_1 und c_1 kann man immer leicht aus den Steigungen der entsprechenden Sehnen und Tangenten ermitteln, ähnlich wie wir es in § 129 für das Kurvenstück oberhalb des Punktes *O* getan haben. Durch eine solche Überlegung finden wir für die verschiedenen

Stücke der Adiabate die folgenden Ungleichungen:

$$\left.\begin{array}{llll} \text{oberhalb} & O & v_1 > c_1\,, & v_2 < c_2\,; \\ \text{auf dem Abschnitt} & AO & v_1 > c_1\,, & v_2 > c_2\,; \\ \text{auf dem Abschnitt} & A'O' & v_1 < c_1\,, & v_2 < c_2\,; \\ \text{unterhalb} & O' & v_1 < c_1\,, & v_2 > c_2\,. \end{array}\right\} \qquad (131{,}1)$$

In den Punkten O und O' haben wir $v_2 = c_2$. Bei Annäherung an den Punkt A gehen der Strom j und mit ihm auch die Geschwindigkeiten v_1 und v_2 gegen Unendlich. Bei Annäherung an den Punkt A' streben der Strom j und die Geschwindigkeiten v_1 und v_2 gegen Null.

In § 88 wurde der Begriff der Entwicklungsbedingung für Stoßwellen als notwendige Bedingung für ihre Verwirklichung eingeführt. Wir haben gesehen, daß dieses Kriterium sich aus dem Vergleich der Anzahl der die Störung bestimmenden Parameter mit der Anzahl der Grenzbedingungen ergibt, denen die Störung auf der Unstetigkeitsfläche genügen muß.

Alle diese Überlegungen kann man auch auf die hier betrachteten „Unstetigkeitsflächen“ anwenden. Insbesondere bleibt auch die in § 88 vorgenommene Abzählung der Anzahl der Parameter der Störung für alle vier Fälle (131,1) gültig, die in Abb. 57 dargestellt sind. Für das Detonationsregime (Adiabate oberhalb des Punktes O) ist die Zahl der Grenzbedingungen die gleiche wie für eine gewöhnliche Stoßwelle, und die Entwicklungsbedingung lautet wie früher. Für eine nicht detonationsartige Verbrennung (Adiabate unterhalb des Punktes O) ändert sich die Situation wegen der Änderung der Zahl der Grenzbedingungen. Bei einem solchen Verbrennungsregime wird nämlich die Ausbreitungsgeschwindigkeit vollständig bestimmt durch die Eigenschaften der chemischen Reaktion und die Bedingungen für den Wärmetransport aus der Brennzone in das vor ihr befindliche noch nicht erhitzte Gasgemisch. Dies bedeutet, daß der Massenstrom durch die Brennzone gleich einer bestimmten vorgegebenen Größe ist (genauer, eine bestimmte Funktion des Zustandes des Ausgangsgemisches 1 ist), während in einer Stoßwelle oder einer Detonationswelle j einen beliebigen Wert haben kann. Hieraus folgt, daß auf einer Unstetigkeit, die eine Zone nicht detonationsartiger Verbrennung darstellt, die Anzahl der Grenzbedingungen um Eins größer ist als auf einer Stoßwelle: Die Bedingung für den bestimmten Wert von j wird hinzugefügt. Es gibt also insgesamt vier Bedingungen. Auf dieselbe Weise wie in § 88 schließen wir jetzt, daß eine absolute Instabilität der Unstetigkeit nur für $v_1 < c_1$, $v_2 > c_2$ vorliegt. Diesem Fall entspricht das Kurvenstück unterhalb des Punktes O' der Adiabate. Wir kommen zu dem Ergebnis, daß zu diesem Teil der Adiabate keine realisierbare Art der Verbrennung gehört.

Das Adiabatenstück $A'O'$, auf dem beide Geschwindigkeiten v_1 und v_2 kleiner als die Schallgeschwindigkeit sind, entspricht einer gewöhnlichen langsamen Verbrennung. Bei einer Vergrößerung der Verbrennungsgeschwindigkeit j wandert der zugehörige Punkt auf dem Adiabatenstück $A'O'$ vom Punkt A' (in dem $j = 0$ ist) nach O'. Die in § 128 angegebenen Formeln (128,5) gehören zum Punkt A' (in dem $p_1 = p_2$ ist) und sind solange anwendbar, wie j genügend klein ist, d. h., solange die Ausbreitungsgeschwindigkeit der Verbrennung klein gegen die Schallgeschwindigkeit ist. Der Punkt O' entspricht dem Grenzfall der „schnellsten“ Verbrennung der betrachteten Art. Wir wollen hier die Formeln für diesen Grenzfall angeben.

Der Punkt O' ist, ebenso wie der Punkt O, Berührungspunkt einer vom Punkt 1 aus angelegten Tangente. Die Formeln für den Punkt O' können daher unmittelbar aus den Formeln (129,8) bis (129,11) für den Punkt O erhalten werden, indem man darin den erforderlichen Vorzeichenwechsel vornimmt (siehe die Fußnote auf S. 626): Man muß in den Formeln (129,9) und (129,11) für v_1 und v_2 das Vorzeichen der zweiten Wurzel ändern; infolgedessen ändert sich auch das Vorzeichen des Ausdruckes (129,12) für $v_1 - v_2$. Die Formeln (129,10) bleiben unverändert, wenn man darin unter v_1 den neuen Wert versteht. Alle diese Formeln vereinfachen sich stark, wenn die Reaktionswärme groß ist ($q \gg c_{v1} T_1$). Dann erhalten wir

$$\left.\begin{aligned} v_1 &= \frac{\gamma_2 p_1 V_1}{\sqrt{2(\gamma_2^2 - 1) q}}, \qquad & v_2 &= \sqrt{\frac{2(\gamma_2 - 1) q}{\gamma_2 + 1}}, \\ \frac{p_2}{p_1} &= \frac{1}{\gamma_2 + 1}, \qquad & c_{v2} T_2 &= \frac{2q}{\gamma_2(\gamma_2 + 1)}. \end{aligned}\right\} \tag{131,2}$$

Es muß hier unbedingt der folgende Vorbehalt gemacht werden. Wie wir gesehen haben, entsteht bei einer langsamen Verbrennung in einem geschlossenen Rohr vor der Brennzone zwangsläufig eine Stoßwelle. Für große Verbrennungsgeschwindigkeiten ist die Intensität dieser Welle groß, und die Welle ändert den Zustand des in die Brennzone einströmenden Gasgemisches wesentlich. Deshalb hat es allgemein genommen keinen Sinn, die Änderung der Verbrennungsart bei Vergrößerung der Verbrennungsgeschwindigkeit für einen festen Zustand p_1, V_1 des brennbaren Ausgangsgemisches zu verfolgen. Um den Punkt O' zu erreichen, muß man solche Voraussetzungen für die Verbrennung schaffen, daß keine Stoßwelle entsteht. Dies kann z. B. bei der Verbrennung in einem auf beiden Seiten offenen Rohr erreicht werden, wenn am hinteren Ende die Verbrennungsprodukte dauernd abgesaugt werden. Die Sauggeschwindigkeit muß so gewählt werden, daß die Brennzone unbewegt bleibt und daher keine Stoßwelle auftritt.[1])

Das Adiabatenstück AO gehört zu einer nicht detonationsartigen Verbrennung, die sich mit Überschallgeschwindigkeit ausbreitet. Eine solche Verbrennung kann im Prinzip unter der Bedingung eines sehr guten Wärmetransports auftreten (z. B. infolge des Wärmetransports durch Strahlung), der zu Verbrennungsgeschwindigkeiten j führt, die den zum Punkt O' gehörenden Wert überschreiten.

Zum Schluß lenken wir die Aufmerksamkeit noch auf den folgenden allgemeinen Unterschied (außer den in den Ungleichungen (131,1) erfaßten Unterschieden) zwischen den Verbrennungsarten, die durch den oberen bzw. unteren Teil der Adiabate dargestellt werden. Oberhalb des Punktes A haben wir

$$p_2 > p_1, \qquad V_2 < V_1, \qquad v_2 < v_1.$$

Die Verbrennungsprodukte werden auf höhere Drücke und Dichten komprimiert als das unverbrannte Gas und bewegen sich der Flammenfront hinterher (mit der Geschwindigkeit $v_1 - v_2$). Im Bereich unterhalb von A haben wir die umgekehrten Ungleichungen:

$$p_2 < p_1, \qquad V_2 > V_1, \qquad v_2 > v_1.$$

Die Verbrennungsprodukte sind gegenüber dem unverbrannten Gas verdünnt.

---

[1]) Eine gewöhnliche langsame Verbrennung in einem Rohr kann spontan in eine Detonation übergehen. Diesem Übergang geht eine spontane Beschleunigung der Ausbreitung der Flamme voran, und vor der Flamme entsteht die Detonationswelle. Eine Erörterung der möglichen Mechanismen für diese Prozesse kann man in den auf den Seiten 619 und 635 angegebenen Büchern finden.

§ 132. Kondensationsunstetigkeiten

Eine formale Ähnlichkeit mit den Detonationswellen haben die *Kondensationsunstetigkeiten*. Sie entstehen bei der Strömung eines Gases, das z. B. übersättigten Wasserdampf enthält.[1]) Diese Unstetigkeiten sind das Ergebnis einer plötzlichen Kondensation der Dämpfe, wobei die Kondensation sehr schnell erfolgt und in einer schmalen Zone, die man als eine gewisse Unstetigkeitsfläche ansehen kann. Diese Unstetigkeitsfläche trennt die Bereiche des ursprünglichen Gases und des Gases mit den kondensierten Dämpfen (des „Nebels"). Es muß betont werden, daß die Kondensationsunstetigkeiten eine selbständige physikalische Erscheinung sind und nicht das Ergebnis der Kompression des Gases in einer gewöhnlichen Stoßwelle. Eine Stoßwelle kann die Dämpfe nicht zur Kondensation bringen, da die Druckerhöhung in einer Stoßwelle eine geringere Auswirkung auf den Übersättigungsgrad hat als die entgegengesetzt wirkende Temperaturerhöhung.

Ebenso wie eine Verbrennungsreaktion ist auch die Kondensation eines Dampfes ein exothermer Vorgang. Die Rolle der Reaktionswärme q übernimmt dabei die Kondensationswärme des in der Masseneinheit des Gases enthaltenen Dampfes.[2]) Die Kondensationsadiabate für die Abhängigkeit des Druckes p_2 von V_2 bei gegebenem Zustand p_1, V_1 des Gases mit den nicht kondensierten Dämpfen sieht genauso aus wie die Adiabate für eine Verbrennungsreaktion in Abb. 136. Die Beziehung zwischen den Ausbreitungsgeschwindigkeiten der Unstetigkeit v_1 und v_2 und den Schallgeschwindigkeiten c_1 und c_2 auf den verschiedenen Abschnitten der Kondensationsadiabate wird durch die Ungleichungen (131,1) gegeben. Es können aber nicht alle in (131,1) aufgezählten Fälle tatsächlich verwirklicht werden.

Vor allem erhebt sich die Frage nach der Entwicklungsbedingung für die Kondensationsunstetigkeiten. In dieser Hinsicht sind ihre Eigenschaften völlig analog den Eigenschaften der Unstetigkeiten zur Darstellung der Brennzone. Wie wir (in § 131) gesehen haben, hängt der Unterschied zwischen der Stabilität der letzteren und der Stabilität der gewöhnlichen Stoßwellen mit einer zusätzlichen Bedingung (vorgegebener Wert des Stromes j) zusammen, die auf der Unstetigkeitsfläche erfüllt sein muß. Im vorliegenden Falle gibt es ebenfalls noch eine zusätzliche Bedingung: Der thermodynamische Zustand des Gases 1 vor der Unstetigkeit muß gerade dem Beginn einer schnellen Kondensation des Dampfes entsprechen (diese Bedingung stellt eine bestimmte Beziehung zwischen dem Druck und der Temperatur des Gases 1 dar). Wir können daher sofort schließen, daß der ganze Abschnitt der Adiabate unterhalb des Punktes O', auf dem $v_1 < c_1$ und $v_2 > c_2$ gilt, auszuschließen ist, weil er keinen stabilen Unstetigkeiten entspricht.

Auch die zum Abschnitt oberhalb des Punktes O ($v_1 > c_1$, $v_2 < c_2$) gehörenden Unstetigkeiten können, wie man leicht sieht, in Wirklichkeit nicht existieren. Eine solche Unstetigkeit würde sich gegenüber dem davor befindlichen Gas mit Überschallgeschwindigkeit bewegen und würde deshalb in keiner Weise auf den Zustand dieses Gases einwirken. Das bedeutet, die Unstetigkeit müßte auf einer Fläche entstehen, die von vornherein durch die Strömungsbedingungen festgelegt ist (auf einer Fläche, auf der bei stetiger Strömung die für den Beginn der schnellen Kondensation erforderlichen Bedingungen erreicht würden).

---

[1]) Ihre theoretische Untersuchung wurde von K. Oswatitsch, 1942, und S. S. Belenki, 1945, begonnen.

[2]) Die Wärmemenge q ist strenggenommen nicht die übliche Umwandlungswärme, weil in der Kondensationszone nicht nur eine isotherme Kondensation des Dampfes erfolgt, sondern auch eine allgemeine Änderung der Gastemperatur. Wenn der Übersättigungsgrad des Dampfes aber nicht allzu klein ist (was normalerweise der Fall ist), dann ist dieser Unterschied unwesentlich.

Andererseits wäre die Geschwindigkeit der Unstetigkeit gegenüber dem dahinter befindlichen Gas im vorliegenden Fall kleiner als die Schallgeschwindigkeit. Die Gleichungen für eine Unterschallströmung haben aber im allgemeinen keine Lösungen, bei denen alle Größen auf einer beliebig vorgegebenen Fläche von vornherein festgelegte Werte annehmen.[1])

Es sind also nur zwei Arten von Kondensationsunstetigkeiten möglich: 1. Überschallunstetigkeiten (Adiabatenstück AO), für die

$$v_1 > c_1, \quad v_2 > c_2, \quad p_2 > p_1, \quad V_2 < V_1 \tag{132,1}$$

gilt; bei der Kondensation wird die Substanz komprimiert; 2. Unterschallunstetigkeiten (Adiabatenstück $A'O'$), für die

$$v_1 < c_1, \quad v_2 < c_2, \quad p_2 < p_1, \quad V_2 > V_1 \tag{132,2}$$

gilt und die Kondensation von einer Verdünnung des Gases begleitet wird.

Der Wert des Stromes j (die Kondensationsgeschwindigkeit) nimmt auf dem Abschnitt $A'O'$ vom Punkt A' (in dem $j = 0$ ist) bis zum Punkt O' monoton zu, auf AO nimmt er monoton von A (wo $j = \infty$ ist) nach O ab. Der Wertebereich für j (und damit auch der entsprechende Wertebereich der Geschwindigkeit $v_1 = jV_1$) zwischen den Werten von j in den Punkten O und O' ist „verboten" und kann in Kondensationsunstetigkeiten nicht auftreten. Die Gesamtmenge (Masse) des kondensierenden Dampfes ist normalerweise sehr klein gegenüber der Menge des Grundgases. Man kann daher mit gleichem Recht die beiden Gase 1 und 2 als ideale Gase behandeln. Aus demselben Grunde kann man die Wärmekapazitäten der beiden Gase als gleich annehmen. Der Wert von v_1 wird dann im Punkt O durch die Formel (129,9) gegeben und im Punkt O' durch dieselbe Formel mit dem entgegengesetzten Vorzeichen vor der zweiten Wurzel. Setzen wir in diesen Formeln $\gamma_1 = \gamma_2 \equiv \gamma$ und führen durch $c_1^2 = \gamma(\gamma - 1)\, c_v T_1$ die Schallgeschwindigkeit c_1 ein, so finden wir den folgenden verbotenen Bereich für v_1:

$$\sqrt{c_1^2 + \frac{\gamma^2 - 1}{2} q} - \sqrt{\frac{\gamma^2 - 1}{2} q} < v_1 < \sqrt{c_1^2 + \frac{\gamma^2 - 1}{2} q} + \sqrt{\frac{\gamma^2 - 1}{2} q}\,. \tag{132,3}$$

Aufgabe

Man berechne die Grenzwerte des Verhältnisses der Drücke p_2/p_1 in einer Kondensationsunstetigkeit unter der Annahme $q/c_1^2 \ll 1$.

---

[1]) Ähnliche Überlegungen gelten auch in dem Falle, wo die Gesamtgeschwindigkeit $\mathbf{v}_2$ (von der $v_2 < c_2$ die Normalkomponente an der Unstetigkeit ist) größer als die Schallgeschwindigkeit ist.

Um Mißverständnisse zu vermeiden, bemerken wir, daß eine Kondensationsunstetigkeit mit $v_1 > c_1$, $v_2 < c_2$ in der Praxis (bei bestimmten Dampfkonzentrationen und für bestimmte Formen der umströmten Oberfläche) durch eine wirkliche Kondensationsunstetigkeit mit $v_1 > c_1, v_2 > c_2$ und eine dicht dahinter folgende Stoßwelle vorgetäuscht werden kann, in der die Strömungsgeschwindigkeit unter die Schallgeschwindigkeit abfällt.

Lösung. Auf dem Abschnitt $A'O'$ der Kondensationsadiabate (Abb. 136) nimmt das Verhältnis p_2/p_1 von O' bis A' monoton zu und durchläuft das Intervall

$$1 - \gamma\sqrt{\frac{2(\gamma - 1)\,q}{(\gamma + 1)\,c_1^2}} \leqq \frac{p_2}{p_1} \leqq 1\,.$$

Auf dem Abschnitt AO wächst dieses Verhältnis in Richtung von A nach O und überstreicht das Intervall

$$1 + \frac{\gamma(\gamma - 1)\,q}{c_1^2} \leqq \frac{p_2}{p_1} \leqq 1 + \gamma\sqrt{\frac{2(\gamma - 1)\,q}{(\gamma + 1)\,c_1^2}}\,.$$

XV RELATIVISTISCHE HYDRODYNAMIK

§ 133. Der Energie-Impuls-Tensor einer Flüssigkeit

Die Notwendigkeit, relativistische Effekte in der Hydrodynamik zu berücksichtigen, entsteht nicht nur im Zusammenhang mit einer großen (mit der Lichtgeschwindigkeit vergleichbaren) Geschwindigkeit der makroskopischen Flüssigkeitsströmung. Die hydrodynamischen Gleichungen ändern sich auch dann wesentlich, wenn diese Geschwindigkeit nicht groß ist, aber die Geschwindigkeiten der mikroskopischen Bewegung der die Flüssigkeit bildenden Teilchen groß sind.

Zur Ableitung der relativistischen Gleichungen der Hydrodynamik muß man vor allem die Gestalt des vierdimensionalen Energie-Impuls-Tensors T^{ik} der strömenden Flüssigkeit feststellen.[1]) Wir erinnern daran, daß $T^{00} = T_{00}$ die Energiedichte ist, $T^{0\alpha}/c = -T_{0\alpha}/c$ die Komponenten der Impulsdichte sind und die Größen $T^{\alpha\beta} = T_{\alpha\beta}$ den Tensor der Impulsstromdichte bilden; die Energiestromdichte $cT^{0\alpha}$ unterscheidet sich von der Impulsdichte nur um den Faktor c^2.

Der Impulsstrom durch ein Oberflächenelement $\mathrm{d}f$ eines Körpers[2]) ist die an diesem Element angreifende Kraft. Daher ist $T^{\alpha\beta}\,\mathrm{d}f_\beta$ die α-Komponente der auf dieses Flächenelement wirkenden Kraft. Wir betrachten ein Volumenelement der Flüssigkeit und benutzen ein Bezugssystem, in dem dieses Element ruht (lokales Ruhsystem; die Werte der Größen in diesem System bezeichnen wir als Ruhenergie usw.). In diesem Bezugssystem gilt das Pascalsche Gesetz: Der von einem gegebenen Flüssigkeitsteil ausgeübte Druck ist in allen Richtungen gleich groß und überall senkrecht zu der Fläche, auf die er wirkt. Deshalb ist $T^{\alpha\beta}\,\mathrm{d}f_\beta = p\,df_\alpha$ und demnach

$$T_{\alpha\beta} = p\delta_{\alpha\beta}\,.$$

Die Komponenten $T^{0\alpha}$, die die Impulsdichte darstellen, sind im lokalen Ruhsystem gleich Null. Die Komponente T^{00} ist die Ruhdichte der inneren Energie der Flüssigkeit, die wir in diesem Kapitel mit e bezeichnen werden.

---

[1]) Der Inhalt dieses Paragraphen wiederholt in beträchtlichem Maße den Inhalt von II, § 35 und ist hier im Interesse einer zusammenhängenden Darstellung angeführt.

Die in diesem Kapitel verwendeten Bezeichnungen entsprechen den Bezeichnungen in II. Lateinische Indizes $i, k, l, \ldots$ durchlaufen die Werte 0, 1, 2, 3; $x^0 = ct$ ist die Zeitkoordinate (in diesem Kapitel ist c die Lichtgeschwindigkeit). Die ersten Buchstaben des griechischen Alphabets $\alpha, \beta, \ldots$ durchlaufen die zu den räumlichen Koordinaten gehörenden Werte 1, 2, 3. Der Galileischen Metrik (der speziellen Relativitätstheorie) entspricht der metrische Tensor mit den Komponenten $g_{00} = 1$, $g_{11} = g_{22} = g_{33} = -1$.

[2]) Für den dreidimensionalen Vektor $\mathrm{d}f$ (und unten für den Vektor der Geschwindigkeit $\boldsymbol{v}$) in kartesischen Komponenten ist es nicht nötig, zwischen kontra- und kovarianten Komponenten zu unterscheiden, und wir schreiben sie überall mit unteren Indizes. Das gleiche gilt auch für den dreidimensionalen Einheitstensor $\delta_{\alpha\beta}$.

Im lokalen Ruhsystem hat also der Energie-Impuls-Tensor die Gestalt

$$t^{ik} = \begin{bmatrix} e & 0 & 0 & 0 \\ 0 & p & 0 & 0 \\ 0 & 0 & p & 0 \\ 0 & 0 & 0 & p \end{bmatrix}. \tag{133,1}$$

Man kann jetzt leicht den Ausdruck für T^{ik} in einem beliebigen Bezugssystem finden. Dazu führen wir die Vierergeschwindigkeit u^i der Flüssigkeitsströmung ein. Im lokalen Ruhsystem eines gegebenen Elementes sind ihre Komponenten: $u^0 = 1$, $u^\alpha = 0$. Der Ausdruck für T^{ik}, der für diese Werte der u^i in (133,1) übergeht, ist

$$T^{ik} = wu^i u^k - pg^{ik}, \tag{133,2}$$

wobei $w = e + p$ die Enthalpie pro Volumeneinheit ist. Das ist der gesuchte Ausdruck für den Energie-Impuls-Tensor.[1])

In dreidimensionaler Schreibweise sind die Komponenten von T^{ik}

$$\left.\begin{aligned} T^{\alpha\beta} &= \frac{wv_\alpha v_\beta}{c^2(1 - v^2/c^2)} + p\delta_{\alpha\beta}, \\ T^{0\alpha} &= \frac{wv_\alpha}{c(1 - v^2/c^2)}, \qquad T^{00} = \frac{w}{1 - v^2/c^2} - p = \frac{e + pv^2/c^2}{1 - v^2/c^2}. \end{aligned}\right\} \tag{133,3}$$

Dem nichtrelativistischen Fall entsprechen kleine Geschwindigkeiten $v \ll c$ und kleine Geschwindigkeiten der inneren (mikroskopischen) Bewegung der Teilchen in der Flüssigkeit. Beim Grenzübergang muß man beachten, daß die relativistische innere Energie e auch die Ruhenergie nmc^2 der einzelnen Teilchen der Flüssigkeit enthält (m ist die Ruhmasse eines Teilchens). Außerdem muß berücksichtigt werden, daß die Teilchenzahldichte n auf die Einheit des Ruhvolumens bezogen ist; in den nichtrelativistischen Ausdrücken wird die Energiedichte auf die Volumeneinheit im „Laboratoriumssystem" bezogen, in dem sich das gegebene Flüssigkeitselement bewegt. Deshalb muß man beim Grenzübergang die Substitution

$$mn \to \varrho \sqrt{1 - \frac{v^2}{c^2}} \approx \varrho - \frac{\varrho v^2}{2c^2}$$

ausführen, wobei ϱ die gewöhnliche nichtrelativistische Massendichte ist. Sowohl die nichtrelativistische Energiedichte (die wir mit $\varrho\varepsilon$ bezeichnen) als auch der Druck sind klein gegenüber ϱc^2.

Damit finden wir für T_{00} den Grenzwert

$$T_{00} = \varrho c^2 + \varrho\varepsilon + \frac{\varrho v^2}{2},$$

der nach Subtraktion von ϱc^2 mit der nichtrelativistischen Energiedichte übereinstimmt. Der entsprechende Grenzwert des Tensors $T_{\alpha\beta}$ ist

$$T_{\alpha\beta} = \varrho v_\alpha v_\beta + p\delta_{\alpha\beta}.$$

---

[1]) In allen Formeln dieses Kapitels sind unter den thermodynamischen Größen ihre Werte im lokalen Ruhsystem eines jeden Flüssigkeitselementes zu verstehen. Diese Größen, wie e, w (und die Entropiedichte σ unten), werden auf die Volumeneinheit im lokalen Ruhsystem bezogen.

Er stimmt, wie es sein muß, mit dem üblichen Ausdruck für den Impulsstromdichtetensor überein, den wir in § 7 mit $\Pi_{\alpha\beta}$ bezeichnet hatten.

Der einfache Zusammenhang zwischen der Impulsdichte und der Energiestromdichte (Unterschied um den Faktor c^2) geht beim Übergang zum nichtrelativistischen Grenzfall verloren, weil die nichtrelativistische Energie die Ruhenergie nicht enthält. Tatsächlich bilden die Komponenten $T^{0\alpha}/c$ einen dreidimensionalen Vektor, der genähert gleich

$$\varrho \boldsymbol{v} + \frac{1}{c^2}\,\boldsymbol{v}\left(\varrho\varepsilon + p + \frac{\varrho v^2}{2}\right)$$

ist. Der Grenzwert der Impulsdichte ist demnach, wie es sein muß, einfach $\varrho\boldsymbol{v}$; für die Energiestromdichte finden wir, indem wir den Term $\varrho c^2 \boldsymbol{v}$ weglassen, den Ausdruck $\boldsymbol{v}(\varrho\varepsilon + p + \varrho v^2/2)$, der mit dem in § 6 hergeleiteten übereinstimmt.

§ 134. Die Gleichungen der relativistischen Hydrodynamik

Die Bewegungsgleichungen sind bekanntlich in den Gleichungen

$$\frac{\partial T_i^k}{\partial x^k} = 0 \tag{134,1}$$

enthalten, die die Erhaltungssätze für Energie und Impuls des physikalischen Systems ausdrücken, zu dem der Tensor T^{ik} gehört. Wir verwenden den Ausdruck (133,2) für T^{ik} und erhalten daraus die Bewegungsgleichungen für eine Flüssigkeit. Dabei muß man aber zusätzlich den Erhaltungssatz für die Teilchenzahl heranziehen, der in den Gleichungen (134,1) nicht enthalten ist. Wir betonen, daß der Energie-Impuls-Tensor (133,2) keinerlei dissipative Prozesse berücksichtigt (darunter keine Zähigkeit und Wärmeleitfähigkeit); es handelt sich also hier um die Bewegungsgleichungen für eine ideale Flüssigkeit.

Zur Ableitung der Gleichung für den Erhaltungssatz der Teilchenzahl in einer Flüssigkeit (Kontinuitätsgleichung) führen wir den Vierervektor des Teilchenstromes n^i ein. Seine zeitliche Komponente ist die Teilchenzahldichte, seine räumlichen Komponenten bilden den dreidimensionalen Vektor des Teilchenstroms. Offensichtlich muß der Vektor n^i zu der Vierergeschwindigkeit u^i proportional sein, d. h., er hat die Form

$$n^i = n u^i\,, \tag{134,2}$$

worin n ein Skalar ist. Aus der Definition von n ist klar, daß dieser Skalar die Teilchenzahldichte im Ruhsystem des betreffenden Flüssigkeitselementes ist.[1]) Die Kon-

[1]) Bei sehr hohen Temperaturen in der Substanz können neue Teilchen erzeugt werden, so daß sich die Gesamtzahl der Teilchen jeder Sorte ändert. In solchen Fällen hat man unter n die erhaltene makroskopische Größe zu verstehen, die die Teilchenzahl charakterisiert. Wenn es sich also um die Bildung von Elektronenpaaren handelt, so hat man unter n die Zahl der Elektronen zu verstehen, die nach der Annihilation aller Paare übrig bleiben. Als eine geeignete Definition von n kann die Dichte der Baryonenzahl dienen (die Zahl der Antibaryonen wird hierbei, falls es welche gibt, negativ gezählt). Zum Anwendungsgebiet der ultrarelativistischen Hydrodynamik können jedoch auch Aufgaben gehören, bei denen es überhaupt nicht möglich ist, irgendeine erhaltene makroskopische Größe einzuführen, die die Teilchenzahl im System charakterisiert; vielmehr wird dabei die Teilchenzahl durch die Bedingungen des thermodynamischen Gleichgewichts festgelegt (dies ist der Fall bei Aufgaben über die Vielfacherzeugung von Teilchen bei Stößen schneller Nukleonen); wegen der Ableitung der hydrodynamischen Gleichungen für solche Fälle siehe Aufgabe 2.

tinuitätsgleichung ergibt sich einfach, indem man die Viererdivergenz des Stromvektors gleich Null setzt:

$$\frac{\partial(nu^i)}{\partial x^i} = 0 . \tag{134,3}$$

Jetzt wenden wir uns wieder den Gleichungen (134,1) zu. Wir differenzieren den Ausdruck (133,2) und erhalten

$$\frac{\partial T_i^k}{\partial x^k} = u_i \frac{\partial(wu^k)}{\partial x^k} + wu^k \frac{\partial u_i}{\partial x^k} + \frac{\partial p}{\partial x^i} = 0 . \tag{134,4}$$

Diese Gleichung multiplizieren wir mit u^i, d. h., wir projizieren sie auf die Richtung der Vierergeschwindigkeit. Unter Beachtung von $u_i u^i = 1$ und daher $u_i\, \partial u^i/\partial x^k = 0$ finden wir

$$\frac{\partial(wu^k)}{\partial x^k} - u^k \frac{\partial p}{\partial x^k} = 0 . \tag{134,5}$$

Wir ersetzen identisch $wu^k = nu^k(w/n)$, benutzen die Kontinuitätsgleichung (134,3) und schreiben (134,5) in der Form

$$nu^k \left[\frac{\partial}{\partial x^k}\frac{w}{n} - \frac{1}{n}\frac{\partial p}{\partial x^k}\right] = 0 .$$

Auf Grund der bekannten thermodynamischen Identität für die Enthalpie haben wir

$$\mathrm{d}\frac{w}{n} = T\mathrm{d}\frac{\sigma}{n} + \frac{1}{n}\mathrm{d}p \tag{134,6}$$

(T ist die Temperatur, σ die auf die Einheit des Ruhvolumens bezogene Entropie).[1] Hieraus sieht man, daß der Ausdruck in den eckigen Klammern die Ableitung $T\partial(\sigma/n)/\partial x^k$ ist. Wir lassen den Faktor nT weg und kommen damit zu der Gleichung

$$u^k \frac{\partial}{\partial x^k}\frac{\sigma}{n} \equiv \frac{\mathrm{d}}{\mathrm{d}s}\frac{\sigma}{n} = 0 , \tag{134,7}$$

die ausdrückt, daß die Bewegung der Flüssigkeit adiabatisch verläuft (d/ds ist die Ableitung längs der Weltlinie, auf der sich das gegebene Flüssigkeitselement bewegt). Mit Hilfe der Kontinuitätsgleichung (134,3) kann man sie auch in der äquivalenten Form

$$\frac{\partial}{\partial x^i}\sigma u^i = 0 \tag{134,8}$$

darstellen, d. h. als Verschwinden der Viererdivergenz des Entropiestroms σu^i.

[1] Wir erinnern, daß eine solche Beziehung für eine bestimmte Substanzmenge aufzuschreiben ist (und nicht für ein bestimmtes Volumen, in dem sich eine veränderliche Zahl von Teilchen befinden kann). In (134,6) ist die Identität für die auf ein Teilchen bezogene Enthalpie aufgeschrieben, $1/n$ ist das auf ein Teilchen entfallende Volumen.

Wir projizieren jetzt die Gleichung (134,1) auf eine zu u^i senkrechte Richtung. Mit anderen Worten, wir bilden die Kombination[1])

$$\frac{\partial T_i^k}{\partial x^k} - u_i u^k \frac{\partial T_k^l}{\partial x^l} = 0$$

(der Ausdruck auf der linken Seite verschwindet bei skalarer Multiplikation mit u^i identisch). Eine einfache Rechnung führt zu der Gleichung

$$w u^k \frac{\partial u_i}{\partial x^k} = \frac{\partial p}{\partial x^i} - u_i u^k \frac{\partial p}{\partial x^k}. \tag{134.9}$$

Die drei räumlichen Komponenten dieser Gleichung sind die relativistische Verallgemeinerung der Eulerschen Gleichung (die zeitliche Komponente ist eine Folge der ersten drei).

Die Gleichung (134,9) kann für eine isentrope Strömung noch in einer anderen Form dargestellt werden (ähnlich der Umformung von (2,3) nach (2,9) für die nichtrelativistische Eulersche Gleichung). Für $\sigma/n = \text{const}$ haben wir nach (134,6)

$$\frac{\partial p}{\partial x^i} = n \frac{\partial}{\partial x^i} \frac{w}{n},$$

und die Gleichung (134,9) erhält die Gestalt

$$u^k \frac{\partial}{\partial x^k}\left(\frac{w}{n} u_i\right) = \frac{\partial}{\partial x^i} \frac{w}{n}. \tag{134,10}$$

Wenn die Strömung zusätzlich auch noch stationär ist (alle Größen hängen nicht von der Zeit ab), dann geben die räumlichen Komponenten von (134,10)

$$\gamma(\boldsymbol{v}\nabla)\left(\frac{\gamma w}{n} \boldsymbol{v}\right) + c^2 \nabla \frac{w}{n} = 0.$$

Wir multiplizieren diese Gleichung skalar mit $\boldsymbol{v}$ und erhalten nach einer einfachen Umformung $(\boldsymbol{v}\nabla)(\gamma w/n) = 0$. Hieraus folgt, das längs jeder Stromlinie

$$\gamma w/n = \text{const} \tag{134,11}$$

gilt. Dies ist die relativistische Verallgemeinerung der Bernoullischen Gleichung.[2])

---

[1]) Zur Bequemlichkeit erinnern wir daran, daß für die Komponenten der Vierergeschwindigkeit (s. II, § 4)

$$u^i = (\gamma, \gamma \boldsymbol{v}/c), \qquad u_i = (\gamma, -\gamma \boldsymbol{v}/c)$$

gilt, wo (in diesem Kapitel!) zur Abkürzung die Bezeichnung $\gamma = (1 - v^2/c^2)^{-1/2}$ eingeführt wurde.

[2]) Für $v \ll c$ haben wir $w/n = mc^2 + mw_{\text{nrel}}$ (wo w_{nrel} die auf die Masseneinheit bezogene nichtrelativistische Enthalpie ist, die in § 5 mit w bezeichnet wurde), und (134,11) geht in die Gleichung (5,3) über.

Wir setzen nun die isentrope Strömung nicht als stationär voraus; wie man leicht sieht, haben die Gleichungen (134,10) Lösungen der Form

$$\frac{w}{n} u_i = -\frac{\partial \varphi}{\partial x^i}, \tag{134,12}$$

wo φ eine Funktion der Koordinaten und der Zeit ist; diese Lösungen bilden das relativistische Analogon zu den Potentialströmungen der nichtrelativistischen Hydrodynamik (I. M. Chalatnikow, 1954). Zur Überprüfung dieser Behauptungen bemerken wir, daß wegen der Symmetrie der Ableitungen $\partial^2\varphi/\partial x^i\,\partial x^k$ in den Indizes i und k die Beziehung

$$\frac{\partial}{\partial x^k}\left(\frac{w}{n} u_i\right) = \frac{\partial}{\partial x^i}\left(\frac{w}{n} u_k\right)$$

gilt; durch skalare Multiplikation dieser Gleichung mit u^k und Ausrechnung der Ableitung auf der rechten Seite kommen wir tatsächlich zur Gleichung (134,10) zurück. Die räumlichen Komponenten und die zeitliche Komponente der Gleichung (134,12) lauten

$$\gamma \frac{w}{nc} \boldsymbol{v} = \nabla\varphi, \qquad c\gamma \frac{w}{n} + \frac{\partial \varphi}{\partial t} = 0 .$$

Die erste gibt im nichtrelativistischen Grenzfall die übliche Bedingung für eine Potentialströmung, und die zweite ist die Gleichung (9,3) (bei entsprechender Umbenennung $\varphi/cm \to \varphi$).

Wir behandeln nun die Schallausbreitung in einem Medium mit einer relativistischen Zustandsgleichung (d. h. für das der Druck mit der Dichte der inneren Energie, die auch die Ruhenergie enthält,vergleichbar ist). Die hydrodynamischen Gleichungen können für Schallwellen linearisiert werden; dabei geht man besser direkt von den Bewegungsgleichungen in der ursprünglichen Gestalt (134,1) aus und nicht von den zu ihnen äquivalenten Gleichungen (134,8) und (134,9). Wir setzen die Ausdrücke (133,3) für die Komponenten des Energie-Impuls-Tensors ein, behalten überall nur die Terme erster Ordnung in der Amplitude der Welle und erhalten das Gleichungssystem

$$\frac{\partial e'}{\partial t} = -w\,div\,\boldsymbol{v}, \qquad \frac{w}{c^2}\frac{\partial \boldsymbol{v}}{\partial t} = -\nabla p' ; \tag{134,13}$$

die in der Welle veränderlichen Anteile der Größen sind mit einem Strich versehen worden. Wir eliminieren $\boldsymbol{v}$ und finden

$$\frac{\partial^2 e'}{\partial t^2} = c^2 \triangle p' .$$

Schließlich schreiben wir $e' = \left(\frac{\partial e}{\partial p}\right)_{\mathrm{ad}} p'$ und erhalten für p' eine Wellengleichung mit der Schallgeschwindigkeit [1])

$$u = c\sqrt{\left(\frac{\partial p}{\partial e}\right)_{\mathrm{ad}}} \tag{134,14}$$

---

[1]) Die Schallgeschwindigkeit wird in diesem Kapitel mit u bezeichnet.

(der Index „ad" bedeutet, daß die Ableitung für einen adiabatischen Prozeß gebildet werden soll, d. h. bei konstantem σ/n). Diese Formel unterscheidet sich von dem entsprechenden nichtrelativistischen Ausdruck dadurch, daß hier e/c^2 statt der gewöhnlichen Massendichte steht. Für die ultrarelativistische Zustandsgleichung $p = e/3$ ist die Schallgeschwindigkeit $u = c/\sqrt{3}$.

Schließlich wollen wir noch kurz auf die hydrodynamischen Gleichungen beim Vorhandensein wesentlicher Gravitationsfelder eingehen, d. h. in der allgemeinen Relativitätstheorie. Sie ergeben sich aus den Gleichungen (134,8) und (134,9), indem man einfach die gewöhnlichen Ableitungen durch die kovarianten ersetzt[1]):

$$wu^k u_{i;k} = \frac{\partial p}{\partial x^i} - u_i u^k \frac{\partial p}{\partial x^k}, \qquad (\sigma u^i); i = 0. \tag{134,15}$$

Wir wollen aus diesen Gleichungen die Bedingung für das mechanische Gleichgewicht in einem Gravitationsfeld ableiten. Im Gleichgewicht ist das Gravitationsfeld statisch. Man kann ein solches Bezugssystem wählen, in dem die Substanz ruht ($u^\alpha = 0$, $u^0 = g_{00}^{-1/2}$), alle Größen zeitunabhängig sind und die gemischten Komponenten des metrischen Tensors verschwinden ($g_{0\alpha} = 0$). Die räumlichen Komponenten der Gleichung (134,15) liefern dann

$$w\Gamma^0_{\alpha 0} u^0 u_0 = \frac{1}{2} \frac{w}{g_{00}} \frac{\partial g_{00}}{\partial x^\alpha} = -\frac{\partial p}{\partial x^\alpha}$$

oder

$$\frac{1}{w} \frac{\partial p}{\partial x^\alpha} = -\frac{1}{2} \frac{\partial}{\partial x^\alpha} \ln g_{00}. \tag{134,16}$$

Das ist die gesuchte Gleichgewichtsbedingung. Im nichtrelativistischen Grenzfall ist $w = \varrho c^2$, $g_{00} = 1 + 2\varphi/c^2$ (φ ist das Newtonsche Gravitationspotential), und die Gleichung (134,16) geht in

$$\nabla p = -\varrho \nabla \varphi$$

über, d. h. in die gewöhnliche hydrostatische Gleichung.

Aufgaben

1. Man gebe die Lösung der relativistischen hydrodynamischen Gleichungen an, die eine eindimensionale nichtstationäre einfache Welle beschreibt.

Lösung. In einer einfachen Welle können alle Größen als Funktion einer beliebigen anderen ausgedrückt werden (s. § 101). Wir schreiben die Bewegungsgleichungen in der Form

$$\frac{\partial T_{00}}{c\,\partial t} + \frac{\partial T_{01}}{\partial x} = 0, \qquad \frac{\partial T_{01}}{c\,\partial t} + \frac{\partial T_{11}}{\partial x} = 0. \tag{1}$$

[1]) Im allgemeinen Fall sind diese Gleichungen ziemlich kompliziert. Ausführlich aufgeschrieben in entwickelter Form (ausgedrückt durch den dreidimensionalen metrischen Tensor $\gamma_{\alpha\beta}$ aus II, § 84), findet man sie im Artikel von R. A. Nelson, Gen. Rel. Grav. **13**, 569 (1981). Die hydrodynamischen Gleichungen in der ersten auf die Newtonsche Theorie folgenden Näherung sind in der Arbeit von S. Chandrasekhar, Astroph. J. **142**, 1488 (1965), angegeben; sie sind auch in dem folgenden Buch aufgeführt: C. W. Misner, K. S. Thorne, J. A. Wheeler, Gravitation, Freeman, 1973.

Sehen wir die Komponenten T_{00}, T_{01} und T_{11} als Funktionen voneinander an, so erhalten wir $\mathrm{d}T_{00}\,\mathrm{d}T_{11} = (\mathrm{d}T_{01})^2$. Hier setzen wir

$$T_{00} = eu_0^2 + pu_1^2\,, \qquad T_{01} = wu_0u_1\,, \qquad T_{11} = eu_1^2 + pu_0^2$$

ein und beachten, daß $u_0^2 - u_1^2 = 1$ ist (für die Rechnung ist es bequem, durch $u_0 = \cosh\eta$ und $u_1 = -\sinh\eta$ den Parameter η einzuführen). Das Resultat der Rechnung ist

$$\operatorname{artanh}\frac{v}{c} = \pm\frac{1}{c}\int\frac{u}{w}\,\mathrm{d}e \tag{2}$$

(u ist die Schallgeschwindigkeit). Weiter finden wir aus (1)

$$\frac{\partial x}{\partial t} = c\,\frac{\mathrm{d}T_{01}}{\mathrm{d}T_{00}}\,.$$

Durch Berechnung dieser Ableitung ergibt sich

$$x = t\,\frac{v \pm u}{1 \pm uv/c^2} + f(v)\,. \tag{3}$$

Die Formeln (2) und (3) geben die gesuchte Lösung.

2. Man schreibe die hydrodynamischen Gleichungen auf für ein ultrarelativistisches Medium mit unbestimmter Teilchenzahl (die durch die Bedingungen des thermodynamischen Gleichgewichts festgelegt wird).

Lösung. Die Bedingung für das thermodynamische Gleichgewicht, die die Teilchenzahlen in einem solchen Medium festlegt, besteht im Verschwinden aller chemischen Potentiale. Dann gilt $e - T\sigma + p = 0$, d. h. $w = T\sigma$; nach dem thermodynamischen Ausdruck für das Differential der Enthalpie (bei festem Volumen, gleich dem Einheitsvolumen, und verschwindenden chemischen Potentialen) gilt $\mathrm{d}w = T\mathrm{d}\sigma + \mathrm{d}p$; durch Kombination beider Formeln erhalten wir $\mathrm{d}p = \sigma\,\mathrm{d}T$.[1]) Die Gleichung (134,5) (in der die Kontinuitätsgleichung noch nicht benutzt worden ist) führt auf die Gleichung, die den adiabatischen Verlauf ausdrückt, in der Gestalt (134,8). Die Gleichung (134,9) erhält die Form

$$u^k\,\frac{\partial Tu_i}{\partial x^k} = \frac{\partial T}{\partial x^i}\,.$$

§ 135. Stoßwellen in der relativistischen Hydrodynamik

Die Theorie der Stoßwellen in der relativistischen Hydrodynamik wird analog zur nichtrelativistischen Theorie entwickelt (A. H. Taub, 1948).

Wie schon in § 85 behandeln wir die Unstetigkeitsfläche in einem Koordinatensystem, in dem sie ruht; das Gas soll senkrecht zur Unstetigkeitsfläche (längs der Achse $x^1 \equiv x$) von der Seite 1 auf die Seite 2 strömen. Die Stetigkeitsbedingungen für die Dichten des Teilchenstroms, des Impulsstroms und des Energiestroms lauten

$$[n^x] = [nu^x] = 0\,, \qquad [T^{xx}] = [w(u^x)^2 + p] = 0\,,$$

$$c[T^{0x}] = c[wu^0u^x] = 0$$

[1]) Für die ultrarelativistische Zustandsgleichung $p = e/3$ findet man aus den aufgeschriebenen Formeln leicht, daß $e \propto T^4$, $\sigma \propto T^3$, d. h. die gleichen Gesetze, die für die schwarze Strahlung gelten (s. V, § 63), wie auch zu erwarten war.

oder nach dem Einsetzen der Werte für die Komponenten der Vierergeschwindigkeit:

$$v_1\gamma_1/V_1 = v_2\gamma_2/V_2 \equiv j\,, \tag{135,1}$$

$$\frac{1}{c^2}\,w_1 v_1^2\gamma_1^2 + p_1 = \frac{1}{c^2}\,w_2 v_2^2\gamma_2^2 + p_2, \tag{135,2}$$

$$w_1 v_1 \gamma_1^2 = w_2 v_2 \gamma_2^2\,, \tag{135,3}$$

wobei $\gamma_1 = (1 - v_1^2/c^2)^{-1/2}$, $\gamma_2 = (1 - v_2^2/c^2)^{-1/2}$ und $V_1 = 1/n_1$, $V_2 = 1/n_2$ die auf ein Teilchen bezogenen Volumina sind.[1]

Aus (135,1) und(135,2) erhalten wir

$$j^2 = (p_2 - p_1)\,c^2/(w_1 V_1^2 - w_2 V_2^2)\,. \tag{135,4}$$

Weiter schreiben wir die Bedingung (135,3) unter Berücksichtigung von (135,1) in der Form

$$w_1^2 V_1^2 \gamma_1^2 = w_2^2 V_2^2 \gamma_2^2\,.$$

Durch einfache algebraische Umformungen (mit (135,1) drücken wir γ_1^2 und γ_2^2 durch j^2 aus und setzen dann j^2 aus (135,4) ein) erhalten wir die folgende relativistische Gleichung für die Stoßadiabate (*Taubsche Adiabate*):

$$w_1^2 V_1^2 - w_2^2 V_2^2 + (p_2 - p_1)\,(w_1 V_1^2 + w_2 V_2^2) = 0\,. \tag{135,5}$$

Wir geben noch die Ausdrücke für die Geschwindigkeiten des Gases auf den beiden Seiten der Unstetigkeitsfläche an, die man durch elementare Umformungen aus den Bedingungen (135,2) und (135,3) erhält[2]:

$$\frac{v_1}{c} = \left[\frac{(p_2 - p_1)\,(e_2 + p_1)}{(e_2 - e_1)\,(e_1 + p_2)}\right]^{1/2}, \qquad \frac{v_2}{c} = \left[\frac{(p_2 - p_1)\,(e_1 + p_2)}{(e_2 - e_1)\,(e_2 + p_1)}\right]^{1/2}. \tag{135,6}$$

Die Relativgeschwindigkeit der Gase auf den beiden Seiten der Unstetigkeit ist nach dem relativistischen Additionsgesetz der Geschwindigkeiten gleich

$$v_{12} = \frac{v_1 - v_2}{1 - v_1 v_2/c^2} = c\left[\frac{(p_2 - p_1)\,(e_2 - e_1)}{(e_1 + p_2)\,(e_2 + p_1)}\right]^{1/2}. \tag{135,7}$$

Im nichtrelativistischen Grenzfall, wenn man $e \approx mc^2 n = mc^2/V$ setzt und p gegenüber e vernachlässigt, gehen die Formeln (135,4), (135,6) und(135,7) in die Formeln (85,4), (85,6) und (85,7) über (unter Berücksichtigung des in der Fußnote besprochenen Unterschieds in der Definition von j und V hier und in § 85).[3] Für die ultrarelativistische Zustandsgleichung

---

[1]) Der durch (135,1) definierte Teilchenstrom unterscheidet sich im nichtrelativistischen Grenzfall um den Faktor $1/m$ von der in § 85 mit j bezeichneten Massenstromdichte. Um den Faktor m unterscheiden sich auch die hier und in § 85 definierten Volumina.

[2]) Bei diesen Umformungen ist die Substitution $v/c = \tanh\varphi$, $\gamma = \cosh\varphi$ bequem.

[3]) Für den Grenzübergang von der Gleichung der Adiabate (135,5) zur nichtrelativistischen Gleichung (85,10) ist diese Näherung nicht ausreichend; man muß $w = nmc^2 + nm\varepsilon + p$ setzen (ε ist die nichtrelativistische innere Energie, bezogen auf die Masseneinheit) und nach Division der Gleichung (135,5) durch c^2 zur Grenze $c \to \infty$ übergehen.

$p = e/3$ erhalten wir aus (135,6)

$$\frac{v_1}{c} = \left[\frac{3e_2 + e_1}{3(3e_1 + e_2)}\right]^{1/2}, \qquad \frac{v_2}{c} = \left[\frac{3e_1 + e_2}{3(3e_2 + e_1)}\right]^{1/2} \tag{135,8}$$

(wir vermerken, daß $v_1 v_2 = c^2/3$). Bei Vergrößerung der Intensität der Stoßwelle ($e_2 \to \infty$) strebt v_1 gegen die Lichtgeschwindigkeit und v_2 gegen $c/3$.

Ähnlich wie wir in Kapitel IX die Stoßadiabate in der Ebene der Variablen V, p graphisch dargestellt haben, so sind wV^2, pc^2 die natürlichen Variablen für die Darstellung der relativistischen Stoßadiabate; in diesen Koordinaten gibt j^2 die Steigung der Sehne an, die vom Anfangspunkt 1 der Adiabate zu einem beliebigen Punkt 2 gezogen wird.

Relativistische Stoßwellen mit geringer Intensität können völlig analog wie in § 86 für den nichtrelativistischen Fall behandelt werden (I. M. Chalatnikow, 1954). Wir wollen nicht alle Rechnungen wiederholen, sondern geben nur das Ergebnis für den Sprung der Entropie an, der wieder eine kleine Größe dritter Ordnung ist im Vergleich mit dem Sprung des Druckes:

$$\sigma_2 - \sigma_1 = \frac{1}{12}\left[\frac{1}{wV^2T}\left(\frac{\partial^2(wV^2)}{\partial p^2}\right)_{\text{ad}}\right]_1 (p_2 - p_1)^3\,. \tag{135,9}$$

Da $\sigma_2 > \sigma_1$ sein muß, sehen wir, daß die Stoßwelle eine Verdichtungswelle ist für

$$\left(\frac{\partial^2(wV^2)}{\partial p^2}\right)_{\sigma V} > 0\,. \tag{135,10}$$

Diese Bedingung ist die relativistische Verallgemeinerung der Bedingung (86,2) der nichtrelativistischen Hydrodynamik.[1]) Für $p_2 - p_1$ folgt aus (135,4) und (135,5)

$$w_2 V_2^2 < w_1 V_1^2\,, \qquad w_2 V_2 > w_1 V_1\,;$$

hieraus folgt nun, daß in jedem Falle $V_2 < V_1$. Das Volumen V muß sich sogar stärker verringern, als wV anwächst. Die Geschwindigkeiten v_1 und v_2 in einer Stoßwelle geringer Intensität stimmen in erster Näherung natürlich mit der Schallgeschwindigkeit überein: Da die Änderung der Entropie eine kleine Größe dritter Ordnung ist, gehen die Ausdrücke (135,6) für $p_2 \to p_1$, $e_2 \to e_1$ in die Ableitung (134,14) über.[2]) Überlegungen, ganz analog zu denen in § 86, zeigen, daß in der nächsten Näherung $v_1 > u_1$, $v_2 < u_2$ gilt.

Die Änderungsrichtung der Größen in einer relativistischen Stoßwelle geringer Intensität unterliegt also (bei Erfüllung der Bedingung (135,10)) denselben Ungleichungen wie im

---

[1]) Benutzen wir die thermodynamische Beziehung für die auf ein Teilchen bezogene Enthalpie, $\mathrm{d}(wV) = V\mathrm{d}p$ (bei $\sigma V = \text{const}$), so finden wir, daß die Bedingung (135,10) äquivalent ist zu der Ungleichung

$$\left(\frac{\partial^2 V}{\partial p^2}\right)_{\text{ad}} > \frac{3}{w}\left|\left(\frac{\partial V}{\partial p}\right)_{\text{ad}}\right|.$$

Im nichtrelativistischen Grenzfall wird die rechte Seite durch Null ersetzt.

[2]) Der Ausdruck (135,4) geht in die Ableitung $-c^2[\mathrm{d}p/\mathrm{d}(wV^2)]_1$ über. Mit Hilfe der thermodynamischen Beziehungen $\mathrm{d}(eV) = -p\,\mathrm{d}V$, $\mathrm{d}(wV) = V\mathrm{d}p$ (bei $\sigma V = \text{const}$) überzeugt man sich leicht davon, daß diese Ableitung, mit V_1^2 multipliziert, gleich $u_1^2/(1 - u_1^2)$ ist, wie es auch sein muß.

nichtrelativistischen Fall. Die Verallgemeinerung dieser Ergebnisse auf Stoßwellen beliebiger Intensität ist möglich auf einem Wege, der zu dem in § 87 völlig analog ist.[1])

Wir betonen gleichzeitig, daß die Ungleichungen $v_1 > u_1$ und $v_2 < u_2$ für relativistische (wie auch für nichtrelativistische) Stoßwellen auch unabhängig von irgendwelchen thermodynamischen Bedingungen gültig sind, nämlich als Folge der Entwicklungsbedingung. Wir erinnern daran, daß für die Ableitung dieser Ungleichungen (§ 88) nur das Vorzeichen der Geschwindigkeiten $u \pm v$ für die Ausbreitung von Schallstörungen in der strömenden Flüssigkeit relativ zur ruhenden Unstetigkeitsfläche wesentlich war. Nach dem relativistischen Additionsgesetz für Geschwindigkeiten werden diese Geschwindigkeiten durch die Ausdrücke $(u \pm v)/(1 \pm vu/c^2)$ gegeben, deren Vorzeichen nur durch ihren Zähler bestimmt wird, so daß alle in § 88 durchgeführten Überlegungen in Kraft bleiben.

§ 136. Die relativistischen Bewegungsgleichungen für ein zähes wärmeleitendes Medium

Um die relativistischen Gleichungen der Hydrodynamik unter Berücksichtigung dissipativer Prozesse (Zähigkeit und Wärmeleitung) aufzustellen, muß man die Gestalt der entsprechenden Zusatzglieder im Energie-Impuls-Tensor und im Vektor für die Stromdichte der Substanz bestimmen. Wir bezeichnen diese Terme entsprechend mit τ_{ik} und ν_i und schreiben

$$T_{ik} = pg_{ik} + wu_iu_k + \tau_{ik}\,, \tag{136,1}$$

$$n_i = nu_i + \nu_i\,. \tag{136,2}$$

Die Bewegungsgleichungen sind wie vorher in

$$\frac{\partial T_i^k}{\partial x^k} = 0\,, \qquad \frac{\partial n^i}{\partial x^i} = 0$$

enthalten.

Vor allem erhebt sich aber die Frage nach einer genaueren Definition des Begriffes der Geschwindigkeit u^i selbst. In der relativistischen Mechanik ist jeder Energiestrom zwangsläufig mit einem Massenstrom verknüpft. Ist daher z. B. ein Wärmestrom vorhanden, so verliert die Definition der Geschwindigkeit durch den Massenstrom (wie in der nichtrelativistischen Hydrodynamik) ihren unmittelbaren Sinn. Wir definieren hier die Geschwindigkeit durch die folgende Forderung: Im Ruhsystem eines jeden Flüssigkeitselementes soll sein Impuls gleich Null sein und seine Energie soll durch die anderen thermodynamischen Größen mit Hilfe derselben Formeln gegeben werden wie beim Fehlen von dissipativen Prozessen. In dem angegebenen Ruhsystem müssen also die Komponenten τ_{00} und $\tau_{0\alpha}$ des Tensors τ_{ik} gleich Null sein. Da in diesem System $u^\alpha = 0$ ist, haben wir dort (und damit auch in jedem beliebigen anderen System) die Tensorbeziehung

$$\tau_{ik}u^k = 0\,. \tag{136,3}$$

Die analoge Beziehung

$$\nu_i u^i = 0 \tag{136,4}$$

---

[1]) Siehe K. S. Thorne, Astroph. J. **179**, 897 (1973).

muß auch für den Vektor v_i erfüllt sein, weil im Ruhsystem die Komponente n^0 des Vierervektors des Teilchenstroms n^i definitionsgemäß gleich der Teilchenzahldichte n sein muß.

Man kann die gesuchte Gestalt des Tensors τ_{ik} und des Vektors v_i bestimmen, indem man von den Forderungen des Gesetzes vom Anwachsen der Entropie ausgeht. Dieses Gesetz muß in den Bewegungsgleichungen enthalten sein (ähnlich wie sich in § 134 aus diesen Gleichungen für eine ideale Flüssigkeit die Konstanz der Entropie ergab). Durch einfache Umformungen unter Verwendung der Kontinuitätsgleichung kann man leicht die folgende Gleichung gewinnen:

$$u^i \frac{\partial T_i^k}{\partial x^k} = T \frac{\partial}{\partial x^i} (\sigma u^i) - \mu \frac{\partial v^i}{\partial x^i} + u^i \frac{\partial \tau_i^k}{\partial x^k} = 0 ,$$

wobei μ das relativistische chemische Potential der Substanz ist, $n\mu = w - T\sigma$, und die thermodynamische Beziehung für sein Differential benutzt wurde:

$$d\mu = \frac{1}{n} dp - \frac{\sigma}{n} dT . \tag{136,5}$$

Schließlich benutzen wir die Beziehung (136,3) und bringen diese Gleichung in die Form

$$\frac{\partial}{\partial x_i} \left(\sigma u^i - \frac{\mu}{T} v^i \right) = - v^i \frac{\partial}{\partial x^i} \frac{\mu}{T} + \frac{\tau_i^k}{T} \frac{\partial u^i}{\partial x^k} . \tag{136,6}$$

Der Ausdruck auf der linken Seite muß die Viererdivergenz des Entropiestromes darstellen, der Ausdruck rechts die Entropiezunahme infolge der dissipativen Prozesse. Der Vierervektor der Entropiestromdichte ist also

$$\sigma^i = \sigma u^i - \frac{\mu}{T} v^i . \tag{136,7}$$

τ_{ik} und v^i müssen sich in den Gradienten der Geschwindigkeit und der thermodynamischen Größen linear so ausdrücken, daß die rechte Seite der Gleichung (136,6) positiv definit ist. Diese Bedingung legt zusammen mit den Bedingungen (136,3) und (136,4) die Gestalt des symmetrischen Vierertensors τ_{ik} und des Vierervektors v_i eindeutig fest:

$$\tau_{ik} = -c\eta \left(\frac{\partial u_i}{\partial x^k} + \frac{\partial u_k}{\partial x^i} - u_k u^l \frac{\partial u_i}{\partial x^l} - u_i u^l \frac{\partial u_k}{\partial x^l} \right) - c \left(\zeta - \frac{2}{3} \eta \right) \frac{\partial u^l}{\partial x^l} (g_{ik} - u_i u_k) , \tag{136,8}$$

$$v_i = \frac{\varkappa}{c} \left(\frac{nT}{w} \right)^2 \left[\frac{\partial}{\partial x^i} \frac{\mu}{T} - u_i u^k \frac{\partial}{\partial x^k} \frac{\mu}{T} \right] . \tag{136,9}$$

Hier sind η und ζ die beiden Zähigkeitskoeffizienten und $\varkappa$ die Wärmeleitfähigkeit, die entsprechend ihren nichtrelativistischen Definitionen gewählt worden sind. Im nichtrelativistischen Grenzfall reduzieren sich die Komponenten $\tau_{\alpha\beta}$ auf die Komponenten des dreidimensionalen zähen Spannungstensors $\sigma'_{\alpha\beta}$ (15,3).

Reine Wärmeleitung entspricht einem Energiestrom ohne einen Strom der Substanz. Die Bedingung für das Fehlen des Substanzstromes ist $nu^\alpha + v^\alpha = 0$. Hierbei sind die räumlichen Komponenten der Vierergeschwindigkeit $u^\alpha = -v^\alpha/n$ Größen erster Ordnung in den Gradienten; da die Ausdrücke (136,8), (136,9) nur mit einer Genauigkeit bis zu Größen dieser Ordnung aufgeschrieben sind, muß die Komponente u^0 der Vierergeschwindigkeit gleich Eins gesetzt werden: $u_0^2 = 1 + u_\alpha u^\alpha = 1 + v_\alpha v^\alpha/n^2 \approx 1$. Im Rahmen der gleichen Genauigkeit muß man das zweite Glied in den eckigen Klammern in (136,9) weglassen. Für die Dichte des Energiestroms $cT^{0\alpha} = -cT_\alpha^0$ finden wir dann

$$-cT_\alpha^0 = -cwu_\alpha u^0 = \frac{cw}{n} v_\alpha = \frac{\varkappa n T^2}{w^2} \frac{\partial}{\partial x^\alpha} \frac{\mu}{T}.$$

Wir benutzen die thermodynamische Beziehung (136,5), umgeschrieben in der Form

$$\mathrm{d}\frac{\mu}{T} = -\frac{w}{nT^2}\,\mathrm{d}T + \frac{\mathrm{d}p}{nT},$$

und erhalten für den Energiestrom

$$-\varkappa\left(\nabla T - \frac{T}{w}\nabla p\right). \tag{136,10}$$

Wie wir sehen, ist im relativistischen Fall der Wärmeleitung der Wärmestrom nicht einfach dem Temperaturgradienten proportional, sondern einer bestimmten Kombination des Temperatur- und des Druckgradienten (im nichtrelativistischen Grenzfall ist $w \approx nmc^2$, und das Glied mit ∇p ist wegzulassen).

XVI HYDRODYNAMIK DER SUPERFLUIDEN FLÜSSIGKEIT

§ 137. Die Grundeigenschaften der superfluiden Flüssigkeit

Bei Temperaturen in der Nähe des absoluten Nullpunktes spielen Quanteneffekte in den Eigenschaften einer Flüssigkeit die entscheidende Rolle; man spricht in solchen Fällen von *Quantenflüssigkeiten.* Tatsächlich bleibt nur Helium bis zum absoluten Nullpunkt flüssig; alle anderen Flüssigkeiten erstarren schon beträchtlich früher, bevor in ihnen Quanteneffekte merklich werden. Es existieren jedoch zwei Heliumisotope, ^{4}He und ^{3}He, die sich in der Statistik unterscheiden, der ihre Atome unterworfen sind. Der Kern des ^{4}He hat keinen Spin, und mit ihm gemeinsam ist auch der Spin des gesamten Atoms gleich Null; diese Atome gehorchen der Bose-Einstein-Statistik. Die Atome des ^{3}He besitzen (durch ihren Kern) den Spin 1/2 und gehorchen der Fermi-Dirac-Statistik. Dieser Unterschied hat fundamentale Bedeutung für die Eigenschaften der aus diesen Substanzen gebildeten Quantenflüssigkeiten; im ersten Fall nennt man die Quantenflüssigkeit eine *Bose-Flüssigkeit* und im zweiten Fall eine *Fermi-Flüssigkeit.* In diesem Kapitel ist nur vom ersten Fall die Rede.

Bei der Temperatur 2,19 K hat das flüssige Helium (das Isotop ^{4}He) einen sogenannten λ-Punkt (einen Phasenübergang zweiter Art).[1] Unterhalb dieses Punktes besitzt das flüssige Helium (in dieser Phase nennt man es He II) eine Reihe bemerkenswerter Eigenschaften. Die wesentlichste davon ist die 1938 von P. L. Kapitza entdeckte *Superfluidität*; das ist die Eigenschaft, durch enge Kapillaren oder Spalten hindurchzufließen, ohne dabei irgendeine Zähigkeit zu zeigen.

Die Theorie der Superfluidität ist von L. D. Landau (1941) entwickelt worden. Ihr mikroskopischer Teil wird in einem anderen Band dieses Kurses dargestellt (s. IX, Kap. III). Hier befassen wir uns nur mit der makroskopischen Hydrodynamik der superfluiden Flüssigkeit, die auf der Grundlage der Vorstellungen der mikroskopischen Theorie konstruiert werden kann.[2]

Der Ausgangspunkt für die Hydrodynamik des Helium II ist das folgende grundlegende Ergebnis der mikroskopischen Theorie. Bei von Null verschiedenen Temperaturen verhält sich Helium II so, als wäre es ein Gemisch aus zwei verschiedenen Flüssigkeiten. Die eine Flüssigkeit ist superfluid und zeigt bei der Strömung längs einer festen Oberfläche keinerlei Zähigkeit. Die andere verhält sich wie eine normale zähe Flüssigkeit. Dabei ist sehr wesentlich, daß zwischen diesen beiden sich „durcheinander“ bewegenden Teilen der Masse

[1]) Die λ-Punkte bilden im Phasendiagramm des Helium in der pT-Ebene eine Linie. Die Temperatur 2,19 K gehört zum Schnittpunkt dieser Linie mit der Phasenübergangskurve, längs der Flüssigkeit und Dampf miteinander im Gleichgewicht sind.

[2]) Die Fermi-Flüssigkeit des Isotops ^{3}He wird auch superfluid, jedoch bei viel niedrigeren Temperaturen $\sim 10^{-3}$ K. Die Hydrodynamik dieser superfluiden Flüssigkeit ist komplizierter wegen des komplizierteren Charakters des diesen Zustand beschreibenden „Ordnungsparameters“ (vgl. IX, § 54).

der Flüssigkeit keine Reibung auftritt, d. h., es wird kein Impuls von einem Teil auf den anderen übertragen.

Es muß aber sehr entschieden betont werden, daß die Behandlung der Flüssigkeit als Gemisch aus einem normalen und einem superfluiden Teil nicht mehr als ein Verfahren zur anschaulichen Beschreibung der Erscheinungen in einer Quantenflüssigkeit ist. Wie jede Beschreibung von Quantenerscheinungen durch klassische Termini ist sie nicht ganz adäquat. Eigentlich müßte man sagen, daß in der Quantenflüssigkeit Helium II gleichzeitig zwei Strömungen existieren können, wobei jede durch eine bestimmte effektive Masse charakterisiert wird (so daß die Summe dieser beiden Massen gleich der tatsächlichen Gesamtmasse der Flüssigkeit ist). Eine dieser Strömungen ist normal, d. h., sie hat dieselben Eigenschaften wie die Strömung einer gewöhnlichen zähen Flüssigkeit; die andere ist superfluid. Diese beiden Strömungen erfolgen ohne gegenseitige Impulsübertragung. In einem bestimmten Sinne kann man von einem superfluiden und einem normalen Teil der Masse der Flüssigkeit sprechen, aber das bedeutet keineswegs, daß man die Flüssigkeit wirklich in zwei Teile aufteilen kann.[1])

Nur wenn man alle diese Vorbehalte im Hinblick auf den wahren Charakter der Erscheinungen in Helium II im Sinne hat, kann man die Termini *superfluider Teil* und *normaler Teil* der Flüssigkeit als kurze, anschauliche Beschreibung dieser Erscheinungen verwenden. Wir werden es aber vorziehen, die genaueren Termini *superfluide Strömung* und *normale Strömung* zu benutzen und sie nicht mit den Komponenten eines „Gemisches" aus zwei „Teilen" der Flüssigkeit in Verbindung zu bringen.

Die Vorstellung zweier Strömungsarten gibt eine einfache Erklärung für die experimentell beobachteten Grundeigenschaften der Strömung des Helium II. Helium II kann ohne Zähigkeit durch einen engen Spalt hindurchströmen: Die Erklärung dafür ist, daß es sich im Spalt um superfluide Strömung der Flüssigkeit ohne Reibung handelt. Man kann sagen, daß der normale Teil im Gefäß zurückbleibt; er strömt unvergleichlich langsamer durch den Spalt mit einer Geschwindigkeit, die seiner Zähigkeit und der Spaltbreite entspricht. Eine Messung der Zähigkeit des Helium II durch die Dämpfung von Torsionsschwingungen einer Scheibe in der Flüssigkeit muß dagegen von Null verschiedene Wert ergeben: Die Rotation der Scheibe erzeugt in ihrer Umgebung eine normale Strömung der Flüssigkeit, wodurch die Scheibe auf Grund der zu dieser Strömung gehörenden Zähigkeit gebremst wird. Bei den Versuchen mit einer Strömung durch eine Kapillare oder einen Spalt wird also die superfluide Strömung der Flüssigkeit beobachtet; bei den Versuchen mit einer rotierenden Scheibe in Helium II stellt man die normale Strömung fest.

Außer dem Fehlen der Zähigkeit hat die superfluide Strömung noch die folgenden beiden wichtigen Eigenschaften: Sie transportiert keine Wärme und ist immer eine Potentialströmung. Diese beiden Eigenschaften folgen ebenfalls aus der mikroskopischen Theorie, nach der die normale Strömung der Flüssigkeit in Wirklichkeit die Strömung des „Gases der Elementaranregungen" ist. Wir erinnern daran, daß die kollektive thermische Bewegung der Atome einer Quantenflüssigkeit als Gesamtheit von einzelnen Elementaranregungen

[1]) Unabhängig von LANDAU wurde die Idee der makroskopischen Beschreibung des Helium II durch die Aufteilung seiner Dichte in zwei Teile und die Einführung von zwei Geschwindigkeitsfeldern auch von L. TISZA (1940) ausgesprochen; diese Idee erlaubte ihm auch, die Existenz von zwei Arten von Schallwellen in Helium II vorherzusagen (s. unten § 141). Auf Grund nicht richtiger mikroskopischer Ausgangsvorstellungen wurde jedoch in den Arbeiten von TISZA keine konsequente Theorie der Superfluidität (darunter auch der Hydrodynamik) aufgestellt.

betrachtet werden kann. Diese Anregungen verhalten sich wie Quasiteilchen, d. h., sie bewegen sich im Flüssigkeitsvolumen und haben bestimmte Impulse und Energien.

Die Entropie des Helium II wird durch die statistische Verteilung der Elementaranregungen bestimmt. Deshalb entsteht bei jeder Strömung der Flüssigkeit, bei der das Gas der Elementaranregungen in Ruhe bleibt, keine makroskopische Entropieübertragung. Eine superfluide Strömung verursacht daher keine Entropieübertragung, oder mit anderen Worten, sie transportiert keine Wärme. Daraus folgt weiter, daß eine Strömung in Helium II, bei der es sich nur um eine superfluide Strömung handelt, thermodynamisch reversibel ist.

Die Wärmeübertragung durch die normale Strömung der Flüssigkeit bildet den Mechanismus für den Wärmetransport in Helium II. Er hat somit einen eigenartigen konvektiven Charakter und unterscheidet sich prinzipiell von der gewöhnlichen Wärmeleitung. Jede Temperaturdifferenz in Helium II ruft eine normale und eine superfluide innere Strömung hervor. Die beiden Ströme (der superfluide und der normale) können sich dabei hinsichtlich der transportierten Masse kompensieren, so daß kein realer makroskopischer Massentransport in der Flüssigkeit vorhanden sein muß.

Im folgenden werden wir die Geschwindigkeiten der superfluiden bzw. der normalen Strömung mit $\mathbf{v}_s$ bzw. $\mathbf{v}_n$ bezeichnen. Entsprechend dem beschriebenen Mechanismus für den Wärmetransport ist die Entropiestromdichte gleich dem Produkt $\mathbf{v}_n \varrho s$ aus der Geschwindigkeit $\mathbf{v}_n$ mit der Entropie pro Volumeneinheit (s ist die Entropie pro Masseneinheit). Die Wärmestromdichte ergibt sich durch Multiplikation der Entropiestromdichte mit T, d. h., sie ist gleich

$$\mathbf{q} = \varrho T s \mathbf{v}_n . \qquad (137,1)$$

Die Potentialströmungseigenschaft der superfluiden Strömung wird durch die Gleichung

$$\operatorname{rot} \mathbf{v}_s = 0 \qquad (137,2)$$

ausgedrückt, die zu jedem beliebigen Zeitpunkt und im ganzen Flüssigkeitsvolumen gelten muß. Diese Eigenschaft ist der makroskopische Ausdruck der Besonderheit des Energiespektrums des Helium II, die der mikroskopischen Theorie der Superfluidität zugrunde liegt: Die Elementaranregungen mit großer Wellenlänge (d. h. mit kleinen Energien und Impulsen) sind Schallquanten (*Phononen*). Daher darf die makroskopische Hydrodynamik der superfluiden Strömung keine anderen Schwingungen als Schallschwingungen zulassen; das wird durch die Bedingung (137,2) gewährleistet.[1])

Da eine superfluide Strömung eine Potentialströmung ist, übt sie keine Kraft auf einen stationär umströmten festen Körper aus (d'Alembertsches Paradoxon, s. § 11). In der normalen Strömung dagegen hat ein Körper einen Widerstand. Kompensieren sich bei einer Strömung der normale und der superfluide Massenstrom gegenseitig, dann erhalten wir ein sehr eigenartiges Bild: Auf den Körper im Helium II wirkt eine Kraft, während kein resultierender Massentransport in der Flüssigkeit vorhanden ist.

Aufgabe

Zwischen den Enden einer Kapillare mit Helium II wird eine kleine Temperaturdifferenz ΔT aufrechterhalten. Man berechne den sich längs der Kapillare ausbildenden Wärmestrom.

Lösung. Nach Formel (138,3) ist der Druckabfall zwischen den beiden Enden der Kapillare $\Delta p = \varrho s \, \Delta T$. Dieser Abfall erzeugt in der Kapillare eine normale Strömung, deren (über den Querschnitt)

[1]) Wegen einer vollständigeren mikroskopischen Begründung dieser Behauptung siehe IX, § 26.

gemittelte Geschwindigkeit gleich

$$\bar{v}_n = R^2 \Delta p / 8\eta l$$

ist (R ist der Radius, l die Länge der Kapillare, η die Zähigkeit der normalen Strömung; vgl. (17,10)). Der gesamte Wärmestrom ist gleich

$$T\varrho s \bar{v}_n \pi R^2 = \frac{T\pi R^4 \varrho^2 s^2 \Delta T}{8\eta l}.$$

In entgegengesetzter Richtung entsteht eine superfluide Strömung, deren Geschwindigkeit bestimmt wird durch die Bedingung, daß kein resultierender Massentransport vorhanden ist:

$$v_s = -v_n \varrho_n / \varrho_s .$$

§ 138. Der thermomechanische Effekt

Als thermomechanischen Effekt in Helium II bezeichnet man folgende Erscheinung: Strömt Helium durch eine dünne Kapillare aus einem Gefäß aus, dann beobachtet man eine Erwärmung in dem Gefäß; an der Stelle, wo das Helium aus der Kapillare in ein anderes Gefäß hineinströmt, wird dagegen eine Abkühlung festgestellt.[1]) Diese Erscheinung findet ihre natürliche Erklärung darin, daß die Strömung der durch die Kapillare ausfließenden Flüssigkeit im wesentlichen superfluid ist und daher keine Wärme mitführt. Die im Gefäß vorhandene Wärmemenge verteilt sich daher auf eine kleinere Menge Helium II. Beim Einströmen des Heliums in ein Gefäß liegt die umgekehrte Erscheinung vor.

Man kann leicht die Wärmemenge Q berechnen, die absorbiert wird, wenn 1 kg Helium durch eine Kapillare in ein Gefäß einströmt. Die einströmende Flüssigkeit bringt keine Entropie mit. Um das Helium in dem Gefäß auf seiner Temperatur T zu halten, müßte man ihm die Wärmemenge Ts zuführen, damit die Entropieabnahme pro Masseneinheit infolge des Einströmens von 1 kg Helium mit der Entropie Null kompensiert wird. Beim Einströmen von 1 kg Helium in ein Gefäß mit Helium bei der Temperatur T wird also die Wärmemenge

$$Q = Ts \tag{138,1}$$

absorbiert. Umgekehrt wird beim Ausströmen von 1 kg Helium aus einem Gefäß mit Helium bei der Temperatur T die Wärmemenge Ts frei.

Wir betrachten jetzt zwei Gefäße mit Helium II mit den Temperaturen T_1 und T_2; die beiden Gefäße sollen durch eine dünne Kapillare miteinander verbunden sein. Da das Helium ungehindert superfluid durch die Kapillare strömen kann, stellt sich das mechanische Gleichgewicht der Flüssigkeit in den beiden Gefäßen schnell ein. Da die superfluide Strömung aber keine Wärme transportiert, wird das thermische Gleichgewicht (gleiche Temperatur des Heliums in den beiden Gefäßen) erst bedeutend später erreicht.

Die Bedingung für das mechanische Gleichgewicht kann leicht angegeben werden. Dazu benutzen wir, daß sich dieses Gleichgewicht nach dem oben Gesagten bei konstanten Entropien s_1 und s_2 des Heliums in den beiden Gefäßen einstellt.

---

[1]) Ein sehr kleiner thermomechanischer Effekt muß strenggenommen auch in gewöhnlichen Flüssigkeiten vorhanden sein. Nur die Größe des Effektes beim Helium II ist anomal. Der thermomechanische Effekt in gewöhnlichen Flüssigkeiten ist eine irreversible Erscheinung von der Art des thermoelektrischen Peltier-Effektes (dieser Effekt wird tatsächlich in verdünnten Gasen beobachtet, s. X, Aufgabe 1 zu § 14). Ein solcher Effekt muß auch in Helium II vorhanden sein. In diesem Falle wird er aber durch den wesentlich größeren, unten beschriebenen Effekt überdeckt, der für Helium II spezifisch ist und nichts Gemeinsames mit den irreversiblen Erscheinungen von der Art des Peltier-Effektes hat.

Es seien ε_1 und ε_2 die inneren Energien des Heliums pro Masseneinheit bei den Temperaturen T_1 und T_2. Die Bedingung für das mechanische Gleichgewicht (für das Minimum der Energie), das durch die superfluide Strömung des Heliums von einem Gefäß zum anderen verwirklicht wird, ist

$$\left(\frac{\partial \varepsilon_1}{\partial N}\right)_{s1} = \left(\frac{\partial \varepsilon_2}{\partial N}\right)_{s2},$$

wenn N die Zahl der Atome in 1 kg Helium ist. Die Ableitung $\left(\frac{\partial \varepsilon}{\partial N}\right)_s$ ist gerade das chemische Potential μ. Wir erhalten die Gleichgewichtsbedingung daher in der Gestalt

$$\mu(p_1, T_1) = \mu(p_2, T_2) \tag{138,2}$$

(p_1 und p_2 sind die Drücke in den beiden Gefäßen).

Im folgenden werden wir unter dem chemischen Potential μ nicht das thermodynamische Potential pro Teilchen (Atom) verstehen, wie es sonst üblich ist, sondern das thermodynamische Potential pro Masseneinheit des Heliums. Diese beiden Definitionen unterscheiden sich nur durch einen konstanten Faktor, nämlich durch die Masse des Heliumatoms.

Wenn die Drücke p_1 und p_2 klein sind, dann entwickeln wir μ in eine Potenzreihe und beachten, daß $\left(\frac{\partial \mu}{\partial p}\right)_T$ das spezifische Volumen ist (das von der Temperatur nur wenig abhängt); es ergibt sich

$$\frac{\Delta p}{\varrho} = \mu(0, T_1) - \mu(0, T_2) = \int_{T_1}^{T_2} s \,\mathrm{d}T$$

mit $\Delta p = p_2 - p_1$. Ist auch die Temperaturdifferenz $\Delta T = T_2 - T_1$ klein, dann entwickeln wir nach Potenzen von ΔT, benutzen $\left(\frac{\partial \mu}{\partial T}\right)_p = -s$ und erhalten die folgende Beziehung:

$$\frac{\Delta p}{\Delta T} = \varrho s \tag{138,3}$$

(H. LONDON, 1939). Wegen $s > 0$ ist auch $\Delta p/\Delta T > 0$.

§ 139. Die hydrodynamischen Gleichungen für die superfluide Flüssigkeit

Wir wollen jetzt das vollständige System der hydrodynamischen Gleichungen herleiten, die eine Strömung in Helium II makroskopisch (phänomenologisch) beschreiben. Nach den oben entwickelten Vorstellungen sind dabei die Gleichungen für eine Strömung aufzustellen, die in jedem Punkt nicht durch eine, wie in der gewöhnlichen Hydrodynamik, sondern durch zwei Geschwindigkeiten $\boldsymbol{v}_s$ und $\boldsymbol{v}_n$ beschrieben wird. Das gesuchte Gleichungssystem kann eindeutig erhalten werden, indem man allein von den Forderungen des Galileischen Relativitätsprinzips und den notwendigen Erhaltungssätzen ausgeht (wobei auch die durch die Gleichungen (137,1) und (137,2) ausgedrückten Eigenschaften der Strömung benutzt werden).

Es ist zu beachten, daß Helium II seine Superfluidität bei genügend großen Strömungsgeschwindigkeiten verliert. Wegen dieser Erscheinung der *kritischen Geschwindigkeiten* haben die Gleichungen der Hydrodynamik des superfluiden Heliums nur für nicht zu große Geschwindigkeiten $\boldsymbol{v}_s$ und $\boldsymbol{v}_n$ eine reale physikalische Bedeutung.[1]) Trotzdem leiten wir diese Gleichungen zunächst ohne irgendwelche Voraussetzungen über die Geschwindigkeiten $\boldsymbol{v}_s$ und $\boldsymbol{v}_n$ ab, weil bei Vernachlässigung der höheren Potenzen der Geschwindigkeiten die Möglichkeit verloren geht, die Gleichungen ausgehend von den Erhaltungssätzen konsequent abzuleiten. Der Übergang zu kleinen Geschwindigkeiten wird dann in den sich ergebenden Endgleichungen vorgenommen.

Mit $\boldsymbol{j}$ bezeichnen wir die Massenstromdichte der Flüssigkeit. Diese Größe ist gleichzeitig der Impuls pro Volumeneinheit (vgl. die Fußnote auf S. 246). Wir schreiben $\boldsymbol{j}$ als Summe der Ströme der superfluiden und der normalen Strömung:

$$\boldsymbol{j} = \varrho_s \boldsymbol{v}_s + \varrho_n \boldsymbol{v}_n \,. \tag{139,1}$$

Die Koeffizienten ϱ_s und ϱ_n kann man superfluide und normale Dichte der Flüssigkeit nennen. Ihre Summe ist die wirkliche Dichte ϱ des Helium II:

$$\varrho = \varrho_s + \varrho_n \,. \tag{139,2}$$

Die Größen ϱ_s und ϱ_n sind selbstverständlich temperaturabhängig. ϱ_n wird am absoluten Nullpunkt gleich Null, wenn das Helium II „vollständig superfluid" ist[2]), und ϱ_s wird am λ-Punkt gleich Null, wenn die Flüssigkeit „vollständig normal" wird.

Die Dichte ϱ und der Strom $\boldsymbol{j}$ müssen die Kontinuitätsgleichung

$$\frac{\partial \varrho}{\partial t} + \operatorname{div} \boldsymbol{j} = 0 \tag{139,3}$$

erfüllen, die den Erhaltungssatz für die Masse ausdrückt. Der Impulserhaltungssatz wird durch eine Gleichung der Form

$$\frac{\partial j_i}{\partial t} + \frac{\partial \Pi_{ik}}{\partial x_k} = 0 \tag{139,4}$$

gegeben, in der Π_{ik} der Tensor der Impulsstromdichte ist.

Wir werden vorläufig keine dissipativen Prozesse in der Flüssigkeit in Betracht ziehen. Die Strömung ist dann reversibel, und auch die Entropie der Flüssigkeit bleibt erhalten. Beachten wir, daß der Entropiestrom gleich $\varrho s \boldsymbol{v}_n$ ist, so schreiben wir die Gleichung für die

---

[1]) Die Existenz einer Grenzgeschwindigkeit für die superfluide Strömung folgt schon aus der mikroskopischen Theorie: Die konkrete Form des Energiespektrums der Elementaranregungen in Helium II führt zur Verletzung der Landauschen Superfluiditätsbedingung für große Geschwindigkeiten (s. IX, § 23). Die tatsächlich beobachteten kritischen Geschwindigkeiten sind jedoch viel kleiner als dieser Grenzwert und hängen dabei noch von den konkreten Bedingungen der Strömung ab (so sind die kritischen Geschwindigkeiten für Strömungen durch dünne Kapillaren oder dünne Spalte größer als für Strömungen in großen Volumina). Die physikalische Natur dieser Erscheinungen ist durch das Entstehen von quantisierten Wirbelringen bedingt; Wirbelfäden dieser Art (jedoch geradlinige) entstehen bei der Drehung von flüssigem Helium in einem zylindrischen Gefäß (s. IX, § 29). Diese Erscheinungen werden in diesem Kapitel nicht betrachtet.

[2]) Enthält Helium II eine Beimischung einer Fremdsubstanz (praktisch kann dies das Isotop ^{3}He sein), dann bleibt ϱ_n auch am absoluten Nullpunkt von Null verschieden.

Entropieerhaltung in der Gestalt

$$\frac{\partial(\varrho s)}{\partial t} + \operatorname{div}(\varrho s \boldsymbol{v}_n) = 0\,. \tag{139,5}$$

Zu den Gleichungen (139,3) bis (139,5) muß man noch eine Gleichung für die Zeitableitung der Geschwindigkeit $\boldsymbol{v}_s$ hinzunehmen. Diese Gleichung muß so aufgestellt werden, daß sie gewährleistet, daß die Strömung immer eine Potentialströmung bleibt, d. h., die Ableitung von $\boldsymbol{v}_s$ muß als Gradient eines Skalars dargestellt werden. Wir schreiben diese Gleichung in der Form

$$\frac{\partial \boldsymbol{v}_s}{\partial t} + \nabla\left(\frac{v_s^2}{2} + \mu\right) = 0\,, \tag{139,6}$$

in der μ ein Skalar ist.

Die Gleichungen (139,4) und (139,6) erhalten natürlich erst dann einen realen Sinn, wenn die bisher noch unbestimmten Größen Π_{ik} und μ festgelegt werden. Zu diesem Zweck muß man den Energieerhaltungssatz und Überlegungen auf Grund des Galileischen Relativitätsprinzips verwenden. Die hydrodynamischen Gleichungen (139,3) bis (139,6) müssen nämlich automatisch zum Energieerhaltungssatz führen, der durch eine Gleichung der Gestalt

$$\frac{\partial E}{\partial t} + \operatorname{div} \boldsymbol{Q} = 0 \tag{139,7}$$

ausgedrückt wird; darin sind E die Energie der Flüssigkeit pro Volumeneinheit und $\boldsymbol{Q}$ die Energiestromdichte. Auf Grund des Galileischen Relativitätsprinzips kann man die Abhängigkeit aller Größen von einer Geschwindigkeit ($\boldsymbol{v}_s$) bei festgehaltenem Wert der Relativgeschwindigkeit $\boldsymbol{v}_n - \boldsymbol{v}_s$ der beiden gleichzeitig in der Flüssigkeit ablaufenden Strömungen bestimmen.

Wir führen neben dem ursprünglichen Koordinatensystem K noch ein anderes System K_0 ein, in dem die Geschwindigkeit der superfluiden Strömung eines gegebenen Flüssigkeitselementes gleich Null ist. Das System K_0 bewegt sich relativ zum System K mit der Geschwindigkeit $\boldsymbol{v}_s$ der superfluiden Strömung im ursprünglichen System. Die Werte aller Größen im System K hängen mit den entsprechenden Werten im System K_0 (die wir mit dem Index Null versehen) durch die folgenden aus der Mechanik bekannten Transformationsformeln zusammen[1]):

$$\left.\begin{aligned}
\boldsymbol{j} &= \varrho \boldsymbol{v}_s + \boldsymbol{j}_0\,,\\
E &= \frac{\varrho v_s^2}{2} + \boldsymbol{j}_0 \boldsymbol{v}_s + E_0\,,\\
\boldsymbol{Q} &= \left(\frac{\varrho v_s^2}{2} + \boldsymbol{j}_0 \boldsymbol{v}_s + E_0\right)\boldsymbol{v}_s + \frac{v_s^2}{2}\,\boldsymbol{j}_0 + (\Pi_0 \boldsymbol{v}_s) + \boldsymbol{Q}_0\,,\\
\Pi_{ik} &= \varrho v_{si} v_{sk} + v_{si} j_{0k} + v_{sk} j_{0i} + \Pi_{0ik}
\end{aligned}\right\} \tag{139,8}$$

(hier bedeutet $(\Pi_0 \boldsymbol{v}_s)$ den Vektor mit den Komponenten $\Pi_{0ik} v_{sk}$).

---

[1]) Diese Formeln folgen direkt aus dem GALILEIschen Relativitätsprinzip und gelten daher unabhängig davon, um welches konkrete System es sich handelt. Man kann sie z. B. durch Betrachtung einer gewöhnlichen Flüssigkeit herleiten. In der gewöhnlichen Hydrodynamik ist der Tensor der Impulsstromdichte $\Pi_{ik} = \varrho v_i v_k + p\delta_{ik}$. Die Strömungsgeschwindigkeit $\boldsymbol{v}$ im System K hängt mit der Geschwindigkeit

Im System K_0 führt das gegebene Flüssigkeitselement nur eine Bewegung aus, die normale Strömung mit der Geschwindigkeit $\boldsymbol{v}_n - \boldsymbol{v}_s$. Alle zu diesem System gehörenden Größen $\boldsymbol{j}_0$, E_0, $\boldsymbol{Q}_0$ und Π_{0ik} können daher nur von der Differenz $\boldsymbol{v}_n - \boldsymbol{v}_s$ und nicht von den Geschwindigkeiten $\boldsymbol{v}_n$ und $\boldsymbol{v}_s$ einzeln abhängen. Insbesondere müssen die Vektoren $\boldsymbol{j}_0$ und $\boldsymbol{Q}_0$ die Richtung des Vektors $\boldsymbol{v}_n - \boldsymbol{v}_s$ haben. Die Formeln (139,8) geben folglich die Abhängigkeit der gesuchten Größen von $\boldsymbol{v}_s$ bei festgehaltenem $\boldsymbol{v}_n - \boldsymbol{v}_s$ an.

Die Energie E_0, als Funktion von ϱ, s und dem Impuls pro Volumeneinheit $\boldsymbol{j}_0$ betrachtet, befriedigt die Identität der Thermodynamik

$$dE_0 = \mu \, d\varrho + T d(\varrho s) + (\boldsymbol{v}_n - \boldsymbol{v}_s) \, d\boldsymbol{j}_0 , \tag{139,9}$$

in der μ das chemische Potential ist (die freie Enthalpie pro Masseneinheit). Die ersten beiden Terme entsprechen der üblichen thermodynamischen Beziehung für das Differential der Energie einer ruhenden Flüssigkeit bei konstantem Volumen (das hier gleich der Einheit ist). Das letzte Glied drückt die Tatsache aus, daß die Ableitung der Energie nach dem Impuls die Strömungsgeschwindigkeit ist. Der Impuls $\boldsymbol{j}_0$ (die Dichte des Massenstroms im System K_0) ist offensichtlich einfach gleich

$$\boldsymbol{j}_0 = \varrho_n(\boldsymbol{v}_n - \boldsymbol{v}_s)$$

(die erste der Formeln (139,8) stimmt hierbei mit (139,1) überein).

Der Gang der weiteren Rechnungen besteht in folgendem. Wir setzen E und Q aus (139,8) in den Energieerhaltungssatz (139,7) ein, wobei die Ableitung $\partial E_0/\partial t$ nach (139,9) durch die Zeitableitungen von ϱ, ϱs und $\boldsymbol{j}_0$ ausgedrückt wird. Danach werden alle Zeitableitungen ($\dot{\varrho}$, $\dot{\boldsymbol{v}}_s$ u. a.) mit Hilfe der hydrodynamischen Gleichungen (139,3) bis (139,6) eliminiert. Die umfangreichen Rechnungen führen nach merklichen Kürzungen zu dem Ergebnis

$$-\Pi_{0ik} \frac{\partial v_{si}}{\partial x_k} + w_i \frac{\partial}{\partial x_k} \Pi_{0ik} + p \operatorname{div} \boldsymbol{v}_s - \boldsymbol{w}\nabla p + \varrho_n \boldsymbol{w}(\boldsymbol{w}\nabla) \boldsymbol{v}_n$$
$$+ \operatorname{div} (\boldsymbol{w}(T\varrho s + \varrho_n \mu)) + (\varrho_n - \varrho s) \boldsymbol{w}\nabla(\varphi - \mu) = \operatorname{div} \boldsymbol{Q}_0 ;$$

der in (139,6) stehende Skalar ist hier vorübergehend durch φ (an Stelle von μ) bezeichnet worden, und zur Abkürzung ist die Bezeichnung $\boldsymbol{w} = \boldsymbol{v}_n - \boldsymbol{v}_s$ eingeführt worden; außerdem wurde noch die Bezeichnung

$$p = -E_0 + T\varrho s + \mu\varrho + \varrho_n(\boldsymbol{v}_n - \boldsymbol{v}_s)^2 \tag{139,10}$$

eingeführt, deren Sinn unten klar wird. Diese Gleichung für die Erhaltung der Energie muß identisch erfüllt sein. Dabei sollen $\boldsymbol{Q}_0$, Π_0, φ nur von den thermodynamischen Variablen und der Geschwindigkeit $\boldsymbol{w}$ abhängen, aber nicht von irgendwelchen Gradienten dieser Größen (da wir keine dissipativen Prozesse betrachten). Diese Bedingungen bestimmen die Ausdrücke für $\boldsymbol{Q}_0$, Π_0, φ eindeutig.

Vor allem ist es notwendig, $\varphi = \mu$ zu setzen, d. h., der in der Gleichung (139,6) stehende Skalar fällt mit dem durch (139,9) definierten chemischen Potential der Flüssigkeit zusammen

---

$\boldsymbol{v}_0$ im System K_0 über die Beziehung $\boldsymbol{v} = \boldsymbol{v}_0 + \boldsymbol{u}$ zusammen, wenn $\boldsymbol{u}$ die Geschwindigkeit des Systems K_0 relativ zum System K ist. Einsetzen in Π_{ik} ergibt

$$\Pi_{ik} = p\delta_{ik} + \varrho v_{0i}v_{0k} + \varrho v_{0i}u_k + \varrho u_i v_{0k} + \varrho u_i u_k .$$

Führen wir $\Pi_{0ik} = p\delta_{ik} + \varrho v_{0i}v_{0k}$ und $\boldsymbol{j}_0 = \varrho \boldsymbol{v}_0$ ein, so erhalten wir die im Text angegebene Transformationsformel für den Tensor Π_{ik}. Die übrigen Formeln ergeben sich ähnlich.

(deshalb haben wir ihn auch schon oben mit dem Buchstaben μ bezeichnet). Für die übrigen Größen hat man zu setzen:

$$\boldsymbol{Q}_0 = (T\varrho s + \varrho_n\mu)\,\boldsymbol{w} + \varrho_n w^2 \boldsymbol{w}\,,$$

$$\Pi_{0ik} = p\delta_{ik} + \varrho_n w_i w_k\,.$$

Setzen wir jetzt diese Ausdrücke in die Formeln (139,8) ein, so erhalten wir die folgenden endgültigen Ausdrücke für die Energiestromdichte und den Tensor der Impulsstromdichte:

$$\boldsymbol{Q} = \left(\mu + \frac{v_s^2}{2}\right)\boldsymbol{j} + T\varrho s\boldsymbol{v}_n + \varrho_n\boldsymbol{v}_n(\boldsymbol{v}_n, \boldsymbol{v}_n - \boldsymbol{v}_s)\,, \tag{139,11}$$

$$\Pi_{ik} = \varrho_n v_{ni} v_{nk} + \varrho_s v_{si} v_{sk} + p\delta_{ik}\,. \tag{139,12}$$

Der Ausdruck (139,12) ist die natürliche Verallgemeinerung der Formel $\Pi_{ik} = \varrho v_i v_k + p\delta_{ik}$ der üblichen Hydrodynamik. Die durch (139,10) definierte Größe p ist dabei natürlicherweise als der Druck der Flüssigkeit zu betrachten; für eine vollständig ruhende Flüssigkeit stimmt der Ausdruck (139,10) selbstverständlich mit der üblichen Definition überein, da $\Phi = \mu\varrho$ die übliche freie Enthalpie pro Volumeneinheit der Flüssigkeit wird.[1])

Die Gleichungen (139,3) bis (139,6) mit den durch (139,1), (139,12) definierten $\boldsymbol{j}$ und Π_{ik} bilden das gesuchte vollständige System der hydrodynamischen Gleichungen. Dieses System ist sehr kompliziert; das liegt vor allem daran, daß die in die Gleichungen eingehenden ϱ_s, ϱ_n, μ, s Funktionen nicht nur der thermodynamischen Variablen p und T sind, sondern auch des Quadrates der Relativgeschwindigkeit der beiden Strömungen $w^2 = (\boldsymbol{v}_n - \boldsymbol{v}_2)^2$. Die letzte Größe ist ein Skalar, der gegenüber Galilei-Transformationen des Bezugssystems und gegenüber Drehungen der Flüssigkeit als Ganzes invariant ist; diese Größe ist spezifisch für die superfluide Flüssigkeit, sie muß keineswegs im thermodynamischen Gleichgewicht verschwinden, und sie muß in der Zustandsgleichung der Flüssigkeit neben p und T stehen.

Die Gleichungen vereinfachen sich jedoch wesentlich in dem physikalisch interessanten Fall nicht zu großer Geschwindigkeiten (als kleine Größe wird das Verhältnis der Geschwindigkeiten zur Ausbreitungsgeschwindigkeit des zweiten Schalls vorausgesetzt, s. § 141).

Vor allem kann man in diesem Fall die Abhängigkeit von ϱ_s und ϱ_n von $\boldsymbol{w}$ vernachlässigen; der Ausdruck (139,1) für den Strom $\boldsymbol{j}$ stellt dabei im Grunde genommen die ersten Glieder der Entwicklung dieser Größe nach Potenzen von $\boldsymbol{v}_n$ und $\boldsymbol{v}_s$ dar. Auch die übrigen in die Gleichungen eingehenden thermodynamischen Größen müssen nach Potenzen der Geschwindigkeiten entwickelt werden.

---

[1]) Die übliche thermodynamische Definition des Druckes als mittlere Kraft pro Flächeneinheit bezieht sich auf ein ruhendes Medium. In der gewöhnlichen Hydrodynamik entsteht trotzdem nicht die Frage nach der Definition des Druckes (wenn dissipative Prozesse unberücksichtigt bleiben), weil man immer zu einem Koordinatensystem übergehen kann, in dem das betreffende Flüssigkeitselement ruht. In der Hydrodynamik einer superfluiden Flüssigkeit kann man durch geeignete Wahl des Koordinatensystems nur eine der beiden gleichzeitig vorhandenen Strömungen beseitigen, und die übliche Definition des Druckes kann deshalb gar nicht mehr angewandt werden.

Wir bemerken noch, daß der Ausdruck (139,10) auch der Definition des Druckes als Ableitung $p = -\partial(E_0 V)/\partial V$ der Gesamtenergie der Flüssigkeit bei fester Gesamtmasse ϱV, fester Gesamtentropie $\varrho s V$ und festem Impuls der Relativbewegung $\varrho \boldsymbol{w} V$ entspricht.

Differenzieren wir den Ausdruck (139,10) und verwenden (139,9), so erhalten wir den folgenden Ausdruck für das Differential des chemischen Potentials:

$$\mathrm{d}\mu = -s\,\mathrm{d}T + \frac{1}{\varrho}\,\mathrm{d}p - \frac{\varrho_n}{\varrho}\,\boldsymbol{w}\,\mathrm{d}\boldsymbol{w}\,. \tag{139,13}$$

Hieraus erkennt man, daß die ersten beiden Glieder der Entwicklung von μ nach Potenzen von $\boldsymbol{w}$ die folgende Form haben:

$$\mu(p, T, \boldsymbol{w}) \approx \mu(p, T) - \frac{\varrho_n}{2\varrho}\,w^2\,, \tag{139,14}$$

wobei auf der rechten Seite der Gleichung das gewöhnliche chemische Potential $\mu(p, T)$ und die gewöhnliche Dichte $\varrho(p, T)$ der ruhenden Flüssigkeit stehen. Wir differenzieren diesen Ausdruck nach der Temperatur und dem Druck und finden so die entsprechenden Entwicklungen für die Entropie und die Dichte:

$$\left.\begin{aligned} s(p, T, \boldsymbol{w}) &\approx s(p, T) + \frac{w^2}{2}\frac{\partial}{\partial T}\frac{\varrho_n}{\varrho}\,,\\ \varrho(p, T, \boldsymbol{w}) &\approx \varrho(p, T) + \frac{\varrho^2 w^2}{2}\frac{\partial}{\partial p}\frac{\varrho_n}{\varrho}\,. \end{aligned}\right\} \tag{139,15}$$

Diese Ausdrücke sind in die hydrodynamischen Gleichungen einzusetzen, die dann bis zu Gliedern einschließlich zweiter Ordnung in den Geschwindigkeiten gelten (die Berücksichtigung der Abhängigkeit von ϱ_s und ϱ_n von w^2 in $\boldsymbol{j}$ würde zu kleinen Termen dritter Ordnung führen).[1])

Die Einführung von Termen in die hydrodynamischen Gleichungen, die die dissipativen Prozesse in der superfluiden Flüssigkeit beschreiben, wird im folgenden Paragraphen vorgenommen. Wir formulieren aber bereits hier die Randbedingungen für diese Gleichungen.

Vor allem muß an jeder (ruhenden) festen Oberfläche die zu dieser Fläche senkrechte Komponente des Massenstromes $\boldsymbol{j}$ verschwinden. Zur Aufstellung der Randbedingungen für $\boldsymbol{v}_n$ muß man beachten, daß die normale Strömung in Wirklichkeit die Strömung des „Gases" der thermischen Elementaranregungen ist. Bei der Strömung längs einer festen Oberfläche stehen die Anregungsquanten mit der Oberfläche in Wechselwirkung; das muß makroskopisch als „Anhaften" des normalen Teils der Flüssigkeit an der Wand beschrieben

---

[1]) Es ist noch zu bemerken, daß das System der hydrodynamischen Gleichungen, in dem ϱ_s als gegebene Funktion von p und T betrachtet wird, nahe dem λ-Punkt unbrauchbar werden kann. Bei der Annäherung an diesen Punkt (wie an jeden Phasenübergangspunkt zweiter Art) wachsen nämlich die Relaxationszeit für die Einstellung des Gleichgewichtswertes des Ordnungsparameters und der Korrelationsradius der Ordnungsparameterfluktuationen unbegrenzt an. Im superfluiden ^{4}He spielt die Wellenfunktion des Kondensats die Rolle des Ordnungsparameters, und das Betragsquadrat der Wellenfunktion bestimmt ϱ_s (s. IX, §§ 26, 28; über die Relaxation in der superfluiden Flüssigkeit s. X, § 103). Die hydrodynamischen Gleichungen mit gegebener Funktion $\varrho_s(p, T)$ sind nur solange anwendbar, wie die für die Strömung charakteristischen Abstände bzw. Zeiten groß sind im Vergleich mit dem Korrelationsradius bzw. der Relaxationszeit. Im entgegengesetzten Falle muß das vollständige System der Bewegungsgleichungen auch eine Gleichung enthalten, die ϱ_s bestimmt; s. W. L. GINSBURG, A. A. SOBJANIN (В. Л. Гинзбург, А. А. Собянин), Uspekhi fiz. Nauk **120**, 153 (1976); J. low-Temp. Phys. **49**, 507 (1982).

werden ähnlich wie für gewöhnliche zähe Flüssigkeiten. Mit anderen Worten, an einer festen Oberfläche muß die Tangentialkomponente der Geschwindigkeit $\boldsymbol{v}_n$ verschwinden.

Wir betrachten nun die zur Wand senkrechte Komponente von $\boldsymbol{v}_n$. Die Anregungsquanten können von dem festen Körper absorbiert oder emittiert werden; das entspricht einfach einem Wärmeaustausch zwischen der Flüssigkeit und dem festen Körper. Die zur Wand senkrechte Komponente der Geschwindigkeit $\boldsymbol{v}_n$ muß daher nicht unbedingt verschwinden. Die Randbedingung fordert nur, daß die zur Wand senkrechte Komponente des Wärmestromes stetig ist. Die Temperatur hat an der Grenze einen zum Wärmestrom proportionalen Sprung: $\Delta T = Kq$; der Proportionalitätsfaktor K hängt sowohl von den Eigenschaften der Flüssigkeit als auch von denen des festen Körpers ab. Das Auftreten dieses Sprunges hängt mit den Besonderheiten des Wärmetransportes in Helium II zusammen. Der gesamte Widerstand für den Wärmeübergang zwischen dem festen Körper und der Flüssigkeit ist in einer Flüssigkeitsschicht an der Wand konzentriert, da die konvektive Wärmeausbreitung in der Flüssigkeit praktisch mit keinem Wärmewiderstand verbunden ist. Deshalb erfolgt der gesamte Temperaturabfall, der den Wärmestrom verursacht, praktisch direkt an der Oberfläche.

Die angegebenen Randbedingungen haben folgende interessante Eigenschaft: Der Wärmeaustausch zwischen dem festen Körper und der strömenden Flüssigkeit verursacht Tangentialkräfte an der Körperoberfläche. Die x-Achse sei zur Flächennormale, die y-Achse zur Tangente parallel, die Tangentialkraft pro Flächeneinheit ist dann gleich der Komponente Π_{xy} des Tensors der Impulsstromdichte. Auf der Oberfläche muß $j_x = \varrho_n v_{nx} + \varrho_s v_{sx} = 0$ sein, daher finden wir für diese Kraft den von Null verschiedenen Ausdruck

$$\Pi_{xy} = \varrho_s v_{sx} v_{sy} + \varrho_n v_{nx} v_{ny} = \varrho_n v_{nx}(v_{ny} - v_{sy}) .$$

Mit Hilfe des Wärmestromes $\boldsymbol{q} = \varrho s T \boldsymbol{v}_n$ können wir diese Kraft in der Form

$$\Pi_{xy} = \frac{\varrho_n}{\varrho s T} q_x(v_{ny} - v_{sy}) \tag{139,16}$$

schreiben, wobei q_x der an der Oberfläche stetige Wärmestrom in der Richtung vom festen Körper in die Flüssigkeit ist.

Wenn zwischen der festen Wand und der Flüssigkeit kein Wärmeaustausch stattfinden kann, dann muß auch der Randwert der zur Wand senkrechten Komponente von $\boldsymbol{v}_n$ gleich Null sein. Die Randbedingungen $j_x = 0$ und $\boldsymbol{v}_n = 0$ (x-Achse parallel zur Flächennormale) sind den Bedingungen $v_{sx} = 0$ und $\boldsymbol{v}_n = 0$ äquivalent. Mit anderen Worten, wir erhalten in diesem Fall für $\boldsymbol{v}_s$ die üblichen Randbedingungen für eine ideale Flüssigkeit und für $\boldsymbol{v}_n$ diejenigen für eine zähe Flüssigkeit.

Zum Abschluß gehen wir noch kurz auf die Hydrodynamik eines Gemisches aus ^{4}He mit einer Fremdsubstanz (praktisch das Isotop ^{3}He) ein. Neben den Erhaltungsgleichungen für die Masse, den Impuls, die Entropie und die Potentialströmungseigenschaft der superfluiden Strömung muß das vollständige System der hydrodynamischen Gleichungen des Gemisches noch eine Gleichung enthalten, die die Erhaltung jeder der beiden Substanzen ausdrückt. Sie hat die Form

$$\frac{\partial(\varrho c)}{\partial t} + \operatorname{div} \boldsymbol{i} = 0 ,$$

wo c die Konzentration der Masse des ^{3}He im Gemisch ist und $\boldsymbol{i}$ die zugehörige hydrodynamische Stromdichte. Die durch die Erhaltungsätze und die Galilei-Invarianz auferlegten Forderungen reichen aber nur dann aus zur Ermittlung der Gestalt aller Gleichungen, wenn der Ausdruck für den Strom $\boldsymbol{i}$ bekannt ist. Dieser folgt aus der Behauptung, daß die Verunreinigung (^{3}He) nur an der normalen Strömung teilnimmt, d. h. $\boldsymbol{i} = \varrho c \boldsymbol{v}_n$.[1])

§ 140. Dissipative Prozesse in der superfluiden Flüssigkeit

Zur Berücksichtigung dissipativer Prozesse in den hydrodynamischen Gleichungen der superfluiden Flüssigkeit ist (wie auch in der gewöhnlichen Hydrodynamik) die Einführung zusätzlicher Terme nötig, die in den räumlichen Ableitungen der Geschwindigkeiten und der Temperatur linear sind. Die Form dieser Terme kann eindeutig ermittelt werden, indem man von den Forderungen ausgeht, die das Gesetz vom Anwachsen der Entropie und das Onsagersche Symmetrieprinzip der kinetischen Koeffizienten auferlegen (I. M. Chalatnikow, 1952).

Wie auch vorher bedeuten ϱ und $\boldsymbol{j}$ die Masse und den Impuls pro Volumeneinheit der Flüssigkeit. Die Kontinuitätsgleichung behält ihre Form (139,3). Zu den Gleichungen (139,4), (139,6) und (139,7) müssen zusätzliche Terme hinzugefügt werden, die wir auf ihre rechten Seiten schreiben:

$$\frac{\partial j_i}{\partial t} + \frac{\partial \Pi_{ik}}{\partial x_k} = -\frac{\partial \Pi'_{ik}}{\partial x_k}, \tag{140,1}$$

$$\frac{\partial \boldsymbol{v}_s}{\partial t} + \nabla\left(\frac{v_s^2}{2} + \mu\right) = -\nabla\varphi', \tag{140,2}$$

$$\frac{\partial E}{\partial t} + \operatorname{div}\boldsymbol{Q} = -\operatorname{div}\boldsymbol{Q}'. \tag{140,3}$$

Die Entropiegleichung hat jetzt nicht die Form des Erhaltungssatzes (139,5); im Gegenteil, die Größen Π', φ', $\boldsymbol{Q}'$ müssen so bestimmt werden, daß das Anwachsen der Entropie gewährleistet ist. Dazu setzen wir erneut in den Erhaltungssatz für die Energie (140,3) die mit Hilfe von (139,9) ausgedrückte Ableitung $\partial E_0/\partial t$ ein; danach eliminieren wir die Ableitungen $\dot{\varrho}$, $\partial\boldsymbol{j}/\partial t$, $\dot{\boldsymbol{v}}_s$ unter Verwendung von (139,3) (140,1) (140,2). Dabei wird selbstverständlich vorausgesetzt, daß $\boldsymbol{Q}$ und Π durch die schon bekannten Ausdrücke (139,11) und (139,12) gegeben werden; folglich kürzen sich alle Glieder mit Ausnahme derjenigen, die mit der Entropie und mit den dissipativen Größen Π', $\boldsymbol{Q}'$, φ' zusammenhängen. Als Ergebnis erhalten wir die Gleichung

$$T\left\{\frac{\partial(\varrho s)}{\partial t} + \operatorname{div}(\varrho s \boldsymbol{v}_n)\right\} = -\operatorname{div}\left\{\boldsymbol{Q}' + \varrho_s \boldsymbol{w}\varphi' - (\Pi'\boldsymbol{v}_n)\right\} + \varphi' \operatorname{div}(\varrho_s \boldsymbol{w}) - \Pi'_{ik}\frac{\partial v_{ni}}{\partial x_k} \tag{140,4}$$

(hier ist wieder $\boldsymbol{w} = \boldsymbol{v}_n - \boldsymbol{v}_s$).

---

[1]) Die vollständige Ableitung der hydrodynamischen Gleichungen für Gemische findet man in dem Buch von I. M. Chalatnikow (И. М. Халатников), Theorie der Superfluidität (Теория сверхтекучести), Nauka, Moskau 1971, Kap. XIII. Diese Gleichungen sind nicht mehr anwendbar bei sehr tiefen Temperaturen, wenn die quantenstatistische Entartung der zu den Verunreinigungsatomen gehörenden Elementaranregungen in Erscheinung tritt.

Die in den Gradienten linearen Ausdrücke für die Größen Π', $\boldsymbol{Q}'$, φ', mit denen das Anwachsen der Entropie gewährleistet ist, haben die Gestalt[1])

$$\Pi'_{ik} = -\eta\left(\frac{\partial v_{ni}}{\partial x_k} + \frac{\partial v_{nk}}{\partial x_i} - \frac{2}{3}\,\delta_{ik}\operatorname{div}\boldsymbol{v}_n\right) - \delta_{ik}\zeta_1\operatorname{div}(\varrho_s\boldsymbol{w}) - \delta_{ik}\zeta_2\operatorname{div}\boldsymbol{v}_n\,, \tag{140,5}$$

$$\varphi' = \zeta_3\operatorname{div}(\varrho_s\boldsymbol{w}) + \zeta_4\operatorname{div}\boldsymbol{v}_n\,, \tag{140,6}$$

$$\boldsymbol{Q}' = -\varphi'\varrho_s\boldsymbol{w} + (\Pi'\boldsymbol{v}_n) - \varkappa\nabla T \tag{140,7}$$

(in Π'_{ik} ist die Kombination der Ableitungen von $\boldsymbol{v}_n$ mit verschwindender Spur abgetrennt worden, analog wie in der gewöhnlichen Hydrodynamik). Nach dem Onsager-Prinzip muß

$$\zeta_1 = \zeta_4 \tag{140,8}$$

sein, so daß insgesamt fünf unabhängige kinetische Koeffizienten bleiben.[2])

Schließlich setzen wir die Ausdrücke (140,5) bis (140,7) in die Gleichung (140,4) ein und bringen sie nach einfachen Umformungen auf die Gestalt

$$T\left\{\frac{\partial(\varrho s)}{\partial t} + \operatorname{div}\left(\varrho s\boldsymbol{v}_n - \frac{\varkappa}{T}\nabla T\right)\right\} = R \tag{140,9}$$

mit

$$R = \frac{\eta}{2}\left(\frac{\partial v_{ni}}{\partial x_k} + \frac{\partial v_{nk}}{\partial x_i} - \frac{2}{3}\,\delta_{ik}\operatorname{div}\boldsymbol{v}_n\right)^2 + 2\zeta_1\operatorname{div}\boldsymbol{v}_n\operatorname{div}\varrho_s\boldsymbol{w} + \zeta_2(\operatorname{div}\boldsymbol{v}_n)^2 + \zeta_3(\operatorname{div}\varrho_s\boldsymbol{w})^2 + \frac{\varkappa}{T}(\nabla T)^2\,. \tag{140,10}$$

Diese Gleichung ist das Analogon der allgemeinen Gleichung für den Wärmetransport der gewöhnlichen Hydrodynamik (49,5).[3]) Da die rechte Seite die Geschwindigkeit für das Anwachsen der Entropie der Flüssigkeit bestimmt, muß sie auch eine positiv definite Größe sein. Hieraus folgt, daß alle Koeffizienten η, ζ_1, ζ_2, ζ_3, $\varkappa$ positiv sind und darüber hinaus $\zeta_1^2 \leqq \zeta_2\zeta_3$ sein muß. Der Koeffizient η, die „erste Zähigkeit", ist mit der normalen Strömung verknüpft, analog zur Zähigkeit einer gewöhnlichen Flüssigkeit; der Koeffizient $\varkappa$ ist das formale Analogon zur Wärmeleitfähigkeit einer gewöhnlichen Flüssigkeit. Hier gibt es jetzt drei Koeffizienten der „zweiten Zähigkeit" (ζ_1, ζ_2, ζ_3) an Stelle eines Koeffizienten in der gewöhnlichen Hydrodynamik.

---

[1]) Hier ist auch noch die Bedingung berücksichtigt worden, daß eine Drehung des normalen Teils der Flüssigkeit als Ganzes ($\boldsymbol{v}_n = \boldsymbol{\Omega}\times\boldsymbol{r}$) nicht zur Dissipation führen darf (vgl. § 15).

[2]) Wir wollen hier nicht vollständig die zur Symmetrie der kinetischen Koeffizienten gehörenden Betrachtungen anstellen (die ganz analog zu den in § 59 dargelegten sind). Wir machen nur auf folgendes aufmerksam: ζ_1 ist der Koeffizient von div $(\varrho_s\boldsymbol{w})$ in Π', und auf der rechten Seite von (140,4) steht dieses Glied in Π', multipliziert mit div $\boldsymbol{v}_n$; umgekehrt ist ζ_4 der Koeffizient von div $\boldsymbol{v}_n$ in φ', und auf der rechten Seite von (140,4) steht φ', multipliziert mit div $(\varrho_s\boldsymbol{w})$.

[3]) Alles am Ende von § 49 Gesagte über die Definition der Entropie in einem Zustand, der sich wenig vom thermodynamischen Gleichgewichtszustand unterscheidet, bleibt auch hier in Kraft.

Zu den dargelegten Ergebnissen muß aber unbedingt noch die folgende Bemerkung gemacht werden. Die in der Flüssigkeit dissipierte Energie ist selbstverständlich invariant gegenüber einer Galilei-Transformation des Bezugssystems. Die Ableitungen der Geschwindigkeiten genügen natürlich dieser Forderung; in der superfluiden Flüssigkeit ist aber auch die Geschwindigkeitsdifferenz $\boldsymbol{w} = \boldsymbol{v}_n - \boldsymbol{v}_s$ invariant gegenüber der Galilei-Transformation. Die dissipativen Ströme in der superfluiden Flüssigkeit können daher nicht nur von den Gradienten der thermodynamischen Größen und Geschwindigkeiten abhängen, sondern auch von $\boldsymbol{w}$ selbst. Wie schon in § 139 bemerkt wurde, muß diese Differenz praktisch als kleine Größe betrachtet werden, und in diesem Sinne enthalten die Ausdrücke (140,5), (140,6) nicht alle im Prinzip möglichen Terme, sondern nur die größten von ihnen. [1])

Aufgabe

Man trenne die Gleichungen für die normale und die superfluide Strömung in der als inkompressibel angesehenen superfluiden Flüssigkeit (als konstant sollen nicht nur die Gesamtdichte ϱ, sondern auch ϱ_s und ϱ_n einzeln angenommen werden).

Lösung. Die dissipativen Glieder in der Entropiegleichung sind kleine Größen zweiter Ordnung und können in diesem Zusammenhang weggelassen werden; dann gilt $s = \text{const}$, und aus (139,3) und (139,5) erhalten wir $\operatorname{div} \boldsymbol{v}_s = \operatorname{div} \boldsymbol{v}_n = 0$. Im Tensor der Impulsstromdichte behalten wir das in den Geschwindigkeitsgradienten lineare Glied, das mit der Zähigkeit der Normalströmung verbunden ist:

$$\Pi'_{ik} = -\eta \left(\frac{\partial v_{ni}}{\partial x_k} + \frac{\partial v_{nk}}{\partial x_i}\right).$$

Wir setzen diesen Ausdruck (zusammen mit Π_{ik} aus (139,12)) ein und erhalten die Gleichung

$$\varrho_s \frac{\partial \boldsymbol{v}_s}{\partial t} + \varrho_n \frac{\partial \boldsymbol{v}_n}{\partial t} + \varrho_s(\boldsymbol{v}_s \nabla)\, \boldsymbol{v}_s + \varrho_n(\boldsymbol{v}_n \nabla)\, \boldsymbol{v}_n = -\nabla p + \eta \operatorname{div} \boldsymbol{v}_n$$

oder

$$\varrho_n \frac{\partial \boldsymbol{v}_n}{\partial t} + \varrho_n(\boldsymbol{v}_n \nabla)\, \boldsymbol{v}_n + \varrho_s \nabla \frac{v_s^2}{2} + \varrho_s \nabla \frac{\partial \varphi_s}{\partial t} = -\nabla p + \eta \operatorname{div} \boldsymbol{v}_n\,,$$

wobei mit $\boldsymbol{v}_s = \nabla \varphi_s$ das Potential der superfluiden Strömung eingeführt und berücksichtigt wurde, daß $(\boldsymbol{v}_s \nabla)\, \boldsymbol{v}_s = \nabla v_s^2/2$ ist. Auf Grund von $\operatorname{div} \boldsymbol{v}_s = 0$ genügt das Potential φ_s der Laplaceschen Gleichung $\triangle \varphi_s = 0$. Als Hilfsgrößen führen wir die „Drücke" p_n und p_s der normalen und der superfluiden Strömung ein durch die Beziehung $p = p_0 + p_n + p_s$, wobei p_0 der Druck im Unendlichen ist und p_s durch die übliche Formel für eine ideale Flüssigkeit definiert ist:

$$p_s = -\varrho_s \frac{\partial \varphi_s}{\partial t} - \frac{\varrho_s v_s^2}{2}.$$

---

[1]) Wenn man von dieser Voraussetzung abgeht, vergrößert sich die Mannigfaltigkeit der in den dissipativen Strömen zulässigen Terme wesentlich (ganz abgesehen davon, daß die kinetischen Koeffizienten selbst, allgemein genommen, auch Funktionen von $\boldsymbol{w}$ werden); in φ' z. B. treten dann Glieder der Form $\boldsymbol{w}\nabla T$ und $w_i w_k\, \partial v_{ni}/\partial x_k$ auf. Die Gesamtzahl unabhängiger kinetischer Koeffizienten für die Beschreibung der Dissipation in Helium II wird dann gleich 13 (A. Clark, 1963). Siehe dazu in dem Buch von S. J. Puttermann, Superfluid hydrodynamics, North Holland Publ. Co., 1974, Appendix VI.

In diesem Zusammenhang bemerken wir noch, daß in (140,5), (140,6) Glieder mit $\operatorname{div} \varrho_s \boldsymbol{w}$ aufgeschrieben sind, weil gerade diese Kombination der Ableitungen in natürlicher Weise in der exakten Gleichung (140,4) auftritt. Im Rahmen der angewandten Genauigkeit wäre es richtiger, $\varrho_s \operatorname{div} \boldsymbol{w}$ in (140,5) und (140,6) zu schreiben.

Die Gleichung für die Geschwindigkeit $\boldsymbol{v}_n$ erhält dann die Gestalt

$$\frac{\partial \boldsymbol{v}_n}{\partial t} + (\boldsymbol{v}_n \nabla)\, \boldsymbol{v}_n = -\frac{1}{\varrho_n}\, \nabla p_n + \frac{\eta}{\varrho_n} \triangle \boldsymbol{v}_n\,,$$

die formal mit der Navier-Stokesschen Gleichung für eine Flüssigkeit mit der Dichte ϱ_n und der Zähigkeit η übereinstimmt.

Das Problem der Strömung des Helium II als inkompressible Flüssigkeit ist somit auf zwei Probleme der gewöhnlichen Hydrodynamik, eines für eine ideale und eines für eine zähe Flüssigkeit, zurückgeführt worden. Die superfluide Strömung wird durch die Laplacesche Gleichung mit der Randbedingung für die Normalableitung $\partial\varphi_s/\partial n$ beschrieben wie bei der gewöhnlichen Aufgabe der Potentialströmung einer idealen Flüssigkeit um Körper. Die normale Strömung wird durch die Navier-Stokessche Gleichung bestimmt mit der gleichen Randbedingung für $\boldsymbol{v}_n$ (wenn kein Wärmeaustausch zwischen der Wand und der Flüssigkeit vorhanden ist) wie bei der gewöhnlichen Umströmungsaufgabe für eine zähe Flüssigkeit. Die Druckverteilung wird dann durch die Summe $p_0 + p_n + p_s$ gegeben.

Zur Berechnung der Temperaturverteilung setzen wir in der Gleichung (139,6) (mit μ aus (139,14)) $\boldsymbol{v}_s = \nabla\varphi_s$ und finden durch Integration

$$\mu(\varrho, T) + \frac{v_s^2}{2} - \frac{\varrho_n}{2\varrho}\,(\boldsymbol{v}_n - \boldsymbol{v}_s)^2 + \frac{\partial\varphi_s}{\partial t} = \text{const.}$$

Die Änderungen der Temperatur und des Druckes sind in der inkompressiblen Flüssigkeit klein, und wir schreiben mit der Genauigkeit bis zu Gliedern erster Ordnung

$$\mu - \mu_0 = -s(T - T_0) + \frac{1}{\varrho}\,(p - p_0)$$

(T_0, p_0 sind die Temperatur und der Druck im Unendlichen). Wir setzen diesen Ausdruck in das aufgeschriebene Integral der Gleichung ein, führen p_n und p_s ein und erhalten

$$T - T_0 = \frac{\varrho_n}{\varrho_s}\left[\frac{p_n}{\varrho_n} - \frac{p_s}{\varrho_s} - \frac{(\boldsymbol{v}_n - \boldsymbol{v}_s)^2}{2}\right].$$

§ 141. Schallausbreitung in der superfluiden Flüssigkeit

Wir wollen die Gleichungen der Hydrodynamik des Helium II auf die Schallausbreitung in dieser Flüssigkeit anwenden. Wie üblich werden die Strömungsgeschwindigkeiten in einer Schallwelle als klein vorausgesetzt; Dichte, Druck und Entropie sollen nur wenig von ihren konstanten Gleichgewichtswerten abweichen. Wir können dann das hydrodynamische Gleichungssystem linearisieren, indem wir in (139,12) bis (139,14) die in der Geschwindigkeit quadratischen Glieder vernachlässigen. In der Gleichung (139,5) kann man die Entropie ϱs in dem Term div $(\varrho s \boldsymbol{v}_n)$ vor die Divergenz ziehen (weil dieser Term schon die kleine Größe $\boldsymbol{v}_n$ enthält). Das hydrodynamische Gleichungssystem erhält damit die Gestalt

$$\frac{\partial \varrho}{\partial t} + \operatorname{div} \boldsymbol{j} = 0\,, \tag{141,1}$$

$$\frac{\partial(\varrho s)}{\partial t} + \varrho s \operatorname{div} \boldsymbol{v}_n = 0\,, \tag{141,2}$$

$$\frac{\partial \boldsymbol{j}}{\partial t} + \nabla p = 0\,, \tag{141,3}$$

$$\frac{\partial \boldsymbol{v}_s}{\partial t} + \nabla \mu = 0\,. \tag{141,4}$$

Wir differenzieren (141,1) nach der Zeit, setzen (141,3) ein und erhalten

$$\frac{\partial^2 \varrho}{\partial t^2} = \triangle p . \tag{141,5}$$

Nach der Identität der Thermodynamik $\mathrm{d}\mu = -s\,\mathrm{d}T + \frac{1}{\varrho}\,\mathrm{d}p$ ergibt sich

$$\nabla p = \varrho s \nabla T + \varrho \nabla \mu .$$

Hier setzen wir ∇p aus (141,3) und $\nabla \mu$ aus (141,4) ein und erhalten

$$\varrho_n \frac{\partial}{\partial t}(\boldsymbol{v}_n - \boldsymbol{v}_s) + \varrho s \nabla T = 0 .$$

Von dieser Gleichung bilden wir die Divergenz und verwenden für div $(\boldsymbol{v}_s - \boldsymbol{v}_n)$ den Ausdruck

$$\operatorname{div}(\boldsymbol{v}_s - \boldsymbol{v}_n) = \frac{\varrho}{\varrho_s s}\frac{\partial s}{\partial t},$$

der aus der Gleichung

$$\frac{\partial s}{\partial t} = \frac{1}{\varrho}\frac{\partial(\varrho s)}{\partial t} - \frac{s}{\varrho}\frac{\partial \varrho}{\partial t} = -s \operatorname{div} \boldsymbol{v}_n + \frac{s}{\varrho}\operatorname{div} \boldsymbol{j} = \frac{s\varrho_s}{\varrho}\operatorname{div}(\boldsymbol{v}_s - \boldsymbol{v}_n)$$

folgt. Als Ergebnis erhalten wir die Gleichung

$$\frac{\partial^2 s}{\partial t^2} = \frac{\varrho_s s^2}{\varrho_n}\triangle T. \tag{141,6}$$

Die Gleichungen (141,5) und (141,6) beschreiben die Schallausbreitung in der superfluiden Flüssigkeit. Bereits aus der Existenz von zwei Gleichungen ist zu ersehen, daß es zwei Geschwindigkeiten der Schallausbreitung gibt.

Wir schreiben s, p, ϱ und T in der Gestalt $s = s_0 + s'$, $p = p_0 + p'$ usw. Die mit einem Strich versehenen Buchstaben bedeuten die kleinen Änderungen der entsprechenden Größen in der Schallwelle, die Größen mit dem Index Null (den wir unten der Kürze halber weglassen) sind ihre konstanten Gleichgewichtswerte. Wir haben dann

$$\varrho' = \frac{\partial \varrho}{\partial p}p' + \frac{\partial \varrho}{\partial T}T', \qquad s' = \frac{\partial s}{\partial p}p' + \frac{\partial s}{\partial T}T',$$

und die Gleichungen (141,5) und (141,6) erhalten die Gestalt

$$\frac{\partial \varrho}{\partial p}\frac{\partial^2 p'}{\partial t^2} - \triangle p' + \frac{\partial \varrho}{\partial T}\frac{\partial^2 T'}{\partial t^2} = 0 ,$$

$$\frac{\partial s}{\partial p}\frac{\partial^2 p'}{\partial t^2} + \frac{\partial s}{\partial T}\frac{\partial^2 T'}{\partial t^2} - \frac{\varrho_s s^2}{\varrho_n}\triangle T' = 0 .$$

Wir setzen die Lösung dieser Gleichungen als ebene Welle an, in der p' und T' dem Faktor $\mathrm{e}^{-\mathrm{i}\omega(t - x/u)}$ proportional sind (die Schallgeschwindigkeit bezeichnen wir mit u). Als

Lösbarkeitsbedingung der beiden Gleichungen ergibt sich die Gleichung

$$u^4 \frac{\partial(s, \varrho)}{\partial(T, p)} - u^2 \left(\frac{\partial s}{\partial T} + \frac{\varrho_s s^2}{\varrho_n} \frac{\partial \varrho}{\partial p}\right) + \frac{\varrho_s s^2}{\varrho_n} = 0$$

($\partial(s, \varrho)/\partial(T, p)$ ist die Funktionaldeterminante der Transformation von s, ϱ nach T, p). Durch eine einfache Umformung unter Verwendung von Beziehungen aus der Thermodynamik kann man dieser Gleichung die Gestalt

$$u^4 - u^2 \left[\left(\frac{\partial p}{\partial \varrho}\right)_s + \frac{\varrho_s T s^2}{\varrho_n c_v}\right] + \frac{\varrho_s T s^2}{\varrho_n c_v} \left(\frac{\partial p}{\partial \varrho}\right)_T = 0 \qquad (141,7)$$

geben (c_v ist die Wärmekapazität pro Masseneinheit). Diese (in u^2) quadratische Gleichung liefert zwei Geschwindigkeiten für die Schallausbreitung in Helium II. Für $\varrho_s = 0$ wird eine dieser Wurzeln gleich Null, und wir erhalten, wie es sein muß, nur die gewöhnliche Schallgeschwindigkeit $u^2 = \left(\frac{\partial p}{\partial \varrho}\right)_s$.

Die Wärmekapazitäten c_p und c_v von Helium II sind für alle Temperaturen nicht zu nahe am λ-Punkt einander beinahe gleich (weil der Koeffizient der thermischen Ausdehnung klein ist). Nach einer aus der Thermodynamik bekannten Formel sind unter diesen Bedingungen auch die isotherme und die adiabatische Kompressibilität ungefähr gleich groß:

$$\left(\frac{\partial p}{\partial \varrho}\right)_T = \left(\frac{\partial p}{\partial \varrho}\right)_s \frac{c_v}{c_p} \approx \left(\frac{\partial p}{\partial \varrho}\right)_s .$$

Wir bezeichnen den gemeinsamen Wert von c_p und c_v mit c und den gemeinsamen Wert von $\left(\frac{\partial p}{\partial \varrho}\right)_T$ und $\left(\frac{\partial p}{\partial \varrho}\right)_s$ einfach mit $\frac{\partial p}{\partial \varrho}$ und erhalten für die Schallgeschwindigkeiten aus der Gleichung (141,7) die folgenden Ausdrücke:

$$u_1 = \sqrt{\frac{\partial p}{\partial \varrho}}, \qquad u_2 = \sqrt{\frac{T s^2 \varrho_s}{c \varrho_n}} . \qquad (141,8)$$

Die eine davon, u_1, ist beinahe konstant; die andere, u_2, ist stark temperaturabhängig und verschwindet zusammen mit ϱ_s am λ-Punkt.[1])

Nahe dem λ-Punkt ist jedoch der Koeffizient der thermischen Ausdehnung nicht klein, und man kann den Unterschied zwischen c_p und c_v nicht vernachlässigen. Um für diesen Fall die Formel für u_2 zu erhalten, hat man das zweite Glied in der eckigen Klammer in (141,7) (das ϱ_s enthält) und das Glied u^4, das in diesem Fall klein ist (da u_2 gegen Null geht), zu vernachlässigen. Außerdem kann man $\varrho_n \approx \varrho$ setzen. Das Ergebnis ist

$$u_2 = \sqrt{\frac{T s^2 \varrho_s}{c_p \varrho}} . \qquad (141,9)$$

Für die Geschwindigkeit u_1 ergibt sich die Formel (141,8), wo unter $\partial p/\partial \varrho$ die Ableitung $(\partial p/\partial \varrho)_s$ zu verstehen ist, d. h., es ergibt sich die übliche Formel für die Schallgeschwindigkeit.

---

[1]) Wegen der Schallausbreitung in Gemischen von flüssigem ^{4}He mit ^{3}He siehe Kap. XIII des auf Seite 667 angegebenen Buches von I. M. CHALATNIKOW.

Zur Formel (141,9) ist zu bemerken, daß sie nur für hinreichend niedrige Frequenzen anwendbar ist, um so niedriger, je näher sich die Flüssigkeit am λ-Punkt befindet. Dies hängt mit dem (schon in der Fußnote auf S. 665 erwähnten) unbegrenzten Anwachsen der Relaxationszeit τ für den Ordnungsparameter in der Nähe des λ-Punktes zusammen; die Formel (141,9), die die Dispersion und die Absorption des Schalls nicht berücksichtigt, ist nur unter der Bedingung $\omega\tau \ll 1$ gültig. In bezug auf die Geschwindigkeit u_1 ist zu sagen, daß nahe dem λ-Punkt eine zusätzliche Dämpfung vorhanden ist, die mit der Relaxation des Ordnungsparameters verbunden ist in Übereinstimmung mit den allgemeinen Feststellungen in § 81.

Bei sehr niedrigen Temperaturen, wenn fast alle Elementaranregungen in der Flüssigkeit Phononen sind, hängen die Größen ϱ_n, c und s über die Beziehungen[1])

$$c = 3s\,, \qquad \varrho_n = \frac{cT\varrho}{3u_1^2}$$

miteinander zusammen, und es ist $\varrho_s \approx \varrho$. Diese Ausdrücke setzen wir in die Formel (141,8) für u_2 ein und finden

$$u_2 = \frac{u_1}{\sqrt{3}}\,,$$

d. h., geht die Temperatur gegen Null, dann streben die Geschwindigkeiten u_1 und u_2 gegen konstante Grenzwerte, und ihr Verhältnis geht gegen $\sqrt{3}$.

Um die physikalische Natur der beiden Arten von Schallwellen in Helium II besser zu verstehen, betrachten wir eine ebene Schallwelle (E. M. Lifschitz, 1944). In einer solchen Welle sind die Geschwindigkeiten $\boldsymbol{v}_s$ und $\boldsymbol{v}_n$ und die veränderlichen Teile T' und p' der Temperatur und des Druckes einander proportional. Die Proportionalitätsfaktoren führen wir folgendermaßen ein:

$$\boldsymbol{v}_n = a\boldsymbol{v}_s\,, \qquad p' = bv_s\,, \qquad T' = cv_s\,. \tag{141,10}$$

Eine einfache Rechnung mit Hilfe der Gleichungen (141,1) bis (141,6) ergibt mit der erforderlichen Genauigkeit

$$\begin{aligned} a_1 &= 1 + \frac{\beta\varrho}{\varrho_s s}\frac{u_1^2u_2^2}{(u_1^2 - u_2^2)}\,, & b_1 &= \varrho u_1\,, & c_1 &= \frac{\beta T u_1^3}{c(u_1^2 - u_2^2)}\,,\\ a_2 &= -\frac{\varrho_s}{\varrho_n} + \frac{\beta\varrho}{\varrho_n s}\frac{u_1^2u_2^2}{(u_1^2 - u_2^2)}\,, & b_2 &= \frac{\beta\varrho u_1^2u_2^2}{s(u_1^2 - u_2^2)}\,, & c_2 &= -\frac{u_2}{s}\,; \end{aligned} \tag{141,11}$$

$\beta = -\dfrac{1}{\varrho}\dfrac{\partial\varrho}{\partial T}$ ist hier der Koeffizient der thermischen Ausdehnung. Da dieser klein ist, sind die Größen mit β klein gegenüber den entsprechenden Größen ohne β.

Wie wir sehen, ist in einer Schallwelle des ersten Typs $\boldsymbol{v}_n \approx \boldsymbol{v}_s$, d. h., in erster Näherung schwingt in einer solchen Welle die Flüssigkeit in jedem Volumenelement als Ganzes, die normale und die superfluide Masse bewegen sich zusammen. Diese Wellen entsprechen natürlich den gewöhnlichen Schallwellen in normalen Flüssigkeiten.

---

[1]) Man erhält sie leicht aus den in IX, §§ 22, 23 angegebenen Formeln für die thermodynamischen Größen des Helium II.

In einer Welle des zweiten Typs haben wir $\boldsymbol{v}_n \approx -\frac{\varrho_s}{\varrho_n}\boldsymbol{v}_s$, d. h., die gesamte Massenstromdichte ist

$$\boldsymbol{j} = \varrho_s \boldsymbol{v}_s + \varrho_n \boldsymbol{v}_n \approx 0 .$$

In einer Welle des *zweiten Schalls* schwingen also die superfluide und die normale Flüssigkeit gegeneinander, so daß in erster Näherung ihr Massenmittelpunkt in jedem Volumenelement in Ruhe bleibt und der resultierende Massenstrom gleich Null ist. Offensichtlich ist diese Art von Wellen für eine superfluide Flüssigkeit spezifisch.

Zwischen diesen beiden Wellenarten besteht noch ein anderer wesentlicher Unterschied, der aus den Formeln (141,11) zu erkennen ist. In einer Schallwelle des gewöhnlichen Schalls ist die Amplitude der Druckschwingungen relativ groß, die Amplitude der Temperaturschwingungen klein. Im Gegensatz dazu ist in einer Welle des zweiten Schalls die relative Amplitude der Temperaturschwingungen groß gegenüber der relativen Amplitude der Druckschwingungen. In diesem Sinne kann man sagen, daß die Wellen des zweiten Schalls eigenartige ungedämpfte Temperaturwellen darstellen.[1])

In der Näherung, in der die thermische Ausdehnung vollständig vernachlässigt wird, stellen die Wellen des zweiten Schalls reine Temperaturschwingungen dar (mit $\boldsymbol{j} = 0$), die Wellen des ersten Schalls Druckschwingungen (mit $\boldsymbol{v}_s = \boldsymbol{v}_n$). Dementsprechend sind ihre Bewegungsgleichungen völlig getrennt: In der Gleichung (141,6) setzen wir $s' = cT'/T$ und erhalten

$$\frac{\partial^2 T'}{\partial t^2} = u_2^2 \triangle T' , \tag{141,12}$$

und in der Gleichung (141,5) verwenden wir $\varrho' = \frac{\partial \varrho}{\partial p} p'$ und bekommen

$$\frac{\partial^2 p'}{\partial t^2} = u_1^2 \triangle p' . \tag{141,13}$$

Mit den beschriebenen Eigenschaften der Schallwellen in Helium II ist die Frage nach den verschiedenen Arten ihrer Anregung eng verbunden (E. M. Lifschitz, 1944). Die üblichen mechanischen Verfahren der Schallanregung (durch schwingende feste Körper) sind zur Erzeugung des zweiten Schalls äußerst unvorteilhaft, weil die Intensität des ausgestrahlten zweiten Schalls winzig klein ist gegenüber der Intensität des gleichzeitig ausgestrahlten gewöhnlichen Schalls. In Helium II sind jedoch noch andere, spezifische Methoden zur Anregung von Schall möglich. Eine solche Methode ist die Schallemission durch Oberflächen fester Körper mit periodisch schwankender Temperatur; die Intensität des ausgestrahlten zweiten Schalls ist hier groß gegenüber der Intensität des ersten Schalls, was auf Grund des oben angegebenen Unterschiedes im Charakter der Temperaturschwankungen in diesen Wellen ganz natürlich ist (siehe die Aufgaben 1 und 2).

Bei der Ausbreitung von Wellen des zweiten Schalls mit großer Amplitude wird deren Profil infolge der nichtlinearen Effekte allmählich deformiert, und dies führt schließlich zum Auftreten von Unstetigkeiten, so wie auch beim gewöhnlichen Schall in der gewöhnli-

---

[1]) Sie haben selbstverständlich nichts mit den gedämpften „Temperaturwellen" in einem gewöhnlichen wärmeleitenden Medium gemeinsam (§ 52).

chen Hydrodynamik (s. §§ 101, 102). Wir betrachten diese Erscheinung für eine eindimensionale fortschreitende Welle des zweiten Schalls (I. M. CHALATNIKOW, 1952).

In einer eindimensionalen fortschreitenden Welle können alle Größen (ϱ, p, T, v_s, v_n) als Funktionen eines einzigen Parameters dargestellt werden; als dieser Parameter kann eine der erwähnten Größen selbst gewählt werden (§ 101). Die Verschiebungsgeschwindigkeit U eines Punktes des Profils der Welle ist gleich der Ableitung dx/dt, genommen für einen festen Wert dieses Parameters. Die Ableitungen jeder der Größen nach der Koordinate und nach der Zeit hängen miteinander zusammen durch die Beziehung $\partial/\partial t = -U\partial/\partial x$.

An Stelle der Geschwindigkeiten v_s und v_n ist es bequemer, die Größen $v = j/\varrho$ und $w = v_n - v_s$ zu benutzen; wir wählen ein solches Koordinatensystem, in dem die Geschwindigkeit v im betrachteten Punkt des Profils der Welle gleich Null ist. Die hydrodynamischen Gleichungen (139,3) bis (139,6) (mit Π, μ, ϱ, s aus (139,12) bis (139,15)) führen auf das folgende Gleichungssystem:

$$-U \frac{\partial \varrho}{\partial p} p' - U\varrho^2 \frac{\partial}{\partial p} \frac{\varrho_n}{\varrho} ww' + \varrho v' = 0\,, \tag{141,14}$$

$$p' + 2 \frac{\varrho_s \varrho_n}{\varrho} ww' - U\varrho v' = 0\,, \tag{141,15}$$

$$\left[-\varrho U \frac{\partial s}{\partial T} + w \frac{\partial}{\partial T} (\varrho_s s)\right] T' + sw \frac{\partial \varrho_s}{\partial p} p' + \left[\varrho_s s - Uw \frac{\partial \varrho_n}{\partial T}\right] w' = 0\,, \tag{141,16}$$

$$\left[-\varrho s + Uw \frac{\partial \varrho_n}{\partial T}\right] T' + \left[1 + Uwp \frac{\partial}{\partial p} \frac{\varrho_n}{\varrho}\right] p' + \left[\varrho_n U - \frac{\varrho_n \varrho_s}{\varrho} w\right] w'$$
$$- [U\varrho + w\varrho_n] v' = 0\,. \tag{141,17}$$

Hier sind alle kleinen Terme von höherer als zweiter Ordnung weggelassen worden und auch alle den Koeffizienten der thermischen Ausdehnung enthaltenden Terme; der Strich bedeutet überall Differentiation nach dem Parameter.[1])

In der Welle des zweiten Schalls sind die relativen Amplituden der Schwingungen von p und v klein im Vergleich zu den Amplituden von T und w; deshalb kann man auch die Glieder weglassen, die wp' und wv' enthalten. Für die Bestimmung von U reicht es aus, die Gleichung (141,16) und die Differenz der Gleichungen (141,15) und (141,17) zu betrachten. Die Lösbarkeitsbedingung für die beiden auf diese Weise erhaltenen linearen Gleichungen für T' und w' führt auf die quadratische Gleichung

$$\varrho_n U^2 \frac{\partial s}{\partial T} - Uw \left[\frac{4\varrho_s \varrho_n}{\varrho} \frac{\partial s}{\partial T} - 2s \frac{\partial \varrho_n}{\partial T}\right] - \varrho_s s^2 = 0\,,$$

woraus sich

$$U = u_2 + w \left(\frac{2\varrho_s}{\varrho} - \frac{sT}{\varrho_n c} \frac{\partial \varrho_n}{\partial T}\right)$$

ergibt. Hier ist u_2 der lokale Wert der Geschwindigkeit des zweiten Schalls, der sich von Punkt zu Punkt des Profils der Welle ändert zusammen mit der Abweichung der Temperatur

[1]) Und nicht den veränderlichen Teil der schwingenden Größen wie oben in diesem Paragraphen!

δT von ihrem Gleichgewichtswert. Wir entwickeln u_2 nach Potenzen von δT und erhalten

$$u_2 = u_{20} + \frac{\partial u_2}{\partial T} \delta T = u_{20} + \frac{\partial u_2}{\partial T} \frac{\varrho_n u_2}{\varrho s} w,$$

wo u_{20} der Gleichgewichtswert von u_2 ist. Endgültig erhalten wir

$$U = u_{20} + w \frac{\varrho_s s T}{\varrho c} \frac{\partial}{\partial T} \ln \frac{u_{20}^3 c}{T}. \tag{141,18}$$

Bei genügend starker Deformation des Profils der Welle entsteht in ihr eine Unstetigkeit (vgl. § 102), im betrachteten Falle eine Temperaturunstetigkeit. Die Ausbreitungsgeschwindigkeit der Unstetigkeit ist gleich der halben Summe der Geschwindigkeiten U auf den beiden Seiten der Unstetigkeit, d. h. gleich

$$u_{20} + \frac{w_1 + w_2}{2} \frac{\varrho_s s T}{\varrho c} \frac{\partial}{\partial T} \ln \frac{u_{20}^3 c}{T}, \tag{141,19}$$

wo w_1, w_2 die Werte von w auf den beiden Seiten der Unstetigkeit sind.

Der Koeffizient von w im Ausdruck (141,18) kann sowohl positiv als auch negativ sein. Abhängig davon werden Punkte mit größeren Werten von w entweder den Punkten mit kleineren Werten von w vorauseilen oder hinter ihnen zurückbleiben; die Unstetigkeit entsteht dann entweder an der vorderen oder an der hinteren Front der Welle (im Gegensatz zum gewöhnlichen Schall, wo die Stoßwelle immer an der vorderen Front entsteht).

Aufgaben

1. Man berechne das Verhältnis der Intensitäten des ersten und des zweiten Schalls, die von einer in Normalenrichtung schwingenden Ebene ausgestrahlt werden.

Lösung. Wir setzen die Geschwindigkeiten v_s (in Richtung der zur Flächennormale parallelen x-Achse) in der ersten und der zweiten ausgestrahlten Welle in der Gestalt

$$v_{s1} = A_1 \cos \omega \left(t - \frac{x}{u_1}\right), \qquad v_{s2} = A_2 \cos \omega \left(t - \frac{x}{u_2}\right)$$

an. An der schwingenden Ebene müssen die Geschwindigkeiten v_s und v_n gleich der Geschwindigkeit der Ebene sein (die wir mit $v_0 \cos \omega t$ bezeichnen). Das ergibt die Gleichungen

$$A_1 + A_2 = v_0, \qquad a_1 A_1 + a_2 A_2 = v_0$$

(mit den Koeffizienten a_1 und a_2 aus (141,11)). Die zeitlich gemittelte Energiedichte einer Schallwelle in Helium II ist

$$\varrho_s \overline{v_s^2} + \varrho_n \overline{v_n^2} = \frac{A^2}{2} (\varrho_s + \varrho_n a^2).$$

Der Energiestrom (die Intensität) ergibt sich daraus durch Multiplikation mit der entsprechenden Schallgeschwindigkeit u. Für das Intensitätsverhältnis der ausgestrahlten Wellen des zweiten und des ersten Schalls erhalten wir

$$\frac{I_2}{I_1} = \frac{A_2^2(\varrho_s + \varrho_n a_2^2)\, u_2}{A_1^2(\varrho_s + \varrho_n a_1^2)\, u_1} \approx \frac{\beta^2 T u_2^3}{c u_1}$$

(hier ist $u_2 \ll u_1$ vorausgesetzt worden, was bis zu sehr tiefen Temperaturen gilt). Dieses Verhältnis ist sehr klein.

2. Wie Aufgabe 1 für die Schallausstrahlung einer Fläche mit periodisch schwankender Temperatur.

Lösung. Es genügt die Randbedingung $j = 0$ aufzuschreiben, die an einer ruhenden Fläche gilt. Sie liefert

$$\varrho_s(A_1 + A_2) + \varrho_n(a_1 A_1 + a_2 A_2) = 0\,,$$

und daraus folgt

$$\left|\frac{A_2}{A_1}\right| = \frac{\varrho_n a_1 + \varrho_s}{\varrho_n a_2 + \varrho_s} \approx \frac{s}{\beta u_2^2}\,.$$

Für das Intensitätsverhältnis finden wir

$$\frac{I_2}{I_1} = \frac{c}{T\beta^2 u_1 u_2}\,.$$

Dieses Verhältnis ist sehr groß.

3. Man berechne die Geschwindigkeit des Schalls, der sich längs einer Kapillare ausbreitet, deren Durchmesser klein ist gegen die Eindringtiefe einer Welle in eine zähe Flüssigkeit $\delta \sim (\eta/\varrho_n\omega)^{1/2}$ (K. R. Atkins, 1959).[1])

Lösung. Unter den genannten Bedingungen kann man annehmen, daß die normale Strömung in der Kapillare durch die Reibung an den Wänden vollständig festgehalten wird ($\boldsymbol{v}_n = 0$). Das System der linearisierten Gleichungen (141,1), (141,2) und (141,4) hat die Gestalt[2])

$$\dot{\varrho}' + \varrho_s \operatorname{div} \boldsymbol{v}_s = 0\,, \qquad \dot{\boldsymbol{v}}_s + \nabla\mu' = \dot{\boldsymbol{v}}_s - s\nabla T' + \frac{1}{\varrho}\nabla p' = 0\,,$$

$$(s\varrho)^{\cdot} = \varrho\dot{s}' + s\dot{\varrho}' = 0$$

(der Strich bezeichnet den veränderlichen Teil der Größen in der Welle). Wir vernachlässigen wieder die thermische Ausdehnung der Flüssigkeit und erhalten aus der dritten Gleichung

$$p's/u_1^2 = -T'\varrho c/T\,.$$

Die Elimination von $\boldsymbol{v}_s$ aus den ersten beiden Gleichungen führt auf die Wellengleichung $\ddot{p}' - u^2\triangle p' = 0$, in der die Ausbreitungsgeschwindigkeit u durch die Formel

$$u^2 = \frac{\varrho_s}{\varrho}u_1^2 + \frac{\varrho_n}{\varrho}u_2^2$$

gegeben wird.

4. Man berechne die Absorptionskoeffizienten für den ersten und den zweiten Schall in Helium II.

Lösung. Die Rechnung wird analog zu der in § 79 für den Schall in gewöhnlichen Flüssigkeiten durchgeführt; statt (79,1) wird dabei der Ausdruck (140,10) benutzt. Wir vernachlässigen alle Glieder, die den Koeffizienten der thermischen Ausdehnung β enthalten (darunter auch in (141,10), (141,11)), und finden für die Absorptionskoeffizienten

$$\gamma_1 = \frac{\omega^2}{2\varrho u_1^3}\left(\frac{4}{3}\eta + \zeta_2\right), \qquad \gamma_2 = \frac{\omega^2\varrho_s}{2\varrho\varrho_n u_2^3}\left(\frac{4}{3}\eta + \zeta_2 + \varrho^2\zeta_3 - 2\varrho\zeta_1 + \frac{\varrho_n\varkappa}{\varrho_s c}\right).$$

---

[1]) Es ist üblich, diese Wellen *vierten Schall* zu nennen. *Dritten Schall* nennt man Wellen, die sich in dünnen Schichten von Helium II auf festen Oberflächen ausbreiten; eine wesentliche Rolle spielen dabei die van der Waalsschen Wechselwirkungskräfte zwischen der Flüssigkeit in der Schicht und dem festen Körper.

[2]) Die Erhaltungsgleichung für den Impuls (141,3) muß weggelassen werden: Sie gilt nicht unter den betrachteten Bedingungen, bei denen auf die Kapillare eine äußere Kraft angewandt werden muß, um sie in Ruhe zu halten.

SACHVERZEICHNIS

L. D. Landau · E. M. Lifschitz

LEHRBUCH DER THEORETISCHEN PHYSIK

Band 1:
Mechanik
Bewegungsgleichungen – Erhaltungssätze – Integration der Bewegungsgleichungen – Zusammenstoß von Teilchen – Kleine Schwingungen – Bewegung des starren Körpers – Die kanonischen Gleichungen

unveränderter Nachdruck der 14., korrigierten Auflage 1997, 2022,
231 Seiten, 56 Abbildungen, gebunden,
ISBN 978-3-8085-5612-2

Band 2:
Klassische Feldtheorie
Das Relativitätsprinzip – Die relativistische Mechanik – Ladungen im elektromagnetischen Feld – Die Gleichungen des elektromagnetischen Feldes – Das zeitunabhängige elektromagnetische Feld – Elektromagnetische Wellen – Die Lichtausbreitung – Das Feld bewegter Ladungen – Ausstrahlung elektromagnetischer Wellen – Teilchen im Gravitationsfeld – Die Gleichungen des Gravitationsfeldes – Das Feld gravitierender Körper – Gravitationswellen – Relativistische Kosmologie

unveränderter Nachdruck der 12. Auflage 1992, 2022, 496 Seiten, 25 Abbildungen, gebunden,
ISBN 978-3-8085-5562-0

Band 3:
Quantenmechanik
Die Grundbegriffe der Quantenmechanik – Energie und Impuls – Die SCHRÖDINGER-Gleichung – Der Drehimpuls – Die Bewegung im kugelsymmetrischen Feld – Störungstheorie – Der quasiklassische Fall – Der Spin – Identische Teilchen – Das Atom – Das zweiatomige Molekül – Die Theorie der Symmetrie – Mehratomige Moleküle – Die Addition von Drehimpulsen – Die Bewegung im Magnetfeld – Die Struktur des Atomkerns – Elastische Stöße – Inelastische Stöße

unveränderter Nachdruck der 9. Auflage 1986, 2021, 660 Seiten, 57 Abbildungen, gebunden,
ISBN 978-3-8085-5636-8

Band 4:
Quantenelektrodynamik
Das Photon – Bosonen – Fermionen – Ein Teilchen in einem äußeren Feld – Strahlung – Streuung von Licht – Die Streumatrix – Invariante Störungstheorie – Wechselwirkung von Elektronen – Wechselwirkung von Elektronen mit Photonen – Exakte Propagatoren und Eckteile – Strahlungskorrekturen – Asymptotische Formeln für die Quantenelektrodynamik – Elektrodynamik der Hadronen

unveränderter Nachdruck der 7., berichtigten Auflage 1991, 2020,
628 Seiten, 25 Abbildungen, gebunden,
ISBN 978-3-8085-5632-0

Band 5:
Statistische Physik Teil 1
Die Grundprinzipien der Statistik – Die thermodynamischen Größen – Die GIBBSsche Verteilung – Das ideale Gas – Die FERMI- und BOSE-Verteilungen – Festkörper – Reale Gase – Das Phasengleichgewicht – Lösungen – Chemische Reaktionen – Eigenschaften der Materie bei sehr hohen Dichten – Fluktuationen – Symmetrie der Kristalle – Phasenübergänge zweiter Art und kritische Phänomene – Oberflächen

unveränderter Nachdruck der 8., berichtigten Auflage 1991, 2025,
535 Seiten, 78 Abbildungen, 3 Tabellen, gebunden,
ISBN 978-3-8085-5654-2

Band 6:
Hydrodynamik
Ideale Flüssigkeiten – Zähe Flüssigkeiten – Turbulenz – Grenzschichten – Wärmeleitung in Flüssigkeiten – Diffusion – Oberflächenerscheinungen – Der Schall – Stoßwellen – Eindimensionale Gasströmung – Der Schnitt von Unstetigkeitsflächen – Ebene Gasströmung – Die Strömung um endliche Körper – Hydrodynamik der Verbrennung – Relativistische Hydrodynamik – Hydrodynamik der superfluiden Flüssigkeit

unveränderter Nachdruck der 5., überarbeiteten Auflage 1991, 2025,
705 Seiten, 136 Abbildungen, gebunden,
ISBN 978-3-8085-5554-5

Band 7:
Elastizitätstheorie
Grundgleichungen – Gleichgewicht von Stäben und Platten – Elastische Wellen – Versetzungen – Wärmeleitung und Zähigkeit fester Körper – Mechanik flüssiger Kristalle

unveränderter Nachdruck der 7. Auflage 1991, 2025, 223 Seiten, 32 Abbildungen, gebunden,
ISBN 978-3-8085-5498-2

Band 8:
Elektrodynamik der Kontinua
Elektrostatik von Leitern – Elektrostatik von Nichtleitern – Konstante Ströme – Zeitunabhängige Magnetfelder – Ferromagnetismus und Antiferromagnetismus – Supraleitfähigkeit – Das quasistationäre elektromagnetische Feld – Magnetohydrodynamik – Elektromagnetische Wellengleichungen – Ausbreitung elektromagnetischer Wellen – Elektromagnetische Wellen in anisotropen Medien – Räumliche Dispersion – Nichtlineare Optik – Durchgang schneller Teilchen durch Substanzen – Streuung elektromagnetischer Wellen – Beugung von Röntgenstrahlen in Kristallen

unveränderter Nachdruck der 5., ergänzten Auflage 1990, 2020,
565 Seiten, 65 Abbildungen, gebunden,
ISBN 978-3-8085-5500-2

Band 9:
Statistische Physik Teil 2
Die normale FERMI-Flüssigkeit – GREENsche Funktionen eines FERMI-Systems bei $T = 0$ – Die Superfluidität – GREENsche Funktionen bei endlichen Temperaturen – Die Supraleitfähigkeit – Elektronen im Kristallgitter – Der Magnetismus – Elektromagnetische Fluktuationen – Hydrodynamische Fluktuationen

unveränderter Nachdruck der 4., berichtigten Auflage 1992, 2025,
404 Seiten, 18 Abbildungen, gebunden,
ISBN 978-3-8085-5656-6

Band 10:
Physikalische Kinetik
Kinetische Gastheorie – Die Diffusionsnäherung – Das stoßfreie Plasma – Stöße im Plasma – Das Plasma im Magnetfeld – Theorie der Instabilitäten – Dielektrika – Quantenflüssigkeiten – Metalle – Diagrammtechnik für Nichtgleichgewichtssysteme – Supraleiter – Kinetik von Phasenübergängen

unveränderter Nachdruck der 2. Auflage 1990, 2025,
480 Seiten, 35 Abbildungen, gebunden,
ISBN 978-3-8085-5624-5

Das Gesamtwerk ist auch zum günstigen Satzpreis erhältlich:
L. D. Landau · E. M. Lifschitz, **Lehrbuch der Theoretischen Physik**
ISBN 978-3-8085-5588-0